城镇天然气管道工程手册

设计·材料·施工

主编　袁国汀

中国建筑工业出版社

图书在版编目（CIP）数据

城镇天然气管道工程手册　设计·材料·施工/袁国汀主编．—北京：中国建筑工业出版社，2014.11
ISBN 978-7-112-17158-3

Ⅰ.①城…　Ⅱ.①袁…　Ⅲ.①天然气输送-管道工程-技术手册　Ⅳ.①TE973-62

中国版本图书馆CIP数据核字（2014）第189137号

本书包括设计、材料、施工3部分。设计部分包括：城镇天然气及性质；城镇天然气用气负荷；城镇天然气输配系统；调压、计量及调压设施；天然气庭院、室内管道；天然气管道的架空敷设；天然气管道的水力计算。材料部分包括：管道材料；钢制管法兰、垫片、紧固件；管件；阀门；管道附件、型钢及焊条。施工部分包括：城镇天然气管道的埋地敷设；钢质管道的防腐；架空天然气管道安装；试压与验收等内容。

本书可供从事天然气管道工程的设计、施工、管理、维护人员使用。也可供相关专业人员参考使用。

责任编辑：胡明安
责任设计：董建平
责任校对：陈晶晶　赵　颖

城镇天然气管道工程手册
设计·材料·施工
主编　袁国汀
*
中国建筑工业出版社出版、发行（北京西郊百万庄）
各地新华书店、建筑书店经销
霸州市顺浩图文科技发展有限公司制版
北京盈盛恒通印刷有限公司印刷
*
开本：787×1092毫米　1/16　印张：43　字数：1073千字
2015年2月第一版　2015年2月第一次印刷
定价：**98.00**元
ISBN 978-7-112-17158-3
（25954）

前 言

天然气是21世纪的能源，天然气是促进未来生态平衡发展的催化剂。自进入21世纪，我国天然气已进入了空前的发展阶段，它将彻底改变我国以人工燃气为主的城市燃气结构，特别是为提高环境质量，控制PM2.5的下降，天然气发展将更为迅速，为适应发展前景的需要，特编写了这一本三位一体的“城镇天然气管道工程手册”。本手册有利于提高工程建设速度，工程的设计、材料、施工三个阶段层层把关，有机结合，保证工程整体质量。

“城镇天然气管道工程手册”的工程范围是，城镇天然气输配系统中，除气源部分：城市门站、贮气设施、补充气源以外的城镇天然气输配系统工程，其主体工程是管道工程，其范围是以城市门站出来的天然气输气干管连接到城市配气管道，最后由庭院管经引入管将天然气送至各类用户，各级不同压力管道之间建立调压站。管道设计压力不大于4.0MPa（表压）。手册由3个部分组成：第1部分：设计；第2部分：材料；第3部分：施工。

1. 第1部分：设计

设计理论以满足城镇天然气管道工程设计要求为前提，力求内容系统、全面、简捷、明了，充分体现实践性，其主要内容包括：城镇天然气供应规模的确定；天然气管网压力级制的选择和输配系统的选定；调压与计量；天然气管道的埋地和架空敷设；以及天然气管道水力计算等。为顺应天然气发展形势，其内增加了以下的几部分新内容，使设计更加适应于发展的需要。

(1) 中压（次高压）—低压二级管网系统

由于天然气是通过长输管线送往城市门站的，从门站出来供给城市的天然气仍具有较高压力，在设计中应充分利用天然气的压力能以节省管道投资，提高管网的经济性，推荐天然气输配管网采用中压（次高压）—低压两级系统，其管网投资与高—中—低三级管网系统相比较将节省30%；随着科学技术的进步，工业化和制造水平的提高，以及质量可靠材料的应用，管网和用户的安全性是可以保证的。

(2) 城镇居民单户天然气供暖

随着天然气进城，居民单户天然气供暖已迅速进入推广和发展阶段，对此，本手册编入了居民单户天然气供暖，天然气用量的设计计算章节，文中介绍了时不均匀系数，日不均匀系数、月不均匀系数和如何计算管道小时计算流量等。居民单户供暖用气量在庭院、室内管道小时计算流量计算中具有决定性意义，它是一季节性负荷（只在供暖季节使用），可是在使用季节，它的用量将远远大于居民炊事、热水用气量，是主要热负荷，这将改变居民用户以往的用气的格局，可谓是一新的课题。

(3) 22个国家统一的引入管和室内管道的安装方式

在本手册中引入了22个国家统一的引入管和室内管道的安装方式，其方式：调压器、煤气表的安装，分室内安装和室外安装两种方式，其配置与我国现行安装是不相同的，配管中安装了过流阀和热熔切断接头，在提高系统的安全性上具有借鉴意义，尤其是在安装铝塑管的场合，安装热熔切断接头是很有必要的。

(4) 4个设计示例

为了增加对设计理论的理解、掌握和应用，工程手册中列举了4个设计示例如下：

1) 庭院管道的设计示例；

2) 室内管道的设计示例；

3) 枝状管网水力计算示例；

4) 环状管网水力计算示例。

(5) 中、低压天然气摩擦阻力损失计算表

对于小于和等于*DN*400的中、低压天然气管道的单位长度摩擦阻力损失可以查摩擦阻力损失计算表进行计算，此表是将城镇燃气设计规范规定的单位长度的摩擦阻力损失计算公式输入计算机，编程生成的计算结果，使用方便、数据准确。

(6) 城镇天然气管道工程应严格执行现行的国家标准，以保证工程的安全性，“本手册编制引用的现行国家标准”附后。

2. 第2部分：材料

手册中所示材料都应符合《城镇燃气设计规范》GB 50028的规定。本手册采编了最新的相关材料的国家标准系列，对于敷设在三极和四级地区的高压（大于1.6MPa）天然气管道材料钢级不应低于L245（PSL2），钢管应按规定进行CVN冲击试验，以增加管道的可靠性。应符合新修订《石油天然气工业管线输送系统用钢管》GB/T 9711—2011的规定，对钢管进行规定项目的检验。

编入手册的管道工程主要材料如下：

(1) 管道材料：无缝钢管、焊接钢管、球墨铸铁管、燃气用埋地聚乙烯管等；

(2) 钢制管法兰、垫片、紧固件；

(3) 管件：钢制对焊无缝管件，钢板制对焊管件、可锻铸铁管件；

(4) 阀门；管道附件；波纹管补偿器，排水器等；

(5) 型钢及焊条。

3. 第3部分：施工

城镇天然气管道工程施工是保证天然气管网运行的重要环节，其施工必须符合现行国家标准《城镇燃气输配工程施工及验收规范》CJJ 33及《工业企业煤气安全规程》GB 6222的各项规定。由于天然气是易燃易爆气体，必须认真履行气密性试验，管道气密性试验介质必须是空气或惰性气体，试压时按规定逐级升高试验压力直至达到规定试验压力，认真检查各易漏气部位，抹肥皂水检查达到气密性试验规定要求后，合格验收。

天然气钢制管道的焊接、法兰、螺纹连接安装等施工应符合下述现行国家标准的规定。

1)《现场设备、工业管道焊接工程施工规范》GB 50236—2011。

2)《工业金属管道工程施工规范》GB 50235—2010。

聚乙烯管道施工应符合《聚乙烯燃气管道工程技术规程》CJJ 63—2008的规定。

埋地钢管的防腐层施工应符合现行国家标准的规定，为了保护环境，控制污染物的排

放，工程中应尽量采用工厂已预制完防腐层的钢管，小心运输、存放、施工，对防腐施工现场只进行补口作业，最大限度地减少污染物排放和保证人身安全。

《城镇天然气管道工程手册》可供从事天然气管道工程的中、高级工程技术人员使用，它是一部用于天然管道设计、管道施工的内容齐全，使用方便的工程手册。本手册是编者从事燃气工程 46 年的工程实践总结，希望能为读者提供帮助。

读者使用中发现问题请予指正，如能提出补充意见，将深表感谢。

本书由袁国汀主编，参编人员有：王瑞华、李茂政、刘欣、崔萍、陶有志、韩渝京、杜有志。

编者

2014 年 6 月于北京

目　录

第1部分　设　计

第2部分　材　　料

第3部分　施　工

第1部分 设　　计

第1章　城镇天然气及性质

1.1　城镇天然气

天然气可分为气田气（或称纯天然气）、石油伴生气、凝析气田气、煤层气（或称矿井气）、沼气等5类，其中前3类天然气是高热值（低热值：36.22～48.36MJ/m^3）天然气，经脱硫、脱碳、脱水等加工后作为城市燃气气源，即城市天然气。

1.1.1　城镇天然气质量指标

1. 城镇燃气质量指标应符合现行国家标准《城镇燃气设计规范》GB 50028的规定。

(1) 城镇燃气（应按基准气分类）的发热量*和组分的波动应符合城镇燃气互换的要求；

(2) 城镇燃气偏离基准气的波动范围宜按现行的国家标准《城市燃气分类》GB/T 13611的规定采用，并应适当留有余地。

2. 天然气的质量指标应符合下列规定：

(1) 天然气发热量、总硫和硫化氢含量、水露点指标应符合现行国家标准《天然气》GB 17820的一类气或二类气的规定；

(2) 在天然气交接点的压力和温度条件下：天然气的烃露点应比最低环境温度低5℃；天然气中不应有固态、液态或胶状物质。

3. 城镇燃气应具有可以察觉的臭味，燃气中加臭剂的最小量应符合下列规定：

(1) 无毒燃气泄漏到空气中，达到爆炸下限的20%时，应能察觉；

(2) 有毒燃气泄漏到空气中，达到对人体允许的有害浓度时，应能察觉；

对于以一氧化碳为有毒成分的燃气，空气中一氧化碳含量达到0.02%（体积分数）时，应能察觉。

4. 现行国家标准《天然气》GB 17820规定天然气质量指标见表1-1-1。

天然气质量指标　　　　**表1-1-1**

项　　目	一　类	二　类	三　类	试验方法
高热值(MJ/m^3)		>31.4		GB/T 11062
总硫(以硫计)(mg/m^3)	≤100	≤200	≤460	GB/T 11061
硫化氢(mg/m^3)	≤6	≤20	≤460	GB/T 11060.1
二氧化碳(体积%)		≤3.0		GB/T 13610

* 发热量即热值，本书除引文外，一律称为热值。

续表

项　目	一　类	二　类	三　类	试验方法
水露点(℃)	天然气交接点的压力和温度条件下,天然气的水露点应比最低环境温度低 5℃			GB/T 17283

注：1. 气体体积的基准参比条件是 101.325kPa，20℃；

2. 在天然气交接点的压力和温度条件下，天然气中应无游离水。无游离水是指天然气经机械分离设备分不出游离水；

3. 天然气中不应有固态、液态或胶状物质。

城镇天然气质量应符合表 1-1-1 的一类气和二类气的规定。

5.《城市燃气分类》GB 13611 中，城镇燃气基准气的“城镇燃气的类别及特性指标”见表 1-1-2。

城镇燃气的类别及特性指标（15℃，101.325kPa，干气）　　表 1-1-2

类　别		高华白数 W_S(MJ/m³)		燃烧势 CP	
		标准	范围	标准	范围
天然气	3T	13.28	12.22～14.35	22.0	21.0～50.6
	4T	17.13	15.75～18.54	24.9	24.0～57.3
	6T	23.35	21.76～25.01	18.5	17.3～42.7
	10T	41.52	39.06～44.84	33.0	31.0～34.3
	12T	50.73	45.67～54.78	40.3	36.3～69.3

注：3T、4T 为矿井气，6T 为沼气，其燃烧特性接近天然气。

城镇燃气偏离基准气的波动范围，高华白指数 W_S 与燃烧势 CP 宜按表 1-1-2 中的规定范围采用。对于（10T、12T）作城镇天然气商品气的华白数波动范围可参考表 1-2-7。

1.1.2　我国应用的主要天然气

1. 我国应用的主要天然气归纳于表 1-1-3 中。

我国应用的主要天然气组分、燃烧特性参数及类别（15℃、101.325kPa、干气）　　表 1-1-3

类　别		组分体积分数(%)						高热值(MJ/m³)	低热值(MJ/m³)	华白数(MJ/m³)	天然气类别
		CH_4	C_2H_6	C_3H_8	C_4^+	N_2	CO_2				
天然气	陕甘宁	94.70	0.55	0.08	1.01	3.66	0.00	37.49	33.79	48.86	12T
	塔里木	96.27	1.77	0.30	0.27	1.39	0.00	38.22	34.45	50.32	12T
	广西北海	80.38	12.48	1.80	0.25	5.09	0.00	40.74	36.84	50.18	12T
	成都	96.15	0.25	0.01	0.00	3.59	0.00	36.50	32.87	48.31	12T
	忠武线	97.00	1.50	0.50	0.00	1.00	0.00	38.13	34.35	50.44	12T
	东海	88.48	6.68	0.35	0.00	4.49	0.00	38.22	34.48	48.94	12T
	青岛	96.56	1.34	0.30	0.20	1.60	0.00	37.92	34.16	50.04	12T
	昌邑	98.06	0.22	0.12	0.13	1.47	0.00	37.47	33.75	49.85	12T
	渤海	83.57	8.08	0.08	0.00	4.14	4.13	37.03	33.42	45.85	12T
	南海东方	77.52	1.50	0.29	0.10	20.59	0.00	30.69	27.65	38.02	10T
	西一线	96.23	1.77	0.30	0.27	1.0	0.43	38.31	34.53	50.40	12T
	进口缅甸	99.07	0.12	0.03	0.09	0.18	0.50	37.68	33.93	50.21	12T

续表

类别		组分体积分数(%)						高热值(MJ/m³)	低热值(MJ/m³)	华白数(MJ/m³)	天然气类别
		CH_4	C_2H_6	C_3H_8	C_4^+	N_2	CO_2				
天然气	土库曼斯坦	92.55	3.96	0.34	0.43	0.85	1.89	38.53	34.75	49.45	12T
	哈萨克斯坦	94.87	2.35	0.31	0.15	1.66	0.66	37.94	34.19	49.58	12T
液化天然气	福建	96.64	1.97	0.34	0.15	0.90	0.00	38.34	34.55	50.61	12T
	广东大鹏	87.33	8.37	3.27	1.00	0.03	0.00	42.97	38.86	53.55	12T
	新疆	82.42	11.11	4.55	0.00	1.92	0.00	42.90	38.81	52.70	12T
	中原	95.88	3.36	0.34	0.12	0.30	0.00	38.95	35.11	51.23	12T
	海南	78.48	19.83	0.46	0.03	1.2	0.00	43.35	39.22	53.26	12T

2. 液化天然气主要出口国天然气的典型组分（非合同值）及特性参数见表 1-1-4，供引进液化天然气的城镇参考。

液化天然气主要出口国的典型组分（非合同值）及特性参数（15℃，101.325kPa，干气）　　表 1-1-4

产地	组分体积分数(%)					液态密度(kg/m³)	气态密度(kg/m³)	高热值(MJ/m³)	低热值(MJ/m³)	相对密度	华白数(MJ/m³)
	CH_4	C_2H_6	C_3H_8	C_4^+	N_2						
印尼	90.6	7.0	2.0	0.3	0.1	454	0.800	41.19	37.20	0.6142	52.56
马来西亚	89.8	5.2	3.3	1.4	0.3	463	0.822	42.32	38.26	0.6358	53.07
澳大利亚	89.3	7.1	2.5	1.0	0.1	459	0.813	42.13	38.07	0.6303	53.07
文莱	90.1	4.8	3.4	1.6	0.1	463	0.824	42.52	38.44	0.6371	53.27
阿联酋	85.2	13.2	1.0	0.2	0.4	463	0.820	42.10	38.14	0.6325	52.94
卡塔尔	89.9	6.0	2.2	1.5	0.4	458	0.815	41.97	37.93	0.6308	52.85
利比亚	83.2	11.8	3.5	0.6	0.9	479	0.853	43.40	39.28	0.6605	53.40
尼日利亚	91.6	4.6	2.4	1.3	0.1	456	0.801	41.62	36.88	0.6216	52.79
阿曼	87.7	7.5	3.0	1.6	0.2	469	0.834	43.03	38.92	0.6469	53.50

具体进口的天然气、液化天然气的组分、燃烧特性参数等，均应以合同规定的内容为准，并作为天然气管道工程设计的原始数据。

1.1.3　国际燃气联盟 IGU 燃气分类方法

IGU 推荐 6 种城镇燃气标准。这说明国外人工燃气的比例已经很少了。主要是以天然气为主。天然气中还分高热值与低热值两种（见表 1-1-5、表 1-1-6）。法国、德国及欧洲标准化组织也采用这种分类方法。

IGU 基准燃气成分和特性（15℃，101.325kPa，干气）　　表 1-1-5

种类	体积分数(%)						相对密度	高热值 H_s(MJ/m³)	华白数 W(MJ/m³)
	H_2	CH_4	N_2	C_3H_8	空气	C_4H_{10}			
G110 城市燃气	50	26	24	—	—	—	0.411	15.87	24.74
G130 丙烷-空气混合气	—	—	—	26.4	73.6	—	1.142	25.25	23.70
G20 天然气	—	100	—	—	—	—	0.555	37.78	50.62
G25 天然气	—	86	14	—	—	—	0.613	32.49	41.52

续表

种类	体积分数(%)						相对密度	高热值 H_s (MJ/m³)	华白数 W (MJ/m³)
	H_2	CH_4	N_2	C_3H_8	空气	C_4H_{10}			
G30 丁烷	—	—	—	—	—	100	2.079	126.21	87.68
G31 丙烷	—	—	—	100	—	—	1.550	95.65	76.93

IGU 界限燃气成分与特性（15℃，101.325kPa，干气） 表 1-1-6

种类			成分(体积%)							W (MJ/m³)	对应的基准气	界限气类型
			H_2	CH_4	N_2	C_3H_8	空气	C_3H_6	C_4H_{10}			
天然气	H	G21	—	87	—	13	—	—	—	54.77	G20、G25	不完全燃烧、黄焰积炭
		G22	35	65	—	—	—	—	—	46.40	G20、G25	回火
		G23	—	92.5	7.5	—	—	—	—	45.66	G20、G25	脱火
		G24	—	—	—	60	40	—	—	49.80	G20、G25	黄焰、积炭
	L	G26	—	80	13	7	—	—	—	44.84	G20、G25	不完全燃烧、黄焰积炭
		G27	—	82	18	—	—	—	—	39.06	G20、G25	脱水

1.1.4 俄罗斯城市燃气分类方法

根据 ГОСТР 51847《A 与 C 型家用燃气快速热水器通用技术条件》，其基准气与界限气种类及特性见表 1-1-7。

俄罗斯的基准燃气和界限燃气（在 15℃，101.3kPa，干气） 表 1-1-7

试验用燃气		代号	热值(MJ/m³)		相对密度	华白数 (MJ/m³)	成分(体积)
			高热值	低热值			
基准燃气		Г20	37.78	34.02	0.555	50.73	100%CH_4
界限燃气	试不完全燃烧	Г21	45.30	41.03	0.684	54.78	87%CH_4,13%C_3H_8
	试回火	Г22	28.79	25.68	0.385	46.40	65%CH_4,35%H_2
	试脱火	Г23	34.95	31.46	0.586	45.67	92.5%CH_4,7.5%N_2
	试黄焰	Г24	57.39	52.79	1.330	49.80	60%C_3H_8,40%空气
基准燃气		Г30	99.45	91.53	1.616	78.24	4%CH_4,76%C_3H_8,20%C_4H_{10}
界限燃气	试不完全燃烧	Г31	126.21	116.48	2.079	87.53	100%C_4H_{10}
	试回火	Г32	88.52	82.78	1.476	72.86	100%C_3H_6
	试脱火	Г33	95.65	88.00	1.550	76.84	100%C_3H_8

注：1. 试验时允许用天然气代替基准燃气 Г20；

2. 基准燃气 Г30 与 ГОСТР 20448-75 中牌号为 СЛБТ$_3$ 的液化石油气的物理化学性质相似；

3. 各种性能检验的燃气压力如下：

燃气名称	最低压力(Pa)	额定压力(Pa)	最高压力(Pa)
基准燃气 Г20、天然气	650、1000	1300、2000	1800、2800
基准燃气 Г30 或液化石油气	2000	3000	3500

1.2 天然气的基本性质

1.2.1 单一气体的基本性质

单一气体的物理特性是计算各种混合燃气特性的基础数据。燃气中常见的单一气体在标准状态下的主要物理热力特性值列于表 1-2-1 中。

某些低级烃的基本性质［273.15K、101.325kPa］　　表 1-2-1

气　　体	甲烷	乙烷	乙烯	丙烷	丙烯	正丁烷	异丁烷	丁烯	正戊烷
分子式	CH_4	C_2H_6	C_2H_4	C_3H_8	C_3H_6	C_4H_{10}	C_4H_{10}	C_4H_8	C_5H_{12}
分子量 M	16.0430	30.0700	28.0540	44.0970	42.0810	58.1240	58.1240	56.1080	72.1510
摩尔容积 V_M(m^3/kmol)	22.3621	22.1872	22.2567	21.9362	21.990	21.5036	21.5977	21.6067	20.891
密度 ρ(kg/m^3)	0.7174	1.3553	1.2605	2.0102	1.9136	2.7030	2.6912	2.5968	3.4537
相对密度 S(空气=1)	0.5548	1.048	0.9748	1.554	1.479	2.090	2.081	2.008	2.671
气体常数 R[kJ/(kg·K)]	517.1	273.7	294.3	184.5	193.8	137.2	137.8	148.2	107.3
临界参数									
临界温度 T_c(K)	191.05	305.45	282.95	368.85	364.75	425.95	407.15	419.59	470.35
临界压力 P_c(MPa)	4.6407	4.8839	5.3398	4.3975	4.7623	3.6173	3.6578	4.020	3.3437
临界密度 ρ_c(kg/m^3)	162	210	220	226	232	225	221	234	232
热值									
高热值 H_h(MJ/m^3)	39.842	70.351	63.438	101.266	93.667	133.886	133.048	125.847	169.377
低热值 H_L(MJ/m^3)	35.902	64.397	59.477	93.240	87.667	123.649	122.853	117.695	156.733
爆炸极限									
爆炸上限 L_h(体积%)	5.0	2.9	2.7	2.1	2.0	1.5	1.8	1.6	1.4
爆炸下限 L_L(体积%)	15.0	13.0	34.0	9.5	11.7	8.5	8.5	10	8.3
黏度									
动力黏度 $\mu\times10^6$(Pa·s)	10.393	8.600	9.316	7.502	7.649	6.835	6.875	8.937	6.355
运动黏度 $\nu\times10^6$(m^2/s)	14.50	6.41	7.46	3.81	3.99	2.53	2.556	3.433	1.85
无因次系数 C	164	252	225	278	321	377	368	329	383
沸点 t(℃)	−161.49	−88	−103.68	−42.05	−47.72	−0.50	−11.72	−6.25	36.06
定压比热 c_P[kJ/(m^3·K)]	1.545	2.244	1.888	2.960	2.675	4.130	4.2941	3.871	5.127
绝热指数 k	1.309	1.198	1.258	1.161	1.170	1.144	1.144	1.146	1.121
导热系数 λ[W/(m·K)]	0.03024	0.01861	0.0164	0.01512	0.01467	0.01349	0.01434	0.01742	0.01212

气　　体	一氧化碳	氢	氮	氧	二氧化碳	硫化氢	空气	水蒸气
分子式	CO	H_2	N_2	O_2	CO_2	H_2S	—	H_2O
分子量 M	28.0104	2.0160	28.014	31.9988	44.0098	34.076	28.966	18.0154
摩尔容积 V_M(m^3/kmol)	22.3984	22.427	22.403	22.3923	22.2601	22.1802	22.4003	21.629
密度 ρ(kg/m^3)	1.2506	0.0899	1.2504	1.4291	1.9771	1.5363	1.2931	0.833
气体常数 R[kJ/(kg·K)]	296.63	412.664	296.66	259.585	188.74	241.45	286.867	445.357
临界参数								
临界温度 T_c(K)	133.0	33.30	126.2	154.8	304.2	373.55	132.5	647.3
临界压力 P_c(MPa)	3.4957	1.2970	3.3944	5.0764	7.3866	8.890	3.7663	22.1193
临界密度 ρ_c(kg/m^3)	300.86	31.015	310.91	430.09	468.19	349.00	320.07	321.70
热值								
高热值 H_h(MJ/m^3)	12.636	12.745	—	—	—	25.348	—	—
低热值 H_L(MJ/m^3)	12.636	10.786	—	—	—	23.368	—	—

续表

气体	一氧化碳	氢	氮	氧	二氧化碳	硫化氢	空气	水蒸气
爆炸极限								
爆炸上限 L_h(体积%)	12.5	4.0	—	—	—	4.3	—	—
爆炸下限 L_L(体积%)	74.2	75.9	—	—	—	45.5	—	—
黏度								
动力黏度 $\mu\times10^6$(Pa·s)	16.573	8.355	16.671	19.417	14.023	11.670	17.162	8.434
运动黏度 $\nu\times10^6$(m^2/s)	13.30	93.0	13.30	13.60	7.09	7.63	13.40	10.12
无因次系数 C	104	81.7	112	131	266	—	122	—
沸点 t(℃)	−191.48	−252.75	−195.78	−182.98	−78.20①	−60.30	−192.00	—
定压比热 c_P[kJ/(m^3·K)]	1.302	1.298	1.302	1.315	1.620	1.557	1.306	1.491
绝热指数 k	1.403	1.407	1.402	1.400	1.304	1.320	1.401	1.335
导热系数 λ[W/(m·K)]	0.0230	0.2163	0.02489	0.250	0.01372	0.01314	0.02489	0.01617

① 升华。

1.2.2　天然气组分的换算

1. 已知混合气体的体积（或分子）组分，换算成质量组分可按公式（1-2-1）计算。

$$g_i=\frac{V_iM_i}{\sum V_iM_i}\times100\% \tag{1-2-1}$$

式中　g_i——混合气体各质量组分（%）；

V_i——混合气体各体积组分（%）；

M_i——混合气体中各组分的分子量，查表1-2-1。

2. 已知混合气体的质量组分换算成体积（或分子）组分可按公式（1-2-2）计算。

$$V_i=\frac{g_i/M_i}{\sum g_i/M_i}\times100\% \tag{1-2-2}$$

混合气体分子组分在数值上等于其体积组分。

【例1-2-1】　以陕甘宁天然气为例进行体积组分与质量组分换算；陕甘宁天然气体积组分为：CH_4 94.70%、C_2H_6 0.55%、C_3H_8 0.08%、C_4^+（重碳氢化合物）1.01%、N_2 3.66%、CO_2 0.00%。

根据公式（1-2-1），计算结果见表1-2-2。

C_4^+ 分子量以 C_4H_{10}、C_4H_8、C_2H_{12} 平均分子量计算。

陕甘宁天然气体积组分与质量组分换算表　　表1-2-2

名　称	体积组分 V_i(%)	分子量 M_i	V_iM_i	质量组分 g_i(%)
CH_4	94.70	16.04	1518.99	89.18
C_2H_6	0.55	30.07	16.54	0.97
C_3H_8	0.08	44.10	3.53	0.21
C_4^+	1.01	61.12	61.73	3.63
N_2	3.66	28.01	102.52	6.01
总　值	100		∑1703.31	∑100

1.2.3　气体分子量

1. 单一气体的分子量见表1-2-1。

2. 混合气体的分子量按下列方式计算：

（1）已知混合气体的体积组分时，其平均分子量按下式计算

$$M_{\mathrm{m}}=\frac{\sum V_iM_i}{100} \tag{1-2-3}$$

（2）已知混合气体的质量组分时，取平均分子量可按下式计算

$$M_{\mathrm{m}}=\frac{100}{\sum g_i/M_i} \tag{1-2-4}$$

式中　M_{m}——混合气体的平均分子量；

V_i——混合气体的体积组分；

g_i——混合气体质量组分。

【例 1-2-2】　计算【例 1-2-1】中混合气体的平均分子量。

【解】　根据公式（1-2-4）求混合气的平均分子量。

$$M_{\mathrm{m}}=\frac{100}{\frac{89.18}{16.04}+\frac{0.97}{30.07}+\frac{0.21}{44.10}+\frac{3.63}{61.12}+\frac{6.01}{102.52}}=17.5$$

1.2.4　气体常数

气体常数可按下式计算

$$R_{\mathrm{m}}=\frac{848}{M_{\mathrm{m}}} \tag{1-2-5}$$

或

$$R_{\mathrm{m}}=\frac{848}{\rho_{\mathrm{m}}\times 22.4}=\frac{37.86}{\gamma_0} \tag{1-2-6}$$

式中　R_{m}——混合气体的气体常数［kg・m/(kg・℃)］；

ρ_{m}——标准状态下混合气体密度（$\mathrm{kg/m^3}$）。

【例 1-2-3】　计算【例 1-2-1】中混合气体的气体常数。

【解】　根据公式（1-2-5）计算混合气体的气体常数。

$$R_{\mathrm{m}}=\frac{848}{17.5}=48.46\mathrm{kg\cdot m/(kg\cdot ℃)}$$

1.2.5　密度、比容和相对密度

密度：单位体积物质所具有的质量称为这种物质的密度，以符号“ρ”表示，工程单位：$\mathrm{kg/m^3}$。

比容：气体单位质量的体积，即密度的倒数，以符号“U”表示，工程单位：$\mathrm{m^3/kg}$。

相对密度：气体密度与标准状态下空气密度的比值，以符号“S”表示，无因次。

1. 密度

（1）密度

$$\rho_0=\frac{M_i}{V_{\mathrm{x}}} \tag{1-2-7}$$

式中 ρ_0——单一气体在标准状态下的密度（kg/m³）；

V_x——摩尔容积（m³/kmol），查表1-2-1；

M_i——单一气体的分子量，查表1-2-1。

混合气体密度可按下式计算

$$\rho_m = \sum \rho_i V_i / 100 \quad (1\text{-}2\text{-}8)$$

式中 ρ_m——混合气体密度（kg/m³）；

ρ_i——混合气体各组分的密度（kg/m³）；

V_i——混合气体各体积组分（%）。

【例1-2-4】 计算【例1-2-1】中混合气体密度。

根据式（1-2-8）求混合气体密度

查表1-2-1得各组分密度

组　分	CH_4	C_2H_6	C_3H_8	C_4^+	N_2
密度(kg/m³)	0.7174	1.3553	2.0102	2.8612	1.2504
体积(%)	94.70	0.55	0.08	1.01	3.66

$$\rho_m = (0.7174 \times 94.70 + 1.3553 \times 0.55 + 2.0102 \times 0.08 + 2.8612 \times 1.01 + 1.2504 \times 3.66) \div 100 = 0.7631 \text{kg/m}^3$$

（2）工作状态下气体密度可按下式计算。

$$\rho_d = 0.22 \frac{\rho_0 + \varphi d_b}{0.833 + \varphi d_b} \frac{P}{273 + t} \frac{1}{Z} \quad (1\text{-}2\text{-}9)$$

式中 ρ_d——工作状态下气体密度（kg/m³）；

ρ_0——标准状态下干气体密度（kg/m³）；

φ——工作气体相对湿度（%）；

d_b——工作气体温度t时饱和水蒸气含量［kg/(m³·干气)］，见表1-2-3；

P——工作气体绝对压力（Pa）；

t——工作气体温度（℃）；

0.833——水蒸气密度（kg/m³）；

Z——压缩因子。查图1-3-1、图1-3-2。

（3）干、湿煤气体积组分可按下式换算

$$V_d = \frac{0.833}{0.833 + \varphi d_b} V_i \quad (1\text{-}2\text{-}10)$$

式中 V_d——湿煤气体积组分（%）；

V_i——干煤气体积组分（%）。

2. 比容

$$U = \frac{1}{\rho} \quad (1\text{-}2\text{-}11)$$

式中 U——气体的比容（m³/kg）。

【例1-2-4】中混合气体的容重为1.31m³/kg。

3. 相对密度

相对密度是气体密度与标准状态下空气密度的比值。

$$S=\frac{\rho}{1.293} \tag{1-2-12}$$

式中 S——相对密度；

ρ——气体密度（kg/m^3）；

1.293——标准状态下空气密度（kg/m^3）。

【例1-2-4】中混合气体的相对比重为0.59。

1绝对大气压下气体在不同温度时的饱和水蒸气压力（Pa）及饱和含水量（kg/m^3 干气） 表1-2-3

空气温度（℃）	饱和水蒸气压力 Pa	饱和含水量 d_b	空气温度（℃）	饱和水蒸气压力 Pa	饱和含水量 d_b
0	620	0.0048	32	4850	0.0396
2	720	0.0056	34	5420	0.0445
4	830	0.0066	36	6060	0.0501
6	950	0.0075	38	6760	0.0563
8	1090	0.0086	40	7520	0.0631
10	1250	0.0098	42	8360	0.0708
12	1430	0.0113	44	9280	0.0793
14	1630	0.0129	46	10280	0.0890
16	1850	0.0147	48	11380	0.0995
18	2100	0.0167	50	12580	0.1144
20	2380	0.0189	52	13880	0.1250
22	2690	0.0215	54	15300	0.1390
24	3040	0.0244	56	16840	0.1560
26	3430	0.0275	58	18500	0.1750
28	3850	0.0311	60	20310	0.1960
30	4330	0.0351			

1.2.6 黏度

流体黏度通常用动力黏度μ和运动黏度ν来表示。混合气体的动力黏度和单一气体一样，也是随压力升高而增大的，在绝对压力小于1.0MPa的情况下，压力的变化对黏度的影响较小，可不考虑。至于温度的影响，却不容许忽略。

1. 混合气体的动力黏度

$$\mu=\frac{100}{\frac{g_1}{\mu_1}+\frac{g_2}{\mu_2}+\cdots+\frac{g_n}{\mu_n}} \tag{1-2-13}$$

式中 μ——混合气体在0℃时的动力黏度（Pa·s）；

g_1、g_2、$\cdots g_n$——各组分的质量成分；

μ_1、μ_2、$\cdots\mu_n$——各组分在0℃时的动力黏度（Pa·s），查表1-2-1。

【例1-2-5】 求【例1-2-1】中混合气体的动力黏度。

【解】 用公式（1-2-13）求混合气体的动力黏度。

各气体组成及动力黏度见下表，查表1-2-1。

气 体	CH_4	C_2H_6	C_3H_8	C_4^+	N_2
质量组分(%)	89.18	0.97	0.21	3.63	6.01
动力黏度×10^6(Pa·s)	10.393	8.600	7.502	7.250	16.071

$$\mu=\frac{100}{\frac{89.18}{10.393}+\frac{0.97}{8.600}\quad\frac{0.21}{7.502}+\frac{3.63}{7.250}+\frac{6.01}{16.071}}$$

$$=10.421\times10^{6}\,\mathrm{Pa\cdot s}$$

因为混合气体的动力黏度μ，随着温度的升高而增大，若仍然以μ表示0℃时混合气体的动力黏度，则t℃时混合气体的动力黏度按下式计算

$$\mu_{t}=\mu_{0}\frac{273+c}{T+c}\left(\frac{T}{237}\right)^{\frac{3}{2}} \tag{1-2-14}$$

式中　μ_t——温度为T_K时的气体动力黏度（Pa·s）；

μ_0——温度为273K时的气体动力黏度（Pa·s）；

c——无因次实验系数，见表1-2-4。

无因次实验系数 c　　表1-2-4

名　称	c	适用温度范围(℃)	名　称	c	适用温度范围(℃)
甲烷	164	20～250	正戊烷	383	122～300
乙烷	252	20～250	乙烯	225	20～250
丙烷	278	20～250	丙烯	321	20～120
正丁烷	377	20～120	丁烯-1	329	20～120
异丁烷	368	20～120			

图1-2-1大气压下气体黏度与温度的关系曲线，用于查阅不同温度下的气体黏度。

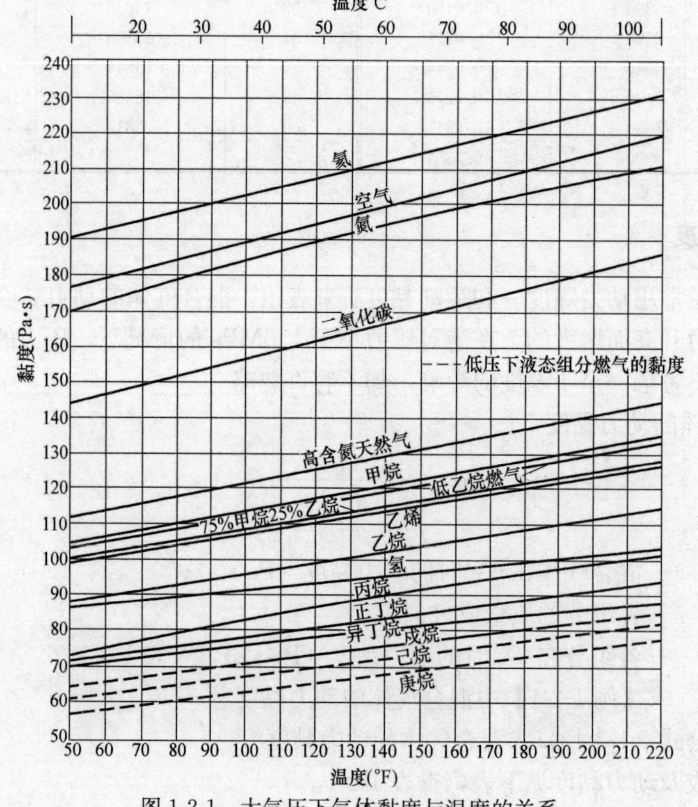

图1-2-1　大气压下气体黏度与温度的关系

2. 运动黏度

运动黏度ν在数值上等于动力黏度除以其密度

$$\nu=\frac{\mu}{\rho} \tag{1-2-15}$$

式中 ν——混合气体的运动黏度（m^2/s）；

μ——相对应的动力黏度（Pa·s）；

ρ——混合气体的密度（kg/m^3）。

1.2.7 热值

在规定条件下，单位数量的燃料在量热计中燃烧放出的热量称为它的热值。含氢和烃的燃气有两个热值，即高热值和低热值，不同之处在于燃烧产物中的水蒸气是否冷凝放出汽化潜热，热值计算中不计算生成的水蒸气放出的汽化潜热称为低热值；计算了汽化潜热的称为高热值。

天然气热值：$1m^3$ 天然气完全燃烧所放出的热量称为天然气的热值，单位为 kJ/m^3（MJ/m^3）。

各种单一气体热值与反应式如表 1-2-5。

各种单一气体的燃烧热与反应式 **表 1-2-5**

气体名称	反应式	气体热值(kJ/Nm^3)	
		高热值	低热值
氢	$H_2+0.5O_2=H_2O$	12724	10768
一氧化碳	$CO+0.5O_2=CO_2$	12615	12615
甲烷	$CH_4+2O_2=CO_2+2H_2O$	39752	35823
乙炔	$C_2H_2+2.5O_2=2CO_2+H_2O$	58370	56359
乙烯	$C_2H_4+3O_2=2CO_2+2H_2O$	63294	59343
乙烷	$C_2H_6+3.5O_2=2CO_2+3H_2O$	70191	64251
丙烯	$C_3H_6+4.5O_2=3CO_2+3H_2O$	93456	87467
丙烷	$C_3H_8+5O_2=3CO_2+4H_2O$	101039	93030
丁烯	$C_4H_8+6O_2=4CO_2+4H_2O$	125559	117425
丁烷	$C_4H_{10}+6.5O_2=4CO_2+5H_2O$	133580	123364
戊烯	$C_5H_{10}+7.5O_2=5CO_2+5H_2O$	158848	148495
戊烷	$C_5H_{12}+8O_2=5CO_2+6H_2O$	168989	156374
苯	$C_6H_6+7.5O_2=6CO_2+3H_2O$	161887	155412
硫化氢	$H_2S+1.5O_2=SO_2+H_2O$	25306	23329

混合气体热值可按（1-2-16）式求出。

$$Q_L=\frac{\sum V_i\cdot q_i}{100} \tag{1-2-16}$$

式中 Q_L——混合气体热值（kJ/m^3）；

V_i——各组分的体积（%）；

q_i——各单一组分的热值（kJ/m^3）。

【例 1-2-6】 计算【例 1-2-1】中混合气体的热值。

【解】 用（1-2-16）式求混合气体热值。单一气体低热值查表 1-2-1。

$$Q_L=(94.7\times35902+0.55\times64397+0.08\times93240+1.01\times130230)\div100$$
$$=35761kJ/m^3$$

注：表 1-2-1 与表 1-2-6 单一气体热值略有差异。

1.2.8 华白数

在燃气的互换性问题中，华白数是衡量热流量（热负荷）大小的特性指数，可用下式

计算

$$W=\frac{Q_H}{\sqrt{S}} \tag{1-2-17}$$

式中　Q_H——燃气高热值（kJ/m^3）；

　　S——燃气的相对比重，公式（1-2-12）求得。

为了保证燃烧器具的燃烧稳定，华白数的波动范围，一般不超过5%。对于混合气体的华白数，分别算出混合气体的热值Q_H和相对比重S，即可求出华白数。

【例1-2-7】中混合气体的华白数，表1-2-1查出单一气体的高热值。

$$Q_H=(94.7\times39842+0.55\times70351+0.08\times101266+1.01\times140540)\div100$$
$$=39618kJ/m^3$$

$$S=0.59$$

$$W=\frac{Q_H}{\sqrt{S}}=\frac{39618}{\sqrt{0.59}}=51578$$

对于类别10T和12T的天然气（相当于国际燃气联盟标准的L类和H类），其成分主要由甲烷和少量惰性气体组成，燃烧特性比较类似，一般可用单一参数（华白数）判定其互换性。表1-1-2所列华白数的范围是指GB 13611规定的最大允许波动范围，但作为商品天然气供作城镇燃气时，应适当留有余地，参考英国规定，是留有3%～5%的余量，则10T～12T作城镇商品天然气时华白数波动范围如表1-2-6，可作为确定商品气波动范围的参考。

10T和12T天然气华白数波动范围（MJ/m^3）　　　**表1-2-6**

类别	标准(基准气)	GB/T 13611范围	城镇燃气商品气范围
10T	43.8	41.2～47.3 −5.94%～+8%	42.49～45.99 −3%～+5%
12T	53.5	48.1～57.8 −10.1%～+8%	50.83～56.18 −5%～+5%

1.2.9　爆炸极限

1. 着火温度

燃烧常分两个阶段进行，着火（准备阶段）和燃烧。

由稳定的氧化反应转变到不稳定的氧化反应——燃烧的一瞬间，称为着火。转变时的温度即为着火温度。

有强大火源引起的着火现象属于热力着火现象。工程上的着火都是热力着火。

着火温度对某种燃气来说，并不是一个准确的数值，它取决于可燃成分在燃气—空气混合物中的含量，燃气与空气分子扩散的转移程度，燃烧的形状和大小，混合物的加热方法及速度、燃烧室壁和压力接触作用的影响。

表1-2-7表示在大气压下一些可燃气体在空气中的着火温度。

2. 爆炸极限

可燃气体与空气混合，经点火（或遇火源）发生爆炸所必需的最低可燃气体（体积）浓度，称为爆炸下限；可燃气体与空气混合，经点火（或遇火源）发生爆炸所容许的最高

一些可燃气体在空气中的着火温度（℃）　　　　表 1-2-7

气体名称	着火温度		气体名称	着火温度	
	量得的最小值	量得的最大值		量得的最小值	量得的最大值
氢	530	590	苯	720	770
一氧化碳	610	658	甲苯	660	
甲烷	645	850	硫化氢	290	487
乙烷	530	594	乙烯	510	543
丙烷	530	588	炼焦煤气	640	
丁烷	490	569	未除二氧化碳的页岩气	～700	
己烷	300	630			
乙炔	335	500			

可燃气体（体积）浓度，称为爆炸上限。

表 1-2-8 为几种可燃气体的爆炸极限。城镇天然气一般都是包括可燃组分和非可燃组分的多组分的混合气体，是混合型燃气。所以实际在工程中或商用天然气的爆炸极限是“混合燃气”的爆炸极限，其数值与燃气组分，可燃组分的种类、化学性质及可燃气体组分的纯度，和天然气与空气混合的均匀程度等相关，因此多组分可燃气体的爆炸极限并非是一个固定值，会随上述的因素的变化而有所波动。

可燃气体的爆炸极限（t=20℃，P=0.1MPa）　　　　表 1-2-8

可燃气名称	燃气在混合物中的含量(%)		可燃气名称	燃气在混合物中的含量(%)	
	下限值	上限值		下限值	上限值
氢	4.00	74.20	丙烯	2.00	11.70
一氧化碳	12.50	74.20	丙烷	2.10	9.50
甲烷	5.00	15.00	丁烷	1.80	8.50
乙烷	2.90	13.00	戊烷	1.40	8.30
乙烯	2.70	34.00	己烷	1.25	6.90
乙炔	2.50	80.00	二氧化硫	1.25	50.00

3. 混合气体爆炸极限的计算。

（1）燃气中不含惰性气体时

$$L=\frac{100}{\sum\frac{V_i}{L_i}}\% \qquad (1\text{-}2\text{-}18)$$

式中　L——可燃气体爆炸上（下）限；

V_i——可燃气体各体积组分（%）；

L_i——可燃气体各组分的爆炸上（下）限（体积%）。

（2）燃气中含有惰性气体时

$$L_{\mathrm{B}}=L\frac{\left(1+\frac{\delta}{1-\delta}\right)100}{100+L\left(\frac{\delta}{1-\delta}\right)}\% \qquad (1\text{-}2\text{-}19)$$

式中　L_{B}——含有惰性气体的爆炸极限（上限或下限）；

L——混合物中可燃部分的爆炸上（下）极限；

δ——惰性气体的容积组分。

【例 1-2-8】　计算【例 1-2-1】中混合气体的爆炸极限（上限和下限）。

混合气体组分	CH_4	C_2H_6	C_3H_8	C_4^+	N_2
组分体积(%)	94.7	0.55	0.08	1.01	3.66
爆炸下限(%)	5.00	2.90	2.10	1.58	
爆炸上限(%)	15.00	13.00	9.50	8.83	

【解】 用公式（1-2-18）计算混合气体可燃组分的爆炸极限。

$$L_{下}=\frac{100}{\frac{94.7}{5.0}+\frac{0.55}{2.9}+\frac{0.08}{2.10}+\frac{1.01}{1.58}}=5.05(\text{下限})$$

$$L_{上}=\frac{100}{\frac{94.7}{15.0}\quad\frac{0.55}{13.0}+\frac{0.08}{9.5}+\frac{1.01}{8.83}}=15.44(\text{上限})$$

用公式（1-2-19）计算含惰性气体后的爆炸极限。

$$L_{B}=5.05\frac{\left(1+\frac{0.0366}{1-0.0366}\right)100}{100+5.05\left(\frac{0.0366}{1-0.0366}\right)}=5.05\frac{1+0.038}{100+5.05\times0.038}\times100=5.23(\text{上限})$$

$$L_{B}=15.44\frac{1+0.038}{100+15.44\times0.038}\times100=15.93\ (\text{下限})$$

由上述计算得陕甘宁天然气可燃组分的爆炸极限为5.05～15.44；计算含惰性气体组分后其爆炸极限为5.33～15.93。

1.3　燃气的压缩因子

在一定温度和压力条件下，一定质量的气体实际占有体积 V_a 与在相同条件下作为理想气体应该占有的体积 V_i 之比，称为气体的压缩因子。该定义也适用于天然气，其方程为：

$$Z=\frac{V_a}{V_i} \tag{1-3-1}$$

Z 表示实际气体的摩尔容积与同温同压下理想气体的摩尔容积之比，Z 的大小表明实际气体偏离理想气体的程度。对于理想气体，$Z=1$；对于实际气体 $Z>1$ 或 $Z<1$。

显然，$Z=f(m_i,P,T)$，即天然气的压缩因子随气体的组成、温度和压力的变化而变化。工程上运用对应状态原理证实；在相同的对应状态下（拟对比参数相等），任何气体的压缩因子几乎相等，从而提出了两参数图或表，即 $Z=f(P_r,T_r)$图或表来解决确定压缩因子的问题。

1.3.1　查图确定压缩因子

在对各种气体的实验数据分析研究中发现，所有气体在接近临界状态时，都显示出相似的性质。以此为基础提出采用临界温度 T_c、临界压力 P_c 和临界体积 V_c 作为对比量来衡量气体的温度、压力和体积，以代替其绝对数值。对比温度、对比压力、对比体积分别由公式（1-3-2）定义如下。

$$T_\tau=\frac{T}{T_c},P_\tau=\frac{P}{P_c},V_\tau=\frac{V}{V_c} \tag{1-3-2}$$

式中　　P——混合气体压力（绝对大气压）；

T——混合气体温度（K氏温度）；

V——混合气体体积（m^3）；

T_c、P_c、V_c——气体的临界温度、临界压力和临界体积；

P_τ、T_τ、V_τ——分别为对比压力、对比温度和对比体积。

工程上常用图1-3-1和图1-3-2来确定压缩因子Z值，两图都是以计算的对比温度T_τ和对比压力P_τ来确定压缩因子Z值。

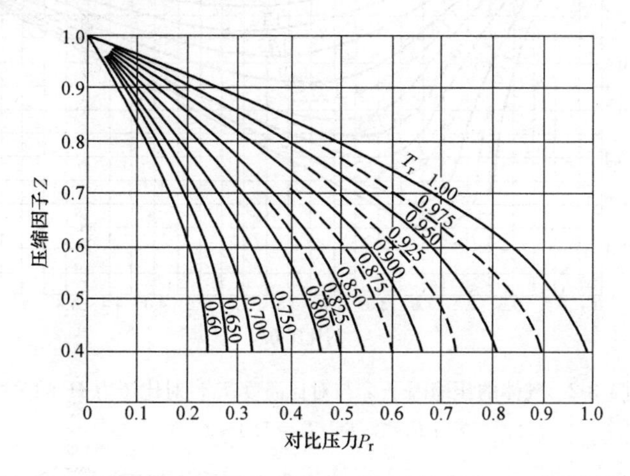

图1-3-1　气体的压缩因子Z与对比温度T_r，对比压力P_r的关系图

（当$P_r<1$，$T_r=0.6\sim1.0$）

对于混合气体，在确定Z值之前，首先要按式（1-3-3）、式（1-3-4）确定拟临界压力和拟临界温度，然后再按图1-3-1、图1-3-2求得压缩因子Z。

$$P_{cm}=r_1P_{c_1}+r_2P_{c_2}+\cdots+r_nP_{c_n} \tag{1-3-3}$$

$$T_{cm}=r_1T_{c_1}+r_2T_{c_2}+\cdots+r_nT_{c_n} \tag{1-3-4}$$

式中　P_{cm}、T_{cm}——混合气体的拟临界压力和拟临界温度；

P_{c_1}、$P_{c_2}\cdots P_{c_n}$——混合气体各组分的临界压力（绝对大气压）；

T_{c_1}、$T_{c_2}\cdots T_{c_n}$——混合气体各组分的临界温度（K氏温度）；

r_1、$r_2\cdots r_n$——混合气体各组分的容积成分（%）。

图1-3-2对含少量非烃组分（大约低于5%的体积百分数）的天然气是基本可靠的。对酸性燃气，通过适当校正拟临界温度和拟临界压力，也可使用该因子图。

拟临界温度的校正系数ε由公式（1-3-5）进行计算。

$$\varepsilon=120(A^{0.9}-A^{1.6})+15(B^{0.5}-B^{4.0}) \tag{1-3-5}$$

式中　A——H_2O和CO_2气体的总摩尔分数；

B——H_2S气体的摩尔分数。

拟临界温度T'_{cm}和拟临界压力P'_{cm}由公式（1-3-6）和公式（1-3-7）进行计算。

$$T'_{cm}=T_{cm}-\varepsilon \tag{1-3-6}$$

$$P'_{cm}=\frac{P_{cm}T'_{cm}}{T_{cm}+B(1-B)\varepsilon} \tag{1-3-7}$$

式中　T'_{cm}——校正的拟临界温度；

P'_{cm}——校正的拟临界压力。

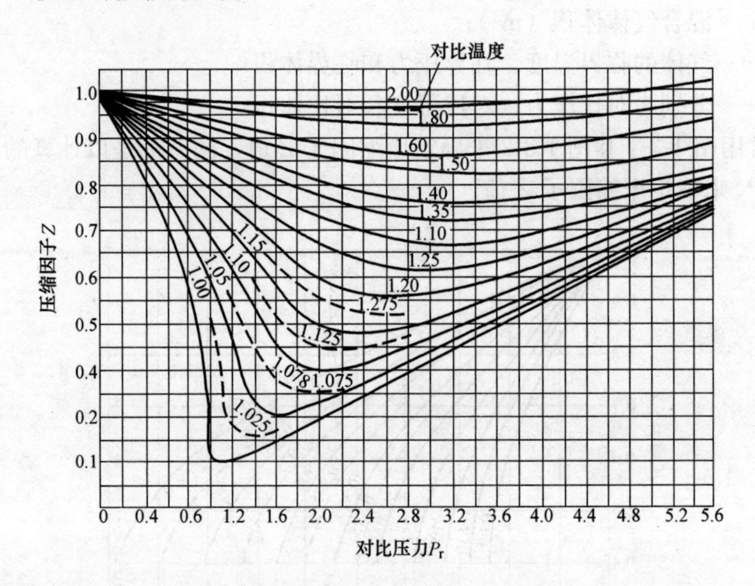

图 1-3-2　气体的压缩因子 Z 与对比温度 T_r，对比压力 P_r 的关系
（当 $P_r<5.6$，$T_r=1.0\sim2.0$）

根据校正的拟临界温度和拟临界压力，计算出拟对比温度和拟对比压力，然后查图，可得出酸性燃气的 Z 因子。

1.3.2　直接计算燃气的压缩因子

Copal 法直接计算燃气的压缩因子

这一方法是对 Z 曲线不同部分用直线方程式来拟合，其基本方程式形式如公式（1-3-8）

$$Z=P_{rm}(AT_{rm}+B)+CT_{rm}+D \tag{1-3-8}$$

A，B，C，D 常数值是按不同 P_{rm} 和 T_{rm} 的组合，表示在表 1-3-1 中。注意在 $P_{rm}>5.4$ 时，要使用一种不同形式的方程式。

Z 因子方程式　　**表 1-3-1**

P_{rm}范围	T_{rm}范围	方　程	方程号
0.2～1.2	1.0～1.2	$P_{rm}(1.6643T_{rm}-2.2114)-0.3647T_{rm}+1.4385$	1
	1.2^+～1.4	$P_{rm}(0.5222T_{rm}-0.8511)-0.0364T_{rm}+1.0490$	2
	1.4^+～2.0	$P_{rm}(0.1391T_{rm}-0.2988)-0.0007T_{rm}+0.9969$	3
	2.0^+～3.0	$P_{rm}(0.0295T_{rm}-0.0825)-0.0009T_{rm}+0.9967$	4
1.2^+～2.8	1.0～1.2	$P_{rm}(-1.3570T_{rm}+1.4942)-4.6315T_{rm}-4.7009$	5
	1.2^+～1.4	$P_{rm}(0.1717T_{rm}-0.3232)-0.5869T_{rm}+0.1229$	6
	1.4^+～2.0	$P_{rm}(0.0984T_{rm}-0.2053)-0.0621T_{rm}+0.8580$	7
	2.0^+～3.0	$P_{rm}(0.0211T_{rm}-0.0527)-0.0127T_{rm}+0.9549$	8

续表

P_{rm}范围	T_{rm}范围	方 程	方程号
$2.8^{+}\sim5.4$	$1.0\sim1.2$	$P_{rm}(-0.3278T_{rm}+0.4752)+1.8223T_{rm}-1.9036$	9
	$1.2^{+}\sim1.4$	$P_{rm}(-0.2521T_{rm}+0.3871)+1.6087T_{rm}-1.6636$	10
	$1.4^{+}\sim2.0$	$P_{rm}(-0.0284T_{rm}+0.0625)+0.4714T_{rm}-0.0011$	11
	$2.0^{+}\sim3.0$	$P_{rm}(0.0041T_{rm}-0.039)-0.0607T_{rm}+0.7927$	12
$5.4^{+}\sim15$	$1.0\sim3$	$P_{rm}(3.66T_{rm}+0.711)^{-1.4007}-1.637/(0.319T_{rm}+0.522)+2.0$	13

注：表中 P_{rm}、T_{rm}为拟对比压力和拟对比温度。

【例 1-3-1】 有一内径为 700mm、长为 125km 的天然气管道。当天然气的平均压力为 3.04MPa、天然气的温度为 278K，求管道中的天然气在标准状态下（101325Pa、273.15K）的体积。已知天然气的容积成分为 $r_{CH_4}=97.5\%$，$r_{C_2H_6}=0.2\%$，$r_{C_3H_8}=0.2\%$，$r_{N_2}=1.6\%$，$r_{CO_2}=0.5\%$。

【解】（1）天然气的拟临界温度和拟临界压力由表 1-2-1、表 1-2-2 查得各组分的临界温度 T_c 及临界压力 P_c 填入下表中，进行计算：

（2）拟临界温度和拟临界对比压力计算见表 1-3-2，并以此计算拟对比温度 T_{rm} 和拟对比压力 P_{rm}。

天然气的拟临界温度和拟临界压力计算 **表 1-3-2**

气体名称	容积成分 r_i(%)	临界温度 T_c	临界压力 P_c	拟临界温度 T_{cm}(K)	拟临界压力 P_{cm}(MPa)
CH_4	97.5	191.05	4.64		
C_2H_6	0.2	305.45	4.88		
C_3H_8	0.2	368.85	4.40	$\frac{1}{100}\sum r_iT_c$	$\frac{1}{100}\sum r_iP_c$
N_2	1.6	126.2	3.39		
CO_2	0.5	304.2	7.39		
	100			191.16	4.64

$$T_{rm}=\frac{T}{T_{crm}}=\frac{273.15+5}{191.16}=1.46$$

$$P_{rm}=\frac{P}{P_{crm}}=\frac{3.04}{4.64}=0.66$$

（3）用 P_{rm}、T_{rm}查图 1-3-2，得 $Z=0.94$

（4）标准状态下管道中天然气体积。天然气管道本身体积 V 为

$$V=0.785\times0.7^2\times125000=48081\text{m}^3$$

标准状态下管道中天然气体积为

$$V_0=V\frac{P}{P_0}\frac{T_0}{T}\frac{1}{Z}=48081\times\frac{3.04}{0.101325}\times\frac{273}{278}\times\frac{1}{0.94}=1506901\text{m}^3$$

如果不考虑压缩因子，而按理想气体状态方程计算得出的管道中气体体积为 1416487m³，比实际少 6%。

【例 1-3-2】 已知混合气体的容积成分为 $r_{C_3H_8}=50\%$，$r_{C_4H_{10}}=50\%$，求在工作压力 $P=1$MPa、$t=100$℃时的密度和比容。

【解】（1）标准状态下混合气体密度，按式（1-2-8）和表 1-2-1，可以得到：

$$\rho_0=\frac{1}{100}\times(50\times2.0102+50\times2.703)=2.36\text{kg/m}^3$$

（2）混合气体的平均临界温度和临界压力：

由表1-2-1查得丙烷的临界温度和临界压力为：

$$T_c=368.85\text{K}, P_c=4.3975\text{MPa}$$

正丁烷的临界温度和临界压力为：

$$T_c=425.95\text{K}, P_c=3.6173\text{MPa}$$

混合气体的拟临界温度和拟临界压力为：

$$T_{crm}=\frac{1}{100}\times(50\times368.85+50\times425.95)=397.2\text{K}$$

$$P_{crm}=\frac{1}{100}\times(50\times4.3975+50\times3.6173)=4.0074\text{MPa}$$

（3）拟对比压力和拟对比温度：

$$P_{rm}=\frac{P}{P_{crm}}=\frac{1+0.101325}{4.0074}=0.28$$

$$T_{rm}=\frac{T}{T_{crm}}=\frac{100+273.15}{397.2}=0.94$$

（4）压缩因子Z。由图1-3-1查得$Z=0.87$。

（5）混合气体密度。$P=1\text{MPa}$、$t=100$℃时的混合气体密度为

$$\rho'=\rho_0\frac{P'}{P_0}\frac{T_0}{T'}\frac{1}{Z}=2.36\times\frac{1+0.101325}{0.101325}\times\frac{273.15}{100+273.15}\times\frac{1}{0.87}=21.6\text{kg/m}^3$$

（6）混合气体比容　$P=1\text{MPa}$、$t=100$℃时的混合气体比容为

$$v'=\frac{1}{\rho'}=\frac{1}{21.6}=0.0463\text{m}^3/\text{kg}$$

若按理想气体状态方程计算，$\rho=18.78\text{kg/m}^3$，$v=0.0533$，偏差达13%。

1.4　天然气输气管道中水化物的生成与防止

1.4.1　水化物的生成条件

从地层中开采的天然气都含有水蒸气，水蒸气在一定条件下会生成冷凝水、冰塞、水化物，在管输酸性气体时，它将对管子产生强烈腐蚀。水蒸气的大量存在成为破坏输气管正常运转的主要原因。

水化物是一种复杂而又极不稳定的化合物，它由碳氢化合物和水组成，其化学分子式为：$CH_4\cdot7H_2O$；$C_2H_6\cdot8H_2O$；$C_3H_8\cdot18H_2O$等，系白色结晶，类似于冰或密实的雪。生成水化物有两个必不可少的条件：一是气体中要有足够的水蒸气；二是要有适宜的温度和压力。

气体中有足够的水蒸气，也就是说气体和水蒸气混合物中的水蒸气分压，要大于水化物的蒸汽压，水化物才有可能形成和存在。试验表明，天然气——水化物多相系统中，气相内的水蒸气含量（可用其分压表示）要少于天然气——水混合物中气相内的水蒸气含量，这就证明了水化物的蒸汽压，小于天然气中水的饱和蒸汽压。因此，如果输气管中气

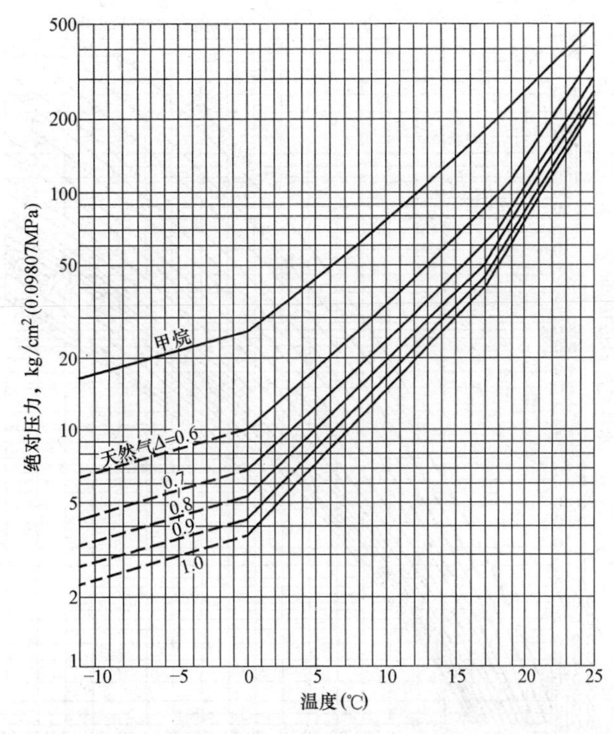

图 1-4-1　甲烷和不同比重的天然气水化物的形成曲线与压力、温度的关系

体被水蒸气饱和即输气管的温度等于湿气的露点时，水化物生成就有足够的水分，此时混合物中水蒸气分压远超过水化物的蒸汽压。相反，如果减少气体中水分含量，使水蒸气分压低于水化物的蒸汽压，水化物就不可能生成和存在。

图 1-4-1 为纯甲烷和不同相对比重的天然气生成水化物的温度-压力曲线，当气体中含有足够的水蒸气时，每一温度下，都对应一个生成水化物的最低压力。曲线的左边为水化物存在区，右边为无水化物区。由图可看出，在同一温度下，对于较重的气体形成水化物的压力较低。在一般情况下，水化物总是在低温高压下易于形成。

除了上述生成水化物的主要条件（压力和温度）外，高速、紊流、脉动（例如由于活塞式压气机引起的）、突然拐弯等造成气体旋涡的地方和气体所含的某些杂质，都能促进水化物的形成。

水化物的生成将影响天然气输气管道的正常流动，因此应降低天然气的露点，以防生成水化物，GB 50028 规定"天然气的烃露点应比最低环境温度低 5℃"。参考图 1-4-2 不同压力和温度情况下天然气含水量，天然气输气管道设计中在不同压力、不同温度的情况下均应避免输送介质露点的产生，以保输气管道的正常运行。

1.4.2　防止水合物生成的方法

为防止天然气水合物的生成，在不同的场合相应采取不同的参数控制，如从气田或地下储气库采气时，采取脱水、降压或调节温度等措施后由长输管线供出。天然气的深度脱水方法主要有冷冻法、吸附法和吸收法。对于 2～2.5MPa 及以上压力的高压天然气在实际工程中考虑到管道与周围环境换热的影响，一般节流后的最低温度在−60℃左右。可根

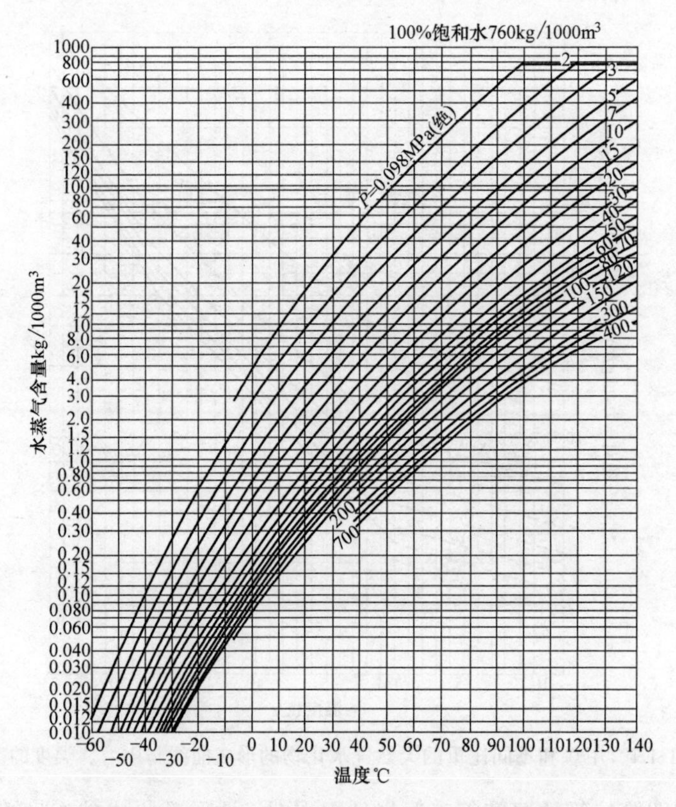

图 1-4-2　不同压力和温度情况下天然气含水量

图中压力单位为 kg/m^2，$1kg/cm^2=0.09807MPa$

据气体中的含水量不同，采用不同的方法结合在天然气加压前进一步脱水。

目前天然气的脱水方法主要有冷冻法、吸附法和吸收法。

(1) 冷冻法在加冷源的条件下，对天然气进行降温，使天然气中的水分凝结排除，再将天然气恢复为常温，从而实现脱水。

(2) 吸收法主要是用甲醇、甘醇（乙二醇 CH_3CH_2OH）、二甘醇、三甘醇、四甘醇等作为反应剂。醇类之所以能用来分解或预防水化物的产生，是因为它的蒸气与水蒸气可形成溶液，水蒸气变为凝析水，降低形成水化物的临界点。醇类的水溶液的冰点比水的冰点低得多，吸收了气体中的水蒸气，因而使气体的露点降低的多。在使用醇类的设备上装有排水装置，将吸收产生的液体及时排除。其中甲醇具有毒性，用于天然气流量与水合物生成量不大，且温度较低的场合；乙二醇、二甘醇等甘醇类化合物无毒，沸点高于甲醇，蒸发损失小，可加收再生使用，大大降低成本，适用于处理气量较大场合。对于管线宜采用乙二醇；而在分离器，热交换器等设备中宜采用蒸气压较低的二甘醇、三甘醇。

无机盐抑制剂有氯化钙（$CaCl_2$），氯化钠（NaCl），氯化镁（$MgCl_2$），氯化铝（$AlCl_3$），氯化钾（KCl）与硝酸钙（$Ca(NO_3)_2$）等。其中以氯化钙使用最广泛，常采用质量浓度为30%～35%的溶液，并加入0.5%～1.5%的亚硝酸钠，使其腐蚀性大大降低。无机盐在高压低温下有可能生成冰盐合晶，引起管道堵塞，且消除堵塞较困难，但当无机盐浓度低于某临界值时，不生成冰盐合晶，其中氯化钙、氯化镁、硝酸钙、氯化锂、氯化钠的临界质量浓度分别为26%、23%、34%、17%、22%。对于管线中已形成的水合物堵塞可采用注入抑制剂、加热或降压的方法促使水合物分解。

（3）吸附法。主要采用活性氧化铝、活性铝矾土、凝胶或分子筛等固体干燥剂来脱出天然气中的水。这些干燥剂可把露点为0℃的天然气的最低露点降到－100℃左右。在实际工程中必须采用并联2套吸附脱水装置，一套为使用侧，一套为再生侧。由于固体干燥剂随含水量的增加脱水能力下降，当下降到一定程度脱水能力满足不了要求时，两侧进行更换，以保证脱水质量，但成本比吸收法高。

第 2 章　城镇天然气用气负荷

城镇天然气供应的输配系统工程设计，首先应研究该城镇天然气的用气负荷及负荷特性。负荷与负荷特性与具体城镇的自然、人文、能源结构及经济发展等状况有关，不同城市在不同发展阶段的负荷与负荷特性也不相同，不同时期有不同特点，计算方法也会不同，但都力求符合实际情况，它将直接影响着天然气输配系统的经济性、可靠性。

通过本章对该城镇天然气负荷和负荷特性的分析、研究，计算出城镇天然气的年耗气量，确定该城镇的供气规模；根据负荷不同的耗气工况，确定天然气输配管网的小时计算流量；分析天然气输配管网的供需平衡和计算，提出该城镇天然气输配系统供需平衡的方法，确定系统的储气容积。

2.1　城镇天然气负荷及负荷特性

2.1.1　城镇天然气设计用气量

1. 城镇天然气设计用量按下述几方面统计。

(1) 居民生活用气量；

(2) 商业用气量；

(3) 工业企业生产用气量；

(4) 采暖通风和空调用气量；

(5) 燃气汽车用气量；

(6) 其他用气量。

注：当电站采用城镇天然气发电或供热时，尚应包括电站用气量。

2. 各种用户的燃气设计用气量，应根据燃气发展规划和用气量指标确定。

3. 居民生活和商业的用气量指标，应根据当地居民生活和商业用气量的统计数据分析确定。

4. 工业企业生产的用气量，可根据实际燃料消耗量折算，或按同行业的用气量指标分析确定。

5. 采暖通风和空调用气量指标，可按国家现行标准《城市热力网设计规范》CJJ34 或当地建筑物耗热量指标确定。

6. 燃气汽车用气量指标，应根据当地燃气汽车种类，车型和使用量的统计数据分析确定，当缺乏用气量的实际统计资料时，可按已有燃气汽车城镇的用气量指标分析确定。

2.1.2　城镇天然气负荷特性及负荷曲线

负荷来源于不同用户的耗气量，它和配气系统的供气量相匹配。而负荷特性，则表示耗气量在一年中的不同小时，不同日、周，不同月或不同季节的变化。耗气变化图（即负荷曲线图）决定着天然气输配系统所担负的使命和所要完成的任务。就以主要供应居民炊事和供热水的输配系统，与增供居民、商业和工业用户采暖用气后的配气系统比较，因耗气特性的不同而会有很大区别，且后者会复杂得多。

年耗气量决定天然气利用的方案，用户的规模和使用的经济性。根据年耗气量变化的特性所决定的最大小时耗气量，即设计负荷，则用来确定输配系统的管径，是选择设备及调压器等的依据。

1. 城镇天然气负荷特性

根据不同用户耗气量的特点，结合图 2-1-1，将负荷特性归纳成下述四类。

（1）居民、商业和工业用户（不含采暖）

1）这类用户是天然气连续供应用户，只有在维修和事故情况下才会中断用气，因此，也可称为“稳定”的用气户，“稳定”用气户也包括采暖用气（在采暖季）。不包括采暖用气在内的“稳定”负荷称为基本负荷。

2）这类基本负荷中，居民主要包括炊事、生活热水、洗衣、冷藏、垃圾焚烧等用气；商业用户主要包括旅馆、饭店、公共建筑的餐饮和热水、采暖与空调用气，除周六日外，每日耗气量均较为均匀，日高峰一般出现在午高峰和晚高峰；周末或假期将会高于平日用气。见图 2-1-3。

3）居民最大小时用气高峰，按中国人的传统习惯出现在春节除夕 17～18、18～19 时，其用气量将达到平日的 4 倍多。

4）商业和工业的基本负荷，在年耗量变化中相对是一个常量。在一年长假的旅游高峰期，旅游城市将会出现餐饮业用气高峰。

（2）采暖用气

采暖负荷泛指所有以天然气作民用、商用和工业企业的采暖用气，在采暖期间是稳定负荷。

1）采暖用气对年耗气量而言是季节性负荷，采暖期（冬天）用气，非采暖期则不用气。从全国范围讲，因地区不同，冬季长短不一，采暖室外计算温度也不同，因此，其采暖期和采暖耗热指标也因地区不同而不同。如京、津地区采暖期为 125 天，哈尔滨为 176 天、海拉尔 209 天等，见表 2-2-5，采暖室外计算温度分别为－9℃、－26℃和－34℃。对于气源供气量是稳定的城镇，必须在非采暖期发展好缓冲用户。

2）采暖负荷随气候变化而不同，对于分散型单户居民采暖，设计有室外温度监控器，根据室外温度调节采暖锅炉的供热量。采暖日耗气量除极端天气外变化不大，每日的用气高峰上班族出现在 18～21 时；普通家庭则出现在 6～9 时，从 23 时到次日 6 时前采暖用气量接近于 0。

（3）非高峰期或季节用户

在用气的非高峰期，当采暖用户耗气量较小时或天然气有多余时才开始用天然气的一部分用户，这些用户也是稳定的用气户，一年中的其他时间（即采暖期）则改用替代燃料，以便使用燃料的总成本达到最佳值。图 2-1-1 中，从 4 月 1 日到 10 月 31 日之间的用气户属于此类用户。这类用户在调节全年用气负荷中有十分重要的意义，许多国家都想方设法发展这类用户。但其总用气量应小于天然气采暖的总用气量。

(4) 调节用户或可中断供气的用户（缓冲用户）

可中断的调节用户的种类很多，它不属于“稳定”的用户。天然气有剩余时才供给，当供给稳定用户的天然气无剩余时，就停止向这类用户供气，这类用户就要用其他燃料来维持设备运行，必须进行燃料转换。因此，调节用户的天然气价格应低于替代燃料的价格。工业锅炉常作为可中断的用气户。

2. 城镇天然气负荷曲线

负荷曲线是在相同的时间段内，一个或几个不同用户群体的负荷变化，对不同类型用户用负荷曲线图来表述负荷特性的形式，使负荷特性的表现更形象化。负荷曲线可分为：

a. 季节波动或月波动（负荷的月变化）的一年负荷曲线图，图 2-1-1，图 2-1-2。

b. 周或日波动（负荷的日变化）的一周负荷曲线图，图 2-1-3。

c. 小时波动（负荷的小时变化）一日负荷曲线图，图 2-1-4、图 2-1-5。

以下是不同的负荷曲线图及说明。

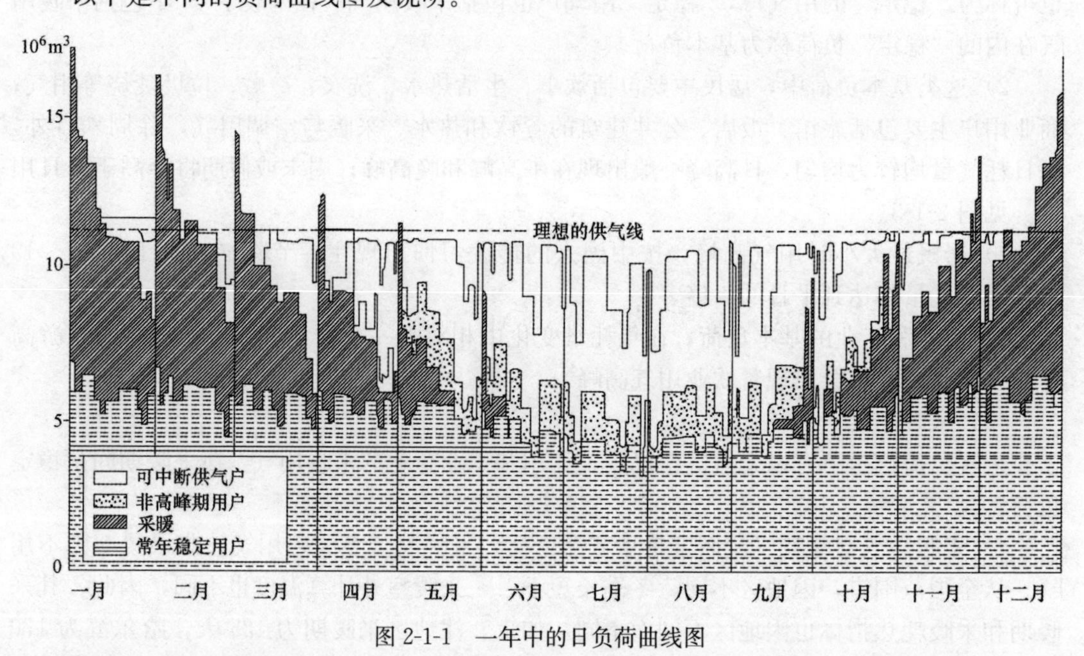

图 2-1-1　一年中的日负荷曲线图

图 2-1-1 是美国一家燃气公司典型的负荷曲线图，图中的时间段以“日”计。

图中的负荷曲线由四类用户组成：即，可中断供气用户；非高峰期或季节用户；采暖用户（按月作出负荷曲线后叠加上去）和年复一年的稳定用户（不包括采暖）。

在图 2-1-1 中，由于可中断供气用户的安排非常完善，填补了图中的大部分空缺，因而日总供气量在一年中的变化不大。虚线表示城市燃气公司向长输管道供气公司按合同方式购进的气量，是一条理想的供气线，也是长输管线理想的能力线。

负荷曲线对城市输配系统的运行管理也有重要的意义。利用负荷曲线可以正确地安排一年中的供气计划，确定调节用户的用气量，安排燃气管网及其构筑物的改进和维修计划等。例如利用用气的变化规律，可以关断个别管道和调压装置，进行维修，而不影响对用户的供气。

由图 2-1-1 可知，各类用气量中，采暖负荷具有最大的季节波动性，它随室外气温的变化而变化。生活、商业用户的用气量也有较大的季节波动性，它也受气温的影响，室外温度降低时用气量就增大。例如，冬季水温低，将水加热要耗费更多的热量，冬季也会有更多需加热食品；夏季城市人口会有所减少，如一些人外出旅游等。由于生活、商业用户的负荷比采暖负荷小，在总年耗气量中所占的比重不大，因此在汇总结果中，它对总波动的影响甚小。国外的经验表明：凡建筑物的采暖和居民生活用气量在总用气量中达到一定的比重后，月用气量的波动将增大，而生产工艺用气量占有较大比重的城市，其年用气量的波动性较小。

将采暖负荷从工艺负荷中分离出来进行计算是有意义的，这两类负荷的用气工况差别很大。由图 2-1-1 可知，采暖负荷在一个月内不是一个常量，而是随室外温度及其在不同温度区间内的不同日数而变化的一个变量，在一年中采暖用气是季节性用气户。

理想的负荷曲线是一条水平线，它表示用气量为常量。用气量为常量时，燃气输配系统的设计可大大简化。由于在所有的时间内燃气通过管道系统的流量为常值，因而供应 1m^3 燃气的成本可以大大降低。但由于负荷变化的复杂性，负荷曲线通常也难以达到这一理想状态。

在天然气到来之前，我国城市燃气主要供民用炊事和少量热水，工业用户的比例也不大，城市燃气的负荷曲线也必然是另一种模式。图 2-1-2 为上海市 1994 年的年负荷曲线图。

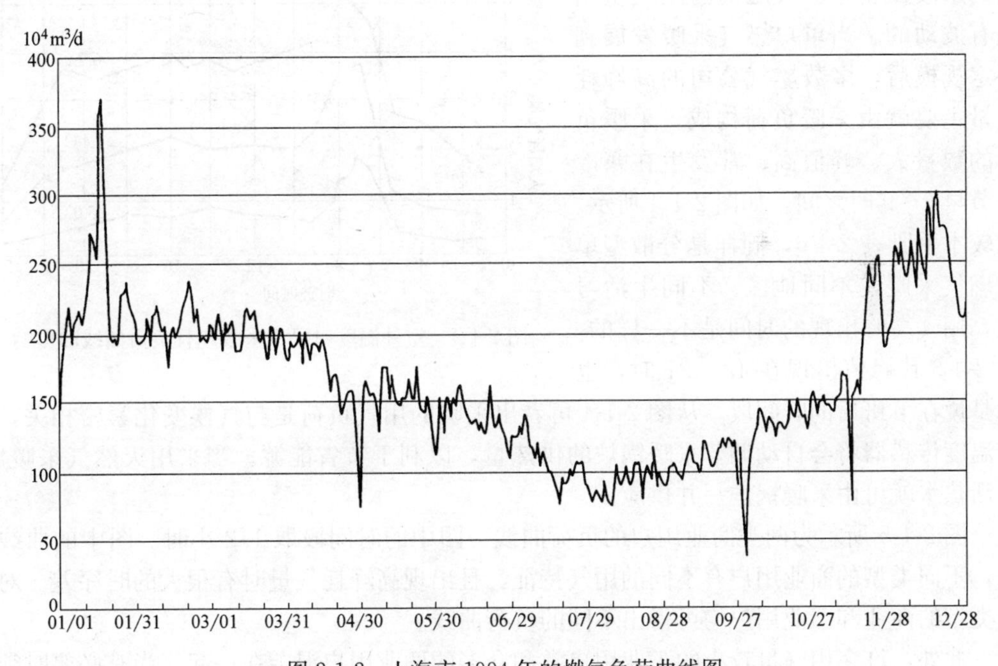

图 2-1-2 上海市 1994 年的燃气负荷曲线图

来源：《上海浦东煤气厂二期工程后评价自评报告》

比较图 2-1-1 和图 2-1-2 可知，燃气在不同的使用工况下，负荷曲线也有很大的差别（上海市不采暖）。

负荷曲线的研究也包括各类用户的用气规律。例如，某一单独用户炊事用气的日和小时的波动规律可用图 2-1-3 中的两条曲线表示（图中以 1/2 小时为时间段单位）。但单独用户的用气规律不能代表用户群体的用气规律，图中表示的星期四和星期日的用气负荷变化是不相同的。

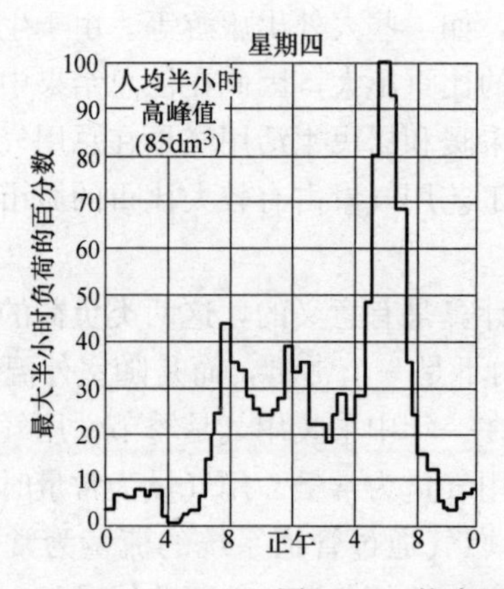

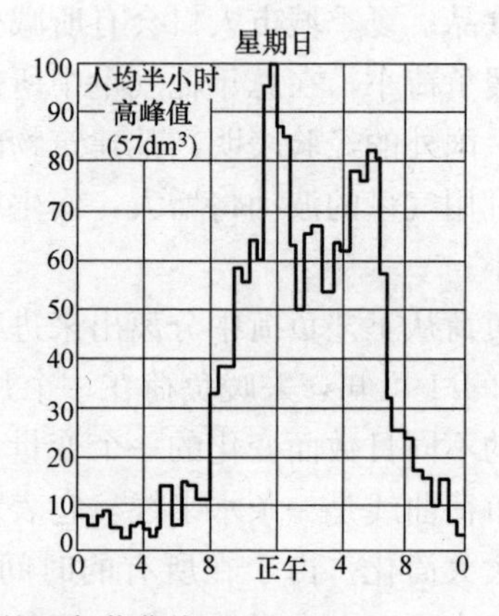

图 2-1-3　炊事用户的日负荷曲线

以燃气作采暖能源后，负荷特性与采暖方式有关。对大型采暖锅炉设备的用气量可认为在一天内的变化不大（天气突然变冷或变暖除外）。对某一单独用户的小型燃气采暖设备，尤其是带有回拨装置的时钟恒温器的采暖设备，一天之内的用气量则是有波动的。当单户燃气采暖发展到一定规模后，多数燃气公司的高峰耗气量主要就由采暖负荷构成。采暖负荷的数量大、峰值高、常发生在寒冷季节早 6～9 时之间。如图 2-1-4 所示。比较本手册表 2-4-6，同样是分散型单户燃气采暖，不同地区、不同生活习惯，用气高峰出现的时间是不一样的，表 2-4-6 其峰值出现在 18～21 时，也就是说在下班后的时间段。从图 2-1-4 可看出采暖的用气负荷是与气候变化紧密相关，室外温度传感器将会自动调节采暖锅炉的供热量，以利于节省能源。当采用天然气采暖后，生活热水就可由采暖锅炉一并供应。

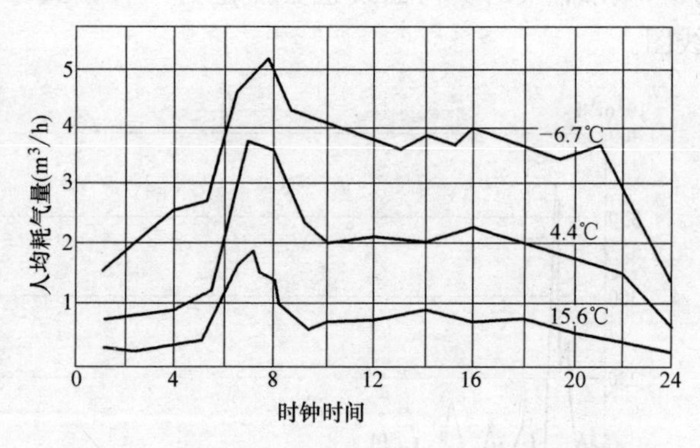

图 2-1-4　室外温度对民用采暖户日负荷曲线的影响

图 2-1-5 所示为两类商业用户的负荷曲线。图中的时间段取 1/2 小时。图中的曲线表明，不同类型的商业用户有不同的用气特征，且出现高峰耗气量时有很大的时序差。对不同类型的商业和工业用户均可得出不同的负荷曲线。

此外，许多用气量较小的工业用户常和众多的商业用户混杂在一起，当有必要时须进行综合研究。

图 2-1-3、图 2-1-4 和图 2-1-5 的日负荷曲线还表示，由于燃气使用的不同工况，居民炊事、采暖和商业用户的最大耗气量并不发生在同一时序时间。如图 2-1-4 中，最大采暖耗气量发生在晨 7 时左右，而该时居民炊事和商业用户却并不是高峰期（图 2-1-3，图 2-1-5），因此，输配系统高峰耗气量出现的时间决定于不同类型用户耗气的综合情况。不同城市或同一城市的不同区域均有不同的规律。唯一的共同规律是居民采暖因耗气量最大，

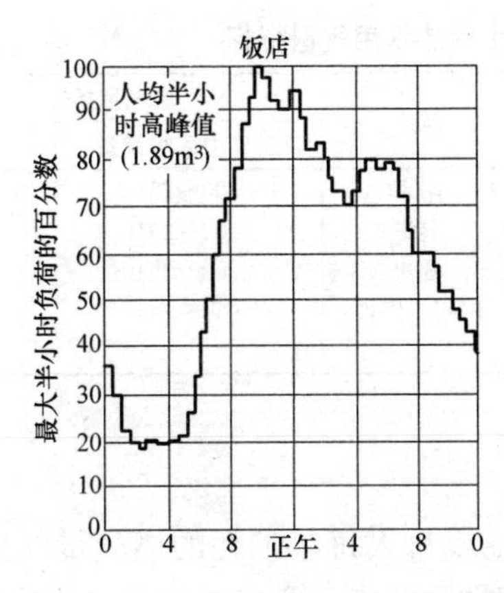

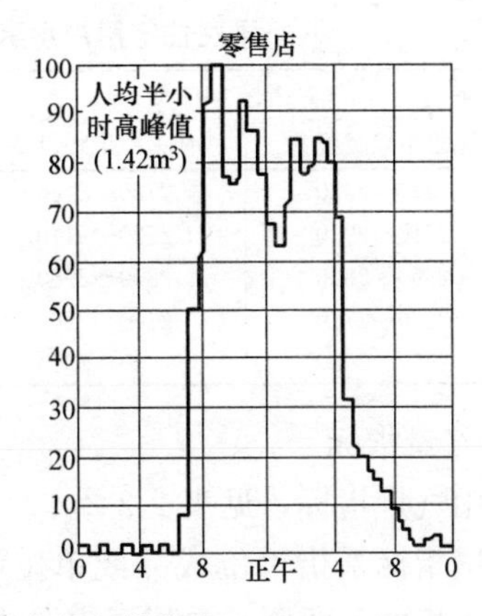

图 2-1-5　两类商业用户的负荷曲线

影响也最大，因此，当燃气采暖发展到一定的规模后，输配系统的最大负荷常以最大采暖耗气量作为基础确定。

我国城市天然气在不少城市已不再只是以居民炊事和生活热水供应为主了，为了减少污染物的排放、改善环境、节省能源和便于管理等，自 21 世纪，已推广使用分散型单户天然气居民采暖，改变了以往以供居民炊事和生活热水为主的供气格局。由于负荷特性的变化，管道小时计算流量也就不同，则将延伸到天然气输配系统管径、选择设备和调压器等变化。因此上述对天然气采暖负荷特性的分析是十分必要的，也是城镇天然气发展的需要。

表 2-1-1 为各类燃具的耗气系数，从表中可看出采暖的同时工作耗气系数的数值很高，且采暖锅炉的热负荷又大，因此，对于单户采暖的居民天然气用户其设计负荷应以采暖用气负荷为主。

各类燃具的耗气系数　　**表 2-1-1**

用户数	炊事用燃具	热水器	燃气采暖	用户数	炊事用燃具	热水器	燃气采暖
1	1	1	1	75	0.24	0.34	0.78
5	0.7	0.50	0.92	100	0.20	0.33	0.76
10	0.57	0.43	0.88	200	0.15	0.32	0.73
25	0.40	0.43	0.84	500	0.14	0.31	0.69
50	0.29	0.37	0.80	1000	0.14	0.30	0.68

2.2　城镇天然气用气量指标及年用量计算

2.2.1　城镇天然气用气量指标

1. 居民生活用气量指标，见表 2-2-1。

说明：

(1) 随着人民主食的社会化，上述指标呈下降趋势。

(2) 分散型单户天然气采暖居民，采暖期热水可由采暖锅炉（壁挂炉等）供应，因此，上述指标也应作适当调整，计算年用气量时，应作综合平衡计算。

居民住宅用户烦事及生活热水用气量指标　　表 2-2-1

城市	用气量指标 MJ/人·a		城市	用气量指标 MJ/人·a	
	无集中采暖设备	有集中采暖设备		无集中采暖设备	有集中采暖设备
北京	2510～2930	2720～3140	南京	2300～2510	
天津	2510～2930	2720～3140	上海	2300～2510	
哈尔滨	2590～2820	2800～2980	杭州	2300～2510	
沈阳	2550～2780	2760～2960	广州　深圳	2930～3140	
大连	2450～2680	2680～2900			

2. 商业用气量指标

（1）商业用气量指标，见表 2-2-2。

商业用气量指标系指单位成品或单位设施或每人每年消耗的燃气量（折算为热量）。影响该用气量指标的重要因素是燃具设备类型和热效率，商业单位的经营状况和地区气象条件等。商业用气量的指标。应该根据当地商业用气量的统计数据分析确定。表 2-2-2 为商业用气量指标参考值。

商业用户的用气量指标　　表 2-2-2

类别		单位	用气量指标	备注
商业建筑	有餐饮	kJ/(m²·d)	502	商业性购物中心，娱乐城，办公商贸综合楼、写字楼、图书馆、展览厅、医院等。有餐饮指有小型办公餐厅或食堂
	无餐饮		335	
宾馆	高级宾馆(有餐厅)	MJ/(床·a)	29302	该指标耗热包括用餐、卫生用热、洗衣消毒用热、洗浴中心用热等。中级宾馆不考虑洗浴中心用热
	中级宾馆(有餐厅)		16744	
旅馆	有餐厅	MJ/(床·a)	8372	指仅提供普通设施，条件一般的旅馆及招待所
	无餐厅		3350	
餐饮业		MJ/(座·a)	7955～9211	主要指中级以下的营业餐馆和小吃店
燃气直燃机		MJ/(m²·a)	991	供生活热水、制冷、采暖综合指标
燃气锅炉		MJ/(t·a)	25.1	按蒸发量、供热量及锅炉燃烧效率计算
职工食堂		MJ/(人·a)	1884	指机关、企业、医院事业单位的职工内部食堂
医院		MJ/(床·a)	1931	按医院病床折算
幼儿园	全托	MJ/(人·a)	2300	用气天数 275d
	半托	MJ/(人·a)	1260	
大中专院校		MJ/(人·a)	2512	用气天数 300d

（2）北京市部分商业用户用气量指标，见表 2-2-3，供设计参考。

北京市部分商业用户用气量指标范围　　表 2-2-3

用户类型	单位	平均用气量	用气量指标范围
幼儿园、托儿所	m³/(人·d)	0.107	0.068～0.146
小学	m³/(人·d)	0.033	0.012～0.053
中学	m³/(人·d)	0.046	0.035～0.057
大学	m³/(人·d)	0.061	—
办公(写字)楼	m³/(人·d)	0.148	0.097～0.199
综合商场、娱乐城	m³/(座·d)	0.780	—
五星级宾馆	m³/(床·d)	0.567	0.512～0.615
四星级宾馆	m³/(床·d)	0.748	0.372～1.123

续表

用户类型	单　位	平均用气量	用气量指标范围
三星级宾馆	m^3/(床・d)	0.897	0.882～0.912
普通旅馆、招待所(三星级以下)	m^3/(床・d)	0.853	0.755～0.951
普通饭店、小吃站	m^3/(座・d)	0.665	0.490～0.840
医院	m^3/(床・d)	0.322	0.259～0.385
企事业单位食堂	m^3/(人・d)	0.197	0.164～0.230
企事业单位食堂(含生活热水)	m^3/(人・d)	0.468	0.257～0.679
部队	m^3/(人・d)	0.917	0.907～0.927

注：本表用气量系相应于北京市天然气热值。

各项目天然气用量应按实际使用类型分别进行计算和统计；对于中、小学由本校自行供应营养餐的用气指标，应根据实际使用状况调整。

3. 工业企业生产用气量指标

部分工业产品的用气量指标，见表 2-2-4，供参考。

部分工业产品的用气量指标　　**表 2-2-4**

序号	产品名称	加热设备	单　位	用气量指标(MJ)
1	炼铁(生铁)	高炉	t	2900～4600
2	炼钢	平炉	t	6300～7500
3	中型方坯	连续加热炉	t	2300～2900
4	薄板钢坯	连续加热炉	t	1900
5	中厚钢板	连续加热炉	t	3000～3200
6	无缝钢管	连续加热炉	t	4000～4200
7	钢零部件	室式退火炉	t	3600
8	熔铝	熔铝炉	t	3100～3600
9	黏土耐火砖	熔烧窑	t	4800～5900
10	石灰	熔烧窑	t	5300
11	玻璃制品	融化、退火等	t	12600～16700
12	动力	燃气轮机	kW・h	17.0～19.4
13	电力	发电	kW・h	11.7～16.7
14	白炽灯	融化、退火等	万只	15100～20900
15	日光灯	熔化退火	万只	16700～25100
16	洗衣粉	干燥器	t	12600～15100
17	织物烧毛	烧毛机	10^4m	800～840
18	面包	烘烤	t	3300～3500
19	糕点	烘烤	t	4200～4600
20	玻璃退火	退火炉	t	335～419
21	玻璃加热	玻璃浴槽炉	t	14240～23860
22	卫生陶瓷	隧道窑	t	7350～10470
23	陶瓷釉面砖	双层辊道窑	t	2512
24	化纤定型机		10000m	4190～5020
25	洗衣粉干燥	仅干燥用	t	12560～15070

天然气是可贵的清洁能源，应尽量供应给对燃气中有害气体如硫化氢含量有严格要求的轻纺工业、玻璃、陶瓷、纺织、食品等用气，对于钢铁企业应以副产回收、加工的高炉煤气、转炉煤气、焦炉煤气等作为企业主要气源，减少天然气的引入。

4. 采暖与空调的用气量指标

天然气采暖通风和空调的用气量指标，分为以下三类：

a. 分散型单户天然气采暖用户；

b. 天然气直燃机用户；

c. 天然气集中采暖锅炉房燃气用户。

商业用气户的采暖用气量指标参见表2-2-2；集中采暖用户的供暖区域的用气量指标参见表2-2-5，分散型单户采暖用气户的用气量指标见表2-2-5和（2）的实测统计数字。

（1）各城市的采暖各项耗能指标

表2-2-5中给出的数据值是属连续采暖条件下的数据，在确定小区天然气采暖负荷时，应认定建筑物性质，对于节能建筑应以 q_{HL} 指标结合考虑热效率来决定采暖锅炉或大型热水器，壁挂炉的热负荷；如未加保温层的现有建筑，应采用现有建筑的耗热指标 q_H，结合考虑热效率来决定采暖锅炉和大型热水器的热负荷。

各城市采暖期各项耗能指标　　**表2-2-5**

城　市		北京	天津	石家庄	太原	呼和浩特	沈阳	哈尔滨	海拉尔
采暖天数 Z(d)		125	119	112	135	166	152	176	209
采暖室外计算温度(℃)		−9	−9	−8	−12	−19	−19	−26	−34
采暖室外平均温度(℃)		−1.6	−1.2	−0.6	−2.7	−6.2	−5.7	−10	−14.3
节能建筑	q_H(W/m²)	20.6	20.5	20.3	20.8	21.3	20.1	21.9	22.6
	q_{HL}(W/m²)	27.4	28.8	28.4	30.1	32.6	33.1	33.7	36.4
	Q_{sa}[kW/(m²·a)]	61.8	58.5	54.5	67.39	84.3	73.3	92.5	170.5
现有建筑	q_H(W/m²)	31.8	31.5	31.2	32.0	32.8	32.6	34.4	34.8
	q_{HL}(W/m²)	43.82	44.36	43.66	46.37	50.09	50.99	52.93	55.97
	Q_{sa}[kW/(m²·a)]	95.5	90.0	83.9	103.7	130.5	119.0	145.3	174.4

表中：q_H——建筑物耗热量指标；q_{HL}——采暖设计热负荷指标；Q_{sa}——建筑物采暖耗能量指标（表中为1993年资料）。

（2）分散型单户天然气采暖的耗能指标及壁挂炉的热效率

1）天然气采暖耗能指标

这是从36户分散型单户燃气采暖居民用户统计得出的燃气采暖的耗热指标（95%可信度）：（适用于京津地区）

耗热指标：71.06～81.26kJ/(h·m²)

采暖年耗热量：205～234MJ/(a·m²)

折合耗天然气：5.7～6.5m³/(a·m²)

（天然气低发热值：36000kJ/m³）

2）壁挂炉热效率

国产壁挂炉：>91%；

进口壁挂炉：>93%。

5. 汽车用气量指标

（1）天然气汽车用气量指标

汽车用气量指标与汽车种类、车型和单位时间运营里程有关，根据当地实际情况分析确定，表2-2-6天然气用气量指标供参考使用。

天然气汽车用气量指标　　表 2-2-6

车辆种类	用气量指标(m^3/km)	日行驶里程(km/d)
公交汽车	0.17	150～200
出租车	0.10	150～300

（2）成都市压缩天然气汽车耗气指标，见表 2-2-7。

成都市 2000～2003 年压缩天然气汽车耗气量指标　　表 2-2-7

		百千米负荷(MJ/100km)	日负荷[MJ/(车·d)]
出租车(富康、捷达)		332.7	1293.9
公交车	有空调	1848.5	3327.3
	无空调	1096.6	1848.5
环卫车		1109.1	1848.5

2.2.2　城镇天然气年用气量计算

1. 居民生活年用气量

在计算居民生活年用气量时，需要确定用气人数。居民用气人数取决于城镇居民人口数和气化率。气化率是指城镇居民使用燃气的人口数占城镇总人口数的百分比。一般城市的气化率很难达到 100%，其原因是有些旧房屋结构不符合安装燃气设备的条件，或居民点离管网太远等。

根据居民生活用气量指标、居民数、气化率按下式即可计算出居民生活年用气量。

$$q_{a1}=\frac{NKQ_{P}}{H_{L}} \tag{2-2-1}$$

式中　q_{a1}——居民生活年用气量（m^3/a）；

N——居民人数（人）；

K——气化率（%）；

Q_{P}——居民生活用气量指标参考表 2-2-1，[MJ/(人·a)]；

H_{L}——燃气低热值（MJ/m^3）。

对于以天然气为燃料分散采暖的居民用户，在采暖期，生活热水将由采暖锅炉（或壁挂炉）一并供应，则在此期间应折算其表 2-2-1 的用气指标。

2. 商业年用气量

在计算商业用气年用气量时，需要确定各类商业用户的用气量指标和各类商业用气人数占总人口的比例以及气化率。对公共建筑，用气人数取决于城镇居民人口数和公共建筑的设施标准。

商业年用气量可按下式计算：

$$q_{a2}=\frac{MNQ_{C}}{H_{L}} \tag{2-2-2}$$

式中　q_{a2}——商业年用气量（m^3/a）；

N——居民人口数；

M——各类用气人数占总人口的比例数；

Q_{C}——各类商业用气量指标参考表 2-2-2、表 2-2-3 和表 2-2-8，[MJ/(人·a) 或 MJ/(床·a) 或 MJ/(座·a)]；

H_L——燃气低热值（MJ/m³）。

表2-2-8是上海地区各类商业用户的设施标准，可供参考。

上海市各类商业用户的设施标准 表2-2-8

公共建筑类别	比例数 M	公共建筑类别	比例数 M
食堂	40座/100人	幼儿园	10人/100人
医院	5床/1000人	托儿所	10人/100人
门诊所	6次/(人·a)	理发	24次/(人·a)
旅馆	2床/1000人	洗澡	150次/(人·a)
学校	9人/100人		

3. 工业企业年用气量

工业企业年用气量与生产规模、班制和工艺特点有关，一般只进行粗略估算。

估算方法大致有以下两种：

（1）工业企业年用气量可利用各种工业产品的用气量指标及其年产量来计算。（参考表2-2-4）

（2）在缺乏产品用气量指标资料的情况下，通常是将工业企业其他燃料的年用量，折算成燃气用气量，其折算可按本手册2.3进行。

4. 建筑物采暖年用气量

建筑物采暖年用气量与建筑面积、耗热指标和采暖期长短有关，一般可按下式计算：

$$q_{a4}=\frac{FQ_Hn}{H_L\eta} \tag{2-2-3}$$

式中 q_{a4}——采暖年用气量（m³/a）；

F——使用燃气采暖的建筑面积（m²）；

Q_H——建筑物耗热指标（参考本手册表2-2-5，或本章2.1.1-4的相关内容），[MJ/(m²·h)]；

H_L——燃气低热值（MJ/m³）；

η——采暖系统热效率（天然气分户采暖可按75%考虑）（%）；

n——采暖负荷最大利用小时数，h。

由于各地冬季采暖计算温度不同，因此各地区的建筑物能耗热指标 Q_H 也不相同，其值可由采暖通风设计手册查得。

采暖负荷最大利用小时数可按下式计算：

$$n=n_1\frac{t_1-t_2}{t_1-t_3} \tag{2-2-4}$$

式中 n——采暖负荷最大利用小时数，h；

n_1——采暖期（h）；

t_1——采暖室内计算温度，居民住宅：$t_1=18$；饭店：$t_1=20$（℃）；

t_3——采暖室外计算温度，见表2-2-5（℃）；

t_2——采暖期室外平均气温，见表2-2-5（℃）。

对于以天然气为燃料的集中采暖锅炉房，其采暖年用气量可按式（2-2-3）和式（2-2-4）计算，式中 η—采暖系统热效率应考虑锅炉热效率，热网热效率及其他采暖系统热效率，从而构成总的热效率。

5. 汽车用年气量

根据城市使用天然气汽车的种类、车型、运营方式等当地实际使用状况进行分析，确定计算年汽车天然气用气量，其用气量指标可参考表 2-2-6，表 2-2-7。

6. 未预见量

城市年用气量中还应计入未预见量，主要是指管网的燃气漏损量和发展过程中未预见到的供气量，一般未预见量按总用气量的 5％计算。

由以上 6 项计算相加就得出该城市的天然气年用量，确定该城市的供气规模。

7. 城镇天然气年用量推荐指标

表 2-2-9 是北京市燃气集团调查组推荐的燃气用户年负荷指标，供设计比照和参考。

北京燃气集团负荷调查课题组推荐的年负荷指标　　表 2-2-9

用户类型			燃气用途	MJ/(户·a)	MJ/(m²·a)	MJ/(人·a)	MJ/[床(座)·a]
居民生活、采暖	别墅	中央空调	炊事、生活热水、采暖	213684	712	67667	
		壁挂炉	炊事、生活热水、采暖	106842	534	32053	
	高级公寓	集中采暖	炊事、生活热水	28491	534	9260	
	普通住宅	集中采暖	炊事、生活热水	8547	427	2849	
托儿所、幼儿园(日托)			餐饮、热水		534	1781	
中、小学			餐饮、生活热水		534	1425	
办公(写字)楼			餐饮、生活供暖		534	1425	
综合商场			餐饮、生活热水、采暖		1603		
高档宾馆			餐饮、生活热水、采暖		1068		106842
大饭店、酒楼			餐饮、生活热水		890		19588
旅馆、招待所			采暖、生活热水、餐饮		890		28491
饭馆、小吃、餐饮业			餐饮		890		10684
医院、疗养院			餐饮、采暖、生活热水		890		21368
科研、大专院校			采暖、生活热水、餐饮		356	1781	

2.3　不同燃料的用气量折算

2.3.1　燃气体积用量换算

在燃气输配工程中有时遇到需要改换输送燃气的种类，例如有人工燃气改输天然气，或由瓶装液化石油气，改为管道输配人工燃气、天然气或矿井气，这就需要进行体积换算。

燃气由热量变换为体积量不涉及使用效率，故在工程设计计算中可简单地直接换算。其换算系数为原有燃气与拟用燃气的低热值之比。

不同种类燃气体积的概略比值见表 2-3-1，精确计算时，应按当地已用的燃气平均低热值和新设计燃气的低热值求得。另外，由于各种燃气燃烧产生的烟气热焓不一，实际使用的热效率也不同，如果需要精确计算时，应考虑这些因素的影响。

不同燃气之间的体积换算系数概略值　　表2-3-1

	液化石油气 $H_L=41870$ (kJ/kg)	天然气 $H_L=35590$ (kJ/m³)	催化油制气 $H_L=18840$ (kJ/m³)	炼焦煤气 $H_L=17580$ (kJ/m³)	混合人工气 $H_L=14650$ (kJ/m³)	矿井气 $H_L=13400$ (kJ/m³)
液化石油气	1	1.18	2.22	2.38	2.86	3.13
天然气	0.85	1	1.89	2.02	2.43	2.66
催化油制气	0.45	0.53	1	1.07	1.29	1.41
炼焦煤气	0.42	0.49	0.93	1	1.2	1.31
混合人工气	0.35	0.41	0.78	0.83	1	1.09
矿井气	0.32	0.38	0.71	0.76	0.91	1

注：H_L 为燃气低热值。

2.3.2　其他燃料的折算

1. 固体、液体燃料的换算

当由固体燃料（柴禾或煤）和液体燃料用量换算为气体燃料用量时，可按下式计算

$$q_{a3}=\frac{G_y H'_L \eta'}{H_L \eta} \tag{2-3-1}$$

式中　q_{a3}——工业企业或其他用户年用气量（m³/a）；

C_y——其他燃料的年用量（kg/a）；

H'_L——其他燃料的低热值（MJ/kg）；

H_L——燃气的低热值（MJ/m³）；

η'——其他燃料燃烧设备热效率（%）；

η——燃气燃烧设备热效率（%）。

当对各类用户进行燃料消耗量调查并将之折算成燃气消耗量时，应该在燃气与被替代的某种能源品种之间换算时采用尽量准确的热效率值，表2-3-2数据供参考。

各种燃料的热效率　　表2-3-2

燃料种类	天然气	液化石油气	人工煤气	空混气	煤炭	汽油	柴油	重油	电
热效率(%)	60	60	60	60	18	30	30	28	80

常用固体、液体燃料的发热量（kJ/kg）

燃料油　46190

燃料煤　27210

若用煤球或蜂窝煤在计算煤的耗量时应扣除其中的掺入量（如黄土、石灰等）。

民用炊事炉灶使用不同燃料的热效率（%）见表2-3-3。

民用炊事炉灶使用不同燃料时的热效率（%）　　表2-3-3

序号	用户类别	燃料种类		
		煤	油	城市煤气
1	居民生活用户	15～20(煤球炉) 20～25(蜂窝煤炉)	30	55～60
2	公共建筑用户	20～25	40	55～60

2. 电能与燃气换算

当用户将电热改为燃气加热时，在考虑两者热效率相同的情况下，每度电的发热量

为 3600kJ。

当居民用燃料用煤改为燃气时，在计算用气量时应加入使用浴室用快速热水器的用气量。

【例 2-3-1】 一居民用户原用煤作燃料，每天用煤量为 3kg/d；现改烧天然气，求其每天燃气的使用量？

【解】 利用公式（2-3-1）求天然气的使用量 V。

计算条件　煤的热值　27210kJ/kg

　　　　　煤炉的效率　20％

　　　　　天然气热值　36000kJ/m³

　　　　　民用灶效率　55％

则

$$V=3\times\frac{27210\times0.2}{36000\times0.55}=0.825\mathrm{m^3/d}$$

2.4 城镇天然气负荷工况

城镇天然气用户的需用工况即用气量变化，是不均匀的。这是城镇燃气输配工程中必须考虑的一个特点。

用气不均匀性可分为三种：月不均匀性（或季节不均匀性），日不均匀性和时不均匀性。

各类用户的用气不均匀性由于受诸多因素的影响，如气候条件、居民生活水平及生活习惯、机关和工业企业的工作班次、建筑物和车间内用气设备情况等，因此难以从理论上推算出来，只有在大量积累资料的基础上经过分析整理才可得出可靠的数据。

城镇天然气需用工况与各类燃气用户的需用工况及各类用户在总用气量中所占比例有关。

2.4.1 月用气工况

影响居民生活及商业月用气不均匀性的主要因素是气候条件。冬季气温低，水温也低，使用热水又较多，故制备食品和热水的用气量增多。反之，夏季用气量则较低。

商业用气的月不均匀性与各类用户的性质有关，主要影响因素也是气候条件，这与居民生活用气的不均匀规律基本相似，流动人口的客流状况将影响月用气工况。

工业企业用气的月不均匀性主要取决于生产工艺的性质。连续生产的大工业企业以及工业炉窑用气比较均匀，夏季由于室外气温及水温较高，工业用户的用气量也会有所下降，但幅度不大，故可视为均匀用气。

建筑物采暖的用气工况与城市所在地区采暖期的天数和气候变化有关。与建筑维护结构的保温性能等相关。

一年中各月的用气不均匀性用月不均匀系数表示。因每月天数在 28～31d 内变化，故月不均匀系数 K_m 按下式计算：

$$K_\mathrm{m}=\frac{\text{该月平均日用气量}}{\text{全年平均日用气量}}\tag{2-4-1}$$

十二个月中平均日用气量最大的月，也即月不均匀系数最大的月，称为计算月，并将最大月不均匀系数$K_{m,max}$称为月高峰系数。工程设计中，居民炊事和热水用气的月不均匀系数可在1.15～1.35间采用。商业用气月不均匀系数可在1.10～1.35间采用，工业企业用气月不均匀系取1.0，采暖和空调用气量可在1.10～1.40间采用（采暖期）。

表2-4-1列出东北、华北、华东三个典型城市的居民炊事、热水用气量月不均匀系数。

几个城市居民住宅炊事、热水用气月不均系数K_m　　**表2-4-1**

月份	哈尔滨	北京	上海	月份	哈尔滨	北京	上海
一	1.10	1.05	1.12	七	0.93	0.88	0.91
二	1.03	1.03	1.32	八	0.94	0.91	0.91
三	1.02	0.93	1.12	九	0.97	1.01	0.91
四	0.97	0.99	1.03	十	1.02	1.01	0.92
五	0.95	1.03	0.97	十一	1.05	1.07	0.91
六	0.94	0.94	0.91	十二	1.08	1.15	0.98

从表2-4-1中可看出，由于中国人的传统节日春节在每年的1月或2月，此时虽值冬季，但月高峰系数$K_{m,max}$都出现在这两个月中。

2.4.2　日用气工况

一个月中或一周中日用气不均匀性主要由居民生活习惯、工业企业的生产班次和设备开停时间等因素决定。

居民生活和商业用户日用气工况主要取决于居民生活习惯，平日与节假日用气的规律各不相同。

根据实测资料，我国一些城市，在一周中，从星期一至星期五用气量变化较少，而周末，尤其是星期日，用气量有所增加（见表2-4-2）。这种周的用气量变化规律是每周重复循环的。节日前和节假日用气量较大。

工业企业用气的不均匀性在乎日波动较少，而在轮休日及节假日波动较大，一般按均衡用气考虑。

采暖期间，采暖用气的日不均匀性变化不大。

用日不均匀系数表示一个月（或一周）中的日用气量的不均匀性。日不均匀系数K_d值按下式计算：

$$K_d=\frac{\text{该月中某日用气量}}{\text{该月平均日用气量}} \tag{2-4-2}$$

该月中最大日不均匀系数$K_{d,max}$称为该月的日高峰系数，该日称为计算日。

表2-4-2列出了我国一般城市和我国香港居民生活用气的日不均匀系数。

一般城市居民生活用气日不均匀系数　　**表2-4-2**

星期	一	二	三	四	五	六	日
日不均匀系数	0.835	0.876	1.023	0.876	1.067	1.163	1.182
中国香港日不均匀系数	1.002	0.9937	0.988	0.986	1.0069	1.0246	1.0123

从表2-4-2中可看到，该周中的日高峰系数$K_{d,max}$出现在双休日周六或周日，其他几日变化不大；节日前和节假日用气量较大，春节前一天和当日二天居民生活日用气量，会高达平均日用气量的3～4倍。居民和公共建筑炊事和热水的日不均匀系数为0.8～1.2，

日高峰系数取其上限值。

2.4.3　小时用气工况

城市中燃气小时用气工况的不均匀性主要原因是居民生活用气及商业用气不均匀性引起的。

居民生活用户小时用气工况与居民生活习惯、气化住宅的数量以及居民职业类别等因素有关。每日有早、午、晚三个用气高峰，其中早高峰较低。星期六、日小时用气的波动与一周中其他各日又不相同，一般仅有午、晚两个高峰。

采暖期间建筑物为连续采暖时，其小时用气量波动小，可按小时均匀供气考虑。若为非连续采暖，也应该考虑其小时不均匀性。分散型单户天然气采暖 22 时到次日 6 时用气量小，该段时间设定其用气量仅处在采暖保温状态；当居民外出时也将设定在用气低负荷状态、室内温度设定在 5℃。因此采暖用气负荷日，时的不均匀系数会出现有较大值的状况，见表 2-4-6。

连续生产的三班制工业企业生产用气的小时用气量波动较小，非连续生产的一班制及两班制的工业企业在非生产时间段的用气量接近于零。

小时不均匀系数表示一日中小时用气量的不均匀性。小时不均匀系数 K_h 值按下式计算：

$$K_h=\frac{\text{该日某小时用气量}}{\text{该日平均小时用气量}} \tag{2-4-3}$$

该日最大小时不均匀系数 $K_{h,max}$ 称为该日的小时高峰系数。

表 2-4-3 列出上海市小时不均匀系数。由表中数据可见居民和公共建筑小时不均匀系数的高峰值可达 2.71，而工业企业的小时高峰系数为 1.57。上海市的年高峰小时用气量出现在每年除夕夜 17～18 时，此时全部调峰用燃气加压机都将处在运行状态，其用气量将达到全年最大的小时用气高峰。

小时不均匀系数 K_h　　表 2-4-3

时间	居民住宅及公共建筑	工业企业	时间	居民住宅及公共建筑	工业企业
1～2	0.31	0.64	13～14	0.67	1.27
2～3	0.40	0.54	14～15	0.55	1.33
3～4	0.24	0.71	15～16	0.97	1.26
4～5	0.39	0.77	16～17	1.7	1.31
5～6	1.04	0.60	17～18	2.3	1.33
6～7	1.17	1.17	18～19	1.46	1.17
7～8	1.25	1.15	19～20	0.82	1.08
8～9	1.24	1.31	20～21	0.51	1.04
9～10	1.57	1.57	21～22	0.36	1.16
10～11	2.71	0.93	22～23	0.31	0,57
11～12	2.46	1.16	23～24	0.24	0.66
12～13	0.98	1.21	24～1	0.32	0.47

工程设计中取 $K_{h,max}=2.5\sim3.1$。富阳市 2001 年 2 月 11 日 $K_{h,max}=3.07$。

2.4.4　用气高峰系数

用气高峰系数应根据城市用气量的实际统计资料确定。居民生活及商业用户用气的高峰系数，当缺乏用气量的实际统计资料时，结合当地具体情况，可按下列范围选用：

$$K_{m,max}=1.1\sim1.3$$

$$K_{d,max}=1.05\sim1.2$$

$$K_{h,max}=2.2\sim3.2$$

则：

$$K_{m,max}K_{d,max}K_{h,max}=2.54\sim4.99$$

当供气户数多时，小时高峰系数应取低限值。当总户数少于 1500 户时，$K_{h,max}$ 可取 3.3～4.0。

表 2-4-4 列出几个城市居民和公共建筑用气高峰系数。

几个城市居民和公共建筑用气高峰系数　　表 2-4-4

序号	城市名称	高峰系数			
		K_1	K_2	K_3	$K_1K_2K_3$
1	北京	1.15～1.25	1.05～1.11	2.64～3.14	3.20～4.35
2	上海	1.24～1.30	1.10～1.17	2.72	3.7～4.14
3	大连	1.21	1.19	2.25～2.78	3.24～4.00
4	鞍山	1.06～1.15	1.03～1.07	2.40～3.24	2.61～4.00
5	沈阳	1.18～1.23		2.16～3.00	
6	哈尔滨	1.15	1.10	2.90～3.18	3.66～4.02
7	一般	1.1～1.3	1.05～1.20	2.20～3.20	2.54～4.99

2.4.5　采暖和空调的用气不均匀工况

1. 分散型单户天然气采暖用户

以下是根据一城市（华北地区）36 户居民以不同燃气采暖得出的采暖用气工况的统计数字，供设计参考。其中用天然气 24 户，人工燃气 10 户、液化石油气 2 户；户型是 4 室 2 户、3 室 12 户、2 室 21 户、1 室 1 户。采暖方式为壁挂炉低温热水对流采暖。

(1) 月不均匀系数，表 2-4-5

分散单户燃气采暖月不均匀系数见表 2-4-5，采暖期为（京、津地区）11 月 15 日至次年 3 月 15 日。

月不均匀系数　　表 2-4-5

月　份	11	12	1	2	3
月平均耗热指标	57.69	73.90	99.19	71.52	50.34
年平均耗热指标	76.24	76.24	76.24	76.24	76.24
K_m^N	0.76	0.97	1.31	0.94	0.66

注：耗热指标的单位为 kJ/(h·m²)。

月不均匀系数 K_m^N 按式 2-4-4 计算

$$K_m^N=\frac{月平均耗热指标}{年平均耗热指标}\tag{2-4-4}$$

(2) 日不均匀系数

耗气量最大月份中各天的耗气量的变化可以用日不均匀系数 K_d^N 表示，由于月不均匀系数受当地气候的影响很大，每年都不一样。由于采集数目有限，文中只计算耗气量最大月的日不均匀系数 $K_{d,max}^N$，见式（2-4-5）。

$$K_{d,max}^{N}=\frac{最大月最大日耗热指标}{最大月平均日耗热指标} \quad (2\text{-}4\text{-}5)$$

就统计资料知，1 月 11 日是耗气量最大日，日平均耗气量 153.74kJ/(h·m²)，1 月平均耗气量为 91.19kJ/(h·m²)，则 $K_{d,max}^{N}$

$$K_{d,max}^{N}=\frac{153.74}{91.19}=1.55$$

(3) 时不均匀系数

下面是以耗气量最大月，最大日的统计资料计算出的时不均匀系数 K_{h}^{N}，见表 2-4-6。

时不均匀系数　　表 2-4-6

时间	耗气指标	K_h^N	时间	耗气指标	K_h^N	时间	耗气指标	K_h^N
0～1	0.00	0	8～9	239.31	1.56	16～17	209.10	1.36
1～2	0.00	0	9～10	279.02	1.82	17～18	247.94	1.61
2～3	0.00	0	10～11	279.02	1.82	18～19	315.90	2.05
3～4	0.00	0	11～12	269.74	1.71	19～20	315.90	2.05
4～5	0.00	0	12～13	192.91	1.26	20～21	282.88	1.84
5～6	0.00	0	13～14	192.91	1.26	21～22	229.07	1.49
6～7	48.88	0.32	14～15	209.10	1.36	22～23	70.72	0.46
7～8	96.82	0.63	15～16	209.10	1.36	23～24	6.15	0.04

注：耗热指标的单位为 kJ/(h·m²)。

(4) 最大采暖用气不均匀系数

分散型单户天然气采暖用气不均匀系数如下：

最大月不均匀系数：$K_{m,max}^{N}=1.14\sim1.48$；

最大日不均匀系数：$K_{d,max}^{N}=1.46\sim1.65$；

最大时不均匀系数：$K_{h,max}^{N}=1.51\sim2.95$。

2. 直燃机采暖通风和空调天然气用电户的用气不均匀系数

(1) 月不均匀系数

参考表 2-4-7 北京市直燃机用户 1999～2002 年用气月不均匀系数。

北京市直燃机用户 1999～2002 年用气月不均匀系数　　表 2-4-7

时间	机关	宾馆	商场	写字楼	医院	公寓	加权平均
1月	1.478	1.513	1.387	1.675	2.220	1.713	1.609
2月	0.869	1.123	1.331	1.417	2.040	1.223	1.235
3月	0.534	0.712	0.578	0.698	1.236	0.760	0.689
4月	0.148	0.284	0.000	0.232	0.470	0.162	0.216
5月	0.288	0.618	0.000	0.671	0.033	0.538	0.462
6月	1.495	1.132	1.323	1.117	0.486	1.012	1.185
7月	1.917	1.440	1.454	1.384	0.663	1.258	1.485
8月	1.849	1.436	1.592	1.243	0.839	1.182	1.435
9月	1.016	1.019	1.496	0.867	0.422	0.701	0.938
10月	0.097	0.364	0.963	0.349	0.142	0.514	0.323
11月	0.769	0.823	0.578	0.729	0.826	1.177	0.785
12月	1.541	1.536	1.298	1.619	2.621	1.759	1.637

(2) 日不均匀系数

参考表2-4-8北京市1998～2003年各类燃气用户用气日不均匀系数统计，表右为直燃机用户日不均匀系数。

北京市1998～2003年各类燃气用户用气日不均匀系数统计 表2-4-8

燃气用户种类	居民用户		分散锅炉房		直燃机用户			
	日不均匀系数		室外温度(℃)	日不均匀系数	日不均匀系数			
日期	2003年4月	2003年5月	2003年1月		1998年1月	1999年1月	1998年7月	1999年7月
1	1.138	0.917			0.767	0.845	0.759	0.901
2	1.138	0.899	−7	0.914	0.767	0.982	1.055	1.397
3	1.130	0.874	−7	1.243	1.124	0.886	1.074	0.992
4	1.088	0.891	−9	1.221	1.089	1.261	0.983	0.887
5	1.002	0.921	−7.5	1.213	0.919	1.261	0.983	1.076
6	0.652	1.010	−7.5	1.183	0.818	0.916	0.954	1.435
7	1.086	1.034	−4.5	1.198	0.859	0.964	0.975	0.940
8	1.090	1.049	−5	1.177	0.818	1.136	0.914	0.381
9	1.132	1.039	−4	1.083	0.824	1.029	1.021	0.360
10	1.169	0.919	−2.5	0.982	0.837	0.988	1.063	0.297
11	1.180	0.950	1.5	0.882	0.903	1.380	0.895	0.478
12	1.041	1.037	2	0.776	0.912	1.208	0.729	0.203
13	1.031	1.021	−0.5	0.834	0.991	1.338	0.954	1.037
14	1.083	1.025	−1.5	0.901	1.061	1.380	1.125	1.174
15	1.074	1.019	−1	0.949	1.165	1.208	1.202	1.432
16	1.027	1.024	−1	0.927	1.181	1.321	1.138	1.383
17	1.092	0.939	1	0.967	1.218	0.255	1.087	1.226
18	1.113	0.960	−2	0.857	1.343	1.196	0.879	1.233
19	1.004	1.045	−0.5	0.859	1.196	01.338	0.783	1.593
20	1.011	1.048	0.5	0.840	0.960	0.898	0.994	1.502
21	1.063	1.051	−1	0.950	1.092	0.827	1.026	1.621
22	1.030	1.044	0	0.896	1.108	0.684	1.077	1.669
23	0.985	1.021	−2	0.866	1.234	0.577	0.906	1.848
24	0.902	0.945	−0.5	1.032	1.042	0.732	1.138	0.590
25	0.681	0.969	−2	0.901	0.941	0.916	1.047	0.737
26	0.741	1.060	−2.5	0.907	0.975	0.964	1.010	0.636
27	0.727	1.068	−8	1.090	1.045	0.613	1.018	0.499
28	0.770	1.071	−8	1.140	1.061	0.321	1.034	0.555
29	0.754	1.089	−5.5	1.150	0.991	0.464	1.074	0.681
30	0.732	1.083			0.865	0.857	1.101	0.765
31		0.980			0.896	1.255	0.999	1.474

(3) 时不均匀系数

参考表 2-4-9 北京市 1998～2003 年各燃气用户用气小时不均匀系数统计，表中为直燃机用户小时不均匀系数。

北京市 1998～2003 年各类燃气用户用气小时不均匀系数统计　　表 2-4-9

时间	居民用户	直燃机用户								锅炉房
	时不均匀系数	夏季高峰日时不均匀系数				冬季高峰日时不均匀系数				时不均匀系数
		写字楼	宾馆	娱乐场馆	加权平均	写字楼	宾馆	娱乐场馆	加权平均	
0～1	0.342	0.192	0.823	0.410	0.417	0.428	0.777	0.400	0.543	0.647
1～2	0.333	0.191	0.799	0.410	0.408	0.433	0.777	0.400	0.546	0.685
2～3	0.352	0.185	0.815	0.410	0.410	0.400	0.777	0.400	0.526	0.732
3～4	0.319	0.185	0.838	0.410	0.418	0.399	0.777	0.400	0.525	0.748
4～5	0.340	0.189	0.830	0.410	0.417	0.411	0.777	0.400	0.532	0.741
5～6	0.559	0.335	0.846	0.410	0.510	0.448	0.777	0.400	0.554	0.804
6～7	1.250	1.360	0.815	0.821	1.142	1.293	0.874	0.800	1.121	0.952
7～8	1.427	1.806	0.999	0.821	1.471	1.783	0.972	0.800	1.447	1.209
8～9	1.187	1.762	1.022	0.821	1.452	1.745	0.991	0.800	1.431	1.139
9～10	1.552	1.751	1.053	1.231	1.483	1.740	1.011	0.800	1.434	1.094
10～11	1.692	1.802	1.083	1.231	1.525	1.478	1.030	1.200	1.310	1.149
11～12	1.794	1.793	1.196	1.231	1.557	1.580	1.049	1.200	1.378	1.123
12～13	1.498	1.910	1.205	1.231	1.630	1.527	1.069	1.200	1.352	1.086
13～14	0.881	1.793	1.219	1.231	1.564	1.484	1.088	1.200	1.333	1.035
14～15	0.582	1.749	1.195	1.231	1.529	1.415	1.127	1.200	1.305	1.053
15～16	0.835	1.687	1.133	1.231	1.472	1.410	1.166	1.600	1.341	1.070
16～17	1.162	1.589	1.139	1.231	1.415	1.361	1.185	1.600	1.318	1.173
17～18	1.628	1.048	1.141	1.231	1.091	1.148	1.205	1.600	1.197	1.151
18～19	1.893	0.639	1.127	1.436	0.855	0.704	1.224	1.600	0.937	1.266
19～20	1.595	0.550	1.085	1.436	0.788	0.705	1.224	1.200	0.917	1.181
20～21	1.057	0.539	0.980	1.436	0.746	0.548	1.224	1.200	0.817	1.165
21～22	0.801	0.497	0.946	1.231	0.695	0.529	1.069	1.200	0.754	1.076
22～23	0.566	0.232	0.864	1.231	0.509	0.516	0.952	1.200	0.707	0.994
23～24	0.355	0.219	0.947	1.231	0.496	0.516	0.952	1.200	0.675	0.728

对于商业用天然气直燃机的用气工况，也可随同商业用气户各项用气一并计算。

3. 天然气集中采暖锅炉房的用气不均匀工况

(1) 月不均匀工况

参考表 2-4-10 北京市供热厂 1998～2001 年供暖季各月用气量占供暖季用气量的百分数，从一方面可看出用气的月不均匀工况。

(2) 日不均匀系数

参考表 2-4-8 北京市 1998～2003 年各类燃气用户用气量日不均匀系数统计，分散锅炉房一栏。

北京市供热厂1998～2001年供暖季各日用气量占总供暖季用气量的百分数　表2-4-10

	1998年采暖季	1999年采暖季	2000年采暖季	2001年采暖季	加权平均
11月(%)	13.74	15.06	16.11	14.62	15.03
12月(%)	23.84	21.84	23.76	32.25	25.20
1月(%)	26.68	29.31	30.39	25.60	28.30
2月(%)	20.79	23.61	21.27	19.45	21.40
3月(%)	14.95	10.18	8.47	8.07	10.07
总量(万立方)	11990	17338	19638	14534	63501
权重	0.189	0.273	0.309	0.229	

(3) 时不均匀系数

参考表2-4-9北京市1998～2003年各类燃气用户用气小时不均匀系数统计，锅炉房一栏。

2.5　天然气输配系统的小时计算流量

城镇天然气输配系统的管径及设备的通过能力和储存设备容积不能直接用天然气的年用量来确定，而应按计算月的小时最大用气量来计算。小时计算流量的确定关系着天然气输配系统的经济性和可靠性，小时计算流量定得过高，将会增加输配管网的管材耗量和投资，定得过低，又会影响用户的正常用气。

确定燃气小时计算流量的方法基本上有两种：不均匀系数法和同时工作系数法。对于既有居民和公共建筑用户，又有工业用户的城市，小时计算流量一般采用不均匀系数法，也可采用最大负荷利用小时法确定。对于只有居民用户的居住区，尤其是庭院管道的计算，小时计算流量一般采用同时工作系数法确定。

2.5.1　城镇天然气分配管道的计算流量

城镇天然气管道的计算流量，应按计算月的小时最大用气量计算。该小时最大用气量应根据所有用户燃气用气量的变化迭加后确定。特别要注意对于各类用户，高峰小时用气量可能出现在不同时刻，在确定小时计算流量时不应该将各类用户的高峰小时用气量简单地进行相加。

居民生活和商业用户燃气小时计算流量由年用气量和用气不均匀系数求得，按公式(2-5-1)计算。

$$q=K_{\mathrm{m,max}}K_{\mathrm{d,max}}K_{\mathrm{h,max}}\frac{q_{\mathrm{a}}}{8760} \tag{2-5-1}$$

式中　q——燃气管道计算流量（m^3/h）；

q_a——年用气量（m^3/a）；

$K_{m,max}$——月高峰系数，见本手册2.4.1、2.4.4；

$K_{d,max}$——计算月日高峰系数，见本手册2.4.2、2.4.4；

$K_{h,max}$——计算月计算日小时高峰系数，见本手册2.4.3、2.4.4。

分散型单户天然气采暖不均匀系数见本手册2.4.5。

上述计算流量应分别计算后迭加。

此外，居民生活及商业用气的小时最大流量也可采用供气量最大负荷利用小时数来计算。所谓供气量最大负荷利用小时数就是假设将全年 8760h（24×365）所使用的燃气总量，按一年中最大负荷小时用量连续大量使用所延续的小时数。

城镇燃气分配管道的最大小时流量用供气量最大负荷利用小时数计算时，其公式（2-5-2）计算。

$$q=\frac{q_a}{n} \tag{2-5-2}$$

式中　q——燃气管道计算流量（m^3/h）；

q_a——年用气量（m^3/a）；

n——供气量最大负荷利用小时数（h/a）。

由式（2-5-1）及式（2-5-2）可得供气量最大负荷利用小时数与高峰系数间的关系为：

$$n=\frac{8760}{K_{m,max}K_{d,max}K_{h,max}} \tag{2-5-3}$$

可见，高峰系数越大，则供气量最大利用小时数越小。居民及商业供气量最大负荷利用小时数随城市人口的多少而异，城市人口越多，用气量比较均匀，则最大负荷利用小时数较大。目前我国尚无 n 值的统计数据。表 2-5-1 中的数据仅供参考。

供气量最大利用小时数 n　　**表 2-5-1**

气化人口数(万人)	0.1	0.2	0.3	0.5	1	2	3
n(h/a)	1800	2000	2050	2100	2200	2300	2400
气化人口数(万人)	4	5	10	30	50	75	≥100
n(h/a)	2500	2600	2800	3000	3300	3500	3700

采暖负荷最大负荷利用小时数可按本手册公式（2-2-4）计算：

大型工业用户可根据企业特点选用负荷最大负荷利用小时数，一班制工业企业 n=2000～3000h/a；两班制工业企业 n=3500～4500h/a；三班制工业企业 n=6000～6500h/a。

2.5.2　室内和庭院天然气管道的计算流量

由于居民住宅使用燃气的数量和使用时间变化较大，故室内和庭院燃气管道的计算流量，一般按燃气灶具的额定用气量和同时工作系数 K_0 来确定：

$$q=\sum_{1}^{n}K_0q_nN \tag{2-5-4}$$

式中　q——室内及庭院燃气管道的计算流量（m^3/h）；

K_0——相同燃具或相同组合燃具的同时工作系数；

q_n——相同燃具或相同组合燃具的额定流量（m^3/h）；

N——相同燃具或相同组合燃具数；

n——燃具类型数。

同时工作系数 K_0 反映燃气用具集中使用的程度，它与用户的生活规律、燃气用具的种类、数量等因素密切相关。

双眼灶同时工作系数列于表2-5-2。表中所列的同时工作系数适用于每一用户仅装一台双眼灶。如每一用户装两个单眼灶，也可参照表2-5-2进行计算。

居民生活用的燃气双眼灶同时工作系数　　表2-5-2

N	1	2	3	4	5	6	7	8	9	10	15	20	25
K_0	1.00	1.0	0.85	0.75	0.68	0.64	0.60	0.58	0.55	0.54	0.48	0.45	0.43
N	30	40	50	60	70	100	200	300	400	500	600	1000	2000
K_0	0.40	0.39	0.38	0.37	0.36	0.34	0.31	0.30	0.29	0.28	0.26	0.25	0.24

由表中同时工作系数 K_0 数据可见，所有燃气双眼灶不可能在同一时间使用，所以实际上燃气小时计算流量不会是所有双眼灶额定流量的总和。用户越多，同时工作系数也越小。

居民生活用热水器的同时工作系数可参照表2-5-3。

居民生活用热水器同时工作系数　　表2-5-3

N	1	2	3	4	5	6	7	8	9	10
K_0	1.00	0.56	0.44	0.38	0.35	0.31	0.29	0.27	0.26	0.25
N	15	20	30	40	50	90	100	200	1000	2000
K_0	0.22	0.20	0.18	0.15	0.14	0.13	0.12	0.11	0.10	0.09

当每一用户除装一台双眼灶或烤箱灶外，还装有热水器时，可参考表2-5-4选取同时工作系数。

居民生活用双眼灶或烤箱灶和热水器同时工作系数　　表2-5-4

设备类型	户数									
	1	2	3	4	5	6	7	8	9	10
一个烤箱灶和一个热水器	0.7	0.51	0.44	0.38	0.36	0.33	0.30	0.28	0.26	0.26
一个双眼灶和一个热水器	0.8	0.55	0.47	0.42	0.39	0.36	0.33	0.31	0.29	0.27
设备类型	户数									
	15	20	30	40	50	60	70	80	90	100
一个烤箱灶和一个热水器	0.22	0.20	0.19	0.19	0.18	0.18	0.18	0.17	0.17	0.17
一个双眼灶和一个热水器	0.24	0.22	0.21	0.20	0.20	0.19	0.19	0.18	0.18	0.18

2.5.3　建筑采暖和空调天然气管道计算流量

建筑天然气采暖分配管道小时计算流量。

分配管道计算流量按式（2-5-5）计算

$$q=K_{m,max}^{N}\cdot K_{d,max}^{N}\cdot K_{h,max}^{N}\frac{q_{a4}}{d\times 24} \tag{2-5-5}$$

式中　q——天然气管道计算流量（m^3/h）；

$K_{m,max}^{N}$——建筑燃气采暖月不均匀系数，见本手册2.4.5，表2-4-7、表2-4-10；

$K_{d,max}^{N}$——建筑燃气采暖日不均匀系数，见本手册2.4.5，表2-4-8；

$K_{h,max}^{N}$——建筑燃气采暖时不均匀系数，见本手册2.4.5，表2-4-9；

q_{a4}——建筑采暖天然气年用量（m^3/a）；

d——采暖期天数，（参考表 2-2-5）（d）。

计算说明：

1. 建筑采暖天然气管道计算流量分别计算后再与同一管道的其余用气户的计算流量迭加，计算出管道小时计算流量。

2. 分散型单户天然气采暖室内和庭院管道的小时计算流量

（1）推荐用式（2-5-5）计算室内和庭院管道的小时计算流量；

（2）居民燃气采暖的负荷特性是：

1）表 2-4-6 所示，23 时到次日 6 时耗气量接近于零；8 时到 22 时的 14 个小时中，用气负荷大且较均匀，若平均小时负荷系数是 1.0，最大和最小是 1.27 和 0.77。说明居民单户燃气采暖的负荷特性与居民炊事和生活热水用气负荷特性有很大的不同，应用不同的公式，计算室内和庭院管道的小时计算流量，两者分别计算后再叠架。

2）居民单户采暖的耗气量远大于炊事和生活热水耗气量，所以对单户采暖的管道计算流量将以采暖用气量为主。

以 3 口之家，$100m^2$ 的住宅为例：家庭炊事和生活热水用日耗天然气量（以最大年用气指标平均）为 $0.71m^3/d$；采暖用天然气日耗（按北京采暖期平均耗热指标）为 $4.94m^3/d$，采暖耗气量是生活用耗气量的 7 倍，因此，应用采暖的耗气量为主计算室内和庭院管道的小时计算流量，计算公式也就不同了。采暖期生活热水可由采暖锅炉供应。

3. 直燃机采暖和空调的天然气输配管道计算流量

其计算流量可用商业用气一并计算。

4. 天然气集中采暖锅炉房管道计算流量

由于采暖锅炉房是季节用气负荷，用气负荷大且集中，拟建专用管道供天然气，管道小时计算流量计算时应考虑供热效率，包括锅炉热效率（由锅炉制造商提供）；热网效率（管道热损失可按 10%计算）等。

2.6 天然气输配系统的供需平衡

通过 2.1.2 对天然气的负荷特性的分析和负荷曲线的研究可知，城镇天然气的需用工况是不均匀的，随月、日，时而变化，但一般气源（除有后备气源）供气量是均匀的，不可能按需用工况而变化。为了解决均匀供气与不均匀用气之间的矛盾，保证各类天然气用户有足够的流量和压力的燃气供应，必须采用合适的方法和措施使天然气输配系统达到供需平衡。

2.6.1 供需平衡的方法

1. 调节气源的供气能力和建设后备气源

对于我国北方地区，冬季利用天然气采暖，只有在有后备气源的情况下，才能满足季，月不均匀调峰，大负荷地增加供气量。

丙烷和空气混合装置也可作为补充气源作调峰。

2. 利用缓冲用户和发挥调度作用

为了调节季节用气不均匀性，可采取利用缓冲用户的方法，如图2-6-1所示，在非采暖期4月1日到10月31日，将原供采暖的天然气，调度给非高峰期和季节用户使用燃气，达到新的天然气供需平衡。

3. 建设储气设备

在天然气输配系统中利用储气设备解决供需平衡是一种常用的方法，天然气储存在输配系统中占有重要的地位。其储存方式可分为下述几类。

(1) 地下贮气库

地下贮气库在国际上是常用和有效的储气方式，且成本较低、调节负荷大，是储气和作补充气源等调节方式达到天然气输配的供需平衡。据2002年11月国际燃气联盟的统计，2000年世界上已有633座地下贮气库，其中572座的天然气容积（约占633座的90%），其工作燃气能力约$328\times10^9m^3$，为在1998～2000年间，工作燃气的能力增加了6%。

现代地下贮气库不仅可以平衡季节用气波动，也可平衡周，日和小时的用气波动，且已发展到战略储气的阶段。

(2) 天然气输配系统的地下贮气库

天然气输配系统中设置地下贮气库（又称输气干管的末端储气）是为了使气源和长输管线的能力既能满足用户用气量的变化的要求，又能获得最佳的经济效益。其天然气地下储存有两种类型：一是系统储存，是天然气输配系统为补偿燃气供应与消费之间的差异而储存的，这类贮气库的运行是以一年或较短时间周期性进行的，以向贮气库注入或从贮气库输出天然气达到输配系统的供输平衡。另一系统则是作战略或突发事件的战略储存。

(3) 高压贮气罐

利用钢制常温高压天然气贮气罐储气，适宜于周、日天然气不均匀负荷的调节。

2.6.2　储气容积的确定

城镇燃气输配系统所需储气容量的计算，按气源及输气能否按日用气量供气，区分为两种工况。供气能按日用气量变化时，储气容量按计算月的计算日24h的燃气供需平衡条件进行计算；否则应按计算月的计算日用气量所在平均周168h的燃气供需平衡条件进行计算。

1. 根据计算月燃气消耗的日或周不均衡工况计算储气容积

计算步骤：

(1) 按计算月最大日平均小时供气量均匀供气，则小时产气量为1/24=4.17%。

(2) 计算日或周的燃气供应量的累计值。

(3) 计算日或周的燃气消耗量的累计值。

(4) 计算燃气供应量的累计值与燃气消耗量的累计值之差，即为每小时末燃气的储存量。

(5) 根据计算出的最高储存量和最低储存量绝对值之和得出所需储气容积。

【例2-6-1】 已知某城镇计算月最大日用气量为$32.5\times10^4m^3/d$，气源在一日内连续均匀供气。每小时用气量占日用量的百分比如表2-6-1所示。试确定所需储气容积。

【解】 按前述计算步骤，计算燃气供应量累计值、小时耗气量、燃气消耗量累计值及燃气储存量结果列于表2-6-2。

每小时用气量占日用量的百分比　　表 2-6-1

小时	0～1	1～2	2～3	3～4	4～5	5～6	6～7	7～8
%	2.31	1.81	2.88	2.96	3.22	4.56	5.88	4.65
小时	8～9	9～10	10～11	11～12	12～13	13～14	14～15	15～16
%	4.72	4.70	5.89	5.98	4.42	3.33	3.48	3.95
小时	16～17	17～18	18～19	19～20	20～21	21～22	22～23	23～24
%	4.83	7.48	6.55	4.84	3.92	2.48	2.58	2.58

储气容量计算表　　表 2-6-2

小时	供应量累计值(%)	用气量(%)		储存量(%)	小时	供应量累计值(%)	用气量(%)		储存量(%)
		小时内	累计值				小时内	累计值	
0～1	4.17	2.31	2.31	1.86	12～13	54.17	4.42	53.98	0.19
1～2	8.34	1.81	4.12	4.22	13～14	58.34	3.33	57.31	1.03
2～3	12.50	2.88	7.00	5.50	14～15	62.50	3.48	60.79	1.71
3～4	16.67	2.96	9.96	6.71	15～16	66.67	3.95	64.74	1.93
4～5	20.84	3.22	13.18	7.66	16～17	70.84	4.83	69.57	1.27
5～6	25.00	4.56	17.74	7.26	17～18	75.00	7.48	77.05	−2.05
6～7	29.17	5.88	23.62	5.55	18～19	79.17	6.55	83.60	−4.43
7～8	33.34	4.65	28.27	5.07	19～20	83.34	4.84	88.44	−5.10
8～9	37.50	4.72	32.99	4.51	20～21	87.50	3.92	92.36	−4.86
9～10	41.67	4.70	37.69	3.98	21～22	91.67	2.48	94.84	−3.17
10～11	45.84	5.89	43.58	2.26	22～23	95.84	2.58	97.42	−1.58
11～12	50.00	5.98	49.56	0.44	23～24	100.00	2.58	100.00	0.00

所需储气容积：

$$325000(4.86+7.66)\%=325000\times12.52\%=40690\text{m}^3$$

图 2-6-1 绘制了一天中各小时的用气曲线和储气设备中的储气量曲线。由贮气罐工作曲线的最高点及最低点得所需储气量占日用气量 12.52%。

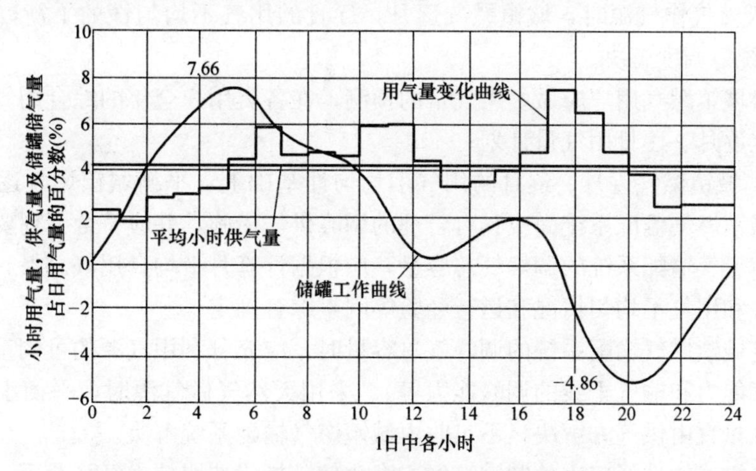

图 2-6-1　用气量变化曲线和储罐工作曲线

2. 根据工业与民用用气量的比例确定所需储气容积

如果没有实际燃气消耗曲线，所需储气量可按计算月平均日供气量的百分比来确定。

由于燃气用量的变化与工业和民用用气量的比例有密切关系，按计算月平均日供气量百分比来确定储气量时要考虑这个因素。

根据不同的工业与民用用气量的比例估算所需储气量可参照表2-6-3。

工业与民用用气量比例与储气量关系　　表2-6-3

工业用气占日供气量的(%)	民用气量占供气量的(%)	储气量占计算平均日供气量的(%)
50	50	40～50
>60	<40	30～40
<40	>60	50～60

实际工作中，由于城市有机动气源和缓冲用户，建罐条件又常受限制，储气量往往低于表2-6-3所列数值。

高压储气罐几何容积的确定。

高压储气罐几何容积按下式计算：

$$V_c = \frac{VP_0}{P_1/Z_1 - P_2/Z_2} \tag{2-6-1}$$

式中 V_c——贮气罐的几何容积（m^3）；

V——所需储气容量（基准状态）（m^3）；

P_1——贮气罐最高工作压力（MPa）；

Z_1——贮气罐最高工作压力及20℃下的压缩因子；

P_2——贮气罐最低工作压力（MPa）；

Z_2——贮气罐最低工作压力及20℃下的压缩因子；

P_0——基准压力，0.101325MPa。

2.6.3 城镇天然气输配系统的供需平衡

城镇天然气输配系统的供需平衡工程及设计应符合国家现行标准《城镇燃气设计规范》GB 50028 6.1的规定。

1. 采用天然气作气源时，城镇燃气逐月，逐日的用气不均匀性的平衡，应由气源方（即供气方）统筹调度解决。

需气方对城镇燃气用户应做好用气量的预测，在各类用户全年的综合用气负荷资料的基础上，制定逐月、逐日用气量计划。

2. 在平衡城镇燃气逐月、逐日的用气不均匀性基础上，平衡城镇燃气逐小时的用气不均匀性，城镇燃气输配系统尚应具有合理的调峰供气措施，并应符合下列要求：

（1）城镇燃气输配系统的调峰气总容量，应根据计算月平均日用气总量、气源的可调量大小、供气和用气不均匀情况和运行经验等因素综合确定。

（2）确定城镇燃气输配系统的调峰气总容量时，应充分利用气源的可调量（如主气源的可调节供气能力和输气干线的调峰能力等）。采用天然气做气源时，平衡小时的用气不均所需调峰气量宜由供气方解决，不足时由城镇燃气输配系统解决。

（3）储气方式的选择应因地制宜，经方案比较，择优选取技术经济合理、安全可靠的方案。对来气压力较高的天然气输配系统宜采用管道储气的方式。

第 3 章　城镇天然气输配系统

城镇天然气输配系统是指天然气门站至天然气用户间的全部燃气设施，包括门站内设施、储气设备、补充气源等气源设施；门站后是各级压力的输气系统和配气系统将天然气送至庭院管，再由各户的引入管连通室内管道，通过计量，最终将天然气送到灶具和各用气点；或者由支管直接将天然气送到商业用户或工业用户。

本手册的工作范围是门站后的天然气输配系统的城镇天然气管道工程，设计、材料与施工。

3.1　输配系统的组成

3.1.1　气源部分

图 3-1-1 表示的是一典型的燃气输配系统构成图，气源点由三个主要部分组成：城市天然气门站、贮气设施和补充气源。

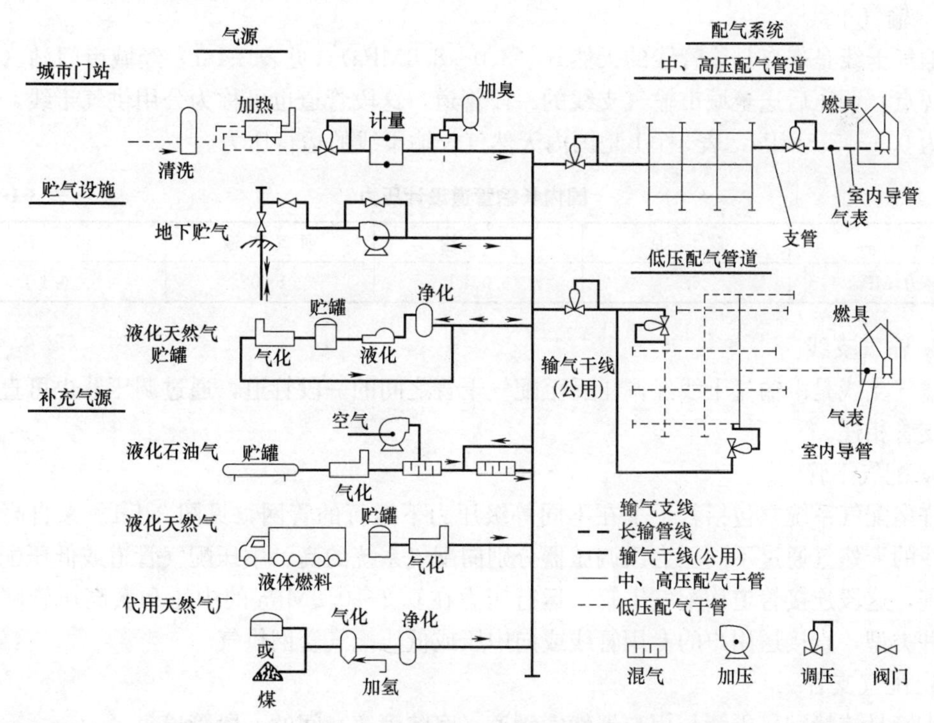

图 3-1-1　典型的燃气输配系统构成

1. 城市门站

城市门站是长输管线和输配系统的交接站，主要包括清洗、加热、调压、计量和加臭等几个工艺阶段。城市门站有两个主要功能：

（1）将长输管线压力减压至城市输配系统所要求的压力；

（2）计量城市配气部门按合同所购进的天然气量。

计量站中燃气的计量，除流量外，还包括按购气合同中所规定的质量标准所要求的检测设施。流量应按合同规定的标准状态换算；质量检测包括热值、华白数、硫化氢和总硫含量、烃露点、水露点、氧含量和惰性气体含量等是否符合购气合同的要求。

2. 储气设施

储气设施用于季节调峰或作为储备气源，是确保安全供气不可缺少的部分，地下储气库就是储气和调峰普遍使用的储气设施，也可建设高压钢制储气罐，调节用气不均匀工况。

3. 补充气源

补充气源常作为季节调峰的补充和应急气源。补充气源有：液化石油气（丙烷）-空气混合站、液化天然气流动供气站（已有液化厂设施时）和以油或煤为原料的代用天然气厂等方式，气源充足时，最好建调峰用输气干线。尤其是在采暖地区作为季节供气平衡更为可靠。

3.1.2 输配系统管道

输配系统的管道，按用途可分为四大类（见图 3-1-1）。

1. 输气干线

输气干线是来自长输管线的天然气（3.0～8.0MPa）（见表 3-1-1）经城市门站（主要供气源点）调压后送至城市输气支线的一段管道，这段管道也可称为公用供气干线，压力通常为 0.4～5.5MPa，表 3-1-1 是国内天然气长输干线的运行压力。

国内长输管道设计压力 **表 3-1-1**

名　称	陕　京	川　渝	西气东输	川　汉
压力(MPa)	6.4	6.0、4.0	10.0	6.4

2. 输气支线

输气支线是由输气干线经调压后至配气干管之间的一段管道，通过调压器也可直接与用户支管相连。

3. 配气干管

许多配气系统常包括若干个在不同等级压力下运行的管网，见图 3-1-1。来自高压输气干线的天然气通过不同压力级调压器分别向配气系统的高、中压配气管道或低压配气管道供气，这段连接管道称配气干管。运行压力在 0.2～0.8MPa 的中压和次高压管网又可分两种类型，直接送用户的专用管线或向中压或低压配气管网供气。

4. 配气支管

支管是连接配气干管与用户天然气管道（庭院管道）间的一段管道。

由图 3-1-1 可知，上述几种燃气管道均以调压器、阀门或燃气表作分界。不论燃气表置于室外还是室内，连接燃气表和燃具的管道可称为燃气导管（室内管道）。各国按用途对燃气管道还有其他的分类方法，如输气干管、配气管道、庭院管、引入管、立管和户内导管等。

输气干管系指入网前及入网后主要起输气作用的管道。配气干管指市政道路上的环状或支状管道。配气支管则指庭院、室内管道。分配干管与庭院管为室外管。室内管包括立管及分支水平管。目前室内管的立管与水平管也有安装在室外的。

3.1.3　城镇天然气管网的压力级制

1. 城镇燃气管道的设计压力分级

城镇燃气管道的设计压力分级应符合现行国家标准《城镇燃气设计规范》GB 50028的规定。

（1）城镇燃气管道的设计压力（P）分为7级，并应符合表3-1-2的要求。

城镇燃气管道设计压力（表压）分级　　表3-1-2

名　称		压力(MPa)	名　称		压力(MPa)
高压燃气管道	A	$2.5<P\leqslant4.0$	中压燃气管道	A	$0.2<P\leqslant0.4$
	B	$1.6<P\leqslant2.5$		B	$0.01\leqslant P\leqslant0.2$
次高压燃气管道	A	$0.8<P\leqslant1.6$	低压燃气管道		$P<0.01$
	B	$0.4<P\leqslant0.8$			

（2）燃气输配系统各种压力级制的燃气管道之间应通过调压装置相连。当有可能超过最大允许工作压力时，应设置防止管道超压的安全保护设备。

2. 城镇天然气管网的压力级制

天然气管网的压力级制一般可分为下列4种系统。

（1）由一级压力级制管网构成的系统。

（2）两级系统。由低压和中压或低压和次高压（小于0.8MPa）管网构成的系统。

（3）三级系统。由低压、中压和次高压（小于0.8MPa）管网构成的系统。

（4）多级系统。由低压、中压、次高压（小于0.8MPa）及高压（小于或大于1.6MPa）的管网构成的系统。

3. 城镇天然气管网为什么要由不同的压力级制组成

城镇天然气管道需有不同压力级别的理由如下。

（1）城市中有要求不同压力级别的用户，如民用户、小型商业用户等要求低压供气，而许多较大的工业企业及商业用户则要求中压或高压供气，这与燃具的所需压力相关。

（2）输气量大、输气距离较远的管道，采用中压或高压，虽技术要求高，但经济上比较合理。

（3）在城市的中心地区或商业区，一般建筑物密集、道路狭窄、交通频率大、地下设施稠密，敷设高压管道难以满足较高的技术要求（包括间距）。此外，高压燃气管道敷设在高密度人流的商业区对安全与运行也不利。

（4）许多国家居民区内的采暖锅炉房及设于建筑物内的调压装置只允许与压力小于0.4MPa的燃气管道连接，通常，要求配气管网设计成低压或中压系统。

（5）大城市的多级管网系统还在于其燃气管网在建设、发展和改造过程中均经历了一段很长的时期。城市的中心区和商业区与新区相比采用较低的压力有些是历史造成的。

4. 不同压力级制输配系统综合流程示意图

图 3-1-2 中包括高（次高）中低压、高（次高）中压、中低压与单级中压四种输配系统，不同压力级制的流程示意图。

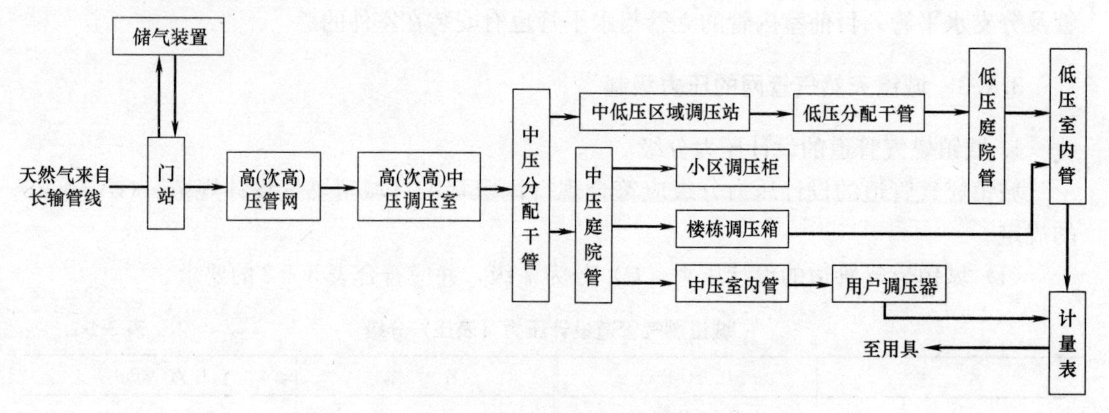

图 3-1-2 不同压力级制输配系统综合流程示意图

3.2 城镇天然气输配系统的选择

现代化城市的燃气输配系统是一个复杂的构筑物，它由高、中、低压燃气管网、门站、调压站、调压装置、通信及遥控系统等组成。燃气输配系统应保证连续地向用户供气，且运行安全，管理简单、方便，维修与发生事故时能断开，减小影响供气的范围。所选择的输配系统应具有最佳的经济效益，且施工与投产可以分阶段进行。

3.2.1 输配系统选择的考虑因素及原则

1. 天然气输配系统选择应考虑下述因素

（1）气源特性。如燃气组分和热值的变化范围，华白数的变化范围，燃气的净化程度，各种杂质的含量以及含湿量等。

（2）城市的规模、规划及建筑物的特点。经济发展水平和生活习俗，人口密度等。

（3）城市的供气方针和不同供气地区可能达到的居民气化率以及与可替代能源的比价等。

（4）工业企业、商业和电站等的数量和特点等。

（5）是否有大型天然或人工障碍物影响着管道的敷设（如河川、湖泊、山岳、公路和铁路枢纽等），以及城市发展的远景规划等。

（6）设备与管理水平，社会公德以及其他人文因素等。

2. 选择原则

（1）城镇燃气输配系统压力级制的选择，以及门站、储配站、调压站、燃气干管的布置，应根据燃气供应来源、用户的用气量及其分布、地形地貌、管材设备供应条件、施工和运行等因素，经过多方案比较，择优选取技术经济合理、安全可靠的方案。

（2）城镇燃气干管的布置，应根据用户用量及其分布，全面规划，并宜按逐步形成环状管网供气进行设计。

3.2.2　城镇天然气输配系统的选择

我国在相当长的时间段内是以人工燃气为主作气源的城市燃气输配系统。对于气源供气量小，供气压力是低压（湿式煤气罐的压力），供气面积也不大，管网系统采用的是低压一级输配系统；气源量较大或大的城市，其供气地区也较大，采用中、低压两级燃气输配系统；对于新中国成立后新建的北京城市燃气供应采用的是高、中、低三级输配系统。上述输配系统中无论是中压燃气，还是高压燃气，其燃气压力都是在气源厂经压缩机或鼓风机将低压燃气压力提升后供应级城市的，需消耗大量电力，尤其是高压燃气，这将影响着城市燃气的经济性。

随着 20 世纪 90 年代“陕气进京”，由天然气作城市燃气，改变了我国城市燃气的供应格局，天然气不但清洁，热值高，而且供应压力大于 1.6MPa，完全满足城市燃气输配系统的要求，形成了新的天然气输配系统新的格局。

1. 城镇天然气高中压两级输配系统

（1）高中压两级输配系统

压力大于 1.6MPa 的天然气输气干管，由于铺管受到四级管道地区的限制，设置在城郊或城市中心区边缘，对大、中型城市宜布置成环或半环网，供给多个高、中压调压站向城市供气；由中压天然气管道与居民小区调压箱，楼栋调压柜或直接进户与用户调压器相接，再由各类调压器调至与燃具使用压力相匹配的压力；或者将天然气直接送给中压用气户。这是城镇天然气的高中压两级输配系统，不再建设低压天然气管网。

（2）高、中压管网的供气压力

在高、中压二级配气系统中，高、中压调压站后只有一级中压管网，确定中压管网的供气压力，实际上就是确定高中压调压站的出口压力，以及中压管网末端最低允许压力。高中压调压站出口压力，不仅受到高压管网压力的制约，而且其压力高低也影响着高压管道的输送能力以及高压管道系统内储气设施的有效储气容积，在高压管网压力定值的前提下，如果提高中压管网的工作压力、高压管网的计算压力降减小，其管道输气能力降低，高压管网内储气设备的有效储气容积也降低；若降低中压管网的起点压力，中压管网压降减小，管径就会增大，工程投资加大，但高压管网内储气设备的储气容积会有所增加。因此，确定中压管网压力的基本原则是：在充分满足各类用户用气压力的前提下，综合考虑高、中压管网投资和系统的储气设施投资，并结合管网供气能力的发展需求，确定中压管网的起点压力。

中压管网按其所处位置又可分为两个部分，一部分是分布在城市主干道下的中压干管，另一部分是分布在小区内道路下的中压小区支管，以此我们将中压管网供气分成两部分。首先确定小区支管起点和终点的压力，然后再根据不同供气压力下的中压干管的水力计算，确定出较为经济、合理的中压干管起点压力，即中压管网的工作压力。对于新建小区支管而言，在充分满足用户压力的前提下，随着起点压力的升高，管网管径变小，投资下降。国内许多城市在进行技术和经济比较的前提下，得出了中压小区支管末端允许压力为 0.05MPa，起点压力（即中压干管的最低末端压力）为 0.15MPa。即高中压两级管网系统的高压管网的供气压力可为1.6MPa，中压干管的供气压力为0.3MPa，中压支管末端压力不小于0.05MPa。

2. 高中低压三级管网输配系统

对于高、中、低压三级管网系统来讲，实际上就是在高、中压两级管网系统上利用区域调压站增加一个低压管网系统。它具有管理方便、可靠性、安全性相对高的特点。但一些研究结果表明燃气输配系统高、中压两级管网系统比高、中、低压三级管网系统可节省投资30%，因此优先推荐高、中压两级天然气输配系统。只有在特大城市或原有燃气输配系统改造和天然气转换的城市考虑三级或多级天然气输配系统。

3. 中小型城市天然气输配系统

对中等或较小的城市，一般采用两级系统：次高压管道（小于0.8MPa）和低压管道。如在城市的中心区或商业区内不允许敷设高压管道，则宜采用三级系统：次高压（小于0.8MPa）、中压和低压系统，或中压和低压两级系统。对前一种状况，只有一小部分处于市中心或商业区的高压管道改成中压管道。美国等一些国家，燃气管道的压力越高，所要求的安全技术设施越多（不仅是间距要求），一次投资也越大，因此，不论采用何种方案，均可由技术经济比较的结果来确定。

城市中主要的低压与高压输配管网应设计成一个整体，统一向工业、商业、居民用户以及调压站供气。一个整体的管网要比分别供应用户的管网经济，它可免除许多并行敷设的管道。此外，当居民和商业用户的用气量与工业负荷相比较小时，若统一于一个管网系统供气，则民用部分增加的投资很小。即使对建有工业区的城市，工业区的供气也宜与城市管网合建在一起，以提高管网整体的可靠性，且投资增加很小。只有对特大型工业式电站，宜设专用燃气管道，且不妨碍管道的贮气能力。

3.2.3 一特大城市的多级天然气输配系统

图3-2-1为特大城市的管网系统[3]。燃气通过门站由长输管线进入城市输气管网（输气干线或支线）。特大城市可由一条以上的长输管线供气，并有若干个门站，以提高供气系统的可靠性。门站的最佳数量可由技术经济计算确定。

来自门站的燃气先进入城市的外围环，再分成若干个供气点向城市供气。

燃气输配系统是多级的，燃气依次经过高压（或次高压）输气干管，通过调压器或阀门的节流，使压力降低，再进入低一级压力的管网。通常，次高压配气干管的最高允许压力为0.8MPa，低压管道的允许压力应小于3kPa。为清晰起见，图面上的管道依次排列着，实际上在同一街道上，可能并行敷设着高压、低压或中压、低压燃气管道。由于低压燃气管道覆盖着整个的供气区，管线也最长。为了减少金属耗量，在不同的地区设有调压站，由中压或高压管道通过调压站供气。调压站的布置越密，并行敷设的管道也越多。有时，在城市的一些老区和居民区内设有采暖锅炉房或小型工业企业，需要不同的供气压力时，燃气管道的并行敷设就往往不可避免。若在居住街坊和新建小区内无工业企业，其供热又由热电站或大型区域锅炉房承担时，则燃气管道的并行敷设就可大大减少。

多数工业企业可直接与高、中压管网相连，这可减少街道上高、中压管道的并行敷设量。如在城市中的某区只能敷设中压管道，且又联系着居民和共用锅炉房，则在这一区内宜敷设中压管道，通过调压站与位于城市其他区内的高压管道相连。

高压输气干管宜敷设在城市的边缘地区，该区的人口密度较小，地下构筑物也较少。

多级系统是一种十分经济的系统，工业等大用气户所占的比重较大时，主要燃气量由高压输送，可以大大减少管网的金属耗量。

在居民与公共建筑区内只允许敷设低压管网时，户外支管有不同的长度，它决定于建筑物离低压管网的距离。如图 3-2-1 所示，低压管网覆盖着整个的居民区，如调压器（调压箱）设于每个建筑物内或相邻建筑群的建筑物内，则低压管道的长度最短，它仅由部分户外管和户内管组成。

不同压力级别的管网通过调压站相互联系。调压站自动地将燃气压力降至下一级管网所要求的压力值，并保持为常量。为防止调压器后的压力过高，应设超压保护装置。

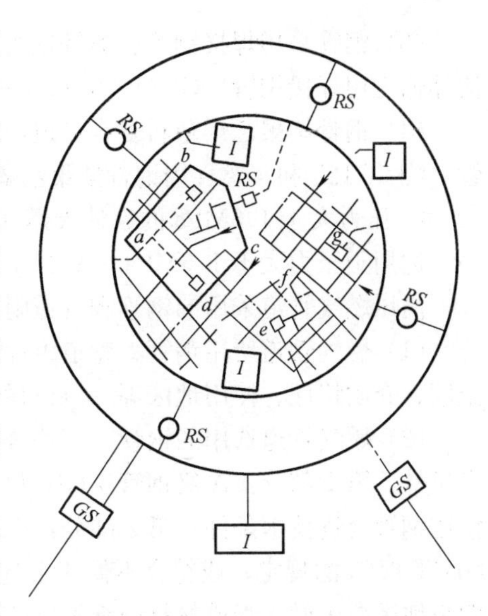

图 3-2-1　特大城市的多级燃气输配系统

GS—门站；*RS*—调压站；*I*—工业

为提高供气的可靠性，管网应成环。首先应将高压和中压管网成环，因为它是城市的主动脉。低压管网成环仅限于主要街道的燃气管道，次要街管的管道可采用枝状。从供气系统的可靠性来看，环状管网应留有一定的压力储备，对主要环路选择同管径。低压管网有几个供气点时，连接供气点的中压管道可以成环，也可以是枝状供气，且采用同管径（如图 3-2-1 中的 a、b、c、d、e、f、g 管道)。因为从供气的压力储备观点看，当一个调压站损坏后，易于从相邻的调压站获得燃气，从而提高了管网的可靠性。由于成环的不是全部低压管道，仅是部分干线，因而也是经济的。但是，如调压站设计成有监控调压器的并联系统，则低压管道又无采用同管径的必要。方案的采用要经技术经济比较后确定。

3.3　城镇天然气输配系统管网

城镇天然气输配系统管网由以下几部分组成，高、中、低压天然气管道；各压力级别调压设施；阀门及阀门井；管道附件等，以下分别阐述。

3.3.1　天然气管道

1. 压力不大于 1.6MPa 的室外天然气管道

中压和低压天然气管道宜采用聚乙烯管、机械接口球墨铸铁管、钢管和钢骨架聚乙烯塑料复合管，并应符合下列要求。

(1) 聚乙烯燃气管道应符合现行的国家标准《燃气用埋地聚乙烯（PE）管道系统　第 1 部分：管材》GB 15558.1 和《燃气用埋地聚乙烯（PE）管道系统：第 2 部分：管件》GB 15558.2 的规定；

(2) 机械接口球墨铸铁管道应符合现行的国家标准《水及燃气管道用球墨铸铁管、管件和附件》GB/T 13295 的规定；

（3）钢管采用焊接钢管、镀锌钢管或无缝钢管时，应分别符合现行的国家标准《低压流体输送用焊接钢管》GB/T 3091、《输送流体用无缝钢管》GB/T 8163 的规定；

（4）钢骨架聚乙烯塑料复合管道应符合国家现行标准《燃气用钢骨架聚乙烯塑料复合管》CJ/T 125 和《燃气用钢骨架聚乙烯塑料复合管件》CJ/T 126 的规定。

2. 压力大于 1.6MPa 的室外天燃气管道

适用于压力大于 1.6MPa（表压），但不大于 4.0MPa 的室外天然气管道。

高压燃气管道采用的钢管和管道附件材料应符合下列要求：

（1）燃气管道所用钢管、管道附件材料的选择，应根据管道的使用条件（设计压力、温度、介质特性、使用地区等）、材料的焊接性能等因素，经技术经济比较后确定。

（2）燃气管道选用的钢管，应符合现行国家标准《石油天然气工业　输送钢管交货技术条件　第 1 部分：A 级钢管》GB/T 9711.1（L175 级钢管除外）、《石油天然气工业　输送钢管交货技术条件　第 2 部分：B 级钢管》GB/T 9711.2 和《输送流体用无缝钢管》GB/T 8163 的规定，或符合不低于上述三项标准相应技术要求的其他钢管标准。三级和四级地区高压燃气管道材料钢级不应低于 L245。

（3）燃气管道所采用的钢管和管道件附应根据选用的材料、管径、壁厚、介质特性、使用温度及施工环境温度等因素，对材料得出冲击试验和（或）落锤撕裂试验要求。

（4）当管道附件与管道采用焊接连接时，两者材质应相同或相近。

（5）管道附件中所用的锻件，应符合国家现行标准《压力容器用碳素钢和低合金钢锻件》JB 4726、《低温压力容器用低合金钢锻件》JB 4727 的有关规定。

（6）管道附件不得采用螺旋焊缝钢管制作，严禁采用铸铁制作。

（7）次高压燃气管道应采用钢管，其管材和附件应符合本条款规定。地下次高压 B 燃气管道也可采用钢号 Q235B 焊接钢管，并应符合现行国家标准《低压流体输送用钢管》GB/T 3091 的规定。

关于标准《石油天然气工业　输送钢管交货技术条件　第 1 部分：A 级钢管》GB/T 9711.1 和《石油天然工业　输送钢管交货技术条件》GB/T 9711.2，该两标准已有现行国家标准《石油天然气工业管线输送系统用钢管》GB/T 9711 所代替，上述（2）的相关内容修正如下。

1）关于钢管等级及钢级分为 PSL1 级和 PSL2 级，详见本手册表 8-9-1。

2）钢管制造工艺和产品规范水平见本手册表 8-9-2。

3）钢管壁厚 $t \leqslant 25$mm（0.984in）PSL1 钢管化学成分见本手册表 8-9-4；$t \leqslant 25.0$mm（0.984in）PSL2 钢管化学成分见本手册表 8-9-5。

4）钢管的检验频次：PSL1 钢管检验频次见本手册表 8-9-6；PSL2 钢管检验频次见本手册表 8-9-7。查阅表 8-9-6 可知，PSL1 钢管不作 CVN 冲击试验；表 8-9-7 规定 PSL2、SMLS、HFW、SAWL、SAWH、COWL 或 COWH 钢管须按表 8-9-8 规定外径和规定壁厚钢管管体作 CVN 冲击试验；HFW 按表 8-9-8 和协议规定焊管直焊缝作 CVN 冲击试验；SAWL、SAWH、COWL 或 COWH 按表 8-9-8 规定焊管直焊缝或螺旋焊缝作 CVN 冲击试验。

三级和四级高压燃气管道材料钢级不应低于 PSL2 级（B 级钢管）L245 应按规定进行 CVN 冲击试验。

5）钢管拉伸性能

a. PSL1 钢管拉伸试验应符合表 3-3-1 要求。

b. PSL2 钢管拉伸试验应符合表 3-3-2 要求。

PSL1 钢管拉伸试验要求　　表 3-3-1

钢管等级	无缝和焊接钢管管体			EW、SAW 和 COW 钢管焊缝
	屈服强度[a] $R_{t0.5}$ MPa(psi) 最小	抗拉强度[a] R_m MPa(psi) 最小	伸长率 A_f % 最小	抗拉强度[b] R_m MPa(psi) 最小
L175/A25	175(25400)	310(45000)	[c]	310(45000)
L175P/A25P	175(25400)	310(45000)	[c]	310(45000)
L210/A	210(30500)	335(48600)	[c]	335(48600)
L245/B	245(35500)	415(60200)	[c]	415(60200)
L290/X42	290(42100)	415(60200)	[c]	415(60200)
L320/X46	320(46400)	435(63100)	[c]	435(63100)
L360/X52	360(52200)	460(66700)	[c]	460(66700)
L390/X56	390(56600)	490(71100)	[c]	490(71100)
L415/X60	415(60200)	520(75400)	[c]	520(75400)
L450/X65	450(65300)	535(77600)	[c]	535(77600)
L485/X70	485(70300)	570(82700)	[c]	570(82700)

a 对于中间钢级，管体规定最小抗位强度和规定最小屈服强度之差应为表中所列的下一个较高钢级之差。

b 对于中间钢级，其焊缝的规定最小抗拉强度应按脚注 a 确定的管体抗拉强度相同。

c 规定的最小伸长率 A_f 应采用下列公式计算，用百分数表示，且圆整到最邻近的百分位：

$$A_f = C\frac{A_{XC}^{0.2}}{U^{0.9}}$$

式中　C——采用 SI 单位制时，C 为 1940，当采用 USC 单位制时，C 为 625000；

A_{XC}——适用的拉伸试样横截面积，mm^2（in^2），具体如下：

对圆棒试样：直径 12.7mm（0.500in）和 8.9mm（0.350in）的圆棒试样为 $130mm^2$（$2.20in^2$）；直径 6.4mm（0.250in）的圆棒试样为 $65mm^2$（$0.10in^2$）；

对全截面试样，取 a）$485mm^2$（$0.75in^2$）和 b）钢管试样横截面积两者中的较小者，其试样横截面积由规定外径和规定壁厚计算，且圆整到最邻近的 $10mm^2$（$0.01in^2$）；

对板状试样，取 a）$485mm^2$（$0.75in^2$）和 b）试样横截面积两者中的较小者，其试样横截面积由试样规定宽度和钢管规定壁厚度算，且圆整到最邻近的 $10mm^2$（$0.01in^2$）

U——规定最小抗拉强度，MPa（psi）。

PSL2 钢管拉伸试验要求　　表 3-3-2

钢管等级	无缝和焊接钢管管体						HFW、SAW 和 COW 钢管焊缝
	屈服强度[a] $R_{0.5}$[b] MPa(psi)		抗拉强度[a] R_m MPa(psi)		屈强比[a,b,c] $R_{0.5}/R_m$	伸长率 A_f %	抗拉强度[d] R_m MPa(psi)
	最小	最大	最小	最大	最大	最小	最小
L245R/BR L245N/BN L245Q/BQ L245M/BM	245 (35500)	450[e] (65300)[e]	415 (60200)	760 (110200)	0.93	[f]	415 (60200)
L290R/X42R L290N/X42N L290Q/X42Q L290M/X42M	290 (42100)	495 (71800)	415 (60200)	760 (110200)	0.93	[f]	415 (60200)
L320N/X45N L320Q/X46Q L320Q/X46M	320 (46400)	525 (70100)	435 (60100)	760 (110200)	0.93	[f]	435 (63100)
L360N/X52N L360Q/X52Q L360M/X52M	360 (52200)	530 (70900)	460 (66700)	760 (111200)	0.93	[f]	460 (66700)
L390N/X56N L390Q/X56Q L390M/X56M	3 (56600)	545 (79900)	490 (71100)	760 (110200)	0.93	[f]	490 (71100)
L415N/X60N L415Q/X60Q L415M/X60M	415 (60200)	565 (81900)	520 (75400)	760 (110200)	0.93	[f]	520 (75400)
L450Q/X65Q L450M/X65M	450 (65300)	600 (87000)	535 (77600)	760 (110200)	0.93	[f]	535 (77600)
L485Q/X70Q L485M/X70M	485 (70300)	635 (92100)	570 (82700)	760 (110200)	0.93	[f]	570 (82700)

续表

钢管等级	无缝和焊接钢管管体						HFW、SAW和COW钢管焊缝
	屈服强度[a] $R_{10.5}$[b] MPa(psi)		抗拉强度[a] R_m MPa(psi)		屈强比[a,b,c] $R_{10.5}/R_m$	伸长率 A_f %	抗拉强度[d] R_m MPa(psi)
	最小	最大	最小	最大	最大	最小	最小
L555Q/X80Q L555M/X80M	555 (80500)	705 (102300)	625 (90600)	825 (119700)	0.93	[f]	625 (90600)
L625M/X90M	625 (90600)	775 (112400)	695 (100800)	915 (132700)	0.95	[f]	695 (100800)

a～f标注，见《石油天然气工业管线输送系统用钢管》GB/T 9711—2011。

3.3.2　调压及计量设施

在城镇天然气输配系统中，调压器是用来调节降低和稳定控制管网下游及其燃气用户前压力工况的关键设备。在门站（储配站）需有调压计量间，在不同压力级制管道之间需设置调压装置（调压站，调压箱、柜）；工业企业、商业用户供气管道入口需设计调压计量装置；小区居民用户楼栋前需设置调压箱、柜，对居民用户分别计量。或在用户用气设备前直接安装调压计量装置。

调压计量设施的技术内容不仅是包括调压器和计量仪表，并且要设置燃气调压过程的预处理设备，构成一个系统，以保证调压器（及计量）的正常运行。根据输配系统运行管理上的需要，围绕这些设备进行必要的参数测量与控制。

调压计量设施见本手册第4章　调压及计量设施。

3.3.3　阀门

阀门通常安装在需要切断气源的管道上或安装在设备或调压器的出入口位置，用来有效的切断气源。安全阀则用于系统和设备的安全放散，蝶阀除可用来切断，还用于调节流量和压力等。

1. 阀门的安装

天然气管道上阀门的设置应符合现行国家标准《城镇燃气设计规范》GB 50028的规定，应符合下列要求。

（1）在高压燃气干管上，应设置分段阀门；分段阀门的最大距离：四级地区主管段不应大于8km；以三级地区为主的管段不应大于13km以二级地区为主的管段不应大于24km；以一级地区为主的管段不应大于32km；

（2）在高压燃气支管的起点处，应设置阀门；

（3）中压燃气管道每1.5～2.0km宜设分段阀门；

（4）在高压燃气支管的起点处设置阀门；

（5）穿越河流、铁路、公路干线相交的两侧均设置阀门。

（6）中压楼栋引入管应在伸出地面1.5m高处安装阀门；

（7）区域调压站的低压出口处应装切断阀；

（8）低压分支管供应户数超过500户时，在低压分支管的起点处应设置切断阀等；

（9）调压装置进出口管道上应设置阀门。

2. 城镇天然气管网对通用阀门的选型要求

（1）尽可能降低阀门高度，（即阀门流通断面中心线到阀顶的高度 H），减少管道埋深。

（2）阀门顶部应装有全封闭的启闭指示器便于操作者确定阀门的开、关状态，保证安全操作。

（3）宜采用全通径设计阀门降低阻力，便于管道清扫器或管道探测器通过。

（4）可靠的密封性。软密封阀门在 1.1 倍额定工作压力下不允许有任何内泄漏；硬密封阀门在 1.1 倍额定工作压力下，内泄漏量应小于规定值，外泄漏是绝对不允许的。

（5）地下管网直埋燃气阀门的阀体应耐腐蚀，根据管道燃气种类和压力采用不同材质阀体的阀门。

（6）阀门的零部件设计采用少维护或免维护结构，尽可能减少维护的工作量。

（7）地下管网的阀门多为人工启闭，要求阀门启闭扭矩下，全程转圈数少，事故发生后可实现快速切断。

（8）灰铸铁阀门在城镇燃气中使用限于 $PN \leqslant 1.0$MPa，$P_W \leqslant 0.4$MPa；$DN \leqslant 1200$mm；$t=20 \sim 120$℃。

（9）球墨铸铁、铸钢阀门适用范围：$0.4 \leqslant DN \leqslant 2.5$MPa，$0.4 \leqslant PN \leqslant 4.0$，$DN \leqslant 600$mm。

3. 阀门种类

阀门的种类很多，天然气管道上常用的有闸阀、截止阀、球阀和蝶阀等，详见本手册第 11 章。

（1）闸阀中由于流体是沿直线通过阀门的，所以阻力损失小，闸板升降时所引起的振动也很小，但当存在杂质或异物时，关闭受到阻碍，使应该停气的管段不能完全关闭。

闸阀有单闸板闸阀与双闸板闸阀之分，由于闸板形状不同，又有平行闸板与楔形闸板之分，此外还有阀杆随闸板升降和不升降的两种，分别称为明杆阀门和暗杆阀门（图 3-3-1 及图 3-3-2）。明杆阀门可以从阀杆的高度判断阀门的启闭状态，多用于站房内。

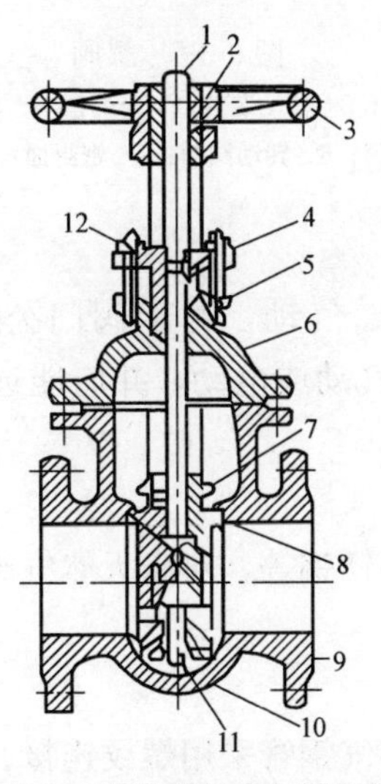

图 3-3-1　明杆平行式双闸板闸阀

1—阀杆；2—轴套；3—手轮；4—填料压盖；5—填料；6—上盖；7—卡环；8—密封圈；9—闸板；10—阀体；11—顶楔；12—螺栓螺母

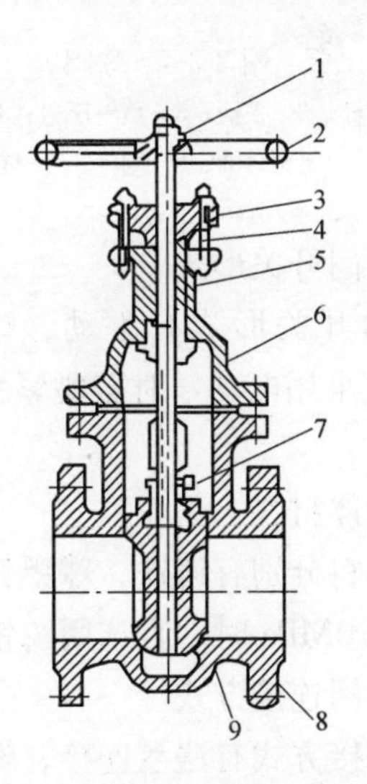

图 3-3-2　暗杆单闸板楔形闸阀

1—阀杆；2—手轮；3—填料压盖；4—螺栓螺母；5—填料；6—上盖；7—轴套；8—阀体；9—闸板，填料

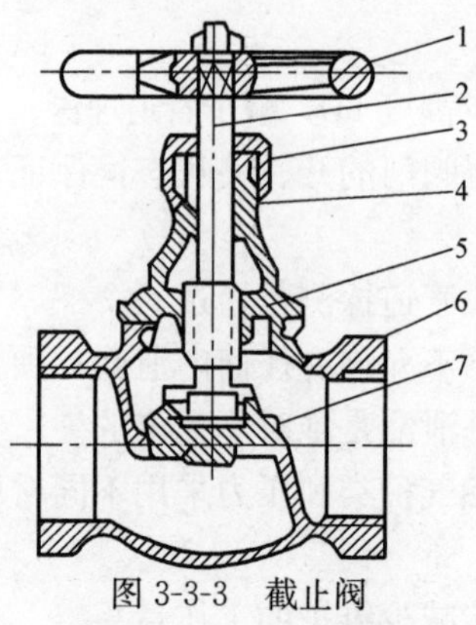

图 3-3-3　截止阀

1—手轮；2—阀杆；3—填料压盖；4—填料；5—上盖；6—阀体；7—阀瓣

（2）截止阀（图 3-3-3）是依靠阀瓣的升降以达到开闭和节流的目的。这类阀门使用方便、安全可靠，但阻力较大。

（3）球阀（图 3-3-4）体积小，流通断面与管径相等。这种阀门动作灵活、阻力损失小。对于用清管球清管的天然气管道须用球阀。

（4）蝶阀（图 3-3-5）是关闭件——阀瓣绕阀体内一固定轴旋转的阀件，一般作管道及设备的开启或关闭用，有时也可以作节流用，用于管道流量和压力的调节。

由于结构上的原因，原则上闸阀、蝶阀只允许安装在水平管道上，而其他几类阀门则不受这一限制；但如果是有驱动装置的截止阀或球阀则也必须安装在水平管段上。

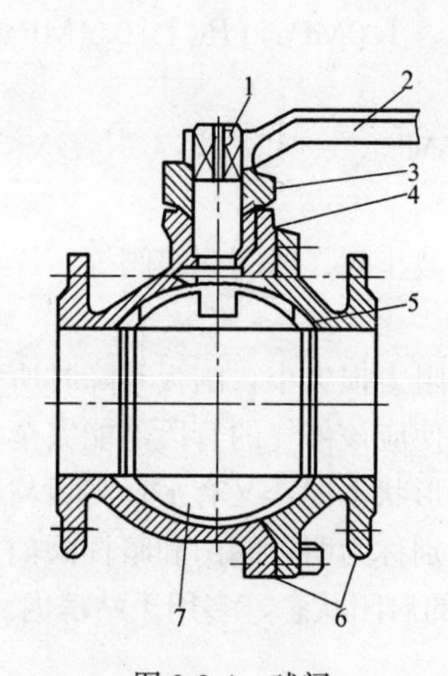

图 3-3-4　球阀

1—阀杆；2—手柄；3—填料压盖；4—填料；5—密封圈；6—阀体；7—球

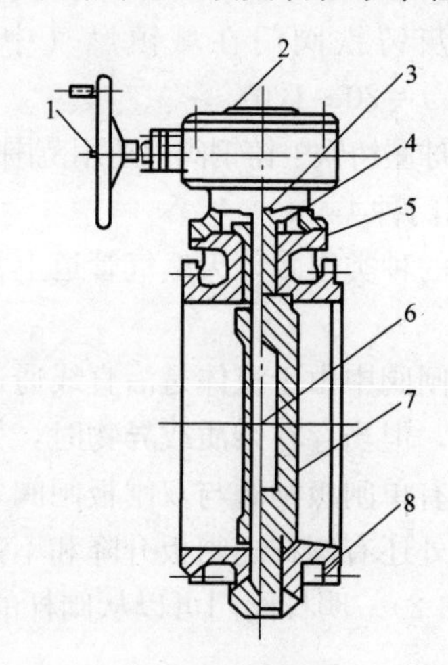

图 3-3-5　蝶阀

1—手轮；2—传动装置；3—阀杆；4—填料压盖；5—填料；6—转动阀瓣；7—密封面；8—阀体

（5）阀门开关形式

阀门的开关形式有手动、蜗轮蜗杆传动、电动、气动，对于阀门公称直径大于600mm，宜采用电动，对需要紧急切断的阀门应采用气动或电动，并应能远程遥控或自动控制。

（6）阀体材料

阀体材料分别有铸铁、球墨铸件、铸钢、锻钢、不锈钢等，对于天然气阀门，当使用压力大于1.0MPa时，宜选用铸钢材质。

（7）阀门连接方式

阀门连接方式有法兰连接、螺纹连接和焊接。水煤气钢管采用螺纹连接、钢管通常采用法兰连接，高压、高温阀门宜用焊接。

4. 天然气管道设计阀门的选用

（1）选用阀门应适用于石油及天然气介质。

（2）选用阀门的公称压力宜大于设计压力一个压力等级，如 0.8MPa 设计压力宜选用公称压力 1.6MPa 的阀门。

（3）对于天然气管道设计压力 1.0MPa 的管道，宜选用阀体是碳钢的阀门。

（4）对于直接埋地的阀门阀体应采用防腐材质，根据管道工作压力阀体可分别选用铸铁，球墨铸铁和不锈钢材质。

（5）对于用清管球清扫天然气管道的阀门，应选用全口径开启的球阀。

5. 阀门图例

设计中常采用阀门的图例如表 3-3-3。

阀门图例　　表 3-3-3

阀类	图　例	备注	阀类	图　例	备注
闸阀	法兰连接 螺纹连接	注明型号	角式截止阀	法兰连接、螺纹连接	注明型号
截止阀	法兰连接 螺纹连接	注明型号 介质流向	液动阀（气动阀）	法兰连接	注明型号
止回阀	法兰连接 螺纹连接	注明型号 箭头表示 介质流向	电动阀		注明型号
旋塞阀		注明型号	直通调节阀	法兰连接　螺纹连接	注明型号 手轮者注出
蝶阀		注明型号	三通调节阀	法兰连接　螺纹连接	注明型号
球阀		注明型号	密封式弹簧安全阀	法兰连接　螺纹连接	注明型号

续表

阀类	图例	备注	阀类	图例	备注
开放式弹簧安全阀	法兰连接　螺纹连接	注明型号	开放式重锤安全阀	法兰连接　螺纹连接	注明型号
密封式重锤安全阀	法兰连接　螺纹连接	注明型号			

6. 阀门井

为管网阀门便于操作，地下燃气管道上的阀门一般都设置在阀门井中。阀门井应坚固耐久，有良好的防水性能，并保证检修时有必要的空间。考虑到人员的安全，井筒不宜过深。阀门井的构造如图 3-3-6 所示。

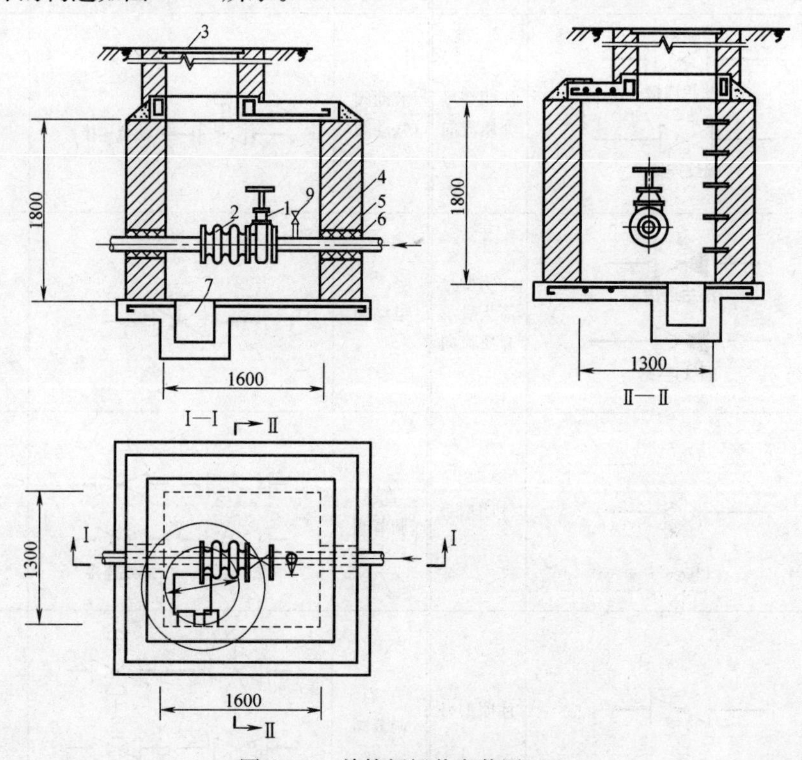

图 3-3-6　单管阀门井安装图（1）

1—阀门；2—补偿器；3—井盖；4—防水层；5—浸沥青麻；6—沥青砂浆；7—集水坑；8—爬梯；9—放散管

常见的 $DN100$ 单管阀门井见图 3-3-6，其组成有切断阀、波纹管补偿器、放空阀、连接管及阀门井构筑物。阀门井的尺寸应能满足操作阀门和拆装管道零件所需的最小尺寸。阀门井盖板及底座为现浇钢筋混凝土结构，井壁为砖混结构（在特殊地区也可用钢筋混凝土结构），当阀门井位于地下水位以下时，外墙采用五层防水做法。

各类阀门井安装，详见本手册 13.6 埋地天然气管道阀门井的安装。

7. 阀门直埋

阀门直埋有占地小、安装间单，免维护等优点在城镇天然气管道中应用广泛，其安装见图 3-3-7。

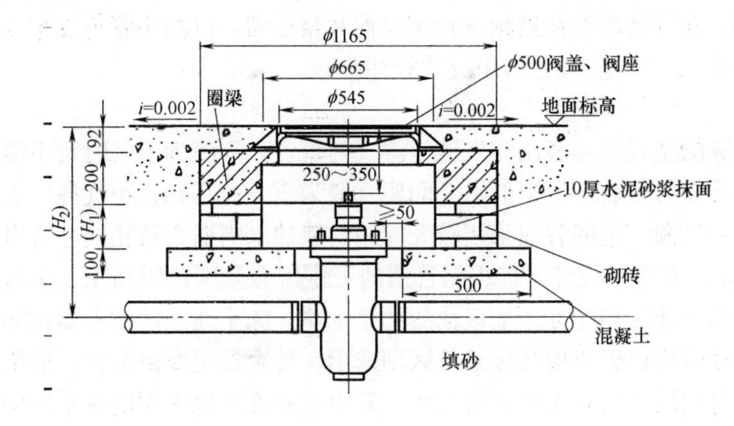

尺寸列表

型号	H_1(mm)	H_2(mm)
*DN*50	147～247	602～702
*DN*65	147～247	623～723
*DN*80	154～254	662～762
*DN*100	154～254	689～789

DN≤100直埋阀门井大样图

图 3-3-7　直埋阀门安装图

对于阀门直接埋地的阀体应是耐腐蚀材质和铸铁、球墨铸铁、不锈钢、否则应作好埋地部位的防腐处理，特别是碳钢阀体，以保证天然气管道运行的安全可靠。

阀门在安装前应进行检验，检验合格后方可正式安装，阀门的检验与安装详见本手册 13.7 的规定和要求。

3.3.4　管道附件

1. 波纹管补偿器

补偿器是作为调节管段胀缩量的设备，常用于架空管道和需要进行蒸汽吹扫的管道上。此外，补偿器常安装在阀门的下侧（按气流方向），利用其伸缩性能，方便阀门的拆卸和检修。在埋地阀门井燃气管道上，多用钢制波纹管补偿器（图 3-3-8）。为防止其中存

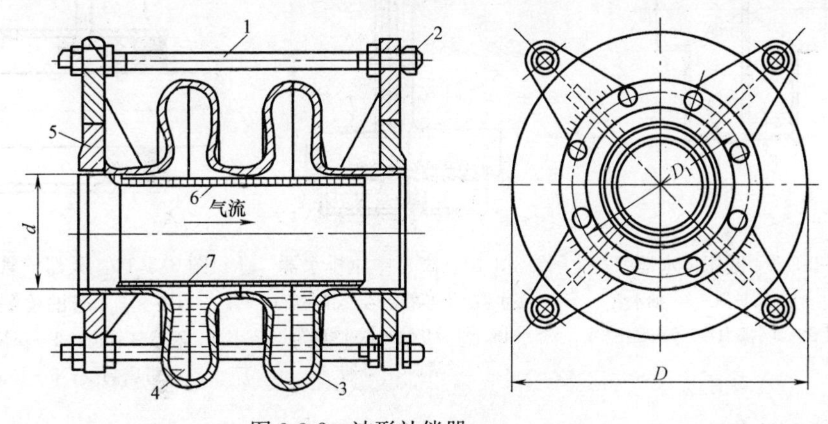

图 3-3-8　波形补偿器

1—螺杆；2—螺母；3—波节；4—石油沥青；5—法兰盘；6—套管；7—注入孔

水锈蚀，由套管的注入孔灌入石油沥青（碳钢制），安装时注入孔应在下方。补偿器的安装长度，应是螺杆不受力时的补偿器的实际长度，否则不但不能发挥其补偿作用，反使管道或管件受到不应有的应力。

在架空管道上安装波纹管补偿器，应根据补偿器的受力方向，管道的伸、缩变形量选择不同种类的波纹管补偿器。在安装前补偿器须进行预拉伸和预压缩，以减小管道支架受力。波纹管补偿器详见本手册12.1天然气管道用波纹管补偿器。

2. 排水器安装

排水器是收集燃气冷凝液的装置，一般用于气源为湿气的管道，气源为干气时可不设排水器。排水器在管道坡向改变时安装于管道低点，间距一般为200～500m；距气源厂近的管线，采用较小的间距；距气源厂远的管线采用较大间距，使抽水周期大致相同。管道坡向不变时，间距一般为500m左右。设计时应根据管道的工作压力分别选用高压、中压或低压凝液缸。凝液缸分为冻土地区和非冻土地区使用的排水器，冻土地区的排水器比非冻土地区多一根回液管，设计时应根据当地气候条件区别选用。排水器主要由缸体、放散管、放散阀组成，缸体通常是用较燃气管大的钢管制作。某中压非冻土地区用的排水器安装见图3-3-10；低压排水器图3-3-9。

3. 检漏管

图3-3-11是天然气管道穿越铁路（公路）套管的天然气检漏管安装图，检漏管上部伸入防护罩内，由管口取气样检查套管中的燃气含量，以判明有无漏气及漏气的程度。

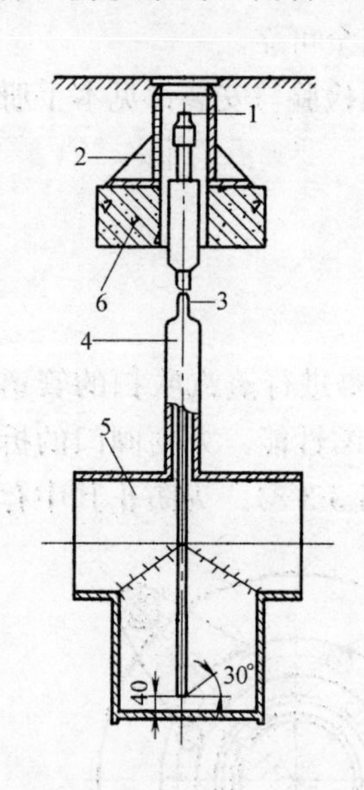

图3-3-9　低压排水器

1—丝堵；2—防护罩；3—抽水管；4—套管；5—集水器；6—底座

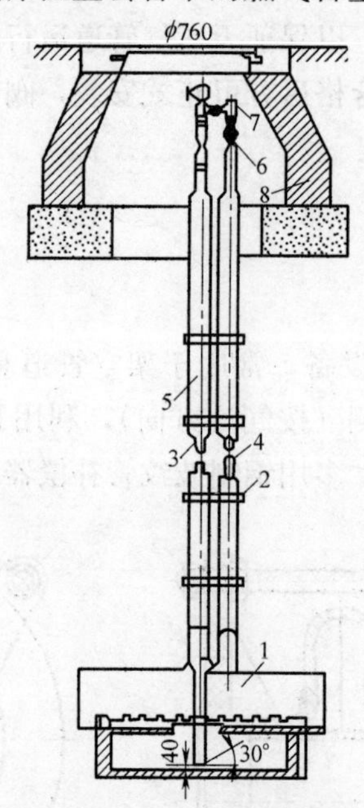

图3-3-10　高、中压排水器

1—集水器；2—管卡；3—排水管；4—回液管；5—套管；6—旋塞；7—丝堵；8—井圈

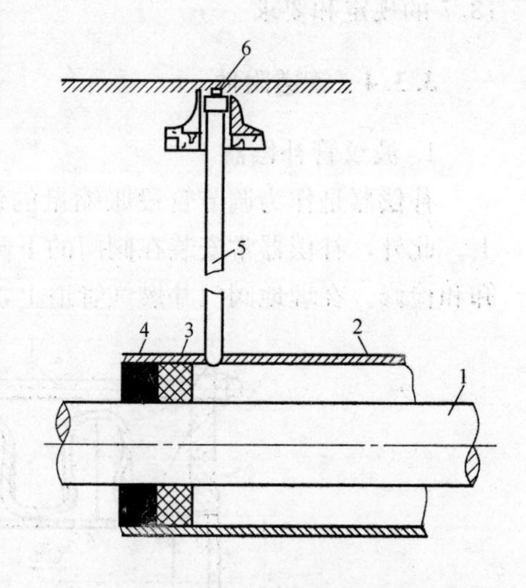

图3-3-11　天然气管道穿越铁路套管的检漏管

1—天然气管道；2—套管；3—油麻填料；4—沥青密封层；5—检漏管；6—防护罩

检漏管的作用是检查天然气管道是否出现渗漏，其安装地点如下：

(1) 不易检查的重要焊接接头处；

（2）地质条件不好的地区；

（3）重要地段的套管或地沟端部。

4. 井圈、井盖、护罩及燃气标志桩

井圈、井盖图 3-3-12；燃气管道护罩图 3-3-13 ϕ100 护罩适用于检查管及低压凝水缸上，ϕ300 适用于非冻地区中压凝水缸燃气工程施工标志桩图 3-3-14。

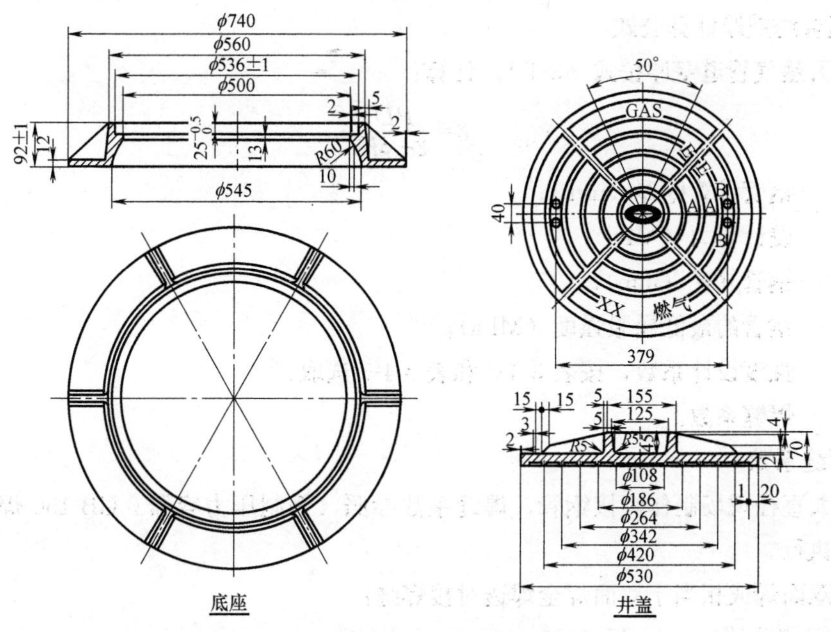

图 3-3-12　井盖

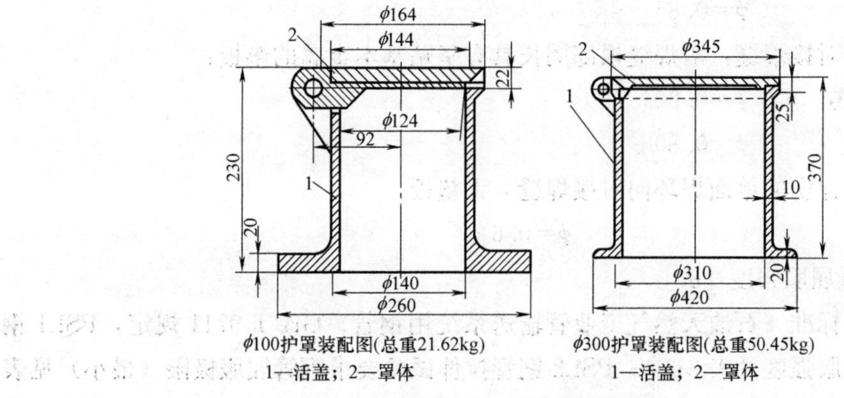

图 3-3-13　燃气管道护罩

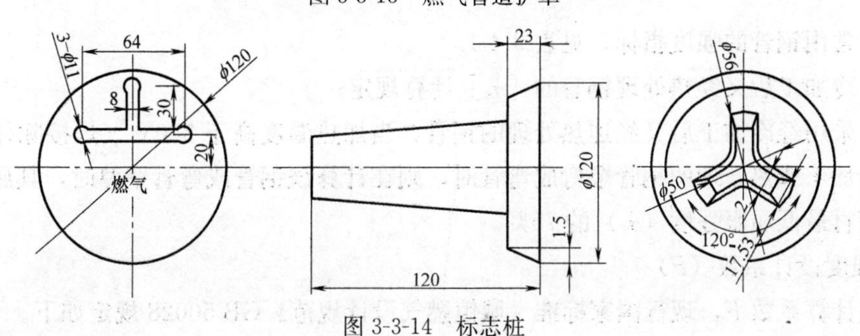

图 3-3-14　标志桩

3.4 城镇天然气管道的壁厚计算

3.4.1 钢管壁厚计算

1. 钢管的壁厚计算公式

钢质天然气管道壁厚按式（3-4-1）计算：

$$\delta=\frac{PD}{2\sigma_s \phi F} \tag{3-4-1}$$

式中 δ——钢管计算壁厚（mm）；

P——设计压力（MPa）；

D——钢管外径（mm）；

σ_s——钢管的最低屈服强度（MPa）；

F——强度设计系数，按表3-4-2和表3-4-3选取；

ϕ——焊缝系数。

2. 焊缝系数

对于大直径现场制作焊接钢管，焊缝系数参照《钢制压力容器》GB 150焊缝系数的相关条款执行。

（1）双面焊或相当于双面焊全焊透对接焊缝：

100%无损探伤　　$\phi=1.00$

局部无损探伤　　$\phi=0.85$

（2）单面焊的对接焊缝，沿焊缝根部周长具有坚贴基本金属的垫板：

100%无损探伤　　$\phi=0.90$

局部无损探伤　　$\phi=0.80$

（3）无法进行探伤的单面焊环向对接焊缝，无垫板：

$$\phi=0.6$$

3. 钢管的最低屈服强度［σ_s］

（1）现行国家标准《石油天然气工业管输送系统用钢管》GB/T 9711规定，PSL1钢管拉伸试验钢管屈服强度见表3-3-1；PSL2钢管拉伸试验要求钢管屈服极限（最小）见表3-3-2。

（2）常用钢管的强度指标，见表3-4-1。

（3）冷加工后又经热处理钢管的［σ_s］计算规定；

对于采用经冷加工后又经加热处理的钢管，当加热温度高于320℃（焊接除外）或采用经过冷加工或热处理的钢管煨弯成弯管时，则在计算该钢管或弯管壁厚时，其屈服强度应取该管材最低屈服强度（σ_s）的75%。

4. 强度设计系数（F）

强度计算系数F，现行国家标准《城镇燃气设计规范》GB 50028规定如下。

钢管强度指标　　　　表 3-4-1

钢　　号	钢管标准	壁厚(mm)	常温强度指标(MPa)		钢管标准名称
			σ_b	σ_s	
碳素钢钢管					
10	GB 8163	≤10	335	205	《输送流体用无缝钢管》GB 8163
10	GB 9948	≤16	335	205	
10	GB 6479	≤16	335	205	《石油裂化用无缝钢管》GB 9948
		17～40	335	195	
20	GB 8163	≤10	390	245	
20	GB 9948	≤16	410	245	
20G	GB 6479	≤16	410	245	《化肥设备用高压无缝钢管》GB 6479
		17～40	410	235	
低合金钢钢管					
16Mn	GB 6479	≤16	490	320	《低中压锅炉用无缝钢管》GB 3087
		17～40	490	310	
15MnV	GB 6479	≤16	510	360	
		17～40	510	340	
09Mn2V		≤16	459	315	
12CrMo	GB 9948	≤16	410	205	《高压锅炉用无缝钢管》GB 5310
12CrMo	GB 6479	≤16	410	205	
		17～40	410	195	
15CrMo	GB 9948	≤16	440	235	
15CrMo	GB 6479	≤16	440	235	
		17～40	440	225	
12CrMoV	GB 5310	≤16	470	255	
10MoWVNb	GB 6479	≤16	470	255	
		17～40	470	285	
12Cr2Mo	GB 6479	≤16	450	280	
		17～40	450	270	
1Cr5Mo	GB 6479	≤16	390	195	
		17～40	390	185	

[σ_s]—钢管最低屈服强度。

(1) 城镇燃气管道的强度设计系数 (*F*) 应符合表 3-4-2 的规定。

城镇燃气管道的强度设计系数　　　　表 3-4-2

地 区 等 级	强度设计系数(*F*)	地 区 等 级	强度设计系数(*F*)
一级地区	0.72	三级地区	0.40
二级地区	0.60	四级地区	0.30

(2) 穿越铁路、公路和人员聚集场所的管道以及门站、储配站、调压站内管道的强度设计系数，应符合表 3-4-3 的规定。

穿越铁路、公路和人员聚集场所的管道以及门站、储配站、调压站内管道的强度设计系数（F）　　表3-4-3

<table>
<tr><th rowspan="2">管道及管段</th><th colspan="4">地 区 等 级</th></tr>
<tr><th>一</th><th>二</th><th>三</th><th>四</th></tr>
<tr><td>有套管穿越Ⅲ、Ⅳ级公路的管道</td><td>0.72</td><td>0.6</td><td rowspan="3"></td><td rowspan="3"></td></tr>
<tr><td>无套管穿越Ⅲ、Ⅳ级公路的管道</td><td>0.6</td><td>0.5</td></tr>
<tr><td>有套管道越Ⅰ、Ⅱ级公路、高速公路、铁路的管道</td><td>0.6</td><td>0.6</td></tr>
<tr><td>门站、储配站、调压站内管道及其上、下游各200m管道，截断阀室管道及其上、下游各50m管道（其距离从站和阀室边界线起算）</td><td>0.5</td><td>0.5</td><td rowspan="2">0.4</td><td rowspan="2">0.3</td></tr>
<tr><td>人员聚集场所的管道</td><td>0.4</td><td>0.4</td></tr>
</table>

3.4.2　次高压燃气管道直管段的最小公称壁厚

《城镇燃气设计规范》GB 50028要求，地下次高压B级管道也可采用钢号Q235焊接钢管，并应符合现行国家标准《低压流体输送用焊接钢管》GB/T 3091的规定。

次高压$P \leqslant 1.6$MPa钢质燃气管道直管段计算壁厚应按式（3-4-1）计算确定。最小公称壁厚不应小于表3-4-4的规定。

钢质燃气管道最小公称壁厚　　表3-4-4

钢管公称直径DN(mm)	公称壁厚(mm)	钢管公称直径DN(mm)	公称壁厚(mm)
DN100～150	4.0	DN600～700	7.1
DN200～300	4.8	DN750～900	7.9
DN350～450	5.2	DN950～1000	8.7
DN500～550	6.4	DN1050	9.5

3.5　城镇天然气输配系统管道材料

管道是城镇天然气输配系统的主体，根据材质分有：钢管、聚乙烯复合管、钢骨架聚乙烯复合管、球墨铸铁管及铝塑管。

3.5.1　钢管

常用于天然气管道的钢管有：无缝钢管、焊接钢管（直缝焊接钢管、螺旋焊缝钢管、镀锌钢管）等。

1. 无缝钢管

（1）《输送流体用无缝钢管》（GB/T 8163）

输送流体用无缝钢管分热轧无缝钢管和冷轧无缝钢管，其规格为DN6～DN600，冷轧无缝钢管规格多，但生产规格管径范围小。输送流体用无缝钢管的材质和力学性能见表3-5-1。

其规格尺寸详见本手册8.2输送流体用无缝钢管。

（2）《石油裂化用无缝钢管》GB 9948

GB 8163 规定的部分钢管力学性能　　**表 3-5-1**

牌号	抗拉强度 σ_b (N/mm² 或 MPa)	屈服点 σ_s (N/mm² 或 MPa)		伸长率 σ_s (%)
		$s \leqslant 15$mm	$s > 15$mm	
		不小于		
10	335～475	205	195	24
20	390～530	245	235	20
09MnV	430～610	295	285	22
16Mn	490～665	325	315	21

《石油裂化用无缝钢管》GB 9948 是一个包括碳素钢、铬钼钢、不锈钢等多种材质的钢管制造标准，制造方法有热轧、冷拔两种方式。其规格范围为 *DN*6～*DN*250 壁厚从 1.0～20mm 共 16 个规格，包含的碳素钢材料牌号有 10、20 共 2 种。通常，它应用于不宜采用 GB/T 8163 钢管的场合。

(3)《化肥设备用高压无缝钢管》GB 6479

《化肥设备用高压无缝钢管》GB 6479 是一个包括碳素钢、铬钼钢、不锈钢等多种材质的钢管制造标准，制造方法有热轧、冷拔两种方式。其规格范围为 *DN*8～*DN*250，壁厚从 2.0～40.0mm 等多种规格，包含的碳素钢材料牌号有 10、20G、16Mn 共 3 种。一般情况下，它适用于设计温度为－40～400℃、设计压力为 10～32.0MPa 的油品、油气介质。

(4)《低中压锅炉用无缝钢管》GB 3087

《低中压锅炉用无缝钢管》GB 3087 标准的钢管制造方法有热轧、冷拔两种方式，其规格范围为 *DN*6～*DN*400，壁厚从 1.5～26.0mm 等多种规格，包含的碳素钢材料牌号有 10、20 共 2 种，适用于低中压锅炉的过热蒸汽、沸水等介质。

(5)《高压锅炉用无缝钢管》GB 5310

《高压锅炉用无缝钢管》GB 5310 标准是一个包括碳素钢、铬钼钢、不锈钢等多种材质的钢管制造标准，制造方法有热轧、冷拔两种方式。其规格范围为 DN15～DN500，壁厚从 2.0～70.0mm 等多种规格，包含的碳素钢材料牌号只有 20G 一种，适用于高压锅炉过热蒸汽介质。其规格尺寸详见本手册 8.4 高压锅炉用无缝钢管。

上述 5 种碳素钢无缝钢管的不同材质的力学性能见表 3-5-1。

从制造质量角度来讲，GB/T 8163 和 GB 3087 标准的钢管多采用平炉或转炉冶炼，其杂质成分与内部缺陷相对较多。GB 9948 标准的钢管多采用电炉冶炼，虽然 GB 9948 标准中没有要求必须进行炉外精炼，但部分厂家为保证在苛刻条件下的使用质量，均超标准加入了炉外精炼工艺；因此，其杂质成分和内部缺陷相对较少。GB 6479 和 GB 5310 标准本身就规定了应进行炉外精炼的工艺要求，故其杂质成分和内部缺陷最少，材料质量最高。

上述无缝钢管标准的制造质量等级由低到高的排序为：GB/T 8163＜GB 3087＜GB 9948＜GB 5310＜GB 6479。

2. 焊接钢管

(1)《低压流体输送用焊接钢管》GB/T 3091

《低压流体输送用焊接钢管》GB/T 3091 标准对电阻焊钢管和埋弧焊钢管的不同要求

分别作了标注，未标注的同时适用于电阻焊钢管和埋弧焊钢管。除流体输送用钢管的必检项目外，只附加了弯曲实验要求。规格范围为公称外径 $\phi10.2\sim\phi1626$，壁厚有普通级和加厚级两种，相应的材料牌号为Q215A（B）、Q235A（B）、Q295A（B）、Q345A（B）；适用于设计温度0～350℃、设计压力不超过0.6～2.5MPa的水、污水、空气、燃气和采暖蒸汽的低压系统，不同材质钢管力学性能表3-5-2。

GB/T 3091规定的钢管力学性能　　**表3-5-2**

牌号	抗拉强度 $\sigma_{b,min}$（MPa）	屈服强度 $\sigma_{s,min}$（MPa）	断后伸长率 $\delta_{s,min}$（%）	
			$D\leqslant168.3$	$D>168.3$
Q215A、Q215B	335	215	15	20
Q235A、Q235B	375	235		
Q295A、Q295B	390	295	13	18
Q345A、Q345B	510	345		

注：1. 公称外径不大于114.3mm的钢管，不测定屈服强度。
2. 公称外径大于114.3mm的钢管，测定屈服强度做参考，不作交货条件。

标准规定，钢管应逐根进行液压试验，试验压力应符合表3-5-3的规定。公称外小于508mm的钢管，稳压时间应不少于5s；公称外径不小于508mm的钢管，稳压时间应不少于10s，在试验压力下，钢管应不渗漏。

液压试验的压力值　　**表3-5-3**

钢管公称外径 D(mm)	试验压力值(MPa)	钢管公称外径 D(mm)	试验压力值(MPa)
$\leqslant168.3$	3	$323.9<D\leqslant508$	3
$168.3<D\leqslant323.9$	5	$D>508$	2.5

常用的焊接钢管有三种制造工艺，分别采用直缝高频电阻焊、直缝埋弧焊、螺旋缝埋焊中的任一种工艺制造，不同制造工艺的产品，螺旋缝焊接钢管、镀锌钢管其制造及技术要求等均执行现行国家标准《低压流体输送用钢管》GB/T 3091的规定。

常用的电阻焊钢管标准有《普通流体输送用螺旋缝高频焊钢管》SY/T 5038，其规格范围为 $DN150\sim DN500$，壁厚从4.0～10.0mm共9种规格；材料牌号为Q215A（B）、Q235A（B）、Q295A（B）、Q345A（B）；适用介质为水、污水、空气、燃气和采暖蒸汽等流体。

（2）《普通流体输送用螺旋埋弧焊钢管》SY/T 5037

《普通流体输送用螺旋缝埋弧焊钢管》SY/T 5037，其规格范围为 $DN250\sim DN2500$，壁厚从5.0～20.0mm共15种规格；材料牌号为Q195、Q235、Q295三种；适用介质为水、空气、燃气和采暖蒸汽等流体。其产品应符合GB/T 9711.PSL1要求。

直缝焊接钢管与螺旋缝焊接钢管相比具有焊缝质量好、热影响区小、焊后残余应力小、管道尺寸较精确、易实现在线检测、以及原材料可进行100%的无损检测等优点。

（3）镀锌钢管

热镀锌钢管：规格：$DN6\sim DN150$；管道壁厚分普通级和加厚级两种；材质：Q195，Q215、Q214A适用于室内天然气管道，$DN\geqslant100$ 的镀锌钢管采用螺纹连接，钢管力学性能见表3-5-1。

3.5.2　球墨铸铁管

天然气用球墨铸铁管应符合国家现行标准《水及燃气管道用球墨铸铁管、管件及附件》GB/T 13295 的规定。机械接口球墨铸铁管，它是由球墨铸铁离心浇铸而成，其余相组织为铁素体加少量的珠光体，其机械性能良好，能承受很高的内压，且还有良好的抗外压性，与传统的灰口铸铁管相比，不仅力学性能有大的提高，且重量轻，可用于中压 A 级天然气管道。

球墨铸铁管与灰口铸铁管机械性能比较见表 3-5-4；球墨铸铁管水压试验压力见表 3-5-5。

管材机械性能　　表 3-5-4

管材	延伸率（%）	压扁率（%）	抗冲机强度（MPa）	强度极限（MPa）	屈服极限（MPa）
灰铸铁管	0	0	5	140	170
球墨铸铁管	10	30	30	420	300
钢管	18	30	40	420	300

球墨铸铁管水压试验压力　　表 3-5-5

公称直径（DN）	水压试验压力（MPa）	公称直径（DN）	水压试验压力（MPa）
$80\leqslant DN\leqslant 300$	5.0	$700\leqslant DN\leqslant 1000$	3.2
$350\leqslant DN\leqslant 600$	4.0	$1100\leqslant DN\leqslant 2000$	2.0

机械接口球墨铸铁管采用橡胶密封圈柔性连接，其接大样见本手册图 13-3-6。

3.5.3　燃气用埋地聚乙烯管道

燃气用埋地聚乙烯管道应符合现行国家标准《燃气用埋地聚乙烯管材》GB/T 15558.1 的规定。

聚乙烯管是近年来广泛用于中、低压天然气输配系统的地下管材，具有良好的可焊性、热稳定性、柔韧性与严密性，易施工，耐土壤腐蚀，内壁当量绝对粗糙度仅为钢管的 1/10，使用寿命达 50 年左右。聚乙烯管的主要缺点是重载荷下易损坏，接口质量难以采用无损检测手段检验，以及大管径的管材价格较高。目前已开发的第三代聚乙烯管材 PE100 较之以前广泛采用的 PE80 具有较好的快、慢速裂纹低抗能力与刚度，改善了刮痕敏感度，因此采用 PE100 制管在相同耐压程度时可减少壁厚或在相同壁厚下增加耐压程度。

聚乙烯管道按公称外径与壁厚之比（即标准尺寸比）SDR 分为两个系列：SDR11 与 SDR17.6，其允许最大工作压力见表 3-5-6，不同温度下的允许最大工作压力见表 3-5-7。

通常聚乙烯管道 $d_e\geqslant$110mm 采用热熔连接，即由传用连接板加热接口到 210℃使其熔化连接，而 $d_e<$110mm 时采用电熔连接，即由专用电熔焊机控制管内埋设的电阻丝加热使接口处熔化而连接。连接质量由外观检查、强度试验与气密性试验确定。

聚乙烯管道允许最大工作压力　　表 3-5-6

燃 气 种 类	最大允计工作压力（MPa）	
	SDR11	SDR17.6
天然气	0.400	0.200
液化石油气（气态）	0.100	—
人工燃气	0.005	—

聚乙烯管道不同温度下的允许最大工作压力　　表 3-5-7

工作温度 t(℃)	允计工作压力(MPa)	
	SDR11	SDR17.6
$-20<t\leqslant0$	0.1	0.0075
$0<t\leqslant20$	0.4	0.2
$20<t\leqslant30$	0.2	0.1
$30<t\leqslant40$	0.1	0.0075

3.5.4 燃气用钢骨架聚乙烯塑料复合管

钢骨架聚乙烯塑料复合管应符合现行国家标准《燃气用钢骨架聚乙烯塑料复合管》CJ/T 125 的规定。

钢骨架聚乙烯复合的钢骨架材料有钢丝网与钢板孔网两种。管道分为普通管与薄壁管两种，普通管宜用于输送人工燃气，天然气与液化石油气（气态），薄壁管宜用于输送天然气。可按《埋地钢骨架聚乙烯复合管燃气管道工程技术规程》CECS 131 采用。

输送天然气时，钢丝骨架聚乙烯复合的普通管与薄壁管的允许最大工作压力见表 3-5-8 与表 3-5-9。钢板孔网骨架聚乙烯复合普通管与薄壁管的允许最大工作压力见表 3-5-10 与表 3-5-11。

钢丝骨架聚乙烯复合普通管允许最大工作压力　　表 3-5-8

公称内径 d_i(mm)	50	65	80	100	125	150	200	250	300	350	400	450	500
允计最大工作压力(MPa)	1.6		1.0		0.8	0.7		0.5		0.44			

钢丝骨架聚乙烯复合薄壁管允许最大工作压力　　表 3-5-9

公称内径 d_i(mm)	50	65	80	100	125
允计最大工作压力(MPa)	1.0			0.6	

钢板孔网骨架聚乙烯复合普通管允许最大工作压力　　表 3-5-10

公称外径 d_e(mm)	50	63	75	90	110	140	160	200	250	315	400	500	630
允许最大工作压力(MPa)	1.6		1.0			0.8		0.7		0.5		0.44	

钢板孔网骨架聚乙烯复合薄壁管允许最大工作压力　　表 3-5-11

公称外径 d_e(mm)	50	63	75	90	110
允许最大工作压力(MPa)	1.0			0.6	

不同温度下对允许最大工作压力按表 3-5-12 修正系数校正。

钢骨架聚乙烯复合管不同温度下允许最大工作压力　　表 3-5-12

工作温度 t(℃)	$-20<t\leqslant0$	$0<t\leqslant20$	$20<t\leqslant25$	$25<t\leqslant30$	$30<t\leqslant35$	$35<t\leqslant40$
修正系数	0.91	1	0.93	0.87	0.8	0.74

钢骨架聚乙烯复合管与聚乙烯管相比，由于加设骨架而增加了强度，使壁厚减薄或耐压程度提高。但管道上开孔接管困难，且价格较高。

钢骨架聚乙烯复合管的连接方法有电熔连接与法兰连接，法兰连接时宜设置检查井。

燃气用埋地聚乙烯管及钢骨架聚乙烯复合管连接与敷设，详见本手册13.4节。

3.5.5　铝塑复合管

铝塑复合管应符合现行国家标准《铝塑复合压力管　第1部分：铝塑搭接焊式铝塑管》GB/T 18997.1，或《铝塑复合压力管　第2部分：铝塑管对接焊式铝塑管》GB 18997.2的规定

铝塑复合管是一种新型的复合管材，兼备金属管和塑料管的优点，可作室内燃气管道采用管件热连接。其物理特性：工作温度：－40～95℃；工作压力：1.0～0.4MPa。

铝塑复合管作室内燃气管道，环境温度应小于60℃，使用压力不大于10kPa，只允许在户内计量装置（燃气表）后安装。

3.5.6　不同材料天然气管道的综合比较

1. 价格比较

对于管材的选用，应作技术经济比较，表3-5-13是各种管材的价格比，设钢管（含防腐费）为1。

管材的价格比　　　**表3-5-13**

公称直径(mm)	聚乙烯管(SDR11)	钢管(含防腐费)	球墨铸铁管(K9)
100	0.73	1.0	1.18
200	1.09	1.0	0.92
250	1.10	1.0	0.96
300	1.34	1.0	0.90
400	1.80	1.0	0.81

由表3-5-13可见，聚乙烯管公称直径小于200mm时较钢管便宜，而球墨铸铁管公称直径小于200mm时较钢管贵。大管径的球墨铸铁管有一定的价格优势。

2. 使用年限比较

由于各类管材使用年限有差别，钢管可按25年考虑，聚乙烯管与球墨铸铁管可按50年考虑，按使用处限考虑的年平均价格比见表3-5-14，设钢管（含防腐费）为1。

按使用年限管材年平均价格比　　　**表3-5-14**

公称直径(mm)	聚乙烯管(SDR11)	钢管(含防腐费)	球墨铸铁管(K9)
100	0.365	1	0.590
200	0.545	1	0.460
250	0.550	1	0.480
300	0.670	1	0.450
400	0.90	1	0.405

由表3-5-14可见，钢管的各种公称管径的价格比均高于聚乙烯管与球墨铸铁管。因

此，如何加强钢管的防腐质量。有效延长钢管的使用年限是一个重要课题。

3. 管道压力降的比较

此外，由于各种管材内壁当量绝对粗糙度的不同，以及相同公称管径下内径的不同，造成不同管材管道输送燃气能力的差异，即在相同管长与压力降下输送流量不同或在相同管长与流量下压力降不同。表3-5-15表示不同管材在相同管长与流量下压力降的比例，由于按中压设定即为压力平方差比例，其中设定钢管为1。

管材在相同管长与流量下压力降比　表3-5-15

公称直径(mm)	聚乙烯管(SDR11)	钢　管	球墨铸铁管
100	1.15	1	1.56
200	1.0	1	1.47
250	1.01	1	1.58
300	0.72	1	1.49
400	0.75	1	1.12

由表3-5-15可见，聚乙烯管尽管内径较同公称直径的钢管小，但由于其内壁当量绝对粗糙度仅为钢管的1/10，当公称管径大于200mm时输送能力优于钢管，球墨铸铁管由于较大的内壁当量绝对粗糙度而使输送能力下降。

4. 综合比较

考虑管材使用年限与输送能力的综合比值见表3-5-16。综合比值为两个比值的乘积。

管材使用年限与输送能力的综合比值　表3-5-16

公称直径(mm)	聚乙烯管(SDR11)	钢管(含防腐费)	球墨铸铁管(K9)
100	0.420	1	0.920
200	0.545	1	0.676
250	0.556	1	0.758
300	0.482	1	0.671
400	0.675	1	0.454

由表3-5-16可见，考虑使用年限与输气能力两因素影响的综合比值中公称直径400mm以下的聚乙烯管较钢管占有优势。

钢骨架聚乙烯复合管的价格高于聚乙烯复合管，价格比约为1.1～1.6倍，随着管径增大，倍数减小，两者使用年限相同。

随着技术进步、生产规模发展等因素的影响，各种管材的价格与使用年限均会发生变化，上述数据仅作宏观参照，提供管材选用的技术经济比较思路与方法。

3.5.7　管件

天然气管道的管道附件设计与选用应符合下列规范规定：

1.《钢制对焊无缝管件》GB 12459；

2.《钢板制对焊管件》GB/T 13401；

3.《钢制法兰管件》GB/T 17185；

4.《钢制对焊管件》SY/T 0510；

5.《钢制管法兰》GB/T 9112～GB/T 9124；

6.《大直径碳钢法兰》GB/T 13402；

7.《钢制法兰、垫片、紧固件》HG 20592～HG 20635；

8.《钢制弯管》SY/T 5257；

9.《绝缘法兰设计技术规定》SY/T 0516；

10.《输气管道工程设计规范》GB 50251，适用于管道工程的焊接接头及特殊管件的制作；

11.《钢制压力容器》GB 150，用于非标管件的制作，如异径接头、凸形封头、平封头、集气管、清管器接收筒等。

12. 焊接支管连接口的补强应符合下列规定：

（1）补强的结构形式可采用增加主管道或支管道壁厚或同时增加主、支管道壁厚、或三通、或拔制扳边式接口的整体补强形式，也可采用补强圈补强的局部补强形式。

（2）当支管道公称直径大于或等于1/2主管道公称直径时，应采用三通。

（3）支管道的公称直径小于或等于50mm时，可不作补强计算。

（4）开孔削弱部分按等面积补强，其结构和数值计算应符合现行国家标准《输气管道工程设计规范》GB 50251的相应规定。其焊接结构还应符合下述规定：

1）主管道和支管道的连接焊缝应保证全焊透，其角焊缝腰高应大于或等于1/3的支管道壁厚，且不小于6mm；

2）补强圈的形状应与主管道相符，并与主管道紧密贴合。焊接和热处理时补强圈上应开一排气孔，管道使用期间应将排气孔堵死，补强圈宜按国家现行标准《补强圈》JB/T 4736选用。

3.6　城镇天然气管道的布置与敷设

城镇天然气管道布置与敷设应严格执行现行国家标准《城镇燃气设计规范》GB 50028的规定和要求，确保用户安全用气和生命财产安全，这是天然气输配系统的首要任务。

3.6.1　城镇燃气管道地区等级的划分

城镇燃气管道地区等级的划分应符合下列规定：

1. 沿管道中心线两侧各200m范围内，任意划分为1.6km长并能包括最多供人居住的独立建筑物数量的地段，作为地区分级单元。

注：在多单元住宅建筑物内，每个独立住宅单元按一个供人居住的独立建筑物计算。

2. 管道地区等级应根据地区分级单元内建筑物的密集程度划分，并应符合下列规定：

1）一级地区：有12个或12个以下供人居住的独立建筑物。

2）二级地区：有12个以上，80个以下供人居住的独立建筑物。

3）三级地区：介于二级和四级之间的中间地区。有80个或80个以上供人居住的独立建筑物但不够四级地区条件的地区、工业区或距人员聚集的室外场所90m内铺设管线的区域。

4）四级地区：4层或4层以上建筑物（不计地下室层数）普遍且占多数、交通频繁、地下设施多的城市中心城区（或镇的中心区域等）。

3　二、三、四级地区的长度应按下列规定调整：

1）四级地区垂直于管道的边界线距最近地上4层或4层以上建筑物不应小于200m。

2）二、三级地区垂直于管道的边界线距该级地区最近建筑物不应小于200m。

4　确定城镇燃气管道地区等级，宜按城市规划为该地区的今后发展留有余地。

3.6.2　压力不大于1.6MPa室外埋地天然气管道的布置与敷设

1. 布置原则

(1) 服从城市总体规划，遵守有关法规与规范，考虑远近期结合。

(2) 干管布置应靠近用气负荷较大区域、以减少支管长度并成环，保证安全供气，但应避开繁华街区，且环数不宜过多。各高中压调压站出口中压干管宜互通。在城区边缘布置支状干管，形成环支结合的供气干管体系。

(3) 对中小城镇的干管主环可设计为等管径环，以进一步提高供气安全性与适应性。

(4) 管道布罩应按先人行道、后非机动车道、尽量不在机动车道埋设的原则。

(5) 管道应与道路同步建设，避免重复开挖。条件具备时可建设共同沟敷设。

(6) 在安全供气的前提下减少穿越工程与建筑拆迁量。

(7) 避免与高压电缆平行敷设，以减少地下钢管电化学腐蚀。

2. 地下燃气管道与建筑物、构筑物或相邻管道之间的距离

地下燃气管道不得从建筑物和大型构筑物（不包括架空的建筑物和大型构筑物）的下面穿越。

地下燃气管道与建筑物、构筑物或相邻管道之间的水平和垂直净距，不应小于表3-6-1和表3-6-2的规定。

地下燃气管道与建筑物、构筑物或相邻管道之间的水平净距（m）　　表3-6-1

项目		地下燃气管道压力(MPa)				
		低压<0.01	中压		次高压	
			B≤0.2	A≤0.4	B 0.8	A 1.6
建筑物	基础	0.7	1.0	1.5	—	—
	外墙面(出地面处)	—	—	—	5.0	13.5
给水管		0.5	0.5	0.5	1.0	1.5
污水、雨水排水管		1.0	1.2	1.2	1.5	2.0
电力电缆(含电车电缆)	直埋	0.5	0.5	0.5	1.0	1.5
	在导管内	1.0	1.0	1.0	1.0	1.5
通信电缆	直埋	0.5	0.5	0.5	1.0	1.5
	在导管内	1.0	1.0	1.0	1.0	1.5
其他燃气管道	*DN*≤300mm	0.4	0.4	0.4	0.4	0.4
	DN>300mm	0.5	0.5	0.5	0.5	0.5
热力管	直埋	1.0	1.0	1.0	1.5	2.0
	在管沟内(至外壁)	1.0	1.5	1.5	2.0	4.0

续表

项目		地下燃气管道压力(MPa)				
		低压<0.01	中压		次高压	
			B≤0.2	A≤0.4	B0.8	A1.6
电杆(塔)的基础	≤35kV	1.0	1.0	1.0	1.0	1.0
	>35kV	2.0	2.0	2.0	5.0	5.0
通信照明电杆(至电杆中心)		1.0	1.0	1.0	1.0	1.0
铁路路堤坡脚		5.0	5.0	5.0	5.0	5.0
有轨电车钢轨		2.0	2.0	2.0	2.0	2.0
街树(至树中心)		0.75	0.75	0.75	1.2	1.2

地下燃气管道与构筑物或相邻管道之间垂直净距（m）　　表3-6-2

项目		地下燃气管道(当有套管时,以套管计)
给水管、排水管或其他燃气管道		0.15
热力管、热力管的管沟底(或顶)		0.15
电缆	直埋	0.50
	在导管内	0.15
铁路(轨底)		1.20
有轨电车(轨底)		1.00

注：1. 当次高压燃气管道压力与表中数不相同时，可采用直线方程内插法确定水平净距。

2. 如受地形限制不能满足表3-6-1和表3-6-2时，经与有关部门协商，采取有效的安全防护措施后，表3-6-1和表3-6-2规定的净距，均可适当缩小，但低压管道不应影响建（构）筑物和相邻管道基础的稳固性，中压管道距建筑物基础不应小于0.5m且距建筑物外墙面不应小于1m，次高压燃气管道距建筑物外墙面不应小于3.0m。其中当对次高压A燃气管道采取有效的安全防护措施或当管道壁厚不小于9.5mm时，管道距建筑物外墙面不应小于6.5m；当管壁厚度不小于11.9mm时，管道距建筑物外墙面不应小于3.0m。

3. 表3-5-1和表3-6-2规定除地下燃气管道与热力管的净距不适于聚乙烯燃气管道和钢骨架聚乙烯塑料复合管外，其他规定均适用于聚乙烯燃气管道和钢骨架聚乙烯塑料复合管道。聚乙烯燃气管道与热力管道的净距应按国家现行标准《聚乙烯燃气管道工程技术规程》CJJ 63执行。

4. 地下燃气管道与电杆（塔）基础之间的水平净距，还应满足《城镇燃气设计规范》表6.7.5地下燃气管道与交流电力线接地体的净距规定。

3. 地下燃气管道埋设的最小覆土厚度（路面至管顶）应符合下列要求：

(1) 埋设在机动车道下时，不得小于0.9m；

(2) 埋设在非机动车车道（含人行道）下时，不得小于0.6m；

(3) 埋设在机动车不可能到达的地方时，不得小于0.3m；

(4) 埋设在水田下时，不得小于0.8m。

注：当不能满足上述规定时，应采取有效的安全防护措施。

4. 输送湿燃气的燃气管道，应埋设在土壤冰冻线以下。燃气管道坡向凝液缸的坡度不宜小于0.003。

表3-6-3国内燃气管道埋设深度（至管顶）供设计参考。

国内燃气管道的埋设深度（至管顶）(m)　　表3-6-3

地点	条件	埋设深度	最大冻土深度	备注
北京	主干道　干线 支线 非车行道	≥1.20 ≥1.00 ≥0.80	0.85	北京市《地下煤气管道设计施工验收技术规定》

续表

地点	条件	埋设深度	最大冻土深度	备注
上海	机动车道 车行道 人行道 街坊 引入管	1.00 0.80 0.60 0.60 0.30	0.06	上海市标准《城市煤气、天然气管道工程技术规程》DCJ 08-10
大连		≥1.00	0.93	《煤气管道安全技术操作规程》
鞍山		1.40	1.08	
沈阳	*DN*250mm以下 *DN*250mm以上	≥1.20 ≥1.00		
长春		1.80	1.69	
哈尔滨	向阳面 向阴面	1.80 2.30	1.97	
中南地区	车行道 非车行道 水田下 街坊泥土路	≥0.80 ≥0.60 ≥0.60 ≥0.40		《城市煤气管道工程设计、施工、验收规程》(城市煤气协会中南分会)
四川省	车行道 直埋 套管 非车行道 郊区旱地 郊区水田 庭院	0.80 0.60 0.60 0.60 0.80 0.40		《城市煤气输配及应用工程设计、安装、验收技术规程》

5. 地下燃气管道的基础宜为原土层。凡可能引起管道不均匀沉降的地段，其基础应进行处理。

6. 地下燃气管道不得在堆积易燃、易爆材料和具有腐蚀性液体的场地下面穿越，并不宜与其他管道或电缆同沟敷设。当需要同沟敷设时，必须采取有效的安全防护措施。

7. 地下燃气管道从排水管（沟）、热力管沟、隧道及其他各种用途沟槽内穿过时，应将燃气管道敷设于套管内。套管伸出构筑物外壁不应小于表3-6-4中燃气管道与该构筑物的水平净距。套管两端应采用柔性的防腐、防水材料密封。

8. 燃气管道穿越铁路、高速公路、电车轨道或城镇主要干道时应符合下列要求：

（1）穿越铁路或高速公路的燃气管道，应加套管。

注：当燃气管道采用定向钻穿越并取得铁路或高速公路部门同意时，可不加套管。

（2）穿越铁路的燃气管道的套管，应符合下列要求：

1）套管埋设的深度：铁路轨底至套管顶不应小于1.20m，并应符合铁路管理部门的要求；

2）套管宜采用钢管或钢筋混凝土管；

3）套管内径应比燃气管道外径大100mm以上；

4）套管两端与燃气管的间隙应采用柔性的防腐、防水材料密封，其一端应装设检漏管；

5）套管端部距路堤坡脚外的距离不应小于2.0m。

(3) 燃气管道穿越电车轨道或城镇主要干道时宜敷设在套管或管沟内；穿越高速公路的燃气管道的套管、穿越电车轨道或城镇主要干道的燃气管道的套管或管沟，应符合下列要求：

1) 套管内径应比燃气管道外径大 100mm 以上，套管或管沟两端应密封，在重要地段的套管或管沟端部宜安装检漏管；

2) 套管或管沟端部距电车道边轨不应小于 2.0m；距道路边缘不应小于 1.0m。

(4) 燃气管道宜垂直穿越铁路、高速公路、电车轨道或城镇主要干道。

9. 燃气管道通过河流时，可采用穿越河底或采用管桥跨越的形式。当条件许可时，可利用道路桥梁跨越河流，并应符合下列要求：

(1) 随桥梁跨越河流的燃气管道，其管道的输送压力不应大于 0.4MPa。

(2) 当燃气管道随桥梁敷设或采用管桥跨越河流时，必须采取安全防护措施。

(3) 燃气管道随桥梁敷设，宜采取下列安全防护措施：

1) 敷设于桥梁上的燃气管道应采用加厚的无缝钢管或焊接钢管，尽量减少焊缝，对焊缝进行 100%无损探伤；

2) 跨越通航河流的燃气管道管底标高，应符合通航净空的要求，管架外侧应设置护桩；

3) 在确定管道位置时，与随桥敷设的其他管道的间距应符合现行国家标准《工业企业煤气安全规程》GB 6222 支架敷管的有关规定；

4) 管道应设置必要的补偿和减振措施；

5) 对管道应做较高等级的防腐保护；

对于采用阴极保护的埋地钢管与随桥管道之间应设置绝缘装置；

6) 跨越河流的燃气管道的支座（架）应采用不燃烧材料制作。

10. 燃气管道穿越河底时，应符合下列要求：

(1) 燃气管道宜采用钢管；

(2) 燃气管道至河床的覆土厚度，应根据水流冲刷条件及规划河床确定。对不通航河流不应小于 0.5m；对通航的河流不应小于 1.0m，还应考虑疏浚和投锚深度；

(3) 稳管措施应根据计算确定；

(4) 在埋设燃气管道位置的河流两岸上、下游应设立标志。

11. 穿越或跨越重要河流的燃气管道，在河流两岸均应设置阀门。

12. 在次高压、中压燃气干管上，应设置分段阀门，并应在阀门两侧设置放散管。在燃气支管的起点处，应设置阀门。

13. 地下燃气管道上的检测管、凝水缸的排水管、水封阀和阀门，均应设置护罩或护井。

3.6.3　压力大于 1.6MPa 室外埋地天然气管道的布置与敷设

本规定适用于压力大于 1.6MPa（表压）但大于 4.0MPa 的天然气管道。

1. 高压天然气管道的布置原则：

对于大、中型城市按输气或储气需要设置高压管道，其布置原则如下：

(1) 服从城市总体规划，遵守有关法规与规范，考虑远、近期结合，分期建设。

（2）结合门站与调压站选址，管道沿城区边沿敷设，避开重要设施与施工困难地段。不宜进入城市四级地区，不宜从县城、卫星城、镇或居民区中间通过。

（3）尽可能少占农田，减少建筑物等拆迁。除管道专用公路的隧道、桥梁外，不应通过铁路或公路的隧道和桥梁。

（4）对于大型城市可考虑高压管道成环，以提高供气安全性，并考虑其储气功能。

（5）为方便运输与施工，管道宜在公路附近敷设。

2. 一级或二级地区地下燃气管道与建筑物之间的水平净距不应小于表3-6-4的规定。

一级或二级地区地下燃气管道与建筑物之间的水平净距（m）　　表3-6-4

燃气管道公称直径 DN(mm)	地下燃气管道压力(MPa)		
	1.61	2.50	4.00
$900<DN\leqslant1050$	53	60	70
$750<DN\leqslant900$	40	47	57
$600<DN\leqslant750$	31	37	45
$450<DN\leqslant600$	24	28	35
$300<DN\leqslant450$	19	23	28
$150<DN\leqslant300$	14	18	22
$DN\leqslant150$	11	13	15

注：1. 当燃气管道强度设计系数不大于0.4时，一级或二级地区地下燃气管道与建筑物之间的水平净距可按表3-5-5确定。

2. 水平净距是指管道外壁到建筑物出地面处外墙面的距离。建筑物是指平常有人的建筑物。

3. 当燃气管道压力与表中数不相同时，可采用直线方程内插法确定水平净距。

3. 三级地区地下燃气管道与建筑物之间的水平净距不应小于表3-6-5的规定。

三级地区地下燃气管道与建筑物之间的水平净距（m）　　表3-6-5

燃气管道公称直径和壁厚 δ (mm)	地下燃气管道压力(MPa)		
	1.61	2.50	4.00
A　所有管径 $\delta<9.5$	13.5	15.0	17.0
B　所有管径 $9.5\leqslant\delta<11.9$	6.5	7.5	9.0
C　所有管径 $\delta\geqslant11.9$	3.0	5.0	8.0

注：1. 当对燃气管道采取有效的保护措施时，$\delta<9.5$mm的燃气管道也可采用表中B行的水平净距。

2. 水平净距是指管道外壁到建筑物出地面处外墙面的距离。建筑物是指平常有人的建筑物。

3. 当燃气管道压力与表中数不相同时，可采用直线方程内插法确定水平净距。

4. 高压地下燃气管道与构筑物或相邻管道之间的水平和垂直净距，不应小于表3-5-1和3-5-2高压A的规定。但高压A和高压B地下燃气管道与铁路路堤坡脚的水平净距分别不应小于8m和6m；与有轨电车钢轨的水平净距分别不应小于4m和3m。

注：当达不到本条净距要求时，采取有效的防护措施后，净距可适当缩小。

5. 四级地区地下燃气管道输配压力不宜大于1.6MPa（表压）。其设计应遵守本手册3.6.2节的有关规定。

四级地区地下燃气管道输配压力不应大于4.0MPa（表压）。

6. 高压燃气管道的布置应符合下列要求：

（1）高压燃气管道不宜进入四级地区；当受条件限制需要进入或通过四级地区时，应遵守下列规定：

1）高压A地下燃气管道与建筑物外墙面之间的水平净距不应小于30m（当管壁厚度 $\delta\geqslant9.5$mm或对燃气管道采取有效的保护措施时，不应小于15m）；

2）高压B地下燃气管道与建筑物外墙面之间的水平净距不应小于16m（当管壁厚度$\delta \geqslant 9.5$mm或对燃气管道采取有效的保护措施时，不应小于10m）；

3）管道分段阀门应采用遥控或自动控制。

（2）高压燃气管道不应通过军事设施、易燃易爆仓库、国家重点文物保护单位的安全保护区、飞机场、火车站、海（河）港码头。当受条件限制管道必须在本款所列区域内通过时，必须采取安全防护措施。

（3）高压燃气管道宜采用埋地方式敷设。当个别地段需要采用架空敷设时，必须采取安全防护措施。

7. 当管道安全评估中危险性分析证明，可能发生事故的次数和结果合理时，可采用与表3-6-4表3-6-5和3.6.36条不同的净距和采用与本手册表3-4-3、表3-4-4不同的强度设计系数（F）。

8. 燃气管道阀门的设置应符合下列要求：

（1）在高压燃气干管上，应设置分段阀门；分段阀门的最大间距：以四级地区为主的管段不应大于8km；以三级地区为主的管段不应大于13km；以二级地区为主的管段不应大于24km；以一级地区为主的管段不应大于32km。

（2）在高压燃气支管的起点处，应设置阀门。

（3）燃气管道阀门的选用应符合国家现行有关标准，并应选择适用于燃气介质的阀门。

（4）在防火区内关键部位使用的阀门，应具有耐火性能。需要通过清管器或电子检管器的阀门，应选用全通径阀门。

9. 高压燃气管道及管件设计应考虑日后清管或电子检管的需要，并宜预留安装电子检管器收发装置的位置。

10. 高压燃气管道的地基、埋设的最小覆土厚度、穿越铁路和电车轨道、穿越高速公路和城镇主要干道、通过河流的形式和要求等应符合本手册3.6.2的有关规定。

11. 市区外地下高压燃气管道沿线应设置里程桩、转角桩、交叉和警示牌等永久性标志。

市区内地下高压燃气管道应设立管位警示标志。在距管顶不小于500mm处应埋设警示带。

3.6.4　关于压力大于1.6MPa室外燃气管道的应力计算，地震荷载，锚固件的设计计算

1. 下列计算或要求应符合现行国家标准《输气管道工程设计规范》GB 50251的相应规定：

（1）受约束的埋地直管段轴向应力计算和轴向应力与环向应力组合的当量应力校核；

（2）受内压和温差共同作用下弯头的组合应力计算；

（3）管道附件与没有轴向约束的直管段连接时的热膨胀强度校核；

（4）弯头和弯管的管壁厚度计算；

（5）燃气管道径向稳定校核。

2. 燃气管道强度设计应根据管段所处地区等级和运行条件，按可能同时出现的永久荷载和可变荷载的组合进行设计。当管道位于地震设防烈度7度及7度以上地区时，应考

虑管道所承受的地震荷载。地震荷载按《室外给水排水和燃气热力工程抗震设计规范》GB 50032 进行设计。

3. 埋地管线的锚固件应符合下列要求：

(1) 埋地管线上弯管或迂回管处产生的纵向力，必须由弯管处的锚固件、土壤摩阻或管子中的纵向应力加以抵消。

(2) 若弯管处不用锚固件，则靠近推力起源点处的管子接头处应设计成能承受纵向拉力。若接头未采取此种措施，则应加装适用的拉杆或拉条。

3.6.5　聚乙烯管道和钢骨架聚乙烯复合管道的布置与敷设

聚乙烯管道和钢骨架聚乙烯复合管道的敷设除应符合现行国家标准《城镇燃气设计规范》GB 50028 和本手册 3.6.2、3.6.3 的规定外，同时应符合国家现行标准《聚乙烯燃气管道工程技术规范》CJJ 63 的规定 CJJ 63 标准中对聚乙烯管的管道布置规定如下：

1. 聚乙烯管道和钢骨架聚乙烯复合管道不得从建筑物或大型构筑物的下面穿越（不包括架空的建筑物和立交桥等大型构筑物），不得与非燃气管道或电缆同沟敷设。

2. 聚乙烯管道与热力管道的水平净距和垂直距离应符合表 3-6-6、表 3-6-7 的规定。并应确保燃气管道周围土壤温度不大于 40℃。

聚乙烯管道和钢骨架聚乙烯复合管道与热力管道之间的水平净距　　表 3-6-6

项　目			地下燃气管道(m)			
			低压	中压		次高压
				B	A	B
热力管	直埋	热水	1.0	1.0	1.0	1.5
		蒸汽	2.0	2.0	2.0	3.0
	在管沟内(至外壁)		1.0	1.5	1.5	2.0

聚乙烯管道和钢骨架聚乙烯复合管道与热力管道之间的垂直净距　　表 3-6-7

项　目		燃气管道(当有套管时，从套管外径计)(m)
热力管	燃气管在直埋管上方	0.5(加套管)
	燃气管在直埋管下方	1.0(加套管)
	燃气管在管沟上方	0.2(加套管)或 0.4
	燃气管在管沟下方	0.3(加套管)

2. 聚乙烯管道的管基宜为无尖硬土石的原土层。当原土层有尖硬土石时，应铺垫细砂或细土。

3. 当聚乙烯管道穿越排水管沟、联合地沟隧道及其他用途沟槽（不含热力地沟）时，应将聚乙烯管和钢骨架聚乙烯复合管敷设于硬质套管内，套管应伸出构筑物外壁不应小于表 3-6-6、表 3-6-7 相关规定的水平净距。套管两端和套管与建筑物间的间隙采用柔性的防腐、防水的材料密封。

4. 聚乙烯管道通过河流时，宜采用河底穿越，当采用河底穿越时，管顶覆土厚度对不通航的河流不应小于 0.5m；对于通航的河流不应小于 1.0m。同时应考虑河道的疏竣和抛锚的所需深度。

3.6.6　低压天然气管道、室内管道布置与敷设

低压天然气管道、室内管道的布置与敷设见本手册第5章，天然气庭院管道和室内管道设计。

3.7　埋地天然气钢管防腐

绝大部分城镇燃气管道都是敷设在地下，并且当前较大口径管道都是金属管道。对地下金属管道最严酷的挑战是腐蚀问题。做好金属管道防腐关系到燃气输配管网的安全及功能完整，也极大地关系到系统的经济性。

金属可能发生的腐蚀有化学腐蚀、电化学腐蚀与物理腐蚀。化学腐蚀是金属表面与非电解质发生化学反应而导致腐蚀；电化学腐蚀是金属表面接触电解质而发生阳极反应、阴极反应，并产生电流，由于阳极区金属正离子进入电解质而形成腐蚀；物理腐蚀是金属与某些物质接触而发生溶解而导致的腐蚀。地下钢管所发生的腐蚀主要是电化学腐蚀。

钢质管道必须进行外防腐，其防腐设计应符合《钢质管道及储罐腐蚀控制工程设计规范》SY/T 0007 的规定。地下燃气管道防腐设计，必须考虑土壤电阻率。对高、中压输气干管宜沿燃气管道途经地段选点测定其土壤电阻率。应根据土壤的腐蚀性、管道的重要程度及所经地段的地质、环境条件确定其防腐等级。地下燃气管道的外防腐涂层的种类，根据工程的具体情况，可选用石油沥青、聚乙烯防腐胶带、环氧煤沥青、聚乙烯防腐层、氯磺化聚乙烯、环氧粉末喷涂煤焦油瓷漆（树脂）等。

采用涂层保护埋地敷设的钢质燃气干管宜同时采用阴极保护。市区外埋地敷设的燃气干管，当采用阴极保护时，宜采角强制电流方式；市区内埋地敷设的燃气干管，当采用阴极保护时，宜采用牺牲阳极法。

3.7.1　埋地钢管外防腐层防腐

1. 防腐材料的选择原则

(1) 电性能。要求材料绝缘电阻高，绝缘性好；

(2) 化学性能。化学性质稳定，在酸、碱、盐等化学介质的作用下，不易变质失效；

(3) 机械性能。机械强度高，黏结力大，抗冲击，抗土壤应力，施工中不易损伤；

(4) 抗阴极剥离性能好，能与电法保护长期配合使用；

(5) 抗微生物侵蚀；

(6) 抗老化，寿命长久；

(7) 施工方法简单，易施工易修补；

(8) 对环境无污染，经济、价廉。

2. 石油沥青防腐层

(1) 防腐层材料

沥青底漆、石油沥青、玻璃布、聚乙烯工业薄膜。

(2) 防腐层等级及结构

防腐层等级及结构见图3-7-1、表3-7-1。

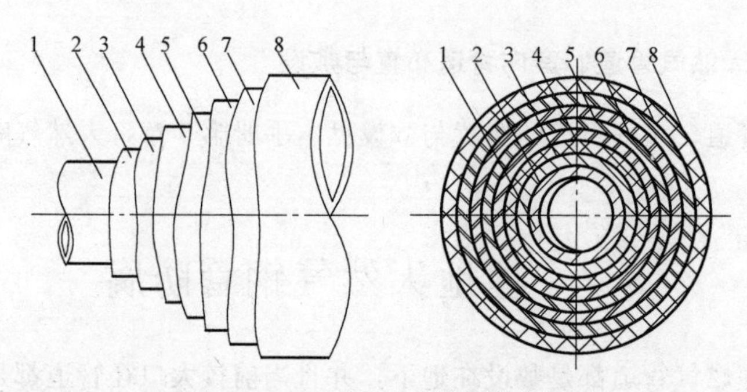

图 3-7-1 石油沥青防腐层结构图

1—钢管；2—沥青底漆；3、5、7—沥青；4、6—玻璃布；8—外保护层

沥青防腐层等级及结构 **表 3-7-1**

防腐等级		普通级	加强级	特加强级
防腐层总厚度(mm)		≥4	≥5.5	≥7
防腐层结构		三油三布	四油四布	五油五布
防腐层数	1	底漆一层	底漆一层	底漆一层
	2	沥青 1.5mm	沥青 1.5mm	沥青 1.5mm
	3	玻璃布一层	玻璃布一层	玻璃布一层
	4	沥青 1.5mm	沥青 1.5mm	沥青 1.5mm
	5	玻璃布一层	玻璃布一层	玻璃布一层
	6	沥青 1.5mm	沥青 1.5mm	沥青 1.5mm
	7	聚乙烯工业薄膜一层	玻璃布一层	玻璃布一层
	8		沥青 1.5mm	沥青 1.5mm
	9		聚乙烯工业薄膜一层	玻璃布一层
	10			沥青 1.5mm
	11			聚乙烯工业薄膜一层

钢管埋地敷设的外防腐结构分为普通、加强和特加强三级，应根据土壤腐蚀性和环境因素选定，在确定涂层种类和等级时，应考虑阴极保护的因素。

场、站、库内埋地管道，穿越铁路、公路、江河、湖泊的管道，均应采取特加强防腐。

(3) 执行标准

《埋地钢质管道石油沥青防腐层技术标准》SY/T 0420。

3. 环氧煤沥青防腐层

(1) 防腐层材料

环氧煤沥青底漆、环氧煤沥青面漆、玻璃布。

(2) 环氧煤沥青防腐层的等级及结构见图 3-7-2、表 3-7-2。

环氧煤沥青防腐的等级及结构 **表 3-7-2**

防腐层等级	结构	干膜厚度(mm)
普通级	底漆—面漆—面漆	≥0.2
加强级	底漆—面漆—玻璃布—面漆—面漆	≥0.4
特加强级	底漆—面漆—玻璃布—面漆—玻璃布—面漆—面漆	≥0.6

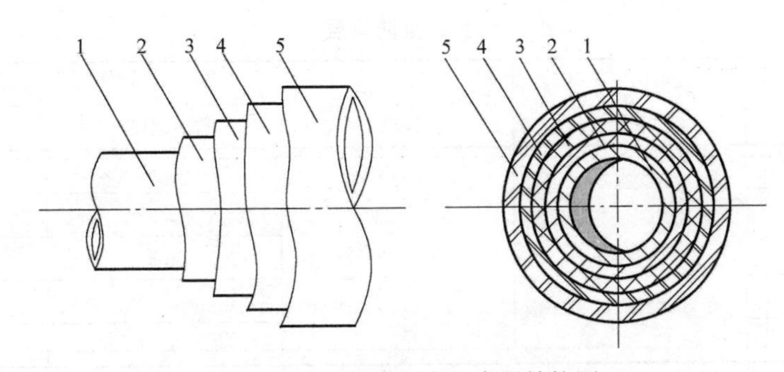

图 3-7-2　环氧煤沥青防腐层结构图

1—钢管；2—底漆；3—面漆；4—玻璃布；5—二层面漆

(3) 执行标准

《埋地钢质管道环氧煤沥青防腐层技术标准》SY/T 0447。

4. 聚乙烯胶粘带防腐层

(1) 防腐层材料

底漆、聚乙烯防腐胶带（内带），聚乙烯保护胶带（外带）。

(2) 防腐层等级及结构见表 3-7-3。

聚乙烯胶带防腐层等级及结构　　**表 3-7-3**

防腐等级	防腐层结构	总厚度(mm)
普通级	一层底漆→一层内带(带间搭接宽度 10～19mm)→一层外带(带间搭接宽度 10～19mm)	≥0.7
加强级	一层底漆→一层内带(带间搭接宽度为 50%胶带宽度)→一层外带(带间搭接宽度为 10～19mm)	≥1.0
特强级	一层底漆→一层内带(带间搭接宽度为 50%胶带宽度)→一层外带(带间搭接宽度为 50%胶带宽度)	≥1.4

注：胶带宽度≤75mm 时　搭接宽度为 10mm；
胶带宽度＝100mm 时　搭接宽度为 15mm；
胶带宽度≥230mm 时　搭接宽度为 19mm。

(3) 执行标准

《埋地钢质管道聚乙烯胶粘带防腐层技术标准》SY/T 0414。

5. 聚乙烯防腐层

(1) 防腐层材料

环氧粉末涂层、聚乙烯专用料、胶粘剂。

(2) 防腐层结构及厚度见表 3-7-4。

挤压聚乙烯防腐层分二层结构和三层结构（俗称二层 PE、三层 PE）二层结构的底层为胶粘剂，外层为聚乙烯；三层结构的底层为环氧粉末涂料，中间层为胶粘剂，外层为聚乙烯。

(3) 执行标准

《埋地钢质管道聚乙烯防腐层技术标准》SY/T 0413。

6. 煤焦油瓷漆外防腐层

(1) 防腐层材料

底漆、煤焦油瓷漆、内缠带、外缠带。

聚乙烯防腐层　　　　表 3-7-4

钢管公称直径 *DN*(mm)	环氧粉末涂层 (μm)	胶粘剂层 (μm)	防腐层最小厚度(mm)	
			普通级(G)	加强级(S)
DN≤100			1.8	2.5
100<*DN*≤250			2.0	2.7
100<*DN*<500	≥80	170～250	2.2	2.9
500≤*DN*<800			2.5	3.2
DN≥800			3.0	3.7

注：要求防腐层机械强度高的地区，规定使用加强级；一般情况采用普通级。

(2) 防腐层结构见表 3-7-5

煤焦油瓷漆防腐层结构　　　　表 3-7-5

防腐层等级		普通级	加强级	特加强级
防腐层总厚度(mm)		≥2.4	≥3.2	≥4.0
防腐层结构	1	底漆一层	底漆一层	底漆一层
	2	底漆一层 (厚度2.4±0.8mm)	瓷漆一层 (厚度2.4±0.8mm)	瓷漆一层 (厚度2.4±0.8mm)
	3	外缠带一层	内缠带一层	内缠带一层
	4	—	瓷漆一层 (厚度≥0.8mm)	瓷漆一层 (厚度≥0.8mm)
	5	—	外缠带一层	内缠带一层
	6	—	—	瓷漆一层 (厚度≥0.8mm)
	7	—	—	外缠带一层

(3) 执行标准

《埋地钢质管道煤焦油瓷漆外防腐层技术标准》SY/T 0379

7. 熔结环氧粉末外涂层

(1) 外涂层材料

熔结环氧粉末

(2) 外涂层结构见表 3-7-6

熔结环氧粉末防腐结构　　　　表 3-7-6

序号	涂层等级	最小厚度(μm)	参考厚度(μm)
1	普通级	300	300～400
2	加强级	400	400～500

(3) 执行标准

《钢质管道熔结环氧粉末外涂层技术标准》SY/T 0315。

熔结环氧粉末为热固性涂料，采用静电喷涂法附着在加热钢管外表面，熔融固化形成坚固的防腐涂层。

防腐层材料技术性能及钢管外防层施工详见本手册第14章　钢质管道的防腐。

3.7.2　埋地钢管强制电流阴极保护

1. 阴极保护原理

根据三电极模型理论与热力学理论所获得的电位-pH 图可知，当金属处于活化腐蚀状态，使其电位上升（阳极保护）或下降（阴极保护）都可实现对其保护的目的，这种使金属电位上升或下降来实现对金属的保护、防止或减轻金属腐蚀的技术，即是电化学保护。

当金属达到平衡电位后，再施加阴极电流，金属的电极电位从原平衡电位向负偏移，使金属进入免蚀区，从而实现了保护。因为施加的是阴极电流，故称之为阴极保护。阴极保护就是依靠外加能量使金属的电位充分负移，从而不被氧化。施加阴极电流的方法有强制电流和牺牲阳极两种。其原理图示如图 3-7-3。

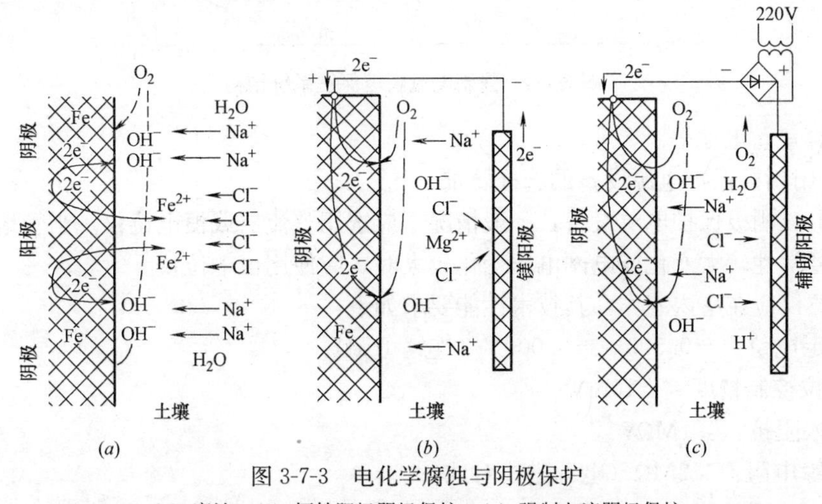

图 3-7-3　电化学腐蚀与阴极保护

(*a*) 腐蚀；(*b*) 牺牲阳极阴极保护；(*c*) 强制电流阴极保护

2. 强制电流阴极保护系统组成

强制电流是通过外部的直流电源向被保护金属构筑物通以阴极电流使之阴极极化，从而实现保护的一种方法。

强制电流阴极保护系统由三部分组成：极化电源、辅助阳极、被保护的阴极。埋地钢质管道强制电流阴极保护系统结构如图 3-7-4 所示。

(1) 极化电源设备

强制电流系统的电源设备担负着不断地向被保护金属构筑物提供阴极保护电流的任务。因此决定了可靠性是电源设备的首要问题。通常对电源设备的基本要求是：安全可靠；电流电压连续可调；适应当地的工作环境（温度、湿度、日照、风沙）；有富裕的电容量；输出阻抗应与管道-阳极地床回路电阻相匹配；操作维护简单；价格合理。

1) 阴极保护电源设备类型

a. 交流市电的整流设备（整流器、恒电位仪、恒电流仪）；

b. 热电发生器（TEG）；

c. 密闭循环蒸汽发电机（CCVT）；

d. 风力发电机；

e. 太阳能电池；

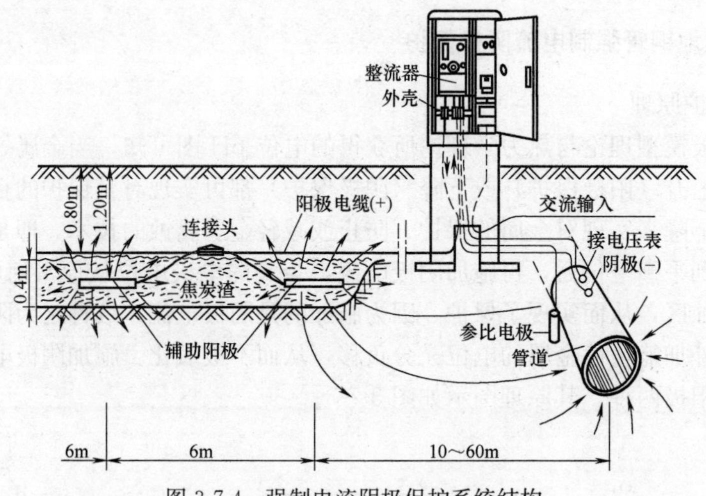

图 3-7-4　强制电流阴极保护系统结构

f. 大容量蓄电池等。

2）常用阴极保护电源设备的选择要求

强制电流阴极保护电源设备，一般情况下应选用整流器或恒电位仪。当管地电位或回路电阻有经常性较大变化或电网电压变化较大时，应使用恒电位仪。

恒电位仪应在室内工作，其技术性能要求如下：

a. 给定电位：－0.500～－3.000V（连续可调）；

b. 电位控制精度≤±10mV；

c. 输入阻抗：≥1MΩ；

d. 绝缘电阻：＞2MΩ（电源进线对地）；

e. 抗交流干扰能力：≥12V；

f. 耐电压：≥1500V（电源线对机壳）；

g. 满载纹波系数：单相≤10％，三相≤8％。

恒电位仪印刷电路板尚应采取防潮、防盐雾、防细菌的措施。

阴极保护用整流器纹波系数应满足单相不大于 50％，三相不大于 5％的要求，最大温升不得超过 70℃。在交流输入端和直流输出端应装有过流、防冲击等保护装置。

（2）辅助阳极

适宜的辅助阳极是强制电流阴极保护技术得以发挥效用所必备的组成之一。如适宜海洋环境的铂阳极、土壤环境的高硅铸铁阳极、石墨阳极。影响辅助阳极选择的因素有材料的来源、重量、尺寸、价格、应用的风险度和阳极的设计寿命等因素。

1）高硅铸铁阳极

高硅铸铁阳极的化学成分应符合表 3-7-7 的规定。

高硅铸铁阳极的化学成分（％）　　表 3-7-7

序号	类型	主要化学成分					杂质含量	
		Si	Mn	C	Cr	Fe	P	S
1	普通	14.25～15.25	0.5～0.8	0.80～1.05	—	余量	≤0.25	≤0.1
2	加铬	14.25～15.25	0.5～0.8	0.8～1.4	4～5	余量	≤0.25	≤0.1

高硅铸铁阳极的允许电流密度为5～80A/m²，消耗率应小于0.5kg/(A·a)。常用高硅铸铁阳极的规格如表3-7-8所示。

常用高硅铸铁阳极规格 表3-7-8

序号	阳极规格		阳极引出导线规格	
	直径(mm)	长度(mm)	截面积(mm²)	长度(mm)
1	50	1500	10	≥1500
2	75	1500	10	≥1500
3	100	1500	10	≥1500

阳极引出线与阳极的接触电阻应小于0.01Ω，拉脱力数值应大于阳极自身质量的1.5倍，接头密封可靠，阳极表面应无明显缺陷。

2）石墨阳极

石墨阳极的性能及规格应符合表3-7-9、表3-7-10的相关要求。

石墨阳极的主要性能 表3-7-9

密度（g/cm³）	电阻率（Ω·mm²/m）	气孔率（%）	消耗率［kg/(A·a)］	允许电流密度(A/m²)
1.7～2.2	9.5～11.0	25～30	<0.6	5～10

常用石墨阳极规格 表3-7-10

序号	阳极规格		阳极引出导线规格	
	直径(mm)	长度(mm)	截面积(mm²)	长度(mm)
1	75	1000	10	≥1500
2	100	1450	10	≥1500
3	150	1450	10	≥1500

石墨阳极的石墨化程度不应小于81%，灰分应小于0.5%；石墨阳极宜经亚麻油或石蜡浸渍处理。阳极引出线与阳极的接触电阻应小于0.01Ω，拉脱力数值应大于阳极自身质量的1.5倍，接头密封可靠，阳极表面应无明显缺陷。

3）柔性阳极

由导电聚合物包覆在铜芯上构成的柔性阳极，其性能应符合表3-7-11的规定。

柔性阳极主要性能 表3-7-11

最大输出电流(mA/m)		最低施工温度(℃)	最小弯曲半径(mm)
无填充料	有填充料		
52	82	−18	150

3. 强制电流阴极保护工艺计算

强制电流阴极保护系统的设计参数，对新建管道可按下列常规参数选取：

（1）自然电位：−0.55V；

（2）最小保护电位：−0.85V；

（3）最大保护电位：−1.25V；

（4）覆盖电阻：

1）石油沥青、煤焦油瓷漆：10000Ω·m²；

2）塑料覆盖层：50000Ω·m²；

3）环氧粉末：50000Ω·m²；

4）三层复合结构：100000Ω·m²；

5）环氧煤沥青：5000Ω·m²。

（5）钢管电阻率：

1）低碳钢（20）：0.135Ω·mm²/m；

2）6Mn钢：0.224Ω·mm²/m；

3）高强钢：0.166Ω·mm²/m。

（6）保护电流密度应根据覆盖层电阻选取见表3-7-12。

保护电流密度的取值　　**表3-7-12**

覆盖层电阻(Ω·m²)	实例	保护电流密度(mA/m²)
5000～10000	环氧煤沥青	0.1～0.05
10000～50000	石油沥青、聚乙烯胶粘带	0.05～0.01
＞50000	聚乙烯	＜0.01

对已建管道应以实测值为依据。

（7）强制电流阴极保护的保护长度按式（3-7-1）、式（3-7-2）计算：

$$2L=\sqrt{\frac{8\Delta V_{L}}{\pi D J_{S} R}} \tag{3-7-1}$$

$$R=\frac{\rho_{T}}{\pi(D'-\delta)\delta} \tag{3-7-2}$$

式中　L——单侧保护长度（m）；

ΔV_{L}——最大保护电位与最小保护电位之差（V）；

D——管道外径（m）；

J_{S}——保护电流密度（A/m²）；

R——单位长度管道纵向电阻（Ω/m）；

ρ_{T}——钢管电阻率（Ω·mm²/m）；

D'——管道外径（mm）；

δ——管道壁厚（mm）。

（8）强制电流阴极保护系统的保护电流按式（3-7-3）计算：

$$2I_{0}=2\pi D J_{S} L \tag{3-7-3}$$

式中　I_{0}——单侧保护电流（A）。

（9）辅助阳极接地电阻应根据埋设方式按下列各式计算：

1）单只立式阳极接地电阻的计算：

$$R_{V1}=\frac{\rho}{2\pi L}\ln\frac{2L}{d}\sqrt{\frac{4t+3L}{4t+L}}\quad(t\gg d) \tag{3-7-4}$$

2）深埋式阳极接地电阻的计算：

$$R_{V2}=\frac{\rho}{2\pi L}\ln\frac{2L}{d}\quad(t\gg L) \tag{3-7-5}$$

3）单只水平式阳极接地电阻的计算：

$$R_{H}=\frac{\rho}{2\pi L}\ln\frac{L^{2}}{td}\quad (t\gg L) \tag{3-7-6}$$

式中　R_{V1}——单只立式阳极接地电阻（Ω）；

R_{V2}——深埋式阳极接地电阻（Ω）；

R_{H}——单只水平式阳极接地电阻（Ω）；

ρ——阳极区的土壤电阻率（Ω·m）；

L——阳极长度（含填料）（m）；

d——阳极直径（含填料）（m）；

t——埋深（填料顶部距地表面）（m）。

4）阳极组接地电阻的计算：

$$R_{g}=F\frac{R_{V}}{n} \tag{3-7-7}$$

式中　R_{g}——阳极组接地电阻（Ω）；

n——阳极支数；

F——电阻修正系数，查图 3-7-5；

R_{V}——单支阳极接地电阻（Ω）。

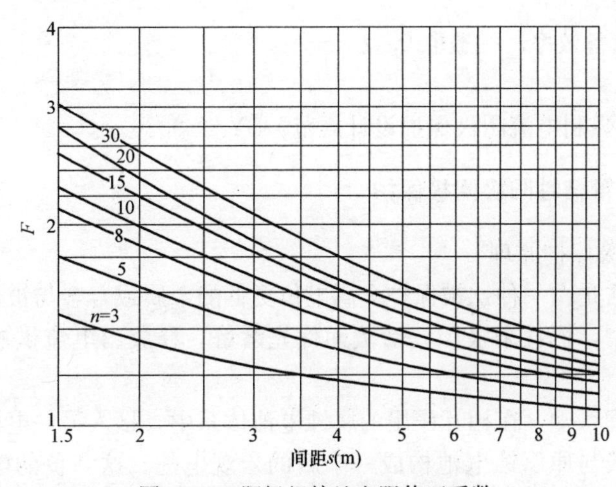

图 3-7-5　阳极组接地电阻修正系数

阳极的质量应能满足阳极最小设计寿命的要求并按下式计算：

$$G=\frac{T_{g}I}{K} \tag{3-7-8}$$

式中　G——阳极总质量（kg）；

g——阳极的消耗率［kg/(A·a)］；

I——阳极工作电流（A）；

T——阳极设计寿命（a）；

K——阳极利用系数，取 0.7～0.85。

强制电流阴极保护系统的电源设备功率按下列公式计算：

$$P=\frac{IV}{\eta} \tag{3-7-9}$$

$$V=I(R_a+R_L+R_C)+V_r \tag{3-7-10}$$

$$R_C=\frac{\sqrt{R_T r_T}}{2\text{th}(aL)} \tag{3-7-11}$$

$$I=2I_0 \tag{3-7-12}$$

式中 V——电源设备的输出电压（V）；

R_a——阳极地床接地电阻（Ω）；

R_L——导线电阻（Ω）；

R_C——阴极（管道）/土壤界面过渡电阻（Ω）；

a——管道衰减因数（m^{-1}）；

r_T——单位长度管道电阻（Ω/m）；

R_T——覆盖层过渡电阻（Ω・m）；

L——被保护管道长度（m）；

V_r——地床的反电动势，焦炭填充时取 $V_r=2V$；

I——电源设备的输出电流（A）；

I_0——单侧方向的保护电流（A）；

P——电源功率（W）；

η——电源设备效率，一般取 0.7。

4. 执行标准

《埋地钢质管道强制电流阴极保护设计规范》SY/T 0036。

3.7.3 埋地钢管牺牲阳极阴极保护

1. 牺牲阳极阴极保护原理

牺牲阳极保护法是由一种比被保护金属电位更低的金属或合金与被保护的金属电连接所构成。在电解液中，牺牲阳极因较活泼而优先溶解，释放出电流供被保护金属阴极极化，进而实现保护。

由阴极保护原理可知，在相互作用的腐蚀电池体系中，接入另一电极，该电极的电位较负，此时这一电极与原腐蚀电池构成一个新的宏观电池。这一负的电极是新电池的阳极，原腐蚀电池即成为阴极。从阳极体上通过电解质向被保护体提供一个保护电流，使被保护体进行阴极极化，实现保护。随着电流的不断流动，阳极材料不断消耗掉。这正是牺牲阳极保护法的原理所在。其原理图示如图 3-7-3（*b*）。

2. 牺牲阳极基本要求与阳极选择

（1）牺牲阳极基本要求

作为牺牲阳极材料的金属或合金必须满足以下要求：

1）要有足够负的稳定电位；

2）工作中阳极极化要小，溶解均匀，产物易脱落；

3）阳极必须有高的电流效率，即实际电容量与理论电容量的百分比要大；

4）电化学当量高，即单位重量的电容量要大；

5）腐蚀产物无毒，不污染环境；

6）材料来源广，加工容易；

7）价格便宜。

（2）阳极种类选择

通常根据土壤电阻率选取牺牲阳极的种类；根据保护电流的大小选取阳极的规格。在水中和土壤中推荐的牺牲阳极种类见表3-7-13。

土壤中牺牲阳极种类的应用选择　　**表3-7-13**

土壤电阻率(Ω·m)	可选阳极种类
>100	带状镁阳极
60～100	镁(−1.7V)
40～60	镁
<40	镁(−1.5V)
<15	镁(−1.5V),锌
<5	锌

注：1. 在土壤潮湿情况下，锌阳极使用范围可扩大到300Ω·m；
2. 表中电位均相对 $Cu/CuSO_4$ 电极。

若所选阳极在土壤环境中作参比电极用，宜选用高纯锌，在锌阳极的使用条件下，可使用复合阳极。为防止绝缘件的电冲击，通常可采用成双的锌阳极构成接地电池。带状阳极应用于高电阻率环境、临时性阴极保护、套管内输送管的保护及防交流干扰的接地垫。

3. 牺牲阳极阴极保护工艺计算

（1）单支阳极接地电阻

单支阳级接地电阻按下列公式计算：

$$R_{\mathrm{H}}=\frac{\rho}{2\pi L}\left(\ln\frac{2L}{D}+\ln\frac{L}{2t}+\frac{\rho_{\mathrm{a}}}{\rho}\ln\frac{D}{d}\right) \tag{3-7-13}$$

$$R_{\mathrm{V}}=\frac{\rho}{2\pi L}\left(\ln\frac{2L_{\mathrm{a}}}{D}+\frac{1}{2}\ln\frac{4t+L_{\mathrm{a}}}{4t-L}+\frac{\rho_{\mathrm{a}}}{\rho}\ln\frac{D}{d}\right) \tag{3-7-14}$$

$$d=\frac{C}{\pi} \tag{3-7-15}$$

式中　R_{H}——水平式阳极接地电阻（Ω）；

R_{V}——立式阳极接地电阻（Ω）；

ρ——土壤电阻率（Ω·m）；

ρ_{a}——填包料电阻率（Ω·m）；

L——阳极长度（m）；

L_{a}——阳极填料层长度（m）；

d——阳极等效直径（m）；

C——边长（m）；

D——填料层直径（m）；

t——阳极中心至地面的距离（m）。

（2）组合阳极接地电阻

组合阳极接地电阻按下式计算：

$$R_{\mathrm{T}}=K\frac{R_{\mathrm{V}}}{N} \tag{3-7-16}$$

式中 R_T——阳极组总接地电阻（Ω）；

N——阳极数量（支）；

K——修正系数，查图3-7-6。

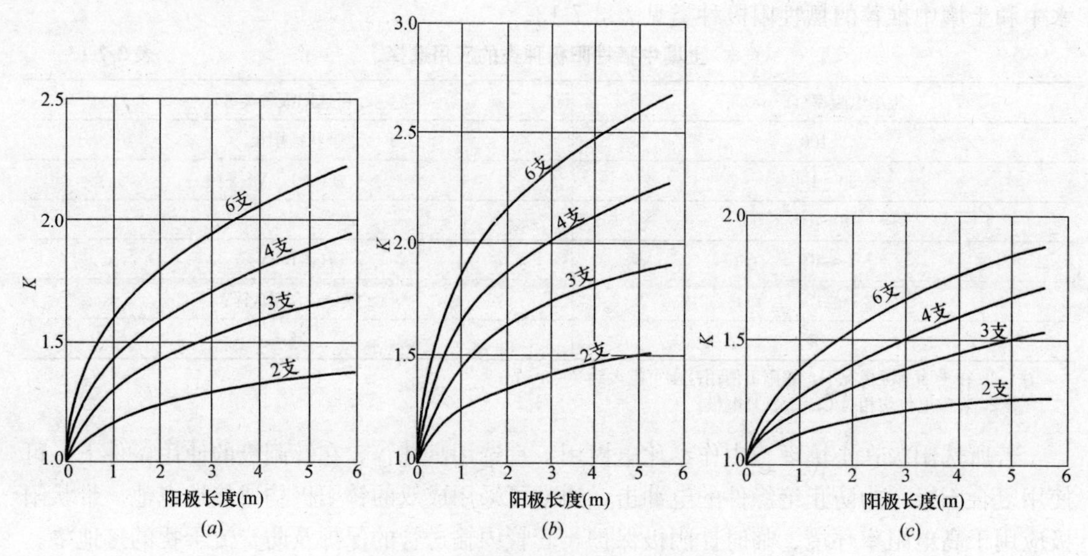

图3-7-6 阳极接地电阻修正系数 K

（a）间距1m；（b）间距2m；（c）间距3m

（3）输出电流

阳极输出电流按下式计算：

$$I_a=\frac{(E_c-e_c)-(E_a+e_a)}{R_a+R_c+R_w}=\frac{\Delta E}{R} \tag{3-7-17}$$

式中 I_a——阳极输出电流（A）；

E_c——阴极开路电位（V）；

E_a——阳极开路电位（V）；

e_c——阴极极化电位（V）；

e_a——阳极极化电位（V）；

R_a——阳极接地电阻（Ω）；

R_c——阴极过渡电阻（Ω）；

R_w——回路导线电阻（Ω）；

ΔE——阳极有效电位差（V）；

R——回路总电阻（Ω）。

（4）阳极数量

所需阳极数量按下式计算：

$$N=\frac{fI_A}{I_a} \tag{3-7-18}$$

式中 N——阳极数量（支）；

I_A——所需保护电流（A）；

I_a——单支阳极输出电流（A）；

f——备用系数，取2～3倍。

（5）阳极工作寿命

阳极工作寿命按下式计算：

$$T=0.85\frac{W}{\omega I} \tag{3-7-19}$$

式中 T——阳极工作寿命（a）；

W——阳极净质量（kg）；

ω——阳极消耗率［kg/(A·a)］；

I——阳极平均输出电流（A）。

4. 阳极地床

埋地牺牲阳极必须使用化学填包料，其配方见表3-7-14。

牺牲阳极填包料的配方 **表3-7-14**

阳极类型	填包料配方(%)				适用条件
	石膏粉（$CaSO_4 \cdot 2H_2O$）	工业硫酸钠	工业硫酸镁	膨润土	
镁阳极	50	—	—	50	≤20Ω·m
	25	—	25	50	≤20Ω·m
	75	5	—	20	>20Ω·m
	15	15	20	50	>20Ω·m
	15	—	35	50	>20Ω·m
锌阳极	50	5	—	45	—
	75	5	—	20	—

5. 阳极分布

牺牲阳极在管道上的分布宜采用单支或集中成组两种方式，同组阳极宜选用同一批号或开路电位相近的阳极。牺牲阳极埋设有立式和卧式两种，埋设位置分轴向和径向。阳极埋设位置在一般情况下距管道外壁3～5m，最小不宜小于0.3m，埋设深度以阳极顶部距地面不小于1m为宜。成组布置时，阳极间距以2～3m为宜。

牺牲阳极必须埋设在冰冻线以下。在地下水位低于3m的干燥地带，阳极应适当加深埋设；在河流中阳极应埋设在河床的安全部位，以防洪水冲刷和挖泥清淤时损坏。在布置牺牲阳极时，注意阳极与管道之间不应有金属构筑物。作接地甩的锌阳极，其分布应符合有关电力接地技术标准。接地极可单支，也可二支、三支串接成一体使用，所用接地极的数量应满足接地电阻的要求。

6. 执行标准

《埋地钢质管道牺牲阳极阴极保护设计规范》SY/T 0019。

3.8 城镇天然气管道穿越工程

在城市中敷设地下天然气管道，经常发生管道穿越或跨越公路、铁路、河流、桥梁、管沟或直接在地下穿越等，本节将分别阐述各项管道穿越的工程技术。

3.8.1 管道穿越工程设计原则

1. 管道穿越工程设计原则

管道穿跨越工程在满足有关法规、规范与标准的前提下考虑如下原则。

（1）首先考虑确保管道与穿跨越处交通设施等的安全性，并对运输、防洪、河道形态、生态环境以及水工构筑物、码头、桥梁等不构成不利的影响。

（2）穿跨越位置选择应服从线路总体走向，线路局部走向应服从穿跨越位置的选定。选定穿跨越位置应考虑地形与地质条件，具有合适的施工场地与方便的交通条件，在此基础上进行穿跨越位置多方案比选。

（3）应进行整个工程方案的技术经济比较，采用技术可行，投资节约的方案。一般情况下穿越方式优于跨越方式。

（4）工程设计应取得穿跨越处相关主管部门同意，并签订协议后进行。

2. 管道穿越障碍物方式的选择

管道跨越工程的投资较大，施工和维修也比穿越工程复杂，故在工程设计中，通过障碍的管道应尽量采用穿越方式。

一般仅在下列障碍地段或具备跨越条件时才考虑采用跨越方式：

（1）可以用简单管架并以直管跨越的小型河流和灌溉渠道；

（2）管线需通过的处于深路堑中的铁路或公路的地段；

（3）管线需通过的多股铁路线的车站地段；

（4）管线通过处为两岸陡峭、河漫滩窄小、河床地层为交错层理、并有泥石流沉积的山谷性河流的地段；

（5）山区峡谷、溪沟地段；

（6）河流流速较大、河床稳定性差、河床地层冲刷剧烈的河道的地段；

（7）管线通过处的河流，为河床冲积物较多且不稳定，而河道又需经常疏浚的平原性河流；

（8）允许输气管道随桥敷设的桥梁。

穿越或跨越的选择应根据技术经济比较确定。

3.8.2 管道地层下穿越

1. 穿越管道结构计算

穿越工程钢管应按《石油天然气工业管线输送系统用钢管》CB/T 9711 PSL1 级钢管采用，并根据钢种等级与设计使用温度提出韧性要求。

穿越管道必须进行结构计算。钢管壁厚计算公式与最小公称壁厚同本手册 3.4 高压管道，但设计系数 F 按表 3-8-1 选用，且径厚比不应大于 100，此时可不计算径向变形引起的屈曲，即不作径向稳定性校核。

设计系数 F 表 3-8-1

穿越管段条件	管道地区等级			
	一	二	三	四
Ⅲ、Ⅳ级公路有套管	0.72	0.6	0.5	0.4
Ⅲ、Ⅳ级公路无套管	0.6	0.5	0.5	0.4
Ⅰ、Ⅱ级公路，高速公路，铁路有套管	0.6	0.6	0.5	0.4
冲沟穿越	0.6	0.5	0.5	0.4
小型冲沟、水域穿越	0.72	0.6	0.5	0.4
大、中型水域穿越	0.6	0.5	0.4	0.4

根据穿越管段所选壁厚应核算其强度、刚度与稳定性，若不满足要求时，应增加壁厚。

（1）许用应力

强度核算包括环向应力、轴向应力与弯曲应力，其中每项均应小于钢管许用应力，且当量应力不应大于0.9倍钢管屈服强度。许用应力按下式计算。

$$[\sigma]=F\varphi\sigma_s \tag{3-8-1}$$

式中　$[\sigma]$——钢管许用应力（MPa）；

F——设计系数，按前述表3-8-1选用；

φ——焊缝系数，当符合上述钢管材料要求时，取$\varphi=1$；

σ_s——钢管屈服强度（MPa），按GB/T 9711 PSL1标准的钢管规定屈服强度见表3-3-1。

由于穿越管段荷载的多样性，因此应力状况较复杂，其中各种穿越方式中普遍出现的应力为内压、温差与弹性敷设产生的应力。

（2）内压产生的环向应力按下式计算。

$$\sigma_h=\frac{Pd}{2\delta} \tag{3-8-2}$$

式中　σ_h——钢管环向应力（MPa）；

P——钢管的设计内压力（MPa）；

d——钢管内径（mm）；

δ——钢管壁厚（mm）。

管段的轴向应力有三个产生原因，即温差引起的变形，由内压引起的环向变形而产生的轴向泊松应力与内压引起的轴向应力。前两个应力在轴向变形受约束（如土壤摩擦力）时发生，后一个应力被约束抵消，而轴向变形不受约束时，前两个应力不发生，后一个应力发生。

（3）轴向应力按下式计算。

1）管段轴向变形受约束时：$\sigma_a=E_a\alpha(t_1-t_2)+\mu\sigma_h$　(3-8-3)

2）管段轴向变形不受约束时：$\sigma_a=\frac{Pd}{4\delta}$　(3-8-4)

式中　σ_a——钢管轴向应力（MPa）；

E_a——钢材弹性模量，取$E_a=2.0\times10^5$（MPa）；

α——钢材的线膨胀系数，取$\alpha=1.2\times10^{-5}$ [m/(m·℃)]；

t_1——管道安装闭合时环境温度（℃）；

t_2——输送燃气的温度（℃）；

μ——钢材泊松比，取$\mu=0.3$。

（4）管段弹性敷设时产生的弯曲应力按下式计算。

$$\sigma_b=\frac{E_aD}{2R} \tag{3-8-5}$$

式中　σ_b——管段弯曲时，钢管的轴向弯曲应力（MPa）；

D——钢管外径（mm）；

R——弹性敷设半径（mm）。

其他荷载引起的环向应力、轴向应力与弯曲应力应按穿越方法等实际情况计算，即进行荷载组合后，校核各类应力分别小于许用应力。荷载组合有三类，即主要组合、附如组合，与特殊组合。主要组合是措永久荷载，其包括：内压力、管段自重、土压力、水压力、车荷载压力、浮力以及温度应力。附加组合为永久荷载与可变荷载之和（按实际可能发生的进行组合），可变荷载包括：试运行时的水重与压力、清管荷载、施工拖管或吊管荷载。特殊组合为主要组合与偶然作用荷载之和，偶然作用荷载为位于地震基本烈度7度及7度以上地区，由地震引起的活动断层位移、砂土液化、地震土压力等。核算荷载组合时采用的许用应力应乘以表3-8-2所示的许用应力提高系数。

荷载组合许用应力提高系数 **表3-8-2**

荷载组合	主要组合	附加组合	特殊组合
提高系数	1.0	1.3	1.5

（5）当量应力按下式计算。

$$\sigma_e = \sum\sigma_h - \sum\sigma_a \leqslant 0.9\sigma S \tag{3-8-6}$$

式中 σ_e——钢管当量应力（MPa）；

$\sum\sigma_h$——各荷载产生的环向应力代数和（MPa）；

$\sum\sigma_a$——各荷载产生的轴向应力代数和（MPa）。

当输送燃气的温度与穿越管段敷设完成时的环境温度二者相差较大时，应按下式校核轴向稳定性，但采用定向钻敷设时可不核算轴向稳定性。

$$N \leqslant nN_{cr} \tag{3-8-7}$$

$$N = [\alpha E_s(t_2 - t_1) + (0.5 - \mu)\sigma_h]F \tag{3-8-8}$$

式中 N——由温差和内压力产生的轴向力（MN）；

n——安全系数，对大、中、小型穿越工程分别为0.7、0.8与0.9；

N_{cr}——管道失稳时的临界轴向力（MN）；

F——钢管的横截面积（m^2）。

2. 水域、冲沟穿越工程的主要技术要求

水域与冲沟穿越工程是天然气输配管道工程中技术含量较高、投资较大的建设项目，其应遵守的主要技术要求如下。

（1）穿越工程应确定工程等级，并按工程等级考虑设计洪水频率。水域与冲沟穿越工程的等级分别见表3-8-3与表3-8-4。

穿越工程等级 **表3-8-3**

工程等级	穿越水域的水文特征	
	多年平均水位水面宽度(m)	相应水深度(m)
大型	≥200	不计水深
	≥100～<200	≥5
中型	≥100～<200	<5
	≥40～<100	不计水深
小型	<40	不计水深

穿越工程等级　　表 3-8-4

工程等级	冲沟特征	
	冲沟深度(m)	冲沟边坡(°)
大型	>40	>25
中型	10～40	>25
小型	<40	—

（2）穿越管段与大桥的距离不小于100m、与小桥不小于80m，若爆破成沟，应增大安全距离；与港口、码头、水下建筑物或引水建筑物的距离不小于200m。

（3）穿越管段位于地震基本烈度7度及7度以上地区时应进行抗震设计。

（4）穿越位置应选在河道或冲沟顺直，水流平缓、断面基本对称、岩石构成较单一、岩坡稳定、两岸有足够施工场地的地段，且不宜在地震活动断层上；穿越管段应垂直水流轴向，如需斜交、交角不宜小于60°。

（5）根据水文、地质条件，可采用挖沟埋设、定向钻、顶管，隧道（宜用于多管穿越）敷设方法，有条件地段也可采取裸管敷设，但应有稳管措施。定向钻敷设管段管顶埋深不宜小于6m，最小曲率半径应大于1500DN。定向钻与顶管适用与不适用场合见表3-8-5。

定向钻与顶管适用与不适用场合　　表 3-8-5

敷设方法	适用场合	不适用场合
定向钻	黏土、粉质黏土、砂质河床	岩石、流砂、卵砾石河床
顶管	砾石、砂、砂土、黏土、泥灰岩等土层	流砂、淤泥、沼泽、岩石层

（6）顶管采用钢管时，焊缝应进行100％的射线照相检验。

（7）定向钻的燃气钢管焊缝应进行100％的射线照相检查，燃气钢管的防腐应为特加强级，燃气钢管敷设的曲率半径应满足管道强度要求，且不得小于钢管外径的1500倍。

（8）挖沟埋设的管顶埋深，按表3-8-6规定实施，岩石管沟应超过规定值挖深20cm，管段入沟前填20cm厚的砂类土或细砂垫层。

挖沟埋设的管顶埋深（m）　　表 3-8-6

类　别	大型	中型	小型	备　注
有冲刷或疏浚水域，应在设计洪水冲刷或规划疏浚线下	≥1.0	≥0.8	≥0.5	注意船锚与疏浚机具不得损伤防腐层
无冲刷或疏浚水域，应在水床底面以下	≥1.5	≥1.3	≥1.0	
河床为基岩时，嵌入基岩深度（在设计洪水时不被冲刷）	≥0.8	≥0.6	≥0.5	用混凝土覆盖封顶，防止淘刷

（9）各种方式穿越管段均不得产生漂浮和移位，如产生漂浮和移位必须采用稳管措施。

对手定向钻或顶管敷设管段埋深大于规定的最小埋深，且在设计冲刷线以下3m，可不进行抗漂浮核算。对于按管顶埋深要求沟埋敷设的穿越管段应进行抗漂浮核算，其核算按式（3-8-9）计算：

$$W \geqslant KF_s \tag{3-8-9}$$

式中　W——单位长度管段总重力，包括管自重、保护层重、加重层重，不含管内介质重（N/m）；

K——稳定安全系数，大中型工程 $K=1.2$，小型工程 $K=1.1$；

F_s——单位长度管段静水浮力（N/m）。

（10）穿越重要河流的管道应在两岸设置阀门。

（11）穿越管段不得在铁路、公路隧道中敷设（专用隧道除外）。

3.8.3 天然气管道穿越道路

输气管道穿越道路有两种结构型式：采用保护套管型式和不采用保护套管型式。

1. 输气管道穿越道路一般要求

（1）穿越高速公路或一、二、三级公路，穿越管段应采用保护套管的结构型式，如图3-8-1所示。

（2）穿越城市主要道路（交通干线）时，应采用保护套管或过街管沟形式，见图3-8-2及图3-8-3，天然气管道过街管沟详见本手册13.5.1天然气过街管沟敷设。

（3）穿越一般公路和城市次要道路可以不用保护套管或过街管沟，而采用直接埋设。

（4）穿越高速公路和一、二级公路的高、中压输气管道，应在穿越管段处设置阀门井。枝状输气管道设在穿越管段输入端；环状输气管道设在穿越管段的两端。从穿越管段一端到阀门井的距离不宜大于100m。

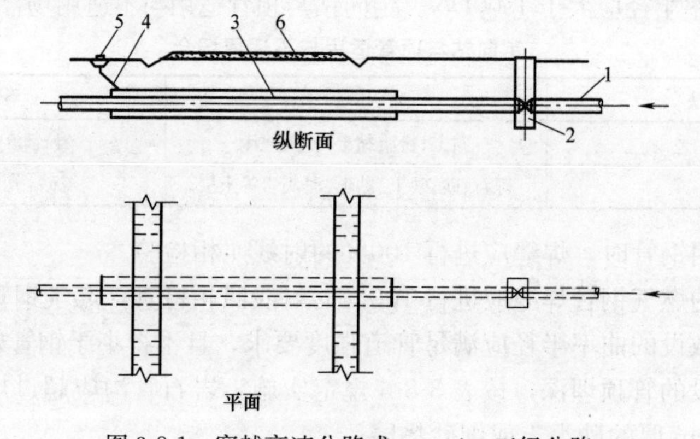

图3-8-1 穿越高速公路或一、二、三级公路

1—输气管道；2—阀门井和分压测定点；3—保护套管；4—套管密封盖；5—检漏管；6—公路路基

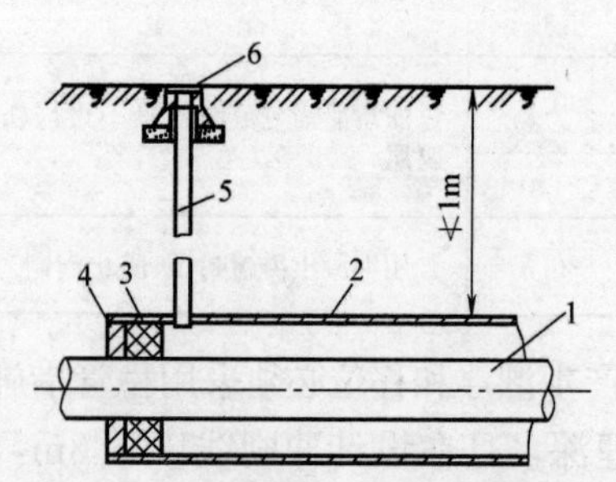

图3-8-2 穿越城市主干道（套管形式）

1—输气管道；2—套管；3—油麻填料；4—沥青密封层；5—检漏管；6—防护罩

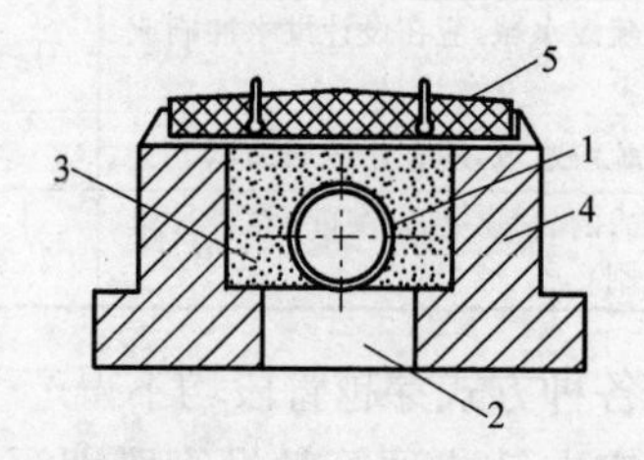

图3-8-3 穿越城市主干道（单管过街沟形式）

1—输气管道；2—原土夯实；3—填砂；4—砖墙沟壁；5—盖板

（5）保护套管顶部距公路路面的距离不小于1.0m，套管两端距公路边坡底端的延伸长度不小于2m，套管与公路中心线的交角宜为90°，不小于60°，以缩短穿越长度。

（6）穿越一般公路和道路不采用保护套管时，穿越段管顶到路面的距离不得小于 1.0m。

(7) 穿越管段的管材应采用钢管，在公路和城市道路路面下的管道不宜有对接焊缝，如一定要对接焊，则焊缝必须用 γ 或 x 射线 100％严格检查，保证焊缝合格。

(8) 穿越管段应采用特级加强防腐绝缘。保护套管可采用钢管、铸铁管、钢筋混凝土管等。穿越套管如果采用钢管时，也应作加强防腐绝缘。穿越管线和套管之间要密封防水。

(9) 为防止开槽埋设的穿越管段不均匀沉降，必须在敷设穿越管段（有套管时则包括套管）前，槽底应将素土夯实，打好基础后再敷设，夯实的素土面层一般铺 200mm 厚的工程砂，再铺 300mm 的碎石，总厚度不小于 500mm。槽底有地下水或稀泥时，应采取必要的措施以防止不均匀沉降。

(10) 套管直径根据输气管道的管径和材料、套管长度、施工方法而定。采用沟槽法施工时，保护套管的推荐直径如下：

1) 穿越管道外径小于 200mm，套管最小内径应比管道外径大 100mm；

2) 穿越管道外径大于 200mm 时，套管最小内径应比管道外径大 200mm。

(11) 在施工场地狭窄、交通运输繁忙的地段的穿越，宜采用无沟敷设。无沟敷设方法有：

1) 强制顶穿法（定向钻、包括震动穿孔）；

2) 顶管法（包括土壤冲孔、挖土并排除工作面的积土）；

3) 土壤水平钻孔法，根据采用的施工方法、敷设的穿越管道直径和顶进深度。

(12) 穿越公路和道路两端的管线其平面转折点，与公路道路路肩边缘的距离不得小于 2m。

2. 直埋管段或套管受荷载的应力计算

穿越公路直埋管段或套管，以及穿越铁路套管所受土壤荷载，与车荷载所产生的应力可按下式计算。

土壤荷载产生的压力：

$$w_f = \rho g H \tag{3-8-10}$$

式中　w_f——土壤荷载产生的压力（MPa）；

ρ——土壤密度，砂土 $\rho = 20 \times 10^{-6}$（kg/mm³）；

g——重力加速度（m/s²）；

H——管顶埋深（mm）。

汽车荷载产生的压力：

$$P = \frac{3G}{200\pi H^2}\cos^5\theta \tag{3-8-11}$$

$$\cos\theta = \frac{H}{\sqrt{H^2 + X^2}} \tag{3-8-12}$$

式中　P——汽车荷载产生的压力（MPa）；

G——汽车荷载，一般以后轮荷载计算（N）；

H——管顶埋深（cm）；

θ——当车载荷不在埋管截面中心线上方时，沿车荷载作用线自轮胎与土壤接触点与管顶中心的夹角，当车荷载在埋管截面中心线上方时，$\cos\theta=1$；

X——车荷载不在埋管截面中心上方时，轮胎与土壤接触点与计算处埋管截面中心线的水平间距，见图 3-8-4（cm）。

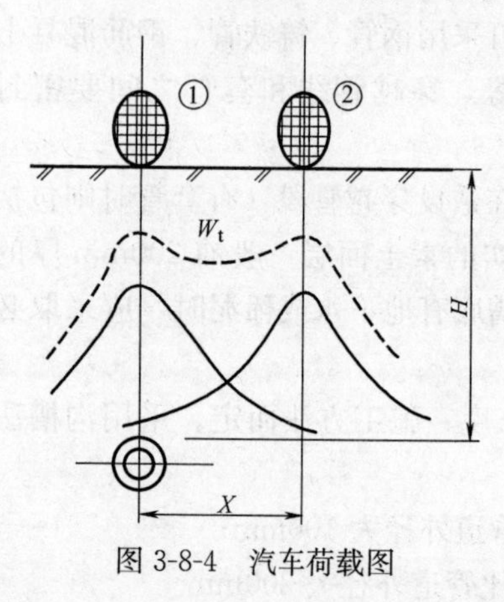

图 3-8-4 汽车荷载图

当一辆车位于埋管中心线垂直上方，另一辆车不在，两车后轮与土壤接触间距为 X，且须考虑行车时荷载的冲击作用，以冲击系数 i 表示，两辆汽车荷载产生的压力由下式表示。

$$w_t=\frac{3G(1+i)}{200\pi H^2}+\left[1+\left(\frac{H}{\sqrt{H^2+x^2}}\right)^5\right] \quad (3\text{-}8\text{-}13)$$

式中 w_t——取前后两车作计算状况，且考虑冲击系数时，汽车荷载产生的压力，MPa；

G——汽车荷载，可取 20t 载货车后轮荷载，$F=78453\text{N}$/辆（相当于 20t 货车后轮质量 8000kg/辆）；

i——冲击系数，一般 $i=0.5$。

由上述两种压力产生的最大弯矩发生在管段顶部或底部，可采用下列简化公式计算最大弯曲应力，其应力不大于许用应力。

$$\sigma_b=\frac{6(k_f w_f+k_t w_t)D^2}{t^2} \quad (3\text{-}8\text{-}14)$$

式中 σ_b——最大弯曲应力（MPa）；

k_f、k_t——系数，见表 3-8-7；

D——管段外径（mm）；

t——管段壁厚（mm）。

k_f、k_t 系数 **表 3-8-7**

管的部位	k_f	k_t
管顶	0.033	0.019
管底	0.056	0.003

对于穿越铁路的荷载计算，土壤产生的荷载同穿越公路，作为简略估算，可利用上述汽车行驶荷载公式代入火车荷重，并取冲击系数为 0.75。

3.8.4 天然气管道穿越铁路

1. 输气管道穿越铁路一般要求

（1）输气管道穿越铁路必须采用保护套管或涵洞，一般采用钢套管或钢筋混凝土套管。

（2）保护套管长度

1）穿越单轨时，穿越管段无切断阀者，共套管长度不小于 10m，并在路基底宽两侧各延长 2m；

2）穿越单轨的管段有切断阀室或穿越多轨道时，套管长度要求如图 3-8-5。

（3）套管的坡度一般为 1%左右。

（4）高中压输气管道穿越铁路管应设置阀门井，枝状输气管道在穿越前设置，环状输气管道在穿越两端设置，穿越段外端到切断装置的距离应不大于 100m。

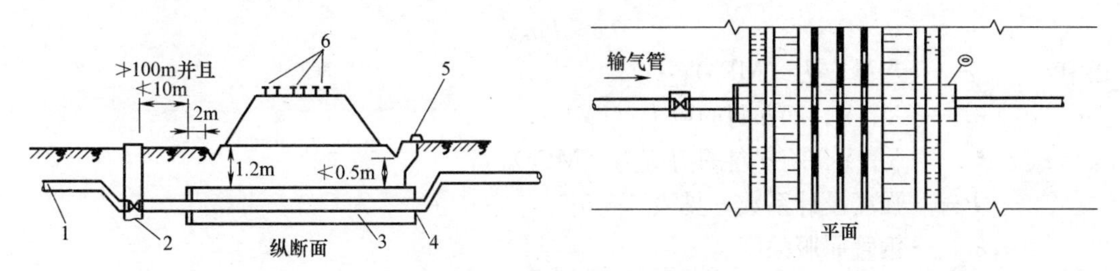

图 3-8-5　输气管道穿越铁路

1—输气管道；2—有分压测定点的阀门井；3—保护套管；4—套管的密封盖；5—检查管；6—铁路线钢轨

（5）保护套管管顶距铁路坡脚或路基不应小于 1.2m；距铁路排水沟不小于 0.5m。

（6）穿越管段与铁路中心线交角宜为直角，最小交角不得小于 60°。

（7）穿越管段应采用钢管。铁路下面的穿越管不应有对接焊缝，无法避免时焊缝应采用双面焊或其他加强措施，并用 γ 或 x 射线 100%严格检查焊缝质量，保证焊缝合格。

（8）穿越管段应采用特级加强防腐绝缘，套管如果采用钢管时，也应作加强防腐绝缘；穿越管线和套管之间要做好防水，在套管上设检漏管，检漏管端用罩保护。

（9）开槽施工的穿越，除采用保护钢轨钢梁外，必须在敷设管线前，槽底素土应夯实并打好基础。一般是在夯实的素土上铺 200mm 厚的工程砂，再铺 300mm 的碎石，使总厚度不小于 500mm。对有地下水或稀泥的地方，应采取防止不均匀沉降的可靠措施。

（10）采用沟槽法施工的保护套管的推荐直径：穿越管道直径小于 200mm，套管最小内径应比管道外径大 100mm；穿越管道外径大于 200mm 时，套管最小内径应比管道外径大 200mm。

（11）严禁在铁路场站、有值守道口、变电所、隧道和设备下面穿越，严禁在穿越铁路，公路管段上设置弯头和产生水平或竖向曲线。穿越铁路、公路应避开石方区、高填方区、路堑、道路两侧为同坡向的陡坡地段。

2. 天然气管道穿越铁路的荷载计算

对于天然气管道穿越铁路荷载计算，土壤产生的荷载同穿越公路，作为简略估算，可利用汽车行驶荷载代入火车荷载，并取冲击系数为 0.75，具体计算按 3.8.3 2。

3.8.5　管道跨越

1. 跨越管道结构计算

跨越管道采用材料同穿越管道，但其要求屈服强度与抗拉强度之比应不大于 0.85。跨越管道随跨越方式的不同，其受力情况有较大的差异，且荷载及荷载效应组合较复杂，并须按施工、使用、试压，清管各阶段计算后确定最不利组合进行设计，同时须进行整体与局部稳定性验算，可参阅有关规范与资料。其中较普遍发生的内压引起的环向应力与因温度变化引起的轴向应力计算公式均同于穿越管道，但当量应力的计算与强度验算不相同，穿越管段的当量应力为最大剪应力，采用最大剪应力理论（第二强度理论）验算；跨越管段的当量应力由材料形状改变比能计算，采用形状改变比能理论（第四强度理论）验算，其当量应力按公式（3-8-15）计算。

$$\sigma=\sqrt{\sigma_x^2+\sigma_y^2+\sigma_z^2+(\sigma_x\sigma_y+\sigma_y\sigma_z+\sigma_z\sigma_x)+3(\tau_{xy}^2+\tau_{yz}^2+\tau_{zx}^2)} \tag{3-8-15}$$

$$\sigma\leqslant F\sigma_s$$

式中 σ——当量应力（MPa）；

σ_x、σ_y、σ_z——X、Y、Z方向的应力（MPa）；

τ_{xy}、τ_{yz}、τ_{zx}——X、Y、Z方向的剪应力（MPa）；

F——强度设计系数，见表3-8-8；

σ_s——钢管屈服强度。

强度设计系数 *F* **表3-8-8**

工程分类	大型	中型	小型
甲类(通航河流跨越)	0.4	0.45	0.5
乙类(非通航河流或其他障碍)	0.5	0.55	0.6

跨越工程等级见表3-8-9。

跨越工程等级 **表3-8-9**

工程等级	总跨长度(m)	主跨长度(m)
大型	≥300	≥150
中型	≥100～<300	≥50～<150
小型	<100	<50

2. 跨越管道工程的主要技术要求

跨越管道工程按工程类别有附桥跨越、管桥跨越与架空跨越等，其主要技术要求如下。

（1）跨越点选择在河流较窄、两岸侧向冲刷及侵蚀较小、并有良好稳定地层处；如河流出现弯道时，选在弯道上游平直段；附近如有闸坝或其他水工构筑物，选在闸坝上游或其他水工构筑物影响区外；避开地震断裂带与冲沟沟头发育地带。跨越位置应送有关管理部门备案和批准，避开居民区，且有良好的施工条件等。

（2）设计洪水频率按表3-8-10选用，设计洪水位由当地水文资料确定。

设计洪水频率 **表3-8-10**

工程分类	大型	中型	小型
设计洪水频率(1/a)	1/100	1/50	1/20

（3）管道在通航河流上跨越时，其架空结构最下缘净空高度应符合《内河通航标准》GBJ 139的规定；在无通航、无流筏的河流上跨越时，其架空结构最下缘，大型跨越应比设计洪水位高3m，中、小型跨越比设计洪水位高2m。

（4）管道跨越铁路或道路时，其架空结构最下缘净空高度，不低于表3-8-11的规定。

管道跨越架空结构最下缘净空高度（m） **表3-8-11**

类型	净空高度	类型	净空高度
人行道路	3.5	铁路	6.5～7.0
公路	5.5	电气化铁路	11

（5）跨越管道与桥梁之间距离，大于或等于表 3-8-12 的规定。

跨越管道与桥梁之间的距离（m）　　表 3-8-12

大桥		中桥		小桥	
铁路	公路	铁路	公路	铁路	公路
100	100	100	50	50	20

（6）当燃气管道随桥梁敷设或采用管桥跨越河流时，必须采取安全防护措施。

3. 跨越结构形式的选择

（1）管道需跨越的小型河流、渠道、溪沟等其宽度在管道允许跨度范围之内时，应首先采用直管及支架结构。若宽度超出管道允许跨度范围但相差不大时，可首先采用“Ω”型钢架结构，充分利用管道自身支承。

（2）跨度较小，河床较浅，河床工程地质状况较为良好，常年水位与洪水位相差较大的河流可优先采用吊架式管桥。吊架式管桥主要特点是输气管道成一多跨越连续梁，管道应力较小，并且能利用吊索来调整各跨的受力状况。

（3）跨越较小且常年水位变化不大的中型河流一般可选用托架、桁架或支架等几种跨越结构。

托架结构有材料较省、构造简单等优点。托架结构充分利用输气管道截面刚度大的特点，由管道组成受压的托架上弦，用受拉性能良好的高强度钢丝绳作为托架的下弦。

由于托架横断面成三角形，构成空腹梁体系，因此侧向变形较小。在下弦两端与管道连接处设置调整设施，可使其达到所要求的预期拱高。托架两端支架主要承受不大的垂直荷载，因此其基础较浅，对地基要求不高，适用范围较广。

桁架结构主要采用两片桁架斜交组成断面为正三角形的空腹梁空间体系，并且利用输气管道作为桁架上弦，其他杆件多选用角钢，下弦两端采用滑动支座，因此结构的整体刚度大，稳定性好。根据当地交通情况并可增设桥面系统。桁架腹杆为简单的钝三角体系。由此可见，桁架结构的刚度要比托架大，并且可以设置桥面系统。由于桁架侧向稳定性好，更适宜于山区常年风速较大的河流跨越。但桁架结构耗费材料较多，结构自重大，施工量大，一般不宜采用。

（4）跨度较大的中型河流及某些大型河流其两岸基岩埋深较浅，河谷狭窄的可首先采用拱形跨越。管拱跨越结构有单管拱及组合拱两大类。

管拱充分利用管道本身强度，用钢量一般较小。由于输气管道本身特点，管拱往往是无铰拱，因此刚度比有铰拱大。组合拱其主要特点是充分利用空间体系的组合截面的截面特性，同单管拱相比，用同样的管材来达到更大的跨度和刚度要求。管拱是三次超静定结构，且基础又受较大的水平推力，因此对地基要求较高。管拱施工时，要求有一个较为平整的施工场地，安装时多采用索道整体吊装，因此施工、安装技术要求高。

（5）大型河流、深谷等不易砌筑墩台基础，以及临时施工设施时可以选择柔性悬索管桥、悬缆管桥、悬链管桥和斜拉索管桥等跨越结构。

柔性悬索管桥是采用抛物线形主缆索悬挂于塔架上，并绕过塔顶在两岸锚固，输气管道用不等长的吊杆（吊索）挂于主缆索上，输气管道受力简单，适合于大口径管道的跨越。悬缆管桥的主要特点是输气管道与主缆索都呈抛物线形，采用等长的吊杆（吊索）。

塔架下部为铰支座，当管桥因温差而引起膨胀收缩时，塔架能顺管桥方向自由摆动，调节缆索的内力平衡。由于选用小矢高而增大缆索的水平拉力，因此相应提高了悬缆管桥结构的自振频率，在结构上可以取消复杂的抗风索而设置较为简单的防振索等消振装置。一般适合于中、小口径管道的大型跨越工程。

悬缆管桥最明显特点是充分利用管道本身强度，使管道承受拉力、弯曲等综合应力。结构较前两种悬吊管桥简单，施工方便。在中小口径管道的大跨度跨越中，若采用高强度合金钢的管材时，可以应用。

斜拉索管桥（又称为多索拉梁管桥）属于斜缆式吊桥范畴。斜拉索管桥的牵索为弹性几何体系，因而刚度大、自重小，结构轻巧，外观简洁大方，特别适宜于山区河流的跨越工程。斜拉索管桥的管道即为加劲梁，管道承受牵索传来的水平分力和较小的自重引起的弯曲应力，因此可以达到较大跨度。与其他几种悬吊和管桥相比，斜拉索管桥结构取消了锚固基础，节省了大量的水泥、钢筋等建筑材料，而且使斜拉索管桥也能适用于两岸工程地质稍差，基岩埋深较深的河流；同时斜拉索管桥的吊索系统布置简单，在同等条件下与一般悬索吊桥相比要节省30%～50%左右的材料。特别是斜拉索管桥结构侧向稳定性较好，因而一般都不另设抗风系统，更显出其结构美观、轻巧、大方，刚度大等优越性。

天然气管道跨越的结构工程应有燃气专业委托土建专业设计。

3.8.6 管道随桥梁跨越河流

当条件许可时，可利用道路桥梁跨越河流，管道附桥的位置可为预留管孔、桥墩盖梁伸出部分，或悬挂在桥侧人行道下，从施工与维修角度考虑、管孔架设较不利。

利用道路桥梁跨越河流的技术要求：

1. 随桥梁跨越河流的燃气管道，其管道的输送压力不应大于0.4MPa。

2. 燃气管道产生的荷载应作为桥梁设计荷载之一，以保证桥梁安全性，对现有桥梁需附桥设管时，须对桥梁结构作安全性核算。

3. 燃气管道随桥梁敷设，宜采取如下安全防护措施：

（1）敷设于桥梁上的燃气管道应采用加厚的无缝钢管或焊接钢管，尽量减少焊缝，对焊缝进行100%无损探伤；

（2）跨越通航河流的燃气管道管底标高，应符合通航净空的要求，管架外侧应设置护桩；

（3）在确定管道位置时，与随桥敷设的其他管道的间距应符合现行国家标准《工业企业煤气安全规程》GB 6222支架敷管的有关规定；见表3-8-13。

燃气管道与同一架面平行敷设其他管道最小水平净距　　表3-8-13

燃气管道公称直径(*DN*)	＜300	300～600	＞600
其他管道公称直径(*DN*)	最小水平净距(mm)		
＜300	100	150	150
300～600	150	150	200
＞600	150	200	300

（4）管道应设置必要的补偿和减振措施；

（5）对管道应做较高等级的防腐保护，对于采用阴极保护的埋地钢管与随桥管道之间应设绝缘装置；

(6) 跨越河流的燃气管道的支座（架）应采用不燃烧材料制作。

3.8.7 管道河流穿越

管道穿越河流时，首先要根据管道的总体走向以及河道基本情况同时考虑不同穿越方法对施工场地的要求来选定穿越位置。穿越点宜选择在河流顺直、河岸基本对称、河床稳定、水流平缓、河底平坦、两岸具有宽阔漫滩、河床构成单一的地方。不宜选择含有大量有机物的淤泥地区和船舶抛锚区。穿越点距大中型桥梁（多孔跨径总长大于30m）大于100m，距小型桥梁大于50m。穿越河流的管线应垂直于主槽轴线，特殊情况需斜交时不宜小于60°。

在选定穿越位置后，根据水文地质和工程地质情况决定穿越方式、管身结构、稳管措施、管材选用、管道防腐措施、穿越施工方法等并提出两岸河堤保护措施。采用的敷设方式有裸露敷设、沟埋敷设、定向钻、顶管及隧道等方式。下面我们对裸露、沟埋及定向钻作简单介绍。

1. 裸露敷设

裸露敷设适用于基岩河床和稳定的卵石河床。管道采用厚壁管、复壁管，或石笼等方法加重管线稳管，将管线敷设在河床上。裸露敷设不需挖沟设备，施工速度快。缺点是管道直接受水力冲刷，常因河床冲刷变化后引起管线断裂；在浅滩处石笼稳管影响通航；常年水流中泥沙磨蚀也可能造成管线断裂。裸露敷设只适用于水流速很低、河床稳定、不通航的中、小河流上的小口径管线或临时管线。

2. 水下沟埋敷设

采用水下挖沟设备和机具，在水下河床上挖出一条水下管沟，将管线埋设在管沟内称沟埋敷设。开沟机具有拉铲、挖泥船；当使用水力气举开沟时，还可采用水泥车和高压大排量泵。对于中小型河流或冬季水流很小的水下穿越也可采用围堰法断流或导流施工。围堰法施工将水下工程变为陆上施工，可采用人工开沟或单斗挖沟机、推土机开沟。

沟埋敷设应将管道埋设在河床稳定层中。沟槽开挖宽度和放坡系数视土质、水深、水流速度和回淤量确定。开沟务须平直，沟底要平坦，管线下沟前须进行水下管沟测量，务必达到设计深度。

管线下沟后可采用人工回填和自然回淤回填。前者是在当地就地取材，选用一定密度的物质，如卵石、块石等填入管沟；后一种方法是在河流有泥沙回淤，并且管线在自然回淤过程中仍具有一定容重的情况下，采用河流自然回淤达到管沟回填之目的。

无论是裸露敷设还是沟埋敷设，水下管线由于受到内压及水动力等多种力的作用，必须对管线进行强度和稳定性校核。在此基础上采用经济合理的稳管措施，以保证管道的安全。

主要的稳管措施有：

1) 采用厚壁管或复壁管稳管，复壁管就是在输气管外套上直径更大的管子，并在两管间和环形空间内加注水泥浆，起到保护管道或加重稳管的双重作用。这种方法最简单，但经济性受到挑战。

2）铁丝石笼稳管，就是用铁丝网装卵石放在输气管上或放在管子下游、上游。压住管道，起到稳管作用。

3）散抛块石稳管，此法必须在确定管子已经完全按设计就位，并以软土回填至管顶以上0.2～0.5m时才可进行。

4）加重块稳管，它和复壁管相似，即在管子外捆绑加重块，达到稳管目的。

5）挡桩稳管：即在管下游隔一段距离打一根桩挡住水流对管线的冲击作用，这种方法仅适用于基岩裸露或基岩很浅的河流中。

3. 定向钻法敷设

定向钻技术在管道穿越河流、铁路、公路等障碍时得到越来越广泛的应用。我国自20世纪80年代引进该技术之后在天然气和石油管道穿越中大量使用，目前一般大中河流的穿越只要条件允许大都采用此法敷设过江。

水下管线定向钻穿越河流方法是用定向钻机按照设计要求，在河流河床下定向钻孔进行敷设的方法。定向钻穿越河流的施工步骤是：见图3-8-6，先用定向钻机钻一导向孔，当钻头在对岸出土后，撤回钻杆，并在出土端连接一个根据穿越管径而定的扩孔器和穿越管段。在扩孔器转动而进行扩孔的同时，钻台上的活动卡盘向上移动，拉动扩孔器和管段前进，将管段敷设在扩大了的孔中。

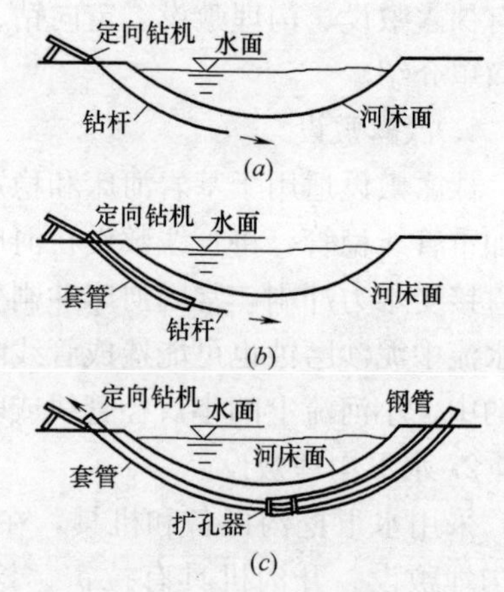

图3-8-6　定向钻穿越施工步骤
(*a*) 钻导向孔；(*b*) 冲管；(*c*) 扩孔和回拖

该穿越技术具有如下优点：可以常年施工，不受季节限制；工期短，进度快；穿越质量好，能满足设计埋深要求；不损坏河堤岸坡，不影响河流泄洪；管道不需任何加重稳管措施；不影响航运；保护自然环境，不会造成施工污染；施工人员少，工程造价低。定向钻的缺点是：受地质条件限制穿越长度有限制（一般在两公里内），施工必须有定向机具运行和管线组装的场地。

（1）定向钻敷设的工艺要求及设计：

1）穿越位置应选在河流两岸施工场地良好、交通运输方便的地方。管线组装一侧场地的宽为20m，长度为穿越长度加50m。回拖管线的直线长度一般不宜小于200m；如受地形限制可小于上述值，此时曲率半径应大于1000D。穿越管中心线与电力线、通信电缆的垂直距离应大于50m。

2）定向钻穿越的地层不宜太松散。适宜的地层有黏土层、粉质黏土层、粉沙层、粉土层及中沙层。定向钻无法在流沙层和钻断面上土质变化很大的地方施工。

3）穿越管径和长度应根据工艺需要和定向钻机的最大推拉力及控向系统能力而定。穿越管材宜选用普通优质碳素钢和低合金钢，钢管制造标准应符合管身结构及加重稳管设计的有关要求。

4）定向钻施工法敷设管段的最小覆土厚度为8m，最大覆土厚度不超过50m。入、出土点位置选择，应考虑钻机安放、储水池、砂浆池及取水点距离需要和管段组装回拖场地要求。人、出土点场地应平整开阔，施工场地地貌恢复工作量小，距河岸距离以不增加护岸工程量为宜。

5）导向孔钻完后，孔的中心线与设计的管中心线，在水平面上和纵断面上的误差均不宜超过1%。

（2）定向法施工的管道埋设在河床下是呈抛物线形的曲线，这条曲线设计应注意：

1）入土角一般控制在5°～20°范围内，推荐设计角度为9°～12°；出土角度一般控制在4°～26°范围，推荐设计角度为4°～8°。

2）导向孔应根据设计曲线钻进，设计时应考虑钻孔钻杆的折角。每根钻杆允许最大折角如表3-8-14。

钻杆折角 **表3-8-14**

管径(mm)	每根钻杆最大折角(°)	4根钻杆累加折角(°)
ϕ219以下	3.5	6
ϕ219～ϕ426	2.5	5
ϕ426以上	2	4

3）设计曲线上的曲率半径应满足管子强度和钻机允许要求，一般来说，曲率半径应大于管外径1200倍，最小不得小于300m。管段入土点地下20m长度内的管段应为直线。

4）在穿越管线平面轴线两侧平距50m处分别布置一排钻探孔。钻探孔孔距一般为100m，孔位应错开。钻探孔深度应大于管道敷设深度10m。

（3）施工组织

施工组织程序如图3-8-7所示。

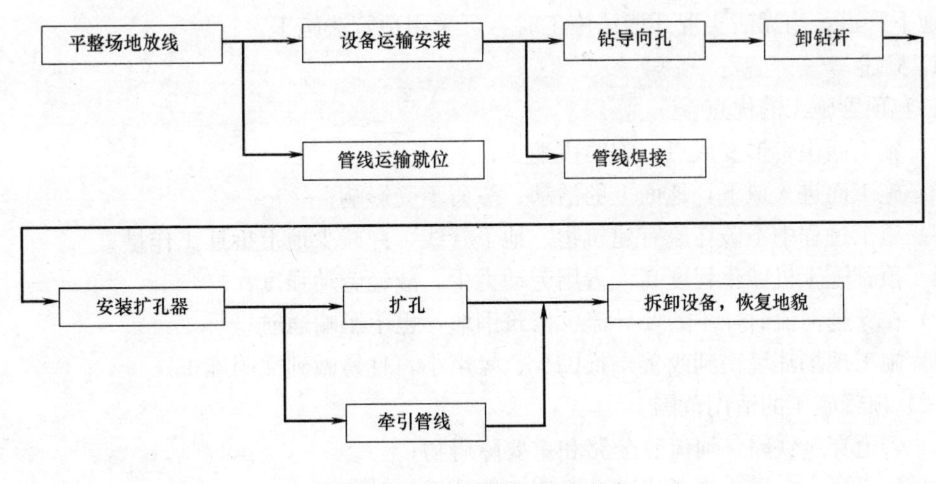

图3-8-7 定向钻施工组织程序

4. 河流穿跨越方案比较（表3-8-15）

从表3-8-15比较中可看出，采用定向钻穿越河流，其投资明显是最低的，但事故时不易检修，这就要求施工质量和管材质量必须提出严格要求，并应严格执行。

某河流穿跨越方案比较　　表 3-8-15

方案项目	挖沟	定向钻	隧道	跨越
管径(mm)	DN700	DN700	DN700	DN700
长度(m)	700	850	720	680(主跨400)
敷设方法	1. 挖泥船等机械挖沟； 2. 拖管或沉管就位； 3. 管沟回填或自然回淤	1. 定向钻钻导向孔； 2. 扩孔回拖管道	1. 顶管机顶混凝土管； 2. 管道在巷道或竖(斜)井内组装	利用塔架、拉牵将管道固定
稳管方式	重晶石加重块＋河床相对稳定层＋管重	河床相对稳定层＋管重	混凝土管＋河床相对稳定层＋管重	塔架＋拉牵＋管重
投资比	1.0	0.60	0.87	1.83
优点	占地与投资较少，建成后，不影响通航	工期最短，投资最少，施工不影响航行，且不受季节限制，不需破防洪堤，管道受水流冲刷少，减少管道维护工作量，占地较少	施工不影响航行，且不受季节限制，不需破防洪堤，管道不受水流冲刷，减少管道维护工作量，占地较少，增设线费用少	不需破防洪堤，管道不受水流冲刷，增设复线费用少
缺点	事故时不易检修，施工影响航行，并受季节限制，需开挖防洪堤，管道易受水流冲刷，增设复线费用较高	事故时不易检修	工期较长	维护费用较高，投资最高，工期较长，占地与拆迁房屋较多，抗震与耐腐蚀较差

表3-8-15比较结果，最佳方案为定向钻。

5. 河流穿越定向钻工程方案结构计算见本手册3.8.2。

对于大型管道穿越工程是一项综合性工程，专业涉及面大，应做专题设计。

3.8.8　顶管法施工

地下管道，当无法实现开槽法施工时，可采用顶管法施工。

1. 概述

(1) 顶管施工的优点

1) 施工面由带形变成点，临时占地少；

2) 施工面进入地下，地面上的活动、障碍不受影响；

3) 施工过程中不破坏原有建筑物、地下管线，并减少地上拆迁工作量；

4) 顶管施工机械化程度高，占用劳动力少，减轻劳动强度；

5) 在穿越河流时，不需要导流、修筑围堰，也不影响通航；

6) 施工现场环境得到改善，扰民少、噪声小，且易做到文明施工。

(2) 顶管施工的适用范围

1) 管道穿越铁路、河流、公路和重要障碍物；

2) 街道狭窄、繁华街道或不允许用开槽法施工时；

3) 现场条件复杂，上下交叉作业，相互干扰，易发生危险时；

4) 其他情况。

(3) 顶管法施工分类

1) 按工作面土层的稳定程度，分为开放式和封闭式顶管。当工作面土壤稳定，不会出现塌方，能直接挖土，工作面敞开，故称开放式顶管；当工作面土层不稳定，需要管前端密封并施以气压、水压来支撑工作面，防止塌方，工作面是密封的，故称封闭式顶管。

2）按管前方挖土方式的不同，可分为人工掘进顶管法、机械化顶管、水力顶管和挤压顶管等。

3）根据顶管前进所用的千斤顶装置的部位不同，可分为后置顶进式、前方牵引式、盾头顶进式和中继间接力式等。

4）按人能否进入管内操作，可分为大口径顶管和小口径顶管。当管径小于500mm，工人无法进入管内操作，可采用不出土挤压顶管法、水力扩孔法、水平钻孔法、气动冲击法以及真空振动法等。

2. 顶管施工方法选择

顶管法施工的选择应根据管材、管径大小、水文地质条件、顶距长短、机械设备条件以及工人操作水平等多种因素，经过技术经济比较确定。可参照表3-8-16选择。

顶管法施工的选择 **表3-8-16**

施工方法		优点	缺点	适用条件
掘进顶管法	人工掘进顶进法	1. 顶管中心和高程容易控制； 2. 顶进情况易于观察，易于纠偏； 3. 设备简单，易操作	1. 劳动强度大； 2. 工作环节差； 3. 生产效率低	1. 适用于管径 $D \geqslant 600mm$； 2. 适宜各类土层
	水平钻孔机械顶进法	1. 代替人工挖运土操作，降低了劳动强度； 2. 生产效率高	1. 产生偏差不易纠正； 2. 顶进过程中遇到障碍，只能开槽取出； 3. 挖土、运土不易协调	1. 适用于黏土、粉质黏土和砂土； 2. 适用于大、中型管径，一次顶距60～70m
	水力掘进顶进法	1. 机械化程度高； 2. 掘土设备简单不易磨损	1. 需要消耗较多水量； 2. 顶进误差较大	1. 适用于弱土层、流砂层； 2. 穿越河底
挤压顶管法	直接顶入法	1. 顶进设备简单； 2. 无须掘土，减轻劳动强度	1. 顶进偏差不易纠正； 2. 使用管材有局限性	1. 适用于 $DN \leqslant 200mm$ 钢管，顶距较短场合； 2. 适宜孔隙率，含水量较大土层
	出上挤压顶管	1. 顶进设备较简单； 2. 有纠偏设备，易于控制高程和位置； 3. 生产效率高	1. 需要出土，增加了水平和垂直运输设备； 2. 使用有局限性	1. 适用于较大口径顶管； 2. 适用于松散土、软弱饱和土层

3. 人工掘进顶进法

见本手册13.5.3节。人工掘进顶进法顶管施工。

4. 水平钻孔机械掘进顶进法

机械掘进与人工掘进二者区别主要在于管前掘土和管内水平运土不同，其余部分大致相同。机械掘进是在管前端安装机械钻进的挖土设备，配上皮带管内运土，代替人工操作，减轻劳动强度，提高工作效率。

水平钻机切削掘进分为径向切削和纵轴向切削两种。图3-8-8为一直径1050mm的整体刀架掘进式径向钻机。钻机前端安装刀齿架1和刀齿2，刀齿架由减速电动机5带动旋转进行切土，由刮泥板 4 将切土掉入链条输送带 8 经皮带运输机运出管外。在机壳 6 与顶进管子之间，布置校正千斤顶 7，作为校正偏差之用。

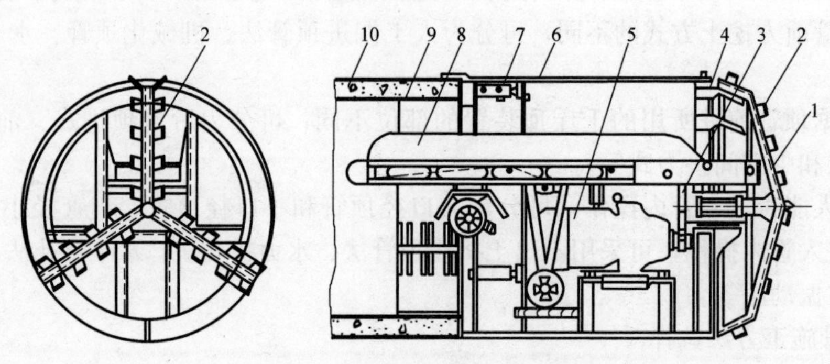

图 3-8-8　整体式水平钻机

1—刀齿架；2—刀齿；3—减速齿轮；4—刮泥板；5—减速电动机；6—机壳；7—校正千斤顶；8—链带运送器；9—内涨圈；10—管子

图 3-8-9 为一纵向切削挖掘钻机。掘进机构为球形框架刀架，刀架上安装刀臂及刀齿，刀架纵向掘进，切削面呈半球形。这种设备构造简单，拆装、维修方便，便于调向，适用于粉质黏土和黏土。

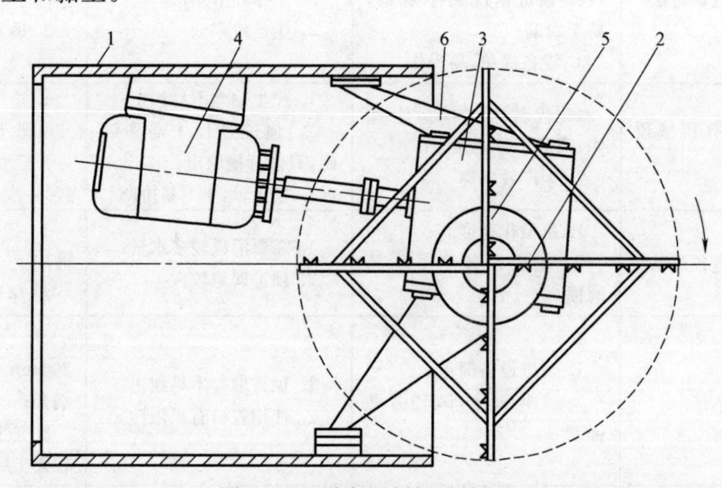

图 3-8-9　纵向切削掘进钻机

1—工具管；2—刀臂；3—减速箱；4—电动机；5—锥形筒架；6—支撑

5. 水力掘进顶进法

水力掘进管前端装一工具管，如图 3-8-10 所示。

水力掘进依靠高压水枪射流将切入管口内的土冲散，形成泥浆经格网进入真空吸泥室，经射流泵将泥浆输送至地面上贮泥场。为防止泥水涌入管内，冲泥舱为密封的。

掘进方向由校正环控制。在校正环内安装校正千斤顶和校正铰，启动相应的校正千斤顶即可使冲泥舱作上下、左右摆动，调整掘进方向。

工具管尾管为气闸室。当工人需要进入冲泥舱检修、排除故障时，为了维持冲泥舱前端工作面稳定和防止地下水涌入，应提高工具管内气压。所以，气闸室是专供操作人员进出高压区时升压或降压之用。

6. 直接顶入法

这种方法在顶管前装有锥形头或管帽，如图 3-8-11 所示。顶进时将锥形头挤压进土内，在土中形成了一个比顶管管径略大的孔，顶压的主要阻力为锥形头压入土层而发生，管道本身随着锥形头移动，因此管壁本身摩擦阻力不大。

这种方法适用于小口径短距离顶入钢管或铸铁管，其工作坑长度由单节管长确定，千斤顶安装在机架上，由后背支承，管子由导向架控制顶进中心位置和高程。

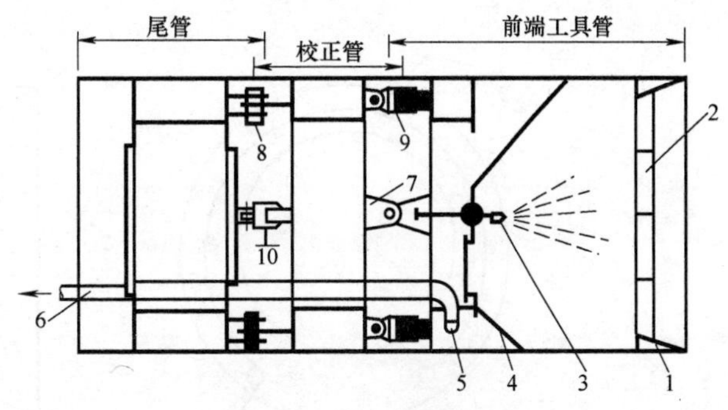

图 3-8-10　水力掘进装置

1—刀刃；2—格栅；3—水枪；4—格网；5—泥浆吸入口；6—泥浆排出管；7—水平铰；8—垂直铰；9—上下纠偏千斤顶；10—左右纠偏千斤顶

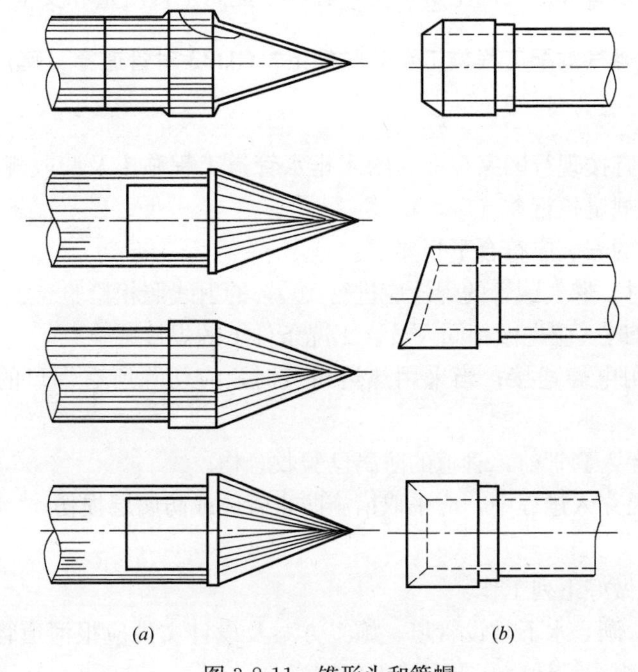

图 3-8-11　锥形头和管帽

(a) 锥形头；(b) 管帽

7. 出土挤压顶管

这种顶管在顶管前端装一挤压切土工具管，它由三部分组成：切土渐缩部分 l_1、卸土部分 l_2、校正千斤顶部分 l_3，如图 3-8-12 所示。

工具管切口直径大于割口直径，二者偏心布置，中心间距为 δ，偏心距大，便于土柱装载。在顶进过程中，土由工具管切口挤压进入割口，土柱断面减小，密实度提高，挤压土柱达到一定长度后，系紧割口钢丝绳，将土柱割下，落入运土斗车，运至工作坑吊运至地面。

校正段安装调向千斤顶，用来调整中心和高程的偏差。

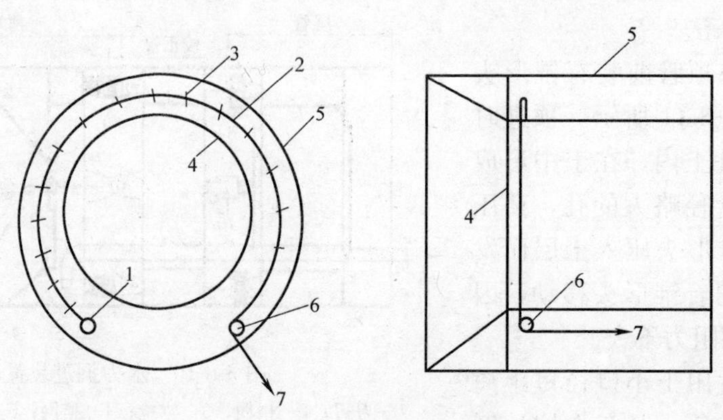

图3-8-12　挤压掘进工具管

1—钢丝绳固定点；2—钢丝绳；3—卡子；4—挤压口；5—工具管；6—定滑轮；7—至卷扬机

这种顶管法比人工掘进法减少了挖土、装土等笨重体力劳动，加快了施工进度，不会出现超挖，而且能使管外壁四周土壤密实，有利于提高工程质量和安全生产。

3.8.9 《城镇燃气输配工程施工及验收规范》CJJ33对管道穿（跨）越工程的规定

1. 顶管施工

（1）顶管施工宜按现行国家标准《给水排水管道工程施工及验收规范》GB 50268中的顶管施工的有关规定执行。

（2）燃气管道的安装应符合下列要求：

1）采用钢管时，燃气钢管的焊缝应进行100%的射线照相检验。

2）采用PE管时，应先做相同人员、工况条件下的焊接试验。

3）接口宜采用电熔连接；当采用热熔对按时，应切除所有焊口的翻边，并应进行检查。

4）燃气管道穿入套管前，管道的防腐已验收合格。

5）在燃气管道穿入过程中，应采取措施防止管体或防腐层损伤。

2. 水下敷设

（1）施工前应做好下列工作：

1）在江（河、湖）水下敷设管道，施工方案及设计文件应报河道管理或水利管理部门审查批准，施工组织设计应征得上述部门同意。

2）主管部门批准的对江（河、湖）的断流、断航、航管等措施，应预先公告。

3）工程开工时，应在敷设管道位置的两侧水体各50m距离处设警戒标志。

4）施工时应严格遵守国家及行业现行的水上水下作业安全操作规程。

（2）测量放线应符合下列要求：

1）管槽开挖前，应测出管道轴线，并在两岸管道轴线上设置固定醒目的岸标。施工时岸上设专人用测量仪器观测，校正管道施工位置，检测沟槽超挖、欠挖情况。

2）水面管道轴线上宜每隔50m抛设一个浮标标示位置。

3）两岸应各设置水尺一把，水尺零点标高应经常检测。

（3）沟槽开挖应符合下列要求：

1）沟槽宽度及边坡坡度应按设计规定执行；当设计无规定时，由施工单位根据水底泥土流动性和挖沟方法在施工组织设计中确定，但最小沟底宽度应大于管道外径 1m。

2）当两岸没有泥土堆放场地时，应使用驳船装载泥土运走。在水流较大的江中施工，且没有特别环保要求时，开挖泥土可排至河道中，任水流冲走。

3）水下沟槽挖好后，应做沟底标高测量。宜按 3m 间距测量，当标高符合设计要求后即可下管。若挖深不够应补挖；若超挖应采用砂或小块卵石补到设计标高。

（4）管道组装应符合下列要求：

1）在岸上将管道组装成管段，管段长度宜控制在 50～80m。

2）组装完成后，焊缝质量应符合本规范第 5.2 节的要求，并应按本规范第 12 章进行试验，合格后按设计要求加焊加强钢箍套。

3）焊口应进行防腐补口，并应进行质量检查。

（5）组装后的管段应采用下水滑道牵引下水，置于浮箱平台，并调整至管道设计轴线水面上，将管段组装成整管。焊口应进行射线照相探伤和防腐补口，并应在管道下沟前对整条管道的防腐层做电火花绝缘检查。

（6）沉管与稳管应符合下列要求：

1）沉管时，应谨慎操作牵引起重设备，松缆与起吊均应逐点分步分别进行；各定位船舶必须执行统一指令。应在管道各吊点的位置与管槽设计轴线一致时，管道方可下沉入沟槽内。

2）管道入槽后，应由潜水员下水检查、调平。

3）稳管措施应按设计要求执行。当使用平衡重块时，重块与钢管之间应加橡胶隔垫；当采用复壁管时，应在管线过江（河、湖）后，再向复壁管环形空间灌水泥浆。

（7）应对管道进行整体吹扫和试验，并应符合本规范第 12 章的要求。

（8）管道试验合格后即采用砂卵石回填。回填时先填管道拐弯处使之固定，然后再均匀回填沟槽。

3. 定向钻施工

（1）应收集施工现场资料，制订施工方案，并应符合下列要求：

1）现场交通、水源、电源、施工运输道路、施工场地等资料的收集。

2）各类地上设施（铁路、房屋等）的位置、用途、产权单位等的查询。

3）与其他部门（通信、电力电缆、供水、排水等）核对地下管线，并用探测仪或局部开挖的方法确定定向钻施工路由位置的其他管线的种类、结构、位置走向和埋深。

4）用地质勘探钻取样或局部开挖的方法，取得定向钻施工路由位置的地下土层分布、地下水位及土壤、水分的酸碱度等资料。

（2）定向钻施工穿越铁路等重要设施处，必须征求相关主管部门的意见。当与其他地下设施的净距不能满足设计规范要求时，应报设计单位，采取防护措施，并应取得相关单位的同意。

（3）定向钻施工宜按国家现行标准《石油天然气管道穿越工程施工及验收规范》SY/T 4079 执行。

（4）燃气管道安装应符合下列要求：

1）燃气钢管的焊缝应进行 100％的射线照相检查。

2）在目标井工作坑应按要求放置燃气钢管，用导向钻回拖敷设，回拖过程中应根据需要不停注入配制的泥浆。

3）燃气钢管的防腐应为特加强级。

4）燃气钢管敷设的曲率半径应满足管道强度要求，且不得小于钢管外径的 1500 倍。

4. 跨越施工

管道的跨越施工宜按国家现行标准《石油天然气管道跨越工程施工及验收规范》SY 470 执行。

第4章　调压、计量及调压设施

本章适用于城镇天然气输配系统中不同压力级别管道之间连接的调压站，调压箱（或柜）和调压装置的设计和天然气的计量。

1. 调压站

调压站是调压装置安装在地上（或地下）独立建筑物内的调压设施。按管网输气压力分，城镇天然气调压站有：高压—次高压调压站；次高压—中压调压站；中（次高）压—低压调压站。

2. 调压箱

调压箱是将调压装置安装在箱内悬挂在用气户或附近建筑物外墙壁或独立支架上的箱式调压设施，对供居民用、商业用户的天然气调压箱，天然气进口压力不大于0.4MPa；供工业用户调压箱，天然气进口压力不大于0.8MPa。

3. 调压柜

调压柜是调压装置安装在柜内单独设置在地上独立支架上（落地式）的调压设施，对居民、商业用户和工业用户（包括锅炉房）天然气进口压力不宜大于1.6MPa。

4. 用户调压器

供居民、商业各户单独使用的用户中低压调压器，天然气进口压力不大于0.3MPa。

无论是调压站、调压箱、调压柜还是用户调压器，调节不同压力管道间天然气压力的主体设备都是调压器。

5. 地下调压站

受地上条件限制，调压装置设置在地下单独的建筑物内或地下单独箱体内的调压设施，调压装置天然气进口压力不大于0.4MPa。

4.1　调　压　器

调压器的主要功能是在其下游用户用气量变化，增加或减少的工况下，应保证天然气供气压力的稳定，其压力波动应在调压器稳压精度 δP_2 范围内，进入调压器天然气压力 P_1 的变化，也不应影响出口压力 P_2 的稳定，其流量应满足用户的需求，保证稳定供气。

4.1.1　调压器的工作原理与分类

1. 调压器的工作原理

调压器是由敏感元件、控制元件、执行机构和阀门组成的压力调节装置。调压器基本上可按操作原理分为两大类型，即直接作用（自力）式和间接作用（指挥器操纵）式。前者，其执行机构动作所使用的全部能量是直接通过敏感元件经由被调介质提供的；后者，则是将敏感元件的输出信号（由被调介质传递）加以放大使执行机构动作，而传感器（如指挥器）放大输出信号的能量源于被调介质本身或外供介质。工程上应用的各种形式的调压器都是从上述两种调压器的原理和技术拓展出来的产品。

从自控原理分析，可将调压器与其连接的管网看成是一个自调系统。调压器在自调系统中的作用就是当调压器出口压力（P_2）因燃气用户用气工况发生波动时，通过传感器（敏感元件）把出口压力与给定装置的设定值（如指挥器的弹簧力）进行比较，所产生的偏差信号按一定的调节规律带动执行机构的阀门动作，使调压器上游管道进口处压力为 P_1 的燃气引入一个增量（或正或负），最终使调压器出口压力（P_2）恢复稳定。由于管网系统中用气工况（流量与压力）随时间而变化，所以压力自调系统通过不断进行微量调节来保持管网压力相对稳定，该动态调节过程应是一个衰减振荡过程，且最终静差（余差）较小。

在实际工程应用中，经常遇到调压器下游流量增加而引起管网瞬时压力突降的情况，该压力降大小，取决于引起流量变化的干扰作用快慢和调压器本身的流量特性。同一流量特性的调压器，如果遇到较快的流量变化（近似阶跃式干扰），则其出口压力就会发生较大波动；但是，调压器响应速率比流量变化速率较快者，则其出口的压力波动就会相对较小。

2. 调压器分类

（1）直接作用（自力）式调压器

具有较高稳定性（P_2 波动木大）和适应性好（克服干扰作用）的直接作用（自力）式调压器都附设有时滞控制装置，如设通气孔或再外加稳压阀、设脉冲管和补偿膜片，其构造简图见图 4-1-1。

（2）间接作用（指挥器操纵）式调压器

间接作用（指挥器操纵）式调压器通常应用于需要精确控制和调节用气压力的管网系统中，其构造简图见图 4-1-2。

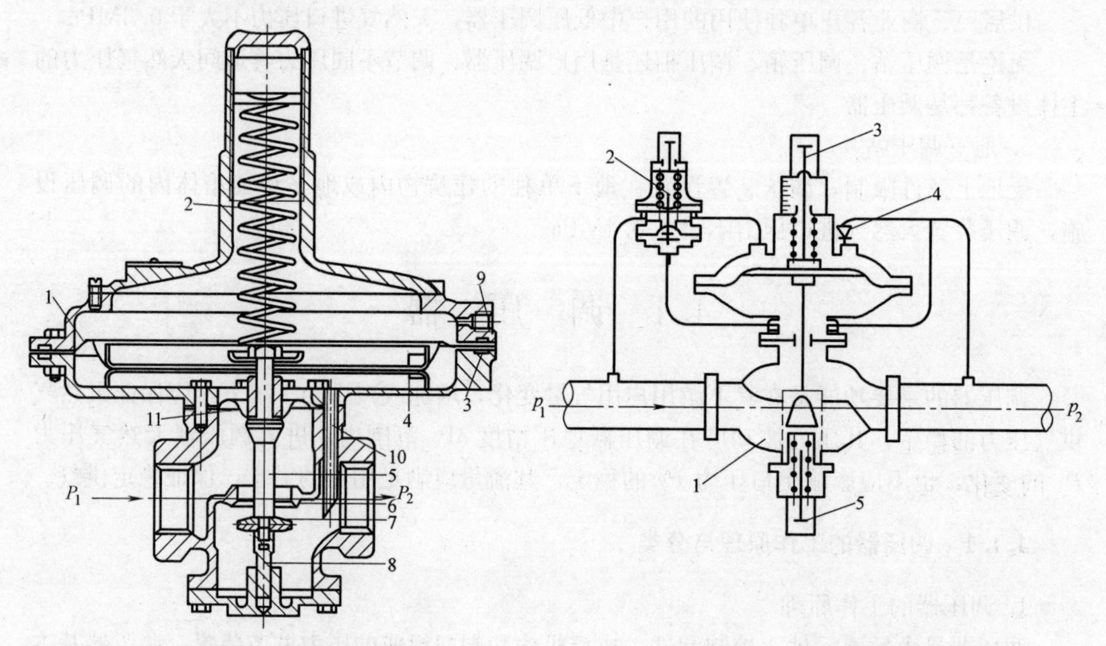

图 4-1-1 直接作用（自力）式调压器

1—主膜片；2—弹簧；3—外壳密封圈；4—膜盘；5—阀杆；6—阀座；7—阀盘；8—导向杆；9—通气孔；10—脉冲管；11—补偿膜片

图 4-1-2 间接作用（指挥器操纵）式调压器

1—主调节阀；2—指挥器；3—手控给定装置；4—阻尼嘴；5—手控限流装置

(3) 切断式调压器

切断式调压器属直接作用式调压器。其构造分为调压器与切断阀两部分。按阀口启闭动作方式，安全切断装置可分为位移式（见图 4-1-3）和旋启式。

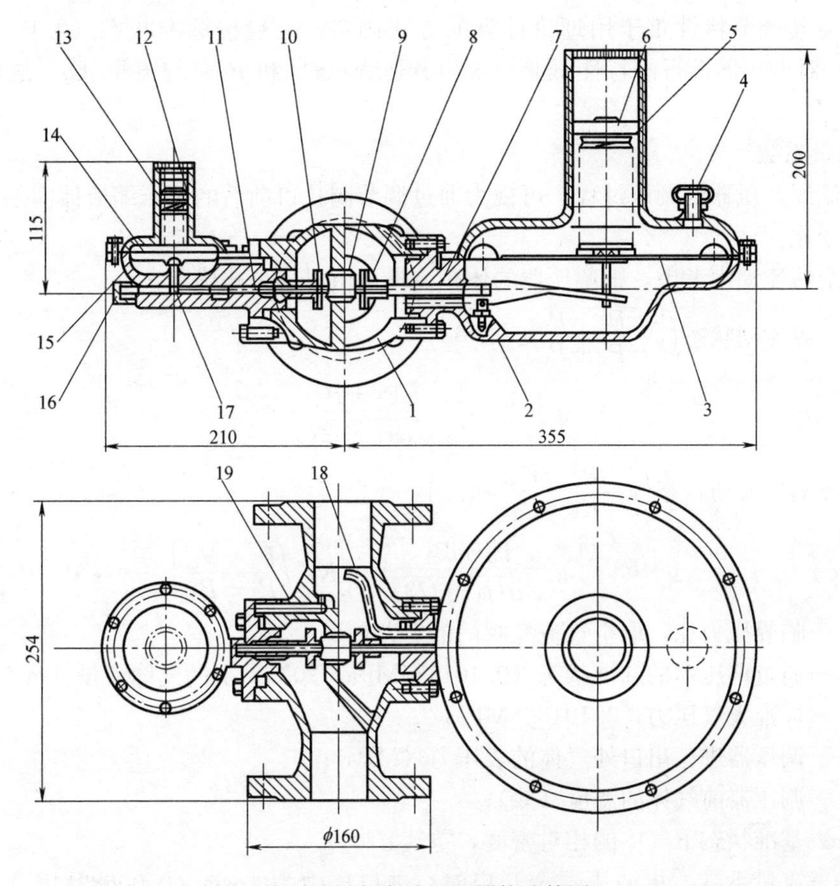

图 4-1-3 切断式调压器构造简图

1—主阀体；2—调压器壳体；3—调压器薄膜；4—呼吸孔；5—调压弹簧；6—调压螺母；7—调压阀杆；8—调压阀座；9—阀口；10——切断阀座；11——切断阀杆；12—切断调节螺母；13—切断调节簧；14—切断阀薄膜；15—切断阀壳体；16—切断阀丝堵；17—止动杆；18—内置信号管；19——取压管

用调压弹簧 5 设定出口压力 P_2。通过内置信号管 18 将出口压力 P_2 的信号反馈到调压器薄膜 3 下腔，与调压弹簧 5 的设定压力进行比较。若 P_2 降低，它作用在薄膜 3 下腔的力低于薄膜上腔弹簧的设定压力，调压器薄膜 3 向下移动，带动调压阀杆 7 向左移动，将阀口 9 开度增加，燃气流量增大，出口压力 P_2 回升至设定值。

若调压器调节失灵，出现超压情况，切断阀可立即将气流切断，避免事故发生。切断阀的工作过程是：通过取压孔 19 将 P_2 引入切断阀薄膜 14 下腔，用切断调节簧 13 调定切断压力。调压器正常工作时，切断阀座 10 处于完全开启状态。超压事故情况下 P_2 升高，当 P_2 升至切断压力时，止动杆 17 被抬起，切断阀杆 11 向右移动将阀口 9 关闭，即从进口端将气源关断。

4.1.2 调压器的技术要求

在计算通过调压器调节阀口的气体流量时，通常以流量系数 C_g 来反映其阻力特性。

若进口温度不变时，且调压器的流量特性处在临界状态，体积流量仅与进口绝对压力成正比；若进口温度不变时，且调压器的流量特性处在亚临界状态，体积流量取决于进口和出口绝对压力。由于通过调节阀口前后气体状态变化比较复杂，在实际工程应用中调压器的通过能力及其调节特性难于用理论计算的方法确定，一般按标准状态（0.101325MPa，273.16K）对调压器进行静特性试验，求出其压力（P_1 和 P_2）与流量（q）之间的关系曲线。

1. 流量系数

燃气流经调压器的调压过程，可视为通过调节阀孔口前后的可压缩流体因局部阻力而发生状态变化。

若按绝热流动来考虑，则调压器的体积流量可由以下公式确定：

（1）临界流动状态$\left(\nu=\dfrac{P_2+P_0}{P_1+P_0}\leqslant 0.5\right)$

$$q=69.7C_g\frac{P_1+P_0}{\sqrt{d(t_1+273)}} \tag{4-1-1}$$

（2）亚临界流动状态$\left(\nu=\dfrac{P_2+P_0}{P_1+P_0}>0.5\right)$

$$q=69.7C_g\frac{P_1+P_0}{\sqrt{d(t_1+273)}}\sin\left[K_1\sqrt{\frac{P_1-P_2}{P_1+P_0}}\right] \tag{4-1-2}$$

式中 ν——临界压力比，取空气流经阀门的 ν 为 0.5；

q——通过调压器的基准状态（0.101325MPa，20℃）下的气体流量（m^3/h）；

P_0——标准大气压力，0.101325MPa；

P_1、P_2——调压器进、出口处气体的表压力（MPa）；

t_1——调压器前气体的温度（℃）；

d——基准状态下气体的相对密度，空气 $d=1$；

C_g——流量系数，指调压器全开启时，进口压力为 1psia（0.00689MPa），温度为60℉（15.6℃），在临界状态下所通过的以 ft^3/h（$0.02875m^3/h$）为单位的空气流量；按测试工况下 C_g 的平均值由厂家提供；

K_1——形状系数，按测试工况下 K_1 的平均值由厂家提供。

第一次测试（空气作介质）的 K_1 可由以下公式求得：

1）临界流动状态

$$\frac{P_2+P_0}{P_1+P_0}\leqslant\frac{K_1^2-8100}{K_1^2} \tag{4-1-3}$$

2）亚临界流动状态

$$K_1=\frac{\sin^{-1}\left[\dfrac{q\sqrt{d(t_1+273)}}{69.7C_g(P_1+P_0)}\right]}{\sqrt{(P_1-P_2)/(P_1+P_0)}} \tag{4-1-4}$$

（3）大流量调压器在部分开度下的流量系数

$$C_{gx}=\frac{q\sqrt{d(t_1+273)}}{69.7(P_1+P_0)\sin\left(K_1\sqrt{\dfrac{P_1-P_2}{P_1+P_0}}\right)} \tag{4-1-5}$$

调压器通过流量大小与调节阀的行程（开启度）一般呈直线、抛物线和对数曲线关系。为了求得调压器在不同开启度下的流量系数（C_{gx}），可通过相关阀门流量特性曲线作图求出，见图4-1-4。

部分开度下的流量系数通常表示为全开时流量系数的百分数Y，而调节元件位置则以最大行程（由机械限位器限制）的百分数X表示。图4-1-4给出三种不同类型调压器的流量特性示例。

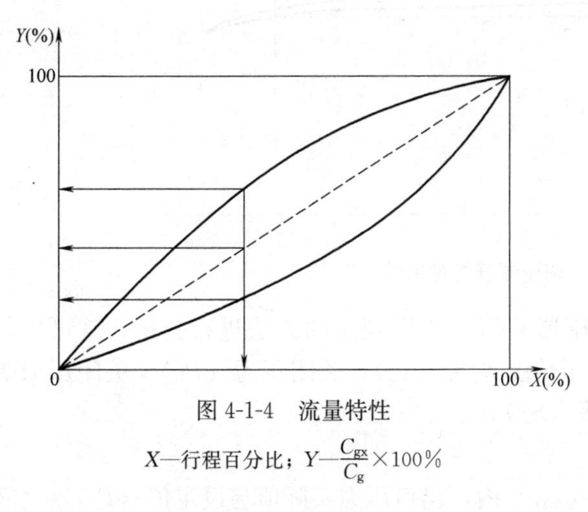

图4-1-4　流量特性

X—行程百分比；Y—$\frac{C_{gx}}{C_g}\times 100\%$

为了选用方便，调压器厂家一般都按公称通径（DN）相应列出P_1、P_2和q关系表（数表或图表），此中q只能视为调压器在可能的最小压降和调节阀完全开启条件下的额定流量。

在流体力学研究与测试技术中，以水为介质测试流量参数亦广泛被采用。若调压器调节阀的容量以流通能力C值表示，则C定义：密度为＝1000kg/m^3，压力降为0.0981MPa时，介质流经调节阀的小时流量m^3/h。实际选用调压器时，就可用如下公式确定流通能力C值。

1）临界流动状态$\left(\nu=\frac{P_2+P_0}{P_1+P_0}\leqslant 0.5\right)$

$$C=\frac{q}{3365.1}\sqrt{\frac{\rho_0 Z(t+273)}{P_1+P_0}} \tag{4-1-6}$$

2）亚临界流动状态$\left(\nu=\frac{P_2+P_0}{P_1+P_0}>0.5\right)$

$$C=\frac{q}{3874.9}\sqrt{\frac{\rho_0 Z(273+t)}{(P_1+P_0)^2-(P_2+P_0)^2}} \tag{4-1-7}$$

式中　C——调节阀的流通能力（t/h）；

q——在基准状态下（P_0=0.101325MPa，T=293.16K）时的气体流量（m^3/h）；

t——气体流动温度（℃）；

ρ_0——在基准状态下气体的密度（kg/m^3）；

P_1、P_2——调压器前后气体的表压力（MPa）；

Z——气体的压缩因子。

2. 静特性

静特性是表述调压器出口压力P_2随进口压力P_1和流量q变化的关系。在进口压力（P_1）和设定出口压力（P_{2S}）为定值时，通过先增加流量后降低流量进行往返检测，就可得到出口压力（P_2）随流量变化的曲线，并要求该曲线具有较高的重复性。若改变进口压力（P_{1min}～P_{1max}）重复上述试验步骤，则可以得到调压器在同一设定出口压力

（P_2s）时各不相同进口压力（P_1）下的许多静特性线簇，并可绘出静特性曲线簇 q-P_2 坐标图，见图 4-1-5。

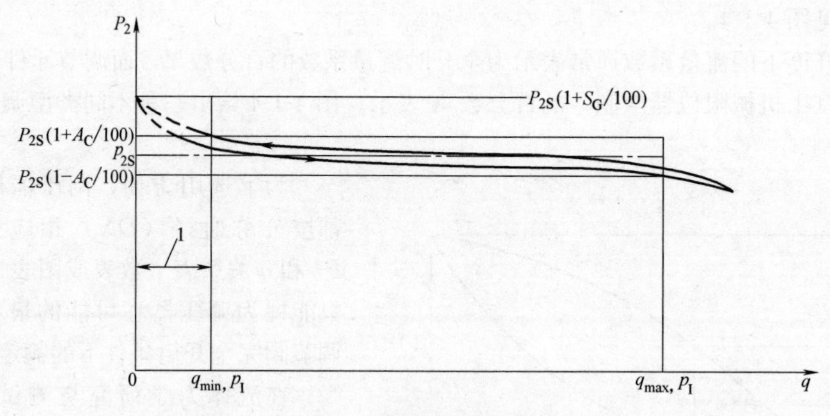

图 4-1-5 调压器静特性曲线

根据上述测试，按照《城镇燃气调压器》CJ 274 所规定的方法进行分析，就可以得到调压器以下指标：稳压精度（A），稳压精度等级（A_C）、关闭压力（P_b）、关闭压力等级（S_G）、关闭压力区和关闭压力区等级（S_Z）。

（1）稳压精度（A）

在一簇静特性线的工作范围（q_{min}～q_{max}）内，出口压力实际值与设定值（P_{2S}）之间正偏差 Δ_+ 和负偏差 Δ_- 的最大绝对值之平均值对设定值（P_{2S}）的百分数定义为稳压精度，即

$$A=\frac{(|\Delta_+|_{max}+|\Delta_-|_{max}/2)}{P_{2S}}\times 100 \tag{4-1-8}$$

式中 A——稳压精度，%。

（2）稳压精度等级（A_C）

$$A_C=A_{max}\times 100 \tag{4-1-9}$$

式中 A_C——稳压精度等级；

A_{max}——稳压精度的最大允许值。

（3）关闭压力（P_b）

调压器调节元件处于关闭位置时，静特性线上 $q=0$ 处的出口压力。此时，流量从 q 减少至零所用的时间应不大于调压器关闭的响应时间。

（4）关闭压力等级（S_G）

实际关闭压力 P_b 与设定出口压力 P_{2S} 之差对设定出口压力 P_{2S} 之比的最大允许值乘以 100 定义为关闭压力等级，即

$$S_G=\frac{P_b-P_{2S}}{P_{2S}}\times 100 \tag{4-1-10}$$

（5）关闭压力区

每一相应进口压（P_1）力和设定出口压力（P_{2S}）的静特性线上，在 $q=0$ 与最小流量 q_{minP_1} 之间的区域（图 4-1-5 中之 1 区间）。

（6）关闭压力区等级（S_Z）

每一相应进口压力（P_1）和设定出口压力（P_{2S}）静特性线上，最小流量 q_{minP_1} 和最大流量 q_{maxP_1} 的比值之最大允许值乘以100，即

$$S_Z=\frac{q_{minP_1}}{q_{maxP_1}}\times 100 \tag{4-1-11}$$

静特性试验要求计算压力回差 $\Delta P_h \leqslant \frac{A_C}{100}\times P_{2S}$。

调压器的流量系数和静特性是调压设施工艺设计与调压器选用的主要参数。

4.1.3　调压器的型号和规格

1. 调压器的型号

调压器产品都在标牌上按《标牌》GB/T 13306的规定明显标志出型号类别，其内容包括：产品型号和名称、许可证编号、公称通径（DN），进口连接法兰公称压力（P_N）、工作介质、进口压力范围（P_1），出口压力范围（P_2）、工作温度范围、设定压力、稳压精度等级、关闭压力等级、流量系数、厂名与商标、出厂日期与产品编号。规范的调压器系列型谱图4-1-6所编制的符号与其含意如下：

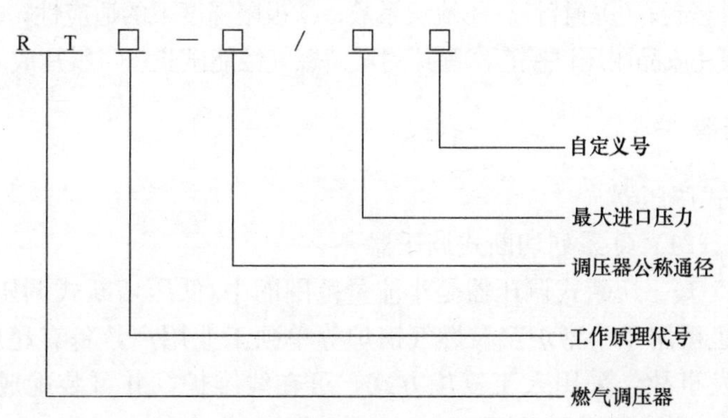

图4-1-6　调压器的型号

（1）燃气调压器代号为汉语拼音字头RT。

（2）调压器的工作原理代号分别为：直接作用式——Z和间接作用式——J。

（3）调压器公称通径（DN）在以下数中选用：15、20、25、32、40、50、65、80、100、150、200、250、300、350、400、500。

（4）连接标准：

法兰——其连接尺寸及密封面形式按《钢制管法兰形式，参数》HG 20592（欧洲体系）、《钢制管法兰形式，参数》HG 20615（美洲体系）和《钢制管法兰类型与参数》GB/T 9112；

管螺纹——只适用于公称通径≤DN50的调压器，按《55°密封管螺纹》GB 7306。

法兰公称压力 P_N 应不小于调压器设计压力 P（MPa），并在1.0、1.6、2.0、2.5、4.0、5.0系列值中选用。高压法兰密封面应采用突面形式。

调压器的结构长度要求参见《城镇燃气调压器》CJ 274的相关规定。

为对燃气输配系统进行规范的管理，要求安装在调压设施的所有国内外调压器产品，其出厂检验方法及指标均应按国标规定的相关规则执行。

2. 调压器的产品规格

选用调压器产品时，需要考虑三个主要参数：调压器进口压力范围（P_{1max}～P_{1min}）、出口压力范围（P_{2max}～P_{2min}）和标准状态下的流量（m^3/h）。此外，根据安装条件所需的功能，包括具有在恶劣工作条件下的安全保护功能等，要求选择有特定能力的调压器。一般最常用的功能有以下几方面：

（1）安全放散——出口压力高到设定值时燃气排放到大气的能力，并考虑泄放量对环境的影响；

（2）超压切断——出口压力超出设定值切断供气的能力，并考虑供气区范围内对用户连续供气的影响；

（3）欠压切断——出口压力低于设定值切断供气的能力，并考虑用户恢复供气的方式；

（4）远程监控——在调压器下游某一特设点控制/监控压力参数的能力。

3. 调压器的出厂检查

根据《城镇燃气调压器》CJ 274 的规定，调压器出厂前必须做如下检验：

①外观；②外密封；③静特性；④流量系数；⑤极限温度下的适应性；⑥耐久性；⑦承压件液压强度；⑧膜片成品耐压试验；⑨膜片耐城镇燃气性能试验；⑩膜片成品耐低温试验。

4.1.4　调压器

1. 直接作用式调压器

（1）RTZ-31（21）Q 系列切断式调压器

RTZ-31（21）Q　切断式调压器是小流量范围的中/低压切断式调压器广泛用于楼栋或单元调压箱，也可用于小型炉窑及燃气锅炉等单独工业用户，备有超压自动切断装置，避免下游用气引发事故，采用人工复位方式，可在线维护，并可装配成调压箱。典型的 RTZ-31（21）Q 切断式调压器见图 4-1-7。

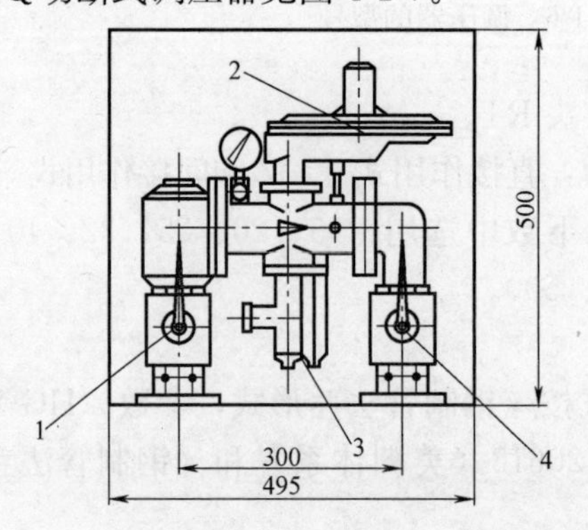

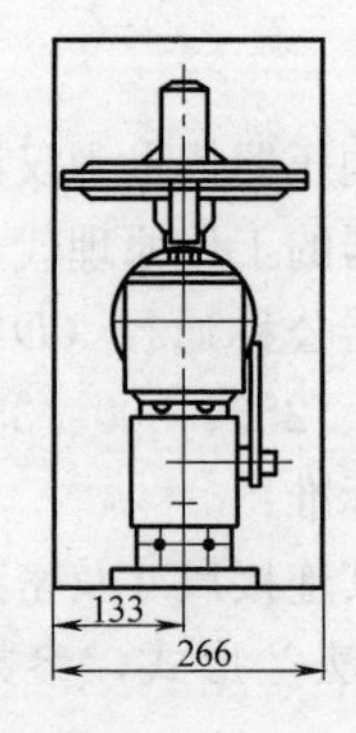

图 4-1-7　RTZ-31（21）Q 系列切断式调压器

1—进口阀；2—调压器；3—超压切断阀；4—出口阀

注：图中外框尺寸为调压器箱体基本尺寸（mm）。

1）主要技术参数（见表 4-1-1）

主要技术参数　　表 4-1-1

进口压力 P_1	0.02～0.4MPa
出口压力 P_2	1.0～10.0kPa

2）调压器的通过能力（m^3/h）流量表见表 4-1-2。

RTZ-31（21）Q 系列切断式调压器流量（m^3/h）　　表 4-1-2

规格与型号	通径 DN(mm)	出口压力 P_2(kPa)	进口压力 P_1(MPa)					
			0.02	0.05	0.1	0.2	0.3	0.4
RTZ-21/50Q RTZ-31/50Q	50	1.5	32	50	64	88		
		2.5	2.5		48	62	85	146
RTZ-21/40Q RTZ-31/40Q	40	1.5	16	45	59	75		
		2.5		42	56	71	106	180
RTZ-21/25Q RTZ-31/25Q	25	1.5	14	27	41	52		
		2.5		26	39	48	71	120

（2）RTZ-NL 系列切断式调压器

RTZ-NL 型系列切断式调压器适用于居民小区、燃气锅炉、宾馆饭店、工业炉窑的大流量范围的天然气用户，该系列调压器除了具有内置人工复位（触动式）超压切断功能外，还可以与电磁阀配套使用，可装配成调压箱（柜）。RTZ-NL 系列调压器见图 4-1-8。

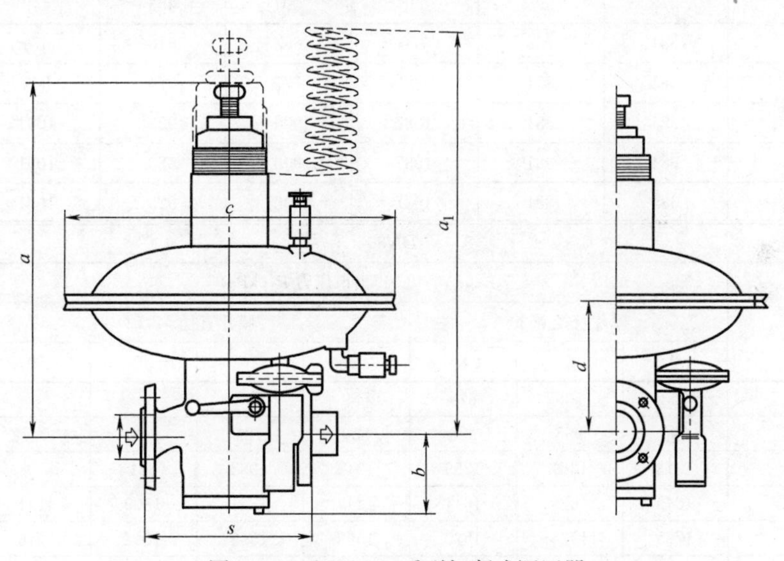

图 4-1-8　RTZ-NL 系列切断式调压器

1）主要技术参数（见表 4-1-3）

主要技术参数　　表 4-1-3

进口压力　P_1	0.05～0.4MPa
出口压力　P_2	1.0～30kPa
稳压精度　δP_2	±10%
关闭压力　P_b	$P_b \leqslant 1.2P_2$
工作温度　t	−40～60℃

2）RTZ-NL 系列切断式调压器结构尺寸表，（见表 4-1-4）。

RTZ-NL 系列切断式调压器结构尺寸表（mm）　　表 4-1-4

C				φ817			φ658			φ630			φ495			φ375			
DN		S	b	a	a_1	d	a	a_1	d	a	a_1	d	a	a_1	d	a	a_1	d	
mm	in																		
50	2	254	120										475	820	190	435	620	165	
80	3	1140								540	860	220	500	700	210	455	620	190	
100	4	352	180							640	960	310	600	800	300	555	720	275	
150	6	451	220	760	1000	400	720	980	380	675	1015	380	670	1010	375				

3）RTZ-NL 系列切断式调压器流量表（见表 4-1-5）

RTZ-NL 系列切断式调压器流量表（m^3/h）　　表 4-1-5

*DN*50

进口压力 P_1(MPa)	出口压力 P_2(kPa)						
	膜片直径 φ495			膜片直径 φ375			
	2	5	8	8	10	30	50
0.02	350	350	317	243	248		
0.03	451	446	424	341	345		
0.05	575	595	588	504	493	449	
0.075	684	769	760	652	646	674	538
0.1	684	881	907	777	774	849	755
0.15	684	881	1087	906	923	1091	1099
0.2	684	881	1087	906	923	1091	1426
0.4	684	881	1087	906	923	1091	2014

*DN*80

进口压力 P_1(MPa)	出口压力 P_2(kPa)							
	膜片直径 φ630			膜片直径 φ495				膜片直径 φ375
	2	5	8	8	10	30	50	50
0.02	798	739	672	559	516			
0.03	996	955	908	850	728			
0.05	1313	1287	1259	1049	1033	871		
0.075	1645	1629	1611	1342	1331	1309	1141	951
0.1	1735	1934	1920	1599	1593	1647	1616	1347
0.15	1735	2232	2518	1936	1871	2218	2326	1939
0.2	1735	2232	2755	1936	1871	2764	3021	2518
0.4	1735	2232	2755	1936	1871	2764	4750	3189

*DN*100

进口压力 P_1(MPa)	出口压力 P_2(kPa)					
	膜片直径 φ630		膜片直径 φ495			膜片直径 φ375
	2	5	10	30	50	50
0.02	1090	1018	775			
0.03	1391	1315	1094			

续表

DN100						
进口压力 P_1(MPa)	出口压力 P_2(kPa)					
	膜片直径 ϕ630		膜片直径 ϕ495			膜片直径 ϕ375
	2	5	10	30	50	50
0.05	1808	1783	1551	1190		
0.075	2265	2214	2002	1787	1428	1428
0.1	2676	2661	2393	2250	2023	2023
0.15	2710	2790	2923	3029	3782	3782
0.2	2710	2790	2923	3211	3782	3782
0.4	2710	2790	2923	3455	3986	4982

DN150							
进口压力 P_1(MPa)	出口压力 P_2(kPa)						
	膜片直径 ϕ817		膜片直径 ϕ658		膜片直径 ϕ630		膜片直径 ϕ495
	2	5	10	30	30	50	50
0.02	2285	2117	1611				
0.03	2851	2732	2273				
0.05	3759	3685	3225	2473	2473		
0.075	4708	4661	4158	3716	3716	2969	2969
0.1	5561	5483	4973	4676	4676	4206	4206
0.15	6099	6279	6555	6585	6203	6053	6053
0.2	6099	6279	6568	7773	7861	7851	7861
0.4	6099	6468	6578	7773	9717	11212	11212

(3) RTZ-FQ 系列内置超压切断与安全放散式调压器，见图 4-1-9。

调压器内置安全放散阀可以根据需要换成不同阀口直径的（DN12、DN15、DN20、DN25）安全放散阀，以满足不同进口压力和不同流量的需求。调压器为法兰连接，其外形尺寸见图 4-1-9 和表 4-1-6。

RTZ-FQ 系列内置超压切断与安全放散式调压器结构尺寸 (mm)

表 4-1-6

型号	L	C	E	E_1	H	H_1
40FQ	222	385	595	415	310	250
50FQ	254	325	595	415	330	250
80FQ	298	325	595	415	350	250

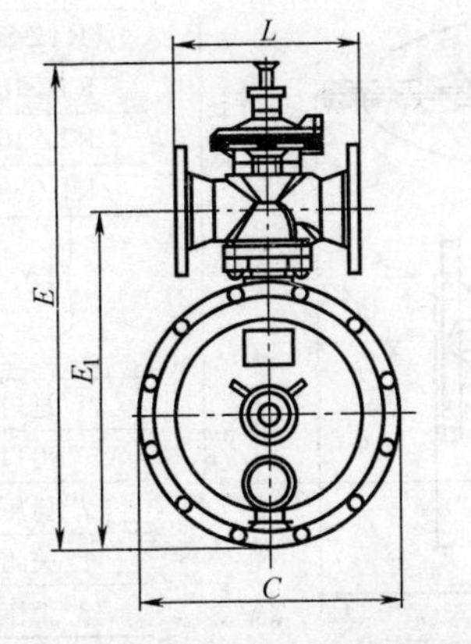

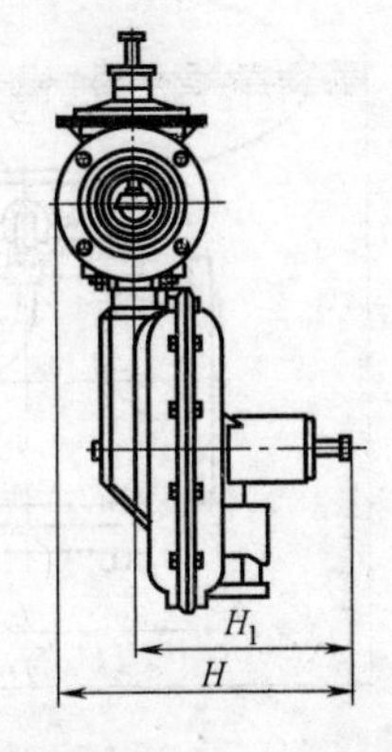

图 4-1-9　RTZ-FQ 系列内置超压切断与安全放散式调压器

1）主要技术参数（见表4-1-7）

主要技术参数　　表4-1-7

进口压力	P_1	0.02～0.4MPa
出口压力	P_2	1.5～30kPa
稳压精度	δP_2	$\delta P_2 \leqslant \pm 5\%$
关闭压力	P_b	$P_b \leqslant 1.2P_2$
工作温度	t	−40～60℃
内置切断阀(人工复位)切断精度		≤±5%

2）RTZ-FQ系列内置超压切断阀与安全放散式调压器流量，见表4-1-8。

RTZ-FQ系列内置超压切断与安全放散式调压器流量（m^3/h）　　表4-1-8

规格型号	通径(mm)	出口压力(kPa)	进口力(MPa)						
			0.03	0.05	0.1	0.15	0.2	0.3	0.4
RTZ-31/40FQ	40	3	49	68	93	135	162	209	310
RTZ-31/50FQ	50	3	60	80	110	151	182	243	400
RTZ-31/80FQ	80	3	105	160	230	290	480	620	860
RTZ-31/40FQ	40	10	47	66	90	133	162	209	310
RTZ-31/50FQ	50	10	55	72	100	151	182	243	400
RTZ-31/80FQ	80	10	102	153	217	360	480	620	860

（4）RTZ-SN大流量系列弹簧负载直接作用式调压器

该系统调压器采用顶部装入结构，可方便在线维修，适用于流量剧变和上游压力常有波动的燃气锅炉，工业窑炉及其他工业用户，并可装配成柜式。

RTZ-SN系列弹簧负载直接作用式调压器见图4-1-10其结构尺寸表4-1-9。

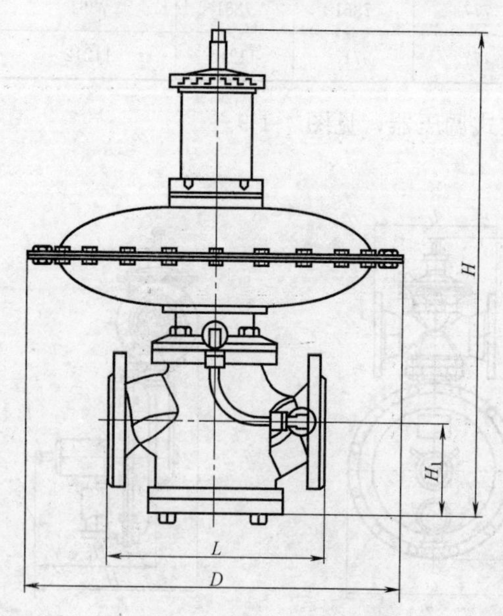

图4-1-10　RTZ-SN系列弹簧负载直接作用式调压器

RTZ-SN系列弹簧负载直接作用式调压器结构尺寸表（mm）　表4-1-9

调压器型	主要尺寸				进、出口法兰
	L	H	H_1	D	
RTZ-50	254	640	108	330/436	DN50
RTZ-80	298	650	118	330/436	DN80
RTZ-100	352	800	148	436/510	DN100
RTZ-150	451	900	193	436/510	DN150
RTZ-200	451	900	210	436/510	DN200

1）主要技术参数（见表4-1-10）

主要技术参数　　表4-1-10

进口压力	P_1	0.05～0.4MPa
出口压力	P_2	1.0～30kPa
稳压精度	δP_2	±10%
关闭压力	P_b	$\leqslant 1.2P_2$
工作温度	t	−40～60℃

2）RTZ-SN　系列弹簧负载直接作用式调压器流量，见表4-1-11。

RTZ-SN　系列弹簧负载直接作用式调压器流量（m^3/h）　　　　表 4-1-11

出口压力(kPa)	进口压力(MPa)														通径(mm)
	0.02	0.03	0.04	0.05	0.06	0.07	0.08	0.1	0.13	0.15	0.18	0.2	0.3	0.4	
2	192	240	280	315	345	375	400	450	517	562	630	675	900	1125	
3	188	237	277	313	344	374	400	450	517	562	630	675	900	1125	
5	178	230	272	310	340	371	399	450	517	562	630	675	900	1125	
8	162	220	264	303	337	368	396	448	517	562	630	675	900	1125	
10	149	210	258	298	333	365	394	447	517	562	630	675	900	1125	*DN*50
15	108	183	240	285	324	357	389	445	517	562	630	675	900	1125	
20	—	155	220	270	312	348	381	440	517	562	630	675	860	1025	
25	—	—	195	250	297	337	373	435	517	562	630	675	790	950	
30	—	—	162	230	280	324	362	430	517	562	630	675	790	900	
2	300	374	435	489	538	582	624	700	805	875	980	1050	1400	1750	
3	292	369	432	487	536	681	623	700	805	875	980	1050	1400	1750	
5	277	358	424	481	532	578	621	700	805	875	980	1050	1400	1750	
8	252	341	411	471	524	572	617	697	805	875	980	1050	1400	1750	
10	223	328	400	464	520	568	614	696	805	875	980	1050	1400	1750	*DN*80
15	75	290	375	340	503	556	605	692	805	875	980	1050	1400	1750	
20	—	242	342	335	484	542	594	685	805	875	980	970	1365	1564	
25	—	—	300	330	436	525	580	677	805	875	980	950	1350	1560	
30	—	—	252	330	437	504	564	620	805	875	980	940	1300	1615	
2	642	800	933	1049	1154	1249	1338	1500	1725	1875	2100	2250	3000	3750	
3	627	792	926	1043	1149	1246	1335	1500	1725	1875	2100	2250	3000	3750	
5	595	768	909	1031	1140	1239	1331	1500	1725	1875	2100	2250	3000	3750	
8	540	730	880	1010	1124	1227	1322	1495	1725	1875	2100	2250	3000	3750	
10	497	700	860	995	1112	1218	1316	1492	1725	1875	2100	2250	3000	3750	*DN*100
15	360	623	800	950	1079	1192	1296	1483	1725	1875	2100	2250	3000	3750	
20	—	520	734	900	1039	1161	1272	1469	1725	1875	2100	2250	3000	3750	
25	—	—	649	838	992	1125	1243	1452	1718	1875	2100	2250	3000	3750	
30	—	—	540	765	936	1081	1209	1430	1710	1875	2100	2250	3000	3750	
2	1714	2137	3490	2798	2076	3330	3567	4000	4600	5000	5600	6000	8000	10000	
3	1674	2110	2469	2783	3065	3322	3562	4000	4600	5000	5600	6000	8000	10000	
5	1587	2050	2425	2750	3040	3304	3550	4000	4600	5000	5600	6000	8000	10000	
8	1440	1950	2350	2694	2997	3273	3527	3987	4600	5000	5600	6000	8000	10000	
10	1326	1876	2298	2653	2966	3249	3510	3980	4600	5000	5600	6000	8000	10000	*DN*150
15	959	1660	2145	2537	2877	3181	3458	3955	4600	5000	5600	6000	8000	10000	
20	—	1385	1960	2400	2770	3098	3394	3919	4600	5000	5600	6000	8000	9000	
25	—	—	1732	2230	2646	3000	3316	3815	4582	5000	5600	6000	6900	8000	
30	—	—	1442	2040	2498	2884	3287	3815	4560	5000	5600	6000	5800	7000	

注：表中流量为基准状态下天然气相对密度 0.61 时的流量（m^3/h），用于其他介质时，以上数据应乘以下列相应的系数——人工燃气为 1.17、CH_4 为 1.05、C_2H_6 为 0.76、C_4H_{10} 为 0.55、C_3H_8 为 0.63、CO_2 为 0.63、N_2 为 0.79 和空气为 0.78。

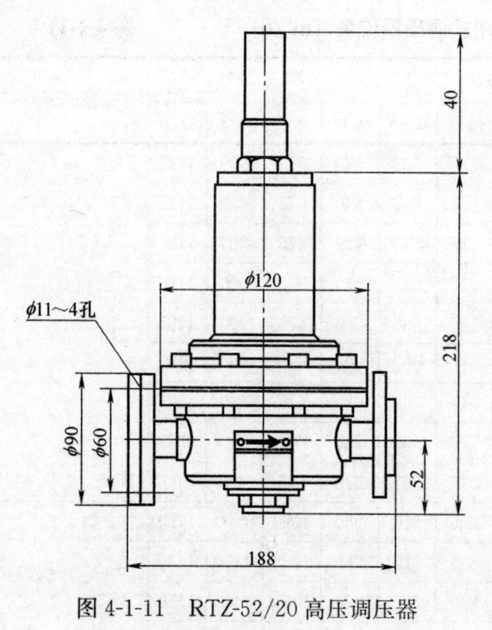

图 4-1-11　RTZ-52/20 高压调压器

(5) RTZ 52/20 高压调压器（见图 4-1-11）

这种调压器适用于工矿企业高/中压小规模的液化石油气（或其他燃气）自动调压的独立输配系统。

RTZ-52/20 高压调压器的主要技术参数见表 4-1-12。

连接尺寸：平面或凸面法兰 DN10；DN2.5（4.0）MPa，GB/T 9116-1。

主要技术参数　　表 4-1-12

进口压力	P_1	≤1.6MPa
出口压力	P_2	20～90kPa
稳压精度	δP_2	±10%
工作温度	t	−40～60°
额定流量	Q	40m³/h

2. 间接作用式调压器

(1) RTJ-FK 系列间接作用式调压器（图 4-1-12）

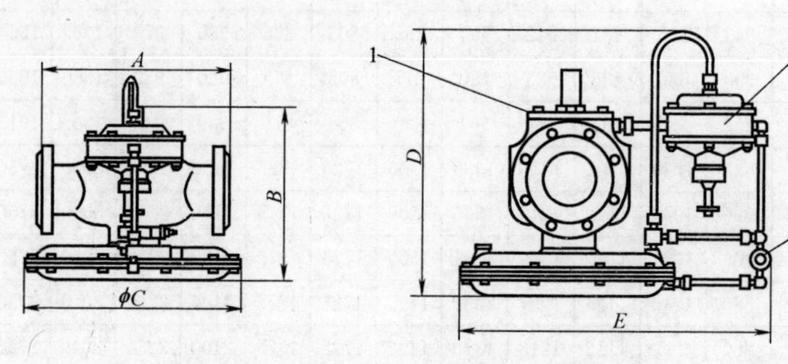

图 4-1-12　RTJ-FK 系列间接作用式调压器

1—主调压器；2—指挥器；3—针形阀（在信号管上）

这种调压器别称 HRT 衡量式调压器，可选用较高压力或低压指挥器，适用于中压（$P_1 \leqslant 0.4$MPa）管网系统区域调压站，也可对城镇燃气压力有不同要求的锅炉、工业炉窑等大用户大流量范围的调压。其结构尺寸和主要技术参数分别列于表 4-1-13 和表 4-1-14。

RTJ-FK 系列间接作用式调压器的结构表（mm）　　表 4-1-13

规格	A	B	ϕC	D	E	重量(kg)
DN50	254	382	300	360	490	38
DN80	298	376	350	420	540	45
DN100	352	415	400	460	590	60
DN150	451	507	450	540	640	100
DN200	543	587	470	600	760	150

RTJ-FK 系列间接作用式调压器的主要技术参数　　表 4-1-14

压力		额定流量(m³/h)									
进口(MPa)	出口(kPa)	天然气					焦炉煤气				
		DN50	DN80	DN100	DN150	DN200	DN50	DN80	DN100	DN150	DN200
0.05	2.0	370	1360	2300	3480	5900	420	1550	2630	4000	6800
0.10	2.0	480	1920	3240	4920	8300	550	2190	3700	5620	9500
0.05	10	320	1290	2180	3300	5600	360	1470	2500	3780	6400
0.10	10	460	1900	3230	4900	8300	520	2170	3700	5600	9500
0.30	100	850	3820	6460	9780	16600	970	4370	7380	11200	19000
0.50	100	1260	5730	9680	14600	24800	1440	6550	11000	16700	28400
0.80	300	2100	8580	14500	22000	37400	2400	9800	16600	25100	42600
稳压精度		低压≤15%，中压≤±10%，次高压≤5%									
连接方式		1.6MPa 标准法兰									
工作温度(℃)		0～50									

(2) RTJ-GK 系列间接作用式调压器（图 4-1-13）

这种调压器的调节机构采用全平衡式阀结构，动作灵敏，响应速度快，出口压力准确，可显示阀位，广泛应用于次高—中压区域调压站或较高压力工业用户的压力调节。

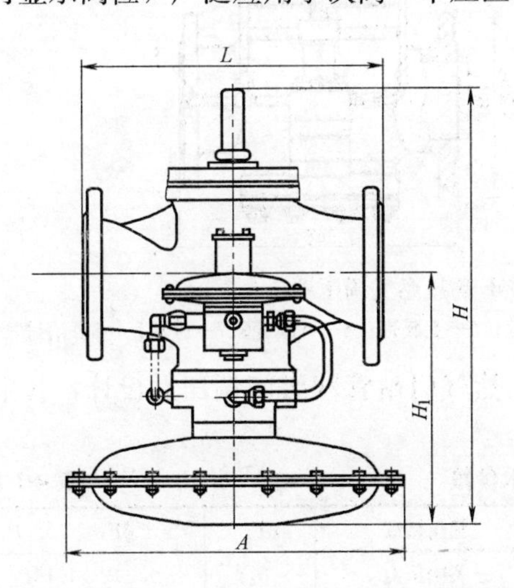

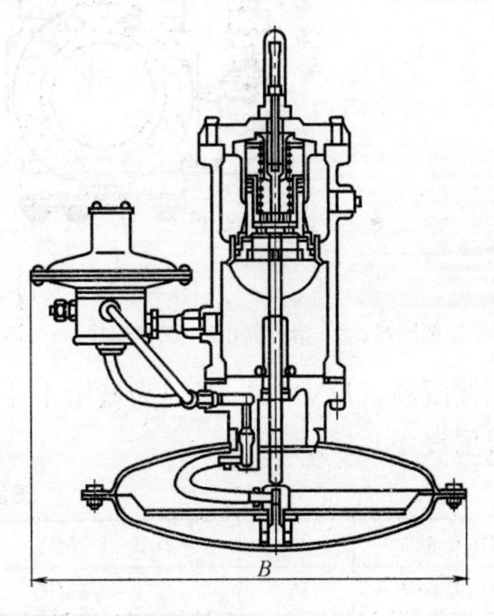

图 4-1-13　RTJ-GK 系列间接作用式调压器

1) RTJ-GK 系列间接作用式调压器的主要技术参数（见表 4-1-15）

主要技术参数表　　表 4-1-15

最大进口压力	P_{1max}	0.8MPa	稳压精度	δP_2	$\delta P_2 \leq \pm 3\%$
进口压力范围	P_1	0.02～0.8MPa	关闭压力	P_b	$P_b \leq 1.1P_2$
出口压力范围	P_2	0.002～0.4MPa	工作温度	t	−40～60℃

2) RTJ-GK 调压器结构尺寸及流量表分别见表 4-1-16 及表 4-1-17。

RTJ-GK系列间接作用式调压器结构尺寸表（mm） 表4-1-16

规格型号	L	A	B	H	H_1	进、出口法兰
RTJ-50GK	254	330	405	430	220	DN50
RTJ-80GK	298	430	485	505	298	DN80
RTJ-100GK	352	430	485	550	320	DN100
RTJ-150GK	451	430	485	550	350	DN150

RTJ-GK系列间接作用式调压器流量表（m^3/h） 表4-1-17

规格型号	通径(mm)	出口压力(MPa)	进口压力(MPa)			
			0.3	0.4	0.6	0.8
RTJ-42/50GK	254	0.1	860	1180	1780	2460
RTJ-42/80GK	298	0.1	1540	2010	2530	4820
RTJ-42/100GK	352	0.1	3130	4870	6320	8950
RTJ-42/150GK	451	0.1	4370	8280	8190	12000

(3) RTJ-54/100F高压燃气调压器（图4-1-14）

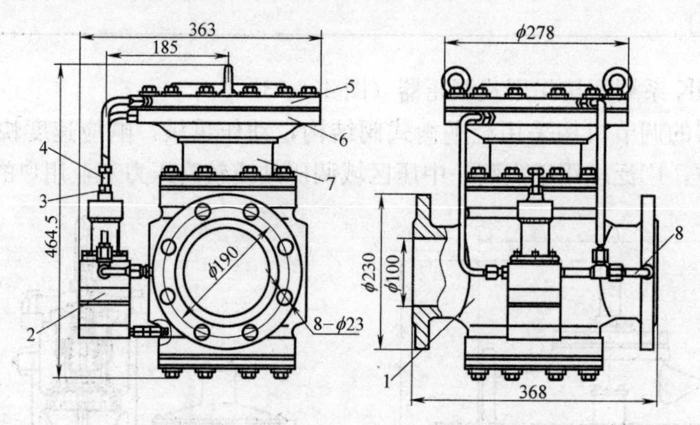

图4-1-14 RTJ-54/100F高压燃气调压器

1—主调压器；2—指挥器；3—锁紧螺栓；4—调整螺栓；5—上膜壳；6—下膜壳；7—过滤套；8—信号管

该调压器（DN100）专门为城镇中小型天然气门站管网级间调压站设计，其主要技术参数见表4-1-18。

主要技术参数 表4-1-18

进口压力范围	P_1	0.8～1.6MPa	稳压精度	δP_2	$\delta P_2 \leqslant \pm 5\% P_2$
进口压力范围	P_2	0.4～0.8MPa	关闭压力	P_b	$P_b \leqslant 1.15 P_2$

KTJ-54/100F高压燃气调压器流量表，见表4-1-19。

KTJ-54/100F高压燃气调压器流量表（m^3/h） 表4-1-19

输出压力 P_2 / 输入压力 P_1	1.2MPa	1.0MPa	0.8MPa	0.6MPa	0.4MPa
1.6MPa	44707	51666	55963	58508	59485
1.2MPa	—	28824	37775	42605	44968
1.0MPa	—	—	26164	33753	37359
0.8MPa	—	—	—	23208	29230
0.6MPa	—	—	—	—	19832

注：使用介质天然气的相对密度为0.6。

(4) RTJ-FP 系列轴流式调压器（图 4-1-15）

这种调压器适用于长输系统、城镇高压输配系统的单级或串接两级压力调节，可布置在天然气门站或高压调压柜中，其流量范围很大，主要技术参数见表 4-1-20。

主要技术参数　　　　表 4-1-20

进口压力范围	P_1	0.01～10MPa
出口压力范围	P_2	0.001～4.0kPa
稳压精度	δP_2	$\delta P_2 \leqslant \pm 1\%$
关闭压力	P_b	$P_b \leqslant 1.1P_2$
工作温度	t	−40～60℃
压力等级	DN	1.6、2.5、4.0（城镇管网）

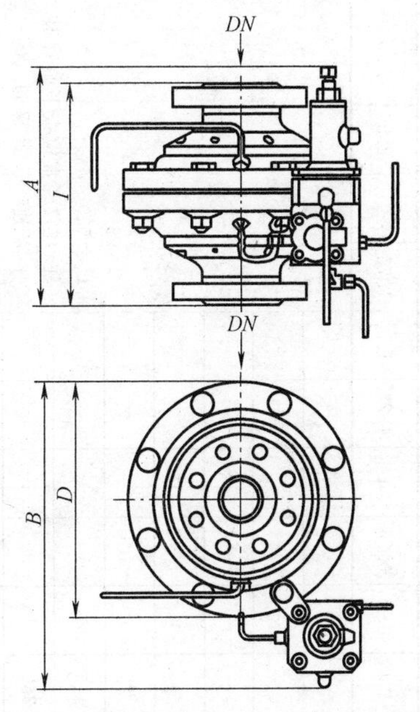

图 4-1-15　RTJ-FP 系列轴流式调压器

RTJ-FP 系列轴流式调压器的结构尺寸表和流量表见表 4-1-21 和表 4-1-22。

RTJ-FP 系列轴流式调压器的结构尺寸表（mm）　　　　表 4-1-21

RTJ-FP	DN	I	A	B	D
RTJ-FP	25	184	270	445	285
RTJ-FP	40	222	295	470	306
RTJ-FP	50	254	310	500	335
RTJ-FP	65	276	325	530	370
RTJ-FP	80	298	345	560	400
RTJ-FP	100	352	370	610	450
RTJ-FP	150	451	—	860	700

(5) RTJ-21（31）雷诺式调压器

雷诺式调压器属于间接作用式中低压调压器，由主调压器、中压辅助调压器、低压辅助调压器、压力平衡器、针形阀组合而成，故其结构较复杂、占地面积较大，但调节压力

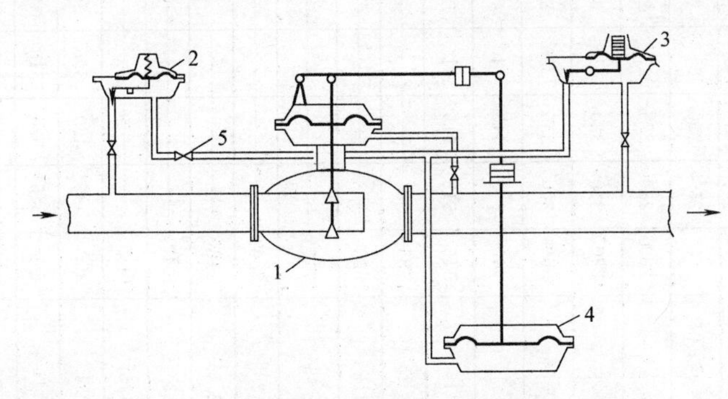

图 4-1-16　雷诺式调压器作用原理

1—主调压器；2—中压辅助调压器；3—低压辅助调压器；4—压力平衡器；5—针形阀

RTJ-FP 系列轴流式调压器流量表（m^3/h） 表 4-1-22

P_1 \ P_2	0.005	0.01	0.02	0.03	0.04	0.05	0.075	0.1	0.125	0.15	0.175	0.2	0.25	0.3	0.4	0.5	0.75	1	1.25	1.5	1.75	2	2.5	3
0.1	160	160	150	140	130	120	—	—	—	—	—	—	—	—	—	—	—	—	—	—				
0.15	200	195	190	185	175	170	150	125	—	—	—	—	—	—	—	—	—	—	—	—				
0.2	230	225	220	215	210	205	190	175	150	125	—	—	—	—	—	—	—	—	—	—				
0.25	255	255	250	245	240	235	225	210	195	175	155	130	—	—	—	—	—	—	—	—				
0.3	280	280	275	270	265	260	225	240	230	215	200	180	130	190	—	—	—	—	—	—				
0.4	320	320	320	315	315	310	305	295	285	275	265	255	255	265	195	—	—	—	—	—				
0.5	360	360	355	355	350	350	345	340	330	325	315	310	290	390	360	315	—	—	—	—				
0.75	440	440	440	440	435	435	435	430	425	420	420	415	405	485	465	445	345	—	—	—				
1	515	515	515	515	510	510	510	510	505	505	500	500	495	565	555	540	480	370	—	—				
1.25	585	→	→	→	→	→	→	→	→	580	575	575	570	646	635	625	585	515	390	—				
1.5	650	→	→	→	→	→	→	→	→	→	→	→	→	→	710	700	675	625	545	415				
1.75	715	→	→	→	→	→	→	→	→	→	→	→	→	→	→	→	755	720	665	580				
2	780	→	→	→	→	→	→	→	→	→	→	→	→	→	→	→	→	885	885	800	435			
2.5	910	→	→	→	→	→	→	→	→	→	→	→	→	→	→	→	→	→	1015	985	740	685		
3	1040	→	→	→	→	→	→	→	→	→	→	→	→	→	→	→	→	→	→	→	945	885	685	
4.5	1430	→	→	→	→	→	→	→	→	→	→	→	→	→	→	→	→	→	→	→	→	1405	1350	1250
0.1	450	440	420	395	365	340	—	—	—	—	—	—	—	—	—	—	—	—	—	—				
0.15	550	545	530	510	495	475	415	345	—	—	—	—	—	—	—	—	—	—	—	—				
0.20	635	630	615	605	590	575	535	485	425	355	—	—	—	—	—	—	—	—	—	—				
0.25	710	705	695	680	670	660	625	590	545	495	435	360	—	—	—	—	—	—	—	—				
0.30	775	770	760	750	740	730	705	675	640	605	560	505	370	—	—	—	—	—	—	—				
0.40	890	885	880	870	865	860	840	820	795	770	740	705	630	530	—	—	—	—	—	—				
0.50	990	985	980	975	970	965	950	935	920	900	880	855	800	735	550	—	—	—	—	—				

（P_1 = 0.1～4.5）*DN*25　C_g = 500　注：建议经常检查下游管道气体流速，不能超过 20～25m/s。

（P_1 = 0.1～0.50，后一组）*DN*40　C_g = 1350　注：建议经常检查下游管道气体流速，不能超过 20～25m/s

续表

P_1 \ P_2	0.005	0.01	0.02	0.03	0.04	0.05	0.075	0.1	0.125	0.15	0.175	0.2	0.25	0.3	0.4	0.5	0.75	1	1.25	1.5	1.75	2	2.5	3
0.75	1205	1205	1205	1200	1200	1195	1190	1180	1170	1165	1150	1140	1115	1080	1000	885	—	—	—	—	*DN*40 C_g=1350 注:建议经常检查下游管道气体流速,不能超过 20～25m/s			
1	1400	1400	1400	1400	1395	1395	1390	1390	1385	1380	1375	1365	1355	1335	1290	1225	960	—	—	—				
1.25	1580	→	→	→	→	→	→	→	→	1575	1570	1565	1560	1550	1525	1485	1330	1025	—	—				
1.5	1755	→	→	→	→	→	→	→	→	→	→	→	→	1745	1730	1710	1610	1425	1090	—				
1.75	1930	→	→	→	→	→	→	→	→	→	→	→	→	→	1925	1910	1850	1730	1520	1155	—	—	—	—
2	2105	→	→	→	→	→	→	→	→	→	→	→	→	→	→	→	2065	1980	1840	1605	1210	—	—	—
2.5	2455	→	→	→	→	→	→	→	→	→	→	→	→	→	→	→	→	2415	2345	2225	2045	1755	—	—
3	2810	→	→	→	→	→	→	→	→	→	→	→	→	→	→	→	→	→	2770	2705	2605	2450	1915	—
4.5	3860	→	→	→	→	→	→	→	→	→	→	→	→	→	→	→	→	→	→	→	→	3825	3700	3455
0.1	755	740	705	665	620	570	—	—	—	—	—	—	—	—	—	—	—	—	—	—	*DN*50 C_g=2150 注:建议经常检查下游管道气体流速,不能超过 20～25m/s			
0.15	925	910	885	855	825	795	700	585	—	—	—	—	—	—	—	—	—	—	—	—				
0.2	1060	1050	1030	1010	985	960	895	815	720	595	—	—	—	—	—	—	—	—	—	—				
0.25	1175	1170	1150	1135	1115	1100	1045	958	915	835	735	610	—	—	—	—	—	—	—	—				
0.3	1280	1275	1260	1245	1230	1215	1175	1125	1070	1010	935	850	625	—	—	—	—	—	—	—				
0.4	1460	1455	1445	1435	1425	1415	1385	1356	1320	1280	1230	1180	1055	890	—	—	—	—	—	—				
0.5	1615	1610	1605	1600	1590	1585	1565	1540	1515	1490	1455	1420	1335	1230	925	—	—	—	—	—				
0.75	1950	1945	1945	1940	1940	1935	1930	1920	1910	1895	1880	1865	1830	1780	1660	1475	—	—	—	—				
1	2235	2235	2235	2235	2235	2235	2235	2235	2230	2225	2220	2215	2195	2175	2115	2020	1600	—	—	—				
1.25	2515	→	→	→	→	→	→	→	→	2515	2515	2515	2510	2500	2475	2425	2200	1720	—	—				
1.5	2795	→	→	→	→	→	→	→	→	→	→	→	→	2795	2790	2765	2640	2370	1830	—				
1.75	3075	→	→	→	→	→	→	→	→	→	→	→	→	→	3075	3070	3010	2845	2525	1935	—	—	—	—
2	3355	→	→	→	→	→	→	→	→	→	→	→	→	→	→	→	3335	3235	3035	2675	2035	—	—	—
2.5	3915	→	→	→	→	→	→	→	→	→	→	→	→	→	→	→	→	3895	3820	3660	3385	2950	—	—

续表

P_1 \ P_2	0.005	0.01	0.02	0.03	0.04	0.05	0.075	0.1	0.125	0.15	0.175	0.2	0.25	0.3	0.4	0.5	0.75	1	1.25	1.5	1.75	2	2.5	3
3	4470	→																	4460	4395	4260	4045	3205	—
4.5	6150	→																				6140	6015	5685
0.1	1640	1600	1520	1430	1330	1225	—	—	—	—	—	—	—	—	—	—	—	—	—	—				
0.15	2015	1985	1925	1860	1790	1720	1510	1250	—	—	—	—	—	—	—	—	—	—	—	—				
0.2	2325	2305	2255	2205	2150	2095	1940	1760	1545	1280	—	—	—	—	—	—	—	—	—	—				
0.25	2600	2580	2540	2500	2455	2410	2285	2145	1985	1800	1580	1310	—	—	—	—	—	—	—	—				
0.3	2845	2830	2795	2760	2725	2685	2580	2470	2340	2195	2030	1840	1335	—	—	—	—	—	—	—				
0.4	3280	3270	3245	3220	3190	3165	3090	3005	2915	2815	2700	2580	2290	1355	—	—	—	—	—	—				
0.5	3670	3660	3645	3625	3600	3580	3520	3460	3390	3315	3230	3140	2935	2690	1990	—	—	—	—	—				
0.75	4530	4520	4510	4500	4490	4475	4445	4410	4370	4325	4280	4230	4120	3990	3665	3225	—	—	—	—				
1	5290	5290	5285	5275	5270	5265	5245	5220	5200	5175	5145	5115	5050	4970	4775	4520	3490	—	—	—				
1.25	6025	→								5940	5925	5905	586.5	5815	5690	5520	4890	3740	—	—				
1.5	6695	→												6590	6505	6395	5965	5235	3970	—				
1.75	7365	→													7265	7190	6890	6385	5560	4190	—	—	—	—
2	8035	→															7735	7365	6780	5875	4400	—	—	—
2.5	9375	→																9065	8735	8235	7510	6450	—	—
3	10710	→																	10400	10095	9655	9035	6980	—
4.5	14730	→																				14385	13785	12765

*DN*100

C_g=8300

注:建议经常检查下游管道气体流速,不能超过 20～25m/s

的性能较稳定。

雷诺式调压器主要用于区域调压室和专用调压室，

1）雷诺式调压器的作用原理（见图 4-1-16）

雷诺式调压器的中压辅助调压器的作用是将一部分中压燃气引入，并使其出口压力保持一定。自中压辅助调压器至压力平衡器及低压辅助调压器之间的压力称为中间压力，利用中间压力的变化可以自动地调节主调压器阀的开度。中间压力通常采用 500mm 水柱左右。低压辅助调压器的作用是将其出口压力调节至规定的供应压力。当处于无负荷状态时，主调压器与二个辅助调压器的阀门均呈关闭状态。开始有负荷时，出口压力下降，低压辅助调压器的调节阀门打开，燃气流向低压管道，中间压力降低，同时中压辅助调压器也打开，燃气从中压辅助调压器流向低压辅助调压器，使针形阀以后的中间压力下降，压力平衡器内的薄膜开始下降，通过杠杆将主调压器阀打开。负荷越大，流经辅助调压器的流量也较大，针形阀的阻力损失也就越大，中间压力也就越小，主调压器阀门的开度也就越大；如负荷减小，调压器的动作与上述情况相反。负荷减至零时，阀门完全关闭，切断燃气通路。应当指出，这种调压器当负荷很小时，中间压力变化很小，不足以使主调压器启动，通过辅助调压器即可满足需要。无论进口压力和管网负荷在允许范围内如何变化，这种调压器均能保持规定的出口压力。

雷诺式调压器主要技术参数见表 4-1-23。

RTJ-21（31）雷诺式调压器主要技术参数　　表 4-1-23

型号	公称直径（DN）	调压范围(MPa)		额定流量（m^3/h）	稳压精度（%）	关闭压力 P_n(MPa)
		进口压力	出口压力			
RTJ-212	50	0.01～0.2	0.001～0.005	500	±15	1.25P_{2n}
RTJ-214	100	0.01～0.2	0.001～0.005	1200		
RTJ-314	100	0.01～0.4	0.001～0.005	800		
RTJ-316	150	0.01～0.4	0.001～0.005	3000		

2）雷诺式调压器的组装（见图 4-1-17；安装尺寸见表 4-1-24）

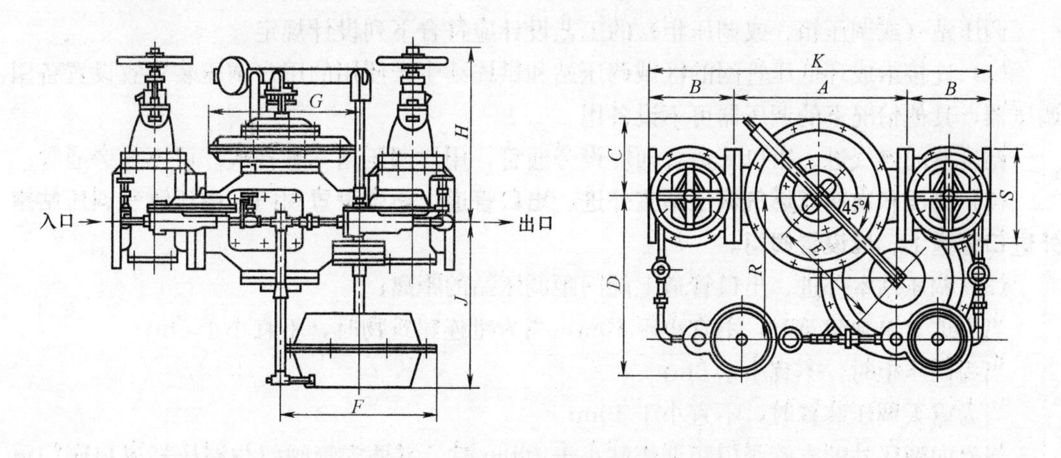

图 4-1-17　雷诺式调压器的组装

雷诺式调压器安装尺寸（毫米） 表 4-1-24

项目	调压器口径(英寸)					
	3	4	6	8	10	12
A	457	457	520.7	571.5	660.4	812.8
B	180.5	21 5.9	254	342.9	371	406.4
C	196.9	196.9	228.6	304.8	342.9	368.3
D	508	508	514.4	635	660.4	736.6
E	304.8	304.8	330.2	419.1	457.2	533.4
F	393.7	393.7	457.2	533.4	635	635
G	393.7	393.7	457.2	609.6	685.8	736.6
H	322.3	365.1	498.5	609.6	692.2	806.5
J	520.7	520.7	520.7	609.6	711.2	838.2
K	838.2	889	1028.7	1257.3	1422.4	1625.6
R	406.4	406.4	412.8	508	533.4	609.6
S	190.5	215.9	279.4	342.9	406.4	457.2
螺孔×数量	16×4	16×4	16×8	16×8	16×8	16×8
法兰直径	146	178	235	292	356	406

4.2 调压站与调压装置设计

天然气输配系统调压站和调压装置设计应了解和确定三个方面的因素，也就是设计的前提条件：

1. 下游近期和远期的用气负荷；

2. 上游和下游远期管网的设计压力与运行压力；

3. 上游和下游管网的建设状况。

调压设施的建设应按“远近结合，以近为主的方针”，根据管网结构平衡合理地划分调压设施的供气区域及配气量，把规划负荷落实到实处。

4.2.1 调压站与调压装置的工艺设计

1. 调压设施的工艺设计规定

调压站（或调压箱、或调压柜）的工艺设计应符合下列设计规定。

(1) 连接未成环低压管网的区域调压站和供连续生产使用的用户调压装置宜设置备用调压器，其他情况下的调压器可不设备用。

调压器的燃气进、出口管道之间应设旁通管，用户调压箱（悬挂式）可不设旁通管。

(2) 高压和次高压燃气调压站室外进、出口管道上必须设置阀门；中压燃气调压站室外进口管道上，应设置阀门。

(3) 调压站室外进、出口管道上阀门距调压站的距离：

当为地上单独建筑时，不宜小于10m，当为毗连建筑物时，不宜小于5m；

当为调压柜时，不宜小于5m；

当为露天调压装置时，不宜小于10m；

当通向调压站的支管阀门距调压站小于100m时，室外支管阀门与调压站进口阀门可合为一个。

（4）在调压器燃气入口处应安装过滤器。

（5）在调压器燃气入口（或出口）处，应设防止燃气出口压力过高的安全保护装置（当调压器本身带有安全保护装置时可不设）。

（6）调压器的安全保护装置宜选用人工复位型。安全保护（放散或切断）装置必须设定启动压力值并具有足够的能力。启动压力应根据工艺要求确定，当工艺无特殊要求时应符合下列要求：

1）当调压器出口为低压时，启动压力应使与低压管道直接相连的燃气用具处于安全工作压力以内；

2）当调压器出口压力小于 0.08MPa 时，启动压力不应超过出口工作压力上限的 50%；

3）当调压器出口压力等于或大于 0.08MPa，但不大于 0.4MPa 时，启动压力不应超过出口工作压力上限 0.04MPa；

4）当调压器出口压力大于 0.4MPa 时，启动压力不应超过出口工作压力上限的 10%。

（7）调压站放散管管口应高出其屋檐 1.0m 以上。

调压柜的安全放散管管口距地面的高度不应小于 4m；设置在建筑物墙上的调压箱的安全放散管管口应高出该建筑物屋檐 1.0m；

地下调压站和地下调压箱的安全放散管管口也应按地上调压柜安全放散管管口的规定设置。

注：清洗管道吹扫用的放散管、指挥器的放散管与安全水封放散管属于同一工作压力时，允许将它们连接在同一放散管上。

（8）调压站内调压器及过滤器前后均应设置指示式压力表，调压器后应设置自动记录式压力仪表。

2. 高—中压调压站的工艺设计

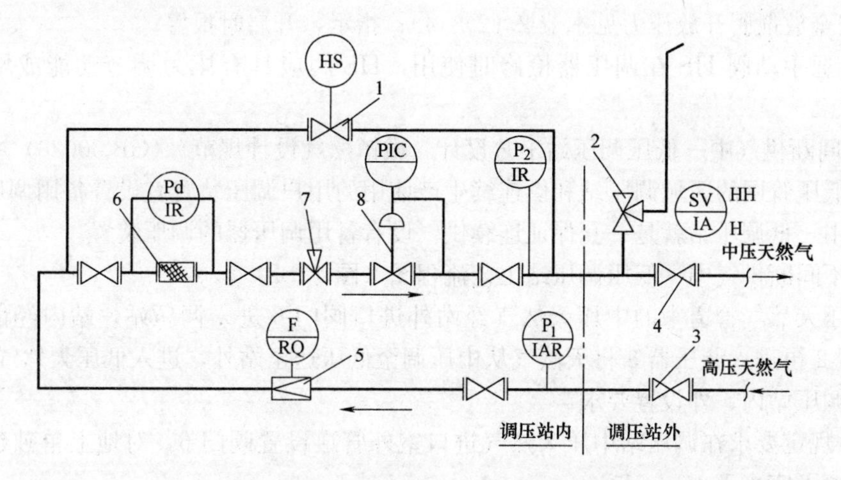

图 4-2-1　高—中压调压站带仪表接点的工艺流程（P&I）图

1—系统旁通阀；2—空全放散阀；3—室外进口阀门；4—室外出口阀门；5—流量计；6—过滤器；7—超压切断阀；8—调压器

开展调压设施工艺设计，首先应确定基本工艺流程的主要参数：调压器进口压力（P_1）、出口压力（P_2）和流量波动范围（$q_{max} \sim q_{min}$）。

（1）高—中压天然气调压站的工艺流程见图4-2-1。

从高压天然气管道来的高压天然气从站外进口阀门3进入调压站，经流量计5，过滤器6再进入调压器7将天然气从高压调至中压，再经站外出口阀门4将天然气送入中压管网。

（2）调压站内，外设置要求

1）按规定要求高压和次高压天然气调压站外进、出口管道上应设置阀门，即站外阀门3、4，阀门距地上调压站距离不宜小于10m，当通向调压站支管阀门高调压站不到100m时，此阀门也可不设。

2）入口总管上设置流量计5，以作计量和调度用；

3）调压器入口处设置过滤器6，当过滤器压差Pd超过规定值时，则应更换滤芯；

4）调压站出口设置安全放散阀，其放散压力为；

a. 当调压器出口压力P_2＜0.08MPa，则放散压力不超过1.5P_2；

b. 当调压器出口压力≥0.08MPa时，但不大于0.4MPa，则放散压力不应超过（P_2＋0.04）MPa；

c. 当调压器出口压力＞0.4MPa时，则放散压力不应超过（1＋10%）P_2。

调压站放散管管口应高出其屋檐1.0m以上。

5）设置超压切断阀根据需要而定。

（3）调压站代表及控制

1）调压站天然气入口管压力P_1，压力指示记录；大于规定最大入口压力时报警；

2）流量计F，流量应记录、累计；流量计测量范围宜大于额定流量的1.3倍；

3）过滤器压差Pd：指示，记录；

4）调压站出口压力P_2：指示、记录；

5）安全放散阀开放压力见本节2（2）、4）；指示，开启时报警；

6）旁通手动阀HS在调压器检修时使用，HS阀应具有压力调节功能或增加一调节阀。

3. 不间断供气中—低压调压站工艺设计《城镇燃气设计规范》（GB 50028）中对于连接未成环低压管网的区域调压站和供连续生产使用的用户调压装置宜设置备用调压器，不间断供气中—低调压站就是一套保证连续供气设有备用调压器的调压装置。

（1）不间断供气中—低压调压站工艺流程图（图4-2-2）

从中压天然气管道来的中压天然气经站外进口阀门6进入调压站，站内经由流量计5、过滤器2再进入调压器3将天然气从中压调至低压送至站外，进入低压天然气管网。

（2）调压站内、外设置要求

1）按规定要求在调压站中压天然气进口室外管道设置阀门6，对地上单独建筑物调压站其距离不宜小于10m；

2）入口总管上设置流量计5，以作计量和调度用；

3）调压器入口处设置过滤器2，当过滤器压差Pd超过规定值时，则应更换滤芯；

4）调压站出口设置安全水封4，见本节图4-2-16其放散压力不应超过1.5P_2。

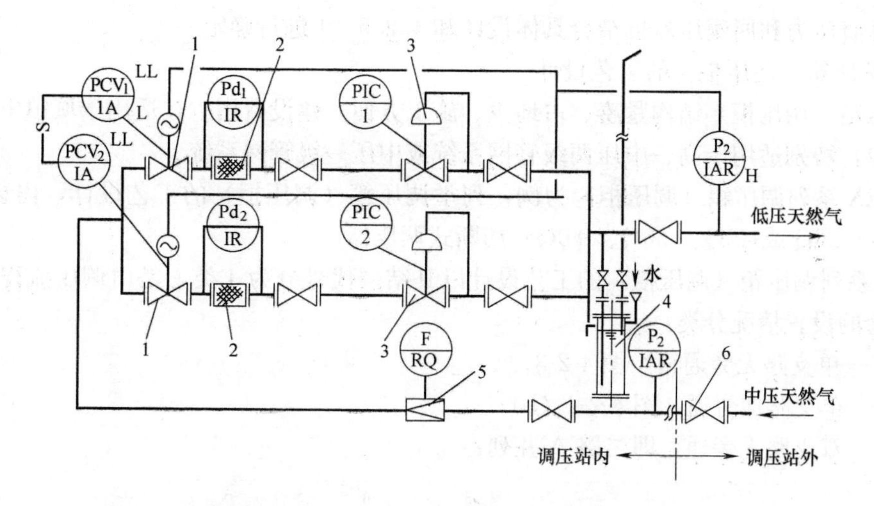

图 4-2-2 不间断供气中—低压调压站带仪表接点的工艺流程（P&I）图

1—电动切断阀；2—过滤器；3—调压器；

4—安全水封；5—流量计；6—站外切断阀

5）超压切断阀的设置根据需要而定。

（3）调压站仪表及控制

1）调压站天然气入口管道压力 P_1，指示记录、大于规定最大入口压力时报警；

2）流量计 F，记录，累计，其量程范围大于额定流量的 130%；

3）过滤器压差 Pd：指示、记录；

4）调压器出口压力 P_2：指示、记录；

5）安全水封，当出口压力 P_2 到达 $1.5P_2$ 水封放散，出口压力同时报警；

6）电动切断阀 PCV_1、PCV_2 的连锁与控制；

a. 调压器 PCV_1 与 PCV_2 在调压站投产前均应调置合格，达到所需的天然气压力，稳压精度应小于或等于出厂精度；

b. 调压器出口阀门处于常开状态；

c. 安全水封充水，水位应加到溢流管出水；

d. 除电动切断阀 PCV_1 与 PCV_2 处在关闭状态外，二系列调压设施的所有阀门全处于开放位置，调压站处在待机状态；

e. 打开 PCV_1（强制打开、控制解锁）调压站投入运行状态，检查各运行参数，均在设定的正常状态；

f. PCV_1 与 PCV_2 的联锁，当调压站出口压力低于 $0.8P_2$ 时，调压器出口压力报警；当出口压力低到 $0.7P_2$ 时，PCV_2 阀开启，当 PCV_2 打开后，PCV_1 阀关闭，调压站由Ⅰ系列运行转为Ⅱ系列运行。当集控中心获悉调压站运行系列切换信息后，应派巡检工去实地确认，并确认系统运行工况是否处于设定的正常状态。PCV_1、PCV_2 均设有阀位指示，对于电动（电磁）切断阀的动作控制压力设定，应根据实际管网情况决定，原则是应保证用户安全用气的天然气压力。

对于上述 2、3 调压设施工艺设计的 P&Ⅰ图中调压设施的安全系统的设计，即图中的超压安全阀、安全放散阀及安全水封的设置和组合，请参阅 4.2.5 结合具体情况进行设计，其开启压力和回座压差也结合具体设计和4.2.5 4进行确定。

4. 调压箱（调压柜）的工艺设计

调压箱（调压柜）结构紧凑、占地少、施工方便，建设费用省，适用于城镇中心区各类型用户，特别适用于高、中压两级管网系统或中压一级管网系统。

以RX系列调压箱（调压柜）为例，列举调压箱（调压柜）的工艺设计，内装RTZ-21（31）(-25Q或-40Q、-50Q、-80Q）切断式调压器。

RX系列调压箱（调压柜）的工艺设计以其结构代号分为4类，是由调压流程的支路数及旁通的设置情况分类：

A——单支路无旁通管，图4-2-3；

B——单支路加旁通，图4-2-4（b)；

C——双支路无旁通，即二路A并列；

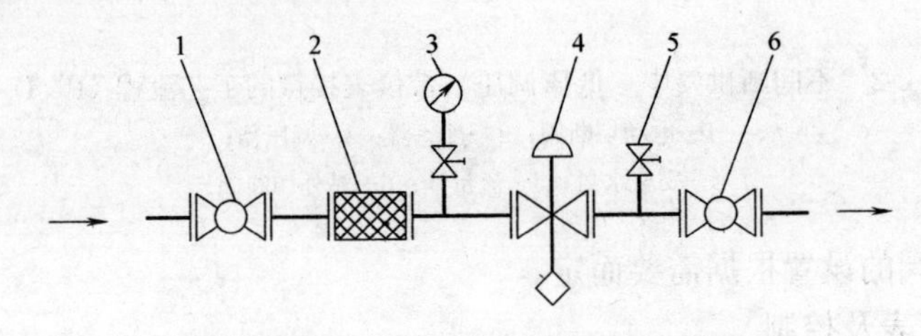

图4-2-3 RX系列壁挂式调压箱流程示意图

1,6—阀；2—过滤器；3—压力表；4—切断式调压器；5—测试嘴

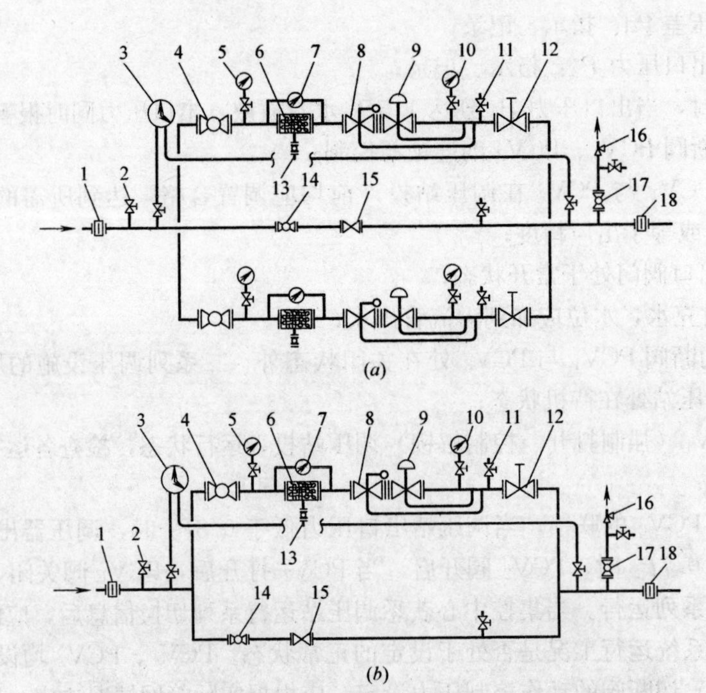

图4-2-4 RX系列区域调压柜流程示意图

(*a*) RX（D）双支路加旁通流程；(*b*) RX（B）单支路加旁通流程

1,18—绝缘接头；2—针形阀；3—压力记录仪；4—进口球阀；5,10—进口压力表；6—过滤器；7—压差计；8—超压切断阀；9—调压器；11—测试阀口；12—出口蝶阀；13—排污阀；14—旁通球阀；15—手动调节阀；16—安全放散阀；17—放散前球阀

D——双支路加旁通，图 4-2-4（*a*）。

标志：如代号 RX150/0.4（B）的调压箱其含义是：

公称流量：150m^3/h；最大进口压力；0.4MPa；单支路加旁通调压箱。

（1）RX（A）调压箱工艺流程（图 4-2-3）

图 4-3-3 为 RX 系列区域调压柜（无计量装置）流程示意图，其功能较完善，可根据用户要求选择调压支路数量或增设燃气报警遥测遥控功能。

（2）RX（D）、RX（B）调压柜工艺流程图（图 4-2-4）

（3）调压箱内调压装置配置图（图 4-2-5）

图 4-2-5 是内装 RTZ-21（31）-XXQ 调压器的燃气调压箱，其配置是带超压切断阀、单支路加旁通工艺流程的壁挂式调压箱。

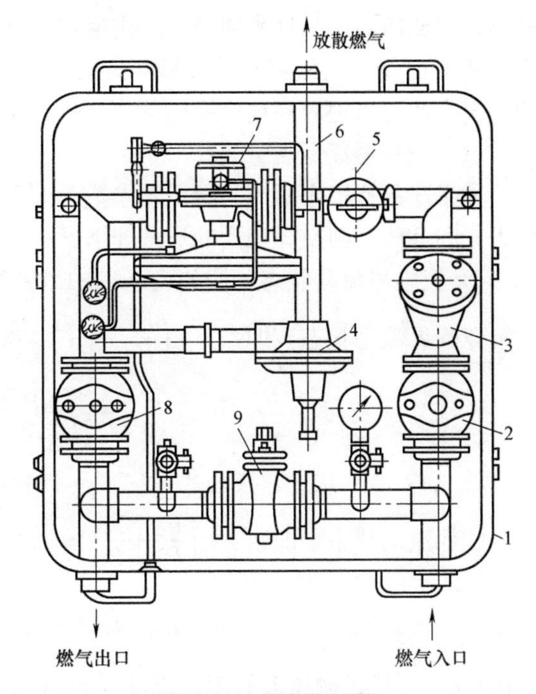

图 4-2-5　燃气调压箱

1—金属壳；2—进口阀；3—过滤器；4—安全放散阀；5—安全切断阀；6—放散阀；7—调压器；8—出口阀；9—旁通阀

（4）RX 系列锅炉专用标准型调压柜工艺流程（图 4-2-6）

图 4-2-6 为 RX 系列锅炉专用标准型调压柜流程示意图，附带计量装置，适用于中压（≤0.4MPa）天然气或人工燃气，可根据锅炉组热负荷选择额定流量 100～3000m^3/h 的调压柜型号。

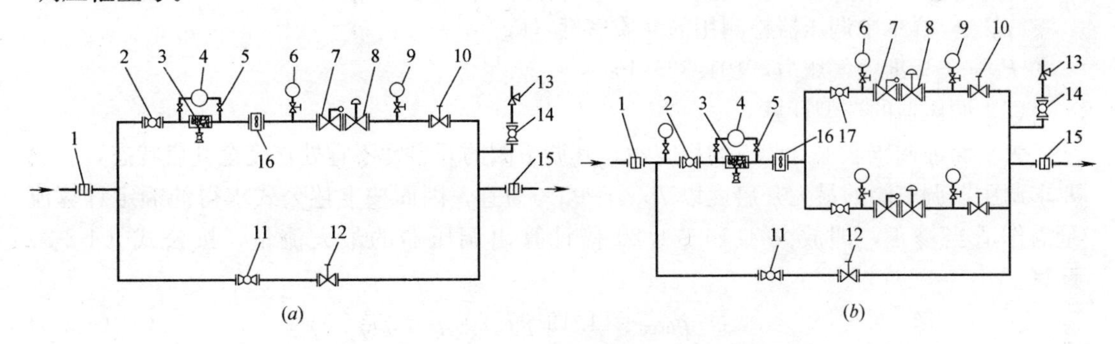

图 4-2-6　RX 系列锅炉专用标准型调压柜流程示意图

（*a*）单支路调压加旁通；（*b*）双支路调压加旁通

1—气体进口绝缘接头（选配）；2—气体进口阀门；3—气体过滤器；4—压差表（选配）；5—压差表前后阀门（选配）；6—气体进口压力表；7—超压切断阀；8—调压器；9—气体出口压力表；10—气体出口阀门；11—旁通进口阀门；12—手动调节阀（选配）；13—安全放散阀；14—球阀；15—气体出口绝缘接头（选配）；16—气体流量计；17—球阀

4.2.2　调压设施的主要设备

1. 调压器

在实际工作中，调压器产品用空气（或燃气）作介质按规定的标准和方法进行过性能检测，即调压器产品样本明示了一定通径（DN）的调压器，在进口压力（P_1）和出口压力（P_2）时相应的额定流量（标准状态：101325Pa，273.16K）q_n。因此，根据设计要求的工况参数可以很容易地应用以下公式进行换算，确定实际所需调压器的型号规格。

（1）调压器额定流量计算

如果产品样本中给出的调压器参数是 q'（m^3/h）、ρ_0'（kg/m^3）、P_1'（表压力）、P_2'（表压力）和 $\Delta P'$，则换算公式的形式如下：

1）亚临界流动状态，按公式（4-2-1）计算

亚临界流动状态，即当 $\nu=\left(\frac{P_2+P_0}{P_1+P_0}\right)>0.5$ 时，

$$q=q'\sqrt{\frac{\Delta P(P_2+P_0)\rho_0'}{\Delta P'(P_2'+P_0)\rho_0'}} \tag{4-2-1}$$

2）临界流动状态，按公式（4-2-2）计算

临界流动状态，即当 $\nu=\left(\frac{P_2+P_0}{P_1+P_0}\right)\leqslant 0.5$ 时，

$$q=50q'(P_1+P_0)\sqrt{\frac{\rho_0'}{\Delta P'(P_2'+P_0)\rho_0}} \tag{4-2-2}$$

式中　q——所求调压器的额定流量（m^3/h）；

q'——样本中调压器的额定流量（m^3/h）；

ΔP——所选调压器时的计算压力降（Pa）；

$\Delta P'$——样本中调压器的计算压力降（Pa）；

P_1、P_2——所选调压器的进、出口表压力（Pa）；

P_1'、P_2'——样本中调压器的进、出口表压力（Pa）；

ρ_0——所选调压器通过的燃气密度（kg/m^3）；

ρ_0'——样本中调压器检测用的介质密度（kg/m^3）；

P_0——标准大气压力，101.325kPa。

（2）调压器的选型计算

为了保证调压器本身调节的稳定性，其调节阀的开启度不宜处在完全开启状态，一般要求调压器调节阀的最大开启度以75%～95%为宜，因而按上述公式求得的额定计算流量需作适当修正，即放大1.15～1.20倍计算出调压器的最大流量，按公式（4-2-3）计算。

$$q_{max}=(1.15\sim1.20)q_n \tag{4-2-3}$$

考虑到管网事故工况和其他不可预计的因素，选用调压器的额定计算流量与管网计算流量之间有公式（4-2-4）的关系式：

$$q_n=1.20q_j \tag{4-2-4}$$

式中　q_n——选用调压器的额定计算流量，m^3/h；

q_j——管网计算流量，m^3/h；

因此，选用调压器的最大通过能力 q_{max}，按公式（4-2-5）计算。

$$q_{max}=(1.15\sim1.20)q_n=(1.38\sim1.44)q_j \tag{4-2-5}$$

（3）调压器的选用要求

1）调压器应能满足进口燃气的最高、最低压力的要求；

2）调压器的压力差，应根据调压器前燃气管道的最低设计压力与调压器后燃气管道的设计压力之差值确定；

3）调压器的计算流量，应按该调压器所承担的管网小时最大输送量的 1.2 倍确定。

值得注意的是，调压器的调节范围与所选配的指挥器有直接关系，指挥器更换不同型号的压缩弹簧可得到调压器不同的调节范围。调压器压差过小会影响调节性能；压差过大也会影响调节性能和阀芯的使用寿命，因而必须采取二级调压。调压器具体的调节范围及压差应按产品使用说明书正确选择。

2. 过滤器

在调压器前安装过滤器主要为了去除天然气在管道流通过程中带来的机械杂质和铁锈，以保护调压器的调节阀口，保证调压精度。调压器前宜选用过滤精度为 5～100μm 的过滤器。

(1) 填料式过滤器（图 4-2-7）

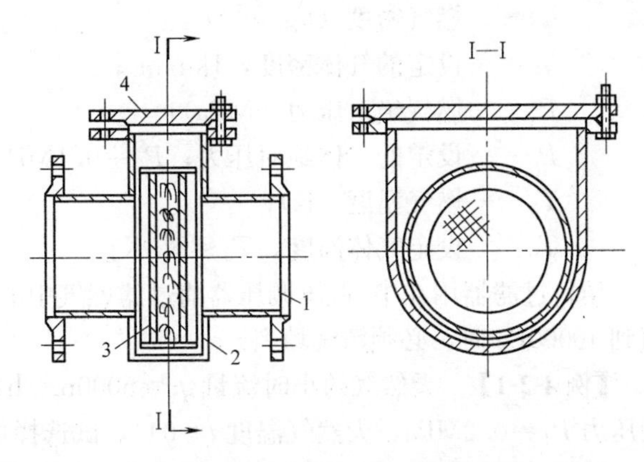

图 4-2-7　填料过滤器结构示意图

1—过滤器外壳；2—填料盒；3—填料；4—盖

该过滤器应选用纤维细而长、强度高的材料作为填料，如玻璃纤维、马鬃等。这些填料在装入前应浸润透平油，以提高过滤效果。过滤器的直径一般是按过滤器的压差 Pd 不超过 5000Pa 选定的。图 4-2-8 为气体密度 $\rho_0=1\text{kg/m}^3$、大气压力 $P_0=0.1\text{MPa}$ 和温度 $t=0℃$ 的条件下绘制的不同直径填料过滤器的压力降曲线，应用此曲线，并做简单计算可选用不同规格的填料过滤器。

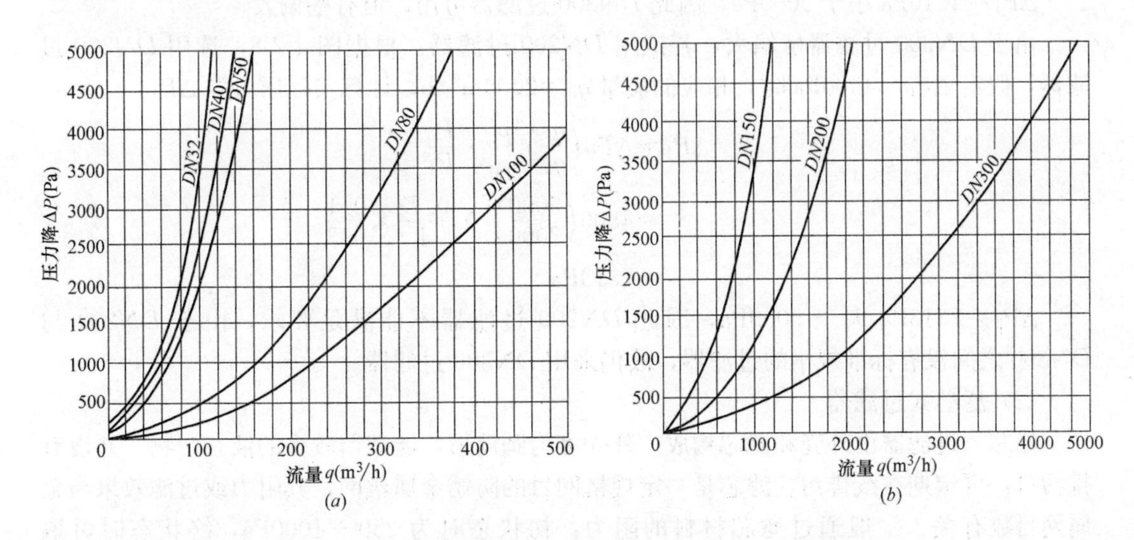

图 4-2-8　过滤器压力降曲线

(a) DN32～DN100 过滤器的压力降曲线；(b) DN150～DN300 过滤器的压力降曲线

若设计条件与图 4-2-8 绘制曲线的条件不符时，则实际压力降 ΔP_1 可按公式（4-2-6）计算：

$$\Delta P_1 = \Delta P_0 \left(\frac{q_1}{q_0}\right)^2 \frac{\rho_1 P_0}{\rho_0 P_1} \cdot \frac{T_1}{T_0} \tag{4-2-6}$$

式中 ΔP_1——填料过滤器实际压力降（Pa）；

ΔP_0——选过滤器时设定的压力降（Pa）；

q_1——燃气的计算流量（m^3/h）；

q_0——以图 4-2-8 曲线中查得的流量（m^3/h）；

ρ_1——燃气密度（kg/m^3）；

ρ_0——设定的气体密度，$1kg/m^3$；

P_1——燃气绝对压力（MPa）；

P_0——设定的气体绝对压力；$P_0=0.1MPa$；

T_1——燃气温度（K）；

T_0——设定气体温度，$T_0=273K$。

填料过滤器用在中/低压调压器前过滤燃气中的固体悬浮物杂质时，当过滤器压差 Pd 值到 10000Pa 时，必须清洗填料。

【例 4-2-1】 天然气的小时流量 $q_1=5000m^3/h$，天然气密度 $\rho_1=0.78kg/m^3$，天然气的压力 $P_1=0.2MPa$，天然气温度 $t=0℃$，试选择填料式过滤器的直径。

【解】 根据图 4-2-8 试选 $DN300$ 过滤器，假定 $\Delta P_0=4500Pa$；则 $q_0=4400m^3/h$

$$\begin{aligned}\Delta P_1 &= \Delta P_0 \left(\frac{q_1}{q_0}\right)^2 \frac{\rho_1}{\rho_0} \cdot \frac{P_0}{P_1} \\ &= 4500\left(\frac{5000}{4400}\right)^2 \times \frac{0.78}{1} \times \frac{0.1}{0.3} \\ &= 1510Pa\end{aligned}$$

$\Delta P_1=1510Pa$ 小于 5000Pa，因此 $DN300$ 过滤器可用，但有些偏大。

由于 $DN300$ 过滤器稍偏大，若拟用 $DN200$ 过滤器：根据图 4-2-8，选用 $DN200$ 过滤器，假定 $\Delta P_0=4500Pa$ 时，相应的流量 $q_0=2000m^3/h$，计算实际压力降 ΔP_1

$$\begin{aligned}\Delta P_1 &= \Delta P_0 \left(\frac{q_1}{q_0}\right)^2 \frac{\rho_1}{\rho_0} \cdot \frac{P_0}{P_1} \\ &= 4500\left(\frac{5000}{2000}\right)^2 \times \frac{0.78}{1} \times \frac{0.1}{0.3} \\ &= 7313Pa\end{aligned}$$

$\Delta P_1=7313Pa$ 大于 5000Pa，因此 $DN200$ 过滤器不能满足要求，由于 $DN200$ 与 $DN300$ 之间没有标准规格的过滤器，故仍采用 $DN300$ 过滤器。

（2）滤芯式过滤器

滤芯式过滤器由外壳和滤芯构成。外壳多为圆筒形，能截留较多的液态污物，并设有排污口，可定期在线排污。滤芯是一定规格网目的防锈金属丝网，其阻力或过滤效果与金属网目数有关。一般通过滤芯材料的阻力：初状态时为 250～1000Pa，终状态时可取 10000～40000Pa，通过测压口测量 Pd 值判定是否需要清洗滤芯。图 4-2-9 为圆筒形滤芯式过滤器产品系列简图，表 4-2-1 和表 4-2-2 为其相应的结构尺寸表。

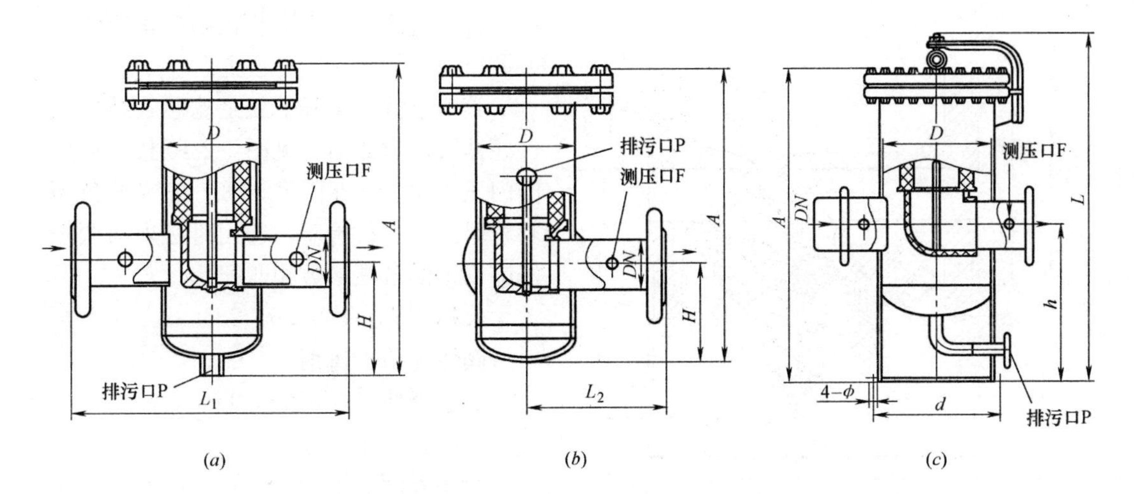

图 4-2-9 RXG 系列圆筒形滤芯式过滤器

（*a*）RXG-Z 型，进口和出口水平连接；（*b*）RXC-J 型，进口和出口直角平连接；

（*c*）RXC-L 型，带裙座，进口和出口水平连接

RXG-Z RXG-J 型滤芯式过滤器结构尺寸表（mm） **表 4-2-1**

型号	*DN*	L_1	L_2	*D*	*H*	*A*	*P*	*F*	滤芯
GL-1	50	350	175	133	197/167	460/430	G1/2″	G3/8″	G1
GL-1.3	65	400	200	159	198/168	465/435	G1/2″	G3/8″	G1
GL-1.5	80	450	225	159	207/177	540/510	G1/2″	G3/8″	G1.5
GL-2	100	500	250	219	236/206	643/613	Gl/2″	G3/8″	G2
GL-2.5	125	550	275	273	276/246	715/685	G1″	G3/8″	G2.5
GL-3	150	600	300	325	284/254	780/750	G1″	G3/8″	G3
GL-4	200	800	400	450	447/417	1110	G1″	G3/8″	G4

RXG-L 型滤芯式过滤器结构尺寸表（mm） **表 4-2-2**

型号	*DN*	L_1	*D*	*A*	*P*	*F*	*h*	*L*	*d*	*φ*	滤芯
GL-2.5	125	550	273	920	*DN*40	G3/8″	490		326	20	G2.5
GL-3	150	600	325	990	*DN*40	G3/8″	500		376	20	G3
GL-4	200	800	450	1365	*DN*50	G3/8″	700	1680	520	24	G4
GL-5	250	960	600		*DN*80	G3/8″	850	2160	690	24	G5
GL-6	300	1050	650		*DN*80	G3/8″	900	2370	740	24	G6

RXG 系列滤芯式过滤器的设计压力为 1.6MPa，按连接口公称直径（*DN*）配置不同规格的滤芯（G1～G6）；过滤精度可根据过滤要求向厂家提出，其过滤精度分别为 5、10、20、50 和 100μm 5 种；不同接管直径，不同精度滤芯的过滤面积有 0.125～4.2m^2，过滤效率可达 98％。

（3）管道过滤器

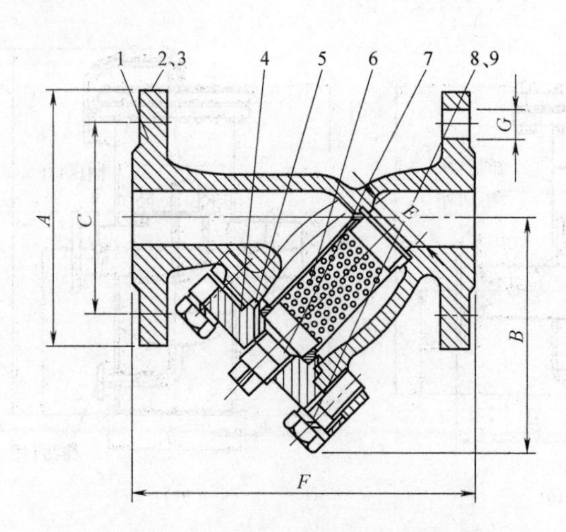

图 4-2-10　G41W 系列过滤阀的结构

1—阀体；2、3—标牌、铆钉；4—阀盖；5—密封圈；6—滤芯；7—六角法兰面螺栓；8、9—六角螺栓、弹簧垫圈

管道过滤器适宜安装在结构紧凑的小型调压设施的天然气管道上。

管道过滤器实际上就是滤芯式结构的过滤器又称过滤阀，见图 4-2-10 按《通用阀门压力试验》GB/T 13927 规定的各项要求对阀体进行检验，选用时必须与调压器前管道的各项参数相匹配。

公称压力：*PN*1.6、2.5

阀体材质：铸钢

滤芯材质：1Cr18Ni9Ti

滤网：60 目

使用温度：－30～50℃

连接方式：平焊法兰

其结构和连接尺寸见图 4-2-10 和表 4-2-3。

G41W 系列过滤阀的结构尺寸（mm）　　**表 4-2-3**

规格	*A*	*B*	*C*	*E*	*F*	*G*
25	115	100	85	25	160	4-14
50	165	151	125	50	250	4-18
80	200	182	160	80	310	8-18
100	220	220	180	100	365	8-18
150	280	400	240	150	450	8-22

3. 超压切断放散阀

（1）天然气超压切断阀

调压设施的工艺设计除使用自带超压切断装置的调压器外，在调压器前（进口管段上）应设置超压自动切断保护装置，并选用人工复位，超压切断阀就是属于这一类非排放式的安全保护装置。

（2）超压切断阀的工作原理

超压切断阀是一种闭锁机构，由控制器、开关器伺服驱动机构和执行机构构成，信号管与调压器出口管路相连，在正常工况下常开。一旦安全保护装置内的压力高于或低于设定压力上限（或下限）时，气流就会在此处自动迅速地被切断，而且关断后又不能自行开启，它始终安装在调压器的前面。图 4-2-11 为超压切断阀的一种结构形式。图中阀瓣 4 有断面线位置表示开启状态，处在下旋 90°轮廓线位置则表示切断状态。

其工作原理如下：反馈信号通过连接管将调压器出口压力引到切断阀薄膜 7 下腔。在正常供气情况下，切断阀执行系统 2 处于开启状态，即薄膜下腔 6 压力与弹簧 1 作用力平衡。在出现超压的异常情况下，调压器出口压力升至切断阀设定压力时，薄膜 7 上下腔受力平衡状态被破坏，薄膜向上移动，执行杆 3 往下滑动，阀挂钩 5 脱落，阀瓣 4 在弹簧的作用下关闭阀口，气流就被切断。

从确保安全的角度出发，切断阀的复位须待事故排除后，采用人工手动方式复位。

以下是引入的欧洲标准 EN 12186，表 4-2-4所给出的是关于调压设施在安全运行状态下，系统发出超压切断阀开启信号，在超压切断前的各时段压力与工作压力之间的关系。表中符号含义如下：

DP：设计压力；

OP：操作压力（工作压力）；

MOP：最大操作压力，系统正常工作状态下可持续的操作压力；

TOP：瞬时工作压力，系统在调压设施控制下，超压安全装置未动作前造成系统压力升高的瞬时压力值；

OP 峰值：操作压力的最大值，可理解为超压安全装置启动的压力上限；

MIP：最大突发压力，系统在安全装置允许状态下超压安全装置动作前所到达的最高瞬时压力，系统的气密性试验压力应≥MIP，才能保证系统的安全性。如燃具气密性在 150mbar 压力下测试，则最后一个减压器的 MIP 不应超过 150mbar。

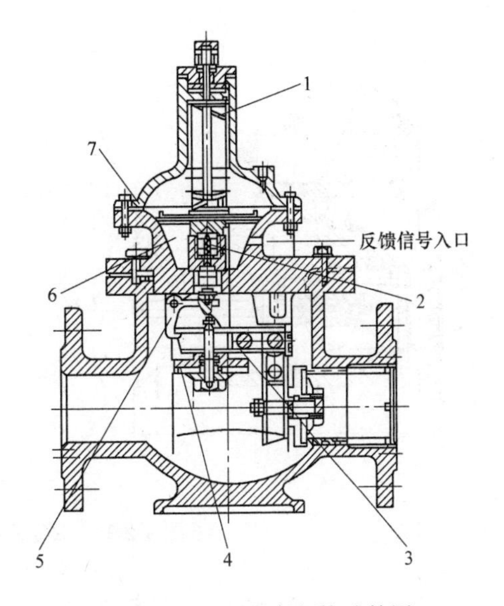

图 4-2-11 超压切断阀构造简图

1—弹簧；2—执行系统；3—执行杆；4—阀瓣；5—挂钩；6—薄膜下腔；7—薄膜

bar：压力单位，1bar＝0.1MPa

超压安全保护装置的选择，应遵循在任何情况下，都不使压力超过限定值的原则。调压器监控（串联式或并联式）出口压力的允许值 MOP 与系统控制下的瞬时工作压力 TOP 有关，而超压安全保护装置启动的允许压力值与系统在安全状态下瞬间的最大突发工作压力 MIP 有关。决定超压安全保护装置设定启动压力值，应考虑系统的反应时间的滞后，以保证该压力值不超过系统可允许的在安全状态下瞬间的最大突发工作压力。

MOP、OP 峰值、TOP 和 MIP 的关系 **表 4-2-4**

MOP(bar)	OP 峰值≤	≤TOP	MIP≤
MOP>40	1.025MOP	1.1MOP	1.5MOP
16<MOP≤40	1.025MOP	1.1MOP	1.20MOP
5<MOP≤16	1.050MOP	1.2MOP	1.30MOP
2<MOP≤5	1.075MOP	1.3MOP	1.40MOP
0.1<MOP≤2	1.125MOP	1.5MOP	1.75MOP
MOP≤0.1	1.125MOP	1.5MOP	1.5MOP

注：表 4-2-4 的成立条件是 MOP＝DP，如果 MOP<DP，则 OP、TOP、MIP 均为与 DP 的关系。

调压器安全保护装置动压力值，在工艺设计中无特殊要求，应符合 4.2.1　1（6）的要求。

(3) RQ-Z 系列超压切断阀（图 4-2-12）

其主要技术性能参数见表 4-2-5

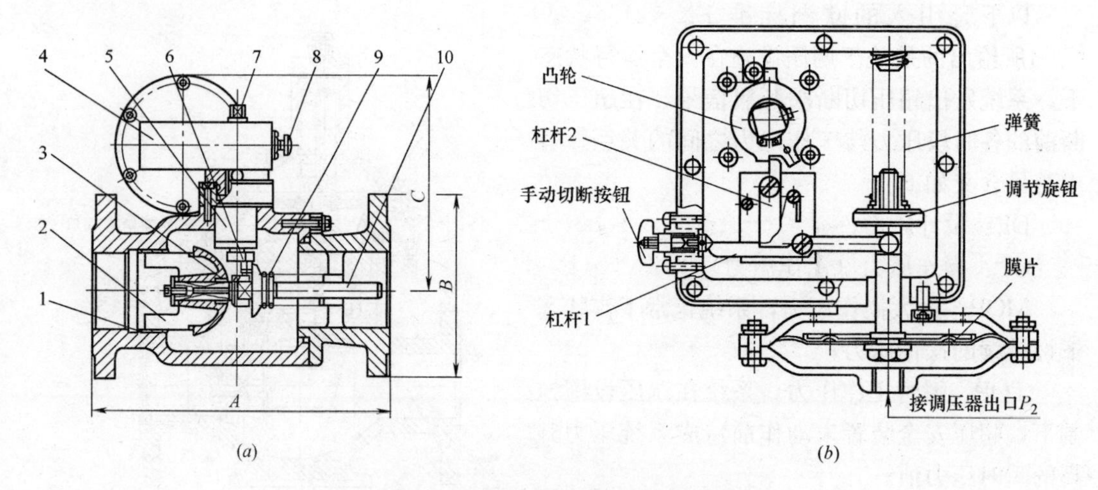

图 4-2-12　RQ-Z 系列超压切断阀结构简图

（*a*）结构图；（*b*）控制器零部件图

1—阀口；2—阀辨；3—小阀口；4—控制器；5—轴承座；6—偏心拨块；7—方柄复位轴；8—手动切断；9—弹簧；10—阀杆

主要技术性能参数　　**表 4-2-5**

进口压力	0.02～1.0MPa	切断精度	$\delta P_2 \leqslant \pm 2.5\%$
切断压力	1.5～30kPa	工作温度	−20～+50℃

RQ-I 系列超压切断阀结构尺寸表见表 4-2-6。

RQ-Z 系列题压切断阀结构尺寸表（mm）　　**表 4-2-6**

DN	50	80	100	150	200	250	300
A	254	298	352	451	500	674	736
B	165	200	220	285	340	423	460
C	116	146	163	202	230	273	342

（4）燃气超压放散阀

在调压工艺中，燃气超压放散阀是属于排放式安全装置。鉴于排入大气的燃气不仅污染环境，也多多少少浪费了资源，因此规范上只许采用微启式超压放散阀。

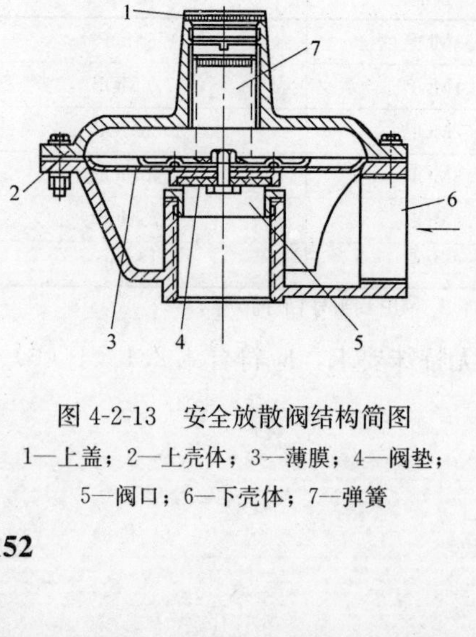

超压放散阀，由控制器、伺服驱动机构和执行机构构成，必要时还加上开关器。正常工况下常闭，一旦在其所连接的管路内出现高于设定上限压力时，执行机构动作，将超压气体自动泄放经放空管排入大气。当管路的压力下降到执行机构动作压力以下时，超压放散阀就自动关闭。通常，将其安装在调压器下游出口管路上。

该装置的设计压力、放散最大流量必须符合相关规范的规定。图 4-2-13 为安全放散装置的一种形式。

图 4-2-13　安全放散阀结构简图

1—上盖；2—上壳体；3—薄膜；4—阀垫；5—阀口；6—下壳体；7—弹簧

1）安全放散阀工作原理

安全放散阀的工作原理如下：用调节弹簧 7 设定所需放散压力。在正常工况下，燃气压力低于放散压力，即薄膜 3 下腔压力低于弹簧的预紧力，放散阀处于关闭状态。若出现异常情况，燃气压力过高，达到或超过放散阀的泄压设定值时，薄膜下腔压力上升，并高于弹簧预紧力时，放散阀开始排放超压燃气，以确保下游用户的安全。一旦事故排除，薄膜下腔压力回落，放散阀又自动关闭。

小型安全放散装置通过内阀口放散到大气的流量（q）与放散压力（P_0）的关系见图 4-2-14

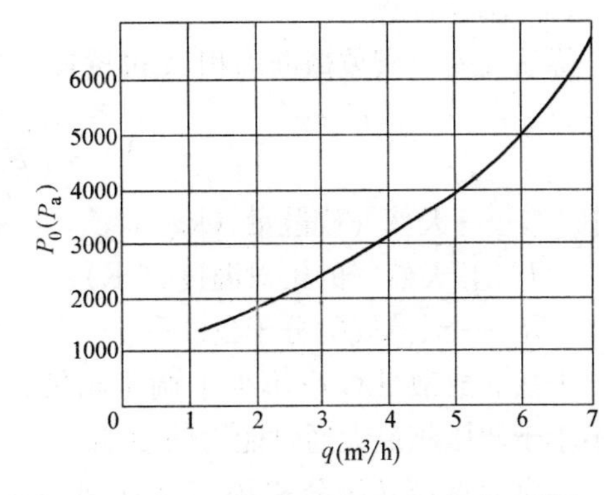

图 4-2-14　小型安全放散装置的放散量

超压放散阀的排放量一般为出口管段最大流量的 1%～5%，其作用是在非故障引起的出口压力升高的情况下，排出气体，以避免超压切断阀误动作而切断调压线路，当真正的故障发生时，超压气体来不及放散，超压切断阀才会按正常的方法切断调压线路。这是目前普遍采用的安全装置基本组合模式。为了保证连续供气，调压设施选择上述安全装置组合模式的同时，建议采用具有自动切换功能的一备一用监控式调压流程。

2）RAF 系列超压放散阀（图 4-2-15）

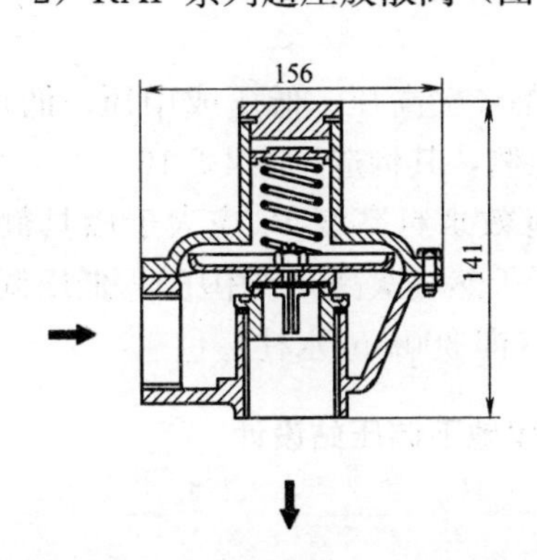

图 4-2-15　RAF 系列超压放散阀结构图

RAF 系列放散阀技术参数：

开启压力 P_s：

分别为：　P_s＝0.01～0.02MPa

　　　　　P_s＝0.02～0.6MPa

公称直径：DN25、DN40、DN50

工作温度：－20～60℃

超压切断阀排出气体应引置室外排入大气。

4. 弹簧式安全阀

弹簧式安全阀，在公称压力范围内，分为几级工作压力，见本手册 11.2.6　A47H-1.6C、A47H-2.5、A47H-4.0 型弹簧微启式安全阀性能表。安全阀可按计算放散压力分级选用，一般情况下，天然气工作压力在 0.1MPa 以上，可以使用弹簧式安全阀。

（1）放散压力的确定

放散压力 P_j 按式（4-2-7）、式（4-2-8）确定。

$P_j \leqslant 0.3$MPa 时：

$$P_{js}=1.15P_j+P_{dq}\quad (\text{MPa})(\text{绝压}) \tag{4-2-7}$$

$P_j>0.3$MPa 时：

$$P_{js}=P_j+0.5+P_{dq}\quad (\text{MPa})(\text{绝压}) \tag{4-2-8}$$

式中　P_{js}——放散压力（MPa，绝压）；

P_j——计算压力（MPa）；

P_{dq}——地区大气压力（MPa）。

（2）阀径计算

弹簧式安全阀放散断面积 A 可按式（4-2-9）计算。

$$A=\frac{G}{220P_{fs}}\sqrt{\frac{T}{M}}\quad(\text{cm}^2) \tag{4-2-9}$$

式中　G——天然气放散量（kg/h）；

T——天然气的绝对温度（°K）；

M——天然气的分子量。

天然气放散量 G 应不少于调压阀最大通过能力减去生产中可能出现的最低耗气量，且不小于调压阀最大通过能力的10%。

阀座的直径 d 按公式（4-2-10）或（4-2-11）计算。

对全启式安全阀（$h\geqslant 0.25d$）：

$$d=1.13\sqrt{A}\quad(\text{cm}) \tag{4-2-10}$$

对微启式安全阀（$h\geqslant 0.05d$）：

$$d=0.45\frac{A}{h}\quad(\text{cm}) \tag{4-2-11}$$

式中　h——阀芯开启高度（cm）。

弹簧式安全阀规格型号请见本手册11.2.6

5. 安全水封

安全水封安装在（次高压—低压或中压—低压）调压装置出口的低压侧，其构造见图4-2-16。

水封安全阀的有效水封高度 P_{fs} 应大于燃具额定压力的1.5倍，对于天然气次高（或中压）—低压调压站，其大于3000Pa（即300mm水柱）。

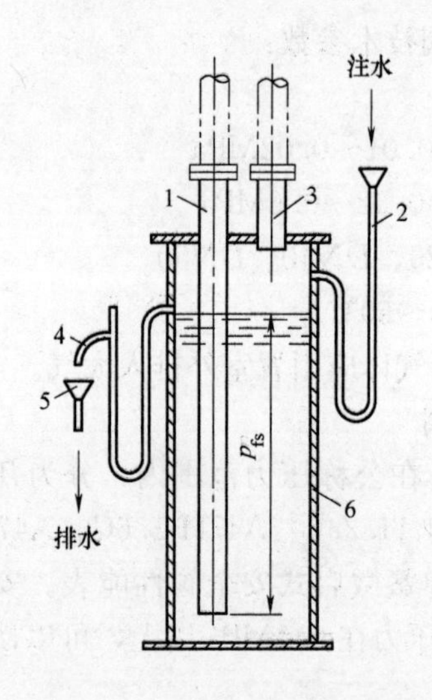

图4-2-16　水封安全阀示意图

1—天然气管；2—注水管；3—放散管；4—溢流排水管；5—排水漏斗；6—筒体

4.2.3　调压站和地下调压站设计

1. 调压站设计

（1）地上调压站的工艺布置应符合本手册4.2.1的各项要求；

（2）调压器的选择按4.2.2的要求；

（3）地上调压站内调压器的布置要求：

1）调压器的水平安装高度应便于维护检修；

2）平行布置2台以上调压器时，相邻净距，调压器与墙面之间净距和室内主要通道的宽度均应大于800mm；

（4）地上调压站总图布置与其他建筑物、构筑物净距应符合本手册4.3.2的要求；

（5）地上调压站建筑物设计应符合下列要求：

1）建筑物耐火等级不应低于二级；

2）调压室与毗连房间之间应用实体隔墙隔开，其设计应符合下列要求：

a. 隔墙厚度不应小于 24cm，且应两面抹灰；

b. 隔墙内不得设置烟道和通风设备，调压室的其他墙壁也不得设有烟道；

c. 隔墙有管道通过时，应采用填料密封或将墙洞用混凝土等材料填实；

3）调压室及其他有漏气危险的房间，应采取自然通风措施，换气次数每小时不应小于 2 次；

4）城镇无人值守的燃气调压室电气防爆等级应符合现行国家标准《爆炸和火灾危险环境电力装置设计规范》GB 50058 “1 区”设计的规定；

5）调压室内的地面应采用撞击时不会产生火花的材料；

6）调压室应有泄压措施，泄压面积与厂房体积的比值（m^2/m^3）宜采用 0.05～0.22，爆炸介质威力较强或爆炸压力上升速度较快的厂房，应尽量加大比值；对于燃气不应小于 0.10；

泄压设施宜采用轻质屋盖作为泄压面积，易于泄压的门、窗，轻质墙体也可作为泄压面积。作为泄压面积的轻质屋盖和轻质墙体的每平方米重量不宜超过 120kg；

7）调压室的门、窗应向外开启，窗应设防护栏和防护网；

8）重要调压站宜设保护围墙；

9）设于空旷地带的调压站或采用高架遥测天线的调压站应单独设置避雷装置，其接地电阻值应小于 10Ω。

（6）地上调压站采暖和通风

燃气调压站采暖应根据气象条件、燃气性质、控制测量仪表结构和人员工作的需要等因素确定。当需要采暖时严禁在调压室内用明火采暖，但可采用集中供热或在调压站内设置燃气、电气采暖系统，其设计应符合下列要求：

1）燃气采暖锅炉可设在与调压器室毗连的房间内；

调压器室的门、窗与锅炉室的门、窗不应设置在建筑的同一侧；

2）采暖系统宜采用热水循环式；

采暖锅炉烟囱排烟温度严禁大于 300℃；烟囱出口与燃气安全放散管出口的水平距离应大于 5m；

3）燃气采暖锅炉应有熄火保护装置或设专人值班管理；

4）采用防爆式电气采暖装置时，可对调压器室或单体设备用电加热采暖。电采暖设备的外壳温度不得大于 115℃。电采暖设备应与调压设备绝缘；

5）调压站宜装离心风机强制通风，通风机电机应采用防爆电机，离心风机应安装在建筑物上部。

（7）调压站内电气、仪表均应采用防爆型。

（8）当调压站内、外燃气管道为绝缘连接时，调压器及其附属设备必须接地，接地电阻应小于 100Ω。

2. 地下调压站

（1）地下调压站的建筑物设计应符合下列要求：

1）室内净高不应低于 2m；

2）宜采用混凝土整体浇筑结构；

3）必须采取防水措施；在寒冷地区应采取防寒措施；

4）调压室顶盖上必须设置两个呈对角位置的人孔，孔盖应能防止地表水浸入；

5）室内地面应采用撞击时不产生火花的材料，并应在一侧人孔下的地坪设置集水坑；

6）调压室顶盖应采用混凝土整体浇筑。

（2）地下调压站

为了考虑城镇景观布局，又要求调压站安全、防盗和环保，与RX系列调压箱（调压柜）一样将各具不同功能的设备集成为一体，一般做成筒状的箱体，并埋设在花园、便道、街坊空地等处的地表下，谓之地下调压站。在维护检修时，可启开操作井盖，利用蜗轮蜗杆传动装置打开调压设备筒盖，筒芯内需检修和拆卸的设备、零部件和仪表均在操作人员的视野范围，并可提升到地表面。该装置需要铺坚实、光滑的基础，箱体需有良好的防腐绝缘层。图4-2-17为RTJ-FP系列轴流式调压器串接两级调压的地下调压站布置图。

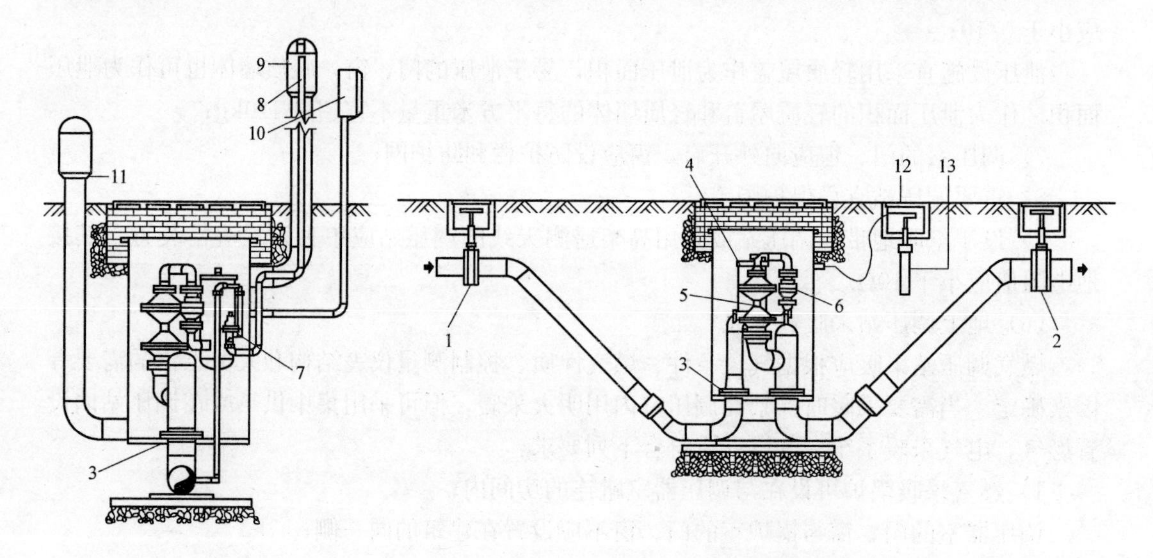

图4-2-17　RTJ-FP系列轴流式调压器地下调压站布置

1,2—进、出口阀；3—绝缘接头；4—过滤器；5—串接两级轴流式调压器；6—超压切断阀；7—安全放散阀；8—放空管；9—高位放空管罩；10—控制工具板；11—低位放空管罩；12—检查孔；13—镁制阳极包

这种调压站的安装结构尺寸是按轴流式调压器的型号、规格参数对应编成系列；按供气规模，中—低压地下调压站流量范围800～30000m³/h，高—中压地下调压站流量范围2600～118000m³/h，连接口公称直径（*DN*）为50、80、100、150、200和300。

4.2.4　调压设施安全系统设计

1. 欧洲标准EN 12186的设计规定

现行欧洲标准EN 12186推荐设置采用超压切断阀（第一安全装置）加上超压放散阀（第二安全装置）组合模式有如下规定：

（1）调压器入口最大上游工作压力$MOP_u \leqslant 0.01$MPa或$MOP_u \leqslant (MOP_d)_{max}$调压器出口事故压力时，可不使用安全装置；

(2) 调压器入口 MOP_u＞$(MOP_d)_{max}$时，只装一个无排气的安全装置，即可选用超压切断阀和监控式调压器，若再选超压放散阀则只许微启排放；

(3) 调压器入口 MOP_u 与调压器出口最大下游工作压力 MOP_d 的压差大于 1.6MPa，并且 MOP_u 大于出口管道强度试验压力 STP_d 时，应安装两套安全装置，即超压切断阀加上超压放散阀（全流量排放），其目的是为了增加安全性。

2. 不同操作制度调压设施安全装置的组合

国内某设计院按调压设施的操作制度不同，提出安全装置的组合方式：

对于长期值守的调压设施

4.0MPa→2.5MPa：　切断阀＋调压器＋放散阀

4.0MPa→1.0MPa（及以下）：　切断阀＋监控调压器＋调压器＋放散阀

2.5MPa→1.0MPa：　切断阀十调压器＋放散阀

2.5MPa→0.4MPa（及以下）：　切断阀＋监控调压器＋调压器＋放散阀

1.0MPa→0.4MPa（及以下）：　监控调压器（切断阀）＋调压器＋放散阀

0.4MPa→5.0kPa 以下：　调压器＋放散阀

对于定期巡视的调压设施

4.0MPa→2.5MPa：　监控调压器＋调压器＋放散阀

4.0MPa→1.0MPa（及以下）：　切断阀＋监控调压器＋调压器＋放散阀

2.5MPa→1.0MPa：　监控调压器＋调压器＋放散阀

2.5MPa→0.4MPa（及以下）：　切断阀＋监控调压器＋调压器＋放散阀

1.0MPa→0.4MPa（及以下）：　监控调压器＋调压器＋放散阀

0.4MPa→5.0kPa 以下：　调压器＋放散阀

3. 调压设施入口压力≤0.4MPa 调压设施的安全装置组合（举例）

某燃气集团公司对于入口压力不超过 0.4MPa 的调压设施，其安全装置组合规定如下：

(1) 规定超压放散阀放散量不得超过管道发生故障时出口流量的 1%；

(2) 调压器入口压力不大于 0.4MPa，安全装置组合方式为超压切断阀＋监控调压器＋主调压器＋超压放散阀；

(3) 入口压力不大于 0.24MPa，安全装置组合方式为：

监控调压器＋主调压器＋超压放散阀；

超压切断阀＋调压器＋超压放散阀；

内置切断式调压器＋超压放散阀；

(4) 入口压力不大于 7.5kPa，安全装置组合方式为：

单一调压器＋超压放散阀（如果需要）。

4. 超压放散阀操作条件 P_s 与管道或设备最高工作压力 P 之间的关系

超压放散阀的操作条件是指整定压力（开启压力）P_s 与管道或设备最高操作压力 P 之间的关系，可参考如下规定：

(1) P_s 必须等于或稍小于管道或设备的设计压力；

(2) 当 $P \leqslant 1.8$MPa 时，$P_s = P + 0.18$；

(3) 当 $1.8 < P \leqslant 7.5$MPa 时，$P_s = 1.1P$；

（4）当 $P>7.5\text{MPa}$ 时，$P_s=1.05P$。

超压放散阀气体排放的积聚压力 P_a，一般取为 $0.1P_s$；其最高泄放压力 P_m，一般为 $P_m=P_s+P_a$。超压放散阀出口背压 P_z 是指开启前泄压总管的压力与开启后介质流动阻力之和，P_z 不宜大于 $0.1P_s$。超压放散阀的回座压差必须小于 P_s 和操作压力之差；若 P_s 高于操作压力的10%时，则回座压差规定为操作压力的5%。

4.3　调压设施的配置和设置要求

调压设施除按管道压力级分类外，还按调压设施的作用功能分类，可分为区域调压站，调压箱或调压柜，专用用户调压站等。

当区域调压站用于中—低压两级管网系统时，调压站出站管道与低压管网相连；当箱式调压装置用于中压—级管网系统时，调压箱出口管与小区庭院管道（或楼前管）相连。调压柜既可作管网级间调压，也可用于中压—级管网系统调压直供居民小区或其他用户；居民小区的配气管道限在小区范围内布置，并可根据用户数配置调压柜的大小（流量）或数量。

4.3.1　调压设施的配置

1. 高—中压调压站配置原则

由于高—中压调压站输气压力高、供气量大，小则几个小区，大则数 km^2 区域供气范围，小时流量可达数千乃至数万立方米。配置时，要考虑按远期规划负荷和选定调压器的最大流量控制调压站数量，同时还要兼顾低峰负荷时调压器仍处在正常工作，开启度在（15%～85%）范围工作。布置要点包括：

1）符合城镇总体规划的安排；

2）布置在区域内，总体分布较均匀；

3）布局满足下一级管网的布置要求；

4）调压站及其上、下游管网与相关设施的安全净距符合规范要求。

2. 中—低压调压站配置原则

1）力求布置在负荷中心，即在用户集中或大用户附近选址；

2）尽可能避开城镇繁华区域，一般可选在居民区的街坊内、广场或街头绿化地带或大型用户处选址；

3）调压站作用半径在0.5km左右，供气流量2000～3000m^3/h 为宜；

4）要考虑相邻调压站建立互济关系，以提高事故工况下供气的安全可靠性。

3. 调压箱（调压柜）的配置

中压天然气管道进入居民小区，宜采用调压箱，悬挂在居住建筑物的外墙壁上或悬挂于专用支架上；或采用落地式调压柜，单独设置在牢固的基础上，其设置应符合本节4.3.2的要求。

4.3.2　调压设施的设置要求

城区室外燃气管道压力不大于1.6MPa，按输配系统的压力级制，原则上中—低压或次高—中压或次高—低压的调压站和调压柜可布置在城区内，而高—次高压调压站和调压柜应布置在城郊。调压站的最佳作用半径大小主要取决于供气区的用气负荷和管网密度，并需经技术经济比较确定；根据供气安全可靠性的原则，站内可采取并联多支路外加旁通系统。

调压站（含调压柜）与其他建筑物，构筑物的水平净距应符合现行国家标准《城镇燃气规范》GB 50028 的相关规定。

1. 调压装置的设置要求

（1）自然条件和周围环境许可时，宜设置在露天，但应设置围墙、护栏或车挡；

（2）设置在地上单独的调压箱（悬挂式）内时，对居民和商业用户燃气进口压力不应大于 0.4MPa；对工业用户（包括锅炉房）燃气进口压力不应大于 0.8MPa；

（3）设置在地上单独的调压柜（落地式）内时，对居民、商业用户和工业用户（包括锅炉房）燃气进口压力不宜大于 1.6MPa；

（4）设置在地上单独的建筑物内时，应符合本手册 4.2.3　1　（5）条的要求；

（5）当受到地上条件限制，且调压装置进口压力不大于 0.4MPa 时，可设置在地下单独的建筑物内或地下单独的箱体内，并应分别符合本手册第 4.2.3　2 和 4.2.2　1 的规定要求。

2. 调压设施的总图布置

调压站（含调压柜）与其他建筑物、构筑物的水平净距应符合表 4-3-1 的规定。

调压站（含调压柜）与其他建筑物、构筑物水平净距（m）　　表 4-3-1

设置形式	调压装置入口燃气压力级制	建筑物外墙面	重要公共建筑、一类高层民用建筑	铁路（中心线）	城镇道路	公共电力变配电柜
地上单独建筑	高压(A)	18.0	30.0	25.0	5.0	6.0
	高压(B)	13.0	25.0	20.0	4.0	6.0
	次高压(A)	9.0	18.0	15.0	3.0	4.0
	次高压(B)	6.0	12.0	10.0	3.0	4.0
	中压(A)	6.0	12.0	10.0	2.0	4.0
	中压(B)	6.0	12.0	10.0	2.0	4.0
调压柜	次高压(A)	7.0	14.0	12.0	2.0	4.0
	次高压(B)	4.0	8.0	8.0	2.0	4.0
	中压(A)	4.0	8.0	8.0	1.0	4.0
	中压(B)	4.0	8.0	8.0	1.0	4.0
地下单独建筑	中压(A)	3.0	6.0	6.0	—	3.0
	中压(B)	3.0	6.0	6.0	—	3.0
地下调压箱	中压(A)	3.0	6.0	6.0	—	3.0
	中压(B)	3.0	6.0	6.0	—	3.0

注：1. 当调压装置露天设置时，则指距离装置的边缘；

2. 当建筑物（含重要公共建筑）的某外墙为无门、窗洞口的实体墙，且建筑物耐火等级不低于二级时，燃气进口压力级别为中压 A 或中压 B 的调压柜一侧或两侧（非平行），可贴靠上述外墙设置；

3. 当达不到上表净距要求时，采取有效措施，可适当缩小净距。

3. 地上调压箱和调压柜的设置要求

（1）调压箱（悬挂式）

1）调压箱的箱底距地坪的高度宜为1.0～1.2m，可安装在用气建筑物的外墙壁上或悬挂于专用的支架上；当安装在用气建筑物的外墙上时，调压器进出口管径不宜大于*DN*50；

2）调压箱到建筑物的门、窗或其他通向室内的孔槽的水平净距应符合下列规定：

a. 当调压器进口燃气压力不大于0.4MPa时，不应小于1.5m；

b. 当调压器进口燃气压力大于0.4MPa时，不应小于3.0m；

c. 调压箱不应安装在建筑物的窗下和阳台下的墙上；不应安装在室内通风机进风口墙上；

3）安装调压箱的墙体应为永久性的实体墙，其建筑物耐火等级不应低于二级；

4）调压箱上应有自然通风孔。

（2）调压柜（落地式）

1）调压柜应单独设置在牢固的基础上，柜底距地坪高度宜为0.30m；

2）距其他建筑物、构筑物的水平净距应符合表4-3-1的规定；

3）体积大于1.5m³的调压柜应有爆炸泄压口，爆炸泄压口不应小于上盖或最大柜壁面积的50%（以较大者为准）；爆炸泄压口宜设在上盖上；通风口面积可包括在计算爆炸泄压口面积内；

4）调压柜上应有自然通风口，其设置应符合下列要求：

当燃气相对密度大于0.75时，应在柜体上、下各设1%柜底面积通风口；调压柜四周应设护栏；

当燃气相对密度不大于0.75时，可仅在柜体上部设4%柜底面积通风口；调压柜四周宜设护栏。

（3）调压箱（或柜）的安装位置应能满足调压器安全装置的安装要求。

（4）调压箱（或柜）的安装位置应使调压箱（或柜）不被碰撞，在开箱（或柜）作业时不影响交通。

4. 地下调压箱的设置要求

（1）地下调压箱不宜设置在城镇道路下，距其他建筑物、构筑物的水平净距应符合本手册表4-3-1的规定；

（2）地下调压箱上应有自然通风口，其设置应符合本手册3.6.2、表3-6-1、表3-6-2规定；

（3）安装地下调压箱的位置应能满足调压器安全装置的安装要求；

（4）地下调压箱设计应方便检修；

（5）地下调压箱应有防腐保护。

5. 单独用户的专用调压装置的设置

除按本节4.3.2 1和2条设置外，尚可按下列形式设置，并应符合下列要求

（1）当商业用户调压装置进口压力不大于0.4MPa，或工业用户（包括锅炉）调压装置进口压力不大于0.8MPa时，可设置在用气建筑物专用单层毗连建筑物内：

1）该建筑物与相邻建筑应用无门窗和洞口的防火墙隔开，与其他建筑物、构筑物水平净距应符合本规范表4-3-1的规定；

2）该建筑物耐火等级不应低于二级，并应具有轻型结构屋顶爆炸泄压口及向外开启的门窗；

3）地面应采用撞击时不会产生火花的材料；

4）室内通风换气次数每小时不应小于2次；

5）室内电气、照明装置应符合现行的国家标准《爆炸和火灾危险环境电力装置设计规范》GB 50058的“1区”设计的规定。

（2）当调压装置进口压力不大于0.2MPa时，可设置在公共建筑的顶层房间内：

1）房间应靠建筑外墙，不应布置在人员密集房间的上面或贴邻，并满足本条第（1）款2）、3）、5）项要求；

2）房间内应设有连续通风装置，并能保证通风换气次数每小时不小于3次；

3）房间内应设置燃气浓度检测监控仪表及声、光报警装置。该装置应与通风设施和紧急切断阀连锁，并将信号引入该建筑物监控室；

4）调压装置应设有超压自动切断保护装置；

5）室外进口管道应设有阀门，并能在地面操作；

6）调压装置和燃气管道应采用钢管焊接和法兰连接。

（3）当调压装置进口压力不大于0.4MPa，且调压器进出口管径不大于$DN100$时，可设置在用气建筑物的平屋顶上，但应符合下列条件：

1）应在屋顶承重结构受力允许的条件下，且该建筑物耐火等级不应低于二级；

2）建筑物应有通向屋顶的楼梯；

3）调压箱、柜（或露天调压装置）与建筑物烟囱的水平净距不应小于5m。

（4）当调压装置进口压力不大于0.4MPa时，可设置在生产车间、锅炉房和其他工业生产用气房间内，或当调压装置进口压力不大于0.8MPa时，可设置在独立、单层建筑的生产车间或锅炉房内，但应符合下列条件：

1）应满足本条第（1）款2）、4）项要求；

2）调压器进出口管径不应大于$DN80$；

3）调压装置宜设不燃烧体护栏；

4）调压装置除在室内设进口阀门外，还应在室外引入管上设置阀门。

注：当调压器进出口管径大于$DN80$时，应将调压装置设置在用气建筑物的专用单层房间内，其设计应符合本条第1款的要求。

4.4　天然气的计量

在城镇燃气输配系统中，燃气的计量是系统正确调度的基础，又是供需双方经济核算的依据，因此不仅要从技术上精心设计，而且在管理上还要有完善的制度。购销权益往往会左右计量装置及其控制系统的选择，计量系统的优劣将直接对企业的效益和管理水平产生深远的影响。国内外燃气行业经过长期实践和摸索，目前已普遍采用了SCADA系统有效进行输差分析、流量监控、系统对比、曲线分析和综合分析等计量管理工作，这些都需要通过在线计量采集从微观到宏观的可靠数据，表明计量装置设计和应用的重要性。

气体具有可压缩性和可以充满任何空间自由扩张的特性，密度也就随之变化。因此，在流量测量领域气体测量要比液体测量困难得多。在考虑满足测量精度和误差的前提下，不仅要确定最佳的测量方法，而且还要正确选用类型、功能和特性相匹配的检测仪表。计量装置由主体、测量机构和输出读出装置组成，选用时需考虑以下因素：

1）测量机械的涡流效应、流速断面效应和密度效应；

2）测试数据的可重复性；

3）精确度在标定范围内；

4）在满足精确度的前提下，量程比较宽；

5）压力损失小，输出信号与流量最好成线性关系；

6）符合国标的电气防爆和安全防护要求；

7）信号处理简便，符号使用国际通用标准；

8）装置先进，性能稳定可靠，使用寿命长，零部件及仪表维修检验方便。

目前，常用于调压设施和用户的计量装置类型主要有：

① 孔板流量计；

② 漩涡流量计；

③ 超声波流量计；

④ 涡轮流量计；

⑤ 塔形流量计；

⑥ 腰轮（罗茨）流量计和隔膜式流量计等。

门站（储配站）计量装置用作贸易计量，区域或专用调压站的计量装置用作生产调度过程计量，用户的计量装置只作为计费的依据。

燃气计量装置的设置及其要求要遵守现行国家标准《城镇燃气设计规范》GB 50028 的相关规定。

4.4.1　孔板流量计

孔板流量计广泛用于气体、液体、蒸汽计量。其测量系统一般由节流装置（标准孔板等）图 4-4-1，差压变送器及数据处理器（开方计算器或计算机）组成。

1. 孔板流量计主要特点

（1）适用于较大口径管道的计量（目前口径大于 *DN*600 的流量计）通常选用孔板流量计。

（2）无可动部件、耐用；

（3）应用历史悠久、标规格齐全；

（4）制造相对容易，价格便宜。

2. 孔板计量工作原理

流体在节流件处形成局部收缩，因而流速增加，静压力降低，在节流件前后便产生了压差。流体流量愈大，产生的压差愈大，这样可依据压差来衡量流量的大小。这种测量方法是以流动连续性方程（质量守恒定律）和伯努利方程（能量守恒定律）为基础的。

图 4-4-1　标准孔板

压差的大小不仅与流量还与其他许多因素有关，例如节流装置形式和管道内流体的物理性质（密度、黏度）等。

3. 节流装置组成

（1）节流件：如标准孔板、标准喷嘴、长径喷嘴、1/4 圆孔板、双重孔板、偏心孔板、圆缺孔板、锥形入口孔板等。

（2）取压装置：环室、取压法兰、夹持环、导压管等、连接法兰（按国家标准或其他标准设计的法兰）紧固件、测量管。

4. 节流装置安装技术要求

节流装置安装在天然气管道上，应符合下述的管道条件和技术要求。

（1）有关节流体安装位置管段的零部件、管件的名称如图 4-4-2 节流装置的管段和管件所示。

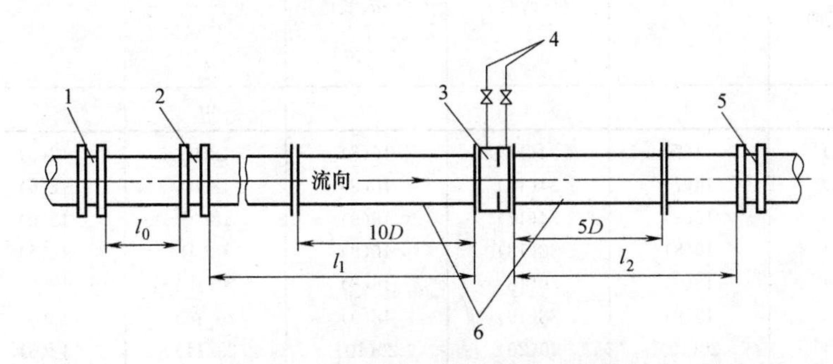

图 4-4-2　孔板节流装置安装简图

1—节流件上游侧第 2 个局部阻力件；2—节流件上游侧第 1 个局部阻力件；3—节流件和取压装置；4—差压信号管路；5—节流件下游侧第 1 个局部阻力件；6—节流件前后的测量管；l_0—节流件上游侧第 1 个局部阻力件和第 2 个局部阻力件之间的直管段；l_1—节流件上游侧和直管段；l_2—节流件下游侧的直管段

（2）节流件应安装在两段直的圆管（l_1 和 l_2）之间，其圆度在节流件上、下游测 $2d$ 长的范围内必须按规定进行多点实测，实测值上游直管段不得超过其算术平均值的 ±0.3%，对于下游侧不得超过±2%，$2d$ 长度以外的管道的圆度，以目测法检验其外圆，管道是否直也只需目测。

（3）节流件上、下游侧最小直管段长度与节流件上游侧局部阻力件的形式和直径与 β 值有关见节流件上下游侧的最小直管段长度表，表 4-4-1。

（4）表 4-4-1 所列的是能全开阀门的状况，最好用全开型闸阀或球阀作为节流件上游侧的第一个局部阻力件，所有调节流量的阀门应安装在节流件下游侧规定的直管段之后。

（5）节流件在管道中安装应保证其端面与管道轴线垂直，不垂直度不得超过±1°；还应保证其开孔与管道同心，不同心度不得超过 $0.015d\left(\frac{1}{\beta}-1\right)$的数值，$\beta=d_k/d$，$d_k$ 孔板开孔直径、d 管道内径。

（6）夹紧节流件的密封填片，夹紧后不得突入管道内壁。

（7）新装管路系统必须在管道冲洗和吹扫完成后再进行节流件的安装。

作为大流量测量、差压式孔板流量计需要稳定流量工况，量程比最好在 $q_{min}:q_{max}=1:3$，q_{min}通过孔板的最小流量，q_{max}通过孔板的最大流量。孔板流量计稳定测量的流量范围为孔板额定流量的30%～70%，因此工艺专业向仪表专业提供委托资料时必须提供流量测量范围。

节流件上下游侧的最小直管段长度 表4-4-1

$\beta(d_k/d)$	节流件上游侧局部阻力件形式和最小直管段长度 l_1						节流件下游侧最小直管段长度 l_2（左面所有的局部阻力件形式）
	一个90°弯头或只有一个支管流动的三通	在同一平面内有多个90°弯头	空间弯头（在不同平面内有多个90°弯头）	异径管（大变小，$2d\to d$ 长度 $\geqslant 3d$；小变大 $d/2\to d$，长度 $\geqslant 1\frac{1}{2}d$）	全开截止阀	全开闸阀	
1	2	3	4	5	6	7	8
0.20	10(6)	14(7)	34(17)	16(8)	18(9)	12(6)	4(2)
0.25	10(6)	14(7)	34(17)	16(8)	18(9)	12(6)	4(2)
0.30	10(6)	16(8)	34(17)	16(8)	18(9)	12(6)	5(2、5)
0.35	12(6)	16(8)	36(18)	16(8)	18(9)	12(6)	5(2、5)
0.40	14(7)	18(9)	36(18)	16(8)	20(10)	12(6)	6(3)
0.45	14(7)	18(9)	38(19)	18(9)	20(10)	12(6)	6(3)
0.50	14(7)	20(10)	40(20)	20(10)	22(11)	12(6)	6(3)
0.55	16(8)	22(11)	44(22)	20(10)	24(12)	14(7)	5(3)
0.60	18(9)	26(13)	48(24)	22(11)	26(13)	14(7)	7(3、5)
0.65	22(11)	32(16)	54(27)	24(12)	28(14)	16(8)	7(3、5)
0.70	28(14)	36(18)	62(31)	26(13)	32(16)	20(10)	7(3、5)
0.75	36(18)	42(21)	70(35)	28(14)	36(18)	24(12)	8(4)
0.80	46(23)	50(25)	80(40)	30(15)	44(22)	30(15)	8(4)

注：1. 本表适用于本标准规定的各种节流件。
2. 本表所列数字为管道内径“d”的倍数。
3. 本表括号外的数字为“附加极限相对误差为零”的数值，括号内的数字为“附加极限相对误差为±0.5%”的数值，如实际的直管段长度中有一个大于括号内的数值而小于括号外的数值时，需按“附加极限相对误差为±10.5%”处理。

4.4.2 涡街（旋涡）流量计

涡街（旋涡）流量计是基于“卡门涡街”原理利用应力检测方式，以压电晶体作为检测元件，并使检测元件与旋涡发生体分离的一种新型流体振荡形流量计。

该流量计具有无运动部件、测量范围大、运行可靠、测量精度高、介质适应性广泛、压力损失小、结构简单、安装维护方便、可远距离传输信号等特点，给用户使用带来了极大的方便，可广泛用于石化、冶金、纺织、医药、机械、供水、供热、热电、供燃气等行业的各种液体、气体、蒸汽等单相流体的工艺计量和节能管理，备受各界用户的重视和好评。量程比很宽（$q_{min}/q_{max}=1/30\sim1/100$）。

1. 涡街流量计的基本原理及结构形式

（1）涡街（旋涡）流量计的基本原理（见图4-4-3～图4-4-5）

应力式涡街（旋涡）流量计传感器是基于“卡门涡街”原理而研制的流体振荡形流量传感器。传感器表体由一个与管道通径相同的壳体和一个断面为等腰三角形的旋涡发生体及检测探头构成。检测探头体置于旋涡发生体后侧；当流体流经三角柱时在其后方两侧交替产生两列旋涡，其旋涡的分离频率 f 与流体的流速 V 成正比，与旋涡发生体的应流面宽度 d 成反比。见式（4-4-1）

$$f=S_{t}V/d \tag{4-4-1}$$

式中　f——旋涡分离频率；

S_{t}——斯特劳哈尔数（对于一定的柱形，该系数是一个常数）；

V——流体的流速；

d——柱体应流面宽度。

旋涡在柱体两侧交替产生时，将同时产生与流体流动方向垂直的横向交变升力，该力作用于探头两侧，使检测探头的压电晶体变形，输出与旋涡分离频率相同的交变电荷信号，送至检测放大器进行处理。

检测放大器将电荷信号放大变换整形处理后输出与流量成正比例的电压脉冲信号，供显示仪表累积显示。也可转换成 0～10mA 或 4～20mA 模拟信号（变送器），供记录、调节、控制或与计算机联网集中控制。

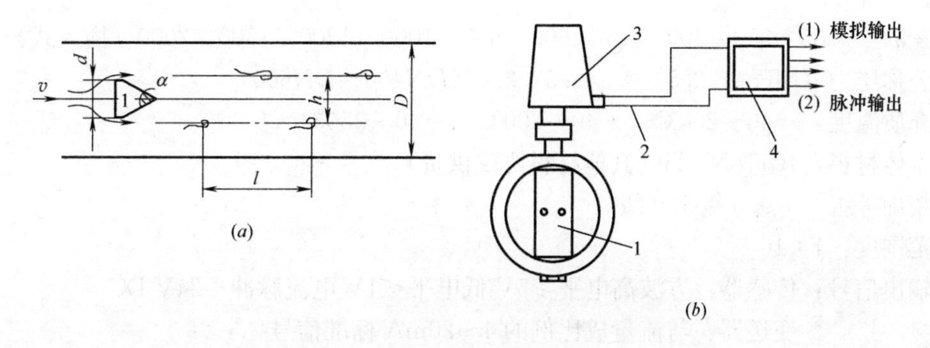

图 4-4-3　涡街式漩涡流量计结构示意图

（a）卡门涡街示意图；（b）三角柱涡街式漩涡流量计

1—检测元件；2—屏蔽电缆；3—放大器；4—转换器

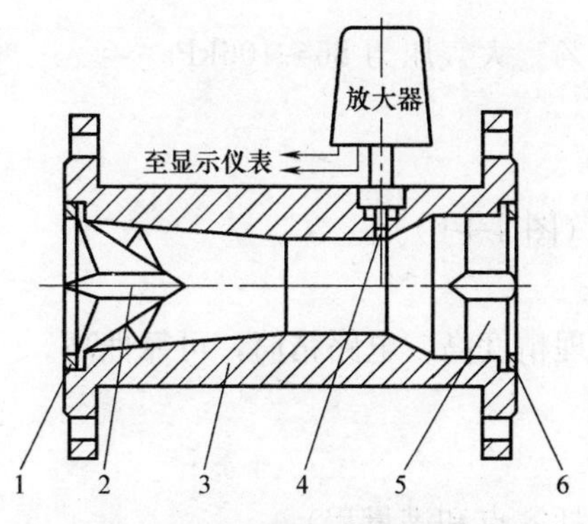

图 4-4-4　旋进式漩涡流量计结构

1、6—紧固环；2—螺旋叶片；3—壳体；4—检出元件；5—消旋直叶片

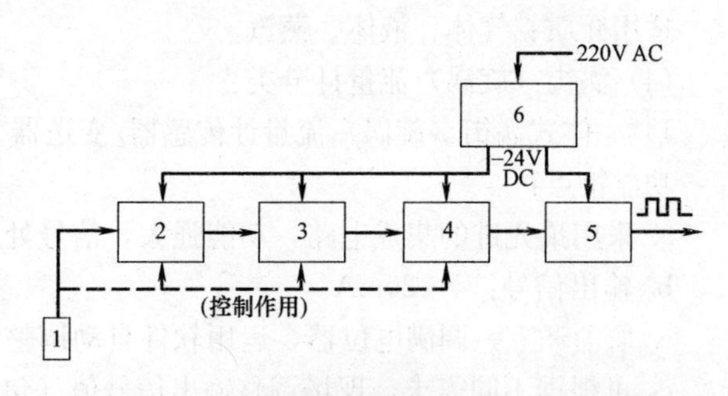

图 4-4-5　旋进式漩涡流量计放大器组成框图

1—敏感元件；2—负阻特性电流调整器；3—动态高通滤波器；4—带自动增益控制和动态低通滤波器的直接耦合放大器；5—施密特触发器；6—稳压电源

(2) 旋进式漩涡流量计的结构形式

在图 4-4-4 中的检出元件是通过敏感元件（传感器）接受流体漩涡的感应而检测出漩涡的进动频率的。放大器则把感应信号进行处理并放大输出脉冲信号，信号处理的过程框图如图 4-4-5 所示。

旋进式漩涡流量计可配置频率计数器或频率积算器，可显示实时流量、累积流量，也可输出 0～10mA（DC）电信号。通常，配置仪表包括：DDZ 型温度压力仪表组合，配有 LGJ-02 型流量计或 XSJ-09 型流量积算仪，可实现多参数的显示、记录、状态补偿校正以及报警检测。

旋进式漩涡流量计的规格如下：公称通径为 *DN*50、*DN*80、*DN*100 和 *DN*150；在满足雷诺数 $Re=10^4\sim10^6$、马赫数 $M<0.12$、输出频率 $f=10\sim10^3$Hz 的限值条件下，其精度一般为±1%。

(3) 技术性能指标

涡街（旋涡）流量计规格：公称直径（mm）：

20　25　40　50　80　100　125　150　200　250　300　350　400　500　600（满管）

*32　*65　350　400　500　600　800　1000　1200　1500　2000（插入式）

公称压力（MPa）：2.5　*>2.5　2.0（*DN*400～*DN*600）

介质温度：−40～200℃　−40～300℃　−40～350℃

本体材料：1Cr18Ni9Ti（其他材料协议供货）

精确等级：*0.5 级 1.0 级

范围度：1∶10

输出信号：传感器：方波高电平≥5V 低电平<1V 电流脉冲+24V DC

变送器：与流量成比例的 4～20mA 标准信号

供电电压：+12V DC　*+24V DC（传感器）　+24V DC（变送器）

阻力损失系数：CD≤2.4

防爆标志：ExibⅡCT1～6

防护等级：普通型 IP65　*潜水型 IP67

环境条件：温度−40～55℃　相对湿度 5%～9%　大气压力 86～106kPa

适用介质：气体、液体、蒸汽

(4) 涡街（旋涡）流量计分类

1) 一体式涡街（旋涡）流量计传感器/变送器（图 4-4-6）。

功能特点：

a. 采用最先进的集成电路，功能强大，信号处理精度高，电路精简，可靠性高。

b. 输出信号：4～20mA。

c. 取消调零、调满电位器，运用软件自动调整。

d. 可根据不同需求，现场调整输出信号值（包括零点和满量程）。

e. 现场显示与流量相关的参数。

f. 智能型：输出信号由软件实现信号数字化处理，可对流体进行温度、压力补偿。

g. 最大口径可达 *DN*600。

2）分体式涡街（旋涡）流量计，见图 4-4-7。功能特点：

图 4-4-6　一体式涡街（旋涡）流量计传感器/变送器

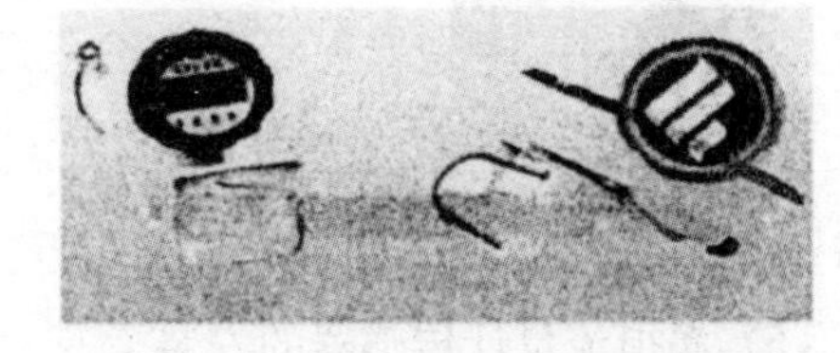

图 4-4-7　分体式涡街（旋涡）流量计

a. 采用 SMT 技术。

b. 公称通径：*DN*20～*DN*600；*DN*400～*DN*2000（插入式）。

c. 介质温度：－40～＋350℃

d. 精度等级：0.5 级、1.0 级。

e. 量程比：8∶1，12∶1，30∶1。

f. 适用介质：流速均匀的单相介质（液体、气体、蒸汽等）。

g. 防爆等级：iaⅡCT1-CT6。

h. 检测放大电路：不同口径、不同介质可互换。

3）智能形涡街（旋涡）流量计（图 4-4-8）功能特点：

a. 智能形：在电池供电条件下对流体进行温度、压力补偿，直接读出标准体积流量或质量流量。

b. 传感器和智能显示仪完美结合（一体化）。

c. 现场显示与流量相关的参数。

d. 超低功耗、电池供电，寿命长达 2 年。

e. 数据保存长达 2 年。

f. 同一电路适用于不同口径的传感器。

4）大口径涡街（旋涡）流量计（图 4-4-9）功能特点：

a. 采用最先进的集成电路．功能强大，信号处理精度高，电路精简，可靠性高。

b. 输出信号：4～20mA。

c. 取消调零、调满电位器，运用软件自动调整。

d. 可根据不同需求，现场调整输出信号值（包括零点和满量程）。

e. 现场显示与流量相关的参数。

f. 智能形：输出信号由软件实现信号数字化处理，可对流体进行温度、压力补偿。

g. 最大口径可达 *DN*600。

h. 插入式 *DN*200～*DN*2000。

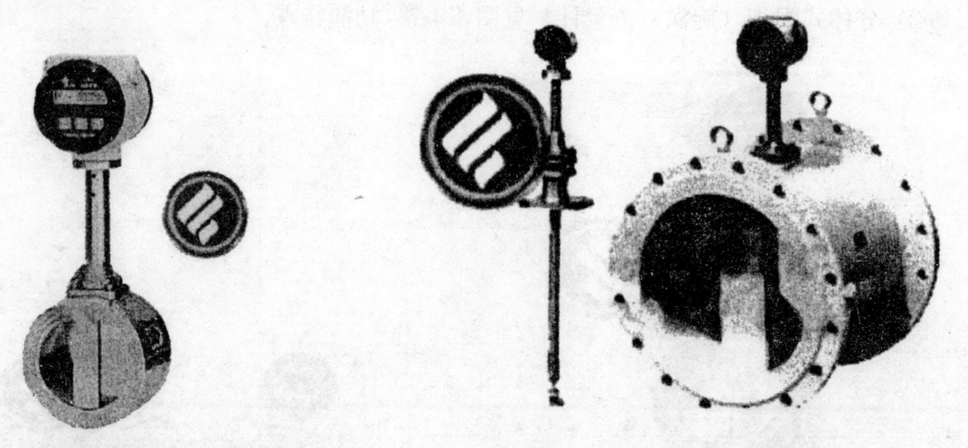

图 4-4-8　智能形涡街（旋涡）流量计　　　图 4-4-9　大口径涡街（旋涡）流量计

（5）涡街流量计传感器的安装

1）连接标准：

a. 夹持连接：DIN 2051；

b. 法兰连接：GB/T 9113.1、9115、9119；ANSI B16.5。

c. 连接法兰与法兰垫片由制造商连同流量计一并供应。

d. 其他安装要求详见制造商说明。

2）涡街流量计传感器的安装要求

a. 涡街流量计传感器安装对上下直管段长度的要求及压力变送器的安装见图 4-4-10，图 4-4-12 传感器与压力变送器安装在同一水平管道上。

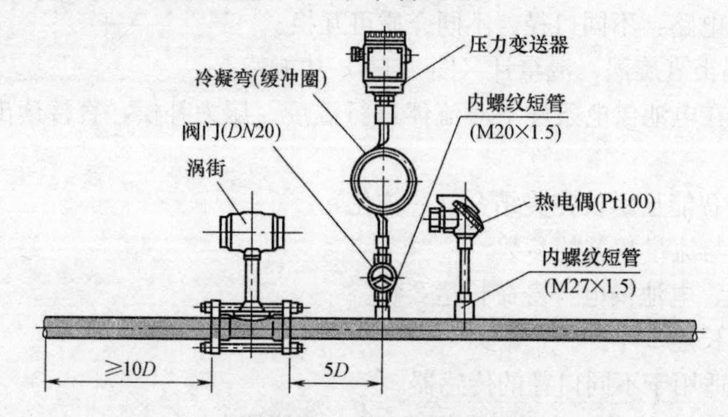

图 4-4-10　涡街流量计传感器的安装要求（一）

b. 传感器安装点上下游配管内径应与传感器内径相同，应满足下式的要求：

$$0.98D \leqslant d \leqslant 1.05D$$

式中　D——传感器内径；

d——配管内径。

c. 配管应与传感器同心，同轴偏差不大于 $0.05DN$；

d. 传感器与法兰间的密封垫不能凸入管道内，其内径可略大于传感器内径；

e. 传感器宜安装旁通管，旁通管形式按图 4-4-11 的要求；传感器两端管道直线段应满足规定要求，见图 4-4-12；

配管应与传感器同心，同轴偏差应不大于 0.05DN

f. 传感器上游装有阀门的管道，阀门与传感器间直管须有 25D 的直管长度；

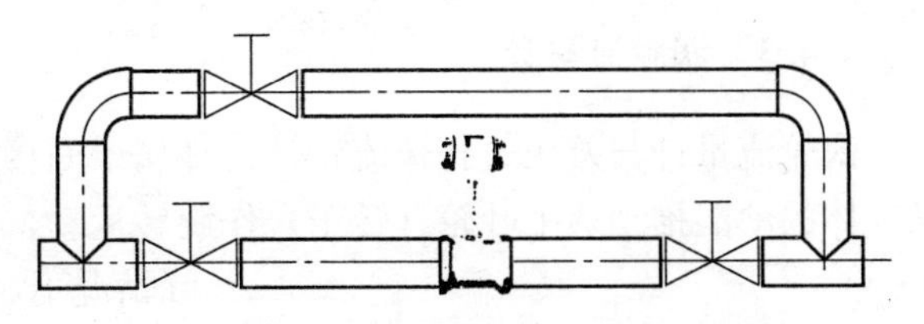
图 4-4-11　传感器两端旁通管形式安装

g. 架空管道上若安装有流量传感器，为保证传感器法兰的密封性能，安装时在传感安装管道的 2D 范围内加管道支撑，以防下垂；

h. 其他形式管道安装涡街流量传感器对直管段的要求见图 4-4-12。

对直管段的要求

传感器对安装点的上下游直管段有一定要求，否则会影响测量精度。

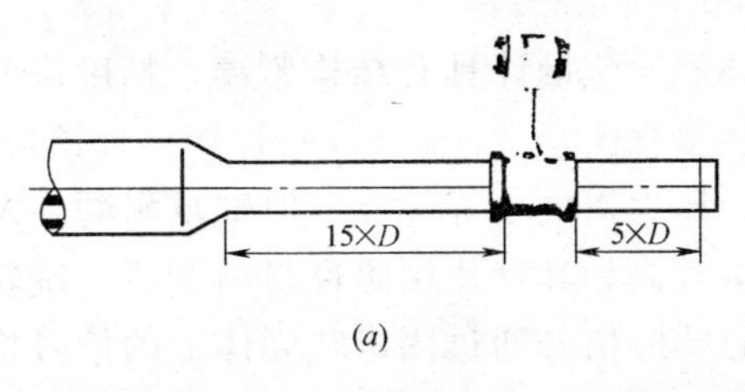

(a)

若传感器安装点的上游有渐缩管，传感器上游应有不小于 15D 的等径直管段，下游应有不小于 5D 的等径直管段。

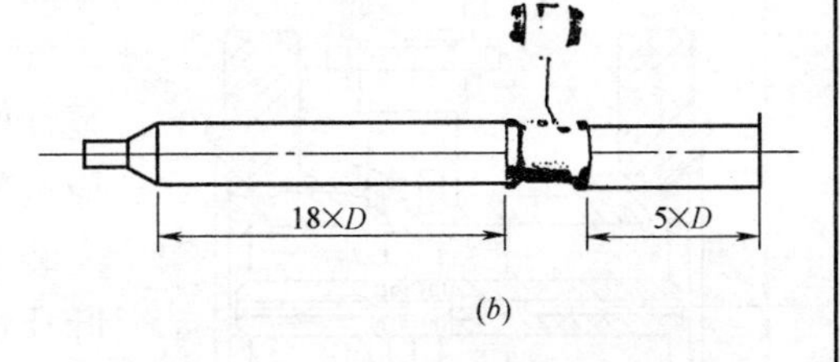

(b)

若传感器安装点的上游有渐扩管，传感器上游应有不小于 18D 的等径直管段，下游应有不小于 5D 的等径直管段。

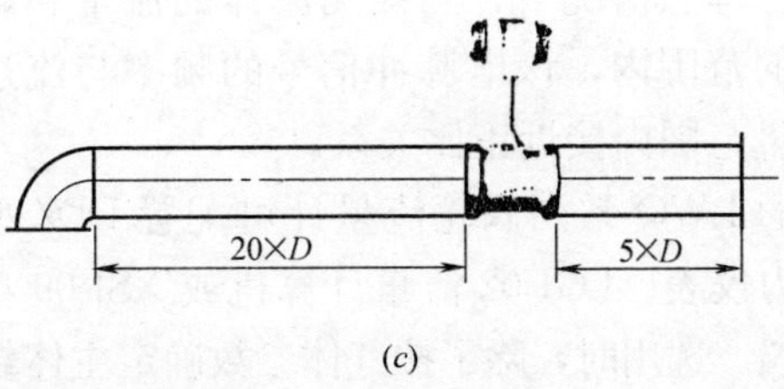

(c)

若传感器安装点的上游有 90°弯头或 T 形接头，传感器上游应有不小于 20D 的等径直管段，下游应有不小于 5D 的等径直管段。

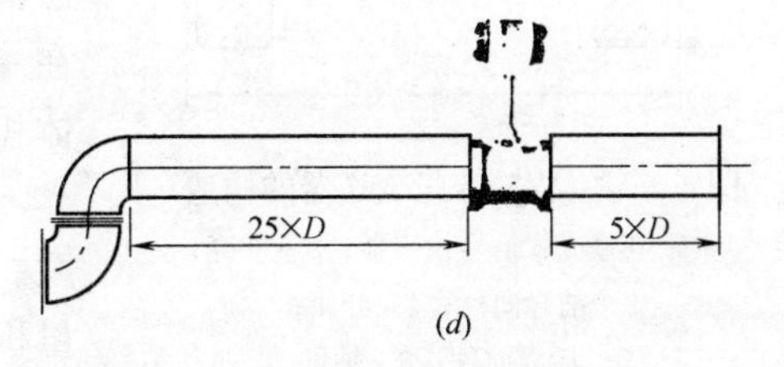

(d)

若传感器安装点的上游在同一平面上有两个 90°弯头，传感器上游应有不小于 25D 的等径直管段，下游应有不小于 5D 等径直管段。

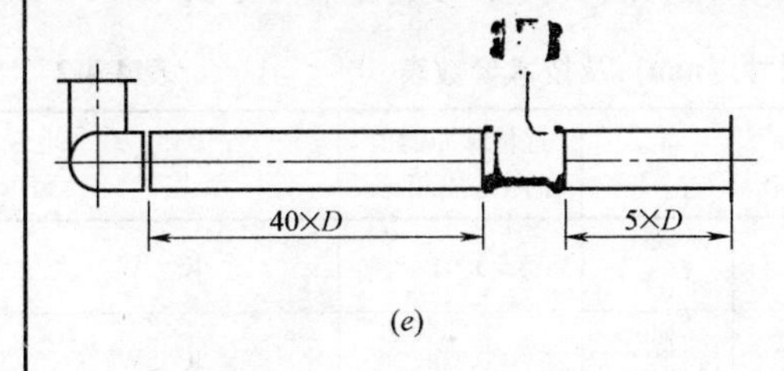

(e)

若传感器安装点的上游在不同平面上有两个 90°弯头，传感器上游应有不小于 40D 的等径直管段，下游应有不小于 5D 的等径直管段。

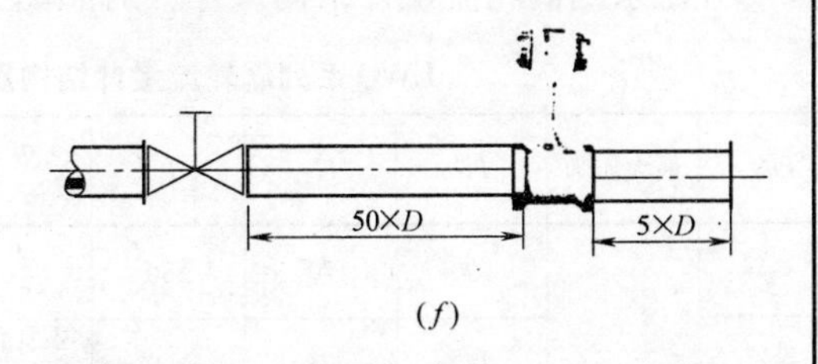

(f)

流量调节阀或压力调节阀尽量安装在传感器的下游 5D 以远处，若必须安装在传感器的上游，传感器上游应有不小于 50D 的等径直管段，下游应有不小于 5D 的等径直管段。

图 4-4-12　涡街流量计传感器的安装要求（二）

4.4.3　涡轮流量计

涡轮流量计与差压式孔板流量计一样属于间接式体积流量计。当气体流过管道时，依靠气体的动能推动透平叶轮（转子）作旋转运动，其转动速度与管道的流量成正比。在实际情况下，转速与通道断面大小、形状、转子设计形式及其内部机械摩擦、流体牵引、外部载荷以及气体黏度、密度有函数关系。

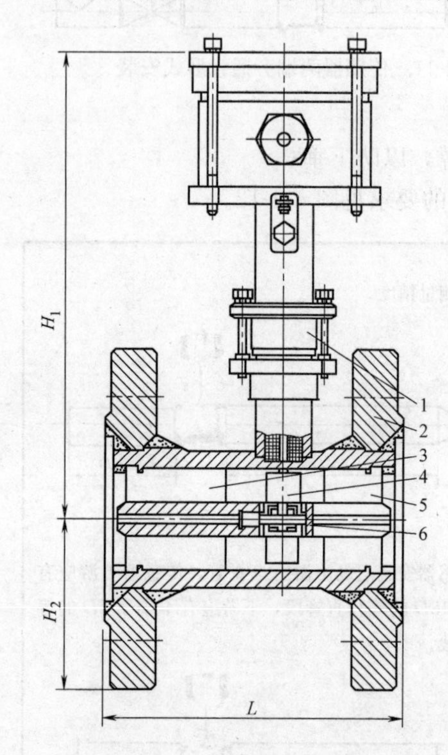

图 4-4-13　涡轮流量变送器的构造

1—磁电感应式信号检出器；2—外壳；3—前导向件；4—叶轮；5—后导向件；6—轴承

叶轮形状有径向平直形和螺旋弯曲形两种。涡轮流量计由涡轮流量变送器（传感器）、前置放大器、流量显示积算仪组成，并可将数据远传到上位流量计算机。现场安装的涡轮流量计变送器如图 4-4-13 所示。

气体涡轮流量计具有结构紧凑、精度高、重复性好、量程比宽（$q_{min}/q_{max}=1/10\sim1/15$）、反应迅速、压力损失小等优点，但轴承耐磨性及其安装要求较高。其叶片用磁性材料制成，旋转时叶片将磁感应信号通过固定在壳体上的信号检出器内装磁钢传递出来，该磁路中的磁阻是周期性变化的，并在感应线圈内产生近似正弦波的电脉冲信号。理想情况下，当被测流体的流量和黏度在一定的范围内，该电脉冲信号的频率与流过的体积流量范围内接近正比关系。

普通 LWQ 系列涡轮流量计可配置 DDZ 型温度、压力仪表、LGJ-02 流量计算机或 XSJ-09 型流量积算仪。选用时，除了按气体参数确定主体结构尺寸外，还应注意选配的脉冲信号发生器（感应式低、中、高频）应符合相关标准。国内已采用的进口产品多按德国标准 DIN 19234 选配。LWQ 系列涡轮流量计结构尺寸（对照图 4-4-13）及其技术参数见表 4-4-2。

LWQ 系列涡轮流量计结构尺寸（mm）及技术参数表　　　**表 4-4-2**

DN	最大压力	H_1	H_2	*L*	q_{min} (m^3/h)	q_{max} (m^3/h)	远传脉冲输出 *LF*(m^3/pulse)	配置
50	1.6MPa 2.5MPa	290	70	250	6 10	65 100	0.01	IC　W
80		228	94	300	16 25	160 250	0.01	IC　W
100		254	115 115	350	40 65	400 650	0.1	IC　W
150		304 304	130 140	450 450	100 160	1000 1600	1	W
250		365 365	190 200	750 750	250 400	2500 4000	1	W

注：精度等级 1 和 1.5；配置有电话网络传输功能为 W，IC 卡型为 IC，防爆等级为隔爆型 B。

LW系列涡轮流量计，其公称直径有 $DN80$、$DN100$、$DN250$、$DN300$、$DN400$、$DN500$，公称压力 $PN2.5$，连接标准：GB/T 9119。

涡轮流量计传感器安装宜装旁通管，其旁通管安装形式见图4-4-11，直管段长度下游要 $5D$，对上游要求 $20D$（D—传感器内径）。

4.4.4 超声波流量计

超声波流量计是通过检测流体流动对超声束（或超声脉冲）的作用，测量体积流量的速度式流量仪表，测量原理有传播时间差法、多普勒效应法、波束偏移法、相关法、噪声法。天然气超声波流量计的测量原理是传播时间差法（见图4-4-14）。

在天然气管道中安装两个能发送和接收超声脉冲的传感器形成声道。两个传感器轮流发射和接收脉冲，超声脉冲相对于天然气以声速传播。沿声道顺流传播的超声脉冲的速度因被测天然气流速在声道上的投影与其方向相同而增加，而沿声道逆流传播的超声脉冲的速度因被测天然气流速在声道上的投影与之方向相反而减少。同一传播距离有不同的时间，利用传播速度之差与被测流体之间的关系测出速度。超声波流量计的关键技术在于处理速度分布畸变及旋转流的不正常流动速度场的影响问题。为此，超声波流量计皆采用多声道测量技术，克服上述问题，从而使测量更为正确。

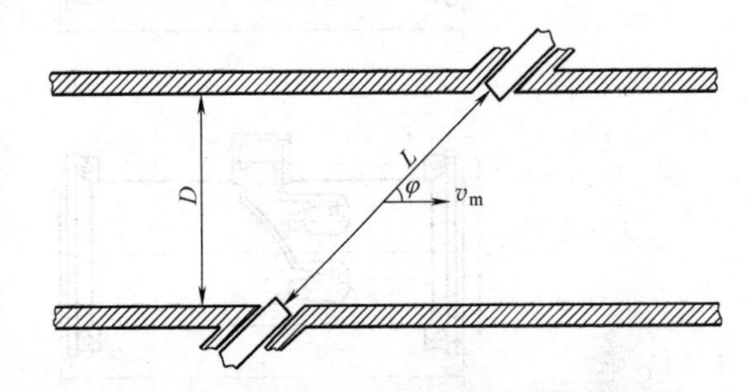

图4-4-14 天然气超声波流量计的测量原理

1. 超声波流量计的特点如下：

（1）能实现双向流束的测量（－30～＋30m/s）；

（2）过程参数（如压力、温度）不影响测量结果；

（3）无接触测量系统，流量计量过程无压力损失；

（4）可精确测量脉动流；

（5）重复性好，速度误差≤5mm/s；

（6）量程比很宽，$q_{min}/q_{max}=1/40\sim1/160$；

（7）可不考虑整流，只在上游100mm、下游50mm余留安装间隙就可；

（8）传感器可实现不停气更换，操作维修方便。

2. 超声波流量计的安装要求

（1）流量计安装位置流体上游直管段至少有 $10\sim15d$（管道内径）的距离，下游应有不小于 $5d$ 的直管段；如测量点前后有泵、T型三通、调节阀、节流孔，渐缩管段及其他会引起旋转流的装置，则要求其上游直管段更长。

（2）在水平管上安装超声波流量计，探头一般安装在管的9点钟和3点钟位置，应避开6点钟和12点钟位置。

（3）被测介质温度保证不超过探头的额定工作温度。

3. 超声波流量计

（1）GFM700型双声道超声波流量计（图4-4-15、表4-4-3）

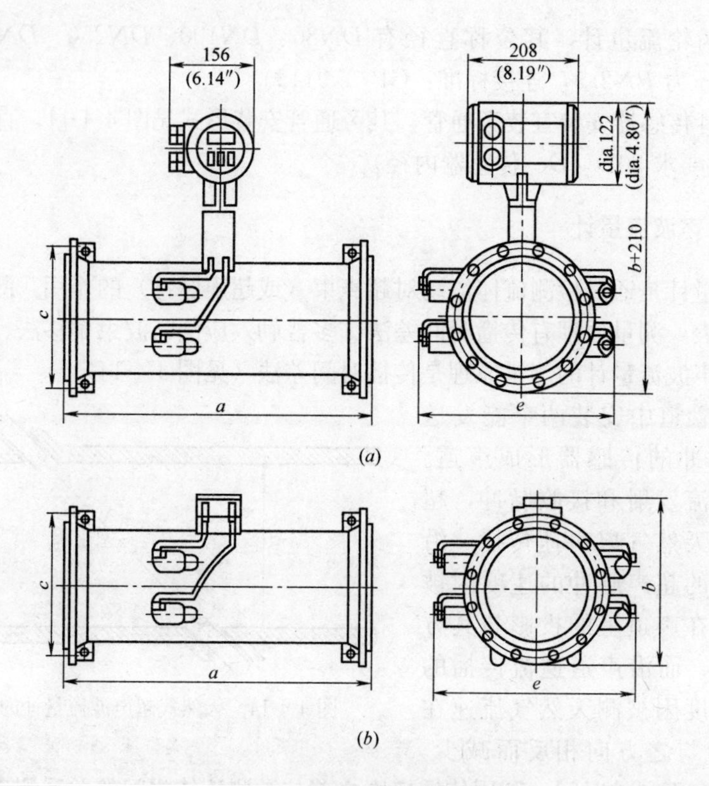

图 4-4-15　超声波流量结构简图
(a) GFM700K；(b) GFM700F

GFM700 型双声道超声波流量计结构尺寸表（mm）　　表 4-4-3

DN	PN	a	b	c	e
50	4.0	500(19.69)	198(7.80)	165(6.50)	370(14.57)
65	1.6	500(19.69)	216(8.50)	185(7.28)	380(14.96)
80	4.0	500(19.69)	230(9.06)	200(7.87)	390(15.35)
100	1.6	500(19.69)	252(6.66)	220(8.66)	410(16.14)
125	1.6	500(19.69)	280(11.02)	250(9.84)	430(16.93)
150	1.6	500(19.69)	312(12.28)	285(11.22)	460(18.11)
200	1.0	600(23.62)	365(14.37)	340(13.39)	490(19.29)
250	1.0	600(23.62)	419(16.50)	395(15.50)	570(22.44)
300	1.0	700(27.56)	470(18.50)	395(15.55)	570(22.44)
350	1.0	700(27.56)	515(20.28)	505(19.88)	650(25.59)
400	1.0	700(27.56)	515(22.48)	565(22.24)	690(27.17)
450	1.0	800(31.50)	674(26.54)	670(26.38)	780(30.71)
500	1.0	800(31.50)	674(26.54)	670(26.38)	780(30.71)
550	1.0	800(31.50)	755(29.72)	780(30.71)	820(32.28)
600	1.0	800(31.50)	780(30.71)	780(30.71)	870(34.25)

注：括号内尺寸单位为英寸。

GFM700 型双声道超声波流量计的规格型号及其主要结构尺寸见表 4-4-3 其主要技术

参数：公称口径（mm）为 $DN50 \sim DN600$；最高工作压力为 4.0MPa；流速范围为 2～20m/s；流量范围为 10～35600m^3/h；最高工作温度为 180℃；测量精度为±1%。型号中：

K：一体式传感器（一次头 S）和信号转换器（C）一起安装在管道上，如图 4-4-15（*a*）

F：分体式传感器（一次头 S）和信号转换器（C）分开，如图 4-4-15（*b*）

（2）UFM 超声波流量计（图 4-4-16、图 4-4-17，表 4-4-4～表 4-4-7）

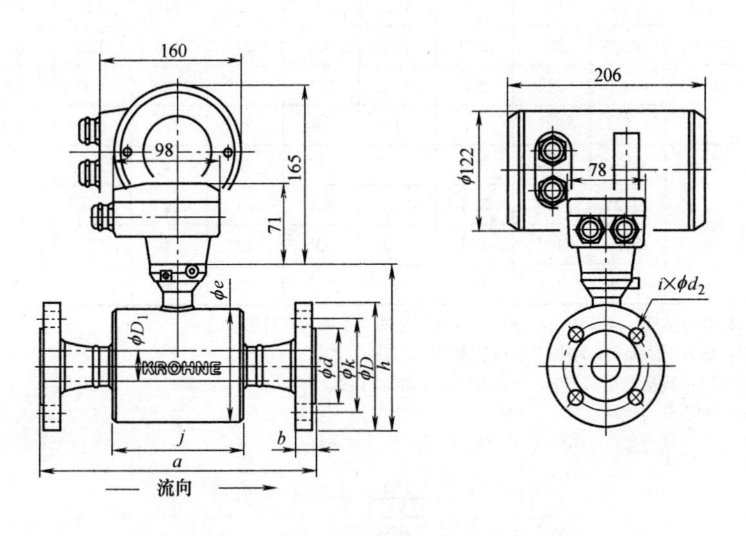

图 4-4-16　UFM 超声波流量计 *D*25～*D*300

规格表　　表 4-4-4

传感器 *DN*(mm)	标准材料		*PN* (MPa)	设计压力(MPa)					
				分体型(F)				一体型(K)	
	管道	法兰		20℃	140℃	180℃	220℃	20℃	140℃
25	SS316L	SS316L	4.0	4.0	4.0	4.0	4.0	4.0	4.0
32	SS316L	SS316L	4.0	4.0	4.0	4.0	4.0	4.0	4.0
40	SS316L	SS316L	4.0	4.0	4.0	4.0	4.0	4.0	4.0
50	SS316L	SS316L	4.0	4.0	4.0	4.0	4.0	4.0	4.0
65	SS316L	SS316L	4.0	4.0	4.0	4.0	4.0	4.0	4.0
80	SS316L	碳钢	4.0	4.0	4.0	4.0	4.0	4.0	4.0
100	SS316L	碳钢	1.6	1.6	1.6	1.6	1.6	1.6	1.6
125	SS316L	碳钢	1.6	1.6	1.6	1.6	1.6	1.6	1.6
150	SS316L	碳钢	1.6	1.6	1.6	1.6	1.6	1.6	1.6
200	SS316L	碳钢	1.0	1.0	1.0	1.0	n. a.	1.0	1.0
250	SS316L	碳钢	1.0	1.0	1.0	1.0	n. a.	1.0	1.0
300	SS316L	碳钢	1.0	1.0	1.0	1.0	n. a.	1.0	1.0

注：使用碳钢 DIN 法兰时，请注意最低温度限制是－10℃。对于低于－25℃可按要求选择其他材料。

连接法兰标准：GB/T 9115；$PN \leqslant 1.6$MPa 或 $DN \leqslant 80$ 亦可采用 GB/T 9116、GB/T 9119、SS 316L：相当于 00Cr17Ni14Mo2。

尺寸表 **表 4-4-5**

传感器 DN(mm)	PN (MPa)	尺寸以毫米为单位(法兰连接按照 DIN2632、2633、2635)(GB/T 9115,GB/T 9119)										
		a	D_1	e	h	j	D	b	k	d_4	$i\times\phi d_2$	m(kg)
25	4.0	250	26.7	106	150	120	115	18	85	68	4×ϕ14	6.5
32	4.0	260	35.1	106	162	120	140	18	100	78	4×ϕ18	8.5
40	4.0	270	40.9	106	167	120	150	18	110	88	4×ϕ18	9.5
50	4.0	300	52.5	133	190	152	165	20	125	102	4×ϕ18	12.5
65	4.0	300	62.7	133	200	152	185	22	145	122	8×ϕ18	15.5
80	4.0	300	80.9	190	239	170	200	24	160	138	8×ϕ18	16.5
100	1.6	350	104.3	215	262	190	220	20	180	158	8×ϕ18	18.5
125	1.6	350	129.7	237	288	210	250	22	210	188	8×ϕ18	22.5
150	1.6	350	158.3	266	320	236	285	22	240	212	8×ϕ22	27.5
200	1.0	400	207.1	359	394	225	340	24	295	268	8×ϕ22	50.5
250	1.0	400	255.0	407	445	260	395	26	350	320	12×ϕ22	60.5
300	1.0	500	305.0	457	495	290	445	26	400	370	12×ϕ22	75.5

注：1. 内径以标准为基础。设计压力以使用螺纹钢丝垫圈为基础进行计算。

2. 转换器：如采用防爆型，增加 30mm 宽和 8mm 高；

3. 分体型（F）：转换器重 3.5kg，一体型（K）：增加 1.8kg；

4. DN350～DN500 上注同。

UFM3030 测量液体的通用型
3声道在线 超声波流量计

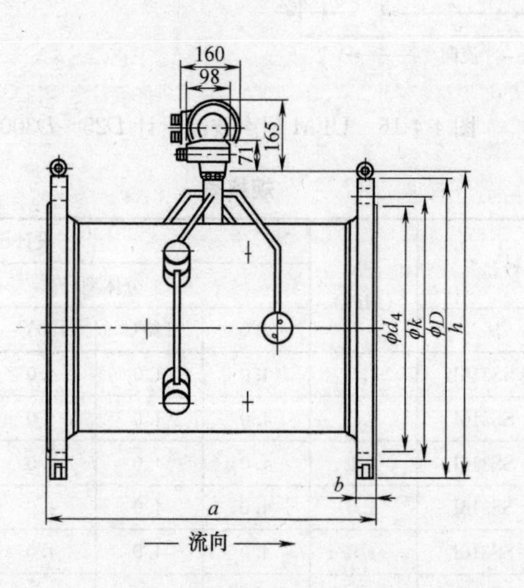

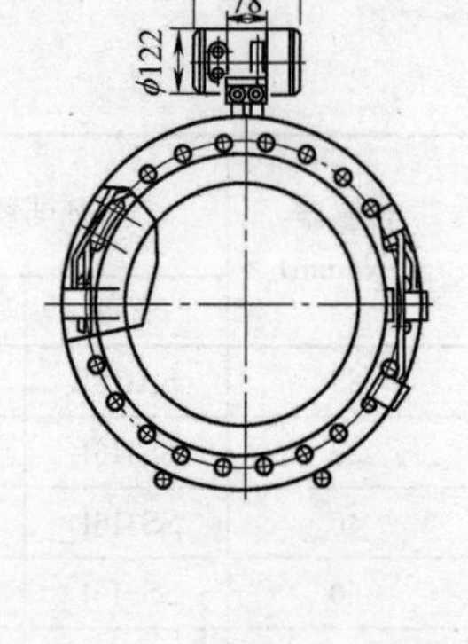

图 4-4-17 UFM 超声波流量计 DN350～DN500

规格表 **表 4-4-6**

传感器 DN	标准材料		PN (MPa)	设计压力(MPa)					
				分体型(F)				一体型(K)	
	管道	法兰		20℃	140℃	180℃	220℃	20℃	140℃
350	碳钢	碳钢	1.0	1.0	1.0	0.99	n.a.	1.0	1.0
400	碳钢	碳钢	1.0	n.a.	1.0	1.0	n.a.	1.0	1.0
500	碳钢	碳钢	1.0	n.a.	1.0	0.98	n.a.	1.0	1.0

注：使用碳钢 DIN 法兰时，请注意最低温度限制是－10℃。对于低于－25℃可按要求选择其他材料。

尺寸表　　表 4-4-7

传感器 DN	PN (MPa)	尺寸以毫米为单位(法兰连接按照 DIN 2632、2633、2635)(GB/T 9115、GB/T 9119)						
		a	h	D	b	k	d_4	m(kg)
350	1.0	500	540	505	26	460	430	68.5
400	1.0	600	595	565	26	515	482	89.5
500	1.0	600	697	670	28	620	585	117.5

内径以标准为基础。

4.4.5　塔形流量计

塔形流量计是人们近百年来对以孔板、喷嘴和文氏管为代表的差压式流量计（统称标准节流装置）不断改进的产物，这一改进工作到 20 世纪 80 年代中期才有突破性的发展，实现了塔形流量计的商业化。塔形流量计打破了沿袭近百年的结构模式，使得节流式差压代表发生了“质的飞跃”，突破“流体中心突然收缩”这一模式，克服了节流装置流量系数不稳定，线性差，重复性不高、造成准确度不够高的缺点，且在孔板入口锐角易磨损、前部易结垢、量程比小，压力损失大，特别是对直管段要求苛刻等问题发生了根本性的改变。

塔形流量计的重大突破在于：变流体在管道中心收缩为管道边壁逐渐收缩，即利用同轴安装在管道中的塔形体（节流件），迫使流体逐渐从中心收缩到管道内边壁而流过塔形体，通过测量塔形体前后的压差来得到流体的流量。正是这个边壁收缩的结构，使得塔形流量计具有一系列其他差压仪表无法相比的优点，彻底克服了以孔板为代表的传统差压仪表的诸多缺点。可以说这是流量仪表一场革命性的变化，经过国内外十多年的应用和多次测试，已充分证明它能在极短的直管段条件下，以更宽的量程比对各种流体（包括脏污、低流速）进行更准确更有效的测量。从此揭开了差压式流量仪表划时代的崭新一页。可以预言，随着人们对它逐渐认识、了解、熟悉和掌握，必将逐渐和完全取代以孔板为代表的传统差压仪表。

图 4-4-18 为 V 形锥（塔形）流量计结构图。

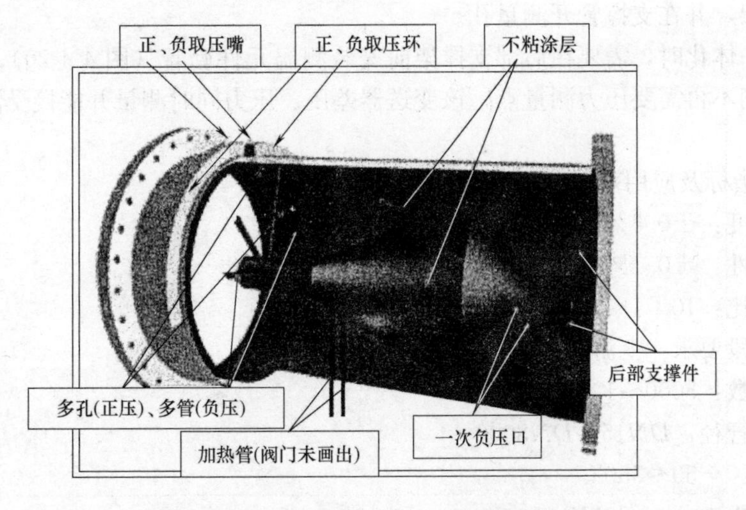

图 4-4-18　V 形锥（塔形）流量计结构图

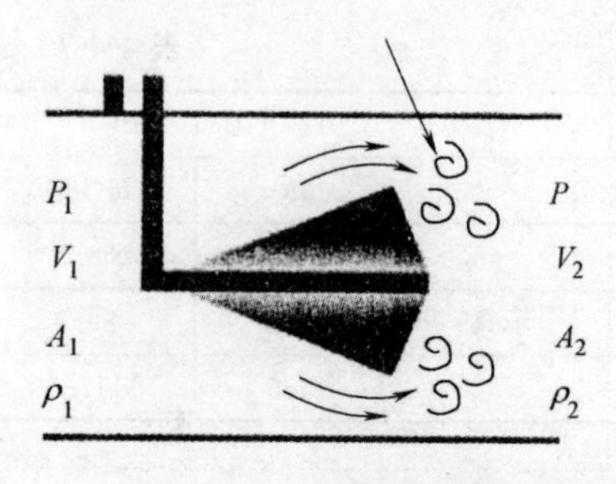

图 4-4-19　塔形节流件

1. 测量原理

塔形流量计与其他差压式流量仪表原理相同，也是一种节流式差压流量计，都是遵循封闭管道中流体质量守恒（连续性方程）和能量守恒（伯努利方程）定律。(图 4-4-19)

质量守恒：流体在一个封闭的管道中流动，当遇到节流件时，在节流件前后它的质量是不变的，用公式表示为：

$$P_1+1/2\times(V_1)^2\times\rho_1=P_2+1/2\times(V_2)^2\times\rho_2=\text{常数}$$

能量守恒：管道中流体的压力和流速有如下的关系：

$$V_1\times A_1\times\rho_1=V_2\times A_2\times\rho_2\text{(液体为:}V_1\times A_1=V_2\times A_2\text{)}$$

式中　A_1、A_2——分别是节流件前后的截面积；

V_1、V_2——分别是 A_1、A_2 处的流速；

P_1、P_2——分别是 A_1、A_2 处的压力；

ρ_1、ρ_2——分别是 A_1、A_2 处的流体密度。

根据伯努利方程：$P+1/2V_2\rho=$常数，在截面 A_2 处流速加快，该处的压力必然降低，因此压力 P_2 的高低随流速 V_2 的大小而变化。而在截面 A_1 处流速 V_1 和压力 P_1 都没有变化，只要测出 P_1 与 P_2 的压力差 $P=P_1-P_2$，就可以求出流速（流量）。节流式差压仪表正是基于了连续性方程和伯努利方程原理，在管道内设置了一个节流件，测量其前后的压力差而得到了流量。

2. 结构

塔形流量计国外称为 V-CONE，国内的叫法有多种如 V 形锥、内锥、环孔流量计、内置文丘里等。尽管名称各异，但原理结构都是一样的。单就节流件来讲，完全是金属件组成，不含任何电子器件。它主要由测量管、塔形体（锥形体）、低压测量管（兼支架）、正负测压嘴、连接法兰等组成。

当口径≤100mm 时，塔体用负压测量管兼作支撑，口径≥150mm 时，要在塔体后部再加支撑管架，并在支撑管开测量孔。

当温压一体化时，需要在后部支撑架前安装测温元件套管（图 4-4-20），若采用多参数变送器，则不再需要压力测量点，该变送器差压、压力同时测量并能接受温度信号（图 4-4-21）。

3. 技术指标及应用范围

1）准确度：±0.5％

2）重复性：±0.1％

3）量程比：10∶1～15∶1

4）直管段要求：上游 1～3D　下游 0～1D

5）雷诺数：8000～1×10^7

6）适用管径：DN15～DN3000

7）温度：－50～550℃

8）公称压力：0～30MPa

图4-4-20　温压补偿一体化塔形流量计

图4-4-21　自由的一体化的塔形流量计

9）可测介质：

气体：燃气（焦炉煤气、高炉煤气、发生炉煤气等）、天然气（包括含湿量5%以上的天然气）、各种碳氢化合物气体、各种气体，如氢、氦、氩、氧、氮等、空气（包括含水、含其他尘埃的空气）、烟道气。

蒸汽：饱和蒸汽、过热蒸汽。

液体：油类（燃料油、含水乳化油等）；水（包括纯净水、污水）；各种水溶液（包括盐水、碱水溶液、含油、含沙的水）及其他化工液体。

4. 特点及其优越性

（1）特点：

1）具有良好的准确度（≤0.5%）和重复性（≤0.1%）；

2）具有较宽的量程比（10∶1～15∶1）；

3）对流体有整流功能，因此只需要极短的直管段（前1～3D后0～1D）；

4）具有自清洁功能，可测脏污和易结垢流体；

5）节流件关键部位不磨损，因此能保持长期稳定地工作；

6）是纯机械体（不含任何电子部件），因此耐高温、高压、耐腐蚀、不怕振动等；

7）可测流体的种类非常广泛（液、气、蒸汽），流量范围宽（从微小流量到大流量），适应的管道（DN15～DN3000）；

8）温压补偿一体化；

9）采用多孔取压、环室取压、一体化安装等多项专利技术，广泛用于特脏污流体中的计量（如钢铁厂的焦炉煤气、高炉煤气等）。

（2）优越性：

1）对流体的均速作用；

2）具有很强的抗干扰（旋涡流）能力；

3）对流体的整流功能；

4）被测流体不与节流件关键部位接触，不可能有磨损情况发生，保持长期稳定工作。

5）自清洁功能；

6）强大防堵功能；

7）在设计计算上比标准节流件准确。

塔形流量计，是把测量管和连接法兰整体焊接在一起的一个产品，虽然 D 值的要求也很严格，但是这个工作是由仪表制造厂家来做的。测量管是在制造厂进行准确测量或者进行机械加工来达到所要求数值，根本不需要用户再为管道的 D 值是否精确而为难，用户只要把管道的壁厚系列提供给仪表厂以便选配同系列的测量管就可以。由于塔形流量计可以把 D 值控制得非常精确，从而避免了孔板等差压式仪表因 D 值不准确而带来的计算上的误差（图 4-4-20、图 4-4-21）。

5. 流量计选型（参见表 4-4-8～表 4-4-10）

≤PN2.5MPa 基本外形尺寸 **表 4-4-8**

公称管径	L(mm)	C	公称管径	L(mm)	C
DN15	170	Φ14.5	DN350	900	M20×1.5
DN20	170	Φ14.5	DN400	1050	M20×1.5
DN25	200	Φ14.5	DN450	1150	M20×1.5
DN32	200	Φ14.5	DN500	1260	M20×1.5
DN40	240	Φ14.5	DN600	1380	M20×1.5
DN50	300	M20×1.5	DN700	1500	M20×1.5
DN65	320	M20×1.5	DN500	1600	M20×1.5
DN80	390	M20×1.5	DN900	1750	M20×1.5
DN100	420	M20×1.5	DN1000	1850	M120×1.5
DN125	500	M20×1.5	DN1200	2000	M20×1.5
DN150	550	M20×1.5	DN1400	2200	M20×1.5
DN200	650	M20×1.5	DN1600	2500	M20×1.5
DN250	700	M20×1.5	DN1800	2900	M20×1.5
DN300	750	M20×1.5	DN2000	3200	M20×1.5

注：表中 L—塔形流量计长度；
C——变送器连接尺寸。

PN2.5MPa 基本外形尺寸 **表 4-4-9**

公称管径	L(mm)	C	公称管径	L(mm)	C
DN15	230	Φ14.5	DN350	1120	M27×3
DN20	240	Φ14.5	DN400	1300	M27×3
DN25	270	Φ14.5	DN450	1350	M27×3
DN32	290	Φ14.5	DN500	1400	Φ48×7.5
DN40	300	Φ14.5	DN600	1480	Φ48×7.5
DN50	390	M20×1.5			
DN65	430	M20×1.5			
DN80	470	M20×1.5			
DN100	500	M20×1.5			
DN125	540	M20×1.5			
DN150	620	M20×1.5			
DN200	725	M20×1.5			
DN250	835	M20×1.5			
DN300	900	M20×1.5			

带测温元件的外形尺寸　　表 4-4-10

公称管径	L(mm)	C	公称管径	L(mm)	C
DN15			DN125	620	M20×1.5
DN20			DN150	700	M20×1.5
DN25	400	Φ14.5	DN200	800	M20×1.5
DN32	400	Φ14.5	DN250	1000	M20×1.5
DN40	430	Φ14.5	DN300	1200	M20×1.5
DN50	430	M20×1.5	DN350	1350	M20×1.5
DN65	450	M20×1.5	DN400	1450	M20×1.5
DN80	500	M20×1.5			
DN100	570	M20×1.5			

6. V 形锥流量计（图 4-4-18）

V 形锥流量计是塔形流量计的其中一种类型，这里介绍的是一种专用的 V 形锥流量计，它的特点是有防止焦油（适用于燃炉煤气）黏附在流量计管壁上的功能；在高粉尘气体中工作保证流量计长期不被堵塞而稳定工作的功能；具有加热功能防止气体中萘、水分在测量管内壁结晶、冻结的功能的特种塔形流量计，适用于处理前或不洁净的天然气的流量测量。

（1）采用多参数变送器方式（图 4-4-22）V 形锥流量计

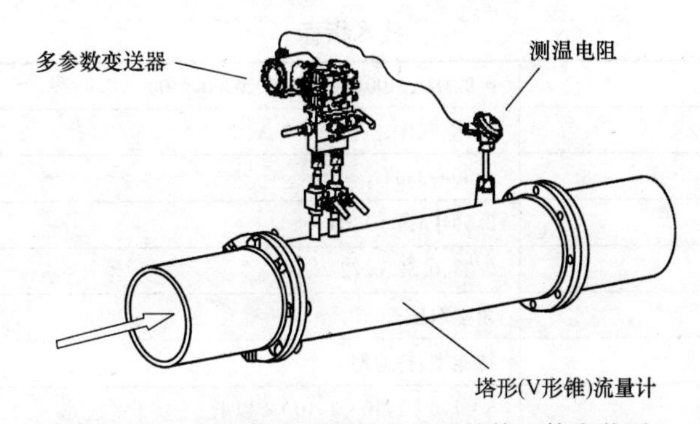

图 4-4-22　多参数变送器的温、压补偿一体安装图

只要安装 1 台变送器和测温元件，可以实现 1 台变送器同时测量差压、压力，从而节省了再配备压力变送器的资金和安装工作。同时该变送器还能接受测温信号（热电阻或热电偶），并能对三个信号（差压、温度、压力）进行运算处理，直接输出补偿后的流量信号，供显示或过程控制用。

（2）采用单参数变送器方式（图 4-4-23）V 形锥流量计

需要在 V 形锥流量计上安装差压变送器、压力变送器（压力变送器也可以单独安装，该图是在流量计上直接安装）和测温元件，然后将三个信号送到流量积算仪（或 DCS 系统）进行运算处理，供显示或控制用。

这两种安装方式完全可以根据用户的实际情况和需要自行选择。温压补偿一体化 V 形锥流量计的优点：结构简单；安装方便（取消了长长的导压管、减少了阀门和接头），从而减少日常的维护量；降低了整个测量系统的误差，提高了仪表的准确度（介质温度高

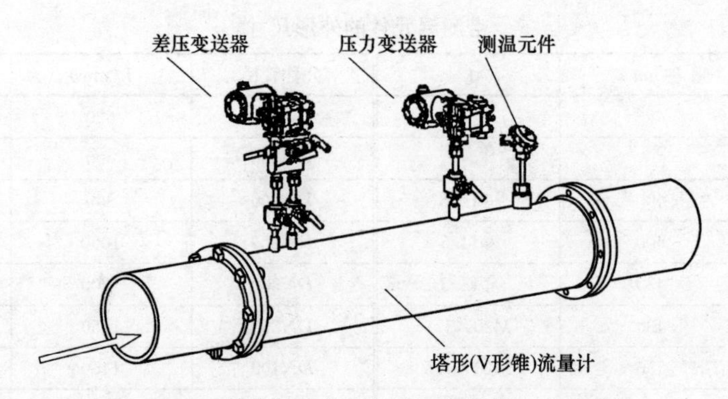

图 4-4-23　单参数变送器的温、压补偿一体安装图

于 120℃不建议采用一体式安装）。

本节所述的流量计是适用于调压设施安装量程大的流量计，对于用户计量设施见第 5 章。

4.4.6　YKL 智能一体化孔板流量计

YKL 智能一体化孔板流量计将节流件、夹持件和差压变送器制作成一体的差压式流量检测装置，选择合适的差压变送器可将量程比扩展到 6∶1～10∶1 以上，其结构简单，安装方便。其技术指标见表 4-4-11。

技术指标　　表 4-4-11

适装管道内径	ϕ50、ϕ80、ϕ100、ϕ150、ϕ200、ϕ250、ϕ300
被测介质	液体、气体、蒸汽
介质温度	−30～350℃
压力等级	2.5MPa、4.0MPa
定值孔板 β20	0.34、0.52、0.72
取压方式	角接取压
差压变送器	智能型、普通型
量程比	3∶1,6∶1,10∶1,10∶1 以上
精度	±1.0%～2.5%
节流件材料	1Cr18Ni9Ti、其他
法兰材料	1Cr18Ni9Ti、20 号、其他
输出	4～20mA
防爆等级	ExiaⅡCT1-T6
环境温度	−40～55℃
相对湿度	≤100%
大气压	86～106kPa
雷诺数范围	ReD≥3150
供电电源	DC24V
法兰材料	20(普通型)，1Cr18Ni9Ti(智能型)
法兰连接标准	GB/T 9115、GB/T 9119、JB/T 82

YKL型智能一体化孔板流量计外形见图4-4-24，安装状态，外形尺寸及尺寸D、A与公称直径、介质的关系见表4-4-12。

YKL智能一体化孔板流量计

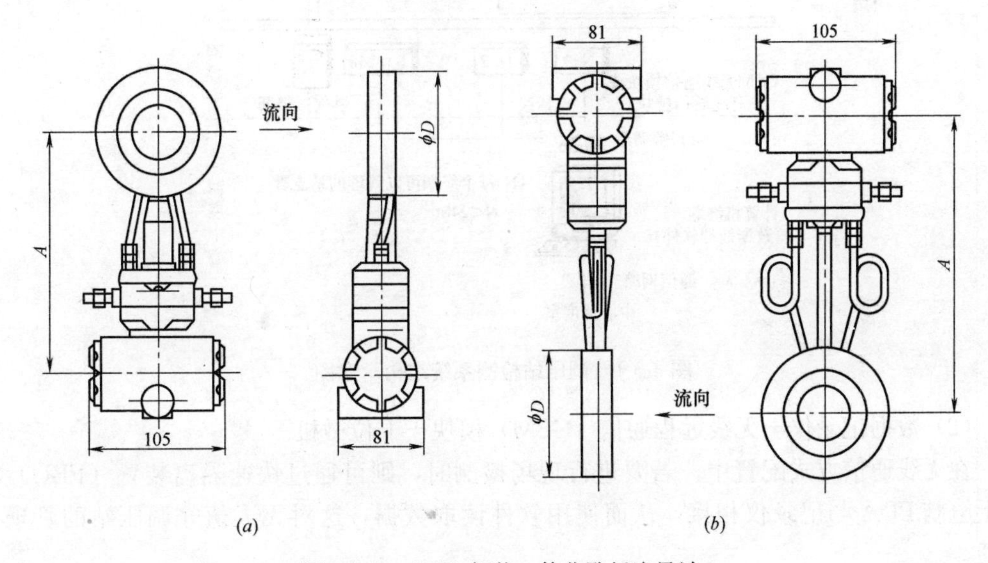

图4-4-24　YKL智能一体化孔板流量计

D、A与公称直径、介质的关系（mm）　　　　**表4-4-12**

部位 \ DN	50	80	100	150	200	250	300
D	105	135	160	225	275	325	380
A蒸汽/液体	308/248	325/265	335/275	370/310	395/335	420/360	450/390

4.5　调压站监控及数据采集系统

1. 调压站检测系统结构

调压站检测系统的结构见图4-5-1。

设计时，首先要选用适合于现场接受数字模拟或脉冲信号的本质安全型数据记录仪，将所采集到的数据（压力、流量等）通过相应的通信模块以PSTN有线电话或GSM无线通信方式传至上位微机进行处理和显示。从目前已达到的技术水平来看，主站可监控和管理数百个站点。也就是说，调压站检测系统结构有两种配置：

（1）数据记录仪＋有线远程通信（PSTN）模块＋上位微机；

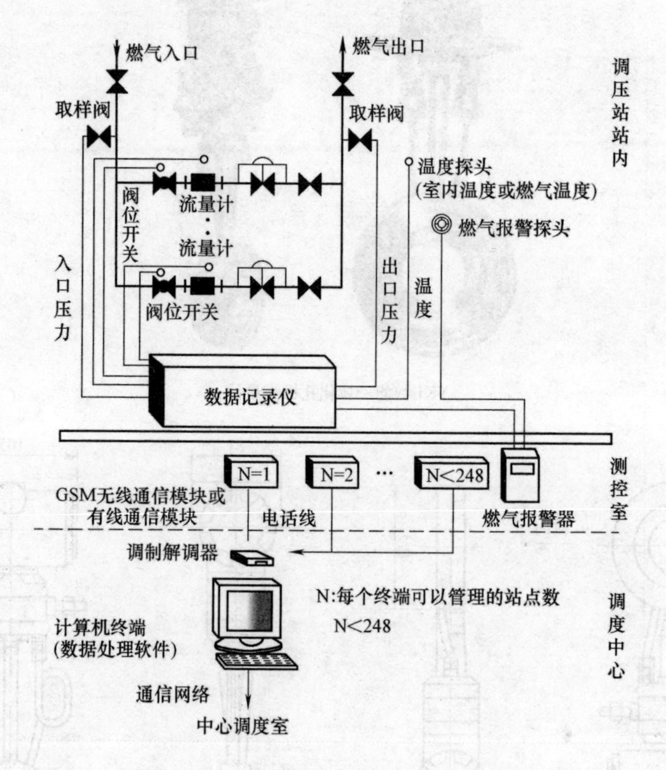

图4-5-1　调压站检测系统结构示意图

（2）数据记录仪＋无线远程通信（GSM）模块＋上位微机。

在无线通信方式配置中，若要进行现场检测时，则可通过快速隔离装置（FBU）将掌上电脑PDA与记录仪相接，从而使用软件读取数据，这对无人值守调压站的管理更方便。

内置GSM MODEM的记录仪，可利用SMS技术把现场的数据传输到主站中心调度室。GSM MODEM的频率为900MHz（蜂窝网）和1800MHz，外部天线可安装在2m以外，128K内存，可选择与GSM网络时间同步，有内置可更换的锂电池供电。

为了将数据记录仪的数据通过有线通信方式传送，所用的有线专用通信模块集成有电话线动力调制解调器，可从电话线获得电力支持，无须外加电源。

2. 补偿式电子体积较正仪（图4-5-2）

在商业和工业计量领域广泛采用补偿式电子体积校正仪（按EN 12405标准），可将机械式计量装置的气体工况转换成标准工况，其由以下几部分构成：按一定防护等级设计的壳体、内设数据处理及存储单元、输入/输出单元、LCD显示单元以及相关软件。其结构框图如图 4-5-2 所示，此外，还设置有 RS232 通信接口，可通过外置 MODEM 进行远程数据传输。

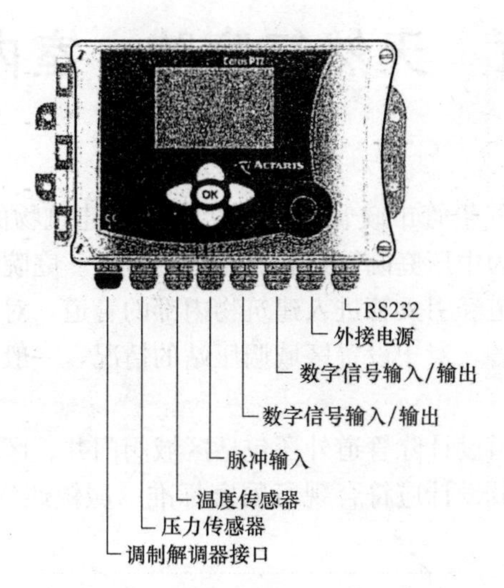

图 4-5-2　补偿式电子体积校正仪

第5章 天然气庭院、室内管道

庭院管一般是指从配气干管市政管道开口接往用气建筑物的庭院管道（配气支管），按天然气的压力等级可分为中压庭院管道和低压庭院管道。庭院管一般都采用埋地敷设。

室内管道是由庭院管道经引入管进入建筑物内部的管道，对于中压至楼栋的情况，一般指楼栋阀后的管道及设备，对于设置区域调压站的情况，一般是指引入管及以后的管道及设备。

天然气庭院、室内管道设计除管道外还包括区域阀门井、区域调压站、调压箱、调压柜和用户调压器等设计。其设计应符合现行国家标准《城镇燃气设计规范》GB 50028的规定。

5.1 天然气庭院管道

庭院管道是天然气输配系统的组成部分，因此其设计、敷设基本与输配系统一致，由于庭院管敷设在人口集中的建筑小区和庭院，对庭院管道的安全性要求会更高和更严格，本节阐述的就是对庭院管设计和敷设的具体要求。

5.1.1 庭院管道的压力级制和调压方式

天然气管网的压力级制影响着庭院管道的压力级，一般可分为三种压力工况：设置区域中低压调压站的低压一级；中压一级，设置分户调压设置；以及中压—低压—低压二级低压系统。

1. 庭院管道压力级制和调压方式

（1）低压一级

低压一级是指设置中—低压天然气区域调压站的压力工况，这是很成熟的供气方式。天然气以中压进入区域调压站，调压后再以低压进入低压庭院管道直接供给用气户使用。

（2）中压一级

中压一级庭院管道是以分配干管直接引入中压天然气进庭院管道，送到小区或楼栋调压箱或调压柜经调压后再以低压送至天然气居民用户；或者是中压天然气直接进入居民用户送到单户调压器调至低压送到燃气用具。

对于商业用户或工业用户中压天然气就直接送到用户调压箱或调压柜或用户调压装置。

单独院落的居民用户也可将中压天然气直接进入院内的露天调压设施，调至低压送至燃气用具。

现行国家标准《城镇燃气设计规范》GB 50028规定：用户室内燃气管道的最高压力见表5-1-1。

用户室内燃气管道的最高压力（表压 MPa）　表 5-1-1

燃气用户		最高压力
工业用户	独立、单层建筑	0.8
	其他	0.4
商业用户		0.4
居民用户（中压进户）		0.2
居用用户（低压进户）		<0.01

用户室内燃气管道的最高压力也就是规定于中压一级庭院管道的运行压力，稍大于或等于室内燃气管道最高压力。

(3) 中压—低压二级

此种压力级制是指中压天然气先进入中—低压天然气区域调压站调至一级低压，压力为 5～10kPa；以一级低压天然气进入建筑物送到用户表前单户低—低压天然气调（稳）压器，压力降至 2.3kPa 供给燃气用具的庭院管道压力工况。此种供气方式适宜于高层建筑，保持用气压力稳定。

2. 庭院管不同压力级制的比较

(1) 低压一级，安全性好，管道投资大，燃气用具压力有波动，增容范围小，调压设备少。

(2) 中压一级，适宜天然气供应，管道投资少，增容性较强，燃气用具压力稳定，调压器数量多，安全性相对较差。

(3) 中压—低压二级，安全性、增容性都好，燃气用具使用压力稳定，调压器数量多，管道投资较少，特别适用于高层建筑，具有推广价值。

5.1.2　区域阀门井与区域调压站

1. 区域阀门井

庭院管道设计中，在中压天然气支管起点处；区域调压站出口低压管道的起点处应设置阀门，以便在供气区域发生事故或检修时有效地切断燃气，阀门宜设在阀门井中。天然气管道阀门井的设置详见本手册 13.6 节。

2. 区域调压站

对于低压一级庭院管道，在中压管道支管的起点处建设一座中—低压区域调压站，调压站的设计及布置详见本手册 4.2 节。

(1) 区域调压站的出口压力计算

区域调压站的出口压力应连同庭院管道和楼栋室内管道作为一个体系进行计算，其计算公式为式（5-1-1）和式（5-1-2）。

$$P_L = P_n + \Delta P_d \quad (Pa) \tag{5-1-1}$$

$$\Delta P_d = 0.5P_n + 150 \quad (Pa) \tag{5-1-2}$$

式中　P_L——调压站低压管道出口压力（Pa）；

ΔP_d——低压庭院管道和室内管道系统的计算压力降（Pa）；

P_n——天然气燃具的额定压力（Pa）。

$$P_n = 2000Pa$$

（2）天然气中—低压区域调压站的出口压力，见表5-1-2。

天然气中低压区域调压站出口压力（Pa）　　表5-1-2

燃具额定压力	2000	系统允许压力降	1000
燃具压力波动范围	500	调压站出口压力	3500

5.1.3　管道计算流量

1. 居民用户

（1）计算区域居民用户≥2000户

居民用户≥2000户，小时计算流量按用气不均匀系数法计算，见本手册2.5节。

（2）计算区域的居民用气户＜2000户，宜按同时工作系数法计算，见本手册2.5.2节。

（3）建筑物的供暖与空调用气量，宜按不均匀系数法计算，见本手册2.5.3节。

2. 公共建筑用户

包括商业、工业和公共建筑用户的庭院管道的计算流量，一般在已知用气设备的额定热负荷及用气规律时，可按同时工作系数法确定其天然气计算流量。商业用户的燃具额定热负荷见表5-1-3。居民用户主要燃具的额定热负荷如下。

民用双眼灶：　　3.5kW×2

天然气民用烤箱：　　主火：3.0kW×2　次火：0.6kW
烤箱：2.6kW

快速热水器：9.6kW、10.3kW；12kW。

一般商业用户燃气具额定热负荷　　表5-1-3

燃气具名称	总热负荷(kW)	燃气具名称	总热负荷(kW)
单头小炒炉	50	双头小炒一蒸三头炉	50×3
双头小炒炉	50×2	一小炒两大锅三头炉	50+60×2
三头小炒炉	50×3	单头肠粉炉	50
ϕ700～1200中锅炉	60	双头肠粉炉	50×2
ϕ700～1200双头中锅炉	60×2	单头蒸炉	50
ϕ700～1200三头中锅炉	60×3	双头蒸炉	50×2
单头大锅灶(鼓风式)	35	三头蒸炉	50×3
双头大锅灶(鼓风式)	70	三门海鲜蒸柜	50
单头矮仔炉	50	单门蒸饭(消毒)柜	50
双头矮仔炉	50×2	双门蒸饭(消毒)柜	50×2
三头矮仔炉	50×3	四眼平头炉	12
单头汤炉	60	六眼平头炉	18
双头汤炉	60×2	八眼平头炉	24
三头汤炉	60×3	烤乳猪炉	57
一小炒一蒸双头炉	50×2	烤鸭炉	14
一小炒一大锅双头炉	50+60	燃气沸水器	19～47

对于未知单位用气设备额定负荷和用气规律的也可按本手册 2.2.1　2. 商业用气量指标采用不均匀系数法进行计算。工业用户用气量指标见本手册 2.2.1　3 节。

5.1.4　庭院管道水力计算及允许压力降

1. 庭院管道的水力计算

庭院管道的水力计算包括三部分：管道的摩擦阻力损失；局部阻力损失和附加压头。前二部分可按手册 7.1.2 低压天然气管道摩擦阻力计算表；7.1.2 低压天然气管道水力计算图表和 7.3 局部阻力损失计算完成。附加压头的计算如下。

由于天然气密度小于空气密度，在高层建筑自下而上流动过程中将产生一个升力，即附加压头。对摩擦阻力而言它是一个符号相反的正值，将减小摩擦阻力损失，故称附加压头。对于高层建筑其影响不可小视，当其升力大于燃气压力的波动范围 500Pa 时，还应在设计中考虑破坏升力的措施。单户调压器就可防止此种现象发生。在使用纯天然气的状况下，当楼高达 100m（30 层）时，其附加压头将达到 576Pa。

附加压头可按式（5-1-3）计算

$$\Delta P = 10 \times (p_a - p_g) \times h \tag{5-1-3}$$

式中　ΔP——附加压头（Pa）；

p_a——空气密度 1.293kg/m^3；

p_g——天然气密度（kg/m^3）；

h——天然气管道计算起点和终点间的高程差（cm）。

庭院管道的水力计算的目的是，计算管道始端与末端间的压力降不应超过允许压力降的规定值。

2. 庭院管道的允许压力降

（1）低压天然气庭院管道的允许压力降见表 5-1-4。

天然气庭院管道的允许压力降（Pa）　　表 5-1-4

<table>
<tr><th colspan="3">一级调压方式</th><th colspan="2">二级调压方式</th></tr>
<tr><td colspan="2">燃具额定压力</td><td>2000</td><td>燃具额定压力</td><td>2000</td></tr>
<tr><td colspan="2">燃具的压力波动范围</td><td>±500</td><td>燃具前允许最低压力</td><td>1500</td></tr>
<tr><td colspan="2">表前调压器出口压力</td><td>2300</td><td>一级调压器出口压力</td><td>8000</td></tr>
<tr><td colspan="2">允许总压力降</td><td>1000</td><td>二级调（稳）压器最低进口压力</td><td>5000</td></tr>
<tr><td rowspan="3">压力降分配</td><td>室内（含表）</td><td>300</td><td>二级调（稳）压器出口压力</td><td>2000～2300</td></tr>
<tr><td>立管</td><td>300</td><td rowspan="2">一、二级调压器之间
管道系统允许总压降</td><td rowspan="2">3000</td></tr>
<tr><td>环管、庭院管</td><td>400</td></tr>
</table>

注：一级调压方式调压器出口压力宜为 3500Pa

（2）中压天然气庭院管道的允许压力降

中压天然气庭院管道允许压力降各城市取值不一，其压力降取 0.02～0.04MPa；也有取 0.01～0.02MPa，计算流速<20m/s。应通过技术经济比较根据各地实际情况确定。

5.2　庭院管道设计

本节介绍的城镇天然气管道工程庭院管道的初步设计，施工图设计，其内容包含了设计的工作范围、设计内容和设计深度，符合我国基本建设项目相关文件规定的精神，对城镇天然气管道工程设计具有普遍意义。

初步设计是在项目立项报告已经批复的前提下进行的，施工图设计则是在初步设计批复后开展的详细设计，前者是后者的设计依据。

5.2.1　庭院管道初步设计

1. 初步设计文件

初步设计应符合批复的可行性研究报告的内容规定。

初步设计的深度应能确定工程规模，阐述建设目的，投资效益，设计原则和采用的规程、规范、标准，设计中存在问题，建议及注意事项。初步设计文件包括设计说明书、图纸、工程数量；主要材料、设备及工程概算等。整个文件应能满足审批、控制工程投资、是指导施工图设计的依据和作施工准备等要求。

2. 设计说明书

(1) 概述

1) 设计依据：批准的项目可行性研究报告或计划任务书，委托设计的批准部门、文号、日期，批准主要内容及控制投资。委托单位的主要要求，供气协议，其他有关项目批文和会议纪要。

2) 设计指导思想。

3) 设计规模，本设计包括的工程项目及用气负荷。

4) 设计范围，本设计承担的设计项目及分工。

(2) 庭院管道设计

1) 管道平面布置图，连接条件及敷设方式；

2) 管道计算，设计参数确定，计算公式选用；管径与壁厚选定，选用的管材及数量；

3) 管道附件、阀门的设置和选用；

4) 管道防腐；

5) 区域调压站、调压箱（柜）、用户调压器设置与选用。

3. 主要材料及设备

(1) 材料

管道、钢材、木材、水泥等分项统计数量及重量。

(2) 设备

主要设备的规格、型号、数量、技术特性等。

4. 工程概算书。

5. 设计图纸

(1) 庭院管道平面布置图

1) 管道平面布置图应绘制在建设地的城镇区域街区布置图上；

2) 表示出管道平面位置及与天然气输气管网的衔接位置，区域控制阀的位置，以及管道附件的布置；

(2) 区域调压站的工艺流程及平面布置图；

(3) 建筑物、构筑物的框架图及建筑面积。

批准的初步设计是施工图设计的依据。

5.2.2　庭院管道的施工图设计

施工图设计是以批复的初步设计为设计依据的工程详细设计，其设计应满足施工要求，工艺先进、可靠，材料、设备齐全，安装图准确无误、尺寸准确，符合现行国家标准。天然气庭院管道施工图设计由以下内容组成。

1. 搜集设计基础资料

设计基础资料内容如下：

(1) 庭院管道的接点燃气压力；

(2) 输送燃气的组成及含湿量；

(3) 供气区域的规划平面图和现状平面图；

(4) 区域地形及地形变化资料；

(5) 城市及街区道路现状图和规划图；

(6) 道路及街区其他地下管道布置的规划图及现状图；

(7) 城市道路主、次干线路面结构及交通量资料；

(8) 供气区域用户分布资料及各用户分区域用气量资料，包括燃气用具的配置水平；

(9) 区域道路布线障碍物资料；

(10) 土壤性质及其腐蚀性能；

(11) 冰冻线深度。

2. 管径及管道阻力损失计算

(1) 确定各输气管段的小时计算流量。对于庭院管道及室内管道均采用同时工作系数法和不均匀系数法计算见本章5.1.3节。

(2) 计算管道阻力损失

1) 确定燃气管道经济流速，选定管径

为了确定一个合理的管径、设计中应力求燃气压力用足，同时选择的管径又较为适宜，既保证气流安全通过，造价又较为经济，经济流速就是综合这两个因素的推荐计算流速，并以此计算出输气管道管径。管道经济流速推荐天然气不大于20m/s。

2) 计算输气管道的阻力损失

在进行水力计算前应绘制水力计算简图（图5-3-2），表示出各管段的计算流量、管径及管道长度。

a. 查本手册7.1天然气管道摩擦阻力损失表，根据选定的管径、小时计算流量，即可查出对应下的单位长度的摩擦阻力损失，对于低压管道为Pa/m；对于中压管道为kPa^2/km。把查得结果分别记入计算表中各管段的单位长度的摩擦阻力损失栏中。

b. 根据公式（7-3-1）或用图7-3-1及表7-3-1计算出各管段的局部阻力损失或当量长度，并记入计算表中。

在实际应用中，为简化计算，对于室外管道的局部阻力损失，一般按管道长度阻力损失的5%～10%计算。

c. 对于高层建筑物还应计算附加压头。

d. 对于中压燃气管道，根据公式（7-2-8）计算出燃气管道的终点压力。

（3）管道阻力损失的计算要求

输气管道计算结果的摩擦阻力损失和局部阻力损失之和应满足进入用户前的低压燃气管道的压力，此压力应大于用气设备、燃烧器的额定压力与室内管道允许阻力损失之和的要求（见表5-1-3）。

通过上述计算和校核后，即可正式选定输气管道的管径。

3. 输气管线平面图设计

输气管线平面布置图，是庭院管道设计中主要图纸，一般分总布置图、区域布置图和详图，后面两部分图纸主要是用来补充总布置图未能表示清楚的部分。

（1）平面布置图内容

1）标明管线的准确位置，输气管线的起止点，拐点均应标明该点的城市 x、y 坐标，或区域坐标（设计定 $x=0$，$y=0$ 的基准点）；

2）在输气管上方或下方分别表示出管道公称直径（DN）、流动方向（$\longrightarrow$）和坡度方向（$\xrightarrow{i}$）；

3）准确标明阀门井、排水器、检查井、标志桩和指示牌等各管道附件的平面位置；

4）准确标明输气管道穿越障碍物的位置；

5）标明输气管线相邻建（构）筑物的距离，及其相对位置；

6）阀门井详图；

7）排水器安装详图；

8）节点详图；

9）输气管道穿、越障碍物的详细设计等；

10）管道平面图应在城市或区域规划图或现状图上绘制（图上应标有地面标高）；

11）图面比例一般以1/100；1/200；1/500为宜。

（2）地下庭院管道的布置原则

1）地下庭院管道与建筑物，构筑物或相邻管道之间的水平距离按本手册表3-6-1的规定；

2）地下燃气管道的地基应为原土层，凡可能引起管道不均匀沉降的地段，其地基应进行处理；

3）地下燃气管道不得在堆积易燃、易爆和具有腐蚀性液体的地面下敷设，并不宜与其他管道和电缆同沟敷设。需要同沟敷设时，必须采用防护措施；

4）地下燃气管道应尽量避开并远离上、下水井及化粪池；

5）地下燃气管道穿过下水管，热力地沟、联合地沟、隧道及其他用途的沟槽时，应将燃气管道敷设在套管内，套管伸出构筑物外壁不应小于0.1m。详见本手册13.5.2节。

（3）庭院管道的平面布置

1）低压庭院管道

a. 低压管道的输气压力低，沿程压力降的允许值也较低，故低压管网的成环边长一般宜控制在300～600m之间。不应布置成迂回管路；

b. 低压管道直接与用户相连，而用户数量随着城市建设发展而逐步增加，故低压管道除以环状管网为主体布置外，也允许存在枝状管道；

c. 为保证和提高低压管网的供气稳定性，给低压管网供气的相邻调压室之间的连通管道的管径，应大于相邻管网的低压管道管径；

d. 有条件时低压管道宜尽可能布置在街坊内兼作庭院管道，以节省投资；

e. 低压管道可以沿街道的一侧敷设，也可以双侧敷设。在有轨电车通行的街道上，当街道宽度大于 20m、横穿街道的支管过多、或输配气量大，而又限于条件不允许敷设大口径管道时，低压管道可采用双侧敷设；

f. 低压管道应按规划道路布线，并应与道路轴线或建筑物的前沿相平行，尽可能避免在高级路面的街道下敷设；

g. 庭院管道应尽量敷设在街坊、里弄的道路上，在有车辆通行的道路上布线时，应尽量敷设在人行道上；

h. 庭院管道一般枝状布置。

2）中压庭院管道

中压庭院燃气管道一般只供给用户自设调压箱的专门用户，在输气管道上不接过多的用户，因此在其平面布置上除执行（表 3-6-1）的规定外，其管道应尽量敷设在用气区域与用户调压设施连接的地段，力求避开交通干线及繁华地段，以便利施工。

对于自设调压箱的重要用户，为保证供气可靠，必要时可以双管供气。

4. 输气管线纵断面设计

输气管线纵断面设计须绘制输气管道纵断面图，标明管道走向的管道地下纵断面状况，并可按图计算工程土方量。

（1）输气管道纵断面图内容，见本手册图 5-3-3。

1）管道路面的地形标高；

2）管道平面布置示意图；

3）燃气管道走向及埋深；

4）相邻管线、穿越管线及穿越障碍物的断面位置；

5）管道附件的安装深度；

6）输气管道的坡向及坡度；

7）绘制纵断面图时应在图纸左侧绘制标尺，图面中管道高程和长度方向应采用不同的比例等。

（2）输气管道的纵断面布置

1）地下燃气管道与构筑物和相邻管道之间垂直净距（m）按本手册表 3-6-2 的规定；

2）地下燃气管道应埋设在冰冻线以下，但其最小覆土深度（路面至管顶）应符合下列要求：

a. 埋设在车行道下时，不得小于 0.8m；

b. 埋设在非车行道下时，不得小于 0.6m；

c. 分配管最小覆土深度，不得小于 0.5m。

3）地下燃气管道应坡向凝水缸，其坡度一般不小于 0.003。布线时尽量做到管道坡度与地面坡度方向一致，以减少土方量；排水器设在管道最低点，两相邻排水器之间距离一般不大于 500m。

4）地下燃气管道穿越城镇主要于道时，应敷设在套管或管沟内，详见本手册 13.5.1

节，并应符合下列要求：

a. 套管直径应比燃气管道直径大100mm以上，套管或地沟两端应密封，在重要地段的套管和地沟宜装检漏管；

b. 套管端部距路堤坡脚距离不应小于1.0m，并在任何情况下应满足下列条件；

距铁路边轨不应小于2.5m；

距电车道边轨不应小于2.0m；

c. 燃气管道宜垂直穿越铁路、电车轨道和公路。

5）燃气管道不得在地下穿过房屋及其他建筑物，不得平行敷设在电车轨道之下，也不得与其他地下设施上、下并置。

5. 材料目录、设备清单

提供的材料目录及设备清单，应包括设计中所用之全部设备，材料。设备、材料分别列出。材料目录应按材料种类分别列项，在各项中再列出不同规格的材料，一般就可分以下各项。

（1）管材

包括无缝钢管、水煤气管、镀锌钢管及焊制钢管、铸铁管、聚乙烯管、钢骨架聚乙烯复合管标明管道外径、壁厚、材质、数量、质量。

（2）阀门

各类阀门包括：闸阀、截止阀、球阀、旋塞阀、蝶阀弹簧安全阀等，标明阀门名称、型号、公称直径、阀体材质。

（3）法兰

标明法兰名称，压力等级，口径及材质，并注上标准号。

（4）管件

包括三通、四通、各种弯头、堵头、管接头、活接头等。

（5）管道附件

包括波纹管膨胀节、排水器、护罩、井盖等。

（6）防腐和绝缘材料

（7）铸铁管打口材料

（8）型钢：槽钢、角钢、钢板等

分项列出，标明各种材料的规格型号、数量等。

属于设备部分应单独列出设备清单。

6. 设计施工说明书

设计、施工说明书应包括下述内容：

（1）设计依据：

1）材料及设备中的选用标准；

2）管道施工要求，包括焊接，螺纹连接非金属管连接等；

3）管道的试压及验收标准；

4）各类阀门的重新试压要求；

5）管道防腐与绝缘。

（2）设计执行标准及质量标准。

（3）投产和试运转操作说明。

（4）需要说明的其他问题。

对于工程中管道穿越障碍物等多专业复杂工程子项，如管道过河、穿越交通要道、交通枢纽等应做专项工程详细设计。

5.3　庭院管道设计示例

Ⅰ区枝状庭院天然气管道设计

1. 基础资料

（1）天然气供应对象

1）Ⅰ区 9 栋居民楼，其住户人数如下：

楼号	A	B	C	D	E	G	H	I	J	Ⅰ区合计
户数	96	144	144	192	192	120	120	144	256	1408 户

2）Ⅱ区户数 1624 户

本设计只做Ⅰ区设计，供气干管按Ⅰ、Ⅱ期的计算流量进行设计。

3）公共建筑用户

F 号楼为公共建筑用户

（2）供应天然气参数

供应天然气，其设计基本参数如下：

天然气密度　　0.73kg/m^3

运动黏度（υ）：　　14.3×$10^{-6}$$m^2$/s

低发热值：　　32540kJ/m^3

燃具使用压力（Pa）：　2000（Pa）（±50%）

（3）用户灶具配置

1）居民用户

50%居民用户只安装天然气双眼灶；

50%居民用户同时安装天然气双眼灶和 1 台快速热水器

2）公共建筑用户

安装 JR 型燃烧器

3）燃具热负荷

双眼灶　　5.8kW（合 0.64m^3/h）

快速热水器　　10.3kW（合 1.14m^3/h）

公共建筑计算热负荷：760kW（合 84m^3/h）

（4）Ⅰ区区域平面布置图 5-3-1 包含下述内容：

1）建筑物，构筑物的平面布置图以确定天然气管道平面位置；

2）调压站或气源接点平面位置；

3）道路平面位置及路面结构；

4）道路和区域地坪标高；

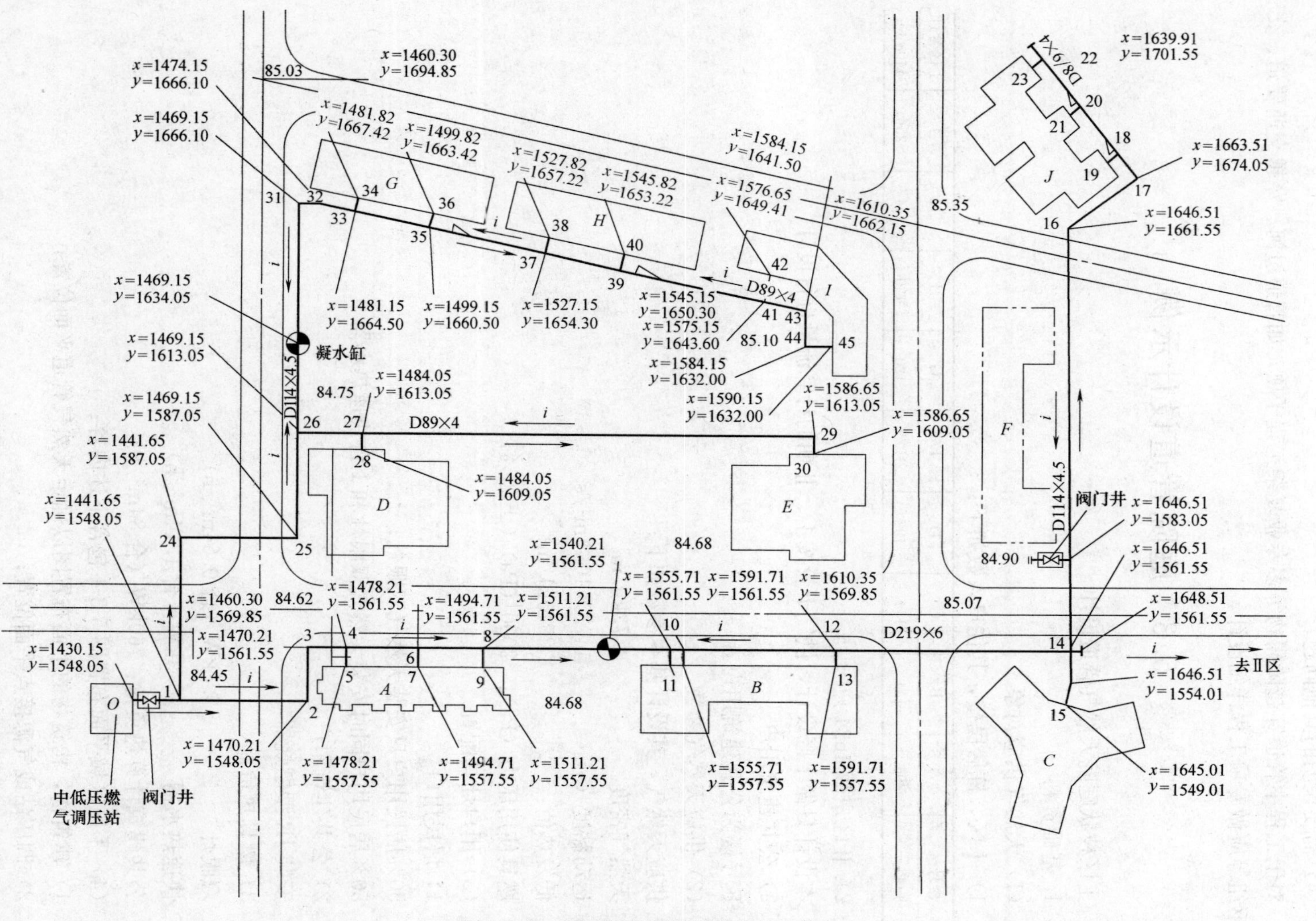

图 5-3-1　Ⅰ区庭院燃气管道平面布置图

5）区域内管道布线位置地下障碍物状况，包括地下管道、地下电缆，地下构筑物等。

（5）冰冻线深度

地处华北地区，冰冻线深度为 800mm。

2. 设计计算

（1）绘制管道布线图

1）根据区域平面图绘制出管道平面布线图，见图 5-3-1。

2）对各计算接点进行编号 0-45，对于有管道计算流量，管径，气流方向变化或改变的位置均应编上节点号；

3）给出各节点的 x、y 坐标，确定其平面位置，同样对于管道附件，如阀门井等均应给出准确的 x、y 平面坐标，以计算管道与建筑物的距离应符合本手册表 3-6-1 的规定。

4）用户入口支管坐标为引入管接点坐标；

5）图上应标示出气流方向“⟶”，管道坡度方向“$\xrightarrow{i}$”；

6）图中应标明与本设计有关的建（构）筑物名称，如图中的调压站、阀门井等。

（2）计算管段计算流量

用同时工作系数法计算管段计算流量，用小时计算流量按本手册公式（2-5-4）进行计算。

1）管段 0～1：Ⅰ区、Ⅱ区同时供气时的小时计算流量，即 1408＋1624＝3032 户，及公共建筑同时供气的工况。

单一双眼灶用户：1516 户；

1 个双眼灶和 1 个快速热水器用户：1516 户；

公共建筑用户：84m^3/h。

同时工作系数：1516 户双眼灶　K 取 0.25

　　　　　　　1516 户双眼灶＋热水器　K 取 0.13

则小时计算流量

$Q_h = K\sum Q_h N = 0.245\times1516\times0.64 + 0.125(0.64+1.14)\times1516 + 84 = 657m^3/h$

若双眼灶、热水器计算流量分别计算，由于双眼灶用户＞2000 户，则其计算流量应按不均匀系数法计算。

2）管段 1-2-3-4-8

由于 4-8 之间沿途洩流量不大；又加上距离不长，对摩擦阻力损失影响小，因此设计中未进行分段小时计算流量计算，选用管径也无变化。

各管段小时计算流量汇总于表 5-3-1 小时计算流量 Q_h（m^3/h）

3. 计算管道阻力降（水力计算）

（1）绘制管道水力计算图

管道水力计算图应包括下述内容：

1）庭院管道布置；

2）管段编号；

3）计算流量 Q_h（m^3/h）；

4）管段长度（m）；

5）管径 DN。

Ⅰ区庭院燃气管道水力计算图，见图 5-3-2。

小时计算流量 Q_h（m^3/h） 　　表 5-3-1

项目＼管段	0-1			1～2-8			8-10-12			12-14			14-15		
	户数	K	Q_h	户数	K	Q_h	户数	K	Q_h	户数	K	Q_h	户数	K	Q_h
双眼灶	1516	0.245	236	1132	0.25	182	1084	0.25	173	1012	0.25	162	72	0.36	1.7
双眼灶＋热水器	1516	0.125	337	1132	0.13	262	1084	0.13	251	1012	0.13	234	72	0.174	22
公共建筑用户			84			84			84			84			—
小计			657			528			508			480			39
管段	14-14′			14′-16-18			18-20			20-23(20-21、18-19)			1-24～26		
双眼灶	128	0.34	27	128	0.34	27	86	0.345	19	42	0.39	10	384	0.29	71
双眼灶＋热水器	128	0.17	39	128	0.17	39	86	0.171	26	42	0.18	14	384	0.14	96
公区建筑用户			84			—			—			—			—
小计			150			66			45			24			167
管段	26-27			27-29-30(27-28)			26-31～33			33-35			35～37		
双眼灶	192	0.31	38	96	0.34	21	192	0.31	38	162	0.31	32	132	0.34	29
双眼灶＋热水器	192	0.16	55	96	0.17	29	192	0.16	55	162	0.15	46	132	0.17	40
小计			93			50			93			78			69
管段	37-39			39-41			41-45(41-42、10～11、12～13)			33-34(35-36、37-38、39-40)			4-5(6-7、8-9)		
双眼灶	102	0.34	22	72	0.36	17	36	0.39	9	30	0.40	8	16	0.48	5
双眼灶＋热水器	102	0.17	31	72	0.174	22	36	0.18	12	30	0.19	10	16	0.22	6
小计			53			39			21			18			11

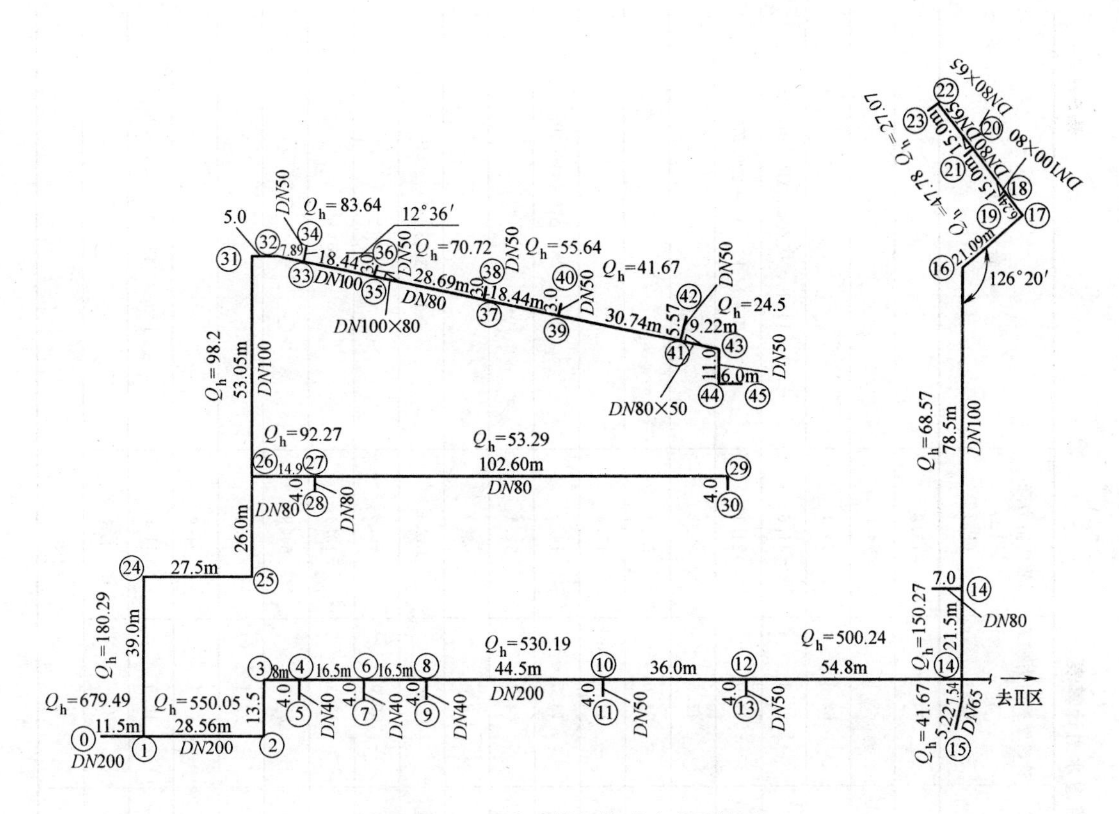

图 5-3-2　Ⅰ区庭院燃气管道水力计算图

(2) Ⅰ区低压庭院管道水力计算

确定计算管径：

以管段 0-1、1-4 计算为例

0-1 管段：

$$d=\sqrt{Q_h \div v \div 0.785 \div 3600}$$

式中　d——计算管道内径（m）；

v——管道流速，取经济流速；

$$v=8\text{m/s}$$

Q_h——计算流量（m^3/h）。

$$d=\sqrt{657 \div 8 \div 3600 \div 0.785}=0.170\text{m}$$

选取 0-1 管段管径为 D219×6。

1-2-8 管段：

选用计算流速 6m/s。

$$d=\sqrt{528 \div 6 \div 3600 \div 0.785}=0.176\text{m}$$

选取 1-2-8 管段管径为 $D219\times6$。

按下述计算，即可计算出各管段之管径。对于末端管道和用户支管，其计算管径不应小于引入管尺寸。

各管段计算管径汇总于Ⅰ区低压庭院管道水力计算表表 5-3-2 中。

Ⅰ区低压庭院管道水力计算表 表 5-3-2

管段号	计算流量 Q_h (m^3/h)	管段长度 L (m)	管径 d DN	摩擦阻力损失 $\Delta P/L$ (Pa/m)	管段摩擦阻力损失 ΔP (Pa)	管段阻力降 $1.1\Delta P$ (Pa)	备注
0-1	657	11.5	200	1.25	14.4	15.8	
1-8	528	83.06	200	0.82	68.1	74.9	
8-12	508	80.5	200	0.78	62.8	69.1	
12-14	480	54.8	200	0.69	37.8	41.6	0-1-3-14(Ⅱ区接点) ΔP=201.4Pa
14-15	39	12.76	65	1.72	21.9	24.1	0-1-3-14-15 ΔP=225.5Pa
14-14′	150	21.50	100	2.21	47.5	52.3	
14′-18	66	105.83	100	0.51	54.0	59.4	
18-20	45	15.0	80	0.93	14.0	15.4	
20-23	24	18.0	65	0.75	13.5	14.9	0-1-3-14-23 ΔP=343.4Pa
1-26	167	92.5	125	0.91	84.2	92.6	
26-27	97	14.9	80	3.90	58.0	63.8	
27-30	50	106.6	80	1.13	120.5	132.6	0-1-26-30 ΔP=284Pa
26-33	93	65.92	100	0.91	60.0	66.0	
33-35	78	18.44	100	0.66	12.2	13.4	
35-37	69	28.69	80	2.05	58.8	64.9	
37-39	53	18.44	80	1.25	23.1	25.4	
39-41	39	30.74	80	0.73	22.4	24.6	
41-45	21	26.22	50	1.79	46.9	51.6	0-1-26-33-45 ΔP=338.5Pa
33-34	18	3.0	50	1.35	4.1	4.5	
4-5	11	4.0	40	1.94	8.0	8.8	

（3）Ⅰ区庭院管道力水计算

Ⅰ区庭院管道水力计算结果汇总于表5-3-2中，各控制点压力损失从调压站出口（计算起始点）到管道末端的阻力损失分别如下：

㉓点　　343.4Pa；

㉚点　　284Pa；

㊺点　　338.5Pa；

⑭点　　201.4Pa。

计算说明：

1）根据计算流量 Q_n 及管径 DN，从本手册表7-1-1中查出单位长度摩擦阻力损失Pa/m；

2）密度校正，由于该天然气密度与制表天然气密度（0.73kg/m³）相同，因此无需校正。

3）局部阻力损失按10%的摩擦阻力损失计算；

4）将单位长度摩擦阻力损失乘以1.1（10%局部阻力损失）再乘上计算管段长度即可得出该管段的阻力损失；

5）从计算结果可看出，其管道阻力损失介于最大与最小庭院管道允许阻力损失之间，计算有效。若计算管道阻力损失不在允许范围之内，则应适当调整管径重新计算，直到计算阻力损失在允许范围之内。

4. 管道纵断面设计

图5-3-3和图5-3-4分别绘制的是管段1-24-26-45；1-2-14及14-15的管道纵断面图，在纵断面设计中分别表明了管道的埋设深度，管件位置和管道过马路的套管尺寸及位置，

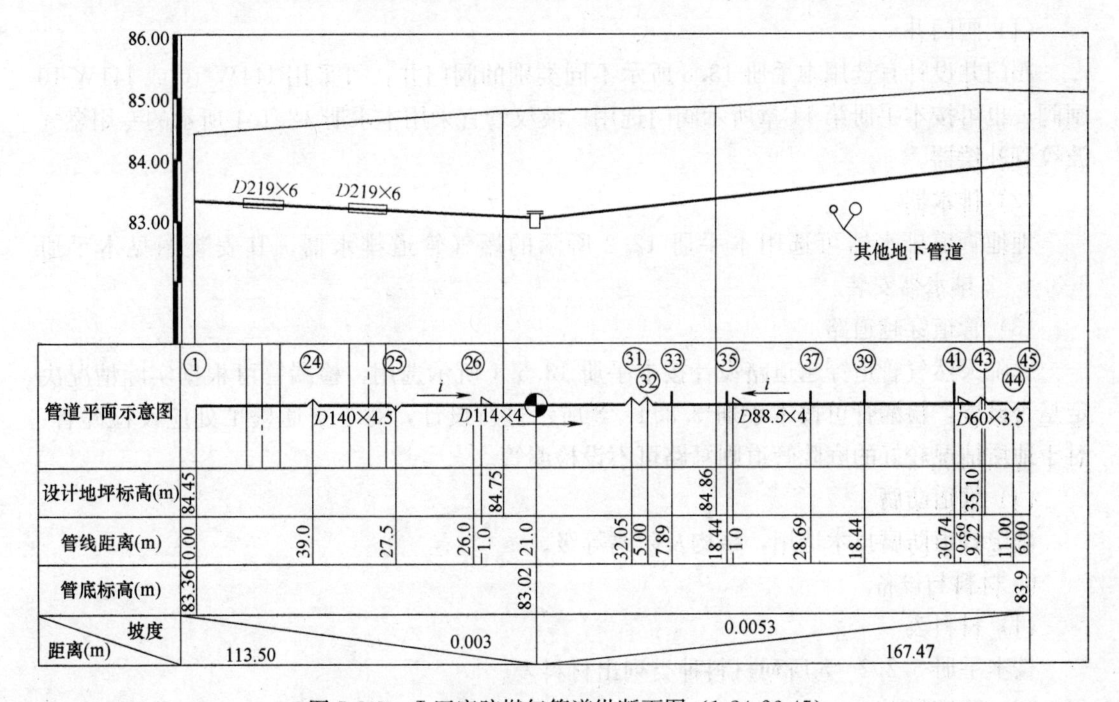

图5-3-3　Ⅰ区庭院燃气管道纵断面图（1-24-26-45）

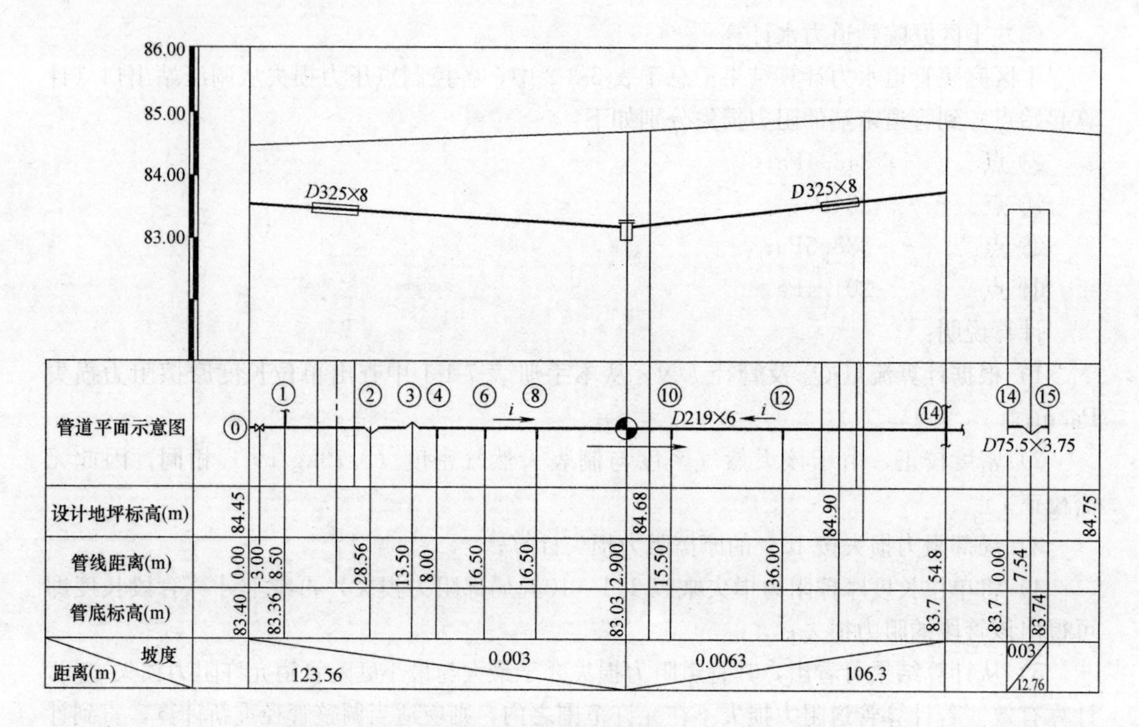

图 5-3-4　Ⅰ区庭院燃气管道纵断面图（1-2-14、14-15）

排水器的纵断面的埋设深度，若天然气为干气则可不设排水器，管道也不需要有坡度敷设。

5. 管道附件及穿越道路等设计

（1）阀门井

阀门井设计宜选用本手册 13.6 所示不同类别的阀门井；可采用 I44W-10 或 I41W-10 闸阀；也可按本手册第 11 章所示阀门选用；波纹管宜采用本手册 12.1.1 所示的专用燃气波纹管补偿器。

（2）排水器

埋地管道排水器可选用本手册 12.2 所示的燃气管道排水器，其安装图见本手册 3.3.4　2 排水器安装。

（3）管道穿越道路

庭院天然气管道穿越道路设计按本手册 13.5.1 所示选用，检漏管可根据实际情况决定是否设置，检漏管可按本手册 3.3.4　3 所示进行设计，对于交通繁忙处应设检漏管、对于地质情况较好的庭院管道则马路可不设检漏管。

（4）管道防腐

确定管道防腐技术选用，结构及防腐等级。

6. 材料与设备

（1）材料表

按本手册 5.2.2　5 所列材料种类列出材料表。

（2）管道材料

管道材料宜选用焊接钢管，并符合现行国家标准《低压流体输送用焊接钢管》GB/T 3091 的规定，材质宜采用 Q235A 或 Q235B 等，其规格尺寸详见本手册 8.3.2 节。根据需要也可采用球墨铸铁管、埋地用燃气聚乙烯管、钢骨架聚乙烯塑料复合管，均应符合现行国家标准。

（3）设备清单

列入工程所需设备和 $DN\geqslant300$ 的阀门。

7. 设计说明书

根据本手册 5.2.2　6　编写设计说明书

5.4　天然气室内管道

室内燃气管道设计压力应符合表 5-1-1 规定，天然气室内管道设计居民用户可分为以下几种类型。

1. 中压进户、设单户中低压调压器

系统设置是天然气从配气管接出用户支管，对于重要用户应在室外设阀门，用户支管与引入管连接将天然气引入室内，引入管伸出室内地面后与室内管道相接，在管道相接最近位置应安装引入管阀门，本手册图 5-4-5 所示的是阀门装在水平管上。天然气通过室内立管、水平管送到单元内居民户，首先进入用户总阀门，再进入单户中低压表前调压器，压力调至 2300Pa，经燃气表计量后送到燃气用具，燃气用具前应安装一独立的阀门。见图 5-8-1，用户支管一般以建筑单元门为单位设置。

2. 低压进户、设单户低一低压调压器

此系统是中压一二级低压居民用户供气方式，进入用户的天然气是经中低压一级调压站一级调压，压力调为 8000Pa，送到各用户，首先经单户低一低压表前调压器，压力调至 2000～2300Pa，经燃气表计量后送到燃气用具，其他与中压进户系统相同。

3. 低压进户

低压进户是在设立区域中一低压调压站的前提下，庭院管道是低压一级，调压站出口压力宜为 3500Pa，户内不设单户调压器。或是设置调压箱或调压柜，天然气低压进户。

4. 国外的室内管道系统

5.4.1 节将介绍国外目前 22 个国家运行的两种调压器与燃气表安装（即室内管道系统）的两种方式，中压庭院管道、设单户中一低压调压器，系统设置与国内目前的有所不同，供设计中借鉴。

天然气室内管道设计包括以下几部分。

（1）引入管；

（2）室内管道材料；

（3）民用户室内管道敷设；

（4）调压装置配置与安装；

（5）燃气表的安装；

（6）燃气用具的安装；

（7）室内管道的设计计算一设计示例等。

5.4.1　国外燃气的室内管道系统

下述介绍的是世界上有22个国家所通用的室内天然气管道系统的布置方案，图5-4-1调压器和燃气表安装在室内；图5-4-2调压器与燃气表安装在室外，两图图位号及名称相同。两图都是中压进户的室内天然气管道系统，与国内现行的天然气室内管道系统配置不尽相同，系统中建筑物室外地下管道采用非金属管，地上部分采用金属管；其管道配置与国内系统相比，增加了过流阀、过滤器、绝缘接头、热熔切断接头的配置，提高了系统的安全性，相应也会增加管道投资，对国内燃气事业的发展具有参考价值。

上述两个调压器与燃气表分别安装于室内或室外的方案比较如下：

(1) 调压器与燃气表安装于室内：

1) 管道易做防腐处理，经济性好；

2) 管道置于室内，管道安全性好；

3) 有利于保护调压器与燃气表；

4) 易于和其他水、电、通信等设施统一布置安装；

5) 易于与用户共同协商安装方案和充分利用燃气公司的以往安装经验。

(2) 调压器与燃气表安装于室外：

1) 调压器与燃气表易于维修，无须进入户内；

2) 漏气的安全性较好；

3) 对某些部件如燃气表，调压器、阀门等无需考虑防火要求；

4) 燃气表下游，有的国家规定由用户投资，无需燃气公司投资；

5) 施工费用较低。

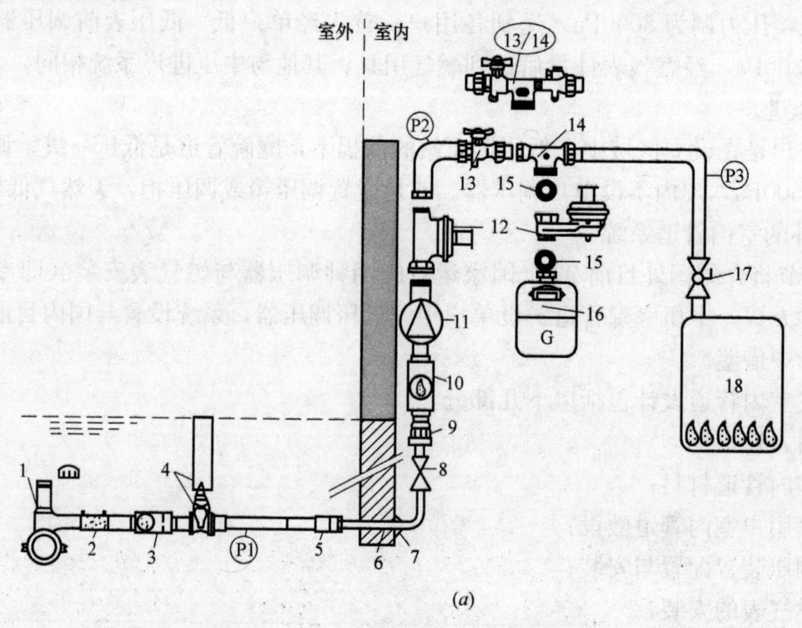

图5-4-1（一）　调压器与燃气表安装

(a) 室内

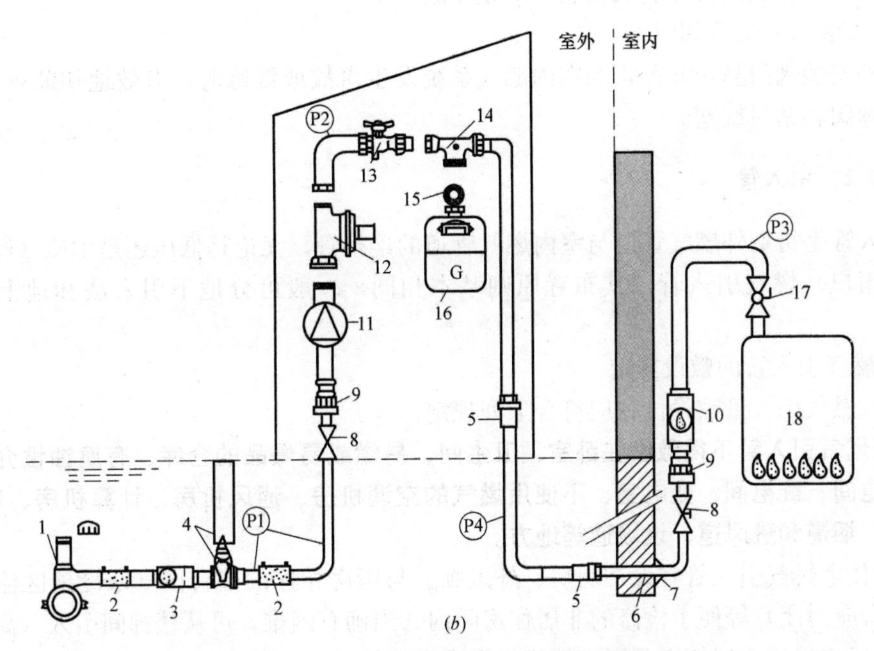

图 5-4-1（二） 调压器与燃气表安装（续）

（b）室外

1—配气管上连接支管的三通管；2—电熔接头；3—过流阀；4—室外地下支管阀门；5—钢塑转换接头；6—引入管；7—管道支架（墙架）；8—引入管出地面室内阀门；9—绝缘接头；10—热熔切断接头；11—过滤器；12—表前用户调压器；13—切断阀；14—表接头；15—燃气表进出口密封圈；16—燃气表；17—燃气用具前切断阀；18—燃气用具

（3）系统的安全性评述：

1）从布置上可以看出，地下为 PE 管，地上为金属管，金属管耐高温安全性能好，各部件耐高温性能各国规定不同，介绍如下：

a. 60℃，24h；

b. 130℃，60min——抗环境的热量（阿根廷）；

c. 200℃，2h；

d. 650℃，30min——失火时的抗高温能力（德国、比利时）；

e. 820℃，30min——失火时的抗高温能力（英国）。

主要部件指：绝缘接口、调压器、燃气表、穿墙支撑件、内部支管阀、管材和连接方法（对铜管）等。

从耐热温度看，除 a 以外室内均需金属管。

2）安装过流阀

当下游的安装件受损或被破坏时，可以切断管路，尤其是中压进户系统以避免逸入周围大气的燃气超过一定的极限。安装件受损的原因包括：第三方破坏、地震的影响、野蛮行为、管子断裂和失火时燃气量增加等。

3）安装热熔切断接头

热熔接头是利用环境温度升高致使低熔金属熔化堵住管路，在高温和火灾未形成前就切断管路，以防泄出燃气造成火灾，防止事故发生。

4）安装室外支管阀门

室外安装阀门易于开关，当室内燃气系统发生事故或维修时，有效地切断燃气供应，宜采用球阀和密封旋塞。

5.4.2　引入管

引入管是指室外燃气管道与室内燃气管道的连接管。无论是低压还是中压（即自设调压箱的用户）燃气引入管，其布置原则基本相同，一般可分地下引入法和地上引入法两种。

1. 燃气引入管的敷设规定

（1）燃气引入管敷设位置应符合下列规定：

1）燃气引入管不得敷设在卧室、卫生间、易燃或易爆品的仓库、有腐蚀性介质的房间、发电间、配电间、变电室、不使用燃气的空调机房、通风机房、计算机房、电缆沟、暖气沟、烟道和进风道、垃圾道等地方。

2）住宅燃气引入管宜设在厨房、外走廊、与厨房相连的阳台内（寒冷地区输送湿燃气时阳台应封闭）等便于检修的非居住房间内。当确有困难，可从楼梯间引入（高层建筑除外），但应采用金属管道且引入管阀门宜设在室外。

3）商业和工业企业的燃气引入管宜设在使用燃气的房间或燃气表间内。

4）燃气引入管沿外墙地面上穿墙引入的室外露明管段的上端弯曲处应加不小于 *DN*15 清扫用三通和丝堵，并做防腐处理。寒冷地区输送湿燃气时应保温。

引入管可埋地穿过建筑物外墙或基础引入室内。当引入管穿过墙或基础进入建筑物后应在最短距离内出室内地面，不得在室内地面下水平敷设。

（2）燃气引入管穿墙与其他管道的平行净距应满足安装和维修的需要，当与地下管沟或下水道距离较近时，应采取有效的防护措施。

（3）燃气引入管穿过建筑物基础、墙或管沟时，均应设置在套管中，并应考虑沉降的影响，必要时应采取补偿措施。

套管与基础、墙或管沟等之间的间隙应填实，其厚度应为被穿过结构的整个厚度。

套管与燃气引入管之间的间隙应采用柔性防腐、防水材料密封。

（4）建筑物设计沉降量大于 50mm 时，可对燃气引入管采取如下补偿措施：

1）加大引入管穿墙处的预留洞尺寸。

2）引入管穿墙前水平或垂直弯曲 2 次以上。

3）引入管穿墙前设置金属柔性管或波纹补偿器。

（5）燃气引入管的最小公称直径应符合下列要求：

输送天然气不应小于 20mm；

（6）燃气引入管阀门宜设在建筑物内，对重要用户还应在室外另设阀门。

（7）输送湿燃气的引入管，埋设深度应在土壤冰冻线以下，并宜有不小于 0.01 坡向室外管道的坡度。

燃气引入管总管上应设置阀门和清扫口，阀门应选择快速式切断阀。

（8）天然气地下引入管应用整根无缝钢管煨制，中间不应有焊缝，地下部分应采用特加强防腐。

2. 地下引入法引入管

(1) 如图5-4-2所示，室外燃气管道从地下穿过房屋基础或首层厨房地面直接引入室内。在室内的引入管上，离地面0.5m处，安装一个DN20～DN25的斜三通作为清扫口。引入管管材采用整根无缝钢管摵弯套管可采用普通钢管；外墙至室内地面之管段采用加强防腐层绝缘；本图若用于高层建筑时，燃气管在穿墙处预留管洞或凿洞，管洞与燃气管顶的间隙不小于建筑物的最大沉降量，两侧保留一定间隙，并用沥青油麻堵严。

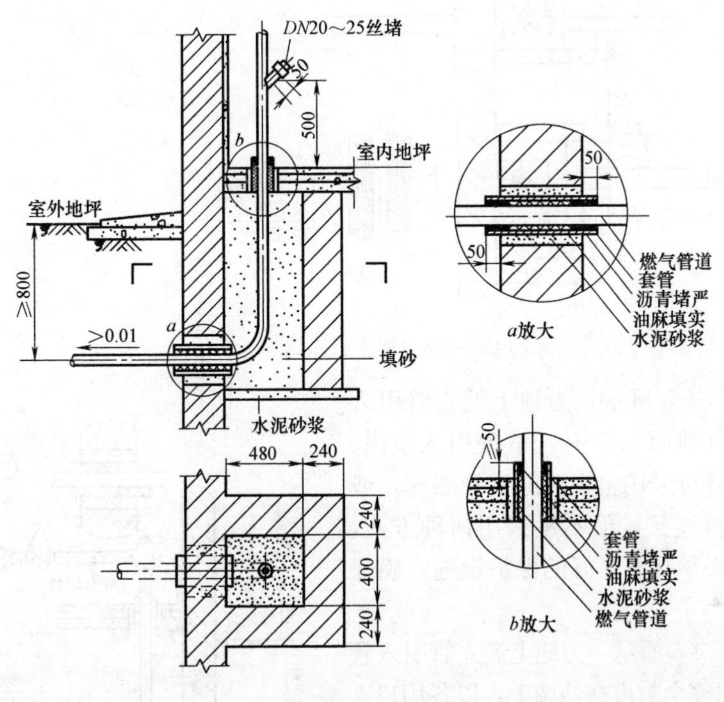

图5-4-2 地下引入法（一）

(2) 如图5-4-3所示，地下引入管遇到暖气沟或地下室的作法大样，地下管道一律采用整根无缝钢管煨弯，地上部分亦可采用镀锌钢管管件连接。引入管室外做加强防腐层，监井填充膨胀珍珠岩保温和砌砖台保护。砖台内外抹75号砂浆，砖台与建筑物外墙应连接严密，不能有裂纹，盖板保持3°倾斜角。引入管进入地上后应设置快速切断阀。

(3) 如图5-4-4所示，适用于地下引入管遇到建筑物墙内外的污水井，表井、暖气沟时的作法大样。室内引入管的上端加DN15带丝堵的三通作为清扫口，总阀门装在离地0.5m的水平管上。

3. 地上引入法引入管

在我国长江以南没有冰冻期的地方或北方寒冷地区引入管遇到建筑物内的暖气管沟而无法从地下引入时，常用地上引入法。燃气管道穿过室外地面沿外墙敷设到一定高度，然后穿建筑物外墙进入室内。

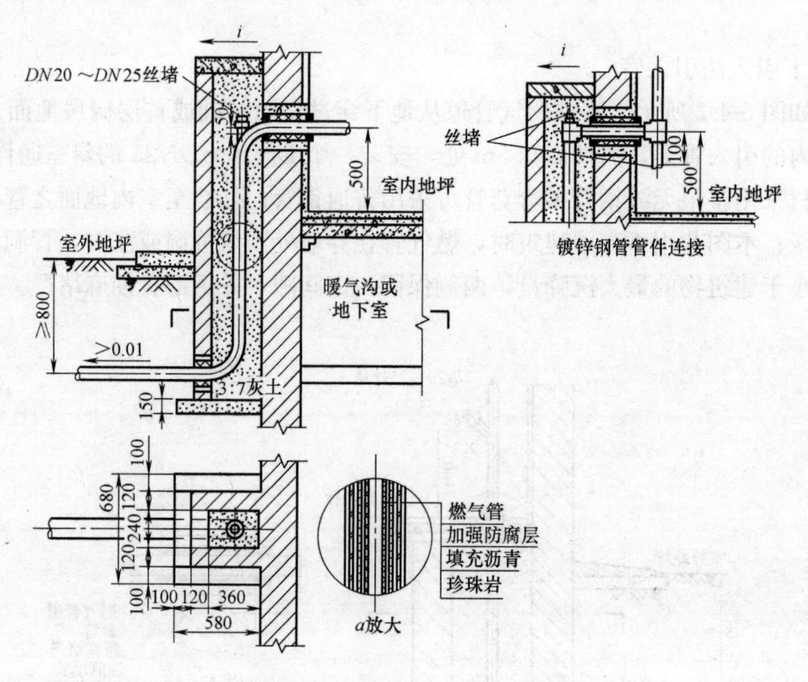

图 5-4-3　地下引入法（二）

(1) 如图 5-4-5 所示，为地上低立管引入管大样，离室外地面 0.5～0.8m 处引入室内。此种设计引入管可采用整根无缝钢管煨弯，或用镀锌钢管管件连接，但不论采用何种方式，地上部分管道必须具有良好的保护设施，确保安全。

(2) 如图 5-4-6 所示，为地上高立管引入管大样，燃气立管完全敷设在外墙上，以各用户支管分别进入各用气房间内，或进入燃气立管。

上述仅适用于不冻冰的南方地区。

(3) 图 5-4-3 表示了燃气引入管在遇到暖气沟时从地下进入室内的作法大样，室外部分引入管如同图 5-4-5 所示则所表示的即为遇暖气沟时的地上引入管（不再另图）。

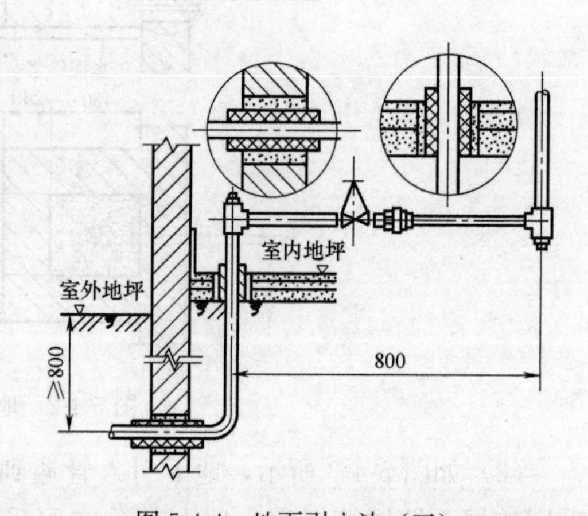

图 5-4-4　地下引入法（三）

注：管道埋设深度≥800m 是指冰冻深度 800mm 的北方地区，对于我国南方地区此尺寸可按规范作适当调整。

5.4.3　室内天然气管道材料

室内天然气管道宜选用钢管，也可选用铜管、不锈钢管、铝塑复合管和连接用软管，并应分别符合下述各条的规定。

1. 钢管

(1) 钢管的选用应符合下列规定：

1) 低压燃气管道应选用热镀锌钢管（热浸镀锌），其质量应符合现行国家标准《低压流体输送用焊接钢管》GB/T 3091 的规定；

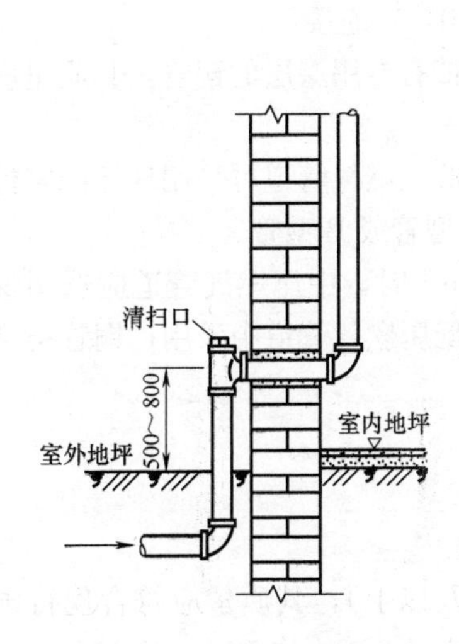

图 5-4-5　地上低立管引入法

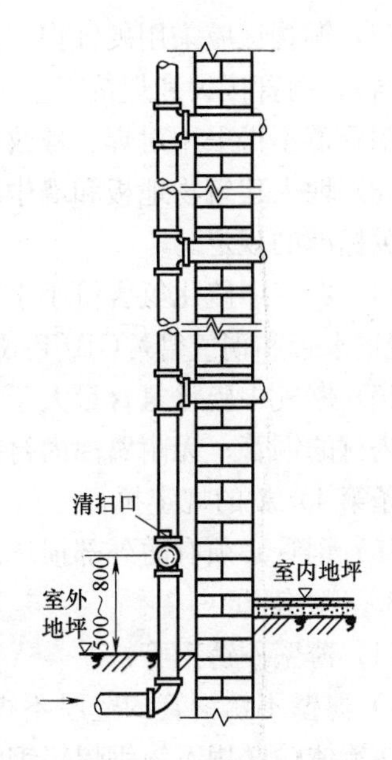

图 5-4-6　地上高立管引入法

2）中压和次高压燃气管道宜选用无缝钢管，其质量应符合现行国家标准《输送流体用无缝钢管》GB/T 8163 的规定；燃气管道的压力小于或等于 0.4MPa 时，可选用本款第 1）项规定的焊接钢管。

（2）钢管的壁厚应符合下列规定：

1）选用符合 GB/T 3091 标准的焊接钢管时，低压宜采用普通管，中压应采用加厚管；

2）选用无缝钢管时，其壁厚不得小于 3mm，用于引入管时不得小于 3.5mm；

3）在避雷保护范围以外的屋面上的燃气管道和高层建筑沿外墙架设的燃气管道，采用焊接钢管或无缝钢管时其管道壁厚均不得小于 4mm。

（3）钢管螺纹连接时应符合下列规定：

1）室内低压燃气管道（地下室、半地下室等部位除外）、室外压力小于或等于 0.2MPa 的燃气管道，可采用螺纹连接；

管道公称直径大于 $DN100$ 时不宜选用螺纹连接。

2）管件选择应符合下列要求：

管道公称压力 $PN \leqslant 0.01$MPa 时，可选用可锻铸铁螺纹管件；

管道公称压力 $PN \leqslant 0.2$MPa 时，应选用钢或铜合金螺纹管件。

3）管道公称压力 $PN \leqslant 0.2$MPa 时，应采用现行国家标准《55°密封螺纹第 2 部分：圆锥内螺纹与圆锥外螺纹》GB/T 7306.2 规定的螺纹（锥/锥）连接。

4）密封填料，宜采用聚四氟乙烯生料带、尼龙密封绳等性能良好并耐油的填料。

钢管焊接或法兰连接可用于中低压燃气管道（阀门、仪表处除外），并应符合有关标准的规定。

2. 铜管

（1）铜管的质量应符合现行国家标准《无缝铜水管和铜气管》GB/T 18033 的规定。

（2）铜管道应采用硬钎焊连接，宜采用不低于1.8%的银（铜—磷基）焊料（低银铜磷钎料）。铜管接头和焊接工艺可按现行国家标准《铜管接头》GB/T 11618 的规定执行。

铜管道不得采用对焊、螺纹或软钎焊（熔点小于500℃）连接。

（3）埋入建筑物地板和墙中的铜管应是覆塑铜管或带有专用涂层的铜管，其质量应符合有关标准的规定。

（4）燃气中硫化氢含量小于或等于7mg/m³ 时，中低压燃气管道可采用现行国家标准《无缝铜水管和铜气管》GB/T 18033 中表3-1 规定的A型管或B型管。

（5）燃气中硫化氢含量大于7mg/m³ 而小于20mg/m³ 时，中压燃气管道应选用带耐腐蚀内衬的铜管；无耐腐蚀内衬的铜管只允许在室内的低压燃气管道中采用；铜管类型可按本条第4）款的规定执行。

（6）铜管必须有防外部损坏的保护措施。

3. 不锈钢管

（1）薄壁不锈钢管：

1）薄壁不锈钢管的壁厚不得小于0.6mm（*DN*15及以上），其质量应符合现行国家标准《流体输送用不锈钢焊接钢管》GB/T 12771 的规定；

2）薄壁不锈钢管的连接方式，应采用承插氩弧焊式管件连接或卡套式管件机械连接，并宜优先选用承插氩弧焊式管件连接。承插氩弧焊式管件和卡套式管件应符合有关标准的规定。

（2）不锈钢波纹管：

1）不锈钢波纹管的壁厚不得小于0.2mm，其质量应符合国家现行标准《燃气用不锈钢波纹软管》CJ/T 197 的规定；

2）不锈钢波纹管应采用卡套式管件机械连接，卡套式管件应符合有关标准的规定。

（3）薄壁不锈钢管和不锈钢波纹管必须有防外部损坏的保护措施。

4. 铝塑复合管

（1）铝塑复合管的质量应符合现行国家标准《铝塑复合压力管　第1部分：铝管搭接焊式铝塑管》GB/T 18997.1 或《铝塑复合压力管　第2部分：铝管对接焊式铝塑管》GB/T 18997.2 的规定。

（2）铝塑复合管应采用卡套式管件或承插式管件机械连接，承插式管件应符合国家现行标准《承插式管接头》CJ/T 110 的规定，卡套式管件应符合国家现行标准《卡套式管接头》CJ/T 111 和《铝塑复合管用卡压式管件》CJ/T 190 的规定。

（3）铝塑复合管安装时必须对铝塑复合管材进行防机械损伤、防紫外线（UV）伤害及防热保护，并应符合下列规定：

1）环境温度不应高于60℃；

2）工作压力应小于10kPa；

3）在户内的计量装置（燃气表）后安装。

5. 软管

（1）燃气用具连接部位、实验室用具或移动式用具等处可采用软管连接。

（2）中压燃气管道上应采用符合现行国家标准《波纹金属软管通用技术条件》GB/T 14525。

（3）低压燃气管道上应采用符合国家现行标准《家用煤气软管》HG 2486 或国家现行标准《燃气用不锈钢波纹软管》CJ/T 197 规定的软管。

（4）软管最高允许工作压力不应小于管道设计压力的 4 倍。

（5）软管与家用燃具连接时，其长度不应超过 2m，并不得有接口。

（6）软管与移动式的工业燃具连接时，其长度不应超过 30m，接口不应超过 2 个。

（7）软管与管道、燃具的连接处应采用压紧螺帽（锁母）或管卡（喉箍）固定。在软管的上游与硬管的连接处应设阀门。

（8）橡胶软管不得穿墙、顶棚、地面、窗和门。

5.4.4　室内天然气管道敷设

1. 地下室、半地下室、设备层和地上密闭房间天然气管道的敷设

（1）地下室、半地下室、设备层和地上密闭房间敷设燃气管道时，应符合下列要求：

1）净高不宜小于 2.2m。

2）应有良好的通风设施，房间换气次数不得小于 3 次/h；并应有独立的事故机械通风设施，其换气次数不应小于 6 次/h。

3）应有固定的防爆照明设备。

4）应采用非燃烧体实体墙与电话间、变配电室、修理间、储藏室、卧室、休息室隔开。

5）应按本手册 5.8.9 规定设置天然气监控设施。

6）燃气管道应符合下述（2）条的规定要求。

7）当燃气管道与其他管道平行敷设时，应敷设在其他管道的外侧。

8）地下室内燃气管道末端应设放散管，并应引出地上。放散管的出口位置应保证吹扫放散时的安全和卫生要求。

注：地上密闭房间包括地上无窗或窗仅用作采光的密闭房间等。

（2）敷设在地下室、半地下室、设备层和地上密闭房间以及竖井、住宅汽车库（不使用燃气，并能设置钢套管的除外）的燃气管道应符合下列要求：

1）管材、管件及阀门、阀件的公称压力应按提高一个压力等级进行设计；

2）管道宜采用钢号为 10、20 的无缝钢管或具有同等及同等以上性能的其他金属管材；

3）除阀门、仪表等部位和采用加厚管的低压管道外，均应焊接和法兰连接；应尽量减少焊缝数量，钢管道的固定焊口应进行 100%射线照相检验，活动焊口应进行 10%射线照相检验，其质量不得低于现行国家标准《现场设备、工业管道焊接工程施工及验收规范》GB 50236 中的Ⅲ级；其他金属管材的焊接质量应符合相关标准的规定。

2. 燃气水平干管和立管的敷设规定：

（1）燃气水平干管和立管不得穿过易燃易爆品仓库、配电间、变电室、电缆沟、烟道、进风道和电梯井等。

（2）燃气水平干管宜明设，当建筑设计有特殊美观要求时可敷设在能安全操作、通风良好和检修方便的吊顶内，管道应符合本节 1.（2）条的要求；当吊顶内设有可能产生明火的电气设备或空调回风管时，燃气干管宜设在与吊顶底平的独立密封∩型管槽内，管槽

底宜采用可卸式活动百叶或带孔板。

燃气水平干管不宜穿过建筑物的沉降缝。

(3) 燃气立管不得敷设在卧室或卫生间内。立管穿过通风不良的吊顶时应设在套管内。

(4) 燃气立管宜明设，当设在便于安装和检修的管道竖井内时，应符合下列要求：

1) 燃气立管可与空气、惰性气体、上下水、热力管道等设在一个公用竖井内，但不得与电线、电气设备或氧气管、进风管、回风管、排气管、排烟管、垃圾道等共用一个竖井；

2) 竖井内的燃气管道应符合本节1.(2)条的要求，并尽量不设或少设阀门等附件。竖井内的燃气管道的最高压力不得大于0.2MPa；燃气管道应涂黄色防腐识别漆；

3) 竖井应每隔2～3层做相当于楼板耐火极限的不燃烧体进行防火分隔，且应设法保证平时竖井内自然通风和火灾时防止产生“烟囱”作用的措施；

4) 每隔4～5层设一燃气浓度检测报警器，上、下两个报警器的高度差不应大于20m；

5) 管道竖井的墙体应为耐火极限不低于1.0h的不燃烧体，井壁上的检查门应采用丙级防火门。

(5) 高层建筑的燃气立管应有承受自重和热伸缩推力的固定支架和活动支架。

(6) 燃气水平干管和高层建筑立管应考虑工作环境温度下的极限变形，当自然补偿不能满足要求时，应设置补偿器；补偿器宜采用方形或波纹管形，不得采用填料型。补偿量计算温差可按下列条件选取：

1) 有空气调节的建筑物内取20℃；

2) 无空气调节的建筑物内取40℃；

3) 沿外墙和屋面敷设时可取70℃。

3. 室内燃气支管的敷设规定

(1) 燃气支管宜明设。燃气支管不宜穿过起居室（厅）。敷设在起居室（厅）、走道内的燃气管道不宜有接头。

当穿过卫生间、阁楼或壁柜时，燃气管道应采用焊接连接（金属软管不得有接头），并应设在钢套管内。

(2) 住宅内暗埋的燃气支管应符合下列要求：

1) 暗埋部分不宜有接头，且不应有机械接头。暗埋部分宜有涂层或覆塑等防腐蚀措施。

2) 暗埋的管道应与其他金属管道或部件绝缘，暗埋的柔性管道宜采用钢盖板保护。

3) 暗埋管道必须在气密性试验合格后覆盖。

4) 覆盖层厚度不应小于10mm。

5) 覆盖层面上应有明显标志，标明管道位置，或采取其他安全保护措施。

(3) 住宅内暗封的燃气支管应符合下列要求：

1) 暗封管道应设在不受外力冲击和暖气烘烤的部位。

2) 暗封部位应可拆卸，检修方便，并应通风良好。

(4) 商业和工业企业室内暗设燃气支管应符合下列要求：

1）可暗埋在楼层地板内；

2）可暗封在管沟内，管沟应设活动盖板，并填充干砂；

3）燃气管道不得暗封在可以渗入腐蚀性介质的管沟中；

4）当暗封燃气管道的管沟与其他管沟相交时，管沟之间应密封，燃气管道应设套管。

4．关于暗埋和潮湿地区燃气管道敷设规定

（1）民用建筑室内燃气水平干管，不得暗埋在地下土层或地面混凝土层内。

工业和实验室的室内燃气管道可暗埋在混凝土地面中，其燃气管道的引入和引出处应设钢套管。钢套管应伸出地面5～10cm。钢套管两端应采用柔性的防水材料密封；管道应有防腐绝缘层。

（2）燃气管道不应敷设在潮湿或有腐蚀性介质的房间内。当确需敷设时，必须采取防腐蚀措施。

输送湿燃气的燃气管道敷设在气温低于0℃的房间或输送气相液化石油气管道处的环境温度低于其露点温度时，其管道应采取保温措施。

5．室内燃气管道与电气设备、相邻管道的净距不应小于表5-4-1的规定。

室内燃气管道与电气设备、相邻管道之间的净距　　表5-4-1

管道和设备		与燃气管道的净距(cm)	
		平行敷设	交叉敷设
电气设备	明装的绝缘电线或电缆	25	10(注)
	暗装或管内绝缘电线	5(从所做的槽或管子的边缘算起)	1
	电压小于1000V的裸露电线	100	100
	配电盘或配电箱、电表	30	不允许
	电插座、电源开关	15	不允许
相邻管道		保证燃气管道、相邻管道的安装和维修	2

注：1. 当明装电线加绝缘套管且套管的两端各伸出燃气管道10cm时，套管与燃气管道的交叉净距可降至1cm。
2. 当布置确有困难，在采取有效措施后，可适当减小净距。

6．室内燃气管道沿墙（柱）的敷设规定

（1）沿墙、柱、楼板和加热设备构件上明设的燃气管道应采用管支架、管卡或吊卡固定。

管支架、管卡、吊卡等固定件的安装不应妨碍管道的自由膨胀和收缩。管道支架、管卡、吊卡见本手册15.2节。

（2）室内燃气管道穿过承重墙、地板或楼板时必须加钢套管，套管内管道不得有接头，套管与承重墙、地板或楼板之间的间隙应填实，套管与燃气管道之间的间隙应采用柔性防腐、防水材料密封。

7．室内燃气管道阀门的设置规定

（1）室内燃气管道的下列部位应设置阀门：

1）燃气引入管；

2）调压器前的燃气表前；

3）燃气用具前；

4）测压计前；

5）放散管起点。

（2）室内燃气管道阀门宜采用球阀。

5.5　高层建筑室内天然气管道

高层建筑的室内管设计除了本章5.4节的内容外，还需特别注意如下问题：

（1）附加压力问题：高层建筑燃气立管较长，燃气因高程差所产生的附加压力对用户燃具的燃烧效果影响较大。

（2）管道系统的安全问题：燃气立管较长，自重较大，温差变形大，刚性较差，容易引起管道失稳、变形或断裂；另外，高层建筑住户较多，人员密集，需采取泄漏报警等安全措施。

5.5.1　消除附加压力影响的因素

由于天然气密度小于空气密度，因此天然气在楼层从下往上升的高层建筑中将产生一个升力，又称附加压头，如天然气密度以0.73kg/m³ 计，则每升高1m将产生5.52Pa的附加压头。按GB 17905规定，燃气供应压力波动范围是0.75～1.5P_n（P_n—燃具额定压力），对于天然气即为1500～3000Pa，当考虑附加压头时，天然气升至181m（约60层）其值将达到1000Pa，如继续升高，在未考虑摩擦阻力损失的情况下，此时燃气压力将会超过3000Pa，此时就有必要消除附加压头时供气压力的影响，从而保证燃具的供气压力稳定和燃具的燃烧正常。

消除附加压力影响的措施一般有：

（1）通过水力计算和压力降分配，增加管道阻力。通过水力计算和压力降分配来选择适当的燃气立管管径或在燃气立管上增加截流阀来增加燃气管道的阻力。这种方法的优点是简便、经济、易操作。但缺点是浪费了压力能。同时，燃气管道内的燃气流量随用户用气的多少而变化，由于流量的变化使燃气立管的阻力也随之变化，造成用户燃具前压力的波动，影响燃具的正常燃烧。

（2）在燃气立管上设置低-低压调压器。这种方法比较可行，但较少采用。根据水力计算，当燃气立管在某处的压力达到1.5P_n时，在此处设置一个低-低压调压器，将低-低压调压器的出口压力调整到燃气具的额定压力。当燃气立管继续升高，管道内压力再次达到1.5P_n时的高度，则再次设置一个低-低压调压器，如此类推（如图5-5-1所示）。采用此种方法，可以使燃具前的燃气压力稳定在额定工作压力范围内，但缺点是当低-低压调压器出现故障时，其后的许多用户燃气压力将受影响。而且，此法采用的低-低压调压器进出口压差为0.5P_n，范围很窄，市场上难以找到这类产品。

（3）用户表前设置低-低压调压器。这种方法现在被广泛采用。温哥华、香港、悉尼和东京采用7kPa低压进户，由于管道压力比原先低压管道压力提高不多，故仍可在室内采用钢管丝扣连接，该工艺需在用户燃气表前设置低-低压调压器，用户燃具前压力较稳定，也有利于提高热效率和减少污染。为与国际接轨，《城镇燃气设计规范》GB 50028新版把低压管道的压力上限由0.005MPa提高到0.01MPa，为今后提高低压管道供气系统的经济性和为高层建筑低压管道供气解决高程差的附加压头问题提供方便。该方法见图

5-5-2。

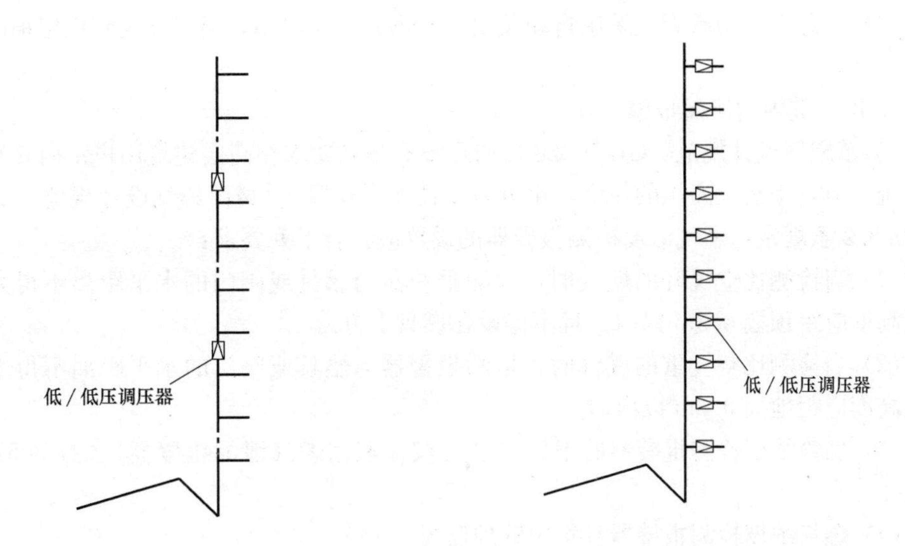

图 5-5-1　在燃气立管上设置低-低压调压器　　图 5-5-2　用户表前设置低-低压调压器

对于设置有低-低压调压器的用户，为克服附加压头对天然气供气压力的影响，只要调整调压器出口压力即可保证供气压力的正常。

5.5.2　高层建筑燃气管道的安全措施

1. 燃气立管的安全设计

燃气立管较长，自重较大，温差变形大，刚性较差，容易引起管道失稳、变形或断裂。高层建筑的燃气立管应有承受自重和热伸缩推力的固定支架和活动支架。燃气水平干管和高层建筑立管应考虑工作环境温度下的极限变形，当自然补偿不能满足要求时，应设置补偿器；补偿器宜采用方形或波纹管型，不得采用填料型。补偿量计算温差可按下列条件选取；

（1）有空气调节的建筑物内取 20℃；

（2）无空气调节的建筑物内取 40℃；

（3）沿外墙和屋面敷设时可取 70℃。

补偿器的设置参照本手册 6.1.1 节，固定支架和活动支架结构形式参照本手册 15.1 节。

《城镇燃气设计规范》GB 50028 第 10.2.4 条规定：在避雷保护范围以外的屋面上的燃气管道和高层建筑沿外墙架设的燃气管道，采用焊接钢管或无缝钢管时其管壁厚均不得小于 4mm。

2. 管道的紧急自动切断

《城镇燃气设计规范》GB 50028 条规定：一类高层民用建筑（≥19 层的建筑）宜设置燃气紧急自动切断阀；燃气紧急自动切断阀的设置应符合下列要求：

（1）紧急自动切断阀应设在用气场所的燃气入口管、干管或总管上；

（2）紧急自动切断阀宜设在室外；

(3) 紧急自动切断阀前应设手动切断阀。

(4) 紧急自动切断阀宜采用自动关闭、现场人工开启型，当浓度达到设定值时，报警后关闭。

3. 用户室内的泄漏报警

《城镇燃气设计规范》GB 50028 目前还没有强制要求在高层建筑用户室内安装泄漏报警系统，但对于定位高档的住宅，甲方常主动要求安装。《城镇燃气设计规范》GB 50028 第10.8.2条规定：燃气浓度检测报警器的设置应符合下列要求：

(1) 当检测比空气轻的燃气时，检测报警器与燃具或阀门的水平距离不得大于8m，安装高度应距顶棚0.3m以内，且不得设在燃具上方。

(2) 当检测比空气重的燃气时，检测报警器与燃具或阀门的水平距离不得大于4m，安装高度应距地面0.3m以内。

(3) 燃气浓度检测报警器的报警浓度应按《家用燃气泄漏报警器》CJJ 3057 的规定确定。

(4) 燃气浓度检测报警器宜集中管理监视。

(5) 报警系统应有备用电源。

5.6 用户调压设施

庭院管道调压设施有调压箱、调压柜、中压表前调压器，低-低压稳压调压器等。

5.6.1 调压箱

1. 调压箱（安装 TMI-311 型燃气调压器）

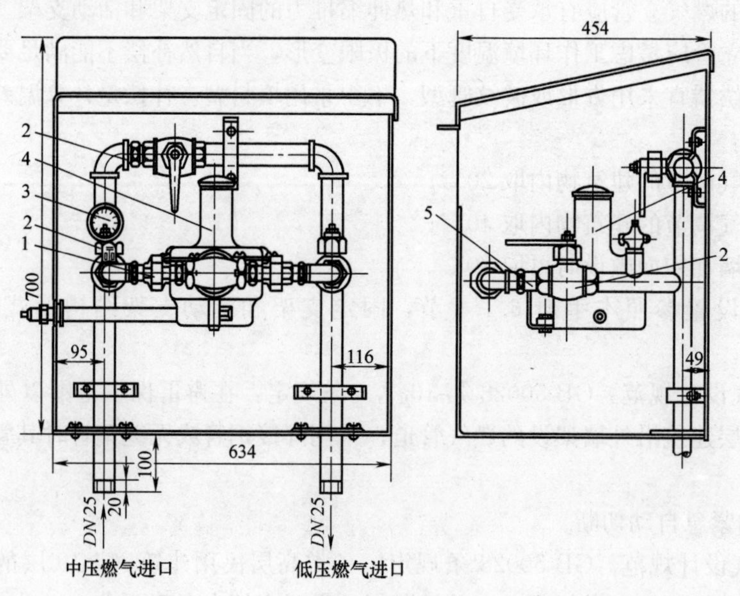

图 5-6-1 调压箱（一）

1—活接头；2—球阀；3—压力表；4—调压器；5—旁通管

图 5-6-1 调压箱为安装 TMZ-311 型燃气调压器的调压箱结构尺寸图，外形尺寸（长×宽×高）为 634×454×700（mm）；本调压箱应与箱外管道上的安全阀及配电盘配合使用。

TMZ 调压器进口压力为 0.05～0.3MPa；出口压力为 1～5kPa（可调）；额定流量 15～75m³/h。适用于天然气和净化后的人工煤气。

2. 调压箱（安装 TMIG 型调压器）

图 5-6-2 为安装 TMZG 型监控式调压器的调压箱结构图，其尺寸如图所示；本调压箱适用于温度为－10～50℃，进口压力为 0.03～0.3MPa 的天然气，液化石油气和经过净化处理的人工煤气。

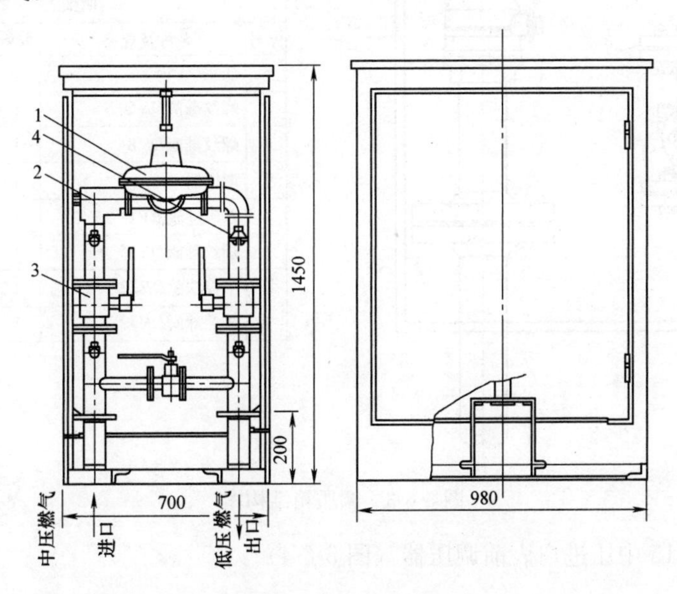

图 5-6-2　调压箱（二）

1—监控式调压器；2—过滤器；3—*DN*50 球阀；4—安全放散阀

TMZG 调压箱主要技术参数见表 5-6-1。

TMZG 型调压箱主要技术参数表　　　　表 5-6-1

型　　号	TMZG-312	TMZG-311
进口压力 P_1(MPa)	0.03～0.3	0.03～0.3
出口压力 P_2(kPa)	2.08～2.8	2.08～2.8
关闭压力 P_6(kPa)	≤3.06	≤3.06
稳　压　精　度	±15%额定出口压力	
流量(天然气)Q(m³/h)	100～300	50～100
连接方式 *DN*	*DN*50 法兰	*DN*40 法兰
调压箱尺寸(mm)(长×宽×高)	980×700×1450	

3. 天然气调压箱

图 5-6-3 为悬挂式天然气调压箱，组成的主要部件有控制阀、过滤器、调压器、放散阀等，其技术参数表 5-6-2。

5.6.2　用户调压器

本节所述的用户调压器是指每一居民用气户单独在表前安装的调压器。

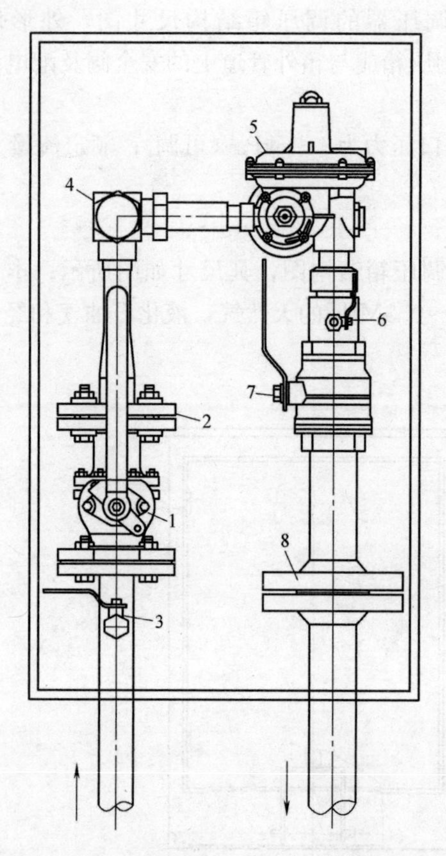

图 5-6-3　调压箱结构图

技术参数　　表5-6-2

项目	参数
进口压力	10－600kPa
出口压力	2.5kPa
工作介质	天然气(相对密度: 0.6)
流量	$75m^3/h$
进出口口径	*DN*32mm×*DN*50
外形尺寸	680mm×450mm×300mm
箱体材质	不锈钢

明细表

序号	名称及规格	数量	备注
8	法兰*DN*50	1	
7	螺纹球阀*DN*50	1	
6	螺纹球阀*DN*8	1	
5	调压器	1	
4	方形过滤器FT-25/25	1	
3	螺纹球阀*DN*15	1	
2	平焊法兰*DN*32	1	
1	法兰球阀*DN*32	1	

1. RTZ-21/15 中压进户表前调压器（图 5-6-4）

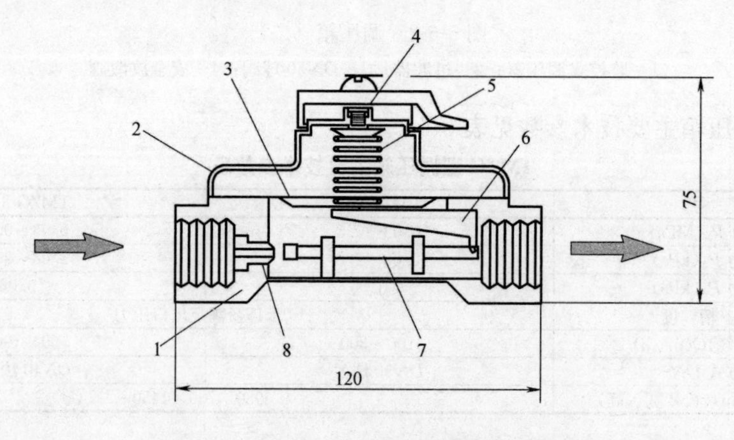

图 5-6-4　RTZ-21/15 中压进户表前调压器

1—下壳体；2—上壳体；3—膜片；4—调节螺母；5—弹簧；
6—转动杆；7—阀杆；8—阀口

RTZ-21/15 中压进户表前调压器安装在用户燃气表前，螺纹连接，其主要技术参数见表 5-6-3。

2. 用户调压器

这种调压器适用于集体食堂，饮食服务行业、用量不大的工业用户及居民点。它可以将用户和中压或高压管道直接连接起来，便于进行“楼栋调压”，属于用户调压器。其构造见图 5-6-5。

技术参数　　表 5-6-3

进口压力 P_1	0.005～0.2MPa
出口压力 P_2	1.0～5.0kPa
稳压精度	$\delta P_2 \leqslant \pm 5\%$
关闭压力	$P_b \leqslant 1.25P_2$
额定流量	$\sigma m^3/h$
连接尺寸	DN15 管螺纹

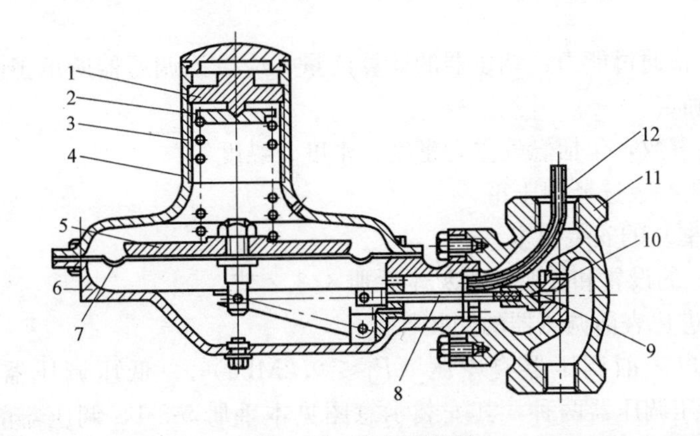

图 5-6-5　用户调压器

1—调节螺丝；2—定位压板；3—弹簧；4—上体；5—托盘；6—下体；7—薄膜；8—横轴；9—阀垫；10—阀座；11—阀体；12—导压管

用户调压器具有体积小、重量轻的优点。为了提高调节质量，在结构上采取了一些措施。如增加薄膜上托盘的重量，则减少了弹簧力变化所给予出口压力的影响。导压管引入点置于调压器出口管的流速最大处，当出口流量增加时，该处动压增大而静压减小，使阀门有进一步开大的趋势，能够抵消由于流量增加弹簧推力降低和薄膜有效面积增加而造成出口压力降低的现象。这种调压器通过调节阀门的气流，使气流不会直接冲击到薄膜上。

用户调压器有普通型和内部放散型两种类型。其技术参数见表 5-6-4、表 5-6-5。

用户调压器技术参数（一）　　表 5-6-4

调压器型号	阀口直径（mm）	连接尺寸(螺纹)		压力参数		通过能力（m^3/h）
		进口(DN_1)	出口(DN_2)	进口(MPa)	出口(kPa)	
TMZ-312LA	30	40	50	0.03～0.3	1.0～10	380～1560
TMZ-312LB	25	40	50	0.05～0.5	0.8～5.0	60～500

5.6.3　调压设施的安装

1. 调压箱的选择

调压箱由制造商成套供应。选择时应提供下述工艺参数：

用户调压器技术参数（二）　　表5-6-5

型　号	压力(MPa)		参考流量/(m³/h)
	进口(P_1)	出口(P_2)	
RTZ-21/50D	0.01～0.2	0.001～0.00475	40～182
RTZ-22/50D	0.01～0.2	0.005～0.15	
RTZ-31/50D	0.2～0.4	0.001～0.00475	182～400
RTZ-32/50D	0.2～0.4	0.05～0.15	
RTZ-41/50D	0.4～0.8	0.001～0.00475	>400
RTZ-42/50D	0.4～0.8	0.005～0.15	

1）调压器进口燃气管道的最大，最小压力，以表压表示（MPa）；

2）调压器的压力差，应根据调压器前管道的设计压力与调压器后燃气管道的设计压力之差值决定；

3）燃气调压箱通过能力：调压器的计算流量，应按该调压器所承担的管网小时最大输送量的1.2倍确定。

4）输送燃气参数，包括燃气重力密度、密度、黏度等。

根据上述工艺参数选择调压箱。

2. 调压箱（柜）的安装要求

调压箱（柜）的设置和安装要求见本手册4.3.2节。

3. 居民用户进户表前调压器的安装

居民用户进户表前调压器有中压（$P_1 \leqslant 0.2$MPa）——低压调压器和低压（$P_1 \leqslant 0.01$MPa）——低压调压器两种，其安装示意图见本手册5-8-1，调压器前后均应安装阀门，由于调压器后是安装燃气表，表前应设置阀门，二者阀门可合二而一。对于安装螺纹连接的调压器，管路应安装活接头。

4. 用户调压器（图5-6-6）的安装

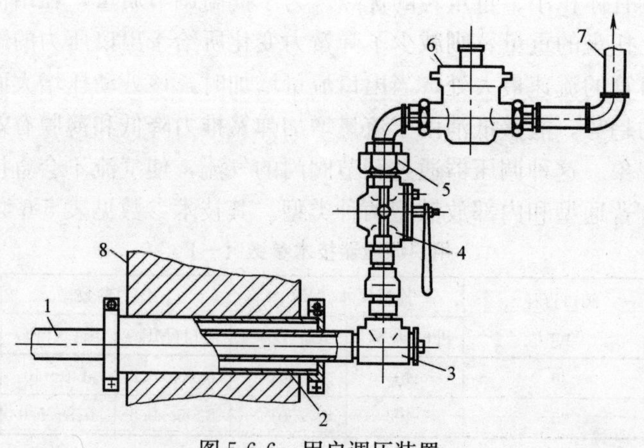

图5-6-6　用户调压装置

1—用户支管；2—外套管；3—清扫三通；4—总阀门；5—活接头；
6—燃气调压器；7—室内燃气管；8—外墙

用户调压器可直接安装在使用天然气的房间内，房间应保持通风良好，安装在厨房内的调压器除作适当保护外，还应保持其外表面清洁，以保证调压器工作正常。

5.7　用户燃气计量

现行国家标准《城镇燃气设计规范》GB 50028 规定，燃气用户应单独设置燃气表；燃气表根据燃气的工作压力、温度、流量和允许的压力降（阻力损失）等条件选择。

5.7.1　居民用户燃气表

1. 钢壳系列膜式燃气表（图 5-7-1～图 5-7-3）

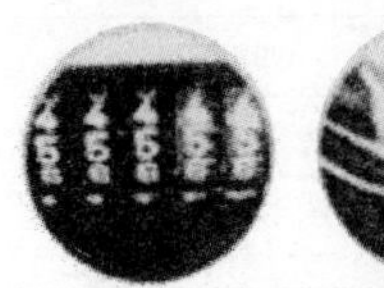

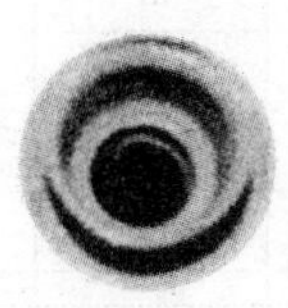

图 5-7-1　燃气表内部结构

图 5-7-2　钢壳系列膜式燃气表

图 5-7-3　铝壳系列膜式燃气表

（1）功能特点

1）采用独立机芯式结构。

2）灵敏度高，计量准确。

3）安装方便，结构简单，零配件少，便于维护。

4）主要部件采用进口材料。

5）具有防逆转装置（可防止计数器倒转）。

6）特殊工艺处理，密封性、安全性、防腐蚀性高，使用寿命长。

（2）产品主要技术指标（表 5-7-1）

产品主要技术指标　　表 5-7-1

项　目	单位	规格型号
		SSG1.6
准确度等级	—	B 级
回转体积(V_c)	dm^3	1.2
公称流量(Q_n)	m^2/h	1.6
最大流量(Q_{max})	m^3/h	2.5
最小流量(Q_{min})	m^3/h	0.016

续表

项　目		单位	规格型号
			SSG1.6
总压力损失		Pa	≤200Pa
密封耐压		kPa	50
工作压力范围		kPa	0.5～30
计量误差	$Q_{min}<Q<0.1Q_{max}$	%	±3.0
	$0.1Q_{max}\leqslant Q\leqslant Q_{max}$	%	±1.5
计数器最小读数		m^3	0.001
计数器最大读数		m^3	9999.999
工作环境温度		℃	－30～＋50
储存温度		℃	＋5～＋40
使用寿命		年	12
外形尺寸(宽×高×厚)		mm	201×225×165
表接头螺纹			M30×2
进出气口间距		mm	130
重量		kg	1.8
适用气体		人工燃气、天然气、液化石油气	

注：另有规格 SSG2.5、SSG4.0，公称流量分别为 $2.5m^3/h$、$4.0m^3/h$。

2. 铝壳系列膜式燃气表（图 5-7-3）

(1) 功能特点

1) 采用机芯及外壳一体化结构，外形小巧美观。

2) 灵敏度高，计量准确。

3) 安装方便，结构简单，零配件少，便于维护。

4) 具有防逆转装置（可防止计数器倒转）。

5) 特殊工艺处理，密封性、安全性、防腐蚀性高，使用寿命长。

(2) 产品主要技术指标（表 5-7-2）

产品主要技术指标　　表 5-7-2

项　目		单位	规格型号
			SAG1.6
准确度等级		—	B级
回转体积(V_c)		dm^3	1.2
公称流量(Q_n)		m^2/h	1.6
最大流量(Q_{max})		m^3/h	2.5
最小流量(Q_{min})		m^3/h	0.016
总压力损失		Pa	≤200Pa
密封耐压		kPa	50
最大工作压力		kPa	20
计量误差	$Q_{min}<Q<0.1Q_{max}$	%	±3.0
	$0.1Q_{max}\leqslant Q\leqslant Q_{max}$	%	±1.5

续表

项　目	单位	规格型号
		SAG1.6
计数器最小读数	m^3	0.001
计数器最大读数	m^3	9999.999
工作环境温度	℃	－20～＋50
储存温度	℃	＋5～＋40
使用寿命	年	12
外形尺寸(宽×高×厚)	mm	168×220×124
表接头螺纹		M30×2
进出气口间距	mm	130
重量	kg	1.71
适用气体		人工燃气、天然气、液化石油气

注：另有规格 SSG2.5、SSG4.0，公称流量分别为 2.5m^3/h、4.0m^3/h。

3. IC 卡智能燃气表

在燃气行业抄表系统服务管理普遍使用了 IC 卡。IC 卡智能燃气表是在原有基表（如膜式燃气表）结构的基础上合成的机电一体化卡表。除原有的机械传动计数功能外，还增加了存量显示、欠压报警、欠量提醒、透支自动关闭、非法操作记录、停用关闭、阀门自动检测、抗磁攻击、防非法卡攻击等功能，便于实现燃气企业预收费和科学管理。从产品升级的角度可把 IC 卡分为三类，即 CPU 卡、逻辑加密卡和射频卡（非接触式 IC 卡燃气表）。

射频卡是最新一代智能卡产品，其一方面具有机电一体化卡表的逻辑加密卡的功能，即系统保密功能，使用权限的保护十分严密；另一方面还采用了非接触式读写，整机可以完全密封免受现场环境污染。管理系统运行使用 C_{++} 语言编写，采用 SQL Server 数据管理系统，可以做到无限存储。因此，只要正确操作系统的设置和提供管理信息，就可以解决不同燃气用户所需的系统维护、日常操作的信息查询、统计分析和报表打印等联网服务。这样，省去了大量人力、物力和时间的耗费。

例如，CG-FS-16（25 或 40）系统射频卡智能膜式燃气表，流量为 2.5、4.0、6.0m^3/h，机械部分和普通家用膜式燃气表毫无区别，只是在计数器部件部分将机械信号转换成脉冲信号而被射频卡读出、存储和传输。其技术参数如下：

工作电压：　　DC3V（锂电池）；
计数显示基本单位：　　0.01m^3；
最小工作电流：　　＜2mA；
最大瞬时电流；　　＜160mA；
工作压力：　　500～5000Pa；
阻力损失；　　＜200Pa。
额定流量：　　2.5、4.0、6.0m^3/h

4. 非接触 IC 卡燃气表（图 5-7-4）

（1）功能

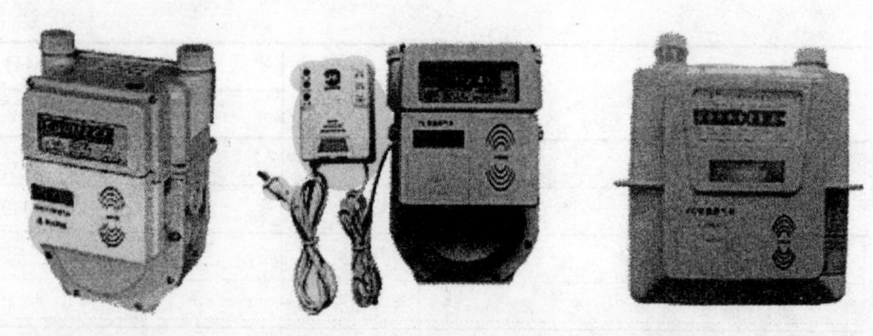

图 5-7-4　非接触 IC 卡燃气表（带漏气报警功能）

非接触 IC 卡智能燃气表具有自动收费功能，一户一表一卡，用户将费用交给管理部门，管理部门将购气量写入 IC 卡中，用户将 IC 卡中信息输入智能燃气表中，智能燃气表便自动开阀供气。在用户用气的过程中，智能燃气表中微电脑自动核减剩余气量，所购气量用尽，智能燃气表自动关阀断气，用户需重新购气方能再次开阀供气。IC 卡还能记录智能燃气表的运行情况，在管理机或管理软件下将表的总用气量、总购气量、开关阀状态等信息进行管理。智能燃气表可以提高管理效率，有效防止欠费，避免上门抄表，实现节约用气。适合用于天然气、人工燃气等流量的计量。带漏气报警功能的智能燃气表可以监测室内可燃气体的泄漏，当室内可燃气体泄漏时，该燃气表的可燃气体探测器会发出声光提示，智能燃气表的液晶屏会显示报警信息，并自动关闭阀门。

（2）特点

非接触 IC 卡（射频卡）技术：采用专利射频卡技术，应用无线方式传输数据，解决了防水、防潮、防攻击难题。7 号干电池供电，微功耗技术，更换一次电池，可用 2 年以上。电动阀技术：采用专利电动阀技术，工作可靠，压损小。全密封设计：所有线路全部环氧树脂密封，无外露电极，适合在潮湿恶劣的环境下使用。

（3）主要参数（表 5-7-3）

主要参数表　　**表 5-7-3**

规格	公称流量 Q_n	最大流量 Q_{max}	最小流量 Q_{min}	计量误差		最大压损 Pa	最大压力 kPa
	m^3/h	m^3/h	m^3/h	$Q_{min} \leqslant Q < 0.1Q_{max}$	$0.1Q_{max} \leqslant Q \leqslant Q_{max}$		
FQ-Q1	1	1.6	0.016	±3%	±1.5%	＜200	50

有不同规格型号产品、流量为 2.5、4.0、6.0m^3/h。

5. 燃气表无线远程抄表系统（图 5-7-5）

（1）系统说明

远传系统的通信协议符合 CJ/T 188《户用计量仪表信号传输技术条件》。远传燃气表系统设备包括：无线远传燃气表、楼宇主机、集中器和管理中心的智能抄表控制系统软件。

（2）典型应用

单抄方式：无线远传燃气表的数据由无线方式自动上传给楼宇主机，楼宇主机通过无线方式把数据传给集中器，集中器通过手机的 GPRS/GSM 网络把数据传给管理中心的计算机，由此实现在管理中心自动抄录所有的燃气表数据。

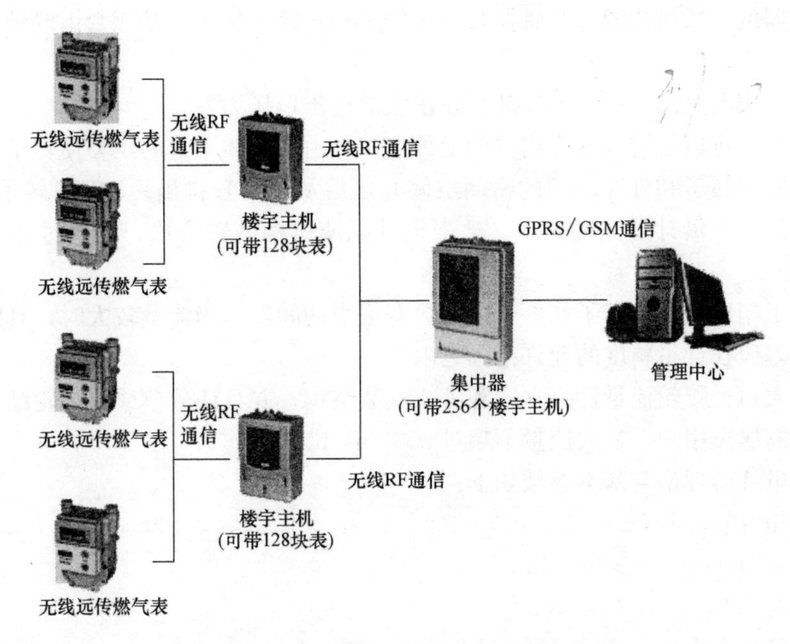

图 5-7-5　燃气表无线远程抄表系统结构图

单＋IC 卡控制方式：此方式除具备单抄方式的功能外，无线远传燃气表还带有非接触 IC 卡电路和阀门，可实现 IC 卡预付费功能。管理部门可通过 IC 卡对燃气表进行收费管理。

(3) 燃气表无线远程抄表系统结构图（图 5-7-5）

5.7.2　商业、工业用户燃气表

工商业常用的燃气表有皮膜表、罗茨表和涡轮表。皮膜表和罗茨表属容积型，涡轮表属速度型。皮膜表一般用于低压计量，其结构简单，不易损坏，受杂质影响较小，价格便宜，始动流量和最小流量很小，但测量范围小，且占用空间大，适用于一般商业用户，常用的流量范围是 1.6～400m^3/h。罗茨表既可用于低压计量也可用于中压计量，入口无须直管段，体积小，量程比可达 1∶160，始动流量和最小流量很小，但价格较贵，对气体纯净度要求较高，适用天然气罗茨表适用流量范围较广，常用的系列是 G16～G250。

(1) 腰轮（罗茨）流量计

如图 5-7-6 所示，腰轮（罗茨）流量计主要由三部分构成：外壳、转子、计数机构，外壳的材料可以是铸铁、铸钢或铸铜，外壳上带有入口管及出口管。转子是由不锈钢、铝或是铸铜做成的两个 8 字形转子。

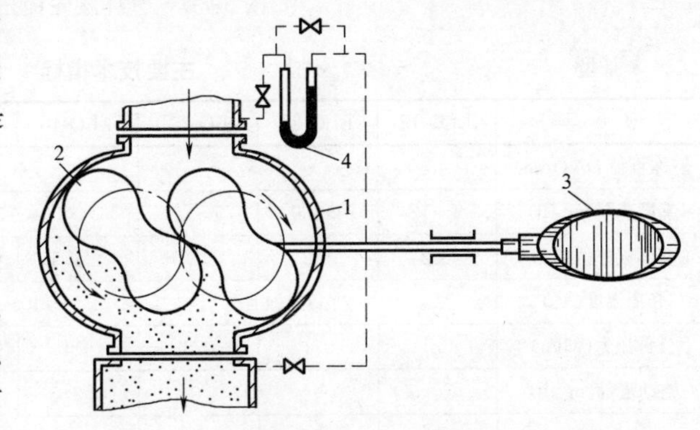

图 5-7-6　腰轮（罗茨）流量计的原理图
1—外壳；2—转子；3—计数机构；4—差压计

带减速器的计数机构通过联轴器与一个转子相连接，转子转动圈数由联轴器传到减速器及计数机构上。

此外，在表的进出口安装差压计，显示表的进出口压力差。

流体由上面进口管进入外壳内部的上部空腔，由于流体本身的压力使转子旋转，使流体经过计量室（转子和外壳之间的密闭空间）之后从出口管排出。8字形转子回转一周，就相当于流过了4倍计量室的体积。适当设计减速机构的转数比，可通过计数机构显示流量。

由于加工精度较高，转子和外壳之间只有很小的间隙，当流量较大时，其间隙产生的泄漏计量误差应在计量精度的允许范围之内。

通常，大口径腰轮流量计有立式和卧式安装结构，并且还分单或双腰轮结构，多用于中、低压工商居民用户，最大流量不超过3500m^3/h。

腰轮流量计的规格与基本参数如下：

公称流量 16，25，40，65，100，160，250，400，650，1000，1600，2500，4000，6500，10000，16000，25000m^3/h

公称压力 1.6，2.5，6.4MPa

累计流量精度±1%，±1.5%，±2.5%

量程比（q_{min}/q_{max}）1/10～1/20

（2）气体腰轮流量计（图5-7-7、表5-7-4、表5-7-5）

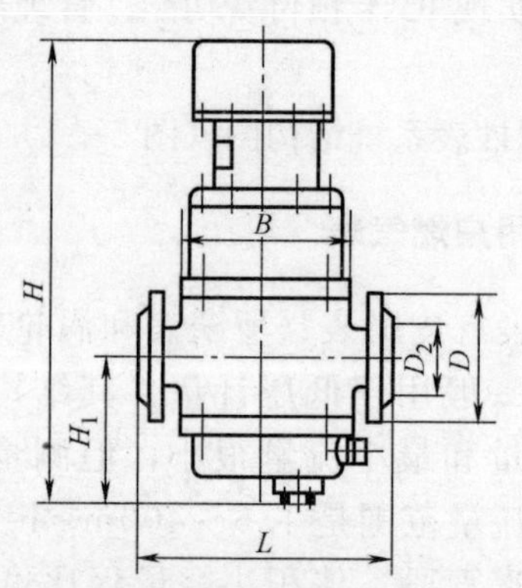

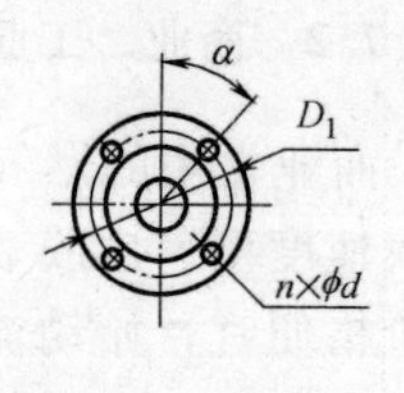

图5-7-7　气体腰轮流量计

·基型　　　　**主要技术指标**　　　　**表5-7-4**

型　号	LLQ-15	LLQ-25	LLQ-25-1	LLQ-40	LLQ-40-1	LLQ-80	LLQ-80-2	LLQ-100
公称直径 DN(mm)	15	25		40		80		100
流量范围(m^3/h)	3～12	4～20	5～20	10～55		20～125		30～200
基本误差值(%)	±2	±2	±2.5	±1.5	3	±1.5	±3	±1.5
介质温度(℃)	−10～+60							
公称压力(MPa)	0.1	0.1	0.8	0.4	1.6	0.6	1.6	0.6
始动流量(m^3/h)	≤0.5	≤0.7		≤2.5	≤3	≤3.5	≤5	≤3.5
压力损失(Pa)	≤200	≤200	≤300	≤400			≤500	≤400
被测介质	空气、燃气、天然气、氢气等							

气体腰轮流量计安装外形及安装尺寸　　表 5-7-5

型号 \ 尺寸	H	H_1	L	B	D	D_1	D_2	$n\times\phi d$	α	重量	配套过滤器
	(mm)									(kg)	
LLQ-15	276	82	200	112	G1″	—	—	—	—	9	LPG-15
LLQ-25	276	82	215	110	C1¼″	—	—	—	—	9.1	LPG-25
LLQ-25E LLQ-25E-1	375	114	232	ϕ156	ϕ115	ϕ85	ϕ65	4×ϕ14	45°	25	LPGB838BAK
LLQ-40 LLQ-40E	445	135	240	ϕ170	ϕ130	ϕ100	ϕ80	4×ϕ14	45°	36	LPGB838BAK
LLQ-40-1	477	137	344	ϕ243	ϕ145	ϕ110	ϕ85	4×ϕ18		48	LPGQ-40-1
LLQ-80	463.5	144.5	350	ϕ250	ϕ190	ϕ150	ϕ128	4×ϕ18	45°	52	LPGQ-80
LLQ-80-2	528	164	400	ϕ294	ϕ195	ϕ160	ϕ140	8×ϕ18	22.5°	87	LFGQ-80-2
LLQ-100	590	204	400	ϕ320	ϕ210	ϕ170	ϕ148	4×ϕ18	45°	85	LPG-100-4

注：法兰连接尺寸 *DN*15-*DN*80 执行 GB/T 9119，LLQ-100 执行 GB/T 9115，*PN*0.6 标准。

（3）智能气体腰轮流量计（图 5-7-8、表 5-7-6、表 5-7-7、表 5-7-8）

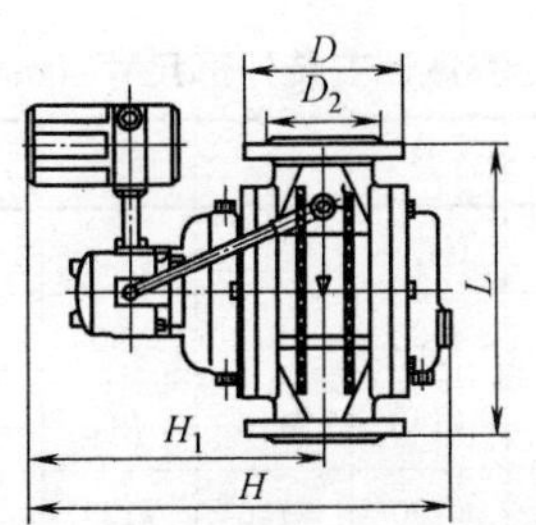

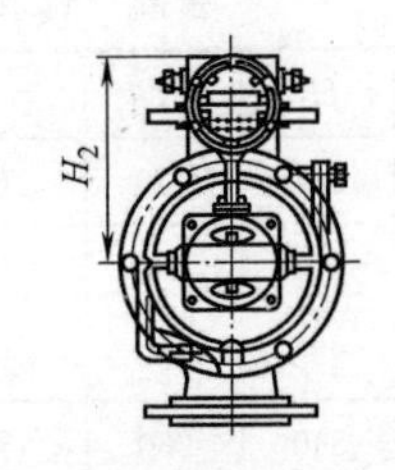

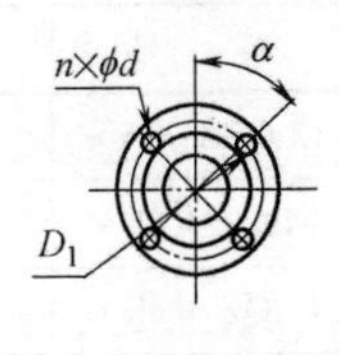

图 5-7-8　智能气体腰轮流量计

流量计规格　　表 5-7-6

公称直径(*DN*)	压力(MPa)	最大流量(m^3/h)
25	0.1	20
25、40、80、100	0.6	60
25、40、80、100	1.0	130
40、80	1.6	200

5.7.3　燃气表的安装

1. 燃气表的选择：

（1）燃气表的额定流量应大于用户的最大小时流量；

（2）对于居民用户应尽量采用 IC 卡智能燃气表；

（3）根据燃气用户使用燃气的工作压力、温度、流量及允许压力降等条件选择燃气表。

2. 现行国家标准《城镇燃气设计规范》GB 50028 对燃气表的安装位置要求如下：

主要技术指标 表5-7-7

仪表型号	LLQZ型	仪表型号	LLQZ型
测量范围(100%点值)从流量范围表选择气体	2～200m³/h	环境条件 环境温度 相对湿度 大气压力	−20～+50℃; 5%～95%; 86～106kPa
量程比	10∶1		
精度等级	1.0级 1.5级	现场LCD数字显示	
工作压力(MPa)	0.1、0.4、0.6、1.0、1.6	标况体积总量	标准状态下(20℃,0.1013MPa) 体积总量——N(m³);
介质条件 被测介质 介质温度 介质压力 介质流量 介质流向	 工业气体 混合气体(天然气); −20～80℃; ≤1.6MPa; 见流量范围表; 上进下出	标况体积流量 工况体积流量	标准状态下(20℃,0.1013MPa) 体积流量—N(m³/h); 工况状态下体积流量——m³/h;
连接方式 法兰型 管螺纹型	法兰GB/T 9113.1标准 (配GB/T 9115 GB/T 9119) 适用于DN25口径	温 度 压 力 电池报警	介质温度——℃; 介质压力——kPa; 电池电压3V时报警显示

智能气体腰轮流量计安装外形尺寸(mm) 表5-7-8

型 号	H	H_1	H_2	L	D	D_1	D_2	α	$n\times\phi d$	配套过滤器
LLQZB802A*	375	260	230	215	G1/4	—	—	—	—	LPG-25
LLQZ0406B*	410	270	230	240	ϕ130	ϕ100	ϕ80	45°	4×ϕ12	LPGQ-40
LLQZ0406D*	440	295	230	344	ϕ145	ϕ110	ϕ85	45°	4×ϕ18	LPGQ-41
LLQZ0813B*	490	340	230	350	ϕ190	ϕ150	ϕ128	45°	4×ϕ18	LPGQ-80
LLQZ0813D*	534	361	230	400	ϕ195	ϕ160	ϕ140	22.5°	8×ϕ18	LPGQ-80-2
LLQZ1020B*	615	410	230	400	ϕ210	ϕ170	ϕ148	45°	4×ϕ18	LPG-100-4

(1)用户燃气表的安装位置要求，符合《城镇燃气设计规范》GB 50028规定：

1)宜安装在不燃或难燃结构的室内通风良好和便于查表、检修的地方。

2)严禁安装在下列场所：

a. 卧室、卫生间及更衣室内；

b. 有电源、电器开关及其他电器设备的管道井内，或有可能滞留泄漏燃气的隐蔽场所；

c. 环境温度高于45℃的地方；

d. 经常潮湿的地方；

e. 堆放易燃易爆、易腐蚀或有放射性物质等危险的地方；

f. 有变、配电等电器设备的地方；

g. 有明显振动影响的地方；

h. 高层建筑中的避难层及安全疏散楼梯间内。

3)燃气表的环境温度，当使用人工煤气和天然气时，应高于0℃；当使用液化石油气时，应高于其露点5℃以上。

4）住宅内燃气表可安装在厨房内，当有条件时也可设置在户门外，见图5-4-2。

住宅内高位安装燃气表时，表底距地面不宜小于1.4m；当燃气表装在燃气灶具上方时，燃气表与燃气灶的水平净距不得小于30cm；低位安装时，表底距地面不得小于10cm，见图5-8-1。

5）商业和工业企业的燃气表宜集中布置在单独房间内，当设有专用调压室时可与调压器同室布置。

（2）燃气表保护装置的设置要求

1）当输送燃气过程中可能产生尘粒时，宜在燃气表前设置过滤器；

2）当使用加氧的富氧燃烧器或使用鼓风机向燃烧器供给空气时，应在燃气表后设置止回阀或泄压装置。

3. 居民用户燃气表安装：

（1）安装燃气表应使用专用表接头，表接头由表厂配套供应；

（2）燃气表前应安装切断阀；

（3）位于中低压调压器后安装的燃气表，调压器与燃气表间最小净距不应小于300mm，以防止燃气以旋涡状态进入燃气表，影响测量精度，表前阀门应使用全通道式阀门。

（4）燃气表的安装应满足抄表、检修、保养和安全使用的要求。当燃气表装在燃气灶具上方时，燃气表与燃气灶的水平净距不得小于300mm。

（5）居民用户燃气表的安装

双管式燃气表安装见图5-7-9；单管式燃气表安装见图5-7-10。

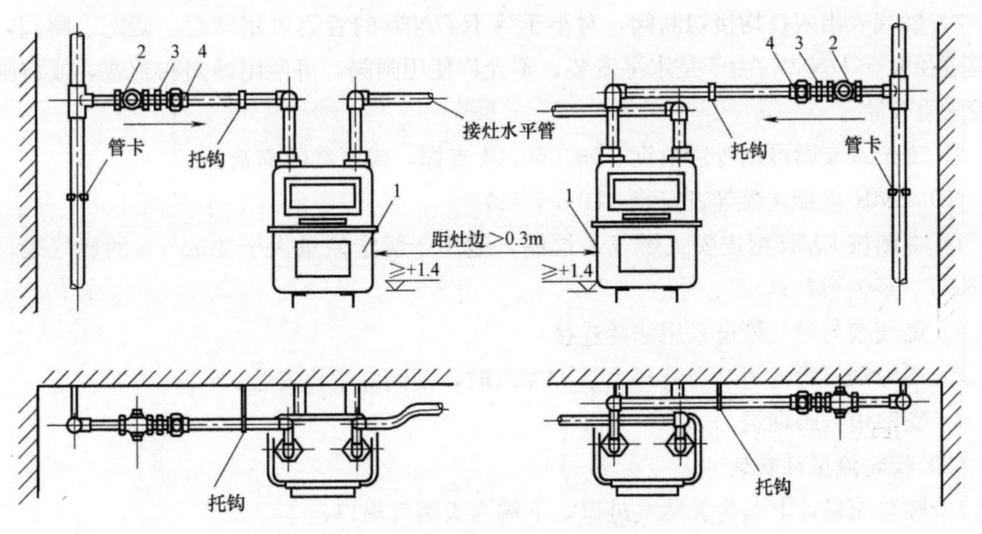

图5-7-9　双管式燃气表安装图

1—煤气表；2—紧接式旋塞 $DN15$；3—内接头 $DN15$；4—活接头 $DN15$

燃气表支托按现场情况设置。

4. 商业、工业用户燃气表安装：

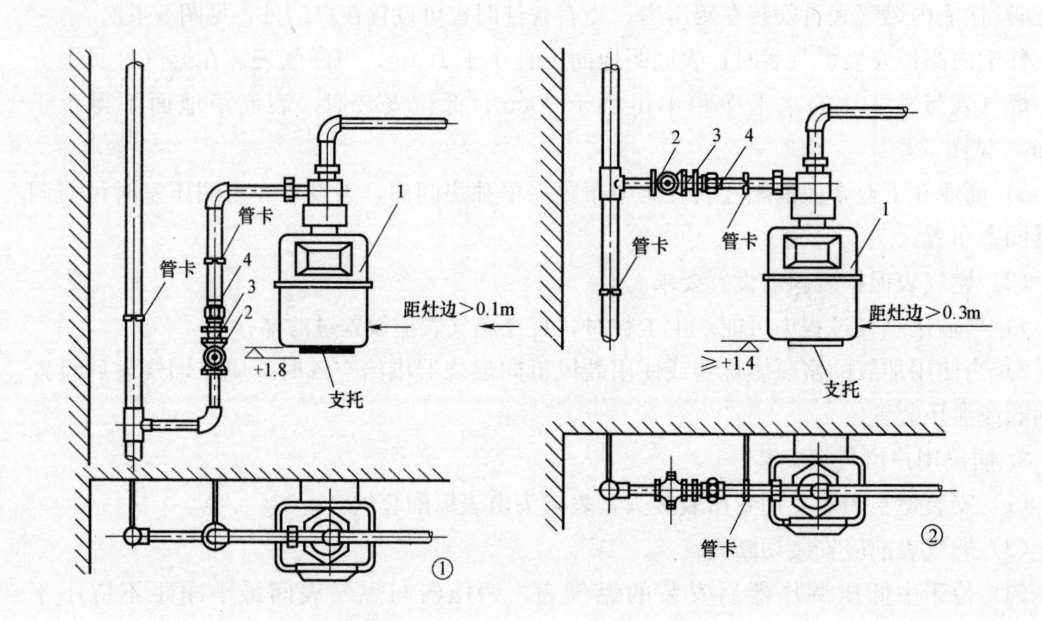

图 5-7-10　单管式燃气表安装图

1—燃气表；2—紧接式旋塞 *DN*15；3—内接头 *DN*15；4—活接头

(1) JMB 型燃气表安装（图 5-7-11）

1）本图适用于燃气流量大于 $25m^3/h$ 的燃气表；

2）燃气管道与燃气表连接 JMB-25 型为螺纹连接；JMB-40、JMB-100 为法兰连接；

3）燃气表出入口均接切断阀，对小于等于 *DN*80 的管道可用球阀、旋塞、闸阀，当管道直径大于 *DN*80，由于是水平安装，不允许使用闸阀，可使用球阀和旋塞，或将闸阀设为垂直安装。

4）支架或支墩可用等边角钢∟50×50×4 支撑，或用红砖砌筑。

(2) BMR 皮膜式燃气表安装（图 5-7-12）

1）本图按 BMR 型皮膜式燃气表绘制，适用于额定流量大于 $40m^3/h$ 的燃气表，即 BMR-57、100、170；

2）燃气表与燃气管道采用法兰连接；

3）图中阀门为闸阀，当管径大于 *DN*80 时，闸阀应垂直安装；

4）支墩用红砖砌筑。

(3) 腰轮流量计安装

1）腰轮流量计上端为天然气进口，下端为天然气出口；

2）配用法兰：*DN*15～*DN*80，GB/T 9119；*DN*100，GB/T 9115；

3）对于在不洁净天然气情况下使用，流量计入口应装过滤器；

4）由于流量计质量较大，应视安装情况设稳固支座（支撑）

5）流量计安装应便于抄表、维护。

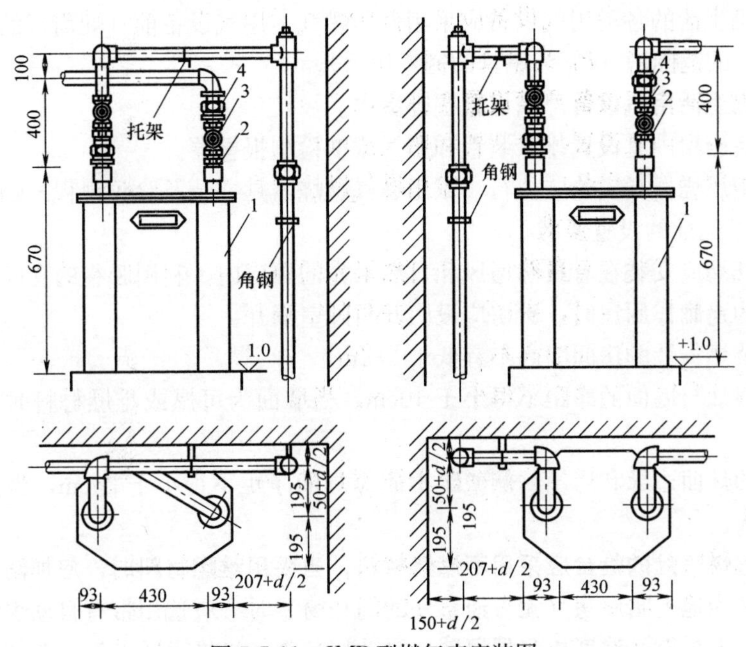

图 5-7-11　JMB 型燃气表安装图

1—JMB 型燃气表；2—旋塞；3—内接头；4—活接头

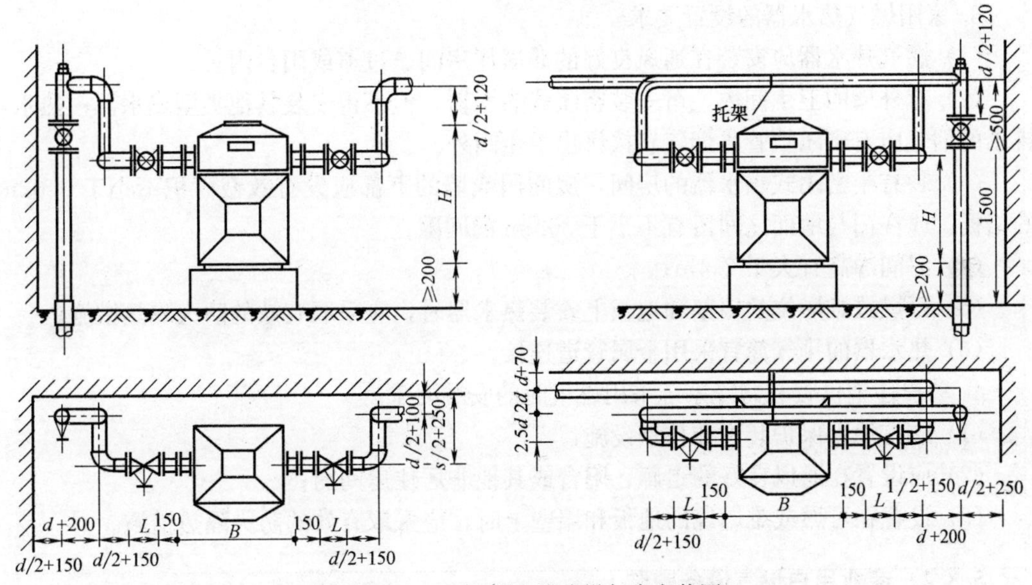

图 5-7-12　BMR 型皮膜式燃气表安装图

d—管径；B—燃气表长度；H—燃气表高度；L—阀门长度；s—燃气表宽度

5.8　燃气用具安装

5.8.1　居民生活燃气设备安装

1. 安装规定

(1) 居民生活的各类用气设备应采用低压燃气，用气设备前（灶前）的燃气压力应在0.75～1.5P_n的范围内（P_n为燃具的额定压力）。

(2) 居民生活用气设备严禁设置在卧室内。

(3) 住宅厨房内宜设置排汽装置和燃气浓度检测报警器。

(4) 家用燃烧器具安装应执行《家用燃气燃烧器具安装及验收规程》CJJ 12的规定。

2. 家用燃气灶的设置要求

(1) 燃气灶应安装在有自然通风和自然采光的厨房内。利用卧室的套间（厅）或利用与卧室连接的走廊作厨房时，厨房应设门并与卧室隔开。

(2) 安装燃气灶的房间净高不宜低于2.2m。

(3) 燃气灶与墙面的净距不得小于10cm。当墙面为可燃或难燃材料时，应加防火隔热板。

燃气灶的灶面边缘和烤箱的侧壁距木质家具的净距不得小于20cm，当达不到时，应加防火隔热板。

(4) 放置燃气灶的灶台应采用不燃烧材料，当采用难燃材料时，应加防火隔热板。

(5) 厨房为地上暗厨房（无直通室外的门和窗）时．应选用带有自动熄火保护装置的燃气灶，并应设置燃气浓度检测报警器、自动切断阀和机械通风设施，燃气浓度检测报警器应与自动切断阀和机械通风设施连锁。

3. 家用燃气热水器的设置要求

(1) 燃气热水器应安装在通风良好的非居住房间、过道或阳台内；

(2) 有外墙的卫生间内，可安装密闭式热水器，但不得安装其他类型热水器；热水器排出的烟气应有密闭烟管将烟气直接排出卫生间外。

(3) 装有半密闭式热水器的房间，房间门或墙的下部应设有效截面积不小于0.02m^2的格栅，或在门与地面之间留有不小于30mm的间隙；

(4) 房间净高宜大于2.4m；

(5) 可燃或难燃烧的墙壁和地板上安装热水器时，应采取有效的防火隔热措施；

(6) 热水器的排气筒宜采用金属管道连接。

4. 单户住宅供暖和制冷系统采用燃气时的安装要求

(1) 应有熄火保护装置和排烟设施；

(2) 应设置在通风良好的走廊、阳台或其他非居住房间内；

(3) 设置在可燃或难燃烧的地板和墙壁上时，应采取有效的防火隔热措施。

5.8.2 商业用户燃气设备安装

1. 安装规定

(1) 商业用气设备宜采用低压燃气设备。

(2) 商业用气设备应安装在通风良好的专用房间内；商业用气设备不得安装在易燃易爆物品的堆存处，亦不应设置在兼作卧室的警卫室、值班室、人防工程等处。

2. 商业用气设备设置在地下室、半地下室或地上密闭房间内时的安装要求

(1) 燃气引入管应设手动快速切断阀和紧急自动切断阀；紧急自动切断阀停电时必须处于关闭状态（常开型）；

（2）用气设备应有熄火保护装置；

（3）用气房间应设置燃气浓度检测报警器，并由管理室集中监视和控制；

（4）宜设烟气一氧化碳浓度检测报警器；

（5）应设置独立的机械送排风系统；通风量应满足下列要求：

1）正常工作时，换气次数不应小于6次/h；事故通风时，换气次数不应小于12次/h；不工作时换气次数不应小于3次/h（通风应使用防爆电机）；

2）当燃烧所需的空气由室内吸取时，应满足燃烧所需的空气量；

3）应满足排除房间热力设备散失的多余热量所需的空气量。

3. 商业用气设备的布置要求

（1）用气设备之间及用气设备与对面墙之间的净距应满足操作和检修的要求；

（2）用气设备与可燃或难燃的墙壁、地板和家具之间应采取有效的防火隔热措施。

4. 商业用气设备的安装要求

（1）大锅灶和中餐炒菜灶应有排烟设施，大锅灶的炉膛或烟道处应设爆破门；

（2）大型用气设备的泄爆装置，应符合下列规定：

1）燃气管道上应安装低压和超压报警，以及紧急自动切断阀；

2）烟道和封闭式炉膛，均应设置泄爆装置，泄爆装置的泄压口应设在安全处；

3）鼓风机和通风管道应设静电接地，接地电阻不大于100Ω。

4）用气设备的燃气总阀门与燃烧器阀门之间应设置放散管。

5. 商业用户中燃气锅炉和燃气直燃型吸收式冷（温）水机组的设置要求

（1）宜设置在独立的专用房间内；

（2）设置在建筑物内时，燃气锅炉房宜布置在建筑物的首层，不应布置在地下二层及二层以下；燃气常压锅炉和燃气直燃机可设置在地下二层；

（3）燃气锅炉房和燃气直燃机不应设置在人员密集场所的上一层、下一层或贴邻的房间内及主要疏散口的两旁；不应与锅炉和燃气直燃机无关的甲、乙类及使用可燃液体的丙类危险建筑贴邻；

（4）燃气相对密度（空气等于1）大于或等于0.75的燃气锅炉和燃气直燃机，不得设置在建筑物地下室和半地下室；

（5）宜设置专用调压站或调压装置，燃气经调压后供应机组使用。

6. 商业用户中燃气锅炉和燃气直燃型吸收式冷（温）水机组的安全技术措施规定

（1）燃烧器应是具有多种安全保护自动控制功能的机电一体化的燃具；

（2）应有可靠的排烟设施和通风设施；

（3）应设置火灾自动报警系统和自动灭火系统；

（4）设置在地下室、半地下室或地上密闭房间时应符合本手册5.4.4.1的规定。

7. 屋顶上设置燃气设备时的要求

（1）燃气设备应能适用当地气候条件。设备连接件、螺栓螺母等应耐腐蚀；

（2）屋顶应能承受设备的荷载；

（3）操作面应有1.8m宽的操作距离和1.1m高的护栏；

（4）应有防雷和静电接地措施。

当需要将燃气应用设备设置在靠近车辆的通道处时，应设置护栏或车挡。

5.8.3　燃气用具的安装设计

1. 居民燃气用具的安装

图 5-8-1 为中压进户居民室内燃气管道及燃具安装图，用气房间内同时安装有中低压天然气用户调压器、烤箱（或双眼灶）以及天然气热水器，图内表示了其安装位置的相对尺寸要求，也表示出立管与水平管的布置。具体布置要求如下：

（1）户内引入管在燃气表前安装有易于切断的阀门，宜选用旋塞和球阀；

（2）燃气表安装高度其表底离地面不应小于 1400mm；

上海地区单管燃气表也有安装在灶台下面，地面上的；

（3）燃气灶与燃气表水平净距应不小于 300mm；

（4）燃气灶与燃气管道间宜采用硬管连接，若采用软管连接则应符合下列要求：

1）应使用耐油橡胶软管；

2）软管长度不应大于 2m；且不得穿墙和门、窗；

3）软硬管连接处应用管卡固定。

（5）热水器燃气引出管与燃气灶间距应大于 500mm；与热水器间距应大于 300mm；

（6）燃气热水器与地面距离宜保持在 1200～1400mm；

（7）燃气热水器与房顶距离应大于 1000mm；

（8）燃气表、灶和热水器可安装在不同墙面上。当燃气表与灶之间净距不能满足要求时可以缩小到 100mm，但表底与地面净距不小于 1800mm；

（9）可燃与难燃烧墙体上安装热水器时，或与燃气灶之间应采取有效的防火隔热措施；

（10）当燃气灶上方装置抽油烟机时，可将灶上方水平管安装在抽油烟机上方；

（11）当燃气灶选用矮脚双眼灶时，应设置灶台，灶台高度宜保持灶面高度 700～800mm 为宜。灶台面尺寸以保证灶长与宽尺寸分别加 200mm 为宜；

（12）厨房内屋顶应为难燃屋顶；

（13）水平管与立管均应用管卡在墙上固定其间距见表 5-8-1；

（14）用户入口总管在中-低压表前调压器前应安装总切断阀。

不保温燃气钢管固定件的最大距离　　表 5-8-1

管道公称直径（*DN*）	固定件的最大距离（m）	管道公称直径（*DN*）	固定件的最大距离（m）
15	2.5	65	6.0
20	3.0	80	6.5
25	3.5	100	7.0
32	4.0	125	8.0
40	4.5	150	10.0
50	5.0	200	12.0

2. 茶炉间安装（图 5-8-2）

图中表示了燃气表、炉前阀门、茶浴炉、水箱的相对位置，除了保证图上所注的相对尺寸外，各设备的具体布置可由设计者定。对于大型茶浴器，燃气表也可布置在低位，放

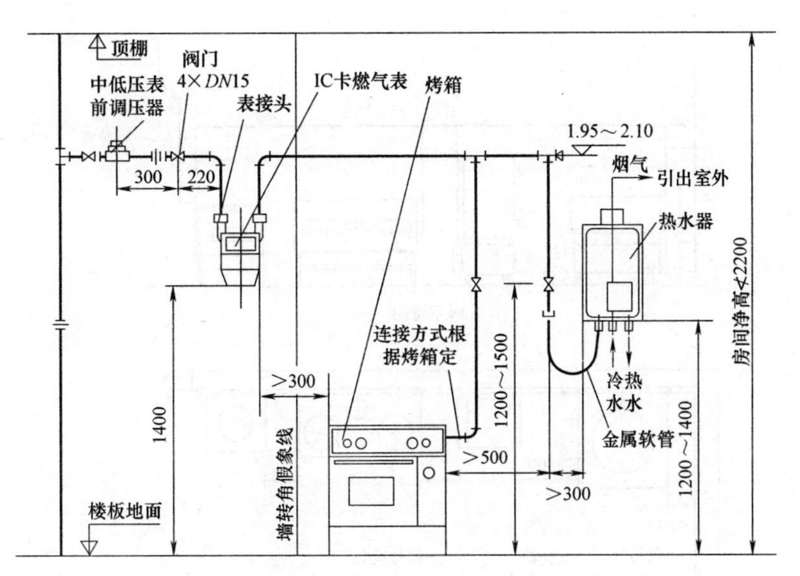

图 5-8-1　中压进户居民室内天然气管道及燃气用具安装图
（二层及以上楼层）（厨房尺寸较小应在二面墙上安装）

在单独的表房内；茶浴炉排烟应引之室外。

燃气管道安装完毕后，应进行严密性试验。试压标准见本手册第 16 章

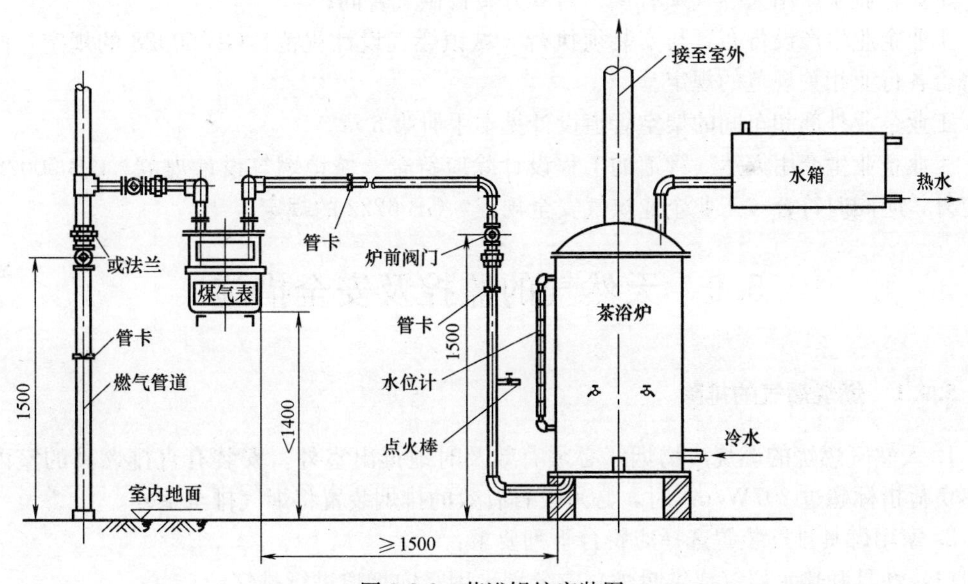

图 5-8-2　茶浴锅炉安装图

3. 天然气商业用户燃气用具安装

食堂、饭店燃气灶具布置图如图 5-8-3 所示。

燃气管沿墙高架布置，接管方便。用气末端设有吹扫管，便于吹扫放散，保证用气安全。

图中未包括燃气表的安装，宜装在用户入口总管上，设置在一个单独的房间内或一个专用的隔离区域，其安装图详见图 5-7-11、图 5-7-12。

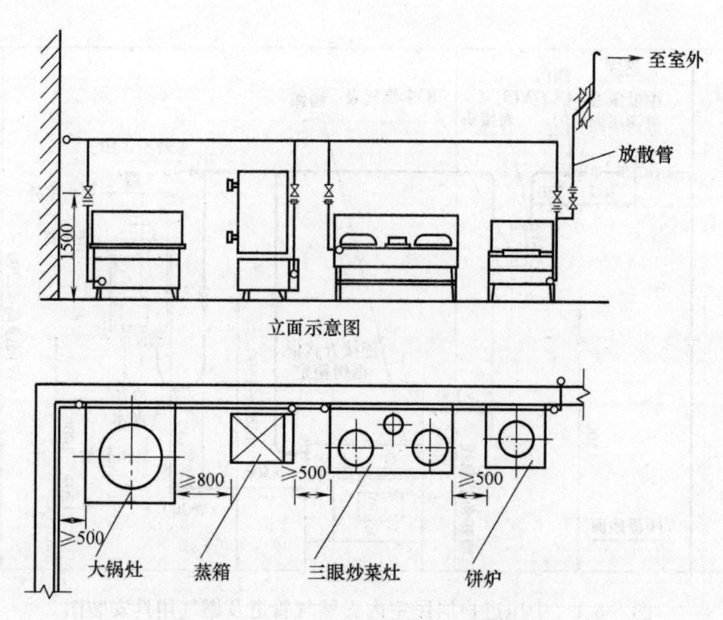

图 5-8-3 食堂、饭店燃气灶具布置图

5.8.4 工业企业生产用气

工业企业生产用天然气须有供、需双方签订供气合同；

工业企业生产设备布置与安装须执行《城镇燃气设计规范》GB 50028 的规定，同时应符合各行业相关规范的规定。

工业企业外部和车间的架空管道设计见本手册第 6 章。

工业企业生产用天然气管道的工程设计除应符合《城镇燃气设计规范》GB 50028 的规定外，应同时符合《工业企业煤气安全规程》GB 6222 的规定。

5.9 天然气的监控及安全措施

5.9.1 燃烧烟气的排除

1. 天然气燃烧的燃烧产物烟气必须有效及时地排出室外。安装有直排燃具的室内容积热负荷指标超过 207W/m^3 时，必须设置有效的排烟装置将烟气排至室外。

2. 家用燃具排气装置选择应符合下列要求：

(1) 灶具和热水器（或供暖炉）应分别采用竖向烟道进行排气；

(2) 住宅采用自然通风和机械换气时，排气装置应分别执行现行国家标准《家用燃气燃烧器具安装及验收规程》CJJ 12 中 A. 0. 1 和 A. 0. 3 的规定选择；

(3) 浴室内燃气热水器的给、排气口应直接通向室外，其排气系统与浴室必须有防止烟气泄漏措施。排烟管应采用金属管。

3. 商业用户厨房中燃具上方应设排气扇和排烟罩，且排烟管上应设置油烟过滤装置，烟气排放应达标，以减少对大气污染。

4. 燃气用气设备的排烟设施应符合下列要求：

（1）不得与使用固体燃料的设备共用一套排烟设施；

（2）每台用气设备宜采用单独烟道；当多台设备合用一个总烟道时，应保证排烟时互不影响；

（3）在容易积聚烟气的地方，应设置泄爆装置；

（4）应设有防止倒风的装置；

（5）从设备顶部排烟或设置排烟罩排烟时，其上部应有不小于 0.3m 的垂直烟道方可接水平烟道；

（6）有防倒风排烟罩的用气设备不得设置烟道闸板；无防倒风排烟罩的用气设备，在至总烟道的每个支管上应设置闸板，闸板上应有直径大于 15mm 的孔；

（7）安装在低于 0℃房间的金属烟道应做保温。

5. 水平烟道的设置应符合下列要求：

（1）水平烟道不得通过卧室；

（2）居民用气设备的水平烟道长度不宜超过 5m，弯头不宜超过 4 个（强制排烟式除外）；

商业用户用气设备的水平烟道长度不宜超过 6m；

工业企业生产用气设备的水平烟道长度，应根据现场情况和烟囱抽力确定；

（3）水平烟道应有大于或等于 0.01 坡向用气设备的坡度；

（4）多台设备合用一个水平烟道时，应顺烟气流动方向设置导向装置；

（5）用气设备的烟道距难燃或不燃顶棚或墙的净距不应小于 5cm；距燃烧材料的顶棚或墙的净距不应小于 25cm。

注：当有防火保护时，其距离可适当减小。

6. 烟囱的设置应符合下列要求：

（1）住宅建筑的各层烟气排出可合用一个烟囱，但应有防止串烟的措施；多台燃具共用烟囱的烟气进口处，在燃具停用时的静压值应小于或等于零；

（2）当用气设备的烟囱伸出室外时，其高度应符合下列要求：

1）当烟囱离屋脊小于 1.5m 时（水平距离），应高出屋脊 0.6m；

2）当烟囱离屋脊 1.5～3.0m 时（水平距离），烟囱可与屋脊等高；

3）当烟囱离屋脊的距离大于 3.0m 时（水平距离），烟囱应在屋脊水平线下 10°的直线上；

4）在任何情况下，烟囱应高出屋面 0.6m；

5）当烟囱的位置临近高层建筑时，烟囱应高出沿高层建筑物 45°的阴影线；

（3）烟囱出口的排烟温度应高于烟气露点 15℃以上；

（4）烟囱出口应有防止雨雪进入和防倒风的装置。

7. 用气设备排烟设施的烟道抽力（余压）应符合下列要求：

（1）热负荷 30kW 以下的用气设备，烟道的抽力（余压）不应小于 3Pa；

（2）热负荷 30kW 以上的用气设备，烟道抽力（余压）不应小于 10Pa；

（3）工业企业生产用气工业炉密的烟道抽力，不应小于烟气系统总阻力的 1.2 倍。

8. 排气装置的出口位置应符合下列规定：

(1) 建筑物内半密闭自然排气式燃具的竖向烟囱出口应符合本手册 5.9.1 节 6. 的规定。

(2) 建筑物壁装的密闭式燃具的给排气口距上部窗口和下部地面的距离不得小于 0.3m。

(3) 建筑物壁装的半密闭强制排气式燃具的排气口距离窗洞口和地面的距离应符合下列要求：

1) 排气口在窗的下部和门的侧部时，距相邻卧室的窗和门的距离不得小于 1.2m，距地面的距离不得小于 0.3m。

2) 排气口在相邻卧室的窗的上部时，距窗的距离不得小于 0.3m。

3) 排气口在机械（强制）进风口的上部，且水平距离小于 3.0m 时，距机械进风口的垂直距离不得小于 0.9m。

9. 高海拔地区安装的排气系统的最大排气能力，应按在海平面使用时的额定热负荷确定，高海拔地区安装的排气系统的最小排气能力，应按实际热负荷（海拔的减小额定值）确定。

5.9.2　天然气的监控及安全设施

1. 设置天然气浓度报警器

(1) 设置场所规定

1) 建筑物内专用的封闭式燃气调压、计量间；

2) 地下室、半地下室和地上密闭的用气房间；

3) 燃气管道竖井；

4) 地下室、半地下室引入管穿墙处；

5) 有燃气管道的管道层。

(2) 设置要求

1) 当检测比空气轻的燃气时，检测报警器与燃具或阀门的水平距离不得大于 8m，安装高度应距顶棚 0.3m 以内，且不得设在燃具上方。

2) 当检测比空气重的燃气时，检测报警器与燃具或阀门的水平距离不得大于 4m，安装高度应距地面 0.3m 以内。

3) 燃气浓度检测报警器的报警浓度应按国家现行标准《家用燃气泄漏报警器》CJ 3057 的规定确定。

4) 燃气浓度检测报警器宜与排风扇等排气设备连锁。

5) 燃气浓度检测报警器宜集中管理监视。

6) 报警器系统应有备用电源。

2. 设置天然气紧急自动切断阀

(1) 设置场所规定

1) 地下室、半地下室和地上密闭的用气房间；

2) 一类高层民用建筑；

3) 燃气用量大、人员密集、流动人口多的商业建筑；

4) 重要的公共建筑；

5）有燃气管道的管道层。

（2）天然气紧急自动切断阀的设置要求

1）紧急自动切断阀应设在用气场所的燃气入口管、干管或总管上；

2）紧急自动切断阀宜设在室外；

3）紧急自动切断阀前应设手动切断阀；

4）紧急自动切断阀宜采用自动关闭、现场人工开启型，当浓度达到设定值时，报警后关闭。

3. 天然气管道及设备的防雷及防静电接地的设计要求

（1）进出建筑物的燃气管道的进出口处，室外的屋面管、立管、放散管、引入管和燃气设备等处均应有防雷、防静电接地设施；

（2）防雷接地设施的设计应符合现行国家标准《建筑物防雷设计规范》GB 50057 的规定；

（3）防静电接地设施的设计应符合国家现行标准《化工企业静电接地设计规程》HGJ 28 的规定。

（4）天然气架空管道为防止雷击与静电，应设计接地装置，其间距约为 100m，要求接地电阻不大于 10Ω。

4. 天然气应用设备对电气的要求

（1）燃气应用设备和建筑物电线、包括地线之间的电气连接应符合有关国家电气规范的规定。

（2）电点火、燃烧器控制器和电气通风装置的设计，在电源中断情况下或电源重新恢复时，不应使燃气应用设备出现不安全工作状况。

（3）自动操作的主燃气控制阀、自动点火器、室温恒温器、极限控制器或其他电气装置（这些都是和燃气应用设备一起使用的）使用的电路应符合随设备供给的接线图的规定。

（4）使用电气控制器的所有燃气应用设备，应当让控制器连接到永久带电的电路上，不得使用照明开关控制的电路。

5. 管道的放散

工业企业用气车间、锅炉房以及大中型用气设备的燃气管道上应设放散管，放散管管口应高出屋脊（或平屋顶）1m 以上或设置在地面上安全处，并应采取防止雨雪进入管道和放散物进入房间的措施。

当建筑物位于防雷区之外时，放散管的引线应接地，接地电阻应小于 10Ω。

5.10 室内天然气管道的施工图设计

5.10.1 施工图设计文件

室内燃气管道施工图设计文件由以下几部分组成：

1. 图纸目录

包括设计图和复用图的全部图纸目录。

2. 材料目录

包括表具、燃具及管道材料等，分类、分项列出。

3. 平面布置图

(1) 准确表示引入管的位置，标明与建筑物的相对位置；

(2) 室内管道、表具、灶具的平面位置，标明与建筑物轴线的相对尺寸；

(3) 与周围相邻管子和构筑物平面位置，标明相邻管子的管中心尺寸；

(4) 标明安装阀门的平面位置及特殊管道附件（如放散管等）的平面位置等。

燃气管道和电气设备，相邻管道之间的净距必须符合本手册表5-4-1的规定。

4. 管道轴测图

管道轴测图是室内燃气管道的主要设计图纸，它表示了管径，管道走向、坡向、高程，平面位置（包括阀门、管件布置），由于是三向视图，一目了然，绘制时应按比例。

5.10.2 室内天然气管道设计示例

一栋使用低压天然气五层居民住宅楼，一单元室内天然气管道的设计，其设计内容包括室内天然气管道的计算流量；管道的水力计算；管道平面布置图；管道系统图以及材料选用要求等。

各住户装双眼天然气灶1台，灶具额定压力为2000Pa，额定用气量为0.7m^3/h（按各灶眼热负荷3.5kW/h计算），天然气密度为0.73kg/m^3；运动黏度为14.3×$10^{-6}$$m^2$/s。

1. 计算流量计算

1) 在系统图上对计算管段进行编号，见图5-10-2，其编号为1～14。

2) 确定各管段计算长度 L，标在图5-10-2上。

3) 计算管道计算流量

按本手册式（2-5-4）计算各管段计算流量：

$$Q_j = K\sum Q_n N$$

式中同时工作系数 K，额定流量 Q_n，户数 N 和计算流量其结果汇总于表5-10-1。

管道计算流量表 **表5-10-1**

管段号	1-2	2-3	3-4	4-5	5-6	6-7	7-8	8-9	9-10	14-13	13-12	12-11	11-6
户数 N	1	1	1	2	3	5	8	9	10	1	1	1	2
额定流量 Q_n(m^3/h)	0.7	0.7	0.7	1.4	2.1	3.5	5.6	6.3	7.0	0.7	0.7	0.7	1.4
同时工作系数 K	1	1	1	1.0	0.85	0.68	0.58	0.55	0.54	1	1	1	1
计算流量 Q_j(m^3/h)	0.7	0.7	0.7	1.4	1.79	2.38	3.25	3.47	3.78	0.7	0.7	0.7	1.4

2. 平面布置图（图5-10-1）及系统图（图5-10-2）

图5-10-1是一层和二层的平面布置图，引入管从一层左单元地上进入，进入后在立管上设快速切断阀，见图5-10-2，并给左单元一层供气，然后立管上升至二层后，安装分支管给右单元供气，其中右单元一层，二层以上往下供给天然气，3～5层从下往上供给天然气。

3. 管道水力计算

(1) 根据计算流量初步确定管径、并标注在系统图上（用户支管最小管径不小于 DN15)。

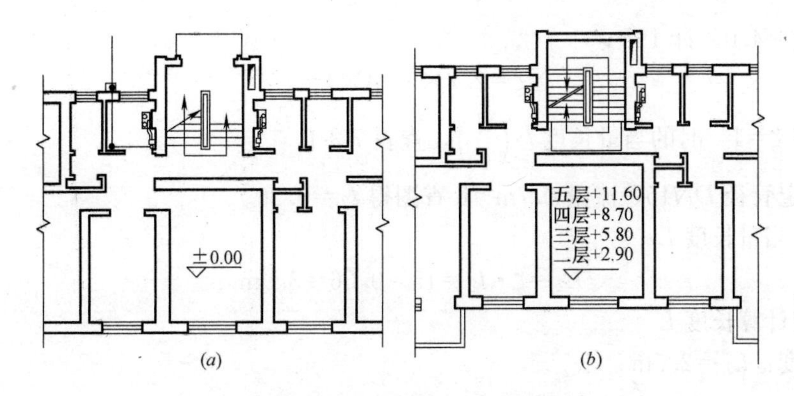

图 5-10-1　室内燃气管道平面图

(a) 一层平面图；(b) 二层平面图

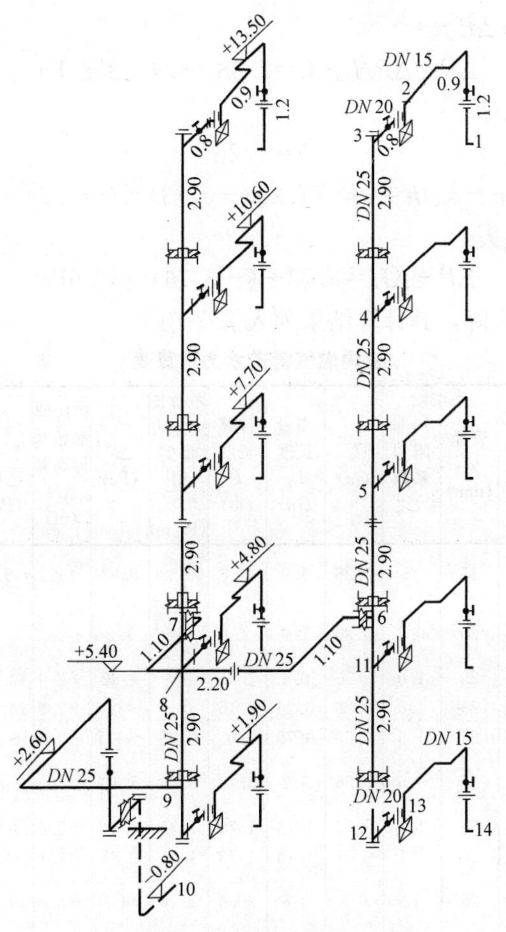

图 5-10-2　室内燃气管道系统图

(2) 用当量长度法计算管道局部阻力损失，按本手册式 (7-3-1) 及表 7-3-1 进行计算。

从管段 1-2 为例计算如下：

1) 局部阻力系数，查表 7-3-1

直角弯头：$\zeta=2.2$，计 5 个；

旋塞：$\zeta=4.0$，计1个；

$$\sum\zeta=2.2\times5+4\times1=15$$

2）计算 $\zeta=1$ 时的当量长度 $l_2\left(\frac{d}{\zeta}\right)$，查表7-3-1。

根据预定管径 $DN15$，流量 $0.7m^3/h$ 查图得 $l_2=0.26$。

3）计算当量长度 L_2

$$L_2=\zeta\cdot l_2=15\times0.26=3.9m$$

4）确定计算长度 L

管段长度：$L_1=2.5m$

$$L=L_1+L_2=2.5+3.9=6.4m$$

5）查本手册表7-1-7 计算单位长度摩擦阻力损失

管径 $DN15$，流量 $0.7m^2/h$，$\Delta P/L=1.38Pa/m$。密度无须校正。

6）计算管段阻力降 ΔP

$$\Delta P=\Delta P/L\times L=1.38\times6.4=8.83Pa$$

7）计算附加压头 ΔH

$$h=1.2m$$

$$\Delta H=10(\rho_K-\rho_m)h=10\times(1.293-0.73)\times(-1.2)=-6.76Pa$$

8）管段实际压力损失

$$\Delta P-\Delta H=8.83-(-6.76)=15.6Pa$$

依次计算各管段阻力降，其计算结果列入表5-10-2。

室内燃气管道水力计算表 **表5-10-2**

管段号	额定流量 (m^3/h)	同时工作系数	计算流量 (m^3/h)	管段长度 L_1 (m)	管径 d (mm)	局部阻力系数 $\sum\zeta$	l_2 (m)	当量长度 L_2 (m)	计算长度 L (m)	单位长度压力损失 $\frac{\Delta P}{L}$ (Pa/m)	ΔP (Pa)	管段终端始端标高差 ΔH (m)	附加压头 ΔH (Pa)	管段实际压力损失 (Pa)	管段局部阻力系数计算及其他说明
1-2	0.7	1	0.7	2.5	15	15	0.26	3.9	6.4	1.38	8.83	−1.2	−6.76	15.59	90°直角弯头 $\zeta=5\times2.2$，旋塞$=\zeta=4$
2-3	0.7	1	0.7	0.8	20	6.2	0.26	1.6	2.4	0.5	1.2			1.2	90°直角弯头 $\zeta=2\times2.1$，旋塞 $\zeta=2$
3-4	0.7	1	0.7	2.9	25	1.0	0.4	0.4	3.3	0.4	1.32	+2.9	16.32	−15	三通直流 $\zeta=1.0$
4-5	1.4	1	1.4	2.9	25	1.0	0.26	0.26	3.16	0.3	~1.0	+2.9	16.32	−15	三通直流 $\zeta=1.0$
5-6	2.1	0.85	1.79	2.3	25	1.5	0.50	0.75	3.05	0.35	~1.1	+2.3	~13	−11.9	三通分流 $\zeta=1.5$
6-7	3.5	0.68	2.38	4.4	25	9.5	0.56	5.2	9.72	0.63	5.12			6.12	三通分流 $\zeta=1.5$，90°直角弯头 $\zeta=4\times2.0$
7-8	5.6	0.58	3.25	0.6	25	1.5	0.75	1.13	1.73	1.35	2.34	+0.6	3.33	−1.0	三通直流 $\zeta=1.5$
8-9	6.3	0.55	3.47	2.1	25	1.5	0.77	1.16	1.73	1.66	2.87	+2.1	11.8	−8.9	三通直流 $\zeta=1.5$
9-10	7.0	0.54	3.78	11.0	25	12	0.8	9.6	20.6	2.16	44.5	+3.4	19.14	25.36	90°直角弯头 $\zeta=5\times2$，旋塞 $\zeta=2$
管道1-2-3-4-5-6-7-8-9-10总压力降 $\Delta P=-3.5Pa$															
14-13	0.7	1	0.7	2.5	15	15	0.26	3.9	6.4	1.38	8.83	−1.2	−6.76	15.59	同1-2管段
13-12	0.7	1	0.7	0.8	20	6.2	0.26	1.6	2.4	0.5	1.2			1.2	同2-3管段
12-11	0.7	1	0.7	2.9	25	1.0	0.26	0.26	3.5	0.4	1.4	−2.9	−16.3	17.7	同3-4管段
11-6	1.4	1	1.4	0.6	25	1.5	0.4	0.6	6.2	0.3	18.6	−0.6	−3.34	21.94	
管道14-13-12-11-6-7-8-9-10总压力降 $\Delta P=50.4Pa$															

注：表中计算未包括燃气表的阻力损失，具体设计中应予以考虑。

第 6 章　天然气管道的架空敷设

架空天然气管道布置图（图 6-0-1）是以天然气管道为主的架空综合管道的施工图设计的平面图，断面图（“管道代号”标注根据需要），图中已表达了设计的基本内容，本章将以两个方面阐述天然气管道的架空敷设，管道支架和设计主要内容。

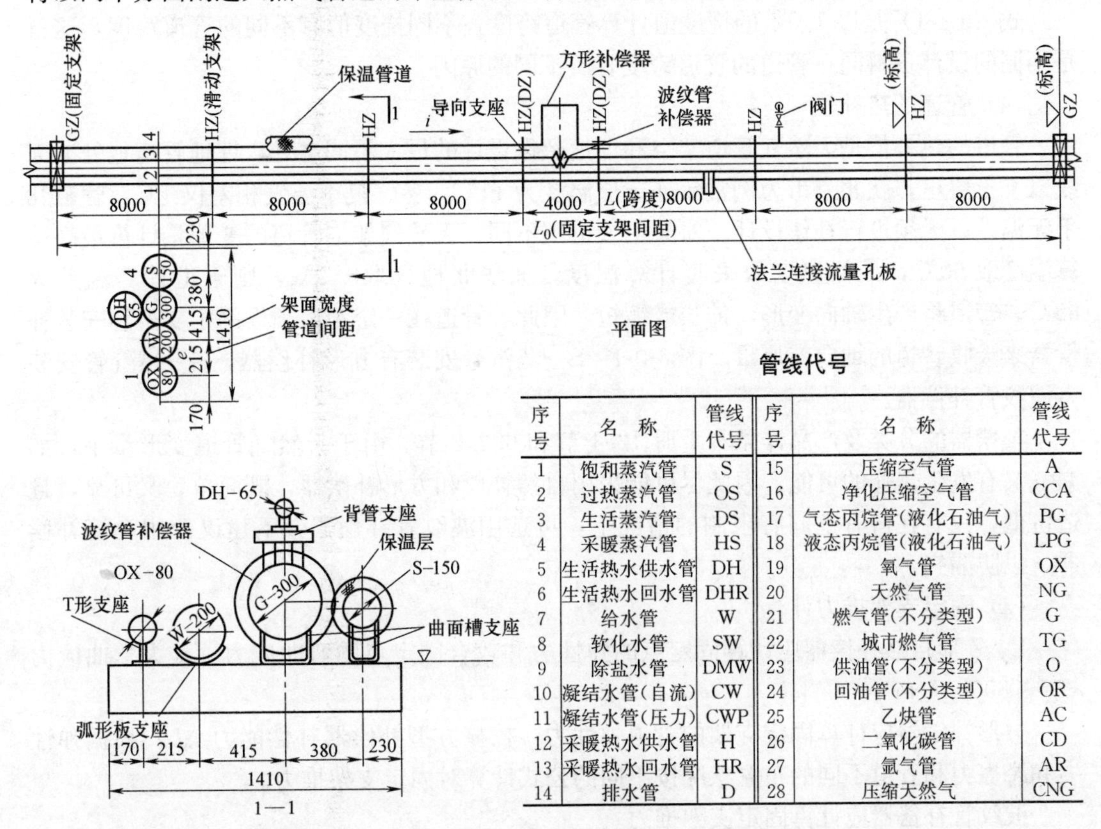

管线代号

序号	名　称	管线代号	序号	名　称	管线代号
1	饱和蒸汽管	S	15	压缩空气管	A
2	过热蒸汽管	OS	16	净化压缩空气管	CCA
3	生活蒸汽管	DS	17	气态丙烷管(液化石油气)	PG
4	采暖蒸汽管	HS	18	液态丙烷管(液化石油气)	LPG
5	生活热水供水管	DH	19	氧气管	OX
6	生活热水回水管	DHR	20	天然气管	NG
7	给水管	W	21	燃气管(不分类型)	G
8	软化水管	SW	22	城市燃气管	TG
9	除盐水管	DMW	23	供油管(不分类型)	O
10	凝结水管(自流)	CW	24	回油管(不分类型)	OR
11	凝结水管(压力)	CWP	25	乙炔管	AC
12	采暖热水供水管	H	26	二氧化碳管	CD
13	采暖热水回水管	HR	27	氩气管	AR
14	排水管	D	28	压缩天然气	CNG

图 6-0-1　架空综合管道布置图

1. 管道支架

（1）支架类型

管道支架是管道的支承主体，其支架以生根方式分为：落地支架（图 6-0-1）、墙架、柱架、吊架等，详见本手册 15. 2 节。

（2）支架功能

按支架受力状况，以支架的功能又可分为：

固定支架（GZ）：除承载管道的垂直荷重外，主要是承受管道的轴向推力和倒向力；

滑动支架（HZ）：只承载管道的垂直荷重和管道与支架面轴向位移产生的摩擦力；

导向支架（DZ）：安装在补偿器附近，对管道的轴向位移起导向作用。

（3）管道支座

管道支座是用于支承管道，当管道产生位移与架面摩擦时防止管壁磨损，管道支座使用与支架受力情况保持一致，故亦可分为固定支座。滑动支座和导向支座，见本手册15.1节。

2. 天然气管道架空敷设设计的主要内容

（1）小时计算流量计算，并通过水力计算，确定管道直径及壁厚。

（2）管道垂直荷重

管道垂直荷重包括：管道空管重、充水重和保温层重。对于进行水压强度试验的管道充水重应是管道全充满水的充水重，对于强度试验介质是空气的管道充水重只考虑凝结重，一般可按管道直径30%高度的水位计算充水重。

（3）管道跨度

式（6-1-1）是以1.5‰的挠度值计算管道跨度，不同挠度值有不同的管道跨度，这就是不同的设计资料同一管道的管道跨度有所不同的原因。

（4）管道的热补偿

管道的热补偿是天然气管道架空和埋地敷设设计的最大不同之处，埋地管道地处冰冻线以下土层里，就北京市为例常年冻土层温度为14℃，冬、夏季温度相差仅1℃，管道几乎无温差，无须进行补偿设计。对架空管道则不同，天然气架空管道的变形量计算最高计算温度取60℃，最低温度取采暖计算温度，如华北地区取－9℃，则管道计算温差为69℃，管道将产生轴向变形，伸长或缩短，因此，管道在一定距离须设固定支架和安装补偿器来吸收管道的轴向变形量。图6-0-1　S—蒸汽管安装有方形补偿器，G—燃气管安装有波纹管补偿器。

补偿器的分类及产品详见本手册12.1节和6.2.2节。由于天然气管道变形量小，如漏气又有发生爆炸的可能，因此尽可能采用自然补偿和方形补偿器，既简单、又可靠，且造价低，只有在占有空间有限制的情况下，可选用波纹管补偿器，不建议使用套筒补偿器，以防漏气。

（5）固定支架推力计算

L、Z形自然补偿器应计算固定点的弹性力和较合固定点的弯曲应力，最大弯曲应力$\sigma_{wq}^{max} \leqslant 800kg/cm^2$。

方形补偿器应计算固定支架的管道弹性力，校核方型补偿器补偿能力ΔL；根据弹性力和摩擦力和管道不同的布置状况按不同的公式计算对固定支架推力。

波纹管补偿器应计算固定支架推力。

固定支架推力应向土建专业提出资料。

（6）天然气管道的架空敷设，见本章6.1.2节。

（7）天然气架空管道的涂料防腐。

（8）施工图

天然气管道架空敷设施工图可参考图6-0-1，图中标高▽表示方式分别有管底、管中或架面标高，标高以地坪标高为相对±0.00计算高度。

6.1　天然气管道的架空敷设

城镇天然气管道的户内管道，商业用户、工业用户、锅炉房，直燃机用户的室外地上天然气管道均采用架空敷设；对于埋地有困难的建筑小区和庭院管道也可架空敷设。天然气管道的架空敷设应符合现行国家标准《城镇燃气设计规范》GB 50028 和《工业企业煤气安全规程》GB 6222 的规定。

6.1.1　架空管道支架

1. 管道支架

架空管道支架有室外落地支架，室内有墙架、柱架、吊架、落地支架等类型，根据支架受力状况分又可分成滑动支架、固定支架和导向支架，各支架都应配合使用相同功能的管道支座。管道支座见本手册 15.1.1 节。

室内管道支架：墙架、柱架、吊架、管卡、平管支架、立管支架、弯管支架、水平托钩等，详细见手册 15.2 节管道支架。

2. 管道单位长度标准重量

（1）管道单位长度标准重量表使用说明

1）表中的液体管道系指充水的管道，计算密度为 1000kg/m^3；

2）计算管道的重量时，取钢的密度为 7850kg/m^3；

3）气体管道假定冷凝水的充满量为：

公称直径＜DN100 者，充满管道截面的 20％；DN100≤公称直径≤DN500 者，充满管道截面的 15％；＞DN500 者，充满管道截面的 10％。

4）保温层厚度见表 6-1-1 保温层密度为 ρ=150kg/m^3，保温层重仅算主保温层重。

保温层厚度表　　表 6-1-1

公称直径 DN	15	20	25	32	40	50	65	70	80	
主保温层厚度(mm)	40	40	40	40	40	65	75	75	85	
公称直径 DN	100	125	150	200	250	300	350	400	500	600
主保温层厚度(mm)	105	105	115	115	125	125	135	135	145	145

（2）管道单位长度标准重量（表 6-1-2）

管道单位长度标准重量表　　表 6-1-2

公称直径 DN	外径×壁厚 (mm)	管重 (kg/m)	凝结水重 (kg/m)	充满的水重 (kg/m)	保温层重 (kg)	管道总重量(kg/m)			
						不保温		有保温 ρ=150kg/m^3	
					ρ=150 kg/m^3	气体管	液体管	气体管	液体管
15	21.25×2.75	1.26	0.04	0.19	1.2	1.3	1.5	2.5	2.7
	18×3	1.11	0.02	0.11	1.1	1.1	1.2	2.2	2.3
20	26.75×2.75	1.62	0.07	0.36	1.3	1.7	2.0	3.0	3.3
	25×3	1.62	0.06	0.28	1.2	1.7	1.9	2.9	3.1
25	33.5×3.25	2.43	0.11	0.57	1.4	2.5	3.0	3.9	4.4
	32×3	2.14	0.11	0.53	1.4	2.3	2.7	3.7	4.1
	32×3.5	2.46	0.10	0.49	1.4	2.6	3.0	4.0	4.4
32	42.25×3.25	3.12	0.20	1.00	1.6	3.3	4.1	4.9	5.7
	38×3	2.59	0.16	0.80	1.5	2.8	3.4	4.3	4.9
	38×3.5	2.98	0.15	0.76	1.5	3.1	3.7	4.6	5.2
40	48×3.5	3.84	0.26	1.32	1.7	4.1	5.2	5.8	6.9
	44.5×3	3.07	0.23	1.16	1.6	3.3	4.2	4.9	5.8

续表

公称直径 DN	外径×壁厚 (mm)	管重 (kg/m)	凝结水重 (kg/m)	充满的水重 (kg/m)	保温层重 ρ=150 kg/m³	管道总重量(kg/m) 不保温 气体管	不保温 液体管	有保温 ρ=150kg/m³ 气体管	有保温 ρ=150kg/m³ 液体管
	44.5×3.5	3.54	0.22	1.11	1.6	3.8	4.7	5.4	6.3
50	60×3.5	4.87	0.44	2.21	3.8	5.3	7.1	9.1	10.9
	57×3	4.00	0.41	2.04	3.7	4.4	6.0	8.1	9.7
	57×3.5	4.62	0.39	1.96	3.7	5.0	6.6	8.7	10.3
65	73×4	6.81	0.66	3.32	5.2	7.5	10.1	12.7	15.3
70	75.5×3.75	6.63	0.73	3.63	5.3	7.4	10.3	12.7	15.6
	76×3	5.40	0.77	3.85	5.3	6.2	9.3	11.5	14.6
	76×4	7.10	0.73	3.63	5.3	7.8	10.7	13.1	16.0
	76×6	10.35	0.64	3.22	5.3	11.0	13.6	16.3	18.9
80	88.5×4	8.34	1.02	5.09	6.9	9.4	13.4	16.3	20.3
	89×4	8.38	1.03	5.15	7.0	9.4	13.5	16.4	20.5
	89×6	12.29	0.93	4.65	7.0	13.2	17.0	20.2	24.0
100	114×4	10.85	1.32	8.82	10.8	12.2	19.7	23.0	30.5
	108×4	10.26	1.18	7.85	10.5	11.4	18.1	21.9	28.6
	108×6	15.10	1.09	7.24	10.5	16.2	22.3	26.7	32.8
125	140×4.5	15.04	2.02	13.48	12.1	17.1	28.5	29.2	40.6
	133×4	12.72	1.84	12.27	11.8	14.6	25.0	26.4	36.8
	133×6	18.79	1.73	11.50	11.8	20.5	30.3	32.3	42.1
150	165×4.5	17.81	2.87	19.11	15.2	20.7	36.9	35.9	52.1
	159×4.5	17.14	2.65	17.67	14.8	19.8	34.8	34.6	49.6
	159×6	22.64	2.55	16.97	14.8	25.2	39.6	40.0	54.4
200	219×6	31.52	5.05	33.65	18.1	36.6	65.2	54.7	83.3
	219×7	36.60	4.95	33.01	18.1	41.6	69.6	59.7	87.7
	219×8	41.63	4.86	32.37	18.1	46.5	74.0	64.6	92.1
250	273×6	39.51	8.03	53.50	23.4	47.5	93.0	70.9	116.4
	273×7	45.92	7.90	52.69	23.4	53.8	98.6	77.2	122.0
	273×8	52.28	7.78	51.87	23.4	60.1	104.2	83.5	127.6
300	325×6	47.20	11.54	76.94	26.5	58.7	125.1	85.2	151.6
	325×7	54.90	11.39	75.96	26.5	66.3	130.9	92.8	157.4
	325×8	62.54	11.25	74.99	26.5	73.8	137.5	100.3	164.0
350	377×6	54.90	15.69	104.58	32.6	70.6	159.5	103.2	192.1
	377×7	63.88	15.52	103.44	32.6	79.4	167.4	112.0	200.0
	377×8	72.80	15.35	102.30	32.6	88.2	175.2	120.8	207.8
	377×10	90.51	15.02	100.05	32.6	105.5	190.6	138.1	233.2
400	426×6	62.15	20.19	134.55	35.7	82.3	196.8	118.0	232.5
	426×7	72.33	20.00	133.25	35.7	92.3	205.6	128.0	241.3
	426×8	82.47	19.80	131.96	35.7	102.3	214.5	138.0	250.2
	426×9	92.55	19.61	130.67	35.7	112.2	233.3	147.9	259.0
500	529×6	77.39	31.49	209.82	46.1	108.9	287.3	155.0	333.4
	529×7	91.11	31.25	208.20	46.1	121.4	298.4	167.5	344.5
	529×8	102.79	31.00	206.66	46.1	133.8	309.5	179.9	355.6
	529×9	115.42	30.76	204.98	46.1	146.2	320.5	192.3	366.6
600	630×6	92.33	30.00	299.81	53.0	122.3	392.3	175.3	445.3
	630×7	107.55	29.80	297.87	53.0	137.4	405.6	190.4	458.6
	630×8	122.72	29.61	295.94	53.0	152.3	418.8	205.3	471.8
	630×9	137.83	29.42	294.02	53.0	167.3	432.0	220.3	485.0

注：1. 本表所示的管道单位长度的标准重量，当作为计算荷重时应乘以荷载系数 n=1.2。

2. 液体管道中水的重量因已考虑为充满整个管道截面，故不再考虑荷载系数，而按标准重量取用。

3. 对于 ρ<150kg/m³ 的保温材料，宜按 ρ=150kg/m³ 的保温管道重量计算。

3. 管道推荐跨度

(1) 管道跨度计算公式

跨度计算公式按挠度要求进行，见式 (6-1-1)。

$$L=\sqrt[3]{0.0384\times E\times\frac{f}{L}\times\frac{J}{q}}=\sqrt[3]{0.0384\times2\times10^{6}\times0.0015\times\frac{J}{q}}$$

$$=4.866\sqrt[3]{\frac{J}{q}} \tag{6-1-1}$$

式中 L——计算跨度，m；

$\frac{f}{L}$——挠度值（取 1.5‰）；

E——弹性模数，kg/cm^2（取 2×10^6）；

J——管子断面惯性矩，cm^4；

q——管道充水后重量，kg/m。

(2) 拐弯处跨度按管道直线跨度的 0.6～0.7 计。

不保温管推荐跨度，见表 6-1-3；保温管推荐跨度（保温材料密度 $\rho=150kg/m^3$）见表 6-1-4。

不保温管道跨距表　　　　表 6-1-3

公称直径 *DN*	外径×厚度(mm)	空管重量(kg/m)	充水重量(kg/m)	总重(kg/m)	推荐跨距(m)
25	32×3	2.15	0.53	2.68	4.5
40	45×3.5	3.58	1.13	4.71	6.0
50	57×3.5	4.62	1.96	6.58	7.0
80	89×4.0	8.38	5.14	13.52	8.5
100	108×4.0	10.26	7.85	18.11	9.5
150	159×5.0	18.99	17.41	36.40	12.0
200	219×7.0	36.60	32.95	69.55	14.5
250	273×7.0	45.92	52.7	98.62	17.0
300	325×7.0	54.90	75.9	130.8	19.0
350	377×7.0	63.87	103.3	167.17	20.5
400	426×7.0	72.33	133.0	205.33	21.5
500	529×7.0	90.11	208.2	298.31	24.0

保温管道推荐跨度（保温材料密度 $\rho=150kg/m^3$）　　　　表 6-1-4

公称直径 *DN*	保温厚(mm)	外径×厚度(mm)	空管重(kg/m)	保温重(kg/m)	充水重(kg/m)	总重(kg/m)	跨度(m)
25	30	32×3	2.15	2.42	0.53	5.10	3.5
40	30	45×3.5	3.58	2.87	1.13	7.58	5.0
50	40	57×3.5	4.62	4.11	1.96	10.69	5.5
80	40	89×4	8.38	5.24	5.14	18.76	7.0
100	40	108×4	10.26	6.04	7.85	24.15	8.5
150	40	159×5	18.99	7.84	17.41	44.24	10.5
200	40	219×7	36.00	9.63	32.95	79.18	13.0
250	50	273×7	45.92	13.57	52.7	112.19	15.5

续表

公称直径DN	保温厚(mm)	外径×厚度(mm)	空管重(kg/m)	保温重(kg/m)	充水重(kg/m)	总重(kg/m)	跨度(m)
300	50	325×7	54.90	15.62	75.9	146.42	17.0
350	50	377×7	63.87	17.66	103.3	184.83	18.5
400	50	426×7	72.33	19.69	133.0	225.02	20.0
500	50	529×7	90.11	23.66	208.2	321.97	22.0

4. 固定支架间距

(1) 固定支架间距表，见表6-1-5。

参考热力管道设置天然气管道固定支架间距，设计偏于安全。

热力管道固定支架间距表 **表6-1-5**

补偿器形式	补偿器类型	公称直径DN											
		25	32	40	50	80	100	150	200	250	300	470	500
方形补偿器	架空			45	50	60	65	70	90	90	110	125	125
波形管补偿器	横向复式							60	75	90	110	110	100
	轴向复式						50	50	50	70	70		
L型自然补偿	长臂最大尺寸	15	18	20	24	30	30	30					
	短臂最小尺寸	2	2.5	3.0	3.5	5.0	5.5	6.0					

(2) 天然气管道直管段允许不装补偿器的最大长度

当天然气管道设计温度为60℃时，允许不装补偿器的直管段最大长度宜取55～65m。

6.1.2 天然气管道的架空敷设

1. 天然气管道的结构与施工

(1) 天然气管道的焊接、施工与验收应符合现行国家标准《现场设备，工业管道焊接工程施工及验收规范》GB 50236的有关规定，其安装应符合本手册15.6节的规定要求。

(2) 天然气管道和附件的连接可采用法兰，其他部位应尽量采用焊接。

(3) 天然气管道的垂直焊缝距支座边端不小于300mm，水平焊缝应位于支座的上方。

(4) 天然气管道应采取消除静电和防雷的措施。

天然气管道为防止雷击和静电，应设置接地装置，其间距为100m，要求接地电阻不大于10Ω。

2. 架空天然气管道敷设应符合下列规定。

(1) 应敷设在非燃烧体的支柱或栈桥上；

(2) 不应在存放易燃易爆物品的堆场和仓库区内敷设；

(3) 不应穿过不使用燃气的建筑物、办公室、进风道、配电室、变电所、碎煤室以及通风不良的地点等。如需要穿过不使用煤气的生活间，必须设有套管；

(4) 架空管道靠近高温热源敷设以及管道下面经常有装载炽热物体的车辆停留时，应采取隔热措施；

(5) 在寒冷地区可能造成管道冻塞时，应采取防冻措施；

(6) 在已敷设的燃气管道下面，不得修建与燃气管道无关的建筑物和存放易燃、易爆物品；

（7）在索道下通过的燃气管道，其上方应设防护网；

（8）厂区架空燃气管道与架空电力线路交叉时，燃气管道如敷设在电力线路下面，应在燃气管道上设置防护网及阻止通行的横向栏杆，交叉处的燃气管道必须可靠接地；

（9）架空燃气管道的倾斜度一般为2‰～5‰。

3. 架空燃气管道与其他管道共架敷设时，应遵守下列规定：

（1）燃气管道与水管、热力管、燃油管和不燃气体管在同一支柱或栈桥上敷设时，其上下敷设的垂直净距不宜小于250mm；

（2）燃气管道与在同一支架上平行敷设的其他管道的最小水平净距，宜符合表6-1-6的规定；

共架天然气管道间的水平净距　　　　表6-1-6

序号	天然气管道公称直径 *DN* 最小水平净距(mm) 共架管公称直径 *DN*	<300	300～600	>600
1	<300	100	150	150
2	300～600	150	150	200
3	>600	150	200	300

（3）燃气管道和支架上不应敷设动力电缆、电线，但供燃气管道使用的电缆除外。

4. 架空天然气管道与建筑物、铁路、道路和其他管线间的最小水平，垂直净距。

（1）室外架空的燃气管道，可沿建筑物外墙或支柱敷设，并应符合下列要求：

1）中压和低压燃气管道，可沿建筑耐火等级不低于二极的住宅或公共建筑的外墙敷设；

次高压B、中压和低压燃气管道，可沿建筑耐火等级不低于二级的丁、戊类生产厂房的外墙敷设。

2）沿建筑物外墙的燃气管道距住宅或公共建筑物中不应敷设燃气管道的房间门、窗洞口的净距：中压管道不应小于0.5m，低压管道不应小于0.3m。燃气管道距生产厂房建筑物门、窗洞口的净距不限。

（2）架空燃气管道与建筑物、铁路、道路和其他管线间的最小水平净距，应遵守表6-1-7的规定。

架空燃气管道与建筑物、铁路、道路和其他管线间的水平距离　　　　表6-1-7

序号	建筑物或构筑物名称	最小水平净距(m)	
		一般情况	特殊情况
1	房屋建筑	5	3
2	铁路(距最近边轨外侧)	3	2
3	道路(距路肩)	1.5	0.5
4	架空电力线路外侧边缘 1kV以下 1～20kV 35～110kV	 1.5 3 4	

续表

序号	建筑物或构筑物名称	最小水平净距，m	
		一般情况	特殊情况
5	电缆管或沟	1	
6	其他地下平行敷设的管道	1.5	
7	熔化金属，熔渣出口及其他火源	10	可适当缩短，但应采取隔热保护措施
8	燃气管道	0.6	0.3

注：1. 架空电力线路与燃气管道的水平距离，应考虑导线的最大风偏。
2. 安装在燃气管道上的栏杆、走台、操作平台等任何凸出结构，均作为燃气管道的一部分。
3. 架空燃气管道与地下管、沟的水平净距，系指燃气管道支柱基础与地下管道或地沟的外壁之间的距离。

5. 架空燃气管道与铁路、道路、其他管线交叉时的最小垂直净距，应遵守表6-1-8的规定。

架空燃气管道与铁路、道路、其他管线交叉时的垂直净距　　表6-1-8

建筑物和管线名称		最小垂直净距(m)	
		燃气管道下	燃气管道上
铁路轨顶		6.0	—
城市道路路面		5.5	—
厂区道路路面		5.0	—
人行道路路面		2.2	—
架空电力线，电压	3kV以下	—	1.5
	3～10kV	—	3.0
	35～66kV	—	4.0
其他管道，管径	≤300mm	同管道直径，但不小于0.10	同左
	>300mm	0.30	0.30

注：1. 厂区内部的燃气管道，在保证安全的情况下，管底至道路路面的垂直净距可取4.5m；管底至铁路轨顶的垂直净距，可取5.5m。在车辆和人行道以外的地区，可在从地面到管底高度不小于0.35m的低支柱上敷设燃气管道。
2. 电气机车铁路除外。
3. 架空电力线与燃气管道的交叉垂直净距尚应考虑导线的最大垂度。

6. 天然气管道上安装阀门，宜采用明焊式双闸板阀，其手轮上应有“开”或“关”的字样和箭头，在管道的支管引出处应设置阀门和可靠的切断装置。

7. 放散管

(1) 架空天然气管道在下列位置必须安设放散管；适用于工业生产用户。

1) 燃气设备和管道的最高处；

2) 燃气管道以及卧式设备的末端；

3) 燃气设备和管道隔断装置前，管道网隔断装置前后，支管闸阀在煤气总管旁0.5m内，可不设放散管，但超过0.5m时，应设放气头。

(2) 放散管口必须高出燃气管道、设备和走台4m，离地面不小于10m。

厂房内或距厂房20m以内的燃气管道和设备上的放散管，管口应高出房顶4m。厂房很高，放散管又不经常使用，其管口高度可适当减低，但必须高出燃气管道、设备和走台4m。禁止在厂房内或向厂房内放散燃气。

(3) 放散管口应采取防雨、防堵塞措施。

(4) 放散管的闸门前应装有取样管。

(5) 燃气设施的放散管不能共用。

8. 管道标志和警告牌

(1) 厂区和建筑小区的天然气管道在明显位置应有燃气流向和种类的标志。

(2) 所有可能泄漏燃气的地方均应挂有提醒人们注意的警告标志。

9. 梯子、平台、楼梯

燃气设施的人孔、阀门、仪表等经常有人操作遥的部位，均应设置固定平台。平台、栏杆和走梯的设计应符合相关标准的规定。

6.2　管道热伸长及补偿器

当管道内流通介质及周围环境温度（与管道安装温度比较）发生变化时，将引起管道的热胀、冷缩，使管壁内产生巨大的应力，如果此应力超过了管材的强度极限，就会使管道造成破坏。为了保证管道在热（冷）状态下稳定和安全，减少热胀、冷缩时所产生的应力，管道上每隔一定距离应当装设固定支架和补偿器，固定支架应能吸收补偿器变形和管道和支架摩擦产生的管道推力，以保证管道系统安全可靠运行。

6.2.1　管道的热伸长量

管道热伸长量按式（6-2-1）进行计算。

$$\Delta L=\alpha \cdot L(t_2-t_1)\times 1000(\mathrm{mm}) \tag{6-2-1}$$

式中　ΔL——管道的热伸长量（mm）；

α——钢材的线膨胀系数 $\alpha=12\times10^{-6}$（m/m℃）；

L——两固定支架间直线距离（m）；

t_2——管内介质最高温度（℃），冷天然气 t_2 取 60℃；

t_1——管道安装温度（℃）或取采暖季节计算温度。

水和蒸汽管道的热伸长量见表 6-2-1。

水和蒸汽管道的热伸长量 ΔL（mm）　　表 6-2-1

饱和蒸汽压力 P(MPa)								0.05	0.10	0.18	0.27	0.30	0.40	0.50	0.60	0.70	0.80	0.90	1.00	1.20	1.40
管段长 L	t_2 热媒温度(℃)																				
(m)	40	60	70	80	90	95	100	110	120	130	140	143	151	158	164	170	175	179	183	191	197
5	3	4	4	5	6	6	6	7	8	8	9	9	10	10	10	11	11	11	12	12	12
10	6	8	9	10	11	12	13	14	15	16	18	18	19	20	21	21	22	22	23	24	24
15	8	11	13	15	17	18	19	21	23	24	26	27	28	30	31	32	33	33	34	35	37
20	11	15	18	20	23	24	25	28	30	33	35	36	38	40	41	43	44	45	46	47	49
25	14	19	22	25	28	30	31	34	38	41	44	45	47	50	51	53	55	56	57	59	61
30	17	23	26	30	34	36	38	41	45	49	53	54	57	60	62	64	66	67	69	71	73
35	19	26	31	35	40	42	44	48	53	57	61	63	66	70	72	74	77	79	80	83	85
40	22	30	35	40	45	48	50	55	60	65	70	72	76	80	82	85	88	90	92	94	97

续表

管段长L	饱和蒸汽压力 P(MPa)							0.05	0.10	0.18	0.27	0.30	0.40	0.50	0.60	0.70	0.80	0.90	1.00	1.20	1.40
	t_2 热媒温度(℃)																				
(m)	40	60	70	80	90	95	100	110	120	130	140	143	151	158	164	170	175	179	183	191	197
45	25	34	40	45	51	54	56	62	68	73	79	81	85	90	92	96	99	101	103	106	109
50	27	38	44	50	57	60	63	69	75	81	88	89	95	99	103	106	110	112	114	118	121
55	30	41	48	55	62	66	69	76	83	89	96	99	104	109	113	117	120	123	126	129	134
60	33	45	53	60	68	71	75	83	90	98	105	107	114	119	123	128	131	134	137	141	146
65	35	49	57	65	74	77	81	89	98	106	114	116	123	129	133	138	142	145	148	153	158
70	38	53	62	70	79	83	88	96	105	113	123	125	132	139	144	149	154	157	160	165	170
75	41	56	66	75	85	89	94	103	113	122	131	134	142	148	154	159	164	168	172	176	182
80	44	60	70	80	90	95	100	110	120	130	140	143	152	158	164	170	175	180	183	188	194
85	46	64	75	85	96	101	106	117	128	138	149	152	161	168	174	180	186	190	194	200	206
90	49	68	79	90	102	107	113	124	135	146	157	161	171	178	185	191	197	200	205	212	218
95	52	71	83	95	107	113	119	130	143	154	166	170	180	188	195	202	208	212	217	223	230
100	54	75	88	100	113	119	125	137	150	163	175	179	190	198	205	212	219	224	229	235	243
105	57	79	92	105	119	123	131	144	158	170	184	188	199	208	215	223	230	235	240	247	255
110	60	83	96	110	124	131	138	151	165	180	194	197	208	218	226	234	240	246	252	259	267

上表按公式：$\Delta L=0.012(t_2-t_1)\times L$（mm）。

安装温度为：−5℃时编制。

注：对于介质温度相同的其他管道，其热伸长量计算均可使用本表。

6.2.2　管道补偿器

为了保证管道在热状态下的稳定和安全，减少管道热胀冷缩时所产生的应力，管道上每隔一定距离应当装设固定支架及补偿装置。常用的补偿装置有：自然补偿、方形补偿器、套筒补偿器、波器补偿器和球型补偿器等。

1. 自然补偿

利用管道敷设上的自然弯曲管段（L形或Z形）来吸收管道的热伸长变形，称为自然补偿。其优点是：装置简单、可靠；其缺点是：管道变形时产生横向位移。

（1）自然补偿选用原则

1）燃气管网布置时，应尽量利用所有的管道原有弯曲的自然补偿，当自然补偿不能满足要求时，才考虑装设各种类型的补偿器。

2）当弯管转角小于150°时，能用作自然补偿；大于150°时不能用作自然补偿。

3）自然补偿的管道臂长不应超过20～25m，弯曲应力不应超过σ=800kg/cm²。

（2）自然补偿器短臂长度的计算

1）L形补偿器如图6-2-1所示，其短臂长度按式（6-2-2）计算

$$l=\sqrt{\frac{\Delta L\cdot D}{300}}\times 1.1 \tag{6-2-2}$$

式中　l——L形补偿器的短臂长度（m）；

ΔL——长臂L的热膨胀量（mm）；

D——管子外径（mm）。

图6-2-1　L形补偿器　　　图6-2-2　Z形补偿器

2）Z形补偿器如图6-2-2所示，其短臂L的长度可按式（6-2-3）计算

$$L=\left[\frac{6\Delta t\cdot E\cdot D}{10^3\sigma(1+1.2K)}\right]^{1/2} \tag{6-2-3}$$

式中　L——Z形补偿器的短臂长度（m）；

Δt——计算温差（℃）；

E——材料的弹性模数（kg/cm^2）；

D——管子外径（mm）；

σ——弯曲允许应力（kg/cm^2）；

K——等于L_1/L_2。

2. 方形补偿器

方形补偿器是用无缝钢管煨弯而成的（当管径较大时采用焊接弯头制成）。其优点是制造方便，补偿能力大，轴向推力小，维修方便，运行可靠；密封性能好，就此而言特别适用于在天然气管道上使用。在补偿器大管径，补偿器尺寸较大的情况下，需增设支架。

（1）方形补偿器的类型

方形补偿器按l_3（c）与l_2（h）的不同比例可分为四种类型：$c=2b$、$c=b$、$c=0.5b$、$c=0$，见图6-2-3。

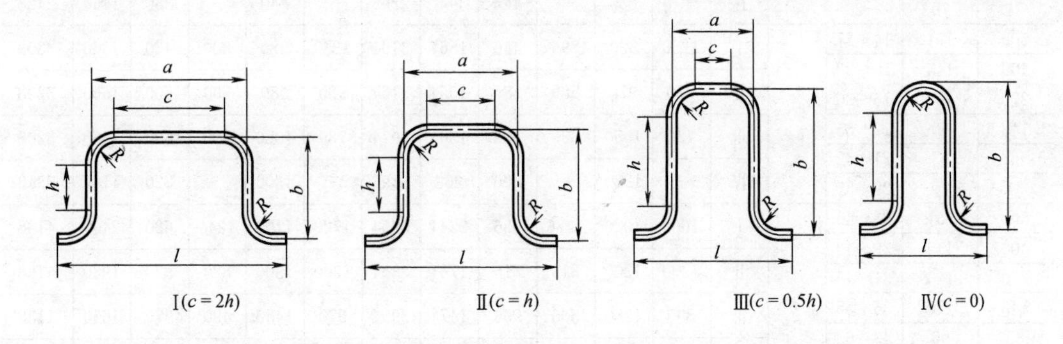

图6-2-3　方形补偿器类型

方形补偿器的自由臂（导向支架至补偿器外伸壁的距离），一般取40倍公称直径的长度见本手册图6-3-11，各类方形补偿器的规格尺寸见表6-2-2。

（2）方形补偿器的安装

方形伸缩器安装时，一般需要进行预拉伸（压缩），预拉伸值在介质温度不大于250℃，为计算热伸长量的50%。

方形补偿器规格尺寸表（mm）　　　　表 6-2-2

饱和蒸汽压力（绝压）	热水或蒸汽温度	管道长度	管径		*DN*25						*DN*32					
			半径		*R*=134						*R*=169					
kPa	℃	m	Δ*L*	型号	*a*	*b*	*c*	*h*	*l*	展开长度	*a*	*b*	*c*	*h*	*l*	展开长度
500	151	～13	25	Ⅰ	780	520	512	252	1248	2058	830	580	492	242	1368	2238
400	143	～14														
270	130	～15		Ⅱ	600	600	332	332	1068	2038	650	650	312	312	1188	2198
143	110	～16		Ⅲ	470	660	202	392	938	2028	530	720	192	382	1068	2218
85	95	～20														
37	70	～28		Ⅳ	—	800	—	532	736	2106	—	820	—	482	876	2226
500	151	14～27	50	Ⅰ	1200	720	932	452	1668	2878	1300	800	962	462	1338	3148
400	143	15～28														
270	130	16～30		Ⅱ	840	840	572	572	1308	2758	920	920	582	582	1458	3008
143	110	17～35		Ⅲ	650	980	382	712	1118	2848	700	1000	362	662	1238	2943
85	95	21～42														
31	70	29～55		Ⅳ	—	1250	—	982	736	3006	—	1250	—	912	876	3086
500	151	28～40	75	Ⅰ	1500	880	1232	612	1968	3498	1600	950	1262	612	2138	3748
400	143	29～42														
270	130	31～45		Ⅱ	1050	1050	782	782	1518	3388	1150	1150	812	812	1688	3698
143	110	36～55		Ⅲ	750	1250	482	982	1218	3488	830	1320	492	982	1368	3718
85	95	43～63														
31	70	53～80		Ⅳ	—	1550	—	1282	736	3606	—	1650	—	1312	876	3886

饱和蒸汽压力（绝压）	热水或蒸汽温度	管道长度	管径		*DN*40						*DN*50					
			半径		*R*=192						*R*=240					
kPa	℃	m	Δ*L*	型号	*a*	*b*	*c*	*h*	*l*	展开长度	*a*	*b*	*c*	*h*	*l*	展开长度
500	151	～13	25	Ⅰ	860	620	476	236	1444	2354	820	650	340	170	1500	2388
400	143	～14														
270	130	～15		Ⅱ	680	680	296	296	1264	2294	700	700	220	220	1380	2368
143	110	～16		Ⅲ	570	740	186	356	1154	2304	620	750	140	270	1300	2388
85	95	～20														
31	70	～28		Ⅳ	—	830	—	446	968	2298	—	840	—	360	1160	2428
500	151	14～27	50	Ⅰ	1280	830	896	446	1864	3194	1280	880	800	400	1960	3308
400	143	15～28														
270	130	16～30		Ⅱ	970	970	586	586	1554	3164	980	980	500	500	1660	3208
143	10	17～35		Ⅲ	720	1050	336	666	1304	3074	780	1080	300	600	1460	3208
85	95	21～42														
31	70	29～55		Ⅳ	—	1280	—	896	968	3198	—	1300	—	820	1160	3348
500	151	28～40	75	Ⅰ	1660	1020	1276	636	2244	3954	1720	1100	1240	620	2400	4188
400	143	29～42														
270	130	31～45		Ⅱ	1200	1200	816	816	1784	3854	1300	1300	820	820	1980	4168
143	110	36～55		Ⅲ	890	1380	506	996	1474	3904	970	1450	490	970	1650	4138
85	95	43～63														
31	70	53～80		Ⅳ	—	1700	—	1316	968	4038	—	1750	—	1270	1160	4248

饱和蒸汽压力（绝压）	热水或蒸汽温度	管道长度	管径		*D*76×3.5						*D*89×3.5					
			半径		*R*=304						*R*=356					
kPa	℃	m	Δ*L*	型号	*a*	*b*	*c*	*h*	*l*	展开长度	*a*	*b*	*c*	*h*	*l*	展开长度
500	151	～13	25	Ⅰ	—	—	—	—	—	—	—	—	—	—	—	—
400	143	～14														
270	130	～15		Ⅱ	—	—	—	—	—	—	—	—	—	—	—	—

续表

饱和蒸汽压力（绝压）	热水或蒸汽温度	管道长度	管径		D76×3.5						D89×3.5					
			半径		R=304						R=356					
kPa	℃	m	ΔL	型号	a	b	c	h	l	展开长度	a	b	c	h	l	展开长度
143	110	～16	25	Ⅲ	—	—	—	—	—	—	—	—	—	—	—	—
85	95	～20														
31	70	～28		Ⅳ	—	—	—	—	—	—	—	—	—	—	—	—
500	151	14～27	50	Ⅰ	1250	930	642	322	2058	3396	1290	1000	578	288	2202	3591
400	143	15～28														
270	130	16～30		Ⅱ	1000	1000	392	392	1808	3286	1050	1050	338	338	1962	3451
143	110	17～35		Ⅲ	860	1100	252	492	1668	3346	930	1150	218	438	1842	3531
85	95	21～42														
31	70	29～55		Ⅳ	—	1120	—	512	1416	3134	—	1200	—	488	1624	3413
500	151	28～40	75	Ⅰ	1700	1150	1092	542	2508	4286	1730	1220	1018	508	2642	4471
400	143	29～42														
270	130	31～45		Ⅱ	1300	1300	692	692	2108	4186	1350	1350	638	638	2262	4351
143	110	36～55		Ⅲ	1030	1450	422	842	1838	4216	1110	1500	398	788	2022	4411
85	95	43～63														
31	70	53～80		Ⅳ	—	1500	—	892	1416	3894	—	1600	—	888	1642	4273

饱和蒸汽压力（绝压）	热水或蒸汽温度	管道长度	管径		D108×4						D133×4					
			半径		R=432						R=532					
kPa	℃	m	ΔL	型号	a	b	c	h	l	展开长度	a	b	c	h	l	展开长度
500	151	14～27	50	Ⅰ	1400	1130	536	266	2464	3982	1550	1300	486	236	2814	4501
400	143	15～28														
270	130	16～30		Ⅱ	1200	1200	336	336	2264	3922	1300	1300	236	236	2564	4250
143	110	17～35		Ⅲ	1060	1250	196	386	2124	3882	1200	1300	136	236	2464	4151
85	95	21～42														
31	70	29～55		Ⅳ	—	1300	—	436	1928	3786	—	1300	—	236	2328	4015
500	151	28～40	75	Ⅰ	1800	1350	936	486	2864	4822	2050	1550	986	486	3314	5501
400	143	29～42														
270	130	31～45		Ⅱ	1450	1450	586	586	2514	4672	1600	1600	536	536	2864	5151
143	110	36～55		Ⅲ	1260	1650	396	786	2324	4882	1410	1750	346	686	2674	5261
85	95	43～63														
31	70	53～80		Ⅳ	—	1700	—	836	1928	4586	—	1800	—	736	2328	5015

饱和蒸汽压力（绝压）	热水或蒸汽温度	管道长度	管径		D159×4.5						D219×6					
			半径		R=636						R=876					
kPa	℃	m	ΔL	型号	a	b	c	h	l	展开长度	a	b	c	h	l	展开长度
500	151	14～27	50	Ⅰ	1550	1400	278	128	3022	4730	—	—	—	—	—	—
400	143	15～28														
270	130	16～30		Ⅱ	1400	1400	128	128	2872	4580	—	—	—	—	—	—
143	110	17～35		Ⅲ	1350	1400	78	128	2822	4530	—	—	—	—	—	—
85	95	21～42														
31	70	29～55		Ⅳ	—	1400	—	128	2744	4452	—	—	—	—	—	—
500	151	28～40	75	Ⅰ	2080	1680	808	408	3562	5820	2450	2100	698	348	4402	7098
400	143	29～42														
270	130	31～45		Ⅱ	1750	1750	478	478	3222	5630	2100	2100	348	348	4052	6748
143	110	36～55		Ⅲ	1550	1800	278	528	3022	5530	1950	2100	198	348	3902	6598
85	95	43～63														
31	70	53～80		Ⅳ	—	1900	—	628	2744	5452	—	2100	—	348	3704	6400

3. 波纹管补偿器

波纹管补偿器的波纹管由不锈钢制作，由于大型管道上安装方形补偿器占地面积大，此时在天然气架空管道上宜安装波纹管补偿器，其型号、尺寸及性能见本手册12.1节。波纹管补偿器造价高，承压较低，适用于次高压或较低压力的天然气管道上使用。

（1）波纹管补偿器安装前，为减小固定支架推力，应对补偿器进行预拉伸（冷紧）其值为热伸胀量的50%，补偿器两侧应设支承，当管道不大时也可设置在靠近支架的位置，但应保证补偿器伸缩自如，管道刚度满足支承要求。

（2）波形补偿器能力的计算，见式（6-2-4）

$$\Delta L=\Delta L'\times n \tag{6-2-4}$$

式中　ΔL——补偿器的全补偿能力（mm）；

$\Delta L'$——一个波节的补偿能力（mm），由制造厂提供；

n——波数。

6.3　管道补偿器的计算

管道补偿器的计算内容有

（1）选择补偿器的形式和尺寸，并校核管道的弯曲应力，使其在管材的基本许用应力范围内。

（2）计算各类补偿器的弹性力。

本手册引用了热力管道的设计计算方法，当管道压力<1.3MPa的饱和蒸汽管道，温度为194℃时，采用一般可使用现行的线算图、表查出计算数据进行计算，大型计算应使用计算机。

由管道补偿器弹性力计算结果和管道对支架垂直荷重，管道对架面的摩擦力，根据不同的布置用不同的公式计算出管道对固定支架的推力，对于管道的推力计算详见《热力管道设计手册》或相关的管道设计手册。各设计院的专业分工并不相同，管道的推力计算可由管道专业计算，也可由管道专业委托土建专业计算。

6.3.1　自然补偿器的计算

1. L形补偿器（见图6-3-1）

（1）计算短臂长度 L_1

【例6-3-1】　图6-3-1所示L形补偿器，管道公称直径 $DN200$，设计温差 $\Delta t=200$℃，长臂长度 $L_2=25$m，求短臂长度 L_1？

【解】　计算长壁 L_2 的伸长量 ΔL

$$\Delta L=0.012\cdot\Delta t\cdot L_2=0.012\times200\times25=60\text{mm}$$

以 $\Delta L=60$mm查图6-3-2得 $L_1=7$m。

（2）L形补偿器的弹性力 P_X、P_Y 计算公式计算图表

1）短臂固定点弹性力 P_x、P_y 按式（6-3-1）、式（6-3-2）进行计算。

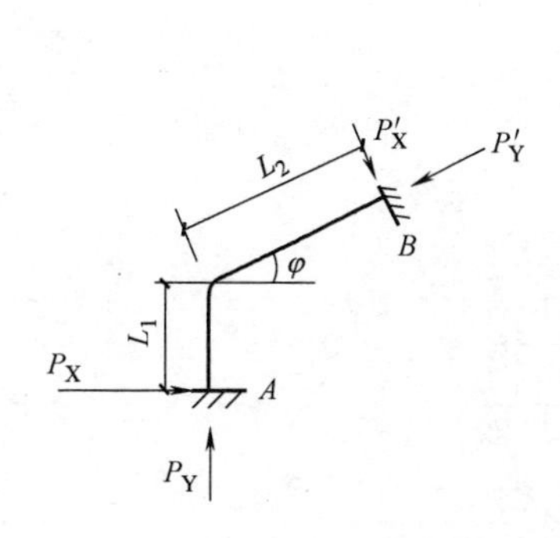

图 6-3-1　L 形自然补偿

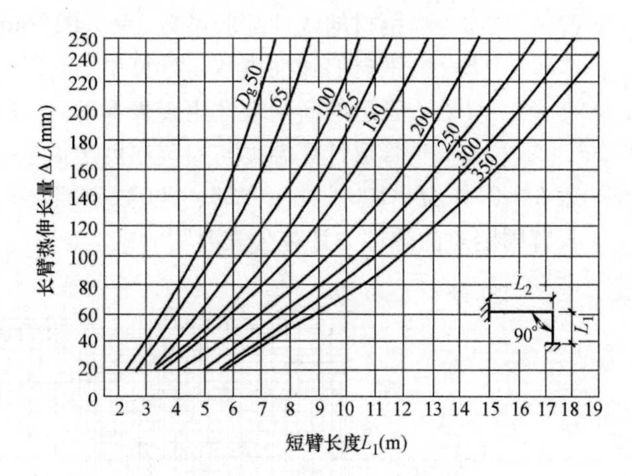

图 6-3-2　短臂长度计算图

$$P_X=A\frac{\alpha EJ}{10^7}\cdot\frac{\Delta t}{L_1^2}=\frac{A}{L_1^2}\cdot\frac{\alpha EJ\Delta t}{10^7}(\text{kg})\tag{6-3-1}$$

$$P_Y=B\frac{\alpha EJ}{10^7}\cdot\frac{\Delta t}{L_1^2}=\frac{B}{L_1^2}\cdot\frac{\alpha EJ\Delta t}{10^7}(\text{kg})\tag{6-3-2}$$

2）长臂固定点的弹性力 P'_X、P'_Y按式（6-3-3)、式（6-3-4）进行计算。

$$P'_X=A'\frac{\alpha\cdot E\cdot J}{10^7}\cdot\frac{\Delta t}{L_1^2}=\frac{A'}{L_1^2}\cdot\frac{\alpha EJ\Delta t}{10^7}(\text{kg})\tag{6-3-3}$$

$$P'_Y=B'\frac{\alpha EJ}{10^7}\cdot\frac{\Delta t}{L_1^2}=\frac{B'}{L_1^2}\cdot\frac{\alpha EJ\Delta t}{10^7}(\text{kg})\tag{6-3-4}$$

式中　A、B——L 形补偿器短臂弹性力系数，据 $n=\frac{L_2}{L_1}$及 φ，可由图 6-3-3 查得；

A'、B'——L 形补偿器长臂弹性力系数，据 $n=\frac{L_2}{L_1}$及 φ，可由图 6-3-4 查得；

$\frac{\alpha EJ}{10^7}$——辅助数值，由表 6-3-2 查得；

Δt——$t-t_2$（℃）介质工作温度与室外空气计算温度之差；

L_1——短臂长度（m）。

3）计算弹性力 P_X、P_Y 用的辅助值计算表

短壁固定点弹性力计算公式可改写为式（6-3-5）和式（6-3-6）

$$P_X=A\frac{\alpha EJ\Delta t}{10^7\cdot L_1^2}=\frac{A}{L_1^2}\cdot\frac{\alpha EJ\Delta t}{10^7}\tag{6-3-5}$$

$$P_Y=B\frac{\alpha EJ\Delta t}{10^7\cdot L_1^2}=\frac{B}{L_1^2}\cdot\frac{\alpha EJ\Delta t}{10^7}\tag{6-3-6}$$

式中　$\frac{A}{L_1^2}$和$\frac{B}{L_1^2}$——其值查表 6-3-1；

A、B——查图 6-3-3；

L_1——短臂长度（m）；

$\frac{\alpha EJ\Delta t}{10^7}$——与计算温度有关的参数，查表 6-3-2。

α——钢材的线性膨胀系数 $\alpha=0.012\text{mm/m℃}$；

E——钢材的弹性模数，计算中 $E=2.0\times10^{-6}\text{kg/cm}^2$；

J——管道的断面惯性矩查表 6-3-6（cm^4）；

Δt——管道计算温度与安装温度之温度差。

表 6-3-2 中 Δt=100、135、155、200℃ 4 档。

长臂固定点的弹性力计算公式改写为式（6-3-7）和式（6-3-8）。

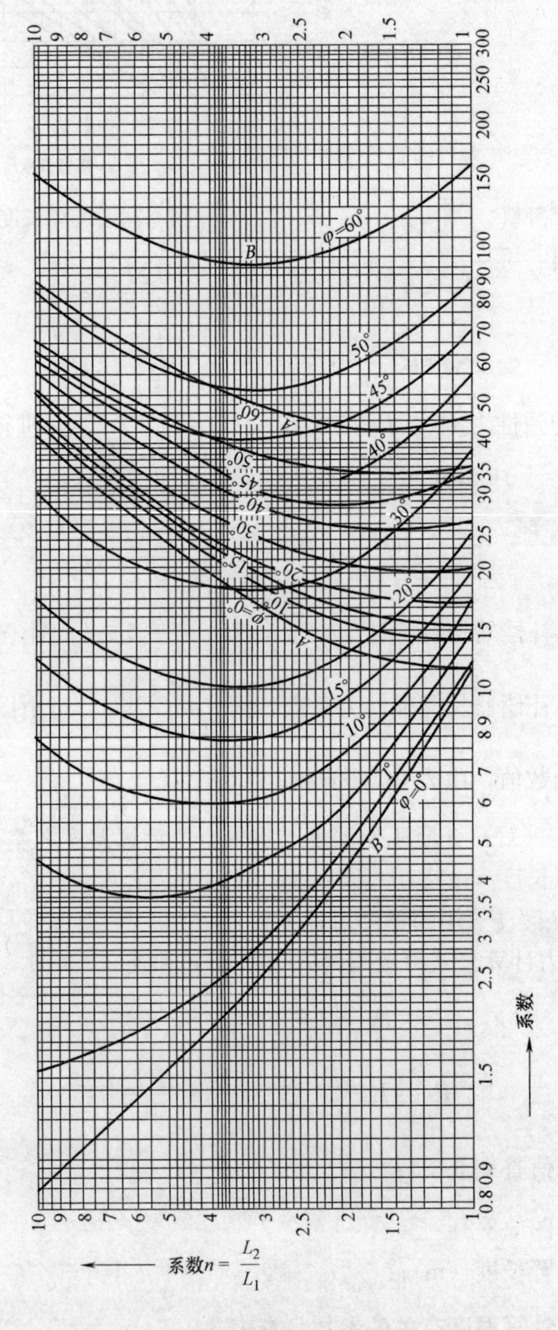

图 6-3-3　L 形补偿器短臂弹性力系数 A、B 线算图

$$P'_{x}=A'\frac{\alpha \cdot E \cdot J\Delta t}{10^{7} \cdot L_{1}^{2}}=\frac{A'}{L_{1}^{2}}\frac{\alpha \cdot E \cdot J \cdot \Delta t}{10^{7}} \tag{6-3-7}$$

$$P'_{y}=B'\frac{\alpha EJ\Delta t}{10^{7}L_{1}^{2}}=\frac{B'}{L_{1}^{2}}\ \frac{\alpha \cdot E \cdot J \cdot \Delta t}{10^{7}} \tag{6-3-8}$$

式中　$\frac{A'}{L_1^2}$，$\frac{B'}{L_1^2}$——其值查表 6-3-1 或图 6-3-5。

A'、B'——查图 6-3-4。

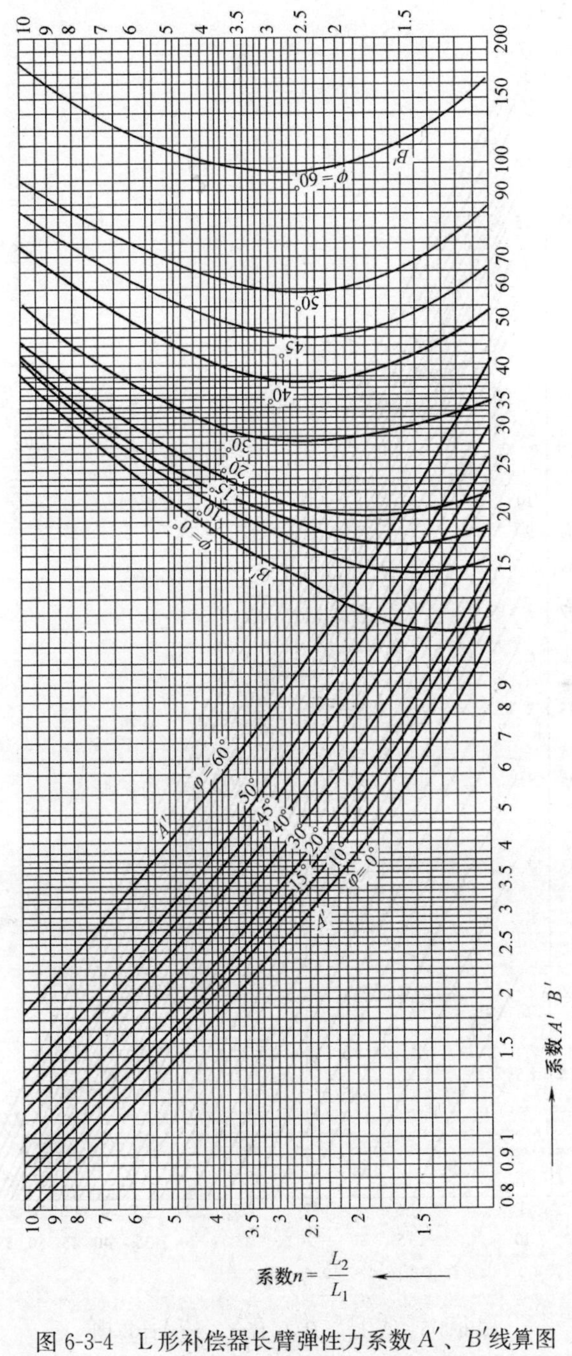

图 6-3-4　L 形补偿器长臂弹性力系数 A'、B'线算图

其他符号意义同上。

4）利用 A/L_1^2、$B/L_1^2\left(\frac{A'}{L_1^2}、\frac{B'}{L_1^2}\right)$计算图（图 6-3-5）计算$\frac{A}{L_1^2}$、$\frac{B}{L_1^2}$其值。

图 6-3-5 使用说明：

① 适用于 L、Z 形自然补偿器、计算$\frac{A}{L_1^2}$、$\frac{B}{L_1^2}$

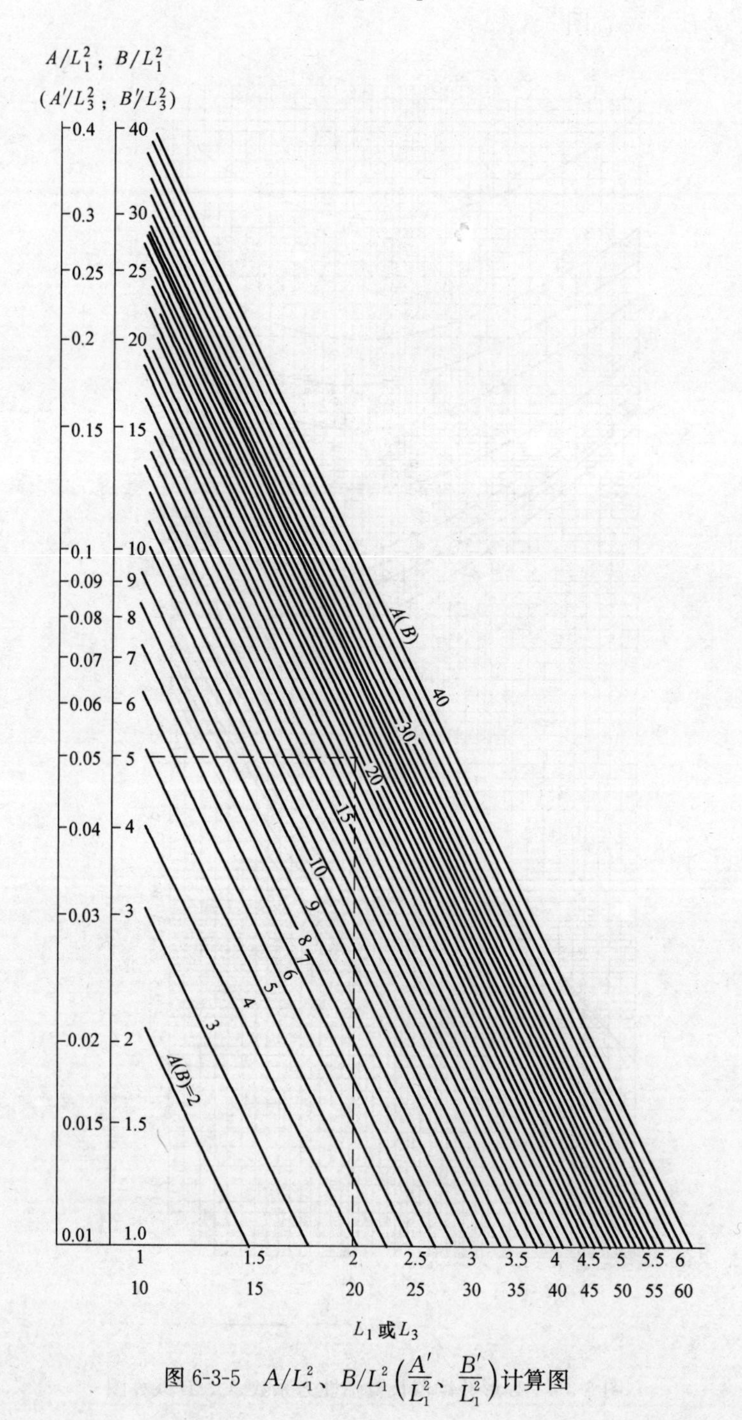

图 6-3-5　A/L_1^2、$B/L_1^2\left(\frac{A'}{L_1^2}、\frac{B'}{L_1^2}\right)$计算图

② L_1 单位为 m，L_1 值为个位数查得的 A/L_1^2 和 B/L_1^2 值为右行数值。十位数的 L_1，查得的 A/L_1^2 和 B/L_1^2 值为左行数值。

③ 查表计算：

a. $L_1=2$m、$A=20$

b. $L_1=20$m、$A=20$

查表计算：

a. 由图中 $L_1=2$ 处沿虚线引至 $A=20$ 处，转折到 5，则所求之 $A/L_1^2=5$。

b. 求 A/L_1^2 值。查法同上，因 $L_1=20$ 则 A/L_1^2 值是左行值，应为 $A/L_1^2=0.05$。

$\frac{A}{L_1^2}$和$\frac{B}{L_1^2}$值计算表（Z 型管段时为$\frac{A}{L_3^2}$和$\frac{B}{L_3^2}$）　　**表 6-3-1**

A 和 B 值	当 L_1，(L_3) 为下列数值时 A/L_1^2 和 B/L_1^2 $\left(\frac{A}{L_3^2}和\frac{B}{L_3^2}\right)$之值															
	2	3	4	5	6	7	8	9	10	11	12	13	14	15	16	17
1	0.25	0.11	0.06	0.04	0.028	0.02	0.016	0.012	0.01							
2	0.50	0.22	0.13	0.08	0.056	0.041	0.031	0.025	0.02	0.017	0.014	0.012	0.01			
3	0.75	0.33	0.19	0.12	0.08	0.061	0.047	0.037	0.03	0.025	0.021	0.018	0.015	0.013	0.012	0.01
4	1.0	0.44	0.25	0.16	0.11	0.08	0.063	0.049	0.04	0.033	0.028	0.024	0.02	0.018	0.016	0.0138
5	1.25	0.56	0.31	0.20	0.14	0.10	0.08	0.062	0.05	0.041	0.035	0.03	0.026	0.022	0.0195	0.1173
6	1.50	0.67	0.38	0.24	0.17	0.12	0.09	0.07	0.06	0.05	0.042	0.036	0.031	0.027	0.023	0.021
7	1.75	0.78	0.44	0.28	0.194	0.143	0.109	0.086	0.07	0.058	0.049	0.041	0.036	0.031	0.027	0.0242
8	2.0	0.89	0.50	0.32	0.222	0.163	0.125	0.09	0.08	0.066	0.056	0.047	0.041	0.036	0.031	0.0277
9	2.25	1.00	0.56	0.36	0.250	0.184	0.141	0.111	0.09	0.074	0.063	0.053	0.046	0.04	0.035	0.0311
10	2.50	1.11	0.63	0.40	0.278	0.204	0.156	0.123	0.10	0.083	0.069	0.059	0.051	0.044	0.039	0.0346
11	2.75	1.22	0.69	0.44	0.306	0.224	0.172	0.136	0.11	0.091	0.076	0.065	0.056	0.049	0.043	0.0381
12	3.0	1.33	0.75	0.48	0.333	0.245	0.188	0.148	0.12	0.099	0.083	0.071	0.061	0.053	0.047	0.0415
13	3.25	1.44	0.81	0.52	0.361	0.265	0.203	0.16	0.13	0.107	0.090	0.077	0.066	0.058	0.051	0.045
14	3.50	1.56	0.875	0.56	0.389	0.286	0.219	0.173	0.14	0.116	0.097	0.083	0.071	0.062	0.055	0.0484
15	3.75	1.67	0.94	0.60	0.417	0.306	0.234	0.185	0.15	0.124	0.104	0.089	0.077	0.067	0.059	0.0519
16	4.0	1.78	1.00	0.64	0.444	0.327	0.25	0.198	0.16	0.132	0.111	0.095	0.082	0.071	0.063	0.0554
17	4.25	1.89	1.063	0.68	0.472	0.347	0.266	0.21	0.17	0.14	0.113	0.101	0.087	0.076	0.066	0.0588
18	4.50	2.00	1.125	0.72	0.50	0.367	0.281	0.222	0.18	0.149	0.125	0.107	0.092	0.08	0.07	0.0622
19	4.75	2.11	1.188	0.76	0.528	0.388	0.297	0.235	0.19	0.157	0.132	0.112	0.097	0.084	0.074	0.0657

A 和 B 值	当 L_1，(L_3) 为下列数值时 A/L_1^2 和 B/L_1^2 $\left(\frac{A}{L_3^2}和\frac{B}{L_3^2}\right)$之值															
	18	19	20	21	22	23	24	25	26	27	28	29	30	31	32	33
1																
2																
3																
4	0.0123	0.0111	0.01													
5	0.0154	0.0139	0.0125	0.0113	0.01											
6	0.0185	0.0166	0.015	0.0136	0.0123	0.0113	0.0104	0.01								
7	0.0216	0.0194	0.0175	0.0157	0.0145	0.0132	0.0122	0.0112	0.01							
8	0.0247	0.0222	0.02	0.0181	0.0165	0.0151	0.0139	0.0128	0.0118	0.011	0.01					
9	0.0278	0.0249	0.0225	0.0204	0.0186	0.017	0.0156	0.0144	0.0133	0.0123	0.0115	0.0107	0.01			
10	0.0309	0.0277	0.025	0.0227	0.0207	0.0189	0.0174	0.016	0.0148	0.0137	0.0128	0.0119	0.0111	0.0104	0.01	
11	0.034	0.0305	0.0275	0.0249	0.0227	0.0208	0.0191	0.0176	0.0163	0.0151	0.014	0.0131	0.0122	0.0114	0.0107	0.01
12	0.037	0.0332	0.03	0.0272	0.0248	0.0227	0.0208	0.0192	0.0178	0.0165	0.0153	0.0143	0.0133	0.0125	0.0117	0.011
13	0.04	0.036	0.0325	0.0295	0.0269	0.0246	0.0226	0.0208	0.0192	0.0178	0.0166	0.0155	0.0144	0.0135	0.0127	0.012
14	0.0432	0.0388	0.035	0.0317	0.0289	0.0265	0.0243	0.0224	0.0207	0.0192	0.0179	0.0166	0.0156	0.0146	0.0137	0.0129
15	0.0463	0.0416	0.0375	0.034	0.031	0.0284	0.026	0.024	0.0222	0.0206	0.0191	0.0178	0.0167	0.0156	0.0146	0.0138

续表

A和B值	当 L_1,(L_3)为下列数值时 A/L_1^2 和 $B/L_1^2\left(\frac{A}{L_3^2}和\frac{B}{L_3^2}\right)$之值															
	18	19	20	21	22	23	24	25	26	27	28	29	30	31	32	33
16	0.0494	0.0443	0.04	0.0363	0.0331	0.0302	0.0278	0.0256	0.0237	0.0219	0.0204	0.019	0.0178	0.0166	0.0156	0.0147
17	0.0525	0.0471	0.0425	0.0385	0.0351	0.0321	0.0295	0.0272	0.0251	0.0233	0.0217	0.0202	0.0189	0.0177	0.0166	0.0156
18	0.056	0.0499	0.045	0.041	0.0372	0.034	0.0313	0.0288	0.0266	0.0247	0.023	0.021	0.02	0.0187	0.0176	0.0165
19	0.0586	0.0526	0.0475	0.0431	0.0393	0.0359	0.033	0.0304	0.0281	0.0261	0.0242	0.0226	0.0211	0.0198	0.0186	0.0174

A和B值	当 L_1,(L_3)为下列数值时 A/L_1^2 和 $B/L_1^2\left(\frac{A}{L_3^2}和\frac{B}{L_3^2}\right)$之值															
	2	3	4	5	6	7	8	9	10	11	12	13	14	15	16	17
20	5.0	2.22	1.25	0.8	0.556	0.408	0.313	0.247	0.2	0.165	0.139	0.118	0.102	0.089	0.078	0.069
21	5.25	2.33	1.31	0.84	0.583	0.429	0.328	0.259	0.21	0.174	0.146	0.1243	0.1071	0.0933	0.082	0.0727
22	5.50	2.44	1.38	0.88	0.611	0.449	0.344	0.272	0.22	0.182	0.153	0.130	0.1122	0.0978	0.0859	0.0761
23	5.75	2.56	1.44	0.92	0.638	0.469	0.359	0.284	0.23	0.190	0.16	0.136	0.1173	0.1022	0.0898	0.0796
24	6.00	2.67	1.50	0.96	0.667	0.49	0.375	0.296	0.24	0.198	0.167	0.142	0.1224	0.1067	0.0938	0.083
25	6.25	2.78	1.563	1.00	0.694	0.51	0.391	0.309	0.25	0.207	0.174	0.148	0.1276	0.1111	0.0977	0.0865
26	6.50	2.89	1.625	1.04	0.722	0.531	0.406	0.321	0.26	0.215	0.181	0.1538	0.1327	0.1156	0.1016	0.090
27	6.75	3.00	1.688	1.08	0.75	0.551	0.422	0.333	0.27	0.223	0.188	0.1598	0.1378	0.120	0.1055	0.0934
28	7.00	3.11	1.75	1.12	0.778	0.571	0.438	0.346	0.28	0.231	0.194	0.1657	0.1429	0.01244	0.1094	0.0969
29	7.25	3.22	1.813	1.16	0.806	0.592	0.453	0.358	0.29	0.24	0.201	0.1716	0.148	0.1289	0.1133	0.1003
30	7.50	3.33	1.875	1.20	0.833	0.612	0.469	0.37	0.30	0.248	0.208	0.1775	0.1531	0.1333	0.1172	0.1038
31	7.75	3.44	1.938	1.24	0.861	0.633	0.484	0.383	0.31	0.256	0.215	0.1834	0.1582	0.1378	0.1211	0.1073
32	8.00	3.56	2.00	1.28	0.889	0.653	0.50	0.395	0.32	0.264	0.222	0.1893	0.1633	0.1422	0.125	0.1107
33	8.25	3.67	2.063	1.32	0.917	0.673	0.516	0.407	0.33	0.273	0.229	0.1953	0.1684	0.1467	0.1289	0.1142
34	8.50	3.78	2.125	1.36	0.944	0.694	0.531	0.42	0.34	0.280	0.236	0.2012	0.1735	0.1511	0.1328	0.1176
35	8.75	3.89	2.188	1.40	0.972	0.714	0.547	0.432	0.35	0.298	0.243	0.2071	0.1786	0.1556	0.1367	0.1211
36	9.00	4.00	2.25	1.44	1.00	0.735	0.563	0.444	0.36	0.298	0.250	0.213	0.1837	0.160	0.1406	0.1246
37	9.25	4.11	2.313	1.48	1.028	0.755	0.578	0.457	0.37	0.306	0.260	0.2189	0.1888	0.1644	0.1445	0.1280
38	9.50	4.22	2.375	1.52	1.056	0.776	0.594	0.469	0.38	0.314	0.264	0.225	0.1939	0.1689	0.1484	0.1315

A和B值	当 L_1,(L_3)为下列数值时 A/L_1^2 和 $B/L_1^2\left(\frac{A}{L_3^2}和\frac{B}{L_3^2}\right)$之值															
	18	19	20	21	22	23	24	25	26	27	28	29	30	31	32	33
20	0.0617	0.0554	0.050	0.0454	0.0413	0.0378	0.0347	0.032	0.0296	0.0274	0.0255	0.0238	0.0222	0.0208	0.0195	0.0184
21	0.0648	0.0582	0.0525	0.0476	0.0434	0.0397	0.0365	0.0336	0.0311	0.0288	0.02678	0.02497	0.02333	0.02185	0.0205	0.01928
22	0.0679	0.0609	0.055	0.0499	0.0455	0.0416	0.0382	0.0352	0.03254	0.03017	0.0281	0.02615	0.0244	0.02289	0.02148	0.0202
23	0.0710	0.0637	0.0575	0.0522	0.0475	0.0435	0.0399	0.0368	0.034	0.03155	0.02934	0.02735	0.0256	0.02393	0.02246	0.02112
24	0.0741	0.0665	0.060	0.0544	0.0495	0.0454	0.0417	0.0384	0.0355	0.03929	0.0306	0.0285	0.0267	0.0250	0.0234	0.02204
25	0.0772	0.06925	0.0625	0.0567	0.0517	0.0473	0.0434	0.040	0.0370	0.0343	0.0319	0.0297	0.0278	0.026	0.0244	0.0230
26	0.0802	0.072	0.065	0.0650	0.0537	0.0491	0.0451	0.042	0.0385	0.0357	0.0332	0.0309	0.0289	0.0271	0.0204	0.0239
27	0.0833	0.0748	0.0675	0.061	0.0558	0.051	0.0469	0.0432	0.0399	0.0370	0.0344	0.0321	0.030	0.0281	0.0264	0.0248
28	0.0864	0.0776	0.070	0.0635	0.0579	0.0529	0.0486	0.0448	0.0414	0.0384	0.0357	0.0333	0.0311	0.0291	0.0273	0.0257
29	0.0895	0.0803	0.0725	0.0658	0.0599	0.0548	0.0503	0.0464	0.0429	0.0398	0.037	0.0345	0.0322	0.0302	0.0283	0.0266
30	0.0926	0.0831	0.075	0.068	0.0620	0.0567	0.0521	0.048	0.0444	0.0412	0.0383	0.0357	0.0333	0.0312	0.0295	0.0275
31	0.0957	0.0859	0.0775	0.0703	0.0640	0.0586	0.0538	0.0496	0.0459	0.425	0.0395	0.0369	0.0344	0.0328	0.0303	0.0287
32	0.0988	0.0886	0.080	0.0726	0.0661	0.0605	0.0556	0.0512	0.0473	0.0439	0.0408	0.0380	0.0356	0.0333	0.0313	0.0294
33	0.1019	0.0914	0.0825	0.0748	0.0682	0.0624	0.0573	0.0528	0.0488	0.0453	0.0421	0.0392	0.0367	0.0343	0.0322	0.0303
34	0.1049	0.0942	0.085	0.0771	0.702	0.0643	0.059	0.0544	0.0503	0.0466	0.0434	0.0404	0.0378	0.0354	0.0332	0.0312
35	0.1080	0.0970	0.0875	0.0794	0.0723	0.0662	0.061	0.056	0.0518	0.048	0.0446	0.0416	0.0389	0.0364	0.0342	0.0321
36	0.111	0.0997	0.090	0.0816	0.0744	0.0681	0.0625	0.0576	0.533	0.494	0.0459	0.0428	0.04	0.0375	0.0352	0.0331
37	0.114	0.102	0.0925	0.0839	0.0764	0.0699	0.0642	0.0592	0.0547	0.0508	0.0472	0.0440	0.0411	0.0385	0.0361	0.0340
38	0.117	0.105	0.095	0.08616	0.0785	0.0718	0.06597	0.0608	0.0562	0.0521	0.0485	0.0452	0.0422	0.0395	0.0371	0.0349

计算 P_X、P_Y 用的 $\frac{\alpha EJ\Delta t}{10^7}$ 值表　　表 6-3-2

公称直径 D_g	外径×壁厚 $D\times S$(mm)	$\frac{\alpha EJ}{10^7}$值	当 Δt 为下列值时的 $\frac{\alpha EJ\Delta t}{10^7}$			
			Δt=100℃	Δt=135℃	Δt=155℃	Δt=200℃
15	21.25×2.75	0.00168	0.168	0.2268	0.2604	0.336
	18×3	0.0010	0.100	0.135	0.155	0.200
20	26.75×2.75	0.0036	0.360	0.486	0.558	0.720
	25×3	0.0031	0.310	0.419	0.481	0.620
25	33.5×3.25	0.0086	0.860	1.161	1.333	1.720
	32×3	0.0070	0.700	0.945	1.085	1.400
	32×3.5	0.0078	0.780	1.053	1.209	1.560
32	42.25×3.25	0.0183	1.830	2.471	2.834	3.660
	38×3	0.0122	1.220	1.647	1.891	2.440
	38×3.5	0.0137	1.370	1.850	2.124	2.740
40	48×3.5	0.0293	2.930	3.956	4.540	5.860
	44.5×3	0.0203	2.030	2.741	3.147	4.060
	44.5×3.5	0.0229	2.290	3.092	3.550	4.580
50	60×3.5	0.0598	5.980	8.073	9.269	11.960
	57×3	0.0446	4.460	6.021	6.913	8.920
	57×3.5	0.0506	5.060	6.831	7.843	10.120
65	73×3.5	0.111	11.10	14.985	17.205	22.20
	73×4	0.1243	12.43	16.781	19.267	24.86
70	75.5×3.75	0.131	13.10	17.685	20.305	26.20
	76×3	0.1102	11.02	14.877	17.081	22.04
	76×4	0.1411	14.11	19.049	21.871	28.22
	76×6	0.1954	19.54	26.379	30.287	39.08
80	88.5×4	0.228	22.80	30.78	35.34	45.60
	89×3.5	0.2066	20.660	27.891	32.023	41.320
	89×4	0.2321	23.21	31.334	35.976	46.420
	89×6	0.3252	32.52	43.902	50.406	65.040
100	114×4	0.5026	50.26	67.851	77.903	100.520
	108×4	0.4248	42.48	57.348	65.844	84.960
	108×6	0.6024	60.24	81.324	93.372	120.48
125	140×4.5	1.0565	105.65	142.628	163.758	211.30
	133×4	0.8102	81.02	109.377	125.581	162.04
	133×6	1.1611	116.11	156.749	179.971	232.22
150	165×4.5	1.7554	175.54	236.979	272.087	351.080
	159×4.5	1.5658	156.58	211.383	242.699	313.160
	159×6	2.029	202.90	273.915	314.495	405.80
200	219×6	5.4696	546.96	738.396	847.788	1093.92
	219×7	6.2952	629.52	849.852	975.756	1259.04
	219×8	7.0944	709.44	957.744	1099.623	1418.88
250	273×6	10.771	1077.12	1454.11	1669.536	2154.24
	273×7	12.430	1242.96	1677.996	1926.588	2485.92
	273×8	14.047	1404.72	1896.372	2177.316	2899.44
300	325×6	18.397	1836.72	2479.572	2846.916	3673.44
	325×7	21.2736	2127.36	2871.936	3297.408	4254.72
	325×8	24.0384	2403.84	3245.184	3725.952	4807.68
350	377×6	28.8912	2889.12	3900.312	4478.136	5778.24
	377×7	33.4392	3343.92	4514.292	5183.076	6687.84
	377×8	37.9104	3791.04	5117.904	5876.112	7582.08
	377×9	42.3096	4230.96	5711.796	6557.988	8461.92
	377×10	46.6344	4663.44	6295.644	7228.332	9326.88

续表

公称直径 D_g	外径×壁厚 $D\times S$(mm)	$\frac{\alpha EJ}{10^7}$值	当Δt为下列值时的$\frac{\alpha EJ\Delta t}{10^7}$			
			Δt=100℃	Δt=135℃	Δt=155℃	Δt=200℃
400	426×6	41.916	4191.60	5658.68	6496.98	8883.20
	426×7	48.5568	4855.68	6555.168	7526.304	9711.36
	426×8	55.1016	5510.16	7438.716	8540.748	11020.32
	426×9	61.5504	6155.04	8309.304	9540.312	12310.08
500	529×6	80.928	8092.80	10925.28	12543.84	16185.60
	529×7	93.8784	9387.84	12673.584	14551.152	18775.68
	529×8	106.6824	10668.24	14402.124	16535.772	21336.48
	529×9	119.3352	11933.52	16110.252	18496.956	23867.04

(3) 计算弹性力 P_x、P_y 和弹性弯曲应力 σ_{wq}^{max}。

【例 6-3-2】 L形补偿器，管道采用D108×4无缝钢管，短臂 $L_1=15$m；长臂 $L_2=30$m，夹角 $\varphi=30°$，见图 6-3-1。试求管道计算压力1.3MPa，介质温度为350℃，室外计算温度为20℃的蒸汽管道，L形补偿器固定点的弹性力和弹性弯曲应力？

1) 求固定点的弹性力

【解】 $n=\frac{L_2}{L_1}=\frac{30}{15}=2$，$\varphi=30°$

据 n 及 φ 从图 6-3-3 查得　$A=21.5$，$B=21$

又从图 6-3-4 查得　$A'=7$，$B'=28$

再从表 6-3-2 查得　D108×4 的$\frac{\alpha EJ}{10^7}=0.425$

a. 短臂固定点的弹性力

$$P_x=A\cdot\frac{\alpha\cdot E\cdot J}{10^7}\cdot\frac{\Delta t}{L_1^2}=21.5\times0.425\times\frac{330}{15^2}=13.5\text{kg}$$

$$P_y=B\cdot\frac{\alpha\cdot E\cdot J}{10^7}\cdot\frac{\Delta t}{L_1^2}=21\times0.425\times\frac{330}{15^2}=13.1\text{kg}$$

b. 长臂固定点的弹性力

$$P'_x=A'\cdot\frac{\alpha\cdot E\cdot J}{10^7}\cdot\frac{\Delta t}{L_1^2}=7\times0.425\times\frac{330}{15^2}=4.4\text{kg}$$

$$P'_y=B'\cdot\frac{\alpha\cdot E\cdot J}{10^7}\cdot\frac{\Delta t}{L_1^2}=28\times0.425\times\frac{330}{15^2}=17.5\text{kg}$$

也可以从表 6-3-1 及表 6-3-2 查得$\frac{A}{L_1^2}$；$\frac{B}{L_1^2}$及$\frac{\alpha EJ\Delta t}{10^7}$的值直接代入公式计算而得。

2) 最大弹性弯曲应力计算

从图 6-3-1 所示，L形补偿器的最大弯曲应力为短壁固定点 A 处的应力，并用公式（6-3-9）计算。

$$\sigma_{wq}^{A}=C\cdot\frac{\alpha ED_w}{10^7}\cdot\frac{\Delta t}{L_1}(\text{kg/mm}^2)\tag{6-3-9}$$

式中　C——L形补偿器短臂固定点弹性弯曲应力系数，可据 $n_o=\frac{L_2}{L_1}$ 及 φ，从图 6-3-6 查得；

$\frac{\alpha\cdot E\cdot D_w}{10^7}$——辅助数值，从表 6-3-3 查得。

【解】 $n=\frac{L_2}{L_1}=\frac{30}{15}=2$，$\varphi=30°$

据 n 及 φ 从图 6-3-6 查得　$C=6.25$

又从表 6-3-3 查得 $\frac{\alpha ED_w}{10^7}=0.0258$（kg/mm²·℃）

$$\Delta t=350-20=330(℃)$$

则　$\sigma_{wq}^{A}=C\cdot\frac{\alpha ED_w}{10^7}\cdot\frac{\Delta t}{L_1}=6.25\times0.0258\times\frac{330}{15}=3.55$（kg/mm²）

一般考虑自然补偿的弯曲应力不超过 $[\sigma_{wq}]=8$(kg/mm²)，由上述计算可知 $\sigma_{wq}^{A}<[\sigma_{wq}]$，所以该 L 型伸缩器能起到自然补偿的作用。

计算 σ_{wq} 之辅助数值 $\frac{\alpha\cdot E\cdot D_w}{10^7}$　　表 6-3-3

公称直径 D_g	外径×壁厚 $D_w\times S$(mm)	$\frac{\alpha ED_w}{10^7}$ (kg·m/mm²·℃)
15	21.25×2.75	0.0051
	18×3	0.00432
20	26.75×2.75	0.00642
	25×3	0.0060
25	33.5×3.25	0.00804
	32×3	0.00767
	32×3.5	0.00767
32	42.25×3.25	0.01013
	38×3	0.0091
	37×3.5	0.0091
40	48×3.5	0.01153
	44.5×3	0.01057
	44.5×3.5	0.01057
50	60×3.5	0.0144
	57×3	0.01368
	57×3.5	0.01368
65	73×3.5	0.01752
	73×4	0.01752
70	75.5×3.75	0.01813
	76×3	0.01824
	76×4	0.01824
	76×6	0.01824
80	88.5×4	0.02124
	89×3.5	0.02136
	89×4	0.02136
	89×6	0.02136
100	114×4	0.02736
	108×4	0.02582
	108×6	0.02582
125	140×4.5	0.03360
	133×4	0.03192
150	165×4.5	0.0397
	159×4.5	0.03816
	159×6	0.03816
200	219×6	0.0526
	219×7	0.0526
	219×8	0.0526
250	273×6	0.06552
	273×7	0.06552
	273×8	0.06552
300	325×6	0.078
	325×7	0.078
	325×8	0.078
500	377×6	0.09048
	377×7	0.09048
	377×8	0.09048
	377×9	0.09048
	377×10	0.09048
400	426×6	0.10224
	426×7	0.10224
	426×8	0.10224
	426×9	0.10224
500	529×6	0.12696
	529×7	0.12696
	529×8	0.12696
	529×9	0.12696

备注　①式中 D_w 采用 cm
　　　②式中 α 采用 mm/m·℃
　　　③式中 E 采用 kg/cm²

2. Z 形补偿器计算

(1) 计算补偿器伸出长度 L_3

【例 6-3-3】 Z 形补偿器如图 6-3-7，管道公称直径 $DN100$，$\Delta L(L_1+L_2)=10$cm，$\frac{L_1}{L_3}=4$，求 L_3。

【解】 查图 6-3-8

由 $\Delta L \rightarrow DN \rightarrow \frac{L_1}{L_3} \rightarrow L_3$，$L_3 = 200\text{cm}$

（2）计算Z形补偿器固定点的弹性力和补偿器的弹性弯曲应力。

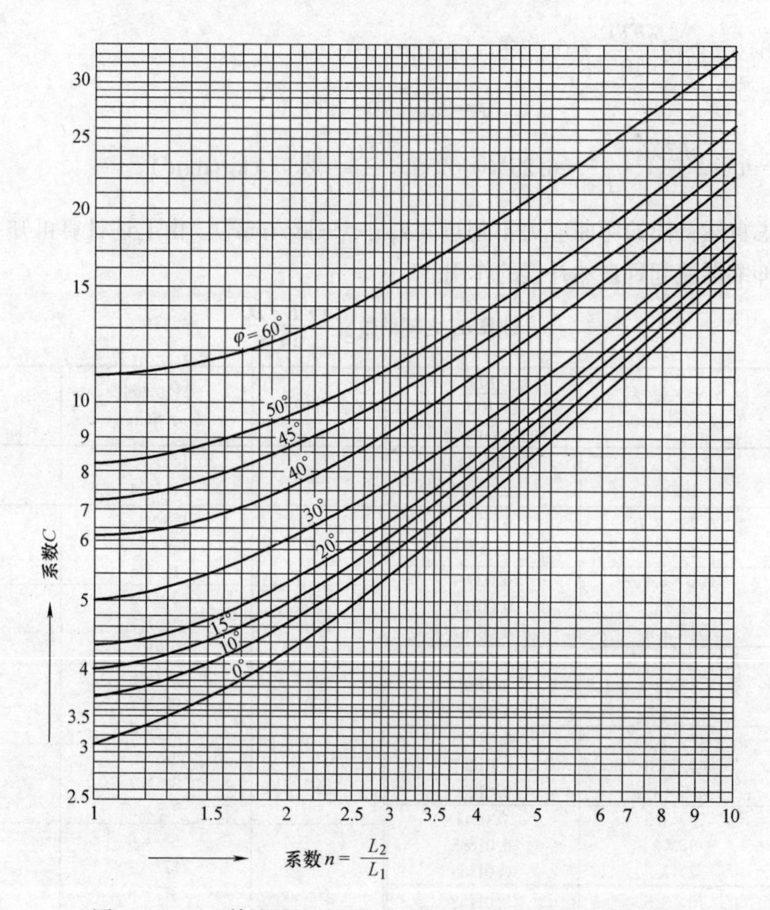

图6-3-6　L型伸缩器短臂固定点弹性弯曲应力系数C线算图

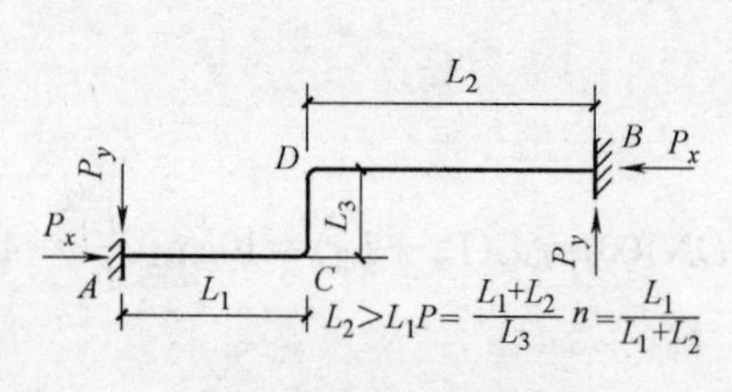

图6-3-7　Z形补偿器

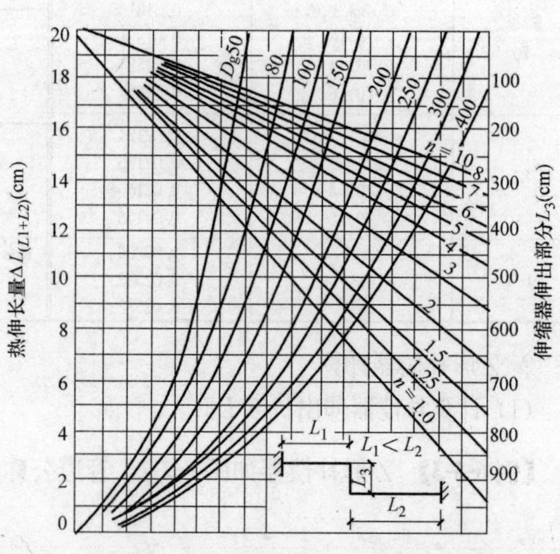

图6-3-8　Z形补偿器 L_3 计算图

补偿器固定点弹性力计算：

已知 Z 型伸缩器采用 $D108\times4$ 无缝钢管制成，$L_1=15\text{m}$，$L_2=30\text{m}$，$L_3=15\text{m}$。试求当蒸汽温度为 200℃，室外空气计算温度为 20℃时，伸缩器固定点的弹性力 P_x、P_y。（见图 6-3-7）

弹性力计算公式：式（6-3-10）、式（6-3-11）。

$$P_x=A\cdot\frac{\alpha EJ}{10^7}\cdot\frac{\Delta t}{L_3^2}=\frac{A}{L_3^2}\cdot\frac{\alpha EJ\Delta t}{10^7}(\text{kg}) \tag{6-3-10}$$

$$P_y=B\cdot\frac{\alpha EJ}{10^7}\cdot\frac{\Delta t}{L_1^2}=\frac{B}{L_1^2}\cdot\frac{\alpha EJ\Delta t}{10^7}(\text{kg}) \tag{6-3-11}$$

式中　A、B——Z 形伸缩器弹性力系数，可据 P 及 n 值由图 6-3-9 查得，其余符号同 L 形伸缩器计算说明。

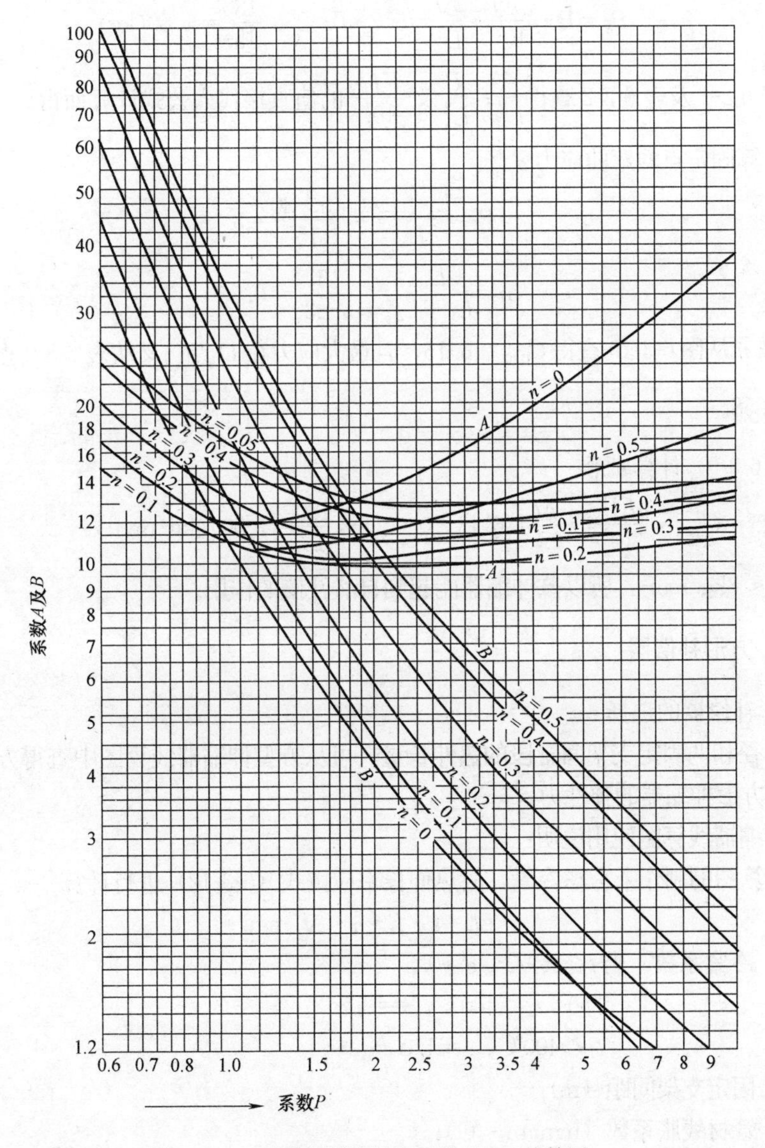

图 6-3-9　Z 形伸缩器弹性力系数 A、B 线算图

图 6-3-7 所示 Z 形补偿器固定点上的弹性力 P_x、P_y 计算如下。

$$P=\frac{L_1+L_2}{L_3}=\frac{15+30}{15}=3$$

$$n=\frac{L_1}{L_1+L_2}=\frac{15}{15+30}=0.33$$

据　P 及 n 从图 6-3-9 查得，$A=11.3$　$B=5.2$

从表 6-3-2 查得 $D108\times4$ 的 $\frac{\alpha EJ}{10^7}=0.425$

用式（6-3-10）、式（6-3-11）计算 P_x、P_y。

$$P_x=A\cdot\frac{\alpha EJ}{10^7}\cdot\frac{\Delta t}{L_3^2}=11.3\times0.425\times\frac{180}{15^2}=3.84(\text{kg})$$

$$P_y=B\cdot\frac{\alpha EJ}{10^7}\cdot\frac{\Delta t}{L_3^2}=5.2\times0.425\times\frac{180}{15^2}=1.80(\text{kg})$$

或从表 6-3-1 及表 6-3-2 查得 $\frac{A}{L_3^2}$；$\frac{B}{L_3^2}$ 及 $\frac{\alpha EJ\Delta t}{10^7}$ 的值直接代入公式计算而得。

（3）计算固定点的弯曲应力 σ_{wq}^{max}。

$$P=\frac{L_1+L_2}{L_3}=\frac{15+30}{15}=3$$

$$n=\frac{L_1}{L_1+L_2}=\frac{15}{15+30}=0.33$$

据 P 及 n 从图 6-3-10 查得 $C_{max}=6.15$，且最大应力在 D 点。又从表 6-3-3 查得 $D108\times4$ 的 $\frac{\alpha ED_w}{10^7}=0.0258$。

用式（6-3-9）计算 σ_{wq}^{max}。

则　$\sigma_{wq}^{max}=C_{max}\cdot\frac{\alpha ED_w}{10^7}\cdot\frac{\Delta t}{L_3}=6.15\times0.0258\times\frac{180}{15}=1.90$（kg/mm²）

因 $\sigma_{wq}^{max}<8\text{kg/mm}^2$，所以该伸缩器能起到自然补偿的作用。

6.3.2　方形补偿器

1. 方形补偿器的选择

已知管径和两固定支架间管段的热伸长量，可从方型伸缩器线算图中查得方型伸缩器的外伸臂长度和方形伸缩器的弹性力。

方形伸缩器线算图使用说明：

（1）线算图的制作未考虑冷紧，故热伸长率应按式（6-3-12）进行计算

$$\Delta L=\varepsilon\cdot L\cdot\alpha\cdot\Delta t(\text{mm})\qquad(6\text{-}3\text{-}12)$$

式中　ε——冷紧系数，当 $t<250$℃，$\varepsilon=0.5$

$250<t_1<400$℃，$\varepsilon=0.7$

$t_1\geqslant400$℃，$\varepsilon=1.0$

L——固定支架间距（m）；

α——管材线胀系数（mm/m·℃）；

Δt——介质温度与室外空气计算温度之差：$\Delta t=t_1-t_2$（℃）。

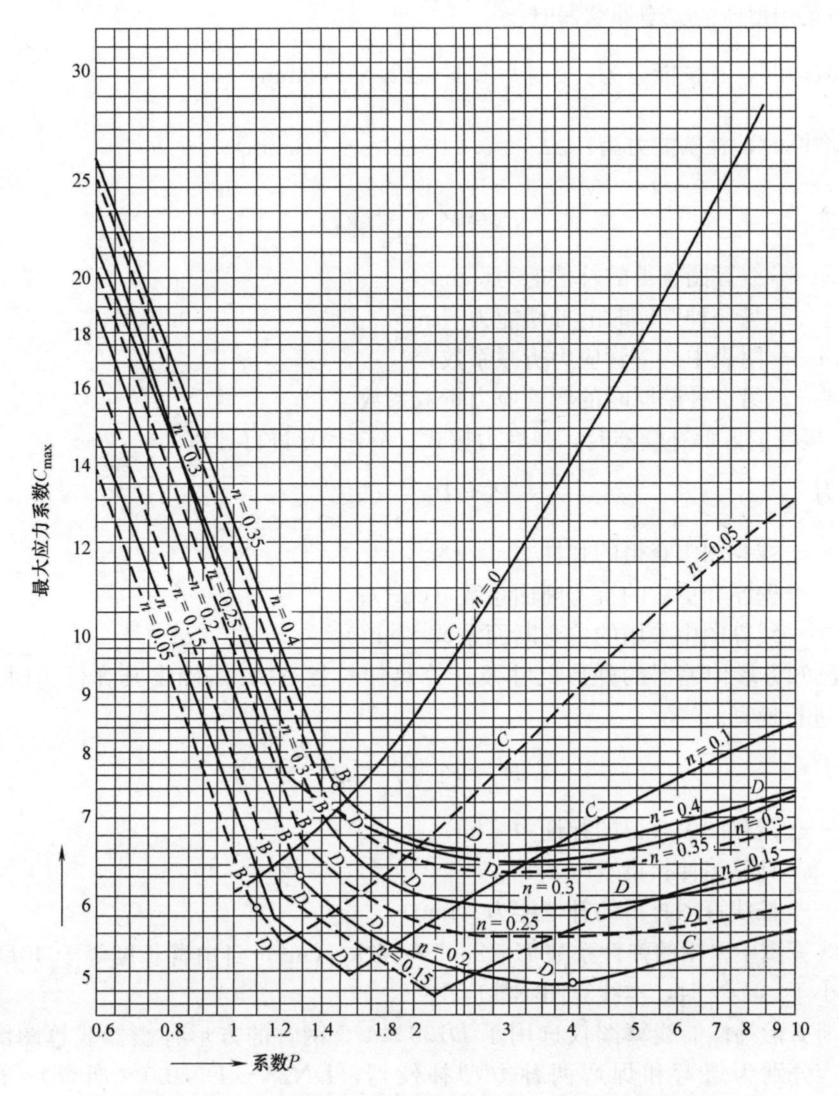

图 6-3-10　Z 形伸缩器最大弹性弯曲应力系数 C_{max} 线算图

(2) 制作线算图所采用的许用弹性弯曲应力为 11.0kgf/mm^2，当许用弹性弯曲应力有不同时（为 σ_{tw}），应采用式（6-3-13）～式（6-3-15）进行换算

计算热伸长量 $$\Delta L' = \Delta L \cdot \varphi_\sigma (\text{mm}) \tag{6-3-13}$$

式中　φ——许用弹性弯曲应力修正系数，$\varphi_\sigma = \dfrac{11.0}{\sigma_{tw}}$

1) 弹性力： $$P'_k = \frac{P_k}{\varphi_\sigma} (\text{kgf}) \tag{6-3-14}$$

其中 P_k 为从线算图查得的弹性力。

2) 方形伸缩器补偿能力（已知伸缩器尺寸时）：$$\Delta L'_k = \frac{\Delta L_k}{\varphi_\sigma} (\text{mm}) \tag{6-3-15}$$

其中 ΔL_k 为从线算图查得的伸缩器补偿能力。

(3) 线算图所采用的壁厚，抗弯断面系数均注在图下，其对应的弯管应力折减系数 m 见附表。当壁厚不同时，应采用式（6-3-16）～式（6-3-18）进行换算。

1）当采用煨弯的方型伸缩器时

管壁减薄时，补偿能力为：$\Delta L_k' = 1.1 \cdot \Delta L_k \cdot \frac{m}{m'}$(mm)　　(6-3-16)

管壁增厚时，补偿能力为：$\Delta L_k' = 0.91 \cdot \Delta L_k \cdot \frac{m}{m'}$(mm)　　(6-3-17)

弹性力：　$P_k' = P_k \frac{\Delta L_k'}{\Delta L_k}$(kg)　　(6-3-18)

式中　$\Delta L_k'$——线算图查得的补偿能力（mm）；

ΔL_k——另一种壁厚时的补偿能力（mm）；

m——附表中的弯管应力折减系数；

m'——另一种壁厚时的弯管应力折减系数。

2）焊接弯的方形补偿器时，弹性力按式（6-3-19）进行计算。

弹性力　$P_k' = P_k \frac{w'}{w}$(kg)　　(6-3-19)

式中　P_k——线算图中查得的弹性力（kg）；

w'——壁厚变更后的抗弯断面系数（cm^2）；

w——线算图中采用的抗弯断面系数（cm^2）。

（4）已知方形伸缩器的外形尺寸及计算热伸长量 ΔL，需确定其弹性力时，应按式（6-3-20）进行换算。

弹性力　$P_k' = P_k \frac{\Delta L}{\Delta L_k}$(kg)　　(6-3-20)

式中　P_k——线算图中查得的弹性力（kg）；

ΔL——计算热伸长量（mm）；

ΔL_k——按线算图查得的补偿能力（mm）。

（5）线算图中采用的弹性系数 $E = 2.05 \times 10^6 kg/cm^2$，自由臂长度等于 40$DN$，当自由臂长度小于 40$DN$ 时，本线算图不能应用。

本手册方形补偿器线算图仅选用了 D159×4.5 钢管的方形补偿器线算图图 6-3-12，图 6-3-13，分别为煨弯和焊弯两种方型补偿器，DN25～DN400（煨弯）；DN150～DN1000（焊弯）各规格尺寸方形补偿器线算图可参阅《热力管道设计手册》。本手册仅仅介绍了方形补偿器的选择，线算图的应用，补偿器的弹性力和许用弯曲应力的计算，并举例说明。若设计中尚需进行推力计算，请参阅热力管道推力的设计计算。

使用方形补偿器线算图时，请参阅图 6-3-11。

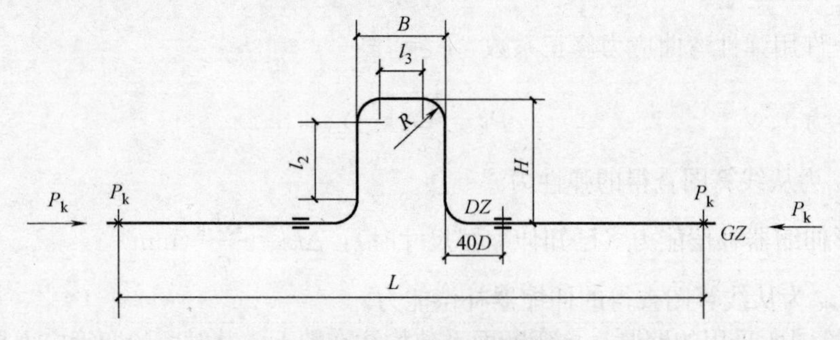

图 6-3-11　方形补偿器
GZ—固定支架；DZ—导向支架

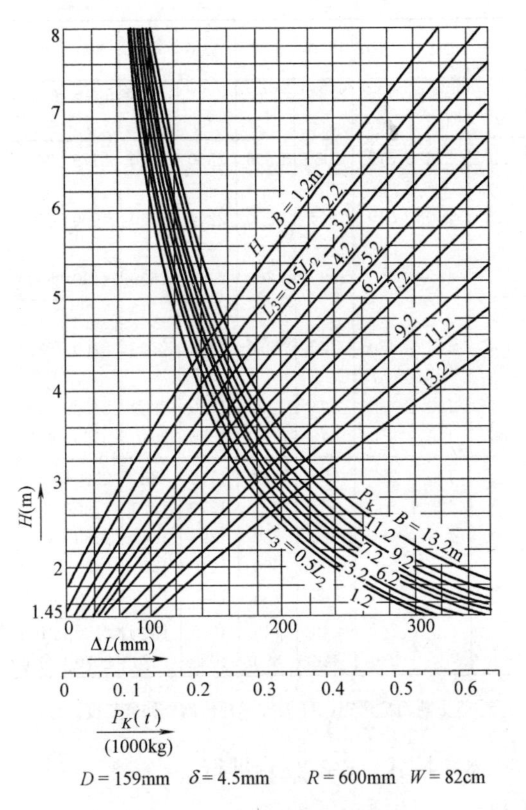

图 6-3-12　方形补偿器（揻弯）

D = 159mm　δ = 4.5mm　W = 82cm³

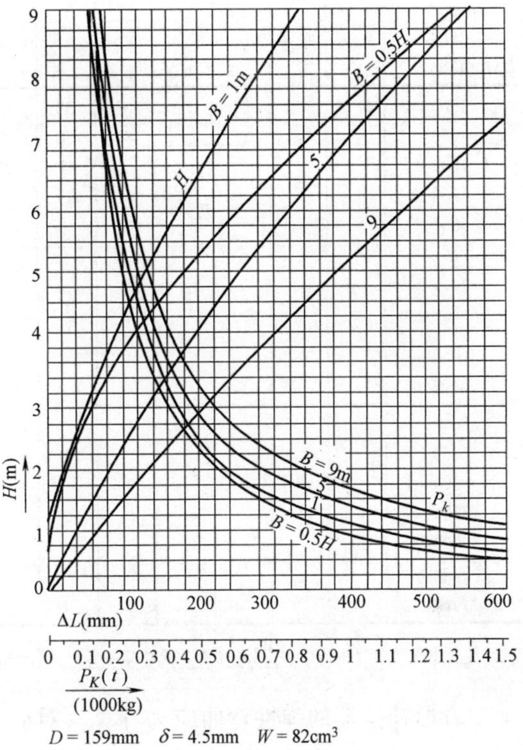

图 6-3-13　方形补偿器（焊弯）

2. 方形补偿器的弹性力

方形补偿器的弹性力可从线算图中查得，也可查阅表 6-3-4 进行设计计算。

方形补偿器弹性力 P_k　　表 6-3-4

D_g(mm)	25	32	40	50	70	80	100	125	150	200	250	300	350	400	500	600
$D\times\delta$ (mm) / H(mm)	32×2.5	38×2.5	45×2.5	57×3.5	76×3.5	89×3.5	108×4	133×4	159×4.5	219×6	273×7	325×8	377×9	426×9	529×9	630×9
250	66	102	148	327	—	—	—	—	—	—	—	—	—	—	—	
500	33	51	74	163	304	425	725	1120	1810	4600	8350	—	—	—	—	
750	22	34	50	109	202	283	480	—	—	—	—	—	—	—	—	
1000	17	26	37	82	152	212	360	560	903	2290	4170	6770	10300	—	—	
1250			30	65	122	170	290	—	—	—	—	—	—	—	—	
1500			25	55	102	142	240	374	600	1530	2800	4525	6850	—	—	—
1750			21	47	87	122	210	—	—	—	—	—	—	—	—	—
2000			19	41	76	106	180	280	450	1150	2080	3390	5150	6630	10350	14800
2250			17	36	68	95	160	—	—	—	—	—	—	—	—	—
2500			15	33	61	85	145	224	360	915	1670	2700	4120	5300	8280	11850
2750			14	30	55	78	132	—	—	—	—	—	—	—	—	—
3000			13	27	51	71	120	187	300	765	1400	2260	3430	4400	6900	9870
3250					47	66	110	—	—	—	—	—	—	—	—	—
3500					44	61	103	160	260	655	1200	1935	2940	3780	5900	8450
3750					41	57	97	—	—	—	—	—	—	—	—	—

续表

D_g(mm) / $D\times\delta$(mm) / H(mm)	25	32	40	50	70	80	100	125	150	200	250	300	350	400	500	600
	32×2.5	38×2.5	45×2.5	57×3.5	76×3.5	89×3.5	108×4	133×4	159×4.5	219×6	273×7	325×8	377×9	426×9	529×9	630×9
4000					38	53	91	140	226	575	1050	1695	2570	3310	5175	7400
4250					36	50	85	—	—	—	—	—	—	—	—	—
4500					34	47	80	125	200	510	925	1500	2290	2940	4600	6550
4750					32	45	76	—	—	—	—	—	—	—	—	—
5000					31	43	73	112	180	460	835	1360	2060	2650	4130	5900
5250						41	69	—	—	—	—	—	—	—	—	—
5500						39	66	102	165	420	760	1230	1870	2400	3760	5370
5750						37	63	—	—	—	—	—	—	—	—	—
6000						36	60	94	150	380	695	1130	1720	2200	3450	4920
6500								86	140	350	640	1040	1580	2040	3180	4550
7000								80	130	327	595	970	1470	1890	2960	4200
7500								75	120	305	555	905	1370	1770	2760	3940
8000								70	113	286	520	850	1290	1660	2580	3690
8500										270	490	800	1210	1560	2430	3470
9000										254	465	755	1145	1470	2300	3280
9500										241	440	715	1085	1390	2180	3100
10000										230	420	680	1030	1320	2070	2950

注：本表弹性力按 $P_k=\frac{\sigma W}{H}$kg 计算，其中取 $\sigma=1100\text{kg/cm}^2$，$W$ 为管了断面抗弯矩，H 为方形补偿器外伸臂长度。

方形补偿器的弹性弯曲应力计算（对应表 6-3-4）按式（6-3-21）进行。

$$\sigma_{wq}=\frac{1.5\Delta L\cdot E\cdot D_w}{H^2(1+6k)}(\text{kg/cm}^2) \tag{6-3-21}$$

式中 σ_{wq}——伸缩器弹性弯曲应力。一般取 $\sigma_{wq}\leqslant 1100\text{kg/cm}^2$；

H——伸缩器外伸臂长度（cm）；见图 6-3-11；

B——伸缩器杆的长度（cm）；见图 6-3-11；

k——$k=\frac{B}{H}$；

D_w——方形补偿器管道外径（cm）；

E——钢材弹性模数取 $E=2.0\times10^{-6}\text{kg/cm}^2$；

ΔL——伸缩器的补偿能力（cm）。

【例 6-3-4】 已知方形伸缩器采用 $D159\times4.5$ 无缝钢管制成（摵弯），介质温度 $t_2=194$℃，周围空气温度 $t_1=-6$℃，固定支架距离 $L=80$m，伸缩器宽 $L_3=0.5L_2$，许用弹性弯曲应力 $[\sigma_{wq}]=8\text{kg/mm}^2$，求方形伸缩器的外伸臂长度 H，及弹性力 P_x。

【解】 计算热伸长量

$$\Delta L=\varepsilon\cdot L\cdot\alpha\cdot\Delta t=0.5\times80\times1.28\times10^{-2}\times(194+6)=102.4\text{mm}$$

换算后的热伸长量

$$\Delta L'=\Delta L\cdot\frac{11}{[\sigma_{wq}]}=102.4\times\frac{11}{8}=140.8\text{mm}$$

查线算图 得 $H=3.9$m 及 $P_x=0.22$t

实际弹性力 $P'_x=P_x\cdot\frac{[\sigma_{wq}]}{11}=0.22\times\frac{8}{11}=0.16$t

6.3.3　波纹管补偿器

1. 单级波允许补偿值按式（6-3-22）进行计算

$$\Delta L'=\frac{3\cdot\sigma_s\cdot d^2}{4E\cdot K\cdot\delta}\alpha_1(\text{mm}) \tag{6-3-22}$$

式中　E——补偿器钢材的弹性系数（kg/cm^2）；

σ_s——补偿器钢材的屈服极限（kg/cm^2）；

d——管子内径（cm）；

δ——补偿器壁厚（cm）；

K——安全系数。当 $P\leqslant2.5$ 表压，$K=1.2$，当 $2.5<P\leqslant6$ 表压，$K=1.3$

α_1——系数，据 $\beta=\frac{d}{D}$ 值，查表 6-3-5 得；

D——波形伸缩器的外径（cm）。

2. 单级波纹管补偿器在予拉伸时允许补偿值按式（6-3-23）～式（6-3-24）进行计算

$$\Delta L''=2\Delta L'-\left(\alpha_3-\frac{\alpha_2}{K}\right)\frac{P\cdot d^4}{E\cdot\delta^2}(\text{mm}) \tag{6-3-23}$$

式中　P——管内介质工作压力（kg/cm^2）；

α_2、α_3——系数，据 $\beta=\frac{d}{D}$ 值查表 6-3-5 得；

因 $\left(\alpha_3-\frac{\alpha_2}{K}\right)\frac{P\cdot d^4}{E\delta^2}$ 很小，一般计算中，可以忽略不计，则

$$\Delta L''=2\Delta L'(\text{mm}) \tag{6-3-24}$$

3. 波纹管补偿器的波数，按式（6-3-25）计算

$$n>\frac{\Delta L}{\Delta L''}\text{个} \tag{6-3-25}$$

式中　ΔL——两固定点间管段的热伸长量（mm）；

$\Delta L''$——单级波的最大允许补偿量（mm）；

n——伸缩器的波数（个）。

4. 波纹管补偿器的最小壁厚按式（6-3-26）进行计算

$$\delta=\lambda\cdot d\sqrt{\frac{K\cdot P_s}{\sigma_s}}(\text{cm}) \tag{6-3-26}$$

式中　d——管子内径（cm）；

P_s——水压试验压力（kg/cm^2）；

K——安全系数，取 $K=1.1$；

σ_s——伸缩器钢材的屈服极限（kg/cm^2）；

λ——系数，据 $\beta=\frac{d}{D}$ 值，查表 6-3-5。

上述 1-4 计算是在采用非标波纹管计算时使用，若采用标准产品上述数据均有制造商提供。

5. 波纹补偿器对固定支架的推力

（1）波纹内壁上承受的内压力按式（6-3-27），进行计算

波纹管补偿器计算用系数 α_1、α_2、α_3、λ、φ 表 6-3-5

$\beta=\frac{d}{D}$	α_1	α_2	α_3	λ	φ
0.36	20.68	4.565	4.106	0.400	2.224
0.38	17.28	3.35	2.970	0.369	1.978
0.40	14.36	2.42	2.158	0.34	1.767
0.42	12.03	1.758	1.573	0.315	1.584
0.44	10.14	1.282	1.156	0.291	1.424
0.46	8.51	0.935	0.847	0.27	1.283
0.48	7.167	0.684	0.625	0.25	1.158
0.50	6.033	0.501	0.459	0.231	1.047
0.52	5.074	0.366	0.335	0.214	0.946
0.54	4.28	0.268	0.247	0.199	0.859
0.56	3.603	0.196	0.181	0.184	0.779
0.58	3.016	0.141	0.133	0.17	0.706
0.60	2.524	0.102	0.096	0.157	0.640
0.62	2.112	0.0737	0.0689	0.145	0.58
0.64	1.762	0.0527	0.049	0.134	0.525
0.66	1.465	0.0374	0.0348	0.123	0.474
0.68	1.203	0.0261	0.025	0.112	0.428
0.70	0.987	0.0181	0.0173	0.103	0.385
0.72	0.8065	0.01234	0.0118	0.0935	0.345
0.74	0.6515	0.00827	0.008	0.0847	0.308
0.76	0.512	0.00534	0.00539	0.0764	0.274
0.78	0.404	0.0034	0.00352	0.00684	0.242
0.80	0.311	0.00209	0.00222	0.0608	0.2127
0.82	0.234	0.001334	0.0014	0.0536	0.185
0.84	0.1725	0.000694	0.000884	0.0466	0.159
0.86	0.1138	0.00034	0.000578	0.04	0.135
0.88	0.0742	0.000158	0.00038	0.0336	0.112
0.90	0.0476	0.000069	0.000246	0.0273	0.0905

$$P_{\mathrm{n}}=\frac{P\cdot d^2}{K}\cdot\varphi(\mathrm{kg}) \tag{6-3-27}$$

式中 φ——系数，据$\beta=\frac{d}{D}$值，查表 6-3-5 得。

（2）一级波在拉伸或压缩时产生的弹性力按式（6-3-28）进行计算

$$P_{\mathrm{t}}=\frac{1.25\pi}{(1-\beta)}\cdot\frac{\delta^2\cdot\sigma_{\mathrm{s}}}{K}(\mathrm{kg}) \tag{6-3-28}$$

（3）当管段上无堵头或阀门时，固定支架上的最大推力按式（6-3-29）进行计算。

$$P'_{\mathrm{k}}=P_{\mathrm{n}}+P_{\mathrm{t}}(\mathrm{kg}) \tag{6-3-29}$$

（4）当管段上有堵头或阀门时，固定支架上的最大推力按式（6-3-30）进行计算

$$P''_{\mathrm{k}}=P'_{\mathrm{k}}+\frac{\pi d^2}{4}\cdot P(\mathrm{kg}) \tag{6-3-30}$$

6. 波纹管补偿器的选择

波纹管补偿器宜选用标准型波纹管补偿器，制造厂对各类型、各规格尺寸的补偿器均提供了位移和刚度值，见手册 11.1.2 节。据此即可选择补偿器的规格和弹性力，从而计算管弹对固定支架的推力。

6.3.4　附录

附录 1 管道断面惯性矩　　表 6-3-6

公称直径 D_g(mm)	外径×管壁 (mm)	断面惯性矩 J(cm^4)	公称直径 D_g(mm)	外径×管壁 (mm)	断面惯性矩 J(cm^4)
25	34×3.5	3.45	300	325×7	8846
32	42×3.5	7.91		325×8	10000
40	48×4	13.49		325×9	11161
50	60×3.5	24.89		325×13	15500
65	76×4	58.81	350	377×5	10100
80	89×4.5	106.45		377×7	13933
100	114×4.5	232.47		377×10	19400
125	133×4	337.5		377×11	21198
	133×6	483.8		377×15	27990
	133×7.5	584.2	400	426×5	14650
	140×5	483.8		426×6	17470
150	159×4.5	652.3		426×7	20232
	159×5	717.9		426×9	25600
	159×6.5	906.9		426×11	30890
	159×7	967.4		426×12	33466
200	219×6	2279		426×16	43350
	219×7	2622	450	478×7	28737
	219×10	3594		480×14	55684
250	273×7	5179	500	529×7	39100
	273×8	5852		529×9	49722
	273×11	7785		530×14	75588

附录 2

管道断面抗弯矩 W 计算：

$$W=\frac{\pi}{32D_w}(D_w^4-D_n^4)(cm^3)$$

式中　D_w——管道外径（cm）；

D_n——管道内径（cm）。

W 值也可查表。

6.4　架空天然气管道的涂料防腐

架空天然气管道安装完成，强度试验、气密性试验合格后，应对管道表面进行涂料防腐，如焊接安装前管道已进行涂漆，则应在焊接部位进行补口。对于已除锈未涂漆的钢管，在安装期间应做好保护，严防管道外壁二次生锈。钢管涂料防腐分三个阶段，即除锈、底漆、面漆或加罩面漆，除锈合格后方可进行涂料作业，普通涂料要求为底漆两道、面漆两道或加罩面漆，第 1 道漆干透后，方可涂装第 2 道漆。涂料防腐施工见本手册 14.2、14.3 节。

6.4.1　钢管除锈

1. 钢材表面除锈的质量等级

钢管进行防腐作业前，应对钢材表面除锈，各种除锈方式所能达到的钢材表面除锈的质量等级应符合现行国家标准 GB/T 8923 的规定，具体见表 6-4-1。

钢材表面除锈的质量等级　　**表 6-4-1**

质量等级	质　量　标　准
手动工具除锈（St2 级）	用手工工具(铲刀、钢丝刷等)除掉钢表面上松动、翘起的氧化皮、疏松的锈、疏松的旧涂层及其他污物。可保留贴附在钢表面而且不能被钝油灰刀剥掉的氧化皮、锈和旧涂层
动力工具除锈（St3 级）	用动力工具(如动力旋转钢丝刷等)彻底地除掉钢表面上所有松动或翘起的氧化皮、疏松的锈、疏松的旧涂层和其他污物。可保留贴附在钢表面上且不能被钝油灰刀剥掉的氧化皮、锈和旧涂层
清扫级喷射除锈（Sa1 级）	用喷(抛)射磨料的方式除去松动、翘起的氧化皮、疏松的锈、疏松的旧涂层及其他污物，清理后钢表面上几乎没有肉眼可见的油、油脂、灰土、松动的氧化皮、疏松的锈和疏松的旧涂层，允许在表面上留有牢固粘附着的氧化皮、锈和旧涂层
工业级喷射除锈（Sa2 级）	用喷(抛)射磨料的方式除去大部分氧化皮、锈和旧涂层及其他污物。经清理后，钢表面上几乎没有肉眼可见的油、油脂和灰土、氧化皮、锈和旧涂层。允许在表面上留有均匀分布的、牢固粘附着的氧化皮、锈和旧涂层，其总面积不得超过总除锈面积的 1/3
近白级喷射除锈（Sa2 $\frac{1}{2}$ 级）	用喷(抛)射磨料方式除去几乎所有的氧化皮、锈、旧涂层和其他污物。经清理后，钢表面上几乎没有肉眼可见的油、油脂、灰土、氧化皮、锈和旧涂层。允许在表面上留有均匀分布的氧化皮、斑点和锈迹，其总面积不得超过总除锈面积的 5%
白级喷射除锈（Sa3 级）	用喷(抛)射磨料方法彻底地清除氧化皮、锈、旧涂层及其他污物。经清理后，钢表面上没有肉眼可见的油、油脂、灰土、氧化皮、锈和旧涂层，仅留有均匀分布的锈斑、氧化皮斑点或旧涂层斑点造成的轻微的痕迹

注：1. 上述各喷（抛）射除锈质量等级所达到的表面粗糙度应适合规定的涂装要求。
2. 喷射除锈后的钢表面，无颜色的均匀性上允许受钢材的钢号、原始锈蚀程度、轧制或加工纹路以及喷射除锈余痕所产生的变色作用的影响。

2. 各种涂料对表面处理的最低要求

各种涂装系统对表面处理的最低要求见表 6-4-2。

各种涂装系统对表面处理的最低要求　　**表 6-4-2**

涂装系统	对表面处理的最低要求
油脂漆类	手动工具除锈
醇酸酸树漆类	工业级喷射除锈或酸洗
酚醛树脂涂类	工业级喷射除锈或酸洗
乙烯树脂漆类	工业级喷射除锈或酸洗
防锈剂	溶剂清洗或只做简单处理
环氧煤沥青	工业级喷射除锈或酸洗
环氧-煤焦油	工业级喷射除锈
富锌	工业级喷射除锈
环氧聚酰胺	工业级喷射除锈或酸洗
氯化橡胶	工业级喷射除锈或酸洗
氨基甲酸乙酯	工业级喷射除锈或酸洗
硅酮醇酸	工业级喷射除锈或酸洗
胶乳	工业级喷射除锈或酸洗

注：本表推荐的表面处理最低要求适用于中等腐蚀环境，对腐蚀严重的环境，可采用更高级。

6.4.2　涂料

涂料又称油漆。涂料的适用范围、底漆的选择、面漆的性能和种类等如下。

1. 不同用途对涂料的选择（表 6-4-3）。

1　不同用途对涂料的选择　　　表 6-4-3

用途＼涂料种类	油性漆	酸胶漆	大漆	酚醛漆	沥青漆	醇酸漆	过氯乙烯漆	乙烯漆	环氧漆	聚氨酯漆	有机硅漆	无机富锌漆
一般防护	√	√										√
防化工大气			√		√		√					
耐酸			√	√	√		√	√		√		
耐碱			√		√		√	√	√	√		
耐盐漆					√		√	√	√	√		
耐溶剂			√					√	√	√		√
耐油			√			√			√	√		√
耐水			√	√	√		√	√	√	√	√	√
耐热									√		√	√
耐磨				√				√	√	√		√
耐气候性	√			√		√	√			√	√	√

2. 底漆

不同金属对底漆的选择，见表 6-4-4。

不同金属对底漆的选择　　　表 6-4-4

金　属	底　漆　品　种
黑色金属（铁、铸铁、钢）	铁红醇酸底漆、铁红纯酚醛底漆，硼钡酚醛底漆，铁红酚醛底漆，铁红环氧底漆，铁红油性底漆，红丹底漆，过氯乙烯底漆，沥青底漆，磷化底漆
铝及铝镁合金	锌黄油性底漆，醇酸或丙烯酸底漆、磷化底漆，环氧底漆
锌金属	锌黄底漆，纯酸醛底漆，磷化底漆，环氧底漆，锌粉底漆
镉金属	锌黄底漆，环氧底漆
铜及其合金	氨基底漆，铁红醇酸底漆，磷化底漆，环氧底漆
铬金属	铁红醇酸底漆
铅金属	铁红醇酸底漆
锡金属	铁红醇酸底漆，磷化底漆，环氧底漆

3. 面漆

(1) 各种涂料保护层（面漆、罩面漆）耐热性能，见表 6-4-5。

各种涂料保护层（面漆、罩面漆）耐热性能　　　表 6-4-5

涂料品种	耐热性(h)					
	100℃	200℃	300℃	400℃	500℃	600℃
1. 硝基漆、过氯乙烯漆	——	……				
2. 油性调和漆、酚醛磁漆	——	……				
3. 聚异氰酸酯漆	——	——……				
4. 醇酸树脂漆	——	——……	……			
5. 环氧树脂漆	——	——	……			
6. 聚乙烯醇缩丁醛漆	——	——	……			
7. 有机硅树脂漆	——	——	——	……		
8. 无机富锌漆	——	——	——	——	……	
9. 有机硅铝粉耐热漆	——	——	——	——	——	……

注：图中———— 200h；…………… 2～3h。

(2) 常用涂料（底漆、面漆）见表 6-4-6。

常用涂料 表 6-4-6

涂料名称	主要性能	耐温(℃)	主要用途
红丹防锈漆	与钢铁表面附着力强，隔潮防水，防锈力强	150	钢铁底漆，不应暴露于大气中，须用面漆覆盖
铁红防锈漆	覆盖性强，漆膜坚韧，涂漆方便，防锈能力稍差于红丹漆	150	钢铁表面打底或盖面
铁红醇酸底漆	附着力强，防备锈性能及耐气候性较好	200	高温条件下钢铁底漆
灰色防锈漆	耐气候性较调和漆强	—	室内外钢铁表面防锈底漆的罩面漆
锌黄防锈漆	对海洋性气候及海水浸蚀有防锈性	—	适用于铝金属或其他金属上的防锈
环氧红丹漆	快干，耐水性强	—	经常与水接触的钢铁表面
磷化底漆	能延长有机涂层寿命	60	有色及黑色金属的底层防锈漆
厚漆(铅油)	漆膜软软，干燥慢，在炎热而潮湿天气有无黏现象	60	用青油稀释后，用于室内钢、木表面打底或盖面
油性调和漆	附着力及耐气候性均好，在室外使用优于磁性调和漆	60	作室内外金属、木材、墙面漆
铝粉漆		150	专供供暖管道、散热器面漆
耐温铝粉漆	防锈不防腐	>300	黑色金属面漆
有机硅耐高温漆		400～500	黑色金属表面
生漆	漆层机械强度高，耐酸力强，有毒，施工困难	200	用于钢、木表面防腐
过氯乙烯漆	耐酸性强，耐浓度不大的碱性，不易燃烧，防水绝缘性好	60	用于钢木表面，以喷涂为佳
耐碱漆	耐碱腐蚀	>60	用于金属表面
耐酸树脂磁漆	漆膜保光性、耐气候性和耐气油性好	150	适用于金属、木材及玻璃布的涂刷
沥青漆(以沥青为基础)	干燥快，涂膜硬，但附着力及机械强度差，具有良好的耐水、防潮、防腐及抗化学侵蚀性。但耐气候、保光性差、不宜暴露在阳光下，户外容易收缩龟裂	—	主要用于水下、地下钢铁构件、管道、木材、水泥面的防潮、防水、防腐

4. 涂料稀释剂

涂料稀释剂用来调制油漆的黏稠度，使涂料的黏稠度满足使用要求，不同油漆将使用性能与之相同的稀释剂。常用涂料的稀释剂见表 6-4-7。

常用涂料的稀释剂 表 6-4-7

涂料名称	选用稀释剂
油基漆	选 200 号溶剂汽油或松节油，如涂料树脂含量较高，须将两者按一定比例混合使用或添加二甲苯
醇酸树脂漆	长油度：200 号溶剂汽油 中油度：200 号溶剂汽油和二甲苯按 1∶1 混合作用 短油度：1)二甲苯　2)X—4 或 X—6 稀释剂

续表

<table>
<tr><th>涂料名称</th><th>选用稀释剂</th></tr>
<tr><td>过氯乙烯漆</td><td>由酯、酮、醇和芳香烃类溶剂组成，配方如下(重量比%)
<table>
<tr><th>材料名称</th><th>(一)</th><th>(二)</th><th>(三)</th><th>材料名称</th><th>(一)</th><th>(二)</th><th>(三)</th></tr>
<tr><td>1. 醋酸丁酯</td><td>26</td><td>15</td><td>20</td><td>5. 丁醇</td><td>10</td><td>10</td><td>16</td></tr>
<tr><td>2. 醋酸乙酯</td><td>13</td><td>25</td><td>20</td><td>6. 乙醇</td><td></td><td>10</td><td></td></tr>
<tr><td>3. 醋酸戊酯</td><td></td><td>10</td><td></td><td>7. 甲苯</td><td>48</td><td>30</td><td>44</td></tr>
<tr><td>4. 丙酮</td><td>3</td><td></td><td></td><td></td><td></td><td></td><td></td></tr>
</table>
也可选用 X—3，X—23 成品稀释剂</td></tr>
<tr><td>聚氨酯漆</td><td>由无水二甲苯及酮或酯类溶剂组成，不可使用醇类溶剂，配方如下：(重量比%)
<table>
<tr><th>材料名称</th><th>(一)</th><th>(二)</th></tr>
<tr><td>无水二甲苯</td><td>50</td><td>70</td></tr>
<tr><td>无水环己酮</td><td>50</td><td>20</td></tr>
<tr><td>无水醋酸丁酯</td><td>—</td><td>10</td></tr>
</table>
也可选用 X—10、X—11 成品稀释剂</td></tr>
<tr><td>沥青漆</td><td>可选用200号煤焦溶剂、200号溶剂汽油或二甲苯，有时可加入些丁醇，加少量煤油可改善其流平性</td></tr>
<tr><td>环氧漆</td><td>由环己酮、二甲苯等溶剂组成，配方如下：
<table>
<tr><th>材料名称</th><th>(一)</th><th>(二)</th><th>(三)</th></tr>
<tr><td>环己酮</td><td>10</td><td>—</td><td>—</td></tr>
<tr><td>丁醇</td><td>30</td><td>37</td><td>25</td></tr>
<tr><td>二甲苯</td><td>60</td><td>70</td><td>75</td></tr>
</table>
也可选 X—7 成品稀释剂</td></tr>
</table>

第7章　天然气管道的水力计算

在大多数情况下，在天然气管网水力计算时，计算流量按高峰小时流量考虑，燃气流动按稳定流动考虑。水力计算任务就是以计算流量，经济流速确定其流通管径的前提下，根据管道布置合理地分配流体在管道中流动的允许压力降，建立起压力、流量、管径三者的流体力学关系式，以达到充分利用管道允许压力降，合理的选择管径，做到经济、合理可靠，用户能获得一个在允许范围内波动的天然气压力，保证其燃气用具的正常燃烧，以实现天然气管网设计的最优化。

在进行管道内燃气流动计算时，必须考虑燃气密度的变化，因为随着沿程压力的下降，燃气密度将随之降低。只有在低压管道中燃气密度的变化可忽略不计。

天然气管道水力计算应符合现行国家标准《城镇燃气设计规范》GB 50028 的规定。

7.1　低压天然气管道的摩擦阻力计算

7.1.1　低压天然气管道单位长度的摩擦阻力计算公式

低压燃气管道单位长度的摩擦阻力损失应按式（7-1-1）～式(7-1-5）进行计算

$$\frac{\Delta P}{l}=6.26\times10^{7}\lambda\frac{Q^{2}}{d^{5}}\rho\frac{T}{T_{0}}\tag{7-1-1}$$

式中　ΔP——燃气管道阻力损失（Pa）；

λ——燃气管道的摩擦阻力系数，按下述计算公式计算；

l——燃气管道的计算长度（m）；

Q——燃气管道的计算流量（m^3/h）；

d——管道内径（mm）；

ρ——燃气的密度（kg/m^3）；

T——设计中所采用的燃气温度；

T_0——273.16（K）。

根据燃气在管道中不同的运动状态，其单位长度的摩擦阻力损失按下列各式计算。

1. 层流状态：$Re\leqslant2100$、$\lambda=64/Re$

$$\frac{\Delta P}{l}=1.13\times10^{10}\frac{Q}{d^{4}}\nu\rho\frac{T}{T_{0}}\tag{7-1-2}$$

2. 临界状态：$Re=2100\sim3500$

$$\lambda=0.03+\frac{Re-2100}{65Re-10^{5}}$$

$$\frac{\Delta P}{l}=1.9\times10^{6}\left(1+\frac{11.8Q-7\times10^{4}d\nu}{23Q-10^{5}d\nu}\right)\frac{Q^{2}}{d^{5}}\rho\frac{T}{T_{0}}\tag{7-1-3}$$

3. 湍流状态 Re>3500

(1) 钢管

$$\lambda=0.11\left(\frac{k}{d}+\frac{68}{\mathrm{Re}}\right)^{0.25}$$

$$\frac{\Delta P}{l}=6.9\times10^{6}\left(\frac{k}{d}+192.2\frac{d\nu}{Q}\right)^{0.25}\frac{Q^{2}}{d^{5}}\rho\frac{T}{T_{0}} \tag{7-1-4}$$

(2) 铸铁管

$$\lambda=0.102236\left(\frac{1}{d}+5158\frac{d\nu}{Q}\right)^{0.284}$$

$$\frac{\Delta P}{l}=6.4\times10^{6}\left(\frac{1}{d}+5158\frac{d\nu}{Q}\right)^{0.284}\frac{Q^{2}}{d^{5}}\rho\frac{T}{T_{0}} \tag{7-1-5}$$

式中　Re——雷诺数；

ν——0℃和 101.325kPa 时燃气的运动黏度（m^2/s）；

k——管壁内表面的当量绝对粗糙度；对钢管取 0.2mm。

7.1.2　低压天然气管道的摩擦阻力损失计算表

从式（7-1-1）~式（7-1-5）可以看出，燃气管道摩擦阻力计算是一项十分繁琐的工作，为了简化计算，人们以往把计算结果绘制成计算图，只要确定计算流量及管径，就可在计算图上查出对应的单位长度的摩擦阻力损失。本手册为了计算更加精确，查取数据直接，将计算式（7-1-4）、式（7-1-5）用计算机编制成程序，直接生成天然气在不同计算流量在各种管径状态下的低压燃气管道的单位长度摩擦阻力损失表，实现了计算表格化和直接数据化，提高了计算速度及精度。

1. 低压天然气管道的摩擦阻力损失表的生成条件

天然气密度：$\rho=0.73\mathrm{kg/m^3}$；

运动黏度：$\nu=14.3\times10^{-6}\mathrm{m^2/s}$；

设计温度：$T=273+15=288\mathrm{K}$。

$$雷诺数\quad \mathrm{Re}=\frac{d\cdot w}{\nu}$$

式中　d——管道内径（m）；

w——燃气流动的断面平均流速（m/s）；

ν——运动黏度（m^2/s）。

2. 低压天然气管道摩擦阻力损失计算表

(1) 低压天然气钢管摩擦阻力损失表：表 7-1-1；

(2) 低压天然气铸铁管摩擦阻力损失表：表 7-1-2。

3. 不同密度天然气单位长度摩擦阻力损失的校正，用式（7-1-6）计算。

$$\frac{\Delta P}{L}=\frac{\Delta P_{0}}{L}\times\frac{\rho}{\rho_{0}} \tag{7-1-6}$$

式中　$\frac{\Delta P_0}{L}$——表 7-1-1 及表 7-1-2 的单位长度摩擦阻力损失（Pa/m）；

ρ_0——计算表中天然气密度（0.73kg/m^3）；

ρ——工作天然气密度；

$\frac{\Delta P}{L}$——校正后的单位长度管道摩擦阻力损失（Pa/m）。

低压天然气钢管摩擦阻力损失计算表（Pa/m）　　表7-1-1

流量 (m^3/h)	管径　外径×壁厚(mm)								
	φ21.3×2.75 (*DN*15)	φ26.8×2.75 (*DN*20)	φ33.5×3.25 (*DN*25)	φ42.3×3.25 (*DN*32)	φ48.0×3.5 (*DN*40)	φ60.0×3.5 (*DN*50)	φ75.5×3.75 (*DN*65)	φ88.5×4.0 (*DN*75)	φ114×4.0 (*DN*100)
0.5	0.99								
0.6	1.19								
0.7	1.38								
0.8	1.58								
0.9	1.78								
1.0	1.98	0.60							
1.2	2.37	0.72							
1.4	3.14	0.84							
1.6	4.60	0.96							
1.8	6.15	1.08							
2.0	7.85	1.53	0.46						
2.2	9.70	1.98	0.51						
2.4	12.96	2.45	0.63						
2.6	15.04	2.95	0.81						
2.8	17.26	3.49	0.98						
3.0	19.63	4.48	1.16						
3.2	22.15	5.04	1.35						
3.4	24.81	5.63	1.55						
3.6	27.62	6.26	1.77						
3.8	30.57	6.91	2.16						
4.0	33.68	7.60	2.37						
4.5	42.07	9.45	2.93						
5.0	51.37	11.50	3.56						
5.5		13.74	4.24						
6.0		16.16	4.98	1.25					
6.5		18.78	5.77	1.44					
7.0		21.59	6.62	1.65					
7.5		24.59	7.52	1.87					

流量 (m^3/h)	管径　外径×壁厚(mm)								
	φ26.8×2.75 (*DN*20)	φ33.5×3.25 (*DN*25)	φ42.3×3.25 (*DN*32)	φ48.0×3.5 (*DN*40)	φ60.0×3.5 (*DN*50)	φ75.5×3.75 (*DN*65)	φ88.5×4.0 (*DN*75)	φ114×4.0 (*DN*100)	φ140×4.0 (*DN*125)
8.0	27.78	8.48	2.11	1.08					
8.5	31.16	9.50	2.35	1.21					
9.0	34.72	10.57	2.61	1.34					
9.5	38.48	11.69	2.88	1.48					

续表

流量 (m^3/h)	管径　外径×壁厚(mm)								
	ϕ26.8×2.75 (*DN*20)	ϕ33.5×3.25 (*DN*25)	ϕ42.3×3.25 (*DN*32)	ϕ48.0×3.5 (*DN*40)	ϕ60.0×3.5 (*DN*50)	ϕ75.5×3.75 (*DN*65)	ϕ88.5×4.0 (*DN*75)	ϕ114×4.0 (*DN*100)	ϕ140×4.0 (*DN*125)
10.0	42.43	12.87	3.17	1.63					
10.5	46.56	14.10	3.47	1.78					
11.0	55.40	16.74	4.19	2.10					
11.5	55.40	16.74	4.19	2.10					
12.0	60.10	18.14	4.44	2.27	0.65				
12.5		19.59	4.79	2.45	0.70				
13.0		21.10	5.15	2.63	0.75				
13.5		22.66	5.52	2.82	0.80				
14.0		24.28	5.91	3.02	0.86				
14.5		25.95	6.31	3.22	0.91				

流量 (m^3/h)	管径　外径×壁厚(mm)								
	ϕ33.5×3.25 (*DN*25)	ϕ42.3×3.25 (*DN*32)	ϕ48.0×3.5 (*DN*40)	ϕ60.0×3.5 (*DN*50)	ϕ75.5×3.75 (*DN*65)	ϕ88.5×4.0 (*DN*75)	ϕ114×4.0 (*DN*100)	ϕ140×4.0 (*DN*125)	ϕ165×4.5 (*DN*150)
15.0	27.67	6.72	3.43	0.97					
15.5	29.45	7.15	3.64	1.03					
16.0	31.29	7.58	3.86	1.09					
16.5	33.18	8.03	4.09	1.15					
17.0	35.12	8.49	4.32	1.22					
17.5	37.12	8.97	4.56	1.28					
18.0	37.17	9.45	4.81	1.35					
18.5	41.28	9.95	5.06	1.42					
19.0	43.44	10.46	5.32	1.49					
19.5	45.66	10.99	5.58	1.57					
20.0	47.93	11.53	5.85	1.64					
21.0		12.64	6.41	1.79					
22.0		13.80	6.99	1.95					
23.0		15.01	7.60	2.12					
24		16.27	8.23	2.29					
25		17.57	8.89	2.47	0.73				
26		18.93	9.57	2.66	0.78				
27		20.34	10.27	2.85	0.84				
28		21.80	11.00	3.05	0.89				
29		23.31	11.76	3.26	0.95				
30		24.86	12.53	3.47	1.01				
31		26.47	13.34	3.69	1.08				
32		28.12	14.16	3.91	1.14				
33		29.83	15.01	4.14	1.21				
34		31.58	15.89	4.38	1.27				

续表

流量(m^3/h)	管径 外径×壁厚(mm)								
	φ33.5×3.25(*DN*25)	φ42.3×3.25(*DN*32)	φ48.0×3.5(*DN*40)	φ60.0×3.5(*DN*50)	φ75.5×3.75(*DN*65)	φ88.5×4.0(*DN*75)	φ114×4.0(*DN*100)	φ140×4.0(*DN*125)	φ165×4.5(*DN*150)
35		33.39	16.79	4.63	1.34				
36		35.24	17.71	4.88	1.42				
37		37.14	18.66	5.13	1.49				

流量(m^3/h)	管径 外径×壁厚(mm)								
	φ42.3×3.25(*DN*32)	φ48.0×3.5(*DN*40)	φ60.0×3.5(*DN*50)	φ75.5×3.75(*DN*65)	φ88.5×4.0(*DN*75)	φ114×4.0(*DN*100)	φ140×4.0(*DN*125)	φ165×4.5(*DN*150)	φ219×6
38	39.10	19.64	5.40	1.56					
39	41.10	20.63	5.67	1.64					
40	43.15	21.68	5.94	1.72	0.75				
41	45.25	22.70	6.22	1.80	0.78				
42	47.40	23.77	6.51	1.88	0.82				
43	49.60	24.86	6.81	1.97	0.85				
44	51.85	25.98	7.11	2.05	0.89				
45	54.14	27.13	7.42	2.14	0.93				
46	56.49	28.29	7.73	2.23	0.97				
47	58.89	29.48	8.05	2.32	1.01				
48	61.33	30.70	8.38	2.41	1.05				
49	63.83	31.94	8.71	2.50	1.09				
50	66.37	33.20	9.05	2.60	1.13	0.29			
52		35.80	9.75	2.80	1.21	0.31			

流量(m^3/h)	管径 外径×壁厚(mm)								
	φ48.0×3.5(*DN*40)	φ60.0×3.5(*DN*50)	φ75.5×3.75(*DN*65)	φ88.5×4.0(*DN*75)	φ114×4.0(*DN*100)	φ140×4.0(*DN*125)	φ165×4.5(*DN*150)	φ219×6	φ273×6
54	38.50	10.47	3.00	1.30	0.34				
56	41.30	11.22	3.21	1.39	0.36				
58	44.19	11.99	3.43	1.48	0.38				
60	47.17	12.79	3.66	1.58	0.41				
62		13.61	3.89	1.68	0.43				
64		14.46	4.13	1.78	0.46				
66		15.33	4.37	1.88	0.49				
68		16.23	4.62	1.99	0.51				
70		17.16	4.88	2.10	0.54				
72		18.11	5.15	2.22	0.57				
74		19.08	5.42	2.33	0.60				
76		20.08	5.70	2.45	0.63	0.21			
78		21.11	5.99	2.57	0.66	0.22			
80		22.16	6.28	2.70	0.69	0.24			

续表

流量 (m³/h)	管径　外径×壁厚(mm)								
	ϕ60.0×3.5 (*DN*50)	ϕ75.5×3.75 (*DN*65)	ϕ88.5×4.0 (*DN*75)	ϕ114×4.0 (*DN*100)	ϕ140.0×4.0 (*DN*125)	ϕ165×4.5 (*DN*150)	ϕ219×6	ϕ273×6	ϕ325×6
82	23.24	6.58	2.82	0.72	0.25				
84	24.34	6.89	2.95	0.75	0.26				
86	25.46	7.20	3.09	0.79	0.27				
88	26.62	7.52	3.22	0.82	0.28				
90	27.79	7.85	3.36	0.86	0.29				
92	28.99	8.18	3.50	0.89	0.30				
94	30.22	8.52	3.65	0.93	0.32				
96	31.47	8.87	3.80	0.96	0.33				
98	32.75	9.23	3.95	1.00	0.34				
100	34.05	9.59	4.10	1.04	0.35				
105		10.52	4.49	1.14	0.39				
110		11.50	4.91	1.24	0.42				
115		12.52	5.34	1.35	0.46				
120		13.58	5.78	1.46	0.49				

流量 (m³/h)	管径　外径×壁厚(mm)								
	ϕ75.5×3.75 (*DN*65)	ϕ88.5×4.0 (*DN*75)	ϕ114×4.0 (*DN*100)	ϕ140×4.0 (*DN*125)	ϕ165×4.5 (*DN*150)	ϕ219×6	ϕ273×6	ϕ325×6	ϕ377×7
125	14.68	6.25	1.57	0.53	0.23				
130	15.83	6.73	1.69	0.57	0.25				
135	17.02	7.23	1.82	0.61	0.27				
140	18.25	7.75	1.95	0.65	0.29				
145	19.53	8.29	2.08	0.70	0.31				
150	20.84	8.84	2.21	0.74	0.33				
155	22.20	9.41	2.35	0.79	0.35				
160	23.61	10.00	2.50	0.84	0.37				
165	25.05	10.60	2.65	0.89	0.39				
170	26.54	11.23	2.80	0.94	0.41				
175	28.07	11.87	2.96	0.99	0.43				
180	29.64	12.53	3.12	1.04	0.46				
185	31.25	13.20	3.28	1.10	0.48				
190	32.91	13.90	3.45	1.15	0.50				

流量 (m³/h)	管径　外径×壁厚(mm)								
	ϕ75.5×3.75 (*DN*65)	ϕ88.5×4.0 (*DN*75)	ϕ114×4.0 (*DN*100)	ϕ140×4.0 (*DN*125)	ϕ165×4.5	ϕ219×6	ϕ273×6	ϕ325×6	ϕ377×7
195	34.61	14.61	3.63	1.21	0.53				
200	36.35	15.34	3.80	1.27	0.55				
205		16.08	3.99	1.33	0.58				
210		16.85	4.17	1.39	0.61				
215		17.63	4.36	1.45	0.63				
220		18.43	4.56	1.52	0.66				

续表

流量 (m³/h)	管径 外径×壁厚(mm)								
	ϕ75.5×3.75 (*DN*65)	ϕ88.5×4.0 (*DN*75)	ϕ114×4.0 (*DN*100)	ϕ140×4.0 (*DN*125)	ϕ165×4.5	ϕ219×6	ϕ273×6	ϕ325×6	ϕ377×7
225		19.24	4.76	1.58	0.69				
230		20.08	4.96	1.65	0.72				
235		20.93	5.17	1.71	0.75				
240		21.80	5.38	1.78	0.78				
245		22.69	5.59	1.85	0.81				
250		23.59	5.81	1.93	0.84				
255		24.51	6.03	2.00	0.87				
260		25.45	6.26	2.07	0.90				
265		26.41	6.49	2.15	0.93				
270		27.38	6.73	2.23	0.97				

流量 (m³/h)	管径 外径×壁厚(mm)								
	ϕ88.5×4.0 (*DN*75)	ϕ114×4.0 (*DN*100)	ϕ140×4.0 (*DN*125)	ϕ165×4.5	ϕ219×6	ϕ273×6	ϕ325×6	ϕ377×7	ϕ426×7
275	28.37	6.97	2.30	1.00					
280	29.38	7.21	2.38	1.03					
285	30.41	7.46	2.46	1.07					
290	31.45	7.72	2.55	1.10					
295	32.51	7.97	2.63	1.14					
300	33.59	8.23	2.72	1.18	0.29				
310		8.77	2.89	1.25	0.31				
320		9.32	3.07	1.33	0.33				
330		9.88	3.25	1.41	0.35				
340		10.47	3.44	1.49	0.36				
350		11.07	3.64	1.57	0.38				
360		11.69	3.84	1.66	0.41				
370		12.32	4.04	1.74	0.43				
380		12.97	4.25	1.83	0.45				
390		13.63	4.47	1.92	0.47	0.15			
400		14.32	4.69	2.02	0.49	0.16			
410		15.02	4.92	2.12	0.52	0.16			
420		15.73	5.15	2.21	0.54	0.17			
430		16.47	5.38	2.31	0.56	0.18			
440		17.21	5.63	2.42	0.59	0.19			
450		17.98	5.87	2.52	0.61	0.19			
460		18.76	6.12	2.63	0.64	0.20			
470		19.56	6.38	2.74	0.66	0.21			
480		20.38	6.64	2.85	0.69	0.22			

续表

流量（m^3/h）	管径　外径×壁厚(mm)								
	ϕ88.5×4.0（*DN*75）	ϕ114×4.0（*DN*100）	ϕ140×4.0（*DN*125）	ϕ165×4.5	ϕ219×6	ϕ273×6	ϕ325×6	ϕ377×7	ϕ426×7
490	21.21	6.91	2.96	0.72	0.23				
500	22.06	7.19	3.08	0.75	0.24				
525		7.89	3.38	0.82	0.26				
550		8.63	3.69	0.89	0.28				
575		9.40	4.02	0.97	0.31				
600		10.21	4.36	1.05	0.33				
625		11.04	4.71	1.13	0.36	0.15			
650		11.91	5.08	1.22	0.38	0.16			
675		12.82	5.46	1.31	0.41	0.17			
700		13.75	5.86	1.40	0.44	0.18			
725		14.72	6.27	1.50	0.47	0.19			
750		15.72	6.69	1.60	0.50	0.20			
775			7.12	1.70	0.53	0.22			
800			7.57	1.80	0.56	0.23			
850			8.51	2.02	0.63	0.26			
900			9.51	2.26	0.70	0.29			
950			10.56	2.50	0.78	0.32	0.15		
1000			11.66	2.76	0.86	0.35	0.17		
1050				3.03	0.94	0.38	0.18		
1100				3.31	1.03	0.41	0.20		
1150				3.60	1.12	0.45	0.22		
1200				3.91	1.21	0.49	0.23		
1250				4.23	1.31	0.53	0.25		
1300				4.56	1.41	0.57	0.27		
1350				4.90	1.51	0.61	0.29	0.15	
1400				5.26	1.62	0.65	0.31	0.17	
1450				5.62	1.73	0.69	0.33	0.18	
1500				6.00	1.85	0.74	0.35	0.19	
1550				6.40	1.97	0.79	0.37	0.20	
1600				6.80	2.09	0.84	0.40	0.21	
1650				7.22	2.22	0.89	0.42	0.22	
1700				7.65	2.35	0.94	0.45	0.24	
1750				8.09	2.48	0.99	0.47	0.25	
1800				8.54	2.62	1.04	0.50	0.26	
1850				9.01	2.76	1.10	0.52	0.28	
1900				9.49	2.90	1.16	0.55	0.29	
1950				9.98	3.05	1.21	0.58	0.31	
2000				10.48	3.20	1.27	0.60	0.32	

续表

流量 (m³/h)	管径　外径×壁厚(mm)								
	ϕ88.5×4.0 (*DN*75)	ϕ114×4.0 (*DN*100)	ϕ140×4.0 (*DN*125)	ϕ165×4.5	ϕ219×6	ϕ273×6	ϕ325×6	ϕ377×7	ϕ426×7
2100					11.53	3.52	1.40	0.66	0.35
2200					12.62	3.85	1.53	0.72	0.38
2300					13.76	4.19	1.60	0.79	0.42
2400					14.95	4.55	1.80	0.85	0.45
2500					16.19	4.92	1.95	0.92	0.49
2600						5.31	2.10	0.99	0.53
2700						5.71	2.26	1.07	0.56
2800						6.13	2.42	1.14	0.60
2900						6.56	2.59	1.22	0.65
3000						7.01	2.77	1.30	0.69
3100						7.47	2.95	1.39	0.73
3200						7.94	3.13	1.47	0.78
3300						8.43	3.32	1.56	0.82
3400						8.94	3.52	1.66	0.87
3500						9.46	3.72	1.75	0.92
3600						9.99	3.93	1.85	0.97
3700						10.54	4.15	1.95	1.02
3800						11.10	4.37	2.05	1.08
3900						11.68	4.59	2.15	1.13
4000						12.27	4.82	2.26	1.19
4100							5.06	2.37	1.25
4200							5.30	2.48	1.30
4300							5.55	2.60	1.36
4400							5.80	2.72	1.43
4500							6.06	2.84	1.49
4600							6.32	2.96	1.55
4700							6.59	3.08	1.62
4800							6.87	3.21	1.68
4900							7.15	3.34	1.75
5000							7.44	3.48	1.82
5200							8.03	3.75	1.96
5400							8.64	4.04	2.11
5600							9.28	4.33	2.27
5800							9.94	4.64	2.42
6000							10.62	4.95	2.59

注：天然气 ρ=0.73kg/m³；ν=14.3×10⁻⁶m²/s。

低压天然气铸铁管摩擦阻力损失计算表（Pa/m）　　表 7-1-2

流量 (m³/h)	管径　外径×壁厚(mm)								
	ϕ93×9 (DN75)	ϕ118×9 (DN100)	ϕ143×9 (DN125)	ϕ169×9 (DN150)	ϕ220×9.2 (DN200)	ϕ271.6×10 (DN250)	ϕ322.8×10.8 (DN300)	ϕ374×11.7 (DN350)	ϕ425.6×12.5 (DN400)
26	0.92								
27	0.98								
28	1.05								
29	1.11								
30	1.18	0.30							
31	1.25	0.32							
32	1.32	0.34							
33	1.39	0.35							
34	1.47	0.37							
35	1.54	0.39							
36	1.62	0.41							
37	1.70	0.43							
38	1.78	0.45							
39	1.86	0.47							
40	1.94								
41	2.03								
42	2.12								
43	2.20								
44	2.29								
45	2.39								
46	2.48								
47	2.57								
48	2.67								
49	2.77								
50	2.87	0.73							
52	3.07	0.78							
54	3.28	0.83							
56	3.50	0.89							
58	3.72	0.94							
60	3.95	1.00							
62	4.18	1.06							
64	4.42	1.12							
66	4.66	1.18							
68	4.91	1.24							
70	5.17	1.31							
72	5.43	1.37							
74	5.70	1.44							

续表

流量（m^3/h）	管径　外径×壁厚(mm)								
	$\phi93\times9$ (*DN*75)	$\phi118\times9$ (*DN*100)	$\phi143\times9$ (*DN*125)	$\phi169\times9$ (*DN*150)	$\phi220\times9.2$ (*DN*200)	$\phi271.6\times10$ (*DN*250)	$\phi322.8\times10.8$ (*DN*300)	$\phi374\times11.7$ (*DN*350)	$\phi425.6\times12.5$ (*DN*400)
76	5.98	1.51	0.52						
78	6.26	1.58	0.55						
80	6.54	1.65	0.57						
82	6.83	1.72	0.59						
84	7.13	1.80	0.62						
86	7.43	1.87	0.65						
88	7.74	1.95	0.67						
90	8.05	2.03	0.70						
92	8.37	2.11	0.73						
94	8.69	2.19	0.75						
96	9.02	2.27	0.78						
98	9.36	2.35	0.81						
100	9.70	2.44	0.84						
105	10.58	2.65	0.91						
110	11.49	2.88	0.97						
115	12.43	3.11	1.07						
120	13.41	3.35	1.15						
125	14.42	3.60	1.24	0.50					
130	15.46	3.86	1.33	0.54					
135	16.54	4.12	1.42	0.58					
140	17.65	4.40	1.51	0.61					
145	18.79	4.68	1.60	0.65					
150	19.97	4.97	1.70	0.69					
155	21.18	5.26	1.80	0.73					
160	22.42	5.56	1.91	0.77					
165	23.69	5.88	2.01	0.82					
170	25.00	6.19	2.12	0.86					
175	26.34	6.52	2.23	0.90					
180	27.71	6.85	2.34	0.95					
185	29.11	7.19	2.46	1.00					
190	30.55	7.54	2.58	1.04					
195	32.02	7.90	2.70	1.09					
200	33.52	8.26	2.82	1.14					
205	35.05	8.63	2.94	1.19					
210	36.61	9.01	3.07	1.24					
215	38.20	9.40	3.20	1.29					
220	39.83	9.79	3.33	1.35					

续表

流量(m^3/h)	管径 外径×壁厚(mm)								
	φ93×9 (DN75)	φ118×9 (DN100)	φ143×9 (DN125)	φ169×9 (DN150)	φ220×9.2 (DN200)	φ271.6×10 (DN250)	φ322.8×10.8 (DN300)	φ374×11.7 (DN350)	φ425.6×12.5 (DN400)
225	41.49	10.19	3.47	1.40					
230	43.18	10.60	3.61	1.46					
235	44.90	11.01	3.75	1.51					
240	46.65	11.43	3.89	1.57					
245	48.44	11.86	4.03	1.63					
250	50.26	12.30	4.18	1.69					
255	52.10	12.74	4.33	1.75					
260	53.98	13.19	4.48	1.81					
265	55.89	13.65	4.63	1.87					
270	57.83	14.11	4.79	1.93					
275	59.81	14.59	4.95	1.99					
280	61.81	15.06	5.11	2.06					
285	63.85	15.55	5.27	2.12					
290	65.92	16.04	5.43	2.19					
295	68.02	16.54	5.60	2.25					
300	70.15	17.05	5.77	2.32	0.58				
310		18.09	6.12	2.46	0.62				
320		19.15	6.47	2.60	0.65				
330		20.24	6.83	2.75	0.69				
340		21.37	7.21	2.89	0.72				
350		22.51	7.59	3.05	0.76				
360		23.69	7.98	3.20	0.80				
370		24.90	8.38	3.36	0.84				
380		26.13	8.79	3.52	0.88				
390		27.39	9.21	3.69	0.92	0.32			
400		28.68	9.63	3.86	0.96	0.33			
410		29.99	10.07	4.03	1.01	0.35			
420		31.33	10.51	4.21	1.05	0.36			
430		32.71	10.97	4.39	1.09	0.38			
440		34.10	11.43	4.57	1.14	0.39			
450		35.53	11.90	4.75	1.18	0.41			
460		36.98	12.38	4.94	1.23	0.43			
470		38.46	12.87	5.14	1.28	0.44			
480		39.97	13.36	5.33	1.33	0.46			
490		41.51	13.87	5.53	1.37	0.48			
500		43.07	14.38	5.73	1.42	0.49			
525			15.70	6.25	1.55	0.54			

续表

流量 (m^3/h)	管径　外径×壁厚(mm)								
	φ93×9 (*DN*75)	φ118×9 (*DN*100)	φ143×9 (*DN*125)	φ169×9 (*DN*150)	φ220×9.2 (*DN*200)	φ271.6×10 (*DN*250)	φ322.8×10.8 (*DN*300)	φ374×11.7 (*DN*350)	φ425.6×12.5 (*DN*400)
550			17.08	6.80	1.68	0.58			
575			18.51	7.36	1.82	0.63			
600			19.99	7.94	1.96	0.68			
625			21.53	8.54	2.11	0.73	0.31		
650			23.12	9.17	2.26	0.78	0.33		
675			24.77	9.81	2.42	0.83	0.35		
700			26.46	10.47	2.58	0.89	0.38		
725			28.21	11.15	2.74	0.94	0.40		
750			30.01	11.86	2.91	1.00	0.42		
775				12.58	3.09	1.06	0.45		
800				13.32	3.26	1.12	0.47		
850				14.87	3.64	1.25	0.53		
900				16.49	4.03	1.38	0.58		
950				18.19	4.43	1.52	0.64	0.31	
1000				19.97	4.86	1.66	0.70	0.34	
1050					5.30	1.81	0.76	0.37	
1100					5.76	1.97	0.83	0.40	
1150					6.24	2.13	0.90	0.43	
1200					6.74	2.30	0.97	0.47	
1250					7.25	2.47	1.04	0.50	
1300					7.78	2.65	1.11	0.54	
1350					8.33	2.83	1.19	0.57	0.30
1400					8.89	3.02	1.27	0.61	0.32
1450					9.47	3.22	1.35	0.65	0.34
1500					10.07	3.42	1.43	0.69	0.36
1550					10.69	3.62	1.52	0.73	0.39
1600					11.32	3.84	1.60	0.77	0.41
1650					11.97	4.05	1.69	0.82	0.43
1700					12.64	4.27	1.79	0.86	0.45
1750					13.33	4.50	1.88	0.90	0.48
1800					14.03	4.74	1.98	0.95	0.50
1850					14.75	4.98	2.08	1.00	0.53
1900					15.48	5.22	2.18	1.05	0.55
1950					16.24	5.47	2.28	1.09	0.58
2000					17.00	5.72	2.38	1.14	0.60
2100					18.59	6.25	2.60	1.25	0.66
2200					20.25	6.80	2.83	1.36	0.71

续表

流量 (m^3/h)	管径　外径×壁厚(mm)								
	ϕ93×9 (*DN*75)	ϕ118×9 (*DN*100)	ϕ143×9 (*DN*125)	ϕ169×9 (*DN*150)	ϕ220×9.2 (*DN*200)	ϕ271.6×10 (*DN*250)	ϕ322.8×10.8 (*DN*300)	ϕ374×11.7 (*DN*350)	ϕ425.6×12.5 (*DN*400)
2300					21.97	7.37	3.06	1.47	0.77
2400					23.77	7.96	3.30	1.58	0.83
2500					25.62	8.57	3.55	1.70	0.89
2600						9.20	3.81	1.82	0.96
2700						9.86	4.08	1.95	1.02
2800						10.53	4.36	2.08	1.09
2900						11.23	4.64	2.21	1.16
3000						11.94	4.93	2.35	1.23
3100						12.68	5.23	2.49	1.31
3200						13.44	5.54	2.64	1.38
3300						14.22	5.86	2.79	1.46
3400						15.02	6.19	2.94	1.54
3500						15.84	6.52	3.10	1.62
3600						16.68	6.86	3.26	1.71
3700						17.55	7.21	3.43	1.79
3800						18.43	7.57	3.59	1.88
3900						19.33	7.94	3.77	1.97
4000						20.26	8.31	3.94	2.06
4100							8.69	4.12	2.15
4200							9.08	4.31	2.25
4300							9.48	4.49	2.34
4400							9.89	4.68	2.44
4500							10.30	4.88	2.54
4600							10.73	5.08	2.64
4700							11.16	5.28	2.75
4800							11.60	5.48	2.85
4900							12.04	5.69	2.96
5000							12.50	5.90	3.07
5200							13.43	6.34	3.30
5400							14.40	6.79	3.53
5600							15.40	7.26	3.77
5800							16.43	7.74	4.02
6000							17.49	8.23	4.27

注：天然气ρ=0.73kg/m^3；ν=14.3×$10^{-6}$$m^2$/s。

7.1.3 低压天然气管道水力计算图表

当采用人工进行管道水力计算时，可使用燃气管道水力计算图表，以方便计算。确定管道计算流量（qm^3/h）和选定管径后，即可在水力计算图表上查得管道单位长度的摩擦阻力损失（$\Delta P/L$ Pa/m）。

1. 低压天然气管道水力计算图表

（1）天然气低压钢管水力计算图表，图7-1-1；

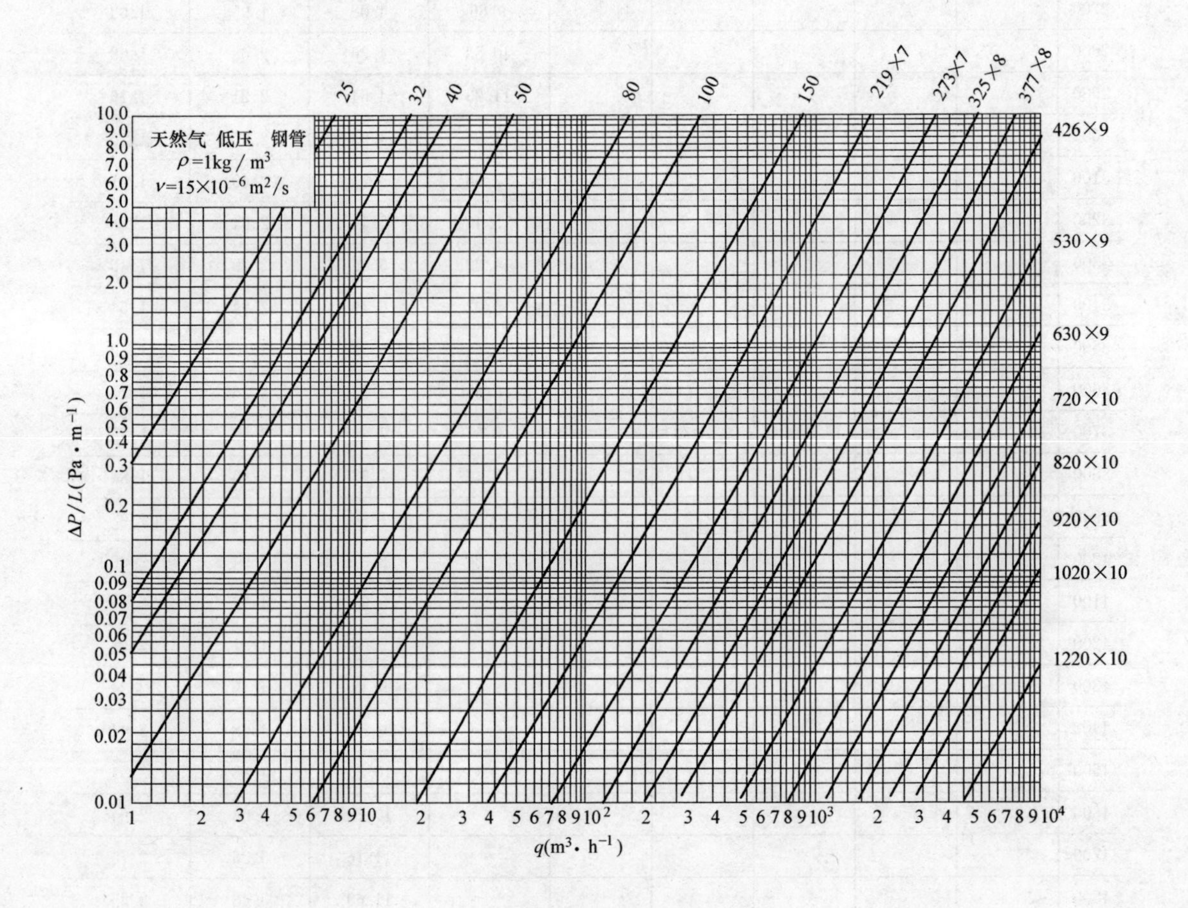

图7-1-1 天然气低压钢管水力计算图表

（2）天然气低压铸铁管水力计算图表，图7-1-2；

（3）天然气低压PE管水力计算图表，图7-1-3。

2. 计算图表的绘制条件

（1）天然气密度：$\rho_0=1\text{kg/m}^3$；

（2）运动黏度：$\nu=15\times10^{-6}\text{m}^2/\text{s}$；

（3）使用图表时应根据不同密度ρ，按公式（7-1-6）对单位长度摩擦阻力损失进行修正。

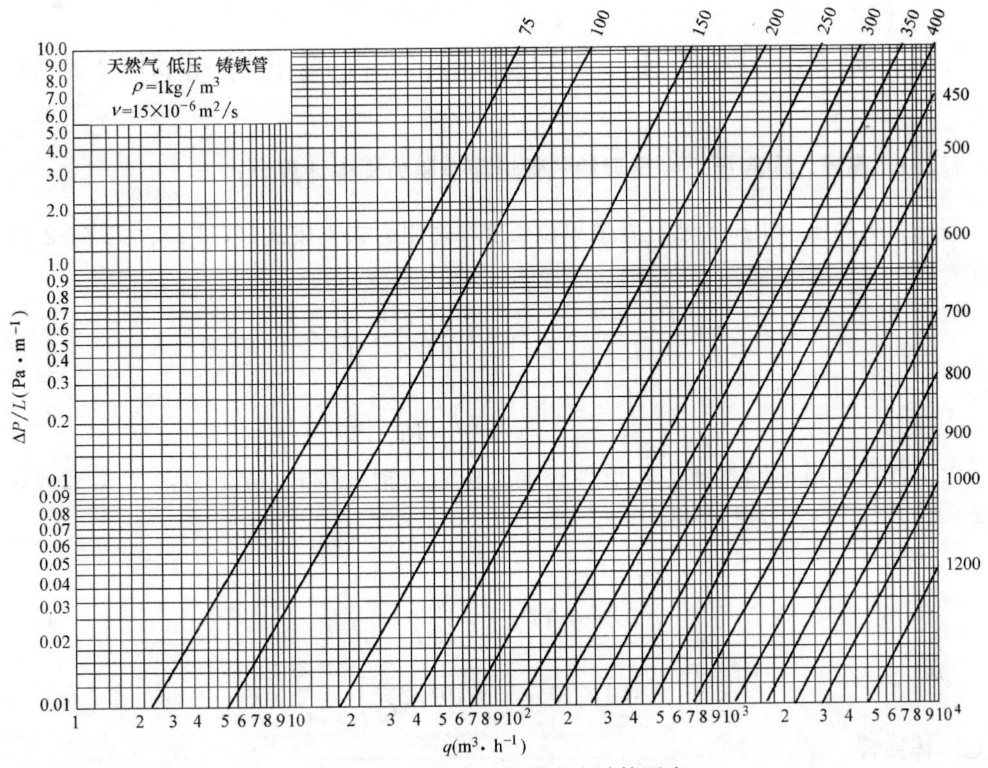

图 7-1-2　天然气铸铁管水力计算图表

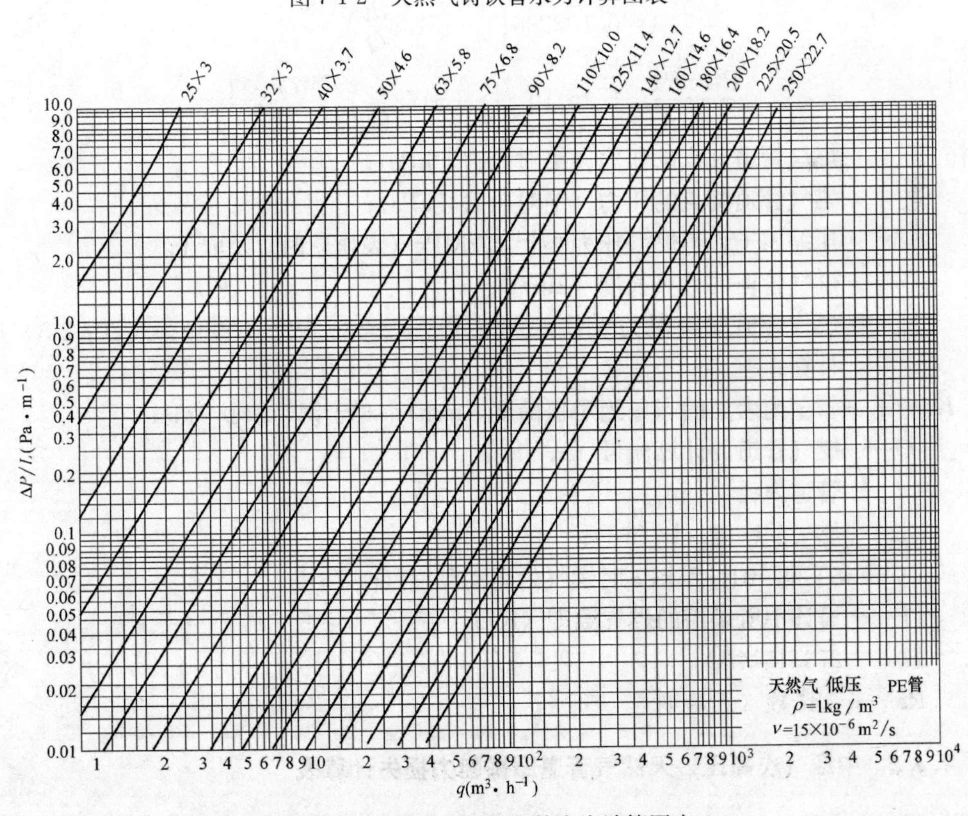

图 7-1-3　天然气低压 PE 管水力计算图表

7.2 高压、次高压、中压天然气管道的摩擦阻力计算

7.2.1 高压、次高压、中压天然气管道摩擦阻力损失计算公式

高压、次高压、中压天然气管道单位长度摩擦阻力损失按式（7-2-1）、式（7-2-2）进行计算。

$$\frac{P_1^2-P_2^2}{L}=1.27\times10^{10}\lambda\frac{Q^2}{d^5}\rho\frac{T}{T_0}Z \tag{7-2-1}$$

$$\frac{1}{\sqrt{\lambda}}=-2\lg\left[\frac{K}{3.7d}+\frac{2.51}{Re\sqrt{\lambda}}\right] \tag{7-2-2}$$

根据燃气管道不同材质，其单位长度摩擦阻力损失按式（7-2-3），式（7-2-4）；式（7-2-5），式（7-2-6）进行计算。

1. 钢管

$$\lambda=0.11\left(\frac{k}{d}+\frac{68}{Re}\right)^{0.25} \tag{7-2-3}$$

$$\frac{P_1^2-P_2^2}{L}=1.4\times10^9\left(\frac{k}{d}+192.2\frac{d\nu}{Q}\right)^{0.25}\frac{Q^2}{d^5}\rho\frac{T}{T_0} \tag{7-2-4}$$

2. 铸铁管

$$\lambda=0.102236\left(\frac{1}{d}+5158\frac{d\nu}{Q}\right)^{0.284} \tag{7-2-5}$$

$$\frac{P_1^2-P_2^2}{L}=1.3\times10^9\left(\frac{1}{d}+5158\frac{d\nu}{Q}\right)^{0.284}\frac{Q^2}{d^5}\rho\frac{T}{T_0} \tag{7-2-6}$$

式中 P_1——燃气管道起点的压力（绝对压力，kPa）；

P_2——燃气管道终点的压力（绝对压力，kPa）；

Z——压缩因子，当燃气压力小于1.2MPa（表压）时，Z取1；

L——燃气管道的计算长度（km）；

λ——燃气管道摩擦阻力系数，宜按式（7-2-2）、式（7-2-3）、式（7-2-5）进行计算；

$K(k)$——管壁内表面的当量绝对粗糙度（mm）；对于钢管取0.1mm；

Q——燃气管道的计算流量（m^3/h）；

d——管道内径（mm）；

ρ——燃气的密度（kg/m^3）；

ν——0℃和101.325kPa时燃气的运动黏度（m^2/s）；

T——设计中所采用的燃气温度（K）；

T_0——273.15（K）；

Re——雷诺数（无量纲）。

7.2.2 中压（次高压）天然气管道摩擦阻力损失计算表

中压（次高压）天然气管道摩擦阻力计算表是将式（7-2-3）～式（7-2-6）编制计算机

程序，直接生成不同计算流量在不同管径状态下的中压天然气管道单位长度的摩擦阻力损失计算表，使得水力计算简单化，直接，且提高了计算精度。

1. 中压天然气管道摩擦阻力损失计算条件：

燃气密度：$\rho=0.73kg/m^3$；

运动黏度：$\nu=14.3\times10^{-6}m^2/s$；

设计温度：$T=273+15=288K$。

计算压力：$\ngtr1.2MPa$、$Z=1$。

2. 中压（次高压）天然气管道摩擦阻力损失计算表

（1）中压（次高压）天然气钢管摩擦阻力计算表，表 7-2-1；

（2）中压天然气铸铁管摩擦阻力损失计算表，表 7-2-2。

3. 计算说明

（1）应进行工作燃气的密度校正，其校正公式如下：

$$\frac{P_1^2-P_2^2}{L}=\left(\frac{P_1^2-P_2^2}{L}\right)_0\frac{\rho}{\rho_0} \tag{7-2-7}$$

式中　$\frac{P_1^2-P_2^2}{L}$——工作燃气的摩擦阻力损失；

$\left(\frac{P_1^2-P_2^2}{L}\right)_0$——制表条件下 $\rho_0=0.73kg/m^3$ 时的摩擦阻力损失；

ρ——工作燃气的密度（kg/m^3）。

（2）中压天然气管道的终点压力按式（6-2-8）进行计算。

$$P_2=\sqrt{P_1^2-\Delta PL} \tag{7-2-8}$$

式中　ΔP——从表 7-2-1，表 7-2-2 中查得的单位长度摩擦阻力损失（kPa^2/km）；

P_1——管道起始压力（绝对压力 kPa）；

P_2——管道终端压力（绝对压力 kPa）；

L——计算管道长度（km）。

中压（次高压）天然气钢管摩擦阻力损失计算表（kPa^2/km）　　表 7-2-1

流量（m^3/h）	管径　外径×壁厚(mm)							
	ϕ60×3.5（DN50）	ϕ75.5×3.75（DN65）	ϕ88.5×4.0（DN75）	ϕ114×4.0（DN100）	ϕ140×4.0（DN125）	ϕ165×4.5（DN150）	ϕ219×6	ϕ273×6
10	94.87	28.44	12.63					
12	131.85	39.39	17.47					
14	174.36	51.92	22.99	6.13				
16	222.32	66.01	29.18	7.77				
18	275.68	81.63	36.03	9.57				
20	334.39	98.75	43.52	11.54				
25	504.36	148.06	65.04	17.18	5.98			
30	707.17	206.52	90.45	23.79	8.27			
35	942.58	274.02	119.68	31.37	10.88			
40	1210.43	350.46	152.68	39.89	13.81	6.18		

续表

流量 (m³/h)	管径　外径×壁厚(mm)							
	ϕ60×3.5 (*DN*50)	ϕ75.5×3.75 (*DN*65)	ϕ88.5×4.0 (*DN*75)	ϕ114×4.0 (*DN*100)	ϕ140×4.0 (*DN*125)	ϕ165×4.5 (*DN*150)	ϕ219×6	ϕ273×6
45	1510.61	435.79	189.42	49.33	17.05	7.62		
50	1843.03	529.96	229.87	59.69	20.59	9.19		
55	2207.65	632.93	274.01	70.95	24.43	10.90		
60	2604.42	744.68	321.81	83.11	28.57	12.73		
65	3033.30	865.19	373.26	96.16	33.00	14.69		
70	3494.27	994.44	428.35	110.09	37.72	16.77		
75	3987.30	1132.42	487.08	124.90	42.74	18.99		
80	4512.38	1279.10	549.43	140.59	48.04	21.32		
85	5069.49	1434.49	615.39	157.16	53.62	23.78		
90	5658.63	1598.58	684.96	174.59	59.49	26.36	6.71	
95	6279.78	1771.35	758.14	192.89	65.64	29.06	7.39	
100	6932.94	1952.81	834.91	212.06	72.07	31.88	8.10	
110		2341.75	999.25	252.97	85.77	37.88	9.61	
120		2765.37	1177.95	297.33	100.59	44.36	11.23	
130		3223.65	1370.99	345.11	116.51	51.30	12.96	
140		3716.55	1578.35	396.30	133.53	58.72	14.81	
150		4244.08	1800.02	450.91	151.65	66.60	16.76	
160		4806.21	2036.00	508.92	170.86	74.95	18.83	6.13
170		5402.93	2286.27	570.33	191.16	83.75	21.01	6.84
180		6034.25	2550.83	635.13	212.55	93.02	23.30	7.57
190		6700.14	2829.67	703.32	235.02	102.74	25.69	8.34
200		7400.61	3122.78	774.90	258.58	112.93	28.19	9.15
210			3430.17	849.86	283.21	123.56	30.80	9.98
220			3751.83	928.20	308.93	134.65	33.52	10.85
230			4087.75	1009.93	335.72	146.20	36.34	11.76
240			4437.94	1095.02	363.59	158.20	39.27	12.69
250			4802.39	1183.50	392.54	170.65	42.31	13.66
260			5181.09	1275.35	422.56	183.55	45.45	14.66
270			5574.06	1370.57	453.65	196.90	48.69	15.70
280			5981.28	1469.16	485.82	210.70	52.04	16.76
290			6402.75	1571.12	519.05	224.95	55.49	17.86
300			6838.48	1676.45	553.36	239.65	59.05	18.99
310				1785.15	588.74	254.80	62.72	20.15
320				1897.22	625.19	270.39	66.48	21.35
330				2012.66	662.71	286.44	70.35	22.57
340				2131.46	701.30	302.93	74.33	23.83
350				2253.63	740.95	319.87	78.41	25.12
360				2379.16	781.68	337.25	82.59	26.44

续表

流量 (m³/h)	管径 外径×壁厚(mm)							
	φ60×3.5 (*DN*50)	φ75.5×3.75 (*DN*65)	φ88.5×4.0 (*DN*75)	φ114×4.0 (*DN*100)	φ140×4.0 (*DN*125)	φ165×4.5 (*DN*150)	φ219×6	φ273×6
370				2508.06	823.47	355.08	86.87	27.79
380				2640.32	866.33	373.36	91.26	29.17
390				2775.95	910.26	392.09	95.75	30.59
400				2914.94	955.25	411.26	100.34	32.04
410				3057.30	1001.31	430.87	105.03	33.51
420				3203.02	1048.44	450.93	109.83	35.02
430				3352.10	1096.63	471.44	114.73	36.56
440				3504.54	1145.89	492.39	119.73	38.13
450				3660.35	1196.21	513.78	124.84	39.73
460				3819.51	1247.60	535.62	130.04	41.36
470				3982.04	1300.06	557.91	135.35	43.03
480				4147.94	1353.58	580.64	140.76	44.72
490				4317.19	1408.16	603.81	146.27	46.45
500				4489.80	1463.81	627.43	151.89	48.20
525				4936.04	1607.59	688.42	166.37	52.72
550				5403.29	1758.03	752.18	181.48	57.44
575				5891.54	1915.12	818.71	197.23	62.35
600				6400.79	2078.85	888.02	213.61	67.44
625					2249.24	960.09	230.63	72.73
650					2426.27	1034.94	248.27	78.21
675					2609.95	1112.55	266.55	83.87
700					2800.27	1192.93	285.46	89.73
725					2997.24	1276.08	305.00	95.78
750					3200.86	1362.00	325.18	102.01
775					3411.11	1450.68	345.98	108.43
800					3628.01	1542.13	367.41	115.04
850					4081.74	1733.32	412.16	128.83
900					4562.04	1935.58	459.43	143.37
950					5068.90	2148.89	509.21	158.66
1000					5602.32	2373.25	561.50	174.70
1050					6162.30	2608.67	616.30	191.49
1100					6748.84	2855.13	673.62	209.03
1150					7361.94	3112.65	733.44	227.31
1200					8001.60	3381.22	795.77	246.34
1250						3660.84	860.61	266.12
1300						3951.50	927.96	286.64
1350						4253.21	997.81	307.91

续表

流量 (m³/h)	管径 外径×壁厚(mm)							
	φ60×3.5 (*DN*50)	φ75.5×3.75 (*DN*65)	φ88.5×4.0 (*DN*75)	φ114×4.0 (*DN*100)	φ140×4.0 (*DN*125)	φ165×4.5 (*DN*150)	φ219×6	φ273×6
1400						4565.97	1070.17	329.92
1450						4889.77	1145.04	352.68
1500						5224.62	1222.41	376.18
1600						5927.45	1384.66	425.42
1700						6674.45	1556.93	477.63
1800						7465.63	1739.21	532.81
1900							1931.51	590.96
2000							2133.82	652.09
2100							2346.14	716.18
2200							2568.47	783.25
2300							2800.81	853.28
2400							3043.16	926.28
2500							3295.51	1002.24
2600							3557.88	1081.18
2700							3830.24	1163.07
2800							4112.62	1247.94
2900							4405.00	1335.77
3000							4707.39	1426.56
3100							5019.78	1520.32
3200							5342.18	1617.04
3300							5674.58	1716.73
3400							6016.98	1819.38
3500							6369.40	1925.00
3600							6731.81	2033.58
3700							7104.23	2145.13
3800							7486.66	2259.63
3900								2377.11
4000								2497.54
4100								2620.94
4200								2747.30
4300								2876.63
4400								3008.91
4500								3144.16
4600								3282.38
4700								3423.56
4800								3567.70
4900								3714.80

续表

流量 (m³/h)	管径　外径×壁厚(mm)							
	ϕ60×3.5 (DN50)	ϕ75.5×3.75 (DN65)	ϕ88.5×4.0 (DN75)	ϕ114×4.0 (DN100)	ϕ140×4.0 (DN125)	ϕ165×4.5 (DN150)	ϕ219×6	ϕ273×6
5000								3864.86
5250								4252.99
5500								4659.63
5750								5084.79
6000								5528.47

注：天然气 $\rho=0.73\mathrm{kg/m^3}$；$\nu=14.3\times10^{-6}\mathrm{m^2/s}$。

中压天然气铸铁管摩擦阻力损失计算表（$\mathrm{kPa^2/km}$）　　表 7-2-2

流量 (m³/h)	管径　外径×壁厚(mm)					
	ϕ93×9 (DN75)	ϕ118×9 (DN100)	ϕ143×9 (DN125)	ϕ169×9 (DN150)	ϕ220×9.2 (DN200)	ϕ271.6×10 (DN250)
10	35.90	9.22				
12	49.15	12.61				
14	64.12	16.44				
16	80.74	20.69				
18	98.96	25.35				
20	118.72	30.40	10.58			
25	174.68	44.66	15.54			
30	239.61	61.18	21.27	8.71		
35	313.16	79.85	27.75	11.35		
40	395.04	100.60	34.93	14.29		
45	485.03	123.36	42.81	17.50		
50	582.93	148.07	51.36	20.99		
55	688.60	174.69	60.55	24.74		
60	801.90	203.19	70.39	28.74	7.32	
65	922.70	233.52	80.84	33.00	8.41	
70	1050.92	265.65	91.91	37.51	9.55	
75	1186.46	299.56	103.58	42.25	10.76	
80	1329.24	335.23	115.85	47.24	12.02	
85	1479.18	372.63	128.70	52.46	13.34	
90	1636.24	411.74	142.12	57.92	14.73	
95	1800.35	452.54	156.12	63.60	16.17	
100	1971.45	495.02	170.68	69.50	17.66	
110	2334.47	584.95	201.46	81.98	20.82	7.30
120	2724.97	681.41	234.43	95.34	24.19	8.48
130	3142.66	784.31	269.54	109.55	27.78	9.73
140	3587.31	893.58	306.77	124.60	31.58	11.06
150	4058.72	1009.13	346.08	140.47	35.58	12.45
160	4556.70	1130.90	387.45	157.17	39.78	13.92

续表

流量 (m³/h)	管径 外径×壁厚(mm)					
	φ93×9 (DN75)	φ118×9 (DN100)	φ143×9 (DN125)	φ169×9 (DN150)	φ220×9.2 (DN200)	φ271.6×10 (DN250)
170	5081.11	1258.85	430.86	174.67	44.18	15.45
180	5631.79	1392.91	476.28	192.96	48.78	17.06
190	6208.63	1533.03	523.69	212.05	53.57	18.73
200	6811.53	1679.19	573.08	231.91	58.55	20.46
210	7440.38	1831.35	624.44	252.54	63.72	22.26
220	8095.10	1989.45	677.73	273.93	69.07	24.12
230	8775.62	2153.49	732.96	296.09	74.61	26.05
240		2323.43	790.11	318.99	80.34	28.04
250		2499.23	849.17	342.65	86.24	30.09
260		2680.89	910.12	367.04	92.32	32.21
270		2868.37	972.96	392.17	98.59	34.38
280		3061.65	1037.68	418.03	105.03	36.62
290		3260.72	1104.26	444.61	111.64	38.91
300		3465.56	1172.71	471.92	118.43	41.27
310		3676.14	1243.00	499.95	125.39	43.68
320		3892.47	1315.14	528.70	132.53	46.15
330		4114.51	1389.12	558.15	139.83	48.68
340		4342.26	1464.93	588.32	147.31	51.27
350		4575.71	1542.57	619.19	154.95	53.92
360		4814.84	1622.02	650.77	162.77	56.62
370		5059.64	1703.29	683.04	170.75	59.38
380		5310.10	1786.37	716.01	178.89	62.19
390		5566.21	1871.25	749.68	187.20	65.07
400		5827.96	1957.92	784.04	195.68	67.99
410		6095.34	2046.40	819.09	204.32	70.98
420		6368.35	2136.66	854.83	213.12	74.01
430		6646.97	2228.71	891.25	222.09	77.11
440		6931.20	2322.54	928.36	231.22	80.25
450		7221.04	2418.15	966.15	240.51	83.45
460		7516.46	2515.53	1004.62	249.96	86.71
470		7817.48	2614.69	1043.76	259.57	90.02
480		8124.07	2715.62	1083.59	269.33	93.38
490		8436.24	2818.30	1124.09	279.26	96.80
500		8753.99	2922.76	1165.26	289.35	100.27
525			3191.58	1271.13	315.25	109.18
550			3471.36	1381.17	342.14	118.41
575			3762.05	1495.37	370.00	127.97

续表

流量 (m³/h)	管径　外径×壁厚(mm)					
	ϕ93×9 (*DN*75)	ϕ118×9 (*DN*100)	ϕ143×9 (*DN*125)	ϕ169×9 (*DN*150)	ϕ220×9.2 (*DN*200)	ϕ271.6×10 (*DN*250)
600			4063.63	1613.71	398.82	137.85
625			4376.07	1736.17	428.60	148.05
650			4699.33	1862.73	459.33	158.57
675			5033.39	1993.39	491.02	169.41
700			5378.23	2128.12	523.64	180.55
725			5733.83	2266.92	557.21	192.01
750			6100.16	2409.77	591.71	203.78
775			6477.21	2556.66	627.14	215.86
800			6864.96	2707.59	663.50	228.24
850			7672.51	3021.50	738.98	253.92
900			8522.69	3351.45	818.14	280.81
950			9415.40	3697.36	900.93	308.89
1000			10350.56	4059.19	987.35	338.16
1050				4436.89	1077.37	368.61
1100				4830.42	1170.97	400.23
1150				5239.74	1268.15	433.02
1200				5664.82	1368.88	466.96
1250				6105.63	1473.16	502.05
1300				6562.13	1580.96	538.28
1350				7034.32	1692.29	575.66
1400				7522.16	1807.12	614.17
1450					1925.45	653.81
1500					2047.28	694.58
1600					2301.37	779.48
1700					2569.34	868.83
1800					2851.12	962.62
1900					3146.69	1060.82
2000					3456.00	1163.40
2100					3779.01	1270.36
2200					4115.69	1381.67
2300					4466.02	1497.32
2400					4829.97	1617.29
2500					5207.52	1741.58
2600					5598.66	1870.17
2700					6003.35	2003.06
2800					6421.59	2140.22
2900					6853.36	2281.66
3000					7298.65	2427.36

续表

流量 (m^3/h)	管径　外径×壁厚(mm)					
	φ93×9 (DN75)	φ118×9 (DN100)	φ143×9 (DN125)	φ169×9 (DN150)	φ220×9.2 (DN200)	φ271.6×10 (DN250)
3100						2577.32
3200						2731.54
3300						2890.00
3400						3052.69
3500						3219.62
3600						3390.79
3700						3566.17
3800						3745.77
3900						3929.59
4000						4117.62
4100						4309.86
4200						4506.30
4300						4706.95
4400						4911.79
4500						5120.83
4600						5334.06
4700						5551.48
4800						5773.09
4900						5998.89
5000						6228.87
5250						6822.10
5500						7441.45
5750						8086.87
6000						8758.36

注：天然气 $\rho=0.73kg/m^3$；$\nu=14.3\times10^{-6}m^2/s$。

7.2.3　中压天然气管道水力计算图表

1. 中压天然气管道水力计算图表

（1）天然气中压钢管水力计算图表，图7-2-1；

（2）天然气中压铸铁管水力计算图表，图7-2-2；

（3）天然气中压PE管水力计算图表，图7-2-3。

2. 计算图表的生成条件及使用说明

（1）绘制条件

1）天然气密度：$\rho=1kg/m^3$；

2）运动黏度：$\nu=15\times10^{-6}m^2/s$。

（2）使用说明

1）按式（7-2-7）进行密度校正；

2）按式（7-2-8）计算管道终端压力；

3）计算图表中 L 的单位是（m），摩擦阻力单位是（kPa^2/m）。

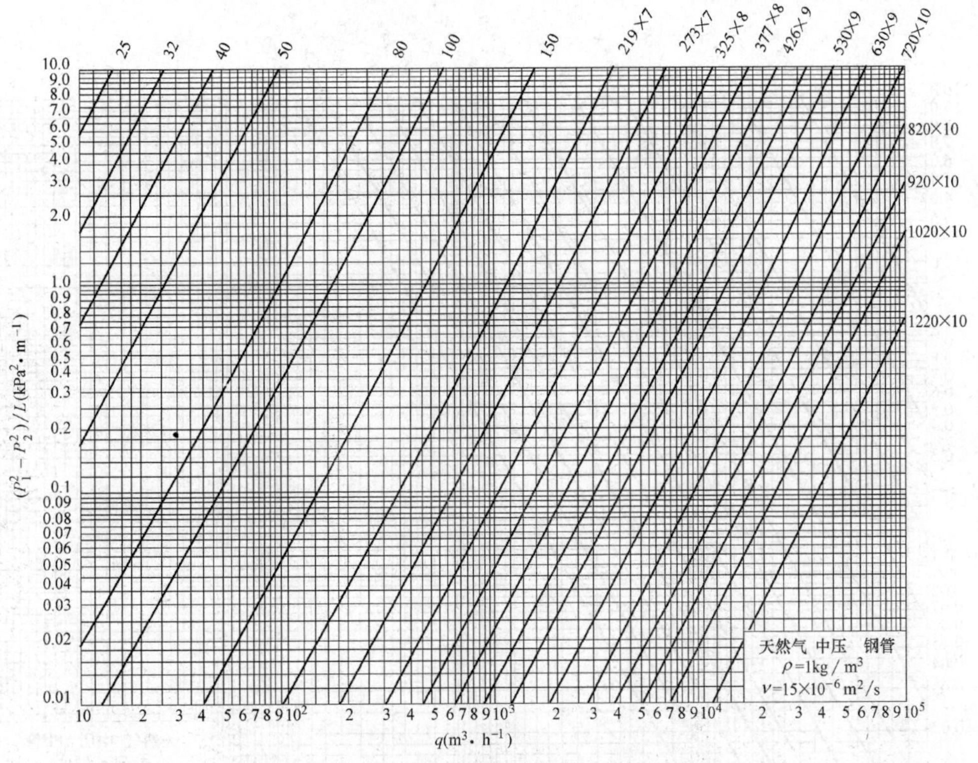

图 7-2-1　天然气中压钢管水力计算图表

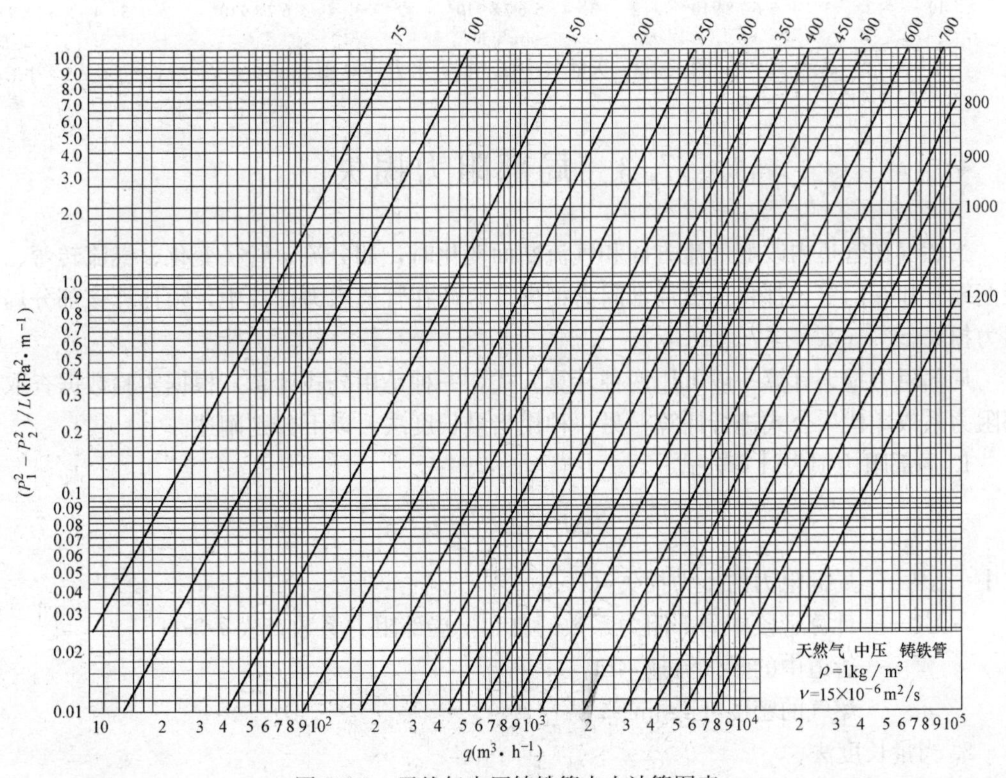

图 7-2-2　天然气中压铸铁管水力计算图表

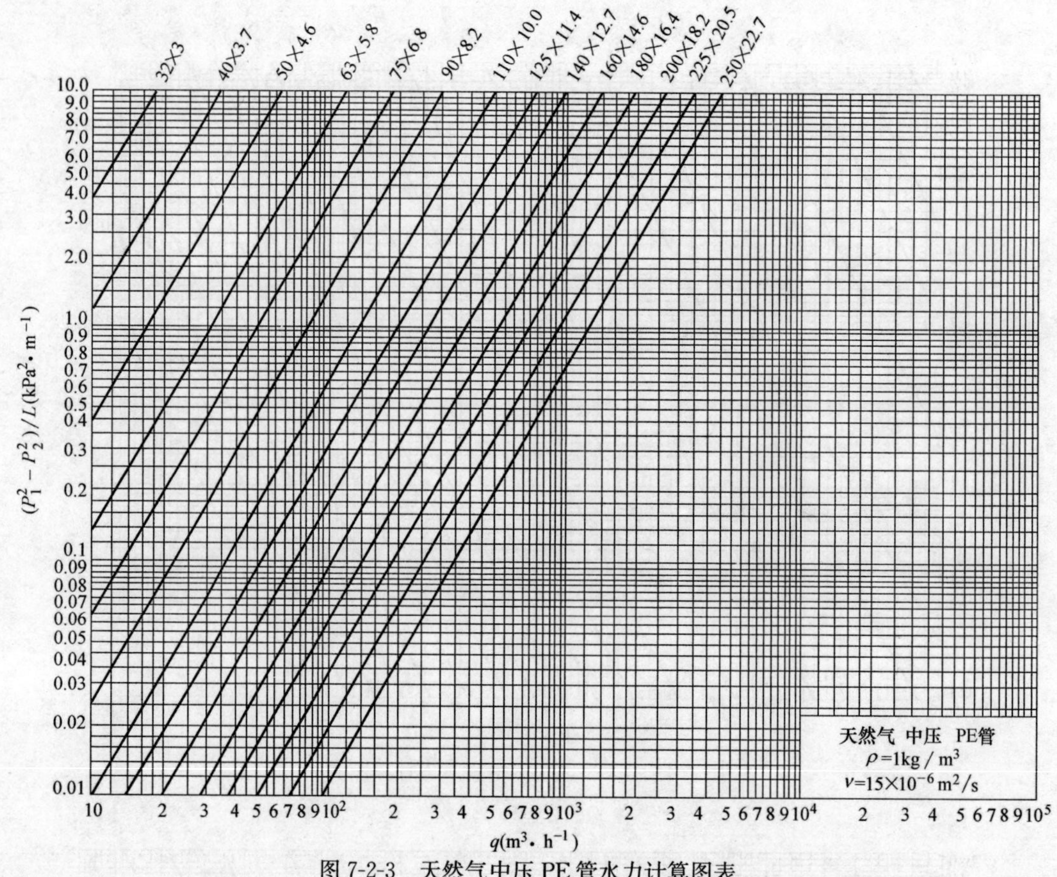

图 7-2-3　天然气中压 PE 管水力计算图表

7.3　局部阻力损失

当燃气在管道内改变气流方向和气流断面变化时，如分流、管径变化、气流转弯、流径渐缩管和阀门等，都将造成局部阻力损失。因此在管道水力计算中，须计算该部分局部阻力损失。

局部阻力损失计算一般可用两种计算方式，一种是用公式计算，根据实验数据查取局部阻力系数，代入公式进行计算；另一种用当量长度法，以下分别阐述。

1. 局部阻力损失计算公式

$$\Delta P=\sum\zeta\frac{W^2}{2}\rho_0 \tag{7-3-1}$$

式中　ΔP——局部阻力的压力损失（Pa）；

$\sum\zeta$——计算管段中局部阻力系数的总和，局部阻力系数查表 7-3-1；

W——管道中的燃气流速（m/s）；

ρ_0——燃气的密度（kg/m³）。

2. 当量长度法

也可用当量长度计算局部阻力，当量长度 L_2 可按下式确定：

$$L_2=\sum\zeta\frac{d}{\lambda} \tag{7-3-2}$$

式中　L_2——当量长度（m）；

ζ——局部阻力系数值，查表 7-3-1；

d——管道内径（mm）；

λ——摩阻系数，各种流动状态下的摩阻系数可按本章 7.1.1、7.1.2 入计算公式进行计算。

对于$\zeta=1$时各不同直径管道的当量长度可按下法求得：根据管段内径、燃气流速及运动黏度求出 Re，判别流态后采用不同的摩阻系数λ的计算公式，求出λ值，而后可得

$$L_2=\frac{d}{\lambda} \tag{7-3-3}$$

实际工程中通常根据此式，对不同种类的燃气制成图表，见图 7-3-1，可查出不同管径不同流量时的当量长度，$l_2=d/\lambda$。

图 7-3-1 当量长度水力计算图（$\zeta=1$），制表条件天然气（标准状态 $\nu=15\times10^{-6}$ m²/s）；d_w—管道外径（mm）；δ—管壁厚度（mm），DN—公称直径。

管段的计算长度 L 可由下式求得

$$L=L_1+L_2=L_1+\sum\zeta l_2$$

式中　L_1——管段的实际长度（m）；

L_2——管段的当量长度（m），$L_2=\sum\zeta l_2$；

ζ——阻力系数，可查表 7-3-1。

实际管段计算长度 L 乘以该管段单位长度摩擦阻力损失，就可得出该管段的压力损失 ΔP。

关于局部阻力系数值有专著可供查阅。燃气管网中一些常用管件的局部阻力系数的近似值见表 7-3-1。

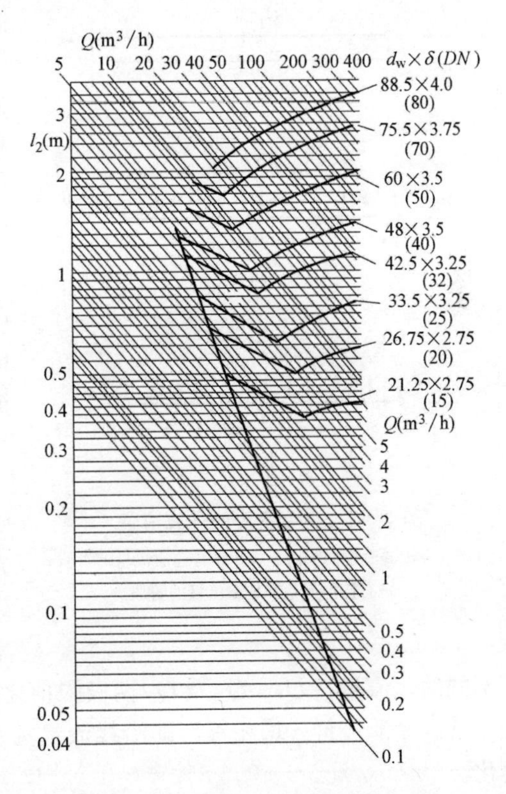

图 7-3-1　当量长度计算图（$\zeta=1$）

局部阻力系数 ζ 值　　表 7-3-1

局部阻力名称	ζ	局部阻力名称	不同直径(mm)的 ζ 值					
			15	20	25	32	40	≥50
管径相差一级的骤缩变径管	0.35①	90°直角弯头	2.2	2.1	2	1.8	1.6	1.1
三通直流	1.0②	旋塞	4	2	2	2	2	2
三通分流	1.5②	截止阀	11	7	6	6	6	5
四通直流	2.0②	闸板阀	d=50～100		d=175～200		d≥300	
四通分流	3.0②		0.5		0.25		0.15	
揻制的 90°弯头	0.3							

① ζ 对于管径较小的管段。

② ζ 对于燃气流量较小的管段。

7.4 天然气分配管网的计算流量

本节讨论内容将用于环状管网的水力计算。

7.4.1 燃气分配管段计算流量的确定

燃气分配管网的各管段根据连接用户的情况，可分为三种：

(1) 管段沿途不输出燃气，用户连接在管段的末端，这种管段的燃气流量是个常数，见图 7-4-1 (a)，所以其计算流量就等于转输流量。

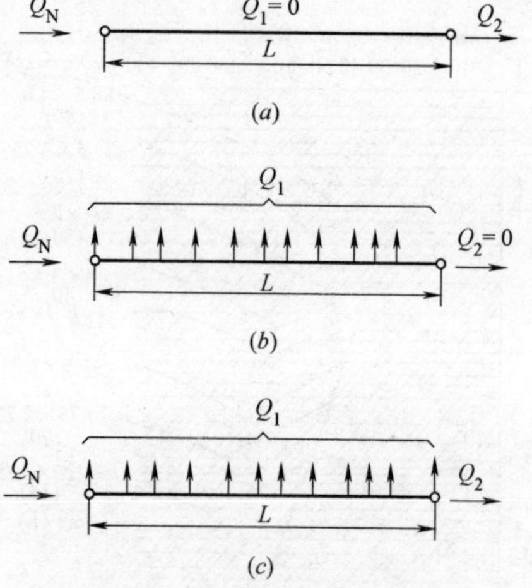

图 7-4-1 燃气管段的计算流量

(a) 只有转输流量的管段；(b) 只有途泄流量的管段；(c) 有途泄流量和转输流量的管段

(2) 分配管网的管段与大量居民用户、小型公共建筑用户相连。这种管段的主要特征是：由管段始端进入的燃气在途中全部供给各个用户，这种管段只有途泄流量，如图 7-4-1 (b) 所示。

(3) 最常见的分配管段的供气情况，如图 7-4-1 (c) 所示。流经管段送至末端不变的流量为转输流量 Q_2，在管段沿程输出的燃气流量为途泄流量 Q_1，该管段上既有转输流量，又有途泄流量。

一般燃气分配管段的负荷变化如图 7-4-2 所示。图中，A—B 管段起点 A 处的管内流量为转输流量 Q_2 与途泄流量 Q_1 之和，而管段终点 B 处的管内流量仅为 Q_2，因此管段内的流量逐渐减小，在管段中间所有断面上的流量是不同的，流量在 Q_1+Q_2 及 Q_2 两极限值之间。假定沿管线长度向用户均匀配气，每个分支管的途泄流量 q 均相等，即沿线流量为直线变化。

为进行变负荷管段的水力计算，可以找出一个假想不变的流量 Q，使它产生的管段压力降与实际压力降相等。这个不变流量 Q 称为变负荷管段的计算流量。可按式 (7-4-1) 求得

$$Q=\alpha Q_1+Q_2 \tag{7-4-1}$$

式中 Q——计算流量 (m^3/h)；

Q_1——途泄流量 (m^3/h)；

Q_2——转输流量 (m^3/h)；

α——流量折算系数。

α 是与途泄流量和总流量（途泄流量和转输流量）之比 x 及沿途支管数 n 有关的系数。

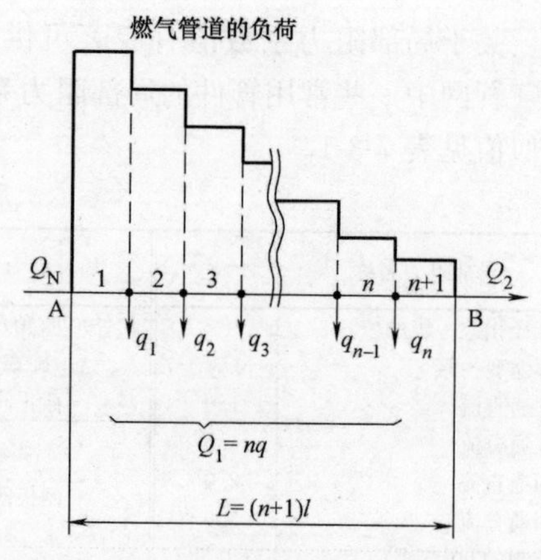

图 7-4-2 燃气分配管段的负荷变化示意图

q—途泄流量 (m^3/h)；n—途泄点数

对于燃气分配管道，一管段上的分支管数一般不小于 5～10 个，x 值在 0.3～1.0 的范围内，此时系数 α 在 0.5～0.6 之间，水力计算公式中幂指数等于 1.75～2.0 时，α 值的变化并不大，实际计算中均可采用平均值 $\alpha=0.55$。故燃气分配管道的计算流量公式可写为式（7-4-2）。

$$Q=0.55Q_1+Q_2 \tag{7-4-2}$$

7.4.2　途泄流量的计算

途泄流量只包括大量的居民用户和小型商业用户。用气负荷较大的商业用户或工业用户应作为集中负荷来进行计算。

在设计低压分配管网时，连在低压管道上各用户用气负荷的原始资料通常很难详尽和确切，当时只能知道街坊或区域的总的用气负荷。在确定管段的计算流量时，既要尽可能精确地反映实际情况，而确定的方法又应不太复杂。

计算途泄流量时，假定在供气区域内居民用户和小型商业用户是均匀分布的，而其数值主要取决于居民的人口密度。

以图 7-4-3 所示区域燃气管网为例，各管段的途泄流量计算步骤如下：

（1）将供气范围划分为若干小区

根据该区域内道路、建筑物布局及居民人口密度等划分为 A、B、C、D、E、F 小区；并布置配气管道 1-2、2-3……。

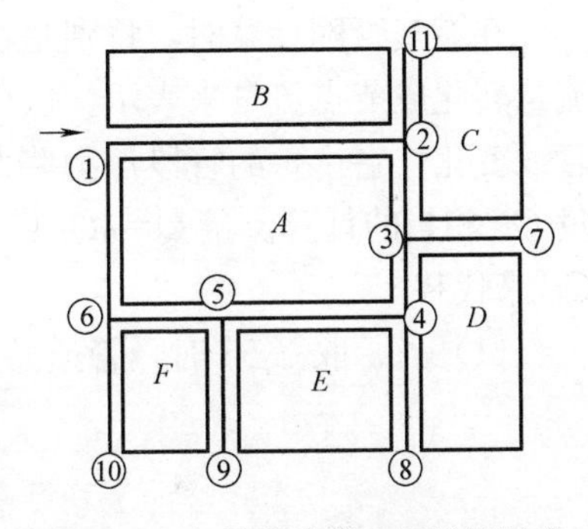

图 7-4-3　各管段途泄流量计算图式

（2）分别计算各小区的燃气用量

分别计算各小区居民用气量、小型商业及小型工业用气量，其中居民用气量可用居民人口数乘以每人每小时的燃气计算流量 e（m^3/人・h）求得。

（3）计算各管段单位长度途泄流量

在城市燃气管网计算中可以认为，途泄流量是沿管段均匀输出的，管段单位长度的途泄流量为：

$$q=\frac{Q_L}{L} \tag{7-4-3}$$

式中　q——单位长度的途泄流量［$m^3/(m \cdot h)$］；

Q_L——途泄流量（m^3/h）；

L——管段长度（m）。

图 7-4-3 中 A、B、C…各小区管道的单位长度途泄流量为：

$$q_A=\frac{Q_A}{L_{1\text{-}2}+L_{2\text{-}3}+L_{3\text{-}4}+L_{4\text{-}5}+L_{5\text{-}6}+L_{1\text{-}6}}$$

$$q_B=\frac{Q_B}{L_{1\text{-}2}+L_{2\text{-}11}}$$

$$q_C=\frac{Q_C}{L_{2\text{-}11}+L_{2\text{-}3}+L_{3\text{-}7}}$$

其余依此类推。

式中　Q_A、Q_B、Q_C…——A、B、C…各小区的燃气用量（m^3/h）；

q_A、q_B、q_C…——A、B、C…各小区有关管道的单位长度途泄流量 [$m^3/(m \cdot h)$]；

$L_{1\text{-}2}$、$L_{2\text{-}3}$…——各管段长度（m）。

（4）求管段的途泄流量

管段的途泄流量等于单位长度途泄流量乘以该管段长度。若管段是两个小区的公共管道，需同时向两侧供气时，其途泄流量应为两侧的单位长度途泄流量之和乘以管长，图7-4-3中各管段的途泄流量为：

$$Q_L^{1\text{-}2}=(q_A+q_B)L_{1\text{-}2}$$

$$Q_L^{2\text{-}3}=(q_A+q_C)L_{2\text{-}3}$$

$$Q_L^{4\text{-}8}=(q_D+q_E)L_{4\text{-}8}$$

$$Q_L^{1\text{-}6}=q_A L_{1\text{-}6}$$

其余依此类推。

7.4.3　节点流量

在燃气管网计算时，特别是在用电子计算机进行燃气环状管网水力计算时，常把途泄流量转化成节点流量来表示。这样，假设沿管线不再有流量流出，即管段中的流量不再沿管线变化，它产生的管段压力降与实际压力降相等。由式（7-4-1）可知，与管道途泄流量 Q_L 相当的计算流量 $Q=\alpha Q_L$，可由管道终端节点流量为 αQ_L 和始端节点流量为（$1-\alpha$）Q_L 来代替。

（1）当 α 取0.55时，管道始端 i、终端 j 的节点流量分别为

$$q_i=0.45Q_L^{i-j} \tag{7-4-4}$$

$$q_j=0.55Q_L^{i-j} \tag{7-4-5}$$

式中　Q_L^{i-j}——从i节点到j节点管道的途泄流量（m^3/h）；

q_i、q_j——i、j节点的节点流量（m^3/h）。

对于连接多根管道的节点，其节点流量等于燃气流入节点（管道终端）的所有管段的途泄流量的0.55倍，与流出节点（管道始端）的所有管段的途泄流量的0.45倍之和，再加上相应的集中流量。如图7-4-4各节点流量为：

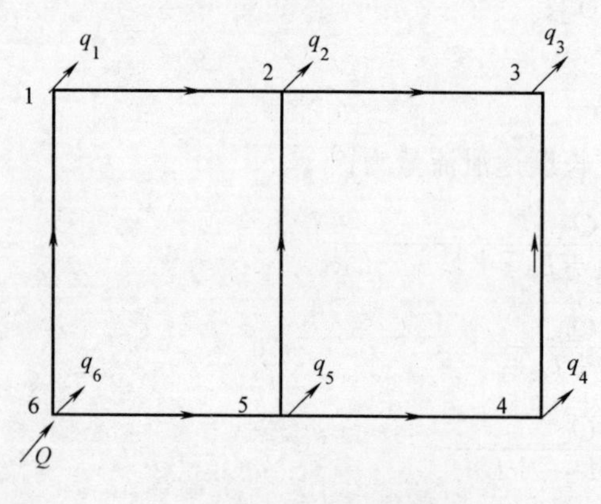

图7-4-4　节点流量例图

$$q_1=0.55Q_L^{6\text{-}1}+0.45Q_L^{1\text{-}2}$$

$$q_2=0.55Q_L^{1\text{-}2}+0.55Q_L^{5\text{-}2}+0.45Q_L^{2\text{-}3}$$

$$q_3=0.55Q_L^{2\text{-}3}+0.55Q_L^{4\text{-}3}$$

$$q_4=0.55Q_L^{5\text{-}4}+0.45Q_L^{4\text{-}3}$$

$$q_5=0.55Q_L^{6\text{-}5}+0.45Q_L^{5\text{-}2}+0.45Q_L^{5\text{-}4}$$

$$q_6=0.45Q_L^{6\text{-}5}+0.45Q_L^{6\text{-}1}$$

管网各节点流量的总和应与管网区域的总计算流量相等：

$$Q=q_1+q_2+q_3+q_4+q_5+q_6$$

（2）当α取0.5时，管道始端i、终端j的节点流量均为公式（7-4-5）所示。

$$q_i=q_j=\frac{1}{2}Q_L^{ij} \tag{7-4-6}$$

则管网各节点的节点流量等于该节点所连接的各管道的途泄流量之和的一半。

（3）管段上所接的大型用户为集中流量，也可转化为节点流量。根据集中流量离该管段两端节点的距离，近似地按反比例分配于两端节点上。

7.5　燃气管网的计算压力降

7.5.1　低压管网计算压力降的确定

1. 用户处的压力（即用户燃具前的压力）波动及其影响因素

城市管网与用户的连接一般有两种方法，一种是通过用户调压器与燃具连接，这样，燃具就能在恒定的压力下工作；另一种是用户直接与低压管网连接。图7-5-1为直接连接用户的低压燃气管网在计算工况下的压力曲线。

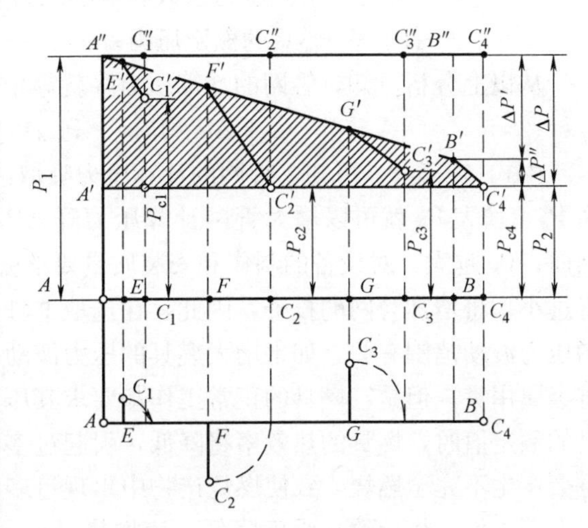

图7-5-1　计算工况下管网的压力曲线

图7-5-1中A为管网的起点，P_1为起点压力即调压器的出口压力，B为干管的终点，P_2为用户燃具前压力。E、F、G、B为用户C_1、C_2、C_3、C_4与干管的连接点，A″-B′为干管A-B的压力线，ΔP′为干管A-B的压力降，ΔP″为用户支管（包括室内管）的压力降。压力图上的E′-C_1'、F′-C_2'、G′-C_3'、B′-C_4'为支管压力线，P_{c_1}、P_{c_2}、P_{c_3}、P_{c_4}分别为C_1、C_2、C_3、C_4用户处的压力。由图中可见，从调压器出口A到各用户管道的压力降是不同的，这就使用户处出现不同的压力，由A点到用户C_2和C_4的压力降均为计算压力降ΔP，即计算压力降全被利用，而用户C_1和C_3的实际压力降均小于计算压力降ΔP，燃具前的压力大于P_2（$P_{c_1}>P_2$、$P_{c_3}>P_2$）。因此，直接连在管网上的用户用气设备前的燃气压力随计算压力降利用程度不同而异。

图7-5-1为计算工况（即最大负荷时）的压力图。但是，管网负荷是随着时间而不断变化的，当调压器出口压力为定值时，随着负荷的降低。管道中流量减小，压力降也就随之减小，因而用户处的压力将增大。当负荷为零时，所有用户处的压力都落在A″-C_4''线上。因此，随着负荷的变化，用户处的压力波动在A″-C_4''-C_4'-A′范围内。对用户C_1其波动范围为C_1'-C_1''，对用户C_2，波动范围为C_2'-C_2''，对用户C_3和C_4则分别为C_3'-C_3''和C_4'-C_4''。因不同用户的压降利用程度不同，则其压力波动范围也不同。由图可知，用户处压

力的最大波动范围就等于计算压力降，所取的计算压力降越大，则其波动范围也越大。

若根据系统中负荷的变化而改变起点压力，就可大大提高用户处压力的稳定性。随着负荷的降低而使起点压力随之降低，则燃具前的压力将不会增加。当负荷为零时，把起点压力 P_1 降至 P_2，则干管和所有用户的压力都落在直线 A'-C_4' 上。

综上所述，用户处的压力及其波动范围取决于如下三个因素：

1）计算压力降的大小和压降利用程度（或称压降利用系数）；

2）系统负荷（流量）的变化情况；

3）调压器出口压力调节方法。

2. 管网计算压力降的确定。

燃具的最大允许压力和最小允许压力若用燃具的额定压力乘一系数来表示，则可写成

$$\left.\begin{aligned} P_{max} &= k_1 P_n \\ P_{min} &= k_2 P_n \end{aligned}\right\} \tag{7-5-1}$$

式中　P_{max}、P_{min}——燃具的最大和最小允许压力；

k_1、k_2——最大压力系数和最小压力系数；

P_n——燃具的额定压力。

从以上分析可知，管网的计算压力降就等于燃具压力的最大波动范围，即

$$\Delta P = P_{max} - P_{min} = (k_1 - k_2) P_n \tag{7-5-2}$$

由式（7-5-2）可知，管网的计算压力降取决于两个因素，一是取决于燃具的额定压力 P_n，增大 P_n 就可以增大管网计算压力降 ΔP，从而可降低金属用量，节约管网投资。然而，P_n 越大，对设备的制作和安装质量要求就越高，管网的运行费用也越大；若 P_n 取得过小，将增加管网的投资，因此，在选取 P_n 时要兼顾技术要求和经济性。二是与燃具的压力波动范围有关，如果增大燃具的压力波动范围，就可以增大管网的计算压力降，节省金属用量。但是，燃具的正常工作却要求其压力波动不超过一定的范围。当压力超过燃具的额定值时，燃具的热效率将降低，引起过多的燃气损失，同时，燃具在超负荷下工作也会产生不完全燃烧，致使燃烧产物中出现过多的一氧化碳等有害气体。燃具在低于额定压力下工作，将导致热强度降低，使加热过程延长，或达不到工艺要求的燃烧温度，因此，燃具前的压力不允许有很大的波动。

实验和研究工作表明，一般民用燃具的正常工作可以允许其压力在±50%范围内波动，即 $k_1=1.5$，$k_2=0.5$。

燃具的压力与其流量的关系符合下式：

$$P = aQ^2 \text{或} Q = \frac{1}{\sqrt{a}}\sqrt{P} \tag{7-5-3}$$

式中　a——燃具的阻力系数。

由上式可知，相应于压力波动±50%的流量变化范围约为（0.7～1.2）Q。考虑到高峰期一部分燃具不宜在过低的负荷下工作，因此最小压力系数 k_2 取 0.75，而最大压力系数 k_1 取 1.5。这样，低压燃气管网（包括庭院和室内管）总的计算压力降可确定为：

$$\Delta P = (k_1 - k_2) P_n = (1.5 - 0.75) P_n = 0.75 P_n$$

低压天然气管网总计算压力降及其分配可参考本手册表5-1-2。

最小压力系数 $k_2<1$ 时工况分析

当管网起点压力为定值时（即调压器出口压力不变），燃具前的压力随着管网负荷的变化而变化，其最大压力出现在管网负荷最小的情况下。随着管网负荷的增加，燃具的压力将随之降低。管网负荷最大时，燃具前出现最小压力。

计算工况是指管道系统的流量满足最大负荷（即计算流量Q），燃具前的压力为额定压力 P_n，燃具的额定流量为额定流量 Q_n 时的工况。显然，只有取 $k_2=1$ 的情况下燃具前的最小压力等于额定压力。

如取 $k_2<1$，即允许在最大负荷时燃具在小于额定压力下工作。管网是按最大负荷来计算的，而燃具却在小于额定流量下工作，即管网计算流量和所有燃具在 $k_2<1$ 工况下的总流量是不一致的，这就是说，在高峰时，由于所有燃具的流量小于额定流量，所以管网的流量就不可能达到计算流量Q。

经分析结论：取 $k_2=0.75$，当高峰用气时，管网负荷仅满足了最大负荷的92%。

但管网在实际运行中，高峰用气时的管网负荷可能会十分接近最大负荷，这是因为：

1）当管网处于最大负荷，则燃具前出现最小压力，因而使燃具在负荷不足的情况下工作，势必延长燃具的使用时间，也就是使同时工作的燃具数增加，管网中的实际流量仍有可能接近计算流量。

2）以上是按压降利用系数 $\beta=1$ 进行分析的，但实际上有一部分用户并未充分利用计算压力降，因此，这些用户燃具前的压力在用气高峰时，将大于按 $k_2=0.75$ 计算的压力，而燃具则可能在额定负荷下工作。

7.5.2　高、中压管网计算压力降的确定

高、中压管网只有通过调压器才能与低压管网或用户连接。因此，高、中压管网中的压力波动，实际上不影响低压用户的燃气压力。

高、中压管网的计算压力降根据高、中压管网的具体条件和运行工况要求而定。通常考虑以下因素：

(1) 确定高、中压管网末端最小压力时，应保证所连接的区域调压器能通过用户在高峰时的用气量。当高、中压管网与中压引射式燃烧器连接时，燃气压力需要保证这类燃烧器正常工作。中压引射式燃烧器的额定压力因燃气种类而异。同时还要考虑专用调压器和用户管道系统的阻力损失等，一般天然气末端最小压力不低于 $50kPa$。

(2) 高、中压管网的起点最大压力与末端最小压力之差就是高、中压管网的最大计算压力降。对于环状管网，在设计时还应考虑当个别管段发生故障时，应保证一定量的供气能力，故在确定实际计算压力降时根据可靠性计算留有适当的压力储备，因此实际计算压力降一般小于最大计算压力降。

(3) 对于设置对置储配站的高、中压管网系统，按高峰和低谷分别考虑：

1）高峰计算时，计算压力降取决于管网源点的供气压力和管网终端调压器或高、中压用户的压力要求。

2）低谷核算时，计算压力降仍取决于管网源点的供气压力和管网终端调压器或高、中压用户的压力要求，此外，因低谷部分燃气将输往储气设备储存，计算压力降须同时满

足储气的压力要求。

7.6　枝状管网的水力计算

7.6.1　枝状管网水力计算特点

燃气在枝状管网中从气源至各节点只有一个固定流向，输送至某管段的燃气只能由一条管道供气，流量分配方案也是唯一的，枝状管道的转输流量只有一个数值，任一管段的流量等于该管段以后（顺气流方向）所有节点流量之和，因此每一管段只有唯一的流量值。

此外，枝状管网中变更某一管段的直径时，不影响管段的流量分配，只导致管道终点压力的改变。因此，枝状管网水力计算中各管段只有直径 d_i 与压力降 ΔP_i 两个未知数。详见本手册 5.3 庭院管道设计示例中的水力计算。

7.6.2　枝状管网水力计算步骤

（1）对管网的节点和管道编号。

（2）确定气流方向，从管线末梢的节点开始，利用节点相连管段流量的代数和等于零，（$\sum Q_i=0$）的关系，求得管网各管段的计算流量。

（3）根据确定的允许压力降，计算干管单位长度的允许压力降。

（4）根据干管的计算流量及单位长度允许压力降预选管径。

（5）根据所选定的标准管径，求摩擦阻力损失和局部阻力损失，计算干管总的压力降。

（6）检查计算结果。若干管总的压力降超出允许的范围，则适当变动管径，直至总压力降在允许的范围，既不能超过允许总压降，也不能比总压降小得过多。

（7）计算支管，按支管等压降或全压降法计算支管。

7.6.3　燃气支管等压降和全压降设计

支管等压降设计是指不论低压支管所处位置及其起点压力如何，各支管允许压力降均取相等的数值。如图 7-6-1 所示，支管压力降均取 200*Pa*，结果离调压器近的支管末端设计压力高，离调压器远的支管末端设计压力低。

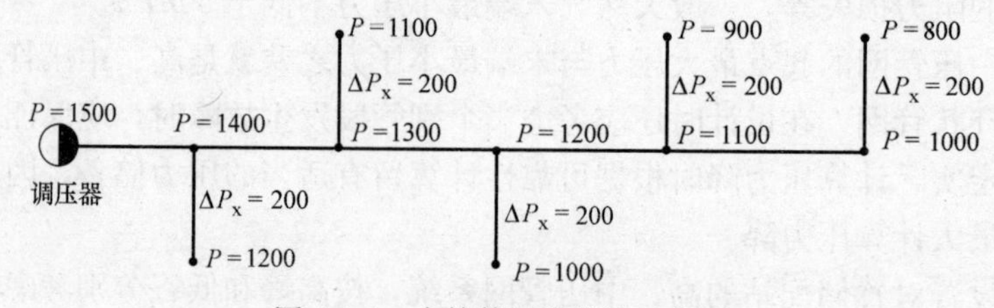

图 7-6-1　支管等压降设计示意图

支管全压降设计是根据支管起点所处位置的干管压力，以可供消耗的全部允许压力降来设计每一支管。如图 7-6-2 所示，设计时支管压力降取值不一，使支管末端的设计压力降基本相同。图中的压力单位为 *Pa*。

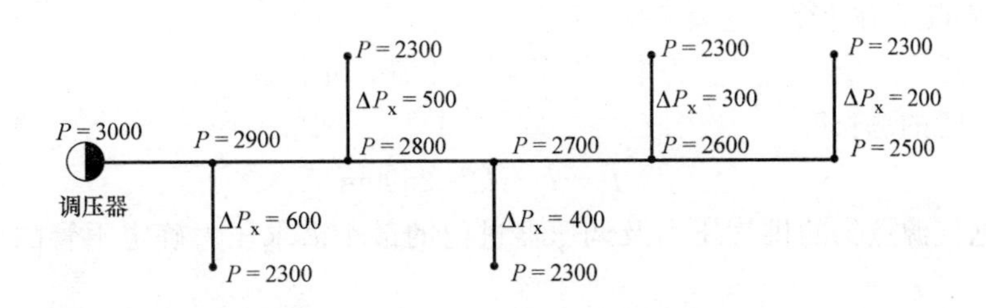

图 7-6-2　支管全压降设计示意图

全压降设计能充分利用允许压力降，减小管径，提高了设计的经济性，并使管网末端用具前的燃气压力基本接近额定压力，运行工况良好。但一旦管网系统发生故障，干管压力变化，所接支管末端的压力可能低于设计要求，且施工和设计均较等压降设计麻烦。

支管采用全压降设计还是等压降设计，应根据所设计枝状管网的情况确定，目前一般均采用等压降设计，但对枝状管网采用等压降设计的压力储备不能增加可靠性。采用全压降法投资少。

7.6.4　枝状管网计算示例

【例 7-6-1】　如图 7-6-3 所示的中压管道，1 为源点，4、6、7、8 为用气点（中—低调压器），已知气源点的供气压力为 200kPa（绝），保证调压器正常运行的调压器进口压力为 120kPa（绝），天然气密度为 0.73kg/m^3，运动黏度为 15×10^{-6} m^2/s，各管段长度及调压器的流量如图 7-6-3 所示，若使用钢管，求各管段的管径。

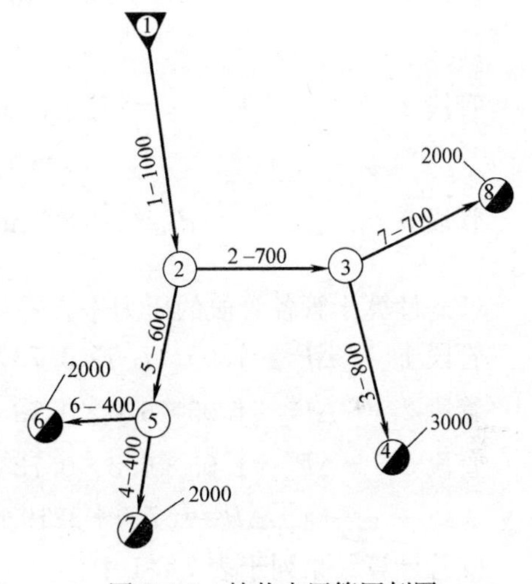

图 7-6-3　枝状中压管网例图

【解】

（1）管网各节点及管段编号见图 7-6-3。

（2）确定气流方向，并根据图示各调压器的输气量（中压管网的节点流量），计算各管段计算流量，见表 7-6-1 及图 7-6-3；由图表 7-2-1 查出单位长度摩擦阻力损失$\dfrac{P_1^2-P_2^2}{L}\left(\dfrac{\text{kPa}^2}{\text{m}}\right)$。

用气点压力　　　　**表 7-6-1**

管段起止点	①—②	②—③	③—④	③—⑧	②—⑤	⑤—⑥	⑤—⑦
管段号	1	2	3	7	5	6	4
管段长度(L)(m)	1000	700	800	700	600	400	400
管径×壁厚($D\times S$)	325×8	273×7	219×7	219×7	273×7	219×7	219×7
管段流量(m^3/h)	9000	5000	3000	2000	4000	2000	2000
$P_1^2-P_2^2/L$(kPa^2/m)	7.5	6.0	6.8	2.9	4.0	2.9	2.9
$(P_1^2-P_2^2/L)L\times0.73(\Delta P)$	5475	3066	3971	1482	1752	847	847
$\Delta P\times1.05$(kPa^2/m)	5749	3219	4170	1556	1840	889	889
节点压力(kPa)	①165.9	②147.6	③136.3	⑧130.5	⑤141.3	⑥138.1	⑦138.1

注：1. 0.73kg/m^3 计算天然气密度，单位长度摩擦阻力进行密度修正。
　　2. 1.05 为局部阻力损失按 5%计算。
　　3. 节点④调压器进口压力 120kPa。

1. 干管节点压力计算，见表7-6-1

（1）选管道①—②—③—④为本枝状管网的干管，先行计算。

（2）求干管的总长度：

$$l=l_1+l_2+l_3=2500\text{m}$$

（3）根据气源点①的供气压力及调压器进门的最小需求压力确定干管的允许压力平方差：

$$\Delta P_{al}=200^2-120^2=25600\text{kPa}^2$$

则干管的单位长度的允许压力平方差（含5%局部损失）为：

$$\frac{\Delta P}{l}=\frac{25600}{2500\times1.05}=9.75\text{kPa}^2/\text{m}$$

（4）由管段单位长度的允许压力平方差及各管段的计算流量初选干管各管段的管径。查图7-2-1选各管段的管径及其单位长度压力平方差：

管段1　　$d_1=325\times8\text{mm}$　　$\frac{\Delta P_1^2}{l_1}=7.5\text{kPa}^2/\text{m}$

管段2　　$d_2=273\times7\text{mm}$　　$\frac{\Delta P_2^2}{l_2}=6.0\text{kPa}^2/\text{m}$

管段3　　$d_3=219\times7\text{mm}$　　$\frac{\Delta P_3^2}{l_3}=6.8\text{kPa}^2/\text{m}$

（5）计算干管各管段的压力平方差（含局部损失5%）并进行密度修正。

管段1　$\Delta P_1^2=1.05\times7.5\times0.73\times1000=5749\text{kPa}^2$；

管段2　$\Delta P_2^2=1.05\times6.0\times0.73\times700=3219\text{kPa}^2$；

管段3　$\Delta P_3^2=1.05\times6.8\times0.73\times800=4170\text{kPa}^2$。

$$\sum\Delta P^2=5749+3219+4170=13138\text{kPa}^2<25600\text{kPa}^2$$

支管计算结果列于表7-6-1中。

（6）计算干管上各点压力

节点3　$P_3=\sqrt{P_4^2+\Delta P_3^2}=\sqrt{120^2+4170}=136.3\text{kPa}$

节点2　$P_2=\sqrt{P_3^2+\Delta P_2^2}=\sqrt{136.3^2+3219}=147.6\text{kPa}$

节点1　$P_1=\sqrt{P_2^2+\Delta P_1^2}=\sqrt{147.6^2+5749}=165.9\text{kPa}<200\text{kPa}$

（7）计算各支管点压力

节点8　$P_8=\sqrt{P_3^2-\Delta P_7^2}=\sqrt{136.3^2-1556}=130.5\text{kPa}$

节点5　$P_5=\sqrt{P_2^2-\Delta P_5^2}=\sqrt{147.6^2-1840}=141.3\text{kPa}$

节点6、7　$P_{6(7)}=\sqrt{P_5^2-\Delta P_4^2}=\sqrt{141.3^2-889}=138.1\text{kPa}$

计算结果见表7-6-1。

（8）绘制水力计算图7-6-4

为充分利用管道压力降，可减小管径进行重新计算，以提高管网的经济性。

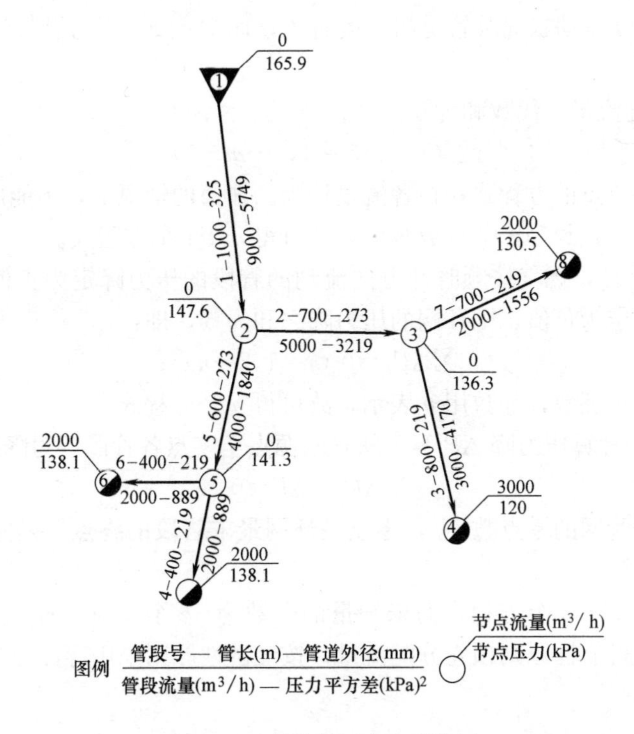

图 7-6-4 枝状管网水力计算图

7.7 环状管网水力计算

7.7.1 环状管网水力计算特点

环状管网是由一些封闭成环的输气管段与节点组成。任何形状的环状管网，其管段数 k、节点数 m 和环数 n 的关系均符合式（7-7-1）。

$$k=m+n-1 \tag{7-7-1}$$

环状管网任何一个节点均可由两向或多向供气，输送至某管段的燃气同时可由一条或几条管道供气，可以有许多不同的流量分配方案。分配流量时，在保证供给用户所需燃气量的同时，必须保持每一节点的燃气连续流动，也就是流向任一节点的流量必须等于流离该节点的流量。

此外，环状管网中变更某一管段的直径时，就会引起所有管段流量的重新分配，并改变管网各节点的压力值。因此，环状管网水力计算中各管段有三个未知量：直径 d_i，压力降 ΔP_i 和流量 Q_i，即管网未知量总数等于管段数的 3 倍，设管段数为 k，则未知量总数等于 $3k$。

为了求解环状管网，需列出足够的方程式。

① 每一管段的压力降 ΔP_j 计算公式为：

$$\Delta P_j=K_j\,\frac{Q_j^{\alpha}}{d_j^{\beta}}l_j\ \ (j=1,\ 2\cdots k) \tag{7-7-2}$$

式中 α 和 β 值与燃气流动状况及管道粗糙度有关，而常数 K_j 则与燃气性质有关。一共可得 k 个公式。

② 每一节点处流量的代数和为零。即：

$$\sum Q_i=0\ (i=1,2\cdots m-1) \tag{7-7-3}$$

因为最后一个节点的方程式，在各流量均为已知值的情况下，不能成为一个独立的方程式。故所得的方程式数等于节点数减一，共可得 $m-1$ 个方程式。

③ 对于每一个环，燃气按顺时针方向流动的管段的压力降定为正值，逆时针方向流动的管段的压力降定为负值，则环网的压力降之和为零，即：

$$\sum \Delta P_j=0\ (j=1,2\cdots n) \tag{7-7-4}$$

所得的方程式数等于环数，环数用 n 表示，故可得 n 个方程式。

④ 燃气管网的计算压力降 ΔP 等于从管网源点至零点各管段压力降之和 $\sum \Delta P_i$ 即：

$$\sum \Delta P_i-\Delta P=0 \tag{7-7-5}$$

所得方程式数等于管网的零点数 N_0，零点是环网最末管段的终点，是除源点外管网中已知压力值的节点。

至此，已得到 $2k+q$ 个方程，而未知量的个数为 $3k$ 个；尚需补充（$k-q$）个方程。为了求解，按供气可靠性原则预先分配流量，按经济性原则采用等压力降法选取管径作为补充条件求解。

7.7.2　环状管网水力计算步骤

环状管网水力计算可采用解管段方程组、解环方程组和解节点方程组的方法。不管用哪种解法，总是对压降方程（7-7-2）、连续性方程（7-7-3）及能量方程（7-7-4）的联立求解，以求得来知的管径及压力降。本章着重阐述用手工方法解环方程的计算方法。环状管网在初步分配流量时，必须满足连续性方程 $\sum Q_i=0$ 的要求，但按该设定流量选定管径求得各管段压力降以后，每环往往不能满足能量方程 $\sum \Delta P_j=0$ 的要求。因此，解环方程的环状管网计算过程，就是重新分配各管段的流量，反复计算，直到同时满足连续性方程组和能量方程组为止，这一计算过程称为管网平差。换言之，平差就是求解 $m-1$ 个线性连续性方程组和 n 个非线性能量方程组，以得出 k 个管段的流量。一般情况下，不能用直接法求解非线性能量方程组，而须用逐步近似法求解。最终计算是确定每环的校正流量，使压力闭合差尽量趋近于零。若最终计算结果未能达到各种技术经济要求，还需调整管径，进行反复运算，以确定比较经济合理的管径。具体步骤如下：

1. 绘制管网平面示意图，对节点、管段、环网编号，并标明管道长度、集中负荷、气源或调压站位置等。

2. 计算管网各管段的途泄流量。

3. 按气流沿最短路径从供气点流向零点的原则，拟定环网各管段中的燃气流向。气流方向总是流离供气点，而不应逆向流动。

4. 从零点开始，逐一推算各管段的转输流量。

5. 求管网各管段的计算流量。

6. 根据管网允许压力降和供气点至零点的管道计算长度，局部阻力损失通常取沿程阻力损失的（5%～10%），求得单位长度允许压力降，并预选管径。

7. 初步计算管网各管段的总压力降及每环的压力降闭合差。

8. 管网平差计算，求每环的校正流量，使所有封闭环网压力降的代数和等于零或接近于零，达到工程容许的误差范围。

对高、中压环状管网，用式（7-7-6）确定各环的校正流量。

$$\Delta Q=-\frac{\sum\Delta P}{1.75\sum\frac{\Delta P}{Q}}+\frac{\sum\Delta Q'_{\mathrm{nn}}\left(\frac{\Delta P}{Q}\right)_{\mathrm{ns}}}{\sum\frac{\Delta P}{Q}} \tag{7-7-6}$$

令

$$\Delta Q'=-\frac{\sum\Delta P}{1.75\sum\frac{\Delta P}{Q}};\ \Delta Q''=\frac{\sum\Delta Q'_{\mathrm{nn}}\frac{\Delta P}{Q}_{\mathrm{ns}}}{\sum\frac{\Delta P}{Q}} \tag{7-7-7}$$

式中 $\sum\Delta P$——计算环各管段阻力降之和；

$\Delta Q'_{\mathrm{nn}}$——邻环相邻环的计算校正流量；

$\left(\frac{\Delta P}{Q}\right)$——相邻管的单位体积管道阻力降；

$\sum\frac{\Delta P}{Q}$——计算环单位体积平均阻力降之和。

式中$\frac{\Delta P}{Q}$及$\left(\frac{\Delta P}{Q}\right)_{\mathrm{ns}}$任何时候均为正值，$\sum\Delta P$内各项的符号由计算决定，通常气流方向为顺时针时定为正；ΔQ的符号与$\sum\Delta P$的符号相反。

对低压环状管网，用式（7-7-7）确定各环的校正流量。

$$\Delta Q=-\frac{\sum\delta P}{2\sum\frac{\delta P}{Q}}+\frac{\sum\Delta Q_{\mathrm{nn}}\left(\frac{\delta P}{Q}\right)_{\mathrm{ns}}}{\sum\frac{\delta P}{Q}}=\Delta Q'+\Delta Q''$$

校正流量的计算顺序如下：首先求出各环的$\Delta Q'$，然后求出各环的$\Delta Q''$。令$\Delta Q=\Delta Q+\Delta Q''$，以此校正每环各管段的计算流量。若校正后闭合差仍未达到精度要求，则需再一次计算校正流量$\Delta Q'$、$\Delta Q''$及ΔQ，使闭合差达到允许的精度要求为止。

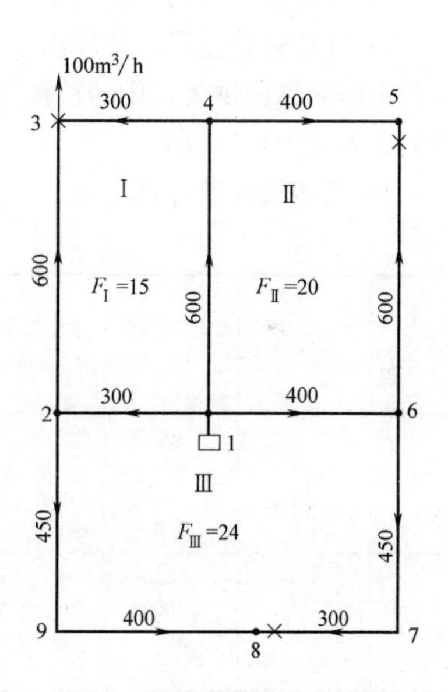

图7-7-1 环状管网计算简图

7.7.3 环状管网的计算示例

【例7-7-1】 试计算图7-7-1所示的低压管网，图上注有环网各边长度（m）及环内建筑用地面积F（hm^2）。人口密度为每公顷为600人，每人每小时的用气量为$0.05\mathrm{m}^3$，有一个工厂集中用户，用气量为$100\mathrm{m}^3/\mathrm{h}$。气源是天然气，$\rho=0.73\mathrm{kg/m}^3$，$\nu=15\times10^{-6}\mathrm{m}^2/\mathrm{s}$。管网中的计算压力降取$\Delta P=400\mathrm{Pa}$。

【解】 计算顺序如下：

1. 计算各环的单位长度途泄流量。

1）按管网布置将供气区域分成小区。

2）求出每环内的最大小时用气量（以面积、人口密度和每人的单位用气量相乘）。

3）计算供气环周边的总长。

4）求单位长度的途泄流量。

上述计算可列于表 7-7-1。

各环的单位长度途泄流量　　表 7-7-1

环号	面积(hm²)	居民数(人)	每人用气量[m³/(人·h)]	本环供气量(m³/h)	环周边长(m)	沿环周边的单位长度途泄流量[m³/(m·h)]
Ⅰ	15	9000	0.05	450	1800	0.25
Ⅱ	20	12000		600	2000	0.30
Ⅲ	24	14400		720	2300	0.313
				1770		

2. 根据计算简图，求出管网中每一管段的计算流量，计算列于表 7-7-2，其步骤如下：

1）将管网的各管段依次编号，在距供气点（调压站）最远处，假定零点的位置（3、5 和 8），同时决定气流方向。

2）计算各管段的途泄流量。

3）计算转输流量，计算由零点开始，与气流相反方向推算到供气点。如节点的集中负荷由两侧管段供气，则转输流量以各分担一半左右为宜。这些转输流量的分配，可在计算表的附注中加以说明。

4）求各管段的计算流量，计算结果见表 7-7-2。

各管段的计算流量　　表 7-7-2

环号	管段号	管段长度(m)	单位长度途泄流量 q (m³/m·h)	流量(m³/h) 途泄流量 Q_1	0.55 Q_1	转输流量 Q_2	计算流量 Q	附注
Ⅰ	1-2	300	0.25+0.313=0.563	169	93	466	559	集中负荷预定由 2-3 及 3-4 管段各供 50m³/h
	2-3	600	0.25	150	83	50	133	
	1-4	600	0.25+0.3=0.55	330	182	245	427	
	4-3	300	0.25	75	45	50	91	
Ⅱ	1-4	600	0.55	330	182	245	427	
	4-5	400	0.3	120	66	0	66	
	1-6	400	0.3+0.313=0.613	245	135	415	550	
	6-5	600	0.3	180	99	0	99	
Ⅲ	1-6	400	0.613	245	135	415	550	
	6-7	450	0.313	141	78	94	172	
	7-8	300	0.313	94	52	0	52	
	1-2	300	0.563	169	93	466	559	
	2-9	450	0.313	141	78	125	203	
	9-8	400	0.313	125	69	0	69	

校验转输流量之总值，调压站由 1-2、1-4 及 1-6 管段输出的燃气量得：

$$(169+466)+(330+245)+(245+415)=1870\text{m}^3/\text{h}$$

由各环的供气量及集中负荷得：

$$1770+100=1870\text{m}^3/\text{h}$$

两值相符。

3. 根据初步流量分配及单位长度平均压力降选择各管段的管径。局部阻力损失取摩擦阻力损失的10%。由供气点至零点的平均距离为1017m，即：

$$\frac{\Delta P}{L}=\frac{400}{1017\times1.1}=0.358\text{Pa/m}$$

由于本题所用的燃气 $\rho=0.73\text{kg/m}^3$，故在查图7-1-1的水力计算图表时，需进行修正，即：

$$\left(\frac{\Delta P}{L}\right)_{\rho=1}=\left(\frac{\Delta P}{L}\right)_{\rho=1}\rho$$

式中　ρ——工作天然气密度（kg/m^3）。

选定管径后，查得管段的 $\left(\frac{\Delta P}{L}\right)_{\rho=1}$ 值，求出：

$$\left(\frac{\Delta P}{L}\right)=\left(\frac{\Delta P}{L}\right)_{\rho=1}\times0.73$$

全部计算列于表7-7-3。

4. 从表7-7-3的初步计算可见，两个环的闭合差均大于10%。一个环的闭合差小于10%，也应对全部环网进行校正计算，否则由于邻环校正流量值的影响，反而会使该环的闭合差增大，有超过10%的可能。

先求各环的 $\Delta Q'$

$$\Delta Q'_{\text{I}}=-\frac{\sum\Delta P}{1.75\sum\frac{\Delta P}{Q}}=-\frac{39}{1.75\times2.51}=-8.9$$

$$\Delta Q'_{\text{II}}=-\frac{-58}{1.75\times2.31}=14.3$$

$$\Delta Q'_{\text{III}}=-\frac{30}{1.75\times2.04}=-8.4$$

再求各环的校正流量 $\Delta Q''$：

$$\Delta Q''_{\text{I}}=\frac{\sum\Delta Q'_{\text{nn}}\left(\frac{\Delta P}{Q}\right)_{\text{ns}}}{\sum\frac{\Delta P}{Q}}=\frac{-8.4\times0.40+14.3\times0.65}{2.49}=2.38$$

$$\Delta Q''_{\text{II}}=\frac{-8.9\times0.65+(-8.4)\times0.51}{2.31}=-4.37$$

$$\Delta Q''_{\text{III}}=\frac{-8.9\times0.4+14.3\times0.51}{2.04}=-1.82$$

由此，各环的校正流量为：

$$\Delta Q_{\text{I}}=\Delta Q'_{\text{I}}+\Delta Q''_{\text{I}}=-8.9+2.38=-6.5$$

$$\Delta Q_{\text{II}}=\Delta Q'_{\text{II}}+\Delta Q''_{\text{II}}=14.3-4.4=-9.9$$

$$\Delta Q_{\text{III}}=\Delta Q'_{\text{III}}+\Delta Q''_{\text{III}}=-8.4+1.83=--6.6$$

共用管段的校正流量为本环的校正流量值减去相邻环的校正流量值。

在例题中经过一次校正计算，各环的误差值均在10%以内，因此计算合格。如一次计

低压环网水力计算表 表 7-7-3

环号	管段			初步估算					校正流量计算			校正计算				
	管线号	邻环号	长度 L (m)	管段流量 Q (m³/h)	管径 d (mm)	单位压力降 $\frac{\Delta P}{L}$ 0.73(Pa)	管段压力降 ΔP (Pa)	$\frac{\Delta P}{Q}$	$\Delta Q'$	$\Delta Q''$	$\Delta Q=\Delta Q'+\Delta Q''$	管段校正流量 ΔQ_n	校正后管段流量 Q'	$\frac{\Delta P'}{L}$	管段压力降 $\Delta P'$	考虑局部阻力后的压力损失 $1.1\Delta P'$(Pa)
Ⅰ	1-2	Ⅲ	300	559	200	0.75	225	0.40	−8.9	2.38	−6.5	~0	559	0.75	225	248
	2-3	—	600	133	150	0.22	132	1.0				−7	126	0.22	132	145
	1-4	Ⅱ	600	−427	200	0.46	−276	0.65				−16	−443	0.5	−300	330
	4-3	—	300	−91	150	0.14	−42	0.46				−6	−97	0.15	−45	50
							+39 (10%)	Σ2.51							+12	+13 3.3%
Ⅱ	1-4	Ⅰ	600	427	200	0.46	276	0.65	14.3	−4.4	9.9	16	443	0.47	282	310
	4-5	—	400	66	150	0.06	24	0.36				10	76	0.08	32	35
	1-6	Ⅲ	400	−550	200	0.70	−280	0.51				17	−533	0.62	−248	−273
	6-5	—	600	−99	150	0.13	−78	0.79				10	−89	0.12	−72	−79
							+58 (14.5%)	Σ2.31							+4	−7 −0.18%
Ⅲ	1-6	Ⅱ	400	550	200	0.70	280	0.51	−8.40	1.82	−6.6	−17	533	0.62	248	273
	6-7	—	450	172	200	0.09	41	0.24				−7	165	0.08	36	40
	7-8	—	300	52	150	0.04	12	0.23				−7	45	0.04	12	13
	1-2	Ⅰ	300	−559	200	0.75	−22.5	0.40				0	−559	0.75	−225	−248
	2-9	—	450	−203	200	0.11	−50	0.25				−7	−210	0.11	−50	−55
	9-8	—	400	−69	150	0.07	−28	0.41				−7	−76	0.07	−28	−31
							+30 (7.5%)	Σ2.04								−8 2%

算后仍未达到允许误差范围以内，则应用同样方法再次进行校正计算。

5. 经过校正流量的计算，使管网中的燃气流量进行重新分配，因而集中负荷的预分配量有所调整，并使零点的位置有了移动。

点3的工厂集中负荷由4-3管段供气$56m^3/h$，由2-3管段供气$44m^3/h$。

管段6-5的计算流量由$99m^3/h$减至$89m^3/h$，因而零点向点6方向移动了ΔL_6。

$$\Delta L_6=\frac{99-89}{0.55q_{6\text{-}5}}=\frac{10}{0.55\times0.3}=60\text{m}$$

管段7-8的计算流量由$52m^3/h$减至$45m^3/h$，因而零点向点7方向移动了ΔL_7：

$$\Delta L_7=\frac{52-45}{0.55q_{7\text{-}8}}=\frac{7}{0.55\times0.313}=41\text{m}$$

新的零点位置用记号"×"表示在图7-7-1上，这些点是环网在计算工况下的压力最低点。

校核从供气点至零点的压力降：

$$\Delta P_{1\text{-}2\text{-}3}=248+145=393\text{Pa}$$

$$\Delta P_{1\text{-}6\text{-}5}=273+79=352\text{Pa}$$

$$\Delta P_{1\text{-}2\text{-}9\text{-}8}=248+55+31=334\text{Pa}$$

此压力降是否充分利用了计算压力降的数值，在一定程度上说明了计算是否达到了经济合理的效果。

提示：计算中应正确处理查图表造成的计算误差，应避免产生累计误差。

7.8　环状管网电算法原理

燃气管网电算已经很普及了，但是只能说是普及了应用。目前计算软件种类繁多，对于管网电算的基础知识的文献却是很少。本文从环网计算的基本原理讲起，分析各种电算方法的特点，并指出各种软件的特征与适用。

7.8.1　环状管网平差条件

燃气管网多数为环形管网。当已知管网结构与进、出管网的水力条件时，如图7-8-1所示。

图中Q_1、Q_2…为节点流量，q_1，q_2…为管段流量。设m为节点数，P为管段数，n为环数，根据图论可以证明，见公式（7-8-1）。

$$P=m+n-1 \qquad (7\text{-}8\text{-}1)$$

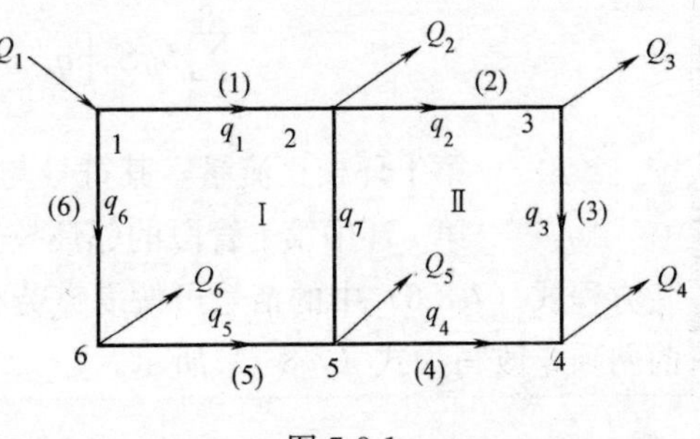

图7-8-1

1. 平衡方程式

环形管网的水力计算必须满足以下方程式

（1）与管道阻力有关的能量方程式

$$\Delta P_j=S_jq_j^{\alpha}(j=1,2\cdots P) \qquad (7\text{-}8\text{-}2)$$

式中 S、α——与管道阻力有关的系数。

（2）节点流量平衡方程式

$$\sum a_{ij} q_j + Q_i = 0 \tag{7-8-3}$$

式中 a_{ij}——管段与节点的关联元素：当

$a_{ij}=1$ 时，表示节点 i 是管段 j 的起点；

$a_{ij}=-1$ 时，表示节点 i 是管段 j 的终点；

$a_{ij}=0$ 时，表示节点 i 与管段 j 无关。

（3）环压力降平衡方程式

$$\sum b_{ij} S_j q_j^2 = 0 \ (i=1,2,\cdots n) \tag{7-8-4}$$

式中 b_{ij}——管段与环的关联元素：

当 $b_{ij}=1$ 时表示管段 j 在 i 环中，并且方向与环相同；

$b_{ij}=-1$ 时表示管段 j 在 i 环中，并且方向与环相反；

$b_{ij}=0$ 时表示管段 j 不在 i 环中。

2. 未知数与方程式的关系

当环形管网的结构与管径已知时，未知数为 P 个管段的流量和 P 个管段压力降，一共是 $2P$ 个。根据方程式（7-8-2）可写出 P 个，方程式（7-8-3）可写出（$m-1$）个，方程式（7-8-4）可写出 n 个。共计 $P+(m-1)+n$ 个。

根据方程式（7-8-1）可知共有 $P+(m-1)+n=2P$ 个。可见未知数与方程式数目相等，属于定解。也就是说可以计算出各管段的流量与压力降以及与其对应的接点压力。

由于手工计算限制，过去只用试算，使各环压力平衡。现今计算机可以解多元联立方程，开拓了平差计算的领域。下面介绍几种平差的基本理论基础。

7.8.2 环平衡法（哈代·克劳斯法）

首先人为设定各管段的流量。在假定管段流量 q_j 的基础上，引起环压力不平衡的闭合差为 ΔP_i 由式（7-8-5）表示。

$$\Delta P_i = \sum_{j=1}^{P} b_{ij} S_j q_j^{\alpha} \quad i=1,2\cdots n \tag{7-8-5}$$

引入校正流量 Δq_i 及邻环校正流离 Δq_{k} 后，可以达到 $\Delta P_i=0$，即式（7-8-6）所示。

$$\sum_{j=1}^{P} b_{ij} S_j \left[q_i \pm \Delta q_i + \sum_{\substack{k=1 \\ k\neq i}}^{n} b_{\mathrm{k}} \Delta q_{\mathrm{k}} \right]^{\alpha} \tag{7-8-6}$$

式中 Δq_i——第Ⅰ环校正流量，其符号与 b_{ij} 一致；

Δq_{k}——第 i 环中第 j 管段的邻环校正流量，其符号与 b_{ij} 相反。

方程式（7-8-6）中的括号可按麦克劳林级数展开，因 Δq_i 比 q_j 小很多，所以可以只取前两项，改写为式（7-8-7）所示。

$$\left[q_j \pm \Delta q_i \pm \sum b_{kj} \Delta q_k \right]^{\alpha} = q_i^{\alpha} + \alpha q_j^{\alpha-1} \Delta q_i \pm \alpha q_j^{\alpha-1} \sum_{\substack{k=1 \\ k\neq i}}^{n} b_{ij} \Delta q_i \tag{7-8-7}$$

代入式（7-8-6）中，得公式（7-8-8）。

$$\sum_{j=1}^{P} b_{ij} S_j \mid q_j^{\alpha-1} \mid \Delta q_i - \sum_{j=1}^{P} b_{ij} S_j \mid q_j^{\alpha-1} \mid \sum_{\substack{k=1\\k\neq i}}^{n} b_{kj} \Delta q_k = \frac{-1}{\alpha} \sum_{j=1}^{P} b_{ij} S_j \mid q_j^{\alpha} \mid \tag{7-8-8}$$

具有 n 个环的管网可列出 n 个方程式（7-8-8），解联立方程式，可得 n 个校正流量 Δq_i（$i=1$，$2\cdots n$）。q_k 为邻环校正流量，也在 Δq_i 系列之中。

校正后的管段流量 $q_{j(e+1)}$ 为

$$q_{j(e+1)} = q_{je} + b_{ij} \Delta q_{i(e+1)}$$

式中　q_{je}——初设管段流量；

$\Delta q_{i(e+1)}$——在 q_{je} 条件下求得的校正流量。

将方程式（7-8-8）写成矩阵形式

$$[BRD^{T}]\Delta q = \frac{1}{\alpha} BRq \tag{7-8-9}$$

式中　B——由 b_{ij} 组成的环路关联矩阵；

B^{T}——B 的转量矩阵；

Δq——由 Δq_i（$i=1$，$2\cdots$，n）组成的向量；

R——由 $S_j \mid q^{\alpha-1} \mid$ 组成的对角型矩阵。

具体步骤为：初设各管段流量 q_{je} 形成方程式（7-8-9）；

解 $\Delta q_{i(e+1)}$，计算校正后各管段流量 $q_{j(e+1)}$；

验算闭合差 ΔP_i，当 ΔP_i 不满足要求时，应重复计算，直到达到要求为止。其程序框图见图 7-8-2。

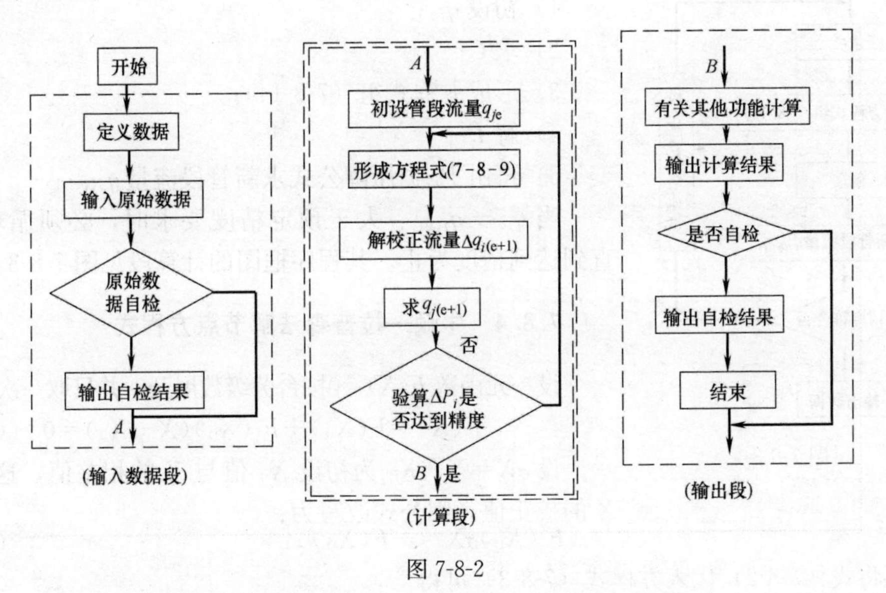

图 7-8-2

7.8.3　有限元法解节点方程式

将方程式（7-8-2）写成非线性关系式（7-8-10）

$$q_j = \frac{1}{S^{\frac{1}{\alpha}} q^{\alpha-1}} \Delta P_j = C_j \Delta P_j \tag{7-8-10}$$

将其代入方程式（7-8-3）得

$\sum_{j=1}^{P} a_{ij} C_j \Delta_j + Q_i = 0$，写成矩阵形式公式(7-8-11)

$$q = C\Delta P \quad (7\text{-}8\text{-}11)$$

式中　ΔP——管段压力降 ΔP_j 的向量；

C——由 $C=1/S^{\frac{1}{\alpha}} q_j^{\alpha-1}$ 元素组成的对角型矩阵；

q——管段流量 q_j 的向量。

方程式（7-8-3）的矩阵形式为式（7-8-12）

$$Aq + Q = 0 \quad (7\text{-}8\text{-}12)$$

式中　A——由 a_{ij} 元素组成的节点关联矩阵；

Q——节点流量 Q_i 的向量。

令 A 的转量矩阵为 A^{T} 时，可得节点压力 P_i 的向量 P 与管段压力降的向量 ΔP 的关系为式（7-8-13）所示。

$$A^{\mathrm{T}} P = \Delta P \quad (7\text{-}8\text{-}13)$$

将式（7-8-11）、式（7-8-13）代入方程式（7-8-12）时得式（7-8-14）

$$[ACA^{\mathrm{T}}]P + Q = 0 \quad (7\text{-}8\text{-}14)$$

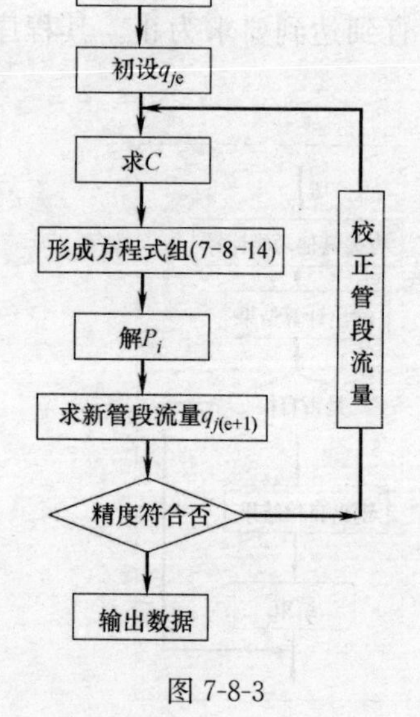

图 7-8-3

方程式（7-8-14）为节点方程式共有（$m-1$）个，可以解得（$m-1$）个节点压力。

具体的计算步骤为：

1）初设 q_{je}；

2）求 C；

3）形成方程式组（7-8-14）；

4）解 P_i；

5）再由 P_i 据压降公式求新管段流量 $q_{j(e+1)}$；

当 $q_{je} - q_{j(e+1)}$ 大于预定精度要求时，必须循环计算，直到达到精度为止。其程序框图的计算段见图 7-8-3。

7.8.4　牛顿—拉普森法解节点方程式

设一元函数 $F(X)=0$ 按台劳级数展开，并只取一次项得，

$$F(X) = F(X_0) + F'(X_0)(X - X_0) = 0 \quad (7\text{-}8\text{-}15)$$

设 $\sigma X = X - X_0$ 为初设 X_0 值与 X 的相差值，这也就是 X 的校正值，则公式改写为：

$$F'(X_0)\sigma X = -F(X_0) \quad (7\text{-}8\text{-}16)$$

现将式（7-8-2）代入方程式（7-8-3）可得

$$\sum^{P} a_{ij} S_j^{\frac{-1}{\alpha}} (P_i - P_{\mathrm{e}})^{\frac{1}{\alpha}} + Q_i = 0 (i = 1, 2 \cdots m) \quad (7\text{-}8\text{-}17)$$

同样按台劳级数展开可得与式（7-8-15）相似的方程式如公式（7-8-18）

$$\sum_{j=1}^{P} \alpha_{ij} S_j^{\frac{-1}{\alpha}} (P_i - P_{\mathrm{e}})^{\frac{1}{\alpha}} + Q_i + \frac{1}{\alpha} \sum_{j=1}^{P} \alpha_{ij} S_j^{\frac{-1}{\alpha}} (P_i - P_{\mathrm{e}})^{\frac{1}{\alpha}-1} \delta P_i = 0 \quad (i = 1, 2 \cdots m)$$

写成迭代式

$$-\alpha\left[\sum_{j=1}^{P}\alpha_{ij}S_j^{\frac{-1}{\alpha}}(P_{ie}-P_{1e})^{\frac{1}{\alpha}}+Q_i\right]=\sum_{j=1}^{P}\alpha_{ij}S_j^{\frac{-1}{\alpha}}(P_i-P_{ie})^{\frac{1}{\alpha}-1}\delta P_{i(e+1)}=0 \qquad (7\text{-}8\text{-}18)$$

式中　P_{ie}与P_{1e}——分别为管段 j 初设起点压力与终点压力；

$\delta P_{i(e+1)}$——在初设压力下的节点 i 的一次压力修正值。

这样当初设各节点压力后，可以根据方程式（7-8-18）写出（$m-1$）个方程式并且可以解出各节点压力的$\delta P_{i(e+1)}$，据此可以修正原来初设的压力值，而得到第一次修正后的节点压力$P_{i(e+1)}$按式（7-8-19）计算。

$$P_{i(e+1)}=P_{i(e)}+\delta P_{i(e+1)} \qquad (7\text{-}8\text{-}19)$$

如此循环计算直到达到要求精度为止。

方程式（7-8-18）还可以写成矩阵形式，即式（7-8-20）。

$$[AR_{Pe}A^{T}]\delta P_{(e+1)}=-\alpha[AP_{Pe}\Delta P_e+Q] \qquad (7\text{-}8\text{-}20)$$

式中　R_{Pe}——由$S_j^{\frac{-1}{\alpha}}(P_{ie}-P_{i0})^{\frac{1}{\alpha}-1}$形成的对角型矩阵；

$\delta P_{(e+1)}$——第一次求解方程组的向量（节点压力校正值）；

ΔP_e——由初设节点压力确定的管段压降向量。

具体计算步骤为：

1）初设节点压力 P_i；

2）形成R_{Pe}及方程组（7-8-20）；

3）解 $\delta P_{(e+1)}$；

当$\delta P_{(e+1)}$不符合精度要求时，重复循环计算，直到达到精度为止。其程序框图中的计算段见图 7-8-4。

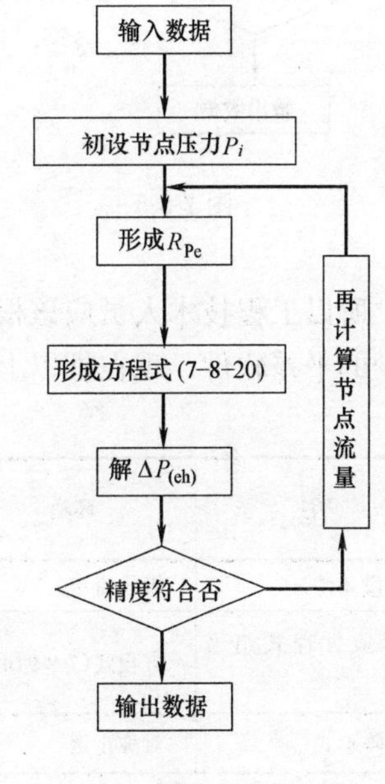

图 7-8-4

7.8.5　解管段方程法

在保持能量方程式（7-8-2）的条件下，解方程式（7-8-3）及式（7-8-4）可解得 P 个管段流量。解此种管段方程需要把非线性的能量方程线性化，并用迭代方法逐步求得结果。

将方程式（7-8-4）线性化，即式（7-8-21）

$$\sum_{j=1}^{P}b_{ij}S_jq_j^{\alpha}=\sum_{j=1}^{P}b_{ij}S_jq_j^{\alpha-1}q_j=0 \qquad (7\text{-}8\text{-}21)$$

设 $b'_{ij}=b_{ij}S_jq_j^{\alpha-1}$ 则改写成式（7-8-22）

$$\sum_{j=1}^{P}b_{ij}S_jq_j^{\alpha}=\sum_{j=1}^{P}b'_{ij}q_j=0 \qquad (7\text{-}8\text{-}22)$$

这样在初设管段流量q_{je}条件下，可解得方程式（7-8-22）及式（7-8-3）的联立方程式。方程式（7-8-22）及式（7-8-3）共有$n+(m-1)=P$个。正好解得 P 个管段流量。当解得管段流量与初设流量相差超过精度要求时，需要按式（7-8-23）校正开始时的初设流量。

$$\hat{q}_{j(e+1)}=fq_{je}+(1-f)q_{j(e+1)} \qquad (7\text{-}8\text{-}23)$$

式中　$\hat{q}_{j(e+1)}$——根据第一次解得的管段流量校正后的管段流量；

$q_{j(e+1)}$——根据初设流量解得的第一次管段流量；

f——系数，$f=(0.25\sim0.5)$。

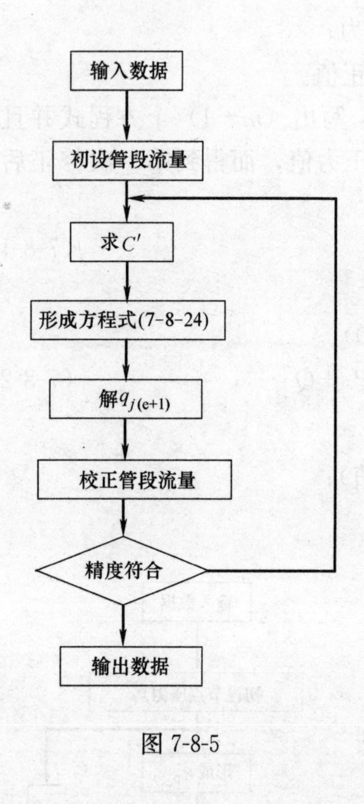

图 7-8-5

方程式（7-8-22）及式（7-8-23）可以合并一个矩阵方程式，即式（7-8-24）

$$C' q_{e+1} = D \quad (7\text{-}8\text{-}24)$$

式中　C'—由 α_{ij} 或 b'_{ij} 组成的矩阵；

当 $i \leqslant (m-1)$：$C'=\alpha_{ij}$ 组成矩阵；$D=-Q$ 向量；

$if(m-1)$：$C'=b'_{ij}$ 组成矩阵：$D=0$。

具体计算步骤为：

1）初设 q_{je}；形成方程式组（7-8-24）；解 $q_{j(e+1)}$；

2）求 $\bar{q}_{j(e+1)}$；

3）当前后的流量的差值不满足精度要求时，需重复循环计算。直到达到精度为止，其程序框图计算段见图 7-8-5。

7.8.6　各种解法的特点

由于采用的解题的方法不同，所以各种管网平差软件的初设条件、解题对象、方程式数目、矩阵形式以及内存数目、迭代次数、运算速度等均有不同。更重要的是由于采用方法的限制，其功能必然有一定的适用范围。所以工程技术人员应该根据计算对象的特点选择合适的方法编制功能强、速度快、内存少的平差软件。现在把以上各种方法的特点总结如表 7-8-1。

表 7-8-1

方法	环法	节点法		管段法
		有限元法	牛顿-拉普森	
初设条件	管段流量	管段流量	节点压力	管段流量
形成方程式组及数目	方程式(7-8-9)n 个	方程式（7-8-14）$(m-1)$个	方程式（7-8-20）$(m-1)$个	方程式(7-8-24)P 个
矩阵形式	对称正定	大型对称正定	大型对称正定	一般大型稀疏
解题对象	校正流量 Δq	节点压力 P	节点压力修正值 ΔP	管段流量 q
迭代次数	多	中	中	少
输入信息	多	中	中	多
闭合差	一般	较好	较好	好
小循环运算速度	快	较快	较快	慢
特点	只解环网	对初设值要求不高	初设值要求精确适用多气源定压计算	计算精度较高适用高、中压管网。编程较复杂

7.8.7　平差软件其他功能

电子计算机的任务主要是代替人作一些烦琐的、冗长的及重复性的数学运算工作。因此除了平差工作外，人们还可以根据实际工程需要，编制一些程序代替手工计算，增加软件功能。

1. 自检：首先是输入原始数据的检查。一个大型管网平差计算，需要输入管段、节点、管径、管长等上千上万个数据这些数据应随时都能输出显示以备检查。再者，如管网上总耗气量必须与气源的总供气量平衡等。有此自检功能可以及时发现运行过程中可能出现的重大错误。另外对于由于累计而引起的正常错误，还应能自动调整。在平差结束后，可以根据手工水力计算方法编成的程序，代替人手工检查平差结果。这也等于用两种方法计算，结果相同时，表明结果无误。

2. 统计：根据计算机有很强的统计功能，可以统计出各种数据信息。例如整个管网上各种管径的长度、重量和投资等。同时还可以打出各种表格。

3. 控制：在平差计算中，可以通过计算机找出管网中的特殊管段。例如压力降最高，流量最大的管段和节点压力最低的位置等。从而可以为调整、控制提供信息。在此基础上加上选择或者改变管径，这样就不仅单纯是计算了，发展成设计软件。

4. 多气源的定压力计算：燃气管网上有多个气源点，并且每个气源点对压力或流量都有一定要求。如不特殊处理必然会出现“虚平衡”和压气机的工作点与管网阻力不能匹配的问题。为此要发展多气源燃气管网平差软件。

编制燃气管网平差电算软件有多种途径，并且有各自的特点，应该根据计算对象的特点与要求选择最适合的方法编制软件。

第2部分 材 料

8. 管道材料
9. 钢制管法兰、垫片、紧固件
10. 管件
11. 阀门
12. 管道附件、型钢及焊条

第8章 管道材料

城镇天然气管道材料主要内容有：管道，管件，管法兰，垫片、紧固件，阀门，管道附件，型钢及焊条等。

8.1 管道及管道壁原系列

8.1.1 城镇天然气管道

城镇天然气常用管道有：

1. 无缝钢管（GB/T 8163）：包括热轧无缝钢管和冷板无缝钢管；

2. 焊接钢管（GB/T 3091）：包括直缝高频电阻焊、直缝埋弧焊和螺旋缝埋弧焊焊接钢管；从镀锌工艺上讲又有镀锌钢管和普通钢管之分；

3. 机械接口球墨铸铁管（GB/T 13295）；

4. 燃气用埋地聚乙烯（PE）管材（GB 15558.1）；

5. 钢骨架聚乙烯塑料复合管（CJ125）；

6. 铝管搭接焊式铝塑管（GB/T 18997.1）或铝管对接焊式铝塑管（GB/T 18997.2），本手册只介绍 GB/T 18997.2 等。

为了在三级和四级地区高压天然气管道须使用钢级大于 L245 钢管的选用方便，本节还摘录了《石油天然气工业管线输送系统用钢管》GB/T 9711—2011 标准的相关内容，新的标准中，钢管已不再分第 1 部分：A 级钢管；第 2 部分：B 级钢管；第 3 部分：C 级钢管。钢管等级只有 PSL1 和 PSL2 二个钢管等级和钢级。

8.1.2 管道壁厚系列

钢制管道壁厚的选用除了按式（3-4-1）计算外，还须考虑使用条件下的管道温度对材料许用应力的影响。为计算方便故引入了“Sch”俗称“表号”的管道壁厚系列，这也是国际上的通用做法。表 8-1-1 是中石化的管道壁厚系列，当使用温度大于设计温度时应对材料许用应力进行修正，或减小管道的使用压力，以保证管道的安全使用。

中石化钢管壁厚系列 **表 8-1-1**

公称直径 DN (mm)	外径 D_0 (mm)	SH 3405 管壁厚度(mm)														
		Sch 5S	Sch 10S	Sch 20S	Sch 40S	Sch 80S	Sch 20	Sch 30	Sch 40	Sch 60	Sch 80	Sch 100	Sch 120	Sch 140	Sch 160	XXs
10	17	1.2	1.6	2.0	2.5	3.2			2.5		3.5					
15	22	1.6	2.0	2.5	3.0	4.0			3.0		4.0				5.0	7.5
20	27	1.6	2.0	2.5	3.0	4.0			3.0		4.0				5.5	8.0
25	34	1.6	2.8	3.0	3.5	4.5			3.5		4.5				6.5	9.0

续表

公称直径 DN (mm)	外径 D_0 (mm)	SH 3405 管壁厚度(mm)														
		Sch 5S	Sch 10S	Sch 20S	Sch 40S	Sch 80S	Sch 20	Sch 30	Sch 40	Sch 60	Sch 80	Sch 100	Sch 120	Sch 140	Sch 160	XXs
(32)	42	1.6	2.8	3.0	3.5	5.0			3.5		5.0				7.0	10.0
40	48	1.6	2.8	3.0	4.0	5.0			4.0		5.0				7.0	10.0
50	60	1.6	2.8	3.5	4.0	5.5	3.5		4.0	5.0	5.5		7.0		8.5	11.0
(65)	75	2.0	3.0	3.5	5.0	7.0	4.5		5.0	6.0	7.0		8.0		9.5	14.0
80	89	2.0	3.0	4.0	5.5	7.5	4.5		5.5	6.5	7.5		9.0		11.0	15.0
100	114	2.0	3.0	4.0	6.0	8.5	5.0		6.0	7.0	8.5		11.0		14.0	17.0
(125)	140	2.8	3.5	5.0	6.5	9.5	5.0		6.5	8.0	9.5		13.0	—	16.0	19.0
150	168	2.8	3.5	5.0	7.0	11.0	5.5	6.5	7.0	9.5	11.0		14.0		18.0	22.0
200	219	2.8	4.0	6.5	8.0	13.0	6.5	7.0	8.0	10.0	13.0	15.0	18.0	20.0	24.0	23.0
250	273	3.5	4.0	6.5	9.5	15.0	6.5	8.0	9.5	13.0	15.0	18.0	22.0	25.0	28.0	25.0
300	325	4.0	4.5	6.5	9.5	17.0	6.5	8.5	10.0	14.0	17.0	22.0	25.0	28.0	34.0	26.0
350	356	4.0	5.0				8.0	9.5	11.0	15.0	19.0	24.0	28.0	32.0	36.0	
400	406	4.5	5.0				8.0	9.5	13.0	17.0	22.0	26.0	32.0	36.0	40.0	
450	457						8.0	11.0	14.0	19.0	24.0	30.0	35.0	40.0	45.0	
500	508						9.5	13.0	15.0	20.0	26.0	32.0	38.0	45.0	50.0	
550	559						9.5	13.0	17.0	22.0	28.0	35.0	42.0	48.0	54.0	
600	610						9.5	14.0	18.0	25.0	32.0	38.0	45.0	52.0	60.0	

注：1. 等级代号后面带 S 者仅适用于奥氏体不锈钢管。
　　2. 有括号的 DN 不推荐选用。

管道 Sch 值可按式（8-1-1）进行计算：

$$\mathrm{Sch}=\frac{P}{\sigma_1}\times 1000 \tag{8-1-1}$$

式中　P——设计压力（MPa）；

　　σ_1——设计温度下材料的许用应力（MPa）。

注：钢管许用应力，<150℃，10 钢 108MPa，20 钢 130MPa。

表 8-1-2 输送流体用无缝钢管（GB/T 8163）用于高压天然气管道的管道壁厚系列的计算 Sch 值，见表 8-1-2 其中四级地区强度设计系数（F）为 0.30，三级地区强度设计系数（F）为 0.40。

输送流体用无缝钢管用于高压天然气管道的计算 Sch 值　　　　**表 8-1-2**

使用压力 \ 管材		20	Q295	Q345	Q395	Q420	Q460
四级地区	4.0MPa	54	45	39	34	32	30
	2.5MPa	34	28	24	21	20	19
	1.6MPa	22	<20				
三级地区	4.0MPa	41	34	29	26	24	22.5
	2.5MPa	26	21	<20			
	1.6MPa	<20					

8.2 输送流体用无缝钢管

从表8-1-2可以看出在三、四级地区的高压天然气管道在使用输送流体用无缝钢管（GB/T 8163）的情况下，其钢管的管壁系列大多数是小于Sch40，是属于管道的常用壁厚，只有少数钢级高于L245的钢管高于Sch60级，因此可以认为GB/T 8163输送流体用无缝钢管满足了城镇天然气管道的使用要求。

8.2.1 输送流体用无缝钢管

现行国家标准《输送流体用无缝钢管》GB/T 8163的相关内容如下。

1. 范围

本标准规定了输送流体用无缝钢管的订货内容，尺寸、外形、重量、技术要求，试验方法、检验规则、包装，标志和质量证书。

本标准适用于输送流体用一般无缝钢管。

2. 订货内容

按本标准订购钢管的合同或订单应包括下列内容：

1）标准编号；

2）产品名称；

3）钢的牌号，有质量等级的应注明质量等级；

4）尺寸规格；

5）订购数量（总重量或总长度）；

6）交货状态；

7）特殊要求。

3. 尺寸、外形和重量

（1）外径和壁厚

钢管的外径（D）和壁厚（S）应符合GB/T 17395的规定。

根据需方要求，经供需双方协商，可供应其他外径和壁厚的钢管。

（2）长度

1）通常长度

钢管的通常长度为3000～12500mm。

2）范围长度

根据需方要求，经供需双方协商，并在合同中注明，钢管可按范围长度交货。范围长度应在通常长度范围内。

3）定尺和倍尺长度

根据需方要求，经供需双方协商，并在合同中注明，钢管可按定尺长度或倍尺长度交货。

钢管的定尺长度应在通常长度范围内，全长允许偏差应符合以下规定：

a. 定尺长度不大于6000^{+10}_{0}mm；

b. 定尺长度大于6000^{+15}_{0}mm。

（3）重量

1）钢管按实际重量交货，亦可按理论重量交货，钢管理论重量的计算按 GB/T 17395 的规定，钢的密度取 7.85kg/dm³；

2）根据需方要求，经供需双方协商，并在准合同中注明、交货钢管理论重量与实际重量的偏差符合如下规定；

单支钢管：±10%；

每批最小为 10t：±7.5%。

4. 技术要求

（1）钢的牌号和化学成分

1）钢管由 10、20、Q295、Q345、Q390、Q420、Q460 牌号的钢制造。

2）根据需方要求，经供需双方协商，可生产 GB/T 699 中其他牌号的钢管，其化学成分（熔炼分析）应符合相应标准的规定。

3）牌号为 10、20 钢的化学成分（熔炼分析）应符合 GB/T 699 的规定。

4）牌号为 Q295、Q345、Q390、Q420 和 Q460 钢的化学成分（熔炼分析）应符合 GB/T 1591 的规定，其中质量等级为 A、B、C 级钢的磷、硫含量均应不大于 0.030%。

5）当需方要求做成品分析时，应在合同中注明，成品钢管的化学成分允许偏差应符合 GB/T 222 的规定。

（2）制造方法

1）钢的冶炼方法

钢应采用电弧炉加炉外精炼或氧气转炉加炉外精炼的方法冶炼。

2）钢坯的制造方法

钢坯采用连铸或热轧（锻）方法制造，钢锭也可直接用做管坯。

3）钢管的制造方法

钢管应采用热轧（挤压、扩）或冷拔（轧）无缝方法制造。需方指定某一种方法制造钢管时，应在合同中注明。

（3）交货状态

1）热轧（挤压、扩）钢管应以热轧状态或热处理状态交货。要求热处理状态交货时，需在合同中注明。

2）冷拔（轧）钢管应以热处理状态交货。根据需方要求，经供需双方协商，并在合同中注明，也可以冷拔（轧）状态交货。

（4）力学性能

1）拉伸性能

交货状态下钢管的纵向拉伸性能应符合表 8-2-1 的规定。

2）冲击试验

a. 牌号为 Q295、Q345、Q390、Q420、Q460，质量等级为 B、C、D、E 的钢管，当外径不小于 70mm，且壁厚不小于 6.5mm 时，应进行冲击试验，其夏比 V 型缺口冲击试验的冲击吸收能量和试验温度应符合表 8-2-1 的规定。冲击吸收能量按一组 3 个试样的算术平均值计算，允许其中一个试样的单个值低于规定值，但应不低于规定值的 70%。

钢管的力学性能 表 8-2-1

牌号	质量等级	拉伸性能					冲击试验	
		抗拉强度 R_m(MPa)	下屈服强度[a] R_{eL}(MPa)			断后伸长率 A(%)	温度(℃)	吸收能量 KV_2/(J)
			壁厚(mm)					
			≤16	>16～30	>30			
		不小于						不小于
10	—	335～475	205	195	185	24	—	—
20	—	410～530	245	235	225	20	—	—
Q295	A	390～570	295	275	255	22	—	—
	B						+20	34
Q345	A	470～630	345	325	295	20	—	—
	B						+20	34
	C					21	0	
	D						−20	
	E						−40	27
Q390	A	490～650	390	370	350	18	—	—
	B						+20	34
	C					19	0	
	D						−20	
	E						−40	27
Q420	A	520～680	420	400	380	18	—	—
	B						+20	34
	C					19	0	
	D						−20	
	E						−40	27
Q460	C	550～720	460	440	420	17	0	34
	D						−20	
	E						−40	27

a 拉伸试验时，如不能测定屈服强度，可测定规定非比例延伸强度 $R_{p0.2}$ 代替 R_{eL}。

b. 表 8-2-2 中的冲击吸收能量为标准尺寸试样夏比 V 型缺口冲击吸收能量要求值。当不能制备标准尺寸试样时，可制备小尺寸试样。当采用小尺寸冲击试样时，其最小夏比 V 型缺口冲击吸收能量要求值应为标准尺寸试样冲击吸收能量要求值乘以表 8-2-2 中的递减系数。冲击试样尺寸应优先选择尽可能的较大尺寸。

小尺寸试样冲击吸收能量递减系数 表 8-2-2

试样规格	试样尺寸(高度×宽度)(mm×mm)	递减系数
标准试样	10×10	1.00
小试样	10×7.5	0.75
小试样	10×5	0.50

c. 根据需方要求，经供需双方协商，并在合同中注明，其他牌号、质量等级也可进行夏比 V 型缺口冲击试验，其试验温度、试样尺寸、冲击吸收能量由供需双方协商确定。

对于压力大于 1.6MPa 的室外天然气管道按照《城镇燃气设计规范》GB 50028 所规

定选用的钢管应按要求进行冲击试验。

除上述内容外的其他方面请详见现行国家标准《输送流体用无缝钢管》GB/T 8163。

8.2.2　无缝钢管尺寸、外形重量及允许偏差

无缝钢管尺寸、外形、重量及允许偏差应符合现行国家标准《无缝钢管尺寸、外形、重量及允许偏差》GB/T 17395 的规定，相关内容如下。

1. 范围

本标准适用于制定各类用途的平端无缝钢管标准时，选择尺寸、外形、重量及允许偏差。

2. 外径及壁厚

（1）本手册采用的钢管的外径及壁厚为 GB/T 17395 中的普通钢管的外径和壁厚，见表 8-2-3。

（2）外径

钢管的外径分为三个系列：系列 1、系列 2 和系列 3。系列 1 是通用系列，属推荐选用系列；系列 2 是非通用系统；系列 3 是少数特殊、专用系列。

普通钢管的外径分为系列 1、系列 2 和系列 3。

编者注：

1）系列 1 为国际通用系列（俗称英制管）即欧洲体系及美洲体系；外径以毫米（mm）为单位进行圆整；括号内尺寸即为以英吋换算成毫米的尺寸；

2）系列 2、系列 3 外径部分为我国曾用的公制管道外径尺寸，如系列 1 中的 114（*DN*100），原公制管道外径是 108，在水煤气钢管中，钢管外径（英制）为 4 吋，公称尺寸 114mm。

3. 长度

（1）通常长度

钢管的通常长度为 3000～12500mm。

（2）定尺长度和倍尺长度

定尺长度和倍尺长度应在通常长度范围内，每个倍尺长度按规定留出切口余量：

4. 重量

（1）钢管按实际重量交货，也可按理论重量交货。实际重量交货可分为单根重量或每批重量。

（2）钢管的理论重量按公式 8-2-1 计算：

$$W=\pi\rho(D-S)S/1000 \tag{8-2-1}$$

式中　W——钢管的理论重量（kg/m）；

$\pi=3.1416$；

ρ——钢的密度，一般取值 7.85（kg/dm^3）；

D——钢管的公称外径（mm）；

S——钢管的公称壁厚（mm）。

（3）按理论重量交货的钢管，根据需方要求，可规定钢管实际重量与理论重量的允许偏差。单根钢管实际重量与理论重量的允许偏差分为五级（见 GB/T 17395 表 12）。每批不小于 10t 钢管的理论重量与实际重量的允许偏差为±7.5％或±5％。

5. 普通钢管的外径和壁厚及单位长度理论重量，见表 8-2-3。

表 8-2-3

普通钢管的外径和壁厚及单位长度理论重量

外径(mm)			壁厚(mm)															
系列1	系列2	系列3	0.25	0.30	0.40	0.50	0.60	0.80	1.0	1.2	1.4	1.5	1.6	1.8	2.0	2.2(2.3)	2.5(2.6)	2.8
			单位长度理论重量(kg/m)															
	6		0.035	0.042	0.055	0.068	0.080	0.103	0.123	0.142	0.159	0.166	0.174	0.186	0.197			
	7		0.042	0.050	0.065	0.080	0.095	0.122	0.148	0.172	0.193	0.203	0.213	0.231	0.247	0.260	0.277	
	8		0.048	0.057	0.075	0.092	0.109	0.142	0.173	0.201	0.228	0.240	0.253	0.275	0.296	0.315	0.339	
	9		0.054	0.064	0.085	0.105	0.124	0.162	0.197	0.231	0.262	0.277	0.292	0.320	0.345	0.369	0.401	0.428
10(10.2)			0.060	0.072	0.095	0.117	0.139	0.182	0.222	0.260	0.297	0.314	0.331	0.364	0.395	0.423	0.462	0.497
	11		0.066	0.079	0.105	0.129	0.154	0.201	0.247	0.290	0.331	0.351	0.371	0.408	0.444	0.477	0.524	0.566
	12		0.072	0.087	0.114	0.142	0.169	0.221	0.271	0.320	0.366	0.388	0.410	0.453	0.493	0.532	0.586	0.635
	13(12.7)		0.079	0.094	0.124	0.154	0.183	0.241	0.296	0.349	0.401	0.425	0.450	0.497	0.543	0.586	0.647	0.704
13.5			0.082	0.098	0.129	0.160	0.191	0.251	0.308	0.364	0.418	0.444	0.470	0.519	0.567	0.613	0.678	0.739
		14	0.085	0.101	0.134	0.166	0.198	0.260	0.321	0.379	0.435	0.462	0.489	0.542	0.592	0.640	0.709	0.773
	16		0.097	0.116	0.154	0.191	0.228	0.300	0.370	0.438	0.504	0.536	0.568	0.630	0.691	0.749	0.832	0.911
17(17.2)			0.103	0.124	0.164	0.203	0.243	0.320	0.395	0.468	0.539	0.573	0.608	0.675	0.740	0.803	0.894	0.981
		18	0.109	0.131	0.174	0.216	0.257	0.339	0.419	0.497	0.573	0.610	0.647	0.719	0.789	0.857	0.956	1.05
	19		0.116	0.138	0.183	0.228	0.272	0.359	0.444	0.527	0.608	0.647	0.687	0.764	0.838	0.911	1.02	1.12
	20		0.122	0.146	0.193	0.240	0.287	0.379	0.469	0.556	0.642	0.684	0.726	0.808	0.888	0.966	1.08	1.19
21(21.3)					0.203	0.253	0.302	0.399	0.493	0.586	0.677	0.721	0.765	0.852	0.937	1.02	1.14	1.26
		22			0.213	0.265	0.317	0.418	0.518	0.616	0.711	0.758	0.805	0.897	0.986	1.07	1.20	1.33
	25				0.243	0.302	0.361	0.477	0.592	0.704	0.815	0.869	0.923	1.03	1.13	1.24	1.39	1.53
		25.4			0.247	0.307	0.367	0.485	0.602	0.716	0.829	0.884	0.939	1.05	1.15	1.26	1.41	1.56
27(26.9)					0.262	0.327	0.391	0.517	0.641	0.764	0.884	0.943	1.00	1.12	1.23	1.35	1.51	1.67
	28				0.272	0.339	0.405	0.537	0.666	0.793	0.918	0.980	1.04	1.16	1.28	1.40	1.57	1.74

续表

外径(mm)			壁厚(mm)															
系列1	系列2	系列3	(2.9)3.0	3.2	3.5(3.6)	4.0	4.5	5.0	(5.4)5.5	6.0	(6.3)6.5	7.0(7.1)	7.5	8.0	8.5	(8.8)9.0	9.5	10
			单位长度理论重量(kg/m)															
	6																	
	7																	
	8																	
	9																	
10(10.2)			0.518	0.537	0.561													
	11		0.592	0.616	0.647													
	12		0.666	0.694	0.734	0.789												
	13(12.7)		0.740	0.773	0.820	0.888												
13.5			0.777	0.813	0.863	0.937												
		14	0.814	0.852	0.906	0.986												
	16		0.962	1.01	1.08	1.18	1.28	1.36										
17(17.2)			1.04	1.09	1.17	1.28	1.39	1.48										
		18	1.11	1.17	1.25	1.38	1.50	1.60										
	19		1.18	1.25	1.34	1.48	1.61	1.73	1.83	1.92								
	20		1.26	1.33	1.42	1.58	1.72	1.85	1.97	2.07								
21(21.3)			1.33	1.40	1.51	1.68	1.83	1.97	2.10	2.22								
		22	1.41	1.48	1.60	1.78	1.94	2.10	2.24	2.37								
	25		1.63	1.72	1.86	2.07	2.28	2.47	2.64	2.81	2.97	3.11						
		25.4	1.66	1.75	1.89	2.11	2.32	2.52	2.70	2.87	3.03	3.18						
27(26.9)			1.78	1.88	2.03	2.27	2.50	2.71	2.92	3.11	3.29	3.45						
	28		1.85	1.96	2.11	2.37	2.61	2.84	3.05	3.26	3.45	3.63						

续表

外径(mm)			壁厚(mm)														
系列1	系列2	系列3	(2.9)3.0	3.2	3.5(3.6)	4.0	4.5	5.0	(5.4)5.5	6.0	(6.3)6.5	7.0(7.1)	7.5	8.0	8.5	(8.8)9.0	9.5	10
			单位长度理论重量(kg/m)															
		30	2.00	2.11	2.29	2.56	2.83	3.08	3.32	3.55	3.77	3.97	4.16	4.34				
	32(31.8)		2.15	2.27	2.46	2.76	3.05	3.33	3.59	3.85	4.09	4.32	4.53	4.74				
34(33.7)			2.29	2.43	2.63	2.96	3.27	3.58	3.87	4.14	4.41	4.66	4.90	5.13				
		35	2.37	2.51	2.72	3.06	3.38	3.70	4.00	4.29	4.57	4.83	5.09	5.33	5.56	5.77		
	38		2.59	2.75	2.98	3.35	3.72	4.07	4.41	4.74	5.05	5.35	5.64	5.92	6.18	6.44	6.68	6.91
	40		2.74	2.90	3.15	3.55	3.94	4.32	4.68	5.03	5.37	5.70	6.01	6.31	6.60	6.88	7.15	7.40
42(42.4)			2.89	3.06	3.32	3.75	4.16	4.56	4.95	5.33	5.69	6.04	6.38	6.71	7.02	7.32	7.61	7.89
		45(44.5)	3.11	3.30	3.58	4.04	4.49	4.93	5.36	5.77	6.17	6.56	6.94	7.30	7.65	7.99	8.32	8.63
48(48.3)			3.33	3.54	3.84	4.34	4.83	5.30	5.76	6.21	6.65	7.08	7.49	7.89	8.28	8.66	9.02	9.37
	51		3.55	3.77	4.10	4.64	5.16	5.67	6.17	6.66	7.13	7.60	8.05	8.48	8.91	9.32	9.72	10.11
		54	3.77	4.01	4.36	4.93	5.49	6.04	6.58	7.10	7.61	8.11	8.60	9.08	9.54	9.99	10.43	10.85
	57		4.00	4.25	4.62	5.23	5.83	6.41	6.99	7.55	8.10	8.63	9.16	9.67	10.17	10.65	11.13	11.59
60(60.3)			4.22	4.48	4.88	5.52	6.16	6.78	7.39	7.99	8.58	9.15	9.71	10.26	10.80	11.32	11.83	12.33
	63(63.5)		4.44	4.72	5.14	5.82	6.49	7.15	7.80	8.43	9.06	9.67	10.27	10.85	11.42	11.99	12.53	13.07
	65		4.59	4.88	5.31	6.02	6.71	7.40	8.07	8.73	9.38	10.01	10.64	11.25	11.84	12.43	13.00	13.56
	68		4.81	5.11	5.57	6.31	7.05	7.77	8.48	9.17	9.86	10.53	11.19	11.84	12.47	13.10	13.71	14.30
	70		4.96	5.27	5.74	6.51	7.27	8.02	8.75	9.47	10.18	10.88	11.56	12.23	12.89	13.54	14.17	14.80
		73	5.18	5.51	6.00	6.81	7.60	8.38	9.16	9.91	10.66	11.39	12.11	12.82	13.52	14.21	14.88	15.54
76(76.1)			5.40	5.75	6.26	7.10	7.93	8.75	9.56	10.36	11.14	11.91	12.67	13.42	14.15	14.87	15.58	16.28
	77		5.47	5.82	6.34	7.20	8.05	8.88	9.70	10.51	11.30	12.08	12.85	13.61	14.36	15.09	15.81	16.52
	80		5.70	6.06	6.60	7.50	8.38	9.25	10.11	10.95	11.78	12.60	13.41	14.21	14.99	15.76	16.52	17.26

续表

外径(mm)			壁厚(mm)															
系列1	系列2	系列3	(2.9)3.0	3.2	3.5(3.6)	4.0	4.5	5.0	(5.4)5.5	6.0	(6.3)6.5	7.0(7.1)	7.5	8.0	8.5	(8.8)9.0	9.5	10
			单位长度理论重量(kg/m)															
		83(82.5)	5.92	6.30	6.86	7.79	8.71	9.62	10.51	11.39	12.26	13.12	13.96	14.80	15.62	16.42	17.22	18.00
	85		6.07	6.46	7.03	7.99	8.93	9.86	10.78	11.69	12.58	13.47	14.33	15.19	16.04	16.87	17.69	18.50
89(88.9)			6.36	6.77	7.38	8.38	9.38	10.36	11.33	12.28	13.22	14.16	15.07	15.98	16.87	17.76	18.63	19.48
	95		6.81	7.24	7.90	8.98	10.04	11.10	12.14	13.17	14.19	15.19	16.18	17.16	18.13	19.09	20.03	20.96
	102(101.6)		7.32	7.80	8.50	9.67	10.82	11.96	13.09	14.21	15.31	16.40	17.48	18.55	19.60	20.64	21.67	22.69
		108	7.77	8.27	9.02	10.26	11.49	12.70	13.90	15.09	16.27	17.44	18.59	19.73	20.86	21.97	23.08	24.17
114(114.3)			8.21	8.74	9.54	10.85	12.15	13.44	14.72	15.98	17.23	18.47	19.70	20.91	22.12	23.31	24.48	25.65
	121		8.73	9.30	10.14	11.54	12.93	14.30	15.67	17.02	18.35	19.68	20.99	22.29	23.58	24.86	26.12	27.37
	127		9.17	9.77	10.66	12.13	13.59	15.04	16.48	17.90	19.32	20.72	22.10	23.48	24.84	26.19	27.53	28.85
	133		9.62	10.24	11.18	12.73	14.26	15.78	17.29	18.79	20.28	21.75	23.21	24.66	26.10	27.52	28.93	30.33
140(139.7)			10.14	10.80	11.78	13.42	15.04	16.65	18.24	19.83	21.40	22.96	24.51	26.04	27.57	29.08	30.57	32.06
		142(141.3)	10.28	10.95	11.95	13.61	15.26	16.89	18.51	20.12	21.72	23.31	24.88	26.44	27.98	29.52	31.04	32.55
	146		10.58	11.27	12.30	14.01	15.70	17.39	19.06	20.72	22.36	24.00	25.62	27.23	28.82	30.41	31.98	33.54
		152(152.4)	11.02	11.74	12.82	14.60	16.37	18.13	19.87	21.60	23.32	25.03	26.73	28.41	30.08	31.74	33.39	35.02
		159			13.42	15.29	17.15	18.99	20.82	22.64	24.45	26.24	28.02	29.79	31.55	33.29	35.03	36.75
168(168.3)					14.20	16.18	18.14	20.10	22.04	23.97	25.89	27.79	29.69	31.57	33.43	35.29	37.13	38.97
		180(177.8)			15.23	17.36	19.48	21.58	23.67	25.75	27.81	29.87	31.91	33.93	35.95	37.95	39.95	41.92
		194(193.7)			16.44	18.74	21.03	23.31	25.57	27.82	30.06	32.28	34.50	36.70	38.89	41.06	43.23	45.38
	203				17.22	19.63	22.03	24.41	26.79	29.15	31.50	33.84	36.16	38.47	40.77	43.06	45.33	47.60
219(219.1)										31.52	34.06	36.60	39.12	41.63	44.13	46.61	49.08	51.54
		232								33.44	36.15	38.84	41.52	44.19	46.85	49.50	52.13	54.75
		245(244.5)								35.36	38.23	41.09	43.93	46.76	49.58	52.38	55.17	57.95
		267(267.4)								38.62	41.76	44.88	48.00	51.10	54.19	57.26	60.33	63.38

续表

外径(mm)			壁厚(mm)															
系列1	系列2	系列3	11	12(12.5)	13	14(14.2)	15	16	17(17.5)	18	19	20	22(22.2)	24	25	26	28	30
			单位长度理论重量(kg/m)															
		83(82.5)	19.53	21.01	22.44	23.82	25.15	26.44	27.67	28.85	29.99	31.07	33.10					
	85		20.07	21.60	23.08	24.51	25.89	27.23	28.51	29.74	30.93	32.06	34.18					
89(88.9)			21.16	22.79	24.37	25.89	27.37	28.80	30.19	31.52	32.80	34.03	36.35	38.47				
	95		22.79	24.56	26.29	27.97	29.59	31.17	32.70	34.18	35.61	36.99	39.61	42.02				
	102(101.6)		24.69	26.63	28.53	30.38	32.18	33.93	35.64	37.29	38.89	40.44	43.40	46.17	47.47	48.73	51.10	
		108	26.31	28.41	30.46	32.45	34.40	36.30	38.15	39.95	41.70	43.40	46.66	49.71	51.17	52.58	55.24	57.71
114(114.3)			27.94	30.19	32.38	34.53	36.62	38.67	40.67	42.62	44.51	46.36	49.91	53.27	54.87	56.43	59.39	62.15
	121		29.84	32.26	34.62	36.94	39.21	41.43	43.60	45.72	47.79	49.82	53.71	57.41	59.19	60.91	64.22	67.33
	127		31.47	34.03	36.55	39.01	41.43	43.80	46.12	48.39	50.61	52.78	56.97	60.96	62.89	64.76	68.36	71.77
	133		33.10	35.81	38.47	41.09	43.65	46.17	48.63	51.05	53.42	55.74	60.22	64.51	66.59	68.61	72.50	76.20
140(139.7)			34.99	37.88	40.72	43.50	46.24	48.93	51.57	54.16	56.70	59.19	64.02	68.66	70.90	73.10	77.34	81.38
		142(141.3)	35.54	38.47	41.36	44.19	46.98	49.72	52.41	55.04	57.63	60.17	65.11	69.84	72.14	74.38	78.72	82.86
	146		36.62	39.66	42.64	45.57	48.46	51.30	54.08	56.82	59.51	62.15	67.28	72.21	74.60	76.94	81.48	85.82
		152(152.4)	38.25	41.43	44.56	47.65	50.68	53.66	56.60	59.48	62.32	65.11	70.53	75.76	78.30	80.79	85.62	90.26
		159	40.15	43.50	46.81	50.06	53.27	56.43	59.53	62.59	65.60	68.56	74.33	79.90	82.62	85.28	90.46	95.44
168(168.3)			42.59	46.17	49.69	53.17	56.60	59.98	63.31	66.59	69.82	73.00	79.21	85.23	88.17	91.05	96.67	102.10
		180(177.8)	45.85	49.72	53.54	57.31	61.04	64.71	68.34	71.91	75.44	78.92	85.72	92.33	95.56	98.74	104.96	110.98
		194(193.7)	49.64	53.86	58.03	62.15	66.22	70.24	74.21	78.13	82.00	85.82	93.32	100.62	104.20	107.72	114.63	121.33
	203		52.09	56.52	60.91	65.25	69.55	73.79	77.98	82.13	86.22	90.26	98.20	105.95	109.74	113.49	120.84	127.99
219(219.1)			56.43	61.26	66.04	70.78	75.46	80.10	84.69	89.23	93.71	98.15	106.88	115.42	119.61	123.75	131.89	139.83
		232	59.95	65.11	70.21	75.27	80.27	85.23	90.14	95.00	99.81	104.57	113.94	123.11	127.62	132.09	140.87	149.45
		245(244.5)	63.48	68.95	74.38	79.76	85.08	90.36	95.59	100.77	105.90	110.98	120.99	130.80	135.64	140.42	149.84	159.07
		267(267.4)	69.45	75.46	81.43	87.35	93.22	99.04	104.81	110.53	116.21	121.83	132.93	143.83	149.20	154.53	165.04	175.34

续表

外径(mm)			壁厚(mm)														
系列 1	系列 2	系列 3	3.5(3.6)	4.0	4.5	5.0	(5.4)5.5	6.0	(6.3)6.5	7.0(7.1)	7.5	8.0	8.5	(8.8)9.0	9.5	10	11
			单位长度理论重量(kg/m)														
273									42.72	45.92	49.11	52.28	55.45	58.50	61.73	64.86	71.07
	299(298.5)										53.92	57.41	60.90	64.37	67.83	71.27	78.13
		302									54.47	58.00	61.52	65.03	68.53	72.01	78.94
		318.5									57.52	61.26	64.98	68.69	72.39	76.08	83.42
325(323.9)											58.73	62.54	66.35	70.14	73.92	77.68	85.18
	340(339.7)											65.50	69.49	73.47	77.43	81.38	89.25
	351											67.67	71.80	75.91	80.01	84.10	92.23
356(355.6)														77.02	81.18	85.33	93.59
		368												79.68	83.99	88.29	96.85
	377													81.68	86.10	90.51	99.29
	402													87.23	91.96	96.67	106.07
406(406.4)														88.12	92.89	97.66	107.15
		419												91.00	95.94	100.87	110.68
	426													92.55	97.58	102.59	112.58
	450													97.88	103.20	108.51	119.09
457														99.44	104.84	110.24	120.99
	473													102.99	108.59	114.18	125.33
	480													104.54	110.23	115.91	127.23
	500													108.98	114.92	120.84	132.65
508														110.76	116.79	122.81	134.82
	530													115.64	121.95	128.24	140.79
		560(559)												122.30	128.97	135.64	148.93
610														133.39	140.69	147.97	162.50

续表

外径(mm)			壁厚(mm)														
系列 1	系列 2	系列 3	12(12.5)	13	14(14.2)	15	16	17(17.5)	18	19	20	22(22.2)	24	25	26	28	30
			单位长度理论重量(kg/m)														
273			77.24	83.36	89.42	95.44	101.41	107.33	113.20	119.02	124.79	136.18	147.38	152.90	158.38	169.18	179.78
	299(298.5)		84.93	91.69	98.40	105.06	111.67	118.23	124.74	131.20	137.61	150.29	162.77	168.93	175.05	187.13	199.02
		302	85.82	92.65	99.44	106.17	112.85	119.49	126.07	132.61	139.09	151.92	164.54	170.78	176.97	189.20	201.24
		318.5	90.71	97.94	105.13	112.27	119.36	126.40	133.39	140.34	147.23	160.87	174.31	180.95	187.55	200.60	213.45
325(323.9)			92.63	100.03	107.38	114.68	121.93	129.13	136.28	143.38	150.44	164.39	178.16	184.96	191.72	205.09	218.25
	340(339.7)		97.07	104.84	112.56	120.23	127.85	135.42	142.94	150.41	157.83	172.53	187.03	194.21	201.34	215.44	229.35
	351		100.32	108.36	116.35	124.29	132.19	140.03	147.82	155.57	163.26	178.50	193.54	200.99	208.39	223.04	237.49
356(355.6)			101.80	109.97	118.08	126.14	134.16	142.12	150.04	157.91	165.73	181.21	196.50	204.07	211.60	226.49	241.19
		368	105.35	113.81	122.22	130.58	138.89	147.16	155.37	163.53	171.64	187.72	203.61	211.47	219.29	234.78	250.07
	377		108.02	116.70	125.33	133.91	142.45	150.93	159.36	167.75	176.08	192.61	208.93	217.02	225.06	240.99	256.73
	402		115.42	124.71	133.96	143.16	152.31	161.41	170.46	179.46	188.41	206.17	223.73	232.44	241.09	258.26	275.22
406(406.4)			116.60	126.00	135.34	144.64	153.89	163.09	172.24	181.34	190.39	208.34	226.10	234.90	243.66	261.02	278.18
		419	120.45	130.16	139.83	149.45	159.02	168.54	178.01	187.43	196.80	215.39	233.79	242.92	251.99	269.99	287.80
	426		122.52	132.41	142.25	152.04	161.78	171.47	181.11	190.71	200.25	219.19	237.93	247.23	256.48	274.83	292.98
	450		129.62	140.10	150.53	160.92	171.25	181.53	191.77	201.95	212.09	232.21	252.14	262.03	271.87	291.40	310.74
457			131.69	142.35	152.95	163.51	174.01	184.47	194.88	205.23	215.54	236.01	256.28	266.34	276.36	296.23	315.91
	473		136.43	147.48	158.48	169.42	180.33	191.18	201.98	212.73	223.43	244.69	265.75	276.21	286.62	307.28	327.75
	480		138.50	149.72	160.89	172.01	183.09	194.11	205.09	216.01	226.89	248.49	269.90	280.53	291.11	312.12	332.93
	500		144.42	156.13	167.80	179.41	190.98	202.50	213.96	225.38	236.75	259.34	281.73	292.86	303.93	325.93	347.93
508			146.79	158.70	170.56	182.37	194.14	205.85	217.51	229.13	240.70	263.68	286.47	297.79	309.06	331.45	353.65
	530		153.30	165.75	178.16	190.51	202.82	215.07	227.28	239.44	251.55	275.62	299.49	311.35	323.17	346.64	369.92
		560(559)	162.17	175.37	188.51	201.61	214.65	227.65	240.60	253.50	266.34	291.89	317.25	329.85	342.40	367.36	392.12
610			176.97	191.40	205.78	220.10	234.38	248.61	262.79	276.92	291.01	319.02	346.84	360.68	374.46	401.88	429.11

续表

外径(mm)			壁厚(mm)													
系列1	系列2	系列3	9	9.5	10	11	12(12.5)	13	14(14.2)	15	16	17(17.5)	18	19	20	22(22.2)
			单位长度理论重量(kg/m)													
	630		137.83	145.37	152.90	167.92	182.89	197.81	212.68	227.50	242.28	257.00	271.67	286.30	300.87	329.87
		660	144.49	152.40	160.30	176.06	191.77	207.43	223.04	238.60	254.11	269.58	284.99	300.35	315.67	346.15
		699					203.31	219.93	236.50	253.03	269.50	285.93	302.30	318.63	334.90	367.31
711							206.86	223.78	240.65	257.47	274.24	290.96	307.63	324.25	340.82	373.82
	720						209.52	226.66	243.75	260.80	277.79	294.73	311.62	328.47	345.26	378.70
	762														365.98	401.49
		788.5													379.05	415.87
813															391.13	429.16
		864													416.29	456.83
914																
		965														
1016																

续表

外径(mm)			壁厚(mm)												
系列1	系列2	系列3	24	25	26	28	30	32	34	36	38	40	42	45	48
			单位长度理论重量(kg/m)												
	630		358.68	373.01	387.29	415.70	443.91	471.92	499.74	527.36	554.79	582.01	609.04	649.22	688.95
		660	376.43	391.50	406.52	436.41	466.10	495.60	524.90	554.00	582.90	611.61	640.12	682.51	724.46
		699	399.52	415.55	431.53	463.34	494.96	526.38	557.60	588.62	619.45	650.08	680.51	725.79	770.62
711			406.62	422.95	489.22	471.63	503.84	535.85	567.66	599.28	630.69	661.92	692.94	739.11	784.83
	720		411.95	428.49	444.99	477.84	510.49	542.95	575.21	607.27	639.13	670.79	702.26	749,09	795.48
	762		436.81	454.39	471.92	506.84	541.57	576.09	610.42	644.55	678.49	712.23	745.77	795.71	845.20
		788.5	452.49	470.73	488.92	525.14	561.17	597.01	632.64	668.08	703.32	738.37	773.21	825.11	876.57
813			466.99	485.83	504.62	542.06	579.30	616.34	653.18	689.83	726.28	762.54	798.59	852.30	905.57
		864	497.18	517.28	537.33	577.28	617.03	656.59	695.95	735.11	774.08	812.85	851.42	908.90	965.94
914				548.10	569.39	611.80	654.02	696.05	737.87	779.50	820.93	862.17	903.20	964.39	1025.13
		965		579.55	602.09	647.02	691.76	736.30	780.64	824.78	868.73	912.48	956.03	1020.99	1085.50
1016				610.99	634.79	682.24	729.49	776.54	823.40	870.06	916.52	962.79	1008.86	1077.59	1145.87

8.3　低压流体输送用焊接钢管

常用于城镇天然气管道的焊接钢管有直缝焊接钢管、螺旋缝焊接钢管以及室内管道用的镀锌焊接钢管（带螺纹、俗称水煤气管）。

8.3.1　低压流体输送用焊接钢管

现行国家标准《低压流体输送用焊接钢管》GB/T 3091 的相关内容如下。

1. 范围

本标准规定了低压流体输送用焊接钢管的尺寸、外形、重量、技术要求、试验方法、检验规则、包装、标志及质量证明书。

标准适用于水、空气、采暖蒸汽、燃气等低压流体输送用焊接钢管。

标准包括直缝高频电阻焊（ERW）钢管、直缝埋弧焊（SAWL）钢管和螺旋缝埋弧焊（SAWH）钢管，并对它们的不同要求分别做了标注，未标注的同时适用于直缝高频电阻焊钢管、直缝埋弧焊钢管和螺旋缝埋弧焊钢管。

2. 订货内容

按本标准订购钢管的合同或订单至少应包括下列内容。

1）标准编号；

2）产品名称；

3）钢的牌号（等级）；

4）订购的数量（总重量或总长度）；

5）尺寸规格（外径×壁厚，单位为毫米）；

6）长度（单位为毫米）；

7）制造工艺；

8）交货状态；

9）其他要求。

3. 尺寸、外形和重量

（1）尺寸

外径和壁厚

钢管的外径（D）和壁厚（t）应符合 GB/T 21835 的规定，其中管端用螺纹和沟槽连接的钢管尺寸参见表 8-3-2。

根据需方要求，经供需双方协商，并在合同中注明，可供应 GB/T 21835 规定以外尺寸的钢管。

（2）长度

1）通常长度

钢管的通常长度应为 3000～12000mm。

2）定尺长度

钢管的定尺长度应在通常长度范围内，直缝高频电阻焊钢管的定尺长度允许偏差为$^{+20}_{0}$mm；螺旋缝埋弧焊钢管的定尺长度允许偏差为$^{+50}_{0}$mm。

3）倍尺长度

钢管的倍尺总长度应在通常长度范围内，直缝高频电阻焊钢管的总长度允许偏差为$^{+20}_{0}$mm；螺旋缝埋弧焊钢管的总长度允许偏差为$^{+50}_{0}$mm，每个倍尺长度应留5～15mm的切口余量。

（3）重量

1）钢管按理论重交货，也可按实际重量交货。

2）钢管的理论重量按公式（8-3-1）计算，钢的密度按7.85kg/dm^3。

$$W=0.0246615(D-t)t \tag{8-3-1}$$

式中 W——钢管的单位长度理论重量（kg/m）；

D——钢管外径（mm）；

t——钢管的壁厚（mm）。

3）钢管镀锌后单位长度理论重量按公式（8-3-2）计算：

$$W'=C \cdot W \tag{8-3-2}$$

式中 W'——钢管镀锌后的单位长度理论重量（kg/m）；

W——钢管镀锌前的单位长度理论重量（kg/m）；

C——镀锌钢管的重量系数，见GB/T 3091表2。

4．技术要求

（1）钢的牌号和化学成分

1）钢的牌号和化学成分（熔炼分析）应符合GB/T 700中牌号Q195、Q215A、Q215B、Q235A、Q235B和GB/T 1591中牌号Q295A、Q295B、Q345A、Q345B的规定。根据需方要求，经供需双方协商，并在合同中注明，也可采用其他易焊接的钢牌号。

2）化学成分按熔炼成分验收。当需方要求进行成品分析时，应在合同中注明，成品分析化学成分的允许偏差应符合GB/T 222的有关规定。

（2）制造工艺

钢管采用直缝高频电阻焊、直缝埋弧焊和螺旋缝埋弧焊中的任一种工艺制造。

（3）交货状态

钢管按焊接状态交货，直缝高频电阻焊钢管可按焊缝热处理状态交货。根据需方要求，经供需双方协商，并在合同中注明，钢管也可按整体热处理状态交货。

根据需方要求，经供需双方协商，并在合同中注明，外径不大于508mm的钢管可镀锌交货，也可按其他保护涂层交货。

（4）力学性能

力学性能要求：

钢管的力学性能要求应符合表8-3-1的规定，其他钢牌号的力学性能要求由供需双方协商确定。

力学性能 **表8-3-1**

牌号	下屈服强度R_{eL}(N/mm^2) 不小于		抗拉强度R_m(N/mm^2) 不小于	断后伸长率A(%) 不小于	
	$t\leqslant$16mm	$t>$16mm		$D\leqslant$168.3mm	$D>$168.3m
Q195	195	185	315	15	20
Q215A、Q215B	215	205	335		
Q235A、Q235B	235	225	370		
Q295A、Q295B	295	275	390	13	18
Q345A、Q345B	345	325	470		

（5）镀锌层

1）镀锌方法

钢管镀锌应采用热浸镀锌法。

2）镀锌层的重量测定

根据需方要求，经供需双方协商，并在合同中注明，钢管的镀锌层可进行重量测定，钢管内外表面镀锌层总重量应小于 500g/m^2。测定方法按标准 GB/T 3091 附录 B 进行，试验时，允许其中一个试样的镀锌层总重量小于 500g/m^2，但应不小于 480g/m^2。

3）镀锌层的均匀性试验

钢管的镀锌层应进行均匀性试验。试验方法按附录 C 进行，试验时，试样（焊缝处除外）在硫酸铜溶液中连续浸渍 5 次应不变红（镀铜色）。

4）镀锌层的附着力检验

外径不大于 60.3mm 的钢管镀锌后应采用弯曲试验进行镀锌层的附着力检验。试验时，弯曲试样应不带填充物，弯曲半径为钢管外径的 8 倍，弯曲角度为 90°，焊缝位于弯曲方向的外侧面。试验后，试样上不允许出现锌层剥落现象。

根据需方要求，经供需双方协商，并在合同中注明，外径大于 60.3mm 的钢管镀锌后应采用压扁试验进行镀锌层的附着力检验。压扁试样的长度应不小于 64mm。试验时，两平板间距离为钢管外径的 3/4 时，试样上不允许出现锌层剥落现象。

5. 钢管的公称口径与钢管的外径、壁厚对照表，表 8-3-2。

管端用螺纹和沟槽连接的钢管尺寸参见表 8-3-2。

钢管的公称口径与钢管的外径、壁厚对照表（mm）　　**表 8-3-2**

公称口径	外径	壁厚		公称口径	外径	壁厚	
		普通钢管	加厚钢管			普通钢管	加厚钢管
6	10.2	2.0	2.5	40	48.3	3.5	4.5
8	13.5	2.5	2.8	50	60.3	3.8	4.5
10	17.2	2.5	2.8	65	76.1	4.0	4.5
15	21.3	2.8	3.5	80	88.9	4.0	5.0
20	26.9	2.8	3.5	100	114.3	4.0	5.0
25	33.7	3.2	4.0	125	139.7	4.0	5.5
32	42.4	3.5	4.0	150	168.3	4.5	6.0

注：表中的公称口径系近似内径的名义尺寸，不表示外径减去两个壁厚所得的内径。

编者注：

表 8-3-2 中尺寸为俗称水煤气钢管尺寸，水煤气钢管分镀锌钢管和普通钢管（不镀锌）二种。

8.3.2　焊接钢管尺寸及重量

焊接钢管尺寸及重量应符合现行国家标准《焊接钢管尺寸及单位长度重量》GB/T 21835 的规定，相关内容如下。

1. 范围

本标准规定了焊接钢管的公称尺寸及单位长度重量。

本标准适用于制定各类用途的圆形平端焊接钢管标准时，选择公称尺寸和单位长度重量。

2. 分类

本标准给出的焊接钢管分为普通焊接钢管、精密焊接钢管和不锈钢焊接钢管。

普通焊接钢管尺寸及单位长度理论重量　　表 8-3-3

系列			壁厚(mm)																	
系列1			0.5	0.6	0.8	1.0	1.2	1.4		1.6		1.8		2.0		2.3		2.6		2.9	
系列2									1.5		1.7		1.9		2.2		2.4		2.8		3.1
外径(mm)			单位长度理论重量(kg/m)																	
系列1	系列2	系列3																		
10.2			0.120	0.142	0.185	0.227	0.266	0.304	0.322	0.339	0.356	0.373	0.389	0.404	0.434	0.448	0.462	0.487	0.511	0.522	
	12		0.142	0.169	0.221	0.271	0.320	0.366	0.388	0.410	0.432	0.453	0.473	0.493	0.532	0.550	0.568	0.603	0.635	0.651	0.680
	12.7		0.150	0.179	0.235	0.289	0.340	0.390	0.414	0.438	0.461	0.484	0.506	0.528	0.570	0.590	0.610	0.648	0.684	0.701	0.734
13.5			0.160	0.191	0.251	0.308	0.364	0.418	0.444	0.470	0.495	0.519	0.544	0.567	0.613	0.635	0.657	0.699	0.739	0.758	0.795
		14	0.166	0.198	0.260	0.321	0.379	0.435	0.462	0.489	0.516	0.542	0.567	0.592	0.640	0.664	0.687	0.731	0.773	0.794	0.833
	16		0.191	0.228	0.300	0.370	0.438	0.504	0.536	0.568	0.600	0.630	0.661	0.691	0.749	0.777	0.805	0.859	0.911	0.937	0.986
17.2			0.206	0.246	0.324	0.400	0.474	0.546	0.581	0.616	0.650	0.684	0.717	0.750	0.814	0.845	0.876	0.936	0.994	1.02	1.08
		18	0.216	0.257	0.339	0.419	0.497	0.573	0.610	0.647	0.683	0.719	0.754	0.789	0.857	0.891	0.923	0.987	1.05	1.08	1.14
	19		0.228	0.272	0.359	0.444	0.527	0.608	0.647	0.687	0.725	0.764	0.801	0.838	0.911	0.947	0.983	1.05	1.12	1.15	1.22
	20		0.240	0.287	0.379	0.469	0.556	0.642	0.684	0.726	0.767	0.808	0.848	0.888	0.966	1.00	1.04	1.12	1.19	1.22	1.29
21.3			0.256	0.306	0.404	0.501	0.595	0.687	0.732	0.777	0.822	0.866	0.909	0.952	1.04	1.08	1.12	1.20	1.28	1.32	1.39
		22	0.265	0.317	0.418	0.518	0.616	0.711	0.758	0.805	0.851	0.897	0.942	0.986	1.07	1.12	1.16	1.24	1.33	1.37	1.44
	25		0.302	0.361	0.477	0.592	0.704	0.815	0.869	0.923	0.977	1.03	1.082	1.13	1.24	1.29	1.34	1.44	1.53	1.58	1.67
		25.4	0.307	0.367	0.485	0.602	0.716	0.829	0.884	0.939	0.994	1.05	1.10	1.15	1.26	1.31	1.36	1.46	1.56	1.61	1.70
26.9			0.326	0.389	0.515	0.639	0.761	0.880	0.940	0.998	1.06	1.11	1.17	1.23	1.34	1.40	1.45	1.56	1.66	1.72	1.82
		30	0.364	0.435	0.576	0.715	0.852	0.987	1.05	1.12	1.19	1.25	1.32	1.38	1.51	1.57	1.63	1.76	1.88	1.94	2.06
	31.8		0.386	0.462	0.612	0.760	0.906	1.05	1.12	1.19	1.26	1.33	1.40	1.47	1.61	1.67	1.74	1.87	2.00	2.07	2.19
	32		0.388	0.465	0.616	0.765	0.911	1.06	1.13	1.20	1.27	1.34	1.41	1.48	1.62	1.68	1.75	1.89	2.02	2.08	2.21
33.7			0.409	0.490	0.649	0.806	0.962	1.12	1.19	1.27	1.34	1.42	1.49	1.56	1.71	1.78	1.85	1.99	2.13	2.20	2.34
		35	0.425	0.509	0.675	0.838	1.00	1.16	1.24	1.32	1.40	1.47	1.55	1.63	1.78	1.85	1.93	2.08	2.22	2.30	2.44
	38		0.462	0.553	0.734	0.912	1.09	1.26	1.35	1.44	1.52	1.61	1.69	1.78	1.94	2.02	2.11	2.27	2.43	2.51	2.67
	40		0.487	0.583	0.773	0.962	1.15	1.33	1.42	1.52	1.61	1.70	1.79	1.87	2.05	2.14	2.23	2.40	2.57	2.65	2.82

续表

系列			壁厚(mm)																	
系列1			3.2		3.6		4.0		4.5		5.0		5.4		5.6		6.3		7.1	
系列2				3.4		3.8		4.37		4.78		5.16		5.56		6.02		6.35		7.92
外径(mm)			单位长度理论重量(kg/m)																	
系列1	系列2	系列3																		
10.2																				
	12																			
	12.7																			
13.5																				
		14																		
	16		1.01	1.06	1.10	1.14														
17.2			1.10	1.16	1.21	1.26														
		18	1.17	1.22	1.28	1.33														
	19		1.25	1.31	1.37	1.42														
	20		1.33	1.39	1.46	1.52	1.58	1.68												
21.3			1.43	1.50	1.57	1.64	1.71	1.82	1.86	1.95										
		22	1.48	1.56	1.63	1.71	1.78	1.90	1.94	2.03										
	25		1.72	1.81	1.90	1.99	2.07	2.22	2.28	2.38	2.47									
		25.4	1.75	1.84	1.94	2.02	2.11	2.27	2.32	2.43	2.52									
26.9			1.87	1.97	2.07	2.16	2.26	2.43	2.49	2.61	2.70	2.77								
		30	2.11	2.23	2.34	2.46	2.56	2.76	2.83	2.97	3.08	3.16								
	31.8		2.26	2.38	2.50	2.62	2.74	2.96	3.03	3.19	3.30	3.39								
	32		2.27	2.40	2.52	2.64	2.76	2.98	3.05	3.21	3.33	3.42								
33.7			2.41	2.54	2.67	2.80	2.93	3.16	3.24	3.41	3.54	3.63								
		35	2.51	2.65	2.79	2.92	3.06	3.30	3.38	3.56	3.70	3.80								
	38		2.75	2.90	3.05	3.21	3.35	3.62	3.72	3.92	4.07	4.18								
	40		2.90	3.07	3.23	3.39	3.55	3.84	3.94	4.15	4.32	4.43								

续表

系列			壁厚(mm)																	
系列1			3.2		3.6		4.0		4.5		5.0		5.4		5.6		6.3		7.1	
系列2				3.4		3.8		4.37		4.78		5.16		5.56		6.02		6.35		7.92
外径(mm)			单位长度理论重量(kg/m)																	
系列1	系列2	系列3																		
42.4			3.09	3.27	3.44	3.62	3.79	4.10	4.21	4.43	4.61	4.74	4.93	5.05	5.08	5.40				
		44.5	3.26	3.45	3.63	3.811	4.00	4.32	4.44	4.68	4.87	5.01	5.21	5.34	5.37	5.71				
48.3			3.56	3.76	3.97	4.17	4.37	4.73	4.86	5.13	5.34	5.49	5.71	5.86	5.90	6.28				
	51		3.77	3.99	4.21	4.42	4.64	5.03	5.16	5.45	5.67	5.83	6.07	6.23	6.27	6.68				
		54	4.01	4.24	4.47	4.70	4.93	5.35	5.49	5.80	6.04	6.22	6.47	6.64	6.68	7.12				
	57		4.25	4.49	4.74	4.99	5.23	5.67	5.83	6.16	6.41	6.60	6.87	7.05	7.10	7.57				
60.3			4.51	4.77	5.03	5.29	5.55	6.03	6.19	6.54	6.82	7.02	7.31	7.51	7.55	8.06				
	63.5		4.76	5.04	5.32	5.59	5.87	6.37	6.55	6.92	7.21	7.42	7.74	7.94	8.00	8.53				
	70		5.27	5.58	5.90	6.20	6.51	7.07	7.27	7.69	8.01	8.25	8.60	8.84	8.89	9.50	9.90	9.97		
		73	5.51	5.84	6.16	6.48	6.81	7.40	7.60	8.04	8.38	8.63	9.00	9.25	9.31	9.94	10.36	10.44		
76.1			5.75	6.10	6.44	6.78	7.11	7.73	7.95	8.41	8.77	9.03	9.42	9.67	9.74	10.40	10.84	10.92		
		82.5	6.26	6.63	7.00	7.38	7.74	8.42	8.66	9.16	9.56	9.84	10.27	10.55	10.62	11.35	11.84	11.93		
88.9			6.76	7.17	7.57	7.98	8.38	9.11	9.37	9.92	10.35	10.66	11.12	11.43	11.50	12.30	12.83	12.93		
	101.6		7.77	8.23	8.70	9.17	9.63	10.48	10.78	11.41	11.91	12.27	12.81	13.17	13.26	14.19	14.81	14.92		
		108	8.27	8.77	9.27	9.76	10.26	11.17	11.49	12.17	12.70	13.09	13.66	14.05	14.14	15.14	15.80	15.92		
114.3			8.77	9.30	9.83	10.36	10.88	11.85	12.19	12.91	13.48	13.89	14.50	14.91	15.01	16.08	16.78	16.91	18.77	20.78
	127		9.77	10.36	10.96	11.55	12.13	13.22	13.59	14.41	15.04	15.50	16.19	16.65	16.77	17.96	18.75	18.89	20.99	23.26
	133		10.24	10.87	11.49	12.11	12.73	13.86	14.26	15.11	15.78	16.27	16.99	17.47	17.59	18.85	19.69	19.83	22.04	24.43
139.7			10.77	11.43	12.08	12.74	13.39	14.58	15.00	15.90	16.61	17.12	17.89	18.39	18.52	19.85	20.73	20.88	23.22	25.74
		141.3	10.90	11.56	12.23	12.89	13.54	14.76	15.18	16.09	16.81	17.32	18.10	18.61	18.74	20.08	20.97	21.13	23.50	26.05
		152.4	11.77	12.49	13.21	13.93	14.64	15.95	16.41	17.40	18.18	18.74	19.58	20.13	20.27	21.73	22.70	22.87	25.44	28.22
		159	12.30	13.05	13.80	14.54	15.29	16.66	17.15	18.18	18.99	19.58	20.46	21.04	21.19	22.71	23.72	23.91	26.60	29.51

续表

系　列			壁厚(mm)																	
系列1			3.2		3.6		4.0		4.5		5.0		5.4		5.6		6.3		7.1	
系列2				3.4		3.8		4.37		4.78		5.16		5.56		6.02		6.35		7.92
外径(mm)			单位长度理论重量(kg/m)																	
系列1	系列2	系列3																		
		165	12.77	13.55	14.33	15.11	15.88	17.31	17.81	18.89	19.73	20.34	21.25	21.86	22.01	23.60	24.66	24.84	27.65	30.68
168.3			13.03	13.83	14.62	15.42	16.21	17.67	18.18	19.28	20.14	20.76	21.69	22.31	22,47	24.09	25.17	25.36	28.23	31.33
		177.8	13.78	14.62	15.47	16.31	17.14	18.69	19.23	20.40	21.31	21.97	22.96	23.62	23.78	25.50	26.65	26.85	29.88	33.18
		190.7	14.80	15.70	16.61	17.52	18.42	20.08	20.66	21.92	22.90	23.61	24.68	25.39	25.56	27.42	28.65	28.87	32.15	35.70
		193.7	15.03	15.96	16.88	17.80	18.71	20.40	21.00	22.27	23.27	23.99	25.08	25.80	25.98	27.86	29.12	29.34	32.67	36.29
219.1			17.04	18.09	19.13	20.18	21.22	23.14	23.82	25.26	26.40	27.22	28.46	29.28	29.49	31.63	33.06	33.32	37.12	41.25
		244.5	19.04	20.22	21.39	22.56	23.72	25.88	26.63	28.26	29.53	30.46	31.84	32.76	32.99	35.41	37.01	37.29	41.57	46.21
273.1			21.30	22.61	23.93	25.24	26.55	28.96	29.81	31.63	33.06	34.10	35.65	36.68	36.94	39.65	41.45	41.77	46.58	51.79
323.9			25.31	26.87	28.44	30.00	31.56	34.44	35.45	37.62	39.32	40.56	42.42	43.65	43.96	47.19	49.34	49.73	55.47	61.72
355.6			27.81	29.53	31.25	32.97	34.68	37.85	38.96	41.36	43.23	44.59	46.64	48.00	48.34	51.90	54.27	54.69	61.02	67.91
406.4			31.82	33.79	35.76	37.73	39.70	43.33	44.60	47.34	49.50	51.06	53.40	54.96	55.35	59.44	62.16	62.65	69.92	77.83
457			35.81	38.03	40.25	42.47	44.69	48.78	50.23	53.31	55.73	57.50	60.14	61.90	62.34	66.95	70.02	70.57	78.78	87.71
508			39.84	42.31	44.78	47.25	49.72	54.28	55.88	59.32	62.02	63.99	66.93	68.89	69.38	74.53	77.95	78.56	87.71	97.68
		559	43.86	46.59	49.31	52.03	54.75	59.77	61.54	65.33	68.11	70.48	73.72	75.89	76.43	82.10	85.87	86.55	96.64	107.64
610			47.89	50.86	53.84	56.81	59.78	65.27	67.20	71.34	74.60	76.97	80.52	82.88	83.47	89.67	93.80	94.53	105.57	117.60
		660					64.71	70.66	72.75	77.24	80.77	83.33	87.17	89.74	90.38	97.09	101.56	102.36	114.32	127.36
711							69.74	76.15	78.41	83.25	87.06	89.82	93.97	96.73	97.42	104.66	109.49	110.35	123.25	137.32
	762						74.77	81.65	84.06	89.26	93.34	96.31	100.76	103.72	104.46	112.23	117.41	118.34	132.18	147.29
813							79.80	87.15	89.72	95.27	99.63	102.80	107.55	110.71	111.51	119.81	125.33	126.32	141.11	157.25
		864					84.84	92.64	95.38	101.29	105.92	109.29	114.34	117.71	118.55	127.38	133.26	134.31	150.04	167.21
914							89.76	98.03	100.93	107.18	112.09	115.65	121.00	124.56	125.45	134.80	141.03	142.14	158.80	176.97
		965					94.80	103.53	106.59	113.19	118.38	122.14	127.79	131.56	132.50	142.37	148.95	150.13	167.73	186.94

续表

系列			壁厚(mm)																	
系列1			8.0		8.8		10		11		12.5		14.2		16		17.5		20	
系列2				8.74		9.53		10.31		11.91		12.70		15.09		16.66		19.05		20.62
外径(mm)			单位长度理论重量(kg/m)																	
系列1	系列2	系列3																		
		165	30.97	33.68																
168.3			31.63	34.39	34.61	37.31	39.04	40.17	42.67	45.93	48.03	48.73								
		177.8	33.50	36.44	36.68	39.55	41.38	42.59	45.25	48.72	50.96	51.71								
		190.7	36.05	39.22	39.48	42.58	44.56	45.87	48.75	52.51	54.93	55.75								
		193.7	36.64	39.87	40.13	43.28	45.30	46.63	49.56	53.40	55.86	56.69								
219.1			41.65	45.36	45.64	49.25	51.57	53.09	56.45	60.86	63.69	64.64	71.75							
		244.5	46.66	50.82	51.15	55.22	57.83	59.55	63.34	68.32	71.52	72.60	80.65							
273.1			52.30	56.98	57.36	61.95	64.88	66.82	71.10	76.72	80.33	81.56	90.67							
323.9			62.34	67.93	68.38	73.88	77.41	79.73	84.88	91.64	95.99	97.47	108.45	114.92	121.49	126.23	132.23			
355.6			68.58	74.76	75.26	81.33	85.23	87.79	93.48	100.95	105.77	107.40	119.56	126.72	134.00	139.26	145.92			
406.4			78.60	85.71	86.29	93.27	97.76	100.71	107.26	115.87	121.43	123.31	137.35	145.62	154.05	160.13	167.84	181.98	190.58	196.18
457			88.58	96.62	97.27	105.17	110.24	113.58	120.99	130.73	137.03	139.16	155.07	164.45	174.01	180.92	189.68	205.75	215.54	221.91
508			98.65	107.61	108.34	117.15	122.81	126.54	134.82	145.71	152.75	155.13	172.93	183.43	194.14	201.87	211.69	229.71	240.70	247.84
		559	108.71	118.60	119.41	129.14	135.39	139.51	148.66	160.69	168.47	171.10	190.79	202.41	214.26	222.83	233.70	253.67	265.85	273.78
610			118.77	129.60	130.47	141.12	147.97	152.48	162.49	175.67	184.19	187.07	208.65	221.39	234.38	243.78	255.71	277.63	291.01	299.71
		660	128.63	140.37	141.32	152.88	160.30	165.19	176.06	190.36	199.60	202.74	226.15	240.00	254.11	264.32	277.29	301.12	315.67	325.14
711			138.70	151.37	152.39	164.86	172.88	178.16	189.89	205.34	215.33	218.71	244.01	258.98	274.24	285.28	299.30	325.08	340.82	351.07
	762		148.76	162.36	163.46	176.85	185.45	191.12	203.73	220.32	231.05	234.68	261.87	277.96	294.36	306.23	321.31	349.04	365.98	377.01
813			158.82	173.35	174.53	188.83	198.03	204.09	217.56	235.29	246.77	250.65	279.73	296.94	314.48	327.18	343.32	373.00	391.13	402.94
		864	168.88	184.34	185.60	200.82	210.61	217.06	231.40	250.27	262.49	266.63	297.59	315.92	334.61	348.14	365.33	396.96	416.29	428.88
914			178.75	195.12	196.45	212.57	222.94	229.77	244.96	264.96	277.90	282.29	315.10	334.52	354.34	368.68	386.91	420.45	440.95	454.30
		965	188.81	206.11	207.52	224.56	235.52	242.74	258.80	279.94	293.63	298.26	332.96	353.50	374.46	389.64	408.92	444.41	466.10	480.24

续表

系　列			壁厚(mm)																	
系列 1			22.2		25		28		30		32		36		40	45	50	55	60	65
系列 2				23.83		26.19		28.58		30.96		34.93		38.1						
外径(mm)			单位长度理论重量(kg/m)																	
系列 1	系列 2	系列 3																		
		165																		
168.3																				
		177.8																		
		190.7																		
		193.7																		
219.1																				
		244.5																		
273.1																				
323.9																				
355.6																				
406.4			210.34	224.83	235.15	245.57	261.29	266.30	278.48											
457			238.05	254.57	266.34	278.25	296.23	301.96	315.91											
508			265.97	283.54	297.79	311.19	331.45	337.91	353.65	364.23	375.64	407.51	419.05	441.52	461.66	513.82	564.75	614.44	662.90	710.12
		559	293.89	314.51	329.23	344.13	366.67	373.85	391.37	403.17	415.89	451.45	464.33	489.44	511.97	570.42	627.64	683.62	738.37	791.88
610			321.81	344.48	360.67	377.07	401.88	409.80	429.11	442.11	456.14	495.38	509.61	537.36	562.28	627.02	690.52	752.79	813.83	873.63
		660	349.19	373.87	391.50	409.37	436.41	445.04	466.10	480.28	495.60	538.45	554.00	584.34	611.61	682.51	752.18	820.61	887.81	953.78
711			377.11	403.84	422.94	442.31	471.63	480.99	503.83	519.22	535.85	582.38	599.27	632.26	661.91	739.11	815.06	889.79	963.28	1035.54
	762		405.03	433.81	454.39	475.25	506.84	516.93	541.57	558.16	576.09	626.32	644.55	680.18	712.22	795.70	877.95	958.96	1038.74	1117.29
813			432.95	463.78	485.83	508.19	542.06	552.88	579.30	597.10	616.34	670.25	689.83	728.10	762.53	852.30	940.84	1028.14	1114.21	1199.04
		864	460.87	493.75	517.27	541.13	577.28	588.83	617.03	636.04	656.59	714.18	735.11	776.02	812.84	908.90	1003.72	1097.31	1189.67	1280.22
914			488.25	523.14	548.10	573.42	611.80	624.07	654.02	674.22	696.05	757.25	779.50	823.00	862.17	964.39	1065.38	1165.13	1263.66	1360.94
		965	516.17	553.11	579.55	606.36	647.02	660.01	691.76	713.16	736.29	801.19	824.78	870.92	912.48	1020.99	1128.26	1234.31	1339.12	1442.70

续表

系　列			壁厚(mm)																	
系列1			3.2		3.6		4.0		4.5		5.0		5.4		5.6		6.3		7.1	
系列2				3.4		3.8		4.37		4.78		5.16		5.56		6.02		6.35		7.92
外径(mm)			单位长度理论重量(kg/m)																	
系列1	系列2	系列3																		
1016							99.83	109.02	112.25	119.20	124.66	128.63	134.58	138.55	139.54	149.94	156.87	158.11	176.66	196.90
1067											130.95	135.12	141.38	145.54	146.58	157.52	164.80	166.10	185.58	206.86
1118											137.24	141.61	148.17	152.54	153.63	165.09	172.72	174.08	194.51	216.82
	1168										143.41	147.98	154.83	159.39	160.53	172.51	180.49	181.91	203.27	226.59
1219											149.70	154.47	161.62	166.38	167.58	180.08	188.41	189.90	212.20	236.55
	1321														181.66	195.22	204.26	205.87	230.06	256.47
1422															195.61	210.22	219.95	221.69	247.74	276.20
	1524																235.80	237.66	265.60	296.12
1626																	251.65	253.64	283.46	316.04
	1727																		301.15	335.77
1829																			319.01	355.69
	1930																			
2032																				
	2134																			
2235																				
	2337																			
	2438																			
2540																				

续表

系　列			壁厚(mm)																	
系列1			8.0		8.8		10		11		12.5		14.2		16		17.5		20	
系列2				8.74		9.53		10.31		11.91		12.70		15.09		16.66		19.05		20.62
外径(mm)			单位长度理论重量(kg/m)																	
系列1	系列2	系列3																		
1016			198.87	217.11	218.58	236.54	248.09	255.71	272.63	294.92	309.35	314.23	350.82	372.48	394.58	410.59	430.93	468.37	491.26	506.17
1067			208.93	228.10	229.65	248.53	260.67	268.67	286.47	309.90	325.07	330.21	368.68	391.46	414.71	431.54	452.94	492.33	516.41	532.11
1118			218.99	239.09	240.72	260.52	273.25	281.64	300.30	324.88	340.79	346.18	386.54	410.44	434.83	452.50	474.95	516.29	541.57	558.04
	1168		228.86	249.87	251.57	272.27	285.58	294.35	313.87	339.56	356.20	361.84	404.05	429.05	454.56	473.04	496.53	539.78	566.23	583.47
1219			238.92	260.86	262.64	284.25	298.16	307.32	327.70	354.54	371.93	377.81	421.91	448.03	474.68	493.99	518.54	563.74	591.38	609.40
	1321		259.04	282.85	284.78	308.23	323.31	333.26	355.37	384.50	403.37	409.76	457.63	485.98	514.93	535.90	562.56	611.66	641.69	661.27
1422			278.97	304.62	306.69	331.96	348.22	358.94	382.77	414.17	434.50	441.39	493.00	523.57	554.79	577.40	606.15	659.11	691.51	712.63
	1524		299.09	326.60	328.83	355.94	373.38	384.87	410.44	444.13	465.95	473.34	528.72	561.53	595.03	619.31	650.17	707.03	741.82	764.50
1626			319.22	348.59	350.97	379.91	398.53	410.81	438.11	474.09	497.39	505.29	564.44	599.49	635.28	661.21	694.19	754.95		
	1727		339.14	370.36	372.89	403.65	423.44	436.49	465.51	503.75	528.53	536.92	599.81	637.07	675.13	702.71	737.78	802.40		
1829			359.27	392.34	395.02	427.62	448.59	462.42	493.18	533.71	559.97	568.87	635.53	675.03	715.38	744.62	781.80	850.32		
	1930		379.20	414.11	416.94	451.36	473.50	488.10	520.58	563.38	591.11	600.50	670.90	712.62	755.23	786.12	825.39	897.77		
2032			399.32	436.10	439.08	475.33	498.66	514.04	548.25	593.34	622.55	632.45	706.62	750.58	795.48	828.02	869.41	945.69	992.38	1022.83
	2134				461.21	499.30	523.51	539.97	575.92	623.30	653.99	664.39	742.34	788.54	835.73	869.93	913.43	993.61	1042.69	1074.70
2235					483.13	523.04	548.72	565.65	603.32	652.96	685.13	696.03	777.71	826.12	875.58	911.43	957.02	1041.06	1092.50	1126.06
	2337						573.87	591.58	630.99	682.92	716.57	727.97	813.43	864.08	915.93	953.34	1001.04	1088.98	1142.81	1177.93
	2438						598.78	617.26	658.39	712.59	747.71	759.61	848.80	901.67	955.68	994.83	1044.63	1136.43	1192.63	1229.29
2540							623.94	643.20	686.06	742.55	779.15	791.55	884.52	939.63	995.93	1036.74	1088.65	1184.35	1242.94	1821.16

续表

系列			壁厚(mm)																	
系列1			22.2		25		28		30		32		36		40	45	50	55	60	65
系列2				23.83		26.19		28.58		30.96		34.93		38.1						
外径(mm)			单位长度理论重量(kg/m)																	
系列1	系列2	系列3																		
1016			544.09	583.08	610.99	639.30	682.24	695.96	729.49	752.10	776.54	845.12	870.06	918.84	962.78	1077.58	1191.15	1303.48	1414.58	1524.45
1067			572.01	613.05	642.43	672.24	717.45	731.91	767.22	791.04	816.79	889.05	915.34	966.76	1013.09	1134.18	1254.04	1372.66	1490.05	1606.20
1118			599.93	643.03	673.88	705.18	752.67	767.85	804.95	829.98	857.04	932.98	960.61	1014.68	1063.40	1190.78	1316.92	1441.83	1565.51	1687.96
	1168		627.31	672.41	704.70	737.48	787.20	803.09	841.94	868.15	896.49	976.06	1005.01	1061.66	1112.73	1246.27	1318.58	1509.65	1639.50	1768.11
1219			655.23	702.38	736.15	770.42	822.41	839.04	879.68	907.09	936.74	1019.99	1050.28	1109.58	1163.04	1302.87	1441.46	1578.83	1714.96	1849.86
	1321		711.07	762.33	799.03	836.30	892.84	910.93	955.14	984.97	1017.24	1107.85	1140.84	1205.42	1263.66	1416.06	1567.24	1717.18	1865.89	2013.36
1422			766.37	821.68	861.30	901.53	962.59	982.12	1029.86	1062.09	1096.94	1194.86	1230.51	1300.32	1363.29	1528.15	1691.78	1854.17	2015.34	2175.27
	1524		822.21	881.63	924.19	967.41	1033.02	1054.01	1105.33	1139.97	1177.44	1282.72	1321.07	1396.16	1463.91	1641.35	1817.55	1992.53	2166.27	2338.77
1626			878.06	941.57	987.08	1033.29	1103.45	1125.90	1180.79	1217.85	1257.93	1370.59	1411.62	1492.00	1564.53	1754.54	1943.33	2130.88	2317.19	2502.28
	1727		933.35	1000.92	1049.35	1098.53	1173.20	1197.09	1255.52	1294.96	1337.64	1457.59	1501.29	1586.90	1664.16	1866.63	2067.87	2267.87	2466.64	2664.18
1829			989.20	1060.87	1112.23	1164.41	1243.63	1268.98	1330.98	1372.84	1418.13	1545.46	1591.85	1682.74	1764.78	1979.83	2193.64	2406.22	2617.57	2827.69
	1930		1044.49	1120.22	1174.50	1229.64	1313.37	1340.17	1405.71	1449.96	1497.84	1632.46	1681.52	1777.64	1864.41	2091.91	2318.18	2543.22	2767.02	2989.59
2032			1100.34	1180.17	1237.39	1295.52	1383.81	1412.06	1481.17	1527.83	1578.34	1720.33	1772.08	1873.47	1965.03	2205.11	2443.95	2681.57	2917.95	3153.10
	2134		1156.18	1240.11	1300.28	1361.40	1454.24	1483.95	1556.63	1605.71	1658.83	1808.19	1862.63	1969.31	2065.65	2318.30	2569.72	2819.92	3068.88	3316.60
2235			1211.48	1299.47	1362.55	1426.64	1523.98	1555.14	1631.36	1682.83	1738.54	1895.20	1952.30	2064.21	2165.28	2430.39	2694.27	2956.91	3218.33	3478.50
	2337		1267.32	1359.41	1425.43	1492.52	1594.42	1627.03	1706.82	1760.71	1819.03	1983.06	2042.86	2160.05	2265.90	2543.59	2820.04	3095.26	3369.25	3642.01
	2438		1322.61	1418.77	1487.70	1557.75	1664.16	1698.22	1781.55	1837.82	1898.74	2070.07	2132.53	2254.95	2365.53	2656.17	2944.58	3232.26	3518.70	3803.91
2540			1378.46	1478.71	1550.59	1623.63	1734.59	1770.11	1857.01	1915.70	1979.23	2157.93	2223.09	2350.79	2466.15	2768.87	3070.36	3370.61	3669.63	3967.42

3. 公称尺寸

(1) 尺寸系列

1) 焊接钢管的外径分为三个系列：系列 1、系列 2 和系列 3。系列 1 是通用系列，属推荐选用系列；系列 2 是非通用系列；系列 3 是少数特殊、专用系列。

普通焊接钢管的外径分为系列 1、系列 2 和系列 3，精密焊接钢管的外径分为系列 2 和系列 3，不锈钢焊接钢管的外径分为系列 1、系列 2 和系列 3。

2) 普通焊接钢管的壁厚分为系列 1 和系列 2。系列 1 是优先选用系列，系列 2 是非优先选用系列。

(2) 外径和壁厚

普通焊接钢管的外径和壁厚见表 8-3-3。

4. 单位长度理论重量

普通焊接钢管单位长度理论重量按式（8-3-1）计算（钢的密度取 7.85kg/dm^3），其计算值列于表 8-3-3。

单位长度理论重量计算值的修约规则应符合 GB/T 8170 的规定。当计算值小于 1.00kg/m 时，单位长度理论重量计算结果修约到最接近的 0.001kg/m；当计算值不小于 1.00kg/m 时，单位长度理论重量计算结果修约到最接近的 0.01kg/m。

5. 普通焊接钢管尺寸及单位长度理论重量，见表 8-3-3

8.4　高压锅炉用无缝钢管

高压锅炉用无缝钢管是制造高压及其以上压力的水管锅炉受热面用的优质碳素钢合金钢和不锈耐热钢无缝钢管。

在城镇天然气管道设计中根据需要选用高压锅炉用无缝钢管，钢管外径应符合现行国家标准《无缝钢管尺寸、外形、重量及允许偏差》GB/T 17395 的规定。

8.4.1　高压锅炉用无缝钢管

现行国家标准《高压锅炉用无缝钢管》GB 5310 的相关内容如下。

1. 范围

标准规定了高压锅炉用无缝钢管的尺寸、外形和重量及允许偏差；技术要求：制造方法钢管制造的工艺性能、钢材的化学成分、钢管的机械性能；以及标注和质量证书等。

2. 钢管外径、壁厚、理论计算重量及允许公差。

(1) 钢管外径、壁厚及理论计算重量，见表 8-2-3。

(2) 钢管理论计算质量按式（8-4-1）计算。

钢管每米的理论重量（钢的比重按 7.85）按式（8-4-1）计算：

$$W=0.02466S(D-S) \tag{8-4-1}$$

式中　W——钢管每米理论重量（kg）；

S——钢管的公称壁厚（mm）；

D——钢管的公称外径（mm）。

奥氏体不锈耐热钢的理论重量为表 8-4-5 和表 8-4-6 中理论重量的 1.015 倍。

（3）钢管外径、壁厚允许尺寸偏差应符合表8-4-1和注的规定，重量偏差应符合交货重量的规定。

高压锅炉用无缝钢管的允许尺寸偏差（mm）　　表8-4-1

钢管种类	钢管尺寸		精确度	
			普通级	高级
热轧（挤）管	外径	<57	±1.0%（最小值为±0.5）	±0.75%（最小值为±0.3）
		57～159	±1.0%	±0.75%
		>159	$^{+1.25}_{-1.0}$%	±1.0%
	壁厚	<3.5	$^{+15}_{-10}$%（最小值为$^{+0.48}_{-0.32}$）	±10%（最小值为±0.2）
		3.5～20	$^{+15}_{-10}$%	±10%
		>20	±10%	±7.5%
冷拔（轧）管	外径	≤30	±0.2	±0.15
		>30～51	±0.3	±0.25
		>51	±0.8%	±0.6%
	壁厚	2～3	$^{+12}_{-10}$%	±10%
		>3	±10%	7.5%

注：1. 外径大于和等于219mm、壁厚大于20mm钢管的壁厚允许偏差为$^{+12.5}_{-10}$%。

2. 热扩管的尺寸允许偏差由供需双方协商。

壁厚>15～30mm：2.0mm/m

壁厚>30mm：3.0mm/m

集箱管总弯曲度不得大于15mm。

3. 交货状态（重量允许偏差）

为保证钢管具有推荐的高温性能，成品钢管应按表8-4-2所规定的热处理制度进行热处理。热处理制度应填写在质量证明书中。

根据需方要求，经双方协商，并在合同中注明，交货钢管的实际重量与理论重量允许偏差为：

单根钢管：±10%

每批最少为10t的钢管：±7.5%

4. 技术要求

（1）制造方法

1）钢的冶炼方法

优质碳素钢20G、合金钢12CrMo、15CrMo、12Cr2Mo、12Cr1MoV、12Cr2MoWVTiB、12Cr3MoVSiTiB和12MoVWBSiXt应采用电炉、平炉、纯氧顶吹转炉加炉外精炼工艺制造。

不锈耐热钢1Cr19Ni9和1Cr19Ni11Nb应采用电炉冶炼加炉外精炼或电渣重熔法制造。

经供需双方协商，也可采用其他冶炼方法制造。

需方指定某一种方法制造钢时，应在合同中注明。

2）钢管管坯用符合GB 5311《高压锅炉用无缝钢管管坯》中规定的管坯制造。

3）钢管的制造方法

钢管应采用热轧（挤、扩）或冷拔（轧）无缝方法制造。需方指定某一种方法制造钢管时，应在合同中注明。

4）钢管的热处理应符合表 8-4-2 的规定。

钢管的热处理　　表 8-4-2

序号	钢　号	热处理制度
1	20G	900～930℃正火，热轧管当终轧温度大于或等于 900℃时，可以代替正火
2	12CrMo	900～930℃正火，670～720℃回火，保温时间 2～3h
3	15CrMo	930～960℃正火，680～720℃回火，保温时间 2～3h
4	12Cr2Mo	正火：900～960℃，回火 700～750℃ 也可进行：加热至 900～960℃，炉冷至 700℃保温 1h 以上，空冷
5	12Cr1MoV	980～1020℃正火，保温时间：按壁厚每毫米 1min，但不少于 20min 720～760℃回火，保温时间：2～3h。当壁厚 S 大于或等于 40mm 应进行调质处理，淬火温度大于或等于 950℃，回火温度 720～760℃，保温 2～3h
6	12Cr2MoWVTiB	1000～1035℃正火，保温时间：按壁厚每毫米 1.5min，但不少于 20min 760～790℃回火，保温时间：3h
7	12Cr3MoVSiTiB	1040～1090℃正火，保温时间：按壁厚每毫米 1.5min，但不少于 20min 720～770℃回火，保温时间：3h
8	12MoVWBSiXt	970～1010℃正火，保温时间：按壁厚每毫米 1.5min，但不少于 20min 760～780℃回火，保温时间：3h
9	1Cr19Ni9	固溶处理：固溶温度≥1040℃
10	1Cr19Ni11Nb	固溶处理：热轧（挤、扩）管，固溶温度≥1050℃； 冷拔（轧）管固溶温度≥1095℃

注：当热轧 12CrMo、15CrMo、12Cr2Mo，12Cr1MoV 钢管的终轧温度符合表 1 规定的正火温度时，可以终轧代替正火。

（2）钢号及化学成分

1）钢号和化学成分（熔炼成分）应符合表 8-4-3 的规定，钢管按熔炼成分验收。

2）如需方要求进行成品分析时，应在合同中注明。成品钢管的分析成分与表 8-4-3 比较的允许偏差按 GB 222《钢的化学分析用试样取样方法及成品化学成分允许偏差》的有关规定。

（3）钢管的机械性能

1）交货状态钢管的机械性能应符合表 8-4-4 的规定。

2）外径大于和等于 57mm，并且壁厚大于和等于 14mm 的钢管应做纵向冲击试验。

3）外径大于和等于 168mm，并且壁厚大于和等于 25mm 的钢管应做横向机械性能试验，纵向机械性能试验不做。

5. 标记

标记举例

用 12Cr1MoV 钢制造的外径 76mm、壁厚 6.5mm 的钢管：

a. 热轧（挤、扩）钢管，直径和壁厚为普通级精度、长度为 6000mm 倍尺。

钢管 12Cr1MoV-76×6.5×6000 倍-GB 5310

b. 冷拔（轧）钢管，直径为高级精度，壁厚为普通级精度，长度为 8000mm。

钢管拔（轧）12Cr1MoV-76 高×6.5×8000-GB 5310

8.4.2　高压锅炉用无缝钢管外径、壁厚及理论计算重量

1. 高压锅炉用无缝钢管外径、壁厚及理论计算重量，见表 8-4-5。

2. 高压锅炉用无缝钢管（合金钢）外径、壁厚及理论计算重量，见表 8-4-6。

钢号及化学成分 表 8-4-3

钢类	序号	钢号	化学成分(%)													
			C	Mn	Si	Cr	Mo	V	Ti	B	W	Ni	Nb+Ta	Xt	S	P
															不大于	
优质碳素钢	1	20G	0.17～0.24	0.35～0.65	0.17～0.37	—	—	—	—	—	—	—	—	—	0.035	0.035
合金钢	2	12CrMo	0.08～0.15	0.40～0.70	0.17～0.37	0.40～0.70	0.40～0.55	—	—	—	—	—	—	—	0.035	0.035
	3	15CrMo	0.12～0.18	0.40～0.70	0.17～0.37	0.80～1.10	0.40～0.55	—	—	—	—	—	—	—	0.035	0.035
	4	12Cr2Mo	0.08～0.15	0.40～0.70	≤0.50	2.00～2.50	0.90～1.20	—	—	—	—	—	—	—	0.035	0.035
	5	12Cr1MoV	0.08～0.15	0.40～0.70	0.17～0.37	0.90～1.20	0.25～0.35	0.15～0.30	—	—	—	—	—	—	0.035	0.035
	6	12Cr2MoWVTiB	0.08～0.15	0.45～0.65	0.45～0.75	1.60～2.10	0.50～0.65	0.28～0.42	0.08～0.18	≤0.008	0.30～0.55	—	—	—	0.035	0.035
	7	12Cr3MoVSiTiB	0.09～0.15	0.50～0.80	0.60～0.90	2.50～3.00	1.00～1.20	0.25～0.35	0.22～0.38	0.005～0.011	—	—	—	—	0.035	0.035
	8	12MoVWBSiXt	0.08～0.15	0.40～0.70	0.60～0.90	—	0.45～0.65	0.30～0.50	0.06*	电炉 0.008* 平炉 0.01	0.15～0.40	—	—	0.15*	0.040	0.040
不锈耐热钢	9	1Cr19Ni9	0.04～0.10	≤2.00	≤1.00	18.00～20.00	—	—	—	—	—	8.00～11.0	—	—	0.030	0.035
	10	1Cr19Ni11Nb	0.04～0.10	≤2.00	≤1.00	17.00～20.00	—	—	—	—	—	9.00～13.0	≥8C%～1.00%	—	0.030	0.035

注：1. *指加入量。
2. 残余铜含量不大于 0.25%。
3. 20G 钢中，酸溶铝不大于 0.010%，暂不作交货依据，但应填在质量证明书中。
4. 用纯氧顶吹转炉加炉外精炼制造的钢，氮含量不大于 0.008%。

高压锅炉用无缝钢管机械性能表 **表 8-4-4**

钢类	序号	钢号	纵向机械性能				横向机械性能			
			抗拉强度 σ_b [kgf/mm²(N/mm²)]	屈服点 σ_s [kgf/mm² (N/mm²)]	伸长率 δ_5 (%)	冲击值 a_k [kgf·m/cm² (J/cm²)]	抗拉强度 σ_b [kgf/mm² (N/mm²)]	屈服点 σ_s [kgf/mm² (N/mm²)]	伸长率 δ_5 (%)	冲击值 a_k [kgf·m/cm² (J/cm²)]
				不小于			不小于			
优质碳素钢	1	20G	42～56(412～549)	25(245)	24	5(49)	41(402)	22(216)	22	4(39)
合金钢	2	12CrMo	42～57(412～559)	21(206)	21	7(69)				
	3	15CrMo	45～65(441～638)	24(235)	21	6(59)	45(441)	23(226)	20	5(49)
	4	12Cr2Mo	46～61(450～600)	29(280)	20	48(J) (DVM 试样)*			18	34(J) (DVM 试样)
	5	12Cr1MoV	48～65(471～638)	26(255)	21	6(59)	45(441)	26(255)	19	5(49)
	6	12Cr2MoWVTiB	55～75(540～736)	35(343)	18					
	7	12Cr3MoVSiTiB	62～82(608～804)	45(441)	16					
	8	12MoVWBSiXt	55～70(540～687)	32(314)	18					
不锈耐热钢	9	1Cr19Ni9	≥53(520)	21(206)	35					
	10	1Cr19Ni11Nb	≥53(520)	21(206)	35					

注：1. 允许一个试样的冲击值比表 8-4-4 中规定数值低 1kgf/mm²，但一组三个试样的算术平均值不小于表 8-4-4 中规定。20G 钢的横向冲击值不允许降低。

2. 用 12Cr2Mo 钢制造的钢管，当外径不大于 30mm、壁厚不大于 3mm 时，其屈服点允许降低 1kgf/mm²（10N/mm²）。

3. 当壁厚大于 16～40mm 时，屈服点允许降低 1kgf/mm²，壁厚大于 40mm 时，屈服点允许降低 2kgf/mm²。

4. 要作 V 形缺口冲击试验，其冲击功值要填在质量证明书中，不作交货依据。

5. *指 V 形缺口冲击功。

高压锅炉用无缝钢管尺寸及理论计算重量表 表8-4-5

公称外径(mm)	公称壁厚(mm)														
	2.0	2.5	2.8	3.0	3.2	3.5	4.0	4.5	5.0	5.5	6.0	(6.5)	7.0	(7.5)	8.0
	理论重量(kg/m)														
22	0.986	1.20	1.33	1.41	1.48	—	—	—	—	—	—	—	—	—	—
25	1.13	1.39	1.53	1.63	1.72	1.86	—	—	—	—	—	—	—	—	—
28	—	1.57	1.74	1.85	1.96	2.11	—	—	—	—	—	—	—	—	—
32	—	—	2.02	2.15	2.27	2.46	2.76	3.05	3.33	—	—	—	—	—	—
38	—	—	2.43	2.59	2.75	2.98	3.35	3.72	4.07	4.41	—	—	—	—	—
42	—	—	2.71	2.89	3.06	3.32	3.75	4.16	4.56	4.95	5.33	—	—	—	—
43	—	—	3.12	3.33	3.54	3.84	4.34	4.83	5.30	5.76	6.21	6.65	7.08	—	—
51	—	—	3.33	3.55	3.77	4.10	4.64	5.16	5.67	6.17	6.66	7.13	7.60	8.05	8.48
57	—	—	—	—	—	4.62	5.23	5.83	6.41	6.98	7.55	8.09	8.63	9.16	9.67
60	—	—	—	—	—	4.88	5.52	6.16	6.78	7.39	7.99	8.58	9.15	9.71	10.26
76	—	—	—	—	—	6.26	7.10	7.93	3.75	9.56	10.36	11.14	11.91	12.67	13.42
83	—	—	—	—	—	—	7.79	8.71	9.62	10.51	11.39	12.26	13.12	13.96	14.80
89	—	—	—	—	—	—	8.38	9.38	10.36	11.33	12.28	13.22	14.15	15.07	15.98
102	—	—	—	—	—	—	—	10.82	11.96	13.09	14.20	15.31	16.40	17.48	18.54
108	—	—	—	—	—	—	—	11.49	12.70	13.90	15.09	16.27	17.43	18.59	19.73
121	—	—	—	—	—	—	—	—	14.30	15.67	17.02	18.35	19.68	20.99	22.29
133	—	—	—	—	—	—	—	—	15.78	17.29	18.79	20.28	21.75	23.21	24.66
146	—	—	—	—	—	—	—	—	—	—	20.71	22.36	23.99	25.62	27.22
159	—	—	—	—	—	—	—	—	—	—	22.64	24.44	26.24	28.02	29.70
168	—	—	—	—	—	—	—	—	—	—	—	25.89	27.79	29.68	31.56
194	—	—	—	—	—	—	—	—	—	—	—	—	32.28	34.49	36.69
219	—	—	—	—	—	—	—	—	—	—	—	—	—	39.12	41.63
245	—	—	—	—	—	—	—	—	—	—	—	—	—	—	—
273	—	—	—	—	—	—	—	—	—	—	—	—	—	—	—
299	—	—	—	—	—	—	—	—	—	—	—	—	—	—	—
325	—	—	—	—	—	—	—	—	—	—	—	—	—	—	—
351	—	—	—	—	—	—	—	—	—	—	—	—	—	—	—
377	—	—	—	—	—	—	—	—	—	—	—	—	—	—	—
426	—	—	—	—	—	—	—	—	—	—	—	—	—	—	—
450	—	—	—	—	—	—	—	—	—	—	—	—	—	—	—
480	—	—	—	—	—	—	—	—	—	—	—	—	—	—	—
500	—	—	—	—	—	—	—	—	—	—	—	—	—	—	—
530	—	—	—	—	—	—	—	—	—	—	—	—	—	—	—

注：括号内的尺寸不推荐使用。

续表

公称外径(mm)	公称壁厚(mm)														
	9.0	10	11	12	13	14	(15)	16	(17)	18	(19)	20	22	(24)	25
	理论重量(kg/m)														
22	—	—	—	—	—	—	—	—	—	—	—	—	—	—	—
25	—	—	—	—	—	—	—	—	—	—	—	—	—	—	—
28	—	—	—	—	—	—	—	—	—	—	—	—	—	—	—
32	—	—	—	—	—	—	—	—	—	—	—	—	—	—	—
38	—	—	—	—	—	—	—	—	—	—	—	—	—	—	—
42	—	—	—	—	—	—	—	—	—	—	—	—	—	—	—
48	—	—	—	—	—	—	—	—	—	—	—	—	—	—	—
51	9.32	—	—	—	—	—	—	—	—	—	—	—	—	—	—
57	10.65	11.59	12.48	13.32	—	—	—	—	—	—	—	—	—	—	—
60	11.32	12.33	13.29	14.20	—	—	—	—	—	—	—	—	—	—	—
76	14.87	16.28	17.63	18.94	20.20	21.40	22.56	23.67	24.73	25.74	26	—	—	—	—
83	16.42	18.00	19.53	21.01	22.44	23.82	25.15	26.44	27.67	28.85	29.99	31.07	—	—	—
89	17.76	19.48	21.16	22.79	24.36	25.89	27.37	28.80	30.18	31.52	32.80	34.03	—	—	—
102	20.64	22.69	24.68	26.63	28.53	30.38	32.18	33.93	35.63	37.29	38.89	40.44	43.40	—	—
108	21.97	24.17	26.31	28.41	30.46	32.45	34.40	36.30	38.15	39.95	41.70	43.40	46.66	49.71	51.17
121	24.86	27.37	29.84	32.26	34.62	36.94	39.21	41.43	43.60	45.72	47.79	49.81	53.71	57.41	59.18
133	27.52	30.33	33.09	35.81	38.47	41.08	43.65	46.16	48.63	51.05	53.41	55.73	60.22	64.51	66.58
146	30.41	33.54	36.62	39.65	42.64	45.57	48.46	51.29	54.08	56.82	59.50	62.14	67.27	72.20	74.60
159	33.29	36.74	40.15	43.50	46.80	50.06	53.27	56.42	59.53	62.59	65.60	68.55	74.33	79.90	82.61
168	35.29	38.96	42.59	46.16	49.69	53.17	56.59	59.97	63.30	66.58	69.81	72.99	79.21	85.22	88.16
194	41.06	45.37	49.64	53.86	58.02	62.14	66.21	70.23	74.20	78.12	81.99	85.82	93.31	100.61	104.19
219	46.61	51.54	56.42	61.26	66.04	70.77	75.46	80.10	84.68	89.22	93.71	98.15	106.88	115.41	119.60
245	52.38	57.95	63.47	68.95	74.37	79.75	85.08	90.35	95.58	100.76	105.89	110.97	120.98	130.80	135.63
273	58.59	64.86	71.07	77.24	83.35	89.42	95.43	101.40	107.32	113.19	119.01	124.78	136.17	147.37	152.89
299	64.36	71.27	78.12	84.93	91.69	98.39	105.05	111.66	118.22	124.73	131.19	137.60	150.28	162.76	168.92
325	—	—	—	—	100.02	107.37	114.67	121.92	129.12	136.27	143.37	150.43	164.38	178.14	184.95
351	—	—	—	—	108.36	116.35	124.29	132.18	140.02	147.81	155.56	163.25	178.49	193.53	200.98
377	—	—	—	—	116.69	125.32	133.90	142.44	150.92	159.35	167.74	176.07	192.59	208.92	217.01
426	—	—	—	—	—	142.24	152.03	161.77	171.46	181.10	190.70	200.24	219.18	237.92	247.22
450	—	—	—	—	—	150.52	160.91	171.24	181.52	191.76	201.94	212.08	232.20	252.12	262.01
480	—	—	—	—	—	160.88	172.00	183.08	194.10	205.07	216.00	226.87	248.47	269.88	280.51
500	—	—	—	—	—	167.79	179.40	190.97	202.48	213.95	225.37	236.74	259.32	281.72	292.84
530					—	178.14	190.50	202.80	215.06	227.27	239.42	251.53	275.60	299.47	311.33

注：括号内的尺寸不推荐使用。

续表

公称外径(mm)	公称壁厚(mm)							
	26	28	30	32	(34)	36	38	40
	理论重量(kg/m)							
22	—	—	—	—	—	—	—	—
25	—	—	—	—	—	—	—	—
28	—	—	—	—	—	—	—	—
32	—	—	—	—	—	—	—	—
38	—	—	—	—	—	—	—	—
42	—	—	—	—	—	—	—	—
48	—	—	—	—	—	—	—	—
51	—	—	—	—	—	—	—	—
57	—	—	—	—	—	—	—	—
60	—	—	—	—	—	—	—	—
76	—	—	—	—	—	—	—	—
83	—	—	—	—	—	—	—	—
89	—	—	—	—	—	—	—	—
102	—	—	—	—	—	—	—	—
108	52.58	—	—	—	—	—	—	—
121	60.91	—	—	—	—	—	—	—
133	68.60	72.50	76.20	79.70	—	—	—	—
146	70.94	81.48	85.82	89.96	93.91	97.65	—	—
159	85.27	90.45	95.43	100.22	104.81	109.19	—	—
168	91.04	96.67	102.09	107.32	112.35	117.18	121.82	126.26
194	107.71	114.62	121.33	127.84	134.15	140.27	146.18	151.91
219	123.74	131.88	139.82	147.57	155.11	162.46	169.61	176.57
245	140.41	149.83	159.06	168.08	176.91	185.54	193.98	202.21
273	158.37	169.17	179.77	190.18	200.39	210.40	220.21	229.83
299	175.04	187.12	199.01	210.70	222.19	233.48	244.58	255.48
325	191.71	205.07	218.24	231.21	243.99	256.56	268.94	281.12
351	208.38	223.03	237.48	251.73	265.79	279.64	293.31	306.77
377	225.05	240.98	256.71	272.25	287.58	302.73	317.67	332.42
426	256.46	274.81	292.96	310.91	328.67	346.23	363.59	380.75
450	271.85	291.38	310.72	329.85	348.79	367.53	386.08	404.42
480	291.09	312.10	332.91	353.53	373.94	394.17	414.19	434.02
500	303.91	325.91	347.71	369.31	390.71	411.92	432.93	453.74
530	323.14	346.62	369.90	392.98	415.87	438.55	461.04	483.34

注：括号内的尺寸不推荐使用。

高压锅炉用无缝钢管（合金钢）尺寸及理论计算质量表　　表8-4-6

公称外径(mm)	公称壁厚(mm)																				
	2.0	2.2	2.5	2.8	3.0	3.2	3.5	4.0	4.5	5.0	5.5	6.0	6.5	7.0	7.5	8.0	9.0	10	11	12	13
	理论重量(kg/m)																				
10	0.395	0.423	0.462	—	—	—	—	—	—	—	—	—	—	—	—	—	—	—	—	—	—
12	0.493	0.532	0.586	0.635	0.666	—	—	—	—	—	—	—	—	—	—	—	—	—	—	—	—
16	0.690	0.749	0.832	0.911	0.962	1.01	1.08	1.18	—	—	—	—	—	—	—	—	—	—	—	—	—
22	0.986	1.07	1.20	1.33	1.41	1.48	1.60	1.78	1.94	2.10	2.24	—	—	—	—	—	—	—	—	—	—
25	1.13	1.24	1.39	1.53	1.63	1.72	1.86	2.07	2.27	2.47	2.64	2.81	—	—	—	—	—	—	—	—	—
28	1.28	1.40	1.57	1.74	1.85	1.96	2.11	2.37	2.61	2.84	3.05	3.26	3.45	3.62	—	—	—	—	—	—	—
32	1.48	1.62	1.82	2.02	2.15	2.27	2.46	2.76	3.05	3.33	3.59	3.85	4.09	4.32	4.53	4.73	—	—	—	—	—
38	1.78	1.94	2.19	2.42	2.59	2.75	2.98	3.35	3.72	4.07	4.41	4.73	5.05	5.35	5.64	5.92	6.44	—	—	—	—
42	—	—	2.44	2.71	2.89	3.06	3.32	3.75	4.16	4.56	4.95	5.33	5.69	6.04	6.38	6.71	7.32	—	—	—	—
48	—	—	2.80	3.12	3.33	3.54	3.84	4.34	4.83	5.30	5.76	6.21	6.65	7.08	7.49	7.89	8.66	9.37	—	—	—
51	—	—	2.99	3.33	3.55	3.77	4.10	4.64	5.16	5.67	6.17	6.66	7.13	7.60	8.05	8.48	9.32	10.11	10.85	11.54	—
57	—	—	3.36	3.74	3.99	4.25	4.62	5.23	5.83	6.41	6.98	7.55	8.09	8.63	9.16	9.67	10.65	11.59	12.48	13.32	—
60	—	—	—	—	4.22	4.48	4.88	5.52	6.16	6.78	7.39	7.99	8.58	9.15	9.71	10.26	11.32	12.33	13.29	14.20	—
63	—	—	—	—	4.44	4.72	5.14	5.82	6.49	7.15	7.80	8.43	9.06	9.67	10.26	10.85	11.98	13.07	14.11	15.09	—
70	—	—	—	—	4.96	5.27	5.74	6.51	7.27	8.01	8.75	9.47	10.18	10.88	11.56	12.23	13.54	14.80	16.00	17.16	18.27
76	—	—	—	—	—	—	—	7.10	7.93	8.75	9.56	10.36	11.14	11.91	12.67	13.42	14.87	16.28	17.63	18.94	20.20
83	—	—	—	—	—	—	—	7.79	8.71	9.62	10.51	11.39	12.26	13.12	13.96	14.80	16.42	18.00	19.53	21.01	22.44
89	—	—	—	—	—	—	—	8.38	9.38	10.36	11.33	12.28	13.22	14.15	15.07	15.98	17.76	19.48	21.16	22.79	24.36
102	—	—	—	—	—	—	—	—	10.82	11.96	13.09	14.20	15.31	16.40	17.48	18.54	20.64	22.69	24.68	26.63	—
108	—	—	—	—	—	—	—	—	11.49	12.70	13.90	15.09	16.27	17.43	18.59	19.73	21.97	24.17	26.31	28.41	—

8.5 机械接口球墨铸铁管

机械球墨铸铁管道应符合现行国家标准《水及燃气管道用球墨铸铁管、管件和附件》GB/T 13295 的规定。

机械接口球墨铸铁管规格表见表 8-5-1。

机械接口球墨铸铁管规格表 表 8-5-1

公称直径	外径(mm)	壁厚 T(mm)			承口凸部近似重量(kg)	直部每米重量(kg/m)			总重量(kg)(标准工作长度 6000mm)			总重量(kg)(标准工作长度 5000mm)		
		K8	K9	K10		K8	K9	K10	K8	K9	K10	K8	K9	K10
80	98	6.0	6.0	6.0	3.4	12.2	12.2	12.2	76.5	76.5	76.5	64.4	64.4	64.4
100	118	6.3	6.1	6.1	4.3	14.9	15.1	15.1	93.7	95	95	78.8	79.8	79.8
125	144	6.0	6.0	6.3	5.7	18.3	18.3	19	119	119	121	97.2	97.2	100.7
150	170	6.0	6.3	6.3	7.1	21.8	22.8	22.8	138	144	144	116.1	121.1	121.1
200	222	6.0	6.4	6.4	10.3	28.7	30.6	30.6	183	194	194	153.8	163.3	163.3
250	274	6.0	6.8	7.5	14.2	35.6	40.2	44.3	228	255	280	192.2	215.2	235.7
300	326	6.4	7.2	8.0	18.9	45.3	50.8	56.3	290	323	357	245.4	272.9	300.4
350	378	6.8	7.7	8.5	23.7	55.9	63.2	69.6	359	403	441	303.2	339.7	371.7
400	429	7.2	8.1	9.0	29.5	67.3	75.5	83.7	433	482	532	366	407	448
450	480	7.6	8.6	9.5	38.3	80	89	99	515	574	632	438.3	483.3	533.3
500	532	8.0	9.0	10	42.8	92.8	104.3	115.6	600	669	736	506.8	564.3	620.8
600	635	8.8	9.9	11	59.3	122	137.3	152	791	882	971	669.3	745.8	819.3
700	738	9.6	10.8	12	79.1	155	173.9	193	1009	1123	1237	854.1	948.6	1044.1
800	842	10.4	11.7	13	102.6	192	215.2	239	1255	1394	1537	1062.6	1178.6	1297.6
900	945	11.2	12.6	14	129.0	232	260.2	289	1521	1690	1863	1289	1430	1574
1000	1048	12.0	13.5	15	161.3	275	309.3	343.2	1811	2017	2221	1536.3	1707.8	1877.3
1200	1265	13.6	15.3	17	237.7	374	420.1	466.1	2482	2758	3034	2107.7	2338.2	2568.2

机械接口球墨铸铁管接口形式见本手册图 13-3-1。

球墨铸铁管水压试验压力见表 8-5-2。

球墨铸铁管水压试验压力 表 8-5-2

公称直径 DN	$80 \leqslant DN \leqslant 300$	$350 \leqslant DN \leqslant 600$	$700 \leqslant DN \leqslant 1000$	$1100 \leqslant DN \leqslant 2000$
水压试验压力(MPa)	5.0	4.0	3.2	2.5

力学性能：抗拉强度：≥420MPa；屈服强度：≥300MPa；抗弯强度≥500MPa

8.6 聚乙烯燃气管道

聚乙烯燃气管道应符合现行的国家标准《燃气用埋地聚乙烯（PE）管道系统 第1部分：管材》GB 15558.1 的规定。

常用 SDR17.6 和 SDR11 管材最小厚度、管材工作压力及燃气用埋地聚乙烯（PE）管材平均外径和不园度（GB 15558.1）分别见表 8-6-1，表 8-6-2 及表 8-6-3。

常用 SDR17.6 和 SDR11 管材最小壁厚　　　　表 8-6-1

公称外径(mm)	壁厚(mm)		大约重量(kg/100m)	
	SDR17.6	SDR11	SDR17.6	SDR11
16	2.3	3.0		
20	2.3	3.0	14	17
25	2.3	3.0	18	23
32	2.3	3.0	24	28
40	2.3	3.7	32	46
50	2.9	4.6	49	71
63	3.6	5.8	77	111
75	4.3	6.8		
90	5.2	8.2	154	223
110	6.3	10.0	229	331
125	7.1	11.4	291	427
160	9.1	14.6	476	699
180	10.3	16.4	602	883
200	11.4	18.2	742	1088
225	12.8	20.5		
250	14.2	22.7	1151	1693
315	17.9	28.6	1671	2567
355	20.2	32.3		
400	22.8	36.4	2701	4146
450	25.6	41.0	3561	5229
500	28.4	45.5		
560	31.9	50.9		
630	35.8	57.3		

管材工作压力　　　　表 8-6-2

管材系列	SDR17.5	SDR11
工作压力(MPa)	0.2	0.4

燃气用埋地聚乙烯（PE）管材平均外径和不圆度 GB 15558.1　　　　表 8-6-3

公称外径(mm)	最小平均外径 $d_{em,min}$(mm)	最大平均外径 $d_{em,max}$(mm)		最大不圆度[a](mm)	
		等级 A	等级 B	等级 K[h]	等级 N
16	16.0	—	16.3	1.2	1.2
20	20.0	—	20.3	1.2	1.2
25	25.0	—	25.3	1.5	1.2
32	32.0	—	32.3	2.0	1.3
40	40.0	—	40.4	2.4	1.4
50	50.0	—	50.4	3.0	1.4
63	63.0	—	63.4	3.8	1.5
75	75.0	—	75.5	—	1.6
90	90.0	—	90.6	—	1.8
110	110.0	—	110.7	—	2.2
125	125.0	—	125.8	—	2.5
140	140.0	—	140.9	—	2.8
160	160.0	—	161.0	—	3.2
180	180.0	—	181.1	—	3.6
200	200.0	—	201.2	—	4.0

续表

公称外径(mm)	最小平均外径 $d_{em,min}$(mm)	最大平均外径 $d_{em,max}$(mm)		最大不圆度[a](mm)	
		等级 A	等级 B	等级 K[h]	等级 N
225	225.0	—	226.1	—	4.5
250	250.0	—	251.5	—	5.0
280	280.0	282.6	281.7	—	9.8
315	315.0	317.9	316.9	—	11.1
355	355.0	358.2	357.2	—	12.5
400	400.0	403.6	402.4	—	14.0
450	450.0	454.1	452.7	—	15.6
500	500.0	504.5	503.0	—	17.5
560	560.0	565.0	563.4	—	19.6
630	630.0	635.7	633.8	—	22.1

聚乙烯燃气管道的详细规定请见《燃气用埋地聚乙烯（PE）管道系统 第 1 部分：管材》GB 15558.1。

燃气用埋地聚乙烯管道管材力学性能，见表 8-6-4。

管材的力学性能 **表 8-6-4**

序号	性　能	单位	要　求	试验参数	试验方法
1	静液压强度(HS)	h	破坏时间≥100	20℃(环应力) PE80 PE100 9.0MPa 12.4MPa	GB/T 6111
			破坏时间≥165	80℃(环应力) PE80 PE100 4.5MPa[a] 5.4MPa[a]	
			破坏时间≥1000	80℃(环应力) PE80 PE100 4.0MPa 5.0MPa	
2	断裂伸长率	%	≥350		GB/T 8804.3
3	耐候性 (仅适用于非黑色管材)		气候老化后，以下性能应满足要求： 热稳定性(表 8)[b] HS(165h/80℃)(本表) 断裂伸长率(本表)	E≥3.5GJ/m²	GB 15558.1 标准附录 E GB/T 17391 GB/T 6111 GB/T 8804.3
4	耐快速裂纹扩展(RCP)[c]				
	全尺寸(FS)试验： d_n≥250mm 或	MPa	全尺寸试验的临界压力 $p_{c,FS}$≥1.5×MOP	0℃	ISO 13478：1
	S4 试验： 适用于所有直径	MPa	S4 试验的临界压力 $p_{c,s4}$≥MOP/2.4−0.072[d]	0℃	GB/T 19280
5	耐慢速裂纹增长 e_n>5mm	h	165	80℃，0.8MPa(试验压力)[e] 80℃，0.92MPa(试验压力)[f]	GB/T 18476

[a] 仅考虑脆性破坏。如果在 165h 前发生韧性破坏，则按表 7 选择较低的应力和相应的最小破坏时间重新试验。

[b] 热稳定性试验，试验前应去除外表面 0.2mm 厚的材料。

[c] RCP 试验适合于在以下条件下使用的 PE 管材：

——最大工作压力 MOP>0.01MPa，d_n≥250mm 的输配系统；

——最大工作压力 MOP>0.4MPa，d_n≥90mm 的输配系统。

对于恶劣的工作条件（如温度在 0℃以下），也建议做 RCP 试验。

[d] 如果 S4 试验结果不符合要求，可以按照全尺寸试验重新进行测试，以全尺寸试验的结果作为最终依据。

[e] PE80，SDR11 试验参数。

[f] PE100，SDR11 试验参数。

8.7　钢骨架聚乙烯塑料复合管

钢骨架聚乙烯塑料复合管应符合现行国家标准《燃气用钢骨架聚乙烯塑料复合管》CJ/T 125 的规定。

1. 普通管规格尺寸，见表 8-7-1。

普通管规格尺寸　　**表 8-7-1**

公称内径 DN(mm)		公称壁厚 e(mm)		内壁到经线距离 S(mm)
基本尺寸	平均极限偏差	基本尺寸	极限偏差	
50	±0.4	10.6	$^{+1.3}_{0}$	纬线 经线 S S≥2.0
65	±0.4	10.6	$^{+1.3}_{0}$	
80	±0.6	11.7	$^{+1.4}_{0}$	
100	±0.6	11.7	$^{+1.4}_{0}$	
125	±0.6	11.8	$^{+1.4}_{0}$	
150	±0.8	12.0	$^{+1.4}_{0}$	
200	±1.0	12.5	$^{+1.5}_{0}$	S≥2.5
250	±1.2	12.5	$^{+1.8}_{0}$	
300	±1.2	12.5	$^{+1.8}_{0}$	
350	±1.6	15.0	$^{+2.0}_{0}$	S≥3.0
400	±1.6	15.0	$^{+2.3}_{0}$	
450	±1.8	16.0	$^{+2.6}_{0}$	
500	±2.0	16.0	$^{+2.6}_{0}$	

2. 薄壁管规格尺寸见表 8-7-2。

薄壁管规格尺寸　　**表 8-7-2**

公称内径 DN(mm)		公称壁厚 e(mm)		内壁到经线距离 S(mm)
基本尺寸	平均极限偏差	基本尺寸	极限偏差	
50	±0.5	9.0	$^{+1.1}_{0}$	纬线 经线 S S≥1.8
65	±0.5	9.0	$^{+1.1}_{0}$	
80	±0.6	9.0	$^{+1.1}_{0}$	
100	±0.6	9.0	$^{+1.1}_{0}$	
125	±0.8	10.0	$^{+1.2}_{0}$	

3. 复合管的公称压力

复合管的公称压力应符合表 8-7-3 和表 8-7-4 的规定。

输送天然气时复合管（普通管）公称压力　　　表 8-7-3

规格(mm)	*DN*50	*DN*65	*DN*80	*DN*100	*DN*125	*DN*150	*DN*200	*DN*250	*DN*300	*DN*350	*DN*400	*DN*450	*DN*500
公称压力 MPa	1.6		1.0			0.8	0.7	0.5	0.44				

输送天然气时复合管（薄壁管）公称压力　　　表 8-7-4

规格(mm)	*DN*50	*DN*65	*DN*80	*DN*100	*DN*125
公称压力 MPa	1.0			0.6	

4. 复合管的连接方式

复合管的连接分为法兰连接与电熔连接两种方式。

(1) 法兰连接式复合管

法兰连接式复合管接头见附录 A（CJ/T 125 标准的附录），采用 O 形圈密封。根据需要也可选择垫片密封形式，并在法兰接头端面上加工水线，也可采用其他规格的密封圈。

复合管法兰接头一律加加强箍。

(2) 电熔连接式复合管

电熔连接式复合管按插入方式分为平口复合管与锥形口复合管两种结构，其规格尺寸见附录 A（CJ/T 125 标准的附录）。

订货时应注明连接方式。

5.《燃气用钢骨架聚乙烯塑料复合管》CJ/T 125，附录 A。

附　录　A

（标准的附录）

复合管接头

A1　法兰连接式复合管接头规格尺寸

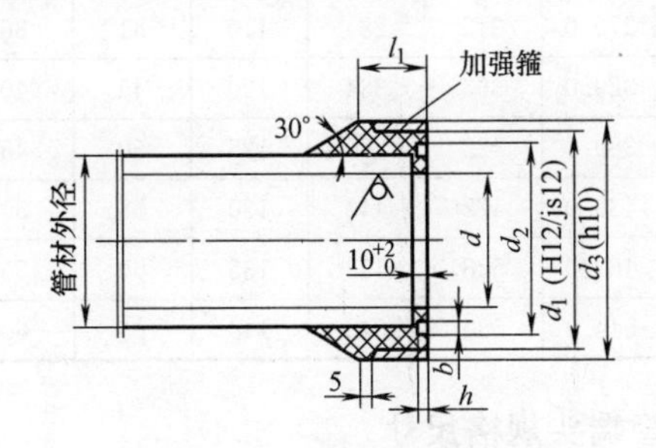

图 A1　法兰连接式复合管接头

法兰连接式复合管接头规格尺寸（mm）　　　表 A1

公称内径 *DN*	d	d_1	d_2	d_3	l	h	b
50	50	91	79.6	97	35	4.15±0.1	7.1±0.15
65	65	107	90.6	113	35	4.15±0.1	7.1±0.15
80	80	122	105.6	128	35	4.15±0.1	7.1±0.15
100	100	146	125.6	152	35	4.15±0.1	7.1±0.15
125	125	173	150.6	179	35	4.15±0.1	7.1±0.15

续表

公称内径 DN	d	d_1	d_2	d_3	l	h	b
150	150	199	175.6	205	35	4.15±0.1	7.1±0.15
200	200	250	228.6	256	35	4.15±0.1	7.1±0.15
250	250	305	282.6	311	41	5.45±0.1	7.1±0.15
300	300	355	329.0	361	41	5.45±0.1	9.45±0.20
500	500	562	544.0	570	50	5.45±0.1	9.45±0.20

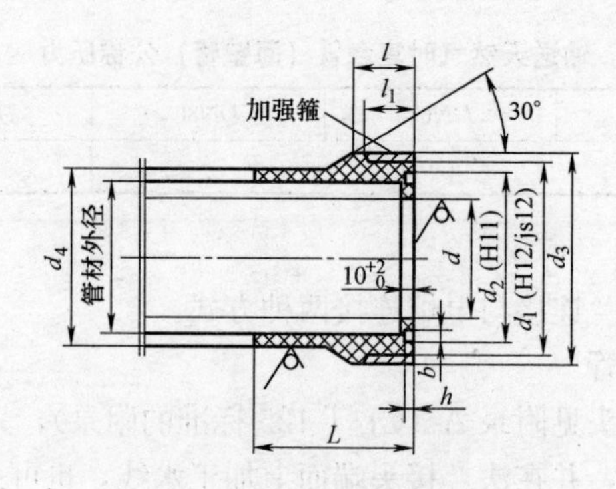

图 A2 法兰连接式复合管接头

法兰连接式复合管接头规格尺寸（mm） 表 A2

公称内径 DN	d	d_1	d_2	d_3	d_4	L	l	l_1	h	b
50	50	91	79.6	97	75	80	35	30	4.15±0.1	7.1±0.15
65	65	107	90.6	113	90	80	35	30	4.15±0.1	7.1±0.15
80	80	122	105.6	128	105	80	35	30	4.15±0.1	7.1±0.15
100	100	146	125.6	152	126	85	35	30	4.15±0.1	7.1±0.15
125	125	173	150.6	179	153	90	35	30	4.15±0.1	7.1±0.15
150	150	202	175.6	208	182	90	35	30	4.15±0.1	7.1±0.15
200	200	256	232.0	262	233	100	41	36	4.15±0.1	9.45±0.20
250	250	307	279.0	313	284	110	41	36	4.15±0.1	9.45±0.20
300	300	357	329.0	363	334	120	45	40	5.45±0.1	9.45±0.20
350	350	414	389.0	422	390	125	50	45	5.45±0.1	9.45±0.20
400	400	464	439.0	472	440	130	55	50	5.45±0.1	9.45±0.20
450	450	520	489.0	528	493	135	60	55	5.45±0.1	9.45±0.20
500	500	572	544.0	580	543	140	65	60	5.45±0.1	9.45±0.20

A2 电熔连接式复合管端头规格尺寸

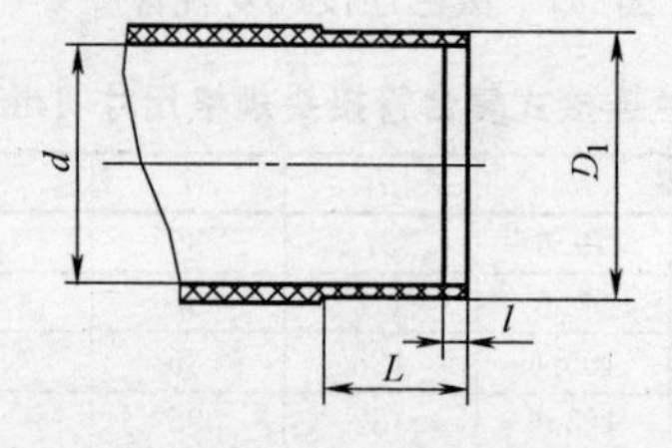

图 A3 管端平口结构

电熔连接式复合管平口规格尺寸（mm）　　表 A3

公称内径 DN	电熔区外径 d_1	电熔区长度 L	平口厚 l
50	71.0±0.2	75±5	6～10
65	86.0±0.2	75±5	
80	103.0±0.25	85±5	
100	123.0±0.25	90±5	
125	148.3±0.3	100±5	
150	173.1±0.3	110±5	
200	224.4±0.4	115±5	
250	273.8±0.4	130±5	
300	324.0±0.5	150±5	

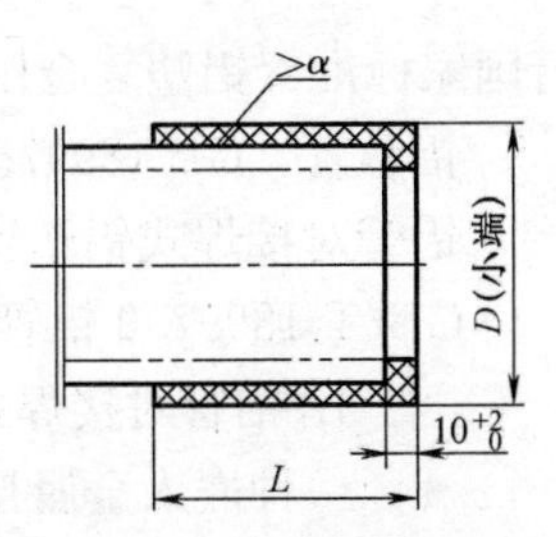

图 A4　管端锥形口结构

电熔连接式复合管锥形口规格尺寸（mm）　　表 A4

公称内径 DN	锥形口（小端）外径 D 及极限偏差	锥形口长度 L	α
50	$75^{-0.3}_{-1.3}$	100	30′
65	$89^{-0.3}_{-1.3}$	100	30′
80	$104^{-0.3}_{-1.3}$	100	30′
100	$125^{-0.3}_{-1.3}$	100	30′
125	$152^{-0.3}_{-1.3}$	100	30′
150	182±0.5	110	30′
200	234±0.5	120	30′
250	284±0.5	130	30′
300	334±0.5	150	30′
350	390±0.5	160	1°
400	440±0.5	170	1°
450	492±0.5	180	1°
500	542±0.5	190	1°

复合管长度：

复合管标准长度（如图 A5）为 6m、8m、10m 和 12m，长度允许偏差为±20mm。当用户对复合管长度提出特殊要求时，也可由供需双方商定。

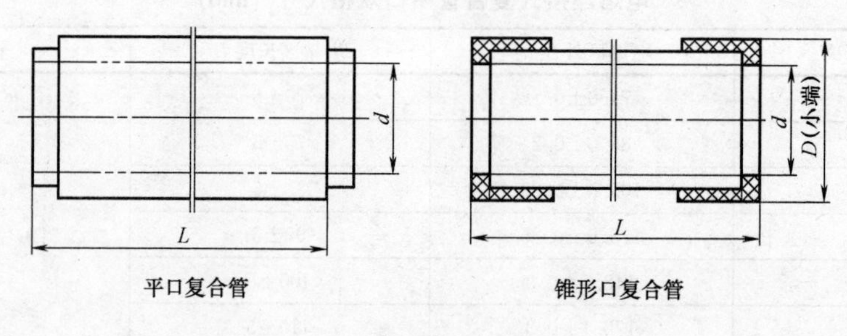

图 A5

8.8 铝管对接焊式铝塑管

铝塑复合管的质量应符合现行国家标准《铝塑复合压力管 第1部分：铝管搭接焊式铝塑管》GB 18997.1或铝塑复合压力管 第2部分铝管对接焊式铝塑管 GB/T 18997.2 的规定。以下是 GB/T 18997.2 铝管对接焊式铝塑管。

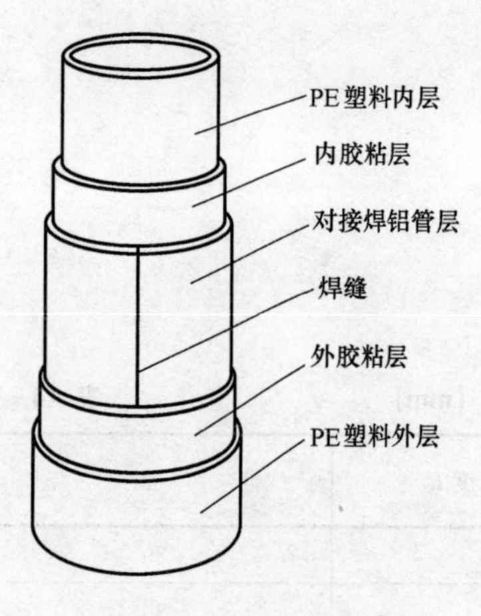

图 8-8-1 对接焊式铝塑管

1. 铝管对接焊式铝塑管

一种嵌入金属层为对接焊铝合金（或铝）管的铝塑管其结构见图 8-8-1。

(1) 一型铝塑管

外层为聚乙烯塑料，内层为交联聚乙烯塑料，嵌入金属层为对接焊铝合金的复合管。适合较高的工作温度和流体压力条件下使用。

(2) 二型铝塑管

内外层均为交联聚乙烯塑料，嵌入金属层为对接焊铝合金的复合管。适合较高的工作温度和流体压力下使用，比一型管具有更好的抗外部恶劣环境的性能。

(3) 三型铝塑管

内外层均为聚乙烯塑料，嵌入金属层为对接焊铝的复合管。适合较低的工作温度和流体压力下使用。

(4) 四型铝塑管

内外层均为聚乙烯塑料，嵌入金属层为对接焊铝合金的复合管。适合较低的工作温度和流体压力下使用。可用于输送燃气等气体。

2. 分类

(1) 产品分类

1) 铝塑管按输送流体分类，其品种见表 8-8-1。

2) 铝塑管按复合组分材料分类，其类型如下：

a. 聚乙烯/铝合金/交联聚乙烯（XPAP1）：一型铝塑管；

b. 交联聚乙烯/铝合金/交联聚乙烯（XPAP2）：二型铝塑管；

铝塑管品种分类　　　　**表 8-8-1**

流体类别		用途代号	铝塑管代号	长期工作温度 T_0(℃)	允许工作压力 p_0(MPa)
水	冷水	L	PAP3、PAP4	40	1.40
			XPAP1、XPAP2		2.00
	冷热水	R	PAP3、PAP4	60	1.00
			XPAP1、XPAP2	75	1.50
			XPAP1、XPAP2	95	1.25
燃气[a]	天然气	Q	PAP4	35	0.40
	液化石油气				0.40
	人工煤气[b]				0.20
特种流体[c]		T	PAP3	40	1.00

注：在输送易在管内产生相变的流体时，在管道系统中因相变产生的膨胀力不应超过最大允许工作压力或者在管道系统中采取防止相交的措施。

a　输送燃气时应符合燃气安装的安全规定。

b　在输送人工煤气时应注意到冷凝剂中芳香烃对管材的不利影响，工程中应考虑这一因素。

c　系指和 HDPE 的抗化学药品性能相一致的特种流体。

c. 聚乙烯/铝/聚乙烯（PAP3）：三型铝塑管；

d. 聚乙烯/铝合金/聚乙烯（PAP4）：四型铝塑管，适用于天然气。

3）铝塑管按外径分类，其规格为 16、20、25（26）、32、40、50。

注：根据需要，供需双方可协商确定其他规格尺寸。

3. 要求

(1) 结构尺寸

1）铝塑管公称外径应符合表 8-8-2 要求。

2）铝塑管内外塑料层厚度及铝管层壁厚应符合表 8-8-2 要求。

3）圆度应符合表 8-8-2 要求。

铝塑管结构尺寸要求　　　　**表 8-8-2**

公称外径 DN (mm)	公称外径公差	参考内径 d_1	圆度		管壁厚 e_m (mm)		内层塑料壁厚 e (mm)		外层塑料最小壁厚 e_w (mm)	铝管层壁厚 e_s (mm)	
			盘管	直管	公称值	公差	公称值	公差		公称值	公差
16	$^{+0.3}_{0}$	10.9	≤1.0	≤0.5	2.3	$^{+0.5}_{0}$	1.4	±0.1	0.3	0.28	±0.04
20		14.5	≤1.2	≤0.6	2.5		1.5			0.36	
25 (26)		18.5 (19.5)	≤1.5	≤0.8	3.0		1.7			0.44	
32		25.5	≤2.0	≤1.0			1.6			0.60	
40	$^{+0.4}_{0}$	32.4	≤2.4	≤1.2	3.5	$^{+0.6}_{0}$	1.9		0.4	0.75	
50	$^{+0.5}_{0}$	41.4	≤3.0	≤1.5	4.0		2.0			1.00	

(2) 管环径向拉力

管环径向最大拉力应不小于表 8-8-3 规定值。

(3) 复合管性能要求

复合管性能要求应符合表 8-8-4 的规定。

铝塑管管环径向拉力及爆破强度 **表 8-8-3**

公称外径 DN (mm)	管环径向拉力(N)		爆破压力 (MPa)	公称外径 DN (mm)	管环径向拉力(N)		爆破压力 (MPa)
	MDPE	HDPE、PEX			MDPE	HDPE、PEX	
16	2300	2400	8.00	32	3270	3320	5.50
20	2500	2600	7.00	40	4200	4300	5.00
25(26)	2890	2990	6.00	50	4800	4900	4.50

复合管性能要求 **表 8-8-4**

序号	项目		性能要求	试验方法
1	受压开裂稳定性		无裂纹现象	见7.12.1
2	纵向尺寸收缩率(110℃,保持1h)		≤0.4%	见7.12.2
3	短期静液压强度试验	温度:20℃,时间:1h;压力:公称压力×2×2.291	见7.12.3	见7.12.3
		温度:80℃,时间:165h;压力:公称压力×2×0.71×2.291	不破裂、不渗漏	
4	爆破强度试验	爆破压力≥公称压力×3×2.291	爆破	见7.12.3
5	耐候性试验(管材积累接受≥3.5kMJ/m²)		仍能满足表9中第3项性能要求	见7.12.4

注:试验方法中为GB 18997.1标准章节号。

(4) 静液压强度

1) 1h静液压强度

铝塑管进行1h静液压强度试验时应符合表8-8-5要求。

铝塑管1h静液压强度试验 **表 8-8-5**

铝塑管代号	公称外径 d_n(mm)	试验温度(℃)	试验压力(MPa)	试验时间(h)	要 求
XPAP1 XPAP2	16~32	95±2	2.42±0.05	1	应无破裂、局部球形膨胀、渗漏
	40~50		2.00±0.05		
PAP3、PAP4	16~50	70±2	2.10±0.05		

2) 1000h静液压强度

铝塑管进行1000h静液压强度试验时应符合表8-8-6要求。

铝塑管1000h静液压强度试验 **表 8-8-6**

铝塑管代号	公称外径 d_n(mm)	试验温度(℃)	试验压力(MPa)	试验时间(h)	要 求
XPAP1 XPAP2	16~32	95±2	1.93±0.05	1000	应无破裂、局部球形膨胀、渗漏
	40~50		1.90±0.05		
PAP3、PAP4	16~50	70±2	1.50±0.05		

(5) 耐气体组分性能

燃气用铝塑管进行耐气体组分试验时应符合表8-8-7的要求。

燃气用铝塑管耐气体组分性能 **表 8-8-7**

试验介质	最大平均质量变化率(%)	最大平均管环径向拉伸力的变化率(%)
矿物油(usp)	+0.5	±12
叔丁基硫醇	+0.5	
防冻剂:甲醇或乙烯甘醇	+1.0	
甲苯	+1.0	

（6）颜色

燃气用铝塑管：黄色。

铝塑复合管的其余详细内容见《铝塑复合管压力管》GB/T 18997.1的相关内容。

8.9《石油天然气工业管线输送系统用钢管》GB/T 9711—2011（摘录）

《石油天然气工业管线输送系统用钢管》GB/T 9711—2011相关内容摘录如下。

1. 钢管等级与钢级

（1）PSL1钢管的钢管等级与钢级（用钢名表示）相同，且应符合表8-9-1规定，由用于识别钢管强度水平的字母或字母与数字混排的排号构成，而且钢级与钢的化学成分有关。

注：钢号A和钢号B牌号中不应包括最小屈服强度的参考值；然而，其他牌号中的数字部分对应于国际单位制的规定最小屈服强度或向上圆整的规定最小屈服强度，USC单位制表示PSi。后缀P表明该钢中含有规定含量的磷。

（2）PSL2钢管的钢管等级应符合表8-9-1的规定。由用于识别钢管强度水平的字母或字母与数字混排的牌号构成，且钢名（表示为钢级）与钢的化学成分有关。另外还包括由单个字母（R、N、Q或M）组成的后缀，这些字母表示交货状态（见GB/T 9711.1表3）。

注：钢级B牌号中不包括规定最小屈服强度的参考值；然而，其他牌号中的数字部分对应于S1单位制或USC单位制的最小屈服强度。

编者注：GB/T 9711—2011标准已代替GB/T 9711.1—1966《石油天然气工业　输送钢管交货技术条件　第1部分：A级钢管》、GB/T 9711.2—1999《石油天然气工业输送钢管交货技术条件　第2部分：B级钢管》和GB/T 9711.3—2005《石油天然气工业输送钢管交货技术条件　第3部分：C级钢管》。标准规定了石油天然气工业管线系统用两种产品规范水平（PSL1和PSL2）的无缝钢管和焊接钢管的制造要求。因此，在压力大于1.6MPa的室外天然气管道选用钢管时，在执行《城镇燃气设计规范》GB 50028规定的同时应对照《石油天然气工业输送系统用钢管》GB/T 9771—2011标准执行。

钢管等级、钢级和可接受的交货状态见表8-9-1。

钢管等级、钢级和可接受的交货状态　　表8-9-1

PSL	交货状态	钢管等级/钢级[a,b]
PSL1	轧制、正火轧制、正火或正火成型	L175/A25
		L175P/A25P
		L210/A
	轧制、正火轧制、热机械轧制、热机械成型、正火成型、正火、正火加回火；或如协议，仅适用于SMLS钢管的淬火加回火	L245/B
	轧制、正火轧制、热机械轧制、热机械成型、正火成型、正火、正火加回火或淬火加回火	L290/X42
		L320/X46
		L360/X52
		L390/X56
		L415/X60
		L450/X65
		L485/X70

续表

PSL	交 货 状 态	钢管等级/钢级[a,b]
PSL2	轧制	L245R/BR
		L290R/X42R
	正火轧制、正火成型、正火或正火加回火	L245N/BN
		L290N/X42N
		L320N/X46N
		L360N/X52N
		L390N/X56N
		L415N/X60N
	淬火加回火	L245Q/BQ
		L290Q/X42Q
		L320Q/X46Q
		L360Q/X52Q
		L390Q/X56Q
		L415Q/X60Q
		L450Q/X65Q
		L485Q/X70Q
		L555Q/X80Q
	热机械轧制或热机械成型	L245M/BM
		L290M/X42M
		L320M/X46M
		L360M/X52M
		L390M/X56M
		L415M/X60M
		L450M/X65M
		L485M/X70M
		L555M/X80M
	热机械轧制	L625M/X90M
		L690M/X100M
		L830M/X120M

a　对于中间钢级，钢级应为下列格式之一：(1) 字母 L 后跟随规定最小屈服强度，单位 MPa，对于 PSL2 钢管，表示交付状态的字母（R、N、Q 或 M）与上面格式一致。(2) 字母 X 后面的两或三位数字是规定最小屈服强度（单位 1000psi 向下圆整到最邻近的整数），对 PSL2 钢管，表示交付状态的字母（R、N、Q 或 M）与上面格式一致。

b　PSL2 的钢级词尾（R、N、Q 或 M）属于钢级的一部分。

2. 制造工艺

按本标准加工的钢管应按表 8-9-2 和表 8-9-3 的适用要求和规定制造。

(1) 钢管或管端类型缩略语注：

SMLS　无缝钢管

CW　制造时对钢管实行炉焊工艺

LFW　制造时，对钢管实施的是低频焊接工艺

HFW　制造时，对钢管实施的是高频焊接工艺

LW　制造时，对钢管实施的是激光焊接工艺

SAWL　制造时，对钢管实施的直缝埋弧焊工艺

SAWH　制造时，对钢管实施的螺旋埋弧焊焊接工艺

COWL　制造时，对钢管实施的组合直缝焊接工艺

COWH　制造时，对钢管实施的组合螺旋焊接工艺

HFW 钢管　频率等于或大于 70kHz 的焊接电流焊接成的 EW 钢管；EW 钢管采用连

续炉焊工艺制造的带有一条直焊缝的钢管

SAW 钢管 采用埋弧焊接工艺制造的带有一条或两条直焊缝；或一条螺旋焊缝的钢管

COW 钢管 采用熔化极气体保护焊和埋弧焊组合工艺制造的带有一条或两条直缝或一条螺旋焊缝的钢管产品。在焊接过程中，熔化极气体保护焊缝未完全被埋弧焊道熔化。

(2) 可接受制造工艺和产品规格水平

1) 可接受的制造工艺和产品规格水平，见表 8-9-2。

2) 可接受的 PSL2 钢管制造工序，见表 8-9-3。

可接受制造工艺和产品规范水平 **表 8-9-2**

钢管或管端类型	PSL1 钢管[a]					PSL2 钢管[a]	
	L175/A25[b]	L175P/A25P[b]	L210/A	L245/B	L290～L485/X42～X70	L245～L555/B～X80	＞L555～L830/＞X80～X120
钢管类型							
SMLS	×[g]	×	×	×	×	×	—[h]
CW	×	×	—	—	—	—	—
LFW	×	—	×	×	×	—	—
HFW	×	—	×	×	×	×	—
LW	—	—	—	—	—	—	—
SAWL	—	—	×	×	×	×	×
SAWH	—	—	×	×	×	×	×
COWL	—	—	×	×	×	×	—
COWH[c]	—	—	×	×	×	×	—
双缝 SAWL[d]	—	—	×	×	×	×	×
双缝 COWL	—	—	×	×	×	×	—
管端类型							
承口端[e]	×	—	×	×	×	—	—
平端	×	—	×	×	×	×	×
特殊接箍平端	×	—	×	×	—	—	—
螺纹端[f]	×	—	×	×	—	—	—

a 如果协议，可采用中间钢级，但限于高于 L290/X42 钢级。

b 钢级 L175、L175P、A25 和 A25P 限于 $D \leqslant 141.3$mm (5.563in) 的钢管。

c 螺旋缝钢管限于 $D \geqslant 114.3$mm (4.500in) 的钢管。

d 如果协议可采用双缝管，但限于 $D \geqslant 914$mm (36.000in) 的钢管。

e 承口端钢管限于 $D \leqslant 219.1$mm (8.625in) 且 $t \leqslant 3.6$mm (0.141in) 的钢管。

f 螺纹端钢管限于 $D \leqslant 508$mm (20.000in) 的 SMLS 和直缝焊管。

g 表示适用。

h 表示不适用。

可接受的 PSL2 钢管制造工序 **表 8-9-3**

钢管类型	原 料	钢 管 成 型	钢管热处理	交货状态
SMLS	钢锭、初轧坯或方坯	轧制	—	R
		正火成型	—	N
		热成型	正火	N
			淬火加回火	Q
		热成型和冷精整	正火	N
			淬火加回火	Q

续表

钢管类型	原料	钢管成型	钢管热处理	交货状态
HFW	正火轧制钢带	冷成型	仅对焊缝区热处理[a]	N
	热机械轧制钢带	冷成型	仅对焊缝区热处理[a]	M
			焊缝区热处理[a]和整根钢管的应力释放	M
	热轧钢带	冷成型	正火	N
			淬火加回火	Q
		冷成型，随后在受控温度下热减径，产生正火的状态	—	N
		冷成型，随后进行钢管的热机械成型	—	M
SAW或COW钢管	正火或正火轧制钢带或钢板	冷成型	—	N
	轧制态、热机械轧制、正火轧制或正火态	冷成型	正火	N
	热机械轧制钢带或钢板	冷成型	—	M
	淬火加回火钢板	冷成型	—	Q
	轧制态、热机械轧制、正火轧制或正火态钢带或钢板	冷成型	淬火加回火	Q
	轧制态、热机械轧制、正火轧制或正火态钢带或钢板	正火成型	—	N

a 适用的热处理见8.8。

3. 材料化学成分（验收极限）

(1) 总则

1）通用交货技术条件应符合GB/T 17505的要求。

2）在未获得购方同意的情况下，不应用L415/X60或更高钢级制造的钢管代替L360/X52或更低钢级的钢管。

(2) 化学成分

1）$t \leqslant 25.0$mm（0.984in）的PSL1钢管，标准钢级的化学成分应符合表8-9-4的要求，而中间钢级的化学成分应依照协议，但应与表8-9-4规定协调一致。

注：L175P/A25P钢级是增磷钢，因此比L175/A25具有更好的螺纹加工性能，但其较难弯曲。

2）对于$t \leqslant 25.0$mm（0.984in）PSL2钢管，其标准钢级的化学成分应符合表8-9-5的要求，中间钢级的化学成分应依照协议，但应与表8-9-5规定协调一致。

3）表8-9-4和表8-9-5的化学成分要求可适用于$t > 25.0$mm（0.984in）的钢管。否则，应协商确定化学成分。

$t < 25.0$mm（0.984in）的PSL1钢管化学成分　　表8-9-4

钢级（钢名）	质量分数，熔炼分析和产品分析[a]（%）							
	C 最大[a]	Mn 最大[b]	P 最小	P 最大	S 最大	V 最大	Nb 最大	Ti 最大
无缝钢管								
L175/A25	0.21	0.60	—	0.080	0.080	—	—	—
L175P/A25P	0.24	0.60	0.01	0.080	0.080	—	—	—
L210/A	0.22	0.90	—	0.030	0.030	—	—	—
L245/B	0.28	1.20	—	0.030	0.030	c,d	c,d	d

续表

钢级（钢名）	质量分数，熔炼分析和产品分析[a]（%）							
	C 最大[a]	Mn 最大[b]	P 最小	P 最大	S 最大	V 最大	Nb 最大	Ti 最大
无缝钢管								
L290/X42	0.28	1.30	—	0.030	0.080	[d]	[d]	[d]
L320/X46	0.28	1.40	—	0.030	0.030	[d]	[d]	[d]
L360/X52	0.28	1.40	—	0.030	0.030	[d]	[d]	[d]
L390/X56	0.28	1.40	—	0.030	0.030	[d]	[d]	[d]
L415/X60	0.28[c]	1.40[c]	—	0.030	0.030	[f]	[f]	[f]
L450/X65	0.28[c]	1.40[c]		0.030	0.030	[f]	[f]	[f]
L485/X70	0.28[c]	1.40[c]	—	0.30	0.30	[f]	[f]	[f]
焊管								
L175/A25	0.21	0.60	—	0.030	0.030	—	—	—
L175P/A25P	0.21	0.60	0.045	0.080	0.030	—	—	—
L210/A	0.22	0.90	—	0.030	0.030	—	—	—
L245/B	0.26	1.20	—	0.030	0.030	[c,d]	[c,d]	[d]
L290/X42	0.26	1.30	—	0.030	0.030	[d]	[d]	[d]
L320/X46	0.26	1.40	—	0.030	0.030	[d]	[d]	[d]
L360/X52	0.26	1.40	—	0.030	0.030	[d]	[d]	[d]
L390/X56	0.26	1.40	—	0.030	0.030	[d]	[d]	[d]
L415/X60	0.26[c]	1.40	—	0.030	0.030	[f]	[f]	[f]
L450/X65	0.26[c]	1.45[c]	—	0.030	0.030	[f]	[f]	[f]
L485/X70	0.26[e]	1.65[e]	—	0.030	0.030	[f]	[f]	[f]

[a] 最大铜（Cu）含量为 0.50%，最大镍（Ni）含量为 0.50%；最大铬（Cr）含量为 0.50%；最大钼（Mo）含量为 0.15%。对于 L360/X52 及以上钢级不应有意加大 Cu、Cr 和 Ni。

[b] 碳含量比规定最大碳含量每减少 0.01%，则允许锰含量比规定最大含量高 0.05%，对于钢级≥L245/B 但≤L360/X52 不得超过 1.65%，对于钢级>L360/X52，但<L485/X70 不得超过 1.75%，钢级 L485/X70 不得超过 2.00%。

[c] 除另有协议外，铌含量。

[d] 铌含量、钒含量和钛含量和钒含量之和应≤0.06%。

[e] 除另有协议。

[f] 除另有协议外，铌含量、钒含量和钛含量之和应≤0.15%。

$t \leqslant 25.0$mm（0.984in）PSL2 钢管化学成分 表 8-9-5

钢级（钢名）	质量分数，熔炼分析和产品分析［%（最大）］									碳含量[a]［%（最大）］	
	C[b]	Si	Mn[b]	P	S	V	Nb	Ti	其他	CE_{IIw}	CE_{pcm}
无缝和焊接钢管											
L245R/BR	0.24	0.40	1.20	0.025	0.015	[c]	[c]	0.04	[c]	0.43	0.25
L290R/X42R	0.24	0.40	1.20	0.025	0.015	0.06	0.05	0.04	[c]	0.43	0.25
L245N/BN	0.24	0.40	1.20	0.025	0.015	[c]	[c]	0.04	[c]	0.43	0.25
L290N/X42N	0.24	0.40	1.20	0.025	0.015	0.06	0.05	0.04	[c]	0.43	0.25
L320N/X46N	0.24	0.40	1.40	0.025	0.015	0.07	0.05	0.04	[d,e]	0.43	0.25
L360N/X52N	0.24	0.45	1.40	0.025	0.015	0.10	0.05	0.04	[d,e]	0.43	0.25
L390N/X56N	0.24	0.45	1.40	0.025	0.015	0.10[f]	0.05	0.04	[d,e]	0.43	0.25
L415N/X60N	0.24[f]	0.45[f]	1.40[f]	0.025	0.015	0.10[f]	0.05[f]	0.04[f]	[g,h]	依照协议	
L245Q/BQ	0.18	0.45	1.40	0.025	0.015	0.05	0.05	0.04	[e]	0.43	0.25
L290Q/X42Q	0.18	0.45	1.40	0.025	0.015	0.05	0.05	0.04	[e]	0.43	0.25
L320Q/X46Q	0.18	0.45	1.40	0.025	0.015	0.05	0.05	0.04	[e]	0.43	0.25
L360Q/X52Q	0.18	0.45	1.50	0.025	0.015	0.05	0.05	0.04	[e]	0.43	0.25
L390Q/X56Q	0.18	0.45	1.50	0.025	0.015	0.07	0.05	0.04	[d,e]	0.43	0.25
L415Q/X60Q	0.18[f]	0.45[f]	1.70[f]	0.025	0.015	[g]	[g]	[g]	[h]	0.43	0.25
L450Q/X65Q	0.18[f]	0.45[f]	1.70[f]	0.025	0.015	[g]	[g]	[g]	[h]	0.43	0.25
L485Q/X70Q	0.18[f]	0.45[f]	1.80[f]	0.025	0.015	[g]	[g]	[g]	[h]	0.43	0.25
L555Q/X80Q	0.18[f]	0.45[f]	1.90[f]	0.025	0.015	[g]	[g]	[g]	[i,j]	依照协议	

续表

钢级（钢名）	质量分数，熔炼分析和产品分析［%（最大）］									碳含量[b]［%（最大）］	
	C[b]	Si	Mn[b]	P	S	V	Nb	Ti	其他	CE_{IIw}	CE_{pcm}
焊接钢管											
L245M/BM	0.22	0.45	1.20	0.025	0.015	0.05	0.05	0.04	[e]	0.43	0.25
L290M/X42M	0.22	0.45	1.30	0.025	0.015	0.05	0.05	0.04	[e]	0.43	0.25
L320M/X46M	0.22	0.45	1.30	0.025	0.015	0.05	0.05	0.04	[e]	0.43	0.25
L360M/X52M	0.22	0.45	1.40	0.025	0.015	[d]	[d]	[d]	[e]	0.43	0.25
L390M/X56M	0.22	0.45	1.40	0.025	0.015	[d]	[d]	[d]	[e]	0.43	0.25
L415M/X60M	0.12[f]	0.45[f]	1.60[f]	0.025	0.015	[g]	[g]	[g]	[h]	0.43	0.25
L450M/X65M	0.12[f]	0.45[f]	1.60[f]	0.025	0.015	[g]	[g]	[g]	[h]	0.43	0.25
L485M/X70M	0.12[f]	0.45[f]	1.70[f]	0.025	0.015	[g]	[g]	[g]	[h]	0.43	0.25
L555M/X80M	0.12[f]	0.45[f]	1.85[f]	0.025	0.015	[g]	[g]	[g]	[f]	0.43[f]	0.25
L625M/X90M	0.10	0.55[f]	2.10[f]	0.020	0.010	[g]	[g]	[g]	[i]		0.25
L690M/X100M	0.10	0.55[f]	2.10[f]	0.020	0.010	[g]	[g]	[g]	[i,j]	—	0.25
L830M/X120M	0.10	0.55[f]	2.10[f]	0.020	0.010	[g]	[g]	[g]	[i,j]		0.25

[a] 依据产品分析结果，t＞20.0mm（0.787in）的无缝钢管，碳当量的极限值应协商确定。碳含量大于0.12%使用CE_{IIw}，碳含量大于或等于0.12%使用CE_{pcm}。

[b] 碳含量比规定最大碳含量每减少0.01%，则允许锰含量比规定最大锰含量高0.05%，对于钢级≥L245/B但≤L360/X52锰含量不得超过1.65%；对于钢级＞L360/X52但＜L485/X70不得超过1.75%；对于钢级≥L485/X70但≤1.555/X80不得超过2.00%，对于钢级＞L555/X80不得超过2.20%。

[c] 除另有协议外，铌含量和钒含量之和应≤0.06%。

[d] 铌含量，钒含量和钛含量之和应≤0.15%。

[e] 除另有协议外，最大铜含量为0.50%，最大镍含量为0.30%，最大铬含量为0.30%，最大钼含量为0.15%。

[f] 除另有协议外。

[g] 除另有协议外，铌含量，钒含量和钛含量之和应≤0.15%。

[h] 除另有协议外，最大铜含量为0.50%，最大镍含量为0.50%，最大铬含量为0.50%，最大钼含量为0.50%。

[i] 除另有协议外，最大铜含量为0.50%，最大镍含量为1.00%，最大铬含量为0.50%，最大钼含量为0.50%。

[j] 最大硼含量0.004%。

4. 检验类型和检验文件

（1）总则

1）应按GB/T 18253规定的特定检验对交货合同的符合性进行查验。

注1：GB/T 18253中，“特定检验”是指规定的检验和试验

注2：本标准中EN 10204与ISO 10474基本相同。

2）检验文件应是打印格式或电子格式、电子格式文件作为ED1传输文件必须符合由购方和制造商达成的任一EDI协议。

（2）PSL1钢管检验文件

1）如果协议，应发出符合GB/T 13253—2000的3.1.A、3.1.B或3.1.C要求的检验证书，或应发出符合EN 10204：2004的3.1或3.2要求的检验证书。

2）如果对检验文件的提供已进行协商，在适用时每个订货批应提供下列信息：

a. 规定外径、规定壁厚PSL（产品规范水平）、钢管类型、钢管级别和交货状态；

b. 化学成分（熔炼和产品）；

c. 拉伸试验结果和试样类型、尺寸、位置和取向；

d. 规定最小静水压试验压力和规定试验持续时间；

e. 对于焊管，使用的焊缝无损检验方法（射线、超声波或电磁）；使用的参考反射体或像质计的类型和尺寸；

f. 对于SMLS钢管，使用的无损检验方法（超声波，电磁或磁粉）；使用的参考反射体的类型和尺寸；

g. 对于 EW 和 LW 钢管，焊缝热处理的最低温度，否则如果未进行热处理则注明“未进行热处理”；

h. 订货合同要求的任何补充试验的结果。

（3）PSL2 钢管检验文件

1）除订货合同规定使用符合 GB/T 18253 中 3.1.A 或 3.1.C 检验证书或 3.2 检验报告，或符合 EN 10204：2004 中 3.2 检验证书外，制造商应发出符合 GB/T 18253 中 3.1.B 检验证书或符合 EN 10204：2004 中 3.1 检验证书。

2）适用时每个订货批应提供下列信息：

a. 规定外径、规定壁厚、PSL（产品规范水平）、钢管类型、钢管级别和交货状态；

b. 化学成分（熔炼和产品）和碳当量（产品分析和验收极限）；

c. 拉伸试验结果和试样类型、尺寸、位置及取向；

d. CVN 冲击试验结果；试样尺寸、取向和位置；试验温度；使用特殊尺寸试样的验收极限；

e. 对于焊管，DWT 试验结果（每次试验的单个试验和平均试验结果）；

f. 规定最小静水压试验压力和规定试验持续时间；

g. 对于焊管，使用的焊缝无损检验方法（射线、超声波或电磁）；使用的参考反射体或像质计的类型和尺寸；

h. 对于 SMLS 钢管，使用的无损检验方法（超声波，电磁或磁粉）；使用的参考反射体的类型和尺寸；

i. 对于 HFW 钢管，焊缝热处理的最低温度；

j. 订货合同中规定的任何补充试验的结果。

5. 特定检验

检验频次

（1）对于 PSL1 钢管，检验频次应符合表 8-9-6 的规定。

（2）对于 PSL2 钢管，检验频次应符合表 8-9-7 的规定。

PSL1 钢管检验频次　　**表 8-9-6**

检验类型	钢管类型	检验频次
熔炼分析	所有钢管	每熔炼炉分析一次
产品分析	SMLS、CW、LFW、HFW、LW、SAWL、SAWH、COWL 或 COWH	每熔炼炉分析两次（取自隔开的产品上）。
$D \leqslant 48.3$mm（1.900in）的 L175/A25 焊管管体拉伸试验	CW、LFW 或 HFW	不超过 25t（28 美吨）的钢管为一试验批[e]，每批一次。
$D \leqslant 48.3$mm（1.900in）的 L175P/A25P 焊管管体拉伸试验	CW	
$D > 48.3$mm（1.900in）的 L175/A25 焊管管体拉伸试验	CW、LFW 或 HFW	不超过 50t（55 美吨）的钢管为一试验批，每批一次。
$D > 48.3$mm（1.900in）的 L175P/A25P 焊管管体拉伸试验	CW	
无缝钢管管体拉伸试验	SMLS	相同冷扩径率[a]钢管为一试验批，每批一次。
钢级高于 L175/A25 的焊管管体拉伸试验	LFW、HFW、LW、SAWL、SAWH、COWL 或 COWH	
$D \geqslant 219.1$mm（8.625in）的焊管直焊缝或螺旋焊缝拉伸试验	LFW、HFW、LW、SAWL、SAWH、COWL 或 COWH	相同冷扩径率[a,b,c]钢管为一试验批，每批一次。

续表

检验类型	钢管类型	检验频次
$D\geqslant$219.1mm(8.625in)的焊管钢带/钢板对头焊缝拉伸试验	SAWH 或 COWH	相同冷扩径率[a,c,d]不超过 100 根钢管为一试验批,每批一次
$D\leqslant$ 48.3mm（1.900in）的 L175、L175P、A25 或 A25P 直缝焊管焊缝弯曲试验	CW、LFW、HFW 或 LW	不超过 25t(28 美吨)的钢管为一试验批,每批一次
48.3mm（1.900in）$<D\leqslant$ 60.3mm（2.375in）的 L175、L175P、A25 或 A25P 直缝焊管焊缝弯曲试验	CW、LFW、HFW 或 LW	不超过 50t(55 美吨)的钢管为一试验批,每批一次
直焊缝或螺旋焊缝导向弯曲试验	SAWL、SAWH、COWL 或 COWH	同钢级不超过 50 根为一试验批,每批一次
焊管钢带/钢板对头焊缝导向弯曲试验	SAWH 或 COWH	同钢级[d]不超过 50 根为一试验批,每批一次
$D\geqslant$323.9mm(12.750in)焊管直焊缝导向弯曲试验	LW	同钢级不超过 50 根为一试验批,每批一次
焊管压扁试验	CW、LFW、HFW 或 LW	如规范 GB/T 9711 图 6 所示
冷成型焊管硬块硬度试验	LFW、HFW、LW、SAWL、SAWH、COWL 或 COWH	任何方向超过 50mm(2.0in)任何硬块
静水压试验	SMLS、CW、LFW、HFW、LW、SAWL、SAWH、COWL 或 COWH	每根钢管
焊管直焊缝或螺旋焊缝宏观检验	SAWL、SAWH、COWL 或 COWH	每工作班至少一次,发生以下情况加做一次:工作班钢管尺寸发生变化时或如果符合规范 GB/T 9711 中 10.2.5.3,在每个规定外径和规定壁厚尺寸组合的钢管开始生产时
焊管直焊缝金相检验	LFW 或 HFW,全管体正火处理管除外。	每工作班至少一次,发生以下情况加做一次:每当钢管钢级、外径或壁厚发生变化时;每当热处理的条件发生较大的偏移时
外观检验	SMLS、CW、LFW、HFW、LW、SAWL、SAWH、COWL 或 COWH	除规范 GB/T 9711 中 10.2.7.2 允许外,检查每根钢管
钢管直径和圆度	SMLS、CW、LFW、HFW、LW、SAWL、SAWH、COWL 或 COWH	每工作班的每 4h 至少进行一次及每当工作班生产期间钢管的任一尺寸发生变化时加做一次。
壁厚测量	所有钢管	每根钢管（见规范 GB/T 9711 中 10.2.8.5)
其他尺寸检验	SMLS、CW、LFW、HFW、LW、SAWL、SAWH、COWL 或 COWH	随机检测,具体细节由制造商决定
$D<$141.3mm(5.563in)钢管的称重	SMLS、CW、LFW、HFW、LW、SAWL、SAWH、COWL 或 COWH	每根或每一方便的钢管组,由制造商选择
$D\geqslant$141.3mm(5.563in)钢管的称重	SMLS、CW、LFW、HFW、LW、SAWL、SAWH、COWL 或 COWH	每根钢管
无损检验	SMLS、CW、LFW、HFW、LW、SAWL、SAWH、COWL 或 COWH	按照规范 GB/T 9711 附录 E

[a]冷扩径率由制造商设定，它是扩径前外径或圆周长度与扩径后外径或圆周长度的比值，冷扩径率增加或减少量超过 0.002 时，则要求建立一个新的试验批。

[b] 对于双缝焊管，选作代表试验批钢管的两个焊缝都应进行试验。

[c] 另外，每个焊管机组生产的钢管每周至少检验一根钢管。

[d] 仅适用于含有钢带/钢板对头焊缝的成品螺旋焊管。

[e]“试验批”的定义见规范 GB/T 9711 中 4.49。

PSL2 钢管检验频次　　**表 8-9-7**

检验类型	钢管类型	检验频次
熔炼分析	所有钢管	每熔炼炉分析一次
产品分析	SMLS、SFW、SAWL、SAWH、COWL 或 COWH	每熔炼炉分析两次(取自隔开的产品)

续表

检验类型	钢管类型	检验频次
管体拉伸试验	SMLS、HFW、SAWL、SAWH、COWL或COWH	相同冷扩径率钢管为一个试验批[e]，每批一次
直缝或焊旋缝焊管焊缝拉伸试验 $D\geqslant$219.1mm(8.625in)	HFW、SAWL、SAWH、COWL或COWH	相同冷扩径率[a,b,c]钢管为一试验批，每批一次
$D\geqslant$219.1mm(8.625in)焊接钢管钢带/钢板对头焊缝拉伸试验	SAWH或COWH	相同冷扩径率[a,b,d]不超过100根钢管的为一试验批，每批一次
具有表8-9-8规定外径和规定壁厚钢管管体CVN冲击试验	SMLS、HFW、SAWL、SAWH、COWL或COWH	相同冷扩径率[a]钢管为一试验批，每批一次
如果协议，具有表8-9-8规定外径和规定壁厚焊管直焊缝CVN冲击试验	HFW	相同冷扩径率[a,b]钢管为一试验批，每批一次
具有表8-9-8规定外径和规定壁厚焊管直焊缝或螺旋焊缝CVN冲击试验	SAWL、SAWH、COWL或COWH	相同冷扩径率[a,b,c]钢管为一试验批，每批一次
具有表8-9-8规定外径和规定壁厚焊管钢带/钢板对头焊缝CVN冲击试验	SAWH或COWH	相同冷扩径率[a,b,d]的不多于100根钢管为一试验批，每批一次
如果协议，$D\geqslant$508mm(20.000in)焊管管体DWT试验	HFW、SAWL、SAWH、COWL或COWH	相同冷扩径率[a]钢管为一试验批，每批一次
焊管直焊缝或螺旋缝焊缝导向弯曲试验	SAWL、SAWH、COWL或COWH	相同冷扩径率[a]不超过50根钢管为一试验批，每批一次
焊管钢带/钢板对头焊缝导向弯曲试验	SAWH或COWH	相同冷扩径率[a,b,d]不超过50根钢管为一试验批，每批一次
焊管压扁试验	HFW	如规范GB/T 9711中图6所示
冷成型焊管硬块硬度试验	HFW、SAWL、SAWH、COWL或COWH	任何方向超过50mm(2.0in)硬块
静水压试验	SMLS、HFW、SAWL、SAWH、COWL或COWH	每根钢管
焊管直焊缝或螺旋焊缝宏观检验	SAWL、SAWH、COWL或COWH	每工作班至少一次，发生以下情况加做一次：工作班钢管尺寸发生变化时或如果符合规范GB/T 9711中10.2.5.3，在每个规定外径和规定壁厚尺寸组合的钢管开始生产时
焊管直焊缝金相检验(或选择硬试验代替金相检验)	HFW，全管体正火处理管除外。	每工作班只少一次，发生以下情况加做一次每当钢管钢级、外径或壁厚发生变化时，每当热处理的条件发生较大的偏移时
外观检查	SMLS、HFW、SAWL、SAWH、COWL或COWH	除规范GB/T 9711中10.2.7.2允许外，检查每根钢管
钢管直径和圆度	SMLS、HFW、SAWL、SAWH、COWL或COWH	每工作班的每4h至少进行一次，当工作班生产期间钢管的任一尺寸发生变化时加做一次。
壁厚测量	所有钢管	每根钢管(见规范GB/T 9711中10.2.8.5)
其他尺寸检验	SMLS、HFW、SAWL、SAWH、COWL或COWH	随机检测，具体细节由制造商决定
$D<$141.3mm(5.563in)钢管的称重	SMLS、HFW、SAWL、SAWH、COWL或COWH	每根或每一方便的钢管组，由制造商选择
$D\geqslant$141.3mm(5.563)in钢管的称重	SMLS、HFW、SAWL、SAWH、COWL或COWH	每根钢管
无损检验	SMLS、HFW、SAWL、SAWH、COWL或COWH	按照规范GB/T 9711中附录E

[a]冷扩径率由制造商设定，它是扩径前外径或圆周长与扩径后外径或圆周长的比值。冷扩径率增加或减少量超过0.002时，则要求建立一个新的试验批。

[b]另外，对每个焊管机组生产的钢管每周至少检验一根钢管。

[c]对于双缝焊管，选作代表试验批钢管的两条焊缝都应进行试验。

[d]仅适用于含有钢带/钢板对头焊缝的成品螺旋焊管。

[e]"试验批"的定义规范GB/T 9711中见4.49。

"检验频次"中章节号为GB/T 9711中的原章节号。

6. PSL2 钢管尺寸和要求的冲击试样间的关系

PSL2 钢管尺寸和要求的冲击试样间的关系，见表 8-9-8。

PSL2 钢管尺寸和要求的冲击试验试样间的关系　　　　**表 8-9-8**

规定外径 D [mm(in)]	规定壁厚 t[mm(in)]			
	CVN 试验试样尺寸、来源和方向			
	全尺寸[a]	3/4[b]	2/3[c]	1/2[d]
114.3(4.500)至<141.3(5.563)	≥12.6(0.496)	≥11.7(0.461) 至<12.6(0.496)	≥10.9(0.429) 至<11.9(0.461)	≥10.1(0.398) 至<10.9(0.429)
141.3(5.563)至<168.3(6.626)	≥11.9(0.462)	≥10.2(0.402) 至<11.9(0.469)	≥9.4(0.370) 至<10.2(0.402)	≥8.6(0.339) 至<9.4(0.370)
168.3(6.625)至<219.1(8.625)	≥11.7(0.461)	≥9.3(0.366) 至<11.7(0.461)	≥8.8(0.339) 至<9.3(0.366)	≥7.6(0.299) 至<8.6(0.339)
219.1(8.625)至<273.1(10.750)	≥11.4(0.449)	≥8.9(0.350) 至<11.1(0.449)	≥8.1(0.319) 至<8.9(0.350)	≥6.5(0.256) 至<8.1(0.319)
273.1(10.750)至<323.9 (12.750)	≥11.3(0.445)	≥8.7(0.343) 至<11.3(0.445)	≥7.9(0.311) 至<8.7(0.343)	≥6.2(0.244) 至<7.9(0.311)
323.9(12.750)至<355.6 (14.000)	≥11.1(0.437)	≥8.6(0.339) 至<11.1(0.437)	≥7.8(0.307) 至<8.6(0.339)	≥6.1(0.240) 至<7.8(0.307)
355.6(14.000)至<406.4 (16.000)	≥11.1(0.437)	≥8.6(0.339) 至<11.1(0.437)	≥7.8(0.307) 至<8.6(0.339)	≥6.1(0.240) 至<7.8(0.307)
≥406.4(16.000)	≥11.0(0.433)	≥8.5(0.335) 至<11.0(0.433)	≥7.7(0.303) 至<8.5(0.335)	≥6.0(0.236) 至<7.7(0.303)

[a] 全尺寸试样，从未压平试块上截取，根据适用情况取自钢管横向或焊缝轴线横向。
[b] 3/4 尺寸试样，从未压平试块上截取，根据适用情况取自钢管横向或焊缝轴线横向。
[c] 2/3 尺寸试样，从未压平试块上截取，根据适用情况取自钢管横向或焊缝轴线横向。
[d] 1/2 尺寸试样，从未压平试块上截取，根据适用情况取自钢管横向或焊缝轴线横向。
本表未包括的规定外径和规定壁厚组合尺寸的钢管，不需进行 CVN 冲击试验。

第9章 钢制管法兰、垫片、紧固件

本章适用于压力不大于4.0MPa（表压）的城镇燃气（天然气）室外输配工程设计。

根据《城镇燃气设计规范》GB 50028的规定，管法兰选用应符合现行国家标准《钢制管法兰》（GB/T 9112～GB/T 9124）和《钢制管法兰垫片、紧固件》HG 20592～HG 20635的规定。法兰、垫片、紧固件应考虑介质特性配套使用。

本手册列入的钢制管法兰、垫片、紧固件如下，供设计和施工选用，使用时应结合管道的流通特性，介质、压力和管径具体选定。

1. 法兰类型

列入法兰类型有平面、凸面对焊钢制管法法兰；平面、凸面带颈钢制管法兰；平面、凸面板式钢制管法兰以及平面、凸面钢制法兰盖，见图9-0-1。

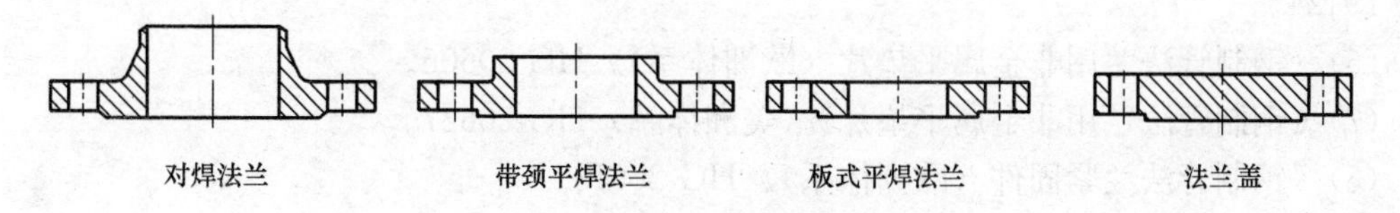

图9-0-1 法兰类型

2. 公称直径与钢管外径

公称直径与钢管外径见表9-0-1。

公称直径和钢管外径（mm） **表9-0-1**

公称直径 *DN*	钢管外径			公称直径 *DN*	钢管外径		
	欧洲体系		美洲体系		欧洲体系		美洲体系
	系列Ⅰ	系列Ⅱ	系列Ⅰ		系列Ⅰ	系列Ⅱ	系列Ⅰ
10	17.2	14		150	168.3	159	168.3
15	21.3	18	21.3	200	219.1	219	219.1
20	26.9	25	26.9	250	273.0	273	273.0
25	33.7	32	33.7	300	323.9	325	323.9
32	42.4	38	42.4	350	355.6	277	355.6
40	48.3	45	48.3	400	406.4	426	406.4
50	60.3	57	60.3	450	457	480	457
65	76.1	76	73.0	500	508	530	508
80	88.9	89	88.9	600	610	630	610
100	114.3	108	114.3	700	711	720	
125	139.7	133	141.3	800	813	820	

标准适用于钢管外径Ⅰ、Ⅱ两个系列，系列Ⅰ为国际通用系列（俗称英制管）；系列Ⅱ为国内

沿用系列（俗称米制管），两个系列管法兰的公称直径和钢管外径应符表 9-0-1 规定。

3. 法兰、法兰盖的技术要求

(1) 法兰、法兰盖的技术要求应符合 GB/T 9124 附录 A 的规定。

(2) 法兰、法兰盖在不同温度下的最大无冲击工作压力应符合 GB/T 9124 附录 A（标准的附录）的规定。

(3) 法兰的焊接接头形式和坡口尺寸应符合 GB/T 9124 附录 B（本手册 9.7）的规定。

4. 手册引用的管法兰、垫片、紧固件标准

(1) 《平面、凸面对焊钢制管法兰》*PN*0.25～*PN*6.3；（美洲体系）*PN*2.0、*PN*5.0，*GB/T* 9115.1。

(2) 《平面、凸面带颈平焊钢制管法兰》*PN*0.6～4.0；（美洲体系）*PN*2.0、*PN*5.0，*GB/T* 9116.1。

(3)《平面、凸面板式钢制管法兰》，*PN*0.25～*PN*4.0，*GB/T* 9119。

(4)《平面、凸面钢制管法兰盖》*PN*0.25～*PN*4.0；（美洲体系）*PN*2.0、*PN*5.0，*GB/T* 9123.1。

(5) 钢制管法兰焊接接头型式和坡口尺寸以及法兰、法兰盖近似计算质量，GB/T9124。

(6)《钢制管法兰用非金属平垫片（欧洲体系）》HG 20606。

(7)《钢制管法兰用非金属平垫片》（美洲体系）HG 20627。

(8)《钢制管法兰紧固件（欧洲体系）》HG 20613。

(9)《钢制管法兰紧固件（美洲体系）》HG 20634。

(10)《钢制管法兰、垫片、紧固件选配规定（欧洲体系）》HG 20614。

(11)《大直径钢制管法兰（美洲体系）》HG 20628。

(12)《钢制管法兰用聚四氟乙烯包覆垫片（欧洲体系）》HG 20607。

(13)《钢制管法兰用聚四氟乙烯包覆垫片（美洲体系）》HG 20628。

(14)《钢制管法兰、垫片、紧固件选配规定（美洲体系）》HG 20635。

9.1　平面、凸面对焊钢制管法兰 GB/T 9115.1

9.1.1　平面、凸面对焊钢制管法兰 GB/T 9115.1

1. 法兰形式

(1) *PN*0.25～*PN*4.0MPa 平面对焊钢制管法兰的形式应符合图 9-1-1（*a*）的规定。

(2) *PN*0.25～*PN*6.3MPa 凸面对焊钢制管法兰的形式应符合图 9-1-1（*b*）的规定。

2. 法兰尺寸

平面、凸面对焊钢制管法兰尺寸见表 9-1-1。

9.1.2　平面、凸面对焊钢制管法兰（美洲体系）GB/T 9115.1

1. 法兰形式

(1) *PN*2.0MPa 平面、凸面对焊钢制管法兰形式应符合图 9-1-2（*a*）的规定。

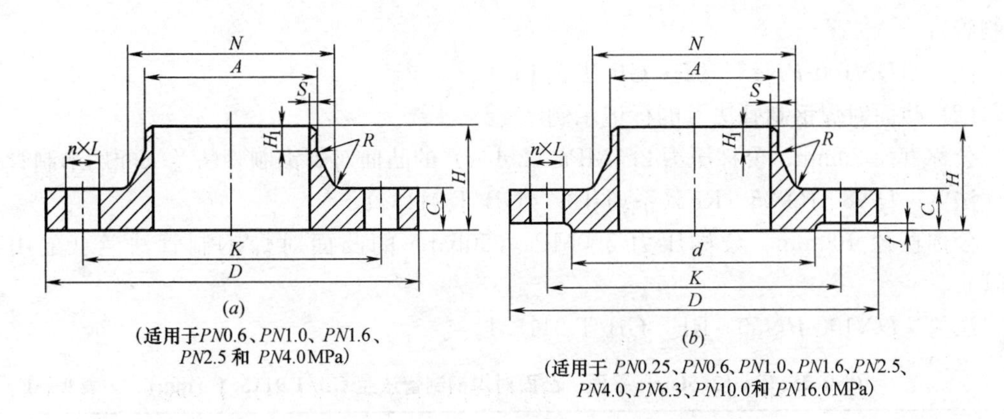

图 9-1-1　平面（FF）、凸面（RF）对焊钢制管法兰

（*a*）平面（FF）对焊钢制管法兰　（*b*）凸面（RF）对焊钢制管法兰

（2）*PN*5.0MPa 凸面对焊钢制管法兰形式应符合图 9-1-2（*b*）的规定。

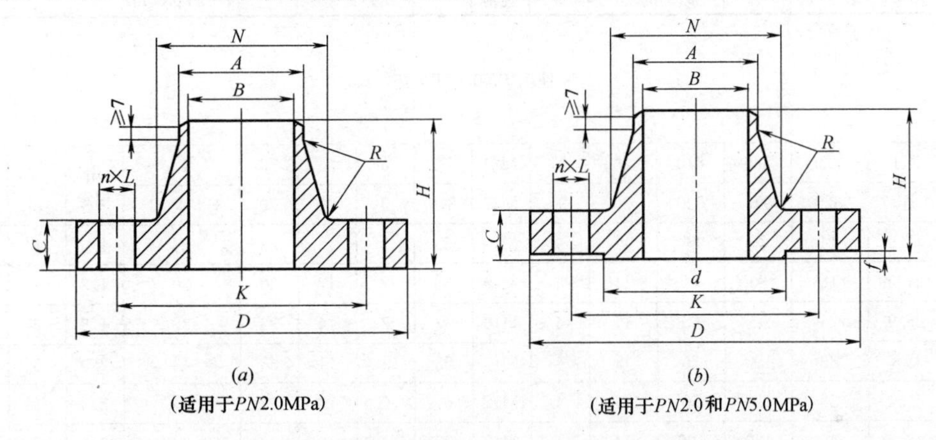

图 9-1-2　平面、凸面对焊钢制管法兰（美洲体系）GB/T 9115.1

（*a*）平面（FF）对焊钢制管法兰　（b）凸面（RF）对焊钢制管法兰

2. 法兰尺寸

（1）*PN*2.0MPa 平面、凸面对焊钢制管法兰尺寸应符合表 9-1-2 的规定。

（2）*DN*5.0MPa 凸面对焊钢制管法兰尺寸应符合表 9-1-3 的规定。

9.1.3　标记

1. 法兰应按公称直径、公称压力、密封面形式代号、配用的钢管系列代号（配用米制管代号为“系列Ⅱ”，配用英制管不标记）和标准编号进行标记。

2. 法兰密封面的形式代号应符合 GB/T 9112 的规定。

3. 标记示例

（1）平面对焊钢制管法兰的标记示例

公称直径 100mm、公称压力 2.5MPa（25bar）的平面对焊钢制管法兰（配用米制管）：

法兰　*DN*100-*PN*25　FF（系列Ⅱ）GB/T 9115.1。

公称直径 100mm、公称压力 2.5MPa（25bar）的平面对焊钢制管法兰（配用英制管)；

法兰　$DN100$-$PN25$　FF　GB/T 9115.1。

(2) 凸面对焊钢制管法兰的标记示例

公称直径 80mm、公称压力 2.5MPa (25bar) 的凸面对焊钢制管法兰（配用米制管）：

法兰　$DN80$-$PN25$　RF（系列Ⅱ）　GB/T 9115.1。

公称直径 100mm、公称压力 5.0MPa (50bar) 的凸面对焊钢制管法兰（配用英制管）：

法兰　$DN100$-$PN50$　RF　GB/T 9115.1。

PN0.25MPa (2.5bar) 平面、凸面对焊钢制管法兰 GB/T 9115.1 (mm)　　表 9-1-1

公称直径 DN	法兰焊端外径（钢管外径）A		连接尺寸					密封面		法兰厚度 C	法兰高度 H	法兰颈				
			法兰外径 D	螺栓孔中心圆直径 K	螺栓孔径 L	螺栓		d	f			N		S	H_1	R
	系列Ⅰ	系列Ⅱ				数量 n	螺纹规格					系列Ⅰ	系列Ⅱ			
10～600	使用 PN0.6MPa 法兰尺寸															
700	711	720	860	810	26	24	M24	772	5	26	70	40		由用户规定	16	12
800	813	820	975	920	30	24	M27	878	5	26	70	842	844		16	12
10	17.2	14	75	50	11	4	M10	33	2	12	28	26		1.6	6	3
15	21.3	18	80	55	11	4	M10	38	2	12	30	30		1.8	6	3
20	26.9	25	90	65	11	4	M10	48	2	14	32	38		1.8	6	3
25	33.7	32	100	75	11	4	M10	58	2	14	35	42		2.0	6	4
32	42.4	38	120	90	14	4	M12	69	2	16	35	55		2.3	6	5
40	48.3	45	130	100	14	4	M12	78	2	16	38	62		2.3	7	5
50	60.3	57	140	110	14	4	M12	88	2	16	38	74		2.3	8	5
65	76.1	76	160	130	14	4	M12	108	2	16	38	88		2.6	9	6
80	88.9	89	190	150	18	4	M16	124	2	18	42	102		2.9	10	6
100	114.3	108	210	170	18	4	M16	144	2	18	45	130		3.2	10	6
125	139.7	133	240	200	18	8	M16	174	2	18	48	155		3.6	10	6
150	168.3	159	265	225	18	8	M16	199	2	20	48	184		4.0	12	8
200	219.1	219	320	280	18	8	M16	254	2	22	55	236		4.5	15	8
250	273	273	375	335	18	12	M16	309	2	24	60	290		5.0	15	10
300	323.9	325	440	395	22	12	M20	363	2	24	62	342		5.6	15	10
350	355.6	377	490	445	22	12	M20	413	2	24	62	385	390	5.6	15	10
400	406.4	426	540	495	22	16	M20	463	2	24	65	438	440	6.3	15	10
450	457	480	595	550	22	16	M20	518	2	24	65	492	494	6.3	15	12
500	508	530	645	600	22	20	M20	568	2	26	68	538	545	6.3	15	12
600	610	630	755	705	26	20	M24	667	2	30	70	640	650	6.3	16	12
700	711	720	860	810	26	24	M24	772	5	26	70	740	740	由用户规定	16	12
800	813	820	975	920	30	24	M27	878	5	26	70	842	844		16	12

PN1.0MPa（10bar）平面、凸面对焊钢制管法兰 GB/T 9115.1（mm）　　续表

公称直径 DN	法兰焊端外径（钢管外径）A		连接尺寸					密封面		法兰厚度 C	法兰高度 H	法兰颈				
			法兰外径 D	螺栓孔中心圆直径 K	螺栓孔径 L	螺栓		d	f			N		S	H_1	R
	系列Ⅰ	系列Ⅱ				数量 n	螺纹规格					系列Ⅰ	系列Ⅱ			
10	使用 PN4.0MPa 法兰尺寸															
15																
20																
25																
32																
40																
50																
65	使用 PN1.6MPa 法兰尺寸															
80																
100																
125																
150																
200	219.1	219	340	295	22	8	M20	266	2	24	62	234		6.3	16	8
250	273	273	395	350	22	12	M20	319	2	26	68	288		6.3	16	10
300	323.9	325	445	400	22	12	M20	370	2	26	68	342		7.1	16	10
350	355.6	377	505	460	22	16	M20	429	2	26	68	390	400	8.0	16	10
400	406.4	426	565	515	26	16	M24	480	2	26	72	440	445	8.8	16	10
450	457	480	615	565	26	20	M24	530	2	28	72	488	500	10.0	16	12
500	508	530	670	620	26	20	M24	582	2	28	75	540	550	11.0	16	12
600	610	630	780	725	30	20	M27	682	2	34	80	640	650	12.5	18	12
700	711	720	895	840	30	24	M27	794	5	30	80	746	744	有用户规定	18	12
800	813	820	1015	950	33	24	M30	901	5	32	90	848	850		18	12

PN1.6MPa（16bar）平面、凸面对焊钢制管法兰 GB/T 9115.1（mm）　　续表

公称直径 DN	法兰焊端外径（钢管外径）A		连接尺寸					密封面		法兰厚度 C	法兰高度 H	法兰颈				
			法兰外径 D	螺栓孔中心圆直径 K	螺栓孔径 L	螺栓		d	f			N		S	H_1	R
	系列Ⅰ	系列Ⅱ				数量 n	螺纹规格					系列Ⅰ	系列Ⅱ			
10～50	使用 PN4.0MPa 法兰尺寸															
65	76.1	76	185	145	18	4	M16	118	2	20	45	92		2.9	10	6
80	88.9	89	200	160	18	8	M16	132	2	20	50	110		3.2	10	6
100	114.3	108	220	180	18	8	M16	156	2	22	52	130		3.6	12	6
125	139.7	133	250	210	18	8	M16	184	2	22	55	158		4.0	12	6
150	168.3	159	285	240	22	8	M20	211	2	24	55	184		4.5	12	8
200	219.1	219	340	295	22	12	M20	266	2	24	62	234		6.3	16	8
250	273	273	405	355	26	12	M24	319	2	26	70	288		6.3	16	10
300	323.9	325	460	410	26	12	M24	370	2	28	78	342		7.1	16	10

续表

公称直径 DN	法兰焊端外径（钢管外径）A		连接尺寸					密封面		法兰厚度 C	法兰高度 H	法兰颈				
	系列Ⅰ	系列Ⅱ	法兰外径 D	螺栓孔中心圆直径 K	螺栓孔径 L	螺栓数量 n	螺栓螺纹规格	d	f			N 系列Ⅰ	N 系列Ⅱ	S	H_1	R
350	355.6	377	520	470	26	16	M24	429	2	30	82	390	400	8.0	16	10
400	406.4	426	580	525	30	16	M27	480	2	32	85	444	450	8.8	16	10
450	457	480	640	585	30	20	M27	548	2	40	87	490	506	10.0	16	12
500	508	530	715	650	33	20	M30	609	2	44	90	546	559	11.0	16	12
600	610	630	840	770	36	20	M33	720	2	54	95	650	660	12.5	18	12
700	711	720	910	840	36	24	M33	794	5	38	100	750	750	由用户规定	18	12
800	813	820	1025	950	39	24	M36	901	5	38	105	848	850		20	12

PN2.5MPa（25bar）平面、凸面对焊钢制管法兰 GB/T 9115.1（mm） 续表

公称直径 DN	法兰焊端外径（钢管外径）A		连接尺寸					密封面		法兰厚度 C	法兰高度 H	法兰颈				
	系列Ⅰ	系列Ⅱ	法兰外径 D	螺栓孔中心圆直径 K	螺栓孔径 L	螺栓数量 n	螺栓螺纹规格	d	f			N 系列Ⅰ	N 系列Ⅱ	S	H_1	R
10	使用 PN4.0MPa 法兰尺寸															
15																
20																
25																
32																
40																
50																
65																
80																
100																
125																
150																
200	219.1	219	360	310	26	12	M24	274	2	30	80	244		6.3	16	8
250	273	273	425	370	30	12	M27	330	2	32	88	296		6.3	18	10
300	323.9	325	485	430	30	16	M27	389	2	34	92	350		7.1	18	10
350	355.6	377	555	490	33	16	M30	448	2	38	100	398	406	8	20	10
400	406.4	426	620	550	36	16	M33	503	2	40	110	452	464	8.8	20	10
450	457	480	670	600	36	20	M33	548	2	46	110	500	514	10	20	12
500	508	530	730	660	36	20	M33	609	2	48	125	558	570	11	20	12
600	610	630	845	770	39	20	M36	720	2	58	125	660	670	12.5	20	12
700	711	720	960	875	42	24	M39	820	5	46	125	760	766	由用户规定	20	12
800	813	820	1085	990	48	24	M45	928	5	50	135	864	874		22	12

PN4.0MPa（40bar）平面、凸面对焊钢制管法兰 GB/T 9115.1（mm）　　续表

公称直径 DN	法兰焊端外径（钢管外径）A		连接尺寸					密封面		法兰厚度 C	法兰高度 H	法兰颈				
	系列Ⅰ	系列Ⅱ	法兰外径 D	螺栓孔中心圆直径 K	螺栓孔径 L	螺栓数量 n	螺栓螺纹规格	d	f			N 系列Ⅰ	N 系列Ⅱ	S	H_1	R
10	17.2	14	90	60	14	4	M12	41	2	14	35	28		2.3	6	3
15	21.3	18	95	65	14	4	M12	46	2	14	38	32		3.2	6	3
20	26.9	25	105	75	14	4	M12	56	2	16	40	40		3.2	6	4
25	33.7	32	115	85	14	4	M12	65	2	16	40	46		3.2	6	4
32	42.4	38	140	100	18	4	M16	76	2	18	42	56		3.6	6	5
40	48.3	45	150	110	18	4	M16	84	2	18	45	64		3.6	7	5
50	60.3	57	165	125	18	4	M16	99	2	20	48	74		4.0	8	5
65	76.1	76	185	145	18	8	M16	118	2	22	52	92		5.0	10	6
80	88.9	89	200	160	18	8	M16	132	2	24	58	110		5.6	12	6
100	114.3	108	235	190	22	9	M20	156	2	24	65	134		6.3	12	6
125	139.7	133	270	220	26	8	M24	184	2	26	68	162		6.3	12	6
150	168.3	159	300	250	26	8	M24	211	2	28	75	190		7.1	12	8
200	219.1	219	375	320	30	12	M27	284	2	34	88	244		8.0	16	8
250	273	273	450	385	33	12	M30	345	2	38	105	306		10.0	18	10
300	323.9	325	515	450	33	16	M30	409	2	42	115	362		10.0	18	10
350	355.6	377	580	510	36	16	M33	465	2	46	125	408	418	11.0	20	10
400	406.4	426	660	585	39	16	M36	535	2	50	135	462	480	12.5	20	10
450	457	480	685	610	39	20	M36	560	2	57	135	500	530	14.2	20	12
500	508	530	755	670	42	20	M39	615	2	57	140	532	580	16.0	20	12
600	610	630	890	795	48	20	M45	735	2	72	150	666	686	17.5	20	12

PN6.3MPa（63bar）凸面对焊钢制管法兰 GB/T 9115.1（mm）　　续表

公称直径 DN	法兰焊端外径（钢管外径）A		连接尺寸					密封面		法兰厚度 C	法兰高度 H	法兰颈				
	系列Ⅰ	系列Ⅱ	法兰外径 D	螺栓孔中心圆直径 K	螺栓孔径 L	螺栓数量 n	螺栓螺纹规格	d	f			N 系列Ⅰ	N 系列Ⅱ	S	H_1	R
10	17.2	14	100	70	14	4	M12	41	2	20	45	32		3	6	3
15	21.3	18	105	75	14	4	M12	46	2	20	45	34		3.2	6	3
20	26.9	25	130	90	18	4	M16	56	2	20	52	42		3.6	6	4
25	33.7	32	140	100	18	4	M16	65	2	24	58	52		3.6	8	4
32	42.4	38	155	110	22	4	M20	76	2	24	60	60		3.6	8	5
40	48.3	45	170	125	22	4	M20	84	2	26	62	70		4	10	5
50	60.3	57	180	135	22	4	M20	99	2	26	62	82		5	10	5
65	76.1	76	205	160	22	8	M20	118	2	26	68	98		6	12	6
80	88.9	89	215	170	22	8	M20	132	2	28	72	112		6	12	6
100	114.3	108	250	200	26	8	M24	156	2	30	78	138		7	12	6
125	139.7	133	295	240	30	8	M27	184	2	34	88	168		7.5	12	6

续表

公称直径 *DN*	法兰焊端外径（钢管外径）A		连接尺寸					密封面		法兰厚度 *C*	法兰高度 *H*	法兰颈				
			法兰外径 *D*	螺栓孔中心圆直径 *K*	螺栓孔径 *L*	螺栓		*d*	*f*			*N*		*S*	H_1	*R*
	系列Ⅰ	系列Ⅱ				数量 *n*	螺纹规格					系列Ⅰ	系列Ⅱ			
150	168.3	159	345	280	33	8	M30	211	2	36	95	202		8.5	12	8
200	219.1	219	415	345	36	12	M33	284	2	42	110	256		10.5	16	8
250	273	273	470	400	36	12	M33	345	2	46	125	316		13.5	18	10
300	323.9	325	530	460	36	16	M33	409	2	52	140	372		15.5	18	10
350	355.6	377	600	525	36	16	M36	465	2	56	150	420	430	17.5	20	10
400	406.4	426	670	585	42	16	M39	535	2	60	160	475	484	20	20	10

PN2.0MPa（20bar）平面、凸面对焊钢制管法兰 GB/T 9115.1（mm）　　表 9-1-2

公称直径 *DN*	法兰焊端外径（钢管外径）*A*	连接尺寸					密封面		法兰厚度 *C*	法兰高度 *H*	法兰颈		法兰内径 *B*
		法兰外径 *D*	螺栓孔中心圆直径 *K*	螺栓孔径 *L*	螺栓		*d*	*f*			*N*	*R*	
					数量 *n*	螺纹规格							
15	21.3	90	60.5	16	4	M14	35	2	11.5	48	30	—	16.0
20	26.9	100	70	16	4	M14	43	2	18	52	38	—	21.0
25	33.7	110	79.5	16	4	M14	51	2	14.5	56	49	—	26.5
32	42.4	120	89	16	4	M14	63.5	2	16	57	59	—	35.0
40	48.3	130	98.5	16	4	M14	73	2	17.5	62	65	—	41.0
50	60.3	150	120.5	18	4	M16	92	2	19.5	64	78	—	52.5
65	73.0	180	139.5	18	4	M16	105	2	22.5	70	90	—	62.5
80	88.9	190	152.5	18	4	M16	127	2	24	70	108	—	78.0
100	114.3	230	190.5	18	8	M16	157.5	2	24	76	135	—	102.5
125	141.3	255	216	22	8	M20	186	2	24	89	164	—	128.0
150	168.3	280	241.5	22	8	M20	216	2	25.5	89	192	—	154.0
200	219.1	345	298.5	22	8	M20	270	2	29	102	246	—	202.5
250	273.0	405	362	26	12	M24	324	2	30.5	102	305	—	254.5
300	323.9	485	432	26	12	M24	381	2	32	114	365	10	305.0
350	355.6	535	476	29.5	12	M27	413	2	35	127	400	10	由用户规定
400	406.4	600	540	29.5	16	M27	470	2	37	127	457	10	
450	457	635	578	32.5	16	M30	533.5	2	40	140	505	10	
500	508	700	635	32.5	20	M30	584.5	2	43	145	559	10	
600	610	815	749.5	35.5	20	M33	692.5	2	48	152	664	10	

PN5.0MPa（50bar）凸面对焊钢制管法兰 GB/T 9115.1（mm）　　表 9-1-3

公称直径 *DN*	法兰焊端外径（钢管外径）*A*	连接尺寸					密封面		法兰厚度 *C*	法兰高度 *H*	法兰颈		法兰内径 *B*
		法兰外径 *D*	螺栓孔中心圆直径 *K*	螺栓孔径 *L*	螺栓		*d*	*f*			*N*	*R*	
					数量 *n*	螺纹规格							
15	21.3	95	66.5	16	4	M14	35	2	14.5	52	38	—	16.0
20	26.9	120	82.5	18	4	M16	43	2	16.0	57	48	—	21.0

续表

公称直径 DN	法兰焊端外径（钢管外径）A	连接尺寸					密封面		法兰厚度 C	法兰高度 H	法兰颈		法兰内径 B
		法兰外径 D	螺栓孔中心圆直径 K	螺栓孔径 L	螺栓		d	f			N	R	
					数量 n	螺纹规格							
25	33.7	125	89.0	18	4	M16	51	2	17.5	62	54	—	26.5
32	42.4	135	98.5	18	4	M16	63.5	2	19.5	65	64	—	35.0
40	48.3	155	114.5	22	4	M20	73	2	21.0	68	70	—	41.0
50	60.3	165	127.0	18	8	M16	92	2	22.5	70	84	—	52.5
65	73.0	190	149.0	22	8	M20	105	2	25.5	76	100	—	62.5
80	88.9	210	168.5	22	8	M20	127	2	29.0	79	118	—	78.0
100	114.3	255	200.0	22	8	M20	157.5	2	32.0	86	146	—	102.5
125	141.3	280	235.0	22	8	M20	186	2	35.0	98	178	—	128.0
150	168.3	320	270.0	22	12	M20	216	2	37.0	98	206	—	154.0
200	219.1	380	330.0	26	12	M24	270	2	41.5	111	260	—	202.5
250	273.0	445	387.5	29.5	16	M27	324	2	48.0	117	321	—	254.5
300	323.9	520	451.0	32.5	16	M30	381	2	51.0	130	375	10	305.0
350	355.6	585	514.5	32.5	20	M30	413	2	54.0	143	426	10	由用户规定
400	406.4	650	571.5	35.5	20	M33	470	2	57.5	146	483	10	
450	457	710	628.5	35.5	24	M33	533.5	2	60.5	159	533	10	
500	508	775	686.0	35.5	24	M33	584.5	2	63.5	162	587	10	
600	610	915	813.0	42	24	M39	692.5	2	70.0	168	702	10	

9.2　平面、凸面带颈平焊钢制管法兰 GB/T 9116.1

9.2.1　平面、凸面带颈平焊钢制管法兰 GB/T 9116.1

1. 法兰形式

（1）*PN*0.25MPa～*PN*4.0MPa 平面带颈平焊钢制管法兰的形式应符合图 9-2-1（*a*）的规定。

（2）*PN*0.25MPa～*PN*4.0MPa 凸面带颈平焊钢制管法兰应符合图 9-2-1（*b*）的规定。

2. 法兰尺寸

平面、凸面带颈平焊钢制管法兰尺寸应符合表 9-2-1 的规定。

9.2.2　平面、凸面带颈平焊钢制管法兰（美洲体系）GB/T 9116.1

1. 法兰形式

（1）*PN*2.0MPa 平面带颈平焊钢制管法兰形式应符合图 9-2-2（*a*）的规定。

（2）*PN*2.0MPa、*PN*5.0MPa 凸面带颈平焊钢制管法兰形式应符合图 9-2-2（*b*）的规定。

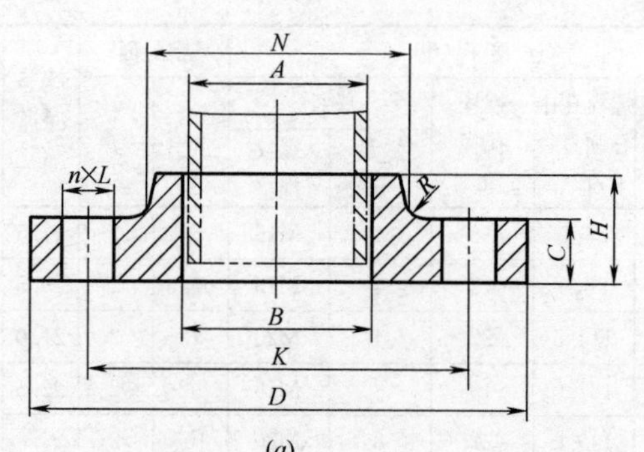

(*a*)
(适用于*PN*0.6、*PN*1.0、*PN*1.6、*PN*2.5 和 *PN*4.0MPa)

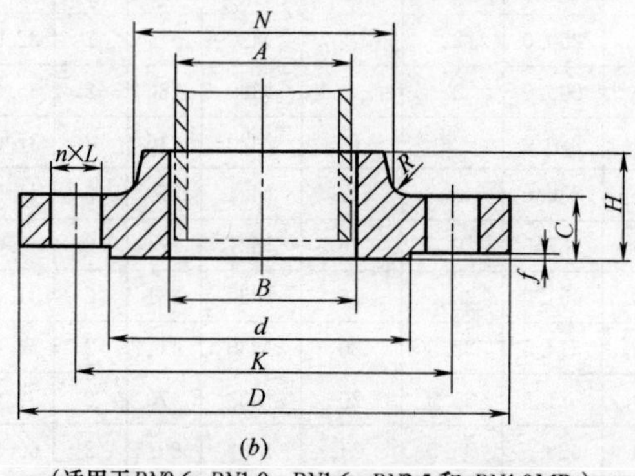

(*b*)
(适用于*PN*0.6、*PN*1.0、*PN*1.6、*PN*2.5 和 *PN*4.0MPa)

图 9-2-1　平面、凸面带颈平焊钢制管法兰

(*a*) 平面 (FF) 带颈平焊钢制管法兰　(b) 凸面 (RF) 带颈平焊钢制管法兰

2. 法兰尺寸

*PN*2.0MPa、*PN*5.0MPa 平面、凸面带颈平焊钢制管法兰尺表应符合表 9-2-2 和表 9-2-3 的规定。

9.2.3　标记

1. 法兰应按公称直径、公称压力、密封面形式代号、配用的钢管系列代号（配用米制管代号为“系列Ⅱ”，配用英制管不标记）和标准编号进行标记。

2. 法兰密封面的形式代号应符合 GB/T 9112 的规定。

3. 标记示例

(1) 平面带颈平焊钢制管法兰的标记示例

1) 公称直径 100mm、公称压力 2.5MPa（25bar）的平面带颈平焊钢制管法兰（配用米制管）：

法兰　*DN*100-*PN*25　FF（系列Ⅱ）GB/T 9116.1。

2) 公称直径 100mm、公称压力 2.5MPa（25bar）的平面带颈平焊钢制管法兰（配用英制管）：

法兰　*DN*100-*PN*25　FF　GB/T 9116.1。

(2) 凸面带颈平焊钢制管法兰的标记示例

1) 公称直径 80mm、公称压力 2.5MPa（25bar）的凸面带颈平焊钢制管法兰（配用

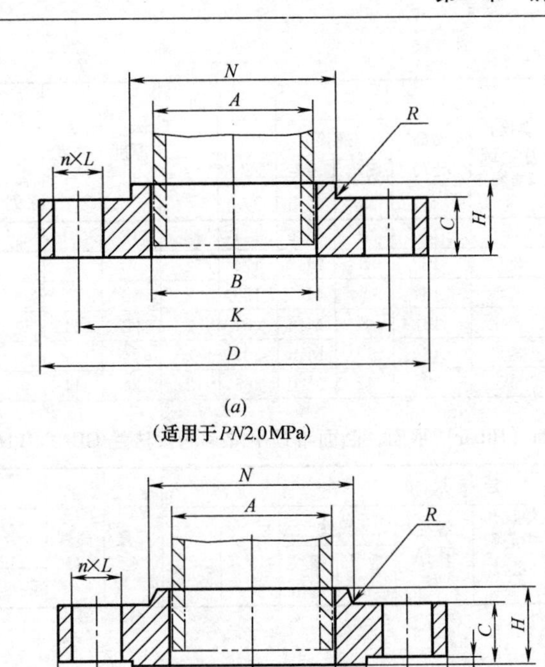

图 9-2-2　平面、凸面带颈平焊钢制管法兰

(*a*) 平面（FF）带颈平焊钢制管法兰　(b) 凸面（RF）带颈平焊钢制管法兰

米制管)：

法兰　*DN*80-*PN*25　RF（系列Ⅱ）GB/T 9116.1。

2）公称直径 100mm、公称压力 5.0MPa（50bar）的凸面带颈平焊钢制管法兰（配用英制管）：

法兰　*DN*100-*PN*50　RF　GB/T 9116.1。

***PN*0.6MPa（6bar）平面、凸面带颈平焊钢制管法兰 GB/T 9116.1（mm）　表 9-2-1**

公称直径 *DN*	钢管外径 *A* 系列Ⅰ	钢管外径 *A* 系列Ⅱ	连接尺寸 法兰外径 *D*	连接尺寸 螺栓孔中心圆直径 *K*	连接尺寸 螺栓孔径 *L*	连接尺寸 螺栓 数量 *n*	连接尺寸 螺栓 螺纹规格	密封面 *d*	密封面 *f*	法兰厚度 *C*	法兰高度 *H*	法兰颈 *N* 系列Ⅰ	法兰颈 *N* 系列Ⅱ	法兰颈 *R*	法兰内径 *B* 系列Ⅰ	法兰内径 *B* 系列Ⅱ
10	17.2	14	75	50	11	4	M10	33	2	12	20	25		3	18	15
15	21.3	18	80	55	11	4	M10	38	2	12	20	30		3	22	19
20	26.9	25	90	65	11	4	M10	48	2	14	24	40		4	27.5	26
25	33.7	32	100	75	11	4	M10	58	2	14	24	50		4	34.5	33
32	42.4	38	120	90	14	4	M12	69	2	16	26	60		5	43.5	39
40	48.3	45	130	100	14	4	M12	78	2	16	26	70		5	49.5	46
50	60.3	57	140	110	14	4	M12	88	2	16	28	80		5	61.5	59
65	76.1	76	160	130	14	4	M12	108	2	16	32	100		6	77.5	78
80	88.9	89	190	150	18	4	M16	124	2	18	34	110		6	90.5	91

续表

公称直径 DN	钢管外径 A 系列Ⅰ	钢管外径 A 系列Ⅱ	连接尺寸 法兰外径 D	连接尺寸 螺栓孔中心圆直径 K	连接尺寸 螺栓孔径 L	连接尺寸 螺栓 数量 n	连接尺寸 螺栓 螺纹规格	密封面 d	密封面 f	法兰厚度 C	法兰高度 H	法兰颈 N 系列Ⅰ	法兰颈 N 系列Ⅱ	法兰颈 R	法兰内径 B 系列Ⅰ	法兰内径 B 系列Ⅱ
100	114.3	108	210	170	18	4	M16	144	2	18	40	130		6	116	110
125	139.7	133	240	200	18	8	M16	174	2	18	44	160		6	141.5	135
150	168.3	159	265	225	18	8	M16	199	2	20	44	185		8	170.5	161
200	219.1	219	320	280	18	8	M16	254	2	22	44	240		8	221.5	222
250	273	273	375	335	18	12	M16	309	2	24	44	295		10	276.5	276
300	323.9	325	440	395	22	12	M20	363	2	24	44	355		10	327.5	328

PN1.0MPa（10bar）平面、凸面带颈平焊钢制管法兰 GB/T 9116.1（mm） 续表

公称直径 DN	钢管外径 A 系列Ⅰ	钢管外径 A 系列Ⅱ	连接尺寸 法兰外径 D	连接尺寸 螺栓孔中心圆直径 K	连接尺寸 螺栓孔径 L	连接尺寸 螺栓 数量 n	连接尺寸 螺栓 螺纹规格	密封面 d	密封面 f	法兰厚度 C	法兰高度 H	法兰颈 N 系列Ⅰ	法兰颈 N 系列Ⅱ	法兰颈 R	法兰内径 B 系列Ⅰ	法兰内径 B 系列Ⅱ
10	使用 *PN*4.0MPa 尺寸															
15																
20																
25																
32																
40																
50																
65	使用 *PN*1.6MPa 尺寸															
80																
100																
125																
150																
200	219.1	219	340	295	22	8	M20	266	2	24	44	246		8	221.5	222
250	273	273	395	350	22	12	M20	319	2	26	46	298		10	276.5	276
300	323.9	325	445	400	22	12	M20	370	2	26	46	350		10	327.5	328
350	355.6	377	505	460	22	16	M20	429	2	26	53	400	412	10	359.5	381
400	406.4	426	565	515	26	16	M24	480	2	26	57	456	475	10	411	430
450	457	480	615	565	26	20	M24	530	2	28	63	502	525	12	462	485
500	508	530	670	620	26	20	M24	582	2	28	67	559	581	12	513.5	535
600	610	630	780	725	30	20	M27	682	2	34	75	658	678	12	616.5	636

PN1.6MPa（16bar）平面、凸面带颈平焊钢制管法兰 GB/T 9116.1（mm） 续表

公称直径 DN	钢管外径 A 系列Ⅰ	钢管外径 A 系列Ⅱ	连接尺寸 法兰外径 D	连接尺寸 螺栓孔中心圆直径 K	连接尺寸 螺栓孔径 L	连接尺寸 螺栓 数量 n	连接尺寸 螺栓 螺纹规格	密封面 d	密封面 f	法兰厚度 C	法兰高度 H	法兰颈 N 系列Ⅰ	法兰颈 N 系列Ⅱ	法兰颈 R	法兰内径 B 系列Ⅰ	法兰内径 B 系列Ⅱ
10	使用 *PN*4.0MPa 尺寸															
15																
20																
25																
32																
40																
50																

续表

公称直径 DN	钢管外径 A		连接尺寸					密封面		法兰厚度 C	法兰高度 H	法兰颈			法兰内径 B	
			法兰外径 D	螺栓孔中心圆直径 K	螺栓孔径 L	螺栓		d	f			N		R		
	系列Ⅰ	系列Ⅱ				数量 n	螺纹规格					系列Ⅰ	系列Ⅱ		系列Ⅰ	系列Ⅱ
65	76.1	76	185	145	18	4	M16	118	2	20	32	104		6	77.5	78
80	88.9	89	200	160	18	8	M16	132	2	20	34	118		6	90.5	91
100	114.3	108	220	180	18	8	M16	156	2	22	40	140		6	116	110
125	139.7	133	250	210	18	8	M16	184	2	22	44	168		6	141.5	135
150	168.3	159	285	240	22	8	M20	211	2	24	44	195		8	170.5	161
200	219.1	219	340	295	22	12	M20	266	2	24	44	246		8	221.5	222
250	273	273	405	355	26	12	M24	319	2	26	46	298		10	276.5	276
300	323.9	325	460	410	26	12	M24	370	2	28	53	350		10	327.5	328
350	355.6	377	520	470	26	16	M24	429	2	30	57	400	412	10	359	381
400	406.4	426	580	525	30	16	M27	480	2	32	63	456	475	10	411	430
450	457	480	640	585	30	20	M27	548	2	40	68	502	525	12	462	485
500	508	530	715	650	33	20	M30	609	2	44	73	559	581	12	513.5	535
600	610	630	840	770	36	20	M33	720	2	54	83	658	678	12	616.5	636

PN2.5MPa（25bar）平面、凸面带颈平焊钢制管法兰 GB/T 9116.1（mm）　　续表

公称直径 DN	钢管外径 A		连接尺寸					密封面		法兰厚度 C	法兰高度 H	法兰颈			法兰内径 B	
			法兰外径 D	螺栓孔中心圆直径 K	螺栓孔径 L	螺栓		d	f			N		R		
	系列Ⅰ	系列Ⅱ				数量 n	螺纹规格					系列Ⅰ	系列Ⅱ		系列Ⅰ	系列Ⅱ
10	使用 *PN*4.0MPa 尺寸															
15																
20																
25																
32																
40																
50																
65																
80																
100																
125																
150																
200	219.1	219	360	310	26	12	M24	274	2	30	52	256		8	221.5	222
250	273	273	425	370	30	12	M27	330	2	32	60	310		10	276.5	276
300	323.9	325	485	430	30	16	M27	389	2	34	67	364		10	327.5	328
350	355.6	377	555	490	33	16	M30	448	2	38	72	418	430	10	359.5	381
400	406.4	426	620	550	36	16	M33	503	2	40	78	472	492	10	411	430
450	457	480	670	600	36	20	M33	548	2	46	84	520	542	12	462	485
500	508	530	730	660	36	20	M33	609	2	48	90	580	602	12	513.5	535
600	610	630	845	770	39	20	M36	720	2	58	100	684	704	12	616.5	636

PN4.0MPa（40bar）平面、凸面带颈平焊钢制管法兰 GB/T 9116.1（mm）　　续表

公称直径 DN	钢管外径 A		连接尺寸					密封面		法兰厚度 C	法兰高度 H	法兰颈			法兰内径 B	
			法兰外径 D	螺栓孔中心圆直径 K	螺栓孔径 L	螺栓		d	f			N		R		
	系列Ⅰ	系列Ⅱ				数量 n	螺纹规格					系列Ⅰ	系列Ⅱ		系列Ⅰ	系列Ⅱ
10	17.2	14	90	60	14	4	M12	41	2	14	22	30		3	18	15
15	21.3	18	95	65	14	4	M12	46	2	14	22	35		3	22	19

续表

公称直径 DN	钢管外径 A		连接尺寸					密封面		法兰厚度 C	法兰高度 H	法兰颈			法兰内径 B	
			法兰外径 D	螺栓孔中心圆直径 K	螺栓孔径 L	螺栓		d	f			N		R		
	系列Ⅰ	系列Ⅱ				数量 n	螺纹规格					系列Ⅰ	系列Ⅱ		系列Ⅰ	系列Ⅱ
20	26.9	25	105	75	14	4	M12	56	2	16	26	45		4	27.5	26
25	33.7	32	115	85	14	4	M12	65	2	16	28	52		4	34.5	33
32	42.4	38	140	100	18	4	M16	76	2	18	30	60		5	43.5	39
40	48.3	45	150	110	18	4	M16	84	2	18	32	70		5	49.5	46
50	60.3	57	165	125	18	4	M16	99	2	20	34	84		5	61.5	59
65	76.1	76	185	145	18	8	M16	118	2	22	38	104		6	77.5	78
80	88.9	89	200	160	18	8	M16	132	2	24	40	118		6	90.5	91
100	114.3	108	235	190	22	8	M20	156	2	24	44	145		6	116	110
125	139.7	133	270	220	26	2	M24	184	2	26	48	170		6	141.5	135
150	168.3	159	300	250	26	8	M24	211	2	28	52	200		8	170.5	161

***PN*2.0MPa（20bar）平面、凸面带颈平焊钢制管法兰 GB/T 9116.1（mm）　　表 9-2-2**

公称直径 DN	钢管外径 A	连接尺寸					密封面		法兰厚度 C	法兰高度 H	法兰颈		法兰内径 B
		法兰外径 D	螺栓孔中心圆直径 K	螺栓孔径 L	螺栓		d	f			N	R	
					数量 n	螺纹规格							
15	21.3	90	60.5	16	4	M14	35	2	11.5	16	30	—	22.0
20	26.9	100	70	16	4	M14	43	2	13	16	38	—	28.0
25	33.7	110	79.5	16	4	M14	51	2	14.5	17	49	—	34.5
32	42.4	120	89	16	4	M14	63.5	2	16	21	59	—	43.5
40	48.3	130	98.5	16	4	M14	73	2	17.5	22	65	—	49.5
50	60.3	150	120.5	18	4	M16	92	2	19.5	25	78	—	62.0
65	73.0	180	139.5	18	4	M16	105	2	22.5	29	90	—	74.5
80	88.9	190	152.5	18	4	M16	127	2	24	30	108	—	90.5
100	114.3	230	190.5	18	8	M16	157.5	2	24	33	135	—	116.0
125	141.3	255	216	22	8	M20	186	2	24	36	164	—	143.5
150	168.3	280	241.5	22	8	M20	216	2	25.5	40	192	—	170.5
200	219.1	345	298.5	22	8	M20	270	2	29	44	246	—	221.5
250	273.0	405	362	26	12	M24	324	2	30.5	49	305	—	276.0
300	323.9	485	432	26	12	M24	381	2	32	56	365	10	327.0
350	355.6	535	476	29.5	12	M27	413	2	35	57	400	10	359.0
400	406.4	600	540	29.5	16	M27	470	2	37	64	457	10	410.5
450	457	635	578	32.5	16	M30	533.5	2	40	68	505	10	462.0
500	508	700	635	32.5	20	M30	584.5	2	43	73	559	10	513.0
600	610	815	749.5	35.5	20	M33	692.5	2	48	83	664	10	616.0

***PN*5.0MPa（50bar）平面、凸面带颈平焊钢制管法兰 GB/T 9116.1（mm）　　表 9-2-3**

公称直径 DN	钢管外径 A	连接尺寸					密封面		法兰厚度 C	法兰高度 H	法兰颈		法兰内径 B
		法兰外径 D	螺栓孔中心圆直径 K	螺栓孔径 L	螺栓		d	f			N	R	
					数量 n	螺纹规格							
15	21.3	95	66.5	16	4	M14	35	2	14.5	22	38	—	22.0
20	26.9	120	82.5	18	4	M16	43	2	16.0	25	48	—	28.0

续表

公称直径 DN	钢管外径 A	连接尺寸					密封面		法兰厚度 C	法兰高度 H	法兰颈		法兰内径 B
		法兰外径 D	螺栓孔中心圆直径 K	螺栓孔径 L	螺栓		d	f			N	R	
					数量 n	螺纹规格							
25	33.7	125	89.0	18	4	M16	51	2	17.5	27	54	—	34.5
32	42.4	135	98.5	18	4	M16	63.5	2	19.5	27	64	—	43.5
40	48.3	155	114.5	22	4	M20	73	2	21.0	30	70	—	49.5
50	60.3	165	127.0	18	8	M16	92	2	22.5	33	84	—	62.0
65	73.0	190	149.0	22	8	M20	105	2	25.5	38	100	—	74.5
80	88.9	210	168.5	22	8	M20	127	2	29.0	43	118	—	90.5
100	114.3	255	200.0	22	8	M20	157.5	2	32.0	48	146	—	116.0
125	141.3	280	235.0	22	8	M20	186	2	35.0	51	178	—	143.5
150	168.3	320	270.0	22	12	M20	216	2	37.0	52	206	—	170.5
200	219.1	380	330.0	26	12	M24	270	2	41.5	62	260	—	221.5
250	273.0	445	387.5	29.5	16	M27	324	2	48.0	67	321	—	276.0
300	323.9	520	451.0	32.5	16	M30	381	2	51.0	73	375	10	327.0
350	355.6	585	514.5	32.5	20	M30	413	2	54.0	76	426	10	359.0
400	406.4	650	571.5	35.5	20	M33	470	2	57.5	83	483	10	410.5
450	457	710	628.5	35.5	24	M33	533.5	2	60.5	89	533	10	462.0
500	508	775	686.0	35.5	24	M33	584.5	2	63.5	95	587	10	513.0
600	610	915	813.0	42	24	M39	692.5	2	70.0	104	702	10	616.0

9.3 平面、凸面板式平焊钢制管法兰 GB/T 9119

9.3.1 平面、凸面板式平焊钢制管法兰 GB/T 9119

法兰的形式：

（1）*PN*0.25MPa～*PN*4.0MPa 平面板式平焊钢制管法兰形式应符合图 9-3-1（*a*）的规定。

（2）*PN*0.25MPa～*PN*4.0MPa 凸面板式平焊钢制管法兰形式应符合图 9-3-1（*b*）的规定。

（2）法兰尺寸

*PN*0.25MPa～*PN*4.0MPa 平面、凸面板式平焊钢制管法兰尺寸应符合表 9-3-1 的规定。

9.3.2 标记

1. 法兰应按公称直径、公称压力、密封面形式代号、配用的钢管系列代号（配用米制管代号为“系列Ⅱ”，配用英制管不标记）和标准编号进行标记。

2. 法兰密封面的形式代号应符合 GB/T 9112 的规定。

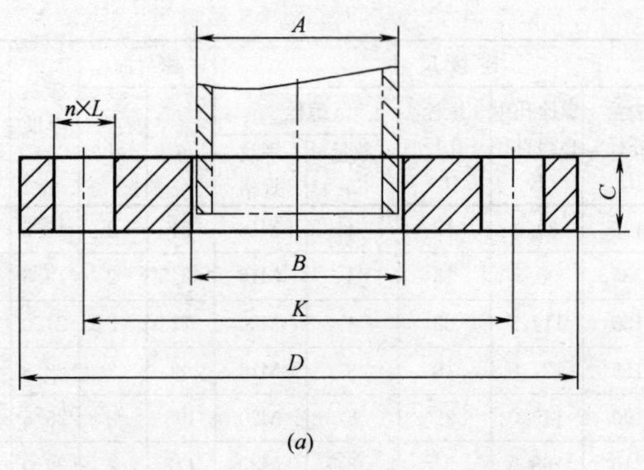

(a)

(适用于 PN0.25、PN0.6、PN1.0、PN1.6、PN2.5、和PN4.0 MPa)

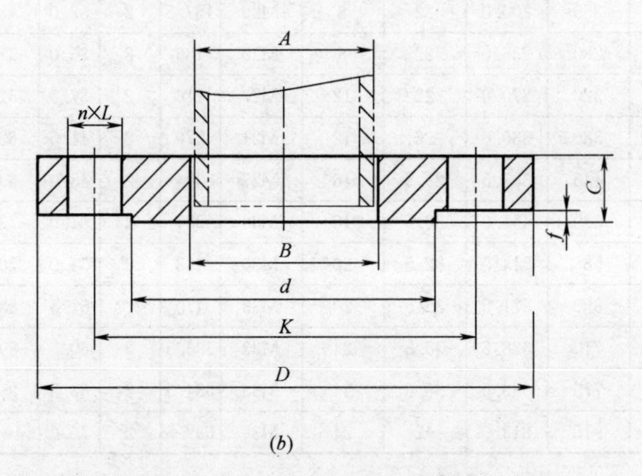

(b)

(适用于 PN0.25、PN0.6、PN1.0、PN1.6、PN2.5和PN4.0 MPa)

图 9-3-1　平面、凸面板式平焊钢制管法兰 GB/T 9119

(a) 平面（FF）板式平焊钢制管法兰　(b) 凸面（RF）板式平焊钢制管法兰

3. 标记示例

(1) 平面板式平焊钢制管法兰的标记示例

1) 公称直径 100mm、公称压力 2.5MPa（25bar）的平面板式平焊钢制管法兰（配用米制管）：

法兰　*DN*100-*PN*25 FF（系列Ⅱ）GB/T 9119。

2) 公称直径 80mm、公称压力 1.0MPa（10bar）的平面板式平焊钢制管法兰（配用英制管）：

法兰　*DN*80-*PN*10 FF GB/T 9119。

(2) 凸面板式平焊钢制管法兰的标记示例

1) 公称直径 80mm、公称压力 2.5MPa（25bar）的凸面板式平焊钢制管法兰（配用米制管）：

法兰　*DN*80-*PN*25 RF（系列Ⅱ）GB/T 9119。

2) 公称直径 100mm、公称压力 2.5MPa（25bar）的凸面板式平焊钢制管法兰（配用英制管）：

法兰　*DN*100-*PN*25 RF GB/T 9119。

*PN*0.25MPa（2.5bar）平面、凸面板式平焊钢制管法兰 GB/T 9119（mm）　表 9-3-1

公称直径 *DN*	钢管外径 *A*		连接尺寸					密封面		法兰厚度 *C*	法兰内径 *B*	
	系列Ⅰ	系列Ⅱ	法兰外径 *D*	螺栓孔中心圆直径 *K*	螺栓孔径 *L*	螺栓数量 *n*	螺栓螺纹规格	*d*	*f*		系列Ⅰ	系列Ⅱ
10	使用 *PN*0.6MPa 法兰尺寸											
15												
20												
25												
32												
40												
50												
65												
80												
100												
125												
150												
200												
250												
300												
350												
400												
450												
500												
600												
700	711	720	860	810	26	24	M24	772	5	36	715	724
800	813	820	975	920	30	24	M27	878	5	38	817	824

*PN*0.6MPa（6bar）平面、凸面板式平焊钢制管法兰 GB/T 9119（mm）　续表

公称直径 *DN*	钢管外径 *A*		连接尺寸					密封面		法兰厚度 *C*	法兰内径 *B*	
	系列Ⅰ	系列Ⅱ	法兰外径 *D*	螺栓孔中心圆直径 *K*	螺栓孔径 *L*	螺栓数量 *n*	螺栓螺纹规格	*d*	*f*		系列Ⅰ	系列Ⅱ
10	17.2	14	75	50	11	4	M10	33	2	12	18	15
15	21.3	18	80	55	11	4	M10	38	2	12	22	19
20	26.9	25	90	65	11	4	M10	48	2	14	27.5	26
25	33.7	32	100	75	11	4	M10	58	2	14	34.5	33
32	42.4	38	120	90	14	4	M12	69	2	16	43.5	39
40	48.3	45	130	100	14	4	M12	78	2	16	49.5	46
50	60.3	57	140	110	14	4	M12	88	2	16	61.5	59
65	76.1	76	160	130	14	4	M12	108	2	16	77.5	78
80	88.9	89	190	150	18	4	M16	124	2	18	90.5	91
100	114.3	108	210	170	18	4	M16	144	2	18	116	110
125	139.7	133	240	200	18	8	M16	174	2	20	141.5	135
150	168.3	159	265	225	18	8	M16	199	2	20	170.5	161
200	219.1	219	320	280	18	8	M16	254	2	22	221.5	222
250	273	273	375	335	18	12	M16	309	2	24	276.5	276
300	323.9	325	440	395	22	12	M20	363	2	24	327.5	328
350	355.6	377	490	445	22	12	M20	413	2	26	359.5	380
400	406.4	426	540	495	22	16	M20	463	2	28	411	430
450	457	480	595	550	22	16	M20	518	2	30	462	484
500	508	530	645	600	22	20	M20	568	2	32	513.5	534
600	610	630	755	705	26	20	M24	667	2	36	616.5	634
700	711	720	860	810	26	24	M24	772	5	40	715	724
800	813	820	975	920	30	24	M27	878	5	44	817	824

PN1.0MPa（10bar）平面、凸面板式平焊钢制管法兰 GB/T 9119（mm） 续表

公称直径 DN	钢管外径 A		连接尺寸					密封面		法兰厚度 C	法兰内径 B	
	系列Ⅰ	系列Ⅱ	法兰外径 D	螺栓孔中心圆直径 K	螺栓孔径 L	螺栓 数量 n	螺栓 螺纹规格	d	f		系列Ⅰ	系列Ⅱ
10	使用 PN4.0MPa 法兰尺寸											
15												
20												
25												
32												
40												
50												
65	使用 PN1.6MPa 法兰尺寸											
80												
100												
125												
150												
200	219.1	219	340	295	22	8	M20	266	2	24	221.5	222
250	273	273	395	350	22	12	M20	319	2	26	276.5	276
300	323.9	325	445	400	22	12	M20	370	2	28	327.5	328
350	355.6	377	505	460	22	16	M20	429	2	30	395.5	380
400	406.4	426	565	515	26	16	M24	480	2	32	411	430
450	457	480	615	565	26	20	M24	530	2	35	462	484
500	508	530	670	620	26	20	M24	582	2	38	513.5	534
600	610	630	780	725	30	20	M27	682	2	42	616.5	634

PN1.6MPa（16bar）平面、凸面板式平焊钢制管法兰 GB/T 9119（mm） 续表

公称直径 DN	钢管外径 A		连接尺寸					密封面		法兰厚度 C	法兰内径 B	
	系列Ⅰ	系列Ⅱ	法兰外径 D	螺栓孔中心圆直径 K	螺栓孔径 L	螺栓 数量 n	螺栓 螺纹规格	d	f		系列Ⅰ	系列Ⅱ
10	使用 PN4.0MPa 法兰尺寸											
15												
20												
25												
32												
40												
50												
65	76.1	76	185	145	18	4	M16	118	2	20	77.5	78
80	88.9	89	200	160	18	8	M16	132	2	20	90.5	91
100	114.3	108	220	180	18	8	M16	156	2	22	116	110
125	139.7	133	250	210	18	8	M16	184	2	22	141.5	135
150	168.3	159	285	240	22	8	M20	211	2	24	170.5	161
200	219.1	219	340	295	22	12	M20	266	2	26	221.5	222
250	273	273	405	355	26	12	M24	319	2	28	276.5	276
300	323.9	325	460	410	26	12	M24	370	52	32	327.5	328
350	355.6	377	520	470	26	16	M24	429	2	35	359.5	380
400	406.4	426	580	525	30	16	M27	480	2	38	411	430
450	457	480	640	585	30	20	M27	548	2	42	462	484
500	508	530	715	650	33	20	M30	609	2	46	513.5	534
600	610	630	840	770	36	20	M33	720	2	52	616.5	634

PN2.5MPa（25bar）平面、凸面板式平焊钢制管法兰 GB/T 9119（mm） 续表

公称直径 DN	钢管外径 A		连接尺寸					密封面		法兰厚度 C	法兰内径 B	
	系列Ⅰ	系列Ⅱ	法兰外径 D	螺栓孔中心圆直径 K	螺栓孔径 L	螺栓数量 n	螺栓螺纹规格	d	f		系列Ⅰ	系列Ⅱ
10	使用 PN4.0MPa 法兰尺寸											
15												
20												
25												
32												
40												
50												
65												
80												
100												
125												
150												
200	219.1	219	360	310	26	12	M24	274	2	32	221.5	222
250	273	273	425	370	30	12	M27	330	2	35	276.5	276
300	323.9	325	485	430	30	16	M27	389	2	38	327.5	328
350	355.6	377	555	490	33	16	M30	448	2	42	359.5	384
400	406.4	426	620	550	36	16	M33	503	2	46	411	430
450	457	480	670	600	36	20	M33	548	2	50	462	484
500	508	530	730	660	36	20	M33	609	2	56	513.5	534
600	610	630	845	770	39	20	M36	720	2	68	616.5	634

PN4.0MPa（40bar）平面、凸面板式平焊钢制管法兰 GB/T 9119（mm） 续表

公称直径 DN	钢管外径 A		连接尺寸					密封面		法兰厚度 C	法兰内径 B	
	系列Ⅰ	系列Ⅱ	法兰外径 D	螺栓孔中心圆直径 K	螺栓孔径 L	螺栓数量 n	螺栓螺纹规格	d	f		系列Ⅰ	系列Ⅱ
10	17.2	14	90	60	14	4	M12	41	2	14	18	15
15	21.3	18	95	65	14	4	M12	46	2	14	22	19
20	26.9	25	105	75	14	4	M12	56	2	16	27.5	26
25	33.7	32	115	85	14	4	M12	65	2	16	34.5	33
32	42.4	38	140	100	18	4	M16	76	2	18	43.5	39
40	48.3	45	150	110	18	4	M16	84	2	18	49.5	46
50	60.3	57	165	125	18	4	M16	99	2	20	61.5	59

续表

公称直径 DN	钢管外径 A		连接尺寸					密封面		法兰厚度 C	法兰内径 B	
	系列Ⅰ	系列Ⅱ	法兰外径 D	螺栓孔中心圆直径 K	螺栓孔径 L	螺栓数量 n	螺栓螺纹规格	d	f		系列Ⅰ	系列Ⅱ
65	76.1	76	185	145	18	8	M16	118	2	22	77.5	78
80	88.9	89	200	160	18	8	M16	132	2	24	90.5	91
100	114.3	108	235	190	22	8	M20	156	2	26	116	110
125	139.7	133	270	220	26	8	M24	184	2	28	141.5	135
150	168.3	159	300	250	26	8	M24	211	2	30	170.5	161
200	219.1	219	375	320	30	12	M27	284	2	36	221.5	222
250	273	273	450	385	33	12	M30	345	2	42	276.5	276
300	323.9	325	515	450	33	16	M30	409	2	48	327.5	328
350	355.6	377	580	510	36	16	M33	465	2	55	359.5	380
400	406.4	426	660	585	39	16	M36	535	2	60	411	430
450	457	480	685	610	39	20	M36	560	2	66	462	484
500	508	530	755	670	42	20	M39	615	2	72	513.5	534
600	610	630	890	795	48	20	M45	735	2	84	616.5	634

9.4　平面、凸面钢制管法兰盖（GB/T 9123.1）

9.4.1　平面、凸面钢制管法兰盖（GB/T 9123.1）

1. 法兰盖的形式

（1）*PN*0.25MPa～*PN*4.0MPa 平面钢制管法兰盖的形式应符合图 9-4-1（*a*）的规定。

（2）*PN*0.25MPa～*PN*6.3MPa 凸面钢制管法兰盖应符合图 9-4-1（*b*）的规定。

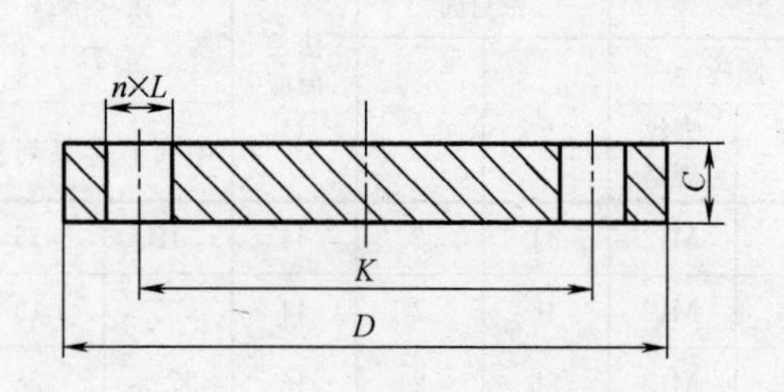

(*a*)

(适用于 *PN*0.25、*PN*0.6、*PN*1.0、*PN*1.6、*PN*2.5、和*PN*4.0 MPa)

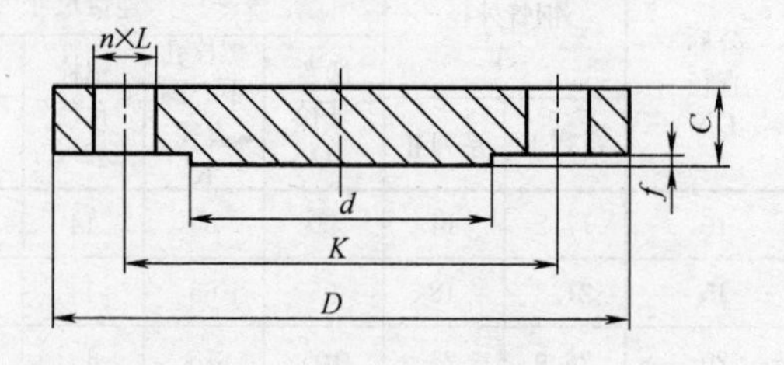

(*b*)

(适用于 *PN*0.25、*PN*0.6、*PN*1.0、*PN*1.6、*PN*2.5、*PN*4.0、*PN*6.3 MPa)

图 9-4-1　平面、凸面钢制管法兰盖（GB/T 9123.1）

（*a*）平面（FF）钢制管法兰盖　（*b*）凸面（RF）钢制管法兰盖

2. 法兰尺寸

平面、凸面钢制管法兰盖尺寸应符合表 9-4-1 的规定。

9.4.2　平面、凸面钢制管法兰盖（美洲体系）(GB/T 9123.1)

1. 法兰盖的形式

(1) *PN*2.0MPa 平面钢制管法兰盖的形式应符合图 9-4-1 (*a*) 的规定。

(2) *PN*2.0MPa、*PN*5.0MPa 凸面钢制管法兰盖的形式应符合图 9-4-2 的规定。

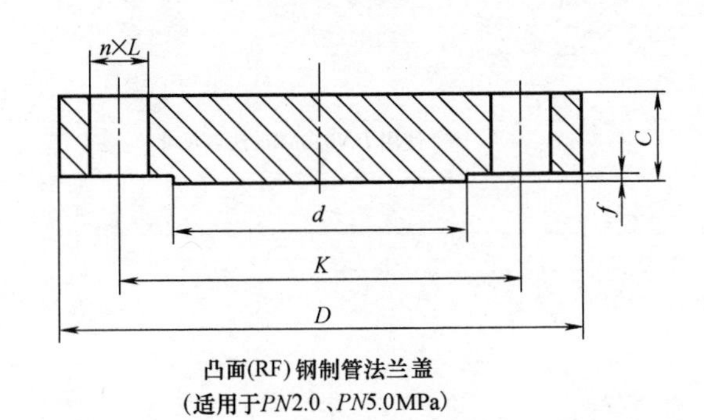

凸面(RF)钢制管法兰盖
(适用于PN2.0、PN5.0MPa)

图 9-4-2　凸面钢制管法兰盖（美洲体系）(GB/T 9123.1)

2. 法兰盖尺寸

平面、凸面钢制法兰盖尺寸应符合表 9-4-2 的规定。

9.4.3　标记

1. 法兰盖应按公称直径、公称压力、密封面形式代号和标准编号进行标记。

2. 法兰盖密封面的形式代号应符合 GB/T 9112 的规定。

3. 标记示例

(1) 公称直径 80mm、公称压力 2.5MPa (25bar) 的平面钢制管法兰盖：

法兰盖　*DN*80-*PN*25 FF GB/T 9123.1。

(2) 公称直径 80mm、公称压力 5.0MPa (50bar) 的凸面钢制管法兰盖：

法兰盖　*DN*80-*PN*50 RF GB/T 9123.1。

***PN*0.25MPa (2.5bar) 平面、凸面钢制管法兰盖 GB/T 9123.1 (mm)**　　**表 9-4-1**

公称直径 *DN*	连接尺寸					密封面		法兰厚度 *C*
	法兰外径 *D*	螺栓孔中心圆直径 *K*	螺栓孔径 *L*	螺栓		*d*	*f*	
				数量 *n*	螺纹规格			
10	使用 *PN*0.6MPa 法兰尺寸							
15								
20								
25								
32								
40								
50								

续表

公称直径 DN	连接尺寸					密封面		法兰厚度 C
	法兰外径 D	螺栓孔中心圆直径 K	螺栓孔径 L	螺栓		d	f	
				数量 n	螺纹规格			
65	使用 PN0.6MPa 法兰尺寸							
80								
100								
125								
150								
200								
250								
300								
350								
400								
450								
500								
600								
700	860	810	26	24	M24	772	5	36
800	975	920	30	24	M27	878	5	38

PN0.6MPa（6bar）平面、凸面钢制管法兰盖 GB/T 9123.1（mm）

续表

公称直径 DN	连接尺寸					密封面		法兰厚度 C
	法兰外径 D	螺栓孔中心圆直径 K	螺栓孔径 L	螺栓		d	f	
				数量 n	螺纹规格			
10	75	50	11	4	M10	33	2	12
15	80	55	11	4	M10	38	2	12
20	90	65	11	4	M10	48	2	14
25	100	75	11	4	M10	58	2	14
32	120	90	14	4	M12	69	2	16
40	130	100	14	4	M12	78	2	16
50	140	110	14	4	M12	88	2	16
65	160	130	14	4	M12	108	2	16
80	190	150	18	4	M16	124	2	18
100	210	170	18	4	M16	144	2	18
125	240	200	18	8	M16	174	2	20
150	265	225	18	8	M16	199	2	20
200	320	280	18	8	M16	254	2	22
250	375	335	18	12	M16	309	2	24
300	440	395	22	12	M20	363	2	24
350	490	445	22	12	M20	413	2	24
400	540	495	22	16	M20	163	2	24
450	595	550	22	16	M20	518	2	24
500	645	600	22	20	M20	568	2	26
600	755	705	26	20	M24	667	2	30
700	860	810	26	24	M24	772	5	40
800	975	920	30	24	M27	878	5	44

PN1.0MPa（10bar）平面、凸面钢制管法兰盖 GB/T 9123.1（mm）　续表

公称直径 DN	连接尺寸					密封面		法兰厚度 C
	法兰外径 D	螺栓孔中心圆直径 K	螺栓孔径 L	螺栓		d	f	
				数量 n	螺纹规格			
10	使用 PN4.0MPa 法兰尺寸							
15								
20								
25								
32								
40								
50								
65	使用 PN1.6MPa 法兰尺寸							
80								
100								
125								
150								
200	340	295	22	8	M20	266	2	24
250	395	350	22	12	M20	319	2	26
300	445	400	22	12	M20	370	2	26
350	505	460	22	16	M20	429	2	26
400	565	515	26	16	M24	480	2	28
450	615	565	26	20	M24	530	2	28
500	670	620	26	20	M24	582	2	28
600	780	725	30	20	M27	682	2	34
700	895	840	30	24	M27	794	5	38
800	1015	950	33	24	M30	901	5	42
900	1115	1050	33	28	M30	1001	5	46
1000	1230	1160	36	28	M33	1112	5	52
1200	1455	1380	39	32	M36	1328	5	60

PN1.6MPa（16bar）平面、凸面钢制管法兰盖 GB/T 9123.1（mm）　续表

公称直径 DN	连接尺寸					密封面		法兰厚度 C
	法兰外径 D	螺栓孔中心圆直径 K	螺栓孔径 L	螺栓		d	f	
				数量 n	螺纹规格			
10	使用 PN4.0MPa 法兰尺寸							
15								
20								
25								
32								
40								
50								

续表

公称直径 DN	连接尺寸					密封面		法兰厚度 C
	法兰外径 D	螺栓孔中心圆直径 K	螺栓孔径 L	螺栓		d	f	
				数量 n	螺纹规格			
65	185	145	18	4	M16	118	2	20
80	200	160	18	8	M16	132	2	20
100	220	180	18	8	M16	156	2	22
125	250	210	18	8	M16	184	2	22
150	285	240	22	8	M20	211	2	24
200	340	295	22	12	M20	266	2	24
250	405	355	26	12	M24	319	2	28
300	460	410	26	12	M24	370	2	28
350	520	470	26	16	M24	429	2	30
400	580	525	30	16	M27	480	2	32
450	640	585	30	20	M27	548	2	40
500	715	650	33	20	M30	609	2	44
600	840	770	36	20	M33	720	2	54
700	910	840	36	24	M33	794	5	48
800	1025	950	39	24	M36	901	5	52

PN2.5MPa（25bar）平面、凸面钢制管法兰盖 GB/T 9123.1（mm）

续表

公称直径 DN	连接尺寸					密封面		法兰厚度 C
	法兰外径 D	螺栓孔中心圆直径 K	螺栓孔径 L	螺栓		d	f	
				数量 n	螺纹规格			
10	使用 PN4.0MPa 法兰尺寸							
15								
20								
25								
32								
40								
50								
65								
80								
100								
125								
150								
200	360	310	26	12	M24	274	2	30
250	425	370	30	12	M27	330	2	32
300	485	430	30	16	M27	389	2	34
350	555	490	33	16	M30	448	2	38
400	620	550	36	16	M33	503	2	40

续表

公称直径 DN	连接尺寸					密封面		法兰厚度 C
	法兰外径 D	螺栓孔中心圆直径 K	螺栓孔径 L	螺栓		d	f	
				数量 n	螺纹规格			
450	670	600	36	20	M33	548	2	46
500	730	660	36	20	M33	609	2	48
600	845	770	39	20	M36	720	2	58

PN4.0MPa（40bar）平面、凸面钢制管法兰盖（mm）　续表

公称直径 DN	连接尺寸					密封面		法兰厚度 C
	法兰外径 D	螺栓孔中心圆直径 K	螺栓孔径 L	螺栓		d	f	
				数量 n	螺纹规格			
10	90	60	14	4	M12	41	2	14
15	95	65	14	4	M12	46	2	14
20	105	75	14	4	M12	56	2	16
25	115	85	14	4	M12	65	2	16
32	140	100	18	4	M16	76	2	18
40	150	110	18	4	M16	84	2	18
50	165	125	18	4	M16	99	2	20
65	185	145	18	8	M16	118	2	22
80	200	160	18	8	M16	132	2	24
100	235	190	22	8	M20	156	2	24
125	270	220	26	8	M24	184	2	26
150	300	250	26	8	M24	211	2	28
200	375	320	30	12	M27	284	2	34
250	450	385	33	12	M30	345	2	38
300	515	450	33	16	M30	409	2	42
350	580	510	36	16	M33	465	2	46
400	660	585	39	16	M36	535	2	50
450	685	610	39	20	M36	560	2	57
500	755	670	42	20	M39	615	2	57
600	890	795	48	20	M45	735	2	72

PN6.3MPa（63bar）凸面钢制管法兰盖 GB/T 9123.1（mm）　续表

公称直径 DN	连接尺寸					密封面		法兰厚度 C
	法兰外径 D	螺栓孔中心圆直径 K	螺栓孔径 L	螺栓		d	f	
				数量 n	螺纹规格			
10	100	70	14	4	M12	41	2	20
15	105	75	14	4	M12	46	2	20
20	130	90	18	4	M16	56	2	20
25	140	100	18	4	M16	65	2	24

续表

公称直径 DN	连接尺寸					密封面		法兰厚度 C
	法兰外径 D	螺栓孔中心圆直径 K	螺栓孔径 L	螺栓		d	f	
				数量 n	螺纹规格			
32	155	110	22	4	M20	76	2	24
40	170	125	22	4	M20	84	2	26
50	180	135	22	4	M20	99	2	26
65	205	160	22	8	M20	118	2	26
80	215	170	22	8	M20	132	2	28
100	250	200	26	8	M24	156	2	30
125	295	240	30	8	M27	184	2	34
150	345	280	33	8	M30	211	2	36
200	415	345	36	12	M33	184	2	42
250	470	400	36	12	M33	345	2	46
300	530	460	36	16	M33	409	2	52
350	600	525	39	16	M36	465	2	56
400	670	585	42	16	M39	535	2	60

***PN*2.0MPa（20bar）平面、凸面钢制管法兰盖 GB/T 9123.1（mm）** **表 9-4-2**

公称直径 DN	连接尺寸					密封面		法兰厚度 C
	法兰外径 D	螺栓孔中心圆直径 K	螺栓孔径 L	螺栓		d	f	
				数量 n	螺纹规格			
15	90	60.5	16	4	M14	35	2	11.5
20	100	70	16	4	M14	43	2	13
25	110	79.5	16	4	M14	51	2	14.5
32	120	89	16	4	M14	63.5	2	16
40	130	98.5	16	4	M14	73	2	17.5
50	150	120.5	18	4	M16	92	2	19.5
65	180	139.5	18	4	M16	105	2	22.5
80	190	152.5	18	4	M16	127	2	24
100	230	190.5	18	8	M16	157.5	2	24
125	255	216	22	8	M20	186	2	24
150	280	241.5	22	8	M20	216	2	25.5
200	345	298.5	22	8	M20	270	2	29
250	405	362	26	12	M24	324	2	30.5
300	485	432	26	12	M24	381	2	32
350	535	476	29.5	12	M27	413	2	35
400	600	540	29.5	16	M27	470	2	37
450	635	578	32.5	16	M30	533.5	2	40
500	700	635	32.5	20	M30	584.5	2	43
600	815	749.5	35.5	20	M33	692.5	2	48

PN5.0MPa（50bar）凸面钢制管法兰盖（mm） 续表

公称直径 DN	连接尺寸					密封面		法兰厚度 C
	法兰外径 D	螺栓孔中心圆直径 K	螺栓孔径 L	螺栓		d	f	
				数量 n	螺纹规格			
15	95	66.5	16	4	M14	35	2	14.5
20	120	82.5	18	4	M16	43	2	16.0
25	125	89.0	18	4	M16	51	2	17.5
32	135	98.5	18	4	M16	63.5	2	19.5
40	155	114.5	22	4	M20	73	2	21.0
50	165	127.0	18	8	M16	92	2	22.5
65	190	149.0	22	8	M20	105	2	25.5
80	210	168.5	22	8	M20	127	2	29.0
100	255	200.0	22	8	M20	157.5	2	32.0
125	280	235.0	22	8	M20	186	2	35.0
150	320	270.0	22	12	M20	216	2	37.0
200	380	330.0	26	12	M24	270	2	41.5
250	445	387.5	29.5	16	M27	324	2	48.0
300	520	451.0	32.5	16	M30	381	2	51.0
350	585	514.5	32.5	20	M30	413	2	54.0
400	650	571.5	35.5	20	M33	470	2	57.5
450	710	628.5	35.5	24	M33	533.5	2	60.5
500	775	686.0	35.5	24	M33	584.5	2	63.5
600	915	813.0	42	24	M39	692.5	2	70.0

9.5 大直径钢制管法兰（美洲体系）HG 20623

1. 法兰形式

*PN*2.0MPa、*PN*50MPa 大直径钢制管法兰型式应符合图 9-5-1 的规定；坡口型式应符合图 9-5-2 的规定。

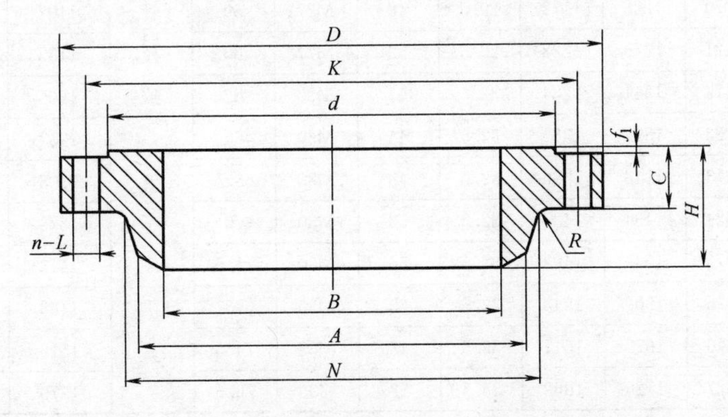

图 9-5-1　大直径钢制管法兰 *PN*≤5.0MPa 突面（RF）

大直径法兰与钢管连接的焊接接头和坡口尺寸应符合图 9-5-2 的要求。

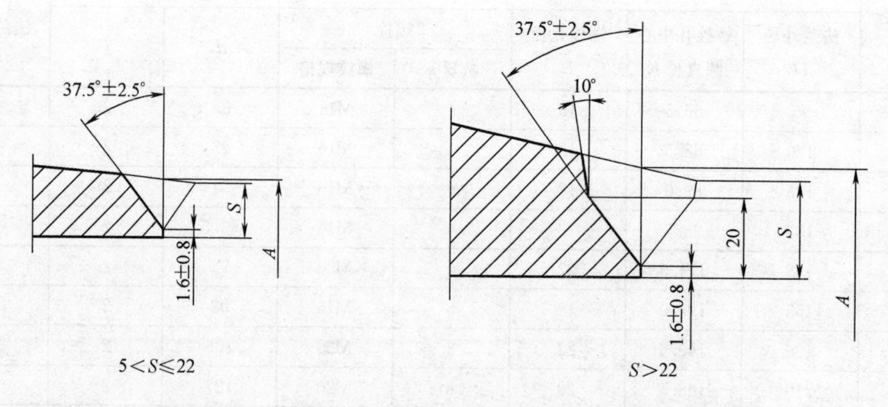

图 9-5-2　大直径法兰与钢管连接的焊接接头坡口和尺寸图

2. 法兰尺寸

*PN*2.0MPa、*PN*5.0MPa 大直径钢制管法兰尺寸应符合表 9-5-1 的规定。

法兰密封面型式为凸面，其尺寸及选用按 HG 20615 第 6 章、第 8 章的规定。当 *PN* ≤5.0MPa（Class 300）时，凸面法兰的凸台高度 f_1 包括在法兰厚度 *C* 内。

***PN*2.0MPa（Class 150）大直径钢制管法兰（mm）**　　表 9-5-1

公称通径		法兰焊端外径 *A*	连接尺寸					法兰厚度 *C*	法兰内径 *B*[注]	法兰颈		法兰高度 *H*
NPS (in)	*DN*		法兰外径 *D*	螺栓孔中心圆直径 *K*	螺栓孔直径 *L*	螺栓孔数量 *n*	螺纹 *Th*			*N*	*R*	
26	650	662	786	745	22	36	M20	41.5	与钢管内径一致	684	10	89
28	700	713	837	795	22	40	M20	44.5		735	10	95
30	750	764	887	846	22	44	M20	44.5		787	10	100
32	800	815	941	900	22	48	M20	46.5		840	10	108
34	850	866	1005	957	26	40	M24	49		892	10	110
36	900	916	1057	1010	26	44	M24	52.5		945	10	117
38	950	968	1124	1070	29.5	40	M27	54		997	10	124
40	1000	1019	1175	1121	29.5	44	M27	56		1049	10	129
42	1050	1070	1226	1172	29.5	48	M27	59		1102	12	133
44	1100	1121	1276	1222	29.5	52	M27	60		1153	12	137
46	1150	1172	1341	1284	32.5	40	M30	62		1205	12	145
48	1200	1222	1392	1335	32.5	44	M30	65		1257	12	149
50	1250	1273	1443	1386	32.5	48	M30	68.5		1308	12	154
52	1300	1324	1494	1437	32.5	52	M30	70		1370	12	157
54	1350	1375	1549	1492	32.5	56	M30	71.5		1413	12	162
56	1400	1426	1600	1543	32.5	60	M30	73		1465	14	167
58	1450	1476	1675	1611	35.5	48	M33	74.5		1516	14	175
60	1500	1527	1726	1662	35.5	52	M33	76.5		1570	14	179

注：法兰内径按订货要求。

PN5.0MPa（Class 300）大直径钢制管法兰（mm） 续表

公称通径		法兰焊端外径 A	连接尺寸					法兰厚度 C	法兰内径 B注	法兰颈		法兰高度 H
NPS (in)	DN		法兰外径 D	螺栓孔中心圆直径 K	螺栓孔直径 L	螺栓孔数量 n	螺纹 Th			N	R	
26	650	666	867	803	35.5	32	M33	89	与钢管内径一致	702	15	144
28	700	716	921	857	35.5	36	M33	89		756	15	149
30	750	769	991	921	39	36	M36×3	94		813	15	158
32	800	820	1054	978	42	32	M39×3	103		864	16	168
34	850	870	1108	1032	42	36	M39×3	103		918	16	173
36	900	921	1172	1089	45	32	M42×3	103		965	16	181
38	950	972	1222	1140	45	36	M42×3	111		1016	16	192
40	1000	1022	1273	1191	45	40	M42×3	116		1067	16	198
42	1050	1075	1334	1245	48	36	M45×3	119		1118	16	205
44	1100	1126	1384	1295	48	40	M45×3	127		1173	16	214
46	1150	1176	1460	1365	51	36	M48×3	128.5		1229	16	222
48	1200	1227	1511	1416	51	40	M48×3	128.5		1278	16	224
50	1250	1278	1562	1467	51	44	M48×3	138		1330	16	235
52	1300	1329	1613	1518	51	48	M48×3	143		1383	16	243
54	1350	1380	1673	1578	51	48	M48×3	146.5		1435	16	240
56	1400	1430	1765	1651	60	36	M56×3	154		1494	18	268
58	1450	1481	1827	1713	60	40	M56×3	154		1548	18	275
60	1500	1532	1878	1764	60	40	M56×3	151		1599	18	272

注：法兰内径按订货要求。

9.6　钢制管法兰近似计算质量（GB/T 9124）

9.6.1　对焊钢制管法兰近似计算质量（GB/T 9124）

*PN*0.25～*PN*6.3MPa 对焊钢制管法兰近似计算质量，见表 9-6-1。

对焊钢制管法兰近似计算质量 GB/T 9124（kg） **表 9-6-1**

公称直径 DN(mm)	公称压力 PN,MPa(bar)						
	0.25 (2.5)	0.6 (6)	1.0 (10)	1.6 (16)	2.5 (25)	4.0 (40)	6.3 (63)
10	0.34	0.34	0.59	0.59	0.59	0.59	1.09
15	0.39	0.39	0.68	0.68	0.68	0.68	1.19
20	0.59	0.59	0.97	0.97	0.97	0.97	2.00
25	0.73	0.71	1.16	1.16	1.16	1.16	2.66
32	1.18	1.18	1.89	1.89	1.89	1.89	3.38
40	1.40	1.40	2.20	2.20	2.20	2.20	4.09
50	1.56	1.56	2.93	2.93	2.93	2.93	4.55

续表

公称直径 DN(mm)	公称压力 PN,MPa(bar)						
	0.25 (2.5)	0.6 (6)	1.0 (10)	1.6 (16)	2.5 (25)	4.0 (40)	6.3 (63)
65	1.97	1.97	3.32	3.32	3.9	3.9	5.73
80	3.11	3.11	3.98	3.98	5.08	5.08	6.69
100	3.62	3.62	4.89	4.89	6.85	6.85	9.66
125	4.49	4.49	6.24	6.24	9.29	9.29	15.10
150	5.55	5.55	8.17	8.17	12.15	12.15	21.90
200	8.32	8.32	11.42	11.16	16.84	21.6	34.90
250	11.29	11.29	15.01	15.99	23.26	35.76	49.60
300	15.14	15.14	18.03	21.76	30.76	49.36	68.70
350	19.68	19.68	25.26	32.10	48.36	71.35	94.60
400	22.85	22.85	30.79	40.81	63.11	100.1	124.0
450	26.54	26.54	36.29	56.60	77.00	107.4	—
500	30.61	30.61	42.68	77.23	98.21	133.4	—
600	42.03	42.03	62.25	90.60	114.4	214.3	—
700	42.25	42.25	78.90	92.47	139.4	—	—
800	51.05	51.05	91.18	110.7	183.7	—	—

9.6.2 带颈平焊钢制管法兰近似计算质量（GB/T 9124）

*PN*1.0～*PN*5.0MPa带颈平焊钢制管法兰近似计算质量，见表9-6-2。

带颈平焊钢制管法兰近似计算质量 GB/T 9124（kg）　　表 9-6-2

公称直径 DN(mm)	公称压力 PN,MPa(bar)					
	1.0 (10)	1.6 (16)	2.5 (25)	4.0 (40)	2.0 (20)	5.0 (50)
10	0.56	0.56	0.56	0.56	—	—
15	0.63	0.63	0.63	0.63	0.41	0.63
20	0.93	0.93	0.93	0.93	0.58	1.16
25	1.12	1.12	1.12	1.12	0.798	1.37
32	1.79	1.79	1.79	1.79	1.07	1.75
40	2.12	2.12	2.12	2.12	1.37	2.47
50	2.82	2.82	2.82	2.82	2.01	3.06
65	3.30	3.30	3.73	3.73	3.40	4.56
80	3.85	3.85	4.64	4.64	3.84	6.25
100	4.81	4.81	6.21	6.21	5.40	9.74
125	6.20	6.20	8.40	8.40	6.29	12.39
150	7.84	7.84	10.71	10.71	7.82	16.76
200	10.18	9.92	15.06	15.39	12.75	24.93
250	12.75	13.59	21.13	22.54	16.78	35.59
300	14.82	18.14	28.18	31.38	26.91	50.91

续表

公称直径 DN(mm)	公称压力 PN,MPa(bar)					
	1.0 (10)	1.6 (16)	2.5 (25)	4.0 (40)	2.0 (20)	5.0 (50)
350	23.26	28.30	46.35	48.50	35.24	72.60
400	28.85	36.62	59.42	71.58	46.46	91.63
450	33.40	49.61	71.45	83.00	49.26	111.6
500	40.18	68.68	89.36	100.2	62.94	136.0
600	56.03	107.4	129.2	201.8	88.11	202.1

9.6.3　板式平焊钢制管法兰近似计算质量（GB/T 9124）

*PN*0.25～*PN*4.0MPa 板式平焊钢制管法兰近似计算质量，见表 9-6-3。

板式平焊钢制管法兰近似计算质量 GB/T 9124（kg）　　**表 9-6-3**

公称直径 DN(mm)	公称压力 PN,MPa(bar)					
	0.25 (2.5)	0.6 (6)	1.0 (10)	1.6 (16)	2.5 (25)	4.0 (40)
10	0.31	0.31	0.53	0.53	0.53	0.53
15	0.35	0.35	0.59	0.59	0.59	0.59
20	0.53	0.53	0.85	0.85	0.85	0.85
25	0.64	0.62	1.01	1.01	1.01	1.01
32	1.05	1.05	1.67	1.67	1.67	1.67
40	1.22	1.22	1.91	1.91	1.91	1.91
50	1.35	1.35	2.53	2.53	2.53	2.53
65	1.69	1.69	2.94	2.94	3.26	3.26
80	2.71	2.71	3.36	3.36	4.08	4.08
100	2.98	2.98	4.12	4.12	5.74	5.74
125	3.58	3.58	5.09	5.09	7.78	7.78
150	4.41	4.41	6.74	6.74	9.77	9.77
200	6.45	6.45	8.77	9.25	13.72	17.39
250	8.41	8.41	11.23	13.05	19.48	28.48
300	11.23	11.23	13.98	18.17	25.86	40.75
350	16.05	16.05	21.05	27.20	40.80	62.18
400	18.98	18.98	26.58	34.84	54.02	88.11
450	23.61	23.61	31.61	45.15	63.29	90.16
500	27.11	27.11	39.03	62.74	82.56	118.4
600	37.78	37.78	53.07	94.29	125.2	187.0
700	72.27	80.74	—	—	—	—
800	123.9	144.2	—	—	—	—
900	180.6	217.8	—	—	—	—

续表

公称直径 DN(mm)	公称压力 PN，MPa(bar)					
	0.25 (2.5)	0.6 (6)	1.0 (10)	1.6 (16)	2.5 (25)	4.0 (40)
1000	246.8	306.9	—	—	—	—
1200	415.1	569.0	—	—	—	—
1400	650.2	925.0	—	—	—	—
1600	906.1	1355.9	—	—	—	—
1800	1230.1	1921.0	—	—	—	—
2000	1652.0	2630.0	—	—	—	—

9.6.4 钢制管法兰盖近似计算质量（GB/T 9124）

*PN*0.25～*PN*6.3MPa；*PN*2.0、*PN*5.0MPa 钢制管法兰盖近似计算质量，见表 9-6-4。

钢制管法兰盖近似计算质量 GB/T 9124（kg）　　表 9-6-4

公称直径 DN(mm)	公称压力 PN，MPa(bar)								
	0.25 (2.5)	0.6 (6)	1.0 (10)	1.6 (16)	2.5 (25)	4.0 (40)	6.3 (63)	2.0 (20)	5.0 (50)
10	0.33	0.33	0.56	0.56	0.56	0.56	1.00	—	—
15	0.38	0.38	0.64	0.64	0.64	0.64	1.22	0.43	0.63
20	0.59	0.59	0.92	0.92	0.92	0.92	1.92	0.63	1.15
25	0.75	0.72	1.13	1.13	1.13	1.13	2.65	0.89	1.40
32	1.23	1.23	1.88	1.88	1.88	1.88	3.24	1.20	1.88
40	1.47	1.47	2.18	2.18	2.18	2.18	4.09	1.58	2.65
50	1.72	1.72	3.00	3.00	3.00	3.00	4.51	2.39	3.38
65	2.29	2.29	3.68	3.68	4.07	4.07	5.71	4.07	5.09
80	3.62	3.62	4.37	4.37	5.29	5.29	6.92	4.92	7.22
100	4.48	4.48	5.94	5.94	7.27	7.27	10.10	7.13	11.62
125	6.48	5.80	7.80	7.80	10.40	10.40	16.00	3.31	15.76
150	7.99	7.99	11.04	11.04	14.11	14.11	23.50	11.70	22.16
200	13.10	13.10	16.03	16.76	21.90	26.68	39.7	20.46	35.14
250	19.72	19.72	23.48	24.33	32.82	43.60	57.40	29.19	54.99
300	27.10	27.10	30.13	34.31	45.53	63.30	81.00	14.11	79.96
350	33.88	33.88	38.86	47.08	67.09	88.45	114.0	58.83	108.4
400	41.15	41.15	52.28	62.49	88.46	125.2	153.0	78.19	141.2
450	50.28	50.28	61.93	95.59	118.6	152.7	—	94.72	178.8
500	64.11	64.11	73.87	131.5	148.6	186.0	—	123.6	223.3
600	101.6	101.6	122.3	224.5	242.4	328.6	—	187.1	342.1
700	156.6	174.5	165.7	231.0	—	—	—	—	—
800	212.9	247.3	254.3	318.9	—	—	—	—	—

9.7　钢制管法兰焊接接头形式和尺寸（GB/T 9124）

9.7.1　板式平焊钢制管法兰和带颈平焊法兰焊接接头型式和尺寸

1. 板式平焊法兰与钢管连接的焊接接头形式和坡口尺寸应符合图 9-7-1（*a*）和表 9-7-1 的规定。

2. 小于或等于 *PN*2.5MPa 的带颈平焊法兰与钢管连接的形式和尺寸应符合图 9-7-1（*b*）和表 9-7-2 的规定。

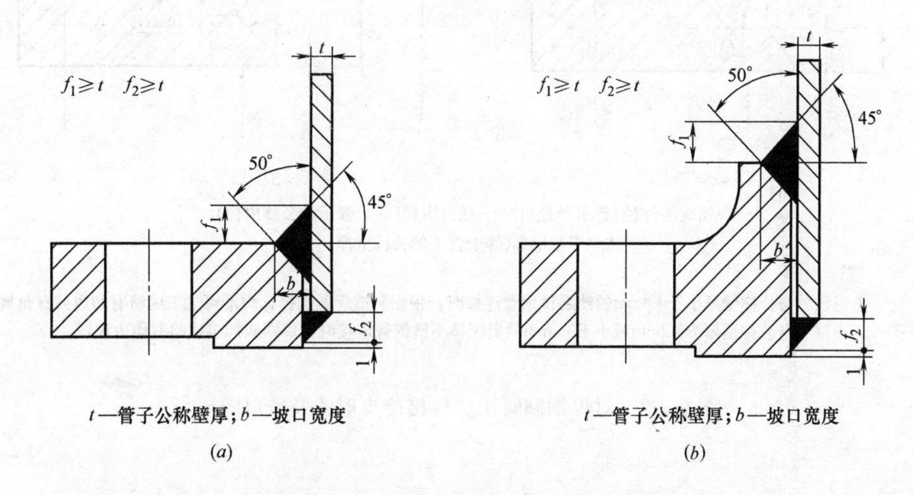

图 9-7-1　钢制管法兰焊接接头形式和坡口尺寸（GB/T 9124）

板式平焊法兰与钢管连接坡口尺寸表　　**表 9-7-1**

公称直径 *DN*	10～20	25～50	85～150	200	250～300	350～600
坡口宽度 *b*	4	5	6	8	10	12
公称直径 *DN*	700～1200	1400	1600	1800	2000	
坡口宽度 *b*	13	14	16	18	20	

带颈平焊法兰与钢管连接坡口尺寸表（≤2.5MPa）　　**表 9-7-2**

公称直径 *DN*	10～20	25～50	85～150	200	250～300	350～600
坡口宽度 *b*	4	5	6	8	10	12

压力大于或等于 *PN*4.0MPa 的带颈平焊法兰与钢管连接接头形式和坡口尺寸，见图 9-7-1（*b*）和表 9-7-3。

带颈平焊法兰与钢管连接坡口尺寸表（≥4.0MPa）　　**表 9-7-3**

公称直径 *DN*	10～20	25～50	85～100	125～150	200～250
坡口宽度 *b*	4	5	6	8	10
公称直径 *DN*	300～350	400	450	500	600
坡口宽度 *b*	14	14	16	18	20

9.7.2　对焊法兰的焊接坡口形式及尺寸（GB/T 9124）

对焊钢制管法兰与钢管的连接形式和尺寸应符合图 9-7-2 的规定。

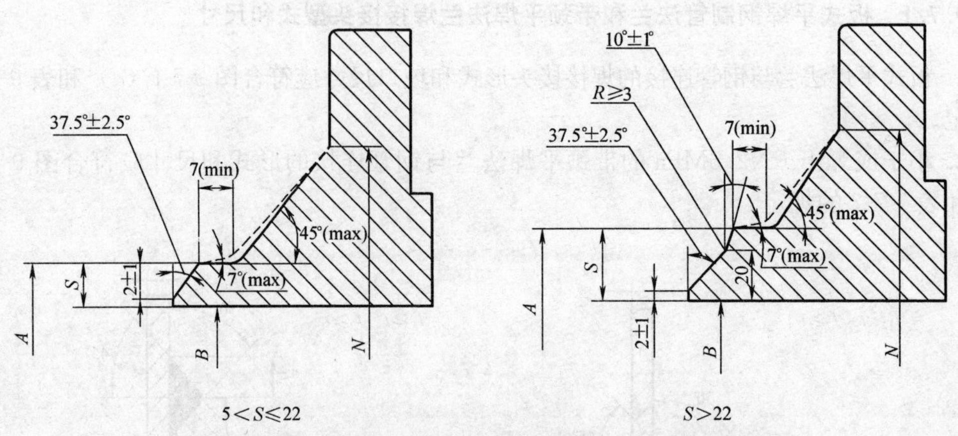

图 9-7-2　对焊钢制管法兰焊接接头形式及坡口图

9.8　钢制管法兰用非金属平垫片（欧洲体系）（HG 20606）

标准 HG 20606 非金属平垫片适用于 HG 20592 所规定的公称压力 *PN*0.25MPa～*PN*4.0MPa 的钢制管法兰用非金属平垫片。

9.8.1　材料和使用条件

1. 材料

钢制管法兰用非金属平垫片的材料通常包括：

（1）天然橡胶及合成橡胶，如天然橡胶、氯丁橡胶、丁苯橡胶、丁腈橡胶、乙丙橡胶、氟橡胶等。

（2）石棉橡胶板（GB 3985 的 XB 350、XB 450）和耐油石棉橡胶板（GB 539 的 NY 400）。

注：当石棉因有害健康等原因而禁止使用时，可采用（3）、（4）所列的无石棉材料或柔性石墨复合垫。

（3）合成纤维的橡胶压制板（无机、有机）。

（4）改性或填充的聚四氟乙烯板。

2. 使用条件

非金属平垫片的使用条件应符合表 9-8-1 的规定。

非金属平垫片的使用条件　　　　表 9-8-1

类别	名称		代号	使用条件	
				P,压力等级(MPa)	t,温度(℃)
橡胶	天然橡胶		NR	2.0	−50～+90
	氯丁橡胶		CR	2.0	−40～+100
	丁腈橡胶		NBR	2.0	−30～+110
	丁苯橡胶		SBR	2.0	−30～+100
	乙丙橡胶		EPDM	2.0	−40～+130
	氟橡胶		Viton	2.0	−50～+200
石棉橡胶	石棉橡胶板		XB350	2.0	≤300
			XB450	$P\cdot t\leqslant 650\text{MPa}\cdot℃$	
	耐油石棉橡胶板		NY400		
合成纤维橡胶	合成纤维的橡胶压制板	无机	—	≤5.0	−40～+290
		有机			−40～+200
聚四氟乙烯	改性或填充的聚四氟乙烯板		—	≤5.0	−196～+260

注：合成纤维橡胶压制板和改性、填充聚四氟乙烯尚无相应产品标准，使用时应注明公认的厂商牌号。

3. 不同密封面法兰用垫片的适用范围见表 9-8-2

不同密封面法兰用垫片的适用范围　　　　表 9-8-2

密封面型式(代号)	公称压力 PN,MPa(Class)	公称通径 DN,mm
全平面(FF)	2.0(Class 150)	15～600
突面(RF)	2.0(Class 150)～5.0(Class 300)	15～1500
凹凸面(MFM)	5.0(Class 300)	15～600
榫槽面(TG)	5.0(Class 300)	15～600

9.8.2　垫片形式和尺寸

1. 垫片按密封面形式分为 FF 型、RF 型、MFM 型和 TG 型，分别适用于全平面、突面、凹凸面和榫槽面法兰，如图 9-8-1 所示。

2. 垫片尺寸

(1) 全平面法兰用 FF 型垫片尺寸按表 9-8-3 规定。

(2) 突面法兰用 RF 型垫片尺寸按表 9-8-4 规定。根据需要，石棉橡胶板、耐油石棉橡胶板或合成纤维的橡胶压制板 RF 型垫片可带不锈钢（304）内包边（RF-E 型），其包边尺寸按表 9-8-4 所示。

3. 表 9-8-3、表 9-8-4 所列的垫片尺寸适用于本手册所列Ⅰ、Ⅱ两个钢管外径系列的钢制管法兰。

4. 表 9-8-3、表 9-8-4 中的垫片内径 $D_{1\max}$ 适用于一般情况，但也可根据需要而修改，且应在订货时注明修改后的内径尺寸。

9.8.3　标记

标记示例：

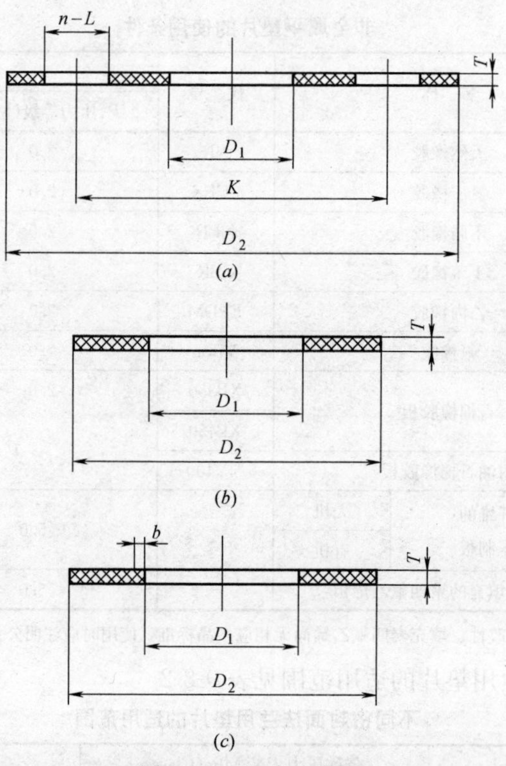

图 9-8-1　垫片的形式

(a) FF 型（全平面） (b) RF、MFM、TG 型（突面、凹凸面、榫槽面） (c) RF-E 型

全平面法兰用 FF 型垫片尺寸（mm）　　表 9-8-3

公称通径 DN	垫片内径 D_{1max}	PN0.25MPa(2.5bar)				PN0.6MPa(6bar)				垫片厚度 T
		垫片外径 D_2	螺栓孔数量 n	螺栓孔直径 L	螺栓孔中心圆直径 K	垫片外径 D_2	螺栓孔数量 n	螺栓孔直径 L	螺栓孔中心圆直径 K	
10	18	75	4	11	50	75	4	11	50	
15	22	80	4	11	55	80	4	11	55	
20	27	90	4	11	65	90	4	11	65	
25	34	100	4	11	75	100	4	11	75	
32	43	120	4	14	90	120	4	14	90	
40	49	130	4	14	100	130	4	14	100	
50	61	140	4	14	110	140	4	14	110	
65	77	160	4	14	130	160	4	14	130	1.5
80	89	190	4	18	150	190	4	18	150	
100	115	210	4	18	170	210	4	18	170	
125	141	240	8	18	200	240	8	18	200	
150	169	265	8	18	225	265	8	18	225	
200	220	320	8	18	280	320	8	18	280	
250	273	375	12	18	335	375	12	18	335	
300	325	440	12	22	395	440	12	22	395	

续表

公称通径 DN	垫片内径 D_{1max}	PN0.25MPa(2.5bar) 垫片外径 D_2	螺栓孔数量 n	螺栓孔直径 L	螺栓孔中心圆直径 K	PN0.6MPa(6bar) 垫片外径 D_2	螺栓孔数量 n	螺栓孔直径 L	螺栓孔中心圆直径 K	垫片厚度 T
350	377	490	12	22	445	490	12	22	445	3
400	426	540	16	22	495	540	16	22	495	
450	480	595	16	22	550	595	16	22	550	
500	530	645	20	22	600	645	20	22	600	
600	630	755	20	26	705	755	20	26	705	
10	18	90	4	14	60	90	4	14	60	1.5
15	22	95	4	14	65	95	4	14	65	
20	27	105	4	14	75	105	4	14	75	
25	34	115	4	14	85	115	4	14	85	
32	43	140	4	18	100	140	4	18	100	
40	49	150	4	18	110	150	4	18	110	
50	61	165	4	18	125	165	4	18	125	
65	77	185	4	18	145	185	4	18	145	
80	89	200	8	18	160	200	8	18	160	
100	115	220	8	18	180	220	8	18	180	
125	141	250	8	18	210	250	8	18	210	
150	169	285	8	22	240	285	8	22	240	
200	220	340	8	22	295	340	12	22	295	
250	273	395	12	22	350	405	12	26	355	
300	325	445	12	22	400	460	12	26	410	
350	377	505	16	22	460	520	16	26	470	3
400	426	565	16	26	515	580	16	30	525	
450	480	615	20	26	565	640	20	30	585	
500	530	670	20	26	620	715	20	33	650	
600	630	780	20	30	725	840	20	36	770	
700	720	895	24	30	840	910	24	36	840	
800	820	1015	24	33	950	1025	24	39	950	
900	920	1115	28	33	1050	1125	28	39	1050	
1000	1020	1230	28	36	1160	1255	28	42	1170	
1200	1220	1455	32	39	1380	1485	32	48	1390	
1400	1422	1675	36	42	1590	1685	36	48	1590	
1600	1626	1915	40	48	1820	1930	40	55	1820	
1800	1829	2115	44	48	2020	2130	44	55	2020	
2000	2032	2325	48	48	2230	2345	48	60	2230	

突面法兰用 RF 和 RF-E 型垫片尺寸（mm）　　表 9-8-4

公称通径 *DN*	垫片内径 D_{1max}	公称压力 *PN*,MPa(bar) 0.25 (2.5)	0.6 (6)	1.0 (10)	1.6 (16)	2.5 (25)	4.0 (40)	垫片厚度 *T*	包边宽度 *b*
		垫片外径 D_2							
10	18	39	39	46	46	46	46		
15	22	44	44	51	51	51	51		
20	27	54	54	61	61	61	61		
25	34	64	64	71	71	71	71		
32	43	76	76	82	82	82	82		
40	49	86	86	92	92	92	92		
50	61	96	96	107	107	107	107		
65	77	116	116	127	127	127	127	1.5	
80	89	132	132	142	142	142	142		
100	115	152	152	162	162	168	168		
125	141	182	182	192	192	194	194		3
150	169	207	207	218	218	224	224		
200	220	262	262	273	273	284	290		
250	273	317	317	328	329	340	352		
300	325	373	373	378	384	400	417		
350	377	423	423	438	444	457	474		
400	426	473	473	489	495	514	546		
450	480	528	528	539	555	564	571		
500	530	578	578	594	617	624	628		
600	630	679	679	695	734	731	747		
700	720	784	784	810	804	833			
800	820	890	890	917	911	942			
900	920	990	990	1017	1011	1042		3	4
1000	1020	1090	1090	1124	1128	1155			
1200	1220	1290	1307	1341	1342	1365			
1400	1422	1490	1524	1548	1542				
1600	1626	1700	1724	1772	1765				5
1800	1829	1900	1931	1972	1965				
2000	2032	2100	2138	2182	2170				

（1）公称通径 100mm、公称压力 2.5MPa（25bar）的突面法兰用 304 不锈钢包边的 XB450 石棉橡胶板垫片，其标记为：

HG 20606　垫片　RF-E　100-2.5　XB450/304

（2）公称通径 200mm、公称压力 1.0MPa（10bar）的突面法兰用 Garlock 公司的 G3510 填充聚四氟乙烯垫片，其标记为：

HG 20606　垫片　RF　200-1.0　G3510

(3) 公称通径500mm、公称压力0.6MPa(6bar)的全平面法兰用乙丙橡胶垫片，其标记为:

HG 20606 垫片 FF 500-0.6 EPDM

9.8.4 技术要求

FF型和RF型垫片的尺寸偏差按表9-8-5规定。

FF型和RF型垫片的尺寸极限偏差(mm) **表9-8-5**

	≤*DN*300	≥*DN*350
内径 D_1	±1.5	±3.0
外径 D_2	$^{+1.5}_{0}$	$^{+3.0}_{0}$
全平面螺栓中心圆直径 *K*	±1.5	
相邻螺栓孔中心距	±0.75	

9.9 钢制管法兰用非金属平垫片(美洲体系)(HG 20627)

标准HG 20627非金属平垫片适用于HG 20615所规定的公称压力*PN*2.0(Class 150)MPa～*PN*5.0MPa(Class 300)的钢制管法兰用非金属平垫片。

9.9.1 材料和使用条件

同9.8.1材料和使用条件。

9.9.2 垫片形式和尺寸

1. 垫片按密封面形式分为FF型、RF型、MFM型和TG型，分别适用于全平面、突面、凹凸面和榫槽面法兰，见本手册图9-8-1所示。

2. 垫片尺寸

(1) 全平面法兰用FF型垫片尺寸按表9-9-1规定。

(2) 突面法兰用RF型垫片尺寸按表9-9-2、表9-9-3规定。根据需要，石棉橡胶板、耐油石棉橡胶板或合成纤维的橡胶压制板RF型垫片可带不锈钢(304)内包边(RF-E型)，其包边尺寸按表9-9-2、表9-9-3所示。

全平面法兰用FF型垫片尺寸(mm) **表9-9-1**

公称通径		*PN*2.0MPa(Class 150)					
NPS (in)	*DN*	垫片内径 D_1	垫片外径 D_2	螺栓孔数量 *n*	螺栓孔直径 *L*	螺栓孔中心圆直径 *K*	垫片厚度 *T*
1/2	15	22	90	4	16	60.5	1.5
3/4	20	27	100	4	16	70	
1	25	34	110	4	16	79.5	
1¼	32	43	120	4	16	89	
1½	40	49	130	4	16	98.5	
2	50	61	150	4	18	120.5	

续表

公称通径		PN2.0MPa(Class 150)					
NPS (in)	DN	垫片内径 D_1	垫片外径 D_2	螺栓孔数量 n	螺栓孔直径 L	螺栓孔中心圆直径 K	垫片厚度 T
2½	65	77	180	4	18	139.5	
3	80	89	190	4	18	152.5	
4	100	115	230	8	18	190.5	
5	125	140	255	8	22	216	
6	150	169	280	8	22	241.5	1.5
8	200	220	345	8	22	298.5	
10	250	273	405	12	26	362	
12	300	324	485	12	26	432	
14	350	356	535	12	29.5	476	
16	400	407	600	16	29.5	540	
18	450	458	635	16	32.5	578	
20	500	508	700	20	32.5	635	3
22	550	559	750	20	35.5	692	
24	600	610	815	20	35.5	749.5	

DN≤600mm 突面法兰用 RF 和 RF-E 型垫片尺寸（mm） **表 9-9-2**

公称通径		垫片内径 D_1	公称压力 PN,MPa(Class)		垫片厚度 T	包边宽度 b
NPS (in)	DN		2.0 (Class 150)	5.0 (Class 300)		
			垫片外径 D_2			
1/2	15	22	46.5	52.5		
3/4	20	27	56	66.5		
1	25	34	65.5	73		
1¼	32	43	75	82.5		
1½	40	49	84.5	94.5		
2	50	61	104.5	111		
2½	65	77	123.5	129		
3	80	89	136.5	148.5	1.5	
4	100	115	174.5	180		
5	125	140	196	215		
6	150	169	221.5	250		3
8	200	220	278.5	306		
10	250	273	338	360.5		
12	300	324	408	421		
14	350	356	449	484.5		
16	400	407	513	538.5		
18	450	458	548	595.5		
20	500	508	605	653	3	
22	550	559	659	704		
24	600	610	716.5	774		

DN>600mm 突面大直径法兰用 RF 和 RF-E 型垫片尺寸（mm）　　表 9-9-3

公称通径		垫片内径 D_1	公称压力 PN,MPa(Class)		垫片厚度 T	包边宽度 b
NPS (in)	DN		2.0 (Class 150)	5.0 (Class 300)		
			垫片外径 D_2			
26	650	660	725	770	3	4
28	700	711	775	824		
30	750	762	826	885		
32	800	813	880	939		
34	850	864	933	993		
36	900	914	984	1047		
38	950	965	1043	1098		
40	1000	1016	1094	1149		
42	1050	1067	1145	1200		5
44	1100	1118	1192	1250		
46	1150	1168	1254	1317		
48	1200	1219	1305	1368		
50	1250	1270	1356	1419		
52	1300	1321	1407	1470		
54	1350	1372	1462	1530		
56	1400	1422	1513	1595		
58	1450	1473	1578	1657		
60	1500	1524	1629	1708		

9.9.3　技术要求

FF 型和 RF 型垫片的尺寸偏差按表 9-9-4 规定。

FF 型和 RF 型垫片的尺寸极限偏差（mm）　　表 9-9-4

	≤DN300	≥DN350
内径 D_1	±1.5	±3.0
外径 D_2	0 −1.5	0 −3.0
全平面螺栓中心圆直径 K	±1.5	
相邻螺栓孔中心距	±0.75	

9.9.4　标记

标记示例

（1）公称通径 100mm、公称压力 2.0MPa（Class 150）的突面法兰用 304 不锈钢包边的 XB450 石棉橡胶板垫片，其标记为：

HG 20627　　垫片　　RF-E　　100-2.0　　XB450/304

（2）公称通径 200mm、公称压力 5.0MPa（Class 300）的突面法兰用 Garlock 公司的

G3510 填充聚四氟乙烯垫片，其标记为：

HG 20627　　垫片　　RF　　200-5.0　　G3510

（3）公称通径 500mm、公称压力 2.0MPa（Class 150）的全平面法兰用乙丙橡胶垫片，其标记为：

HG 20627　　垫片　　FF　　500-2.0　　EPDM

（4）公称通径 800mm、公称压力 2.0MPa（Class 150）的大直径突面法兰用 Garlock 公司 IFG5500 无机合成纤维橡胶压制板垫片，其标记为：

HG 20627　　垫片　　RF　　800-2.0　　IFG 5500

（5）公称通径 500mm、公称压力 5.0MPa（Class 300）的凹凸面法兰用 XB450 石棉橡胶板垫片，其标记为：

HG 20627　　垫片　　MFM　　500-5.0　　XB450

9.10　钢制管法兰用聚四氟乙烯包覆垫片（欧洲体系）（HG 20607）

1. 主题内容和适用范围

标准规定了钢制管法兰（欧洲体系）用聚四氟乙烯包覆垫片的形式、尺寸和技术要求。

标准适用于 HG 20592 所规定的公称压力 PN 为 0.6MPa（6bar）～4.0MPa（40bar）、工作温度≤150℃(注)的突面钢制管法兰用聚四氟乙烯包覆垫片。

注：具有使用经验时，可使用至 200℃。

2. 垫片形式和尺寸

（1）垫片的形式按加工方法分为机加工翅型、机加工矩形和折包型，分别以 PMF 型、PMS 型和 PFT 型表示，如图 9-10-1 所示。

（2）垫片尺寸

1）PMF 型垫片尺寸按表 9-10-1 规定。

2）PMS 型垫片尺寸按表 9-10-2 规定。

3）PFT 型垫片尺寸按表 9-10-3 规定。

4）表 9-10-1～表 9-10-3 所列的垫片尺寸适用于 HG 20592 所列 A、B 两个钢管外径系列的钢制管法兰。

5）表 9-10-1～表 9-10-3 中的包覆层内径 D_{1max} 适用于一般情况，但也可根据需要而修改，且应在订货时注明修改后的内径尺寸。

3. 技术要求

（1）聚四氟乙烯包覆层的原材料应符合 GB 7136　PTFE SM031 的一级品规定。

（2）嵌入层一般为石棉橡胶板，其技术性能指标应符合 GB 3985 中 XB350 或 XB450 的规定。需方有特殊要求时，亦可采用其他合适材料，但应在订货时注明。

（3）垫片内径 D_1，和外径 D_3、D_4 的极限偏差按表 9-10-4 的规定。包覆层厚度的极限偏差为±0.05mm，垫片总厚度的极限偏差为±0.10mm。

（4）包覆层表面应平整、光滑、无翘曲变形，厚度均匀且不允许有孔眼及夹渣等缺陷。

（5）垫片的压缩率、回弹率、应力松弛率及密封泄漏率应符合 GB/T 13404 的规定。

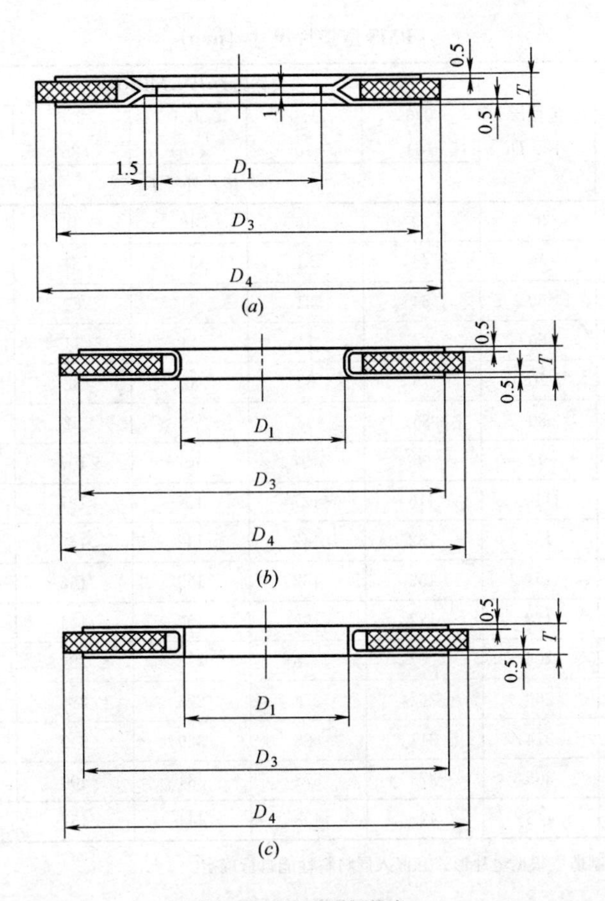

图 9-10-1　垫片形式

a）机加工翘型（PMF）（*b*）机加工矩型（PMS）（*c*）折包型（PFT）

PMF 型垫片尺寸（mm）　　**表 9-10-1**

公称通径 DN	包覆层内径 D_{1max}	包覆层外径 D_3	公称压力 PN,MPa(bar) 0.6(6)	1.0(10)	1.6(16)	2.5(25)	4.0(40)	垫片厚度 T
			垫片外径 D_4					
10	18	36	39	46	46	46	46	3
15	22	40	44	51	51	51	51	
20	27	50	54	61	61	61	61	
25	34	60	64	71	71	71	71	
32	43	70	76	82	82	82	82	
40	49	80	86	92	92	92	92	
50	61	92	96	107	107	107	107	
65	77	110	116	127	127	127	127	
80	89	126	132	142	142	142	142	
100	115	151	152	162	162	168	168	
125	141	178	182	192	192	194	194	
150	169	206	207	218	218	224	224	
200	220	260	262	273	273	284	290	
250	273	314	317	328	329	340	352	
300	325	365	373	378	384	400	417	
350	377	412	423	438	444	457	474	

注：嵌入层内径 D_2 由制造厂根据垫片形式和嵌入层材料性能自行确定。

PMS 型垫片尺寸（mm）　表 9-10-2

公称通径 DN	包覆层内径 D_{1max}	包覆层外径 D_3	公称压力 PN,MPa(bar)					垫片厚度 T
			0.6 (6)	1.0 (10)	1.6 (16)	2.5 (25)	4.0 (40)	
			垫片外径 D_4					
10	18	36	39	46	46	46	46	3
15	22	40	44	51	51	51	51	
20	27	50	54	61	61	61	61	
25	34	60	64	71	71	71	71	
32	43	70	76	82	82	82	82	
40	49	80	86	92	92	92	92	
50	61	92	96	107	107	107	107	
65	77	110	116	127	127	127	127	
80	89	126	132	142	142	142	142	
100	115	151	152	162	162	168	168	
125	141	178	182	192	192	194	194	
150	169	206	207	218	218	224	224	
200	220	260	262	273	273	284	290	
250	273	314	317	328	329	340	352	
300	325	365	373	378	384	400	417	
350	377	412	423	438	444	457	474	

注：嵌入层内径 D_2 由制造厂根据垫片形式和嵌入层材料性能自行确定。

PTF T 型垫片尺寸　表 9-10-3

公称通径 DN	包覆层内径 D_{1max}	包覆层外径 D_3	公称压力 PN,MPa(bar)					垫片厚度 T
			0.6 (6)	1.0 (10)	1.6 (16)	2.5 (25)	4.0 (40)	
			垫片外径 D_4					
200	220	260	262	273	273	284	290	3
250	273	314	317	328	329	340	352	
300	325	365	373	378	384	400	417	
350	377	412	423	438	444	457	474	
400	426	469	473	489	495	514	546	
450	480	528	528	539	555	564	571	
500	530	578	578	594	617	624	628	
600	630	679	679	695	734	731	747	

注：嵌入层内径 D_2 由制造厂根据垫片形式和嵌入层材料性能自行确定。

4. 标记和包装

（1）垫片应按型式、规格、材料分别包装，交货时应附有产品质量检验合格证。垫片应用标签标明（2）规定的内容。

（2）标记示例

1）公称通径 100mm、公称压力 2.5MPa（25bar）的突面钢制管法兰用机加工翅型聚四氟乙烯包覆垫片，其标记为：

HG 20607　　四氟包覆垫　　PMF　　100-2.5

2）公称通径 500mm、公称压力 1.0MPa（10bar）的突面钢制管法兰用折包型聚四氟乙烯包覆垫片，嵌入层材料为橡胶板，其标记为：

HG 20607　　四氟包覆垫（橡胶板）　　PFT　　500-1.0

垫片内径 D_1 和外径 D_3、D_4 的极限偏差（mm）　　**表 9-10-4**

公称通径 DN	D_1 极限偏差	D_3 极限偏差	D_4 极限偏差
10	±0.5	±0.8	+1.5 0 （美洲体系） 0 −0.5
15	±0.5	±0.8	
20	±0.5	±0.8	
25	±0.5	±0.8	
32	±0.8	±0.8	
40	±0.8	±0.8	
50	±0.8	±1.2	
65	±0.8	±1.2	
80	±0.8	±1.2	
100	±1.2	±1.2	
125	±1.2	±1.2	
150	±1.2	±1.2	
200	±1.2	±2.0	
250	±1.2	±2.0	
300	±2.0	±2.0	
350	±2.0	±2.0	
400	±2.0	±2.0	+3 0 （美洲体系） 0 −3.0
450	±2.0	±2.0	
500	±2.0	±3.0	
600	±2.0	±3.0	

9.11　钢制管法兰用聚四氟乙烯包覆垫片（美洲体系）（HG 20628）

1. 主题内容和适用范围

标准规定了钢制管法兰（美洲体系）用聚四氟乙烯包覆垫片的形式、尺寸和技术要求。

标准适用于 HG 20615 所规定的公称压力 PN 为 2.0MPa（Class 150）～5.0MPa（Class 300）、工作温度≤150℃[注]的突面钢制管法兰用聚四氟乙烯包覆垫片。

注：具有使用经验时，可使用至 200℃。

2. 垫片形式和尺寸

（1）垫片形式按加工方法分为机械加工翅型、机械加工矩形和折包型、分别以 PMF

型 PMS 型和 PFT 型表示，如本手册图 9-10-1 所示。

（2）垫片尺寸

PMF 型垫片尺寸按表 9-11-1 规定。

PMS 型垫片尺寸按表 9-11-2 规定。

PFT 型垫片尺寸按表 9-11-3 规定。

3. 技术要求

技术要求同本手册 9.10　3. 技术要求。

PMF 型垫片尺寸　　**表 9-11-1**

公称通径		包覆层内径 D_1	包覆层外径 D_3	公称压力 PN,MPa(Class)		垫片厚度 T
				2.0 (Class 150)	5.0 (Class 300)	
NPS(in)	DN			垫片外径 D_4		
1/2	15	22	40	46.5	52.5	3
3/4	20	27	50	56	66.5	
1	25	34	60	65.5	73	
1¼	32	43	70	75	82.5	
1½	40	49	80	84.5	94.5	
2	50	61	92	104.5	111	
2½	65	77	110	123.5	129	
3	80	89	126	136.5	148.5	
4	100	115	151	174.5	180	
5	125	140	178	196	215	
6	150	169	206	221.5	250	
8	200	220	260	278.5	306	
10	250	273	314	338	360.5	
12	300	324	365	408	421	
14	350	356	412	449	484.5	

注：嵌入层内径 D_2，由制造厂根据垫片形式和嵌入层材料性能自行确定。

PMS 型垫片尺寸　　**表 9-11-2**

公称通径		包覆层内径 D_1	包覆层外径 D_3	公称压力 PN,MPa(Class)		垫片厚度 T
				2.0 (Class 150)	5.0 (Class 300)	
NPS(in)	DN			垫片外径 D_4		
1/2	15	22	40	46.5	52.5	3
3/4	20	27	50	56	66.5	
1	25	34	60	65.5	73	
1¼	32	43	70	75	82.5	
1½	40	49	80	84.5	94.5	
2	50	61	92	104.5	111	
2½	65	77	110	123.5	129	
3	80	89	126	136.5	148.5	
4	100	115	151	174.5	180	
5	125	140	178	196	215	
6	150	169	206	221.5	250	
8	200	220	260	278.5	306	
10	250	273	314	338	360.5	
12	300	324	365	408	421	
14	350	356	412	449	484.5	

注：嵌入层内径 D_2，由制造厂根据垫片形式和嵌入层材料性能自行确定。

PFT 型垫片尺寸（mm） 表 9-11-3

公称通径		包覆层内径 D_1	包覆层外径 D_3	公称压力 PN,MPa(Class) 2.0 (Class 150)	5.0 (Class 300)	垫片厚度 T
NPS(in)	DN			垫片外径 D_4		
8	200	220	260	278.5	306	3
10	250	273	314	338	360.5	
12	300	324	365	408	421	
14	350	356	412	449	484.5	
16	400	407	469	513	538.5	
18	450	458	528	548	595.5	
20	500	508	578	605	653	
22	550	559	628	659	704	
24	600	610	679	716.5	774	

注：嵌入层内径 D_2，由制造厂根据垫片形式和嵌入层材料性能自行确定。

4. 标记和包装

（1）垫片应按型式、规格、材料分别包装交货时应有产品质量检验合格证。

垫片应用标签标明（2）规定的内容。

（2）标记示例

1）公称通径 100mm，公称压力 5.0MPa（Class 300）的突面钢制管法兰用机械加工翅型聚四氟乙烯包覆垫片，其标记为：

HG 20628　四氟包覆垫　PMF　100-5.0

2）公称通径 500mm，公称压力 2.0MPa（Class 150）的突面钢制管法兰用折包型聚四氟乙烯包覆垫片，嵌入材料为橡胶板，其标记为：

HG 20628　四氟包覆垫（橡胶）　PFT　500-2.0

9.12 钢制管法兰用紧固件（欧洲体系）（HG 20613）

标准 HG 20613 规定的紧固件适用于钢制管法兰用紧固件（六角头螺栓，等长双头螺栓，全螺纹螺柱和螺母）。

9.12.1 形式 规格 尺寸

1. 紧固件的型式有六角头螺栓、等长双头螺柱、全螺纹螺柱、Ⅰ型六角螺母。

2. 六角头螺栓

（1）管法兰用六角头螺栓的形式和尺寸应符合 GB 5782（粗牙）和 GB 5785（细牙）的要求，如图 9-12-1 所示，螺栓的端部应采用倒角端。

（2）六角头螺栓的规格及性能等级如表 9-12-1 所示。

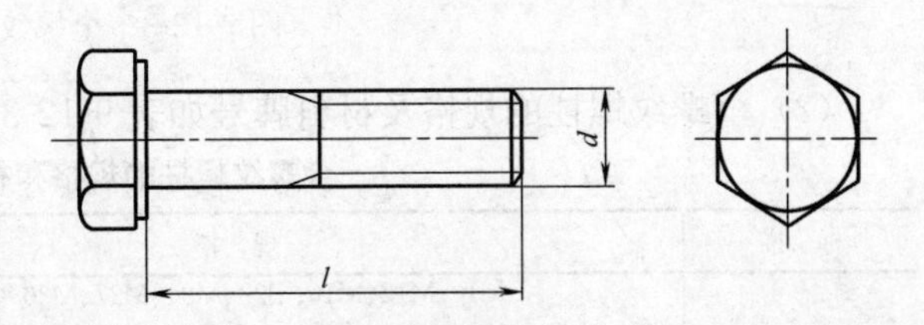

图 9-12-1 六角头螺栓

六角头螺栓的规格和性能等级　　表 9-12-1

标　准	规　格	性能等级(商品级)
GB 5782-A 级和 B 级(粗牙)	M10、M12、M16、M20、M24、M27	8.8、A2-50、A2-70
GB 5785-A 级和 B 级(细牙)	M30×2、M33×2、M36×3、M39×3、M45×3、M52×3、M56×3	8.8、A2-50、A2-70

3. 等长双头螺柱

(1) 管法兰用等长双头螺柱的型式和尺寸应符合 GB 901 的要求，但螺柱的两端应采用倒角端，如图 9-12-2 所示。螺纹规格 M30×2、M33×2、M36×3、M39×3、M45×3、M48×3、M52×4、M56×4 的双头螺柱采用细牙，螺纹尺寸和公差应符合 GB 196 和 GB 197，螺柱末端按 GB 2 倒角端的要求，其余均应符合 GB 901 的要求。

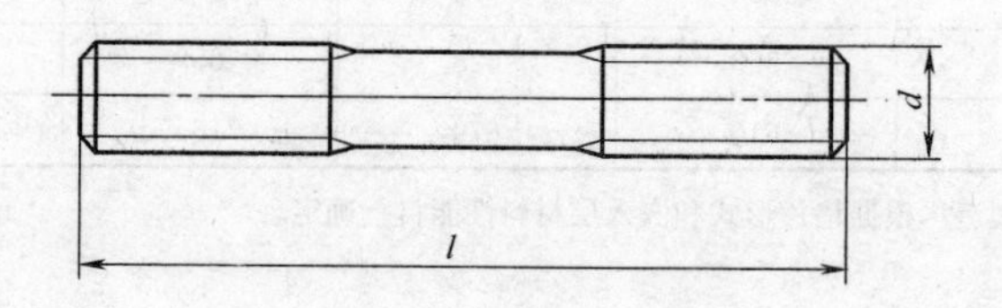

图 9-12-2　等长双头螺栓

(2) 等长双头螺柱的规格及材料牌号如表 9-12-2 所示。

等长双头螺柱的规格和材料牌号　　表 9-12-2

标　准	规　格	性能等级(商品级)	材料牌号(专用级)
GB 901-B 级(商品级) HG 20613(专用级)	M10、M12、M16、M20、M24、M27、M30×2、M33×2、M36×3、M39×3、M45×3、M48×3、M52×4、M56×4	8.8、A2-50、A2-70	35CrMoA、25Cr2MoVA、0Cr18Ni9、0Cr17Ni12Mo2

4. 全螺纹螺柱

(1) 管法兰用全螺纹螺柱的型式和尺寸如图 9-12-3 所示。螺纹尺寸和公差应符合 GB 196 和 GB 197，螺柱端部按 GB 2 倒角端的要求，其余均应符合 GB 901 的要求。

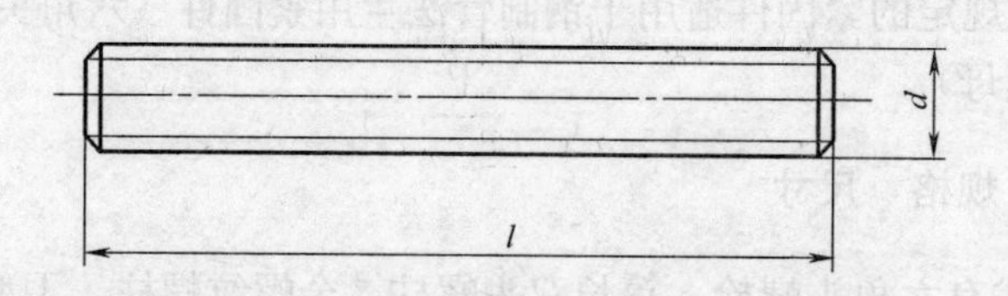

图 9-12-3　全螺纹螺柱

(2) 全螺纹螺柱的规格及材料牌号如表 9-12-3 所示。

全螺纹螺柱的规格和材料牌号　　表 9-12-3

标　准	规　格	材料牌号(专用级)
HG 20613	M10、M12、M16、M20、M24、M27、M30×2、M33×2、M36×3、M39×3、M45×3、M48×3、M52×4、M56×4	35CrMoA、25Cr2MoVA、0Cr18Ni9、0Cr17Ni12Mo2

5. 螺母

(1) 管法兰用螺母的型式和尺寸应符合 GB 6170、GB 6171 的要求，如图 9-12-4 所示。

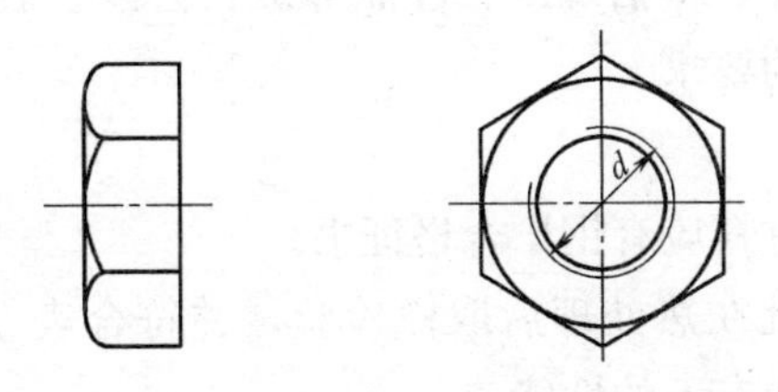

图 9-12-4　螺母

(2) 螺母的规格及性能等级（商品级）和材料牌号（专用级）如表 9-12-4 所示。

螺母的规格和性能等级、材料牌号　　表 9-12-4

标　准	规　格	性能等级(商品级)	材料牌号(专用级)
GB 6170-A 级和 B 级(粗牙,商品级)(注)	M10、M12、M16、M20、M24、M27	8	30CrMo、0Cr18Ni9、0Cr17Ni12Mo2
GB 6171-A 级和 B 级(细牙,商品级)(注)	M30×2、M33×2、M36×3、M39×3、M45×3、M48×3、M52×4、M56×4		

注：专用级螺母标准号应为 HG 20613。

9.12.2　材料及机械性能

1. 商品级的紧固件，其用材及机械性能应符合 GB 3098.1、GB 3098.2、GB 3098.4、GB 3098.6 的相应要求。

2. 专用级的紧固件，其用材的化学成分、热处理制度以及机械性能应符合表 9-12-5 的要求。机械性能试样应在规定热处理后的毛坯上沿轧制方向切取，试样切取的位置为：

(1) 毛坯直径≤40mm 者，在中心取样；

(2) 毛坯直径>40mm 者，在直径的 1/4 处取样。

等长双头螺柱和全螺纹螺柱的毛坯应按批进行性能试验。螺母的毛坯应按批进行硬度试验。

专用级紧固件材料机械性能要求　　表 9-12-5

牌号	化学成分(标准号)	热处理制度	规格	机械性能(不小于)			HB
				σ_b	σ_s	δ_5(%)	
				MPa			
30CrMo	GB 3077	调质(回火≥550℃)	≤M56	—	—	—	234~285
35CrMoA注	GB 3077	调质(回火≥550℃)	<M24	835	735	13	—
			≥M24	805	685	13	—
25Cr2MoVA	GB 3077	调质(回火≥600℃)	≤M56	835	735	15	269~321
0Cr18Ni9	GB 1220	固溶	≤M56	520	206	40	≤187
0Cr17Ni12Mo2	GB 1220	固溶	≤M56	520	206	40	≤187

注：用于≤−20℃低温的 35CrMoA，应进行设计温度下的低温 V 形缺口冲击试验，其三个试样的冲击功 A_{kv} 平均值应不低于 27J，但应在订货合同中注明。

9.12.3　技术条件

1. 商品级紧固件

商品级紧固件的技术条件，包括螺纹、性能等级、公差、表面缺陷、验收和包装等，应符合相应紧固件国家标准的要求。

2. 专用级紧固件

（1）专用级紧固件用原材料应有钢厂合格证书。

（2）专用级紧固件应按批在热处理后取样检验，并符合表 9-12-5 的要求，且应保证产品的机械性能不低于取样状态下的性能。

3. 等长双头螺柱和全螺纹螺柱，其螺纹尺寸应符合 GB 196 的规定，螺纹公差按 GB 197 的 6g 规定，制造公差、表面缺陷等应符合 GB 901 的相关要求。

9.12.4　标记示例和钢印标记

1. 标记示例

例 1：螺纹规格 M16、公称长度 $l=80$mm、性能等级 8.8 级的六角头螺栓，其标记为：

GB 5782　螺栓　M16×80　8.8 级

例 2：螺纹规格 M30×2、公称长度 $l=160$mm、材料牌号为 35CrMoA 的双头螺柱，其标记为：

HG 20613　双头螺住　M30×2×160　35CrMoA

例 3：螺纹规格为 M12、性能等级 8 级的 1 型六角螺母，其标记为：

GB 6170　螺母 M12　8 级

2. 在六角头螺栓的头部顶面、螺柱顶部、螺母的侧面以钢印或其他方法标记其性能等级或材料牌号的代号。

3. 性能等级或材料牌号的代号如表 9-12-6 和表 9-12-7 所示。

性能等级标志代号　　**表 9-12-6**

性能等级	4.5	8.8	A2-50	A2-70	4	8
代号	4.8	8.8	A2		4	8

材料牌号标志代号　　**表 9-12-7**

材料牌号	30CrMo	35CrMoA	25Cr2MoVA	0Cr18Ni9	0Cr17Ni12Mo2
代号	30CM	35CM	25CMV	304	316

注：进行低温冲击试验的 35CrMoA，其代号后应加上“L”。

9.12.5　紧固件的使用规定

1. 商品级六角螺栓的使用条件应符合下列各条要求：

（1）$PN \leqslant 1.6$MPa（16bar）；

（2）非剧烈循环场合；

(3) 配用非金属软垫片；

(4) 介质为非易燃、易爆及毒性危害程度较大的场合。

2. 商品级双头螺柱及螺母的使用条件应符合下列各条要求：

(1) $PN \leqslant 4.0$MPa (40bar)；

(2) 配用非金属软垫片；

(3) 非剧烈循环场合。

3. 除上述1、2外，应选用专用级螺柱（双头螺柱或全螺纹螺柱）和专用级螺母。缠绕垫、金属包覆垫、齿形组合垫、金属环垫等半金属或金属垫片应使用35CrMoA或25Cr2MoVA等高强度螺柱（双头螺柱或全螺纹螺柱）。

4. 按紧固件的型式、产品等级、采用的性能等级和材制牌号，确定其使用的公称压力和工作温度范围，应符合表9-12-8的规定。

5. 螺母与螺栓、螺柱的配用应符合表9-12-9的规定。

6. 各种管法兰配合使用情况下的紧固件长度和重量按标准附录A所示。

9.13 钢制法兰用紧固件（美洲体系）（HG 20634）

标准HG 20634规定了钢制管法兰（美洲体系）用紧固件的形式、规格、技术要求和使用规定。

标准适用于钢制管法兰用紧固件（六角头螺栓、等长双头螺柱、全螺纹螺柱和螺母）。

9.13.1 形式、规格、尺寸

1. 紧固件的形式有六角头螺栓、等长双头螺柱、全螺纹螺柱、Ⅰ型六角螺母和管法兰专用螺母。

2. 六角头螺栓

(1) 管法兰用六角头螺栓的形式和尺寸应符合GB 5782的要求，如图9-13-1所示，螺栓的端部应采用倒角端。

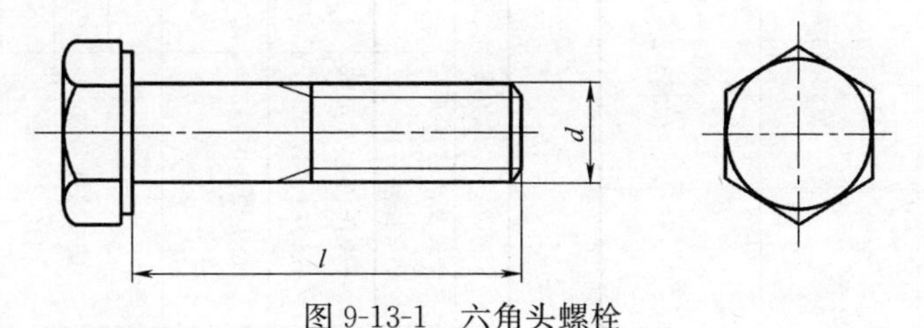

图9-13-1 六角头螺栓

(2) 六角头螺栓的规格及性能等级如表9-13-1所示。

3. 等长双头螺柱

(1) 管法兰用等长双头螺柱的形式和尺寸应符合GB 901的要求，但螺柱的两端应采用倒角端，如图9-13-2所示。螺纹规格为M36×3、M39×3、M42×3、M45×3、M48×3、M52×3、M56×3、M64×3、M70×3、M76×3、M82×3、M90×3的双头螺柱采用细牙，螺纹尺寸和公差应符合GB 196和GB 197，螺柱末端按GB 2倒角端的要求，其余均应符合GB 901的要求。

紧固件使用压力和温度范围 表 9-12-8

螺栓、螺柱的形式（标准号）	产品等级	规格	性能等级（商品级）	公称压力 PN MPa(bar)	使用温度℃	材料牌号（专用级）	公称压力 PN MPa(bar)	使用温度℃
六角头螺栓（GB 5782 粗牙）（GB 5785 细牙）	A级和B级	M10～M27(粗牙) M30×2～M56×4(细牙)	8.8	≤1.6(16)	>－20～＋250			
			A2-50		－196～＋500			
			A2-70		－196～＋100			
双头螺柱（GB 901 商品级）（HG 20613 专用级）	B级	M10～M27(粗牙) M30×2～M56×4(细牙)	8.8	≤4.0(40)	>－20～＋250	35CrMoA	≤10.0(100)	－100～＋500
			A2-50		－196～＋500	25Cr2MoVA		>－20～＋550
			A2-70		－196～＋100	0Cr18Ni9		－196～＋600
						0Cr17Ni12Mo2		－196～＋600
全螺纹螺柱（HG 20613 专用级）	B级	M10～M27(粗牙) M30×2～M56×4(细牙)				35CrMoA	≤25.0(250)	－100～＋500
						25Cr2MoVA		>－20～＋550
						0Cr18Ni9		－196～＋600
						0Cr17Ni12Mo2		－196～＋600

六角螺栓、螺柱与螺母的配用 表 9-12-9

等级	规格	六角螺栓、螺柱		螺母		公称压力 PN MPa(bar)	工作温度℃
		型式及产品等级（标准号）	性能等级或材料牌号	形式及产品等级（标准号）	性能等级或材料牌号		
商品级	M10～M27 M30×2～M56×4	六角螺栓 A级和B级（GB 5782、GB 5785）	8.8级	1型六角螺母 A级和B级（GB 6170、GB 6171）	8级	≤1.6(16)	>－20～＋250
	M10～M27 M30×2～M56×4	双头螺柱 B级（GB 901）	8.8级	1型六角螺母 A级和B级（GB 6170、GB 6171）	8级	≤4.0(40)	>－20～＋250
专用级	M10～27 M30×2～M56×4	双头螺柱 B级（HG 20613）	35CrMoA	六角螺母（HG 20613）	30CrMo	≤10.0(100)	－100～＋500
			25Cr2MoVA				>－20～＋550
			0Cr18Ni9		0Cr18Ni9		－196～＋600
			0Cr17Ni12Mo2		0Cr17Ni12Mo2		
专用级	M10～M27 M30×2～M56×4	全螺纹螺柱 B级（HG 20613）	35CrMoA	六角螺母（HG 20613）	30CrMo	≤25.0(250)	－100～＋500
			25Cr2MoVA				>－20～＋550
			0Cr18Ni9		0Cr18Ni9		－196～＋600
			0Cr17Ni12Mo2		0Cr17Ni12Mo2		

六角头螺栓的规格和性能等级　　表 9-13-1

标　准	规　格	性能等级(商品级)
GB 5782-A 级和 B 级	M14、M16、M20、M24、M27、M30、M33	8.8、A2-50、A2-70

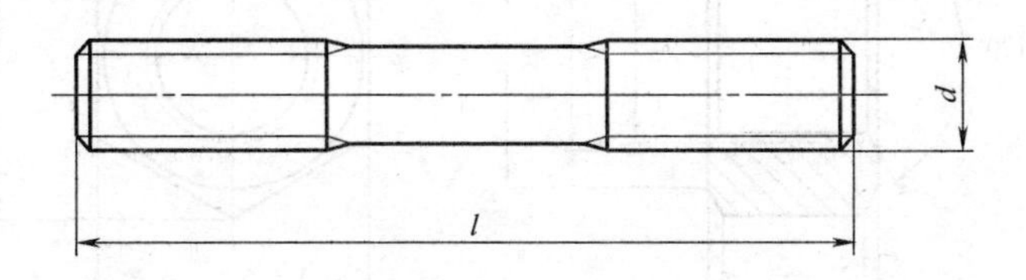

图 9-13-2　等长双头螺栓

(2) 等长双头螺柱的规格及材料牌号如表 9-13-2 所示。

等长双头螺柱的规格和材料牌号　　表 9-13-2

标　准	规　格	材料牌号(专用级)
双头螺柱 HG 20634	M14、M16、M20、M24、M27、M30、M33、 M36×3、M39×3、M42×3、M45×3、M48×3、M52×3、 M56×3、M64×3、M70×3、M76×3、M82×3、M90×3	35CrMoA、25Cr2MoVA 0Cr18Ni9、0Cr17Ni12Mo2

4. 全螺纹螺柱

(1) 管法兰用全螺纹螺柱的型式和尺寸如图 9-13-3 所示。螺纹尺寸和公差应符合 GB 196 和 GB 197，螺柱端部按 GB 2 倒角端的要求，其余均应符合 GB 901 的要求。

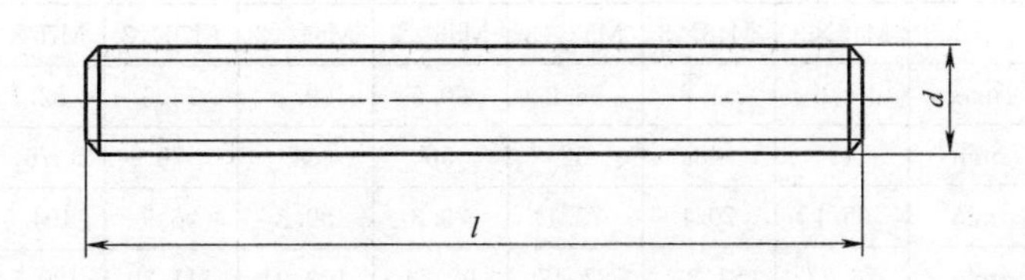

图 9-13-3　全螺纹螺柱

(2) 全螺纹螺柱的规格及材料牌号如表 9-13-3 所示。

全螺纹螺柱的规格和材料牌号　　表 9-13-3

标　准	规　格	材料牌号(专用级)
全螺纹螺柱 HG 20634	M14、M16、M20、M24、M27、M30、M33、 M36×3、M39×3、M42×3、M45×3、M48×3、M52×3、 M56×3、M64×3、M70×3、M76×3、M82×3、M90×3	35CrMoA、25Cr2MoVA 0Cr18Ni9、0Cr17Ni12Mo2

5. 螺母

(1) 与六角螺栓配合使用的螺母型式和尺寸应符合 GB 6170 要求，如图 9-13-4 所示。

与双头螺柱、全螺纹螺柱配合使用时，螺母的尺寸应符合图 9-13-5 和表 9-13-4 的规定，其他要求按 GB 6170 的规定。

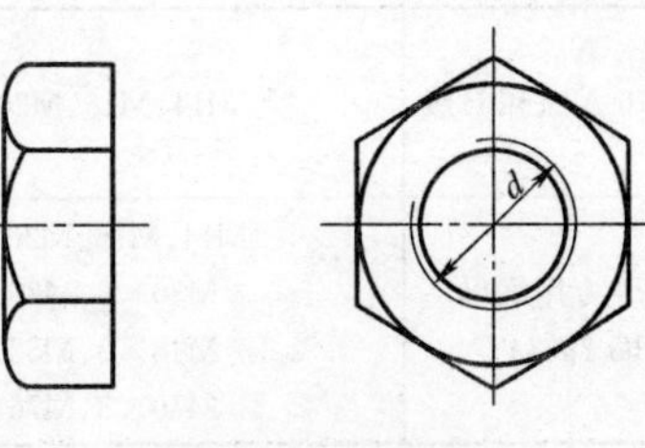

图 9-13-4　螺母

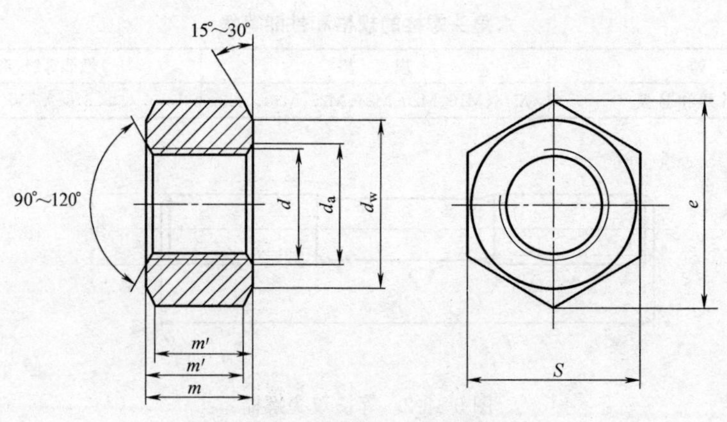

图 9-13-5　管法兰专用螺母

管法兰专用螺母尺寸表（mm）　　表 9-13-4

d		M14	M16	M20	M24	M27	M30	M33	M36×3	M39×3	M42×3
d_a	max	15.1	17.3	21.6	25.9	29.1	32.4	35.6	38.9	42.1	45.4
	min	14	16	20	24	27	30	33	36	39	42
d_w	min	21.1	24.1	30.5	37.5	42.5	46.5	50.8	55.8	60.1	60.1
e	min	25.94	29.3	36.96	44.8	50.4	54.88	60.26	65.86	70.67	70.67
m	max	14.3	16.4	20.4	24.4	27.4	30.4	33.5	36.5	39.5	42.5
	min	13.6	15.7	19.1	23.1	26.1	28.8	31.9	34.9	37.9	40.9
m'	min	10.9	12.5	13.9	18.5	20.9	23.1	25.5	27.9	30.3	32.2
S	max	24	27	34	41	46	50	55	60	65	65
	min	23.16	26.16	33	40	45	49	53.8	58.8	63.1	63.1

d		M45×3	M48×3	M52×3	M56×3	M64×3	M70×3	M76×3	M82×3	M90×3
d_a	max	48.6	51.8	56.2	60.5	69.1	75.6	82.1	88.6	97.2
	min	45	48	52	56	64	70	76	82	90
d_w	min	65.1	70.1	75.1	79.3	89.3	96.9	104.5	112.1	123.5
e	min	76.27	81.87	87.47	92.74	103.94	111.79	120.74	129.45	142.8
m	max	45.5	48.5	52.5	56.5	64.5	70.5	76.5	82.5	90.5
	min	43.92	46.9	50.6	54.6	62.6	68.4	74.6	80.0	88.3
m'	min	35.2	37.5	45.3	48.7	50.1	55.0	59.7	64.4	70.7
S	max	70	75	80	85	95	102	110	118	130
	min	68.1	73.1	78.1	82.8	92.8	100	107.8	115.6	127.5

（2）螺母的规格及性能等级（商品级）和材料牌号（专用级）如表 9-13-5 所示。

螺母的规格和性能等级、材料牌号　　表 9-13-5

标准号	规格	性能等级（商品级）注	材料牌号（专用级）
GB 6170-A 级和 B 级	M14、M16、M20、M24、M27、M30、M33	10 A2-50 A2-70	
管法兰专用螺母 （HG 20634）	M14、M16、M20、M24、M27、M30、M33、 M36×3、M39×3、M42×3、M45×3 M48×3、M52×3、M56×3、M64×3 M70×3、M76×3、M82×3、M90×3	—	30CrMo 0Cr18Ni9 0Cr17Ni12Mo2

注：商品级不锈钢螺母有时也用材料牌号标记。

9.13.2　材料及机械性能

同本手册 9.12.2 材料及机械性能

9.13.3　技术条件

同本手册 9.13.3 技术条件

9.13.4　标记示例及钢印标记

1. 标记示例

例 1：螺纹规格 M16、公称长度 l=80mm、性能等级 8.8 级的六角头螺栓，标记为：

GB 5782　　六角螺栓　M16×80　　8.8 级

例 2：螺纹规格 M36×3、公称长度 l=160mm、材料牌号为 35CrMoA 的双头螺柱，标记为：

HG 20634　　双头螺柱　M36×3×160　　35CrMoA

例 3：螺纹规格为 M12、性能等级 10 级的六角螺母，标记为：

GB 6170　　螺母　　M12　　10 级

例 4：螺纹规格为 M56×3、材料为 30CrMo 的管法兰专用螺母，标记为：

HG 20634　　螺母　　M56×3　　30CrMo

2. 在六角头螺栓的头部顶面、螺柱顶部、螺母的侧面以钢印或其他方法标记其性能等级或材料牌号的代号。

3. 性能等级或材料牌号的代号如表 9-13-6 和表 9-13-7 所示。

性能等级标志代号　　表 9-13-6

性能等级	8.8	A2-50	A2-70	10
代　号	8.8	A2		10

材料牌号标志代号　　表 9-13-7

材料牌号	30CrMo	35CrMoA	25Cr2MoVA	0Cr18Ni9	0Cr17Ni12Mo2
代　号	30CM	35CM	25CMV	304	316

注：进行低温冲击试验的 35CrMoA，其代号后应加上“L”。

9.13.5　螺栓和螺母选配

螺栓和螺母选配，见表 9-13-8。

螺栓和螺母选配　　表 9-13-8

螺栓/螺母				紧固件强度	公称压力等级	使用温度（℃）	使用限制
型式	标准	规格	材料或性能等级				
六角头螺栓 Ⅰ型六角螺母 （粗牙）	GB/T 5782 GB/T 6170	M14～M33	5.6/6	低	≤Class 150 （PN20）	>－20～＋300	非有毒、非可燃介质以及非剧烈循环场合； 配用非金属平垫片
			8.8/8	高			
			A2-50 A4-50	低		－196～＋400	
			A2-70 A4-70	中			

续表

螺栓/螺母				紧固件强度	公称压力等级	使用温度（℃）	使用限制
型式	标准	规格	材料或性能等级				
全螺纹螺柱专用重型六角螺母（粗牙、细牙）	HG/T 20634	M14～M33 M36×3～M90×3	35CrMo/30CrMo	高	≤Class 2500 (PN420)	－100～＋525	—
			25Cr2MoV/30CrMo	高		>－20～＋575	
			42CrMo/30CrMo	高		－100～＋525	
			0Cr18Ni9	低		－196～＋800	
			0Cr17Ni12Mo2	低		－196～＋800	
			A193，B8 Cl. 2/A194-8	中		－196～＋525	
			A193，B8M Cl. 2/A194-8M	中			
			A320，L7/A194，7	高		－100～＋340	
			A453，660/A194-8、8M	中		－29～＋525	

9.14　法兰、垫片、紧固件的选配

1. 管法兰垫片的适用条件（HG 20635）

（1）管法兰连接的主要失效形式是泄漏。泄漏与密封结构形式、被连接件的刚度、密封件的性能、操作、安装和配合等许多因素有关。垫片作为法兰连接的主要元件，对密封起着重要的作用。

（2）本系列标准中管法兰用垫片形式包括非金属平垫片、聚四氟乙烯包覆垫、金属包覆垫、缠绕垫、具有覆盖层的齿形垫和金属环垫。非金属平垫片中，增强柔性石墨板的使用温度受柔性石墨材料高温氧化性能的限制。高温云母复合板由 316 双向冲齿不锈钢板和云母层复合而成，可用于高温工况。适用的密封面型式有突面、凹面/凸面和榫面/槽面。

（3）垫片的适用范围应根据各种垫片的结构、材料和实际密封性能以及与其相配合的法兰结构形式、主要参数和密封面形式确定，参见表 9-14-1。

2. 标准法兰紧固件和垫片的选配（HG 20635）

标准法兰用紧固件和垫片的选配见表 9-14-2。

3. 法兰接头

（1）法兰接头是由一对法兰和紧固件、垫片等元件组成的装配件。法兰连接的选用应根据设计条件、流体特性、密封要求等因素来考虑，同时还应综合考虑法兰、垫片和紧固件的选用和配合。

（2）全平面法兰应采用橡胶、石棉橡胶板、非石棉纤维橡胶板、填充改性聚四氟乙烯等非金属平垫片。

（3）危险工况下，法兰与垫片和紧固件的配合使用可参考表 9-14-3、表 9-14-4 的规定并确定紧固件的上紧扭矩及上紧顺序。

（4）法兰接头的密封面之间只允许安装一个垫片。

（5）拧紧螺栓时，应遵循一定的紧固步骤。对于重要的使用场合（例如高压、高温、极度或高度危害介质等）的法兰接头，应选用扭矩扳手或其他控制螺栓载荷的装置，遵循规定的紧固步骤，达到预定的紧固载荷，保证法兰接头的密封和避免因过分拧紧导致垫片压坏。

（6）螺母应完全旋入螺栓或螺柱的螺纹内。任何情况下，与螺母未啮合的螺栓或螺柱的螺纹应不大于 1 个螺距。

（7）用于高温或低温的法兰接头，应计及管道或设备的推力、力矩以及接头中各元件的不同热膨胀而引起的垫片密封载荷变化和应力松弛，此将可能导致法兰接头泄漏。

垫片的适用条件（Class 系列）　　表 9-14-1

垫片型式			公称压力 Class	最高使用温度（℃）	最大（$p \times T$）（MPa×℃）	公称尺寸 DN
非金属	天然橡胶		150	−50～+80	60	15～1500
	氯丁橡胶			−20～+100	60	
	丁腈橡胶			−20～+110	60	
	丁苯橡胶			−20～+90	60	
	三元乙丙橡胶			−30～+140	90	
	氟橡胶			−20～+200	90	
	石棉橡胶板 耐油石棉橡胶板			−40～+300	650	
	非石棉纤维橡胶板	无机纤维	150～300	−40～+290	960	
		有机纤维		−40～+200	—	
	聚四氟乙烯板		150	−50～+100	—	
	膨胀或填充改性聚四氟乙烯板或带		150～300	−200～+200	—	
	增强柔性石墨板		150～600	−240～+650(450)	1200	
	高温云母复合板		150～600	−196～+900	—	
聚四氟乙烯包覆垫			150～300	150	—	15～600
金属包覆垫			300～900	[a]	—	15～600
缠绕垫			150～2500	[b]	—	15～1500
齿形组合垫			150～2500	[c]	—	15～1500
金属环垫			150～2500	700	—	15～900

[a] 垫片的最高使用温度按包覆金属材料和填充材料中较低者确定。

[b] 垫片的最高使用温度按金属带材料和填充材料中较低者确定。

[c] 垫片的最高使用温度按覆盖层材料和齿形金属环材料中较低者确定。

标准法兰用紧固件和垫片的选配　　表 9-14-2

公称压力 Class	垫片类型	螺栓强度等级
150	• 非金属平垫片 • 聚四氟乙烯包覆垫	低强度、中强度[a]、高强度[a]
	• 缠绕式垫片 • 具有覆盖层的齿形垫	中强度、高强度[b]
	• 金属环垫（一般不采用）	高强度

续表

公称压力 Class	垫片类型	螺栓强度等级
300	• 非金属平垫片 • 聚四氟乙烯包覆垫	中强度、高强度[b]
	• 缠绕式垫片 • 具有覆盖层的齿形垫或金属平垫	中强度、高强度
	• 金属包覆垫 • 金属环垫	高强度
600	• 增强柔性石墨板 • 高温蛭石复合增强板	中强度、高强度[b]
	• 缠绕式垫片 • 具有覆盖层的齿形垫或金属平垫	中强度、高强度
	• 金属包覆垫 • 金属环垫	高强度
⩾900	• 缠绕式垫片 • 具有覆盖层的齿形垫或金属平垫	高强度
	• 金属包覆垫(一般不采用) • 金属环垫	高强度

[a] 应采用全平面垫片或控制上紧扭矩。

[b] 应控制上紧扭矩。

4. 钢制管法兰、垫片、紧固件的使用规定（欧洲体系）（HG 20614）

管法兰、垫片、紧固件的配合使用

（1）铁素体钢制管法兰、垫片、紧固件的配合使用在符合本标准第 3、4、5 章的前提下，按表 9-14-3 的规定。

法兰安装时，应控制扭矩，防止过紧。

（2）全平面法兰应采用橡胶、石棉橡胶板、合成纤维橡胶压制板、改性或填充聚四氟乙烯等非金属平垫片。

（3）采用非金属平垫片、聚四氟乙烯包覆垫、柔性石墨复合垫等软垫片时，突面法兰可车制水线。除此以外，法兰密封面不得车制水线。

（4）使用奥氏体不锈钢法兰时，应符合下列各条规定。

1）奥氏体不锈钢法兰用紧固件宜采用具有相近线膨胀系数的材料。

2）未经冷加工硬化的普通奥氏体不锈钢紧固件仅适用于非金属平垫片以及聚四氟乙烯包覆垫和柔性石墨复合垫。

3）工作温度不大于 230℃时，可使用铁素体钢（碳钢或合金结构钢）紧固件。

法兰、垫片、紧固件选配表、见表 9-14-3。

5. 钢制管法兰、垫片、紧固件选配规定（美洲体系）（HG 20635）

管法兰、垫片、紧固件的配合使用。

（1）铁素体钢制管法兰、垫片、紧固件的配合使用按表 9-14-4 的规定。

法兰安装时，应控制扭矩，防止过紧。

（2）全平面法兰应采用橡胶、石棉橡胶板、合成纤维橡胶压制板、改性或填充聚四氟乙烯等非金属平垫片。

法兰、垫片、紧固件选配表（欧洲体系）（HG 20614） 表 9-14-3

垫片形式	使用压力 PN（MPa）	密封面形式[注①]	密封面表面粗糙度	法兰形式	垫片最高使用温度（℃）	紧固件形式	紧固件性能等级或材料牌号[注②,③,④]				
							200℃	250℃	300℃	500℃	550℃
橡胶垫片[注⑤]	≤1.6	突面、凹凸面、榫槽面、全平面	密纹水线或 Ra6.3～12.5	各种形式	200	六角螺栓 双头螺柱 全螺纹螺柱	8.8级 35CrMoA 25Cr2MoVA				
石棉橡胶板垫片[注⑥]	≤2.5	突面、凹凸面、榫槽面、全平面	密纹水线或 Ra6.3～12.5	各种形式	300	六角螺栓 双头螺柱 全螺纹螺柱		8.8级 35CrMoA 25Cr2MoVA	35CrMoA 25Cr2MoVA		
合成纤维橡胶垫片	≤4.0	突面、凹凸面、榫槽面、全平面	密纹水线或 Ra6.3～12.5	各种形式	290	六角螺栓 双头螺柱 全螺纹螺柱		8.8级 35CrMoA 25Cr2MoVA	35CrMoA 25Cr2MoVA		
聚四氟乙烯垫片（改性或填充）	≤4.0	突面、凹凸面、榫槽面、全平面	密纹水线或 Ra6.3～12.5	各种形式	260	六角螺栓 双头螺柱 全螺纹螺柱		8.8级 35CrMoA 25Cr2MoVA	35CrMoA 25Cr2MoVA		
柔性石墨复合垫	1.0～6.3	突面、凹凸面、榫槽面	密纹水线或 Ra6.3～12.5	各种形式	650(450)	六角螺栓 双头螺柱 全螺纹螺柱		8.8级 35CrMoA 25Cr2MoVA		35CrMoA 25Cr2MoVA	25Cr2MoVA
聚四氟乙烯包覆垫	0.6～4.0	突面	密纹水线或 Ra6.3～12.5	各种形式	150(200)	六角螺栓 双头螺柱 全螺纹螺柱	8.8级 35CrMoA 25Cr2MoVA				
缠绕垫	1.6～16.0	突面、凹凸面、榫槽面	Ra3.2～6.3	带颈平焊法兰 带颈对焊法兰 整体法兰 承插焊法兰 对焊环松套法兰 法兰盖	650	双头螺柱 全螺纹螺柱				35CrMoA 25Cr2MoVA	25Cr2MoVA
金属包覆垫	2.5～10.0	突面	Ra1.6～3.2 （碳钢） Ra0.8～1.6 （不锈钢）	带颈对焊法兰 整体法兰 法兰盖	500	双头螺柱 全螺纹螺柱				35CrMoA 25Cr2MoVA	

续表

垫片形式	使用压力 PN (MPa)	密封面形式(注①)	密封面表面粗糙度	法兰形式	垫片最高使用温度(℃)	紧固件形式	紧固件性能等级或材料牌号(注②,③,④)				
							200℃	250℃	300℃	500℃	550℃
齿形组合垫	1.6～25.0	突面、凹凸面	Ra3.2～6.3	带颈对焊法兰 整体法兰 法兰盖	650	双头螺柱 全螺纹螺柱				35CrMoA 25Cr2MoVA	25Cr2MoVA
金属环垫	6.3～25.0	环连接面	Ra0.8～1.6 (碳钢、铬钼钢) Ra0.4～0.8 (不锈钢)	带颈对焊法兰 整体法兰 法兰盖	600	双头螺柱 全螺纹螺柱				35CrMoA 25Cr2MoVA	25Cr2MoVA

注：① 凹凸面、榫槽面仅用于 PN1.0～16.0MPa、DN10～DN600 的整体法兰、带颈对焊法兰、带颈平焊法兰、承插焊法兰、平焊环松套法兰、法兰盖和衬里法兰盖。

② 表列紧固件使用温度系指紧固件的金属温度。

③ 表列螺栓、螺柱材料可使用在比表列温度低的温度范围（不低于−20℃），但不宜使用在比表列温度高的温度范围。

④ 表列紧固件材料，除 35CrMoA 外，使用温度下限为−20℃，35CrMoA 使用温度低于−20℃时应进行低温夏比冲击试验。最低使用温度−100℃。

⑤ 各种天然橡胶及合成橡胶使用温度范围不同，详见 HG 20606。

⑥ 石棉橡胶板的 $P \cdot t \leqslant 650$MPa·℃。

法兰、垫片、紧固件选配表（美洲体系）（HG 20635） **表 9-14-4**

垫片形式	使用压力 PN (MPa)	密封面形式(注①)	密封面表面粗糙度	法兰形式	垫片最高使用温度(℃)	紧固件形式	紧固件性能等级或材料牌号(注②,③,④)				
							200℃	250℃	300℃	500℃	550℃
橡胶垫片(注⑤)	2.0	突面、全平面	密纹水线或 Ra6.3～12.5	各种形式	200	六角螺栓 双头螺柱 全螺纹螺柱	8.8级 35CrMoA 25Cr2MoVA				
石棉橡胶板垫片(注⑥)	2.0	突面、全平面	密纹水线或 Ra6.3～12.5	各种形式	300	六角螺栓 双头螺柱 全螺纹螺柱		8.8级 35CrMoA 25Cr2MoVA	35CrMoA 25Cr2MoVA		
合成纤维橡胶垫片	2.0～5.0	突面、凹凸面、 榫槽面、全平面	密纹水线或 Ra6.3～12.5	各种形式	290	六角螺栓 双头螺柱 全螺纹螺柱		8.8级 35CrMoA 25Cr2MoVA	35CrMoA 25Cr2MoVA		
聚四氟乙烯垫片 (改性或填充)	2.0～5.0	突面、凹凸面、 榫槽面、全平面	密纹水线或 Ra6.3～12.5	各种形式	260	六角螺栓 双头螺柱 全螺纹螺柱		8.8级 35CrMoA 25Cr2MoVA	35CrMoA 25Cr2MoVA		

续表

垫片形式	使用压力 PN (MPa)	密封面形式(注①)	密封面表面粗糙度	法兰形式	垫片最高使用温度(℃)	紧固件形式	紧固件性能等级或材料牌号(注②,③,④)				
							200℃	250℃	300℃	500℃	550℃
柔性石墨复合垫	2.0～11.0	突面、凹凸面、榫槽面	密纹水线或 Ra6.3～12.5	各种形式	650(450)	六角螺栓 双头螺柱 全螺纹螺柱		8.8级 35CrMoA 25Cr2MoVA		35CrMoA 25Cr2MoVA	25Cr2MoVA
聚四氟乙烯包覆垫	2.0～5.0	突面	密纹水线或 Ra6.3～12.5	各种形式	150(200)	六角螺栓 双头螺柱 全螺纹螺柱	8.8级 35CrMoA 25Cr2MoVA				
缠绕垫	2.0～26.0	突面、凹凸面、榫槽面	Ra3.2～6.3	带颈平焊法兰 带颈对焊法兰 整体法兰 承插焊法兰 对焊环松套法兰 法兰盖	650	双头螺柱 全螺纹螺柱				35CrMoA 25Cr2MoVA	25Cr2MoVA
金属包覆垫	5.0～15.0	突面	Ra1.6～3.2 (碳钢) Ra0.8～1.6 (不锈钢)	带颈对焊法兰 整体法兰 法兰盖	500	双头螺柱 全螺纹螺柱				35CrMoA 25Cr2MoVA	
齿形组合垫	5.0～42.0	突面	Ra3.2～6.3	带颈平焊法兰 带颈对焊法兰 整体法兰 承插焊法兰 法兰盖	650	双头螺柱 全螺纹螺柱				35CrMoA 25Cr2MoVA	25Cr2MoVA
金属环垫	11.0～42.0	环连接面	Ra0.8～1.6 (碳钢、铬钼钢) Ra0.4～0.8 (不锈钢)	带颈对焊法兰 整体法兰 承插焊法兰 法兰盖	600	双头螺柱 全螺纹螺柱				35CrMoA 25Cr2MoVA	25Cr2MoVA

注：① 凹凸面、榫槽面仅用于 $PN \geqslant 5.0$MPa (Class 300)、DN15～600mm 的整体法兰、带颈对焊法兰、带颈平焊法兰、承插焊法兰和法兰盖。

② 表列紧固件使用温度系指紧固件的金属温度。

③ 表列螺栓、螺柱材料可使用在比表列温度低的温度范围（不低于－20℃），但不宜使用在比表列温度高的温度范围。

④ 表列紧固件材料，除 35CrMoA 外，使用温度下限为－20℃，35CrMoA 使用温度低于－20℃时应进行低温夏比冲击试验。最低使用温度为－100℃。

⑤ 各种天然橡胶及合成橡胶使用温度范围不同，详见 HG 20627。

⑥ 石棉橡胶板的 $P \cdot t \leqslant 650$MPa·℃。

（3）采用非金属平垫片、聚四氟乙烯包覆垫、柔性石墨复合垫等软垫片时，突面法兰可车制水线。除此以外，法兰密封面不得车制水线。

（4）使用奥氏体不锈钢法兰时，应符合下列各条规定。

1）奥氏体不锈钢法兰用紧固件宜采用具有相近线膨胀系数的材料。

2）未经冷加工硬化的普通奥氏体不锈钢紧固件仅适用于非金属平垫片以及聚四氟乙烯包覆垫和柔性石墨复合垫。

3）工作温度不大于 230℃时，可使用铁素体钢（碳钢或合金结构钢）紧固件。

（5）*PN*2.0MPa（Class 150）的钢法兰和铸铁法兰配合时，密封面应为全平面，垫片材料仅限于非金属平垫片。*PN*5.0MPa（Class 300）的钢法兰与铸铁法兰配合时，密封面可为突面，垫片材料仅限于平垫片。

法兰、垫片、紧固件选配表（欧洲体系）（HG 20614）见表 9-14-3；法兰、垫片、紧固件选配表（美洲体系）（HG 20635）见表 9-14-4。

第10章　管　　件

本章重点介绍城镇天然气管道工程中最为常用的钢制管件，即《钢制对焊无缝管件》GB 12459、《钢板制对焊管件》13401，列出了管件的壁厚系列、管件规格尺寸及重量而且还给出了中国压力管道管件常用材料，使用十分方便。同时介绍了室内管道最常用的螺纹连接的《可锻铸铁管件》GB 3289；文中还介绍了《燃气用埋地聚乙烯（PE）管道系统　第2部分　管件》GB 15558.2，以供选用。

使用说明：

1　GB 12459、GB/T 13401　管件规格尺寸及重量表中，“外径”一栏“GB”中，下面表示的为GB/T 8163、GB/T 3091中系列1管道管件的外径尺寸；上面为我国沿用的公制管道的外径尺寸（mm）。

2　表10-1-4 45°、90°、180°弯头规格尺寸及重量表中180°弯头的尺寸 P，$P=2F$（±1mm），180°弯头的重量可按2倍的90°弯头的重量计；45°弯头的重量近似于一半90°弯头的重量。

3　GB 12459及GB/T 13401　管件尺寸相同。

10.1　钢制管件

10.1.1　钢制管件管壁系列

1.《钢制对焊无缝管件》GB 12459，《钢板制对焊管件》GB/T 13401壁厚系列，见表10-1-1。

2. ANSI（美国国家标准协会）B36.10&B36.19 OUTSIDE DIAMETER&WAII THICKNESS，见表10-1-2。

GB 12459　GB/T 13401钢制管件壁厚系列表　　**表10-1-1**

公称直径 *DN*	外径(*D*)		公称壁厚														
	A系列	B系列	Sch 5s	Sch 10s	Sch 20s	LG	Sch 20	Sch 30	STD	Sch 40	Sch 60	XS	Sch 80	Sch 100	Sch 120	Sch 140	Sch 160
15	21.3	18	1.6	2.1	2.6	—	—	—	—	2.9	—	—	3.6	—	—	—	4.5
20	26.9	25	1.6	2.1	2.6	—	—	—	—	2.9	—	—	4.0	—	—	—	5.6
25	33.7	32	1.6	2.8	3.2	—	—	—	—	3.2	—	—	4.5	—	—	—	6.3
32	42.4	38	1.6	2.8	3.2	—	—	—	—	3.6	—	—	5.0	—	—	—	6.3
40	48.3	45	1.6	2.8	3.2	—	—	—	—	3.6	—	—	5.0	—	—	—	7.1
50	60.3	57	1.6	2.8	3.6	—	3.2	—	—	4.0	—	—	5.6	—	—	—	8.8
65	76.1	76	2.0	3.0	3.6	—	4.5	—	—	5.0	—	—	7.1	—	—	—	10.0
80	88.9	89	2.0	3.0	4.0	—	4.5	—	—	5.6	—	—	8.0	—	—	—	11.0
90	101.6	—	2.0	3.0	4.0	—	4.5	—	—	5.6	—	—	8.0	—	—	—	12.5

续表

公称直径 DN	外径(D)		公称壁厚														
	A系列	B系列	Sch 5s	Sch 10s	Sch 20s	LG	Sch 20	Sch 30	STD	Sch 40	Sch 60	XS	Sch 80	Sch 100	Sch 120	Sch 140	Sch 160
100	114.3	108	2.0	3.0	4.0	—	5.0	—	—	5.9	—	—	8.8	—	11.0	—	14.2
125	139.7	133	2.9	3.4	5.0	—	5.0	—	—	6.3	—	—	10.0	—	12.5	—	16.0
150	168.3	159	2.9	3.4	5.0	—	5.6	—	—	7.1	—	—	11.0	—	14.2	—	17.5
200	219.1	219	2.9	4.0	6.3	—	6.3	7.1	—	8.0	10.0	—	12.5	16.0	17.5	20.0	22.2
250	273.0	273	3.6	4.0	6.3	—	6.3	8.0	—	8.8	12.5	—	16.0	17.5	22.2	25.0	28.0
300	323.9	325	4.0	4.5	6.3	—	6.3	8.8	—	10.0	14.2	—	17.5	22.2	25.0	28.0	32.0
350	355.6	377	4.0	5.0	—	8.0	8.0	10.0	10.0	11.0	16.0	13.0	20.0	25.8	28.0	32.0	36.0
400	406.4	426	4.0	5.0	—	8.0	8.0	10.0	10.0	12.5	17.5	13.0	22.2	28.5	30.0	36.0	40.0
450	457.0	478	4.0	5.0	—	8.0	8.0	11.0	10.0	14.2	20.0	13.0	25.0	30.0	36.0	40.0	45.0
500	508.0	529	5.0	5.6	—	8.0	10.0	12.5	10.0	16.0	20.0	13.0	28.0	32.0	40.0	45.0	50.0
550	559	—	5.0	5.6	—	8.0	—	—	10.0	—	—	13.0	30.0	—	—	—	—
600	610	630	5.6	6.3	—	8.0	—	—	10.0	17.5	—	13.0	32.0	—	—	—	—
650	660	—	—	—	—	8.0	—	—	10.0	—	—	13.0	—	—	—	—	—
700	711	720	—	—	—	8.0	—	—	10.0	—	—	13.0	—	—	—	—	—
750	762	—	—	—	—	8.0	—	—	10.0	—	—	13.0	—	—	—	—	—
800	813	820	—	—	—	8.0	—	—	10.0	—	—	13.0	—	—	—	—	—
850	864	—	—	—	—	8.0	—	—	10.0	—	—	13.0	—	—	—	—	—
900	914	920	—	—	—	8.0	—	—	10.0	—	—	13.0	—	—	—	—	—
950	965	—	—	—	—	8.0	—	—	10.0	—	—	13.0	—	—	—	—	—
1000	1016	1020	—	—	—	8.0	—	—	10.0	—	—	13.0	—	—	—	—	—
1050	1067	—	—	—	—	8.0	—	—	10.0	—	—	13.0	—	—	—	—	—
1100	1118	1120	—	—	—	8.0	—	—	10.0	—	—	13.0	—	—	—	—	—
1150	1168	—	—	—	—	8.0	—	—	10.0	—	—	13.0	—	—	—	—	—
1200	1219	1220	—	—	—	8.0	—	—	10.0	—	—	13.0	—	—	—	—	—

ANSI B36.10&B36.19 OUTSIDE DIAMETER&WALL THICKNESS　　表 10-1-2

Nom Pipe Size	OD	Nominal Wall Thickness														
		Sch 5s	Sch 10s	Sch 10	Sch 20	Sch 30	STD	Sch 40	XS	Sch 60	Sch 80	Sch 100	Sch 120	Sch 140	Sch 160	XXS
1/8	10.3	—	1.24	—	—	—	1.73	1.73	2.41	—	2.42	—	—	—	—	—
1/4	13.7	—	1.65	—	—	—	2.24	2.24	3.02	—	3.02	—	—	—	—	—
3/8	17.1	—	1.65	—	—	—	2.31	2.31	3.20	—	3.20	—	—	—	—	—
1/2	21.3	1.65	2.11	—	—	—	2.77	2.77	3.73	—	3.73	—	—	—	4.78	7.47
3/4	26.7	1.65	2.11	—	—	—	2.87	2.87	3.91	—	3.91	—	—	—	5.56	7.82
1	33.4	1.65	2.77	—	—	—	3.38	3.38	4.55	—	4.55	—	—	—	6.35	9.09
1.1/4	42.2	1.65	2.77	—	—	—	3.56	3.56	4.85	—	4.85	—	—	—	6.35	9.70
1.1/2	48.3	1.65	2.77	—	—	—	3.68	3.68	5.08	—	5.05	—	—	—	7.14	10.15
2	60.3	1.65	2.77	—	—	—	3.91	3.91	5.54	—	5.54	—	—	—	8.74	11.07
2.1/2	73.0	2.11	3.05	—	—	—	5.16	5.16	7.01	—	7.01	—	—	—	9.53	14.02
3	88.9	2.11	3.05	—	—	—	5.49	5.49	7.62	—	7.62	—	—	—	11.13	15.24
3.1/2	101.6	2.11	3.05	—	—	—	5.74	5.74	8.08	—	8.08	—	—	—	—	—
4	114.3	2.11	3.05	—	—	—	6.02	6.02	8.56	—	8.56	—	11.13	—	13.49	17.12
5	141.3	2.77	3.40	—	—	—	6.55	6.55	9.53	—	9.53	—	12.70	—	15.88	18.05
6	168.3	2.77	3.40	—	—	—	7.11	7.11	10.97	—	10.97	—	14.27	—	18.26	21.95
8	219.1	2.77	3.76	—	6.35	7.04	8.18	8.18	12.70	10.31	12.70	15.09	18.26	20.62	23.01	22.23
10	273.1	3.40	4.19	—	6.35	7.80	9.27	9.27	12.70	12.70	15.09	18.26	21.44	25.40	28.58	25.40
12	323.9	3.96	4.57	—	6.35	8.38	9.35	10.31	12.70	14.27	17.48	21.44	25.40	28.58	33.32	25.40
14	355.6	3.96	4.78	6.35	7.92	9.53	9.53	11.13	12.70	15.09	19.05	23.83	27.79	31.75	35.71	—

续表

Nom Pipe Size	OD	Nominal Wall Thickness														
		Sch 5s	Sch 10s	Sch 10	Sch 20	Sch 30	STD	Sch 40	XS	Sch 60	Sch 80	Sch 100	Sch 120	Sch 140	Sch 160	XXS
16	406.4	4.19	4.78	6.35	7.92	9.53	9.53	12.70	12.70	16.66	21.44	26.19	30.96	36.53	40.49	—
18	457	4.19	4.78	6.35	7.92	11.13	9.53	14.27	12.70	19.05	23.83	29.36	34.93	39.67	45.24	—
20	508	4.78	5.54	6.35	9.53	12.70	9.53	15.09	12.70	20.62	26.19	32.54	38.10	44.45	50.01	—
22	559	4.78	5.54	6.35	9.53	12.70	9.53	—	12.70	22.23	28.58	34.93	41.28	47.63	53.98	—
24	610	5.54	6.35	6.35	9.53	14.27	9.53	17.48	12.70	24.61	30.96	38.89	46.02	52.37	59.54	—
26	660	—	—	7.92	12.70	—	9.53	—	12.70	—	—	—	—	—	—	—
28	771	—	—	7.92	12.70	15.88	9.53	—	12.70	—	—	—	—	—	—	—
30	762	6.35	7.92	7.92	12.70	15.88	9.53	—	12.70	—	—	—	—	—	—	—
32	813	—	—	7.92	12.70	15.88	9.53	17.48	12.70	—	—	—	—	—	—	—
34	864	—	—	7.92	12.70	15.88	9.53	17.48	12.70	—	—	—	—	—	—	—
36	914	—	—	7.92	12.70	15.88	9.53	19.05	12.70	—	—	—	—	—	—	—
38	965	—	—	—	—	—	9.53	—	12.70	—	—	—	—	—	—	—
40	1016	—	—	—	—	—	9.53	—	12.70	—	—	—	—	—	—	—
42	1067	—	—	—	—	—	9.53	—	12.70	—	—	—	—	—	—	—
44	1118	—	—	—	—	—	9.53	—	12.70	—	—	—	—	—	—	—
46	1168	—	—	—	—	—	9.53	—	12.70	—	—	—	—	—	—	—
48	1219	—	—	—	—	—	9.53	—	12.70	—	—	—	—	—	—	—

10.1.2 压力管道管件

1. 中国压力管道管件常用材料，见表10-1-3。
2. 45°、90°、180°弯头规格尺寸及重量，见表10-1-4。
3. 三通（等径、异径）规格尺寸及重量，见表10-1-5。
4. 异径管（同心，偏心）规格尺寸及重量，见表10-1-6。
5. 管帽规格尺寸及重量，见表10-1-7。
6. 翻边接头规格尺寸及重量，见表10-1-8。
7. 管件尺寸公差、管件形位公差及管件坡口形式，见表10-1-9、表10-1-10；图10-1-1。

中国压力管道管件常用材料 **表10-1-3**

钢种 Variety	牌号 Crade	标准号 Stanard and Code	类型 Type	力学性能 Mechanical Properties				
				σ_b MPa min	σ_s MPa min	δ_5 % min	HB max	Other
碳钢 Carbon Steel	20	GB/T	棒 BAR	410	245	25	156	φ%:55
	20	GB	管 PIPE	392～588	226	20	…	…
	20	GB/T	管 PIPE	390～530	235	20	…	…
	20	GB	管 PIPE	410～550	245	21	…	Akv J:39
	20	GB	板 PLATE	410	…	28	…	…
	20G	GB	管 PIPE	412～549	245	24	…	Akv J:49
	20G	GB	管 PIPE	410～550	245	24	…	ak J/cm2:49
	20g	GB	板 PLATE	400～540	245	26	…	Akv J:27;aku J/cm2:29

续表

钢种 Variety	牌号 Crade	标准号 Stanard and Code	类型 Type	力学性能 Mechanical Properties				
				σb MPa min	σs MPa min	δ5 % min	HB max	Other
碳钢 Carbon Steel	20R	GB	板 PLATE	400～530	245	26	…	Akv J:27
	Q235A	GB	板 PLATE	375～460	235	26	…	…
	Q235B	GB	板 PLATE	375～460	235	26	…	Akv J:27
合金钢 Alloy Steel	1Cr5Mo	GB	棒 BAR	590	390	18	…	…
	1Cr5Mo	GB	管 PIPE	390～590	195	22	…	ak J/cm2:118
	1Cr5Mo	GB	管 PIPE	390	195	22	187	AkU J:92
	1Cr2Mo	GB	管 PIPE	390	175	22	179	AkU J:92
	12CrMo	GB/T	棒 BAR	410	265	24	179	ψ%:60;Aku2 J:110
	12CrMo	GB	管 PIPE	410～560	205	21	…	ak J/cm2:69
	12CrMo	GB	管 PIPE	410～560	205	21	156	Aku J:55
	12CrMoG	GB	管 PIPE	410～560	205	21	…	Akv J:35
	12Cr1MoV	GB/T	棒 BAR	490	245	22	179	ψ%:50;Aku2 J:71
	12Cr1MoVG	GB	管 PIPE	470～640	255	21	…	Akv J:35
	12Cr1MoVg	GB	板 PLATE	440	245	19	…	Akv J:31
	12Cr2Mo	GB	管 PIPE	450～600	280	20	…	ak J/cm2:48
	12Cr2MoG	GB	管 PIPE	450～600	280	20	…	Akv J:35
	15CrMo	GB/T	棒 BAR	440	295	22	179	ψ%:60;Aku2 J:94
	15CrMo	GB	管 PIPE	440～640	235	21	…	ak J/cm2:59
	15CrMo	GB	管 PIPE	440～640	235	21	170	Aku J:47
	15CrMoG	GB	管 PIPE	440～640	235	21	…	Akv J:35
	15CrMog	GB	板 PLATE	450～590	295	19	…	Akv J:31
	15CrMoR	GB	板 PLATE	450～590	295	19	…	Akv J:31
奥氏体不锈钢 Austenitic Stainless Steel	00Cr17Ni14Mo2	GB	棒 BAR	480	177	40	187	ψ%:60
	00Cr17Ni14Mo2	GB	板 PLATE	480	177	40	187	…
	00Cr17Ni14Mo2	GB/T	管 PIPE	480	175	35	…	…
	00Cr19Ni10	GB	棒 BAR	480	177	40	187	ψ%:60
	00Cr19Ni10	GB	板 PLATE	480	177	40	187	…
	00Cr19Ni10	GB/T	管 PIPE	480	175	35	…	…
	0Cr17Ni12Mo2	GB	棒 BAR	520	205	40	187	ψ%:60
	0Cr17Ni12Mo2	GB	板 PLATE	520	205	40	187	…
	0Cr17Ni12Mo2	GB/T	管 PIPE	520	205	35	…	…
	0Cr18Ni9	GB	棒 BAR	520	205	40	187	ψ%:60
	0Cr18Ni9	GB	板 PLATE	520	205	40	187	…
	0Cr18Ni9	GB/T	管 PIPE	520	205	35	…	…
	0Cr18Ni10Ti	GB	棒 BAR	520	205	40	187	ψ%:50
	0Cr18Ni10Ti	GB	板 PLATE	520	205	40	187	…

续表

钢种 Variety	牌号 Crade	标准号 Stanard and Code	类型 Type	力学性能 Mechanical Properties				
				σb MPa min	σs MPa min	δ5 % min	HB max	Other
奥氏体不锈钢 Austenitic Stainless Steel	0Cr18Ni10Ti	GB/T	管 PIPE	520	205	35	…	…
	0Cr18Ni12Mo2Ti	GB	棒 BAR	530	205	40	187	ψ%:55
	0Cr18Ni12Mo2Ti	GB	板 PLATE	530	205	37	187	…
	0Cr18Ni12Mo2Ti	GB/T	管 PIPE	530	205	35	…	…
	1Cr18Ni9	GB	板 PLATE	520	205	40	187	…
	1Cr18Ni9	GB	管 PIPE	520	205	35	…	…
低温钢 Low Temperature Steel	09MnNiDR	GB 3531	板 PLATE	440～570	290	22	…	Akv J:27
	16Mn	GB 6479	管 PIPE	490～670	320	21	…	ak J/cm2:59
	16Mng	GB 713	板 PLATE	510～655	345	21	…	Akv J:27
	16MnDR	GB 3531	板 PLATE	490～620	315	21	…	Akv J:24
	16MnR	GB 6654	板 PLATE	510～640	345	21	…	Akv J:31
双相不锈钢 Duplex Stainless Steel	0Cr26Ni5Mo2	GB 1220	棒 BAR	590	390	18	277	ψ%:40
	0Cr26Ni5Mo2	GB 4237	板 PLATE	590	390	18	277	…
	0Cr26Ni5Mo2	GB 14976	管 PIPE	590	390	18	…	…
	00Cr18Ni5Mo3Si2	GB 1220	棒 BAR	590	390	20	…	ψ%:40
	00Cr18Ni5Mo3Si2	GB 4237	板 PLATE	590	390	20	…	…
	S31803	…	…	620	450	25	290/—	…
	S332750	…	…	795	550	15	310/—	…
Ti 材 TlMaterial	R50250	…	…	240	170～310	24	…	…
	R50400	…	…	345	275～450	20	…	…

• 材料的化学成分和力学性指标会因为某项条件的规定而有所改变，使用时请查阅原标准。

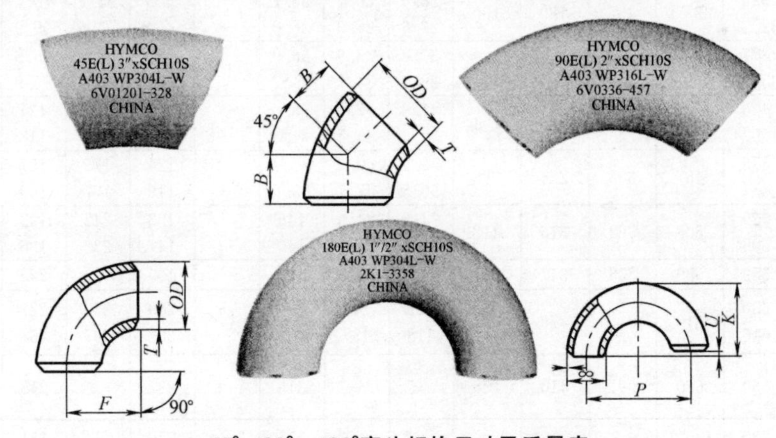

45°、90°、180°弯头规格尺寸及重量表　　**表 10-1-4**

公称通径 Nominal diameter		外径(mm) outside diameter		中心距至端面的距离 center to end (mm)			90°弯头理论重量 kg/pcs(kg/个) approx weight								
DN	INCH	GB	ASME	F	B		sch5S	sch10S	sch20S	sch20	STD	sch40	XS	sch80	sch120
					GB	ASME									
15	1/2	18 21.3	21.3	38	16	16	0.04 0.05	0.05 0.06	0.058 0.063	— —	0.06 0.08	0.06 0.08	0.18 0.10	0.08 0.10	— —

续表

公称通径 Nominal diameter		外径(mm) outside diameter		中心距至端面的距离 center to end (mm)			90°弯头理论重量 kg/pcs(kg/个) approx weight								
DN	INCH	GB	ASME	F	B		sch5S	sch10S	sch20S	sch20	STD	sch40	XS	sch80	sch120
					GB	ASME									
20	3/4	25	26.7	38	16	19	0.06	0.07	0.08	—	0.09	0.09	0.13	0.13	—
		26.9					0.06	0.08	0.09	—	0.10	0.10	0.13	0.13	—
25	1	32	33.4	38	16	22	0.07	0.12	0.13	—	0.14	0.14	0.18	0.18	—
		33.7					0.08	0.13	0.135	—	0.14	0.14	0.19	0.19	—
32	1.1/4	38	42.4	48	20	25	0.11	0.18	0.21	—	0.23	0.23	0.31	0.31	—
		42.4					0.13	0.21	0.24	—	0.26	0.26	0.35	0.35	—
40	1.1/2	45	48.3	57	24	29	0.16	0.26	0.30	—	0.33	0.33	0.44	0.44	—
		48.3					0.17	0.28	0.32	—	0.35	0.35	0.48	0.48	—
50	2	57	60.3	76	32	35	0.28	0.45	0.59	—	0.62	0.62	0.85	0.85	—
		60.3					0.29	0.47	0.61	—	0.66	0.66	0.90	0.90	—
65	2.1/2	76	73	95	40	44	0.55	0.80	0.96	—	1.25	1.25	1.72	1.72	—
		76.1					0.57	0.83	1.1	—	1.31	1.31	1.80	1.80	—
80	3	89 88.9	88.9	114	47	51	0.80	1.17	1.6	—	2.06	2.06	2.86	2.86	—
90	3.1/2	101.6	101.6	133	55	57	1.09	1.57	2.1	—	2.74	2.74	3.82	3.82	—
100	4	108	114.3	152	63	64	1.31	1.91	2.65	—	3.54	3.54	5.13	5.13	6.27
		114.3					1.39	2.03	2.87	—	3.76	3.76	5.46	5.46	6.68
125	5	113	141.3	190	79	79	2.68	3.24	4.81	—	6.16	6.16	8.71	8.71	11.3
		139.7					2.87	3.41	5.06	—	6.47	6.47	9.14	9.14	11.9
150	6	159	168.3	229	95	95	3.85	4.69	6.97	—	9.56	9.56	14.4	14.4	18.6
		168.3					4.10	4.96	7.38	—	10.1	10.1	15.3	15.3	19.8
200	8	219	219.1	305	126	127	7.15	9.65	16.1	—	20.4	20.4	31.0	31.0	43.1
		219.1					7.15	9.65	16.1	—	20.4	20.4	31.0	31.0	43.1
250	10	273 273	273	381	158	159	13.7	16.7	25.8	—	36.2	36.2	48.8	57.2	79.7
300	12	325	323.9	457	189	190	23.0	26.1	36.1	—	55.7	55.7	70.2	95.2	133
		323.9					22.6	26.0	36.0	—	52.8	55.5	69.9	94.8	133
350	14	377	355.6	533	221	222	30.8	36.9	36.9	—	75.7	83.1	95.5	147	202
		355.6					29.0	34.7	34.7	—	68.0	78.2	89.9	138	189
400	16	426	406.4	610	253	254	41.8	47.7	78.0	—	98.2	122	124	211	280
		406.4					39.9	45.5	74.3	—	89.2	116	118	201	267
450	18	478	457	686	284	286	52.9	60.3	87.7	—	124	175	157	301	422
		457					50.5	57.7	83.8	—	119	167	150	287	403
500	20	529	508	762	316	318	74.2	84.9	146	—	153	242	193	414	577
		508					71.3	81.5	140	—	147	232	186	396	552
550	22	559	559	838	347	343	86.3	98.8	169	—	169	—	225	496	694
600	24	630	610	914	379	381	122	141	209	—	209	379	227	657	951
		610					118	137	202	—	202	367	268	638	918
650	26	660	660	991	410	405	—	—	315	—	237	—	315	—	—
700	28	720	711	1067	442	438	—	—	371	—	279	—	371	—	—
		711					—	—	366	—	275	—	866	—	—
750	30	762	762	1143	473	470	214	264	421	—	316	—	421	—	—
800	32	820	813	1219	505	502	—	—	484	—	363	663	481	—	—
		813					—	—	480	—	260	657	480	—	—
850	34	864	864	1295	537	533	—	—	542	—	407	742	542	—	—
900	36	920	914	1372	568	565	—	—	612	—	459	914	612	—	—
		914					—	—	608	—	456	908	608	—	—

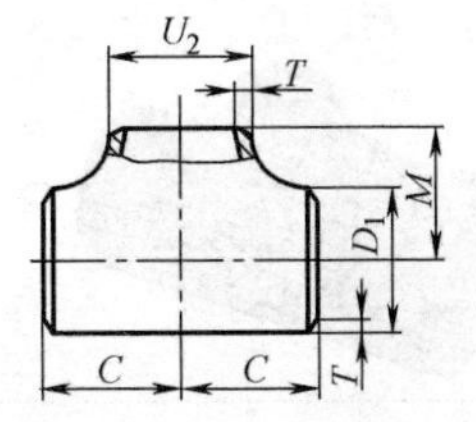

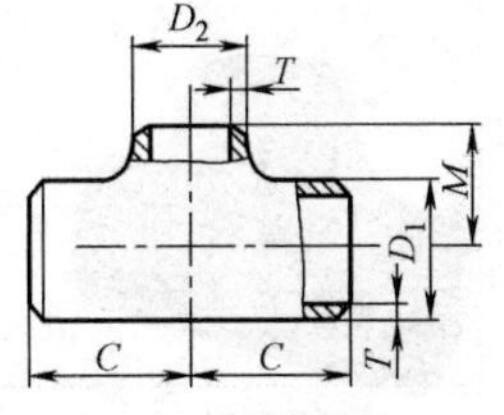

三通（等径、异径）规格尺寸及重量　　　　**表 10-1-5**

公称通径 Nominal diameter		外径(mm) outside diameter	中心距至端面的距离 center to end (mm)		理论重量 kg/pcs(kg/个) approx weight							
DN	INCH	$D_1 \times D_2$	*C*	*M*	sch5S	sch10S	sch20S	STD	sch40	XS	sch80	sch120
20×20	3/4×3/4	25×25	29	29	0.07	0.10	0.12	0.13	0.13	0.16	0.16	—
		26.7×26.7			0.08	0.11	0.13	0.15	0.15	0.18	0.18	—
20×15	3/4×1/2	25×18	29	29	0.06	0.09	0.11	0.12	0.12	0.15	0.15	—
		26.7×21.3			0.07	0.10	0.12	0.13	0.13	0.16	0.16	—
25×25	1×1	32×32	38	38	0.11	0.19	0.21	0.23	0.23	0.30	0.30	—
		33.4×33.4			0.12	0.20	0.22	0.25	0.25	0.32	0.32	—
25×20	1/3/4	32×25	38	38	0.10	0.18	0.20	0.22	0.22	0.28	0.28	—
		33.4×26.7			0.11	0.19	0.21	0.24	0.24	0.31	0.31	—
25×15	1×1/2	32×18	38	38	0.09	0.17	0.19	0.21	0.21	0.27	0.27	—
		33.4×21.3			0.10	0.18	0.20	0.23	0.23	0.30	0.30	—
32×32	1.1/4×1.1/4	38×38	48	48	0.19	0.36	0.39	0.42	0.42	0.63	0.63	—
		42.2×42.2			0.20	0.39	0.45	0.52	0.52	0.73	0.73	—
32×25	1.1/4×1	38×32	48	48	0.18	0.33	0.37	0.40	0.40	0.58	0.58	—
		42.2×33.4			0.19	0.35	0.39	0.42	0.42	0.68	0.68	—
32×20	1.1/4×3/4	38×25	48	48	0.17	0.31	0.34	0.38	0.38	0.55	0.55	—
		42.2×26.7			0.18	0.32	0.36	0.40	0.40	0.65	0.65	—
32×15	1.1/4×1/2	38×18	48	48	0.16	0.30	0.33	0.36	0.36	0.52	0.52	—
		42.2×21.3			0.17	0.31	0.35	0.38	0.38	0.62	0.68	—
40×40	1.1/2×1.1/2	45×45	57	57	0.35	0.59	0.65	0.78	0.78	1.08	1.08	—
		48.3×48.3			0.45	0.69	0.76	0.88	0.88	1.18	1.18	—
40×32	1.1/2×1.1/4	45×38	57	57	0.32	0.54	0.63	0.72	0.72	0.99	0.99	—
		48.3×42.2			0.42	0.65	0.75	0.82	0.82	1.09	1.09	—
40×25	1.1/2×1	45×32	57	57	0.27	0.45	0.52	0.60	0.60	0.83	0.83	—
		48.3×33.4			0.37	0.65	0.73	0.80	0.80	1.08	1.03	—
40×20	1.1/2×3/4	45×25	57	57	0.26	0.44	0.51	0.58	0.58	0.80	0.80	—
		48.3×26.7			0.36	0.64	0.66	0.68	0.68	1.00	1.00	—
45×15	1.1/2×1/2	45×18	57	57	0.25	0.42	0.48	0.56	0.56	0.78	0.78	—
		48.3×21.3			0.35	0.62	0.64	0.66	0.66	0.78	0.78	—
50×50	2×2	57×57	64	64	0.49	1.03	1.11	1.15	1.15	1.65	1.65	—
		60.3×60.3			0.50	1.05	1.13	1.18	1.18	1.67	1.67	—
50×40	2×1.1/2	57×45	64	60	0.44	0.93	1.01	1.04	1.04	1.48	1.48	—
		60.3×48.3			0.45	0.95	1.03	1.06	1.06	1.50	1.50	—
50×32	2×1.1/4	57×38	64	57	0.40	0.81	0.88	0.98	0.98	1.37	1.37	—
		60.3×42.2			0.43	0.89	0.94	1.00	1.00	1.42	1.42	—
50×25	2×1	57×32	64	51	0.39	0.72	0.83	0.92	0.92	1.31	1.31	—
		60.3×33.4			0.40	0.84	0.88	0.94	0.94	1.34	1.34	—
50×20	2×3/4	57×25	64	44	0.37	0.70	0.77	0.87	0.87	1.24	1.24	—
		60.3×26.7			0.38	0.80	0.85	0.90	0.90	1.27	1.27	—
65×65	2.1/2×2.1/2	76×76	76	76	0.87	1.25	1.73	2.12	2.12	2.88	2.88	—
		73.0×73.0			0.86	1.21	1.65	2.10	2.10	2.80	2.80	—
65×50	2.1/2×2	76×57	76	70	0.82	1.17	1.54	2.00	2.00	2.70	2.74	—
		73.0×60.3			0.81	1.16	1.48	1.98	1.98	2.65	2.09	—
65×40	2.1/2×1.1/2	76×45	76	67	0.77	1.11	1.41	1.89	1.89	2.56	2.56	—
		73.0×48.3			0.76	1.10	1.38	1.88	1.88	2.55	2.55	—
65×32	2.1/2×1.1/4	76×38	76	64	0.75	1.10	1.35	1.80	1.80	2.50	2.50	—
		73.0×42.2			0.74	1.08	1.30	1.89	1.89	2.25	2.25	—
65×25	2.1/2×1	76×32	76	57	0.76	1.10	1.34	1.86	1.86	2.53	2.53	—
		73.0×33.4			0.70	1.07	1.28	1.81	1.81	2.08	2.08	—

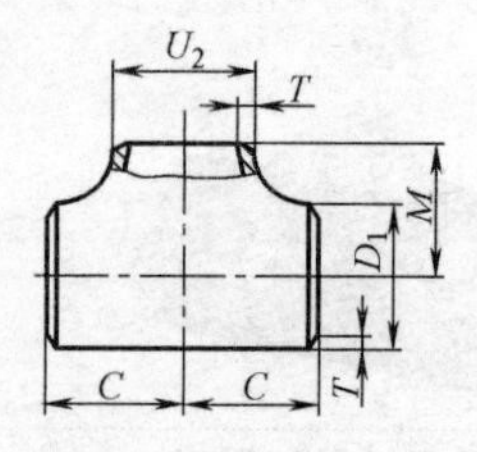

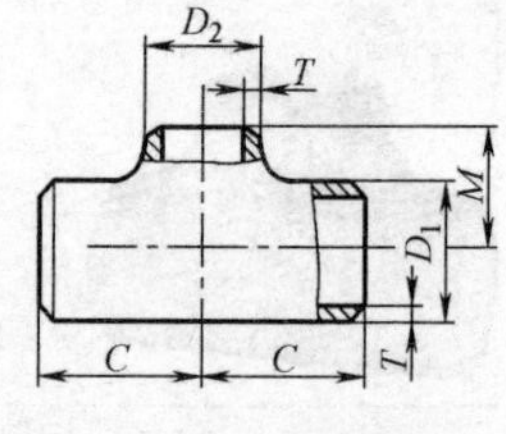

续表

公称通径 Nominal diameter		外径(mm) outside diameter	中心距至端面的距离 center to end (mm)		理论重量 kg/pcs(kg/个) approx weight							
DN	INCH	$D_1 \times D_2$	*C*	*M*	sch5S	sch10S	sch20S	STD	sch40	XS	sch80	sch120
80×80	3×3	89×89	86	86	1.16	1.68	2.21	3.02	3.02	4.19	4.19	—
80×65	3×2.1/2	89×76 88.9×73.0	86	83	1.11 1.10	1.62 1.60	2.13 2.08	2.89 2.87	2.98 2.87	4.02 3.98	4.02 3.98	— —
80×50	3×2	89×57 88.9×60.3	86	76	1.06 1.07	1.53 1.55	2.05 2.10	2.76 2.79	2.76 2.79	3.81 3.85	3.81 3.85	— —
80×40	3×1.1/2	89×45 88.9×48.3	86	73	1.01 1.03	1.49 1.50	1.98 2.01	2.67 2.69	2.67 2.69	3.70 3.73	3.70 3.73	— —
80×32	3×1.1/4	89×38 88.9×42.2	86	70	1.00 1.00	1.48 1.45	1.97 1.95	2.65 2.60	2.65 2.60	3.68 3.60	3.68 3.60	— —
90×90	3.1/2×3.1/2	101.6×101.6	95	95	1.33	1.92	2.53	3.61	3.61	5.08	5.08	—
90×80	3.1/2×3	101.6×88.9	95	92	1.26	1.82	2.41	3.43	3.43	4.83	4.83	—
90×65	3.1/2×2.1/2	101.6×73.0	95	89	1.22	1.76	2.35	3.32	3.32	4.67	4.67	—
90×50	3.1/2×2	101.6×60.3	95	83	1.20	1.73	2.31	3.25	3.25	4.57	4.57	—
90×40	3.1/2×1.1/2	101.6×48.3	95	79	1.17	1.70	2.26	3.21	3.21	4.51	4.51	—
100×100	4×4	108×108 114.3×114.3	105	105	1.66 1.75	2.41 2.54	3.02 3.26	4.75 5.01	4.75 5.01	6.75 7.12	6.75 7.12	8.78 9.26
100×90	4×3.1/2	114.3×101.6	105	102	1.70	2.46	3.19	4.85	4.85	6.89	6.89	8.96
100×80	4×3	108×89 114.3×88.9	105	98	1.55 1.61	2.24 2.33	3.16 3.21	4.42 4.60	4.42 4.60	6.27 6.52	6.27 6.52	8.15 8.48
100×65	4×2.1/2	108×76 114.3×73.0	105	95	1.53 1.60	2.21 2.31	3.09 3.11	4.36 4.56	4.36 4.56	6.50 6.50	6.50 6.50	8.45 8.45
100×50	4×2	108×57 114.3×60.3	105	89	1.51 1.57	2.19 2.29	3.08 3.19	4.32 4.41	4.32 4.41	6.13 6.12	6.13 6.12	7.97 9.26
100×40	4×1.1/2	108×45 114.3×48.3	105	86	1.50 1.55	2.09 2.24	2.92 3.19	4.22 4.00	4.22 4.00	6.03 6.02	6.06 6.04	7.88 9.11
125×125	5×5	133×133 141.3×141.3	124	124	3.18 3.37	3.91 4.14	6.17 6.31	7.53 7.98	7.53 7.98	10.9 11.6	10.9 11.6	16.4 15.4
125×100	5×4	133×108 141.3×114.3	124	117	3.03 3.15	3.73 3.90	5.76 5.91	7.20 7.52	7.20 7.52	10.4 10.8	10.4 10.8	13.9 14.5
125×90	5×3.1/2	141.3×101.6	124	114	3.09	3.83	5.83	7.39	7.39	10.6	10.6	14.2
125×80	5×3	133×89 14.3×88.9	124	111	2.90 3.02	3.59 3.74	5.42 5.71	6.92 7.21	6.92 7.21	10.0 10.4	10.0 10.4	13.3 13.8
125×65	5×2.1/2	133×76 14.3×73.0	124	108	2.85 3.00	3.59 3.73	5.40 5.71	6.92 7.20	6.92 7.20	10.0 10.4	10.0 10.4	13.3 13.8
125×50	5×2	133×57 141.3×60.3	124	105	2.80 3.92	3.58 3.73	5.38 5.70	6.92 7.20	6.92 7.20	10.0 10.4	10.0 10.4	13.3 13.8
150×150	6×6	159×159 168.3×168.3	143	143	4.09 4.32	5.03 5.31	8.91 9.10	10.5 11.1	10.5 11.1	16.2 17.1	16.2 17.1	21.0 22.2
150×125	6×5	159×133 168.3×141.3	143	137	3.84 4.13	4.73 5.08	8.33 9.01	9.88 10.6	9.88 10.6	15.2 16.3	15.2 16.3	19.8 21.3
150×100	6×4	159×108 168.3×114.3	143	130	3.76 3.95	4.64 4.87	8.21 8.55	9.70 10.2	9.70 10.2	14.9 15.6	14.9 15.6	19.3 20.3
150×90	6×3.1/2	168.3×101.6	143	127	3.91	4.82	8.46	10.1	10.1	15.5	15.5	20.1
150×80	6×3	159×89 168.3×88.9	143	124	3.72 3.93	4.56 4.82	8.09 8.43	9.56 10.0	9.56 10.0	14.7 15.3	14.7 15.3	19.0 20.2
150×65	6×2.1/2	159×76 168.3×73.0	143	121	3.70 3.81	4.51 4.72	7.93 8.33	9.51 10.0	9.51 10.0	14.6 15.2	14.6 15.2	19.2 20.0

续表

公称通径 Nominal diameter		外径(mm) outside diameter	中心距至端面的距离 center to end (mm)		理论重量 kg/pcs(kg/个) approx weight							
DN	INCH	$D_1 \times D_2$	*C*	*M*	sch5S	sch10S	sch20S	STD	sch40	XS	sch80	sch120
200×200	8×8	219×219	178	178	7.72	10.4	17.7	22.8	22.8	35.4	35.4	50.8
200×150	8×6	219×159 219.1×168.3	178	168	6.74 7.17	9.20 9.74	16.4 16.4	19.9 21.1	19.9 21.1	30.9 32.8	30.9 32.8	44.4 47.2
200×125	8×5	219×133 219.1×141.3	178	162	6.61 7.03	8.98 9.55	15.1 16.1	19.5 20.7	19.5 20.7	30.2 32.2	30.2 32.2	43.5 46.3
200×100	8×4	219×108 219.1×114.3	178	156	6.43 6.84	8.73 9.39	14.7 15.6	19.0 19.9	20.5 20.2	29.4 31.3	29.4 31.3	42.3 45.0
200×90	8×3.1/2	219.1×101.6	178	152	6.84	9.18	15.5	19.8	20.1	31.1	31.1	44.2
250×250	10×10	273×273	216	216	14.6	18.04	27.39	20.1	40.04	31.1	65.12	92.51
250×200	10×8	273×219	216	208	13.3	16.4	24.9	36.4	36.4	49.8	59.2	84.1
250×150	10×6	273×159 273.1×168.3	216	194	11.4 12.1	15.0 15.0	21.3 22.7	31.4 33.4	31.4 33.4	42.7 45.4	50.7 54.0	72.1 76.7
250×125	10×5	273×133 273.1×141.3	216	191	11.2 11.9	14.6 14.6	20.9 22.2	30.7 32.7	30.7 32.7	41.8 44.5	49.7 52.9	70.6 75.1
250×100	10×4	273×108 273.1×114.3	216	184	11.0 11.7	14.4 14.4	20.6 21.9	30.3 32.2	30.3 32.2	41.2 42.9	49.0 52.1	69.6 74.1
300×300	12×12	325×325 323.9×323.9	254	254	21.5 21.5	24.8 24.8	34.5 34.5	51.8 51.8	56.1 56.0	69.0 69.0	95.0 95.0	138 138
300×250	12×10	325×273 323.9×273.1	254	241	20.4 20.3	23.6 23.4	32.8 32.1	49.2 49.1	53.3 53.1	65.6 65.2	90.3 90.2	131 130
300×200	12×8	325×219 323.9×219.1	254	229	20.2 20.0	23.3 23.1	32.3 32.1	48.4 48.2	52.4 52.2	64.4 64.2	88.6 88.4	128 118
300×150	12×6	325×159 323.9×168.3	254	219	18.4 19.5	22.5 22.7	29.5 31.3	44.3 47.1	47.9 51.0	59.0 62.7	81.2 86.4	118 136
300×125	12×5	325×133 323.9×141.3	254	216	18.0 19.1	20.8 22.1	28.0 30.7	43.6 46.3	47.1 50.2	57.8 61.5	79.6 84.6	115 126
350×350	14×14	377×377 355.6×355.6	279	279	27.4 25.7	33.1 31.1	54.9 51.5	66.1 62.0	77.2 72.5	88.0 82.7	132 124	192 181
350×300	14×12	377×325 355.6×323.9	279	270	25.8 24.2	31.1 29.2	51.6 48.5	62.1 58.3	72.5 68.2	82.7 77.7	124 116	181 170
350×250	14×10	377×273 355.6×273.1	279	257	25.1 23.7	30.3 28.6	50.3 47.4	60.5 57.0	70.8 66.7	80.7 76.0	121 114	171 161
350×200	14×8	377×219 355.6×219.1	279	248	24.6 23.1	29.7 27.9	49.2 46.2	59.2 55.7	69.2 65.2	78.0 74.2	118 111	167 157
350×150	14×6	377×159 355.6×168.3	279	238	24.0 22.3	29.0 27.1	48.1 45.6	57.9 54.2	67.8 64.8	77.1 77.8	115 110	163 156
400×400	16×16	426×426 406.4×406.4	305	305	33.1 31.4	38.0 36.1	63.0 59.8	75.9 72.3	101 96.4	101 96.1	170 162	246 234
400×350	16×14	426×377 406.4×355.6	305	305	32.0 30.4	36.8 34.9	60.9 57.9	73.6 70.1	98.1 93.4	97.8 92.9	179 170	238 226
400×300	16×12	426×325 406.4×323.9	305	295	31.0 28.2	35.6 34.4	59.0 57.7	71.4 69.1	95.2 90.8	94.7 89.2	173 168	230 209
400×250	16×10	426×273 406.4×273.1	305	283	30.2 28.7	34.7 33.0	57.6 54.7	69.9 66.6	93.1 88.7	92.5 87.8	169 161	225 209
400×200	16×8	426×219 406.4×219.1	305	273	29.5 28.1	33.9 32.3	56.2 53.5	68.4 65.1	91.1 86.8	90.2 86	165 157	219

续表

公称通径 Nominal diameter		外径(mm) outside diameter	中心距至端面的距离 center to end (mm)		理论重量 kg/pcs(kg/个) approx weight							
DN	INCH	$D_1 \times D_2$	*C*	*M*	sch5S	sch10S	sch20S	STD	sch40	XS	sch80	sch120
400×150	16×6	426×159 406.4×168.3	305	264	29.2 27.7	33.5 31.8	55.6 52.8	67.6 64.4	90.1 85.8	89.2 84.8	163 155	217 206
450×450	18×18	478×478 457×457	343	343	41.9 39.8	47.8 45.5	79.2 75.4	95.3 90.7	142 136	127 120	233 218	349 332
450×400	18×16	478×426 457×406.4	343	330	41.0 39.0	46.8 44.5	77.5 73.8	93.3 88.9	140 133	144 118	233 222	342 325
450×350	18×14	478×377 406.4×355.6	343	330	40.4 38.3	46.1 43.8	76.3 72.5	91.9 87.3	137 130	142 135	229 228	336 320
450×300	18×12	478×325 457×323.9	343	321	39.8 37.3	45.4 42.6	75.2 70.6	90.6 85.0	135 127	140 131	226 212	331 216
450×250	18×10	478×273 457×273.1	343	308	39.3 37.3	44.9 42.6	74.4 70.6	89.6 85.0	134 127	138 131	223 212	228 216
450×200	18×8	478×219 457×219.1	343	298	38.8 36.9	44.3 42.1	73.4 69.7	89.1 84.7	132 126	137 130	220 209	225 213
500×500	20×20	529×529 508×500	381	381	58.9 56.3	68.2 65.3	117 112	117 112	186 178	156 149	322 308	469 449
500×450	20×18	529×478 508×457	381	368	57.9 55.4	67.1 64.2	115 110	115 110	183 175	154 147	317 303	462 441
500×400	20×16	529×426 508×406.4	381	356	57.0 54.7	66.0 63.4	113 109	113 109	180 173	151 145	312 299	454 436
500×350	20×14	529×377 508×355.6	381	356	56.0 53.7	64.9 62.3	111 107	111 107	177 170	148 142	306 294	446 428
500×300	20×12	529×325 508×323.9	381	346	550 52.8	63.8 61.2	109 105	109 105	174 167	146 140	301 289	438 421
500×250	20×10	529×273 508×273.1	318	333	54.4 52.2	63.0 60.5	108 104	108 104	172 165	144 138	298 286	433 416
500×200	20×8	529×219 508×219.1	381	324	53.7 51.5	62.3 59.7	107 102	107 102	170 163	142 137	294 282	428 410
550×550	22×22	559×559	419	419	73.5	85.2	146	146	440	195	—	635
550×500	22×20	559×508	419	406	70.7	81.9	141	141	422	187	—	610
550×450	22×18	559×457	419	394	67.7	78.5	135	135	404	180	—	584
550×400	22×16	559×406.4	419	381	66.2	76.7	132	132	395	179	—	571
550×350	22×14	559×355.6	419	381	65.5	75.9	130	130	391	174	—	565
550×300	22×12	559×323.9	419	371	64.0	74.2	127	127	382	170	—	552
550×250	22×10	559×273.1	419	359	62.5	72.5	124	124	374	166	—	540
600×600	24×24	630×630 610×610	432	432	96.0 93.9	110 107	165 161	165 161	536 524	220 215	303 296	797 779
600×550	24×22	610×559	432	432	90.1	103	155	155	503	206		748
600×500	24×20	630×529 610×508	432	432	92.2 86.4	105 99.4	158 148	158 148	515 482	211 198	291 272	765 701
600×450	24×18	630×478 610×457	432	419	88.4 84.5	101 96.9	152 145	152 145	493 473	202 193	278 266	734 694
600×400	24×16	630×426 610×406.4	432	406	86.4 83.2	99.1 95.7	148 143	148 143	483 466	198 191	272 263	718 690
600×350	24×14	630×377 610×355.6	432	406	85.5 81.7	98.0 93.5	147 140	147 140	477 456	195 187	269 257	710 678
600×300	24×12	630×325 610×323.9	432	397	83.5 79.8	95.8 91.5	143 137	143 137	466 44	191 182	263 251	678 662
600×250	24×10	630×273 610×273.1	495	384	81.6 77.9	93.6 89.3	140 134	140 134	456 435	187 178	257 245	662 647

续表

公称通径 Nominal diameter		外径(mm) outside diameter	中心距至端面的距离 center to end (mm)		理论重量 kg/pcs(kg/个) approx weight							
DN	INCH	$D_1 \times D_2$	*C*	*M*	sch5S	sch10S	sch20S	STD	sch40	XS	sch80	sch120
650×650	26×26	660×660	495	495	—	—	274	206	—	274	—	—
650×600	26×24	660×610	495	483	—	—	263	197	—	263	—	—
650×550	26×22	660×559	495	470	—	—	252	189	—	252	—	—
650×500	26×20	660×508.0	495	457	—	—	246	185	—	246	—	—
650×450	26×18	660×457.2	495	444	—	—	244	183	—	244	—	—
650×400	26×16	660×406.4	495	432	—	—	238	179	—	238	—	—
650×350	26×14	660×355.6	495	432	—	—	233	175	—	233	—	—
650×300	26×12	660×323.9	495	422	—	—	227	171	—	227	—	—
700×700	28×28	720×720 711×711	521	521	— —	— —	309 305	232 229	— —	300 305	— —	— —
700×650	28×26	711×660	521	521	—	—	293	222	—	293	—	—
700×600	28×24	720×630 711×610	510	508	— —	— —	296 284	222 211	— —	296 275	— —	— —
700×550	28×22	711×559	521	495	—	—	273	204	—	272	—	—
700×500	28×20	720×529 711×508	521	483	— —	— —	296 275	222 199	— —	296 265	— —	— —
700×450	28×18	720×478 711×457	521	470	— —	— —	278 265	208 195	— —	275 263		
700×400	28×16	720×426 711×406.4	521	457	— —	— —	275 259	206 190	— —	268 259		
700×350	28×14	720×377 711×355.6	521	457	— —	— —	268 253	201 183	— —	260 253		
700×300	28×12	720×325 711×323.9	521	448	— —	— —	262 244	197 179	— —	256 244		
750×750	30×30	762×762	559	559	176	200	352	264	—	352		
750×700	30×28	762×711	559	546	—	—	338	254	—	338		
750×650	30×26	762×660	559	546	—	—	323	243	—	323		
750×600	30×24	762×610	559	533	158	197	317	238	—	317		
750×550	30×22	762×559	559	521	157	195	314	235	—	314		
750×500	30×20	762×508	559	508	153	174	306	230	—	308		
750×450	30×18	762×457	559	495	149	170	299	224	—	299		
750×400	30×16	762×406.4	559	483	146	166	292	219	—	292		
750×350	30×14	762×355.6	559	483	141	166	282	211	—	285		
750×300	30×12	762×323.9	559	473	137	156	275	206	—	275		
750×250	30×10	762×273	559	460	132	150	264	198	—	264		
800×800	32×32	820×820 813×813	597	597			405 402	303 302	— —	405 402		
800×750	32×30	813×762	597	584			386	290	—	386		
800×700	32×28	820×720 813×711	597	572	—	—	388 370	291 277	—	388 370		

续表

公称通径 Nominal diameter		外径(mm) outside diameter	中心距至端面的距离 center to end (mm)		理论重量 kg/pcs(kg/个) approx weight							
DN	INCH	$D_1 \times D_2$	*C*	*M*	sch5S	sch10S	sch20S	STD	sch40	XS	sch80	sch120
800×650	32×26	813×660	597	572	—	—	362	271	—	362		
800×600	32×24	820×630 813×610	597	559	—	—	372 358	279 268	—	365 359		
800×550	32×22	813×559	597	546	—	—	350	262	—	350		
800×500	32×20	820×529 813×508	597	533	— —	— —	364 342	273 256	— —	364 342		
800×450	32×18	820×478 813×457	597	521	— —	— —	360 334	270 250	— —	360 334		
800×400	32×16	820×426 813×406.4	597	508	— —	— —	352 322	264 241	— —	352 322		
800×350	32×14	820×377 813×355.6	597	508	— —	— —	344 313	258 235	— —	344 314		
850×850	34×34	864×864	635	635	—	—	455	341	626	415		
850×800	34×32	864×813	635	622	—	—	437	328	610	437		
850×750	34×30	864×762	635	610	—	—	419	314	—	419		
850×700	34×28	864×711	635	597	—	—	409	307	—	409		
850×650	34×26	864×660	635	597	—	—	405	304	—	405		
850×600	34×24	864×610	635	584	—	—	396	297	545	396		
850×550	34×22	864×559	635	572	—	—	387	290	532	387		
850×500	34×20	864×508	635	559	—	—	378	283	520	378		
850×450	34×18	864×457	635	546	—	—	364	273	501	364		
850×400	34×16	864×406.4	635	533	—	—	355	266	488	355		
900×900	36×36	920×920 914×914	673	673	— —	— —	514 511	648 639	786 767	543 511		
900×850	36×34	914×864	673	660	—	—	490	619	736	511		
900×800	36×32	920×820 914×813	673	648	— —	— —	494 470	370 353	741 690	494 470		
900×750	36×30	914×762	673	635	—	—	460	345	—	460		
900×700	36×28	920×720 914×711	673	622	— —	— —	473 455	355 341	— —	473 455		
900×650	36×26	914×660	673	622	—	—	444	333	667	447		
900×600	36×24	914×610	673	610	—	—	434	326	651	434		
900×550	36×22	914×559	673	597	—	—	424	318	636	424		
900×500	36×20	920×529 914×508	673	584	— —	— —	463 409	347 306	685 598	462 409		
900×450	36×18	920×478 914×452	673	572	— —	— —	458 398	343 299	693 613	457 398		
900×400	36×16	920×426 914×406.4	673	559	— —	— —	447 383	335 287	669 575	447 383		

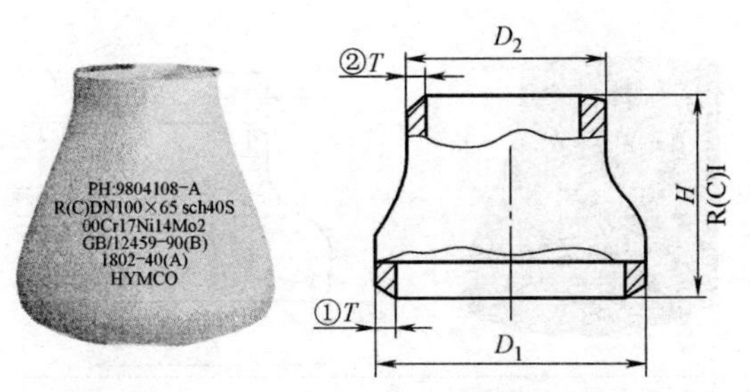

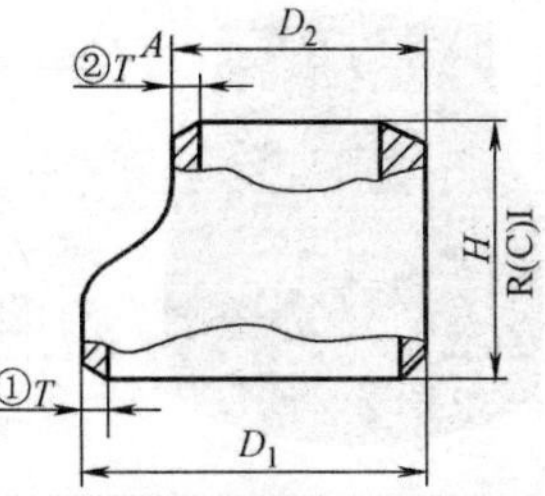

异径管（同心、偏心）规格尺寸及重量表　　　　**表 10-1-6**

公称通径 Nominal diameter		外径(mm) outside diameter	中心距至端面的距离 center to end (mm)	理论重量 kg/pcs(kg/个) approx weight							
DN	INCH	$D_1 \times D_2$	*H*	sch5S	sch10S	sch20S	STD	sch40S	XS	sch80S	sch120S
20×15	3/4×1/2	25×18 26.7×21.3	38	0.03 0.04	0.04 0.04	0.049 0.05	0.05 0.06	0.05 0.06	0.07 0.07	0.07 0.07	— —
25×20	1×3/4	32×25 33.4×26.7	51	0.06 0.06	0.09 0.10	0.11 0.11	0.11 0.11	0.11 0.11	0.14 0.15	0.14 0.15	— —
25×15	1×1/2	32×18 33.4×21.3	51	0.05 0.06	0.08 0.09	0.09 0.10	0.09 0.10	0.09 0.10	0.12 0.13	0.12 0.13	— —
32×25	1.1/4×1	38×32 42.2×33.4	51	0.07 0.08	0.11 0.12	0.125 0.137	0.14 0.15	0.14 0.15	0.18 0.20	0.18 0.20	— —
32×20	1.1/4×3/4	38×25 42.2×26.7	51	0.06 0.07	0.10 0.11	0.125 0.13	0.13 0.14	0.13 0.14	0.16 0.18	0.16 0.18	— —
32×15	1.1/4×1/2	38×18 42.2×21.3	51	0.06 0.07	0.09 0.11	0.1 0.125	0.11 0.13	0.11 0.13	0.14 0.17	0.14 0.17	— —
40×32	1.1/2×1.1/4	45×38 48.3×33.4	64	0.11 0.11	0.17 0.19	0.19 0.22	0.22 0.24	0.22 0.24	0.29 0.32	0.29 0.32	— —
40×25	1.1/2×1	45×32 48.3×33.4	64	0.10 0.10	0.16 0.17	0.18 0.20	0.20 0.22	0.20 0.22	0.27 0.29	0.27 0.29	— —
40×20	1.1/2×3/4	45×25 48.3×26.7	64	0.09 0.10	0.15 0.16	0.1 —	0.18 0.20	0.18 0.20	0.24 0.26	0.24 0.26	— —
40×15	1.1/2×1/2	45×18 48.3×21.3	64	0.08 0.09	0.13 0.15	0.15 0.17	0.16 0.19	0.16 0.19	0.21 0.24	0.21 0.24	— —
50×40	2×1.1/2	57×45 60.3×48.3	76	0.16 0.17	0.26 0.27	0.33 0.35	0.35 0.37	0.35 0.37	0.47 0.51	0.47 0.51	— —
50×32	2×1.1/4	57×38 60.3×42.2	76	0.15 0.16	0.24 0.26	0.30 0.33	0.32 0.35	0.32 0.35	0.44 0.48	0.44 0.48	— —
50×25	2×1	57×32 60.3×33.4	76	0.14 0.14	0.22 0.24	0.27 0.30	0.30 0.32	0.30 0.32	0.41 0.44	0.41 0.44	— —
65×50	2.1/2×2	76×57 73.0×60.3	89	0.30 0.30	0.43 0.43	0.52 0.53	0.70 0.70	0.70 0.70	0.92 0.92	0.92 0.92	— —
65×40	2.1/2×1.1/2	76×45 73.0×48.3	89	0.28 0.28	0.40 0.40	0.5 0.5	0.64 0.63	0.64 0.63	0.84 0.83	0.84 0.83	— —
65×32	2.1/2×1.1/4	76×38 73.0×42.2	89	0.26 0.27	0.38 0.38	0.45 0.45	0.60 0.60	0.60 0.60	0.79 0.79	0.79 0.79	— —
65×25	2.1/2×1	76×92 73.0×33.4	89	0.25 0.25	0.36 0.35	0.4 0.4	0.57 0.56	0.57 0.56	0.75 0.73	0.75 0.73	— —
80×65	3×2.1/2	89×76 88.9×73.0	89	0.38 0.37	0.54 0.53	0.72 0.7	0.93 0.91	0.93 0.91	1.26 1.23	1.26 1.23	— —
80×50	3×2	89×57 88.9×60.3	89	0.34 0.35	0.48 0.49	0.64 0.65	0.83 0.84	0.83 0.84	1.11 1.13	1.11 1.13	— —
80×40	3×1.1/2	89×45 88.9×48.3	89	0.31 0.32	0.45 0.45	0.6 0.6	0.76 0.78	0.76 0.78	1.02 1.05	1.02 1.05	— —

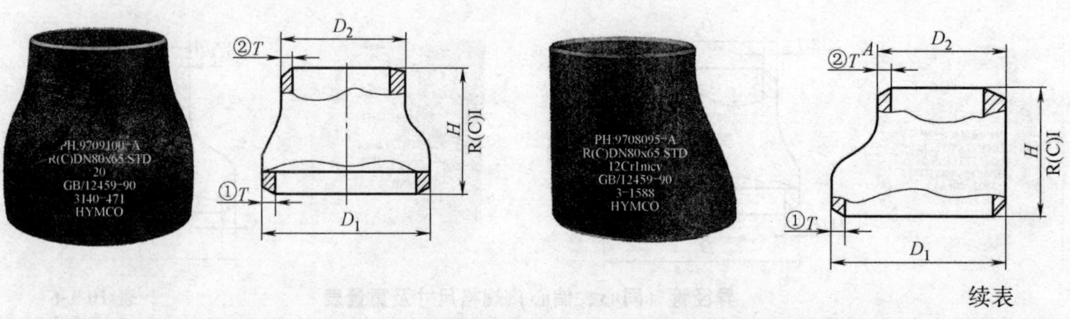

续表

公称通径 Nominal diameter		外径(mm) outside diameter	中心距至端面的距离 center to end (mm)	理论重量 kg/pcs(kg/个) approx weight							
DN	INCH	$D_1 \times D_2$	*H*	sch5S	sch10S	sch20S	STD	sch40S	XS	sch80S	sch120S
90×80	3. 1/2×3	101. 6×88. 9	102	0. 50	0. 72	1. 09	1. 29	1. 77	1. 77	—	—
90×65	3. 1/2×2. 1/2	101. 6×73. 0	102	0. 46	0. 66	1. 0	1. 12	1. 12	1. 63	1. 63	—
90×50	3. 1/2×2	101. 6×60. 3	102	0. 43	0. 62	0. 95	1. 10	1. 10	1. 51	1. 51	—
90×40	3. 1/2×1. 1/2	101. 6×48. 3	102	0. 41	0. 58	—	1. 03	1. 03	1. 40	1. 40	—
100×90	4×3. 1/2	114. 3×101. 6	102	0. 57	0. 82	—	1. 55	1. 55	2. 41	2. 41	2. 38
100×80	4×3	108×89 114. 3×88. 9	102	0. 52 0. 54	0. 75 0. 77	— —	1. 41 1. 46	1. 41 1. 46	1. 94 2. 02	1. 94 2. 02	2. 18 2. 24
100×65	4×2. 1/2	108×76 114. 3×73. 0	102	0. 49 0. 50	0. 70 0. 72	0. 93 0. 96	1. 32 1. 35	1. 32 1. 35	1. 82 1. 87	1. 82 1. 87	2. 05 2. 1
100×50	4×2	108×57 114. 3×60. 3	102	0. 44 0. 48	0. 64 0. 68	0. 85 0. 90	1. 19 1. 27	1. 19 1. 27	1. 64 1. 75	1. 64 1. 75	1. 87 1. 98
125×100	5×4	133×108 141. 3×114. 3	127	1. 04 1. 11	1. 27 1. 35	1. 89 2. 01	2. 35 2. 50	2. 35 2. 50	3. 33 3. 55	3. 33 3. 55	4. 31 4. 60
125×90	5×3. 1/2	141. 3×101. 6	127	1. 06	1. 29	1. 92	2. 38	2. 38	3. 38	3. 38	4. 4
125×80	5×3	133×89 141. 3×88. 9	127	0. 97 1. 01	1. 18 1. 23	1. 76 1. 83	2. 17 2. 27	2. 17 2. 27	3. 07 3. 22	3. 07 3. 22	4. 0 4. 19
125×65	5×2. 1. /2	133×76 141. 3×73. 0	127	0. 92 0. 95	1. 12 1. 16	1. 67 1. 72	2. 06 2. 14	2. 06 2. 14	2. 91 3. 02	2. 91 3. 02	3. 8 3. 98
150×125	6×5	159×133 168. 3×141. 3	140	1. 40 1. 48	1. 71 1. 81	2. 54 2. 67	3. 42 3. 64	3. 42 3. 64	5. 14 5. 47	5. 14 5. 47	6. 52 6. 95
150×100	6×4	159×108 168. 3×114. 3	140	1. 29 1. 37	1. 58 1. 67	2. 35 2. 48	3. 15 3. 36	3. 15 3. 36	4. 72 5. 03	4. 72 5. 03	5. 97 6. 38
150×90	6×3. 1/2	168. 3×101. 6	140	132	161	2. 39	3. 23	3. 23	4. 83	4. 83	6. 08
150×80	6×3	159×89 168. 3×88. 9	140	1. 21 1. 26	1. 48 1. 53	2. 20 2. 27	2. 96 3. 07	2. 96 3. 87	4. 41 4. 58	4. 41 4. 58	5. 64 5. 85
200×150	8×6	219×159 219. 1×168. 3	152	2. 00 2. 04	2. 70 2. 75	4. 30 4. 38	5. 65 5. 77	5. 65 5. 77	8. 55 8. 73	8. 55 8. 73	11. 9 12. 2
200×125	8×5	219×133 219. 1×141. 3	152	1. 90 1. 93	2. 56 2. 60	4. 07 4. 14	5. 35 5. 44	5. 35 5. 44	8. 09 8. 23	8. 09 8. 23	11. 2 11. 4
200×100	8×4	219×108 219. 1×114. 3	152	1. 80 1. 83	2. 43 2. 46	3. 86 3. 92	5. 07 5. 14	5. 07 5. 44	7. 64 7. 75	7. 64 7. 75	10. 6 10. 7
250×200	10×8	273×219	178	3. 72	4. 56	6. 75	9. 74	15. 5	15. 5	15. 5	21. 4
250×150	10×6	273×159 273. 1×168. 3	178	3. 38 3. 43	4. 15 4. 21	6. 59 6. 69	8. 83 8. 96	14. 0 14. 2	14. 0 14. 2	14. 0 14. 2	19. 2 19. 5
250×125	10×5	273×133 273. 1×141. 3	178	3. 25 3. 29	3. 99 4. 04	6. 34 6. 42	8. 47 8. 59	13. 4 13. 6	13. 4 13. 6	13. 4 13. 6	18. 4 18. 6

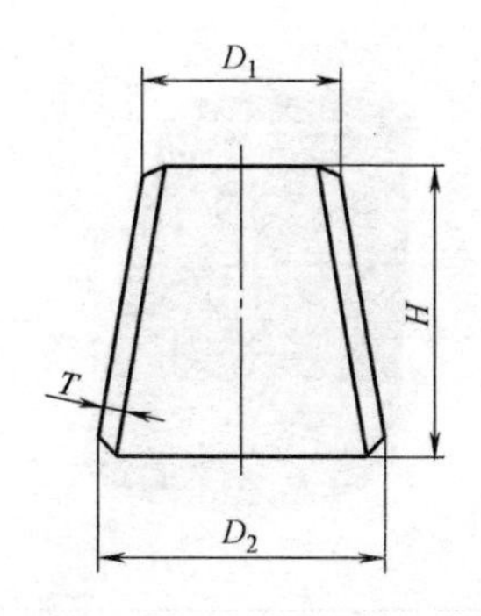

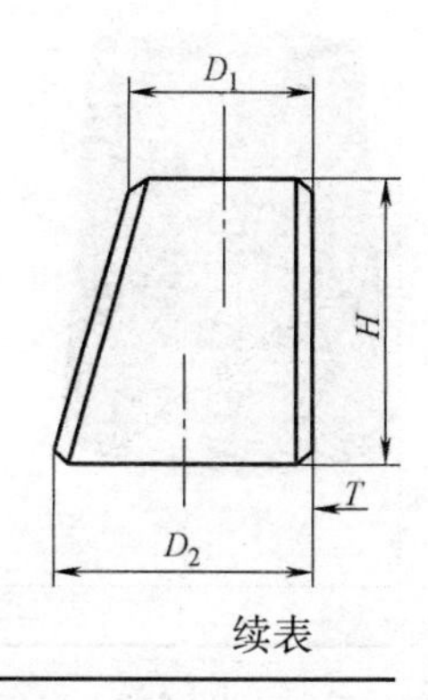

续表

公称通径 Nominal diameter		外径(mm) outside diameter	中心距至端面的距离 center to end (mm)	理论重量 kg/pcs(kg/个) approx weight							
DN	INCH	$D_1 \times D_2$	*H*	sch5S	sch10S	sch20S	STD	sch40	XS	sch80	sch120
300×250	12×10	325×273	203	5.98	6.89	9.38	13.9	15.0	18.3	24.8	35.1
		323.9×273.1		5.97	6.88	9.36	13.9	15.0	18.3	24.8	35.0
300×200	12×8	325×219	203	5.57	6.42	8.73	12.9	14.0	17.0	23.0	32.4
		323.9×219.1		5.56	6.41	8.70	12.9	13.9	17.0	23.0	32.3
300×150	12×6	325×159	203	5.17	5.95	8.10	12.0	12.9	15.7	21.2	29.6
		323.9×168.3		5.22	6.00	8.14	12.1	13.0	15.9	21.4	30.0
350×300	14×12	377×325	330	11.4	13.7	22.2	26.6	30.9	35.1	51.6	73.3
		355.6×323.9		11.0	13.2	21.4	25.6	29.8	33.8	49.8	70.6
350×250	14×10	377×273	330	10.6	12.8	20.7	24.8	28.8	32.7	48.0	68.0
		355.6×273.1		10.2	12.3	19.9	23.8	27.7	31.4	46.1	65.3
350×200	14×8	377×219	330	9.89	11.9	19.2	23.0	26.7	30.3	44.5	62.8
		355.6×219.1		9.46	11.4	18.4	22.0	25.5	29.0	42.5	59.9
350×150	14×6	377×159	330	9.63	11.0	17.75	21.1	24.5	27.8	40.7	57.3
		355.6×168.3		9.22	10.5	16.95	20.2	23.5	26.6	38.9	54.7
400×350	16×14	426×377	356	14.9	16.9	27.4	32.9	43.5	43.5	71.7	101
		406.4×355.6		14.1	16.1	26.0	31.2	41.2	41.2	67.9	95.4
400×300	16×12	426×325	356	14.0	16.0	25.9	31.0	40.9	40.9	67.4	94.7
		406.4×323.9		13.6	15.4	25.0	29.9	39.5	39.5	65.1	91.3
400×250	16×10	426×273	356	13.2	15.0	24.3	29.1	38.4	38.4	63.1	88.5
		406.4×273.1		12.7	14.5	23.5	28.1	37.1	37.1	60.9	85.3
400×200	16×8	426×219	356	12.4	14.1	22.8	27.3	36.0	36.0	59.1	82.6
		406.4×219.1		11.9	13.6	21.9	26.2	34.6	34.6	56.7	79.2
400×150	16×6	426×159	356	11.5	13.1	21.18	25.3	33.3	33.3	54.5	75.9
		406.4×168.3		9.96	12.7	20.45	24.5	32.3	32.3	52.7	73.4
450×400	18×16	478×426	381	17.9	20.4	33.1	39.7	58.8	52.6	96.1	137
		457×406.4		17.1	19.5	31.6	37.9	56.1	50.1	91.6	131
450×350	18×14	478×377	381	17.1	19.4	31.5	37.7	55.8	49.9	91.1	130
		457×355.6		16.2	18.5	29.9	35.8	53.0	47.4	86.3	123
450×300	18×12	478×325	381	16.2	18.5	29.9	35.8	53.0	47.4	86.3	123
		457×323.9		15.7	17.9	28.9	34.7	51.2	45.8	83.4	119
450×250	18×10	478×273	381	15.4	17.6	28.4	34.1	50.3	45.0	81.8	116
		457×273.1		14.8	16.9	27.3	32.8	46.4	43.3	78.6	112
450×200	18×8	478×219	381	14.5	16.5	26.7	32.0	47.3	42.3	76.7	109
		457×219.1		14.0	15.9	35.7	30.8	45.5	40.7	73.7	104
500×450	20×18	529×478	508	30.4	35.2	59.1	59.1	92.5	78.2	156	223
		508×457		29.1	33.7	56.6	56.6	88.6	74.9	150	213
500×400	20×16	529×426	508	28.9	33.4	56.2	56.2	87.9	74.4	149	211
		508×406.4		27.7	32.0	53.8	53.8	84.1	71.1	142	201
500×350	20×14	529×377	508	27.6	31.9	53.6	53.6	83.8	70.9	142	200
		508×355.6		26.3	30.4	51.0	51.0	79.7	67.4	135	190
500×300	20×12	529×325	508	26.2	30.3	50.8	50.8	79.4	67.2	134	189
		508×323.9		25.4	29.4	49.3	49.3	77.0	65.1	130	183

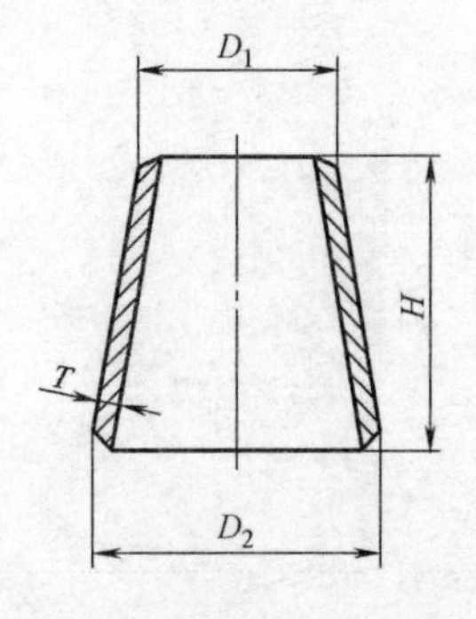

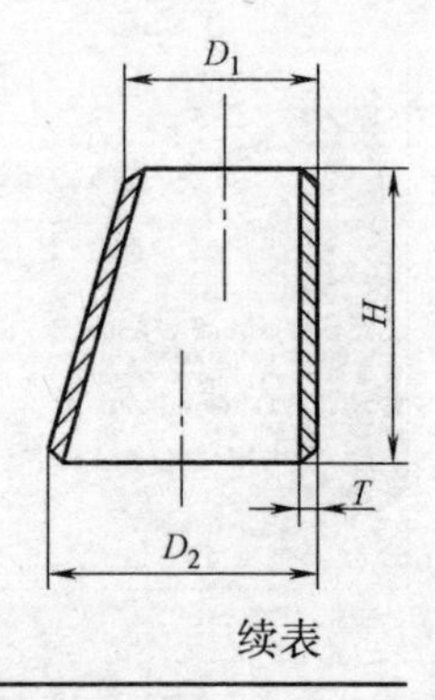

续表

公称通径 Nominal diameter		外径(mm) outside diameter	中心距至端面的距离 center to end (mm)	理论重量 kg/pcs(kg/个) approx weight							
DN	INCH	$D_1 \times D_2$	*F*	sch5S	sch10S	sch20S	STD	sch40S	XS	sch80S	sch120S
500×250	20×10	529×273	508	24.8	28.7	48.2	48.2	75.2	63.7	127	179
		508×273.1		24.0	27.8	46.7	46.7	72.8	61.7	123	173
500×200	20×8	529×219	508	23.5	27.1	45.5	45.5	70.9	60.1	119	168
		508×219.1		22.7	26.2	43.9	43.9	68.5	58.0	115	162
550×500	22×20	559×508	608	32.1	37.3	62.7	62.7	—	83.0	182	255
550×450	22×18	559×457	508	30.8	35	59.9	59.9	—	79.3	174	243
550×400	22×16	559×406.4	508	29.4	34.0	57.2	57.2	—	75.7	165	219
550×350	24×14	559×355.6	508	28.0	32.5	54.5	54.5	—	72.1	157	286
600×550	24×22	610×559	508	28.0	46.8	68.8	68.8	—	91.2	215	311
600×500	24×20	630×529	508	40.4	46.2	68.0	0	123	90.1	212	307
		610×508		39.2	44.9	66.0	0	119	87.4	206	298
600×450	24×18	630×478	508	39.1	44.7	65.8	65.8	119	87.1	205	296
		610×457		37.6	43.1	63.3	63.3	114	83.9	197	284
600×400	24×16	630×426	508	37.5	43.0	63.1	63.1	114	83.6	197	283
		610×406.4		36.1	41.3	60.7	60.7	110	80.4	189	272
650×600	26×24	680×610	610	—	—	119	89.8	—	119	—	—
650×550	26×22	660×559	610	—	—	114	86.3	—	114	—	—
660×500	26×20	660×508	610	—	—	110	83.0	—	110	—	—
650×450	26×18	660×457	610	—	—	105	79.0	—	105	—	—
700×650	28×26	711×660	610	—	—	129	97.1	—	129	—	—
700×600	28×24	720×630	610	—	—	127	95.7	—	127	—	—
		711×610		—	—	124	93.6	—	124	—	—
700×550	28×22	711×559	610	—	—	120	90.4	—	120	—	—
750×700	30×28	762×711	610	—	—	139	104	—	139	—	—
750×650	30×26	762×660	610	—	—	133	101	—	133	—	—
750×600	30×24	762×610	610	66.4	82.7	130	97.8	—	130	—	—
750×550	30×22	762×559	610	63.9	80.0	125	94.5	—	125	—	—
800×750	32×30	813×762	610	—	—	148	112	—	148	—	—
800×700	32×28	820×720	610	—	—	145	109	—	145	—	—
		813×711		—	—	144	108	—	144	—	—
800×650	32×26	813×660	610	—	—	139	105	—	139	—	—
800×600	32×24	820×630	610	—	—	138	104	—	138	—	—
		813×610				135	102		135		
850×800	34×32	864×813	610	—	—	158	119	—	158	—	—
850×750	34×30	864×762	610	—	—	153	116	—	153	—	—
850×700	34×28	864×711	610	—	—	149	112	—	149	—	—
850×650	34×26	864×660	610	—	—	145	109	—	145	—	—
900×850	36×34	914×864	610	—	—	168	126	—	168	—	—
900×800	36×32	920×820	610	—	—	164	124	—	164	—	—
		914×813		—	—	163	123	—	163	—	—
900×750	36×30	914×762	610	—	—	159	120	—	159	—	—
900×700	36×28	920×720	610	—	—	156	118	—	156	—	—
		914×711		—	—	155	117	—	155	—	—

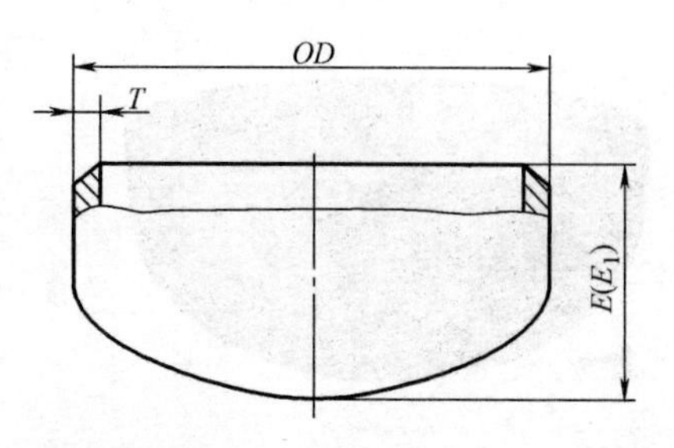

管帽规格尺寸及重量表　　　　表 10-1-7

公称通径 Nominal diameter		外径 (mm) outside diameter	背面距至端面的距离 back to end (mm)		理论重量 kg/pcs(kg/个) approx weight								
DN	INCH	*CD*	*E*	E_1	sch5S	sch10S	sch20S	sch20S	STD	sch40S	XS	sch80S	sch120S
15	1/2	18 21.3	25	—	0.019 0.022	0.024 0.028	0.027 0.033	—	0.031 0.037	0.031 0.037	0.042 0.050	0.042 0.050	0.057 0.063
20	3/4	25 26.7	25	—	0.027 0.029	0.033 0.035	0.038 0.041	—	0.045 0.048	0.045 0.048	0.060 0.065	0.060 0.065	0.079 0.086
25	1	32 33.7	38	—	0.049 0.052	0.083 0.087	0.091 0.093	—	0.101 0.106	0.101 0.106	0.136 0.143	0.136 0.143	0.176 0.182
32	1.1/4	38 42.4	38	—	0.058 0.065	0.099 0.110	0.111 0.125	—	0.126 0.141	0.126 0.141	0.173 0.193	0.173 0.193	0.213 0.237
40	1.1/2	45 48.3	38	—	0.071 0.076	0.118 0.127	0.138 0.148	—	0.158 0.169	0.158 0.169	0.218 0.234	0.218 0.234	0.294 0.323
50	2	57 60.3	38	44	0.094 0.099	0.156 0.165	0.189 0.200	—	0.221 0.234	0.221 0.234	0.313 0.331	0.313 0.331	0.387 0.426
65	2.1/2	76 73.0	38	51	0.167 0.161	0.241 0.232	0.391 0.312	—	0.409 0.393	0.409 0.393	0.555 0.534	0.555 0.534	0.676 0.634
80	3	89	51	64	0.254	0.367	0.490	—	0.660	0.660	0.917	0.917	1.469
90	3.1/2	101.6	64	76	0.355	0.512	0.739	—	0.965	0.965	1.36	1.36	1.891
100	4	108 114.3	64	76	0.387 0.410	0.561 0.594	0.810 0.882	—	1.11 1.17	1.11 1.17	1.58 1.67	1.58 1.67	2.04 2.16
125	5	133 139.7 141.3	76	89	0.769 0.808 0.817	0.945 0.993 1.00	1.339 1.421 1.473	—	1.82 1.91 1.93	1.82 1.91 1.93	2.65 2.78 2.81	2.65 2.78 2.81	3.52 3.70 3.74
150	6	159 168.3 165.2	89	102	1.07 1.13 1.11	1.31 1.39 1.36	1.843 2.00 1.97	—	2.74 2.90 2.85	2.74 2.90 2.85	4.22 4.47 4.39	4.22 4.47 4.39	5.50 5.82 5.72
200	8	219 216.1	102	127	1.76 1.74	2.38 2.35	4.03 3.98	4.03 3.98	5.19 5.13	5.19 5.13	8.05 7.95	8.05 7.95	11.6 11.5
250	10	273 267.4	127	152	3.36 3.29	4.14 4.05	6.27 6.14	6.27 6.14	9.15 8.96	9.15 8.96	12.5 12.2	16.8 16.4	23.9 23.4

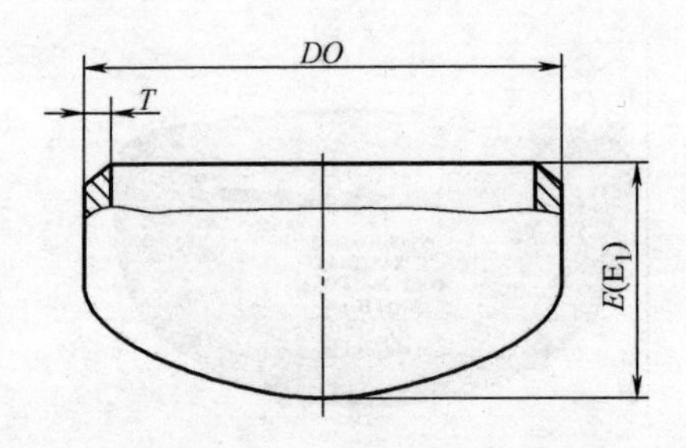

续表

公称通径 Nominal diameter		外径 (mm) outside diameter	中心距至端面的距离 center to end (mm)		理论重量 kg/pcs(kg/个) approx weight							
DN	INCH	*OD*	*F*	*B*	sch5S	sch10S	sch20S	STD	sch40S	XS	sch80S	sch120S
300	12	325	152	178	5.12	6.40	9.90	13.5	14.6	17.9	28.3	94.0
		323.9			5.11	6.39	9.43	13.3	14.4	17.7	27.1	91.0
		318.5			5.02	6.27	9.40	13.2	14.2	17.3	26.8	90.5
350	14	377	165	191	6.00	8.46	14.0	16.9	19.9	22.5	38.5	105
		355.6			5.66	7.98	13.2	15.9	18.8	21.2	35.2	99.0
400	16	426	178	203	6.93	7.91	17.4	21.0	28.2	28.0	52.0	116
		406.4			6.60	7.53	12.5	20.0	26.7	26.7	49.1	111
450	18	478	203	229	7.90	9.01	22.3	26.9	43.8	35.8	76.1	131
		457.2			7.52	8.58	21.2	25.6	41.4	34.1	69.1	125
500	20	529	229	254	10.5	12.02	33.2	33.2	57.6	44.2	103	141
		508.0			10.1	11.7	31.9	31.9	54.0	42.5	93.7	136
550	22	559	254	—	12.1	22.6	38.8	38.8	78.3	51.7	116	168
600	24	630	267	305	14.8	16.9	47.4	46.5	92.3	61.9	177	172
		610			14.3	16.4	45.1	45.1	90.1	60.1	160	164
650	26	660	267	—	23.3	26.1	67.3	50.5	103.5	67.3	—	—
700	28	720	267	—	27.1	32.4	75.9	56.9	151.1	75.6	—	—
		711			38.7	49.7	94.9	56.2	121.3	74.9		
750	30	762	267	—	41.4	51.7	82.8	62.1	117.3	82.8	—	—
800	32	820	267	—	43.4	58.3	92.0	70.6	127	92.0	—	—
		813			43.1	57.7	91.2	70.0	126	91.2		
850	34	864	267	—	57.2	68.5	105	78.7	144	105	—	—
900	36	920	267	—	60.3	74.6	115	86.3	172	115	—	—
		914			59.1	72.1	114	85.7	171	114		

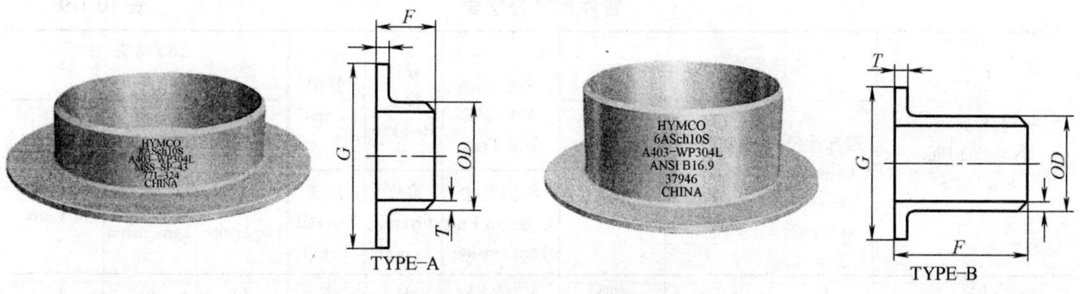

翻边接头规格尺寸及重量表　　表 10-1-8

Nominal Pipe Size		outside diameter OD	Length F		Dia of lap-G Nominal& Maximum	Radius of Fillet		approx Weight kg/pcs(kg/m)					
DN	INCH		Mss	ANSI		A Max	B Max	Sch5S		Sch10S		Sch40S	
15	1/2	21.3	50.8	76.2	35.1	3	0.75	0.049	0.067	0.062	0.084	0.079	0.106
20	3/4	26.7	50.8	76.2	42.9	3	0.75	0.064	0.087	0.081	0.109	0.101	0.144
25	1	33.4	50.8	101.6	50.8	3	0.75	0.082	0.144	0.134	0.233	0.160	0.279
32	1.1/4	42.4	50.8	101.6	63.5	5	0.75	0.109	0.188	0.178	0.307	0.225	0.386
40	1.1/2	48.3	50.8	101.6	73.2	6	0.75	0.129	0.219	0.213	0.358	0.279	0.467
50	2	60.3	63.5	152.4	91.9	8	0.75	0.204	0.406	0.338	0.667	0.471	0.924
65	2.1/2	73	63.5	152.4	104.6	8	0.75	0.313	0.626	0.448	0.893	0.740	1.465
80	3	88.9	63.5	152.4	127	10	0.75	0.400	0.781	0.574	1.117	1.01	1.954
90	3.1/2	101.6	76.2	152.4	139.7	10	0.75	0.522	0.896	0.650	1.283	1.38	2.35
100	4	114.3	76.2	152.4	157.2	11	0.75	0.606	1.024	0.870	1.474	1.68	2.822
125	5	141.3	76.2	203.2	185.7	11	1.5	0.985	2.153	1.21	2.635	2.08	4.957
150	6	168.3	88.9	203.2	215.9	13	1.5	1.34	2.591	1.64	3.174	3.37	6.482
200	8	219.1	101.6	203.2	269.7	13	1.5	1.96	3.409	2.65	4.607	5.67	9.819
250	10	273.1	127	254	323.9	13	1.5	3.57	6.389	4.38	7.843	9.55	17.023
300	12	323.9	152.4	254	381	13	1.5	5.85	8.922	6.74	10.275	13.8	21.075
350	14	355.6	152.4	304.8	412.8	13	1.5	6.55	11.571	7.49	13.912	16.88	—
400	16	406.4	152.4	304.8	469.9	13	1.5	7.778	14.216	8.797	16.078	—	—
450	18	457.2	152.4	304.8	533.4	13	1.5	9.009	16.216	10.252	18.453	—	—
500	20	508	152.4	304.8	584.2	13	1.5	11.102	19.984	13.202	23.764	—	—
550	22	559	152.4	304.8	641.4	13	1.5	12.763	22.81	14.779	26.413	—	—
600	24	610	152.4	304.8	692.2	13	1.5	16.132	28.839	18.476	33.028	—	—

管件尺寸公差表　　　　**表 10-1-9**

公称通径 Nominal Pipe Size(NPS)		全部管件 All Fittings			90°、45°弯头 三通，四通 90E,45E and Tees	异径接头 Reducer	管帽 Caps	180°弯头 180deg Ruturns		
		端部外径 Outside Diamter at Bevel	端部内径 Inside Diamter at Bevel	壁厚 Thick-ness	结构尺寸 Ceter-to-End Dinmension	高度 Overall Length	高度 Overall Lengt	中心距 Center-to-Center Dimension	高度 back-to Face Dimension	端面误差 Alignment of Ends
mm	in	D	(ID)	(T)	A,B,C,M	H	E	O	K	U
15～65	1/2—2.1/2	1	0.8	≮公称壁厚的 87.5% Not less than 87.5% of nominal thick-ness	2	2	4	7	7	1
80～90	3—3.1/2	1	1.6		2	2	4	7	7	1
100	4	+2，−1	1.6		2	2	4	7	7	1
125～150	5—6	+3，−1	1.6		2	2	7	7	7	1
200	8	2	1.6		2	2	7	7	7	1
250	10	+4，−3	3.2		2	2	7	10	7	2
300～450	12—18	+4，−3	3.2		3	3	7	10	7	2
500～600	20—24	+6，−5	4.8		3	3	7	10	7	2
650～700	26—30	+7，−5	4.8		3	3	10	…	…	…
800～1200	32—48	+7，−5	4.8		5	5	10	…	…	…

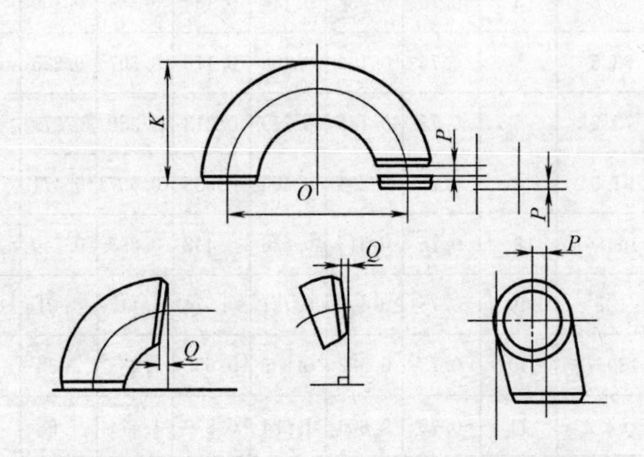

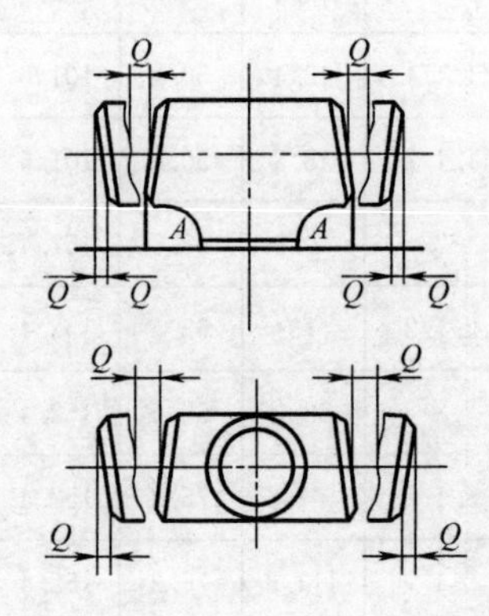

管件形位公差表　　　　**表 10-1-10**

项目 Item		公称通径 Nominal Size	15—100	125—200	250—300	350—400	450—600	650—750	800—1050	1100—1200
		mm	15—100	125—200	250—300	350—400	450—600	650—750	800—1050	1100—1200
		in	1/2—4	5—8	10—12	14—16	18—24	26—30	32—42	44—48
倾斜度偏差 Angularity tolerance	角度偏移 Off Angle	Q	1	2	3	3	4	5	5	5
	平面偏移 Off Plain	P	2	4	5	7	10	10	13	20

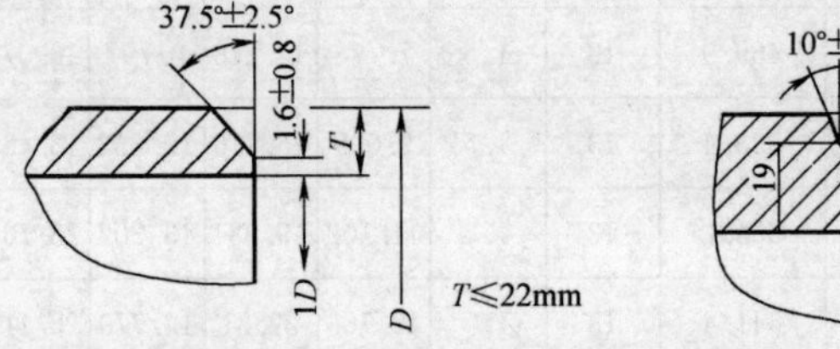

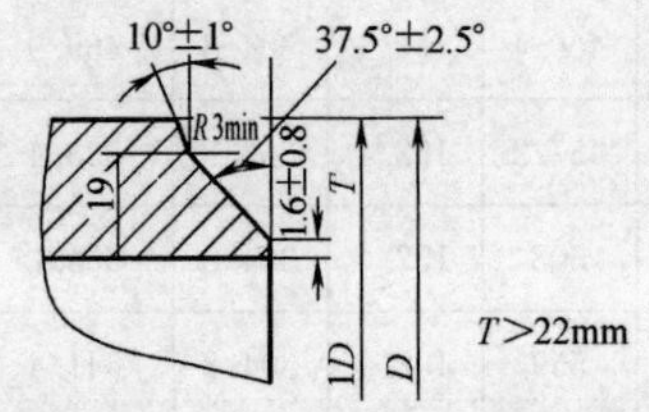

图 10-1-1　管件坡口形式

10.2 可锻铸铁管件 GB 3289

1. 活接头；图 10-2-1（*a*）、表 10-2-1。
2. 外方堵头及外接头，见图 10-2-1（*b*）、（*c*），表 10-2-2。

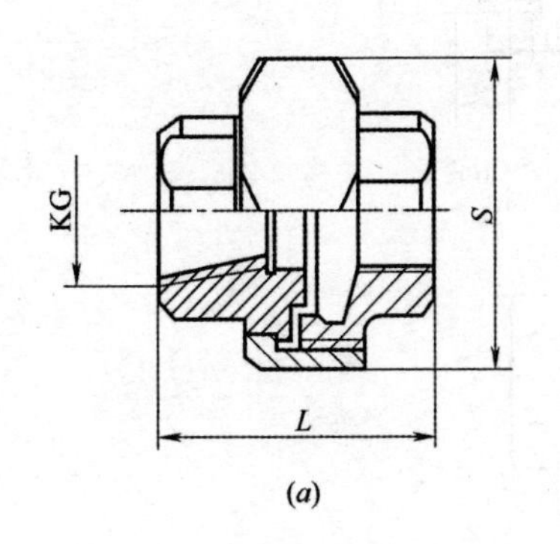

(*a*)

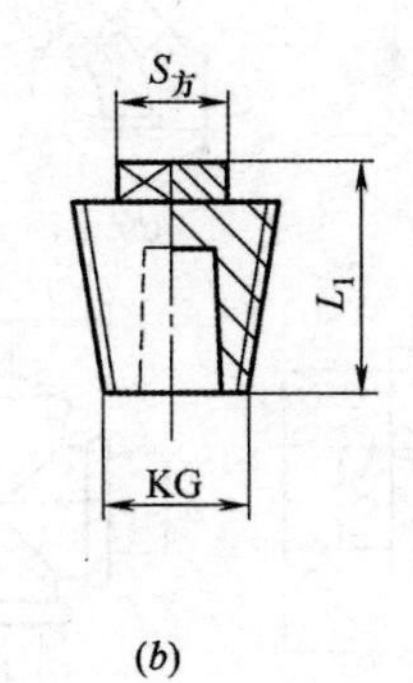

(*b*)

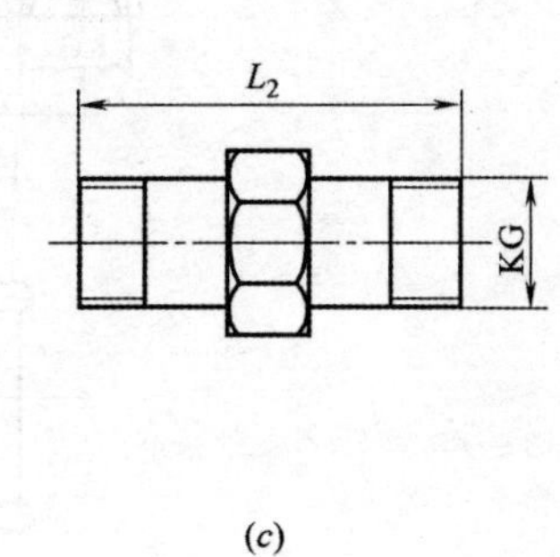

(*c*)

图 10-2-1 活接头、外方堵头、外接头

1. 活接头（mm） **表 10-2-1**

公称直径 *DN*	管螺纹 KG (in)	全长 *L*	扳手尺寸 *S*	重量 (kg)	公称直径 *DN*	管螺纹 KG (in)	全长 *L*	扳手尺寸 *S*	重量 (kg)
8(6)	1/4	45	36	0.113	50	2	77	95	1.25
10	3/8	45	41	0.163	65	2½	85	115	1.95
15	1/2	48	46	0.275	80	3	94	130	2.60
20	3/4	54	50	0.313	100	4	108	170	5.1
25	1	59	65	0.550	125	5	—	—	—
32	1¼	64	70	0.625	150	6	—	—	—
40	1½	69	80	0.775					

2. 外方堵头和外接头 **表 10-2-2**

尺寸(mm)					质量(kg)	
公称直径 *DN*	管螺纹 KG(in)	L_1	L_2	$S_{方}$	外方堵头	外接头
15	1/2	22	46	12	0.02	0.054
20	3/4	26	50	17	0.046	0.083
25	1	30	58	19	0.07	0.124
32	1¼	33	62	22	0.125	0.186
40	1½	37	66	24	0.227	0.258
50	2	40	71	27		0.386
65	2½	46	80	32		0.571
80	3	51	87	36		0.855
100	4	57	98	41		1.15
125	5	61	103	46		
150	6	64	110	50		

3. 等径弯头见图 10-2-2（*a*）、（*b*），表 10-2-3。

4. 异径弯头，见图 10-2-2（*c*）、表 10-2-4。

5. 等径和异径三通见图 10-2-2（*d*），表 10-2-5。

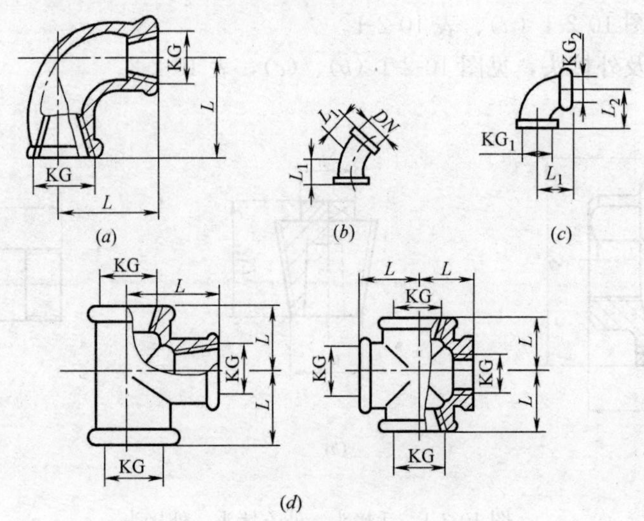

图 10-2-2　弯头、三通

3. 等径弯头　　**表 10-2-3**

公称直径 DN	管螺纹 KG(in)	90°弯头		45°弯头		公称直径 DN	管螺纹 KG(in)	90°弯头		45°弯头	
		结构长度 L(mm)	重量 (kg)	结构长度 L(mm)	重量 (kg)			结构长度 L(mm)	重量 (kg)	结构长度 L(mm)	重量 (kg)
6	1/4	20	0.032	15	—	50	2	55	0.576	38	0.742
10	3/8	23	—	17	—	65	2½	65	0.928	45	1.140
15	1/2	26	0.074	20	0.096	80	3	74	1.350	50	1.690
20	3/4	31	0.112	23	0.134	100	4	90	2.150	60	2.650
25	1	35	0.163	27	0.171	125	5	110	3.390	—	—
32	1¼	42	0.267	31	0.320	150	6	125	5.510	—	—
40	1½	48	0.399	35	0.468						

4. 异径弯头　　**表 10-2-4**

公称直径		管螺纹(in)		L_1 (mm)	L_2 (mm)	质量 (kg)	公称直径		管螺纹(in)		L_1 (mm)	L_2 (mm)	质量 (kg)
DN_1	DN_2	KG_1(in)	KG_2(in)				DN_1	DN_2	KG_1(in)	KG_2(in)			
10	6	3/8	1/4	21.5	22		50	25	2	1	41	49	0.370
15	10	1/2	3/8	23.5	25.5			32	2	1¼	45.5	51.5	0.425
20	15	3/4	1/2	28.5	29	0.138		40	2	1½	49	54	0.732
25	15	1	1/2	29	32.5	0.201	65	40	2½	1½	51	62	
	20	1	3/4	31.5	34.5	0.220		50	2½	2	57	63	1.40
32	15	1¼	1/2	31.5	37	0.165	80	40	3	1½	53.5	68.5	
	20	1¼	3/4	34	39	0.268		50	3	2	59.5	69.5	1.32
	25	1¼	1	37.5	39.5	0.310		65	3	2½	67.5	71.5	
40	15	1½	1/2	34	40.5	0.220	100	50	4	2	63	82	1.79
	20	1½	3/4	36.5	42.5	0.265		65	4	2½	71	84	
	25	1½	1	40	43	0.388		80	4	3	77.5	86.5	
	32	1½	1¼	44.5	45.5	0.471							

5. 管径三通和四通 **表 10-2-5**

尺寸				质量(kg)		尺寸				质量(kg)	
公称直径 *DN*	管螺纹 KG(in)	内螺纹长度	*L*	三通	四通	公称直径 *DN*	管螺纹 KG(in)	内螺纹长度	*L*	三通	四通
15	1/2	11	26	0.091	0.19	65	2½	22	65	1.23	2.01
2.0	3/4	12.5	31	0.158	0.255	80	3	24	74	1.78	
25	1	14	35	0.239	0.38	100	4	28	90	2.32	
32	1¼	16	42	0.374	0.606	(125)	5	30	100		
40	1½	18	48	0.537	0.9	150	6	32	125	9.16	
50	2	19	55	0.812	1.29						

6. 异径三通和四通，见图 10-2-3、表 10-2-6。

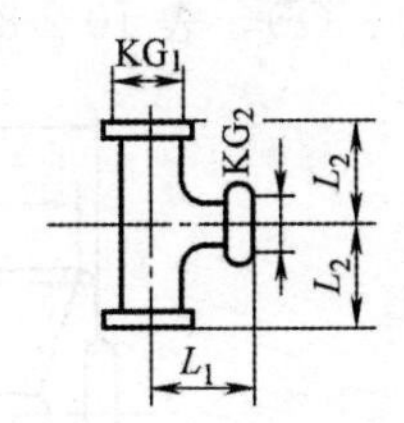

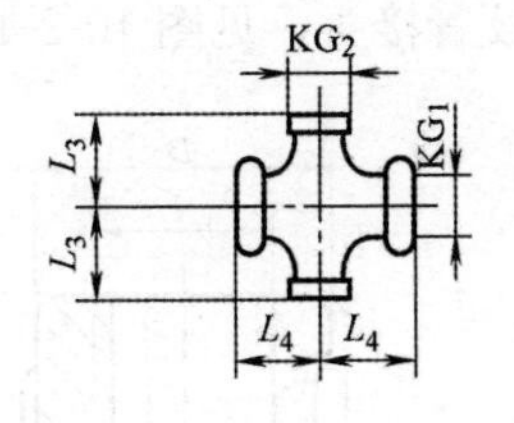

图 10-2-3　异径三通和四通

6. 异径三通和四通 **表 10-2-6**

公称直径 $DN_1 \times DN_2$	$KG_1 \times KG_2$ (in)	异径三通			异径四通	
		L_1	L_2	质量(kg)	L_3	L_4
20×15	3/4×1/2	29	28.5	0.136	30	29
25×15	1×1/2	32.5	29	0.25	33	32
25×20	1×3/4	34.5	31.5	0.262	35	34
32×15	1¼×1/2	37	31.5	0.262	38	34
32×20	1¼×3/4	39	34	0.264	40	38
32×25	1¼×1	39.5	37.5	0.456		4.0
40×15	1½×1/2	40.5	34	0.464	42	35
40×20	1½×3/4	42.5	36.5	0.511	43	38
40×25	1½×1	43	40	0.588	45	41
40×32	1½×1¼	45.5	44.5	0.664	48	45
50×15	2×1/2				48	38
50×20	2×3/4	48.5	37.5	0.702	49	41
50×25	2×1	49	41	0.816	51	44
50×32	2×1¼	51.5	45.5	0.91	54	48
50×40	2×1½	54	49	0.988	55	52
65×15	2½×1/2				57	41
65×20	2½×3/4				59	44
65×25	2½×1	57	43	1.12	61	48
65×32	2½×1¼	59.5	47.5		62	53
65×40	2½×1½	62	51		63	55
65×50	2½×2	63	57	1.42	65	60
80×15	3×1/2				65	43
80×20	3×3/4				66	47
80×25	3×1	63.5	45.5	1.60	68	51
80×32	3×1¼	66	50		70	55
80×40	3×1½	68.5	53.5		71	57
80×50	3×2	69.5	59.5	1.32	72	62

续表

公称直径 $DN_1 \times DN_2$	$KG_1 \times KG_2$ (in)	异径三通			异径四通	
		L_1	L_2	质量(kg)	L_3	L_4
80×65	3×2½	71.5	67.5		75	72
100×25	4×1				83	57
100×32	4×1¼	78.5	53.5		86	61
100×40	4×1½	81	57		86	63
100×50	4×2	82	63	1.79	87	69
100×65	4×2½	84	71		90	78
100×80	4×3	86.5	77.5		91	83

7. 内、外螺纹接头，见图 10-2-4 (*a*)，表 10-2-7。

8. 圆柱形、锥形螺纹管接头，见图 10-2-4 (*b*)、(*c*)，表 10-2-8。

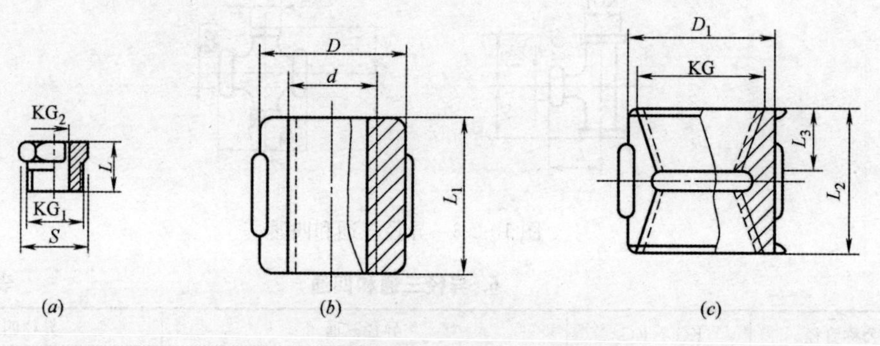

图 10-2-4　内外螺纹管接头、螺纹管接头

7. 内外螺纹管接头　　**表 10-2-7**

公称直径 $DN_1 \times DN_2$	$KG_2 \times KG_2$ (in)	L(mm)	S(mm)	质量(kg)	公称直径 $DN_1 \times DN_2$	$KG_2 \times KG_2$ (in)	L(mm)	S(mm)	质量(kg)
20×15	3/4×1/2	28	30	0.06	40×25	1½×1	38	55	0.254
25×15	1×1/2	32	36	0.1	40×32	1½×1¼	38	55	0.204
25×20	1×3/4	32	36	0.091	50×15	2×1/2	40	65	0.408
32×15	1¼×1/2	35	46	0.201	50×20	2×3/4	40	65	0.405
32×20	1¼×3/4	35	46	0.198	50×25	2×1	40	65	0.387
32×25	1¼×1	35	46	0.19	50×32	2×1¼	40	65	0.371
40×15	1½×1/2	38	55	0.29	50×40	2×1½	40	65	0.292
40×20	1½×3/4	38	55	0.279					

8. 圆柱形、锥形螺纹管接头　　**表 10-2-8**

公称直径		圆柱形管接头 YB 230				锥形管接头 YB 230				
DN	KG(in)	外径 D(mm)	长度 L_1(mm)	管螺纹 KG	公称压力 (MPa)	外径 D_1(mm)	长度 L_2(mm)	管螺纹 KG(in)	螺纹长度 L_3	公称压力 (MPa)
15	1/2	27	34		16	27	38	1/2	14	16
20	3/4	35	38		16	35	42	3/4	16	16
25	1	42	42		16	42	48	1	18	16
32	1¼	51	48		16	51	52	1¼	20	16
40	1½	57	52	同相应	16	57	56	1½	22	16
50	2	70	56	的管螺纹	10	70	60	2	24	10
70(65)	2½	88	64		10	88	66	2½	27	10
80	3	101	70		10					
100	4	128	84		10					
125	5									
150	6									

9. 异径管，见图 10-2-5、表 10-2-9

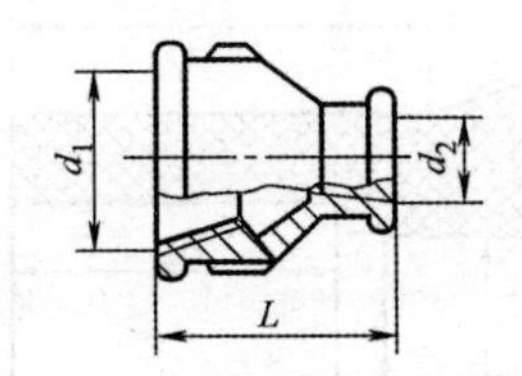

图 10-2-5　异径管

9. 异径管　　表 10-2-9

公称直径 DN	管螺纹 $d_1 \times d_2$(in)	长度 L (mm)	质量 (kg)	公称直径 DN	管螺纹 $d_1 \times d_2$(in)	长度 L (mm)	质量 (kg)
10×8(6)	3/8×1/4	30	—	65×20	2½×3/4	—	—
15×8(6)	1/2×1/4	35	—	65×25	2½×1	—	—
15×10	1/2×3/8	35	—	65×32	2½×1¼	65	—
20×8(6)	3/4×1/4	40	—	65×40	2½×1½	65	—
20×10	3/4×3/8	40	—	65×50	2½×2	65	—
20×15	3/4×1/2	40	0.089	80×15	3×1/2	—	—
25×8(6)	1×1/4	—	—	80×20	3×3/4	—	—
25×10	1×3/8	45	—	80×25	3×1	—	—
25×15	1×1/2	45	0.104	80×32	3×1¼	—	—
25×20	1×3/4	45	0.113	80×40	3×1½	75	—
32×10	1¼×3/8	50	—	80×50	3×2	75	—
32×15	1¼×1/2	50	0.152	80×65	3×2½	75	—
32×20	1¼×3/4	50	0.158	100×20	4×3/4	—	—
32×25	1¼×1/4	50	0.175	100×25	4×1	—	—
40×10	1½×3/8	—	—	100×32	4×1¼	—	—
40×15	1½×1/2	55	0.212	100×40	4×1½	—	—
40×20	1½×3/4	55	0.212	100×50	4×2	85	—
40×25	1½×1	55	0.215	100×65	4×2½	85	—
40×32	1½×1¼	55	0.240	100×80	4×3	85	—
50×15	2×1/2	60	—	125×65	5×2½	—	—
50×20	2×3/4	60	—	125×80	5×3	—	—
50×25	2×1	60	0.325	125×100	5×4	—	—
50×32	2×1¼	60	0.310	150×80	6×3	—	—
50×40	2×½	60	0.365	150×100	6×4	—	—
65×15	2½×1/2	—	—	150×125	6×5	—	—

10.3　燃气用埋地聚乙烯（PE）管道系统管件

燃气用埋地聚乙烯（PE）管件应符合现行国家标准《燃气用埋地聚乙烯管道系统　第 2 部分　管件》GB 15558.2 的规定。

10.3.1　热熔对接及电熔连接的插口管件

热熔对接及电熔连接插口管件见图 10-3-1，插口管件尺寸和公差表 10-3-1。

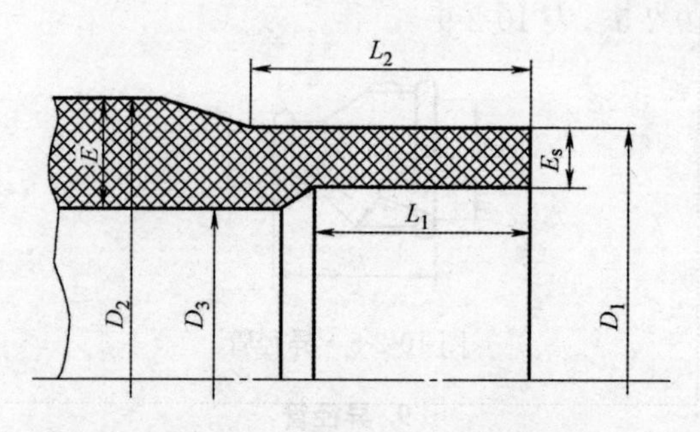

图 10-3-1 管件插口端示意图

图中：

D_1——熔接段的平均外径，在距离插口端面不大于 L_2、平行于该端口平面的任一截面处测量；

D_2——管件主体的平均外径；

D_3——最小通径，即管件主体最小通流内径，不包括熔接形成的卷边；

E——任一点测量的管件主体壁厚；

E_S——熔接段的壁厚，在距口部端面距离不超过 L_1（回切长度）的任一断面测量；

L_1——熔接段的回切长度，即用于热熔对接或电熔连接所必需的初始深度；

L_2——熔接段管状部分的长度

插口管件尺寸和公差 **表 10-3-1**

公称直径 d_n（mm）	管件的平均外径(mm)			不圆度 max（mm）	最小通径 D_{3min}（mm）	最小回切长度 L_{1min}（mm）	管状部分的最小长度 L_{2min}（mm）
	D_{1min}	D_{1max}					
		等级 A	等级 B				
16	16	—	16.3	0.3	9	25	41
20	20	—	20.3	0.3	13	25	41
25	25	—	25.3	0.4	18	25	41
32	32	—	32.3	0.5	25	25	44
40	40	—	40.4	0.6	31	25	49
50	50	—	50.4	0.8	39	25	55
63	63	—	63.4	0.9	49	25	63
75	75	—	75.5	1.2	59	25	70
90	90	—	90.6	1.4	71	28	79
110	110	—	110.7	1.7	87	32	82
125	125	—	125.8	1.9	99	35	87
140	140	—	140.9	2.1	111	38	92
160	160	—	161.0	2.4	127	42	98
180	180	—	181.1	2.7	143	46	105
200	200	—	201.2	3.0	159	50	112
225	225	—	226.4	3.4	179	55	120
250	250	—	251.5	3.8	199	60	129
280	280	282.6	281.7	4.2	223	75	139
315	315	317.9	316.9	4.8	251	75	150
355	355	358.2	357.2	5.4	283	75	164
400	400	403.6	402.4	6.0	319	75	179
450	450	454.1	452.7	6.8	359	100	195
500	500	504.5	503.0	7.5	399	100	212
560	560	565.0	563.4	8.4	447	100	235
630	630	635.7	633.8	9.5	503	100	255

10.3.2　电熔承口管件

电熔承口管件见图 10-3-2，电熔管件尺寸见表 10-3-2。

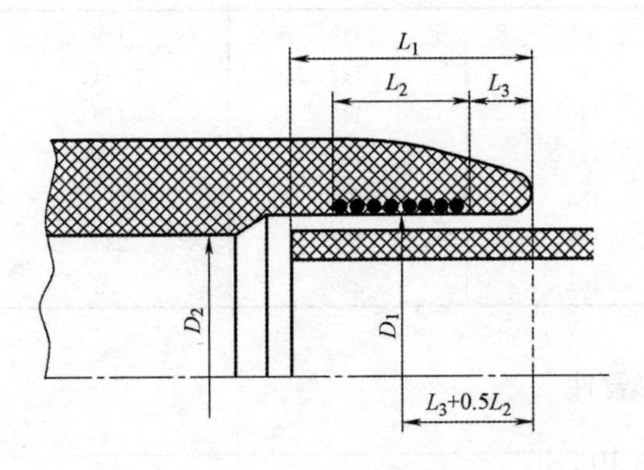

图 10-3-2　管件承口端示意图

图中：

D_1——距离口部端面 $L_3+0.5L_2$ 处测量的熔融区的平均内径；

D_2——最小通径，即管件主体最小通流内径；

L_1——管材的插入长度或插口管件插入段的长度；

L_2——承口内部的熔区长度，即熔融区的标称长度；

L_3——管件承口口部非加热长度，即管件口部与熔接区域开始处之间的距离。

电熔管件承口尺寸　　**表 10-3-2**

管件的公称直径 d_n(mm)	插入深度 L_1(mm)			熔区最小长度 L_{2min}(mm)
	min		max	
	电流调节	电压调节		
16	20	25	41	10
20	20	25	41	10
25	20	25	41	10
32	20	25	44	10
40	20	25	49	10
50	20	28	55	10
63	23	31	63	11
75	25	35	70	12
90	28	40	79	13
110	32	53	82	15
125	35	58	87	16
140	38	62	92	18
160	42	68	98	20
180	46	74	105	21
200	50	80	112	23
225	55	88	120	26
250	73	95	129	33
280	81	104	139	35

续表

管件的公称直径 d_n(mm)	插入深度 L_1(mm)			熔区最小长度 L_{2min}(mm)
	min		max	
	电流调节	电压调节		
315	89	115	150	39
355	99	127	164	42
400	110	140	179	47
450	122	155	195	51
500	135	170	212	56
560	147	188	235	61
630	161	209	255	67

10.3.3　电熔鞍形管件

电熔鞍形管件见图 10-3-3。

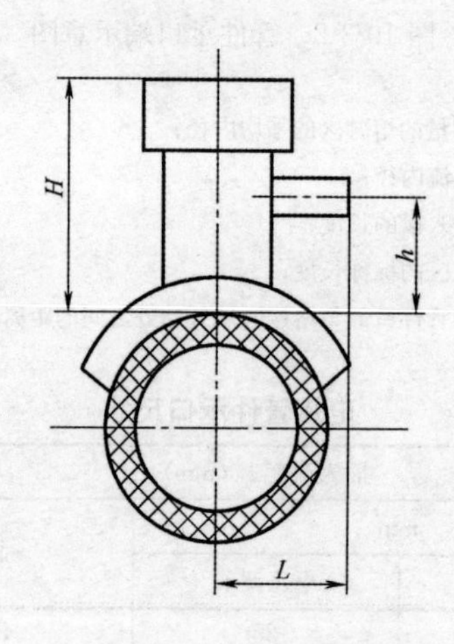

图 10-3-3　鞍形旁通示意图

图中：

h——出口管材的高度，即主体管材顶部到出口管材轴线的距离；

L——鞍形旁通的宽度，即主体管材轴线到出口管材端口的距离；

H——鞍形旁通的高度，即主体管材顶部到鞍形旁通顶部的距离。

10.3.4　电熔插口管件尺寸和电熔管件承口尺寸说明

电熔管件插口管件（表 10-3-1）及电熔管件承口管件尺寸（表 10-3-2）说明。

(1) 插口管件插口端尺寸（表 10-3-1）

管状部分的平均外径 D_1，不圆度（椭圆度）及以相关公差应符合表 10-3-1 的规定。

最小通径 D_3，管状部分 L_2 的最小值和回切长度 L_1 的最小值应符合表 10-3-1 的规定。

管状部分的长度 L_2 应满足以下连接要求：

——对接熔接时使用夹具的要求；

——与电熔管件装配长度的要求；

回切长度 L_1 允许通过熔接一段壁厚等于 E_S 的管段来实现。

（2）电熔管件电熔承口端的尺寸（表 10-3-2）

插入深度 L_1 和熔区的最小长度 L_2 见表 10-3-2 给出电流和电压两种调节方式的 L_1 的值。

除了表 10-3-2 中给出的值，应满足以下要求，见图 10-3-2：

$L_3 \geqslant 5\text{mm}$

$D_2 \geqslant d_n - 2e_{min}$

e_{min}为符合 GB 15558.1 相应管材的最小壁厚。

管件熔接区域中间的平均内径 D_1 应不小于 d_n。

制造商应声明 D_1 的最大和最小实际值，以便用户确定管件是否与夹具和接头组件匹配。

如果管件具有不同公称直径的承口，每个承口均应符合相应的公称直径的要求。

10.3.5　聚乙烯（PE）管电熔管件

10.3.6 聚乙烯（PE）管对接管件和钢塑接头

10.4 铝塑管管件

铝塑复合管应采用卡套式管件或承插式管件机械连接，承插式管件应符合国家现行标准（承插式管接头）CJ/T 110 的规定，卡套式管件应符合国家现行标准《卡套式管接头》CJ/T 111 和《铝塑复合管用卡压式管件》CJ/T 190 的规定。

《铝塑复合管 第 2 部分：铝管对接焊式铝塑管》GB/T 18997.2 附录 D 管道系统对管件附加要求如下。

1. 对管件的一般要求

（1）材料

管件本体宜采用黄铜的冷剂压材料或锻造材料生产。

（2）分类

管件有金属冷压式和螺纹压紧式，见图 10-4-1，图 10-4-2；尺寸见表 10-4-1 和表 10-4-2。

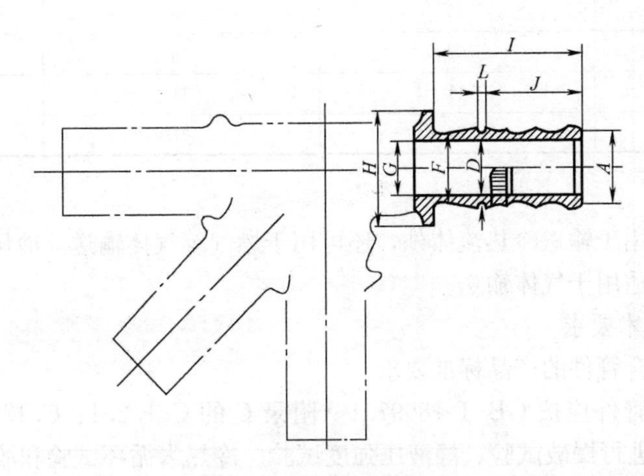

图 10-4-1　冷压式管件

冷压式管件结构参考尺寸（mm）　　　　**表 10-4-1**

管　件	管材规格						
	16	20	25(26)	32	40	50	S50
ϕA	11.3	14.8	18.8(19.8)	25.8	32.8	41.8	
ϕD	9.2	12.7	16.3(17.3)	23.3	30.3	38.2	
ϕF	10	13.4	17(18)	24	30.6	39.2	
ϕG	7.4	10.7	14(15)	20.5	26.6	33	
ϕH	17.9	21.9	27.5(28.5)	34.7	43.5	54	
I	26	28.5	33	29.5	35	39	5
J	16.7	18	20.5	15.2	18.3	19.3	30.3
L	2	2	2.4	2.4	2.4	3.5	

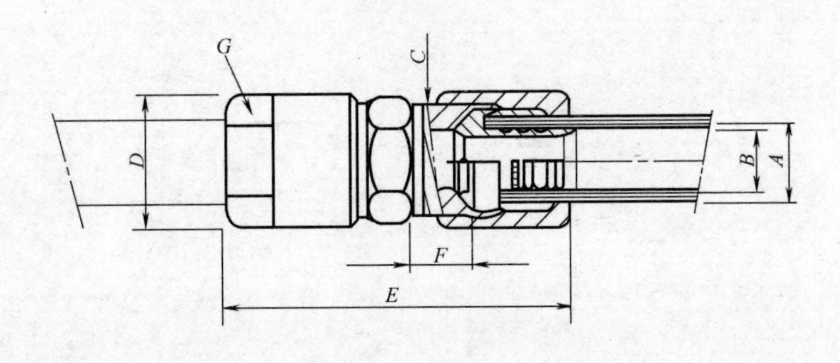

图 10-4-2　螺纹压紧式管件

螺纹压紧式管件结构参考尺寸（mm）　表 10-4-2

管　件	管件规格		
A	16	20	25(26)
B	11.5	15	20
C	M20	M27	M30
D	25	30	38
E	62	68	68
F	11	11	13
G	22	27	34

（3）用途

螺纹式管件除用于输送冷热流体外，还可用于燃气等气体输送。冷压式管件一般用于输送冷热流体，不适用于气体输送。

2. 对管件的技术要求

（1）管件应符合管件的产品标准要求。

（2）冷热水用管件应按 GB/T 18997.1　附录 C 的 C. 1. 2. 1、C. 1. 2. 2、C. 1. 2. 3 和 C. 1. 2. 4 规定要求进行爆破试验、静液压强度试验、冷热水循环试验和故障温度下静液压强度试验并合格。

第11章 阀　门

11.1 国产通用阀门型号及标志

国产通用阀门的型号编制方法按《阀门型号编制方法》JB 308 和《通用阀门标志》GB 12220（与 ISO 5209 标准等效）执行，阀门的型号编制由 7 个单元组成（由左至右），含意如下：

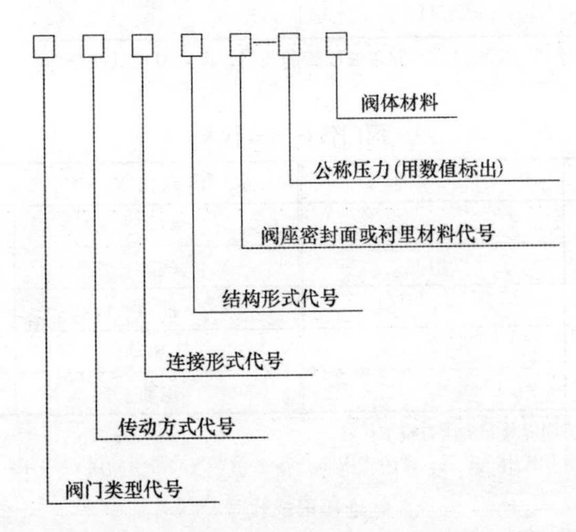

通用阀门必须使用的和可选择使用的标志项目如下表（表 11-1-1）所示。

阀门的标导（GB 12220）　　表 11-1-1

项　目	标　志	项　目	标　志
1	公称通径(*DN*)	11	标准号
2	公称压力(*PN*)	12	熔炼炉号
3	受压部件材料代号	13	内件材料代号
4	制造厂名或商标	14	工位号
5	介质流向的箭头	15	衬里材料代号
6	密封环(垫)代号	16	质量和试验标记
7	极限温度(℃)	17	检验人员印记
8	螺纹代号	18	制造年、月
9	极限压力	19	流动特性
10	生产厂编号		

注：型号中公称压力标值和阀体上的公称压力铸字标志值等于 10 倍的兆帕（MPa）数，设置在公称通径数值的下方时，其前不冠以“*PN*”；标记方法见相关标准的具体内容。

通常，用户应遵照产品样本要求填写阀门型号和项目标志的内容去订货，以满足设计意图。阀门型号和代号所含的技术内容见表 11-1-2 和表 11-1-3，上述技术内容的各项技术措施和技术条件必须符合阀门相关标准规定。

阀门选型示例如下：Z942T-2.5 表明所选的是闸阀，订货的技术要求为：电机传动；法兰连接、明杆平行式双闸板、铜合金阀座密封面材料、公称压力 PN0.25MPa，灰铸铁阀体材料。规格 DN 由设计图确定。

阀门类型代号 **表 11-1-2**

类　型	代　号	类　型	代　号
闸阀	Z	旋塞阀	K
截止阀	J	止回阀	H
球阀	Q	安全阀	A
蝶阀	D		

注：低温（低于−40℃）、保温（带加热套）和带波纹管的阀门，在类型代号前分别加“D”、“B”和“W”汉语拼音字母。

阀门传动方式代号 **表 11-1-3**

传动方式	代　号	传动方式	代　号
电磁动	0	伞齿轮	5
电磁-液动	1	气动	6
电-液动	2	液动	7
蜗轮	3	气-液动	8
正齿轮	4	电动	9

注：1. 手轮、手柄和扳手传动以及安全阀省略本代号。
2. 对于气动或液动：常开式用 6_K、7_K；常闭式用 6_B、7_B 表示；气动带手动用 6_S 表示；防爆电动用“9_B”表示。

连接形式代号 **表 11-1-4**

类　型	代　号	类　型	代　号
内螺纹	1	对夹	7
外螺纹	2	卡箍	8
法兰	4	卡套	9
焊接①	6		

① 焊接包括对焊和承插焊。

闸阀结构形式代号 **表 11-1-5**

<table>
<tr><th colspan="4">闸阀结构形式</th><th>代号</th></tr>
<tr><td rowspan="3">明杆</td><td rowspan="2">楔式</td><td colspan="2">弹性闸板</td><td>0</td></tr>
<tr><td rowspan="6">刚性</td><td>单闸板</td><td>1</td></tr>
<tr><td>平行式</td><td>双闸板</td><td>2</td></tr>
<tr><td colspan="2" rowspan="4">暗杆楔式</td><td>单闸板</td><td>3</td></tr>
<tr><td>双闸板</td><td>4</td></tr>
<tr><td>单闸板</td><td>5</td></tr>
<tr><td>双闸板</td><td>6</td></tr>
</table>

截止阀和节流阀结构形式代号　表 11-1-6

截止阀和节流阀结构形式		代　号
直通式		1
角式		4
直流式		5
平衡	直角式	6
	通式	7

球阀结构形式代号　表 11-1-7

球阀结构形式			代号
浮动	直通式		1
	L 形	三角式	4
	T 形		5
固定	直通式		7

蝶阀结构形式代号　表 11-1-8

蝶阀结构形式	代　号	蝶阀结构形式	代　号
杠杆式	0	斜板式	3
垂直板式	1		

旋塞阀结构形式代号　表 11-1-9

旋塞阀结构形式		代　号
填料	直通式	3
	T 形三通式	4
	四通式	5
油封	直通式	7
	T 形三通式	8

止回阀结构形式代号　表 11-1-10

旋塞阀结构形式		代　号
升降	直通式	1
	立升	2
旋启	单瓣式	4
	多瓣式	5
	双瓣式	6

安全阀结构形式代号　表 11-1-11

安全阀结构形式				代　号
弹簧	封闭	带散热片	全启式	0
		微启式		1
		全启式		2
	不封闭	带扳式	全启式	4
			双弹簧微启式	3
			微启式	7
			全启式	8
		带控制机构	微启式	5
			全启式	6
先导脉冲式				9

注：杠杆式安全阀在类型代号前加“G”汉语拼音字母。

阀座密封面或衬里材料代号　　表 11-1-12

阀座密封面或衬里材料	代　号	阀座密封面或衬里材料	代　号
铜合金	T	渗氮钢	D
橡胶	X	硬质合金	Y
尼龙塑料	N	衬胶	J
氟塑料	F	衬铅	Q
锡基轴承合金(巴氏合金)	B	搪瓷	C
合金钢	H	渗硼钢	P

注：由阀体直接加工阀座密封面材料用“W”表示；当阀座和阀瓣（闸板）密封面材料不同时，用低硬度材料代号。

阀体材料代号　　表 11-1-13

阀 体 材 料	代　号	阀 体 材 料	代　号
灰铸铁	Z	碳素钢	C
可锻铸铁	K	铬铝合金钢	I
高硅铸铁	G	铬镍钛合金钢	P
球墨铸铁	Q	铬镍钼钛合金钢	R
铜和铜合金	T	铬钼钒合金钢	V

注：对于公称压力 $PN \leqslant 1.6$MPa 的灰铸铁阀体和 $PN \leqslant 2.5$MPa 的碳素钢阀体，省略这一单元的代号。

值得注意的是，绝大多数国产阀门均采用统一规定的型号作为订货号，但国内外合资厂或代理商编制的产品型号有所不同，其差异简略说明如下：

(1) 在阀门类型代号前要标注阀门规格：磅级制阀门以英寸为单位，公制阀门以 mm 为单位。

(2) 阀门结构形式，凡采用螺栓连接阀盖、外螺纹支架式可省略代号，而压力自紧密封阀盖式以“P”表示。

(3) 连接方式代号隐含所采用的设计标准，例如 ANSI 标准：RF 以 A 表示，RJ 以 R 表示，BW 以 W 表示；MSS 标准：RF 以 M 表示；JIS 标准：RF 以 K 表示；GB 标准：RF 以 G 表示。

(4) 密封面形式还包含阀杆材料、填料、垫片等。

总之，订货时，必须预先细致阅读产品样本内容及其质量认证检验结论。对于新增主体材料和内件材料的国际阀门应按国内规定的常用阀门材质牌号及其标准使用，对于国外阀门材料的使用可通过‘国内外阀门用材料对照’相关资料进行比对。

(5) 国内外阀门公称压力标志压力的换算，见式 (11-1-1)、式 (11-1-2)、式 (11-1-3) 和表 11-1-14。

国外标准与我国采用的标准压力换算关系分述如下：

$$1\text{bf/in}^2 = 6894.757\text{Pa} = 0.006894\text{MPa} = 0.06894\text{bar} \tag{11-1-1}$$

$$1\text{kgf/cm}^2 = 14.22\text{bf/in}^2 = 0.9807\text{bar} \tag{11-1-2}$$

$$1\text{bar} = 14.51\text{bf/in}^2 = 1.02\text{kgf/cm}^2 \tag{11-1-3}$$

ANSI 标准压力磅级与公称压力的关系表　　表 11-1-14

ANSI 标准压力级 (bf/in^2)	公称压力 PN		
	MPa	bar	kgf/cm^2
150	2.0	20	20.4
300	5.0	50	51.0
400	6.8	68	69.4
600	10.0	100	102.0

续表

ANSI 标准压力级（bf/in²）	公称压力 PN		
	MPa	bar	kgf/cm²
900	15.0	150	153
1500	25.0	250	255.0
2500	42.0	420	428.4
3500	59.0	590	601.8

11.2　阀　　门

11.2.1　闸阀　*PN*1.0～6.4MPa；*DN*15～*DN*600
11.2.2　截止阀　*PN*1.6～6.4MPa；*DN*15～*DN*200
11.2.3　球阀　*PN*1.6～4.0MPa；*DN*15～*DN*200
11.2.4　蝶阀　*PN*0.6～1.6MPa；*DN*40～*DN*600
11.2.5　旋塞　*PN*0.6～1.0MPa；*DN*15～*DN*150
11.2.6　安全阀　*PN*1.6～4.0MPa；*DN*40～*DN*100
11.2.7　ISO-7005-1　标志压力等级阀门（英制）

1. 承插焊、内螺纹锻钢截止阀 Class¼″～2″、150～800。
2. 法兰、对焊闸阀 Class 600；2″～16″。
3. 铸钢闸阀 Class 600；2″～24″。
4. 铸钢闸阀 Class 900、1500、2500、2″～16″。
5. 铸钢截止阀 Class 150、2500、2″～20″。
6. 两件式法兰球阀 Class 150～300，½″～12″。

11.2.1　闸阀（1～7）

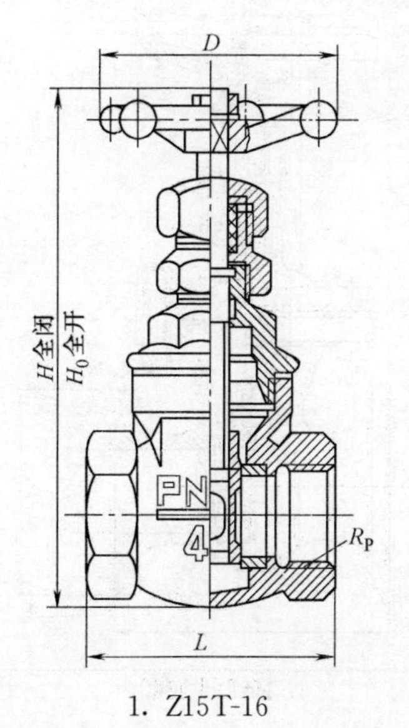

1. Z15T-16

1. Z15T-16

工作温度 阀体材料	≤100℃ 灰铸铁
适用介质	Z41T-10　型：水； Z41W-10 型：油品

2. Z41T-10、Z41W10

工作温度 阀体材料	≤120℃ 灰铸铁（HT200）
适用介质	水、油、蒸汽

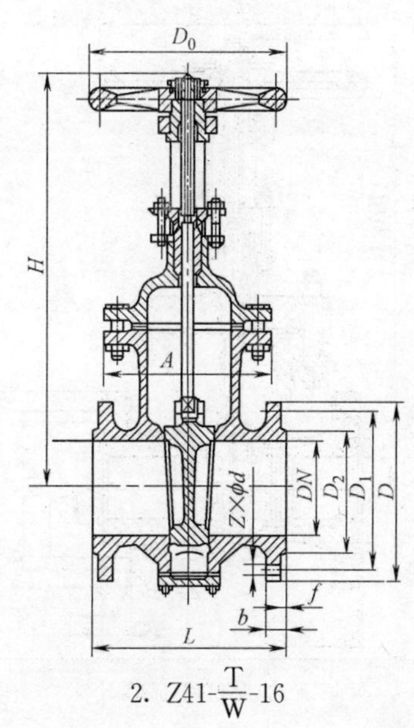

2. Z41-$\frac{T}{W}$-16

1. Z15T-16 型闸阀 *PN*1.6（16）

公称直径 *DN*	尺寸(mm)					质量 (kg)
	L	*H*	H_0	*D*	R_P(in)	
15	60	123	128	62	1/2	
20	70	132	138	72	3/4	
25	82	152	159	83	1	
32	85	152	159	83	1/4	
40	95	200	210	101	1/2	
50	110	240	215	110	2	

2. Z41T-10，Z41W-10 型明杆楔式单闸板闸阀 *PN*1.0（10）

公称直径 *DN*	尺寸(mm)										质量 (kg)
	L	*D*	D_1	D_2	*b*	*f*	*A*	*H*	D_0	$Z\times\phi d$	
50	180	160	125	100	20	3	170	346	180	$4\times\phi18$	18
80	210	195	160	135	22	3	207	465	200	$4\times\phi18$	29
100	230	215	180	155	22	3	231	542	200	$8\times\phi18$	38
125	255	245	210	185	24	3	263	667	240	$8\times\phi18$	54
150	280	280	240	210	24	3	310	754	240	$8\times\phi23$	69
200	330	335	295	265	26	3	368	990	320	$8\times\phi23$	134
250	380	390	350	320	28	3	423	1180	320	$12\times\phi23$	182
300	420	440	400	368	28	4	482	1357	400	$12\times\phi23$	260
350	450	500	460	428	30	4	549	1585	400	$16\times\phi23$	474
400	480	565	515	482	32	4	616	1875	500	$16\times\phi25$	519
450	510	615	565	532	32	4	685	2110	500	$20\times\phi25$	622
500	540	670	620	585	34	4	780	2481	720	$20\times\phi25$	681
600	600	780	725	685	36	5	900	2796	720	$20\times\phi30$	951

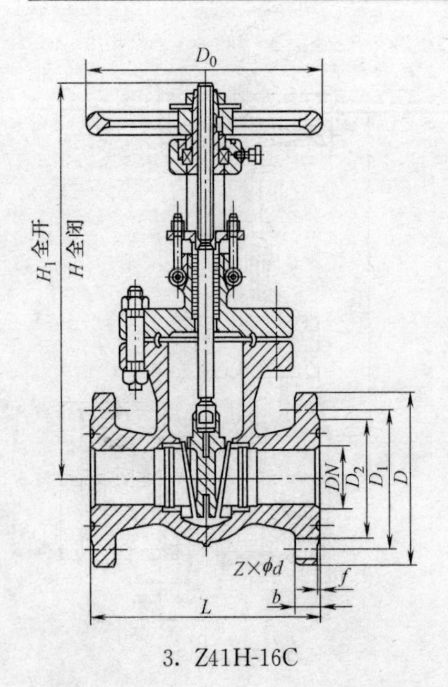

3. Z41H-16C

3. Z41H-16C

工作温度	≤425℃
阀体材料	碳钢
适用介质	水、蒸汽、油

4. Z41H-16C

工作温度	≤425℃
阀体材料	碳钢
适用介质	油品、水、蒸汽

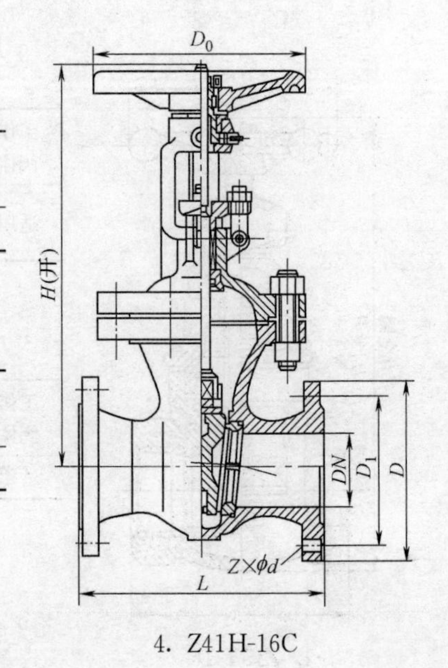

4. Z41H-16C

3. Z41H-16C型碳钢楔式闸阀 PN1.6（16）

公称直径 DN	尺寸(mm)										质量(kg)
	L	D	D_1	D_2	f	b	$Z\times\phi d$	H	H_1	D_0	碳钢
10	102	90	60	40	2	14	4×ϕ14	240	250	160	4
15	130	95	65	45	2	14	4×ϕ14	240	250	160	5
20	150	105	75	55	2	14	4×ϕ14	285	305	180	6
25	160	115	85	65	2	14	4×ϕ14	305	330	180	9
32	180	135	100	75	2	16	4×ϕ18	320	350	200	12
40	200	145	110	85	3	16	4×ϕ18	345	385	200	16

4. Z41H-16C型楔式闸阀 PN1.6（16）

公称直径 DN	尺寸(mm)						质量(kg)
	L	D	D_1	$Z\times\phi d$	D_0	H	
50	250	160	125	4×ϕ18	240	417	22
80	280	195	160	8×ϕ18	280	530	44
100	300	215	180	8×ϕ18	300	590	47
150	350	280	240	8×ϕ23	350	850	96
200	400	335	295	12×ϕ23	400	1060	160
250	450	405	350	12×ϕ25	450	1125	228
300	500	460	410	12×ϕ25	500	1415	300
350	550	520	470	160×ϕ25	500	1630	388
400	600	580	525	16×ϕ30	600	1780	566

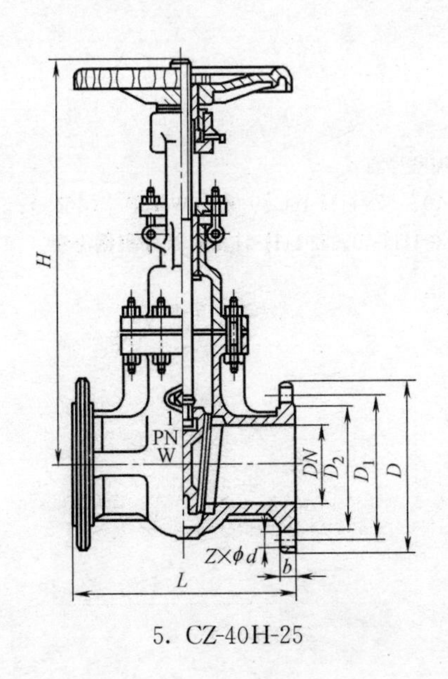

5. CZ-40H-25

5. CZ40H-25

工作温度 阀体材料	≤425℃ 碳钢(WCB)
适用介质	蒸汽、油品、水

6. Z41H-40

工作温度 阀体材料	≤400℃ 碳钢
适用介质	蒸汽、水、油品

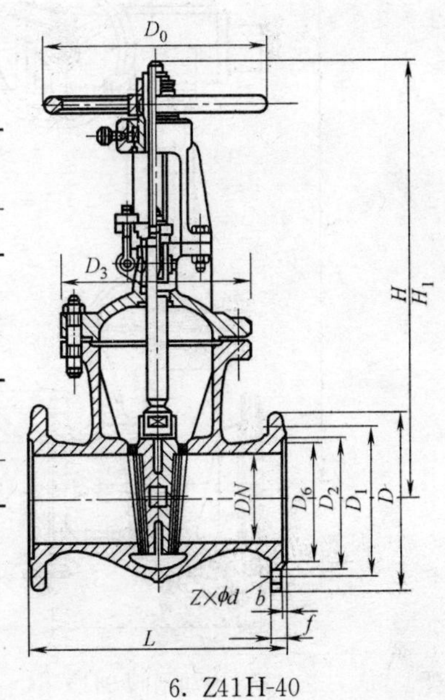

6. Z41H-40

5. CZ40H-25 型楔式闸阀 $PN2.5$（25）

公称直径 DN	尺寸(mm)							质量 (kg)
	L	D	D_1	D_2	b	$Z\times\phi d$	H	
50	250	160	125	100	20	4×ϕ18	386	23
65	265	180	145	120	22	8×ϕ18	403	33
80	280	195	160	135	22	8×ϕ18	441	40
100	300	230	190	160	24	8×ϕ23	508	60
150	350	300	250	218	30	8×ϕ25	634	100
200	400	360	310	278	34	12×ϕ25	774	154
250	450	425	370	322	36	12×ϕ30	918	207
300	500	485	430	390	40	16×ϕ30	1073	316
350	550	550	490	448	44	16×ϕ34	1220	460
400	600	610	550	505	48	16×ϕ34	1460	580
500	700	730	660	610	52	20×ϕ41	1658	654

6. Z41H-40 型明杆楔式单闸板闸阀 $PN4.0$（40）

公称直径 DN (mm)	尺寸(mm)												质量 (kg)
	L	D	D_1	D_2	D_6	b	f	$Z\times\phi d$	D_3	H	H_1	D_0	
50	250	160	125	100	88	20	3	4×ϕ18	180	371	438	280	29
65	280	180	145	120	110	22	3	8×ϕ18	210	393	473	280	38
80	310	195	160	135	121	22	3	8×ϕ18	235	455	550	320	51
100	350	230	190	160	150	24	3	8×ϕ23	280	551	669	360	81
125	400	270	220	188	176	28	3	8×ϕ25	315	628	772	400	128
150	450	300	250	218	204	30	3	8×ϕ25	345	708	883	400	150
200	550	375	320	282	260	38	3	12×ϕ30	420	858	1086	450	262
250	650	445	385	345	313	42	3	12×ϕ34	500	1015	1298	560	366

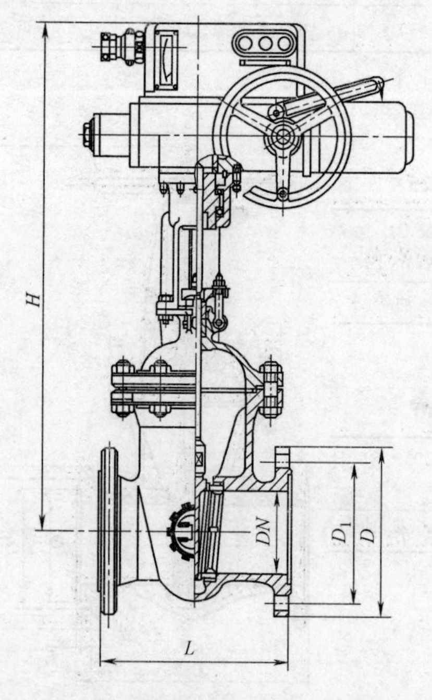

7. 电动闸阀 941Y-64

电动闸阀型号有：

Z945W-10、 Z941H-16C、 Z941W-16P （ R ）、Z940H-25、Z941H-40、Z941H-64 等；尺寸根据需要。

7. 电动闸阀

工作温度	Z941Y-64P、Z941-64R 型：≤200℃或≤600℃； Z941Y-401 型：≤550℃；其余型：≤425℃
阀体材料	Z941Y-64P 型：铸钢(ZG1Cr18Ni9Ti)；Z941Y-64I 型：铸钢(Cr5Mo)； Z941Y-64R 型：铸钢(ZGCr18Ni12Mo2Ti)；其余型：碳钢(ZG25Ⅱ)
适用介质	油品、蒸汽、水

公称直径 *DN* (mm)	尺寸(mm)				转速 (r/min)	电动装置型号	公称转矩 (N·m)	电动机		重量 (kg)
	L	*D*	D_1	*H*				型号	功率(kW)	
Z941H-64、Z941Y-64P、Z941Y-64I、Z941Y-64R 型										
80	310	210	170	710	18	Z20-18	200	YDF222	0.55	160
100	350	250	200	785	18	Z20-18	300	YDF311	0.75	200
125	400	295	240	860	18	Z30-18	300	YDF311	0.75	250
150	450	340	280	975	18	Z30-18	300	YDF311	0.75	350
Z940Y-64 型										
200	550	405	345	1160	36	Z45-36	450	YDF321	2.2	480
250	650	470	400	1400	36	Z60-36	600	YDF322	3	690

11.2.2　截止阀（1-7）

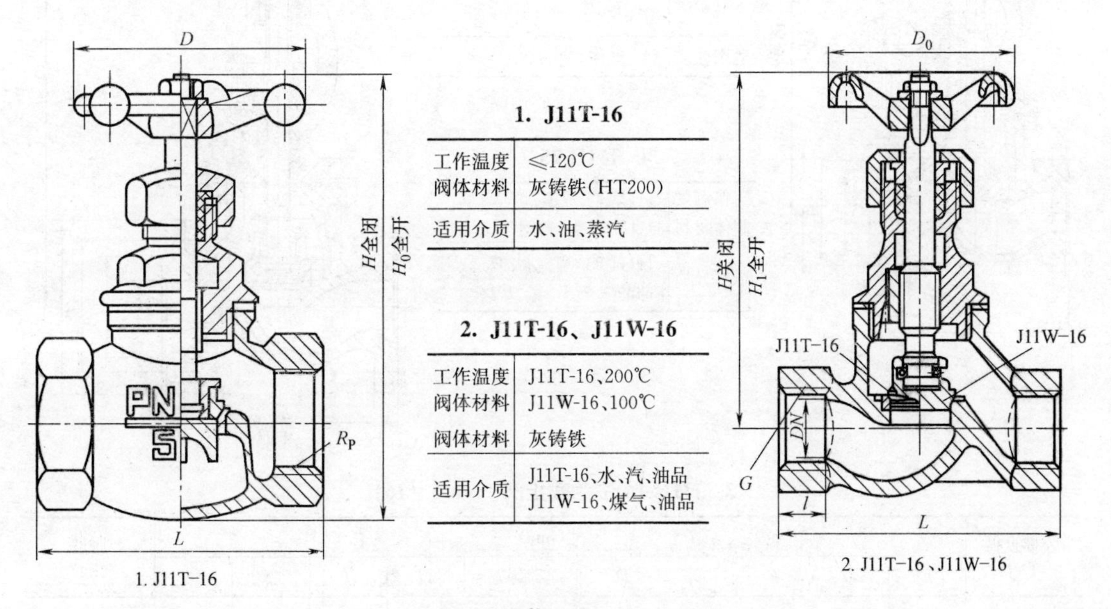

1. J11T-16

工作温度 阀体材料	≤120℃ 灰铸铁(HT200)
适用介质	水、油、蒸汽

2. J11T-16、J11W-16

工作温度 阀体材料	J11T-16、200℃ J11W-16、100℃
阀体材料	灰铸铁
适用介质	J11T-16、水、汽、油品 J11W-16、煤气、油品

1. J11T-16　　2. J11T-16、J11W-16

1. J11T-16 型截止阀 *PN*1.6（16）

公称直径 *DN*	尺寸(mm)					质量(kg)
	L	*H*	H_0	*D*	R_P(in)	
15	65	104	109	62	1/2	
20	74	110	116	72	3/4	
25	80	130	137	83	1	
32	106	146	154	83	$1\frac{1}{4}$	

续表

公称直径 DN	尺寸(mm)					质量(kg)
	L	H	H_0	D	R_P(in)	
40	118	174	184	110	$1\frac{1}{2}$	
50	138	184	210	120	2	

2. J11T-16、J11W-16 内螺纹截止阀 *PN*1.6（16）

公称直径 DN	管螺纹 G	主要外形尺寸(mm)					质量(kg)
		L	l	$\approx H$	$\approx H_1$	D_0	
15	1/2	90	14	109	117	100	0.8
20	3/4	100	16	109	117	100	1.0
25	1	120	18	132	142	120	1.7
32	1¼	140	20	156	168	160	2.5
40	1½	170	22	167	182	160	3.7
50	2	200	24	182	200	180	5.6
65	2½	260	30	200	223	200	8.9

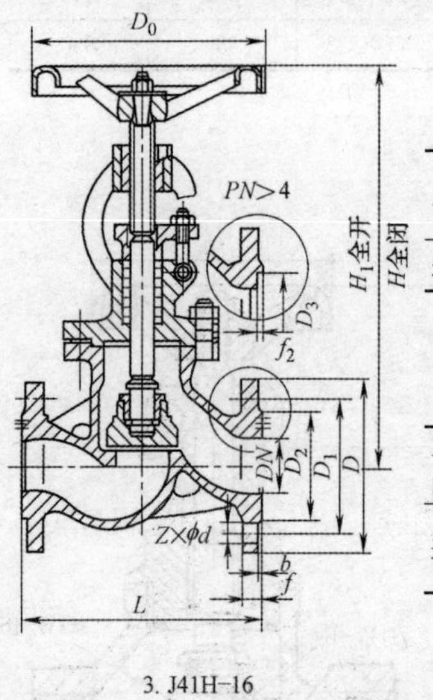

3. J41H-16

3. J41H-16

工作温度	≤425℃ 碳钢
适用介质	水、气体、油品

4. J41H-25

工作温度	J41H-25 型：≤400℃
阀体材料	J41H-25 型：铸钢(ZG25Ⅱ)
适用介质	J41H-25 型：水、蒸汽、油品

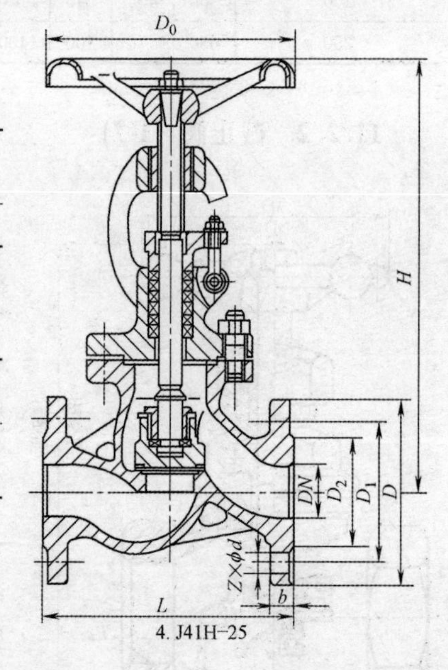

4. J41H-25

3. J41H-16 法兰截止阀 *PN*1.6（16）

公称直径 DN	尺寸(mm)										质量(kg)
	L	D	b	D_1	D_2	$Z\times\phi d$	H	H_1	f	D_0	
10	130	90	16	60	40	4×φ14	218	228	2	120	5
15	130	95	16	65	45	4×φ14	218	228	2	120	6
20	150	105	16	75	55	4×φ14	258	272	2	140	8
25	160	115	16	85	65	4×φ15	275	292	2	160	10
32	190	135	18	100	78	4×φ18	280	308	2	160	14
40	200	145	18	110	85	4×φ18	330	354	3	200	17
50	230	160	18	125	100	4×φ18	350	380	3	240	25

续表

公称直径 DN	尺寸(mm)										质量 (kg)
	L	D	b	D_1	D_2	$Z\times\phi d$	H	H_1	f	D_0	
65	290	180	18	145	120	4×ϕ18	355	428	3	240	36
80	310	195	20	160	135	8×ϕ18	390	400	3	280	48
100	350	215	20	180	155	8×ϕ18	415	460	3	280	70
125	400	245	22	210	185	8×ϕ18	460	520	3	320	90
150	480	280	24	240	210	8×ϕ23	510	580	3	360	145

4. J41H-25 型截止阀 *PN*2.5（25）

公称直径 DN	尺寸(mm)								质量 (kg)
	L	D	D_1	D_2	b	$Z\times\phi d$	H	D_0	
32	180	135	100	78	18	4×ϕ18	290	160	8.5
40	200	145	110	85	18	4×ϕ18	330	200	12.5
50	230	160	125	100	20	4×ϕ18	350	240	16
65	290	180	145	120	22	8×ϕ18	400	280	25
80	310	195	160	135	22	8×ϕ18	430	320	30
100	350	230	190	160	24	8×ϕ23	465	360	34.5
125	400	270	220	188	28	8×ϕ25	526	400	89
150	480	300	250	218	30	8×ϕ25	605	400	98
200	600	325	295	265	30	12×ϕ25	665	450	170

注：*DN*200 的阀门内有内旁通装置。

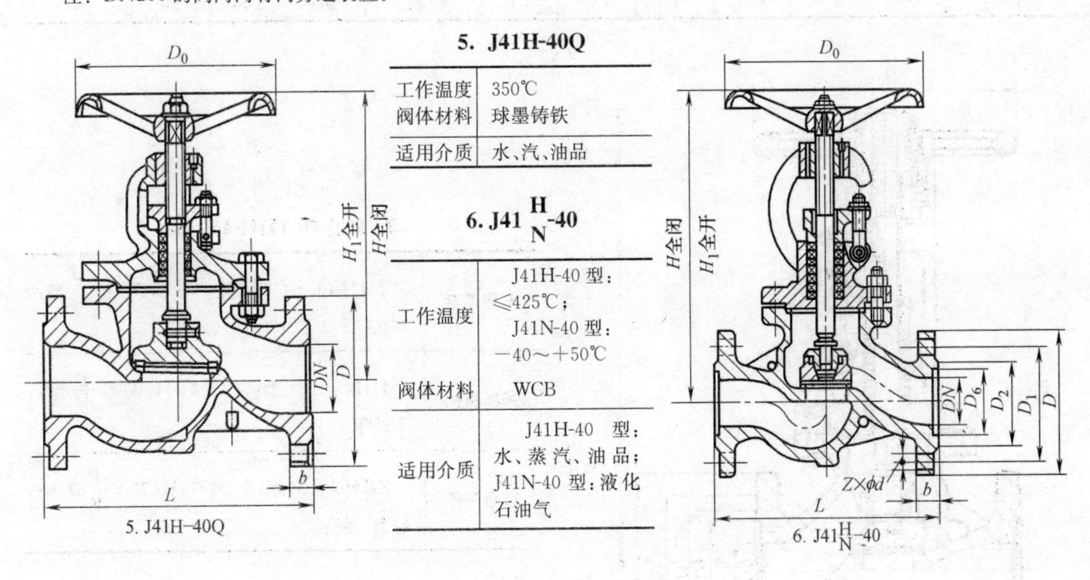

5. J41H-40Q

工作温度	350℃
阀体材料	球墨铸铁
适用介质	水、汽、油品

6. J41$\frac{H}{N}$-40

工作温度	J41H-40 型：≤425℃；J41N-40 型：−40～+50℃
阀体材料	WCB
适用介质	J41H-40 型：水、蒸汽、油品；J41N-40 型：液化石油气

5. J41H-40Q　　6. J41$\frac{H}{N}$-40

5. J41H-40Q 截止阀 *PN*4.0（40）

公称直径 DN	尺寸(mm)					
	L	D	bv	$\approx H$	$\approx H_1$	D_0
15	130	95	16	208	220	100
20	150	105	16	213	227	100

续表

公称直径 DN	尺寸(mm)					
	L	D	bv	≈H	≈H_1	D_0
25	160	115	16	220	236	120
32	180	135	18	245	265	140
40	200	145	18	274	300	160
50	230	160	20	304	336	180
65	290	180	22	336	374	180
80	310	195	24	370	420	200
100	350	230	26	427	490	240
125	400	270	28	465	539	240
150	480	300	30	520	600	320

6. J41H-40，J41N-40 截止阀 *PN*4.0（40）

公称直径 DN	尺寸(mm)										质量(kg)
	L	D	D_1	D_2	D_6	b	$Z\times\phi d$	H	H_1	D_0	
20	150	105	75	55	51	16	4×ϕ14	255	270	140	7.5
25	160	115	85	65	58	16	4×ϕ14	270	285	160	8.9
32	180	135	100	78	66	18	4×ϕ18	280	305	160	11.8
40	200	145	110	85	76	18	4×ϕ18	330	354	200	16
50	230	160	125	100	88	20	4×ϕ18	350	380	240	22
65	290	180	145	120	110	22	8×ϕ18	400	430	280	33
80	310	195	160	135	121	22	8×ϕ18	430	465	320	45
100	350	230	190	160	150	24	8×ϕ23	465	506	360	58

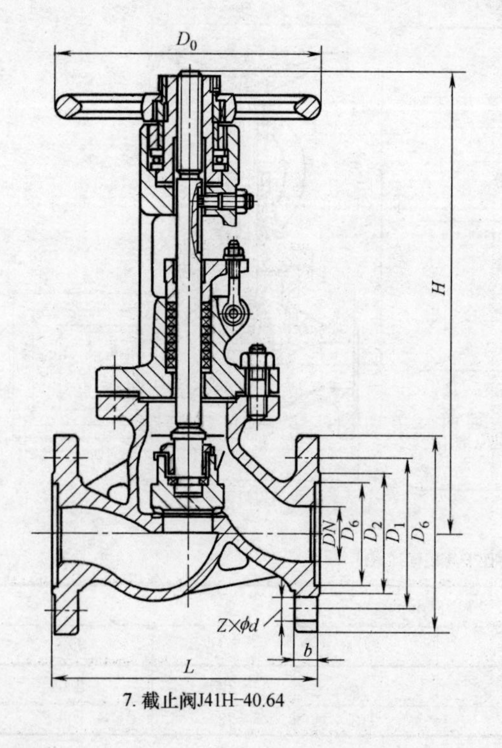

7. 截止阀J41H-40.64

7. 截止阀 J41H-40、64

工作温度	J41H-40、64 型：≤400；J41W-40 $\frac{P}{R}$ 型：≤100℃
阀体材料	J41H-40、64 型：ZG25 Ⅱ；J41W-40 $\frac{P}{R}$ 型：不锈钢
适用介质	Z41H-40、64 型；水、蒸汽；J41W-40 $\frac{P}{R}$ 型：酸碱类；油品

7. 截止阀 J41H-40、64

公称直径 DN (mm)	尺寸(mm)									重量 (kg)
	L	D	D_1	D_2	D_6	b	$Z\times\phi d$	H	D_0	
PN4(40)	J41H-40、J41W-40 $\frac{P}{R}$型									
32	180	135	100	78	66	18	4×ϕ18	290	160	11.8
40	200	145	110	85	76	20	4×ϕ18	330	200	16.5
50	230	160	125	100	88	22	4×ϕ18	350	240	24
65	290	180	145	120	110	22	8×ϕ18	400	280	33
80	310	195	160	135	121	22	8×ϕ18	420	320	44
100	350	230	190	160	150	24	8×ϕ23	465	360	60
125	400	270	220	188	176	28	8×ϕ25	526	400	89
150	480	300	250	218	204	30	8×ϕ25	605	400	98
200	600	375	320	282	260	38	12×ϕ30	665	450	
PN6.4(64)	J41H-64 型									
50	300	175	135	105	88	26	4×ϕ23	405	280	35
65	340	200	160	130	110	28	8×ϕ23	430	320	48
80	380	210	170	140	121	30	8×ϕ23	465	360	56
100*	430	250	200	168	150	32	8×ϕ25	550	450	125

11.2.3 球阀（1～4）

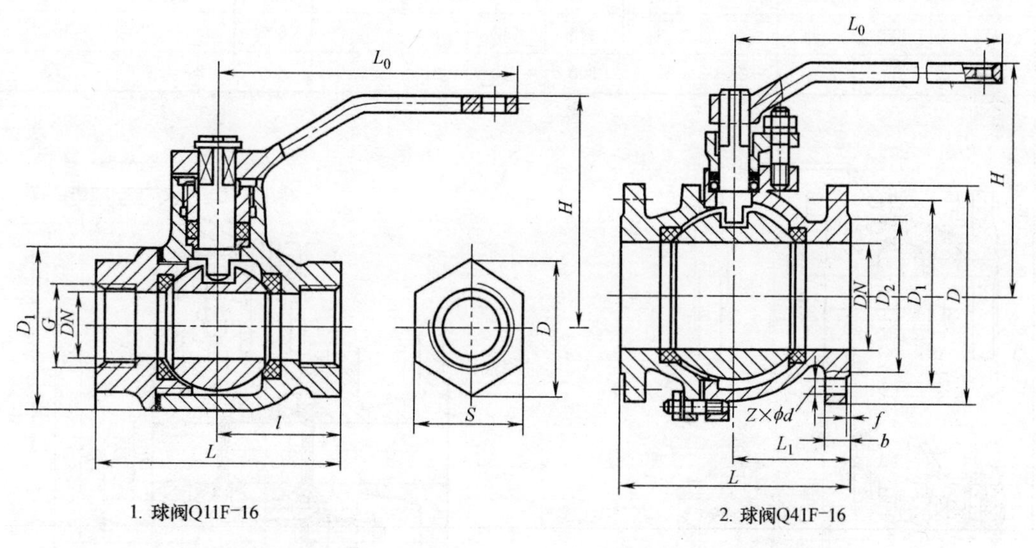

1. 球阀Q11F-16　　2. 球阀Q41F-16

1. Q11F-16

工作温度 阀体、材料	≤100℃ 阀体：球墨铸铁
适用介质	水、油品

2. Q41F-16

工作温度 阀体、材料	≤100℃ 阀体：球墨铸铁
适用介质	水、油品

1. Q11F-16 型内螺纹球阀 *PN*1.6（16）

公称直径 *DN*	尺寸(mm)								质量 (kg)
	管螺纹(in)	D_1	L	l	L_0	D	S	H	
15	G1/2	48	90	45	140	34.6	30	76	0.87
20	3/4	58	100	50	160	41.6	36	81	1.19
25	1	66	115	58	180	53.1	46	92	1.87
32	11/4	80	130	64	200	63.5	55	112	2.87
40	11/2	92	150	75	250	69.3	60	121	3.24
50	2	114	180	90	300	86.5	75	137	6.87
65	21/2	136	190	100	300	104	90	147	10.87

2. Q41F-16 型法兰直通式球阀 *PN*1.6（16）

公称直径 *DN*	尺寸(mm)										质量 (kg)
	L	L_1	b	f	D	D_1	D_2	H	L_0	$Z\times\phi d$	
15	130	55	14	2	95	65	45	103	140	4×φ14	2.4
20	140	60	16	2	105	75	55	112	160	4×φ14	3.2
25	150	60	16	2	115	85	65	130	180	4×φ14	5.0
32	165	65	18	2	135	100	78	150	200	4×φ18	8.6
40	180	70	18	2	145	110	85	165	250	4×φ18	10.2
50	200	85	20	2	160	125	100	190	300	4×φ18	15.2
65	220	96	20	2	180	145	120	195	300	4×φ18	18.9
80	250	112	22	3	195	160	135	215	400	8×φ18	27
100	280	125	24	3	215	108	155	250	500	8×φ18	28.3
125	320	155	26	3	245	210	185	280	600	8×φ18	49.5
150	360	170	28	3	300	240	210	320	800	8×φ25	70

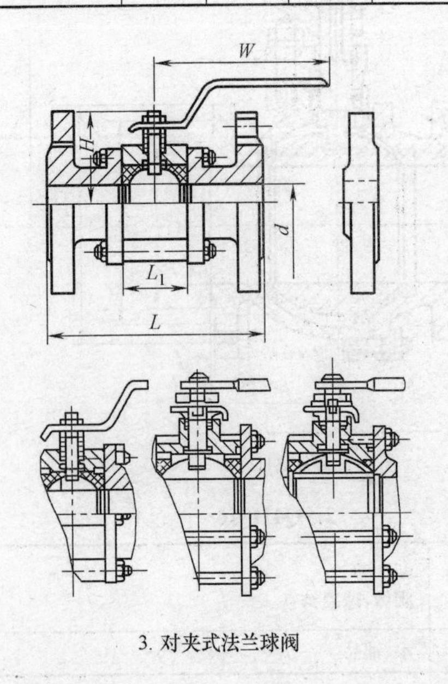

3. 对夹式法兰球阀

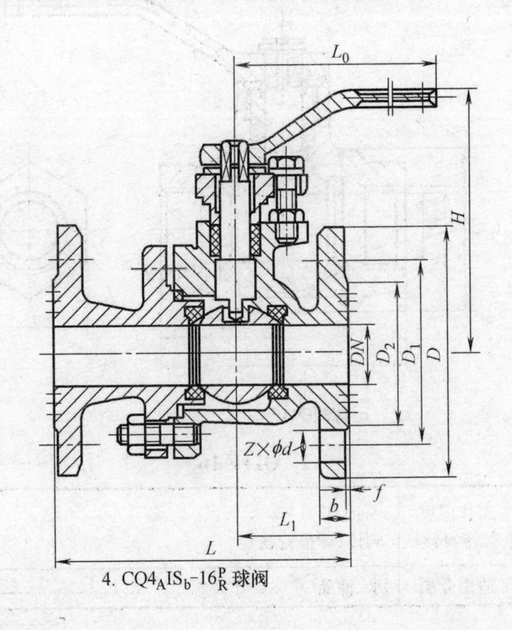

4. $CQ4_AIS_b\text{-}16^P_R$ 球阀

3. 对夹式法兰球阀

工作温度 阀体材料	−29～+425℃ WCB
适用介质	水、蒸汽、油品

4. CQ4$_A$1S$_b$-16 $\frac{P}{R}$球阀

工作温度	Q4$_A$1F-16 $\frac{P}{R}$型：≤150℃；CQ4$_A$1S$_b$-16 $\frac{P}{R}$型：≤350℃
阀体材料	−16P 型：不锈钢（1Cr18Ni9Ti）；−16R 型：不锈钢（1Cr18Ni12Mo2Ti）
适用介质	酸、碱类

3. 对夹式法兰球阀（通孔）*PN*1.0(10)～1.6(16) *PN*2.5(25)，4.0(40)

公称直径 *DN*		尺寸(mm)					质量(kg)		
mm	in	*d*	*L*	L_1	*H*	*W*	1.0～1.6MPa	2.5MPa	4.0MPa
10		10	130	20.4	37	140	3	3	3
15		15	130	24.6	39	140	3	3	3
20	3/4	20	150	31.4	53	180	4	4	4
25	1	25	160	41.3	58	180	5	5	5
32	1¼	32	180	48.4	71	200	10	10	10
40	1½	40	200	56.3	76	200	14	14	14
50	2	50	230	71.4	86.2	250	20	20	20
65	2½	65	290	88.9	153	480	25	25	25
80	3	80	310	108.5	168	480	30	30	50
100	4	100	350	134.6	182	480	40	40	70
125	5	125							
150	6	150	480	189.1	269.5	720	85	85	101
200	8	200	600	248	316	800	153	153	216

注：1. 按采用不同材料的填料、垫片、隔膜、阀座确定阀门的工作温度。

2. 阀体的温-压值按 ANSI B16.34。

4. CQ4$_A$1S$_b$-16 $\frac{P}{R}$型高温球阀 Q4$_A$1F-16 $\frac{P}{R}$型球阀 *PN*1.6 (16)

公称直径 *DN*	尺寸(mm)										质量(kg)
	L	*D*	D_1	D_2	*f*	*b*	$Z\times\phi d$	*H*	L_0	L_1	
15	115	95	65	45	2	14	4×ϕ14	90	120	49	2.2
20	125	105	75	55	2	14	4×ϕ14	100	160	54	3.5
25	140	115	85	65	2	14	4×ϕ14	115	160	66	4.2
32	165	135	100	78	2	16	4×ϕ14	135	200	62.5	6.5
40	180	145	110	85	3	16	4×ϕ18	155	250	74.5	10
50	210	160	125	100	3	16	4×ϕ18	165	250	89.5	13
65	225	180	145	125	3	18	4×ϕ8	195	350	99	19
80	240	195	160	135	3	20	8×ϕ18	195	350	97	22
100	260	215	180	155	3	20	8×ϕ18	220	400	120	31
125	320	250	210	184	3	22	8×ϕ17.5	285	600	155	65
150	360	285	240	212	3	24	8×ϕ22	322	800	170	81

11.2.4　蝶阀（1~5）

中线蝶阀可根据要求提供手动、蜗轮传动、电动、气动等不同形式的蝶阀。

适用介质：普通水、海水、空气、蒸汽、油类等。

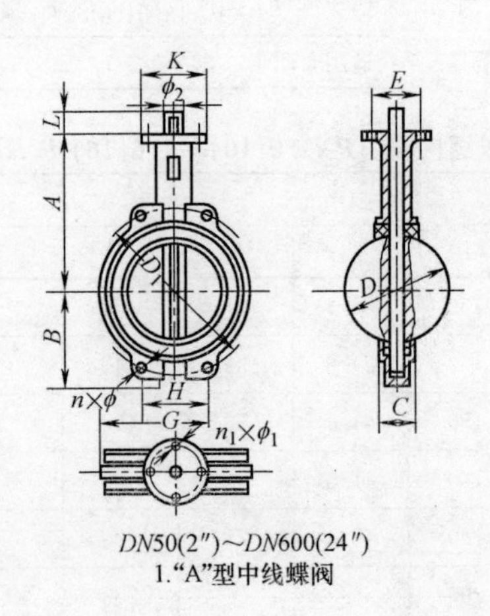

DN50(2″)~DN600(24″)

1."A"型中线蝶阀

1.“A”型中线蝶阀（*PN*1.0/*PN*1.6MPa）

规格		A	B	C	D	L	H	D_1	$n\times\phi$	K	E	$n_1\times\phi_1$	ϕ_2	G	$n_2\times N$	质量(kg)
DN	(in)															
50	2	161	80	42	52.9	32	84.84	120	4×23	77	57.15	4×6.7	12.6	118	—	2.6
65	2.5	175	89	44.7	64.5	32	96.2	136.2	4×26.5	77	57.15	4×6.7	12.6	137	—	3.2
80	3	181	95	45.2	78.8	32	61.23	160	8×18	77	57.15	4×6.7	12.6	143	—	3.6
100	4	200	114	52.1	104	32	70.80	185	4×24.5	92	69.85	4×10.3	15.77	156	—	4.9
125	5	213	127	54.4	123.3	32	82.28	215	4×23	92	69.85	4×10.3	18.92	190	—	7
150	6	226	139	55.8	155.6	32	91.08	238	4×25	92	69.85	4×10.3	18.92	212	—	7.8
200	8	260	175	60.6	202.5	45	112.89/76.35	295	4×25/4×23	115	88.9	4×14.3	22.10	268	—	13.2
250	10	292	203	65.6	250.5	45	92.40	357	4×29	115	88.9	4×14.3	28.45	325	—	19.2
300	12	337	242	76.9	301.6	45	105.34	407	4×29	140	107.95	4×14.3	31.60	403	—	32.5
350	14	368	267	76.5	333.3	45	91.11	467	4×30	140	107.95	4×14.3	31.60	436	—	41.3
400	16	400	309	86.5	389.6	51.2/72	100.47/102.42	515/525	4×26/4×30	197	158.75	4×20.6	33.15	488	—	61
450	18	422	328	105.6	440.51	51.2/72	88.39/91.51	565/585	4×26/4×30	197	158.75	4×20.6	38	539	—	79
500	20	480	361	131.8	491.6	64.2/82	96.99/101.68	620/650	4×26/4×33	197	158.75	4×20.6	41.15	593	—	128
600	24	562	459	152	592.5	70.2/82	113.42/12.46	725/770	20×30/20×36	276	215.9	4×22.2	50.65	816	—	188

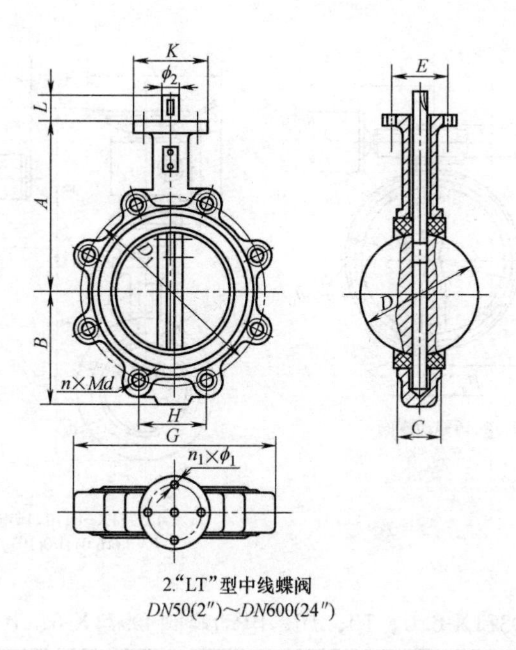

2."LT"型中线蝶阀
$DN50(2'')\sim DN600(24'')$

2. "LT"型中线蝶阀（*PN*1.0/*PN*1.6MPa）

规格		A	B	C	D	L	H	D_1	$n\times Md$	K	E	$n_1\times\phi_1$	ϕ_2	G	质量 (kg)
DN	(in)														
50	2	161	80	42	52.9	32	88.38	125	4×M16	77	57.15	4×6.7	12.6	118	3.8
65	2.5	175	89	44.7	64.5	32	102.54	145	4×M16	77	57.15	4×6.7	12.6	137	4.2
80	3	181	95	45.2	78.8	32	61.23	160	8×M16	77	57.15	4×6.7	12.6	178	4.7
100	4	200	114	52.1	104	32	68.88	180	8×M16	92	69.85	4×10.3	15.77	206	9.0
125	5	213	127	54.4	123.3	32	80.36	210	8×M16	92	69.85	4×10.3	18.92	238	10.9
150	6	226	139	55.8	155.6	32	91.84	240	8×M20	92	69.85	4×10.3	18.92	266	14.2
200	8	260	175	60.6	202.5	45	112.89/76.35	295	8×M20/12×M20	115	88.9	4×14.3	22.10	329	18.2
250	10	292	203	65.6	250.5	45	90.59/91.88	350/355	12×M20/12×M24	115	88.9	4×14.3	28.45	393	26.8
300	12	337	242	76.9	301.6	45	103.52/106.12	400/410	12×M20/12×M24	140	107.95	4×14.3	31.60	462	40
350	14	368	267	76.5	333.3	45	89.74/91.69	460/470	16×M20/16×M24	140	107.95	4×14.3	31.60	515	56
400	16	400	309	86.5	389.6	51.2/72	100.48/102.42	515/525	16×M24/16×M27	197	158.75	4×20.6	33.15	579	96
450	18	422	328	105.6	440.51	51.2/72	88.38/91.51	565/585	20×M24/20×M27	197	158.75	4×20.6	38	627	122
500	20	480	361	131.8	491.6	64.2/82	96.99/101.68	620/650	20×M24/20×M30	197	158.75	4×20.6	41.15	696	202
600	24	562	459	152	592.5	70.2/82	113.42/120.476	725/770	20×M27/20×M33	276	215.9	4×22.6	50.65	821	270

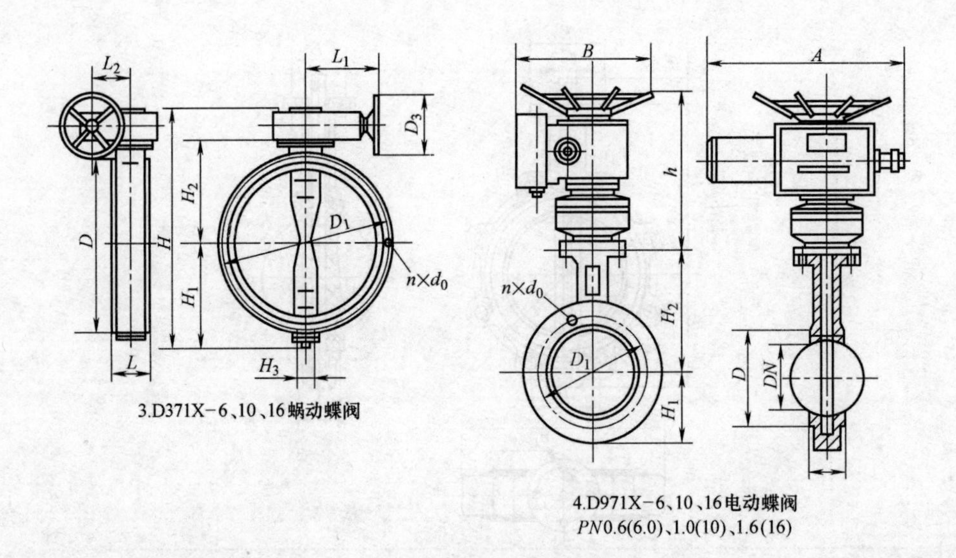

3.D371X-6、10、16蜗动蝶阀

4.D971X-6、10、16电动蝶阀
PN0.6(6.0)、1.0(10)、1.6(16)

3、4　蜗动蝶阀 D371X-6.0、10、16、电动蝶阀 D971X-6、10、16

工作温度 阀体材料	−30～100℃ 灰铸铁、球墨铸铁
适用介质	水、海水、空气、煤气、蒸汽、油品、酸、碱液

说明：A、B、h 的尺寸由所选的电动装置而定，其他尺寸见 D371X-6、10、16 蜗动蝶阀表中的数据。

3、4　D371X-6、10、16 蜗动蝶阀

DN	PN0.6							PN1.0							PN1.6						
	H_3	D	D_1	T_h	d_0	n	质量	H_3	D	D_1	T_h	d_0	n	质量	H_3	D	D_1	T_h	d_0	n	质量
40	70.7	130	100	M12	13.5	4	9	77.8	150	110	M16	17.5	4	9	77.8	150	110	M16	17.5	4	11
50	77.8	140	110	M12	13.5	4	10	88.4	165	125	M16	17.5	4	10	88.4	165	125	M16	17.5	4	12
65	91.9	160	130	M12	13.5	4	11	102.5	185	145	M16	17.5	4	11	102.5	185	145	M16	17.5	4	13
80	106.1	190	150	M16	17.5	4	14	61.2	200	160	M16	17.5	4	14	6L 2	200	160	M16	17.5	4	16
100	120.2	210	170	M16	17.5	4	15	68.9	220	180	M16	17.5	4	15	68.9	220	180	M16	17.5	4	17
125	76.5	240	200	M16	17.5	4	17	80.4	250	210	M16	17.5	4	17	80.4	250	210	M16	17.5	4	19
150	86.1	265	225	M16	17.5	4	21	91.8	285	240	M20	22	4	19	91.8	285	240	M20	22	4	23
200	107.2	320	280	M16	17.5	4	28	112.9	340	295	M20	22	4	30	76.4	340	295	M20	22	4	32
250	86.7	375	335	M16	17.5	4	38	90.6	395	350	M20	22	4	44	91.9	405	355	M24	26	4	47
300	102.2	440	395	M20	22	4	70	103.5	445	400	M20	22	4	80	106.1	460	410	M24	26	4	82
350	115.2	490	445	M20	22	4	75	89.7	505	460	M20	22	4	84	91.7	520	470	M24	26	4	90
400	96.6	540	495	M20	22	16	120	100.5	565	515	M24	26	16	140	102.4	580	525	M27	30	16	151
450	107.3	595	550	M20	22	16	150	88.4	615	565	M24	26	20	170	91.5	640	585	M27	30	20	180
500	93.9	645	600	M20	22	20	170	97	670	620	M24	26	20	195	101.7	715	650	M30	33	20	207
600	110.3	755	705	M24	26	20	290	113.4	780	725	M27	30	20	320	120.5	840	770	M33	36	20	333

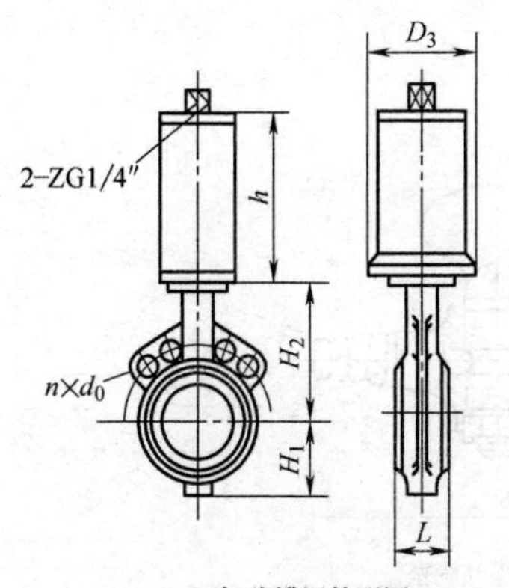

5. 气动蝶阀外形图

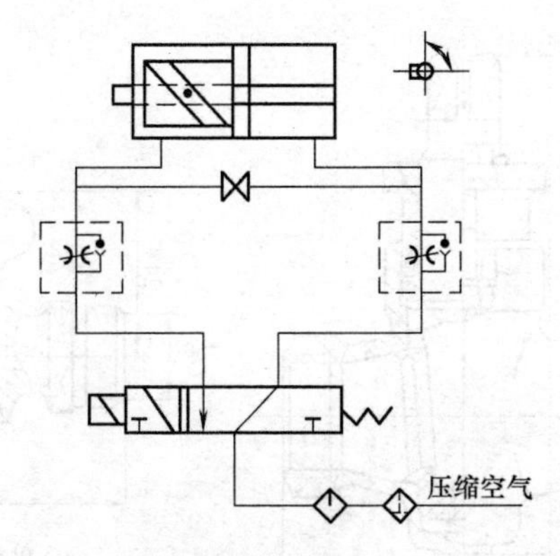

气动系统参考图

5. 气动蝶阀 D671X-6、10、16

工作温度 阀体材料	－10～100℃ 灰铸铁
适用介质	水、煤气、蒸汽、油品

5. D671X-6、10、16 气动蝶阀 *PN*0.6（6.0）、1.0（10）、1.6（16）

DN	*h*	D_3	质　量			气动执行器型号
			*PN*0.6	*PN*1.0	*PN*1.6	
40	200	105	8	8	9	QB32
50	200	105	9.5	9.5	10	QB32
65	200	105	10	10	11	QB32
80	200	128	11	11	12	QB63
100	220	128	20	25	27	QB63
125	280	168	23	28	30	QB125
150	280	168	27	30	35	QB125
200	320	195	50	55	60	QB250
250	320	195	57	61	70	QB250
300	405	240	88	92	101	QB500
350	405	240	120	128	137	QB1100
400	435	340	161	167	180	QB1100
450	435	340	172	182	193	QB1100
500	435	340	226	237	248	QB1100
600	435	340	398	383	403	QB1100

注：1. 供气压力0.4～0.6MPa，进气螺孔为2-ZG1/4″。

2. 带气信号定位器时，气压为0.02～0.1MPa，通过调节气压，实现调节阀门的开度。

3. 带电信号定位器时，电流为4～20mA，通过调节电流，实现调节阀门的开度。

4. 带两位显示阀时，可显示阀开和阀关。

5. H_1、H_2、L、D_1、$11\times d_0$ 尺寸数据见D371X-6、10、16蜗轮蝶阀两表中的数据。

11.2.5　旋塞（1～6）

1. X13W-10 内螺纹填料旋塞

公称直径 *DN*	管螺纹 (in)	尺寸(mm)		质量 (kg)	公称直径 *DN*	管螺纹 (in)	尺寸(mm)		质量 (kg)
		L	～*H*				*L*	～*H*	
15	½	80	112	0.8	50	2	170	242	7
20	¾	90	126	1.1	65	2½	220	304	13
25	1	110	150	1.7	80	3	250	338	17.5
32	1¼	130	176	3.2	100	4	300	425	30
40	1½	150	210	4.5					

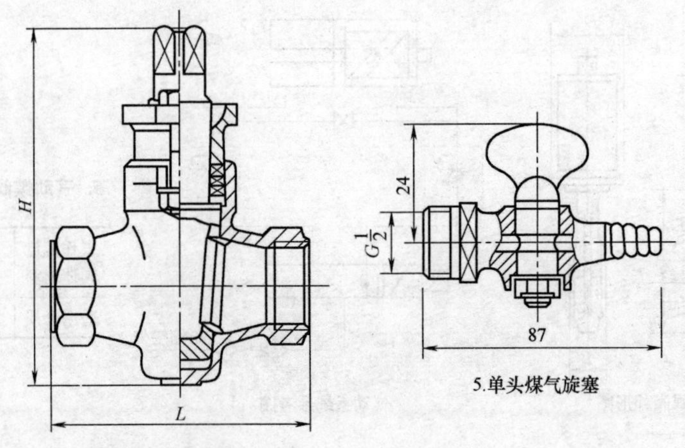

1X13W－10内螺纹填料旋塞结构图

5.单头煤气旋塞

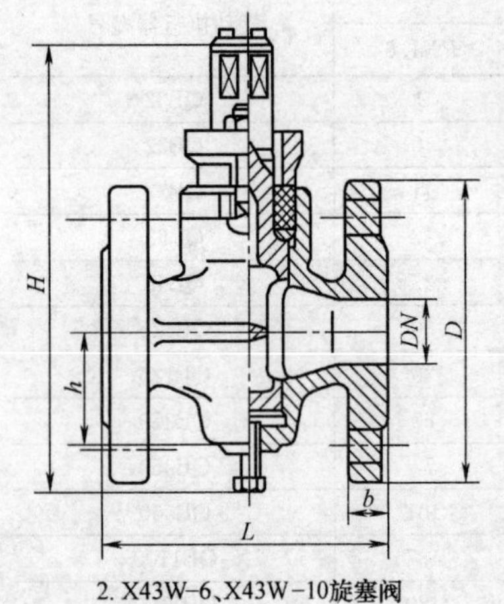

2. X43W-6、X43W－10旋塞阀

2. X43W-6 旋塞阀

公称直径 *DN*	主要外形尺寸(mm)					质量(kg)
	L	*D*	*b*	*h*	≈*H*	
100	300	205	18	119	375	
125	350	235	20	154	482	65
150	400	260	20	172	512	75

2. X43W-10 旋塞阀

公称直径 *DN*	*L*	*D*	*b*	*h*	≈*H*	质量(kg)
25	110	115	16	38	133	2.8
32	130	135	18	45	152	4.4
40	150	145	18	55	182	7.1
50	170	160	20	74	236	11.2
65	220	180	20	82	264	17.0
80	250	195	20	95	297	22.0
100	300	215	22	135	425	47.5
150	400	280	24		529	75

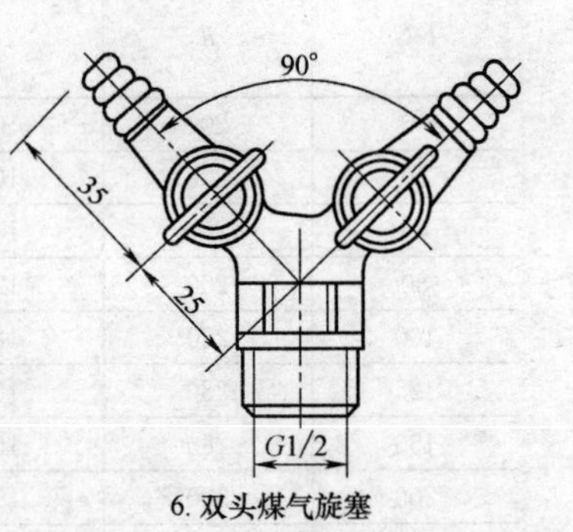

6. 双头煤气旋塞

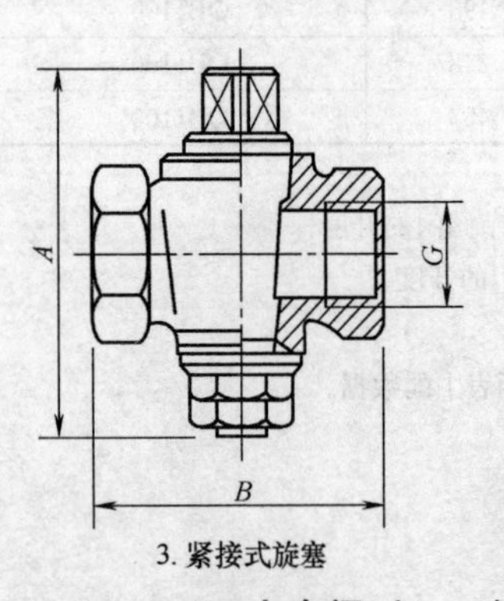

3. 紧接式旋塞

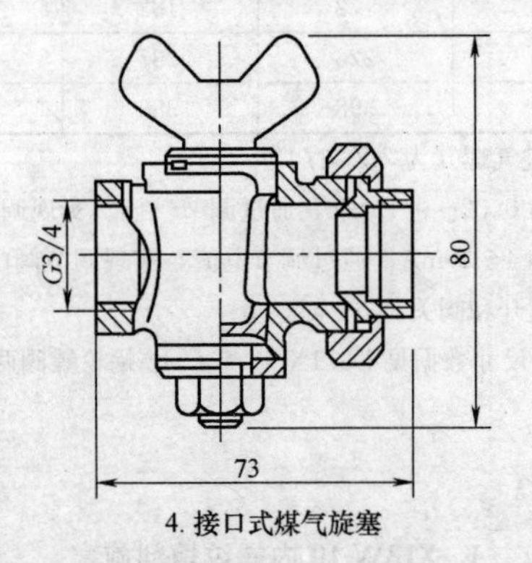

4. 接口式煤气旋塞

3. 紧接式旋塞规格

公称直径 *DN*	*A*	*B*
15	72	60
20	87	67
25	99	80
32	116	87
40	137	105

11.2.6　安全阀（1、2）

1. 弹簧全启式安全阀

工作温度	A42 $\frac{H}{Y}$-16C、A48 $\frac{H}{Y}$-16C 型：≤350℃；其余型：≤200℃
阀体材料	A42 $\frac{H}{Y}$-16C、A48 $\frac{H}{Y}$-16 型：碳钢(WCB)；其余型：铸铁
适用介质	空气、油品

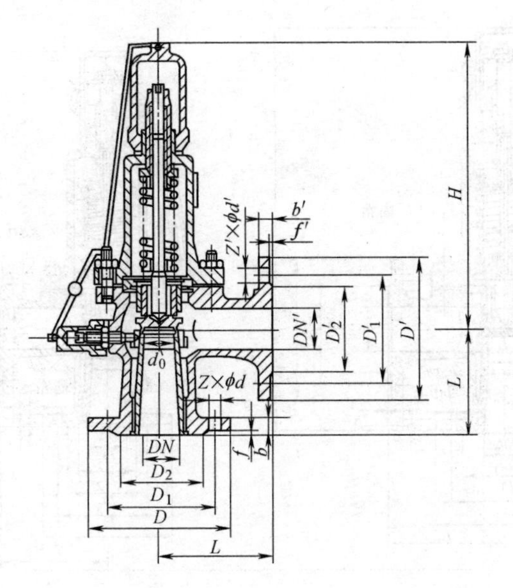

1. A42 H/Y-16、16C、A48 H/Y-16、16C

1. A42 H/Y-16/16C，A48 H/Y-16/16C 型弹簧全启式安全阀 *PN*1.6（16）

公称直径 *DN*	尺寸(mm)																	质量 (kg)
	L	L_1	D	D_1	D_2	b	f	$Z\times\phi d$	D'	D'_1	D'_2	b'	f'	$Z'\times\phi d'$	H	d_0	DN'	
*PN*1.6(16)	A42 H/Y-16、A42 H/Y-16C 型																	
40	120	110	150	110	88	16	3	4×ϕ18	165	125	102	18	3	4×ϕ18	279	25	50	14
50	135	120	165	125	102	16	3	4×ϕ18	185	145	122	18	3	4×ϕ18	306	32	65	20
80	170	135	200	160	133	20	3	8×ϕ18	220	180	158	22	3	8×ϕ18	429	50	100	42
100	205	160	220	180	158	20	3	8×ϕ18	250	210	184	22	3	8×ϕ18	530	65	125	59
*PN*1.6(16)	A48 H/Y-16C、A48 H/Y-16 型																	
40	120	110	150	110	88	16	3	4×ϕ18	165	125	102	18	3	4×ϕ18	316	25	50	16
50	135	120	165	125	102	16	3	4×ϕ18	185	145	122	18	3	4×ϕ18	325	32	65	17
80	170	135	200	160	133	20	3	8×ϕ18	220	158	158	22	3	8×ϕ18	496	50	100	42
100	205	160	220	180	158	20	3	8×ϕ18	250	184	184	22	3	8×ϕ18	574	65	125	59
*PN*1.6(16)	A41H-16、A41H-16C 型																	
40	120	110	150	110	88	16	3	4×ϕ18	150	110	88	16	3	4×ϕ18	281	25	40	13
50	135	120	165	125	102	16	3	4×ϕ18	165	125	102	16	3	4×ϕ18	296	32	50	25
80	170	135	200	160	133	20	3	8×ϕ18	200	160	133	20	3	8×ϕ18	409	50	80	35

2. 弹簧微启式安全阀

工作温度 阀体材料	≤350℃ 碳钢
适用介质	水、空气、蒸汽

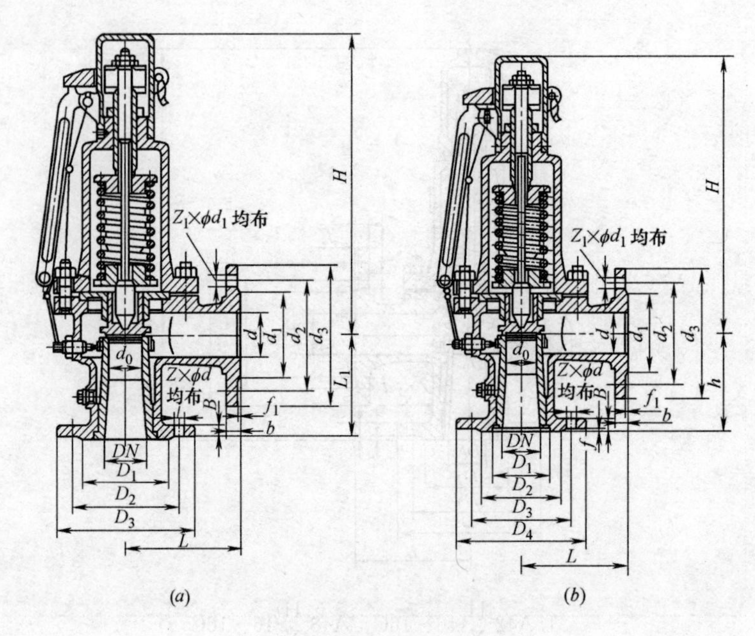

2. 弹簧微启式安全阀

2. CA47H-1.6C、CA47H-2.5、A47H-4.0 型弹簧微启式安全阀

公称直径 DN	尺寸(mm)															质量(kg)
	d_0	L	L_1	H	D_1	D_2	D_3	B	$Z\times\phi d$	d	d_1	d_2	d_3	b	$Z_1\times\phi d_1$	
*PN*1.6(16)	A47H-1.6C 型															
50	40	130	115	380	100	125	160	16	4×ϕ18	50	100	125	160	16	4×ϕ18	25
80	65	160	135	410	135	160	195	20	8×ϕ18	80	135	160	195	20	8×ϕ18	65
100	80	170	160	580	155	180	215	20	8×ϕ18	100	155	180	215	20	8×ϕ18	75
*PN*2.5(25)	A47H-2.5 型															
50	40	130	115	380	100	125	160	20	4×ϕ18	50	100	125	160	16	4×ϕ18	26
80	65	160	135	410	135	160	195	22	8×ϕ18	80	135	160	195	20	8×ϕ18	68
100	80	170	160	580	155	180	215	24	8×ϕ23	100	155	180	215	200	8×ϕ18	82

*PN*4.0(40)	A47H-4.0 型																
	d_0	L	h	H	D_1	D_2	D_3	D_4	B	$Z\times\phi d$	d	d_1	d_2	d_3	b	$Z_1\times\phi d_1$	
50	40	130	115	380	88	100	125	160	20	4×ϕ18	50	100	125	160	16	4×ϕ18	27
80	65	160	135	410	121	135	160	195	22	8×ϕ18	80	135	160	195	20	8×ϕ18	70
100	80	170	165	580	150	160	190	230	24	8×ϕ23	100	155	180	215	20	8×ϕ18	85

2. A47H-1.6C、A47H-2.5、A47H-4.0 型弹簧微启式安全阀性能表 *PN*1.6（6）*PN*2.5（25）*PN*4（40）

整定压力范围 P_K [MPa (kgf/cm²)]	性能指标Ⅰ				性能指标Ⅱ				开启高度(mm)
	整定压力	排放压力	回座压力	密封压力	整定压力	排放压力	回座压力	密封压力	
	MPa(kgf/cm²)				MPa(kgf/cm²)				
*PN*1.6(16)	A47H-1.6C 型								
0.1～0.13 (1～1.3)	0.1(1)	≤0.1 (1.03)	≥0.07 (0.75)	0.07 (0.75)	0.13 (1.3)	≤0.13 (1.34)	≥0.1 (1.05)	0.1 (1.05)	≥*d*/20

续表

整定压力范围 P_K [MPa (kgf/cm²)]	性能指标Ⅰ				性能指标Ⅱ				开启高度 (mm)
	整定压力	排放压力	回座压力	密封压力	整定压力	排放压力	回座压力	密封压力	
	MPa(kgf/cm²)				MPa(kgf/cm²)				
*PN*1.6(16)	A47H-1.6C 型								
0.13～0.16 (1.3～1.6)	0.13 (1.3)	≤0.131 (1.34)	≥0.1 (1.05)	0.1 (1.05)	0.16 (1.6)	≤0.162 (1.65)	≥0.13 (1.35)	0.13 (1.35)	
0.16～0.2 (1.6～2)	0.16 (1.6)	≤0.161 (1.65)	≥0.13 (1.35)	0.13 (1.35)	0.2(2)	≤0.2 (2.06)	≥0.17 (1.75)	0.17 (1.75)	
0.2～0.25 (2～2.5)	0.2(2)	≤0.2 (2.06)	≥0.17 (1.75)	0.17 (1.75)	0.25 (2.5)	≤0.25 (2.5)	≥0.22 (2.2)	0.22 (2.2)	
0.25～0.29 (2.5～3)	0.25 (2.5)	≤0.25 (2.58)	≥0.21 (2.2)	0.21 (2.2)	0.29(3)	≤0.3 (3.9)	≥0.26 (2.7)	0.26 (2.7)	
0.29～0.39 (3～4)	0.29(3)	≤0.3 (3.09)	≥0.26 (2.7)	0.26(2.7)	0.39(4)	≤0.41 4.21	≥0.35 (3.6)	0.35 (3.6)	
0.39～0.49 (4～5)	0.39(4)	≤0.41 (4.21)	≥0.35 (3.6)	0.35 (3.6)	0.49(5)	≤0.51 (4.15)	≥0.44 (4.5)	0.44 (4.5)	≥*d*/20
0.49～0.58 (5～6)	0.49(5)	≤0.5 (5.15)	≥0.44 (4.5)	0.44(4.5)	0.58(6)	≤0.6 (6.18)	≥0.52 (5.4)	0.52 (5.4)	
0.58～0.68 (6～7)	0.58(6)	≤0.6 (6.18)	≥0.52 (5.4)	0.52(5.4)	0.68(7)	≤0.70 (7.21)	≥0.61 (6.3)	0.61 (6.3)	
0.68～0.78 (7～8)	0.68(7)	≤0.7 (7.21)	≥0.61 (6.3)	0.61(6.3)	0.78(8)	≤0.80 (8.24)	≥0.7 (7.2)	0.7 (7.2)	
0.78～0.98 (8～10)	0.78(8)	≤0.8 (8.24)	≥0.7 (7.2)	0.7(7.2)	0.98(10)	≤1.01 (10.3)	≥0.88(9)	0.80 (9)	
0.98～1.27 (10～13)	0.98(10)	≤1.01 (10.3)	≥0.88 (9)	0.88(9)	1.27(13)	≤1.31 (13.4)	≥1.14 (11.7)	1.14 (11.7)	
1.27～1.56 (13～16)	1.27(13)	≤1.31 (13.4)	≥1.44 (11.7)	1.44 (11.7)	1.56(16)	≤1.61 (16.5)	≥1.14 (14.4)	1.14 (14.4)	
*PN*2.5(25)	A47H-2.5 型								
1.27～1.56 (13～16)	1.27(13)	≤1.31 (13.4)	≥1.14 (11.7)	1.14 (11.7)	1.56 (16)	≤1.61 (16.48)	≥1.41 (14.4)	1.41 (14.4)	
1.56～1.96 (16～20)	1.56 (16)	≤1.61 (16.48)	≥1.41 (14.4)	1.41 (14.4)	1.96 (20)	≤2.02 (20.6)	≥1.76 (18)	1.76 (18)	≥*d*/20
1.96～2.45 (20～25)	1.96 (20)	≤2.02 (20.6)	≥1.76 (18)	1.76 (18)	2.45 (25)	≤2.52 (25.75)	≥2.2 (22.5)	2.20 (22.5)	
*PN*4.0(40)	A47H-4.0 型								
1.56～1.96 (16～20)	1.56 (16)	≤1.61 (16.48)	≥1.41 (14.4)	1.41 (14.4)	1.96 (20)	≤2.02 (20.6)	≥1.76 (18)	1.76 (18)	
1.96～2.45 (20～25)	1.96 (22)	≤2.02 (20.6)	≥1.76 (18)	1.76 (18)	2.45 (25)	≤2.52 (25.75)	≥2.2 (22.5)	2.2 (22.5)	≥*d*/20
2.45～3.14 (25～32)	2.45 (25)	≤2.52 (25.75)	≥2.2 (22.5)	2.2 (22.5)	3.13 (32)	≤(32.96)	≥(28.8)	(28.8)	
3.14～3.92 (32～40)	3.14 (32)	≤3.23 (32.96)	≥2.82 (28.8)	2.82 (28.2)	3.39 (40)	≤4.04 (41.2)	≥3.53 (36)	3.53 (36)	

11.3 ISO-7005-1标志压力等级的阀门产品（英制）

ISO-7005-1标志CLASS与公称压力*PN*（MPa）的对照如下表

PN(MPa)	Class	*PN*(MPa)	Class	*PN*(MPa)	Class
2.0	150	11.0	600	26.0	1500
5.0	300	15.0	900	42.0	2500

11.3.1 承插焊、内螺纹闸阀CLASS150～800LB（*PN*2.0～*PN*14.0）（锻钢）

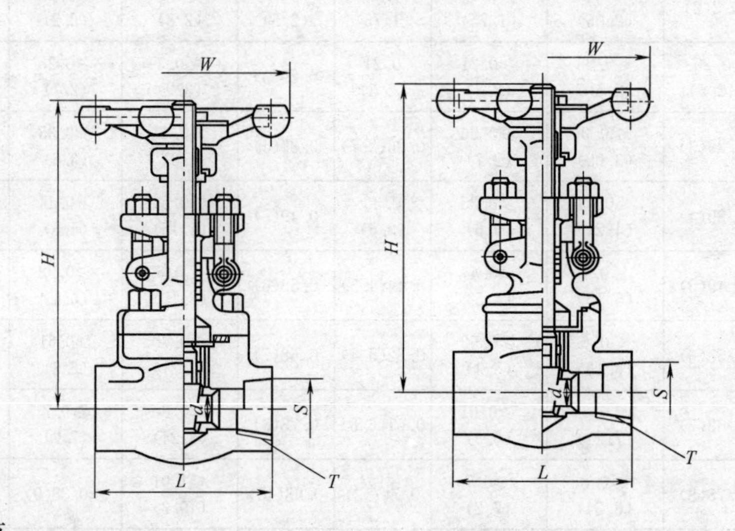

应用规范

（1）设计制造：

按ASME/ANSI B16.34；API 602

GB/T 12224；GB/T 12228；GB/T 12234

（2）连接端尺寸：

1）承插焊端

按ASME/ANSI B16.11

JB/T 1751

2）螺纹连接

按ASME/ANSE B1.20.1（NPT）

GB/T 7306—87（RC）

（3）结构特征：

B.B或W.B；OS&Y

（4）密封副材料

按“订货须知”选定。

（5）主体材料：

A105；LF2；F5；F11；F22；F304；F316；F304L；F316L等

（6）阀门检验和试验：

按 API 598 或 GB/T 13927 的规定。

适用介质：水、蒸汽、油品。

主要尺寸（mm）和重量

规格 *DN*	R. P	mm	8	10	15	20	25	32	40	50	—
		(in)	1/4	3/8	1/2	3/4	1	1¼	1½	2	—
	F. P	mm	—	8	10	15	20	25	32	40	50
		(in)	—	1/4	3/8	1/2	3/4	1	1¼	1½	2
d		R. P	7	10	10	13	18	24	29	36.5	—
		F. P	—	7	10	13	18	24	29	36.5	46.5
L		R. P	79	79	79	92	111	120	120	140	—
		F. P	—	79	79	92	111	120	120	140	178
H(开启)		R. P	149	151	151	158	185	239	243	279	—
		F. P	—	149	151	158	158	239	243	279	328
W		R. P	100	100	100	100	125	160	160	180	—
		F. P	—	100	100	100	125	160	160	180	200
质量(kg)		R. P	1.9	1.9	1.9	2.1	3.2	6.9	6.9	10.4	—
		F. P	—	1.9	1.9	2.1	3.2	6.9	6.9	10.4	15.8

11.3.2 法兰、对焊闸阀 ALASS600LB（*PN*10.0）

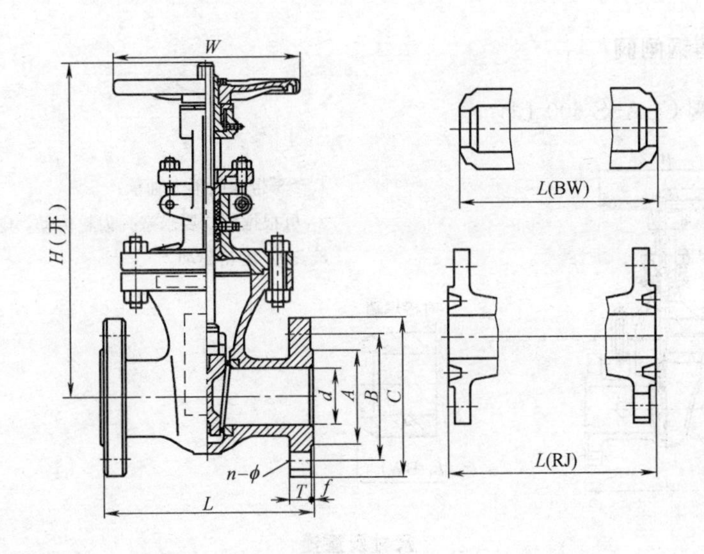

应用规范

(1) 设计制造：

按 ANSI B16.34；API 600；API 6D；BS 1414

(2) 结构长度：

按 ANSI B16.10

(3) 法兰端尺寸：

按 ANSI B16.5（RF）or（RJ）

(4) 对接焊端尺寸：按 ANSI B16.25

（5）使用温度：碳钢（≤425℃）；合金钢（≤570℃）不锈钢（按不同介质而定）

（6）结构特征：B. B；OS&Y

（7）阀门的检验和试验：按 API 598

（8）材料：按 AISI/ASTM 的规定。

（9）主体材料：

WCB；WC6；WC9；LCB；CF8；CF8M；CF3CF3M 等。

适用介质：水、蒸汽、油品、天然气。

主要尺寸（mm）与重量

规格 DN		L		A		B	C	T		f		n×φ	H	W	重量
英制(in)	公制	RF	RJ	RF	RJ			RF	RJ	RF	RJ		(开)		(kg)
2	50	292	295	92	108	127	165	26		6.4	8	8×φ19	475	250	45
2½	65	330	333	105	127	149	190	29		6.4	8	8×φ22	550	250	58
3	80	356	359	127	146	168	210	32		6.4	8	8×φ22	590	300	90
4	100	432	435	157	175	216	273	38		6.4	8	8×φ25	710	350	130
6	150	559	562	216	241	292	356	48		6.4	8	12×φ29	970	500	250
8	200	660	664	270	302	349	419	56		6.4	8	12×φ32	1120	560	413
10	250	787	791	324	356	432	508	64		6.4	8	16×φ35	1330	700	620
12	300	838	841	381	413	489	559	67		6.4	8	20×φ35	1520	800	960
14	350	889	892	413	457	527	603	70		6.4	8	20×φ38	1715	900	1280
16	400	991	994	470	508	603	686	77		6.4	8	20×φ41	2100	1000	1780

11.3.3　铸钢闸阀

1. 铸钢闸阀 CLASS 600 LB

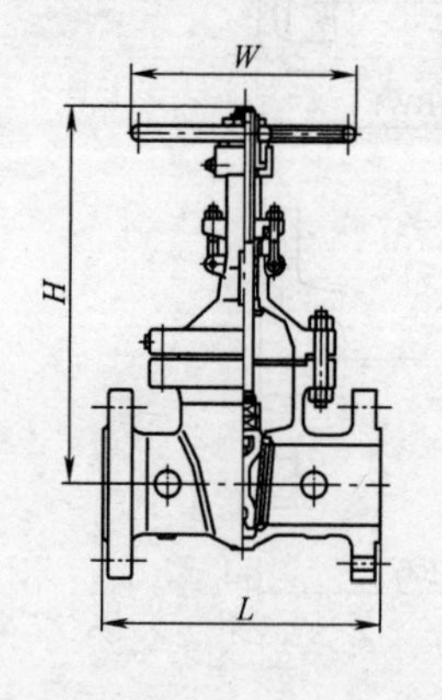

对接焊端

L_1(BW)

1. ≥8″带球面推力轴承；
2. 可根据用户要求选择齿轮传动，电动或气动；
3. ≥14″齿轮驱动。

尺寸及重量

NPS	2	2½	3	4	5	6	8	10	12	14	16	18	20	24
DN(mm)	50	65	80	100	125	150	200	250	300	350	400	450	500	600
L(mm)	292	330	356	508	559	559	660	787	838	889	991	1092	1194	1397
L_1(mm)	295	333	359	498	562	562	664	791	841	892	994	1092	1200	1407
H(mm)	418	476	518	770	839	839	1024	1229	1450	1730	1835	2290	2510	3022
W	200	250	250	400	450	450	500	600	680	610	610	813	813	813
质量(kg)	41	58	88	182	253	253	413	623	784	1288	1820	2150	2540	4080
净质量(kg)	35	50	68	148	208	208	328	496	637	1120	1448	1828	2201	3360

2. 铸钢闸阀 CLASS 900，1500，2500 LB

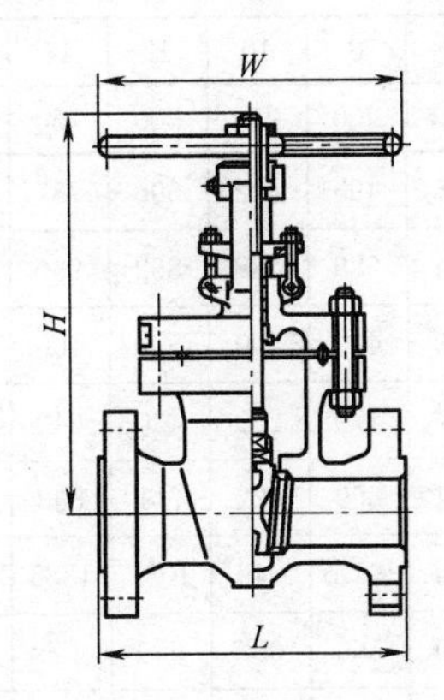

1. ≥6″带球面推力轴承
2. 可根据用户要求选择齿轮传动，电动或气动
3. ≥8″齿轮驱动

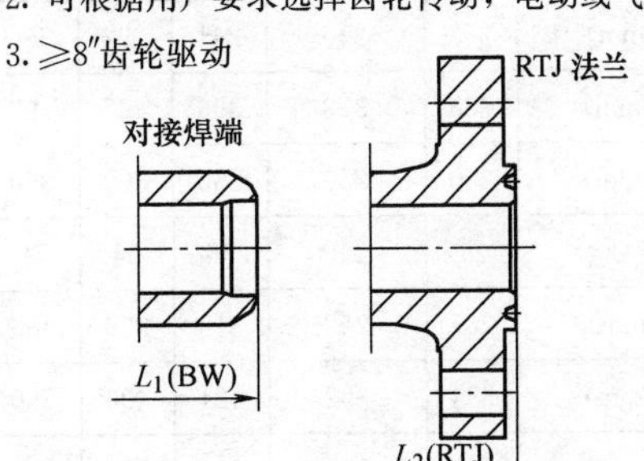

尺寸及重量

NPS		2	2½	3	4	6	8	10	12	14	16
DN(mm)		50	65	80	100	150	200	250	300	350	400
L-*L*1(mm)(RF-BW)	900LB	368	419	381	457	610	737	838	965	1029	1130
	1500LB/2500LB	368/451	419/508	470/578	546/673	705/914	832/1022	991/1270	1130/1422	1257	1384
*L*2(mm)	900LB	371	422	384	460	613	740	841	968	1038	1140
	1500LB/2500LB	371/454	422/514	473/584	549/683	711/927	841/1038	1000/1292	1146/1445	1276	1407
H(mm)	900LB	498	547	573	679	900	1103	1590	1795	2025	2170
	1500LB/2500LB	487/563	572/563	603/582	700/870	984/1450	1370/1610	1520/2076	1651/2281	1945	2250
W(mm)	900LB	250	250	300	350	500	600	610	610	610	610
	1500LB/2500LB	250/350	300/450	350/450	500/500	600/610	610/610	610/610	610/610	610	610
质量(kg)	900LB	74	131	101	172	335	640	1100	1600	2250	2850
	1500LB/2500LB	74/130	131/200	165/245	248/490	510/1600	921/2450	1910/4570	3145/7150	4100	6200

11.3.4 铸钢截止阀 CLASS 150-2500 LB

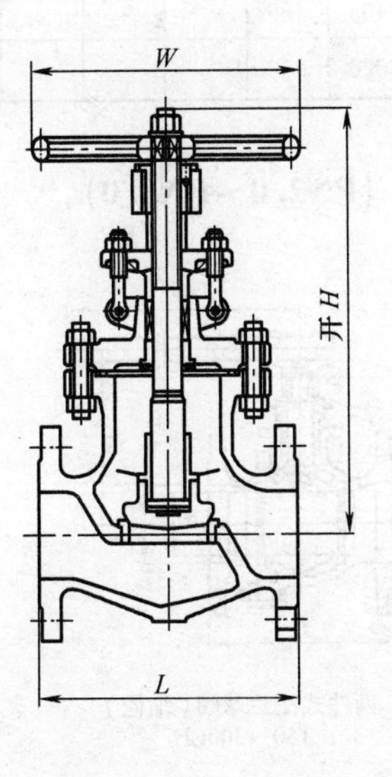

1. ≥8″600LB 带球面推力轴承；
2. 可根据用户要求选择齿轮传动，电动或气动。

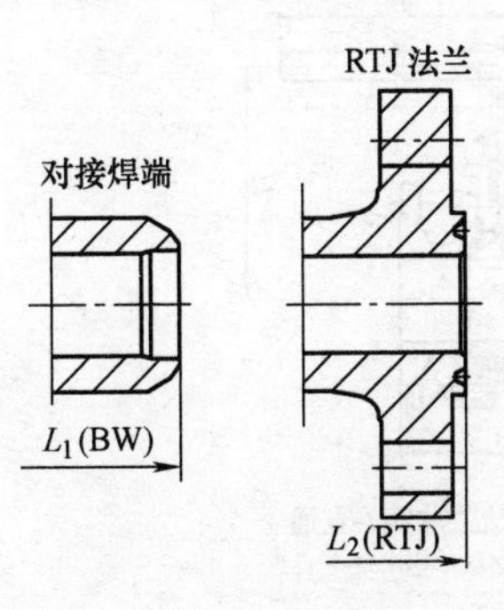

尺寸及重量

	NPS	2	2½	3	4	5	6	8	10	12	14	16	18	20
	DN	50	65	80	100	125	150	200	250	300	350	400	450	500
150LB	*L*(mm)	203	216	241	292	356	406	495	622	698	787	914	978	978
	H(mm)	338	373	396	467	497	524	588	738	862	950	994	1040	1105
	W(mm)	200	250	250	300	350	350	400	500	560	600	650	610	610
	质量(kg)	21	28	36	54	76	98	170	250	430	640	870	1040	1230
300LB	*L*(mm)	267	292	318	356	400	444	559	622	711	838	864	978	1016
	H(mm)	354	392	421	496	560	675	912	949	1032	1385	1560	1580	1609
	W(mm)	200	250	250	350	450	500	560	600	650	455	455	610	610
	质量(kg)	28	45	58	86	134	178	260	480	680	820	1060	1150	1305
600LB	*L*-*L*1(RF-BW)(mm)	292	330	356	432	508	559	660	787	838	889	991		
	*L*2(RTJ)(mm)	295	333	359	435	511	562	664	791	841	892	994		
	H(mm)	397	502	496	593	703	791	1023	1040	1397	1480	1542		
	W(mm)	250	300	350	450	500	560	600	700	800	610	610		
	质量(kg)	33	48	61	95	187	261	385	588	796	920	1180		
900-1500LB	*L*-*L*1(RF-BW)(mm)	368	419	381	546		711	373						
	*L*2(RTJ)(mm)	371	422	384	460		613	740						
	H(mm)	571	350	540	795		960	1120						
	W(mm)	350	400	406	500		455	455						
	质量(kg)	105	110	120	190		435	784						
2500LB	*L*-*L*1(RF-BW) mm	368	419	470	546		705	832						
	*L*2(RTJ)(mm)	371	422	473	549		711	841						
	H(mm)	520	550	580	645		1020	1180						
	W(mm)	355	420	455	559		455	455						
	质量(kg)	118	130	162	270		620	960						

11.3.5　两件式法兰球阀 CLASS 150、300 LB（*PN*2.0～*PN*5.0）

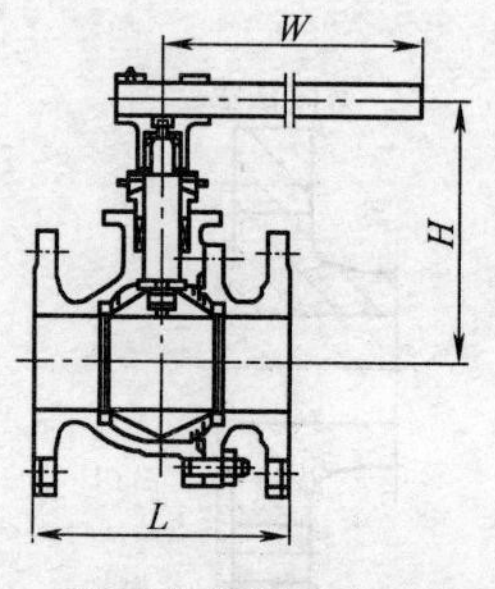

两件式法兰球阀（直通）
150～300LB

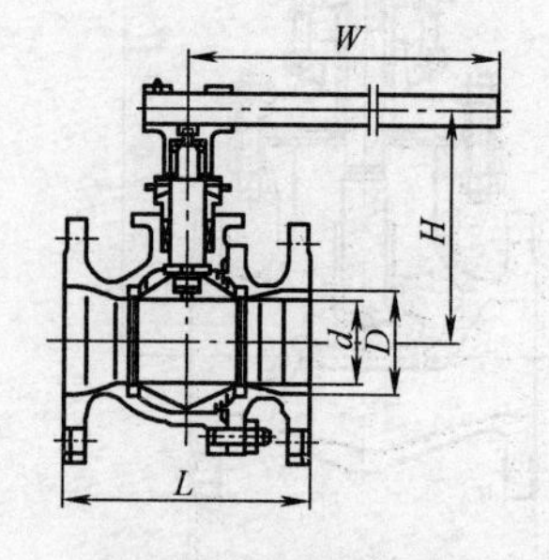

两件式法兰球阀（缩径）
150～300LB

两件式法兰球阀（直通）150、300磅级（*PN*2.0～*PN*5.0）

NPS		1/2	3/4	1	1½	2	2½	3	4	5	6	8	10
DN(mm)		15	20	25	40	50	65	80	100	125	150	200	250
150LB	*L*(mm)	108	117	127	165	178	190	203	229	356	394	457	533
	H≈(mm)	59	63	75	97	107	142	152	178	252	272	342	345
	W(mm)	130	130	160	230	230	400	400	700	1100	1100	1500	1500
	质量(kg)	2.3	3.2	4.5	7.0	9.5	15.0	19.0	33.0	58.0	93.0	160.0	200.0
300LB	*L*(mm)	140	152	165	190	216	241	283	305	381	403	502	568
	H≈(mm)	59	63	75	97	107	142	152	178	252	272	342	345
	W(mm)	130	130	160	230	230	400	400	700	1100	1100	1500	1500
	质量(kg)	2.5	3.5	5.5	14.5	23.5	30.0	55.0	81.0	118.0	200.0	250.0	

6″～10″可根据用户要求可选择齿轮传动、电动或气动

两件式法兰球阀（缩径）150、300磅级（*PN*2.0～*PN*5.0）

NPS		3/4	1	1½	2	2½	3	4	6	8	10	12
DN(mm)		20	25	40	50	65	80	100	150	200	250	300
150LB	D_1(mm)	19	25	38	51	64	76	102	152	203	254	305
	d(mm)	13	19	32	38	51	64	76	102	152	203	250
	L(mm)	117	127	165	178	190	203	229	394	457	530	610
	H(mm)	82	85	100	115	120	153	162	191	290	340	442
	W(mm)	130	130	160	230	230	400	400	460	800	1100	1500
	质量(kg)	3.0	4.5	7.0	9.5	15	19.0	33.0	58.0	93.0	160.0	230.0
300LB	D_1(mm)	19	25	38	51	64	76	102	152	203	254	
	d(mm)	13	19	32	38	51	64	76	102	152	203	
	L(mm)	152	165	190	216	241	283	305	403	502	568	
	H(mm)	82	85	100	115	120	153	102	191	290	340	
	W(mm)	130	130	160	230	230	400	400	460	800	1100	
	质量(kg)	3.5	5.5	10.5	14.5	23.5	30.0	55.0	81.0	118.0	200.0	

1. 6″～12″可根据用户要求选择齿轮传动、电动或气动。
2. 适用介质：水、蒸汽、油品。

第 12 章　管道附件、型钢及焊条

12.1　天然气管道波纹管补偿器

天然气管道波纹管补偿器分为专用天然气管道波纹管补偿器和不锈钢波纹管补偿器两种，前者专门用于中-低压天然气调压站或阀门井中，在调压器或阀门安装或检修时使用；后者则用于天然气架空管道的伸长和冷缩时的管道补偿。

12.1.1　专用天然气管道波纹管补偿器

专用天然气管道波纹管补偿器外形见图 12-1-1，性能尺寸见表 12-1-1。

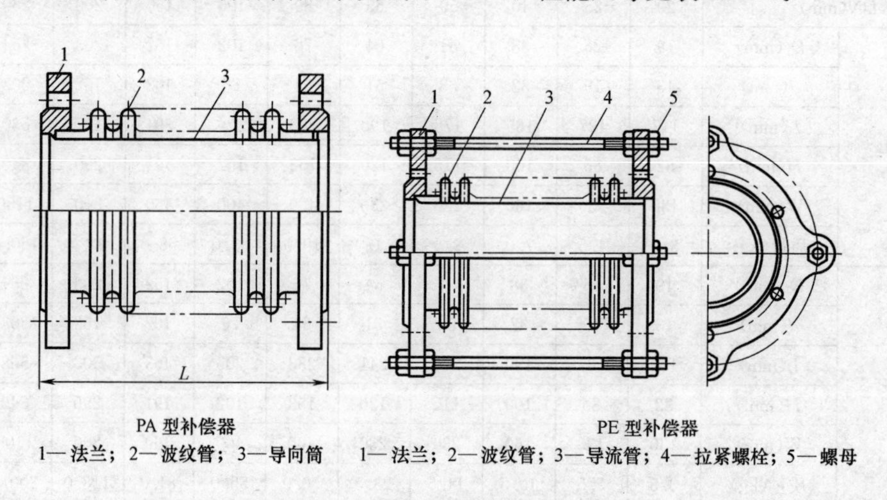

PA 型补偿器
1—法兰；2—波纹管；3—导向筒

PE 型补偿器
1—法兰；2—波纹管；3—导流管；4—拉紧螺栓；5—螺母

图 12-1-1　专用天然气管道波纹管补偿器

$t \leqslant 400℃$　$P \leqslant 0.4MPa$

煤气波纹管补偿器性能表　　表 12-1-1

膨胀节代号	波纹管规格			法兰连接尺寸				法兰凸缘			法兰厚 b (mm)
	直径 d (mm)	壁厚 s (mm)	波数 z (个)	外径 D (mm)	螺孔中心距 D_1 (mm)	螺孔直径 d_2 (mm)	螺孔数 n	直径 D_2 (mm)	高度 f (mm)	圆弧 T (mm)	
MQ—80	ϕ80	1	10	190	150	17.5	4	128	3	1.5	20
MQ—100	ϕ110	1	8	220	180	17.5	8	158	3	1.5	20
MQ—150	ϕ150	1.5	10	280	240	22	8	212	3	1.5	24
MQ—200	ϕ200	1.5	10	340	295	22	8	268	3	1.5	24
MQ—250	ϕ260	1.5	6	395	350	22	12	320	3	1.5	26
MQ—300	ϕ317	1.5	5	445	400	22	12	370	4	2.0	28

续表

膨胀节代号	波纹管规格			法兰连接尺寸				法兰凸缘			法兰厚 b (mm)
	直径 d (mm)	壁厚 s (mm)	波数 z (个)	外径 D (mm)	螺孔中心距 D_1 (mm)	螺孔直径 d_2 (mm)	螺孔数 n	直径 D_2 (mm)	高度 f (mm)	圆弧 T (mm)	
MQ—350	ϕ362	1.5	6	505	460	22	16	430	4	2.0	28
MQ—400	ϕ417	2	5	565	515	26	16	482	4	2.0	30
MQ—500	ϕ514	2	5	670	620	26	20	532	4	2.0	32
MQ—600	ϕ615	2	5	780	725	30	20	685	5	2.5	36

膨胀节代号	E 型吊耳		E 型拉杆			T 型内筒		总长 L (mm)	性　能		
	外径 D_3 (mm)	螺纹中中心 D_4 (mm)	螺栓 ϕ_1	长度 L (mm)	数量 n	直径 d_1 (mm)	壁厚 S_1 (mm)		刚度 k (N/mm)	位移量(mm) 0.2MPa e_1	位移量(mm) 0.4MPa e_2
MQ—80						69	1.0	420	764	9.2	9.1
MQ—100						98	1.0	420	598	12.1	11.8
MQ—150	360	315	M20	450	4	136	1.0	420	855	20.4	20.2
MQ—200	425	385	M20	450	4	184	1.5	420	853	26.8	26.4
MQ—250	480	435	M24	500	4	240	1.5	440	656	40.7	39.4
MQ—300	530	490	M24	500	4	296	1.5	440	645	43.0	41.2
MQ—350	590	550	M30	520	4	340	1.5	450	641	47.9	46.1
MQ—400	665	620	M30	520	4	395	2.0	450	1006	47.1	45.5
MQ—500	780	730	M36	550	4	491	2.0	470	1172	46.7	45.1
MQ—600	910	845	M36	560	4	592	2.0	480	1381	44.5	43.0

12.1.2　不锈钢波纹管补偿器

1. PA、PE 型单层波纹管补偿器

PA、PE 型通用波纹管补偿器主要用于吸收管道的轴向位移，其产品有单层和多层两种。补偿器形式见图 12-1-2；其规格尺寸见表 12-1-2～表 12-1-4。规格有 PN0.6、PN1.0、PN1.6MPa；DN65～DN600。

2. PB 型波纹管补偿器

PB 型波纹管补偿器主要用于吸收轴向位移，补偿器直接与管道焊缝连接。补偿器形式见图 12-1-3；其规格尺寸见表 12-1-5～表 12-1-7。规格有 PN0.6、PN1.0、PN1.6MPa；DN65～DN600。

3. PJ 型单式铰链型波纹管补偿器

铰链型补偿器的波纹管两端通过一对铰链板和两只销轴联接在一起。由于销轴的约束，膨胀节不能吸收轴向位移，只用于吸收与销轴轴线垂直平面内的角偏转变形。介质压力产生的推力由铰链吸收。通常选用两个或两个以上成套使用。

PJ 型单式铰链型补偿器形式见图 12-1-4；规格尺寸见表 12-1-8～表 12-1-10。其规格有 PN0.6、PN1.0、PN1.6MPa；DN65～DN600。

波纹管补偿器除上述介绍的型式外，可根据补偿器的受力方向，位移种类等因素，选用其他形式的不锈钢波纹管补偿器。

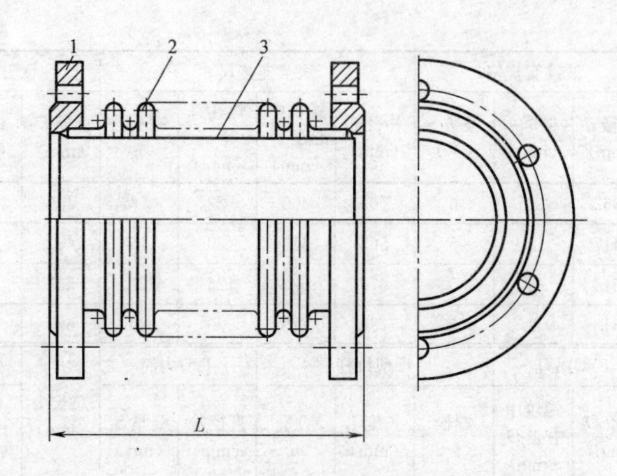

(*a*)

1—法兰；2—波纹管；3—导流筒

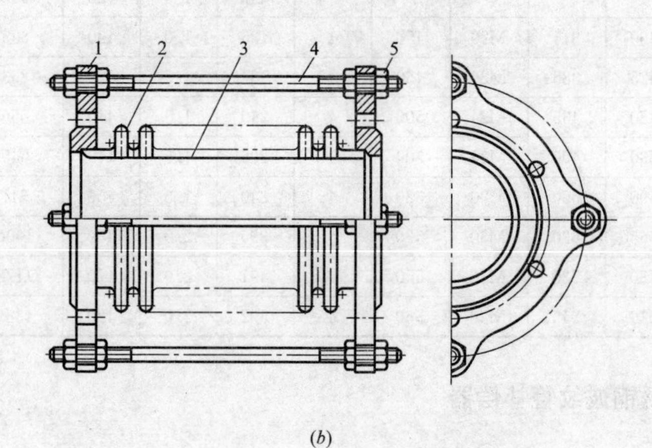

(*b*)

1—法兰；2—波纹管；3—导流管；4—拉杆；5—螺母

图 12-1-2　PA、PE 型通用波纹管补偿器

PA、PE 型单层波纹管补偿器（*PN*0.6MPa）　　　　**表 12-1-2**

公称直径 *DN*	型号			位移(mm) 轴向 *X*	径向 *Y*	刚度(N/mm) 轴向 K_X	径向 K_Y	质量(kg) PA	PE	总长 (mm)	法兰最大外径 PA	PE	直径 d_1 (mm)	有效截面积 *A* (cm^2)
65	PA PE	6-75-	4	5.22	0.80	245.23	268.22	3.54	6.61	98	160	230	64	60
			7	9.13	2.44	140.13	87.58	3.69	6.92	128				
			10	13.05	4.97	98.09	42.92	3.80	7.23	158				
80	PA PE	6-95-	4	5.65	0.84	306.62	343.35	5.00	8.11	106	185	255	84	91
			7	9.88	2.7	175.21	112.11	5.17	8.48	142				
			10	14.12	5.25	122.65	54.94	5.35	8.90	178				
100	PA PE	6-110-	4	5.79	0.85	620.00	700.26	6.35	10.22	144	205	270	98	126
			7	10.13	2.62	354.28	228.66	6.72	10.91	186				
			10	14.48	5.34	248.00	112.04	7.09	11.60	228				

续表

公称直径 DN	型号		位移(mm)		刚度(N/mm)		质量(kg)		总长(mm)	法兰最大外径		直径 d_1 (mm)	有效截面积 A (cm^2)
			轴向	径向	轴向	径向							
			X	Y	K_X	K_Y	PA	PE		PA	PE		
125	PA PE 6-132-	4	5.88	0.63	592.20	925.32	9.08	13.41	136	235	315	120	177
		7	10.30	1.92	338.40	302.14	9.54	14.15	172				
		10	14.70	3.92	236.88	148.05	10.00	14.89	208				
150	PA PE 6-150-	3	8.52	1.22	485.03	633.84	10.99	15.34	154	260	330	136	234
		6	17.04	4.35	242.51	158.46	11.76	16.63	220				
		9	25.56	10.99	161.68	70.43	12.53	17.92	286				
200	PA PE 6-200-	4	14.20	2.36	382.65	384.36	16.69	22.69	200	315	400	184	398
		6	21.30	5.30	255.10	170.83	17.62	24.85	256				
		8	28.41	9.43	191.33	96.09	18.56	26.35	312				
250	PA PE 6-260-	2	10.76	1.14	1541.97	2421.38	23.21	32.33	190	370	465	240	714
		4	21.51	4.57	770.99	605.34	26.40	36.64	286				
		6	32.27	10.27	513.99	269.04	29.59	49.99	382				
300	PA PE 6-317-	2	13.20	1.33	1300.36	2157.42	27.46	36.50	204	435	530	296	1046
		4	26.40	5.30	650.18	539.35	31.93	42.25	314				
		6	39.60	11.93	433.45	239.71	36.39	48.03	424				
350	PA PE 6-362-	2	11.68	0.92	1634.64	3452.33	34.46	45.49	190	485	588	340	1291
		4	23.36	3.69	817.32	863.08	38.93	51.32	286				
		6	35.04	8.30	544.88	383.59	43.41	57.16	382				
400	PA PE 6-417-	2	14.76	1.40	2462.49	4332.33	44.20	56.07	238	535	635	395	1746
		4	29.52	5.39	1231.24	1083.08	53.13	66.96	372				
		5	36.91	8.74	985.00	693.17	57.59	72.38	439				
450	PA PE 6-450-	2	12.82	0.85	2190.19	5530.23	54.58	64.83	204	590	685	429	2003
		4	25.65	3.39	1095.10	1382.56	62.92	74.47	304				
		5	32.06	5.29	876.08	884.84	67.05	79.32	354				
500	PA PE 6-514-	2	14.68	1.17	2871.09	5995.51	60.91	76.30	240	640	750	491	2534
		4	29.36	4.69	1435.54	1498.88	71.95	89.78	376				
		5	36.70	7.32	1148.44	959.28	77.16	96.19	444				
600	PA PE 6-615-	2	14.03	0.95	3382.28	8306.47	76.33	91.00	240	755	860	592	3505
		4	28.06	3.81	1691.14	2076.62	89.31	106.44	376				
		5	35.07	5.95	1352.91	1379.04	95.80	114.17	444				

PA、PE 型单层波纹管补偿器（*PN*1.0MPa） **表 12-1-3**

公称直径 DN	型号		位移(mm)		刚度(N/mm)		质量(kg)		总长(mm)	法兰最大外径		直径 d_1 (mm)	有效截面积 A (cm^2)
			轴向	径向	轴向	径向							
			X	Y	K_X	K_Y	PA	PE		PA	PE		
65	PA PE 10-75-	4	3.17	0.48	959.69	1038.73	5.98	8.91	98	180	240	64	60
		7	5.54	1.48	542.68	339.18	6.19	9.28	128				
		10	7.91	3.01	379.88	166.20	6.35	9.64	158				

续表

公称直径 DN	型号			位移(mm)		刚度(N/mm)		质量(kg)		总长 (mm)	法兰最大外径		直径 d_1 (mm)	有效截面积 A (cm^2)
				轴向	径向	轴向	径向							
				X	Y	K_X	K_Y	PA	PE		PA	PE		
80	PA PE	10-95-	4	3.39	0.50	1174.09	1314.73	6.59	9.56	106	195	255	84	91
			7	5.93	1.55	670.91	429.30	6.83	10.00	142				
			10	8.48	3.15	469.04	210.36	7.08	10.49	178				
100	PA PE	10-110-	4	5.37	0.79	620.00	700.26	8.52	12.81	144	215	280	98	126
			7	9.40	2.43	354.28	228.66	8.89	13.50	186				
			10	13.43	4.95	248.00	112.04	9.25	14.18	228				
125	PA PE	10-132-	4	4.57	0.49	1139.76	1780.87	12.05	16.70	136	245	315	120	177
			7	8.00	1.49	651.29	581.51	12.61	17.54	172				
			10	11.44	3.05	455.9	284.94	13.16	18.37	208				
150	PA PE	10-150-	3	6.61	0.84	884.96	1156.48	15.43	17.82	154	280	360	136	234
			6	13.21	3.37	442.48	289.12	16.33	19.24	220				
			9	19.83	7.59	294.99	128.5	17.23	20.66	286				
200	PA PE	10-200-	4	11.06	1.83	675.12	678.14	21.50	30.00	200	335	425	184	398
			6	16.59	4.13	450.08	301.39	22.58	31.72	256				
			8	22.12	7.34	337.56	169.53	23.65	33.47	312				
250	PA PE	10-260-	2	8.40	0.89	3145.72	4939.76	28.61	37.37	190	390	480	240	714
			4	16.80	3.57	1572.86	1234.94	32.57	42.45	286				
			6	25.20	8.02	1048.57	548.86	36.56	47.60	382				
300	PA PE	10-317-	2	10.63	1.07	2583.48	4286.23	34.37	43.47	204	440	530	296	1046
			4	21.26	4.27	1291.74	1071.56	39.91	50.29	314				
			6	31.88	9.61	861.16	476.25	45.47	57.17	424				
350	PA PE	10-362-	2	8.64	0.68	3493.11	7377.38	42.43	52.44	190	500	590	340	1291
			4	17.27	2.73	1746.56	1844.35	47.98	59.35	286				
			6	25.91	6.13	1164.37	819.71	53.55	66.28	382				
400	PA PE	10-417-	2	11.64	1.10	4298.98	7563.31	59.81	74.38	244	565	665	395	1746
			4	23.27	4.40	2149.49	1890.83	70.33	87.30	376				
			5	29.09	6.89	1719.59	1210.13	75.54	93.71	445				
450	PA PE	10-450-	2	9.52	0.63	4155.62	10492.93	68.14	83.67	210	615	720	427	2003
			4	19.04	2.51	2077.81	2623.23	79.02	95.25	310				
			5	23.80	3.93	1662.25	1678.87	83.91	101.02	360				
500	PA PE	10-514-	2	11.32	0.90	5110.64	10672.22	79.70	101.63	246	670	780	491	2534
			4	22.64	3.61	2555.32	2668.05	92.50	117.39	382				
			5	28.30	5.65	2044.26	1707.55	98.77	125.18	450				
600	PA PE	10-615-	2	10.78	0.73	6147.00	15096.30	107.92	137.41	256	780	910	592	3505
			4	21.55	2.93	3073.50	3774.08	123.25	156.38	392				
			5	26.94	4.57	2458.80	2415.41	130.77	165.70	460				

PA、PE 型单层波纹管补偿器（*PN*1.6MPa） 表 12-1-4

公称直径 *DN*	型 号		位移（mm） 轴向 *X*	位移（mm） 径向 *Y*	刚度（N/mm） 轴向 K_X	刚度（N/mm） 径向 K_Y	质量（kg） PA	质量（kg） PE	总长（mm）	法兰最大外径 PA	法兰最大外径 PE	直径 d_1（mm）	有效截面积 *A*（cm^2）
65	PA PE 16-75-	4	2.95	0.45	949.69	1038.73	7.21	10.48	98	180	255	64	60
		7	5.17	1.38	542.68	339.18	7.38	10.81	128				
		10	7.38	2.81	379.88	166.20	7.54	11.71	158				
65	PA PE 16-95-	4	3.19	0.47	1174.09	1314.73	7.57	10.88	106	195	255	84	91
		7	5.57	1.45	670.91	429.30	7.81	11.32	142				
		10	7.98	2.97	469.64	210.38	8.06	11.81	178				
100	PA PE 16-110-	4	4.14	0.61	1178.72	1331.32	10.19	15.52	144	215	280	98	126
		7	7.24	1.87	673.55	434.72	10.63	16.36	186				
		10	10.35	3.82	471.49	248.51	11.07	17.20	228				
125	PA PE 16-132-	4	3.69	0.39	1950.01	3046.89	14.17	19.86	136	245	315	120	177
		7	6.46	1.21	1114.29	994.90	14.83	20.88	172				
		10	9.23	2.46	780.01	487.50	15.42	21.83	208				
150	PA PE 16-150-	3	5.22	0.66	1471.90	1923.51	18.19	27.94	154	280	370	136	234
		6	10.44	2.66	735.95	480.87	19.22	29.84	220				
		9	15.66	5.92	490.63	213.72	20.26	31.89	286				
200	PA PE 16-200-	4	7.50	1.24	2031.64	2040.71	26.64	37.37	200	335	425	184	398
		6	11.25	2.80	1354.43	906.98	28.07	39.60	256				
		8	15.00	4.98	1015.82	510.18	29.48	41.81	312				
250	PA PE 16-260-	2	6.55	0.70	5628.68	8838.78	39.52	52.60	206	405	495	240	714
		4	13.11	2.78	2814.34	2209.69	44.27	59.08	302				
		6	19.66	6.26	1876.23	982.09	49.04	65.57	398				
300	PA PE 16-317-	2	8.30	0.83	4580.16	7598.91	47.31	61.36	220	460	560	296	1046
		4	16.61	3.34	2290.08	1899.73	53.97	69.96	330				
		6	24.91	7.51	1526.72	844.32	60.62	78.59	440				
350	PA PE 16-362-	2	6.64	0.52	6474.72	13674.47	59.60	77.69	206	520	630	340	1291
		4	13.29	2.10	3237.36	3418.62	66.24	86.41	302				
		6	19.93	4.72	2158.24	1519.39	72.88	95.17	398				
400	PA PE 16-417-	2	9.30	0.88	6909.40	12155.91	80.62	102.03	258	580	700	395	1746
		4	18.59	3.52	3454.70	3038.98	92.64	107.01	392				
		5	23.24	5.50	2763.76	1944.95	98.75	124.60	459				
450	PA PE 16-450-	2	7.52	0.50	7023.07	17733.26	108.17	130.48	230	640	750	427	2003
		4	15.04	1.99	3511.54	4433.32	119.51	144.02	330				
		5	18.81	3.10	2809.23	2837.32	125.17	126.39	380				
500	PA PE 16-514-	2	9.01	0.72	8349.48	17435.67	137.66	183.99	280	705	860	491	2534
		4	18.02	2.88	4174.74	4358.92	152.57	204.47	416				
		5	22.53	4.50	3339.79	2789.71	159.91	314.73	484				

续表

公称直径 DN	型　号		位移(mm) 轴向 X	径向 Y	刚度(N/mm) 轴向 K_X	径向 K_Y	质量(kg) PA	PE	总长 (mm)	法兰最大外径 PA	PE	直径 d_1 (mm)	有效截面积 A (cm^2)
600	PA PE 16-615-	2	8.57	0.58	10154.98	24939.45	193.45	241.91	296	840	1000	592	3505
		4	17.15	2.33	5077.49	6234.86	210.90	265.48	432				
		5	21.44	3.64	4061.99	3990.31	219.74	277.28	500				

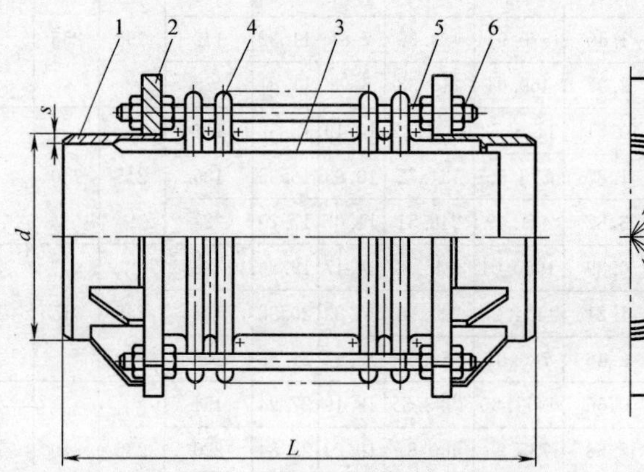

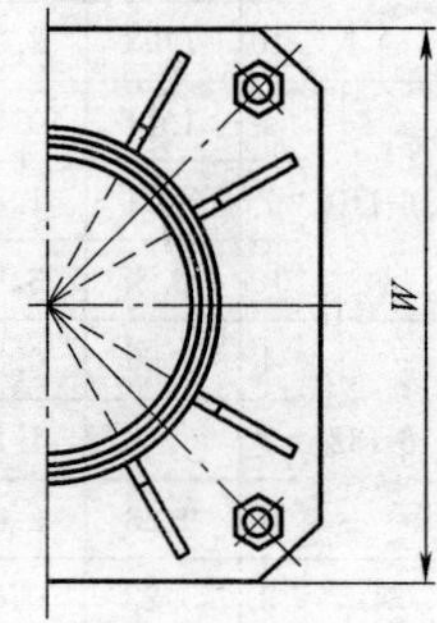

PB 型波纹管补偿器

1—接管；2—法兰；3—导流筒；4—波纹管；5、6—拉杆螺栓螺母

图 12-1-3　PB 型波纹管补偿器

PB 型波纹管补偿器（*PN*0.6MPa）　　**表 12-1-5**

公称直径 DN	型　号		位移(mm) 轴向 X	径向 Y	刚度(N/mm) 轴向 K_X	径向 K_Y	外形尺寸 L×W (mm)	质量 G (kg)	接管规格 d×s (mm)	有效截面积 A(cm^2)
65	PB6-65-	4	6.0	0.9	131	941	280×142	6.4	76×4	60
		8	12.1	3.7	65	117	320×142	6.8		
80	PB6-80-	4	6.6	1.1	149	832	288×147	8.1	89×4	67
		8	13.3	4.6	74	104	336×147	8.5		
100	PB6-100-	4	8.5	1.2	165	1264	356×193	15	108×4	126
		8	17.0	5.0	82	158	412×193	16		
120	PB6-125-	4	7.1	0.7	256	3749	348×226	20	133×4.5	177
		8	14.3	3.0	128	468	396×226	21		
150	PB6-150-	4	11.3	1.9	363	2096	448×253	28	159×5	275
		8	22.6	7.7	181	262	536×253	30		
200	PB6-200-	4	14.1	2.3	382	2316	492×308	50	219×6	398
		8	28.3	9.4	191	289	604×308	58		
250	PB6-250-	3	17.0	2.7	621	4088	524×417	71	273×8	714
		6	34.1	10.8	310	511	668×417	83		
300	PB6-300-	3	19.8	2.9	866	6363	545×487	91	325×8	1046
		6	39.6	11.9	433	795	710×487	115		

续表

公称直径 DN	型号		位移(mm) 轴向 X	径向 Y	刚度(N/mm) 轴向 K_X	径向 K_Y	外形尺寸 $L\times W$ (mm)	质量 G (kg)	接管规格 $d\times s$ (mm)	有效截面积 A(cm²)
350	PB6-350-	3	17.7	2.1	1053	12565	524×528	101	377×8	1295
		6	35.5	8.4	526	1570	668×528	125		
400	PB6-400-	3	23.9	3.4	858	7073	621×616	120	426×8	1746
		5	39.9	9.4	514	1530	755×616	140		
450	PB6-450-	3	19.2	1.9	1460	24824	570×666	148	478×8	2003
		5	32.0	5.2	876	5362	670×666	185		
500	PB6-500-	3	24.8	2.9	1005	11646	844×726	228	529×8	2525
		5	41.4	8.2	603	2515	980×726	270		
600	PB6-600-	3	25.9	2.6	1087	17497	864×847	350	630×8	3505
		5	43.1	7.3	652	3779	1000×847	390		

PB 型波纹管补偿器（*PN*1.0MPa）　　表 12-1-6

公称直径 DN	型号		位移(mm) 轴向 X	径向 Y	刚度(N/mm) 轴向 K_X	径向 K_Y	外形尺寸 $L\times W$ (mm)	质量 G (kg)	接管规格 $d\times s$ (mm)	有效截面积 A(cm²)
65	PB10-65-	4	4.0	0.6	413	2971	280×142	8	76×4	60
		8	8.0	2.4	207	371	320×142	10		
80	PB10-80-	4	5.1	0.8	266	1483	288×147	9.5	89×4	67
		8	10.3	3.5	133	185	336×147	10.8		
100	PB10-100-	4	5.3	0.7	620	4745	356×193	14	108×4	126
		8	10.7	3.1	310	593	412×193	16		
125	PB10-125-	4	5.2	0.5	592	8674	348×226	20	133×4.5	177
		8	10.5	2.2	296	1084	396×226	22		
150	PB10-150-	4	8.7	1.4	663	3825	448×253	30	159×5	275
		8	17.5	5.9	331	478	536×253	32		
200	PB10-200-	4	11.0	1.8	675	4087	492×308	52	219×6	398
		8	22.0	7.3	337	510	604×308	59		
250	PB10-250-	3	12.2	1.9	2097	13790	524×417	80	273×8	714
		6	24.4	7.7	1048	1723	668×417	91		
300	PB10-300-	3	15.9	2.3	1722	12642	545×487	118	325×8	1046
		6	31.8	9.5	861	1580	710×487	146		
350	PB10-350-	3	13.0	1.5	2246	26785	524×528	127	377×8	1295
		6	26.1	6.1	1123	3348	668×528	160		
400	PB10-400-	3	19.8	2.8	1641	13550	621×616	147	426×8	1746
		5	33.0	7.8	985	2926	755×616	168		
450	PB10-450-	3	14.2	1.4	2770	47101	570×666	163	478×8	2003
		5	23.7	3.9	1662	10173	670×666	189		
500	PB10-500-	3	19.4	2.3	2015	23351	844×726	243	529×8	2525
		5	32.3	6.4	1209	5044	980×726	270		
600	PB10-600-	3	18.9	1.9	2254	36266	864×847	295	630×8	3505
		5	31.6	5.3	1352	7833	1000×847	335		

PB 型波纹管补偿器（*PN*1.6MPa）　　表 12-1-7

公称直径 *DN*	型　号		位移(mm) 轴向 *X*	位移(mm) 径向 *Y*	刚度(N/mm) 轴向 K_X	刚度(N/mm) 径向 K_Y	外形尺寸 *L*×*W* (mm)	质量 *G* (kg)	接管规格 *d*×*s* (mm)	有效截面积 *A*(cm^2)
65	PB16-65-	4	2.8	0.4	949	6816	280×142	10	76×4	60
		8	5.6	1.7	474	852	320×142	12		
80	PB16-80-	4	3.0	0.5	998	5559	288×147	13	89×4	67
		8	6.1	2.1	499	695	336×147	15		
100	PB16-100-	4	4.0	0.5	1178	9022	356×193	18	108×4	126
		8	8.0	2.3	589	1127	412×193	20		
125	PB16-125-	4	4.0	0.4	1139	16695	348×226	23	133×4.5	177
		8	8.1	1.7	569	2087	396×226	25		
150	PB16-150-	4	6.9	1.1	1103	6762	448×253	33	159×5	275
		8	13.8	4.7	552	795	536×253	35		
200	PB16-200-	4	8.7	1.4	1098	6652	492×308	59	219×6	398
		8	17.4	5.8	549	831	604×308	66		
250	PB16-250-	3	11.3	1.8	2097	13790	524×417	86	273×8	714
		6	22.7	7.2	1048	1723	668×417	92		
300	PB16-300-	3	12.4	1.8	3053	22412	545×487	122	325×8	1046
		6	24.8	7.4	1526	2801	710×487	150		
350	PB16-350-	3	9.8	1.1	4175	49791	524×528	135	377×8	1295
		6	19.6	4.6	2087	6223	668×528	165		
400	PB16-400-	3	13.5	1.9	4606	38020	621×616	170	426×8	1746
		5	22.6	5.3	2763	8212	755×616	200		
450	PB16-450-	3	11.2	1.1	4682	79602	570×666	188	478×8	2003
		5	18.7	3.0	2809	17194	670×666	213		
500	PB16-500-	3	14.9	1.7	3585	41542	844×726	235	529×8	2525
		5	24.8	4.9	2151	8973	980×726	270		
600	PB16-600-	3	14.5	1.4	4098	65910	864×847	295	630×8	3505
		5	24.3	4.1	2458	14236	1000×847	335		

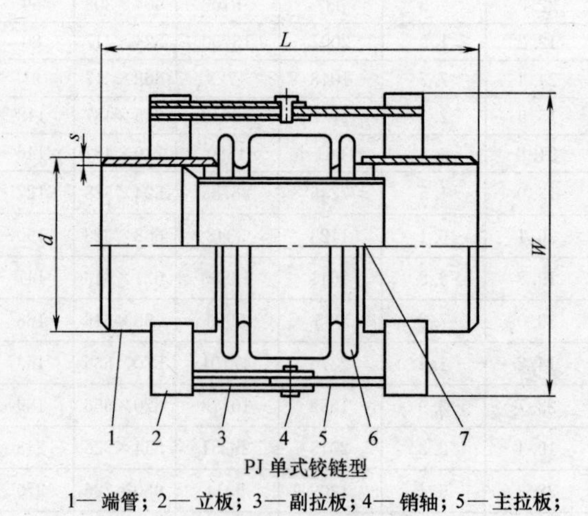

PJ 单式铰链型

1— 端管；2— 立板；3— 副拉板；4— 销轴；5— 主拉板；
6—波纹管；7—导流筒

图 12-1-4　PJ 型单式铰链型波纹管补偿器

PJ 型单式铰链型波纹管补偿器（*PN*0.6MPa）　　表 12-1-8

公称直径 *DN*	型号		最大偏转角 ϕ（±度）	角偏转刚度 K_ϕ（N·m/度）	总长尺寸 *L*(mm)	质量 *G*(kg)	接管规格 $d\times s$(mm)	径向宽度尺寸 *W*(mm)
65	PJ6-65-	4	3.9	2.19	440	5.5	76×4	180
		8	7.9	1.10	480	7.5		
80	PJ6-80-	4	4.1	2.79	450	6.5	89×4	200
		8	8.2	1.40	490	8.5		
100	PJ6-100-	4	3.8	5.77	460	8.5	108×4	250
		8	7.7	2.88	520	10.5		
125	PJ6-125-	4	2.7	12.57	600	14	133×4.5	290
		8	5.4	6.28	650	17		
150	PJ6-150-	4	3.7	23.62	650	17	159×5	320
		8	7.5	11.81	740	20		
200	PJ6-200-	4	3.6	42.36	640	37	219×6	400
		8	7.2	21.13	750	42		
250	PJ6-250-	3	3.2	123.30	700	55	273×8	490
		6	6.4	61.65	845	69		
300	PJ6-300-	3	3.1	251.97	780	72	325×8	560
		6	6.2	125.99	970	94		
350	PJ6-350-	3	2.5	378.98	844	110	377×8	625
		6	5.0	189.49	988	132		
400	PJ6-400-	3	2.9	416.22	900	135	426×8	700
		5	4.8	249.73	1035	154		
450	PJ6-450-	3	2.1	812.39	850	147	478×8	760
		5	3.6	487.43	950	170		
500	PJ6-500-	3	2.5	704.91	905	182	529×8	820
		5	4.1	422.95	1040	210		
600	PJ6-600-	3	2.2	1059.08	1005	265	630×8	930
		5	3.7	635.45	1140	288		

PJ 型单式铰链型波纹管补偿器（*PN*1.0MPa）　　表 12-1-9

公称直径 *DN*	型号		最大偏转角 ϕ（±度）	角偏转刚度 K_ϕ（N·m/度）	总长尺寸 *L*(mm)	质量 *G*(kg)	接管规格 $d\times s$(mm)	径向宽度尺寸 *W*(mm)
65	PJ10-65-	4	2.6	6.92	440	6.0	76×4	180
		8	5.2	3.46	480	8.0		
80	PJ10-80-	4	3.2	4.97	450	7.0	89×4	200
		8	6.4	2.49	490	8.5		
100	PJ10-100-	4	2.4	21.65	460	11	108×4	250
		8	4.8	10.82	520	13		
125	PJ10-125-	4	2.0	29.07	600	18	133×4.5	290
		8	4.0	14.54	650	20		

续表

公称直径 DN	型 号		最大偏转角 ϕ（±度）	角偏转刚度 K_ϕ（N·m/度）	总长尺寸 L(mm)	质量 G (kg)	接管规格 $d\times s$ (mm)	径向宽度尺寸 W (mm)
150	PJ10-150-	4	2.9	43.09	650	25	159×5	320
		8	5.8	21.54	740	28		
200	PJ10-200-	4	2.8	74.57	640	42	219×6	400
		8	5.6	37.28	750	52		
250	PJ10-250-	3	2.3	415.91	700	60	273×8	490
		6	4.6	207.95	845	76		
300	PJ10-300-	3	2.4	500.60	780	85	325×8	560
		6	4.9	250.30	970	108		
350	PJ10-350-	3	1.8	807.84	844	120	377×8	625
		6	3.6	403.92	988	145		
400	PJ10-400-	3	2.4	796.20	900	142	426×8	700
		5	4.0	477.23	1035	170		
450	PJ10-450-	3	1.6	1541.40	850	155	478×8	760
		5	2.6	924.84	950	178		
500	PJ10-500-	3	1.9	1413.44	905	235	529×8	820
		5	3.2	848.07	1040	265		
600	PJ10-600-	3	1.6	2195.13	1005	325	630×8	930
		5	2.7	1317.08	1140	355		

PJ 型单式铰链型波纹管补偿器（*PN*1.6MPa） 表 12-1-10

公称直径 DN	型 号		最大偏转角 ϕ（±度）	角偏转刚度 K_ϕ（N·m/度）	总长尺寸 L(mm)	质量 G (kg)	接管规格 $d\times s$ (mm)	径向宽度尺寸 W (mm)
65	PJ16-65-	4	1.8	15.86	440	6.0	76×4	180
		8	3.7	7.93	480	8		
80	PJ16-80-	4	1.9	18.63	450	8	89×4	200
		8	3.8	9.32	490	10		
100	PJ16-100-	4	1.8	41.15	460	12	108×4	250
		8	3.6	20.58	520	15		
125	PJ16-125-	4	1.5	55.95	600	19	133×4.5	290
		8	3.1	27.97	650	21		
150	PJ16-150-	4	2.3	71.66	650	27	159×5	320
		8	4.6	35.83	740	30		
200	PJ16-200-	4	2.2	121.37	640	45	219×6	400
		8	4.4	60.59	750	56		
250	PJ16-250-	3	2.1	415.90	700	69	273×8	490
		6	4.3	207.95	845	84		
300	PJ16-300-	3	1.9	887.49	780	102	325×8	560
		6	3.9	443.75	970	128		

续表

公称直径 DN	型号		最大偏转角 ϕ（±度）	角偏转刚度 K_ϕ（N·m/度）	总长尺寸 L(mm)	质量 G (kg)	接管规格 $d\times s$ (mm)	径向宽度尺寸 W (mm)
350	PJ16-350-	3	1.3	1501.67	844	140	377×8	625
		6	2.7	750.84	988	167		
400	PJ16-400-	3	1.6	2234.09	900	169	426×8	700
		5	2.7	1340.46	1035	198		
450	PJ16-450-	3	1.2	2604.99	850	192	478×8	760
		5	2.1	1562.99	950	218		
500	PJ16-500-	3	1.5	2514.48	905	255	529×8	820
		5	2.5	1508.69	1040	293		
600	PJ16-600-	3	1.2	3989.45	1005	350	630×8	930
		5	2.0	2393.67	1140	385		

12.2　燃气管道凝水缸（排水器）

12.2.1　承插口中、低压铸铁燃气凝水缸（排水器）

承插口中、低压铸铁燃气凝水缸见图 12-2-1（*a*），尺寸见表 12-2-1；柔性接口中低压铸铁凝水缸见图 12-2-1（*b*），尺寸见表 12-2-2。

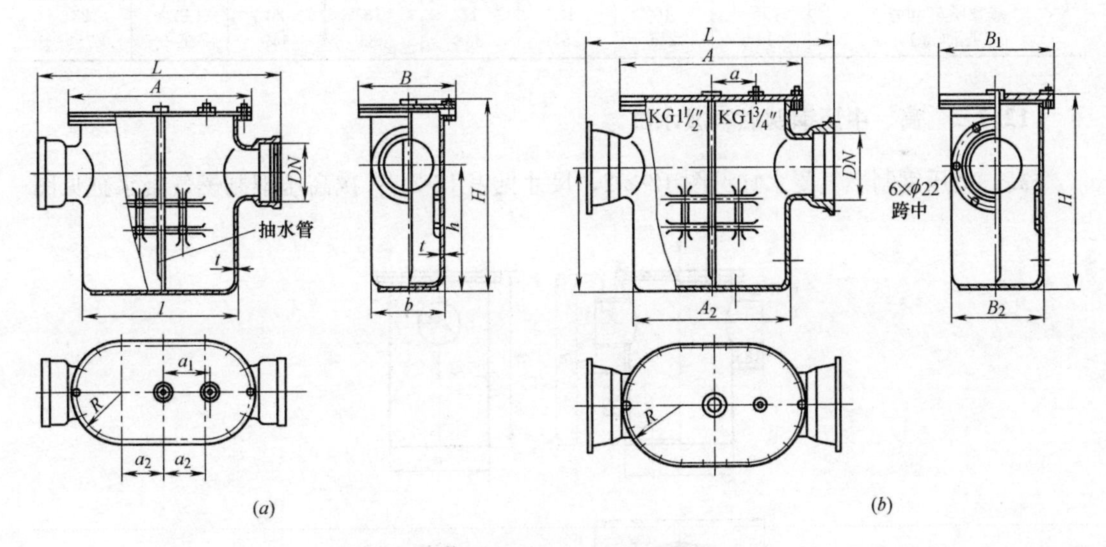

图 12-2-1　承插口中、低压铸铁燃气凝水缸

承插口中低压铸铁凝水缸规格尺寸　　表 12-2-1

公称直径 DN		75	100	150	200	250	300	350	400	450	500	600
华北院图号		M246	M247	M248	M249	M250	M251	M252	M253	M254	M255	M256
尺寸 (mm)	L	950	960	1082	1102	1134	1166	1178	1180	1192	1264	1226
	l	570	570	682	682	724	756	788	760	762	784	786

续表

公称直径DN		75	100	150	200	250	300	350	400	450	500	600
华北院图号		M246	M247	M248	M249	M250	M251	M252	M253	M254	M255	M256
尺寸(mm)	A	665	665	795	815	835	865	865	865	870	890	855
	a_1	210	210	210	210	210	210	210	210	210	210	210
	a_2	175	175	180	190	150	165	165	165	140	125	75
	R	157.5	157.5	217.5	217.5	267.5	267.5	267.5	267.5	295	320	352.5
	B	315	315	435	435	535	535	535	535	590	640	755
	H	540	622	723	798	853	910	987	1084	1186	1297	1349
	h	230	390	461	511	532	563	614	685	761	837	838
	b	220	220	322	322	424	426	428	430	482	534	636
壁厚t(mm)		10	10	11	11	12	13	14	15	16	17	18
底板厚(mm)		15	15	16	16	17	18	19	20	21	22	23
重量(kg)		120	148	215	250	325	384	413	449	513	612	711

柔性接口中低压铸铁凝水缸规格尺寸 **表12-2-2**

公称直径DN		100	150	200	250	300	400	500	600
华北院图号		M225	M226	M227	M228	M229	M230	M231	M232
尺寸(mm)	L	960	1082	1102	1134	1166	1180	1214	1226
	A_1	665	795	815	835	865	865	890	905
	A_2	570	682	702	724	756	760	784	786
	a	210	210	210	210	210	210	210	210
	R	157.5	217.5	217.5	267.5	267.5	267.5	320	377.5
	B_1	315	435	435	535	535	535	640	755
	B_2	220	322	322	424	426	430	534	636
	H	605	723	798	853	910	1084	1292	1349
	h	390	461	511	532	563	685	837	838
壁厚t(mm)		10	11	11	12	13	15	17	18
底板厚b(mm)		15	16	16	17	18	20	22	23
重量(kg)		148	216	251	336	385	449	598	711

12.2.2 高、中压钢制燃气凝水缸

高、中压钢制燃气凝水缸见图12-2-2，尺寸见表12-2-3；次高压钢制燃气凝水缸见图

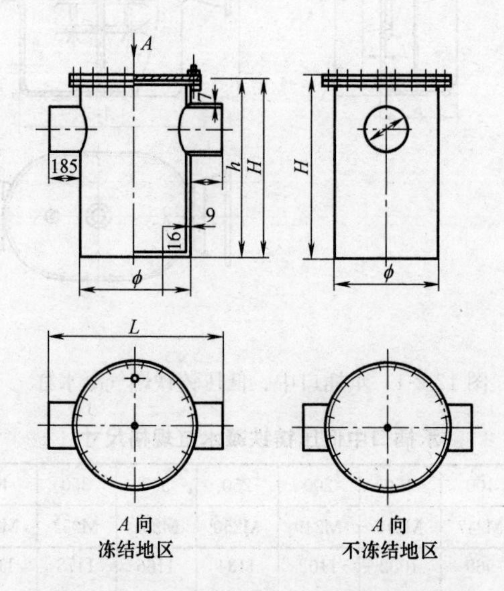

图12-2-2 次高压、中压钢制凝水缸构造

12-2-3、规格尺寸见表 12-2-4。

次高压、中压钢制凝水缸规格尺寸　　表 12-2-3

公称直径 DN		50	80	100	150	200	250	300	350	400	450	500
D		57	89	108	159	219	273	325	377	426	478	529
华北院图号		M235	M236	M237	M238	M239	M240	M241	M242	M243	M244	M245
尺寸(mm)	ϕ	478	478	529	529	529	630	630	630	630	630	630
	L	828	828	879	879	879	1000	1000	1000	1030	1030	1030
	H	543	590	828	878	932	1000	1052	1104	1154	1206	1256
	h	360	380	605	630	659	694	720	747	769	799	824
重量(kg)		145	148	206	213	221	306	315	323	339	353	359

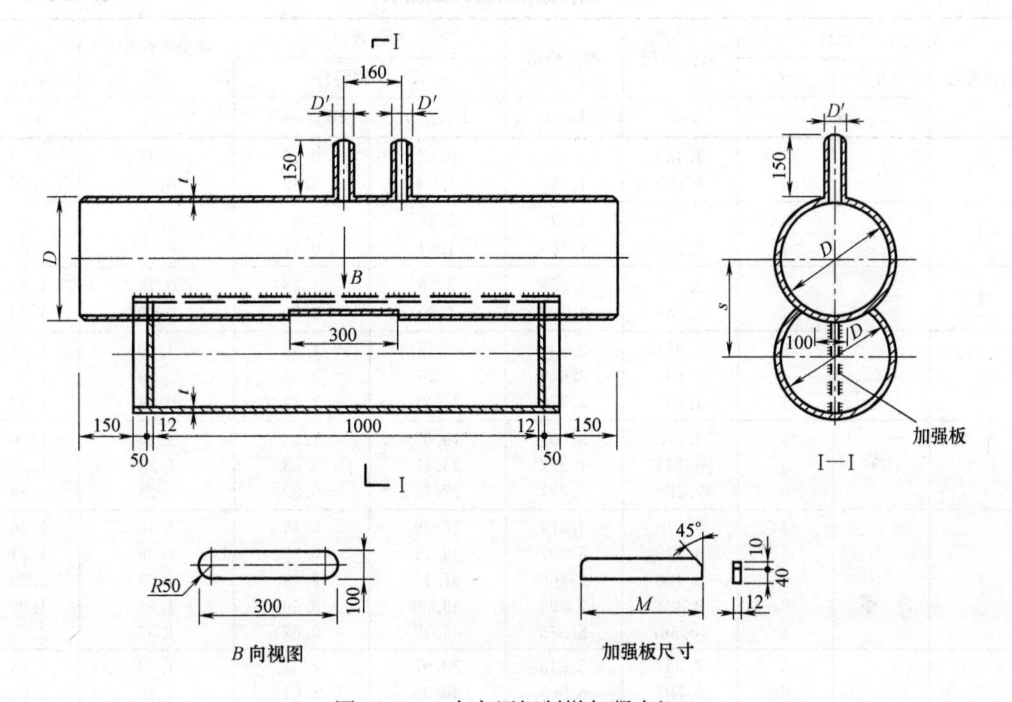

图 12-2-3　次高压钢制燃气凝水缸

次高压凝水缸规格尺寸表　　表 12-2-4

编　号	公称直径 DN	外径×壁厚 D×t	S	M
1	300	325×8	250	238
2	350	377×9	300	287
3	400	426×9	350	337
4	450	478×9	400	387
5	500	529×9	450	437
6	600	630×9	550	537
7	700	720×10	650	636

12.3　型　钢

1. 热轧等边角钢 GB 9787（图 12-3-1、表 12-3-1）

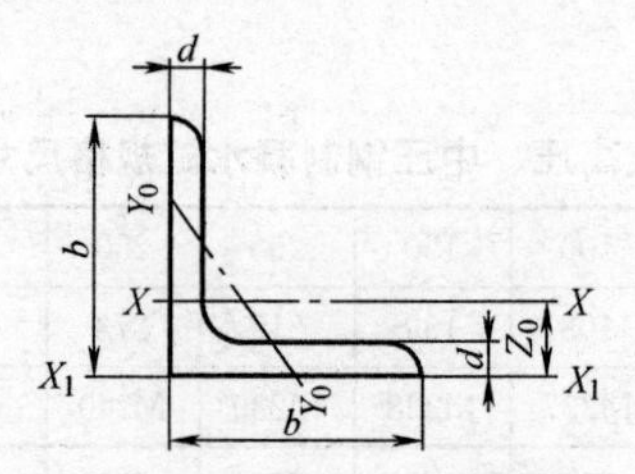

图 12-3-1 热轧等边角钢结构尺寸图

d—边厚；b—边宽；W—截面系数；

Z_0—重心距离；i—惯性半径

热轧等边角钢有关数据表 **表 12-3-1**

角钢号数	尺寸		截面面积	理论质量	参考数值 X—X 轴特性		最小惯性半径 i_{Y0}	Z_0
	b	d						
	mm		cm²	kg/m	I_x(cm⁴)	W_x(cm³)	cm	cm
2.5	25	3	1.432	1.124	0.82	0.46	0.49	0.73
		4	1.859	1.459	1.03	0.59	0.48	0.76
3	30	3	1.749	1.373	1.46	0.68	0.59	0.85
		4	2.276	1.786	1.84	0.87	0.58	0.89
4	40	3	2.359	1.852	3.59	1.23	0.79	1.09
		4	3.086	2.422	4.60	1.60	0.79	1.13
5	50	3	2.971	2.332	7.18	1.96	1.00	1.34
		4	3.897	3.059	9.26	2.56	0.99	1.38
		5	4.803	3.770	11.21	3.13	0.98	1.42
6.3	63	4	4.978	3.907	19.03	4.13	1.26	1.70
		5	6.143	4.822	23.17	5.08	1.25	1.74
		6	7.288	5.721	27.12	6.00	1.24	1.78
7	70	4	5.570	4.372	26.39	5.14	1.40	1.86
		5	6.875	5.397	32.21	6.32	1.39	1.91
		6	8.160	6.406	37.77	7.48	1.38	1.95
		7	9.424	7.398	43.09	8.59	1.38	1.99
		8	10.667	8.373	48.17	9.68	1.37	2.03
7.5	75	5	7.367	5.818	39.97	7.32	1.50	2.04
		6	8.797	6.905	46.95	8.64	1.49	2.07
		7	10.160	7.976	53.57	9.93	1.48	2.11
		8	11.503	9.030	59.96	11.20	1.47	2.15
		10	14.126	11.089	71.98	13.64	1.46	2.22
8	80	5	7.912	6.211	48.79	8.34	1.60	2.15
		6	9.397	7.376	57.35	9.87	1.59	2.19
		7	10.860	8.525	65.58	11.37	1.58	2.23
		8	12.303	9.658	73.49	12.83	1.57	2.27
9	90	6	10.637	8.350	82.77	12.61	1.80	2.44
		7	12.301	9.656	94.83	14.54	1.78	2.48
		8	13.944	10.946	106.47	16.42	1.78	2.52
		10	17.167	13.476	128.58	20.07	1.76	2.59
10	100	6	11.932	9.366	114.95	15.68	2.00	2.67
		7	13.796	10.830	131.86	18.10	1.99	2.71
		8	15.638	12.276	148.24	20.47	1.98	2.76
		10	19.261	15.120	179.51	25.06	1.96	2.84
		12	22.800	17.898	208.90	29.48	1.95	2.91
		14	26.256	20.611	236.53	33.73	1.94	2.99
		16	29.627	23.257	262.53	37.82	1.94	3.06

续表

角钢号数	尺寸		截面面积	理论质量	参考数值 X—X 轴特性 X—X 轴特性		最小惯性半径 i_{Y0}	Z_0
	b	d						
	mm				I_x(cm⁴)	W_x(cm³)	cm	cm
12.5	125	8	19.750	15.504	297.03	32.52	2.50	3.37
		10	24.373	19.133	361.67	39.91	2.48	3.45
		12	28.912	22.696	423.16	41.17	2.46	3.53
		14	33.367	26.193	481.65	54.16	2.45	3.61
14	140	10	27.373	21.488	514.65	50.58	2.78	3.82
		12	32.512	25.522	603.68	59.80	2.76	3.90
		14	37.567	29.490	688.81	68.75	2.75	3.98
		16	42.539	33.393	770.24	77.46	2.74	4.06
16	160	10	31.502	24.729	779.53	66.70	3.20	4.31
		12	37.441	29.391	916.58	78.98	3.18	4.39
		14	43.296	33.987	1048.36	90.95	3.16	4.47
		16	49.067	38.518	1175.08	102.63	3.14	4.55
18	180	12	42.241	33.159	1321.35	100.82	3.58	4.89
		14	48.896	38.382	1514.48	116.25	3.56	4.97
		16	55.467	43.542	1700.99	131.13	3.55	5.05
		18	61.955	48.634	1875.12	145.64	3.51	5.13

2. 热轧不等边角钢 GB 9788（图 12-3-2、表 12-3-2）

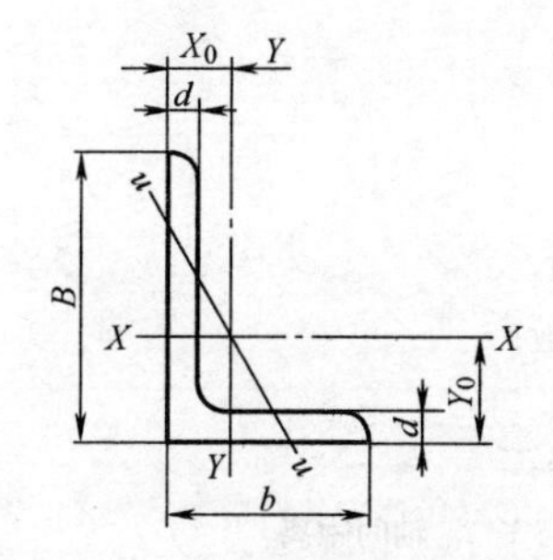

B—长边宽度；

b—短边宽度；

d—边厚；

W—截面系数；

X_0、Y_0—重心距离；

i—惯性半径

图 12-3-2　热轧不等边角钢结构尺寸图

热轧不等边角钢有关数据表　　　**表 12-3-2**

角钢号数	尺寸			截面面积	理论质量	参考数值				最小惯性半径	重心距离	
						X—X		Y—Y				
	B	b	d								X_0	Y_0
	mm			cm²	kg/m	I_x(cm⁴)	W_x(cm³)	I_Y(cm⁴)	W_Y(cm³)	i_Y(cm)	cm	cm
5.6/3.6	56	36	3	2.743	2.153	8.88	2.32	2.92	1.05	0.79	0.80	1.78
			4	3.590	2.818	11.45	3.03	3.76	1.37	0.79	0.85	1.82
			5	4.415	3.466	13.86	3.71	4.49	1.65	0.78	0.88	1.87
6.3/4.0	63	40	4	4.058	3.185	16.49	3.87	5.23	1.70	0.88	0.92	2.04
			5	4.993	3.920	20.02	4.74	6.31	2.71	0.87	0.95	2.08
			6	5.908	4.638	23.36	5.59	7.29	2.43	0.86	0.99	2.12
			7	6.802	5.339	26.53	6.40	8.24	2.78	0.86	1.03	2.15
7.5/5	75	50	5	6.125	4.808	34.86	6.83	12.61	3.30	1.10	1.17	2.40
			6	7.260	5.699	41.12	8.12	14.70	3.88	1.08	1.21	2.44
			8	9.467	7.431	52.39	10.52	18.53	4.99	1.07	1.29	2.52
			10	11.590	9.098	62.71	12.79	21.96	6.04	1.06	1.36	2.60
9/5.6	90	56	5	7.212	5.661	60.45	9.92	18.32	4.21	1.23	1.25	2.91
			6	8.557	6.717	71.03	11.74	21.42	4.96	1.23	1.29	2.95
			8	11.183	8.779	91.03	15.27	27.15	6.41	1.21	1.36	3.04

续表

角钢号数	尺寸			截面面积	理论质量	参考数值				最小惯性半径	重心距离	
						X—X		Y—Y				
	B	b	d								X_0	Y_0
	mm			cm^2	kg/m	$I_x(cm^4)$	$W_x(cm^3)$	$I_Y(cm^4)$	$W_Y(cm^3)$	$i_Y(cm)$	cm	cm
10/6.3	100	63	6	9.617	7.550	99.06	14.64	30.94	6.35	1.38	1.43	3.24
			7	11.111	8.722	113.45	16.88	35.26	7.29	1.38	1.47	3.28
			8	12.584	9.878	127.37	19.08	39.39	8.21	1.37	1.50	3.32
			10	15.467	12.142	153.81	23.32	47.12	9.98	1.35	1.58	3.40
12.5/8	125	80	7	14.096	11.066	227.98	26.86	74.42	12.01	1.76	1.80	4.01
			8	15.989	12.551	256.77	30.41	83.49	13.56	1.75	1.84	4.06
			10	19.712	15.474	312.04	37.33	100.67	16.56	1.74	1.92	4.14
14/9	140	90	8	18.038	14.160	365.64	38.48	120.69	17.34	1.98	2.04	4.50
			10	22.261	17.475	445.50	47.31	146.03	21.22	1.96	2.12	4.58
16/10	160	100	10	25.315	19.872	668.69	62.13	205.03	26.56	2.19	2.28	5.24
			12	30.054	23.592	784.91	73.49	239.06	31.28	2.17	2.36	5.32
			14	34.709	27.247	896.30	84.56	271.20	35.83	2.16	2.43	5.40
			16	39.281	30.835	1003.04	95.33	301.60	40.24	2.16	2.51	5.48
20/12.5	200	125	12	37.912	29.761	1570.90	116.73	483.16	49.99	2.74	2.83	6.54
			14	43.867	34.436	1800.97	134.65	550.83	57.44	2.73	2.91	6.62
			16	49.739	39.045	2023.35	152.18	615.44	64.69	2.71	2.99	6.70
			18	55.526	43.588	2238.30	169.33	677.19	71.74	2.70	3.06	6.78

3. 热轧槽钢 GB 707（图 12-3-3、表 12-3-3）

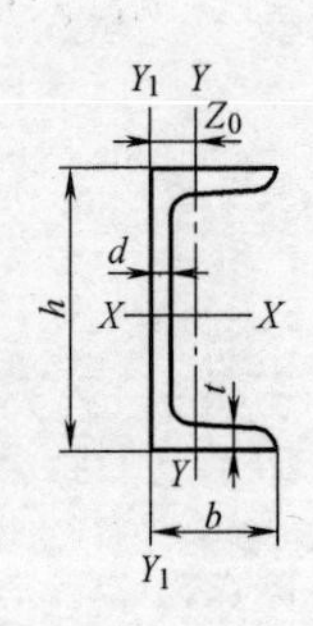

h—高度；

b—腿宽；

d—腰厚；

t—平均腿厚；

w—截面系数；

I—惯性矩；

i—惯性半径；

Z_0—YY 轴与 Y_1Y_1 轴间距离

图 12-3-3 热轧普通槽钢结构尺寸图

热轧普通槽钢有关数据表 **表 12-3-3**

型号	尺寸				截面面积	理论质量	参考数值						Z_0
							X—X			Y—Y			cm
	h	b	d	t									
	mm				cm^2	kg/m	$W_x(cm^3)$	$I_x(cm^4)$	$i_x(cm)$	$W_Y(cm)$	$I_Y(cm^4)$	$i_Y(cm)$	
5	50	37	4.5	7.0	6.93	5.44	10.4	26.0	1.94	3.55	8.3	1.10	1.35
6.3	63	40	4.8	7.5	8.444	6.63	16.123	50.786	2.453	4.5	11.872	1.185	1.36
8	80	43	5.0	8.0	10.24	8.04	25.3	101.3	3.15	5.79	16.6	1.27	1.43
10	100	48	5.3	8.5	12.74	10.00	39.7	198.3	3.95	7.80	25.6	1.41	1.52
12	120	53	5.5	9.0	15.36	12.06	57.7	346.3	4.75	10.17	37.4	1.56	1.62
12.6	126	53	5.5	9.0	15.69	12.37	62.137	391.466	4.953	10.242	37.99	1.567	1.59
14a	140	58	6.0	9.5	18.51	14.53	80.5	563.7	5.52	13.01	53.2	1.70	1.71
14b	140	60	8.0	9.5	21.31	16.73	87.1	609.4	5.35	14.12	61.1	1.69	1.67
16a	160	63	6.5	10.0	21.95	17.23	108.3	866.2	6.28	16.30	73.3	1.83	1.80
16	160	65	8.5	10.0	25.15	19.74	116.8	934.5	6.10	17.55	83.4	1.82	1.75
18a	180	68	7.0	10.5	25.69	20.17	141.4	1272.7	7.04	20.03	98.6	1.96	1.88
18	180	70	9.0	10.5	29.29	22.99	152.2	1369.9	6.84	21.52	111.0	1.95	1.84
20a	200	73	7.0	11.0	28.83	22.63	178.0	1780.4	7.86	24.20	128.0	2.11	2.01
20	200	75	9.0	11.0	32.83	25.77	191.4	1913.7	7.64	25.88	143.6	2.09	1.95
22a	220	77	7.0	11.5	31.84	24.99	217.6	2393.9	8.67	28.17	157.8	2.23	2.10

续表

型号	尺寸				截面面积	理论质量	参考数值						Z_0 cm
	h	b	d	t			X—X			Y—Y			
	mm				cm^2	kg/m	$W_x(cm^3)$	$I_x(cm^4)$	i_x(cm)	W_Y(cm)	$I_Y(cm^4)$	i_Y(cm)	
22	220	79	9.0	11.5	36.24	28.45	233.8	2571.4	8.42	30.05	176.4	2.21	2.03
25a	250	78	7	12	34.91	27.47	269.597	3369.619	9.823	30.607	175.529	2.243	2.065
25b	250	80	9	12	39.91	31.39	282.402	3530.035	9.405	32.657	196.421	2.218	1.982
25c	250	82	11	12	44.91	35.32	295.236	3690.452	9.065	35.926	218.415	2.206	1.921
28a	280	82	7.5	12.5	40.02	31.42	340.328	4764.687	10.91	35.718	217.989	2.333	2.097
28b	280	84	9.5	12.5	45.62	35.81	366.460	5130.453	10.60	37.929	242.144	2.304	2.016
28c	280	86	11.5	12.5	51.22	40.21	392.594	5496.319	10.35	40.301	267.602	2.286	1.951
32a	320	88	8	14	48.7	38.22	474.879	7598.064	12.49	46.473	304.787	2.502	2.242

4. 热轧扁钢 GB 704（表 12-3-4）

热轧扁钢规格、重量表　　**表 12-3-4**

宽度(mm)	厚度(mm)											
	3	4	5	6	7	8	9	10	11	12	14	16
	理论重量(kg/m)											
10	0.24	0.31	0.39	0.47	0.55	0.63						
12	0.28	0.38	0.47	0.57	0.66	0.75						
14	0.33	0.44	0.55	0.66	0.77	0.88						
16	0.38	0.50	0.63	0.75	0.88	1.00	1.15	1.26				
18	0.42	0.57	0.71	0.85	0.99	1.13	1.28	1.41				
20	0.47	0.63	0.78	0.94	1.10	1.26	1.41	1.57	1.73	1.88		
22	0.52	0.69	0.86	1.04	1.21	1.38	1.55	1.73	1.90	2.07		
25	0.59	0.78	0.98	1.18	1.37	1.57	1.77	1.96	2.16	2.36	2.75	3.14
28	0.66	0.88	1.10	1.32	1.54	1.76	1.98	2.20	2.42	2.64	3.08	3.53
30	0.71	0.94	1.18	1.41	1.65	1.88	2.12	2.36	2.59	2.83	2.30	3.77
32	0.75	1.00	1.26	1.51	1.76	2.01	2.26	2.55	2.76	3.01	3.52	4.02
35	0.82	1.10	1.37	1.65	1.92	2.20	2.47	2.75	3.02	3.30	3.85	4.40
40	0.94	1.26	1.57	1.88	2.20	2.51	2.83	3.14	3.45	3.77	4.40	5.02
45	1.06	1.41	1.77	2.12	2.47	2.83	3.18	3.53	3.89	4.24	4.95	5.65
50	1.18	1.57	1.96	2.36	2.75	3.14	3.53	3.93	4.32	4.71	5.50	6.28
55		1.73	2.16	2.59	3.02	3.45	3.89	4.32	4.75	5.18	6.04	6.91
60		1.88	2.36	2.83	3.30	3.77	4.24	4.71	5.18	5.65	6.59	7.54

5. 热轧钢板 GB 709（表 12-3-5）

钢板每平方米面积理论质量　　**表 12-3-5**

厚度(mm)	理论重量(kg)	厚度(mm)	理论重量(kg)	厚度(mm)	理论重量(kg)	厚度(mm)	理论重量(kg)
1.00	7.850	2.2	17.27	5.0	39.25	13	102.10
1.10	8.635	2.5	19.63	5.5	43.18	14	109.90
1.20	9.420	2.8	21.98	6.0	47.10	15	117.80
1.25	9.813	3.0	23.55	7.0	54.95	16	125.60
1.40	10.990	3.2	25.12	8.0	62.80	17	133.50
1.50	11.78	3.5	27.48	9.0	70.05	18	141.30
1.6	12.56	3.8	29.83	10.0	78.50	19	149.20
1.8	14.13	4.0	31.40	11	86.35	20	157.00
2.0	15.70	4.5	35.33	12	94.20		

12.4 焊 条

12.4.1 焊接材料的选用

常用碳素钢及合金钢焊接材料可按表12-4-1和表12-4-2选用。

1. 常用碳素钢及合金钢焊接材料的选用 表12-4-1

母材牌号		焊条电弧焊		埋弧焊		熔化极气体保护电弧焊(实芯)	惰性气体保护电弧焊(Ar、实芯)
		焊 条					
新牌号	旧牌号	型号	牌号示例	焊丝型号	焊剂型号	焊丝型号	焊丝型号
Q235A、10、20	—	E4303 E4315	J422 J427	H08A H08MnA	F4A0-H08A F4A2-H08MnA	ER49-1 ER50-6 H08Mn2SiA	ER49-1 ER50-6 H08Mn2SiA
Q235B、Q235C、Q235D、Q245R	—	E4315 E4316	J427 J426	H08A H08MnA	F4A0-H08A F4A2-H08MnA	ER50-6 H08Mn2SiA	ER50-6 H08Mn2SiA
Q345A	—	E5003 E5015 E5016	J502 J507 J506	H08MnA H10Mn2	F5A0-H08MnA F5A0-H10Mn2	ER49-1 ER50-6 H08Mn2Si	ER49-1 H08Mn2Si
Q345B、Q345C、Q345D、Q345R、16Mn	—	E5015 E5016	J507 J506	H08MnA H10Mn2	F5A2-H08MnA F5A2-H10Mn2	ER50-2 ER50-3 ER50-6 H08Mn2SiA	ER50-2 ER50-3 ER50-6 H08Mn2SiA
16MnDR、Q345E、16MnD	—	E5015-G E5016-G	J507RH J506RH	—	—	—	ER55-Ni1
09MnNiDR、09MnNiD	—	E5515-C1L	—	—	—	—	ER55-Ni3
18MnMoNbR	—	E6015-D1	J607	H08Mn2MoA	F62A2-H08Mn2MoA	—	—
12CrMo、12CrMoG	—	E5515-B1	R207	H13CrMoA	F48A0-H13CrMoA	—	ER55-B2 H13CrMoA
15CrMo、15CrMoG、15CrMoR	—	E5515-B2	R307	H13CrMoA	F48A0-H13CrMoA	—	ER55-B2 H13CrMoA
12Cr1MoV、12Cr1MoVG 12Cr1MoVR	—	E5515-B2-V	R317	H08CrMoVA	F48A0-H08CrMoVA	—	ER55-B2-MnV H08CrMoVA
12Cr2Mo、12Cr2MoG、12Cr2MoR	—	E6015-B3	R407	H05SiCr2MoA	F48A0-H05SiCr2MoA	—	ER62-B3
1Cr5Mo	—	E5MoV-15	R507	—	—	—	H1Cr5Mo
12Cr18Ni9 06Cr19Ni10	1Cr18Ni9 0Cr18Ni9	E308-16 E308-15	A102 A107	H0Cr21Ni10	F308-H0Cr21Ni10	—	H0Cr21Ni10
06Cr18Ni11Ti 07Cr19Ni11Ti	0Cr18Ni10Ti 1Cr18Ni11Ti	E347-16 E347-15	A132 A137	H0Cr20Ni10Nb	F347-H0Cr20Ni10Nb	—	H0Cr20Ni10Nb
022Cr19Ni10	00Cr19Ni10	E308L-16	A002	H00Cr21Ni10	F308L-H00Cr21Ni10	—	H00Cr21Ni10
06Cr17Ni12Mo2	0Cr17Ni12Mo2	E316-16 E316-15	A202 A207	H0Cr19Ni12Mo2	F316-H0Cr19Ni12Mo2	—	H0Cr19Ni12Mo2

续表

母材牌号		焊条电弧焊		埋弧焊		熔化极气体保护电弧焊（实芯）	惰性气体保护电弧焊（Ar、实芯）
新牌号	旧牌号	焊条					
		型号	牌号示例	焊丝型号	焊剂型号	焊丝型号	焊丝型号
06Cr17Ni12Mo2Ti	0Cr18Ni12Mo2Ti	E316L-16 E318L-16	A022 A212	H0Cr19Ni12Mo2	F316-H0Cr19Ni12Mo2	—	H0Cr19Ni12Mo2
06Cr19Ni13Mo3	0Cr19Ni13Mo3	E317-16	A242	H0Cr19Ni14Mo3	F317-H0Cr19Ni14Mo3	—	H0Cr19Ni14Mo3
022Cr17Ni14Mo2	00Cr17Ni14Mo2	E316L-16	A022	H0Cr19Ni14Mo3	F316L-H00Cr19Ni12Mo2	—	H00Cr19Ni12Mo2
022Cr19Ni13Mo3	00Cr19Ni13Mo3	E317L-16	A022Mo	—	—	—	—
06Cr23Ni13	0Cr23Ni13	E309-16 E309-15	A302 A307	H1Cr24Ni13	F309-H1Cr24Ni13	—	H1Cr24Ni13
06Cr25Ni20	0Cr25Ni20	E310-16 E310-15	A402 A407	H1Cr26Ni21	F310-H1Cr26Ni21	—	H1Cr26Ni21

2. 常用异种碳素钢及合金钢焊接材料的选用　　表 12-4-2

被焊钢材种类	母材牌号举例	焊条电弧焊		埋弧焊		熔化极气体保护电弧焊（CO_2、实芯）	惰性气体保护电弧焊（Ar、实芯）
		焊条					
		型号	牌号示例	焊丝型号	焊剂型号	焊丝型号	焊丝型号
碳素钢与强度型低合金钢焊接	20、Q235、Q245R＋Q345、Q345R	E4303 E4315 E4316 E5015 E5016	J422 J427 J426 J507 J506	H08A H08MnA H10Mn2	F4A0-H08A F4A2-H08MnA F5A2-H10Mn2	ER49-1 ER50-6 H08Mn2SiA	ER49-1 ER50-6 H08Mn2SiA
碳素钢与耐热型低合金钢焊接	Q235、20＋12CrMo、15CrMo、12Cr1MoV、12Cr2Mo、1Cr5Mo	E4315 E4316	J427 J426	H08A H08MnA	F4A0-H08A F4A0-H08MnA	ER49-1 ER50-6 H08Mn2SiA	ER49-1 ER50-6 H08Mn2SiA
强度型低合金钢与耐热型低合金钢焊接	Q345R＋12CrMo、15CrMo、12Cr1MoV、12Cr2Mo、1Cr5Mo	E5015 E5016	J507 J506	H08MnA H10Mn2	F5A0-H08MnA F5A0-H10Mn2	ER49-1 ER50-6 H08Mn2SiA	ER49-1 ER50-6 H08Mn2SiA
耐热型低合金钢之间焊接	12CrMo＋15CrMo、12Cr1MoV、12Cr2Mo、1Cr5Mo	E5515-B1	R207	H13CrMoA	F48A0-H13CrMoA	—	H13CrMoA
	15CrMo＋12Cr1MoV、12Cr2Mo、1Cr5Mo	E5515-B2	R307	H13CrMoA	F48A0-H13CrMoA	—	ER55-B2 H13CrMoA
	12Cr1MoV＋12Cr2Mo、1Cr5Mo	E5515-B2-V	R317	H08CrMoVA	F48A0-H08CrMoVA	—	ER55-B2-MnV H08CrMoVA
	12Cr2Mo＋1Cr5Mo	E6015-B3	R407	H05SiCr2MoA	F48A0-H05SiCr2MoA	—	ER62-B3
非奥氏体钢与奥氏体钢焊接	20、Q345R、15CrMo 等＋06Cr19Ni10、06Cr17Ni12Mo2 等	E309-15 E309-16 E310-16 E310-15	A307 A302 A402 A407	H1Cr24Ni13 H1Cr26Ni21	F309-H1Cr24Ni13 F310-H1Cr26Ni21	—	H1Cr24Ni13 H1Cr26Ni21

12.4.2 焊条选用说明

1. E4301，E5001。熔渣流动性良好，电弧稍强，熔深较深，渣覆盖良好，脱渣容易，飞溅一般，焊波整齐。这类焊条适用于全位置焊接，主要焊接较重要的低碳钢结构；

2. E4303，E5003。熔渣流动性良好，脱渣容易，电弧稳定，熔深适中，飞溅少，焊波整齐，适用于全位置焊接。主要焊接较重要的低碳钢结构；

3. E4323。熔敷效率高，适用于平焊，平角焊，药皮类型及工艺性能与E4303基本相似，主要焊接较重要的低碳钢结构；

4. E4310。焊接时有机物在电弧区分解产生大量的气体，保护熔敷金属. 电弧吹力大，熔深较深，熔化速度快，熔渣少，脱渣容易，飞溅一般，通常限制采用大电流焊接。适用于全位置焊接，主要焊接一般的低碳钢结构，如管道的焊接等，也可用于打底焊接；

5. E4311、5011。电弧稳定。当采用直流反接焊接时，熔深浅，其他工艺性能与E4310相似，适用于全位置焊接，主要焊接一般的低碳钢结构；

6. E4312。电弧稳定，再引弧容易，熔深较浅，渣覆盖良好，脱渣容易，焊波整齐，适用于全位置焊接，熔敷金属塑性及抗裂性能较差，主要焊接一般的低碳钢结构，薄板结构，也可用于盖面焊；

7. E4313。电弧比E4312稳定，工艺性能、焊缝成型比E4312好。适于全位置焊接。主要焊接一般的低碳钢结构，薄板结构，也可用于盖面焊；

8. E5014。熔敷效率较高，焊缝表面光滑，焊波整齐，脱渣性好，角焊缝略凸，适于全位置焊接。主要焊接一般的低碳钢结构；

9. E4324，E5024。熔敷效率高，飞溅少，熔深浅，焊缝表面光滑，适于平焊和平角焊。主要焊接一般的低碳钢结构；

10. E4320。电弧吹力大，熔深较深，电弧稳定，再引弧容易，熔化速度快，渣覆盖好，脱渣性好，焊缝致密，略带凹度，飞溅稍大。这类焊条不宜焊薄板，适于平焊及平角焊。主要焊接重要的低碳钢结构；

11. E4322。工艺性能基本上与E4320相似，但焊缝较凸，不均匀，适用于高速焊、单道焊，主要焊接低碳钢的薄板结构；

12. E4327，E5027。熔敷效率很高，电弧吹力大，焊缝表面光滑，飞溅少，脱渣好，焊缝稍凸，适于平焊、平角焊，可采用大电流焊接。主要焊接较重要的低碳钢结构；

13. E4315，E5015。熔渣流动性好，焊接工艺性一般，焊波较粗，角焊缝略凸，熔深适中，脱渣性较好，焊接时要求焊条干燥，并采用短弧焊. 适于全位置焊接，这类焊条的熔敷金属具有良好的抗裂性和力学性能，主要焊接重要的低碳钢结构，也可焊接与焊条强度相当的低合金钢结构；

14. E4316，E5016。电弧稳定，工艺性能、焊接位置与E4315和E5015型焊条相似，这类焊条的熔敷金属具有良好的抗裂性能和力学性能，主要焊接重要的低碳钢结构，也可焊接与焊条强度相当的低合金钢结构；

15. E5018。焊接时应采用短弧，适于全位置焊接，但角焊缝较凸，焊缝表面平滑，飞溅较少，熔深适中，熔敷效率较高，主要焊接重要的低碳钢结构，也可焊接与焊条强度相当的低合金钢结构；

16. E5048。具有良好的向下立焊性能。其他方面与E5018型焊条一样；

17. E4328，E5028。熔敷效率很高，只适用于平焊、平角焊。主要焊接重要的低碳钢结构，也可焊接与焊条强度相当的低合金钢结构。

第3部分　施　　工

第13章　城镇天然气管道的埋地敷设

城市建设中，管道埋地敷设是最为常见的施工方式，其施工主要可分为放线开槽、管道连接，管道敷设，压力试验及回填土竣工验收几个阶段。常用管道主要是钢管，其余是球墨铸管和聚乙烯燃气管道。城镇天然气管道的敷设应符合国家现行规范《城镇燃气输配工程施工及验收规范》的规定。

13.1　埋地管道的土方工程

13.1.1　开槽

1. 一般规定

（1）施工单位根据管线平面布置图进行放线；以 x、y 坐标（管线起始点，转角位置的坐标）进行放线。并打桩等设立标志。

（2）在土方施工前，建设单位应组织有关单位向施工单位进行现场交桩。临时水准点，管道轴线控制桩、高程桩，应经过复核后方可使用，并应定期校核。

（3）施工单位应会同建设等有关单位，核对道路路由，相关地下管道以及构筑场的资料，必要时局部开挖核实。

（4）施工前，建设单位应对施工区域内已有地上、地下构筑物，与有关单位协商处理完毕。

（5）在管道施工沿线，应按规定做好施工现场的安全防护。设置安全护栏、警示标志、夜间警示灯等安全防护设施。

天然气管线应按照设计图纸进行放线，控制管道的平面位置、高程、坡度，与其他管道或设施的间距是否符合现行国家标准《城市燃气设计规范》GB 50028 的相关规定。

2. 开槽

（1）开槽要求

1）混凝土路面和沥青路面开挖应使用切割机切割。

2）管道沟槽应按设计规定的平面位置和标高开挖，当采用人工开挖且无地下水时，槽底预留值宜为 0.05～0.1m；当采用机械开挖和有地下水时，槽底预留值不应小于 0.15m；管道安装前应人工清底至设计标高。

（2）管沟（沟槽）

1）沟槽的断面形成（图 13-1-1）

2）单管直埋敷设的沟槽宽度（铸铁

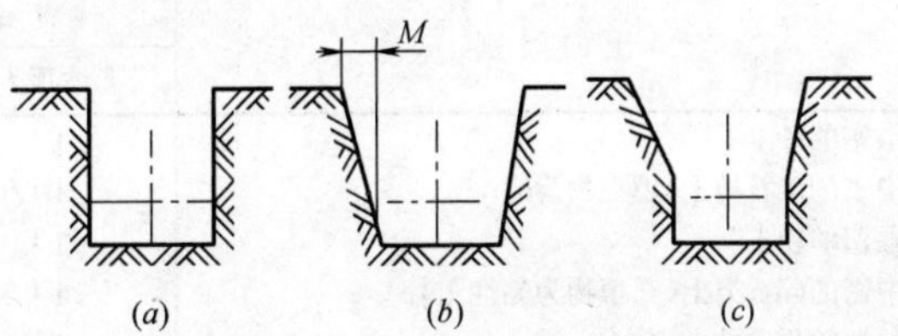

图 13-1-1　沟槽的断面形式

（a）直槽；（b）梯形槽；（c）混合槽

管工作坑尺寸），见表 13-1-1。

单管直埋的沟槽沟底宽度（*W*）　　　　表 13-1-1

公称直径 *DN*	50～80	100～200	250～350	400～450	500～600	700～800	900～1000	1100～1200	1300～1400
沟槽宽度（m）	0.6	0.7	0.8	1.0	1.3	1.6	1.8	2.0	2.2

3）各地域的管线埋深（管顶以上最小埋深），见表 13-1-2。

各地段管线最小埋深　　　　表 13-1-2

地段	管顶以上埋深(m)	地段	管顶以上埋深(m)
旱地	0.7	公路边沟	0.6
水田	0.8	穿越铁路(套管顶至轨底距离)	3.0
不耕种的荒地及土石方区	0.4	穿越溪沟(稳定层以下)	1.0
穿越公路	1.0		

燃气管道应埋在冰冻线以下。管线埋深将决定沟槽深度。

（3）梯形槽断面尺寸

梯形槽断面尺寸计算：

梯形槽断面尺寸按式（13-1-1）计算，其断面形式见图 13-1-2。

$$W=2D_b+B+2C \qquad (13\text{-}1\text{-}1)$$

式中　W——直埋敷设时管沟沟底宽度（mm）；

D_b——管道防腐、保温后的最终管外径（mm）；

B——管道间净距，一般不得小于 200mm；

C——管道与沟壁净距，不得小于 150mm；

H——沟槽深、最小埋深，见“各地段管线最小埋深”表；

M——沟槽上口宽，根据土质定，见“深度在 5m 以内基坑边坡”，表 13-1-3。

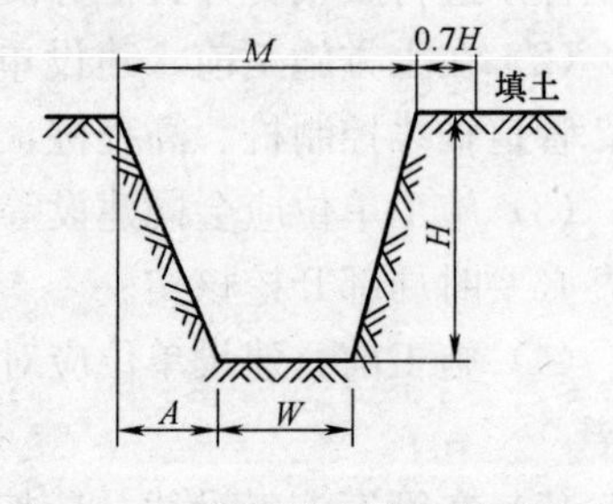

图 13-1-2　常用梯形槽的断面尺寸

球墨铸铁管承插口连接位置的 C 值应按实际作业面扩大调整。

（4）基坑边坡

1）深度在 5m 以内的基坑边坡，见表 13-1-3。

深度在 5m 以内的基坑边坡　　　　表 13-1-3

土的类别	边坡坡度		
	坡顶无荷载	坡顶有静荷载	坡顶有动荷载
中密的砂土	1∶1.00	1∶1.25	1∶1.50
中密的碎石类土(填充物为砂土)	1∶0.75	1∶1.00	1∶1.25
硬塑的粉土	1∶0.67	1∶0.75	1∶1.00
中密的碎石类土(充填物为黏性土)	1∶0.50	1∶0.67	1∶0.75
硬塑的粉质黏土、黏土	1∶0.33	1∶0.50	1∶0.67
老黄土	1∶1.10	1∶0.25	1∶0.33
软土(经井点降水后)	1∶1.00	—	—

2）沟边不设边坡的允许沟槽深度，见表 13-1-4。

沟壁不设边坡的允许沟槽深度　　　表 13-1-4

天然湿度土的种类	填实的砂土、砾石土	砂质粉土、粉质黏土	黏土	特别密实的土
沟槽深度(m)	1.00	1.25	1.50	2.00

(5) 沟底遇有废弃构筑物、硬石、木头、垃圾等杂物时，必须清除，并应铺设一层厚度不小于 0.15m 的砂土和素土，整平、压实至设计标高。

(6) 在基坑边坡无法达到表 13-1-3 规定要求时，应采用支撑加固沟壁，对不坚实的土壤应及时做连续支撑。

(7) 对软土基和特殊性腐蚀土壤，应按设计要求处理。

13.1.2　土的工程分类及野外鉴别法

1. 土的工程分类，见表 13-1-5。

土的工程分类　　　表 13-1-5

土的分类	土的级别	土 的 名 称	压实系数 f	密度 (kg/m³)	开挖方法及工具
一类土（松软土）	Ⅰ	略有黏性的砂土；粉砂土；腐殖土；疏松的种植土；泥炭（淤泥）	0.5～0.6	600～1000	用锹，少许用脚蹬，或用板锄开挖
二类土（普通土）	Ⅱ	潮湿的黏性土和黄土；软的盐土和碱土；含有建筑材料碎屑、碎石、卵石的堆积土和种植土	0.6～0.8	1100～1600	用锹，条锄挖掘，需用脚蹬，少许用镐
三类土（坚土）	Ⅲ	中等密实的黏性土或黄土；含有碎石、卵石或建筑材料碎屑的潮湿的黏性土或黄土	0.8～1.0	1800～1900	主要用镐、条锄，少许用锹
四类土（砂砾坚土）	Ⅳ	坚硬密实的黏性土或黄土；含有碎石、砾石（体积在 10%～30%重量在 25kg 以下石块）的中等密实黏性土或黄土；硬化的重盐土；软泥灰岩	1～1.5	1900	全部用镐、条锄挖掘，少许用撬棍挖掘

2. 土的野外鉴别方法，见表 13-1-6。

土的野外鉴别方法　　　表 13-1-6

		黏土	粉质黏土	黏质粉土	砂土
湿润时用刀切		切面光滑有黏刀阻力	稍有光滑面，切面平整	无光滑面，切面稍粗糙	无光滑面，切面粗糙
湿土用手捻摸时的感觉		有滑腻感，感觉不到有砂粒，水分较大时很粘手	稍有滑腻感，有黏滞感，感觉到有少量砂粒	有轻微粘滞感或无黏滞感，感觉到砂粒较多，粗糙	无黏滞感，感觉到全是砂粒，粗糙
土的状态	干土	土块坚硬，用锤才能打碎	土块用力可压碎	土块用手捏或抛扔时易碎	松散
	湿土	易黏着物体，干燥后不易剥去	能黏着物体干燥后较易剥去	不易黏着物体干燥后一碰就掉	不能黏着物体

续表

	黏土	粉质黏土	黏质粉土	砂土
湿土搓条情况	塑性大，能搓成直径小于0.5mm的长条（长度不短于手掌）手持一端不易断裂	有塑性，能搓成直径为0.5～3mm的短条	无塑性，不能搓成土条	不能搓成土条

3. 碎石土、砂石的野外鉴别方法，见表13-1-7。

碎石土、砂土的野外鉴别方法　　表13-1-7

类别	土的名称	观察颗粒粗细	干燥时的状态及强度	湿润时用手拍击状态	黏着程度
碎石土	卵(碎)石	一半以上颗粒超过20mm	颗粒完全分散	表面无变化	无黏着感觉
	圆(角)砾	一半以上的颗粒超过2mm(小高粱粒大小)	颗粒完全分散	表面无变化	无黏着感觉
砂土	砾砂	约有1/4以上的颗粒超过2mm(小高粱粒大小)	颗粒完全分散	表面无变化	无黏着感觉
	粗砂	约有一半以上的颗粒超过0.5mm(细小米粒大小)	颗粒完全分散，但有个别胶结一起	表面无变化	无黏着感觉
	中砂	约有一半以上的颗粒超过0.25mm(白菜籽粒大小)	颗粒基本分散，局部胶结但一碰即散	表面偶有水印	无黏着感觉
	细砂	大部分颗粒与粗豆米粉(>0.07mm)近似	颗粒大部分分散，少量胶结，部分稍加碰撞即散	表面有水印(翻浆)	偶有轻微黏着感觉
	粉砂	大部分颗粒与小米粉近似	颗粒少部分分散，大部分胶结，稍加压力可分散	表面有显著翻浆现象	有轻微黏着感觉

13.1.3　回填土

沟槽回填土是管道施工中很重要的一个环节，其重要性往往被工作人员所忽视，从而造成不均匀沉陷、道路坍塌，甚至砸断管道造成事故，因此，特对回填土工程提出如下专门要求。

1. 填方土料的要求，见表13-1-8，填方土料最佳含水量，见表13-1-9。

填方土料的要求　　表13-1-8

土料类型	适用于填方范围	土料类型	适用于填方范围
碎石类土、砂土、爆破石渣	表层以下填方	淤泥和淤泥质土	一般不宜做填方
含水量符合压实要求的黏性土	各层填方	盐渍土(不含盐晶、盐块)	可用
碎块草皮和有机质大于8%的土	仅用于无压实要求的填方		

填方土的最佳含水量　　**表 13-1-9**

土的种类	最佳含水量(%)(重量比)	土颗粒最大密度(kg/m³)
砂土	8～12	1800～1880
粉土	16～22	1610～1800
砂质粉土	9～15	1850～2080
粉质黏土	12～25	1850～1950
重粉质黏土	16～20	1670～1790
轻粉质黏土	18～21	1650～1740
黏土	19～23	1580～1700

严禁用冻土、垃圾、木材及软性物质回填，管道两侧及管顶以上 0.5m 内的回填土，不得含有碎石，砖块等杂物，且不得采用灰土回填，回填土中石块不得多于 10%，直径不得大于 10cm，且分布均匀。管道沟槽的支撑在管道两侧及管顶 0.5m 以上回填完毕且压实后，在保证安全的前提下方可拆除。

2. 回填土每层厚度及压实要求

(1) 回填土每层厚度及压实遍数

回填土分层压实，先回填管底局部悬空部位，再回填管道两侧；每层虚铺厚度宜为 0.2～0.3m，详见表 13-1-10 填土每层厚度及压实遍数表，管道两侧及管顶以上 0.5m 的回填土必须采用人工压实，离管顶以上 0.5m 回填土可采用小型机械压实，每层虚铺厚度宜为 0.25～0.4m。

(2) 沟槽回填土技术要求

沟槽回填土技术要求见图 13-1-3 及表13-1-11。

回填土压实后，应分层检查密实度，并做好回填记录，图 13-1-3 沟槽各部位的密实图应符合下列要求：

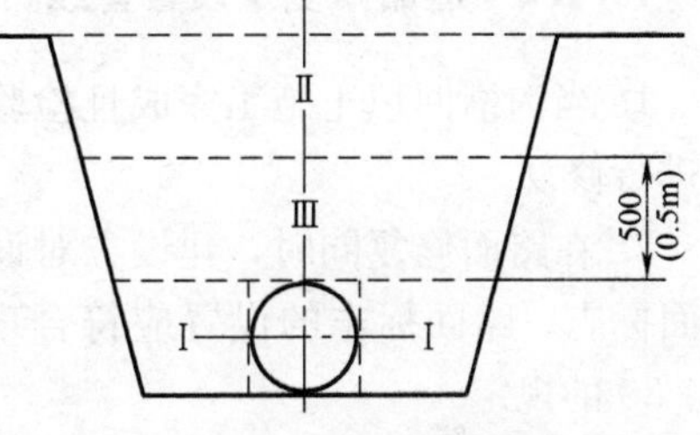

图 13-1-3　回填土断面图

填土每层厚度和压实遍数　　**表 13-1-10**

压实机具	每层铺土厚度(mm)	每层压实遍数
平碾	200～300	6～8
羊足碾	200～350	8～16
蛙式打夯机	200～250	3～4
人工打夯	≤200	3～4

1) Ⅰ区、Ⅱ区部位密实度不应小于 90%；

2) 对Ⅲ区部位应符合相应地面对密实度的要求。

沟槽填方技术要求，见表 13-1-11。

沟槽填方的技术要求　　**表 13-1-11**

<table>
<tr><th>填方部位</th><th colspan="2">密实度要求</th></tr>
<tr><td>胸腔部分填方</td><td colspan="2">密实度应达到 95%</td></tr>
<tr><td>管顶以上 0.5m 厚度内的填方</td><td colspan="2">密实度应达到 85%</td></tr>
<tr><td rowspan="2">管顶以上 0.5m 至地面部分的填方</td><td>当年修路时</td><td>密实度应达 95%</td></tr>
<tr><td>当年不修路时</td><td>密实度应达 90%</td></tr>
</table>

3. 沟槽回填土的操作要点，见表13-1-12。

沟槽回填土操作要点 表13-1-12

回填部位	回填要点
胸腔部分回填	1. 管两侧应同时回填，以防管线产生位移； 2. 只能采用人工夯实，每次填方厚15cm，用尖头铁锤夯打3遍，做到夯夯相连； 3. 夯填中不得掺有碎砖、瓦砾、杂物或大于10cm的土块
管顶以上回填	1. 对管顶以上50～80cm以内的覆土采用小铁锤夯打； 2. 对管顶80cm以上，可采用蛙式打夯机夯填，每层虚厚30cm
管顶以下回填	采用脚踏实之后，用木夯或小铁锤轻轻夯打

4. 警示带敷设

(1) 在回填土填充至高管顶0.3～0.5m应按标准《城镇燃气输配工程施工及验收规范》CJJ 33的规定，在埋设燃气管道沿线应连续敷设警示带。警示带敷设前将敷设面压实，并平整地敷设在管道的正上方，距管顶的距离为0.3～0.5m，但不得敷设在路基和路面里。

(2) 警示带宜采用黄色聚乙烯等不易分解的材料，并印有明显，牢固的警示语，字体不宜小于100mm×100mm。

13.1.4 道路修复及设置管线路面标志

1. 当沟槽回填土施工完成且检验合格后，施工方应会知建设方和路政管理部门对路面进行修复。

2. 在路面修复同时，建设方对设计压力大于或等于0.8MPa的燃气管道沿线宜设置路面标志。路面标志的设置应符合现行国家标准《城镇燃气输配工程施工及验收规范》CJJ 33的规定。

13.2 埋地钢管敷设

13.2.1 一般规定

1. 管道应在沟底标高及管基质量检查合格后，方可安装。

2. 设计文件要求进行低温冲击性能试验的管材，应是经冲击性能试验合格的管材；管件应是国家标准GB 50028所规定使用的管件，见本手册8.1。

3. 下沟安装的钢管应是已完成钢管外防腐的钢管，且用电火花检漏合格。

13.2.2 管道焊接

1. 焊前准备

(1) 一般规定

1) 管道焊接应按现行国家标准《工业金属管道工程施工及验收规范》GB 50235和《现场设备、工业管道焊接工程施工及验收规范》GB 50236的有关规定执行。

2) 凡参与天然气管道焊接的焊工和施工质量检查，检验的人员应具备相应的资格。

3）焊接过程中所用的管道材料和焊接材料应具备出厂合格证或复验报告。

（2）焊件的切割和坡口加工

1）碳钢及碳锰钢焊件切割和坡口加工宜采用机械方法和火焰切割方法。

2）采用等离子弧，氧乙炔焰热加工方法加工坡口后应除去坡口表面的氧化皮，熔渣及影响接头质量的表面层，并应将凹凸不平处打磨平整。

（3）焊件组对

1）焊件组对前及焊接前，应将坡口及内外侧表面不小于 20mm 内的杂质、污物、毛刺以镀锌层等清理干净，并不得有裂纹、夹层等缺陷。

2）除设计规定需进行拉伸或冷压缩的管道外，焊件不得进行强行组对。

3）管子和管件对接焊缝组对时，内壁错边量不应超过母材厚度的 10%，且不应大于 2mm。

4）设备、卷管对接焊缝组对时，错边量应符合表 13-2-1 的规定。

设备、卷管对接焊缝组对时的错边量（mm）　　表 13-2-1

焊件接头的母材厚度 T	错边量	
	纵向焊缝	环向焊缝
$T\leqslant 12$	$\leqslant T/4$	$\leqslant T/4$
$12<T\leqslant 20$	$\leqslant 3$	$\leqslant T/4$
$20<T\leqslant 40$	$\leqslant 3$	$\leqslant 5$
$40<T\leqslant 50$	$\leqslant 3$	$\leqslant T/8$
$T>50$	$\leqslant T/16$ 且 $\leqslant 10$	$\leqslant T/8$ 且 $\leqslant 20$

只能从单面焊接的纵向和环向焊缝、其内壁错边量不应大于厚度的 25%，且不超过 2mm。

5）管道焊接的组对作业

为保证管道安装的平直度和坡度，管道焊接前宜采用图 13-2-1 方法进行对口。对较小直径管道可采用图（*a*）的简单机具，通过槽钢底盘、顶部丝杠、中间拉紧件使对口平直；更大些直径管道可按图（*b*）所示机具通过对口两侧上、下夹具及拉紧螺栓对口，使对口平直；较大直径管道对口，可按图（*c*）所示方法，在接管的一端管口处焊接角钢搭接板，将另一端直接插入搭接板对口，使对口平直；或焊接弧形托板保证对口平直。

（4）管子切口质量

1）切口表面应平整，无裂纹、重皮、毛刺、凸凹、缩口、熔渣、氧化物、铁屑等。

2）切口端面倾斜偏差 Δ，见图 13-2-2 不应大于管子外径的 1%，且不得超过 3mm。

3）相邻两管口（包括直管与弯管）其圆周长度误差最大不得超过 5mm。

4）管口切口凸凹误差不应超过 ±1mm，局部长度不得超过 50mm，总长度不得大于圆周长的 1/10。

5）管口要圆。

（5）焊缝位置的设置规定

焊缝不得设置在应力集中区，应便于焊接和热处理，并应符合下列规定。

1）钢板卷管组对，相邻两节间纵向焊缝间距应大于壁厚的 3 倍，且不小于 100mm；同一筒节上两相邻纵缝间距离不应小于 200mm。

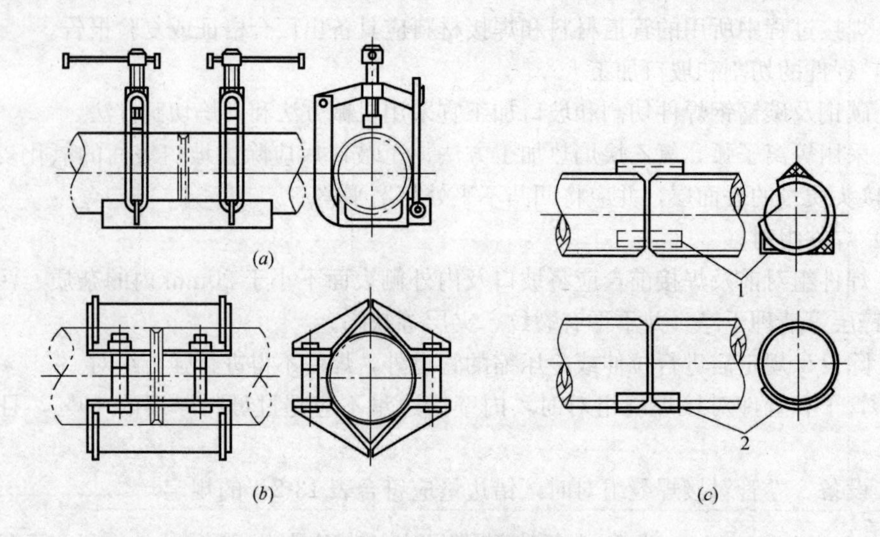

图 13-2-1 管子对口方法

（a）较小直径管子的对口；（b）较大直径管子的对口；（c）大直径管子的对口

1—角钢搭接板；2—弧形托板

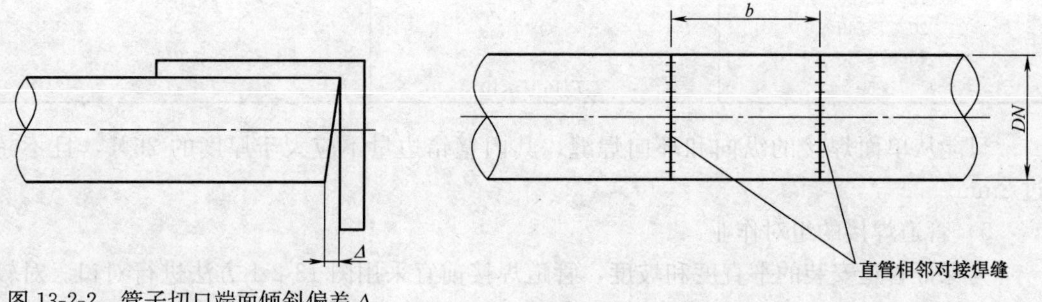

图 13-2-2 管子切口端面倾斜偏差 Δ

图 13-2-3 直管段相邻对接焊缝距离 b

$DN \geqslant 150$，$b \geqslant 150$；$DN < 150$，

$b \geqslant D$ 且 $\geqslant 100$（管子外径）

2）直管段上两对接口中心面（相邻焊缝）的距离应满足图 13-2-3 的要求。

3）焊缝距离弯管（不包括压制、热摵或中频弯管）起弯点不得小于 100mm，且不得小于管子外径。

4）卷管的纵向焊缝应置于易检修的位置，且不宜在底部。

5）环焊缝距支吊架净距不应小于 50mm；需热处理的焊缝距支、吊架距离不得小于焊缝宽度的 5 倍，且不得小于 100mm。

6）有加固环的卷管、加固环的对接焊缝应与管子纵向焊缝错开，其间距不应小于 100mm，加固环离管子的环焊缝不应小于 50mm。

7）不宜在其管道焊缝及其边缘开孔，当必须在焊缝上开孔或开孔补强时，应对开孔直径 1.5 倍或开孔补强板直径范围内的焊缝进行射线或超声检测，确认焊缝合格后，方可开孔。被补强板覆盖的焊缝应磨平，管孔边缘不存在焊接缺陷。

（6）焊缝坡口形式和尺寸

焊缝坡口形式和尺寸国家标准 GB 50236 规定应符合现行国家标准《气焊、焊条电弧焊，气体保护焊和高能束焊的推荐坡口》GB/T 985.1、《埋弧焊的推荐坡口》GB/T 985.2，《复合钢板推荐坡口》GB/T 985.4 的规定，GB/T 985.1、GB/T 985.2 分别见表 13-2-2；表 13-2-3。标准 GB 50236 中表的名称为附录 C　常用焊接坡口形式和尺寸表 C0.1-1 及表 C0.1-2。

氧-乙炔焊焊缝加强面高度和宽度见表 13-2-4。

碳素钢和合金钢焊条电弧焊、气体保护电弧焊、自保护药芯焊丝电弧焊和气焊的坡口形式和尺寸

表 13-2-2

项次	厚度 T (mm)	坡口名称	坡口形式	坡口尺寸			备注
				间隙 c (mm)	钝边 p (mm)	坡口角度 $\alpha(\beta)$(°)	
1	1～3	I 形坡口	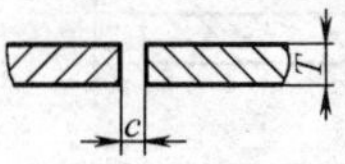	0～1.5	—	—	单面焊
	3～6			0～2.5			双面焊
2	3～9	V 形坡口	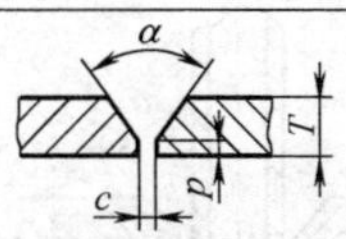	0～2	0～2	60～65	
	9～26			0～3	0～3	55～60	
3	6～9	带垫板 V 形坡口	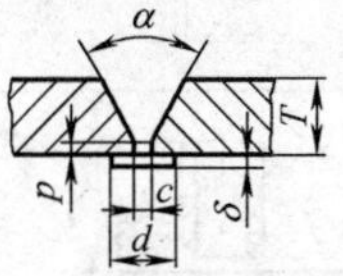 δ=4～6　d=20～40	3～5	0～2	40～50	
	9～26			4～6	0～2		
4	12～60	X 形坡口	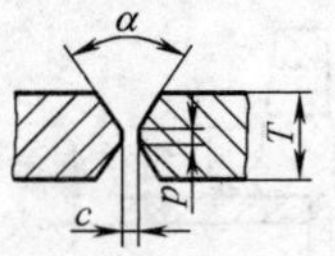	0～3	0～3	55～65	
5	20～60	双 V 形坡口	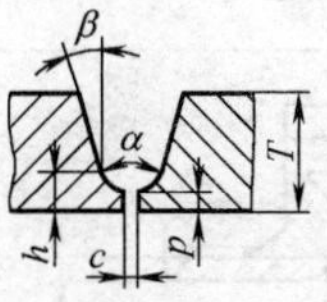 h=8～12	0～3	1～3	65～75 10～15	h=8～12
6	20～60	U 形坡口	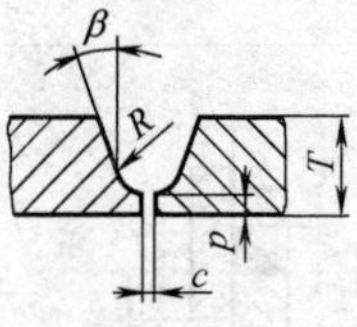 R=5～6	0～3	1～3	(8～12)	R=5～6°
7	20～30	T 形接头 I 形坡口	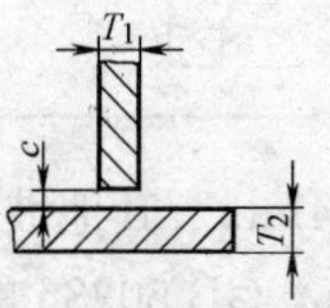	0～2	—	—	

续表

项次	厚度 T (mm)	坡口名称	坡口形式	坡口尺寸			备注
				间隙 c (mm)	钝边 p (mm)	坡口 角度 $\alpha(\beta)$(°)	
8	6~10	T形接头 单边V形 坡口	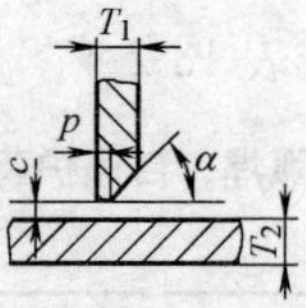	0~2	0~2	40~50	
	10~17			0~3	0~3		
	17~30			0~4	0~4		
9	20~40	T形接头 对称K形 接口	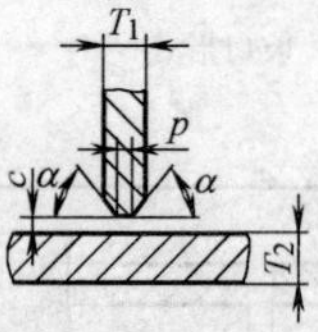	0~3	2~3	40~50	
10	3~26	插入式 焊接支 管坡口	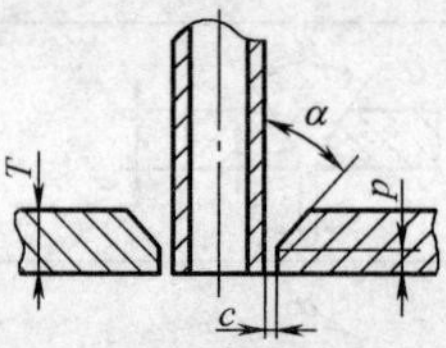	1~3	0~2	45~60	
11		安放式 焊接支 管接口	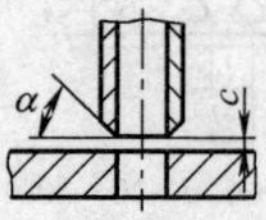	2~3	0~2	45~60	
12		平焊法兰 与管子接头	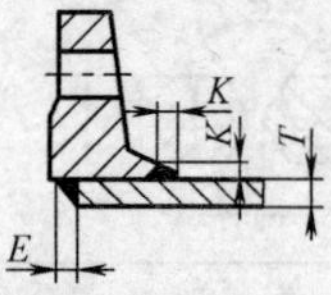	—	—	—	$E=T$, 且不大于6
13		承插焊法兰 与管子接头	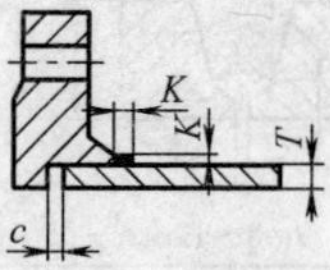	1.6	—	—	
14		承插焊法兰 与管子接头	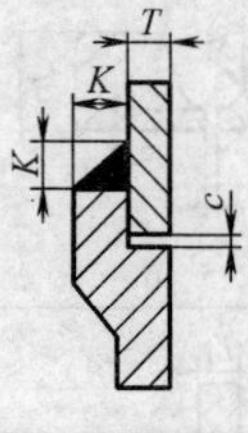	1.6	—	—	

氩弧焊时，焊口组对间隙宜为2~4mm。其他坡口尺寸应符合现行国家标准《现场设备、工业管道焊接工程施工及验收规范》GB 50236的规定。

碳素钢和合金钢气电立焊的坡口形式和尺寸　　　　**表 13-2-3**

序号	厚度 T（mm）	坡口名称	坡口形式	坡口尺寸			备注
				间隙 c（mm）	钝边 p（mm）	坡口角度 $\alpha(\beta)$(°)	
1	12～36	V形坡口		6～8	0～2	20～35	
2	25～70	X形坡口		6～8	0～2	20～35	

氧一乙炔焊焊缝加强面高度和宽度（mm）　　　　**表 13-2-4**

厚度	1～2	3～4	5～6	焊缝形式
焊缝加强高度 h	1～1.5	1.5～2	2～2.5	
焊缝宽度 b	4～6	8～10	10～14	

（7）不等厚管道组成件组对时，当外壁错边量大于 3mm 时，应按焊件坡口形式进行修整。

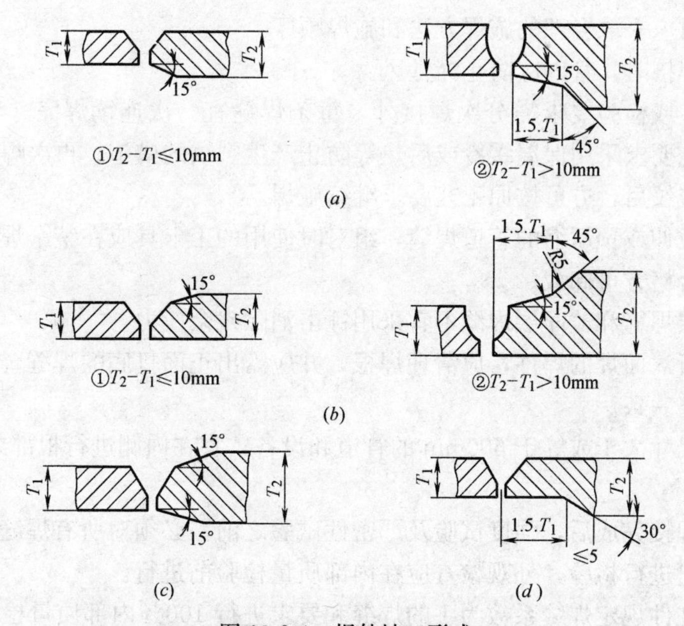

图 13-2-4　焊件坡口形式

（a）内壁尺寸不相等；（b）外壁尺寸不相等；（c）内外壁尺寸均不相等；（d）内壁尺寸不相等时削薄

T_1—不等厚焊件接头的薄件母材厚度；T_2—不等厚焊件接头的厚件母材厚度

注：用于管件且受长度条件限制时，图（a）①、图（b）①和图（c）中的 15°角可改用 30°角。

(8) 当焊件组对的局部间隙过大时，应修正到规定尺寸，并不得在间隙内添加填塞物。

(9) 焊件组对时应垫置牢固，并应采取措施防止焊接和热处理过程中产生附加应力和变形。

(10) 背面带钢垫板的对接坡口焊缝，垫板与母材之间应贴紧。

2. 焊接工艺要求

(1) 焊接材料选用应按照母材的化学成分、力学性能、焊接性能、焊前预热、焊后热处理、使用条件及施工条件等因素综合确定。

1) 同种钢焊接时，金属的力学性能应高于或等于相应母材标准规定的下限值。

2) 异种钢焊接时，应符合下列规定：

a. 当两侧母材均为非奥氏体钢或均为奥氏体钢时，可根据强度级别较低或合金含量较低的一侧母材或介于两者之间选用焊接材料。

b. 两侧母材之一为奥氏体钢时，应选用25Cr-13Ni型或含镍量更高的焊接材料，当设计温度高于425℃时，宜选用镍基材料。

c. 碳素钢及合金钢焊条应分别符合国家现行标准《碳钢焊条》GB/T 5117、《低合金钢焊条》GB/T 5118，详见本手册11.4。

施工现场应建立焊接材料的保管、烘干、清洗、发放、使用和回收制度。焊接材料的储存场所和烘干，去污设施以及焊接材料的库存保管和使用过程中的管理，应符合现行国家标准《焊接材料质量的管理规程》GB/T 3223的规定。

(2) 不得在坡口之外的母材表面引弧和试验电流，并应防止电流擦伤母材。焊接过程中应保证起弧和收弧处的质量，收弧时应将弧坑填满，多层多道焊接接头应错开。

(3) 焊接时应采取合理的施焊方法和施焊顺序。

(4) 管子焊接时，管内应防止穿堂风。

(5) 除工艺或检验要求需分次焊接外，每条焊缝宜一次连续焊完。当因故中断焊接时，应根据工艺要求采用保温缓冷或后热等防止产生裂纹的措施。再次焊接前应检查焊道表面，确认无裂纹后，方可按原工艺要求继续施焊。

(6) 需预拉伸或预压缩的管道焊缝，组对时使用的工卡具应在整个焊缝焊接及热处理完毕并经检验合格方可卸载。

(7) 第一层焊缝和盖面层焊缝不宜采用锤击消除残余应力。

(8) 对进行双面焊的焊件，应清理焊根，并应露出正面打底的焊缝金属。清根后的坡口形状，应宽窄一致。

(9) 公称尺寸大于或等于600mm的管道和设备，宜在内侧进行根部封底焊。

3. 焊接检验

(1) 管道焊接完成后，强度试验及严密性试验之前，必须对所有焊缝进行外观检查和对焊缝内部质量进行检验，外观检查应在内部质量检验前进行。

(2) 设计文件规定焊缝系数为1的焊缝和要求进行100%内部质量检验的焊缝，其外观质量不得低于现行国家标准GB 50236的规定要求，即应按设计文件和国家现行有关标准的规定对焊缝进行表面无损检测。磁粉检测和渗透检测应按现行行业标准《承压设备无损检测》JB/T 4730的规定进行。

(3) 焊缝内部质量应符合下列要求：

1) 设计文件规定焊缝系数为 1 的焊缝或设计要求进行 100%内部质量检验的焊缝，焊缝内部质量射线照相检验不得低于现行国家标准《钢管环缝熔化焊对接接头射线透照工艺和质量分级》GB/T 12605 中的Ⅱ级质量要求；超声波检验不得低于现行国家标准《钢焊缝手工超声波探伤方法和探伤结果分级》GB 11345 中的Ⅰ级质量要求。当采用 100%射线照相或超声波检测方法时，还应按设计的要求进行超声波或射线照相复查。

2) 对内部质量进行抽检的焊缝，焊缝内部质量射线照相检验不得低于现行国家标准《钢管环缝熔化焊对接接头射线透照工艺和质量分级》GB/T 12605 中的Ⅲ级质量要求：超声波检验不得低于现行国家标准《钢焊缝手工超声波探伤方法和探伤结果分级》GB 11345 中的Ⅱ级质量要求。

3) 现行国家标准《现场设备、工业管道焊接工程施工规范》GB 50236—2011 的规定，焊缝的内部质量应按设计文件和国家现行有关标准的规定进行射线检测和超声检测，并应符合下列规定：

a. 焊缝的射线检测和超声检测应符合现行行业标准《承压设备和无损检测》JB/T 4730 的规定。

b. 射线检测和超声检测的技术等级应符合工程设计文件和现行国家现行有关标准的规定。射线检测不得低于 AB 级，超声检测不得低于 B 级。

4) 焊缝内部质量的抽样检验应符合下列要求：

① 管道内部质量的无损探伤数量，应按设计规定执行。当设计无规定时，抽查数量不应少于焊缝总数的 15%，且每个焊工不应少于一个焊缝。抽查时，应侧重抽查固定焊口。

② 对穿越或跨越铁路、公路、河流、桥梁、有轨电车及敷设在套管内的管道环向焊缝，必须进行 100%的射线照相检验。

③ 当抽样检验的焊缝全部合格时，则此次抽样所代表的该批焊缝应为全部合格：当抽样检验出现不合格焊缝时，对不合格焊缝返修后，应按下列规定扩大检验：

a. 每出现一道不合格焊缝，应再抽检两道该焊工所焊的同一批焊缝，按原探伤方法进行检验。

b. 如第二次抽检仍出现不合格焊缝，则应对该焊工所焊全部同批的焊缝按原探伤方法进行检验。对出现的不合格焊缝必须进行返修，并应对返修的焊缝按原探伤方法进行检验。

c. 同一焊缝的返修次数不应超过 2 次。

4. 焊缝缺陷和返修

(1) 钢管焊缝缺陷

钢管焊口的外观质量检验允许值见表 13-2-5；管道焊接缺陷允许程度及修理方法，见表 13-2-6。

现行相关国家标准的焊缝质量检验的外观质量及缺陷的允许值高于表 13-2-4、表 13-2-5 的规定值，应按现行国家标准执行。

钢管焊口外观质量检验允许值　　**表 13-2-5**

项　　目		单位	允许值
焊缝宽度	管道壁厚 δ<6mm 管道壁厚 δ=7～10mm 管道壁厚 δ=11～14mm	mm mm mm	14～16 15～20 20～24
焊缝高度	一般焊位 仰焊位	mm mm	2～3 >5,长度≤100
咬边	深度 总长度	mm —	<0.5 小于管子圆周长的$\frac{1}{10}$
焊缝偏移		mm	<1.5
焊瘤高度		mm	<4
管中心线错位或弯折	管径<*DN*100 管径≥*DN*100	mm mm	<1 <2
外观气孔 裂缝		— —	不允许 不允许

管道焊接缺陷允许程序与修整方法　　**表 13-2-6**

缺陷种类	允许程度	修整方法
1. 焊缝尺寸不符合标准	不允许	焊缝加强部分如不足应补焊，过高过宽则应作修整
2. 焊瘤	严重的不允许	铲除
3. 咬肉	深度大于 0.5mm，连续长度大于 25mm	清理后补焊
4. 焊缝及热影响区表面有裂纹	不允许	将焊口铲掉重焊
5. 焊缝表面弧坑、夹渣或气孔	不允许	铲除缺陷后补焊
6. 管子中心线错开或弯折	超过规定的不允许	修整

注：1. 外观检查方法：肉眼直观检查或放大镜检查；
2. 焊缝上有缺陷的部位，如管径在 50mm 以内，每个焊口缺陷超过 3 处；管径在 150mm 以内，缺陷超过 5 处的；管径在 150mm 以上，缺陷超过 8 处的，以上焊缝均须铲掉重焊。

(2) 不合格焊缝的返修

不合格焊缝的返修应符合下列规定：

1) 对需要焊接返修的焊缝，应分析缺陷产生的原因，编制焊缝返修的工艺文件。

2) 返修应将缺陷清除干净，必要时可采用无损检测方法确认。

3) 补焊部位的坡口形式和尺寸应防止产生焊接缺陷和便于焊接操作。

4) 当需要预热时，预热温度应比原焊缝适当提高。

5) 焊缝同一部位的返修次数不宜超过两次。

5. 施焊环境

管道施焊环境应符合现行国家标准《现场设备、工业管道焊接工程施工规范》GB 50236.3.0.5　施工环境的规定。

6. 焊接方法选择

管道的焊接方法有：氧—乙炔焊、氩弧焊、CO_2 气体保护焊、交流电弧焊、直流电弧焊、等离子焊接等。至于选用哪一种焊接方法，由管道的材料、介质、管径等因素决定。

（1）外径≤57mm，壁厚≤3.5mm的碳素钢管道，一般采用氧—乙炔焊接。

（2）不锈钢管（单面焊缝）宜采用手工钨极氩弧焊打底，手工电弧焊填充、盖面。

（3）管道内壁清洁度要求高的，宜采用氩弧焊。

（4）紫铜管采用手工钨极氩弧焊。黄铜管采用氧—乙炔焊。

（5）CO_2 气体保护焊除有色金属管道以外，其他所有金属管道都适用。

（6）钢管焊接可采用手工电弧焊或氧—乙炔焊。由于电焊的焊缝强度较高，焊接速度快，又较经济，所以钢管焊接大多采取电焊，只有当管壁厚度小于4mm时，才采用气焊。而手工电弧焊在焊接薄壁管时容易烧穿，一般只适用于焊接壁厚为3.5mm及其以上的管道。

7. 焊接用气体的质量标准

（1）氩气应符合现行国家标准《氩》GB/T 4842的规定，氩气纯度不应低于99.99%。

（2）二氧化碳应符合现行国家标准《焊接用二氧化碳》HG/T 2537的规定，二氧化碳纯度不应低于99.9%、含水量不应大于0.005%。

（3）焊接用氧气纯度不应低于99.5%，乙炔气应符合现行国家标准《熔解乙炔》GB/T 6819的规定，乙炔气的纯度不应低于98%。

13.2.3 钢管法兰连接

钢管与钢管、钢管与可拆卸件之间的连接，如阀门过滤器等的安装均采用钢制管法兰连接，而管道与法兰间的连接大多采用焊接。钢制管法兰连接结构，见图13-2-5。

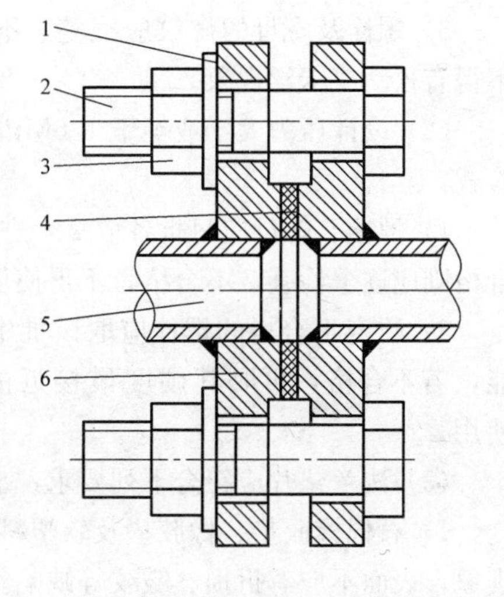

图13-2-5 钢制管法兰连接结构
1—垫圈；2—螺栓；3—螺母；4—法兰垫片；5—接管；6—凸面板式平焊钢法兰

1. 钢制管法兰标准

（1）钢制管法兰应符合下列现行国家标准的规定：

本图集使用GB/T 9112～9123钢制管法兰，适用的有：

1）《平面、凸面对焊钢制管法兰》GB/T 9115.1；

2）《平面、凸面带颈平焊钢制管法兰》GB/T 9116.1；

3）《平面、凸面板式平焊钢制管法兰》GB/T 9119；

4）《平面、凸面钢制管法兰盖》GB/T 9123.1；

5）平焊法兰接头焊接接头形式和坡口尺寸（GB/T 9124）。

本手册9.1、9.2、9.3、9.4、9.7

（2）钢制管法兰用垫片应符合下列现行国家标准的规定：

1）《钢制管法兰用非金属垫片》（欧洲体系）（HG 20606）；

2）《钢制管法兰用非金属垫法》（美洲体系）（HG 20627）；

3）《钢制管法兰用聚四氟乙烯包覆垫片》（欧洲体系）（HG 20607）；

4）《钢制管法兰用聚四氟乙烯包覆垫片》（美洲体系）（HG 20628）；

本手册 9.8、9.9、9.10、9.11。

（3）钢制管法兰用紧固件

钢制管法兰用紧固件应符合下列现行国家标准的规定：

1）《钢制管法兰用紧固件》（欧洲体系）（HG 20613）；

2）《钢制管法兰用紧固件》（美洲体系）（HG 20634）；

本手册 9.12、9.13。

2. 钢制管法兰安装前的检查，并应符合下列要求。

（1）法兰在安装前应进行外观检查，并应符合下列要求：

1）法兰的公称压力应符合设计要求。

2）法兰密封面应平整光洁，不得有毛刺及径向沟槽。法兰螺纹部分应完整，无损伤。凹凸面法兰应能自然嵌合，凸面的高度不得低于凹槽的深度。

3）螺栓及螺母的螺纹应完整，不得有伤痕、毛刺等缺陷：螺栓与螺母应配合良好，不得有松动或卡涩现象。

（2）设计压力大于或等于 1.6MPa 的管道使用的高强度螺栓、螺母应按以下规定进行检查：

1）螺栓、螺母应每批各取 2 个进行硬度检查，若有不合格，需加倍检查，如仍有不合格则应逐个检查，不合格者不得使用。

2）硬度不合格的螺栓应取该批中硬度值最高、最低的螺栓各 1 只，校验其机械性能，若不合格，再取其硬度最接近的螺栓加倍校验，如仍不合格，则该批螺栓不得使用。

（3）法兰垫片应符合下列要求：

1）石棉橡胶垫、橡胶垫及软塑料等非金属垫片应质地柔韧，不得有老化变质或分层现象，表面不应有折损、皱纹等缺陷。

2）金属垫片的加工尺寸、精度、光洁度及硬度应符合要求，表面不得有裂纹、毛刺、凹槽、径向划痕及锈斑等缺陷。

3）包金属及缠绕式垫片不应有径向划痕、松散、翘曲等缺陷。

3. 法兰安装

（1）法兰与管道组对应符合下列要求：

1）法兰端面应与管道中心线相垂直，其偏差值可采用角尺和钢尺检查，当管道公称直径小于或等于 300mm 时，允许偏差值为 1mm；当管道公称直径大于 300mm 时，允许偏差值为 2mm。

2）管道与法兰的焊接结构应符合国家现行标准《管路法兰及垫片》JB/T 74 中附录 c 的要求。

（2）法兰应在自由状态下安装连接，并应符合下列要求：

1）法兰连接时应保持平行，其偏差不得大于法兰外径的 1.5‰，且不得大于 2mm，不得采用紧螺栓的方法消除偏斜。

2）法兰连接应保持同一轴线，其螺孔中心偏差不宜超过孔径的 5%，并应保证螺栓自由穿入。

3）法兰垫片应符合标准，不得使用斜垫片或双层垫片。采用软垫片时，周边应整齐，垫片尺寸应与法兰密封面相符。

4）法兰直埋时，必须对法兰和紧固件按管道相同的防腐等级进行防腐。

（3）安装要点

1）检查法兰垂直度，见图 13-2-6。

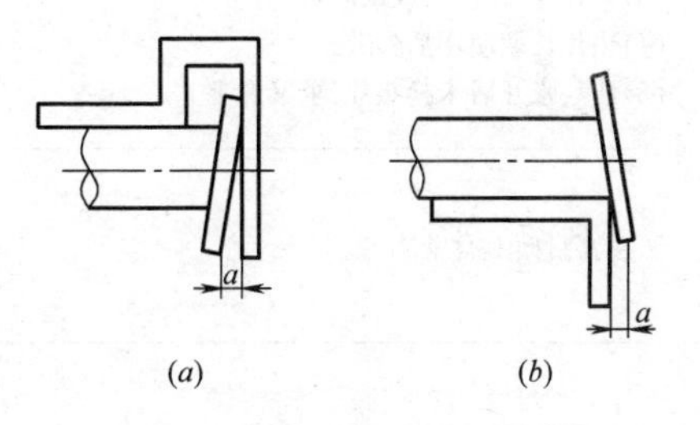

图 13-2-6　检查法兰垂直度
(a) 用法兰靠尺检查；(b) 用角尺检查

管道焊接法兰时，先检查管子端面是否垂直于管道轴线，不垂直时必须重新切割；将检查合格的管子插入法兰，插入管子定位后，必须检查管子与法兰端面的垂直情况，可用法兰靠尺或用角尺度量，见上图，应从相互成 90°的两个方向进行度量，管口端面倾斜尺寸或垂直偏差 a 不超过（1）规定值。当满足垂直要求时进行点焊，点焊后还应进行复查，若有偏差，可用手锤敲打找正。合适后方可进行焊接，焊接时要按焊接规范的规定，避免引起焊接变形。焊完后，如焊缝有高出法兰内端面的部分，必须将高出部分磨平。

2）安装顺序

室内干管安装前，一般是先将一对法兰分别与管子焊接好，然后在法兰盘的内侧垫上橡胶石棉垫片，再用带母螺栓与阀门的两个法兰组装在一起，形成一个较长的管段，此时要检查该管段的各个部件是否同轴，管段是否弯曲。有问题时应及时调整，直至符合要求。

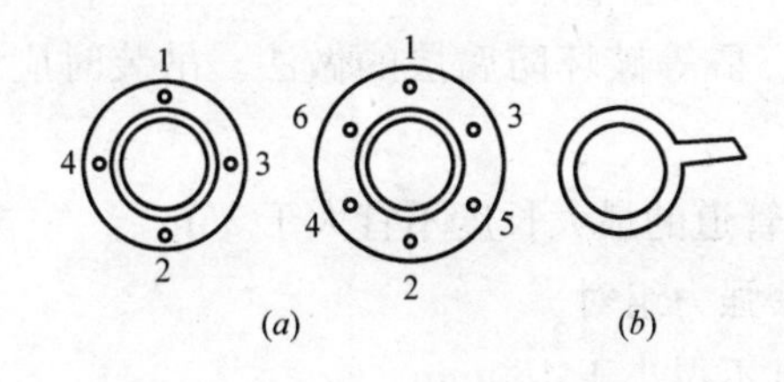

图 13-2-7　法兰螺栓拧紧顺序与带“柄”垫圈
(a) 螺栓拧紧顺序；(b) 带“柄”垫圈

法兰安装时，应将两个法兰对平找正。先在法兰的螺孔中穿入几根螺栓，带上螺母。一般是四孔法兰先穿三根螺栓，六孔法兰先穿四根螺栓。再把准备好的垫片插入两法兰之间，接着穿上剩余的几根螺栓。把垫片找正后，用扳手拧紧螺栓。拧紧螺栓的顺序应按对角进行，如图 13-2-7（a）所示。各个螺栓都应依次分成 3～4 次拧到底，法兰垫片受力均匀，以保证法兰的安装严密性。法兰对缝不平时，不得用斜垫片调整，为调整方便，法兰垫片可带有一个手柄，见图 13-2-7（b），以利于调整法兰垫片在法兰间位置。

3）螺栓与螺孔的直径应配套，并使用同一规格螺栓，安装方向一致，紧固螺栓应对称均匀，紧固适度，紧固后螺栓外露长度不应大于 1 倍螺距，且不得低于螺母。

4）螺栓紧固后应与法兰紧贴，不得有楔缝。需要加垫片时，每个螺栓所加垫片每侧不应超过 1 个。

4. 法兰不严的原因和消除方法，见表 13-2-7。

法兰不严的原因和消除方法 **表13-2-7**

主要原因	消除方法
垫片失效 (1)材料选择不当； (2)垫片过厚，被介质刺穿； (3)垫片有皱纹、裂纹或断折； (4)垫片长期使用后失败； (5)法兰张开后未换垫片，重又合上	 更换新垫片，垫片材料应按介质种类选用； 改换厚度符合规定的垫片； 改换质量合格的垫片； 定期更换新垫片； 安装新垫片
法兰密封面上有缺陷	(1)深度不超过1mm的凹坑，径向刮伤等，在车床上车平； (2)深度超过1mm的缺陷，在清理缺陷表面后，用电焊焊补，经手锉清理再磨平或车平
相连接的两个法兰密封面不平行	热弯法兰一侧的管子，在需要进行弯曲的一侧，用氧乙炔焰管嘴将长度等于3倍直径、宽度不大于半径的带形面加热，然后弯曲管子使两个法兰密封面平行
管道投入运行后，未适当，再拧紧法兰螺栓	在管道投入运行时，当压力和温度升高到一定值时，要适当再拧紧螺栓，在运行的最初几天应经常检查并继续拧紧

13.2.4 钢管埋地敷设

1. 燃气管道应按照设计图纸的要求控制管道的平面位置、高程、坡度，与其他管道或设施的间距应符合现行国家标准《城镇燃气设计规范》GB 50028的相关规定。

管道在保证与设计坡度一致且满足设计安全距离和埋深要求的前提下，管线高程和中心线允许偏差应控制在当地规划部门允许的范围内。

2. 管道在套管内敷设时，套管内的燃气管道不宜有环向焊缝。

3. 管道下沟前，应清除沟内的所有杂物，管沟内积水应抽净。

4. 管道下沟宜使用吊装机具，严禁采用抛、滚、撬等破坏防腐层的做法。吊装时应保护管口不受损伤。

5. 管道吊装时，吊装点间距不应大于8m。吊装管道的最大长度不宜大于36m。

6. 管道在敷设时应在自由状态下安装连接，严禁强力组对。

7. 管道环焊缝间距不应小于管道的公称直径，且不得小于150mm。

8. 管道对口前应将管道、管件内部清理干净，不得存有杂物。每次收工时，敞口管端应临时封堵。

9. 当管道的纵断、水平位置折角大于22.5°时，必须采用弯头。

10. 管道下沟前必须对防腐层进行100％的外观检查，回填前应进行100％电火花检漏，回填后必须对防腐层完整性进行全线检查。不合格必须返工处理直至合格。

11. 当管道焊缝检验合格，管道强度试验和严密性试验合格后，应对钢管焊接部位的管道防腐进行补口，其补口作业见本手册14.7.3，补口完成后，补口部位应进行外观检查和用电火花检漏仪检测，如有漏点，应剥掉重新补口。直至补口合格后方可回填土。

13.3　球墨铸铁管敷设

13.3.1　一般规定

1. 球墨铸铁管的安装应配备合适的工具、器械和设备。

2. 应使用起重机或其他合适的工具和设备将管道放入沟渠中。不得损坏管材和保护性涂层。当起吊或放下管道的时候，应使用钢丝绳或尼龙吊具。当使用钢丝绳的时候，必须使用衬垫或橡胶套。

3. 安装前应对球墨铸铁管及管件进行检查，并应符合下列要求：

(1) 管材及管件表面不得有裂纹及影响使用的凹凸不平等缺陷。

(2) 使用橡胶密封圈密封时，其性能必须符合燃气输送介质的使用要求。橡胶圈应光滑、不得有裂纹，轮廓清晰，不得有影响接口密封的缺陷。

(3) 管材及管件的尺寸公差应符合现行国家标准《离心铸造球墨铸铁管》GB 13295 和《球墨铸铁管件》GB 13294 的规定。

13.3.2　球墨铸管连接

球墨铸铁管接口连接采用 N1 型柔性机械接口，见图 13-3-1。

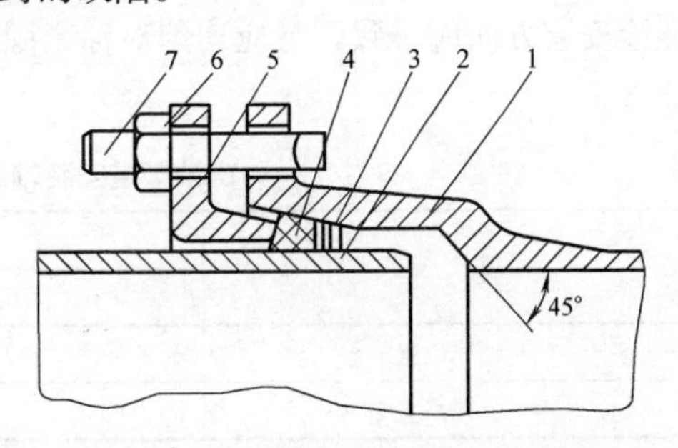

图 13-3-1　球墨铸管 N1 型柔性机械接口

1—承口；2—插口；3—塑料支撑圈；4—密封胶圈；5—压兰；6—螺母；7—螺栓

1. 管材连接前，应将管材中的异物清理干净。

2. 应清除管道承口和插口端工作面的团块状物、铸瘤和多余的涂料，并整修光滑，擦拭干净。

3. 在承口密封面、插口端和密封圈上应涂一层润滑剂，将压兰套在管道的插口端，使其延长部分唇缘面向插口端方向，然后将密封圈套在管道的插口端，使胶圈的密封斜面也面向管道的插口方向。

4. 将管道的插口端插入到承口内，并紧密、均匀地将密封胶圈按进填密槽内，橡胶圈安装就位后不得扭曲。在连接过程中，承插接口环形间隙应均匀，其值及允许偏差应符合表 13-3-1 的规定。

承插接口环形间隙及允许偏差　　表 13-3-1

管道公称直径(mm)	环形间隙(mm)	允许偏差(mm)
81～200	10	+3 −2
250～450	11	+4 −2
500～900	12	
1000～1200	13	

5. 将压兰推向承口端，压兰的唇缘应靠在密封胶圈上，插入螺栓。

6. 应使用扭力扳手拧紧螺栓。拧紧螺栓顺序：底部的螺栓→顶部的螺栓→两边的螺栓→其他对角线的螺栓。拧紧螺栓时应重复上述步骤分几次逐渐拧紧至其规定的扭矩。

7. 螺栓宜采用可锻铸铁，当采用钢质螺栓时，必须采取防腐措施。

8. 应使用扭力扳手来检查螺栓和螺母的紧固力矩。螺栓和螺母的紧固扭矩应符合表13-3-2的规定。

螺栓和螺母的紧固扭矩 表13-3-2

管道公称直径(mm)	螺栓规格	扭矩(kgf·m)
80	M16	6
100～600	M20	10

9. 安装机械式柔性接口时，应使插口和承口法兰盖的轴线相重合，紧固法兰螺栓时，螺栓安装方向应一致，且应均匀对称紧固。铸铁管道安装轴线位置、标高的允许偏差见表13-3-3。

铸铁管道安装轴线位置、标高的允许偏差 表13-3-3

项目	允许偏差(mm)	
	无压力的管道	有压力的管道
轴线位置	15	30
标高	±10	±20

13.3.3 球墨铸铁管敷设

1. 管道安装就位前，应采用测量工具检查管段的坡度，并应符合设计要求。

2. 管道或管件安装就位时，生产厂的标记宜朝上。

3. 已安装的管道暂停施工时应临时封口。

4. 管道最大允许借转角度及距离，不应大于表13-3-4的规定。

管道最大允许借转角度及距离 表13-3-4

管道公称直径(mm)	80～100	150～200	250～300	350～600
平面借转角度(°)	3	2.5	2	1.5
竖直借转角度(°)	1.5	1.25	1	0.75
平面借转距离(mm)	310	260	210	160
竖向借转距离(mm)	150	130	100	80

上表适用于6m长规格的球墨铸铁管采用其他规格球墨铸铁管时，可按产品说明书的要求执行。

5. 采用2根相同角度的弯管相接时，借转距离应符合表13-3-5的规定。

6. 管道敷设时，弯头、三通和固定盲板处均应砌筑永久性支墩。

7. 临时盲板应采用足够的支撑，除设置端墙外，应采用两倍于盲板承压的千斤顶支撑。

弯管借转距离　　表 13-3-5

管道公称直径(mm)	借转距离(mm)				
	90	45	22.5	11.15	1 根乙字管
80	592	405	495	124	200
100	592	405	495	124	200
150	742	465	226	124	250
200	943	524	258	162	250
250	995	525	259	162	300
300	1297	585	311	162	300
400	1400	704	343	202	400
500	1604	822	418	242	400
600	1855	941	478	242	—
700	2057	1060	539	243	—

13.4　聚乙烯管和钢骨架聚乙烯复合管的敷设

城镇天然气用聚乙烯管和钢骨架聚乙烯复合管的敷设应符合现行国家标准《城镇燃气输配工程施工及验收规范》CJJ 33 和《聚乙烯燃气管道工程技术规程》CJJ 63 的规定。

13.4.1　一般规定

1. 聚乙烯和钢骨架聚乙烯复合管敷设应符合国家现行标准《聚乙烯燃气管道工程技术规程》CJJ 63 的规定。管道施工前应制定施工方案，确定连接方法、连接条件、焊接设备及工具、操作规范、焊接参数、操作者的技术水平要求和质量控制方法。

2. 管道连接前应对连接设备按说明书进行检查，在使用过程中应定期校核。

3. 管道连接前，应核对欲连接的管材、管件规格、压力等级；检查管材表面，不宜有磕碰、划伤，伤痕深度不应超过管材壁厚的 10%。

4. 管道连接应在环境温度－5～45℃范围内进行。当环境温度低于－5℃或在风力大于 5 级天气条件下施工时，应采取防风、保温措施等，并调整连接工艺。管道连接过程中，应避免强烈阳光直射而影响焊接温度。

5. 当管材、管件存放处与施工现场温差较大时，连接前应将管材、管件在施工现场搁置一定时间，使其温度和施工现场温度接近。

6. 连接完成后的接头应自然冷却，冷却过程中不得移动接头、拆卸加紧工具或对接头施加外力。

7. 管道连接完成后，应进行序号标记，并做好记录。

8. 管道应在沟底标高和管基质量检查合格后，方可下沟。

9. 管道安装时，管沟内积水应抽净，每次收工时，敞口管端应临时封堵。

10. 不得使用金属材料直接捆扎和吊运管道。管道下沟时应防止划伤、扭曲和强力拉伸。

11. 对穿越铁路、公路、河流、城市主要道路的管道，应减少接口，且穿越前应对连接好的管段进行强度和严密性试验。

12. 管材、管件从生产到使用之间的存放时间，黄色管道不宜超过1年，黑色管道不宜超过2年。超过上述期限时必须重新抽样检验，合格后方可使用。

13.4.2　聚乙烯管道连接

1. 一般规定

(1) 管道连接前应对管材、管件及管道附件、各按设计要求进行核对，并应在施工现场进行外观检查，管材表面划伤深度不应超过管材壁厚的10%，符合要求方可使用。

(2) 聚乙烯管材与管件的连接和钢骨架聚乙烯复合管材与管件的连接，必须根据不同连接形式选用专用的连接机械，不得使用螺纹连接或粘接。连接时，严禁采用明火加热。

(3) 聚乙烯管道系统连接还应符合下列规定：

1) 聚乙烯管材、管件的连接应采用热熔对接连接或电熔连接（电熔承插连接、电熔鞍形连接）；聚乙烯管道与金属管道或金属附件连接，应采用法兰连接或钢塑转换接头连接；采用法兰连接时宜设置检查井。

2) 不同级别和熔体质量流动速率差值不小于0.5g/10min（190℃，5kg）的聚乙烯原料制造的管材、管件和管道附属设备，以及焊接端部标准尺寸比（*SDR*）不同的聚乙烯燃气管道连接时，必须采用电熔连接。

3) 公称直径小于90mm的聚乙烯管道宜采用电熔连接。

(4) 钢骨架聚乙烯复合管材、管件连接，应采用电熔承插连接或法兰连接；钢骨架聚乙烯复合管与金属管或管道附件（金属）连接，应采用法兰连接，并应设置检查井。

(5) 管道热熔或电熔连接的环境温度宜在－5～45℃范围内。在环境温度低于－5℃或风力大于5级的条件下进行热熔或电熔连接操作时，应采取保温、防风措施，并应调整连接工艺；在炎热的夏季进行热熔或电熔连接操作时，应采取遮阳措施。

(6) 当管材、管件存放处与施工现场温差较大时，连接前应将管材、管件在施工现场放置一定时间，使其温度接近施工现场温度。

(7) 管道连接时，聚乙烯管材的切割应采用专用割刀或切管工具，切割端面应平整、光滑、无毛刺，端面应垂直于管轴线；钢骨架聚乙烯复合管材的切割应采用专用切管工具，切割端面应平整、垂直于管轴线，并应采用聚乙烯材料封焊端面，严禁使用端面未封焊的管材。

(8) 管道连接时，每次收工，管口应采取临时封堵措施。

(9) 管道连接结束后，应按本节对接头的检验和试验要求中的有关规定进行接头质量检查。不合格者必须返工，返工后重新进行接头质量检查。当对焊接质量检查有争议时，应按表13-4-1；电熔对接则按表13-4-2、表13-4-3规定进行评定检验。

2. 热熔连接

(1) 热熔连接机械及连接设备的规定

热熔对接焊　用于较大直径管的连接（一般外径大于110mm时），将一定温度的加热板放在两PE管连接件的两端之间加热一定时间，待发出温度警报时，抽出加热板，将焊接件两端使用机械迅速压力对接，直到接口冷却，此时焊口强度将高于母材本身强度，连接示意如图13-4-1。

热熔对接焊接工艺评定检验与试验要求　　**表 13-4-1**

序号	检验与试验项目	检验与试验参数	检验与试验要求	检验与试验方法
1	拉伸性能	23±2℃	试验到破坏为止： (1)韧性，通过； (2)脆性，未通过	《聚乙烯(PE)管材和管件热熔对接接头拉伸强度和破坏形式的测定》GB/T 19810
2	耐压(静液压)强度试验	(1)焊接接头，a 型； (2)方向，任意； (3)调节时间，12h； (4)试验时间，165h； (5)环应力： ①PE80，4.5MPa； ②PE100，5.4MPa； (6)试验温度，80℃	焊接处无破坏，无渗漏	《流体输送用热塑性塑料管材耐内压试验方法》GB/T 6111

电熔鞍形焊接工艺评定检验与试验要求　　**表 13-4-2**

序号	检验与试验项目	检验与试验参数	检验与试验要求	检验与试验方法
1	*DN*≤225 挤压剥离试验	23±2℃	剥离脆性破坏百分比≤33.3%	《塑料管材和管件聚乙烯电熔组件的挤压剥离试验》GB/T 19806
2	*DN*>225 撕裂剥离试验	23±2℃	剥离脆性破坏百分比≤33.3%	《燃气用聚乙烯管道焊接技术规则》TSG D2002

电熔承插焊接工艺评定检验与试验要求　　**表 13-4-3**

序号	检验与试验项目	检验与试验参数	检验与试验要求	检验与试验方法
1	电熔管件剖面检验	—	电熔管件中的电阻丝应当排列整齐，不应当有涨出、裸露、错行，焊后不应有管件与管材熔接面的无可见界线、无虚焊、过焊气泡等影响性能的缺陷	《燃气用聚乙烯管道焊接技术规则》TSGD2002
2	*DN*<90 挤压剥离试验	23±2℃	剥离脆性破坏百分比≤33.3%	《塑料管材和管件聚乙烯电熔组件的挤压剥离试验》GB/T 19806
3	*DN*≥90 拉伸剥离试验	23±2℃	剥离脆性破坏百分比≤33.3%	《塑料管材和管件公称直径大于或等于 90mm 的聚乙烯电熔组件的拉伸剥离试验》GB/T 19808
4	耐压(静液压)强度试验	(1)密封接头，a 型； (2)方向，任意； (3)调节时间，12h； (4)试验时间，165h； (5)环应力： ①PE80，4.5MPa； ②PE100，5.4MPa； (6)试验温度 80℃	焊接处无破坏，无渗漏	《流体输送用热塑性塑料管材耐内压试验方法》GB/T 6111

1）热熔对接焊机

热熔连接应采用热熔对接连接设备即热熔对接焊机，其设备由加热板、动力源、铣刀及机架4部分组成，图13-4-2。使用热熔对接焊机，直管道可直接焊接无须使用管件。

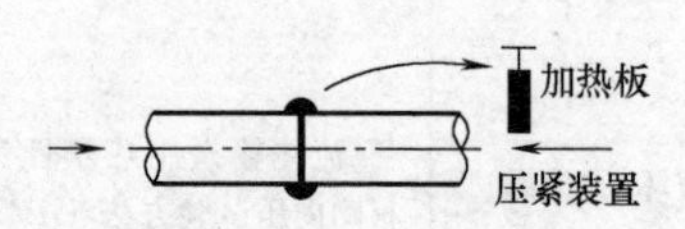

图13-4-1 热熔对接焊接

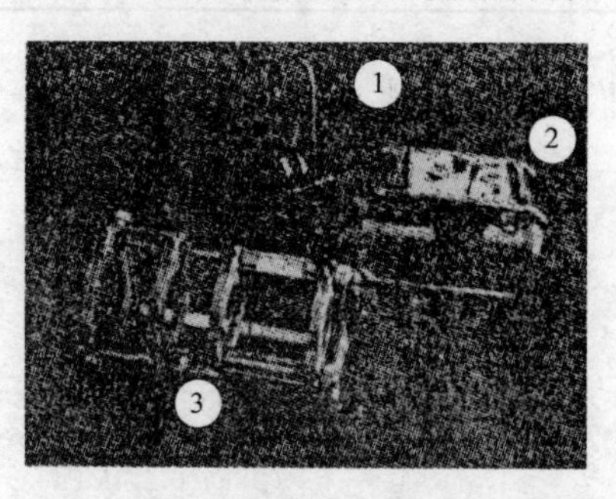

图13-4-2 对接焊接

1—加热板；2—压紧动力源；3—机架

a. 加热板：加热板一般由专用电子温控器作为控制元件，由温度传感器反馈信号，对加热板的温度进行精确的控制。加热板表面的温度应均匀一致，其温度应可调，调节加热板的温度应使用高温计进行校核。一般加热板在出厂前就已调节好，用户不需自己调节。由于熔融的聚乙烯物料常会粘附在加热板上影响焊接质量，故加热板表面一般应包覆聚四氟乙烯等与聚乙烯物料不粘的材料。

b. 动力源：动力源一般使用具有连续流动性的液压油，通过液压泵把电动机的机械能转换成油液的压力能，通过压力控制阀控制压力，方向控制阀控制方向，送到作为执行元件的液压缸中，再转换成机械动力对聚乙烯管进行前进、后退与保压等动作。液压系统应能提供稳定的压力，以对管材的结合表面提供恒定的力。管材经加热板加热熔融后，应迅速接合。若时间过长，将会使熔融的物料重结晶。所以，液压系统反应应灵敏迅速，无爬行现象。由于管材接合后要保压冷却，保压时间很长（对于SDR11，D250mm的管材保压冷却28min），故对液压系统的长期工作性能要求较高，要求选用黏度较高的液压油。液压系统最好安装计时器，用于记录吸热与冷却时间，到时报警，便于操作工人准确控制时间。

c. 铣刀：铣刀一般使用微型电机或电钻为动力源，经过一系列减速装置减速后，带动刀片对管材表面进行铣削。铣削后的管材表面应与轴线垂直。闭合管材后，管材的间隙量应很小，以获得完整的加热表面，$D<225$mm的管材，间隙量不得大于0.3mm；$D\leqslant400$mm的管材，间隙量不得大于0.5mm。为避免操作工人在搬运铣刀时，误启动铣刀而伤了自己或他人，铣刀上应有保护装置，只有将铣刀置于机架上，铣刀方可启动。

d. 机架：机架用于夹紧与固定管材。并应能对管材的错边量进行调整（错边量不得大于管材壁厚的10%）。机架上的夹具应能对管材端部起到复圆的作用。机架的结构应能方便地焊接各种管件，如弯头、变径、三通、法兰等。机架上的油缸导杆应具有足够的强度与刚度。

2）热熔对接连接设备应符合下列规定：

a. 机架应坚固稳定，并应保证加热板和铣削工具切换方便及管材或管件方便地移动和校正对中。

b. 夹具应能固定管材或管件，并应使管材或管件快速定位移开。

c. 铣刀应为双面铣削刀具，应将待连接的管材或管件端面切削成垂直于管材中轴线的清洁、平整、平行的匹配面。

d. 加热板表面结构应完整，并保持洁净，温度分布应均匀，允许偏差应为设定温度的±5℃。

e. 压力系统的压力显示分度值不应大于 0.1MPa。

f. 焊接设备使用的电源电压波动范围不应大于额定电压的±15%。

g. 热熔对接连接设备应定期校准和检定，周期不宜超过 1 年。

3）塑料热熔对接焊机焊接的工艺参数（机号 PBF160A），SDR 11 和 SDR 17 见表 13-4-4、表 13-4-5。

塑料热熔对接焊机焊接的工艺参数（机器型号：PBF160A）SDR11　　表 13-4-4

序号	示意图	参数	单位	40	50	63	90	110	160
1		接缝压力	MPa	0.15	0.25	0.35	0.7	1.05	2.2
		凸起高度	mm	0.5	0.5	0.5	1.0	1.0	1.0
2		吸热压力	MPa	几乎为零					
		吸热时间	s	38	43	57	85	103	140
3		夹具开闭时间	s	4	5	5	6	6	8
4		调压时间	s	2	3	7	9	10	13
5		冷却压力	MPa	0.15	0.25	0.35	0.7	1.05	2.2
		冷却时间	min	5	6	8	12	14	20

注：焊接时必须将拖动压力叠加到各压力参数中去。

塑料热熔对接焊机焊接工艺参数（机器型号：PBF160A）SDR17.6　　表 13-4-5

序号	示意图	参数	单位	40	50	63	90	110	160
1		接缝压力	MPa	0.1	0.15	0.2	0.45	0.7	1.45
		凸起高度	mm	0.5	0.5	0.5	0.5	0.5	1.0
2		吸热压力	MPa	几乎为零					
		吸热时间	s	33	35	38	51	65	95
3		夹具开闭时间	s	4	4	4	5	5	6
4		调压时间	s	1	2	2	6	7	10
5		冷却压力	MPa	0.1	0.15	0.2	0.45	0.7	1.45
		冷却时间	min	4	4	5	7	9	13

注：焊接时必须将拖动压力叠加到各压力参数中去。

PBF-250 型适用于外径 110～250PE 管的焊接。

（2）热熔对接连接的焊接工艺应符合图 13-4-3 的规定，焊接参数应符合表 13-4-6 和表 13-4-7 的规定。

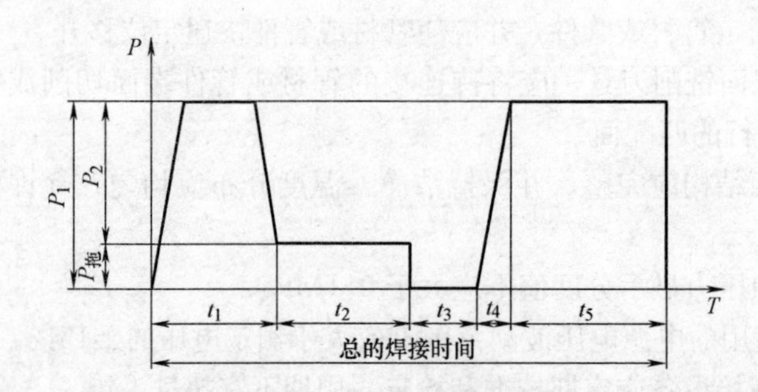

图 13-4-3　热熔对接焊接工艺

P_1——总的焊接压力（表压，MPa），$P_1=P_2+P_{拖}$；

P_2——焊接规定的压力（表压，MPa）；

$P_{拖}$——拖动压力（表压，MPa）；

t_1——卷边达到规定高度的时间；

t_2——焊接所需要的吸热时间，t_2＝管材壁厚×10；

t_3——切换所规定的时间（s）；

t_4——调整压力到 P_1 所规定的时间（s）；

t_5——冷却时间（min）。

***SDR*11 管材热熔对接焊接参数**　　**表 13-4-6**

公称直径 DN (mm)	管材壁厚 e (mm)	P_2 (MPa)	压力＝P_1 凸起高度 h (mm)	压力≈$P_{拖}$ 吸热时间 t_2 (s)	切换时间 t_3 (s)	增压时间 t_4 (s)	压力＝P_1 冷却时间 t_5 (min)
75	6.8	$219/S_2$	1.0	68	≤5	＜6	≥10
90	8.2	$315/S_2$	1.5	82	≤6	＜7	≥11
110	10.0	$471/S_2$	1.5	100	≤6	＜7	≥14
125	11.4	$608/S_2$	1.5	114	≤6	＜8	≥15
140	12.7	$763/S_2$	2.0	127	≤8	＜8	≥17
160	14.5	$996/S_2$	2.0	145	≤8	＜9	≥19
180	16.4	$1261/S_2$	2.0	164	≤8	＜10	≥21
200	18.2	$1557/S_2$	2.0	182	≤8	＜11	≥23
225	20.5	$1971/S_2$	2.5	205	≤10	＜12	≥26
250	22.7	$2433/S_2$	2.5	227	≤10	＜13	≥28
280	25.5	$3052/S_2$	2.5	255	≤12	＜14	≥31
315	28.6	$3862/S_2$	3.0	286	≤12	＜15	≥35
355	32.3	$4906/S_2$	3.0	323	≤12	＜17	≥39
400	36.4	$6228/S_2$	3.0	364	≤12	＜19	≥44
450	40.9	$7882/S_2$	3.5	409	≤12	＜21	≥50
500	45.5	$9731/S_2$	3.5	455	≤12	＜23	≥55
560	50.9	$12207/S_2$	4.0	509	≤12	＜25	≥61
630	57.3	$15450/S_2$	4.0	573	≤12	＜29	≥67

注：1. 以上参数基于环境温度为20℃；

2. 热板表面温度：PE80 为 210±10℃，PE100 为 225±10℃；

3. S_2 为焊机液压缸中活塞的总有效面积（mm^2），由焊机生产厂家提供。

SDR17.6 管材热熔对接焊接参数　　表 13-4-7

公称直径 DN (mm)	管材壁厚 (mm)	P_2 (MPa)	压力 $=P_1$ 凸起高度 h (mm)	压力 $\approx P_{拖}$ 吸热时间 t_2 (s)	切换时间 t_3 (s)	增压时间 t_4 (s)	压力 $=P_1$ 冷却时间 t_5 (min)
110	6.3	$300/S_2$	1.0	63	≤5	<6	9
125	7.1	$394/S_2$	1.5	71	≤6	<6	10
140	8.0	$495/S_2$	1.5	80	≤6	<6	11
160	9.1	$646/S_2$	1.5	91	≤6	<7	13
180	10.2	$818/S_2$	1.5	102	≤6	<7	14
200	11.4	$1010/S_2$	1.5	114	≤6	<8	15
225	12.8	$1278/S_2$	2.0	128	≤8	<8	17
250	14.2	$1578/S_2$	2.0	142	≤8	<9	19
280	15.9	$1979/S_2$	2.0	159	≤8	<10	20
315	17.9	$2505/S_2$	2.0	179	≤8	<11	23
355	20.2	$3181/S_2$	2.5	202	≤10	<12	25
400	22.7	$4039/S_2$	2.5	227	≤10	<13	28
450	25.6	$5111/S_2$	2.5	256	≤10	<14	31
500	28.4	$6310/S_2$	3.0	284	≤12	<15	35
560	31.8	$7916/S_2$	3.0	318	≤12	<17	39
630	35.8	$10018/S_2$	3.0	358	≤12	<18	44

注：1. 以上参数基于环境温度为 20℃；
2. 热板表面温度：PE80 为 210±10℃，PE100 为 225±10℃；
3. S_2 为焊机液压缸中活塞的总有效面积（mm^2），由焊机生产厂家提供。

（3）热熔对接连接操作应符合下列规定：

1）根据管材或管件的规格，选用相应的夹具，将连接件的连接端伸出夹具，自由长度不应小于公称直径的 10%，移动夹具使连接件端面接触，并校直对应的待连接件，使其在同一轴线上，错边不应大于壁厚的 10%。

2）应将聚乙烯管材或管件的连接部位擦拭干净，并铣削连接件端面，使其与轴线垂直。切削平均厚度不宜大于 0.2mm，切削后的熔接面应防止污染。

3）连接件的端面应采用热熔对接连接设备加热。

4）吸热时间达到工艺要求后，应迅速撤出加热板，检查连接件加热面熔化的均匀性，不得有损伤。在规定的时间内用均匀外力使连接面完全接触，并翻边形成均匀一致的对称凸缘。

5）在保压冷却期间不得移动连接件或在连接件上施加任何外力。

（4）热熔对接连接接头质量检验应符合下列规定：

1）连接完成后，应对接头进行 100% 的翻边对称性、接头对正性检验和不少于 10% 的翻边切除检验。

2）翻边对称性检验。接头应具有沿管材整个圆周平滑对称的翻边，翻边最低处的深度（A）不应低于管材表面，见图 13-4-4。

3）接头对正性检验。焊缝两侧紧邻翻边的外圆周的任何一处错边量（V）不应超过管材壁厚的 10%，图 13-4-5。

4）翻边切除检验。应使用专用工具，在不损伤管材和接头的情况下，切除外部的焊接翻边（图 13-4-6）。翻边切除检验应符合下列要求：

a. 翻边应是实心圆滑的，根部较宽，图 13-4-7。

b. 翻边下侧不应有杂质、小孔、扭曲和损坏。

c. 每隔 50mm 进行 180°的背弯试验。图 13-4-8，不应有开裂、裂缝，接缝处不得露出熔合线。

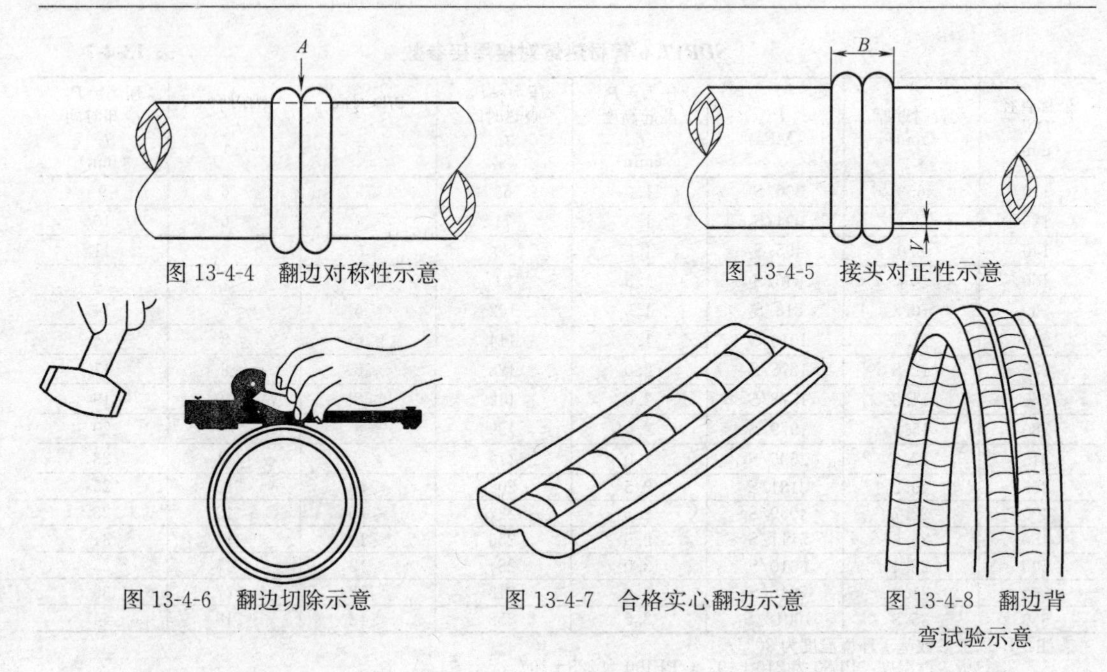

图 13-4-4　翻边对称性示意　　图 13-4-5　接头对正性示意

图 13-4-6　翻边切除示意　　图 13-4-7　合格实心翻边示意　　图 13-4-8　翻边背弯试验示意

5）当抽样检验的焊缝全部合格时，则此次抽样所代表的该批焊缝应认为全部合格；若出现与上述条款要求不符合的情况，则判定本焊缝不合格，并应按下列规定加倍抽样检验：

a. 每出现一道不合格焊缝，则应加倍抽检该焊工所焊的同一批焊缝，按本规程进行检验。

b. 如第二次抽检仍出现不合格焊缝，则应对该焊工所焊的同批全部焊缝进行检验。

3. 电熔连接

（1）电熔连接机械及连接设备规定

电熔焊是一种广为使用的PE管连接方式，管件本身有电发热元件，给发热元件通一定时间的控制电流，管材和管件间PE被加热并熔化，从而形成结实、永久的防漏接口，连接示意如图13-4-9所示。

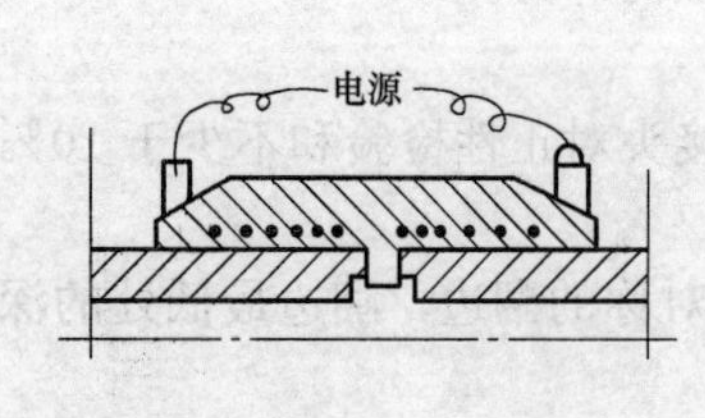

图 13-4-9　电热熔连接

图 13-4-10　PFSA 全自动电熔焊机

1）全自动电熔焊机

图13-4-10为亚大公司生产的PESA全自动电熔焊机，采用光笔读取管件条形码，包括根据环境温度自动调节焊接参数，能显示并记录，如与打印机连接，可打印出已完成的250个焊口的焊接记录，而且具有手动操作功能。

2）电熔连接机具应符合下列规定：

a. 电熔连接机具的类型应符合电熔管件的要求。

b. 电熔连接机具应在国家电网供电或发电机供电情况下，均可正常工作。

c. 外壳防护等级不应低于 IP54，所有线路板应进行防水、防尘、防震处理，开关、按钮应具有防水性。

d. 输入和输出电缆，当超过−10～40℃工作范围时，应能保持柔韧性。

e. 温度传感器精度不应低于±1℃，并应有防机械损伤的性能。

f. 输出电压的允许偏差应控制在设定电压的±1.5%以内；输出电压的允许偏差应控制在额定电流的±1.5%以内；熔接时间的允许偏差应控制在理论时间的±1%以内。

g. 电熔连接设备应定期校准和检定，周期不宜超过 1 年。

(2) 电熔连接机具与电熔管件应正确连通，连接时，通电加热的电压和加热时间应符合电熔连接机具和电熔管件生产企业的规定。

(3) 电熔连接冷却期间，不得移动连接件或在连接件上施加任何外力。

(4) 电熔承插连接操作应符合下列规定：

1) 应将管材、管件连接部位擦拭干净。

2) 测量管件承口长度，并在管材插入端或插口管件插入端标出插入长度和刮除插入长度加 10mm 的插入段表皮，刮削氧化皮厚度宜为 0.1～0.2mm。

3) 钢骨架聚乙烯复合管道和公称直径小于 90mm 的聚乙烯管道，以及管材不圆度影响安装时，应采用整圆工具对插入端进行整圆。

4) 将管材或管件插入端插入电熔承插管在承口内，至插入长度标记位置，并应检查配合尺寸。

5) 通电前，应校直两对应的连接件，使其在同一轴线上，并应采用专用夹具固定管材、管件。

(5) 电熔鞍形连接操作应符合下列规定：

1) 应采用机械装置固定于管连接部位的管段，使其保持轴线度和圆度。

2) 应将管材连接部位擦拭干净，并宜采用刮刀刮除管材连接部位表皮。

3) 通电前，应将电熔鞍形连接管件用机械装置固定在管材连接部位。

(6) 电熔连接接头质量检验应符合下列规定：

1) 电熔承插连接

a. 电熔管件端口处的管材或插口管件周边应有明显刮皮痕迹和明显的插入长度标记。

b. 聚乙烯管道系统，接缝处不应有熔融料溢出；钢骨架聚乙烯复合管道系统，采用钢骨架电熔管件连接时，接缝处可允许局部有少量溢料，溢边量（轴向尺寸）不得超过表 13-4-8 的规定。

钢骨架电熔管件连接允许溢边量（轴向尺寸）(mm)　　表 13-4-8

公称直径 DN	$50 \leqslant DN \leqslant 300$	$300 < DN \leqslant 500$
溢出电熔管件边缘量	10	15

c. 电熔管件内电阻丝不应挤出（特殊结构设计的电熔管件除外）。

d. 电熔管件上观察孔中应能看到有少量熔融料溢出，但溢料不得呈流淌状。

e. 凡出现与上述条款不符合的情况，应判为不合格。

2) 电熔鞍形连接

a. 电熔鞍形管件周边的管材上应有明显刮皮痕迹。

b. 鞍形分支或鞍形三通的出口应垂直于管材的中心线。

c. 管材壁不应塌陷。

d. 熔融料不应从鞍形管件周边溢出。

e. 鞍形管件上观察孔中应能看到有少量熔融料溢出，但溢料不得呈流淌状。

f. 凡出现与上述条款不符合的情况，应判为不合格。

4. 法兰连接

(1) 金属管端法兰盘与金属管道连接应符合金属管道法兰连接的规定和设计要求。

(2) 聚乙烯管端或钢骨架聚乙烯复合管端的法兰盘连接应符合技术规定：

1) 先将法兰盘套入待连接的聚乙烯法兰连接件的端部。

2) 应符合本规程规定的热熔连接或电熔连接的要求，将法兰连接件的法兰与聚乙烯管道或钢骨架聚乙烯复合管道进行连接。

(3) 两法兰盘上螺孔应对中，法兰面相互平行，螺栓孔与螺栓直径应配套，螺栓规格应一致，螺母应在同一侧；紧固法兰盘上的螺栓应按对称顺序分次均匀紧固，不应强力组装；螺栓拧紧后宜伸出螺母1～3丝扣。

(4) 法兰密封面、密封件不得有影响密封性能的划痕、凹坑等缺陷，材质应符合输送城镇燃气的要求。

(5) 法兰盘、紧固件应经防腐处理，并应符合设计要求。

5. 钢塑转换接头连接

(1) 钢塑转换接头的聚乙烯管端与聚乙烯管道或钢骨架聚乙烯复合管道的连接应符合本规程相应的热熔连接或电熔连接的规定。

(2) 钢塑转换接头钢管端与金属管道连接应符合相应的钢管焊接或法兰连接的规定。

(3) 钢塑转换接头钢管端与钢管焊接时，在其塑料管段应采取降温措施。

(4) 钢塑转换接头连接后应对接头进行防腐处理，防腐处理应符合设计要求，并检验合格。

13.4.3 聚乙烯管道敷设

1. 聚乙烯管道敷设

(1) 直径在90mm以上的聚乙烯燃气管材、管件连接可采用热熔对接连接或电熔连接；直径小于90mm的管材及管件宜使用电熔连接。聚乙烯燃气管道和其他材质的管道、阀门、管路附件等连接应采用法兰或钢塑过渡接头连接。

(2) 对不同级别、不同熔体流动速率的聚乙烯原料制造的管材或管件，不同标准尺寸比（SDR值）的聚乙烯燃气管道连接时，必须采用电熔连接。施工前应进行试验判定试验连接质量合格后方可进行电熔连接。

(3) 热熔连接的焊接接头连接完成后，应进行100%外观检验及10%翻边切除检验，并应符合国家现行标准《聚乙烯燃气管道工程技术规程》CJJ 63的要求。

(4) 电熔连接的焊接接头连接完成后，应进行外观检查，并应符合国家现行标准《聚乙烯燃气管道工程技术规程》CJJ 63的要求。

(5) 电熔鞍形连接完成后，应进行外观检查，并应符合国家现行标准《聚乙烯燃气管道工程技术规程》CJJ 63的要求。

(6) 钢塑过渡接头金属端与钢管焊接时，过渡接头金属端应采取降温措施，但不得影响焊接接头的力学性能。

（7）法兰或钢塑过渡连接完成后，其金属部分应按设计要求的防腐等级进行防腐，并检验合格。

（8）聚乙烯燃气管道利用柔性自然弯曲改变走向时，其弯曲半径不应小于25倍的管材外径。

（9）聚乙烯燃气管道敷设时，应在管顶同时随管道走向敷设示踪线，示踪线的接头应有良好的导电性。

（10）聚乙烯燃气管道敷设完毕后，应对外壁进行外观检查，不得有影响产品质量的划痕、磕碰等缺陷；检查合格后，方可对管沟进行回填，并做好记录。

（11）在旧管道内插入敷设聚乙烯管的施工，应符合国家现行标准《聚乙烯燃气管道工程技术规程》CJJ 63的要求。

2. 钢骨架聚乙烯复合管道敷设

（1）钢骨架聚乙烯复合管道（以下简称复合管）连接应采用电熔连接或法兰连接。当采用法兰连接时，宜设置检查井。

（2）电熔连接所选焊机类型应与安装管道规格相适应。

（3）施工现场断管时，其截面应与管道轴线垂直，截口应进行塑料（与母材相同材料）热封焊。严禁使用未封口的管材。

（4）电熔连接后应进行外观检查，溢出电熔管件边缘的溢料量（轴向尺寸）不得超过表13-4-9规定值。

电熔连接熔焊溢边量（轴向尺寸）　　表13-4-9

管道公称直径 *DN*	50～300	350～600
溢出电熔管件边缘量(mm)	10	15

（5）电熔连接内部质量应符合国家现行标准《燃气用钢骨架聚乙烯塑料复合管件》CJ/T 126的规定，可采用在现场抽检试验件的方式检查。试验件的接头应采用与实际施工相同的条件焊接制备。

（6）法兰连接应符合下列要求：

1）法兰密封面、密封件（垫圈、垫片）不得有影响密封性能的划痕、凹坑等缺陷。

2）管材应在自然状态下连接，严禁强行扭曲组装。

（7）钢质套管内径应大于穿越管段上直径最大部位的外径加50mm；混凝土套管内径应大于穿越管段上直径最大部位的外径加100mm。套管内严禁法兰接口，并尽最减少电熔接口数量。

（8）在复合管上安装口径大于100mm的阀门、凝水缸等管路附件时，应设置支撑。

（9）复合管可随地形弯曲敷设，其允许弯曲半径应符合表13-4-10的规定。

复合管道允许弯曲半径（mm）　　表13-4-10

管道公称直径 *DN*	允许弯曲半径
50～150	≥80*DN*
200～300	≥100*DN*
350～500	≥100*DN*

3. 聚乙烯管和钢骨架聚乙烯复合管敷设

（1）管道敷设时，应随管走向埋设金属示踪线（带）、警示带或其他标识。

（2）示踪线（带）应贴管敷设，并应有良好的导电性、有效的电气连接和设置信号源井。

（3）警示带敷设应符合下列规定：

1）警示带宜敷设在管顶上方300～500mm处，但不得敷设于路基或路面里。

2）对直径不大于400mm的管道，可在管道正上方敷设一条警示带；对直径大于或等于400mm的管道，应在管道正上方平行敷设二条水平净距100～200mm的警示带。

3）警示带宜采用聚乙烯或不易分解的材料制造，颜色应为黄色，且在警示带上印有醒目、永久性警示语。

13.5 天然气管道穿越障碍物施工

13.5.1 天然气管道过街管沟

1. 单管过街管沟敷设图13-5-1

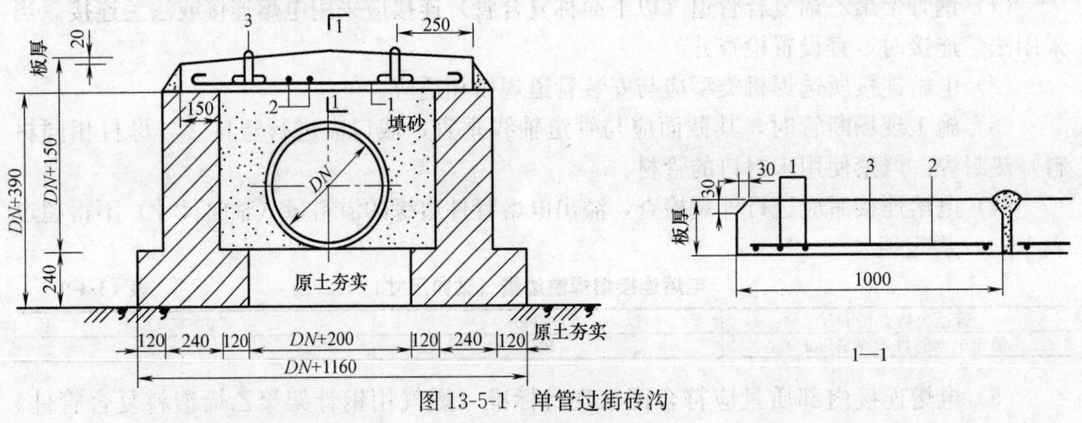

图13-5-1 单管过街砖沟

（1）适用于燃气管道和其他管道穿越一般公路。

（2）荷载按汽15级（重）计算。砖沟覆土深度为0.5m减盖板厚度。

（3）沟内管道防腐等级及焊口探伤数量，按设计要求施工。

过街管道应采用无缝钢管，尽量减少环焊缝，所有焊缝均应100%射线探伤，合格后方可敷设。

（4）砖沟墙内外均以1∶2水泥砂浆勾缝。

（5）对于冬季出现土壤冰冻地区，必须保证管顶位于冰冻线以下，双管与此要求相同。

（6）沟内应填中砂充满。

（7）钢筋弯钩为12.5d，盖板吊钩嵌固长度为30d（不包括弯钩长度）。

（8）砖沟配筋表见表13-5-1。

单管过街砖沟每米管沟钢筋明细表　　表13-5-1

规格(mm)	盖板配筋 1			盖板配筋 2 φ6×960	盖板配筋 3 φ8 150(180) 50 50		盖板尺寸	
	直径(mm)	长度(mm)	根数	根数	长度(mm)	根数	板厚(mm)	板长(mm)
DN100	φ8	900	6	5	700	2	120	840
DN150	φ8	950	8	6	700	2	120	890
DN200	φ8	1000	9	6	700	2	120	940
DN250	φ10	1070	7	6	700	2	120	990
DN300	φ10	1120	7	6	700	2	150	1040
DN350	φ10	1170	7	7	700	2	150	1090
DN400	φ10	1220	8	7	700	2	150	1140

2. 双管过街管沟敷设（图 13-5-2）

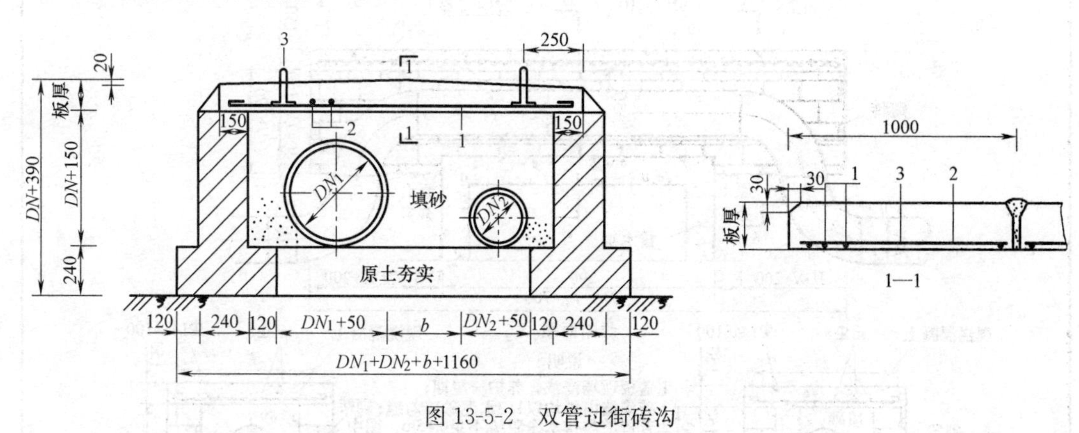

图 13-5-2　双管过街砖沟

（1）适用于燃气管道和其他管道穿越一般公路。

（2）荷载按汽 15 级（重）计算。砖沟覆土深度为 0.5m 减盖板厚度。

（3）沟内燃气管道防腐等级及焊口探伤数量，按设计要求施工。过街管道应采用无缝钢管、尽量减少环焊缝，所有焊缝均应 100%射线探伤，合格后方可敷设。

（4）钢筋弯钩为 12.5d，盖板吊钩嵌固长度为 30d（不包括弯钩长度）。

（5）砖沟墙内外均以 1∶2 水泥砂浆勾缝。

（6）燃气管道径>DN300 时，b=0.5m；≤DN300 时，b=0.4m。

（7）沟内应填中砂充满。

（8）砖沟配筋表见表 13-5-2。

双管过街砖沟每米管沟钢筋明细表　　　　**表 13-5-2**

规格(mm)		盖板配筋						盖板尺寸	
		1 l			2 $\phi6\times960$	3 $\phi8$ 50 180(230) 50			
DN_1	DN_2	直径(mm)	长度(mm)	根数	根数	长度(mm)	根数	板厚(mm)	板长(mm)
100	100	$\phi12$	1350	7	7	700	2	150	1240
150	150	$\phi12$	1450	9	8	700	2	150	1340
200	200	$\phi14$	1580	8	8	700	2	150	1440
250	250	$\phi14$	1680	9	9	700	2	150	1540
300	300	$\phi14$	1780	7	9	700	2	200	1640
350	350	$\phi14$	1880	8	10	700	2	200	1740
400	250	$\phi14$	1930	8	10	700	2	200	1790
	400	$\phi14$	2080	9	11	700	2	200	1940

13.5.2　埋地天然气管道跨（穿）排水渠敷设

1. 埋地天然气管道跨过排水渠（图 13-5-3）

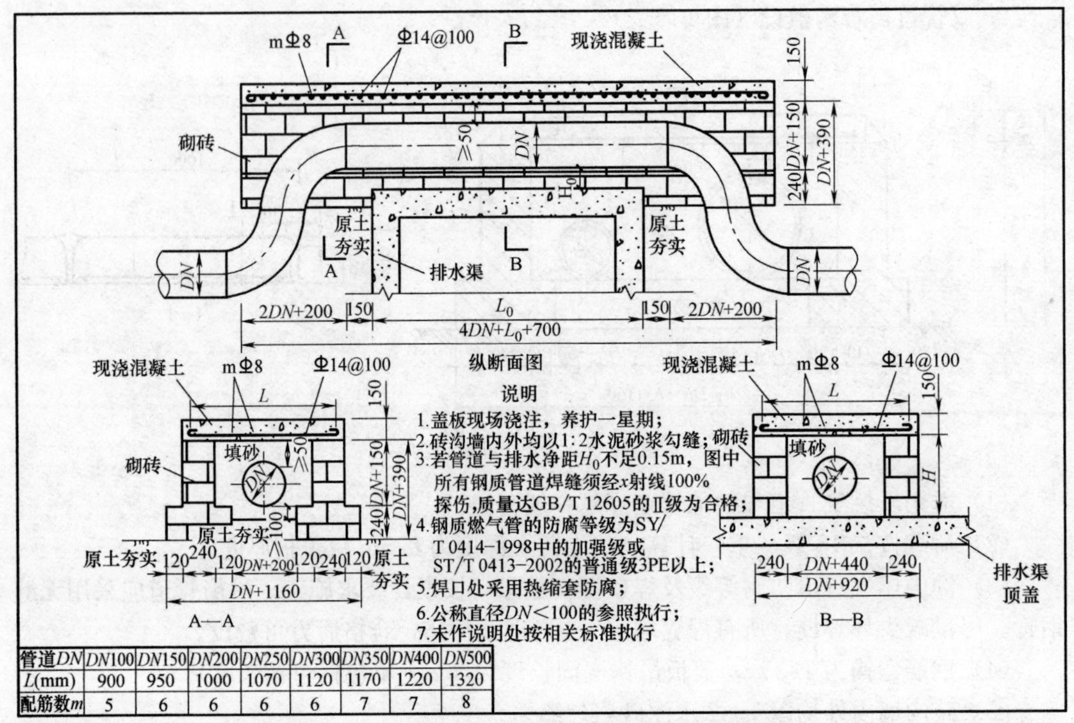

管道DN	DN100	DN150	DN200	DN250	DN300	DN350	DN400	DN500
L(mm)	900	950	1000	1070	1120	1170	1220	1320
配筋数m	5	6	6	6	6	7	7	8

图 13-5-3　埋地燃气管道跨过排水管渠加盖板保护

2. 穿越排水渠敷设（图 13-5-4）

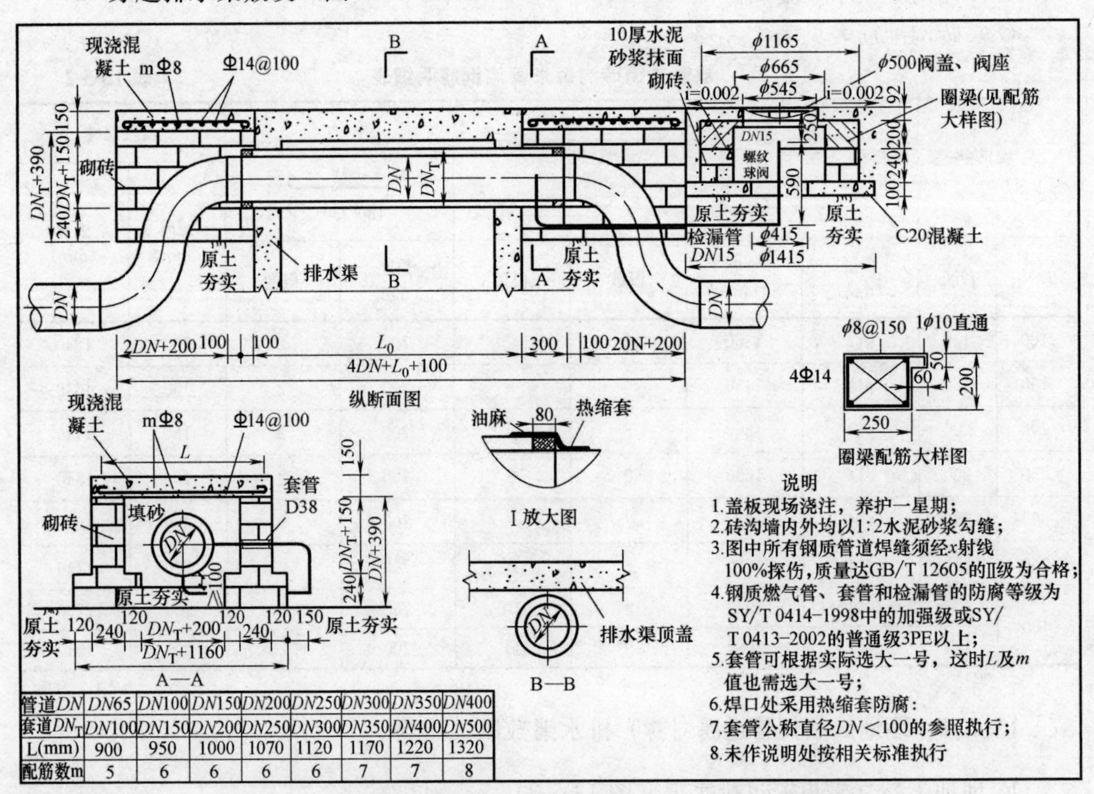

管道DN	DN65	DN100	DN150	DN200	DN250	DN300	DN350	DN400
套道DN_T	DN100	DN150	DN200	DN250	DN300	DN350	DN400	DN500
L(mm)	900	950	1000	1070	1120	1170	1220	1320
配筋数m	5	6	6	6	6	7	7	8

图 13-5-4　埋地燃气管道穿过排水管渠加套管、盖板、检漏保护

13.6 埋地天然气管道阀门井安装

阀门井设置在地下天然气管道支管引出的位置，用来对支管开启与切断。其安装可分为以下 3 种形式。

1. 阀门井形式

(1) 天然气单管单阀门井安装见图 13-6-1；燃气单管单阀门井安装尺寸表见表13-6-1。

(2) 天然气三通单阀门井安装见图 13-6-2；天然气三通单阀门井安装尺寸表见表13-6-2。

(3) 天然气三通双阀门井安装图见图 13-6-3；天然气三通双阀门井安装阀门尺寸表见表 13-6-3。

2. 阀门井安装要求：

(1) 阀门必须检验合格后方可安装；

(2) 阀门公称压力必须大于天然气管道设计压力；

(3) 波纹管补偿器必须在调整（拉伸或压缩）好后安装，安装完毕后再松开调整螺栓。

13.6.1 单管阀门井的安装

单管阀门井安装见图 13-6-1；表 13-6-1。

燃气单管单阀门井安装尺寸表（mm） **表 13-6-1**

规格 DN	A	膨胀节长度 a_2	阀门长度 a_3	a_4	B	b_1	H	h_1	阀门中心高 h_2	底板厚度 C	人孔（个）
100	1800	420	230	500	1500	750	1800	550	520	150	1
150	1800	450	280		1500	750	1800	575	730	150	1
200	1800	450	330		1500	750	2100	600	948	150	1
250	1800	500	380		1500	750	2100	625	1140	150	1
300	2100	500	420		1900	950	2000	650	886	200	1.2
350	2100	520	450		1900	950	2000	675	968	200	1.2
400	2100	520	480		1900	950	2500	700	1090	200	1.2
500	2100	550	540		1900	950	2500	750	1405	200	1.2

注：1. 阀门 $DN \leqslant 250$ 按 Z44W-10 型明杆楔式闸阀设计；
$DN \geqslant 300$ 按 Z45W-10 型暗杆楔式闸阀设计。
2. 膨胀节按上海永鑫波纹管有限公司 PA 型燃气管道用膨胀节设计。

13.6.2 燃气三通单阀门井安装

燃气三通单管阀门井安装见图 13-6-2，表 13-6-2。

13.6.3 燃气三通双阀门井安装图

燃气三通双阀门井安装见图 13-6-3，表 13-6-3。

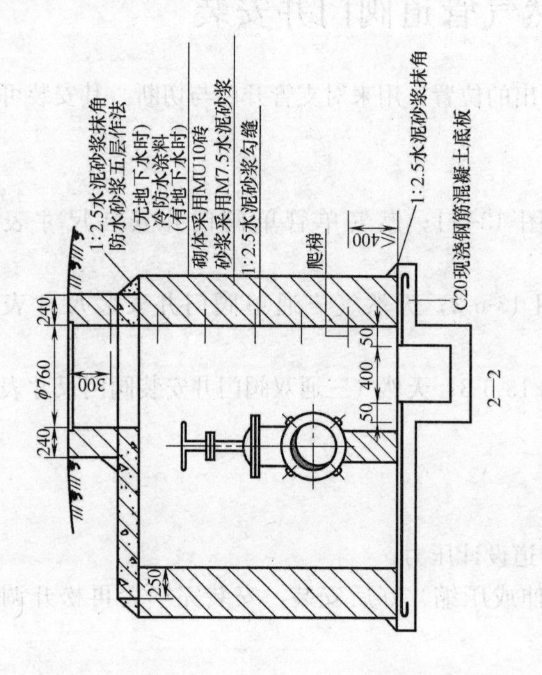

安装说明

1) 本图为单管单阀门(单放散)井图，适用于干、支线燃气管道。
2) 阀井埋深按0.35m计算，荷载按汽车-10级，汽车-15级主车设计。
3) 本图按单人孔绘制，双人孔时，按对角位置设置。
4) 阀门底砌砖敞支撑，砖敞断面视阀门大小砌筑，高度砌至阀门底止。

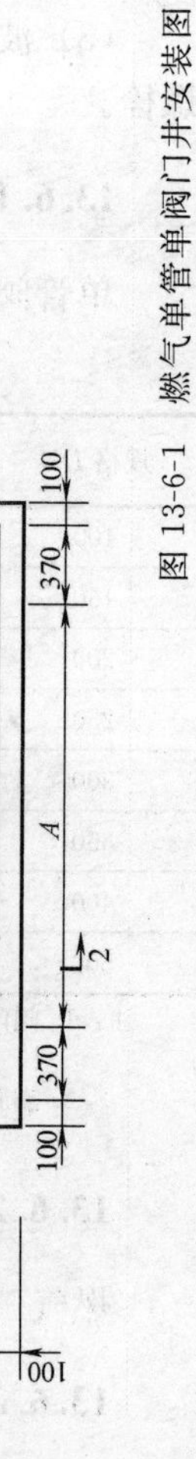

图 13-6-1 燃气单管单阀门井安装图

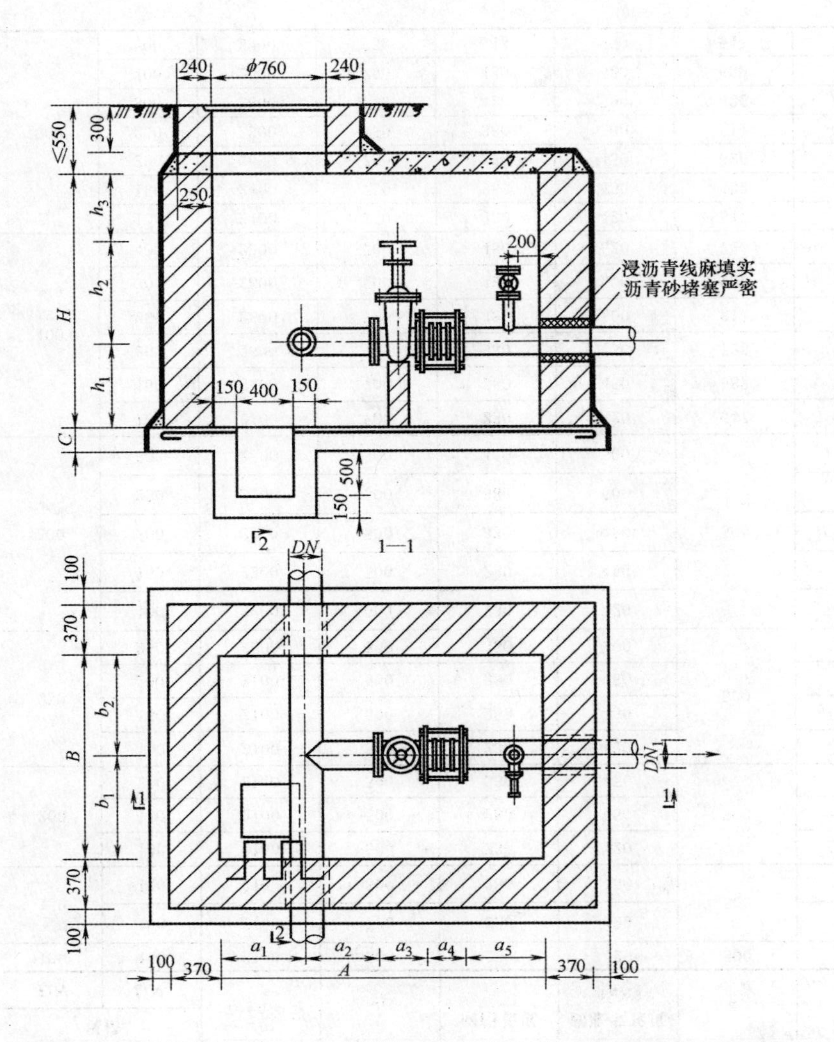

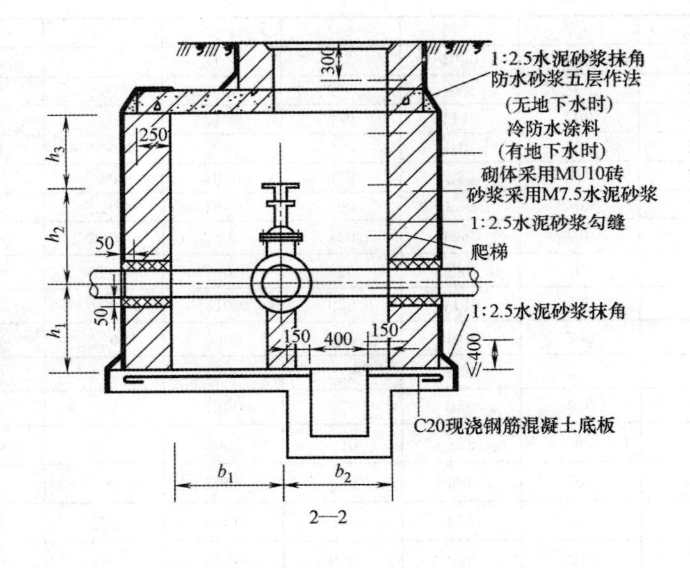

安装说明

1. 本图为三通单阀门(带放散)井，适用于干、支线及庭院燃气管道。
2. 其余说明见GD3-5-1图表注。
3. 阀门井为双人孔时应按对角设置，本图按单人孔绘制。

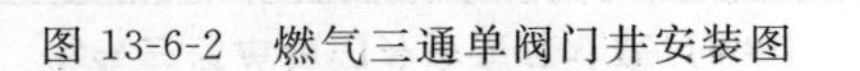

图 13-6-2　燃气三通单阀门井安装图

燃气三通单阀门井安装尺寸表（mm） 表 13-6-2

规格		A	a_1	阀门长度 a_3	膨胀节长度 a_4	a_5	B	b_1	H	h_1	阀门中心高 h_2	底板厚度 C	人孔（个）
DN	DN_1												
100	100	2100	500	230	420	500	1500	750	1800	550	520	200	1
150	100	2100	500	280	420	500	1500	750	1800	570	730	200	1
	150	2100	500	280	450		1500	750	1800	575	730	200	1
200	100	2100	500	230	420	500	1500	750	1900	600	948	200	1
	150	2100	500	280	450		1500	750	1900	600	948	200	1
	200	2100	500	330	450		1500	750	1900	600	948	200	1
250	100	2100	500	230	420	500	1500	750	2100	625	1140	200	1
	150	2100	500	280	450		1500	750	2100	625	1140	200	1
	200	2100	500	330	450		1500	750	2100	625	1140	200	1
	250	2200	500	380	500		1500	750	2100	625	1140	200	1
300	100	2200	500	230	420	500	1500	750	2000	650	886	200	1
	150	2200	500	280	450		1500	750	2000	650	886	200	1
	200	2200	500	330	450		1500	750	2000	650	886	200	1
	250	2500	500	380	500		1500	750	2000	650	886	200	1
	300	2500	500	440	500		1500	750	2000	650	886	200	1
400	100	2400	700	230	420	647	1500	750	1800	550	520	200	1
	150	2400	700	280	450	582	1500	750	1800	575	730	200	1
	200	2600	700	330	450	726	1500	750	2000	600	948	200	1
	250	2600	700	380	500	611	1500	750	2100	625	1140	200	1
	300	2800	700	420	500	722	1500	750	2000	650	886	200	1
	400	2900	700	480	520	720	1900	950	2100	700	1090	200	1
500	100	2400	750	230	420	547	1500	750	1800	550	520	200	1
	150	2400	750	280	450	482	1500	750	1800	575	730	200	1
	200	2600	750	330	450	626	1500	750	2000	600	948	200	1
	250	2800	750	380	500	711	1500	750	2100	625	1140	200	1
	300	2800	725	420	500	622	1500	750	2000	650	886	200	1
	400	2900	750	480	520	620	1900	950	2100	700	1090	200	2
	500	2900	750	540	550	545	1900	950	2500	750	1414	200	2

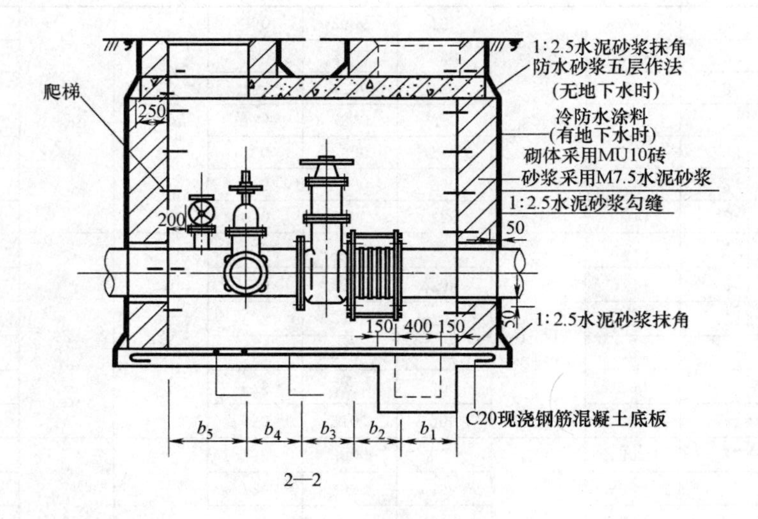

安装说明

1) 本图为三通双阀门井(带放散)图，适用于干、支线燃气管道。
2) 阀门井埋深按0.35m计算，荷载按汽车-10级，汽车-15级主车设计。
3) 阀门底下砌砖墩支撑，砖墩断面视阀门大小砌筑，高度砌至阀门底止。
4) 本阀井按单人孔绘制，双人孔时，按对角线位置设置。

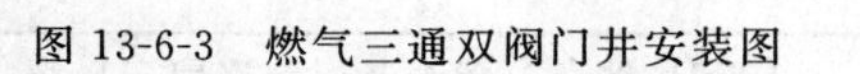
图 13-6-3　燃气三通双阀门井安装图

燃气三通双阀门井安装尺寸表（mm）

表 13-6-3

规格 DN	规格 DN17	A	a_1	a_2	阀门长度 a_3	膨胀节长度 a_4	B	b_1	膨胀节长度 b_2	阀门长度 b_3	b_5	H	h_1	阀门中心高 h_2	底板厚度 C	人孔（个）
100	100	2200	650	450	230	420	2200	647	420	230	650	1800	550	520	150	2
150	100	2200	675	475	230	420	2200	582	450	230	650	1800	575	730	150	2
	150	2200	675	475	280	450	2200	532			675	1800	575		150	2
200	100	2200	700	500	230	420	2200	526	450	330	650	1900	600	948	150	2
	150	2300	700	500	280	450	2300	576			675	1900	600		200	2
	200	2300	700	500	330	450	2300	526			700	1900	600		200	2
250	100	2300	725	525	230	420	2300	511	500	380	650	2100	625	1140	200	2
	150	2300	725	525	280	450	2500	661			675	2100	625		200	2
	200	2300	725	525	330	450	2500	611			700	2100	625		200	2
	250	2500	725	525	380	500	2500	561			725	2100	625		200	2
300	100	2300	750	550	230	420	2500	622	500	420	650	2000	650	886	200	2
	150	2300	750	550	280	450	2500	572			675	2000	650		200	2
	200	2500	750	550	330	450	2500	622			700	2000	650		200	2
	250	2700	750	550	330	500	2700	672			725	2000	650		200	2
	300	2700	750	550	420	500	2700	622			750	2000	650		200	2
400	100	2500	900	600	230	420	2500	520	520	480	650	2100	700	1090	200	2
	150	2700	900	600	280	450	2700	670			675	2300	700		200	2
	200	2700	900	600	330	450	2700	620			700	2300	700		200	2
	250	2800	900	600	380	500	2800	570			725	2300	700		200	2
	300	2800	900	600	420	500	2800	620			750	2300	700		200	2
	400	2900	900	600	480	520	2900	520			900	2300	700		200	2
500	100	2700	950	650	230	420	2700	645	520	540	650	2500	750	1414	200	2
	150	2700	950	650	280	450	2700	595			675	2500	750		200	2
	200	2800	950	650	330	450	2800	645			700	2500	750		200	2
	250	2800	950	650	380	500	2800	595			725	2500	750		200	2
	300	3000	950	650	420	500	3000	745			750	2500	750		200	2
	400	3100	950	650	480	520	3100	645			900	2500	750		200	2
	500	3100	950	650	540	520	3100	545			950	2500	750		200	2

13.7　阀门的检验与安装

13.7.1　阀门的检验

阀门的检验应符合国家现行标准《工业金属管道工程施工规范》GB 50235 的规定。

1. 阀门安装前应进行外观质量检查，阀体应完好，开启机构应灵活，阀杆应无倾斜、变形、卡涩现象，标牌应齐全。

2. 阀门应进行壳体压力试验和密封试验，且对于有上密封结构的阀门应进行上密封试验，不合格者不得使用。

3. 阀门试压

（1）试压阀门

1）下列管道的阀门，应逐个进行壳体压力试验和密封试验。不合格者，不得使用。

a. 输送剧毒流体、有毒流体、可燃流体管道的阀门；

b. 输送设计压力大于 1MPa 或设计压力小于等于 1MPa，且设计温度小于－29℃或大于 186℃的非可燃流体、无毒流体管道的阀门。

2）输送设计压力小于等于 1MPa，且设计温度为－29～186℃的非可燃流体，无毒流体管道的阀门，应从每批中抽查 10%，且不得少于 1 个，进行壳体压力试验和密封试验。当不合格时，应加倍抽查，仍不合格时，该批阀门不得使用。

（2）壳体试验（水压试验）和密封试验

1）试验介质阀门的壳体压力试验和密封试验应以洁净水为介质，不锈钢阀门试验时，水中的氯离子含量不得超过 25×10^{-4}（25ppm）。试验合格应立即将水渍清除干净，当有特殊要求时，试验介质应符合设计文件规定。

2）试验压力　阀门壳体试验压力应为阀门在 20℃时最大允许工作压力的 1.5 倍；密封试验压力应为阀门在 20℃时最大允许工作压力的 1.1 倍。当阀门铭牌标示对最大工作压差或阀门配带的操作机构不适宜进行高压密封试验时，试验压力应按铭牌标示的最大工作压差的 1.1 倍。

阀门的上密封试验压力应为阀门在 20℃时最大允许工作压力的 1.1 倍。试验时应关闭上密封面，并应松开填料压盖。

3）试验持续时间　阀门在试验压力下的持续时间不得少于 5min。无特殊规定时，试验介质温度应为 5～40℃，当低于 5℃时，应采取升温措施。

（3）公称压力小于 1MPa，且公称直径大于或等于 600mm 的闸阀，可不单独进行壳体压力试验和闸板密封试验。壳体压力试验宜在系统试压时按管道系统的试验压力进行试验，闸板密封试验可采用色印等方法进行检验，接合面上的色印应连续。

（4）试验合格的阀门，应及时排尽内部积水，并吹干。除需要脱脂的阀门外，密封面上应涂防锈油，关闭阀门，封闭出入口，做出明显的标记，并应按 GB 50235 规范附录 A 第 A.0.1 条规定的格式填写“阀门试验记录”。

（5）安全阀的校验应按国家现行标准《安全阀安全技术监察规程》TSG ZF001 和设计文件的规定进行整定压力调整和密封试验，安全阀校验应做好记录、铅封，并应出具校验报告。

13.7.2 阀门的安装

1. 安装的阀门必须是经检验合格的阀门。

2. 安装前应检查阀芯的开启度和灵活度，并根据需要对阀体进行清洗、上油。同时应检查填料，其压盖螺栓应留有调节裕量。

3. 安装有方向性要求的阀门时，阀体上的箭头方向应与燃气流向一致。

4. 法兰或螺纹连接的阀门应在关闭状态下安装，焊接阀门应在打开状态下安装。焊接阀门与管道连接焊缝宜采用氩弧焊打底。

5. 安装时，吊装绳索应拴在阀体上，严禁拴在手轮、阀杆或转动机构上。

6. 阀门安装时，与阀门连接的法兰应保持平行，其偏差不应大于法兰外径的1.5‰，且不得大于2mm。严禁强力组装，安装过程中应保证受力均匀，阀门下部应根据设计要求设置承重支撑。

7. 法兰连接时，应使用同一规格的螺栓，并符合设计要求。紧固螺栓时应对称均匀用力，松紧适度，螺栓紧固后螺栓与螺母宜齐平，但不得低于螺母。

8. 水平管道上的阀门，其阀杆及传动装置应按设计规定安装，动作应灵活。

9. 安装铸铁、硅铁阀门时，不得强力连接，受力应均匀。

10. 安装高压阀门前，必须复核产品合格证和试验记录。

11. 在阀门井内安装阀门和补偿器时，阀门应与补偿器先组对好，然后与管道上的法兰组对，将螺栓与组对法兰紧固好后，方可进行管道与法兰的焊接。

12. 对直埋的阀门，应按设计要求做好阀体、法兰、紧固件及焊口的防腐。

13. 安装安全阀时，应符合下列规定：

(1) 安全阀应垂直安装。

(2) 在管道投入试运行时，应及时调校安全阀。

(3) 安全阀的最终调校宜在系统上进行，开启和回座压力应符合设计文件的规定。

(4) 安全阀经调校后，在工作压力下不得有泄漏。

(5) 安全阀经最终调校合格后，应做铅封，并按规定的格式填写“安全阀最终调试记录”。

13.8 钢道附件的安装

13.8.1 凝水缸的安装

1. 钢制凝水缸在安装前，应按设计要求对外表面进行防腐。

2. 安装完毕后，凝水缸的抽液管应按同管道的防腐等级进行防腐。

3. 凝水缸必须按现场实际情况，安装在所在管段的最低处。

4. 凝水缸盖应安装在凝水缸井的中央位置，出水口阀门的安装位置应合理，并应有足够的操作和检修空间。

凝水缸（排水器）安装图见本手册图3-1-10，图3-1-11；检漏管安装见图3-1-12。

13.8.2　波纹管补偿器的安装

波纹补偿器的安装应符合下列要求：

1. 安装前应按设计规定的补偿量进行预拉伸（压缩），受力应均匀。

2. 补偿器应与管道保持同轴，不得偏斜。安装时不得用补偿器的变形（轴向、径向、扭转等）来调整管位的安装误差。

3. 安装时应设置临时约束装置，待管道安装固定后再拆除临时约束装置，并解除限位装置。

13.8.3　绝缘法兰的安装

1. 安装前，应对绝缘法兰进行绝缘试验检查，其绝缘电阻不应小于 1MΩ；当相对湿度大于 60%时，其绝缘电阻不应小于 500kΩ。

2. 要对绝缘法兰的电缆线连接应符合按设计要求，并应做好电缆线及接头的防腐，金属部分不得裸露于土中。

3. 绝缘法兰外露时，应有保护措施。

13.9　人工掘进顶进法顶管施工

1. 人工掘进顶进法

（1）制订施工方案，其内容主要包括：

1）选定工作坑位置和尺寸；

2）进行顶力计算，选择顶进设备；

3）确定后背结构，并进行验算；

4）选定掘进和出土的方法和设备，下管方法和工作平台支搭形式；

5）若有地下水时，采用何种排水方法；

6）保证工程质量和安全措施。

（2）人工掘进顶管法操作程序

1）开挖工作坑，处理基础，支设后背、导轨和顶进设备；

2）将第一节顶进管置于导轨上就位，用水准仪检查高程，用中心线检查水平位置，使其达到设计要求；

3）工人进入管内，开始掘土，边掘土边运出，管前端挖进 300～500mm，应启动千斤顶，千斤顶行程终了，复位千斤顶，加塞顶铁复顶；

4）顶进中每顶进 400～600mm，监测一次中心和高程是否偏离设计位置，以便及时进行纠偏再顶进；

5）被顶进管节预留 300mm 长度左右在导轨上，供做下一节管稳管用，并在接口处填一圈油麻绳。加设内涨圈，防止管节错位。待全部顶完后，拆除内涨圈；

6）全部顶完后，管接口用水泥石棉灰填塞密实。

（3）工作坑

1）顶力计算公式

若要推动管道在土内顺利移动，千斤顶的顶力需要克服管前端的迎面阻力、摩擦阻力、管节自重产生的摩擦阻力。可按式（13-9-1）计算：

$$P=[(P_1+P_2)\cdot L+P_3]\cdot K \quad (13\text{-}9\text{-}1)$$

式中　P——计算的总顶力（kN）；

P_1——顶进时，管道周围土压力对管壁产生的阻力（kN），可按式（13-9-2）计算：

$$P_1=2f(P_V+P_H)D_1 \quad (13\text{-}9\text{-}2)$$

P_V——管顶以上竖向土压力强度（kN/m^2），按式（13-9-3）计算：

$$P_V=\gamma\cdot H \quad (13\text{-}9\text{-}3)$$

γ——土的重力密度（kN/m^3）；

H——管顶覆土深度（m）；

P_H——管道侧向土压力强度（kN/m^2），按式（13-9-4）计算：

$$P_H=\xi\cdot\gamma\cdot H \quad (13\text{-}9\text{-}4)$$

ξ——主动土压力系数，按$\xi=\tan^2\left(45°-\frac{\varphi}{2}\right)$计算；

φ——土的内摩擦角（°），见表13-9-1。

f——管道与周围土层的摩擦系数，按表13-9-2采用；

土的 φ 经验值　**表13-9-1**

土的名称	软土	黏土	砂黏土	粉土	砂土	砂砾土
φ(°)	10	20	25	27	30	35

土层摩擦系数　**表13-9-2**

土类	摩擦系数 f	
	湿	干
黏性土	0.2～0.3	0.4～0.5
砂性土	0.3～0.4	0.5～0.6

D_1——管节的外径（m）；

P_2——顶进时，管道自重产生的摩擦阻力（kN），按$P_2=f\cdot G$计算；

G——管道单位长度重量（kN/m）；

L——顶进管总长度（m）；

P_3——顶进时，管端迎面阻力（kN），按表13-9-3采用。

K——安全系数，一般取1.10～1.20。

顶进管端迎面阻力值　**表13-9-3**

顶进方法		P_3(kN)	说　明
人工掘进	管前端允许超挖	0	D_{av}—工具管刃脚或挤压喇叭口的平均直径(m)； t—工具管刃脚厚度或喇叭口平均厚度； R—工具管迎面阻力，人工掘进按500kN/m²计；挤压法按管前端中心处的被动土压力计算； D_1—工具管外径(m)
	管前端不允许超挖	$\pi D_{av}\cdot t\cdot R$	
挤压法		$\pi D_{av}\cdot t\cdot R$	
泥水平衡法		$\frac{\pi}{4}\cdot D_1^2\cdot R$	

顶进钢筋混凝土管时，顶力计算可按经验式（13-9-5）计算：

$$P=n\cdot G\cdot L \quad (kN) \quad (13\text{-}9\text{-}5)$$

式中　P——计算顶力（kN）；

G——管节单位长度重量（kN/m）；

L——顶进管段长度（m）；

n——土质系数，查表 13-9-4。

土质系数 n 值　　表 13-9-4

土的种类、含水量及工作面稳定状态	n 值
黏土、砂黏土、含水量不大粉土、砂土。挖土后暂时能形成土拱	1.5～2.0
密实砂土、含水量大粉土、砂土、砂砾土，挖土后不能形成土拱，但坍方不严重	3～4

2）后背

后背是千斤顶的支撑结构，通常采用原土作后座墙，为减少顶力对后座墙的单位面积的压力，常采用方木、型钢、钢板等组装成装配式后背，如图 13-9-1 所示。

装配式后背应做到以下几点：

a. 装配式后背墙应有足够的强度和刚度，在最大反作用力时，变形小而不破坏；

b. 后背土体壁面应平整，并与管道顶进方向垂直，以免产生偏心受压；

c. 装配式后背底端深入工作坑底以下，不小于 500mm；

d. 后背土体壁面与组装后背贴紧，空隙用砂填实。

装配式后背的允许抗力，应根据顶力作用点与装配式后背墙被动土压力的合力作用点相对位置，按下列条件计算，如图 13-9-2 所示。

a）当 $H_O = H_{OE}$ 时，后背墙的允许抗力按式（13-9-6）计算。

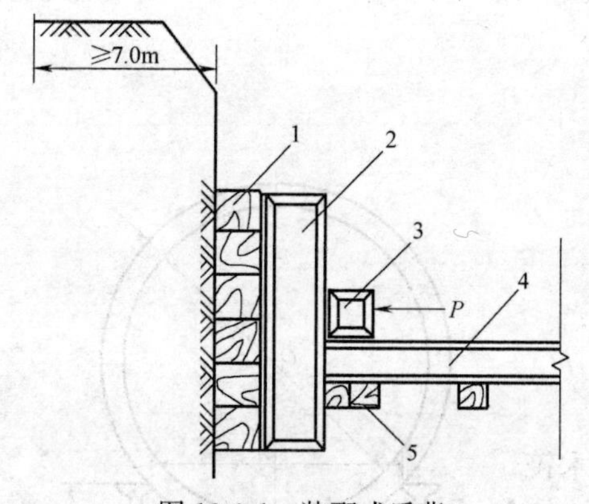

图 13-9-1　装配式后背

1—方木；2—立铁；3—横铁；4—导轨；5—导轨方木

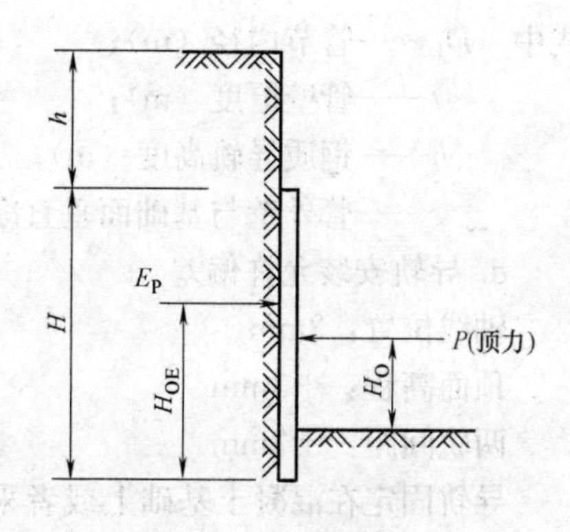

图 13-9-2　后背墙受力图

$$E_P = \frac{L}{K}(0.5\gamma H^2 K_P + \gamma H \cdot h K_P + 2CH\sqrt{K_P}) \qquad (13\text{-}9\text{-}6)$$

式中　E_P——后背墙允许抗力（kN）；

H——后背墙高度（m）；

h——后背墙顶端至地面高度（m）；

H_O——顶力作用点距后背墙底端的距离（m）；

H_{OE}——装配式后背墙被动土压力的合力作用点距后背墙底端的距离（m）可按式

（15-9-7）计算

$$H_{OE}=\frac{H}{3}\left[\frac{\gamma(H+3h)\sqrt{K_P}+6C}{\gamma(H+2h)\sqrt{K_P}+4C}\right] \tag{13-9-7}$$

γ——后背土体的重力密度（kN/m^3）；

K_P——被动土压力系数，按下式计算 $K_P=tg^2\left(45°+\frac{\phi}{2}\right)$；

ϕ——后背土体内摩擦角（°）；

C——后背土体的粘聚力（kN/m^2）；

L——装配式后背墙的宽度（m）；

K——安全系数，当后背墙的宽高比（L/H）不大于 1.5 时，取 $K=1.5$；大于 1.5 时，$K=2.0$。

b）当 $H_O \neq H_{OE}$时，后背墙允许抗力，可按式（13-9-7）计算结果，以 H_O 与 H_{OE}相对位置适当折减。

3）导轨

导轨的作用是引导被顶进管节按设计的中心和坡度顶入土中。

导轨安装应符合下列要求

a. 两导轨应平行、等高或略高于该处管道的设计高程，其坡度与管道坡度一致；

b. 安装后的导轨应牢固，使用中不产生位移，并经常检查；

c. 导轨间内距 A 按公式（13-9-8）计算，见图 13-9-3。

$$A=2\sqrt{(D_1+2t)(h-c)-(h-c)^2} \tag{13-9-8}$$

式中　D_1——管节内径（m）；

t——管壁厚度（m）；

h——钢质导轨高度（m）；

c——管外壁与基础面垂直净距（m）。

d. 导轨安装允许偏差

轴线位置：3mm

顶面高程：+3mm

两轨间距：±2mm

导轨固定在混凝土基础上或者采用方木铺成木筏基础，以保证导轨牢固不位移。

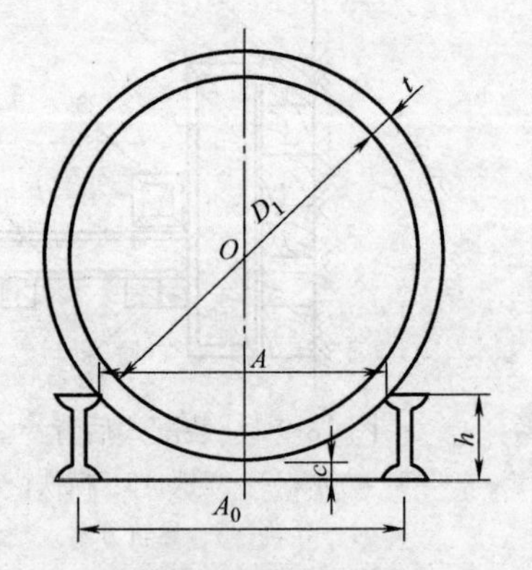

图 13-9-3　导轨间距

4）顶进设备

a. 千斤顶（顶镐）

千斤顶是掘进顶管的主要设备，多采用液压千斤顶，其性能见表 13-9-5。

千斤顶性能　　**表 13-9-5**

名　称	活塞面积（cm^2）	工作压力（MPa）	起重高度（mm）	外形高度（mm）	外径（mm）
武汉 200t 顶镐	491	40.7	1360	2000	345
广州 200t 顶镐	414	48.3	240	610	360
广州 300t 顶镐	616	48.7	240	610	440
广州 500t 顶镐	715	70.7	260	748	462

b. 高压油泵

一般选用压力为 32MPa 的柱塞泵，顶进时其工作压力维持在 20MPa 左右，常用柱塞泵技术性能见表 13-9-6。

CY14-1 型轴向柱塞泵性能　　表 13-9-6

型号	额定压力（MPa）	额定流量(L/min) 转数(r/min)		功率(kW) 转速(r/min)		重量（kg）
		1000	1500	1000	1500	
10・CY14-1	32	10	16	6.7	10	16.4～24.9
25・CY14-1	32	25	40	15.7	24.6	28.2～39
63・CY14-1	32	63	100	39.6	59.2	56～71
160・CY14-1	32	160	—	94.5	—	138～154.6

c. 顶铁

顶铁是传递顶力的设备，一般由钢板和型钢焊制而成。根据顶铁放置位置的不同，分为横向顶铁、顺向顶铁和 U 形顶铁等。顶铁横截面一般为 20cm×30cm；厚度有 1、2、5cm 厚钢板，超过 10cm 以后，长度有 10、15、20、30、50cm……焊制顶铁。

顶铁的质量应做到下列要求：

a）应有足够的刚度；

b）顶铁的相邻面必须互相垂直，焊缝不应高出表面；

c）同规格的顶铁尺寸相同；

d）顶铁单块放置时能保持稳定。

5）矩形工作坑尺寸按式（13-9-9）计算，如图 13-9-4 所示。

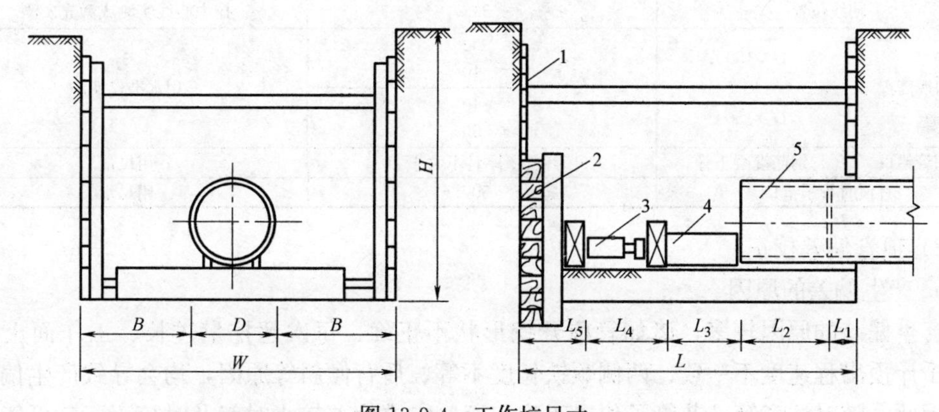

图 13-9-4　工作坑尺寸

1—支撑；2—后背；3—千斤顶；4—顶铁；5—混凝土管

工作坑底宽　　$W=D+(2.4\sim3.2)$　　(13-9-9)

式中　W——工作坑底宽度（m）；

D——被顶进管子外径（m）。

工作坑底长按公式（13-9-10）计算

$$L=L_1+L_2+L_3+L_4+L_5 \qquad (13\text{-}9\text{-}10)$$

式中　L——工作坑底长（m）；

L_1——管子顶进后，尾端压在导轨上最小长度。混凝土管一般留 0.3m；

L_2——每节管长（m）；

L_3——出土工具工作间隙，一般为1.5m左右；

L_4——千斤顶加横顶铁占长度（m）；

L_5——后背占厚度（m）。

（4）顶进

开始顶进前先检查各项设备并经试运转，确认条件具备时，再开始顶进。其操作应按下列规定进行：

1）混凝土管或带有工具管接触或切入土层后，应自上而下分层开挖，管前超挖量应根据土质条件而定，一般超挖量控制为300～500mm，随即顶进一次；

2）在稳定土层中正常顶进时，管下部135°范围内不应超挖，管顶以上超挖量不大于1.5cm；

3）管道进入土层后，正常顶进测量中心和高程间隔不宜超过100cm，纠偏时应减小测量间隔；

（5）顶管的质量要求与校正

1）顶管施工质量要求：

a. 目测顺直、无反坡、不积水、管节无裂缝；

b. 管内接口填料要饱满、密实；采用内套环接口对正管缝、紧贴；

c. 顶进管道允许偏差见表13-9-7。

顶管允许偏差 **表13-9-7**

项目		允许偏差(mm)	检测方法
轴线位置		50	挂中心线实测或激光实测
管内底高程	D<1500	+30 −40	用水准仪实测
	D≥1500	+40 −50	
相邻管错口	钢筋混凝土管	15%管壁厚且不大于20	用尺量
对顶时管子错口		50	用尺量

2）顶管偏差校正

a. 产生偏差的原因

产生偏差的原因较多，诸如管前开挖形状不正确、每次超挖量过长、工作面土质不均、千斤顶出程速度不一致、两侧顺铁长度不等、后背倾斜等原因，均会导致产生偏差。

因此，随时注意第一节管子位置正确与否，它的偏差较小时就及时校正，就可能保证全段位置正确。

b. 顶管偏差的校正方法

校正偏差方法较多，应根据土质、偏差种类和大小，采用相应的校正方法，表13-9-8列举几种常见校正方法。

几种常用校正偏差方法 **表13-9-8**

校正方法	具体操作	适用条件
挖土校正法	在管子设计中心偏向一侧适当超挖，以使迎面阻力减小；对面一侧留坎，阻力增大，形成力偶，使首节管子调向，逐渐回到设计位置	当偏差较小时为宜，如30mm以内

续表

校正方法	具体操作	适用条件
顶木校正法	用木棍一端顶在管端偏向一侧内管壁上,另一端支在垫有木板的管前土层上,开动千斤顶,使管子得以校正	当偏差较大时或采用挖土校正法无效时
小千斤顶校正法	本法与顶木校正法基本相同,配合挖土校正法在超挖的一侧稳一小千斤顶(顶力5～15t),千斤顶上接一短顶木,利用小千斤顶的顶力使首节管子调向,逐渐得以校正	偏差较大时或挖土校正法无效时
校正环全断面千斤顶校正法	在首节工具管之后安装校正环,校正环上下左右安装4个校正千斤顶,发现首节位置偏差时,开动相应千斤顶即可校正	适用任何条件

(6) 长距离顶管措施

通常顶管一次顶进长度60～70m左右，如果顶距再延长，顶力增大，管材强度不够，后端管壁可能破坏。为防止上述情况产生，可采取中继间顶进、泥浆套顶进等措施延长一次顶进长度。

1) 中继间顶进

在需要安置中继间管节处，安装一个用钢板焊制，四周等距分布千斤顶，中继间与前后管之间设有良好的密封装置，其装置如图13-9-5所示。

采用中断间施工，顶进一定长度后，即应安设中继间，检查一切正常之后开始向前顶进，当工作坑内千斤顶超过设计允许顶力时，即可使用中继间。其过程以中继间后边管节为后背，启动中继间千斤顶，向前顶进一个行程，随后再启动工作坑内千斤顶，使中继间后边管节也向前顶进一个行程，如此循环操作。此法顶进速度降慢。

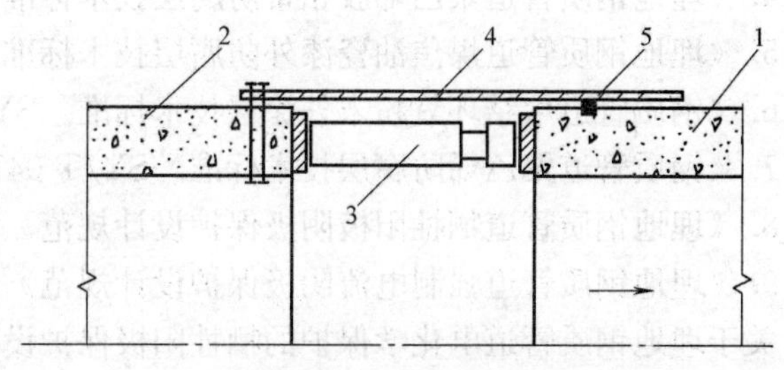

图13-9-5　中继间装置

1—顶进前管；2—后管；3—千斤顶；4—中继间外套；5—密封装置

2) 泥浆套层顶进

又称为触变泥浆法，将配制的泥浆注入顶进管子四周，形成一个泥浆套，减少管壁与土层之间摩擦力，可延长一次顶进长度。

触变泥浆主要成分是膨润土，掺入碳酸钠调制而成，为了增加凝固后的强度加入固化剂（石膏），还要掺入少量缓凝剂和塑化剂。其配比经试验确定。

触变泥浆需有一套拌制设备和注浆设备。应做到以下几点

a. 应配有足够的搅拌器；

b. 采用活塞泵或螺杆泵；

c. 管路接头选用拆卸方便、密封可靠的活接头；

d. 注浆孔布置可平行布置或交错布置；

e. 触变泥浆的灌浆量，按管道与其周围土层之间环形间隙的1～2倍估算；

f. 灌浆压力可按不大于0.1MPa开始加压，在灌浆过程中再按实际情况调整；

g. 灌浆时，按灌浆孔断面位置的前后顺序依次进行，并与管道顶进同步。

第14章　钢质管道的防腐

钢质管道防腐可分为两种类型，一是表面防腐，另一类为电化学保护，钢质管道的外表面防腐又有两种方式，一种是表面防腐也就是涂料防腐，适用于架空天然气管道；另一种是特殊防腐，适用于埋地敷设的钢质天然气管道，根据使用防腐材料的不同又可分为下述不同的防腐类别。特殊防腐各种材料的防腐层施工及验收要求的技术标准应符合以下现行国家标准的规定。

1.《城镇燃气埋地钢质管道腐蚀控制技术规程》CJJ 95；

2.《埋地钢质管道石油沥青防腐层技术标准》SY/T 0420；

3.《埋地钢质管道环氧煤沥青防腐层技术标准》SY/T 0447；

4.《埋地钢质管道聚乙烯胶粘带防腐层技术标准》SY/T 0414；

5.《埋地钢质管道煤焦油瓷漆外防腐层技术标准》SY/T 0379；

6.《钢质管道熔结环氧粉末外涂层技术标准》SY/T 0315；

7.《钢质管道聚乙烯防腐层技术标准》SY/T 0413；

8.《埋地钢质管道牺牲阳极阴极保护设计规范》SY/T 0019；

9.《埋地钢质管道强制电流阴极保护设计规范》SY/T 0036。

关于埋地钢质管道电化学保护的牺牲阳极保护设计及埋地钢质管道强制电流阴极保护设计，请见本手册3.6.2，3.6.3节。

14.1　钢质管道防腐的一般规定

1. 管道防腐层的预制、施工过程中所涉及到的有关工业卫生和环境保护，应符合现行国家标准《涂装作业安全规程涂装前处理工艺安全》GB 7692和《涂装作业安全规程涂装前处理工艺通风净化》GB 7693的规定。

2. 管材防腐宜统一在防腐车间（场、站）进行。

3. 管材及管件防腐前应逐根进行外观检查和测量，并应符合下列规定：

（1）钢管弯曲度应小于钢管长度的0.2%，椭圆度应小于或等于钢管外径的0.2%。

（2）焊缝表面应无裂纹、夹渣、重皮、表面气孔等缺陷。

（3）管材表面局部凹凸应小于2mm。

（4）管材表面应无斑疤、重皮和严重锈蚀等缺陷。

4. 防腐前应对防腐原材料进行检查，有下列情况之一者，不得使用：

（1）无出厂质量证明文件或检验证明；

（2）出厂质量证明书的数据不全或对数据有怀疑，且未经复验或复验后不合格；

（3）无说明书、生产日期和储存有效期。

5. 防腐前钢管表面的预处理应符合国家现行标准《涂装前钢材表面预处理规范》

SY/T 0407 和所使用的防腐材料对钢管除锈的要求。

6. 管道宜采用喷（抛）射除锈。除锈后的钢管应及时进行防腐，如防腐前钢管出现二次锈蚀，必须重新除锈。

14.2　钢管的表面处理方法

钢管表面处理方法有表面清洗、工具除锈、喷射除锈、酸洗等。

清洗：主要用溶剂、乳剂或碱液清洗剂除掉可见的油、油脂、灰土、润滑剂和其他可溶污物。

工具喷射除锈：主要是在清洗钢材表面后除去铁锈。

酸洗：酸洗是在清洗工具喷射除锈的基础上进行酸洗，彻底清除铁锈和氧化皮。

1. 表面清洗

（1）清洗前应用刚性纤维刷或钢丝刷除掉钢表面上的松散物（不包括油和油脂）。

（2）刮掉附在钢表面上的浓厚的油或油脂。然后用擦洗、喷洗、浸入溶剂中等方法清洗，无论采用何种方法清洗，清洗表面均应干净、擦干、去除溶剂残留物。

2. 喷（抛）射除锈

喷砂装置如图 14-2-1 所示，即用压缩空气通过喷嘴喷射干燥的金属丸或非金属磨料，去除钢材表面铁锈，具体操作参数是：

（1）空气压力：0.3～0.5MPa；

（2）磨料粒径：0.5～0.2mm；

（3）喷嘴喷射角：～70°；

（4）喷嘴距金属表面：200～250mm。

（5）各种喷砂作业矿物磨料类型见表 14-2-1。

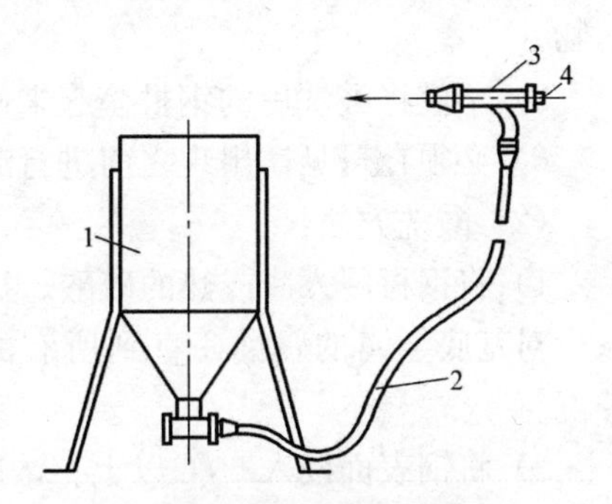

图 14-2-1　喷砂装置

1—储砂罐；2—橡胶管；3—喷枪；4—压缩空气接管

各种喷射作业宜采用的矿物磨料类型　　**表 14-2-1**

名称	密度(kg/m³)		尺寸范围			硬度	
	>1600	≤1600	粗	中	细	硬	软
新钢材	×		×			×	
组装好的钢材	×			×		×	
热处理钢	×		×			×	
重型钢板	×		×			×	
腐蚀了的钢	×			×		×	
焊接氧化皮	×			×		×	×
清扫级喷射		×			×		
修整工件	×		×			×	

注：1. 粗尺寸的不能通过孔径为 850μm 筛孔的磨料。
2. 中等尺寸的不能通过孔径为 355μm 筛孔的磨料。
3. 细尺寸的不能通过孔径为 300μm 筛孔的磨料。

3. 工具除锈

工具除锈包括用锤子、钢丝刷、铲刀、砂纸等手动工具除锈，也包括用旋转钢丝刷等动力工具除锈，除锈时不应损伤管道金属表面。

4. 酸洗除锈

酸洗前应用清洗方法除掉钢材表面大部分油、油脂、灰土、润滑剂和其他污物（不包括氧化皮、氧化物和锈），余下的少量污物可在酸洗时除掉。

酸洗前宜用专用工具除锈或喷射除锈方法除锈（只要求达到清扫级），除掉钢表面大部分氧化皮、锈和旧涂层，以缩短酸洗时间。

（1）酸洗处理应满足下列要求：

1）硫酸槽中所溶铁的含量不应超过6%，盐酸槽中所溶铁的含量不应超过10%。

2）必须使用纯净的淡水或蒸馏水做溶剂或冲洗液。在冲洗过程中，应连续不断地向冲洗槽中注入清水，使每升水中携带的酸及可溶盐的总量不超过2g（重量比0.2%）。

3）为了减少携带量，从酸洗槽中取出的钢材应在该槽上方短时悬挂，沥净大部分酸溶液。

4）酸洗后必须除掉有害的酸洗残渣，未发生反应的酸或碱，金属沉积物和其他有害污物。

5）不应将酸洗后的钢材垒起来使表面互相接触，应在表面完全干透后再重叠放置。

6）必须在可见锈出现之前进行涂装。

（2）酸洗方法：

1）将钢材浸入冷或热的硫酸、盐酸或磷酸溶液中，酸洗液中应加入足量的缓蚀剂以减少对基底金属的腐蚀，直到所有的氧化皮和锈全部除掉后，用60℃以上的热水充分冲洗。

2）将钢表面浸入60℃以上，浓度为5%～10%（重量比）的硫酸溶液中，酸洗液中应加入足量的缓蚀剂，直至所有的氧化皮和锈全部除掉后再用淡水充分冲洗，最后将钢表面放入80℃左右，含0.3%～0.5%的磷酸铁，浓度为1%～2%（重量比）的磷酸溶液中浸泡1～5min。

3）将钢表面浸入75～80℃硫酸液中（浓度为5%，体积比），硫酸液中应加入足量的缓蚀剂，直至所有氧化皮和锈全部除掉后，再用75～80℃的热水冲洗2min，最后用85℃以上的钝化液浸泡2min以上。钝化液中应含有0.75%的重铬酸钠或0.5%左右的正磷酸。

14.3　涂料涂装

涂料涂装前的表面处理要求及涂料的选用请见手册6.4节。

1. 涂料涂装的施工要求。

（1）防腐涂料的涂刷工作宜在适宜的环境下进行；室内涂刷的温度为20～25℃，相对湿度在65%以下；室外涂刷应无风砂和降水，涂刷温度为5～40℃，相对湿度在85%以下，施工现场应采取防火、防雨、防冻等措施。

（2）对管道进行严格的表面处理，清除铁锈、焊渣、毛刺、油、水等污物，必要时还要进行酸洗、磷化等表面处理。

（3）为了使处理合格的金属表面不再生锈或沾染油污等，必须在3h内涂第一层底漆。

（4）控制各涂料的涂装间隔时间，掌握涂层之间的重涂适应性，必须达到要求的涂层厚度，一般以 150～200μm 为宜。

(5) 涂层质量应符合以下要求：涂层均匀、颜色一致，涂层附着牢固、无剥落、皱纹、气泡、针孔等缺陷；涂层完整、无损坏、无漏涂现象。

(6) 操作区域应通风良好，必要时安装通风或除尘设备，以防止中毒事故发生。

(7) 根据涂料的物理性质，按规定的安全技术规程进行施工，并应定期检查，及时修补。

(8) 维修后的管道及设备，涂刷前必须将旧涂层清除干净，并经重新除锈或表面清理后，才能重涂各类涂料，旧涂层的清除方法有喷砂、喷灯烤烧和化学脱漆等方法。常用的脱漆剂：对于清除油基漆、调和漆和清漆，可采用碱性脱漆剂，对于清除合成树脂漆，可采用溶剂配制的脱漆剂。

2. 架空管道的防腐

(1) 根据不同使用环境、条件等因素来选择涂料，见本手册表 6-4-3。

(2) 室内及通行地沟内的明设管道，一般先涂刷两道红丹油性防锈漆或红丹酚醛防锈漆，外面再涂刷两道各色油性调和漆或各色磁漆。

(3) 室外架空管道、半通行或不通行地沟内管道，应选用具有防潮耐水性能的涂料，其底漆可用红丹酚醛防锈漆，面漆可用各色酚醛磁漆、各色醇酚磁漆或沥青漆；输油管道应选用耐油性较好的各色醇酸磁漆。

(4) 室内和地沟内的管道绝热保护层所用色漆，可根据涂层的类别，分别选用各色油性调和漆、各色酚醛磁漆、各色醇酸磁漆，以及各色耐酸漆、防腐漆等；半通行和不通行地沟内管道的绝热层外表，应涂刷具有一定防潮耐水性能的沥青冷底子油或各色酚醛磁漆、各色醇酸磁漆等。

(5) 室外管道绝热保护层防腐，应选用耐候性好并具有一定防水性能的涂料。绝热保护层采用非金属材料时，应涂刷两道各色酚醛磁漆或各色醇酸磁漆；也可先涂刷一道沥青冷底子油，再刷两道沥青漆，并采用软化点较高的 3 号专用石油沥青作基本涂料。当采用黑薄钢板作热绝缘保护层时，在黑薄钢板外表应先刷两道红丹防锈漆，再漆两道色漆。

3. 涂料防腐的施工方法

涂料防腐（一般防腐）的施工由金属表面处理、底漆、面漆、罩面漆等工序组成。施工方法有手工刷漆、喷涂（压缩空气及喷枪）两种。

(1) 手工刷漆

手工刷漆是用毛刷等简单工具将涂料涂刷在管子或设备等被涂物表面上。手工涂刷工效低，适用于工程量不大的防腐工程中，由于操作灵活，至今被普遍采用。

(2) 喷涂（喷漆）

喷涂以压缩空气为动力，通过软管、喷枪将涂料喷涂在被涂物表面上。

喷枪如图 14-3-1 所示。其使用空气压力一般为 0.2～0.4MPa。喷嘴距被涂物距离，当表面是平面时一般为

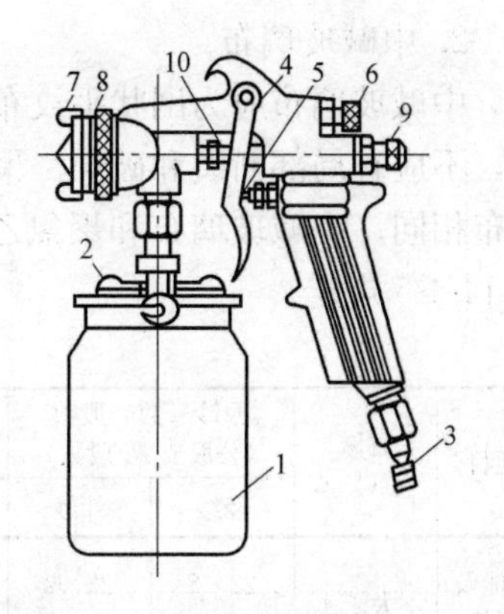

图 14-3-1　涂料喷枪

1—漆罐；2—轧篮螺栓；3—空气接头；4—扳机；5—空气阀杆；6—控制阀；7—喷嘴；8—螺母；9—螺栓；10—针塞

250～350mm；当表面是圆弧面时一般为400mm左右，喷嘴移动速度一般为10～15m/min。

喷涂时，操作环境应保持清洁，无风砂灰尘，温度宜在15～30℃。每遍涂层不宜太厚，以0.3～0.4mm为宜，不得有漏涂和流挂现象。每涂一层待干燥后，应用砂纸打磨去掉涂料上的颗粒物使涂层平整，同时增加涂层间的附着力，然后再涂下一遍，由于喷涂料稀，每遍涂层较薄，需要几次喷涂才能达到设计厚度。

实践表明，为提高喷涂涂层厚度，采用涂料加温的方法喷涂较高浓度涂料是可行的。一般涂料在加热至70℃时，和冷喷涂相比，可以节省约2/3的稀释料。

14.4　埋地钢管石油沥青防腐层

埋地钢管石油沥青防腐层等级及结构，见表3-6-1，其施工应符合现行国家标准《埋地钢质管道石油沥青技术标准》SY/T 420的规定。

14.4.1　石油沥青防腐层材料及技术指标

石油沥青防腐层由石油沥青、玻璃布、聚氯乙烯膜包覆组成。

1. 石油沥青

管道输送介质温度不超过80℃时，所用的管道防腐石油沥青的质量指标见表14-4-1。

管道防腐石油沥青质量指标　　表14-4-1

项　目	质量指标	试验方法
针入度(25℃100g)(0.1mm)	5～20	GB/T 4509
延度(25℃)(cm)	≥1	GB/T 4508
软化点(环球法)(℃)	≥125	GB/T 4507
溶解度(苯)(%)	>99	GB/T 11148
闪点(开口)(℃)	≥260	GB/T 267
水分	痕迹	GB/T 260
含蜡量(%)	≤7	

当管道输送介质温度低于51℃时，可采用10号建筑石油沥青，其质量指标应符合《建筑石油沥青》GB 494的相关规定。

2. 中碱玻璃布

中碱玻璃布应为网状平纹布，布纹两边宜为独边，玻璃布经纬密度应均匀，宽度应一致，不应有局部断裂和破洞。聚氯乙烯工业膜不得有局部断裂、起皱和破洞，幅宽宜与玻璃布相同。中碱玻璃布和聚氯乙烯工业膜的性能规格如表14-4-2、表14-4-3、表14-4-4、表14-4-5规定。

中碱玻璃布性能及规格　　表14-4-2

项目	含碱量(%)	原纱号数×股数(公股支数/股数)		单纤维公称直径(μm)		厚度(mm)	密度(根/cm)		长度(m)
		经纱	纬纱	经纱	纬纱		经纱	纬纱	
性能及规格	不大于12	22×8 (45.4/8)	22×2 (45.4/2)	7.5	7.5	0.100±0.010	8±1 (9±1)	8±1 (9±1)	200～250 (带轴芯 ϕ40×3mm)
试验方法	按《玻璃纤维制品试验方法》JC 176的规定进行。								

注：玻璃布的包装均应有防潮措施。

不同气温条件下使用的玻璃布经纬密度　　表 14-4-3

施工气温(℃)	玻璃布经纬密度(根×根/cm²)	施工气温(℃)	玻璃布经纬密度(根×根/cm²)
<25	(8±1)×(8±1)	≥25	(9±1)×(±1)

玻璃布宽度　　表 14-4-4

管外径(mm)	玻璃布宽度(mm)	管外径(mm)	玻璃布宽度(mm)
>720	>600	245～426	300～400
630～720	500～600	≤219	≤200
426～630	400～500		

3. 聚氯乙烯工业膜

聚氯乙烯工业膜性能指标见表 14-4-5。

聚氯乙烯工业膜性能指标　　表 14-4-5

项　目	性能指标	试验方法
拉伸强度(纵、横)(MPa)	≥14.7	GB/T 1040
断裂伸长率(纵、横)(%)	≥200	GB/T 1040
耐寒性(℃)	≤−30	见本标准附录 B
耐热性(℃)	≥70	见本标准附录 C
厚度(mm)	0.2±0.03	千分尺(千分表)测量
长度(m)	200～250(带芯轴 ϕ40×3)	—

注：1. 耐热试验要求：101℃±1℃，7d 伸长率保留 75%。
2. 施工期间月平均气温高于−10℃时，无耐寒性要求。
3. 表中引表标准全称为《塑料拉伸性能试验方法》GB/Y 1040

14.4.2　材料用量

每米管道石油沥青防腐层材料用量，见表 14-4-6。

每米管道材料用量　　表 14-4-6

钢管 DN \ 防腐等级	普通级				加强级				特加强级			
	石油沥青(kg)	玻璃布(m²)	汽油(kg)	外保护层(m²)	石油沥青(kg)	玻璃布(m²)	汽油(kg)	外保护层(m²)	石油沥青(kg)	玻璃布(m²)	汽油(kg)	外保护层(m²)
40	1.20	0.73	0.10	0.2	1.47	1.13	0.14	0.21	1.73	1.49	0.17	0.22
50	1.48	0.81	0.11	0.24	1.81	1.25	0.16	0.25	2.14	1.65	0.20	0.26
80	2.21	1.05	0.15	0.34	2.7	1.62	0.21	0.35	3.19	2.14	0.26	0.36
100	2.65	1.19	0.17	0.43	3.24	1.83	0.24	0.44	3.82	2.42	0.30	0.45
150	3.82	1.56	0.23	0.60	4.67	2.4	0.33	0.61	5.51	3.17	0.41	0.62
200	5.20	2.01	0.30	0.79	6.36	3.1	0.43	0.81	7.50	4.09	0.53	0.81
250	6.4	2.24	0.33	0.98	7.83	3.44	0.47	0.99	9.22	4.49	0.58	1.00
300	7.6	2.63	0.39	1.15	9.29	4.02	0.55	1.17	10.95	5.27	0.67	1.18
350	8.78	3.02	0.45	1.34	10.75	4.61	0.63	1.35	12.67	6.05	0.77	1.36
400	9.58	3.39	0.51	1.5	12.13	5.15	0.70	1.51	14.30	6.79	0.87	1.53
450	11.11	3.69	0.57	1.69	14.02	5.74	0.78	1.70	16.47	7.58	0.97	1.71
500	12.30	4.16	0.63	1.86	15.02	6.31	0.86	1.87	17.71	8.33	1.06	1.88

14.4.3 钢管石油沥青防腐层施工

1. 施工步骤

（1）钢管应逐根进行外观检查和测量，钢管弯曲度应小于0.2%钢管长度，椭圆度应小于或等于0.2%钢管外径。钢管表面如有较多的油脂和积垢，应按照《涂装前钢材表面处理规范》规定的清洗方法处理。

（2）钢管表面除锈处理要求应达到Sa2级或St3级，表面粗糙度宜在40～50μm。涂刷石油沥青底漆（底漆用汽油与石油沥青配制），厚度0.1～0.2mm。涂底漆后24小时内连续多次浇涂热石油沥青并缠绕玻璃布，直至达到设计要求的结构和厚度，最后缠绕聚乙烯工业膜，经水冷却后下线，质检合格后出厂。

（3）石油沥青防腐层的涂装施工步骤如图14-4-1所示。

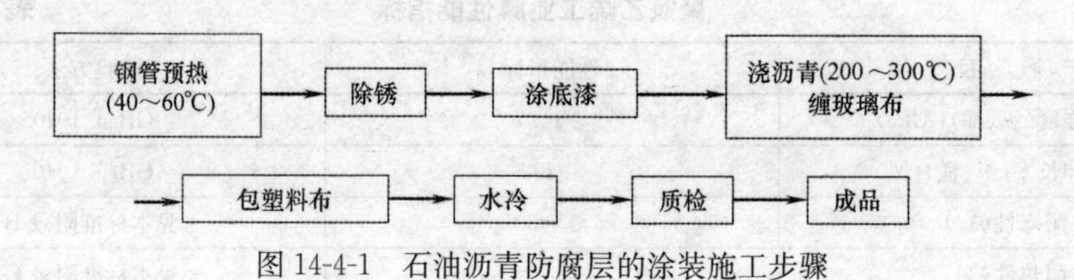

图14-4-1 石油沥青防腐层的涂装施工步骤

2. 施工要求

（1）钢管在防腐前必须进行表面处理，采用工具除锈时，其质量标准应达到本手册表6-4-1中St3级的要求；采用喷射除锈时，其质量标准应达到本手册表6-4-1中Sa2级标准。

（2）沥青熬制前，宜将沥青破碎成粒径为100～200mm的块状并清除纸屑、泥土及其他杂物。熬制开始时应缓慢加温，熬制温度宜控制在230℃左右，最高不超过250℃。熬制中应经常搅拌并清除熔化沥青表面上的漂浮物。

沥青浇涂温度宜为200～220℃，但不得低于180℃，每层浇涂厚度为1.5mm。

（3）浇涂沥青后应立即缠绕玻璃布，玻璃布必须干燥清洁，缠绕时应紧密无皱褶，压边应均匀，压边宽度为30～40mm，玻璃布的搭接长度为100～150mm，玻璃布的沥青浸透率应达到95%以上，严禁出现大于50mm×50mm的空白。

管子两端应按管径大小预留出一段长度不涂沥青（见表14-4-7）钢管两端各层防腐层应做成阶梯形接槎，阶梯宽度应为50mm。

管端预留接头长度（mm） 表14-4-7

管径	<219	219～377	>377
预留接头长度	150	150～200	200～250

（4）每锅沥青的熬制时间宜控制在4～5h左右。每口锅熬制5～7锅后，应进行一次清锅，将沉渣及结焦清除干净。熬好的沥青应逐锅进行化验，使化验结果符合表14-4-1中的规定。

（5）管道涂刷底漆所用沥青应与面漆用的沥青标号相同。严禁用含铅汽油调制底漆，所用汽油应沉淀脱水。底漆配制时沥青与汽油的体积比应为：

沥青：汽油(相对密度为0.8～0.82)＝1：(2～3)

底漆刷涂时，管道表面应经处理并干燥无尘土。涂刷应均匀，不得有漏涂、流痕和凝块等缺陷，涂刷厚度应为 0.1～0.2mm，管两端 150～200mm 处不得涂刷底漆。

（6）浇涂沥青与缠绕玻璃布的要求

底漆干燥后方可浇涂沥青及缠绕玻璃布。在常温情况下，涂刷底漆与浇涂沥青的间隔时间不应超过 24h。

（7）聚乙烯工业薄膜的包覆

待沥青冷却到 100℃时方可包扎聚乙烯工业膜外保护层，包覆应紧密适宜、无皱褶、无脱壳现象，压边应均匀，压边宽度应为 30～40mm，搭接长度应为 100～150mm。

（8）施工注意事项

除采取特别措施外，严禁在雨、雪、雾及大风天气进行露天作业；

气温低于＋5℃时，应按冬期施工处理；

气温低于－15℃、相对湿度大于 85％时，在未采取可靠措施情况下，不得进行钢管的防腐作业。

14.5　埋地钢管环氧煤沥青防腐层

埋地钢管环氧煤沥青防腐层等级及结构见本手册表 3-6-2，其施工应符合现行国家标准《埋地钢质管道环氧煤沥青防腐层技术标准》SY/T 447 的规定。

14.5.1　环氧煤沥青防腐层材料及技术指标

环氧煤沥青是由精制的煤沥青制造，加入低分子量树脂、蒽油和云母粉，增加了涂料的绝缘性。环氧煤沥青防腐涂料是双组分涂料，其质量关键是环氧煤沥青树脂含量最少不应低于 25％。

1. 环氧煤沥青涂料的技术指标、漆膜技术指标与防腐层技术指标如表 14-5-1、表 14-5-2、表 14-5-3 的规定。

涂料技术指标　　**表 14-5-1**

序号	项　目		指标		试验方法
			底漆	面漆	
1	黏度(涂-4 黏度计 25℃±1℃)(s)	常温型	60～100	80～150	GB/T 1723
		低温型	40～80	50～120	
2	细度(μm)		≤80	≤80	GB/T 1724
3	固体含量(％)	常温型	≥70	≥80	GB/T 1725
		低温型		≥75	

注：厚浆型涂料面漆黏度大于 150s 时，应建立相应的黏度测量方法。

漆膜技术指标　　**表 14-5-2**

序号	项　目			指标		试验方法
				底漆	面漆	
1	干燥时间 (25℃±1℃)(h)	表干	常温型	≤1	≤4	GB/T 1728
			低温型	≤0.5	≤3	
		实干	常温型	≤6	≤16	
			低温型	≤3	≤8	

续表

序号	项　目		指标		试验方法
			底漆	面漆	
2	颜色及外观		红棕色、无光	黑色、无光	目测
3	附着力(级)		1	1	GB/T 1720
4	柔韧性(mm)		≤2	≤2	GB/T 1731
5	耐冲击(cm)		≥50	≥50	GB/T 1732
6	硬度		≥0.4	≥0.4	GB/T 1730
7	耐化学试剂性	10% H_2SO_4 (室温,3d)	漆膜完整、不脱落		GB/T 1763
		10% NaOH (室温,3d)	漆膜无变化		
		10% NaCl (室温,3d)	漆膜无变化		

注：漆膜应先按《管道防腐层检漏试验方法》的方法A进行湿海绵低压检漏，无漏点试件方可进行试验。

防腐层技术指标　　**表14-5-3**

序号	项　目	指　标	试验方法
1	剪切黏结强度(MPa)	≥4	SYJ 41
2	阴级剥离(级)	1～3	SYJ 37
3	工频电气强度(MV/m)	≥20	SY/T 0447 附录A
4	体积电阻率(Ω·m)	$\geq 1\times10^{10}$	SY/T 0447 附录B
5	吸水率(25℃,24h)(%)	≤0.4	SY/T 0447 附录C
6	耐油性(煤油、室温,7d)	通过	SY/T 0447 附录D
7	耐沸水性(24h)	通过	SY/T 0447 附录E

2. 玻璃布

采用玻璃布作防腐层加强基布时，宜选用经纬密度为（10×10）根/cm^2、厚度为0.10～0.12mm、中碱（碱量不超过12%）、无捻、平纹、两边封边、带芯轴的玻璃布卷。不同管径适宜的玻璃布宽度见表14-5-4；中碱玻璃布性能及规格，见本手册表14-4-2。

玻璃布宽度　　**表14-5-4**

管径(*DN*)(mm)	≤250	250～500	≥500
布宽(mm)	100～250	400	500

14.5.2　每米管道材料用量

埋地钢管环氧煤沥青防腐层每米材料用量见表14-5-5。

每米管道材料用量（kg）　　**表14-5-5**

钢管 *DN*(mm) \ 防腐等级	普通级					加强级					特加强级				
	GH底漆	GH面漆	固化剂	稀释剂	玻璃布(m^2)	GH底漆	GH面漆	固化剂	稀释剂	玻璃布(m^2)	GH底漆	GH面漆	固化剂	稀释剂	玻璃布(m^2)
40	0.02	0.15	0.02	0.02	0.18	0.02	0.18	0.02	0.02	0.36	0.02	0.21	0.03	0.03	0.54
50	0.02	0.19	0.02	0.02	0.23	0.02	0.23	0.02	0.02	0.46	0.02	0.27	0.03	0.03	0.69
80	0.03	0.28	0.03	0.03	0.34	0.03	0.34	0.04	0.04	0.67	0.03	0.40	0.05	0.05	1.01

续表

防腐等级 / 钢管 DN(mm)	普通级					加强级					特加强级				
	GH底漆	GH面漆	固化剂	稀释剂	玻璃布（m²）	GH底漆	GH面漆	固化剂	稀释剂	玻璃布（m²）	GH底漆	GH面漆	固化剂	稀释剂	玻璃布（m²）
100	0.03	0.34	0.04	0.04	0.41	0.03	0.41	0.04	0.04	0.82	0.03	0.48	0.05	0.05	1.23
150	0.05	0.50	0.06	0.06	0.60	0.05	0.60	0.07	0.07	1.20	0.05	0.71	0.09	0.09	1.80
200	0.07	0.69	0.08	0.08	0.83	0.07	0.83	0.09	0.09	1.66	0.07	0.98	0.11	0.11	2.49
250	0.086	0.86	0.09	0.09	1.02	0.086	1.03	0.11	0.11	2.06	0.086	1.2	0.129	0.129	3.09
300	0.102	1.02	0.11	0.11	1.32	0.102	1.23	0.13	0.13	2.45	0.102	1.43	0.15	0.15	3.67
350	0.118	1.18	0.13	0.13	1.42	0.118	1.42	0.15	0.15	2.84	0.118	1.66	0.18	0.18	4.26
400	0.134	1.34	0.14	0.14	1.61	0.13	1.61	0.17	0.17	3.21	0.134	1.87	0.2	0.2	4.82
450	0.151	1.51	0.16	0.16	1.81	0.15	1.8	0.19	0.19	3.62	0.151	2.11	0.23	0.23	5.43
500	0.166	1.66	0.18	0.18	1.99	0.17	1.99	0.22	0.22	3.99	0.166	2.33	0.25	0.25	5.98

14.5.3　钢管环氧煤沥青防腐层施工

1. 施工步骤

钢管检测、表面清洗处理与除锈要求同 14-4-3，钢管表面预处理合格后，应尽快涂底漆。当空气湿度过大时，须立即涂底漆。施工环境温度在 15℃以上时，宜选用常温固化型环氧煤沥青涂料；施工环境温度在－8～15℃时，宜选用低温固化型环氧煤沥青涂料。环氧煤沥青防腐层涂装施工步骤如图 14-5-1 所示。

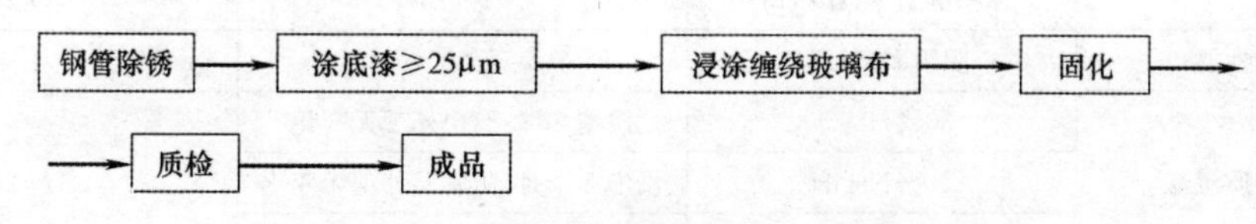

图 14-5-1　环氧煤沥青防腐层的涂装施工步骤

2. 施工要求

（1）钢管在涂敷前必须进行表面处理，除去油污、泥土等杂物，除锈标准应达到本手册表 6-4-1 中 Sa2 1/2 等级，并使表面达到无焊瘤、无棱角，光滑无毛刺。

（2）环氧煤沥青涂料的配制

整桶漆在使用前，必须充分搅拌，使整桶漆混合均匀。

底漆和面漆必须按厂家规定的比例配制。配制时先将底漆或面漆倒入容器，然后再缓慢加入固化剂，边加入边搅拌均匀。

（3）施工注意事项

1）刚开桶的底漆或面漆不得加入稀释剂，只有当施工过程中黏度太大不宜涂刷时，才可加入稀释剂，加入量（重量）不得超过 5%。

2）配好的熟料需熟化 30min 后方可使用，常温下涂料的使用周期为 4～6h。

3）钢管经表面处理合格后，应尽快涂刷底漆，间隔时间不得超过 8h。大气环境恶劣时（如湿度过高、空气含盐雾），还应进一步缩短间隔时间。

4）涂料涂刷应均匀，不得漏涂，每根管子两端各留 150mm 左右，不同管径钢管的预留长度见表 14-4-7。

5）如焊缝高于管壁2mm，应用面漆和滑石粉调成稠度适当的腻子，在底漆表干后抹在焊缝两侧，并刮成光滑的过渡曲面，以防缠包玻璃布时出现空鼓。

6）底漆表干并打好腻子后，即可涂刷面漆。涂刷要均匀，不得漏涂，在室温下涂底漆与涂第一遍面漆的间隔时间不应超过24h。

7）对普通级防腐，在第一道面漆实干后方可涂刷第二遍面漆。

8）对加强级防腐，涂第一遍面漆后即可包缠玻璃布。玻璃布要拉紧，表面平整，无皱折和鼓包。压边宽度为20～25mm，布头搭接长度为100～150mm。玻璃布缠包后即可涂第二遍面漆，要求漆量饱满，玻璃布所有网眼均应灌满涂料，第二遍面漆实干后，方可涂刷第三遍面漆。

9）对特加强级防腐，按上述一道面漆一层玻璃布的施工顺序进行防腐施工，最后，在第三遍面漆实干后，方可刷第四遍面漆。布缠绕的方向应相反。受潮时玻璃布应烘干后方可使用。

3. 防腐层施工质量的标准及检验方法

（1）防腐层质量评定标准见表14-5-6。

环氧煤沥青防腐层质量评定标准　　表14-5-6

<table>
<tr><th colspan="2">项　目</th><th>质量指标</th><th>检验方法</th></tr>
<tr><td rowspan="2">机械性能</td><td>剪切黏结强度(MPa)</td><td>≥4</td><td>SYJ 28</td></tr>
<tr><td>抗冲击强度(J)</td><td>1.2[①]</td><td>SYJ 28</td></tr>
<tr><td rowspan="2">电性能</td><td>工频击穿强度(kV/mm)</td><td>≥20</td><td>SYJ 28</td></tr>
<tr><td>体积电阻率(Ω·cm)</td><td>$\geqslant 1\times10^{12}$</td><td>SYJ 28</td></tr>
<tr><td>电化学性能</td><td>阴级剥离(级)</td><td>≥3</td><td></td></tr>
<tr><td rowspan="3">耐化学介质浸泡</td><td>30% H_2SO_4</td><td>浸泡7d防腐层外观无变化</td><td rowspan="3">SYJ 28</td></tr>
<tr><td>10%NaOH</td><td>浸泡3个月，防腐层外观无变化</td></tr>
<tr><td>10%NaCl</td><td>浸泡3个月，防腐层外观无变化</td></tr>
<tr><td colspan="2">吸水率(%)</td><td>≤0.4</td><td>SYJ 28</td></tr>
<tr><td colspan="2">耐好气性微生物侵蚀(级)</td><td>≥2</td><td>SYJ 28</td></tr>
</table>

① 此值为暂定指标，适用于现场涂敷。

（2）防腐层干性的检查标准：

1）表干：用于指轻触防腐层不粘手；

2）实干：用手指推捻防腐层不移动；

3）固体：用手指甲刻防腐层不留刻痕。

4. 其他

环氧煤沥青防腐管段的装、卸、堆放保管、吊装入沟等环节，均应严格注意保护好防腐结构，不使受到损伤；

管道下沟前，应根据防腐层厚度，用电火花检漏仪对防腐管段进行一次全长检漏，如发现缺陷必须修补合格；

防腐层结构必须座管于细土或细砂垫层上（垫层厚度为0.2m，垫层土、砂最大粒径为不超过3mm）；管沟回填时，必须用细土或砂回填至管顶以上0.2～0.3m后，方可用原土继续回填；

防腐管道回填后，应用低频信号检漏仪检查漏点，有漏点处应挖开进行修补。

14.6 埋地钢管聚乙烯胶粘带防腐层

聚乙烯胶粘带防腐层是由底漆、内缠带、外缠带构成，其技术质量标准可参照《钢质管道聚乙烯胶粘带防腐层技术标准》SY/T 0414。防腐层等级及结构见表14-6-1。

14.6.1 聚乙烯胶粘带防腐层材料及技术指标

1. 底漆

聚乙烯胶粘带防腐层底漆性能见表14-6-1。

脱粘带底漆性能 **表14-6-1**

项目名称	指 标	测 试 方 法
固体含量(%)	≥15	GB 1725
表干时间(min)	≤5	GB 1728
黏度(涂4杯)(s)	10～20	GB 1723

2. 聚乙烯胶粘带

聚乙烯胶粘带防腐层的聚乙烯胶粘带性能，见表14-6-2。

聚乙烯胶粘带性能 **表14-6-2**

项目名称		防腐胶粘带(内带)	保护胶粘带(外带)	补口带	测试方法
颜色		黑	—	—	目测
厚度①(mm)	基膜	0.15～0.40	0.25～0.60	0.10～0.30	GB/T 6672
	胶层	0.15～0.70	0.15～0.25	0.20～0.80	
	胶带	0.30～1.10	0.40～0.85	0.30～1.10	
基膜拉伸强度(MPa)		≥18	≥18	≥18	GB/T 1040
基膜断裂伸长率(%)		≥150	≥150	≥200	GB/T 1040
剥离强度(N/cm)	对有底漆钢材	≥18	—	≥18	GB 2792
	对背材	5～10	5～10	5～10	
体积电阻串(Ω·m)		$>1\times10^{12}$	$>1\times10^{12}$	$>1\times10^{12}$	GB 1410
电气强度(MV/m)		>30	>30	>30	GB 1408
耐热老化试验②(%)		<25	<25	<25	SY/T 0414
耐紫外光老化(168h)(%)		—	≥80	≥80	SY/T 4013
吸水率(%)		<0.35	<0.35	<0.35	SY/T 0414
水蒸气渗透率(24h)(mg/cm^2)		<0.45	<0.45	<0.45	GB 1037

① 胶粘带厚度允许偏差为胶粘带厚度的±5%。

② 耐热老化试验是指试样在100℃的条件下，经2400h热老化后，测得基膜拉伸强度、基膜断裂伸长率、剥离强度的变化率。

14.6.2 钢管聚乙烯胶粘带防腐层施工

1. 施工步骤

聚乙烯胶粘带防腐层有底漆、内带和外保护带组成，可采用手工或机械缠绕涂装施工。钢管检测、表面清洗处理与除锈处理（达到 Sa2 级或 St3 级）见本手册表 6-4-1 合格后，涂刷配套底漆，厚度 30μm，底漆表干后，即可缠绕聚乙烯胶粘带，先缠胶层厚的内带，再缠外保护带，搭接宽度可以从 50mm 至搭接胶带宽度的 50%。涂装施工步骤如图 14-6-1 所示。

钢管除锈 → 涂底漆 → 缠内带 → 缠外带 → 质量检验

图 14-6-1　聚乙烯胶粘带防腐层的涂装施工步骤

2. 施工要求

（1）防腐管子表面应用喷射除锈方式进行认真清理。管子表面处理应达到本手册表 6-4-1 中规定的 Sa2 级。如条件不具备，可采用手工除锈方式，其表面处理应达到 St3 级标准。

（2）底漆涂刷前应在容器中搅拌均匀，直至沉淀物全部溶解为止，在除锈合格的钢管表面上涂刷底漆，形成均匀薄膜，待底漆干至“手触发黏”即可缠绕胶带。

底漆用量约为 80～100g/m^2。当底漆较稠时应加入稀释剂，调至合适稠度，调制时注意安全，防止着火。

（3）缠带的施工要求

1）胶带解卷时的卷体温度应高于 5℃。当环境温度较低时，应采取措施保证施工质量。当大气相对湿度大于 75%或有风沙天气不宜施工；

2）使用适当的机械或手工机具，在涂好底漆的管子上按搭接要求缠绕胶带，胶带始端与末端搭接长度应不少于 1/4 周长且不少于 100mm，缠绕各圈间应平行，不能扭曲皱折，端部胶带应压贴不使翘起；

3）管子两端应留出长度为 150±10mm 的光管以备焊接，并按防腐层等级做出明显标记（普通级：红；加强级：绿；特强级：蓝），标记还包括钢管规格及质量检查标志。

4）在沟边上缠绕好的防腐管段应直接下沟，如不能直接下沟时，必须放置于高出地面的软土墩上，以防压伤涂层；下沟后的防腐管严禁在沟底拖拉；软土回填厚度超过管顶 100mm 后方可二次回填。

5）防腐管段的运输、吊装下沟等施工环节，均应采取措施，细心操作，防止损伤防腐结构。

3. 防腐层的质量标准及检查方法

（1）表观：目测检查，防腐层表面应平整、搭接均匀、无皱折、无凸起、不允许有破裂点；

（2）厚度：用量厚仪测量其厚度应符合表 3-6-3 的规定；

（3）黏结力（剥离强度）：检查方法如图 14-6-2。用弹簧秤与管壁成 90°角慢慢拉开，拉开速度应不大于 10mm/min，黏结拉力应大于 8.0N/cm（测试在缠好胶带后 2h 进行，每千米防腐管线应测试 3 处）。

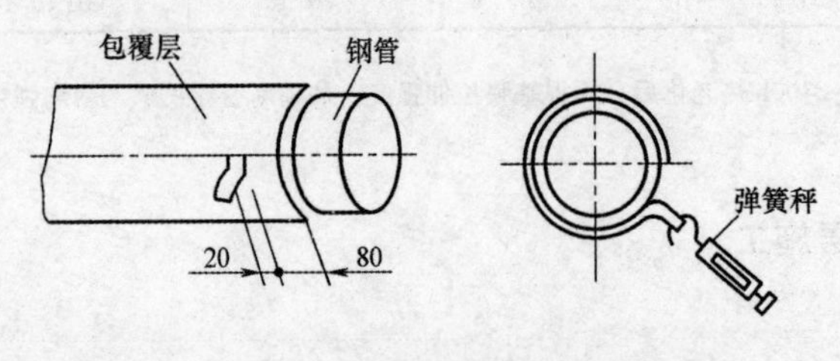

图 14-6-2　现场剥离强度的测试

（4）电火花检漏：对管线进行全线检查。检查时在防腐管标准厚度处特意制造针孔，使电火花能击穿针孔的电压为全线的检测电压。检漏仪移动速度不应超过 0.3m/s，对所有放电处应做好记号，并用胶带修补。

（5）检测应做好记录，内容包括缺陷形状、性质及位置、修补工艺等，作为竣工资料。

14.7　埋地钢质管道聚乙烯防腐层

埋地钢质管道聚乙烯防腐层结构及厚度见本手册表 3-6-4，其施工应符合国家现行标准《埋地钢质管道聚乙烯防护层技术标准》SY/T 0413 的规定。

14.7.1　防腐层材料及技术指标

钢管聚乙烯防腐层的材料有环氧粉末涂料、熔结环氧涂层、胶粘剂，聚乙烯专用料、聚乙烯专用料压制片。各材料和聚乙烯层、钢管防腐层的技术性能指标如下。

1. 环氧粉末涂料和熔结环氧涂层性能应符合表 14-7-1 和表 14-7-2 的规定。

环氧粉末涂料的性能指标　　表 14-7-1

序号	项　目	性能指标	试验方法
1	粒径分布(%)	150μm 筛上粉末≤3.0 250μm 筛上粉末≤0.2	GB/T 6554
2	挥发分(%)	≤0.6	GB/T 6554
3	胶化时间(200℃)(s)	≥12	GB/T 6554
4	固化时间(200℃)(min)	≤3	SY/T 0413 附录 C

熔结环氧涂层的性能指标　　表 14-7-2

序号	项　目	性能指标	试验方法
1	附着力(级)	≤2	本标准附录 A
2	阴极剥离(65℃,48h)(mm)	剥离距离≤8	SY/T 0413　附录 B

2. 胶粘剂的性能应符合表 14-7-3 的规定。

胶粘剂的性能指标　　表 14-7-3

序号	项　目	性能指标	试验方法
1	密度(g/cm^3)	0.910～0.950	GB/T 4472
2	熔体流动速率(190℃,2.16kg)(g/10min)	≥0.5	GB/T 3682
3	维卡软化点(℃)	≥90	GB/T 1633
4	脆化温度(℃)	≤−50	GB/T 5470

3. 聚乙烯专用料及其压制片的性能应符合表 14-7-4 和表 14-7-5 的规定。

聚乙烯专用料的性能指标　　表 14-7-4

序号	项　目	性能指标	试验方法
1	密度(g/cm^3)	≥0.940	GB/T 4472
2	熔体流动速率(190℃,2.16kg)(g/10min)	≥0.12	GB/T 3682
3	炭黑含量(%)	2.0～2.4	GB/T 13021
4	耐热老化(100℃,2400h)(100℃,4800h)(%)	≤35①	GB/T 3682

① 耐热老化指标为试验前后的熔体流动速率偏差。常温型：试验条件为 100℃，2400h；高温型：试验条件 100℃，4800h。

聚乙烯专用料压制片的性能指标　　　　表 14-7-5

序号	项目		性能指标	试验方法
1	拉伸强度(MPa)		≥20	GB/T 1040
2	断裂伸长率(%)		≥600	GB/T 1040
3	维卡软化点(℃)		≥110	GB/T 1633
4	脆化温度(℃)		≤−65	GB/T 5470
5	电气强度(MV/m)		≤25	GB/T 1408.1
6	体积电阻率(Ω·m)		≥1×10^{13}	GB/T 1410
7	耐环境应力开裂(F50)(h)		≥1000	GB/T 1842
8	耐化学介质腐蚀(浸泡7d)(%)	10%HCl	≥85①	本标准附录 D
		10%NaOH	≥85①	
		10%NaCl	≥85①	
9	耐紫外光老化(336h)(%)		≥80①	本标准附录 E

① 耐化学介质腐蚀及耐紫外光老化性能指标为试验后拉伸强度和断裂伸长率的保持率。

4. 防腐层材料的适应性试验

聚乙烯层及防腐层的技术性能应按表 14-7-6 和表 14-7-7 规定的项目进行检测，各项性能满足要求后，方可投入正式生产。

聚乙烯层的性能指标　　　　表 14-7-6

序号	项目		性能指标	试验方法
1	拉伸强度	轴向(MPa)	≥20	GB/T 1040
		周向(MPa)	≥20	GB/T 1040
		偏差(%)①	≤15	
2	断裂伸长率(%)		≥600	GB/T 1040
3	耐环境应力开裂(F50)(h)		≥1000	GB/T 1842
4	压痕硬度(mm)	23℃±2℃	≤0.2	SY/T 0413 附录 F
		50℃±2℃或 70℃±2℃②	≤0.3	

① 偏差为轴向和周向拉伸强度的差值与两者中较低者之比。

② 常温型：试验条件为 50℃±2℃；高温型：试验条件为 70℃±2℃。

防腐层的性能指标　　　　表 14-7-7

序号	项目		性能指标		试验方法
			二层	三层	
1	剥离强度(N/cm)	20℃±5℃	≥70	≥100	SY/T 0413 附录 G
		50℃±5℃	≥35	≥70	
2	阴极剥离(65℃,48h)(mm)			≤8	SY/T 0413 附录 B
3	冲击强度(J/mm)		≥8		SY/T 0413 附录 H
4	抗弯曲(2.5°)		聚乙烯无开裂		SY/T 0413 附录 J

14.7.2　防腐层涂敷

1. 一般规定

(1) 防腐层各种原材料均应有出厂质量证明书及检验报告、使用说明书、出厂合格证、生产日期及有效期。

（2）防腐层各种原材料均应包装完好，按厂家说明书的要求存放。

（3）对每种牌（型）号的环氧粉末涂料和胶粘剂以及每种牌（型）号的聚乙烯专用料，在使用前均应由通过国家计量认证的检验机构，按本手册 14.7.1 节规定的相应性能项目进行检测。性能达不到规定要求的，不能使用。

2. 施工步骤

挤压聚乙烯防腐层是由底层胶粘剂和面层聚乙烯膜组成，涂装工艺有纵向挤出和侧向缠绕两种，直径大于 5mm 的钢管，宜采用侧向缠绕工艺。

挤出缠绕法三层结构的施工工艺为：钢管检测、表面清洗合格后将钢管预热至 40～60℃，在线抛丸除锈达到 Sa2½级，锚纹深度达到 50～75μm。喷涂环氧粉末作为底漆，接着相继侧向缠绕挤压胶粘剂层和聚乙烯层，聚乙烯挤出温度为 230～260℃，随即用压辊将防腐层在熔融态压紧，使两者相互紧密结成无气泡。无缺陷的整体，最后冷却下线。挤压聚乙烯防腐涂层涂装施工步骤如图 14-7-1 所示。

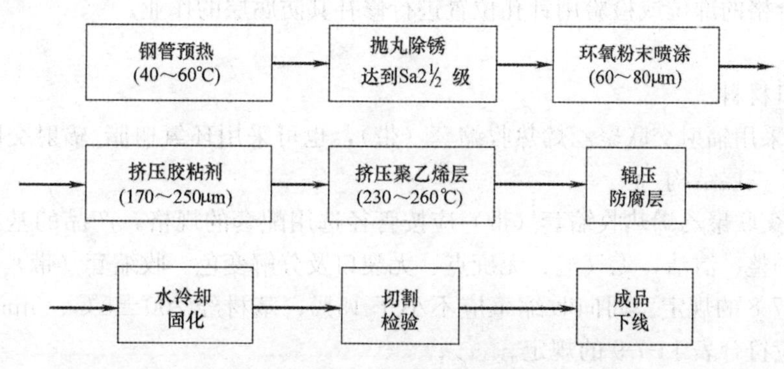

图 14-7-1　挤压聚乙烯（三层 PE）防腐层的涂装施工步骤

3. 防腐层涂敷

（1）钢管表面预处理：

1）在防腐层涂敷前，先清除钢管表面的油脂和污垢等附着物，并对钢管预热后进行表面预处理，钢管预热温度为 40～60℃。表面预处理质量应达到《涂装前钢材表面锈蚀等级和除锈等级》GB/T 8923 中规定的 Sa2½级的要求本手册表 6-4-1，锚纹深度达到 50～75μm。钢管表面的焊渣、毛刺等应清除干净。

2）表面预处理后，应将钢管表面附着的灰尘及磨料清扫干净，并防止涂敷前钢管表面受潮、生锈或二次污染。表面预处理过的钢管应在 4h 内进行涂敷；超过 4h 或钢管表面返锈时，应重新进行表面预处理。

（2）在开始生产时，先用试验管段在生产线上分别依次调节预热温度及防腐层各层厚度。各项参数达到要求后，方可开始生产。

（3）应用无污染的热源将钢管加热至合适的涂敷温度。

（4）环氧粉末涂料应均匀地涂敷到钢管表面。

（5）胶粘剂的涂敷必须在环氧粉末胶化过程中进行。

（6）聚乙烯层的涂敷可采用纵向挤出工艺或侧向缠绕工艺。公称直径大于 500mm 的钢管，宜采用侧向缠绕工艺。

(7) 采用侧向缠绕工艺时，应确保搭接部分的聚乙烯及焊缝两侧的聚乙烯完全辊压密实，并防止压伤聚乙烯层表面；采用纵向挤出工艺时，焊缝两侧不应出现空洞。

(8) 聚乙烯层涂敷后，应用水冷却至钢管温度不高于60℃。涂敷环氧粉末至对防腐层开始冷却的间隔时间，应确保熔结环氧涂层固化完全。

(9) 防腐层涂敷完成后，应除去管端部位的聚乙烯层。管端预留长度应为100～150mm，且聚乙烯层端面应形成小于或等于30°的倒角。

(10) 管端处理后，根据用户要求，可对裸露的钢管表面涂刷防锈可焊涂料。防锈可焊涂料应按产品说明书的规定涂敷。

防腐层涂敷后应按标准SY/T 0413　5. 质量检验　进行钢管防腐层的质量检验。并按标准6进行标志、堆放和运输。

14.7.3　补口与补伤

补口是对钢管焊接的焊缝部位和连接处的局部区域进行钢管防腐层的补充作业，补伤即对检查不合格的部位或检验用针孔位置进行修补其防腐层的作业。

1. 补口

(1) 补口材料

1) 补口采用辐射交联聚乙烯热收缩套（带），也可采用环氧树脂/辐射交联聚乙烯热收缩套（带）三层结构。

2) 辐射交联聚乙烯热收缩套（带）应按管径选用配套的规格，产品的基材边缘应平直，表面应平整、清洁，无气泡、无疵点、无裂口及分解变色。收缩套（带）产品的厚度应符合表14-7-8的规定。周向收缩率应不小于15%，基材经200±5℃、5min自由收缩后，其性能应符合表14-7-9的规定。

热收缩套（带）的厚度（mm）　　表14-7-8

适用管径	基材	胶层
≤400	≥1.2	≥0.8
>400	≥1.5	

热收缩套（带）的性能指标　　表14-7-9

序号	项目		性能指标	试验方法
基材性能				
1	拉伸强度(MPa)		≥1.7	GB/T 1040
2	断裂伸长率(%)		≥400	GB/T 1040
3	维卡软化点(℃)		≥90	GB/T 1633
4	脆化温度(℃)		≤−65	GB/T 5470
5	电气强度(MV/m)		≥25	GB/T 1408.1
6	体积电阻率(Ω·m)		≥1×10^{13}	GB/T 1410
7	耐环境应力开裂(F50)(h)		≥1000	GB/T 1842
8	耐化学介质腐蚀(浸泡7d)(%)	10%HCl	≥85[①]	本标准附录D
		10%NaOH	≥85[①]	
		10%NaCl	≥85[①]	
9	耐热老化(150℃,168h)	拉伸强度(MPa)	≥14	GB/T 1040
		断裂伸长率(%)	≥300	

续表

序号	项　目		性能指标	试验方法
收缩套(带)胶				
10	胶软化点(环球法)(℃)		≥90	GB/T 4507
11	搭接剪切强度(23℃)(MPa)		≥1.0	GB/T 7124
12	脆化温度(℃)		≤−15	本标准附录K
13	剥离强度(内聚破坏)(N/cm)	收缩套(带)/钢	≥70	GB/T 2792
		收缩套(带)/环氧底漆钢	≥70	
		收缩套(带)/聚乙烯层	≥70	

注：① 耐化学介质腐蚀指标为试验后的拉伸强度和断裂伸长率的保持率。

3）采用环氧树脂/辐射交联聚乙烯热收缩套（带）三层结构补口时，应使用收缩套（带）厂家提供或指定的无溶剂环氧树脂底漆，其性能应符合表14-7-10的规定。

环氧树脂底漆的性能　　表14-7-10

序号	项　目	性能指标	试验方法
1	固化后剪切强度(MPa)	≥5.0	SY/T 0041
2	阴极剥离(65℃,48h)(mm)	≤10	本标准附录B

（2）补口施工

1）补口前，必须对补口部位（按本手册表6-4-1）进行表面预处理，表面预处理质量应达到《涂装前钢材表面锈蚀等级和除锈等级》GB/T 8923规定的Sa 2½级。如不采用底漆，经设计选定，也可用电动工具除锈处理至St 3级。焊缝处的焊渣、毛刺等应清除干净。

2）补口搭接部位的聚乙烯层应打磨至表面粗糙，然后用火焰加热器对补口部位进行预热。按热收缩套（带）产品说明书的要求控制预热温度并进行补口施工。

3）热收缩套（带）与聚乙烯层搭接宽度应不小于100mm；采用热收缩带时，应采用固定片固定，周向搭接宽度应不小于80mm。

（3）补口质量检验

1）同一牌号的热收缩套（带）及其配套底漆，首批使用及每使用5000个补口，应按本标准表14-7-8表14-7-9和表14-7-10规定的项目进行一次全面检验。

2）补口质量应检验外观、漏点及粘结力三项内容。

a. 补口的外观应逐个检查，热收缩套（带）表面应平整，无皱折、无气泡、无烧焦炭化等现象；热收缩套（带）周向及固定片四周应有胶粘剂均匀溢出。

b. 每一个补口均应用电火花检漏仪进行漏点检查。检漏电压为15kV。若有针孔，应重新补口并检漏，直至合格。

c. 补口后热收缩套（带）的黏结力按SY/T 0413标准附录G规定的方法进行检验，管体温度25±5℃时的剥离强度应不小于50N/cm。每100个补口至少抽测1个口，如不合格，应加倍抽测：若加倍抽测全不合格，则该段管线的补口应全部返修。

2. 管件防腐

管件防腐的等级及性能应不低于补口部位防腐层的要求。

3. 补伤

（1）对小于或等于30mm的损伤，宜采用辐射交联聚乙烯补伤片修补。补伤片的性能应达到对收缩套（带）的规定，补伤片对聚乙烯的剥离强度应不低于35N/cm。

（2）修补时，先除去损伤部位的污物，并将该处的聚乙烯层打毛。然后将损伤部位的聚乙烯层修切成圆形，边缘应倒成钝角。在孔内填满与补伤片配套的胶粘剂，然后贴上补伤片，补伤片的大小应保证其边缘距聚乙烯层的孔洞边缘不小于100mm。贴补时，应边加热边用辊子滚压或戴耐热手套用手挤压，排出空气，直至补伤片四周胶粘剂均匀溢出。

（3）对大于30mm的损伤，先除去损伤部位的污物，将该处的聚乙烯层打毛，并将损伤处的聚乙烯层修切成圆形，边缘应倒成钝角。在孔洞部位填满与补伤片配套的胶粘剂，再按本标准7.5.2条的要求贴补伤片。最后，在修补处包覆一条热收缩带，包覆宽度应比补伤片的两边至少各大50mm。

（4）对于直径不超过10mm的漏点或损伤，且损伤深度不超过管体防腐层厚度的50%时，在预制厂内可用管体聚乙烯专用料生产厂提供的配套的聚乙烯粉末修补。

（5）补伤质量应检验外观、漏点及粘结力三项内容。

1）补伤后的外观应逐个检查，表面应平整，无皱折、无气泡、无烧焦碳化等现象；补伤片四周应有胶粘剂均匀溢出。不合格的应重补。

2）每一个补伤处均应用电火花检漏仪进行漏点检查，检漏电压为15kV。若不合格，应重新修补并检漏，直至合格。

3）补伤后的粘结力按SY/T 0413标准附录G规定的方法进行检验。常温下的剥离强度应不低于35N/cm。每100个补伤处抽查一处，如不合格，应加倍抽查；若加倍抽查全不合格，则该段管线的补伤应全部不合格。

4. 聚乙烯胶带补口及补伤

（1）补口

1）补口前应清除焊口处的焊渣、油污及受热变质的底胶，使钢管露出金属光泽；

2）用聚乙烯胶带补口时，将补口处及包覆层100mm范围内涂底胶，使均匀、无气泡和凝块，随后缠胶带，从一端缠向另一端，搭接50%胶带宽度，缠好一层后，再涂底胶，返回再缠一次，第一层与包覆层搭接宽度为100mm，第二层与包覆层搭接宽度为150mm。缠绕时应均匀施力，防止出现皱折和鼓泡。

3）补口后应进行外观检查和电火花检漏仪检测，如有漏点，应剥掉重缠。

4）三通管补口时，先清理焊口周围被烧焦的防腐层，按管径尺寸剪切聚乙烯胶带，如图14-7-2（*a*）所示，胶带宽度$C=1.2\pi D$，补胶带长度$l=1.5\pi D$，并按图示方向用剪刀剪切。

按图14-7-2（*b*）所示方法在底胶层上贴补胶带，用剪开的一窄条胶带将遗漏处贴严，要保证贴补胶带平整严密，无皱折、无气泡。按此法贴补两层，随后按图14-7-2（*c*）所示方向涂底胶缠包两层聚乙烯胶带，方法同补口的缠包。

（2）漏点修补

1）经电火花检漏仪检测出的所有漏点，必须进行修补，直至检测合格。

2）对于小于或等于ϕ3mm的漏点修补如图14-7-3（*a*）所示，修补时先将漏点处包覆层打平，去除污物，在漏点周围用ϕ30mm的空心冲头冲缓冲孔，冲透包覆层，随后涂底胶，贴上一块100mm×100mm的胶带，再用补口方法缠绕两层胶带，缠绕宽度为150mm。

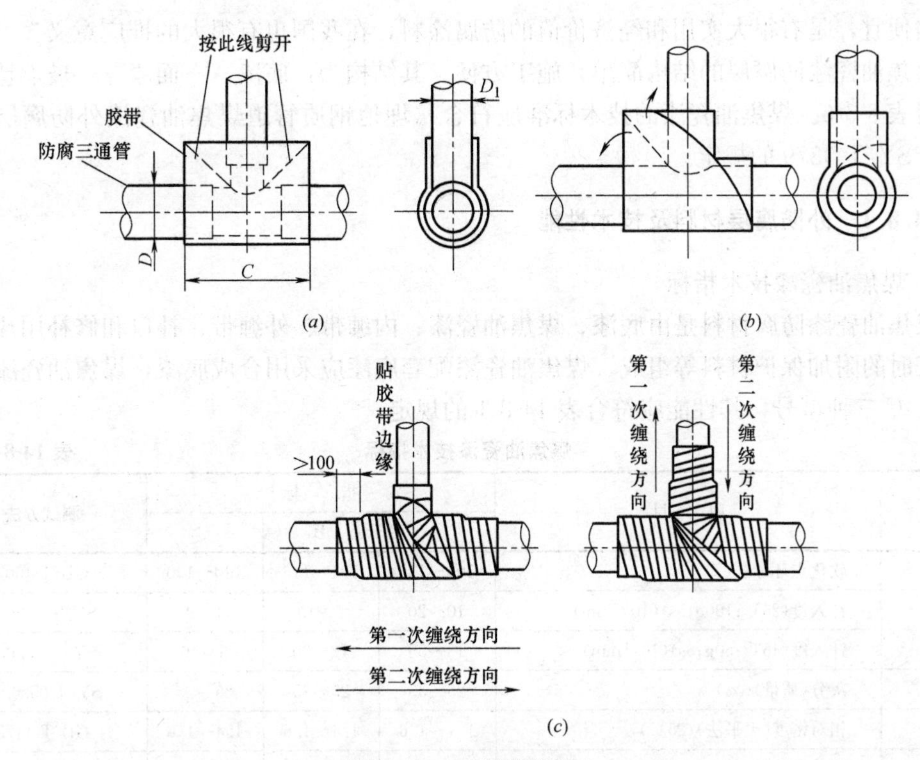

图 14-7-2　三通胶带补口

(*a*) 贴补胶带下料；(*b*) 贴补胶带；(*c*) 缠胶带

3) 对于大于 ϕ3mm 的漏点修补

如图 14-7-3 (*b*) 所示，将漏点两侧包覆层环向切割，并去除中间包覆层后，按补口方法修漏。

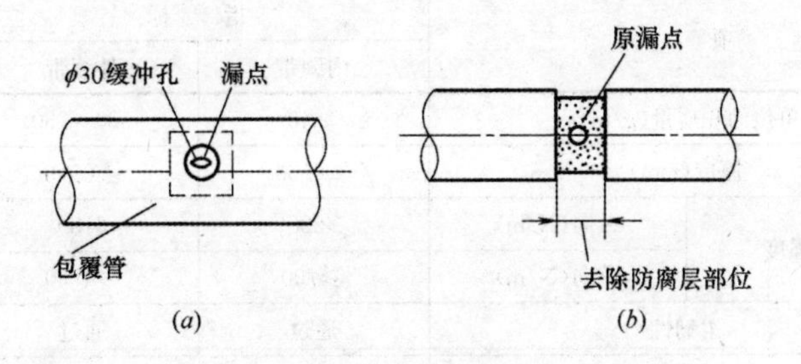

图 14-7-3　漏点修补法

(*a*) 缓冲孔修补法；(*b*) 补口修漏

14.8　埋地钢质管道煤焦油瓷漆外防腐层

煤焦油瓷漆以煤焦油、洗油、蒽油、沥青等为主要原料，辅助以掺加剂，经高温反应后制成，是一种热涂型防腐材料，具有粘结力强、吸水率低、绝缘性能好、耐细菌侵蚀、抗植物根茎穿透、耐石油及其产品溶解、抗土壤应力、耐阴极剥离及寿命长等优点。适用于各种地下管道的防腐，其防腐保护寿命长达 50～60 年，在国外应用已有近百年历史，且价格便宜，是有很大实用和经济价值的防腐涂料，在我国也有很大的推广意义。

煤焦油瓷漆防腐层的结构简单，施工方便。其结构为：底漆——面漆——玻璃毡。见本手册表3-6-6。煤焦油瓷漆的技术标准应符合《埋地钢质管道煤焦油瓷漆外防腐层技术标准》SY/T 0379的规定。

14.8.1 外防腐层材料及技术性能

1. 煤焦油瓷漆技术指标

煤焦油瓷漆防腐材料是由底漆、煤焦油瓷漆、内缠带、外缠带、补口和修补用热缠带和施工时的附加保护材料等组成。煤焦油瓷漆配套底漆应采用合成底漆，煤焦油瓷漆分为A、B、C三种型号，其性能应符合表14-8-1的规定。

煤焦油瓷漆技术指标 **表14-8-1**

序号	项目	指标			测试方法
		A	B	C	
1	软化点环球法(℃)	104～116	104～116	120～130	GB/T 4507
2	针入度(25℃;100g;5s)(10^{-1}mm)	10～20	5～10	1～9	SY/T 0526.3
3	针入度(46℃;50g;5s)(10^{-1}mm)	15～55	12～30	3～16	SY/T 0526.3
4	灰分(质量)(%)	25～35	25～35	25～35	SY/T 0526.11
5	相对密度(天平法)(25℃)	1.4～1.6	1.4～1.6	1.4～1.6	GB/T 4472
6	填料筛余物(φ200×50/0.063GB/T 6003试验筛)(质量)(%)	≤10	≤10	≤10	GB/T 5211.18

2. 煤焦油瓷漆的性能及煤集油底漆和瓷漆的组合技术指标、内外缠带的技术指标如表14-8-2、表14-8-3要求。

缠带技术指标 **表14-8-2**

序号	项目		指标		测试方法
			内缠带	外缠带	
1	单位面积质量(g/m²)		≥40	580～730	SY/T 0379
2	厚度(mm)		≥0.33	≥0.76	GB/T 451.3
3	拉伸强度	纵向(N/m)	≥2280	6130	SY/T 0379
		横向(N/m)	≥700	≥4730	
4	柔韧性		通过	通过	SY/T 0526.18
5	加热失重(%)		—	≤2	SY/T 0379
6	撕裂强度	纵向(g)	≥100	—	GB/T 11999
		横向(g)	≥100	—	
7	透气性(Pa)		5.5～18.9	—	SY/T 0379

煤焦油瓷漆和底漆组合技术指标 **表14-8-3**

序号	项目		指标			测试方法
			A	B	C	
1	流淌	(71℃;90°;24h)(mm)	≤1.6	≤1.6	—	SY/T 0526.7
		(80℃;90°;24h)(mm)	—	—	≤1.5	

续表

序号	项　目		指　标			测试方法
			A	B	C	
2	剥离试验		无剥离	无剥离	—	SY/T 0379
3	低温开裂试验	(−29℃)	合格	—	—	SY/T 0526.12
		(−23℃)	—	合格	—	
		(−20℃)	—	—	合格	
4	冲击试验(25℃，剥离面积)(10^4mm^2)		≤0.65	≤1.03	—	SY/T 0379

3. 美国 REILLY 煤焦油瓷漆底漆性能指标见表 14-8-4，美国 REILLY 煤焦油瓷漆面漆性能指标见表 14-8-5。

美国 Reilly 煤焦油瓷漆底漆性能指标　　表 14-8-4

项目 \ 品名	广用型底漆	合成型底漆	100 号黏结型底漆
产品形式	煤焦油系底漆	合成型	合成型
符合规范	AWWAC203-A	AWWAC203-B	AWWAC203
相对密度	>1.09	>1.1	>1.1
闭点，闭环法(℃)	32~37	24~27	>38
干燥时间 指触干燥(25℃，50%) 硬化(25℃，50%)	<30min <4h	2~10min <1h	2~10min <10min
特性	能与 Reilly 所有热用型面漆结合	快干，可在 3~5min 内涂面漆	适于要求低度挥发物的地区使用

美国 Reilly 煤焦油瓷漆面漆性能指标　　表 14-8-5

项目 \ 品名	Ⅰ型	Ⅱ型	203-A 型	热用型
符合规范	AWWAC-203-86Ⅰ	AWWAC-203-86Ⅱ	—	—
软化点(℉) (ASTMD36)(℃)	>220 >104	>220 >104	>210 >99	>240 >116
针入度(ASTMD5) 77℉(25℃)，100g，5s 115℉(46℃)，50g，5s	5~10 12~30	10~20 15~55	2~9 7~25	2~6 4~15
灰分(填充料)通过 200 目的百分比(ASTMD546)	min90	min90	min90	min90
灰分、重量百分比(ASTMD2415)	25~36	25~35	20~30	25~35
相对密度 77℉(25℃)(ASTMD71)	1.4~1.6	1.4~1.6	1.4~1.6	1.4~1.6
高温重流试验 (AWWAC203—2.8.10)	(24h，71℃) 1.6mm	(6h，71℃) 1.6mm	(5h，66℃) 1.6mm	(24h，82℃) 1.6mm
低温脆裂试验 (AWWAC203—2.8.10)	(6h，−23.3℃) 不裂	(6h，−28.9℃) 不裂	(5h，−17.8℃) 不裂	(5h，−17.8℃) 不裂
剥离试验 (AWWAC203—2.8.11)	(26.7℃，71℃) 合格	(26.7℃，71℃) 合格	(26.7℃，71℃) 合格	—
冲击试验 77℉(25℃) (AWWAC—直接冲击 203—2.8.12)间接冲击	最大 10323mm^2 最大 3871mm^2	最大 6452mm^2 最大 1290mm^2	— —	— —
适用范围	适合春秋冬季使用	耐寒性优良	适合四季涂装耐寒性优良	用于较高操作温度

注：选自美国 Reilly（瑞雷公司）资料。

14.8.2　煤焦油瓷漆防腐层施工

1. 施工步骤

钢管检测、表面清洗处理与除锈要求同本手册 14.4.3 煤焦油瓷漆防腐层涂装施工步骤如图 14-8-1 所示。

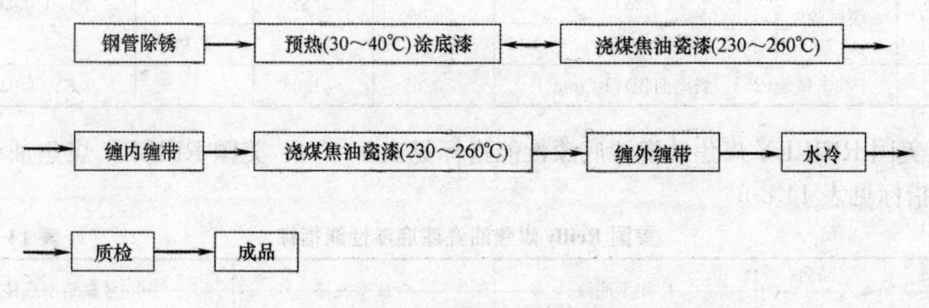

图 14-8-1　煤焦油瓷漆防腐层的涂装施工步骤

2. 施工要求

(1) 防腐金属表面应无油污、泥土、氧化物等，表面处理应达到本手册表 6-4-1 中 Sa2½等级。

(2) 底漆的储存

底漆要储存于干燥阴凉处，避免阳光直射。容器必须严密，防止底漆污染和蒸发；底漆要远离火源。储存场地通风良好，储存期不宜超过一年。

(3) 底漆的涂装

1) 喷涂时，避免气压过高，喷涂用气及其输气管应保持干燥，避免湿气污染底漆。由于底漆干燥快，喷涂时宜将喷枪口靠近被涂物表面；

2) 手工刷涂时，宜用刷毛较硬的刷子，涂刷应均匀，厚度要一致；

3) 底漆涂刷必须有适当厚度，如干膜太薄会缩短底漆寿命而无法发挥其效能，当面漆涂装温度超过 260℃时，还会将底漆大部分干膜消耗掉。

(4) 面漆的加热熔解

1) 剥开厚纸容器，将块状面漆取出并破碎成易加热熔化的小块，放入有搅拌器的容器内并避免受污染。

2) 使用封闭加热器缓慢均匀加热，避免面漆直接接触火源。当 1/4～1/3 面漆熔化后，开始增大加热速度并连续搅拌。当 1/2 的面漆熔化后，将火增至最大，直至完全熔化。

3) 面漆完全熔化后，将火减小，随时检测温度，使保持在产品说明书要求的温度，以利使用。从熔化到使用，如时间过长会降低面漆性能，通常在超过 2h 不用时，应降温至 176℃并连续搅拌，以防止固化。

4) 用剩下的面漆，如无变质可重复使用，但其量不应超过熔化数量的 10%。

(5) 面漆的涂装

面漆涂装可用喷涂、淋涂或刷涂方法。刷涂时要有 50%的重叠。由于面漆固化时间极短，故刷涂作业须快速进行。

面漆涂装应在底漆干燥后（约 30min），以手触不黏状态下进行。

（6）玻璃毡（布）的缠绕

玻璃毡（布）应紧跟在面漆涂装之后进行，压边应均匀，压边宽度为 10～20mm，搭接长度不小于 15mm，玻璃毡（布）应缠绕紧密，不得有气泡、夹层。

当采用特加强级防腐时，为两层玻璃毡（布）结构，即将玻璃毡（布）表面再涂一层面漆，同法再缠绕一层玻璃毡（布），最后刷两遍面漆。

（7）涂装应在 7℃以上，无雨雾气候下施工。

14.9　钢质管道熔结环氧粉末外涂层

熔结环氧粉末为热固性涂料，采用静电喷涂法附着在加热的钢管外表面，熔融固化形成坚固的防腐涂层。环氧粉末外涂层技术质量标准可参照《钢质管道熔结环氧粉末外涂层技术标准》SY/T 0315 的规定；外涂层结构见手册表 3-6-6。

环氧粉末涂料由固体环氧树脂、固化剂、流平剂、颜料、填料等组成，经混合、预熔挤压、粉碎、筛分得到环氧粉末涂料。

14.9.1　外涂层材料及技术指标

1. 管道外涂层用环氧粉末的性能指标见表 14-9-1。

环氧粉末的性能　　表 14-9-1

试验项目		质量指标	试验方法
外观		色泽均匀，无结块	目测
固化时间(min)	180℃	≤5	该标准附录 A
	230℃	≤1.5	
胶化时间(s)	180℃	≤90	GB/T 6554
	230℃	≤30	
热特性		符合环氧粉末生产厂给定特性	该标准附录 B
不挥发物含量(%)		≥99.4	GB/T 6554
粒度分布(%)		150μm 筛上粉末≤3.0 250μm 筛上粉末≤0.2	GB/T 6554
密度(g/cm³)		1.3～1.5	GB/T 4472
磁性物含量(%)		≤0.002	GB/T 2482

2. 实验室试件的涂层质量要求

熔结环氧粉末涂层涂敷前，应通过涂敷试件对涂层的 24h 阴极剥离、抗 3°弯曲、抗 1.5J 冲击及附着力等性能测试，对实验室涂敷试件进行的测试结果应符合表 14-9-2 的规定。

实验室试件的涂层质量要求　　表 14-9-2

试验项目	质量指标	试验方法
外观	平整、色泽均匀、无气泡、开裂及缩孔，允许有轻度橘皮状花纹	目测
24 或 48h 阴极剥离(mm)	≤8	该标准附录 C
28d 阴极剥离(mm)	≤10	该标准附录 C

续表

试验项目	质量指标	试验方法
耐化学腐蚀	合格	该标准附录 D
断面孔隙率(级)	1～4	该标准附录 E
粘结面孔隙率(级)	1～4	该标准附录 E
抗 3°弯曲	无裂纹	该标准附录 F
抗 1.5J 冲击	无针孔	该标准附录 G
热特性	符合环氧粉末生产厂给定特性	该标准附录 B
电热强度(MV/m)	≥30	GB/T 1408
体积电阻率(Ω·m)	$\geq 1\times10^{13}$	GB/T 1410
附着力(级)	1～3	该标准附录 H
耐磨性(落砂法)(L/μm)	≥3	该标准附录 J

14.9.2　熔结环氧粉末涂层施工步骤

熔结环氧粉末属热固性材料，采用静电喷涂法附着已加热的钢管外表面，熔融固化，形成坚固的防腐涂层。熔结环氧粉末防腐涂层涂装施工步骤如图所示。

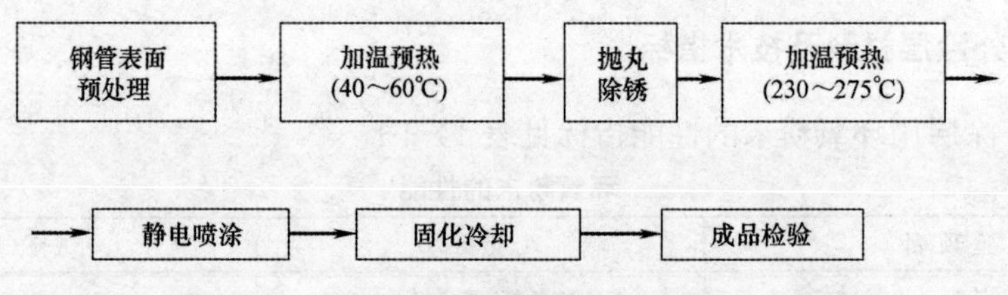

图 14-9-1　熔结环氧粉末防腐层的涂装施工步骤

14.10　防腐层的技术经济对比

上述管道外防腐层的综合性能与技术经济指标的对比见表 14-10-1。

管道外防腐层综合性能对比　　**表 14-10-1**

项目＼材料	石油沥青防腐层	聚乙烯胶粘带	挤压聚乙烯层	熔结环氧粉末层	煤焦油瓷漆层	环氧煤沥青层	环氧煤沥青冷缠带
电绝缘性能	中	优	优	优	优	中	中
化学稳定性	中	优	优	优	优	中	中
机械性能	中	差	优	优	中	中	中
抗阴极剥离	中	中	良	良	良	良	良
抗微生物侵蚀	差	优	优	优	优	良	良
涂敷及修补	中	优	差	差	中	良	良
对生态环境	差	优	优	优	差	良	良
寿命	中	中	良	良	优	中	中
*综合造价(元/m²)	50～60	50～60	二层 70～80 三层 95～110	80～90	60～70	50～60	30～50

*数据摘自 2009 年 6 月第一版“燃气工程设计手册”。

第 15 章　架空天然气管道安装

15.1 管道支座

管道支座有弧形板支座、焊接型支座、曲面槽支座、墙（柱）水平管托钩及立管卡、管卡等。

弧形板支座适用于不保温管道，固定支架可采用焊接角钢固定支座；保温管道采用焊接型支座、曲面槽支座、墙（柱）水平管托钩及立管卡、管卡则用于室内天然气管道。

15.1.1 弧形板支座

1. *DN*20～*DN*600 弧形板滑动支座（*L*=200、*H*=2（3））（*R*403·001），尺寸表见表 15-1-1。

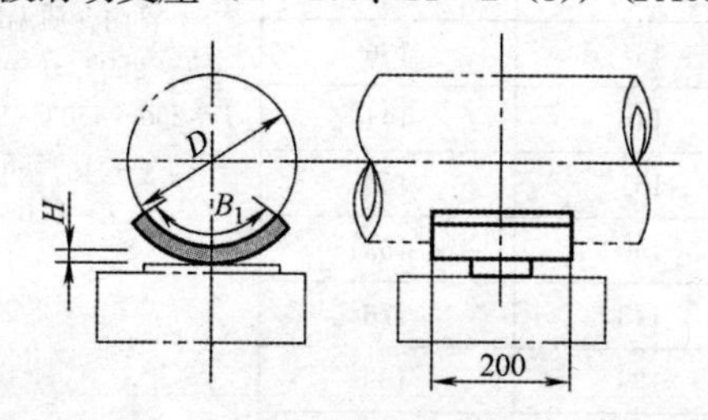

尺寸表（mm）　　表 15-1-1

尺寸＼管外径	25	32	38	45	57	73	89	108	133	159	219	273	325	377	426	478	529	630
$\widehat{B_1}$	27	33	38	43	53	65	78	93	112	140	180	200	250	270	330	350	390	430
H	2	2	2	2	2	2	2	3	3	3	3	3	3	3	3	3	3	3

弧形板支座适用于在不保温管道上安装。

2. *DN*20～*DN*400 焊接角钢固定支座（*R*403·016），尺寸见表 15-1-2。

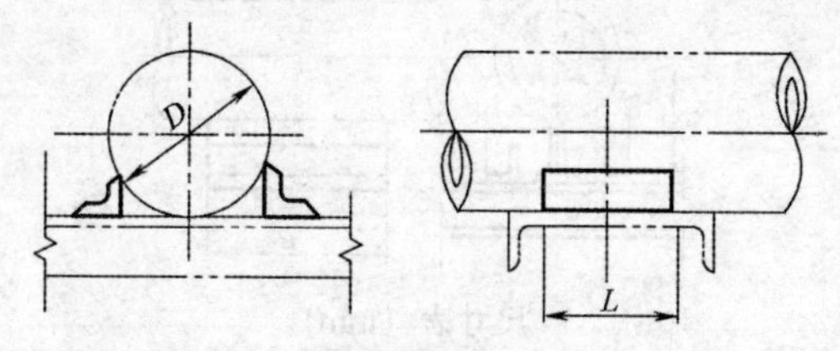

尺寸表（mm）　　表 15-1-2

管道外径 D(mm)	25	32	38	45	57	73	89	108	133	159	219	273	273	325	325	377	377	426	426
	2240			2800		3600		4470		5040	5600			11200	5600	11200 6720	13440 6720	13440	
推力(kg)	100			100		100		100		100			200	100	200	100	200	100	200
L(mm)角钢	∟20×4				∟30×4	∟36×4				∟50×32×4	∟75×50×5	∟100×63×6				∟125×80×7			

15.1.2 焊接型支座

1. DN15～DN250焊接型滑动（HT）/固定（GT）T型支座，尺寸见表15-1-3。

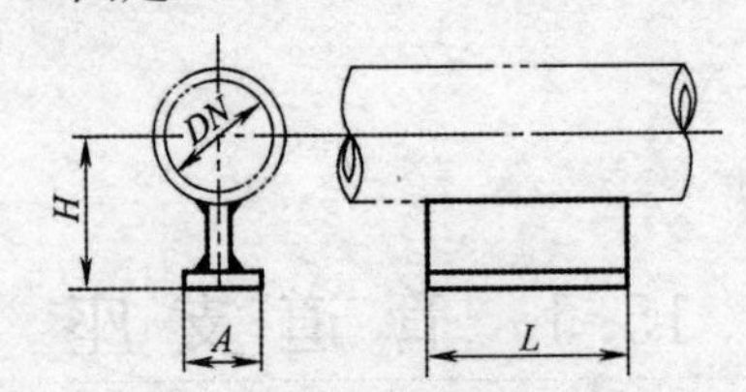

尺寸表（mm） 表15-1-3

公称直径DN	A	H		L	固定管托所受轴向最大推力（kg）
		无缝或卷焊管	水煤气管		
15	100	115	117	管内介质温度 $T<250℃;L=300$； $T=250\sim450℃;L=500$； $T=451\sim550℃$； $L=600$	2000
20		119	120		
25		122	123		
32		125	127		
40		129	130		
50		135	136		
65		144	144		
80		151	150		2500
100		160	163		
125		173	176		3500
150		186	189		
200		216			5000
250		243			

注：支座钢板厚度

DN15～DN150、$\delta=4$、5

$DN\geqslant200$、$\delta=6$

2. DN15～DN250焊接型导向（DT）T型支座，尺寸见表15-1-4。

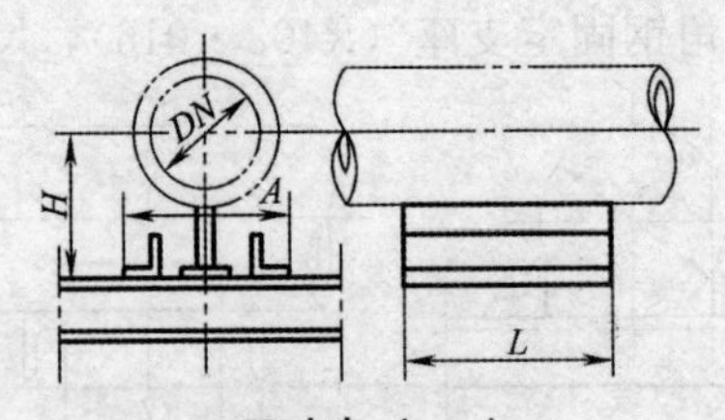

尺寸表（mm） 表15-1-4

公称直径DN	H		A	L
	无缝或卷焊管	水煤气管		
15	115	117	212	管内介质温度 $T<250℃;L=300$； $T=250\sim450℃;L=500$； $T=451\sim550℃;L=600$
20	119	120		
25	122	123		
32	125	127		

续表

公称直径 DN	H		A	L
	无缝或卷焊管	水煤气管		
40	129	130	212	管内介质温度 T<250℃;L=300; T=250～450℃;L=500; T=451～550℃;L=600
50	135	136		
65	144	144		
80	151	150	238	
100	160	163		
125	173	176		
150	186	189		
200	216			
250	243			

注：角钢型号

DN15～DN125、∟36×4

DN150～DN250、∟50

3. DN15～DN250 焊接型 T 型挡板固定支座，尺寸见表 15-1-5。

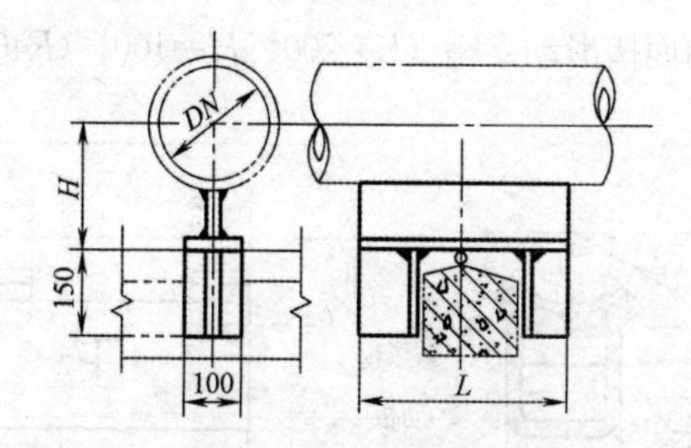

尺寸表（mm）　　表 15-1-5

公称直径 DN	H		L	最大轴向推力(kg)
	无缝或卷焊管	水煤气管		
15	115	117	管架梁宽加 212mm	2000
20	119	120		
25	122	123		
32	125	127		
40	129	130		
50	135	136		
65	144	144		
80	151	150		2500
100	160	163		
125	173	176		3500
150	186	189		
200	216			5000
250	243			

15.1.3　曲面槽支座

1. $DN150$～$DN600$ 曲面槽滑动支座（$L=200$、$H=50$）（$R403\cdot001$），尺寸见表15-1-6。

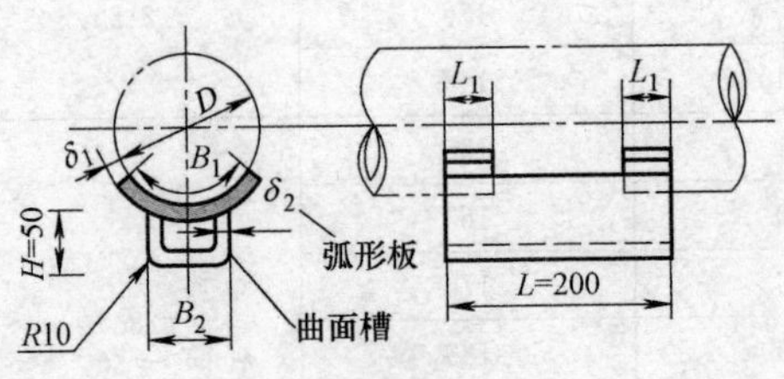

尺寸表（mm）　　表 15-1-6

尺寸 \ 管外径	159	219	273	325	377	426	478	529	630
$\widehat{B_1}$	140	180	200	250	270	330	350	390	430
B_2	108	128	152	190	202	232	252	276	316
$L_1\times\delta_1$	50×4	50×4	50×4	50×4	50×4	50×4	50×4	50×4	50×4
δ_2	4	4	6	6	6	6	6	8	8

2. $DN150$～$DN600$ 曲面槽滑动支座（$L=200$、$H=100$）（$R403\cdot002$），尺寸见表15-1-7。

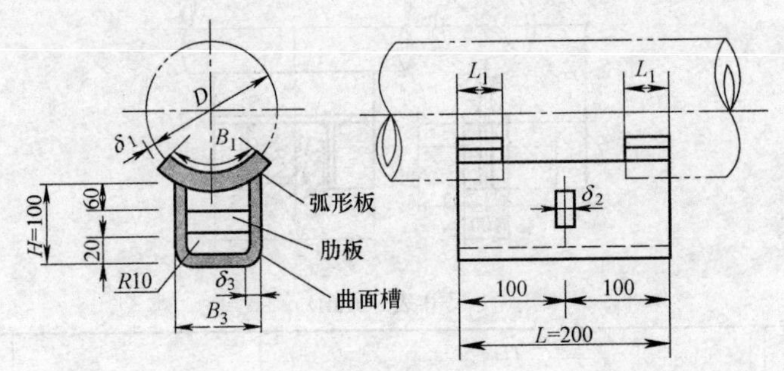

尺寸表（mm）　　表 15-1-7

尺寸 \ 管外径	159	219	273	325	377	426	478	529	630
$\widehat{B_1}$	140	180	200	250	270	330	350	390	430
B_3	108	128	152	192	202	232	252	276	316
$L_1\times\delta_1$	50×4	50×4	60×4	60×4	80×4	80×4	80×4	80×4	80×6
$\delta_2=\delta_3$	4	4	6	6	6	6	6	8	8

3. $DN150$～$DN600$ 曲面槽滑动支座（$L=300$、$H=150$）（$R403\cdot006$），见下图及表15-1-8。

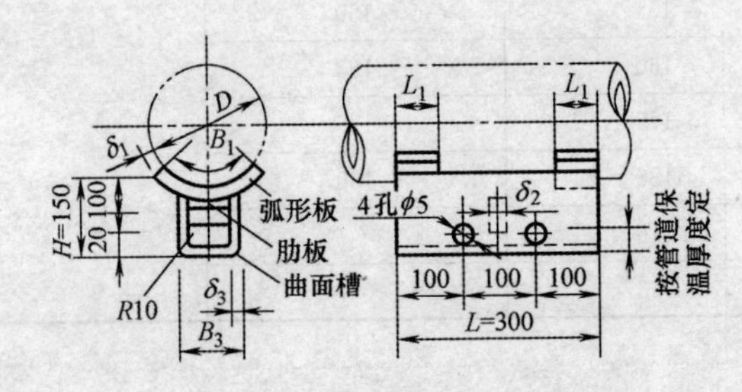

尺寸表（mm）　　表 15-1-8

尺寸＼管外径	159	219	273	325	377	426	478	529	630
$\widehat{B}_1$	140	180	200	250	270	330	350	390	430
B_3	112	132	156	196	206	236	256	280	320
$L_1\times\delta_1$	50×4	50×4	60×4	60×4	80×4	80×4	80×4	80×4	100×6
$\delta_2=\delta_3$	6	6	8	8	8	8	8	10	10

4. *DN*150～*DN*600 曲面槽固定支座（L＝200、H＝100）（*R*403・018）、见下图及表 15-1-9。

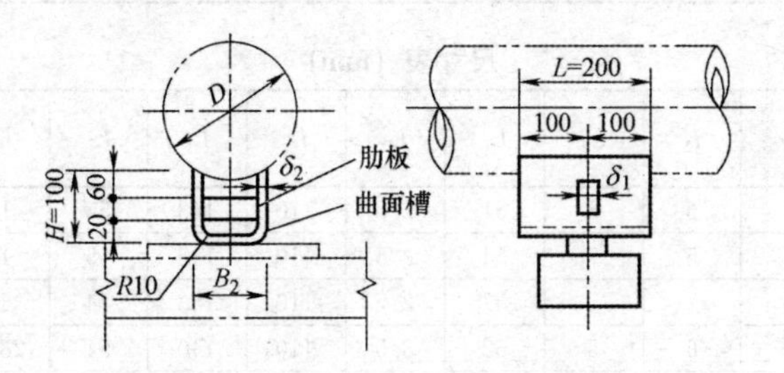

尺寸表（mm）　　表 15-1-9

管道外径 D(mm)	159	219	273	325	377	426	478	529	630
推力(kg)	1700	1700	2500	2500	2500	2500	2500	3300	3300
B_2	108	128	152	192	202	232	252	276	316
δ_1	4	4	6	6	6	6	6	8	8
δ_2	4	4	6	6	6	6	6	8	8

15.1.4　墙（柱）水平管托钩及立管卡

1. 水平管托钩，见下图及表 15-1-10、表 15-1-11。

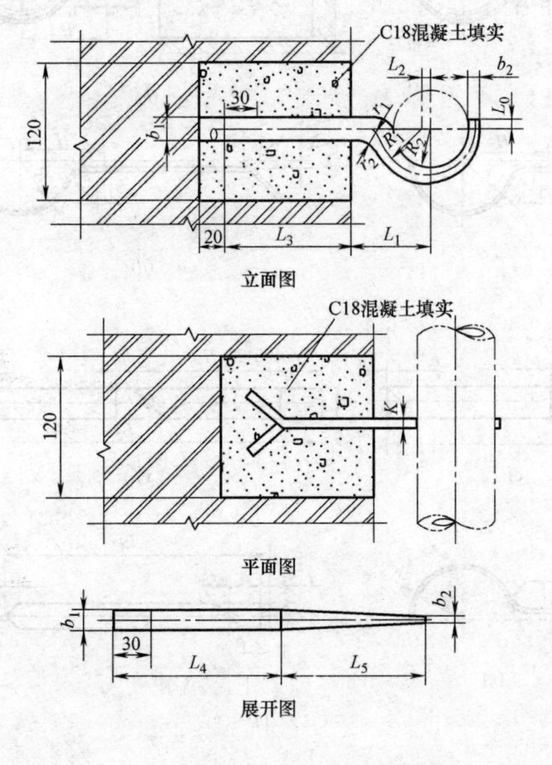

立面图

平面图

展开图

材料明细表　　表 15-1-10

序号	公称直径 DN	外径 d	托钩荷重(kg)		托钩			
			间距 1.5(m)	间距 3(m)	规格 $b_1 \times K$	全长 L	件数	重量 (kg)
1	15	22	20		15×5	198	1	0.12
2	20	27	20	20	15×5	208	1	0.12
3	25	34	20	20	15×5	217	1	0.13
4	32	43	20	20	20×6	234	1	0.22
5	40	48	20	20	20×6	245	1	0.23
6	50	60	20	30	20×6	364	1	0.25

尺寸表（mm）　　表 15-1-11

序号	公称直径 DN	b_1	b_2	K	L_0	L_1	L_2	L_3	L_4	L_5	R_1	R_2	r_1	r_2
1	15	15	5	5	5	51	2.5	110	143	55	16	11	15	8
2	20	15	5	5	5	54	2.5	110	143	65	19	14	15	8
3	25	15	5	5	5	57	2.5	110	143	74	22	17	15	8
4	32	20	6	6	5	62	3.5	110	140	94	28.5	22	20	10
5	40	20	6	6	10	64	3.5	110	140	105	30.5	24	20	10
6	50	20	6	6	10	70	3.5	110	140	124	36.5	30	20	10

2. 单立管管卡，见下图及表 15-1-12、表 15-1-13。

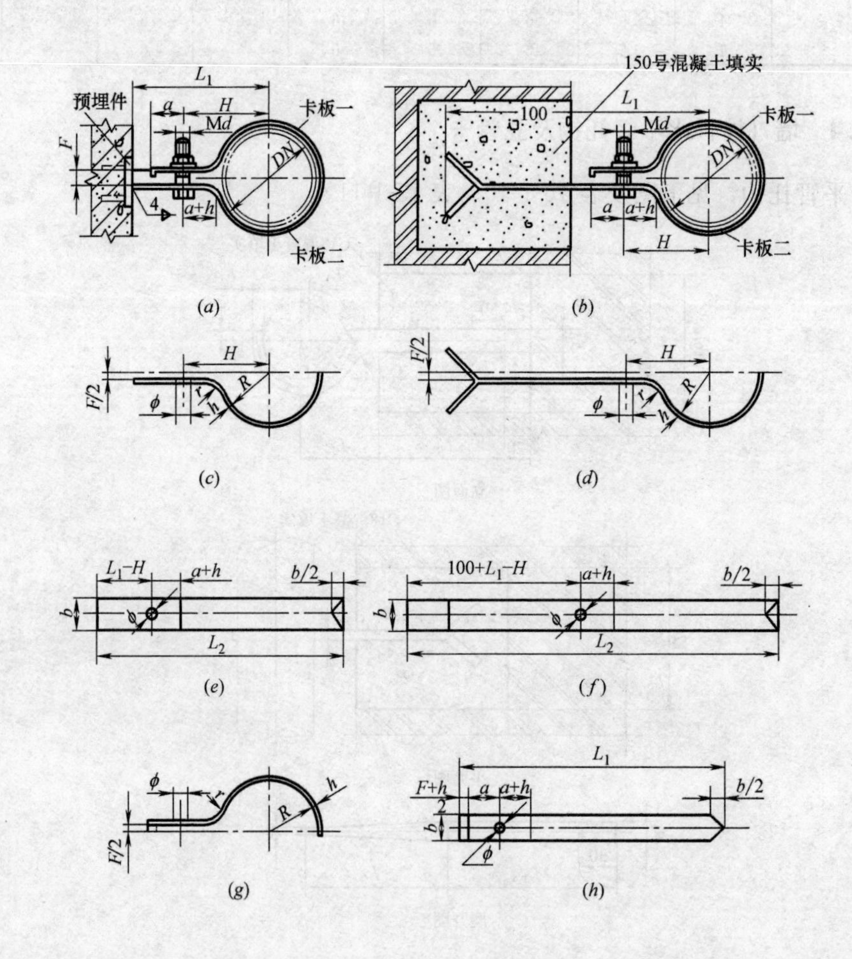

材料表　　　　表 15-1-12

DN	管卡荷重(kg) 保温/不保温	扁钢 规格	卡板一展开长 L_1	卡板二展开长 L_2 Ⅰ型	卡板二展开长 L_2 Ⅱ型	支架单重(kg) Ⅰ型	支架单重(kg) Ⅱ型	六角带帽螺栓 螺栓规格	螺母规格	垫圈内径	个数
15	40	−30×3	102	135	235	0.17	0.24	M8×40	M8	8.5	1
	20	−25×3	100	95	195	0.12	0.17				
20	50	−30×3	110	141	241	0.18	0.25	M8×40	M8	8.5	1
	20	−25×3	108	111	211	0.13	0.19				
25	50	−35×3	124	158	258	0.23	0.38	M8×40	M8	8.5	1
	20	−25×3	119	118	218	0.14	0.20				
32	60	−35×4	148	168	268	0.35	0.46	M10×45	M10	10.5	1
	20	−25×3	133	137	237	0.16	0.22	M8×40	M8	8.5	
40	60	−35×4	158	184	284	0.38	0.49	M10×45	M10	10.5	1
	20	−25×3	142	154	254	0.17	0.23	M8×40	M8	8.5	
50	70	−35×4	177	197	297	0.41	0.52	M10×45	M10	10.5	1
	30	−25×3	161	166	266	0.19	0.25	M8×40	M8	8.5	
70	80	−40×4	204	226	326	0.54	0.66	M10×45	M10	10.5	1
	40	−25×3	186	193	293	0.22	0.28	M8×40	M8	8.5	
80	100	−45×4	227	248	348	0.67	0.81	M10×45	M10	10.5	1
	50	−30×3	209	227	327	0.31	0.38	M8×40	M8	8.5	

尺寸表 (mm)　　　　表 15-1-13

DN	2R	F	H 保温	H 不保温	L_1 保温	L_1 不保温	h 保温	h 不保温	φ 保温	φ 不保温	a 保温	a 不保温	b 保温	b 不保温	r
15	25	10	35.40	35.40	110	70	3	3	10	10	10	20	30	25	3
20	30		38.17	38.17		80									
25	37		41.91	41.91	120								35		
32	46		52.0	46.62		90	4		12		24				4
40	52		55.11	49.72	130	100									
50	64		61.27	55.86											
70	80		69.41	63.99	140	110							40		
80	93		75.99	70.56	150	130							45	30	

15.1.5　管卡

1. 管卡（卡箍）Ⅰ，见下图及表 15-1-14、表 15-1-15

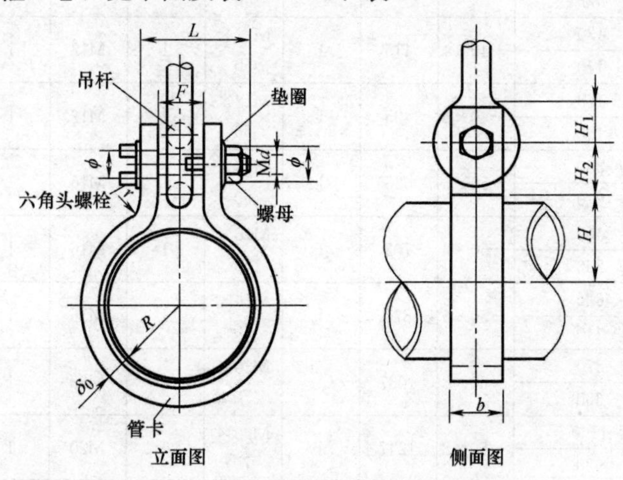

尺寸表（mm）　　**表 15-1-14**

序号	DN	$2R$	δ_0	b	H	H_1	H_2	L	F	r	ϕ	$Md \times L$
1	15	25	4	25	11.75	20	24	40	13	4	10	M8×40
2	20	30	4	25	14.72	20	24	40	13	4	10	M8×40
3	25	37	4	25	18.65	20	24	40	13	4	10	M8×40
4	32	46	4	30	23.51	25	29	45	13	4	12	M10×45
5	40	52	4	30	26.51	25	29	45	14	4	12	M10×45
6	50	64	4	30	32.79	25	29	45	14	4	12	M10×45
7	65	80	4	40	41.02	30	34	50	14	4	14	M12×50
8	80	93	4	40	47.66	30	34	50	14	4	14	M12×50
9	100	119	4	40	60.76	30	34	50	15	4	14	M12×50
10	125	145	6	50	74.77	40	46	60	15	6	18	M16×60
11	150	170	6	50	87.25	40	46	60	17	6	18	M16×60
12	200	224	6	50	114.32	40	46	60	19	6	18	M16×60
13	250	278	8	60	142.36	50	58	70	19	8	22	M20×70
14	300	330	8	60	168.29	50	58	70	23	8	22	M20×70

材料表　　**表 15-1-15**

序号	公称直径 DN	管卡荷重(kg)		扁钢管卡			六角头螺栓		螺母		垫圈	
		保温	不保温	规格	展开长(mm)	件数	规格	个数	规格	个数	内径(mm)	个数
1	15	25	15	−25×4	161	1	M8×40	1	M8	1	8.5	1
2	20	30	20	−25×4	177	1	M8×40	1	M8	1	8.5	1
3	25	35	20	−25×4	199	1	M8×40	1	M8	1	8.5	1
4	32	50	30	−30×4	248	1	M10×45	1	M10	1	10.5	1
5	40	60	35	−30×4	266	1	M10×45	1	M10	1	10.5	1
6	50	70	50	−30×4	303	1	M10×45	1	M10	1	10.5	1
7	65	110	80	−40×4	374	1	M12×50	1	M12	1	12.5	1
8	80	130	110	−40×4	415	1	M12×50	1	M12	1	12.5	1
9	100	170	140	−40×4	495	1	M12×50	1	M12	1	12.5	1
10	125	330	220	−50×6	625	1	M16×60	1	M16	1	16.5	1
11	150	400	260	−50×6	702	1	M16×60	1	M16	1	16.5	1
12	200	620	440	−50×6	870	1	M16×60	1	M16	1	16.5	1
13	250	870	660	−60×8	1087	1	M20×70	1	M20	1	21.0	1
14	300	1160	920	−60×8	1247	1	M20×70	1	M20	1	21.0	1

2. 管卡（卡箍）Ⅱ，见下图及表 15-1-6、表 15-1-17

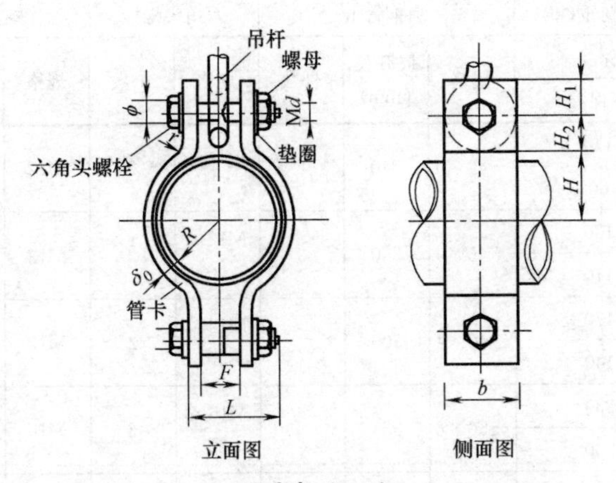

立面图　侧面图

尺寸表（mm）　表 15-1-16

序号	DN	$2R$	δ_0	b	H	H_1	H_2	L	F	r	ϕ	$Md\times L$
1	15	25	4	25	11.75	20	24	40	13	4	10	M8×40
2	20	30	4	25	14.72	20	24	40	13	4	10	M8×40
3	25	37	4	25	18.65	20	24	40	13	4	10	M8×40
4	32	46	4	30	23.51	25	29	45	13	4	12	M10×45
5	40	52	4	30	26.51	25	29	45	14	4	12	M10×45
6	50	64	4	30	32.79	25	29	45	14	4	12	M10×45
7	65	80	4	40	40.79	30	34	50	16	4	14	M12×50
8	80	93	4	40	47.46	30	34	50	16	4	14	M12×50
9	100	119	4	40	60.60	30	34	50	17	4	14	M12×50
10	125	145	6	50	74.46	40	46	60	19	6	18	M16×60
11	150	170	6	50	87.11	40	46	60	19	6	18	M16×60

材料表　表 15-1-17

序号	公称直径 DN	管卡荷重(kg) 保温	管卡荷重(kg) 不保温	扁钢管卡 规格	扁钢管卡 展开长(mm)	扁钢管卡 件数	六角头螺栓 规格	六角头螺栓 个数	螺母 规格	螺母 个数	垫圈 内径(mm)	垫圈 个数
1	15	25	15	—25×4	115	2	M8×40	2	M8	2	8.5	2
2	20	30	20	—25×4	124	2	M8×40	2	M8	2	8.5	2
3	25	35	20	—25×4	135	2	M8×40	2	M8	2	8.5	2
4	32	50	30	—30×4	169	2	M10×45	2	M10	2	10.5	2
5	40	60	35	—30×4	178	2	M10×45	2	M10	2	10.5	2
6	50	70	50	—30×4	197	2	M10×45	2	M10	2	10.5	2

续表

序号	公称直径 DN	管卡荷重(kg) 保温 / 不保温	扁钢管卡 规格	扁钢管卡 展开长(mm)	扁钢管卡 件数	六角头螺栓 规格	六角头螺栓 个数	螺母 规格	螺母 个数	垫圈 内径(mm)	垫圈 个数
7	65	110	—40×4	240	2	M12×50	2	M12	2	12.5	2
		80									
8	80	130	—40×4	260	2	M12×50	2	M12	2	12.5	2
		110									
9	100	170	—40×4	300	2	M12×50	2	M12	2	12.5	2
		140									
10	125	330	—50×6	384	2	M16×60	2	M16	2	16.5	2
		200									
11	150	400	—50×6	423	2	M16×60	2	M16	2	16.5	2
		260									

3. 管卡，见表 15-1-18。

图形及尺寸表　　表 15-1-18

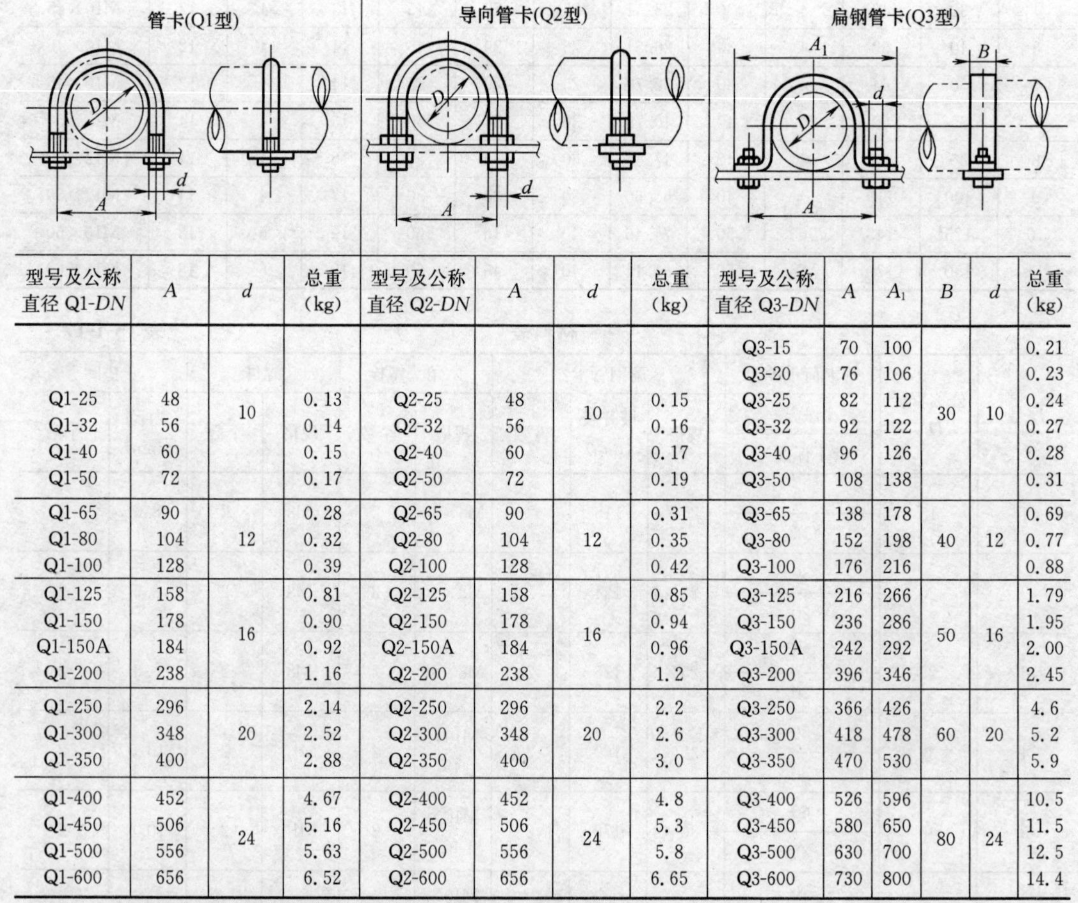

型号及公称直径 Q1-DN	A	d	总重(kg)	型号及公称直径 Q2-DN	A	d	总重(kg)	型号及公称直径 Q3-DN	A	A_1	B	d	总重(kg)
								Q3-15	70	100			0.21
								Q3-20	76	106			0.23
Q1-25	48	10	0.13	Q2-25	48	10	0.15	Q3-25	82	112	30	10	0.24
Q1-32	56		0.14	Q2-32	56		0.16	Q3-32	92	122			0.27
Q1-40	60		0.15	Q2-40	60		0.17	Q3-40	96	126			0.28
Q1-50	72		0.17	Q2-50	72		0.19	Q3-50	108	138			0.31
Q1-65	90	12	0.28	Q2-65	90	12	0.31	Q3-65	138	178	40	12	0.69
Q1-80	104		0.32	Q2-80	104		0.35	Q3-80	152	198			0.77
Q1-100	128		0.39	Q2-100	128		0.42	Q3-100	176	216			0.88
Q1-125	158	16	0.81	Q2-125	158	16	0.85	Q3-125	216	266	50	16	1.79
Q1-150	178		0.90	Q2-150	178		0.94	Q3-150	236	286			1.95
Q1-150A	184		0.92	Q2-150A	184		0.96	Q3-150A	242	292			2.00
Q1-200	238		1.16	Q2-200	238		1.2	Q3-200	396	346			2.45
Q1-250	296	20	2.14	Q2-250	296	20	2.2	Q3-250	366	426	60	20	4.6
Q1-300	348		2.52	Q2-300	348		2.6	Q3-300	418	478			5.2
Q1-350	400		2.88	Q2-350	400		3.0	Q3-350	470	530			5.9
Q1-400	452	24	4.67	Q2-400	452	24	4.8	Q3-400	526	596	80	24	10.5
Q1-450	506		5.16	Q2-450	506		5.3	Q3-450	580	650			11.5
Q1-500	556		5.63	Q2-500	556		5.8	Q3-500	630	700			12.5
Q1-600	656		6.52	Q2-600	656		6.65	Q3-600	730	800			14.4

注：1. 导向管卡适用于有轴向位移的管路。
2. 管架梁上的螺栓孔在现场开孔。

4. U 形螺栓 JB/ZQ 4321，见下图及表 15-1-19。

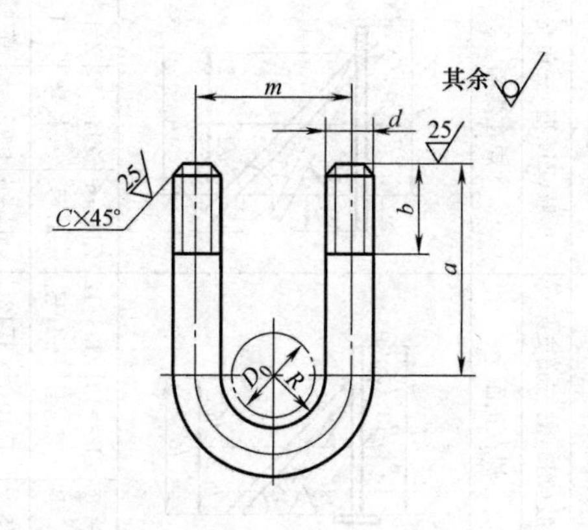

标记示例：

管子外径 D_0＝25mm 使用的 U 形螺栓：

U 形螺栓　JB/ZQ 4321—86 25

管子外径 D_0＝25mm 使用的表面镀锌 U 形螺栓：

U 形螺栓　25-Zn JB/ZQ 4321—86

尺寸表（mm）　　**表 15-1-19**

管子外径 D_0	R	d	毛坯长 l	a	b	m	C
14	8	M6	98	33	22	22	1
18	10		108	35		26	
22	12	M10	135	42	28	34	1.5
25	14		143	44		38	
33	18		160	46		46	
38	20	M12	192	55	32	52	
42	22		202	57		56	
45	24		210	59		60	
48	25		220	60		62	
51	27		225	62		66	
57	31		240	66		74	
60	32		250	67		76	
76	40		289	75		92	
83	43		310	78		98	
89	46		325	81		104	
102	53	M16	365	93	38	122	
108	56		390	96		128	
114	59		405	99		134	
133	69		450	109		154	
140	72		470	112		160	
159	82		520	122		180	
165	85		538	125		186	
219	112		680	152		240	

注：1. 螺栓的螺纹长度允差为：$+2P$（螺距）。2. 螺纹基本尺寸按 GB 196 规定的粗牙普通螺纹；其公差按 GB 197 的 6g 级制造。3. 材料：Q235—A・F。4. 产品等级按 GB 3103.1 规定的 B 级。

15.2 管道支架

15.2.1 柱架

见表15-2-1、表15-2-2。

柱架 表15-2-1

图号		HGS12—4—1						HSG12—4—2						HGS12—4—3			HGS12—4—4		
支架名称		单肢(ZJ1型)悬臂支架						单肢(ZJ2型)悬臂支架						单肢(ZJ3型)三角支架			单肢(ZJ4型)三角支架		
根部连接形式		焊在正面						焊在侧面						焊在正面			焊在侧面		
支架简图		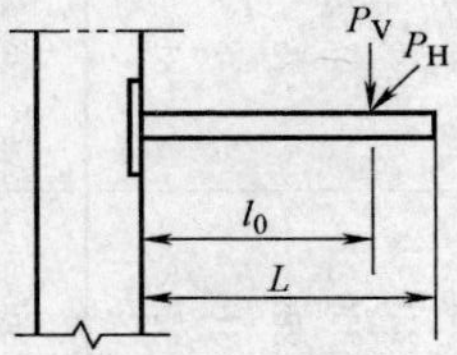						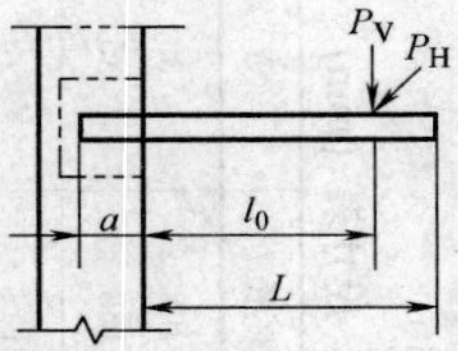						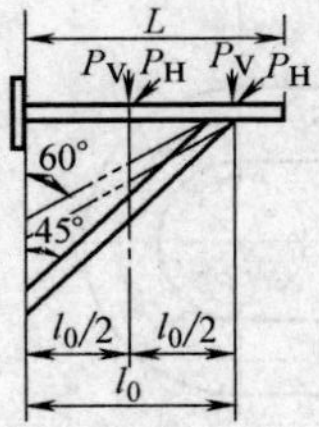			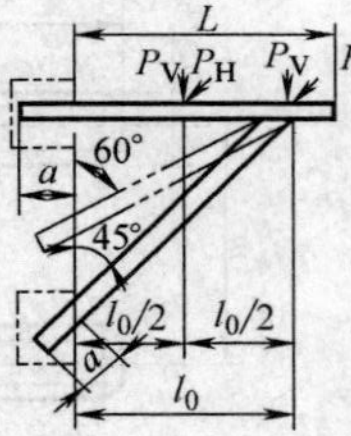		
型号		ZJ1—5—L号	ZJ1—6—L号	ZJ1—7—L号	ZJ1—8—L号	ZJ1—10—L号	ZJ1—12—L号	ZJ2—5—L号	ZJ2—6—L号	ZJ2—7—L号	ZJ2—8—L号	ZJ2—10—L号	ZJ2—12—L号	ZJ3—8—L号	ZJ3—10—L号	ZJ3—12—L号	ZJ4—6—L号	ZJ4—7—L号	ZJ4—16—L号
型钢规格及截面		∟50×5	∟63×6	∟75×8	⊏8	⊏10	⊏12	∟50×5	∟63×6	∟75×8	⊏8	⊏10	⊏12	⊏8	⊏10	⊏12	∟63×6	∟75×8	⊏16a
尺寸 a		—	—	—	—	—	—	60	60	70	70	90	100				70	80	100
L号	支架臂长 L(mm)	支架选用范围(用"×"表示;粗线以下表示斜杆成60°角的三角支架)																	
3	300	×	×	×	×	×	×	×	×	×	×	×	×						
4	400	×	×	×	×	×	×	×	×	×	×	×	×						
5	500	×	×	×	×	×	×	×	×	×	×	×	×	×	×	×	×	×	×
6	600		×	×	×	×	×		×	×	×	×	×	×	×	×	×	×	×
7	700			×	×	×	×			×	×	×	×	×	×	×	×	×	×
8	800			×	×	×	×			×	×	×	×	×	×	×	×	×	×

续表

L 号	支架臂长 L(mm)	支架选用范围(用"×"表示;粗线以下表示斜杆成 60°角的三角支架)																	
9	900				×	×	×				×	×	×	×	×	×	×	×	×
10	1000					×	×					×	×	×	×	×	×	×	×
11	1100						×						×	×	×	×	×	×	×
12	1200						×						×	×	×	×	×	×	×
13	1300													×	×	×		×	×
14	1400													×	×	×		×	×

注:HGS××—×—×为原化工部管道支架通用图图号。

P_V——垂直荷载(kg)

P_H——水平荷载(kg);$P_H=0.3P_V$。

M——许用弯矩(kg·mm);$M=P_V \times l$。

图　号	HGS12—4—5			HGS12—4—6			HGS12—4—7	
支架名称	外伸式单肢三角支架			包柱式悬臂支架			包柱式三角支架	
根部连接形式	焊在正面			包柱式			包柱式	
支架简图	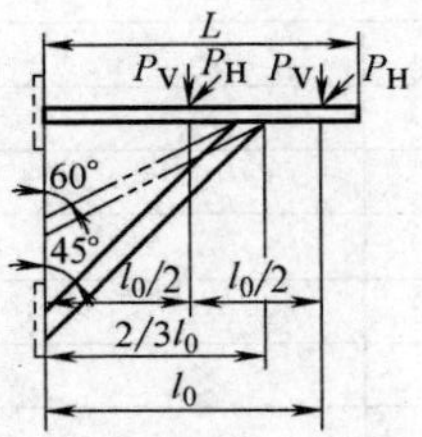			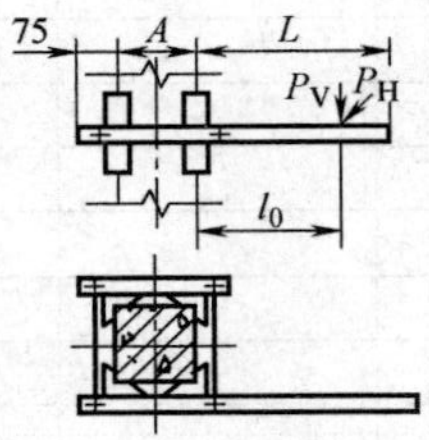			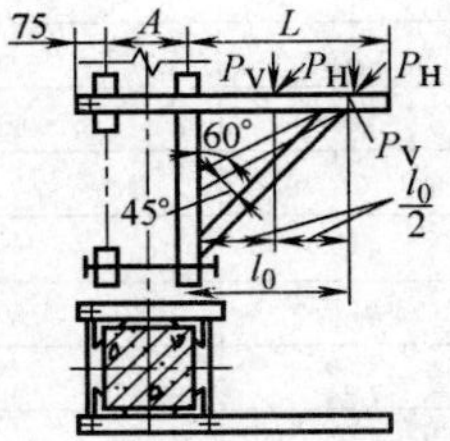	
型号	ZJ5—10—L 号	ZJ5—12—L 号	ZJ5—16—L 号	ZJ6—7—L 号	ZJ6—10—L 号	ZJ6—12—L 号	ZJ7—12—L 号	ZJ7—16—L 号
型钢规格	[10	[12	[16a	∟75×8	[10	[12	[12	[16a
尺寸 a								
L 号 / 支架壁长 L(mm)	支架选用范围(用"×"表示;粗线以下表示斜杆成 60°角的三角支架)							
4 / 400				×	×	×		
5 / 500				×	×	×		

续表

L号	支架壁长 L(mm)	支架选用范围(用“×”表示;粗线以下表示斜杆成60°角的三角支架)							
6	600				×	×	×	×	×
7	700				×	×	×	×	×
8	800				×	×	×	×	×
9	900					×	×	×	×
10	1000	×	×	×			×	×	×
11	1100	×	×	×				×	×
12	1200	×	×	×				×	×
13	1300	×	×	×				×	×
14	1400	×	×	×				×	×
15	1500	×	×	×					×
16	1600	×	×	×					×
17	1700	×	×	×					×
许用弯矩[M] (kg·mm)		232000	306000	591000	128000	220000	296000	226000	436000
支架计算长度 l_0(mm)		许用垂直荷载 $2\times[P_V]$、P_V(kg)							
300					430	730	980		
350					370	630	850		

注:柱架 ZJ 表格使用请参阅 15.2.2 墙架。

图号	HGS12—4—5	HGS12—4—6	HGS12—4—7
支架名称	外伸式单肢三角支架	包柱式悬臂支架	包柱式三角支架
根部连接形式	焊在正面	包柱式	包柱式
支架简图	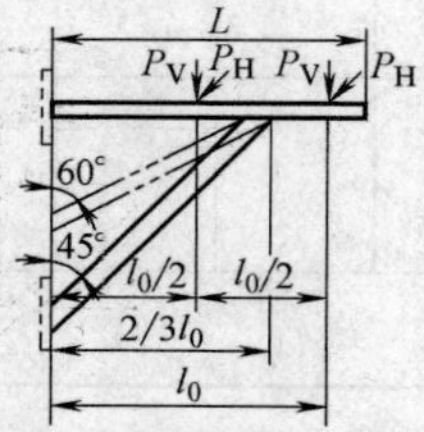	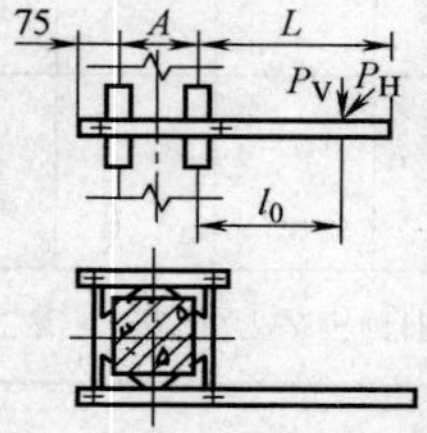	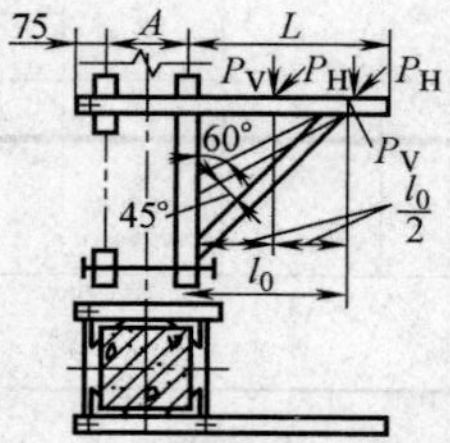

续表

型号	ZJ5—10—L 号	ZJ5—12—L 号	ZJ5—16—L 号	ZJ6—7—L 号	ZJ6—10—L 号	ZJ6—12—L 号	ZJ7—12—L 号	ZJ7—16—L 号
60(mm)	⊏10	⊏12	⊏16a	∟75×8	⊏10	⊏12	⊏12	⊏16a
400				320	550	740	2×570	2×1090
450				280	490	660	2×500	2×970
500				260	440	590	2×450	2×870
550				230	400	540	2×410	2×790
600				210	370	490	2×380	2×730
650					340	450	2×350	2×670
700					310	420	2×320	2×620
750					290	390	2×300	2×580
800	2×290	2×380	2×740		270	370	2×280	2×550
850	2×270	2×360	2×700			350	2×270	2×510
900	2×260	2×340	2×660			330	2×250	2×480
950	2×240	2×320	2×620				2×240	2×460
1000	2×230	2×300	2×590				2×230	2×440
1050	2×220	2×290	2×560				2×210	2×420
1100	2×210	2×280	2×540				2×200	2×400
1150	2×200	2×270	2×510				2×195	2×380
1200	2×190	2×250	2×490				2×185	2×360
1250	2×185	2×240	2×470					2×350
1300	2×180	2×235	2×450					2×330
1350	2×170	2×225	2×440					2×320
1400	2×165	2×220	2×420					2×310
1450	2×160	2×210	2×410					2×300
1500	2×155	2×200	2×390					2×290

柱架许用垂直荷载

表 15-2-2

许用弯矩[M]，(kg·mm)	35800	69000	129000	155000	220000	297000	35800	69000	129000	155000	220000	297000	270000	378000	504000	148000	274000	436000
支架计算长度 l_0(mm)	许用垂直荷载[P_V]、2×[P_V](kg)																	
200	180	340	650	770	1100	1480	180	340	650	770	1100	1480						
250	140	270	510	620	880	1190	140	270	510	620	880	1190						
300	120	230	430	510	730	990	120	230	430	510	730	990	2×900	2×1260	2×1680	2×490	2×910	2×1450
350	100	200	370	440	630	850	100	200	370	440	630	850	2×770	2×1080	2×1440	2×420	2×780	2×1250
400	90	170	320	390	550	740	90	170	320	390	550	740	2×670	2×940	2×1260	2×370	2×680	2×1090
450	—	150	280	340	490	660		150	280	340	490	660	2×600	2×840	2×1120	2×330	2×610	2×970
500		140	260	310	440	590		140	260	310	440	590	2×540	2×750	2×1010	2×300	2×550	2×870
550			230	280	400	540			230	280	400	540	2×490	2×680	2×910	2×270	2×500	2×790
600			210	260	370	490			210	260	370	490	2×450	2×630	2×840	2×250	2×460	2×730
650				240	340	460				240	340	460	2×410	2×580	2×770	2×230	2×420	2×670
700				220	310	420				220	310	420	2×380	2×540	2×720	2×210	2×390	2×620
750					290	400					290	400	2×360	2×500	2×670	2×200	2×360	2×580
800					270	370					270	370	2×340	2×470	2×630	2×190	2×340	2×550
850					260	350					260	350	2×320	2×440	2×590	2×170	2×320	2×510
900					240	330					240	330	2×300	2×420	2×560	2×160	2×300	2×480
950						310						310	2×280	2×400	2×530	2×155	2×290	2×460
1000						300						300	2×270	2×370	2×500	2×150	2×270	2×430
1050													2×260	2×360	2×480		2×260	2×410
1100													2×250	2×340	2×460		2×250	2×400
1150													2×240	2×330	2×440		2×240	2×380
1200													2×220	2×310	2×420		2×230	2×360

委托土建专业在柱或墙做预埋件的尺寸表

条件编号	1	2	3	4	5	6
钢板	100×100×6	150×150×6	150×150×6	200×200×6	200×200×8	250×250×8
锚固筋	2ϕ10	2ϕ12	2ϕ12	3ϕ12	3ϕ12	3ϕ12
S	70	100	100	150	150	200

15.2.2　墙架

墙架　　表 15-2-3

图号		HGS12—5—1						HGS12—5—2				
名称		单肢悬臂墙架						双肢悬臂墙架				
简图		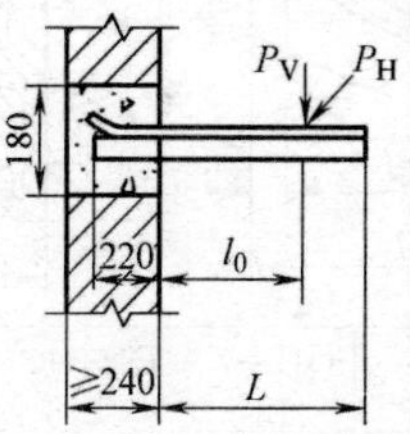			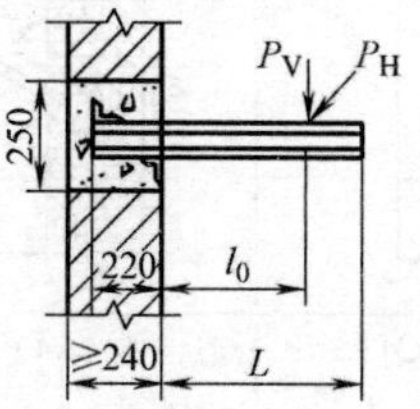			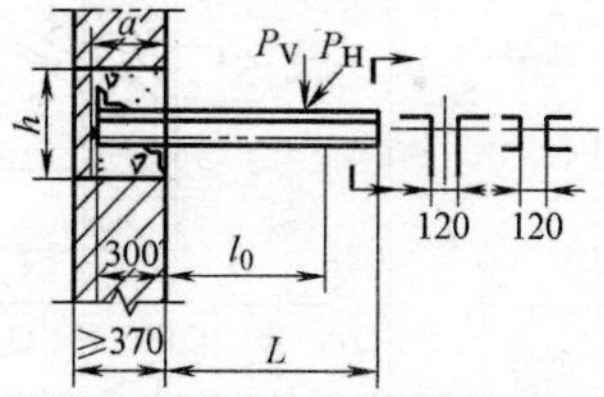				
型号		QJ1—5—L号	QJ1—6—L号	QJ1—7—L号	QJ1—8—L号	QJ1—10—L号	QJ1—12—L号	QJ2—6—L号	QJ2—7—L号	QJ2—8—L号	QJ2—10—L号	QJ2—12—L号
型钢截面规格		∟50×5	∟63×6	∟75−8	⊏8	⊏10	⊏12	┳┳63×6	┳┳75×8	⊐⊏8	⊐⊏10	⊐⊏12
L号	悬臂长 L(mm)	墙架选用范围(用粗黑线框出)										
2	200											
3	300											
4	400											
5	500											
6	600											
7	700											
8	800											
9	900											
10	1000											
11	1100											
12	1200											
13	1300											
许用弯矩 [M](kg·m)		35800	69000	129000	155000	220000	297000	143000	268000	533000	817000	1190000
计算长度 l_0(mm)		许用垂直荷载[P_V]或 2×[P_V](kg)(计算已考虑水平荷载 $P_H=0.3P_V$)										
200		180	340	650	770	1100	1480					
250		140	270	510	620	880	1190					
300		120	230	430	510	730	990	470	890	1770		
350		100	300	370	440	630	850	410	760	1520		
400		90	170	320	390	550	740	360	670	1330	2040	
450			150	280	340	490	660	320	590	1180	1820	
500			140	260	310	440	590	280	530	1070	1630	2380
550				230	280	400	540	260	490	970	1480	2160
600				210	260	370	490	240	450	890	1360	1980
650					240	340	460	220	410	820	1250	1830
700					220	310	420	200	380	760	1170	1700
750						290	400		360	710	1090	1590
800						270	370		330	670	1020	1490
850							350			630	960	1400
900							330			590	910	1320
950											860	1250
1000											820	1190
1050												1130
1100												1080
1150												
预留墙孔尺寸(长 a×宽×高 h)		240×200×180			240×250×250			320×350×240			320×350×300	
选用方法		1. 当悬臂架上只有一根管道时可按简图所示受力状态来选择，即先按 l_0 和[P_V]确定型钢规格，然后确定臂长 L； 2. 当悬臂架上布置有多根管道时，可按下式进行验算 $M=\sum P_{Vi}l_i \leqslant [M]$(kg·m) 式中　P_{Vi}——每根管道的垂直荷重，(kg)；l_i——每根管道离墙壁的距离(mm)										

续表

图号		HGS12—5—3				HGS12—5—4					
名称		简型三角墙架				单肢三角墙架					
简图		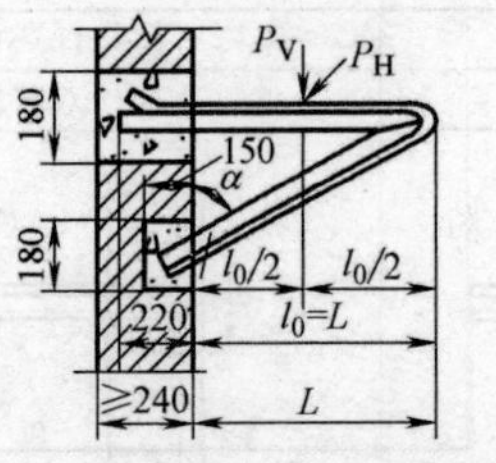				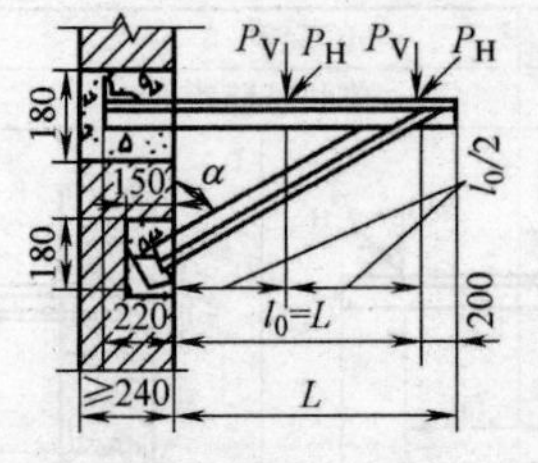			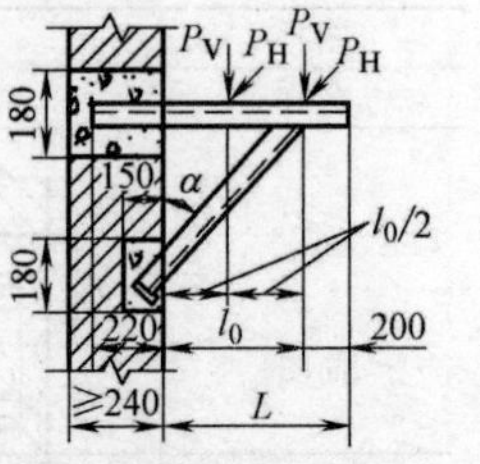		
型号		QJ3—4—L号	QJ3—5—L号	QJ3—6—L号	QJ3—7—L号	QJ4—5—L号	QJ4—6—L号	QJ4—7—L号	QJ4—10—L号	QJ4—12—L号	QJ4—16—L号
型钢截面规格		∟40×4	∟50×5	∟63×6	∟75×8	∟50×5	∟63×6	∟75×8	Π1	Π12	Π16a
L号	伸臂长 L(mm)	墙架选用范围(用粗黑线框出,其中上半部$\alpha=45°$,下半部$\alpha=60°$)									
3	300	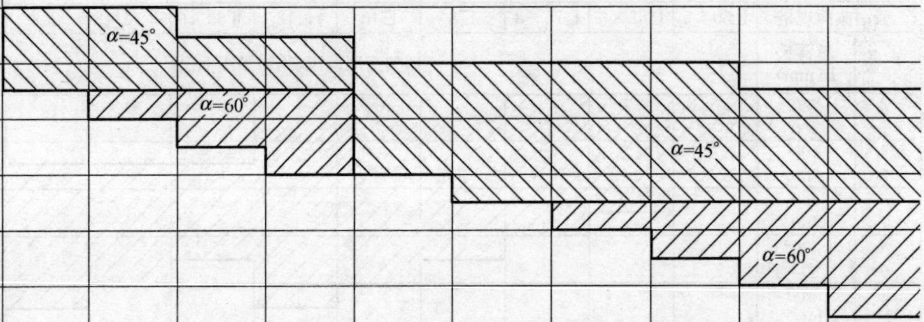									
4	400										
5	500										
6	600										
7	700										
8	800										
9	900										
10	1000										
11	1100										
12	1200										
13	1300										
14	1400										
许用弯矩 [M](kg·mm)		—	—	—	—	59000	123000	228000	314000	420000	740000
计算长度 l_0(mm)		许用垂直荷载[P_V]或2×[P_V](kg)(计算中已考虑水平荷载$P_H=0.3P_V$)									
300		220	430			2×200	2×410	2×760	2×1050		
400		160	320	620	1160	2×150	2×310	2×570	2×780	2×1050	2×1850
500		130	260	500	930	2×120	2×250	2×460	2×630	2×840	2×1480
600			220	420	770	2×100	2×210	2×380	2×520	2×700	2×1230
700				360	660		2×180	2×330	2×450	2×600	2×1050
800					580			2×290	2×390	2×520	2×920
900									2×350	2×470	2×820
1000										2×420	2×740
1100											2×670
1200											
说明		当墙加上布置有多根管道时,可按各管道的荷重总和等于表中[P_V]值的近似办法来选择				当只有一根管道支承在斜撑支点l_0处时允许垂直荷载等于下列数值:(下式中[P_V]值是指上表内根据l_0查出的2×[P_V]中的[P_V]值)					
						1.5×[P_V]			2.5×[P_V]	2.0×[P_V]	1.5×[P_V]
预留墙孔尺寸(长×宽×高)		上:240×200×180 下:150×200×180				上:240×250×180 下:150×250×180					
选用方法(简型三角墙架选用方法见说明)		1. 当三角墙架(简型的除外,下同)上,仅有一根管道时,建议最好布置在斜撑支点处,因为此时受力最好 2. 当三角墙架上有两根不同荷重的管道时,可近似地将两管简化为如图所示的受力位置(简化方法:可将外侧管道离墙的距离取其百位整数作为"l_0",内侧管道视其作用在"$l_0/2$"处)然后按大荷重管道的"P_V"作为[P_V]值来选择 3. 当三角墙架上有多根管道时,可按各管道荷重的总和小于或等于2×[P_V]值 的近似方法来选择									

注:1. 表中2×[P_V]是指"两侧悬臂墙架"的两侧中每侧均能承受的垂直荷载[P_V]。

2. 表中所列的许用弯矩[M]是指横梁作为悬臂架时,l_0处的荷载[P_V]对墙根处所产生的弯矩。对三角架来说,由于斜撑的作用,使如简图所示的2×[P_V]的受力情况下,亦产生同样的弯矩[M]。

15.2.3 管吊

1. 焊接型平弯管管吊，见表 15-2-4

焊接型平弯管管吊　　表 15-2-4

图号	HGS12—2—1	HGS12—2—2	HGS12—2—3	HGS12—2—4
名称	焊接型平/弯管管吊 D11-25～300 D11A-25～300	焊接型平/弯管管吊 D12-25～300 D12A-25～300	焊接型平/弯管管吊 D13-25～300 D13A-25～300	焊接型平/弯管管吊 D14-25～300 D14A-25～300
简图	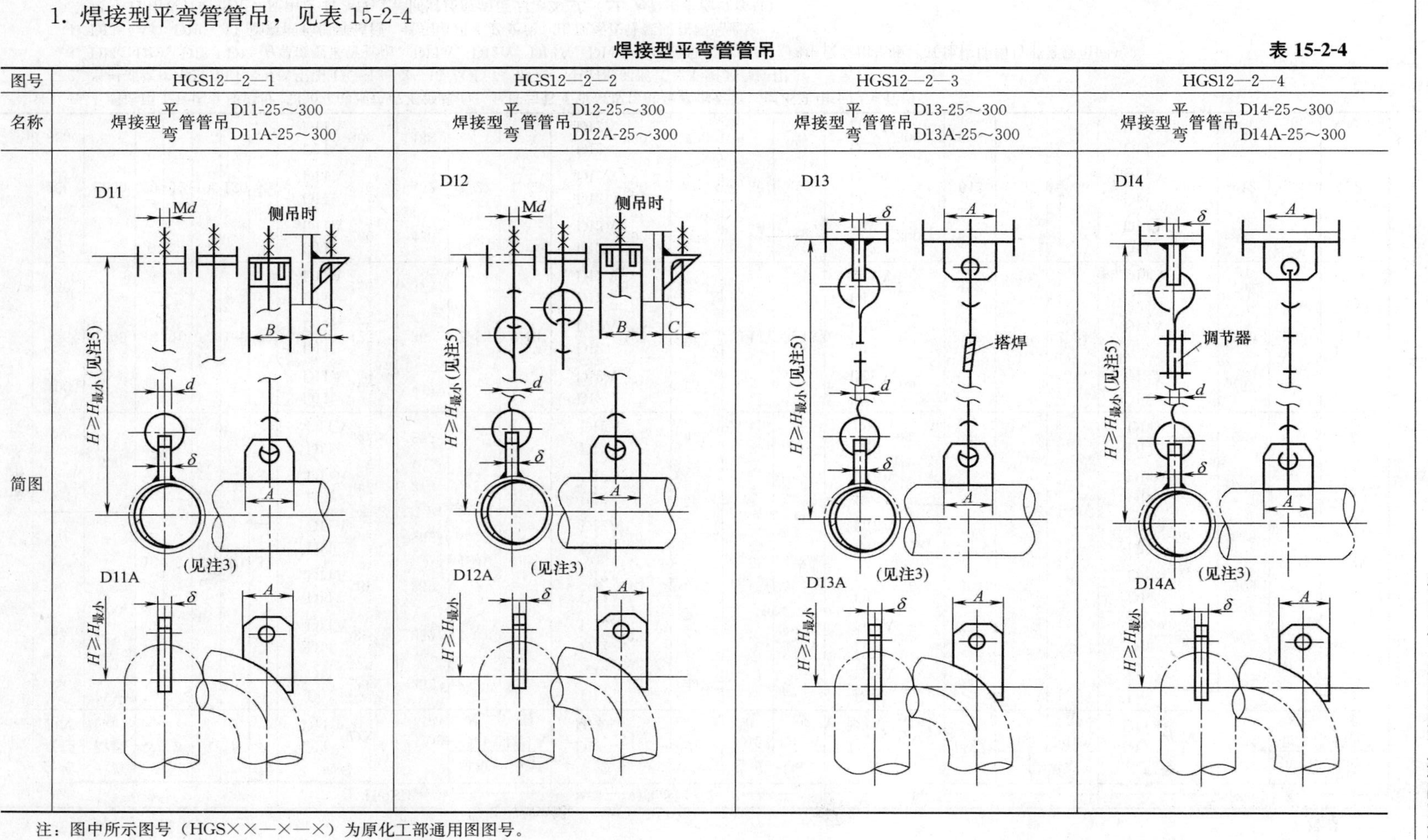			

注：图中所示图号（HGS××—×—×）为原化工部通用图图号。

续表

选用条件	图号							HGS12—2—1				HGS12—2—2				HGS12—2—3				HGS12—2—4			
	公称直径 DN	允许荷载 (kg)	d	δ	A	B	C	型号 D11 D11A -DN	$H_{最小}$	总重≈(kg) D11型	总重≈(kg) D11A型	型号 D12 D12A -DN	$H_{最小}$	总重≈(kg) D12型	总重≈(kg) D12A型	型号 D13 D13A -DN	$H_{最小}$	总重≈(kg) D13型	总重≈(kg) D13A型	型号 D14 D14A -DN	$H_{最小}$	总重≈(kg) D14型	总重≈(kg) D14A型
	25	300	12	8	50	80	35	D11 D11A-25	252	1.40	1.50	D12 D12A-25	412	1.68	1.78	D13 D13A-25	387	1.93	2.03	D14 D14A-25	602	2.16	2.26
	32							D11 D11A-32	257			D12 D12A-32	417			D13 D13A-32	392			D14 D14A-32	607		
	40							D11 D11A-40	259			D12 D12A-40	419			D13 D13A-40	394			D14 D14A-40	609		
	50							D11 D11A-50	265			D12 D12A-50	425			D13 D13A-50	400			D14 D14A-50	615		
	65	600						D11 D11A-65	273			D12 D12A-65	433			D13 D13A-65	408			D14 D14A-65	623		
	80							D11 D11A-80	275			D12 D12A-80	435			D13 D13A-80	410			D14 D14A-80	625		
	100	1200	16	10	60	100	40	D11 D11A-100	347	2.53	2.81	D12 D12A-100	547	3.15	3.43	D13 D13A-100	467	3.53	3.81	D14 D13A-100	767	3.90	4.18
	125							D11 D11A-125	360			D12 D12A-125	560			D13 D13A-125	480			D14 D13A-125	780		
	150							D11 D11A-150	373			D12 D12A-150	573			D13 D13A-150	493			D14 D14A-150	793		
	200	2200	20	12	100	120	55	D11 D11A-200	435	4.27	4.68	D12 D12A-200	675	5.36	5.77	D13 D13A-200	615	6.17	6.58	D14 D14A-200	885	6.84	7.25
	250							D11 D11A-250	462			D12 D12A-250	702			D13 D13A-250	642			D14 D14A-250	912		
	300							D11 D11A-300	488			D12 D12A-300	728			D13 D13A-300	668			D14 D14A-300	938		

注：1. 上图适用于管内介质温度≤300℃的绝热或不绝热的、允许与管子直接焊接的碳素钢管道，但不适用于冷冻管道。

2. 当根部结构不适用时，可选用图 HGS12—2—15（GD 7—6—7）中的根部形式与上图配合使用。

3. D11、D12、D13、D14 为焊接型平管管吊，D11A、D12A、D13A、D14A 为焊接型弯管管吊（图中仅画出吊板，其他构件均与平管管吊同）。

4. D11（A）、D12（A）画有两种根部结构，选用者可不必交代，由现场按管架所在情况选定。

5. 尺寸 H 由设计者给定，应满足 $H \geqslant H_{最小}$，同时还应满足 $H \geqslant 20\Delta L$（ΔL 为管道平面位移量）。

6. 选用标记方法举例：H=1000，DN100 的管道焊接型平管管吊标记为：

D11－100H＝1000 图号 HGS12—2—1

（当根部结构采用 HGS12—2—15 即 GD 7—6—7 图中的形式时，其标记方法可参见该图中的系列）。

2. 卡箍型平管管吊见表 15-2-5

卡箍型平管管吊　　　　**表 15-2-5**

图号	HGS12—2—5	HGS12—2—6	HGS12—2—7	HGS12—2—8
名称	卡箍型平管管吊 D21-25～500	卡箍型平管管吊 D22-25～500	卡箍型平管管吊 D23-25～500	卡箍型平管管吊 D24-25～500
简图	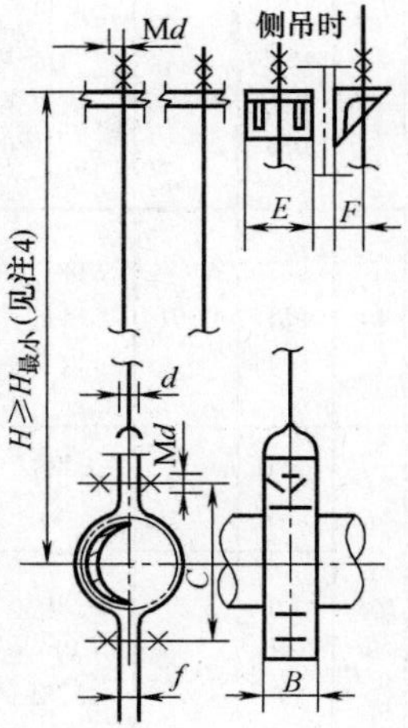 Md 侧吊时 E F $H \geq H_{最小}$(见注4) d Md C f B	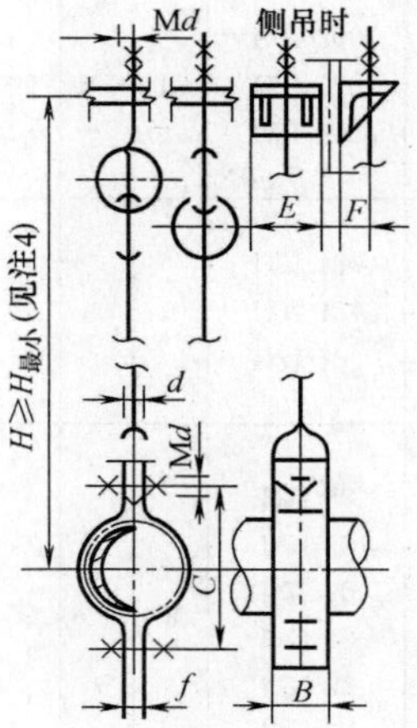 Md 侧吊时 E F $H \geq H_{最小}$(见注4) d Md C f B	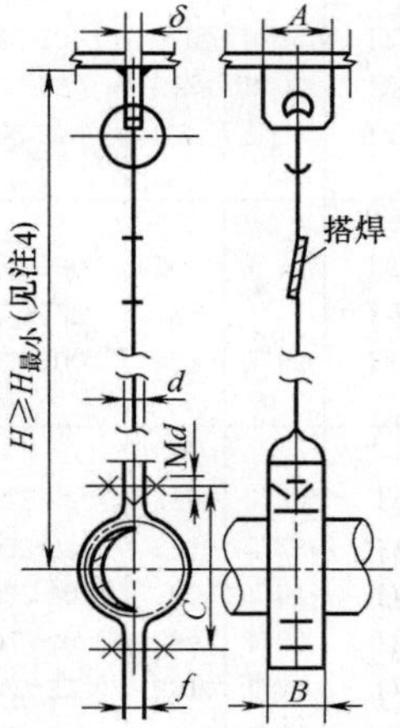 δ A 搭焊 $H \geq H_{最小}$(见注4) d Md C f B	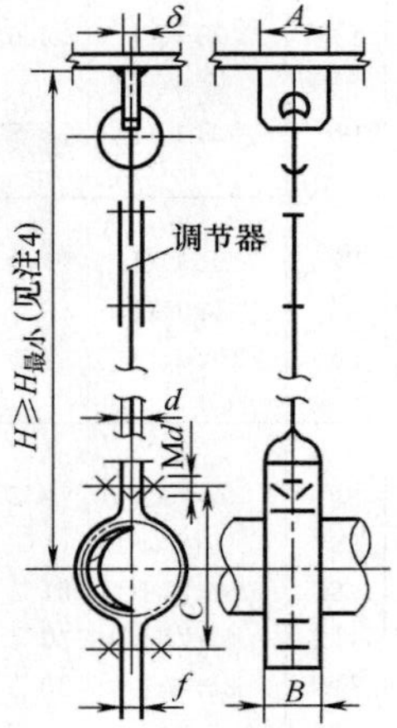 δ A 调节器 $H \geq H_{最小}$(见注4) d Md C f B

续表

	图号											HGS12—2—5			HGS12—2—6			HGS12—2—7			HGS12—2—8		
	适用管外径		允许荷载(kg)	C	B	f	d	E	F	A	δ	型号 D21-DN	$H_{最小}$	总重≈(kg)	型号 D22-DN	$H_{最小}$	总重≈(kg)	型号 D23-DN	$H_{最小}$	总重≈(kg)	型号 D24-DN	$H_{最小}$	总重≈(kg)
	无缝管	水煤气管																					
选用条件	32	33.5	500	74								D21-25	187	1.53	D22-25	347	1.81	D23-25	322	2.02	D24-25	537	2.25
	38	42.25		82								D21-32	191	1.56	D22-32	351	1.84	D23-32	326	2.05	D24-32	541	2.28
	45	48		88								D21-40	194	1.58	D22-40	354	1.86	D23-40	329	2.07	D24-40	544	2.30
	57	60		100	40	16	12	80	35	50	8	D21-50	200	1.63	D22-50	360	1.91	D23-50	335	2.12	D24-50	550	2.35
	76	75.5	800	125								D21-65	213	1.95	D22-65	373	2.23	D23-65	348	2.44	D24-65	563	2.67
	89	88.5		137								D21-80	219	2.02	D22-80	379	2.30	D23-80	354	2.51	D24-80	569	2.74
	108	114		170								D21-100	275	3.24	D22-100	475	3.86	D23-100	395	4.18	D24-100	695	4.55
	133	140	1600	196	40	22	16	100	40	60	10	D21-125	288	3.39	D22-125	488	4.01	D23-125	408	4.33	D24-125	708	4.70
	159	165		220								D21-150	300	3.52	D22-150	500	4.14	D23-150	420	4.46	D24-150	720	4.83
	219			290								D21-200	345	6.44	D22-200	585	7.53	D23-200	520	8.22	D24-200	790	8.89
	273		2600	346	50	24	20	120	55	100	12	D21-250	373	6.98	D22-250	613	8.07	D23-250	548	8.6	D24-250	818	9.43
	325			400								D21-300	400	7.52	D22-300	640	8.61	D23-300	575	9.30	D24-300	845	9.97
	377			465								D21-350	478	12.14	D22-350	758	13.97	D23-350	658	14.85	D24-350	1003	16.16
	426		3800	514	60	28	24	120	55	100	16	D21-400	502	12.86	D22-400	782	14.65	D23-400	682	15.57	D24-400	1032	16.88
	478			565								D21-450	528	13.64	D22-450	808	15.47	D23-450	708	16.35	D24-450	1058	17.66
	529			618								D21-500	554	14.40	D22-500	834	16.23	D23-500	734	17.11	D24-500	1084	18.42

注：1. 上图适用管内介质温度≤400℃的绝缘或不绝热的碳素钢管道及铝管、不锈钢管、衬里管及其他合金钢管道亦适用于冷冻管道。

2. 当根部结构不适用时，可另选用图 HGS12—2—15（表 15-2-3）中的根部形式，与上图配合使用。

3. D21、D22 画有两种根部结构，选用者可不必交代，由现场按管架所在情况选定。

4. 尺寸 H 由设计者给定，应满足 $H \geqslant H_{最小}$，还应满足 $H \geqslant 20\Delta L$（ΔL 为管道平面位移量）。

5. 选用标记方法举例：H=1000，DN100 管道的卡箍型平管管吊标为：

D21－100H=1000，图号 HGS12—2—5

（当根部结构采用 HGS12—2—5，即表 15-2-7 图中的形式时，其标记方法可参见该图系列）。

6. 卡箍用料见表 15-1-5。

3．焊接型立管管吊，见表 12-2-6

焊接型立管管吊　　**表 15-2-6**

图号	HGS12—2—13	HGS12—2—1、HGS12—2—2、HGS12—2—3、HGS12—2—4 （A 型）（B 型）（C 型）（D 型）	HGS12—2—14	HGS12—2—5、HGS12—2—6、HGS12—2—7、HGS12—2—8 （A 型）（B 型）（C 型）（D 型）
名称	焊接型立管管吊 D41-50～300		卡箍型立管管吊 D42-100～500	
	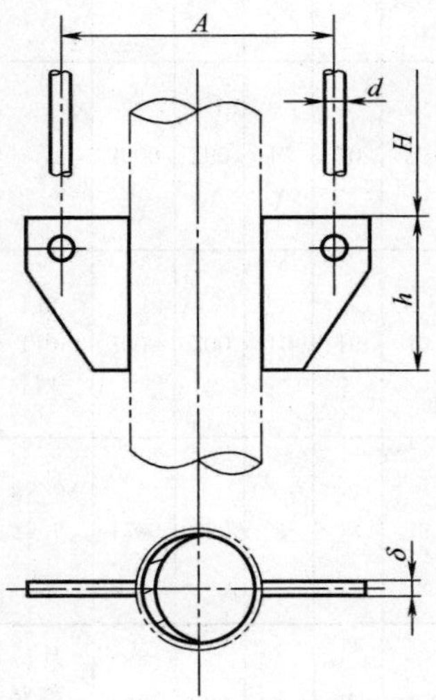 A d H h δ	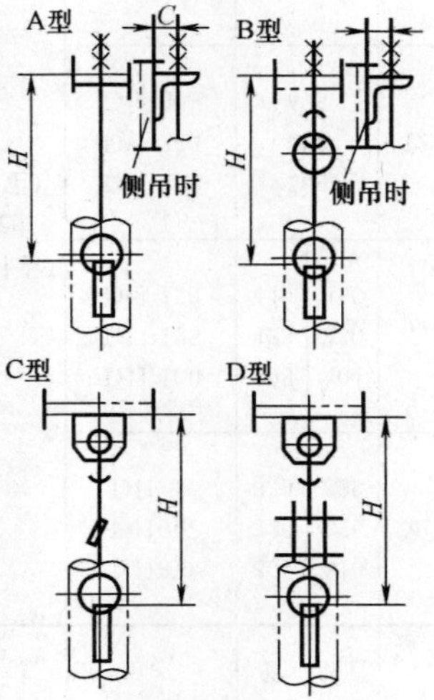 A型 B型 C型 D型 C H 侧吊时	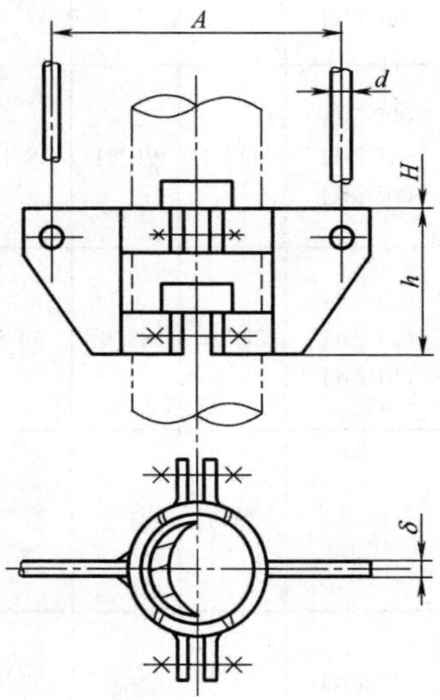 A d H h δ	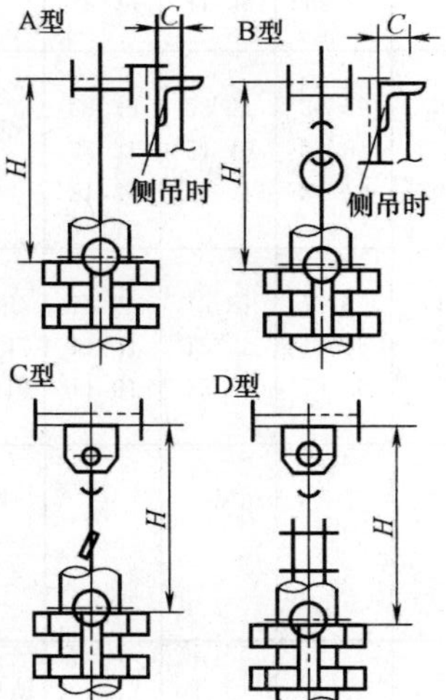 A型 B型 C型 D型 C H 侧吊时

续表

图号及各型的吊杆,根部结构所属图号								HGS12—2—13			HGS12—2—1	HGS12—2—2	HGS12—2—3	HGS12—2—4	HGS12—2—14			HGS12—2—5	HGS12—2—6	HGS12—2—7	HGS12—2—8
适用管外径		允许荷载(kg)	h	δ	d	C	H	型号 D41-DN	A		总重≈(kg)				型号 D42-DN	A		总重≈(kg)			
无缝管	水煤气管								无缝管	水煤气管	A型	B型	C型	D型		无缝管	水煤气管	A型	B型	C型	D型
57	60	1200	150	8	12	35	(由设计者给定或由现场确定)	D41-50	307	310	4.10	4.66	5.16	5.62	—	—	—	—	—	—	—
76	75.5							D41-65	326	326					—	—	—	—	—	—	—
89	88.5							D41-80	339	339					—	—	—	—	—	—	—
108	114	2600	200	10	16	40		D41-100	398	404	7.58	8.82	9.58	10.32	D42-100	410	416	11.01	12.25	12.89	13.63
133	140							D41-125	423	430					D42-125	435	442	11.31	12.55	13.19	13.93
159	165							D41-150	449	455					D42-150	461	467	11.57	12.81	13.45	14.19
219		3600	250	12	20	55		D41-200	569		12.66	14.84	16.46	17.80	D42-200	585		21.23	23.41	24.79	26.13
273								D41-250	623						D42-250	639		22.31	24.49	25.87	27.21
325								D41-300	675						D42-300	691		23.39	25.57	26.95	28.29
377		5000	300	16	24	55		—	—		—	—	—	—	D42-350	747		38.32	41.98	43.74	46.36
426								—	—						D42-400	796		39.76	43.42	44.51	47.80
478								—	—						D42-450	848		41.32	44.98	46.74	49.36
529								—	—						D42-500	899		42.84	46.50	48.26	50.88

注：1. D41焊接型立管管吊适用管内介质温度≤300℃的绝热或不绝热的，允许和管子直接焊接的碳素钢管道，但不适用于冷冻管道。

2. D42卡箍型立管管吊适用于管内介质温度≤400℃的绝热或不绝热的碳素钢管道，铝管、不锈钢管及其他合金钢管道，亦适用于冷冻管道上。但不适用于衬里管。

3. 当根部结构不适用时，可另选用图HGS12—2—15（图GD 7—3—7）中的根部形式，与上图配合使用。

4. D41、D42按吊杆及根部结构的形式的不同各分为A、B、C、D四种形式，其中A、B型画有两种根部结构，选用者可不必交代，由现场按管架所在情况选定。

5. 选用标记方法举例：

H=1000，吊杆为A型的，DN100的管道焊接型立管管吊标为：

D41-100A、H=1000，图号：HGS12—2—13、HGS12—2—1。

（当根部结构采用HGS12—2—15即图GD 7—3—7图中的形式时，其标记方法可参见该图系列）

4. 管吊根部结构见表 15-2-7

管吊根部结构 **表 15-2-7**

HGS12—2—15

管吊根部结构 G1-1～4、G2-1～4、G3-1～3、G4-1～2

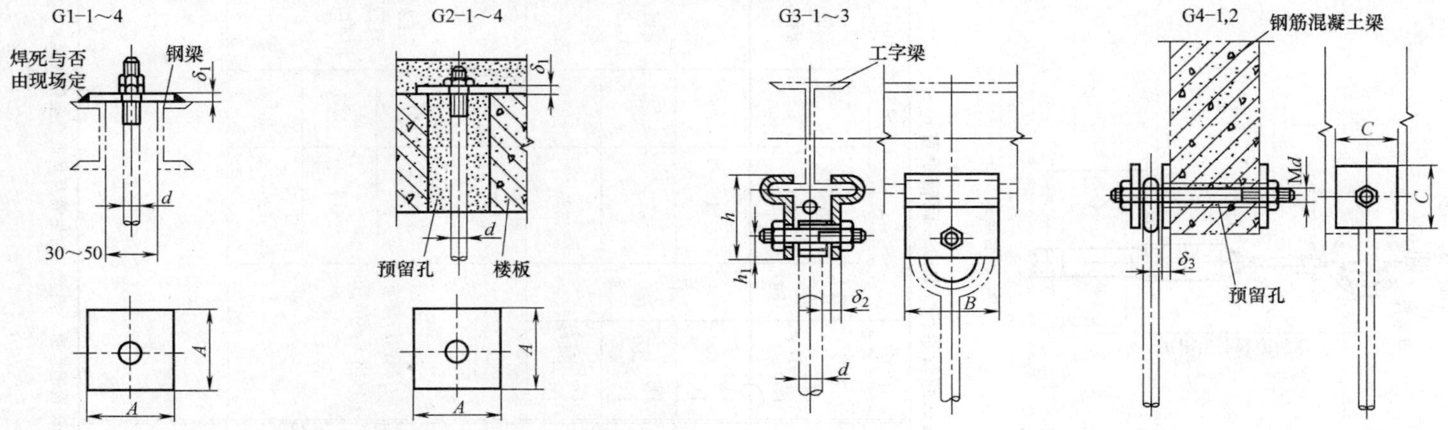

G1-1～4　G2-1～4　G3-1～3　G4-1,2

焊死与否由现场定　钢梁　δ_1　d　30～50　A　预留孔　楼板　工字梁　h　h_1　δ_2　B　钢筋混凝土梁　C　Md　δ_3

图号		HGS12—2—15				HGS12—2—15						图号		HGS12—2—15			
适用吊杆直径 d	允许最大荷载(kg)	型号 G1-1～4 G2-1～4	A	δ_1	总重(kg)	型号 G3-1～3	B	δ_2	h	h_1	总重(kg)	型号 G4-1～2	允许最大荷载(kg)	C	δ_3	Md	总重(kg)
12	800	G1-1 G2-1	80	10	0.50	G3-1	100	8	90	30	1.95	G4-1	500	80	8	M16	2.02
16	1600	G1-2 G2-2	100	12	0.94	G3-2	120	10	105	35	3.24						
20	2600	G1-3 G2-3	120	16	1.80	G3-3	150	12	120	40	5.64	G4-2	1000	100	8	M20	3.17
24	3800	G1-4 G2-4	150	16	2.80												

注：1. 上述四种管吊根部结构，分别适用于型钢梁、楼板、工字梁（不能焊钻时）及有预留孔的钢筋混凝土梁上，若前边各种管吊的根部结构不适用时，可选用上述根部结构之一与前边的管吊配合使用。
2. 选用时，其荷载及位置应征得土建专业的同意。
3. 选用标记方法举例：若单独选用根部结构 G4-2 型则标记为：G4-2 图号 HGS12—2—15。
若与前边管吊配合使用时，如 H=100mm，DN100 管道，根部结构用 G1-2 型的卡箍型平管管吊，则标记为 D21-100 H=1000mm 根部结构用 G1-2，图号 HGS12—2—5、HGS12—2—15。

5. 吊于管子上的管吊（见表 15-2-8）及管卡（见表 15-2-9）

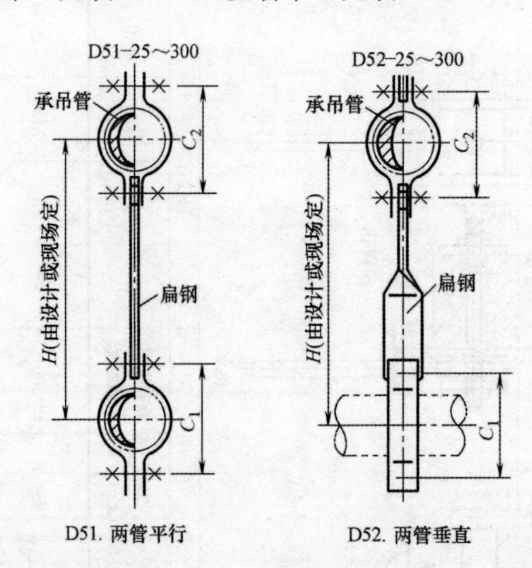

D51. 两管平行　　D52. 两管垂直

吊于管子上的管吊（D51—两管平行、D52—两管垂直）　表 15-2-8

图号	HGS12—2—16						图号	HGS12—2—16				
型号 D51/D52-DN	最大荷载（kg）	管道外径（mm） 无缝钢管	管道外径（mm） 水煤气管	C_1 或 C_2	扁钢规格	总重≈(kg)	型号 D51/D52-DN	最大荷载（kg）	管道外径（mm）	C_1 或 C_2	扁钢规格	总重≈(kg)
D51/D52-25	300	32	33.5	74	扁钢 6×50	0.88	D51/D52-200	1000	219	290	扁钢 10×50	6.74
D51/D52-32		38	42.25	82		0.94	D51/D52-250		273	346		7.82
D51/D52-40		45	4.8	88		0.98	D51/D52-300		325	400		8.90
D51/D52-50		57	60	100		1.08	右侧四行数字仅用于承吊管		377	466	上列总重是在两管等径及扁钢长为 300 时的情况下	
D51/D52-65		76	75.5	125		1.72			426	514		
D51/D52-80		89	88.5	137		1.86			478	565		
D51/D52-100		108	114	170		2.57			529	618		
D51/D52-125	600	133	140	196	扁钢 8×50	2.87						
D51/D52-150		159	166	200		3.13						

注：1. 适用于管内介质温度≤400℃的绝热或不绝热的碳素钢管道，铝管、衬里管及其他合金钢管道。

2. 承吊管子的管径范围内 $DN25 \sim DN500$。

3. 尺寸 H 应满足，$H_{最小} \geqslant 100+\frac{C_1+C_2}{2}$。

4. 选用标记方法举例：

H=300mm（由现场定时 H 不给）$DN100$ 的管道选用 D51 型管吊标为 D51－100、H=300mm，图号 HGS12—2—16。

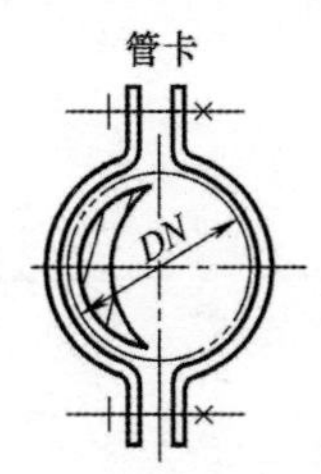

管卡估料表　　　　表 15-2-9

公称直径 DN	1个管卡所用的扁钢 厚×宽×长	公称直径 DN	1个管卡所用的扁钢 厚×宽×长	公称直径 DN	1个管卡所用的扁钢 厚×宽×长	公称直径 DN	1个管卡所用的扁钢 厚×宽×长
25	4×40×234	65	6×60×380	150	6×60×680	350	10×70×1440
32	4×40×260	80	6×60×416	200	8×60×900	400	10×70×1590
40	4×40×280	100	6×60×532	250	8×60×1070	450	10×70×1760
50	4×40×316	125	6×60×606	300	8×60×1240	500	10×70×1920

6. 双杆Ⅱ型型钢吊架见表 15-2-10

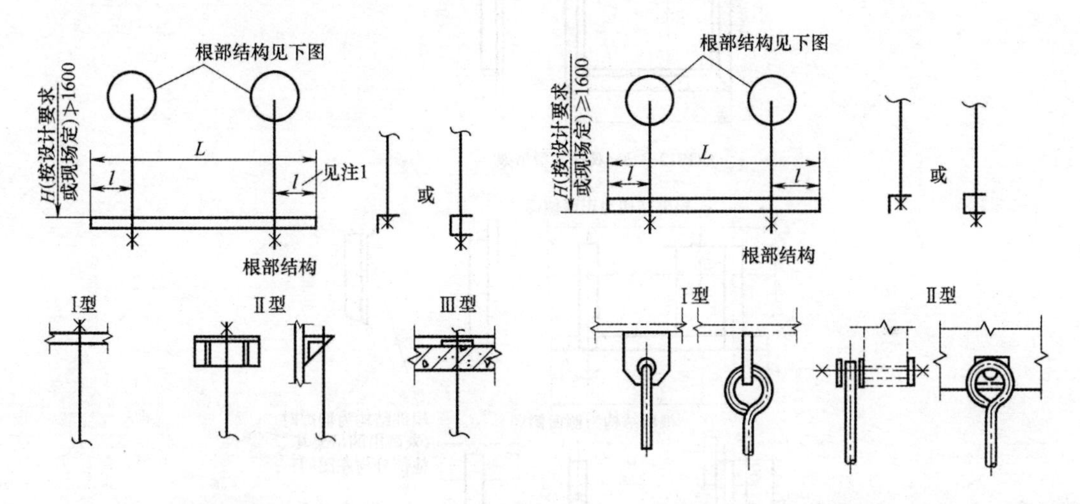

HGS12-3-1 双杆Ⅱ型吊架(1)　　　HGS12-3-2 双杆Ⅱ型吊架(2)

双杆Ⅱ型型钢吊架　　　　表 15-2-10

		HGS12—3—1						HGS12—3—2					
型号		SD1—5—L号	SD1—7—L号	SD1—8—L号	SD1—10—L号	SD1—12—L号	SD1—14—L号	SD2—5—L号	SD2—7—L号	SD2—8—L号	SD2—10—L号	SD2—12—L号	SD2—14—L号
横梁型钢规格		∟50×5	∟75×8	⊏8	⊏10	⊏12	⊏14a	∟50×5	∟75×8	⊏8	⊏10	⊏12	⊏14a
L号	长度 L	允许最大荷载(kg)											
8	800	300	400	1600				300	400	1600			
10	1000	250	350	1300	2100			250	350	1300	2100		
12	1200		300	1150	1800	3000	3600		300	1150	1800	3000	3600
14	1400		250	1000	1600	2500	3000		250	1000	1600	2500	3000
16	1600			900	1400	2000	2500			900	1400	2000	2500
18	1800				1200	1900	2400				1200	1900	2400
20	2000					1800	2300					1800	2300
22	2200						2100						2100
24	2400						1900						1900
25	2500						1800						1800

说明：1. 尺寸 l=60mm，有特殊要求时，可在设计中交代，但最大不得超过 500mm。

2. 选用者根据要求之根部结构选用上图中之一种形式后，不需在选用中交代根部结构形式，可由施工单位按实际情况，照图施工。也可按图 GD 7—6—7 施工。

3. 标记举例

例 1：选用 L=1000mm，荷载为 250kg，l=200mm 的双杆Ⅱ型吊架（一）时，标记为 SD1—5—10，l=200mm，图号 HGS12—3—1。

例 2：同上例，而 l 无特殊要求时，标记为 SD1—5—10，图号 HGS12—3—1。

7. 双柱∏⫫型型钢吊架见表 15-2-11

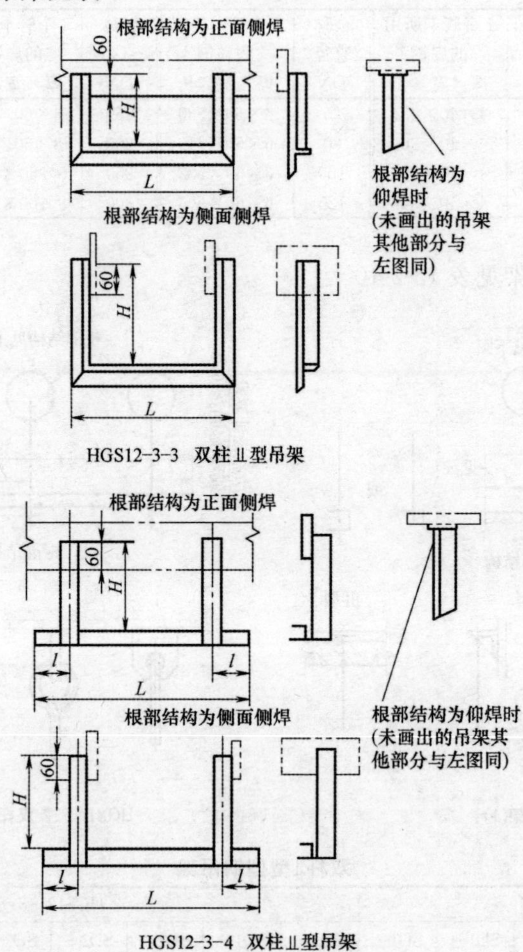

HGS12-3-3　双柱⫫型吊架

HGS12-3-4　双柱⫫型吊架

双柱∏、⫫型型钢吊架　　　　表 15-2-11

HGS12—3—3					
型号		SD3—5—L 号	SD3—6—L 号	SD3—7—L 号	SD3—10—L 号
型钢规格		∟50×5	∟63×6	∟75×8	∟100×8
L 号	长度 L	允计最大荷载(kg)			
4	400	800			
6	600	700	900		
8	800	600	800	1600	
10	1000	500	700	1300	2100
12	1200		600	1150	1800

HGS12—3—4							
型号		SD4—5—L 号	SD4—7—L 号	SD4—8—L 号	SD4—10—L 号	SD4—12—L 号	SD4—14—L 号
型钢规格		∟50×5	∟75×8	⊏8	⊏10	⊏12	⊏14a
L 号	长度 L	允计最大荷载(kg)					
8	800	600	800	1600			
10	1000	500	700	1300	2100		
12	1200		600	1150	1800	3000	3600
14	1400		500	1000	1600	2500	3000
16	1600			900	1400	2000	2500
18	1800				1200	1900	2400
20	2000					1800	2300
22	2200						2100
24	2400						1900
25	2500						1800

说明：1. 尺寸 H 按管架安装标高要求，由现场定，但选用时最大不得超过 1600mm。
2. 尺寸 l=80mm，有特殊要求时，可在设计中交代，但最大不得超过 500mm。
3. 图中双点画线部分为预埋钢板或钢梁、钢结构。
4. 标记举例
例 1：选用 L=1400mm，荷载为 1000kg，l=400mm 的双柱⫫型吊架，其标记为 SD4—8—14，l=400mm，图号 HGS12—3—4。
例 2：同上例，但 l 无特殊要求时，标记为 SD4—8—14，图号 HGS12—3—4。

15.2.4　平管支架

1. 平管支架（1）见表 15-2-12；平管支架（4）见表 15-2-13；平管支架（5）见表 15-2-14；图 15-2-1。
平管支架编号及支架结构图见平管支架（3）表左、表下内容。

1. 平管支架（1）　　　　**表 15-2-12**

	图号		HGS12—6—1									HGS12—6—2			
	图名		平管支架 PJ11,PJ12,PJ13,PJ15 型									平管支架 PJ21,PJ22,PJ23,PJ25 型			
	型钢规格、截面		L50×5	L63×6	L100×6	I10	I12	I14	I16	I18	I20	[ ]12	[ ]16	[ ]20	[ ]24
型号	PJ11,PJ21 型		PJ11-11	PJ11-21	PJ11-31	PJ11-41	PJ11-51	PJ11-61	PJ11-71	PJ11-81	PJ11-91	PJ21-11	PJ21-21	PJ21-31	PJ21-41
	PJ12,PJ22 型		PJ12-11	PJ12-21	PJ12-31	PJ12-41	PJ12-51	PJ12-61	PJ12-71	PJ12-81	PJ12-91	PJ22-11	PJ22-21	PJ22-31	PJ22-41
	PJ13,PJ23 型		PJ13-11	PJ13-21	PJ13-31	PJ13-41	PJ13-51	PJ13-61	PJ13-71	PJ13-81	PJ13-91	PJ23-11	PJ23-21	PJ23-31	PJ23-41
	PJ15,PJ25 型		PJ15-11	PJ15-21	PJ15-31	PJ15-41	PJ15-51	PJ15-61	PJ15-71	PJ15-81	PJ15-91	PJ25-11	PJ25-21	PJ25-31	PJ25-41
选用条件	H(mm)		$H \leqslant 500$												
	最大载荷 P_V (kg)		108	206	520	1660	2390	3250	4250	5420	6850	5050	7360	10500	15200
	轴向推力 P_H (kg)		54	103	260	830	1195	1625	2125	2710	3425	2525	3680	5250	7600
	适用管径 DN	液体/气体	≤50	≤80	≤150	≤200	≤250	≤300	≤350			≤400	≤500	≤600	
	H(mm)		$500 < H \leqslant 1000$												
	最大载荷 P_V (kg)		—	—	265	883	1280	1770	2330	3020	3830	2720	4420	6550	9620
	轴向推力 P_H (kg)		—	—	132	441	640	885	1165	1510	1915	1360	2210	3275	4810
	适用管径 DN	液体	—	—	≤80	≤125	≤150		≤200	≤250	≤300	≤250	≤350	≤400	≤600
		气体										≤700	≤800	≤1200	
土建条件	$A \times B$ (mm)		100×130	110×150	180×180	240×180	260×190	280×200	310×220	330×220	350×250	290×290	340×340	390×390	430×430
	$a \times b$ (mm)		60×90	70×110	140×140	180×130	200×140	220×150	250×160	250×160	290×180	230×230	270×270	320×320	360×360
	地脚螺栓		4×M12			4×M16			4×M20				4×M27		4×M30

续表

			L50×5	L63×6	L100×6	I10	I12	I14	I16	I18	I20	[ ]12	[ ]16	[ ]20	[ ]24
图号			HGS12—6—1									HGS12—6—2			
图名			平管支架 PJ11,PJ12,PJ13,PJ15 型									平管支架 PJ21,PJ22,PJ23,PJ25 型			
型钢规格、截面			L50×5	L63×6	L100×6	I10	I12	I14	I16	I18	I20	[ ]12	[ ]16	[ ]20	[ ]24
型号	PJ11,PJ21 型				PJ11-32	PJ11-42	PJ11-52	PJ11-62	PJ11-72	PJ11-82	PJ11-92	PJ21-12	PJ21-22	PJ21-32	PJ21-42
型号	PJ12,PJ22 型				PJ12-32	PJ12-42	PJ12-52	PJ12-62	PJ12-72	PJ12-82	PJ12-92	PJ22-12	PJ22-22	PJ22-32	PJ22-42
型号	PJ13,PJ23 型				PJ13-32	PJ13-42	PJ13-52	PJ13-62	PJ13-72	PJ13-82	PJ13-92	PJ23-12	PJ23-22	PJ23-32	PJ23-42
型号	PJ15,PJ25 型				PJ15-32	PJ15-42	PJ15-52	PJ15-62	PJ15-72	PJ15-82	PJ15-92	PJ25-12	PJ25-22	PJ25-32	PJ25-42
选用条件	H(mm)		$1000<H\leqslant1500$												
选用条件	最大载荷 P_V (kg)				178	602	877	1210	1610	2080	2660	1880	3170	4700	6720
选用条件	轴向推力 P_H (kg)				89	301	438	605	805	1040	1330	940	1585	2350	3360
选用条件	适用管径 DN	液体			≤80	≤100		≤150			≤200	≤200	≤300	≤400	
选用条件	适用管径 DN	气体										≤600	≤800	≤1000	≤1200
选用条件	H		$1500<H\leqslant1800$												
选用条件	最大载荷 P_V (kg)				148	504	735	1020	1350	1760	2250	1580	2700	4060	5600
选用条件	轴向推力 P_H (kg)				74	252	368	510	675	880	1125	790	1350	2030	2800
选用条件	适用管径 DN	液体			≤50	≤80	≤100	≤125	≤150		≤200	≤200	≤300	≤300	≤400
选用条件	适用管径 DN	气体										≤500	≤700	≤800	≤1000
土建条件	$A\times B$ (mm)				180×180	240×180	260×190	280×200	310×220	330×240	350×250	290×290	340×340	390×390	430×430
土建条件	$a\times b$ (mm)				140×140	180×130	200×140	220×150	250×160	270×170	290×180	230×230	270×270	320×320	360×360
土建条件	地脚螺栓				4×M12	4×M16		4×M20			4×M27	4×M20	4×M27	4×M30	

1. 平管支架(2)

续表

		L50×50×5	L63×63×6	L100×100×6	I10	I12	I14	I16	I18	I20	[ ]12	[ ]16	[ ]20	[ ]24
图号		HGS12—6—3			HGS12—6—4						HGS12—6—5			
图名		平管支架 PJ31,PJ32,PJ33,PJ35 型			平管支架 PJ31,PJ32,PJ33,PJ35 型						平管支架 PJ41,PJ42,PJ43,PJ45 型			
型钢规格、截面		L50× 50×5	L63× 63×6	L100× 100×6	I10	I12	I14	I16	I18	I20	[ ]12	[ ]16	[ ]20	[ ]24
型号	PJ31,PJ41 型	PJ31-11	PJ31-21	PJ31-31	PJ31-41	PJ31-51	PJ31-61	PJ31-71	PJ31-81	PJ31-91	PJ41-11	PJ41-21	PJ41-31	PJ41-41
型号	PJ32,PJ42 型	PJ32-11	PJ32-21	PJ32-31	PJ32-41	PJ32-51	PJ32-61	PJ32-71	PJ32-81	PJ32-91	PJ42-11	PJ42-21	PJ42-31	PJ42-41
型号	PJ33,PJ43 型	PJ33-11	PJ33-21	PJ33-31	PJ33-41	PJ33-51	PJ33-61	PJ33-71	PJ33-81	PJ33-91	PJ43-11	PJ43-21	PJ43-31	PJ43-41
型号	PJ35,PJ45 型	PJ35-11	PJ35-21	PJ35-31	PJ35-41	PJ35-51	PJ35-61	PJ35-71	PJ35-81	PJ35-91	PJ45-11	PJ45-21	PJ45-31	PJ45-41
选用条件	H(mm)	$H\leqslant500$												
选用条件	最大载荷 P_V (kg)	108	206	520	1660	2390	3250	4250	5420	6850	5050	7360	10500	15200
选用条件	轴向推力 P_H (kg)	54	103	260	830	1195	1625	2125	2710	3425	2525	3680	5250	7600

续表

图号			HGS12—6—3			HGS12—6—4						HGS12—6—5			
图名			平管支架 PJ31,PJ32,PJ33,PJ35 型			平管支架 PJ31,PJ32,PJ33,PJ35 型						平管支架 PJ41,PJ42,PJ43,PJ45 型			
选用条件	适用管径 DN	液体 气体	≤50	≤80	≤150	≤200	≤250	≤300	≤350			≤400	≤500	≤600	
	H(mm)		500<H≤1000												
	最大载荷 P_V (kg) 轴向推力 P_H		— —	— —	265 132	883 441	1280 640	1770 885	2330 1165	3020 1510	3830 1915	2720 1360	4420 2210	6550 3275	9620 4810
	适用管径 DN	液体	—	—	≤80	≤125	≤150		≤200	≤250	≤300	≤250	≤350	≤400	≤600
		气体										≤700	≤800	≤1200	
土建条件	$A\times B$ (mm) $a\times b$		100×130 60×90	110×150 70×110	180×180 140×140	240×180 180×130	260×190 200×140	280×200 220×150	310×220 250×160	330×240 270×170	350×350 270×140	290×290 230×230	340×340 270×270	390×390 320×320	430×430 360×360
	地脚螺栓		4×M12			4×M16			4×M20				4×M27		4×M30
型号	PJ31,PJ41 型 PJ32,PJ42 型 PJ33,PJ43 型 PJ35,PJ45 型				PJ31-32 PJ32-32 PJ33-32 PJ35-32	PJ31-42 PJ32-42 PJ33-42 PJ35-42	PJ31-52 PJ32-52 PJ33-52 PJ35-52	PJ31-62 PJ32-62 PJ33-62 PJ35-62	PJ31-72 PJ32-72 PJ33-72 PJ35-72	PJ31-82 PJ32-82 PJ33-82 PJ35-82	PJ31-92 PJ32-92 PJ33-92 PJ35-92	PJ41-12 PJ42-12 PJ43-12 PJ45-12	PJ41-22 PJ42-22 PJ43-22 PJ45-22	PJ41-32 PJ42-32 PJ43-32 PJ45-32	PJ41-42 PJ42-42 PJ43-42 PJ45-42
选用条件	H(mm)		1000<H≤1500												
	最大载荷 P_V (kg) 轴向推力 P_H				178 89	602 301	877 438	1210 605	1610 805	2080 1080	2660 1330	1880 940	3170 1585	4700 2350	6720 3360
	适用管径 DN	液体			≤80	≤100		≤150			≤200	≤200	≤300	≤400	
		气体										≤600	≤800	≤1000	≤1200
	H(mm)		1500<H≤1800												
	最大载荷 P_V (kg) 轴向推力 P_H				148 74	504 252	735 368	1020 510	1350 675	1760 880	2250 1125	1580 790	2700 1350	4060 2030	5600 2800
	适用管径 DN	液体			≤50	≤80	≤100	≤125	≤150		≤200	≤200	≤300		≤400
		气体										≤500	≤700	≤800	≤1000
土建条件	$A\times B$ (mm) $a\times b$				180×180 140×140	240×180 180×130	260×190 200×140	280×200 220×150	310×220 250×160	330×240 270×170	350×250 290×180	290×290 230×230	340×340 270×270	390×390 320×320	430×430 360×360
	地脚螺栓				4×M12	4×M16		4×M20			4×M27	4×M20	4×M27	4×M30	

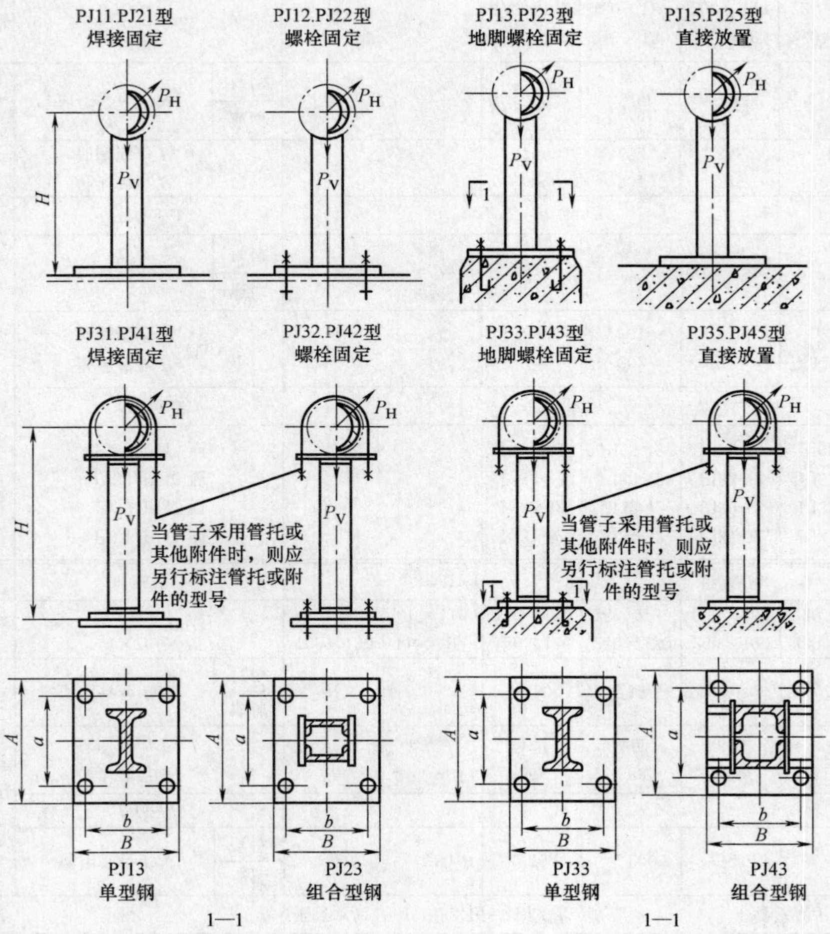

1. 平管支架（3） 续表

图号		HGS12—6—5			
图名		平管支架 PJ41，PJ42，PJ43 型			
型号	PJ41 型	PJ41-13	PJ41-23	PJ41-33	PJ41-43
	PJ42 型	PJ42-13	PJ42-23	PJ42-33	PJ42-43
	PJ43 型	PJ43-13	PJ43-23	PJ43-33	PJ43-43
选用条件	H(mm)	$1800<H\leqslant3000$			
	最大载荷 P_V(kg)	940	1710	2580	3360
	适用管径 DN	≤125	≤250	≤250	≤300
	H(mm)	$3000<H\leqslant4500$			
	最大载荷 P_V(kg)	655	1170	1780	2240
	适用管径 DN	≤100	≤150	≤200	≤250
土建条件	$A\times B$ (mm)	290×290	340×340	390×390	430×430
	$a\times b$ (mm)	230×230	270×270	320×320	360×360
	地脚螺栓	4×M27	4×M30		

注：选用举例：一根 0.2MPa（表压）蒸汽管，D219×6，每跨总重为1340kg、管中线距地面1700mm，欲选用地脚螺栓固定的管架，选定PJ33-92型平管支架，标为PJ33-92，图号HGS12—6—4。

平管支架编号说明

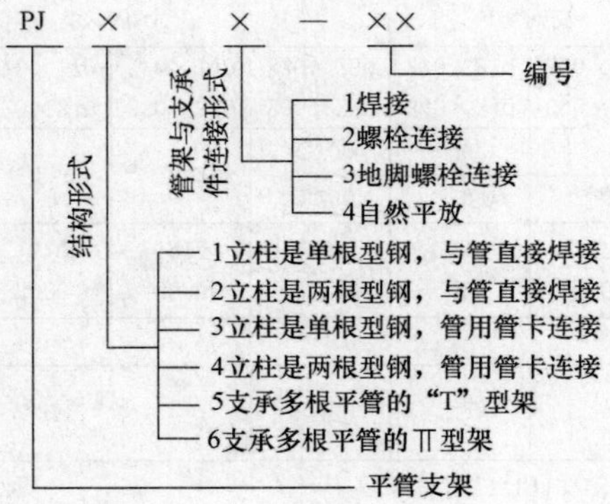

PJ × × — ××

- 编号
- 管架与支承件连接形式：1焊接；2螺栓连接；3地脚螺栓连接；4自然平放
- 结构形式：1立柱是单根型钢，与管直接焊接；2立柱是两根型钢，与管直接焊接；3立柱是单根型钢，管用管卡连接；4立柱是两根型钢，管用管卡连接；5支承多根平管的"T"型架；6支承多根平管的∏型架
- 平管支架

图 15-2-1 平管支架

2. Π型平管支架见图 15-2-2、表 15-2-13；T 型平管支架见图 15-2-3、表 15-2-14。

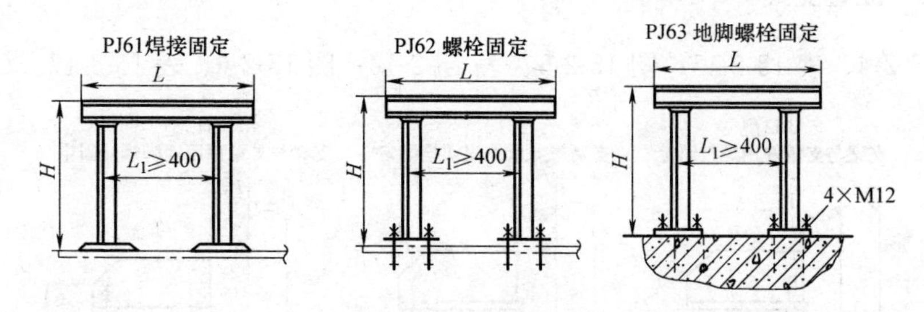

图 15-2-2　Π型平管支架

Π型平管支架（4）（PJ51、52、53）　　　　**表 15-2-13**

图号	图名	型号	允许荷载（kg）	允许水平推力（kg）	尺寸极限（mm）	管架主要材料规格	
						横梁	支柱
HGS12—6—6	平管支架 PJ51,PJ52,PJ53 型	PJ51-1	135	55	$H \leqslant 500$ $L \leqslant 500$	∟50×3	∟63×6
		PJ52-1					
		PJ53-1					
		PJ51-2	160	65	$H \leqslant 800$ $L \leqslant 800$	∟63×6	∟75×8
		PJ52-2					
		PJ53-2					

注：1. 支架与支承件用地脚螺栓固定（型号 PJ53-1；2 和 PJ63-1～4）的平管支架，所用的地脚螺栓可用射钉枪打入，或是在土建施工时埋入，如果采取在土建施工时埋入的办法，则应提请土建预留地脚螺栓孔，孔的尺寸（长×宽×深）为：160mm×160mm×300mm。

2. 尺寸 L、H、L_1 的极限数值分别给出在表中和图中，但是其具体数值可按现场情况决定。

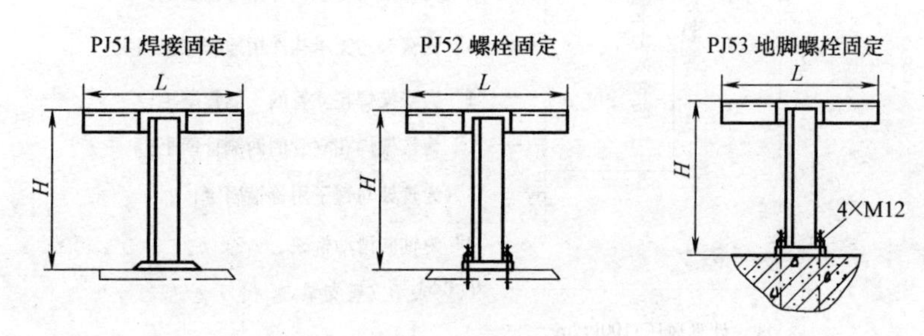

图 15-2-3　T 型平管支架

T 型平管支架（5）（PJ61、62、63）　　　　**表 15-2-14**

图号	图名	型号	允许荷载（kg）	允许水平推力（kg）	尺寸极限（mm）	管架主要材料规格	
						横梁	支柱
HGS12—6—7	平管支架 PJ61,PJ62,PJ63 型	PJ61-1	520	210	$H \leqslant 800$ $L \leqslant 800$	[8	∟50×5
		PJ62-1					
		PJ63-1					
		PJ61-2	540	215	$H \leqslant 800$ $L \leqslant 800$	[10	∟50×5
		PJ62-2					
		PJ63-2					
		PJ61-3	670	270	$H \leqslant 800$ $L \leqslant 1200$	[12	∟63×6
		PJ62-3					
		PJ63-3					
		PJ61-4	830	330		[14	∟75×8
		PJ62-4					
		PJ63-4					

15.2.5　立管支架

见图15-2-4、表15-2-15；图15-2-5、表15-2-16；图15-2-6、表15-2-17。

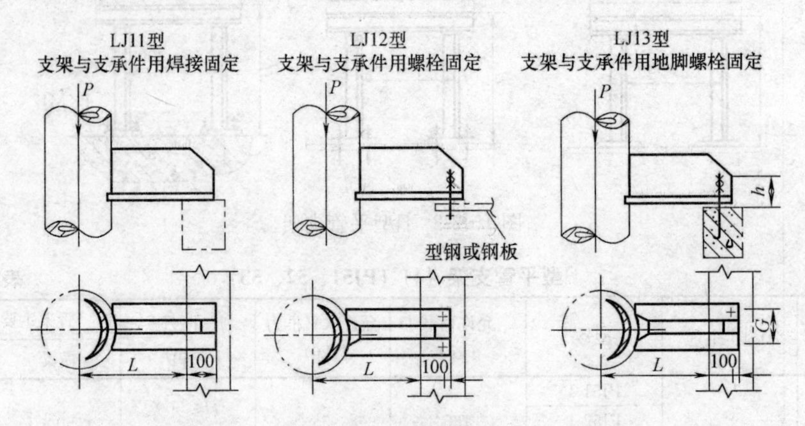

图15-2-4　立管支架（1）

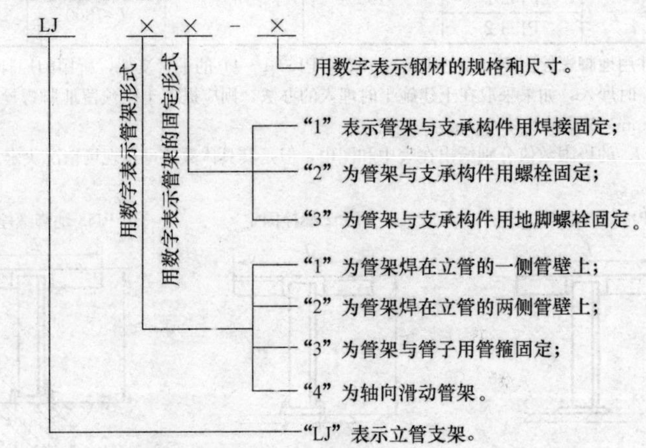

注：计算风压:100kg/m²

立管支架（1）（LJ11、LJ12、LJ13）　　表15-2-15

图号	型号	适用于管子公称直径 DN	允许值 L（mm）	允许荷载 P（kg）	通用图号	支架主要材料		备注
						钢板厚度	重量（kg）	
单肢立管支架	LJ11-1	15、20、25	L≤200	370	HGS12—8—1	8	2.97	
	-2	32、40、50		640		8	3.58	
	-3	65、80、100、125、150		1650		14	8.23	
	-4	200、250、300		2200		16	6.90	
	-5	15、20、25	200＜L≤400	370		10	7.78	
	-6	32、40、50		640		12	11.00	
	-7	65、80、100、125、150		1650		18	21.20	
	LJ11-8	200、250、300		2200		18	19.84	
	LJ12-1	15、20、25	L≤200	370		8	3.26	
	-2	32、40、50		640		8	3.90	
	-3	65、80、100、125、150		1650		14	9.00	
	-4	200、250、300		2200		16	8.17	
	-5	15、20、25	200＜L≤400	370		10	8.10	
	-6	32、40、50		640		12	11.64	
	-7	65、80、100、125、150		1650		18	23.25	
	LJ12-8	200、250、300		2200		18	22.28	

续表

图号	型号	适用于管子公称直径 DN	允许值 L (mm)	允许荷载 P(kg)	通用图号	支架主要材料		备　注
						钢板厚度	重量(kg)	
单肢立管支架	LJ13-1	15、20、25	L≤200	370	HGS12—8—1	8	3.13	2×M12、G=50、h=40
	-2	32、40、50		640		8	3.71	2×M16、G=60、h=60
	-3	65、80、100、125、150		1650		14	8.48	2×M20、G=80、h=60
	-4	200、250、300		2200		16	7.32	2×M24、G=90、h=70
	-5	15、20、25	200< L≤400	370		10	7.91	2×M6、G=60、h=50
	-6	32、40、50		640		12	11.25	2×M20、G=70、h=60
	-7	65、80、100、125、150		1650		18	22.08	2×M30、G=100、h=80
	LJ13-8	200、250、300		2200		18	20.72	2×M30、G=100、h=80

注：1. 单肢立管支架适用于管内介质温度不高于 400℃，能与碳钢焊接的管子。其中，支架与支承件用焊接固定的支架（LJ11 型）适用于管子安装后不需要经常拆除的场合。

2. 支架与支承件用地脚螺栓固定的单肢立管支架（LJ13 型）的地脚螺栓必须提请土建专业预先埋在钢筋混凝土梁内。地脚螺栓的规格、个数、伸出梁的高度以及预埋位置相应地给出在图上和备注栏内。

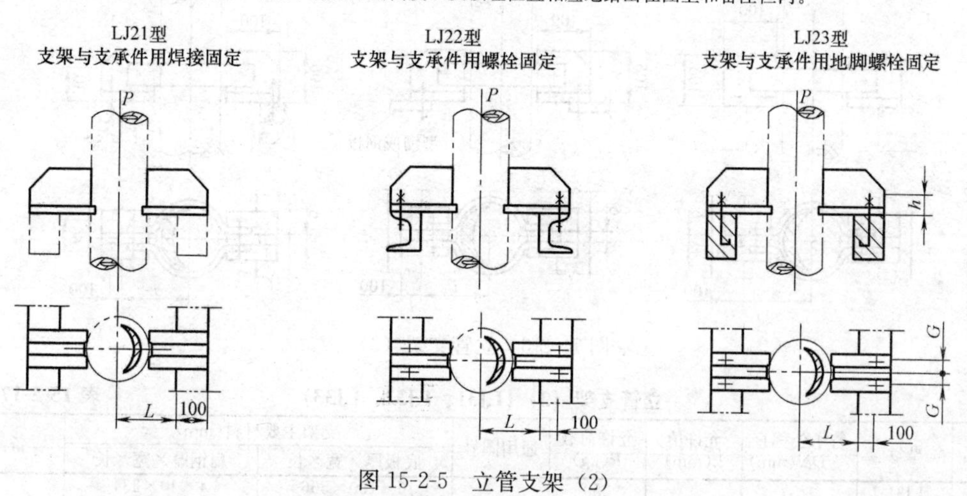

图 15-2-5　立管支架（2）

立管支架（2）（LJ21、LJ22、LJ23）　　表 15-2-16

图号	型号	适用于管子公称直径 DN(mm)	允许值 L (mm)	允许荷载 P(kg)	通用图号	支架主要材料		备　注
						钢板厚度(mm)	重量(kg)	
单肢立管支架	LJ21-1	15、20、25、32	L≤200	570	HGS12—8—2	6	4.25	
	-2	40、50、65		840		8	5.68	
	-3	80、100、125		1450		8	6.55	
	-4	150、200、250、300、350		4130		12	11.90	
	-5	15、20、25、32	200< L≤400	570		6	9.30	
	-6	40、50、65		840		10	15.15	
	-7	80、100、125		1450		12	20.60	
	-8	150、200、250、300、350		4130		18	38.60	
	LJ21-9	400、450、500、600		6850		22	38.90	
	LJ22-1	15、20、25、32	L≤200	570		6	4.35	
	-2	40、50、65		840		8	5.83	
	-3	80、100、125		1450		8	6.87	
	-4	150、200、250、300、350		4130		12	12.62	
	-5	15、20、25、32	200< L≤400	570		6	9.45	
	-6	40、50、65		840		10	15.47	
	-7	80、100、125		1450		12	21.19	
	-8	150、200、250、300、350		4130		18	40.58	
	LJ22-9	400、450、500、600		6850		22	41.70	
	LJ23-1	15、20、25、32	L≤200	570		6	4.27	2×M10，G=20mm，h=30mm
	-2	40、50、65		840		8	5.71	2×M12，G=25mm，h=35mm
	-3	80、100、125		1450		8	6.62	2×M16，G=30mm，h=40mm
	-4	150、200、250、300、350		4130		12	12.15	2×M20，G=35mm，h=50mm

续表

图号	型号	适用于管子公称直径 DN(mm)	允许值 L (mm)	允许荷载 P(kg)	通用图号	支架主要材料		备　注
						钢板厚度(mm)	重量(kg)	
单肢立管支架	-5	15、20、25、32	200＜L≤400	570	HGS12—8—2	6	9.33	2×M12、G=25mm、h=35mm
	-6	40、50、65		840		10	15.22	2×M16、G=30mm、h=40mm
	-7	80、100、125		1450		12	20.72	2×M20、G=35mm、h=50mm
	-8	150、200、250、300、350		4130		18	39.02	2×M24、G=45mm、h=65mm
	LJ23-9	400、450、500、600		6850		22	39.78	2×M30、G=55mm、h=70mm

注：1. 双肢立管支架适用于管内介质温度不高于 400℃，能与碳钢焊接的管子。其中支架与支承件用焊接固定的支架（LJ21 型）适用于管子安装后不需要经常拆除的场合。
2. 支架与支承件用地脚螺栓固定的双肢立管支架（LJ23 型）的地脚螺栓，必须提请土建专业预先埋在钢筋混凝土梁内（地脚螺栓的规格、个数、伸出梁的高度以及预埋位置相应地给出在图上和备注栏内）。
3. 螺栓数量按管子公称直径决定：DN≤125mm 时采用 2 个螺栓；DN≥150mm 时采用 4 个螺栓。

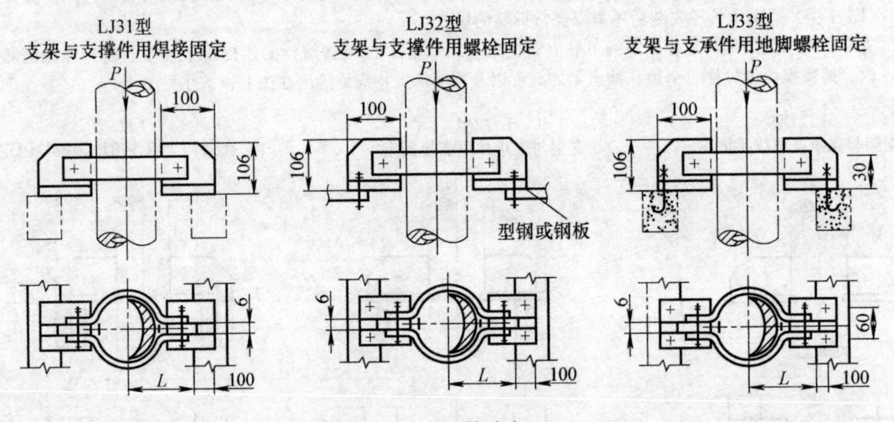

图 15-2-6　立管支架（3）

立管支架（3）（LJ31、LJ32、LJ33）　　**表 15-2-17**

图名	型号	管子公称直径 DN(mm)	允许值 L(mm)	允许荷载 P(kg)	通用图号	支架主要材料(mm)		备注
						底板厚×宽×长	扁钢厚×宽×长	
管卡型立管支架	LJ31-1	25	L≤200	250	HGS12—8—3	6×100×566	4×40×234	
	-2	32		250		6×100×558	4×40×260	
	-3	40		250		6×100×552	4×40×280	
	-4	50		250		6×100×540	4×40×316	
	-5	65		500		6×100×516	6×60×380	
	-6	80		500		6×100×506	6×60×416	
	-7	100		500		6×100×474	6×60×532	
	-8	125		800		6×100×448	6×60×606	
	LJ31-9	150		800		6×100×428	6×60×680	
	LJ32-1	25		250		6×100×596	4×40×234	
	-2	32		250		6×100×588	4×40×260	
	-3	40		250		6×100×582	4×40×280	
	-4	50		250		6×100×570	4×40×316	
	-5	65		500		6×100×546	6×60×416	
	-6	80		500		6×100×536	6×60×452	
	-7	100		500		6×100×504	6×60×450	
	-8	125		800		6×100×478	6×60×616	
	LJ32-9	150		800		6×100×458	6×60×676	
	LJ33-1	25		250		6×100×596	4×40×234	4×M12
	-2	32		250		6×100×588	4×40×260	4×M12
	-3	40		250		6×100×582	4×40×280	4×M12
	-4	50		250		6×100×570	4×40×316	4×M12
	-5	65		500		6×100×546	6×60×416	4×M12
	-6	80		500		6×100×536	6×60×452	4×M12
	-7	100		500		6×100×504	6×60×540	4×M12
	-8	125		800		6×100×478	6×60×616	4×M12
	LJ33-9	150		800		6×100×458	6×60×676	4×M12

注：1. 当被支承管管内介质温度高于常温或管子有振动时，不允许采用此型管架。
2. 管卡型立管支架适用于钢管内衬里的管子、不锈钢管和铸铁管。
3. 支架与支承件用地脚螺栓固定的管卡型立管支架（LJ33 型）的地脚螺栓，必须提请土建专业预先埋在钢筋混凝土梁内。地脚螺栓的规格、个数、伸出梁的高度以及预埋位置，相应地给出在图上和备注栏内。

15.2.6 弯管支架

见表 15-2-18。

弯管支架 **表 15-2-18**

WJ11,WJ21型 焊接固定　WJ12,WJ22型 螺栓固定　WJ13,WJ23型 地脚螺栓固定　WJ15,WJ25型 自然放置　单型钢 A—A 组合型钢

WJ11,WJ21型 WJ15,WJ25型		图号	HGS12—7—1									HGS12—7—2			
		图名	弯管支架 WJ11,WJ15 型									弯管支架 WJ21,WJ25 型			
WJ12,WJ22型 WJ13,WJ23型		图号	HGS12—7—1									HGS12—7—2			
		图名	弯管支架 WJ12,WJ13 型									弯管支架 WJ22,WJ23 型			
型钢规格、截面			└50×50×5	└63×63×6	[10	I10	I12	I14	I16	I18	I20	[ ]12	[ ]16	[ ]20	[ ]24
型号	WJ11,W21 型		WJ11-11	WJ11-21	WJ11-31	WJ11-41	WJ11-51	WJ11-61	WJ11-71	WJ11-81	WJ11-91	WJ21-11	WJ21-21	WJ21-31	WJ21-41
	WJ12,W22 型		WJ12-11	WJ12-21	WJ12-31	WJ12-41	WJ12-51	WJ12-61	WJ12-71	WJ12-81	WJ12-91	WJ22-11	WJ22-21	WJ22-31	WJ22-41
	WJ13,W23 型		WJ13-11	WJ13-21	WJ13-31	WJ13-41	WJ13-51	WJ13-61	WJ13-71	WJ14-81	WJ14-91	WJ23-11	WJ23-21	WJ23-31	WJ23-41
	WJ15,W25 型		WJ15-11	WJ15-21	WJ15-31	WJ15-41	WJ15-51	WJ15-61	WJ15-71	WJ15-81	WJ15-91	WJ25-11	WJ25-21	WJ25-31	WJ25-41
选用条件	H(mm)		$H\leqslant500$												
	最大载荷 P_V	kg	108	206	520	1660	2390	3250	4250	5420	6850	5050	7360	10500	15200
	水平推力 P_H	kg	54	103	260	830	1195	1625	2125	2710	3425	2525	3680	5250	7600
	适用管径 DN	液体	≤50	≤80	≤125	≤200	≤250	≤300	≤350	≤400	≤500	≤400	≤500	≤600	
		气体													
	H(mm)		$500<H\leqslant1000$												
	最大载荷 P_V	kg	—	—	265	883	1280	1770	2330	3020	3830	2720	4420	6550	9620
	水平推力 P_H	kg	—	—	132	441	640	885	1165	1510	1915	1360	2210	3275	4810
	适用管径 DN	液体	—		≤100	≤150		≤200	≤250	≤300		≤250	≤350	≤400	≤500
		气体										≤700	≤800	≤1200	
土建条件	$a\times b$ (mm)		60×90	70×100	140×140	180×130	200×140	220×150	250×120	270×170	290×180	230×230	270×270	320×320	360×360
	$A\times B$ (mm)		100×130	110×150	180×180	240×180	260×190	280×200	310×220	330×240	350×250	290×290	330×330	390×390	430×430
	地脚螺栓		4×M12			4×M16			4×M20					4×M27	

注：1. 本支架仅适用于管内介质温度低于 180℃，可以直接焊接的普通碳钢管道，对于介质温度高于 180℃但一端为自由端或有热补偿器的也可使用。本支架不适用于冷冻介质管路。对于不锈钢管路，管子上应预先焊接不锈托板，方可使用本支架。
2. 本支架以不作为固定死点为原则，当选用 WJ11，WJ21，WJ12，WJ22，WJ13，WJ23 型为固定死点管架时，水平推力不可超过表中的水平推力 P_H 值。
3. 设计计算中，采用风压为 7MPa，风力方向与 P_H 垂直。立管部分每 9m 要设置一个导向支架。如风压过大，应减小导向支架的间距。
4. 选用 WJ13 或 WJ23 型时，应提请土建专业预留地脚螺栓孔，孔深为螺栓直径为 25 倍。
5. 选用举例：一根 D219×6 的管路，总重 1340kg，管路水平段的中线距地面 1000mm，采用自然放置型的管架，则选用 WJ15-61 型管架，图号 HGS12—7—1。

可调弯管支架

图号		HGS12—7—3
图名		可调弯管支架
型号		WJ35-1
H		250～1800
选用条件	允许最大荷载	2180kg
	调节量 (mm)	$L_{max}=120$ $L_{min}=45$ $\Delta L=75$

注：使用温度＜180℃，不适用于非金属管

15.3 方形补偿器（或弯管）的制作

方形补偿器是用钢管揻成或用钢管揻弯后焊接而成。

1. 整根钢管煨制方形补偿器（现场热揻）：

（1）选管：按设计要求最好采用无缝碳素钢管。选用时除要严格控制管壁厚度外，还要仔细检查管子断面的椭圆程度及管子内外的锈蚀状况等。管子弯曲半径与弯管前管子壁厚的关系宜符合表15-3-1的规定。

弯曲半径与管子壁厚的关系　　表15-3-1

弯曲半径(R)	弯管前管子壁厚
$R \geqslant 6DN$	$1.06T_m$
$6DN > R \geqslant 5DN$	$1.08T_m$
$5DN > R \geqslant 4DN$	$1.14T_m$
$4DN > R \geqslant 3DN$	$1.25T_m$

注：DN—公称直径；T_m—设计壁厚。

（2）现场热揻是在安装现场支搭揻管所需的地炉、揻管平台和灌沙打沙台等设施，在安装现场进行揻制，其设施见图15-3-1。

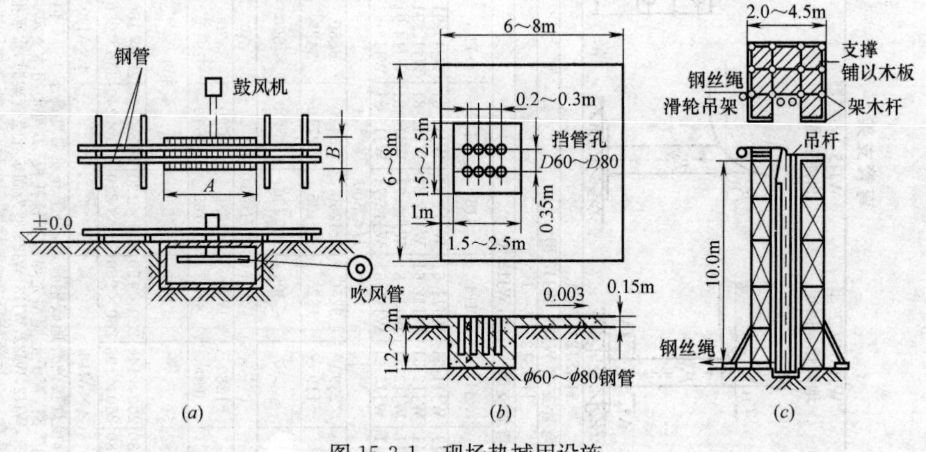

图15-3-1　现场热揻用设施

(a) 地炉结构；(b) 揻管平台 (c) 灌沙打沙台

（3）画线：在要揻的整根管子，为揻弯画上定位线即操作。在管子上画线的同时，应用圆钢按照揻好的管子中心位置制作一个样板尺，并在样板上也画上定位线。起揻点和终揻点线，并保证在这些线的外侧还有足够长的管段可以进行揻管。

（4）揻管：

1）按管径准备好沙子、豆石，沙子、豆石规格见表15-3-2。应将粗细沙子或豆石组配使用，其中细沙只可占30%以下，沙内不得有泥土和可燃物。

热揻管子用沙石粒径规格表（mm）　　表15-3-2

公称直径 DN	20～32	40～80	100～125	150～300
沙石粒径	1～1.5	2～3.2	3.6～4.8	5.2～6.4

将沙子放在钢板上，用地炉烘干沙子。

2）用木橛将要揻的管子一端堵严，把管子依靠在灌沙台边，把烘干、放凉后的沙子灌入管内，随灌随用手锤敲打管子，使沙子均匀地压实，灌满后用木橛将管口封堵严实。

3）依样板尺上的定位线，用白铅油在管子上做出记号，作为加热部位的标志。

4）将钢管加热部位放在地炉上，用含硫量少的燃料（常用的是焦炭，燃气或块煤）进行加热，管子上部应加盖薄钢板保温，升温要缓慢均匀，边加热边翻转管子，使其四周均匀受热。一直要加热到钢管表面呈金红色开始脱皮为止（温度约 750～1000℃，最好保持在 800～900℃之间）。

5）用白棕绳绑在加热好钢管的一端，将管子拉到摵管平台上，放在挡管柱中，使起摵点的线靠在第一根柱边，当摵弯有缝钢管时，应使管子的焊缝在管子的上部，即在受力小的部位。然后用人力或滑轮绞磨、慢速卷扬机等方法，使管子依挡管柱被弯曲，同时由一人持冷水壶把水浇在钢管不需要摵弯的部分，又由两人将样板尺靠在管子上，指挥人员依照样板尺的曲度指挥弯管和浇水人员的作业速度，使管子摵成所需的角度（由于管子在冷却时还会有一定的回弹，摵成时一般可比要求的角度大 3°～5°）。

6）在一根整管上摵成一个弯后再送回地炉上加热第二个弯曲段，依次加热、摵弯，将整管上需摵的四个弯都摵好。

7）都摵弯完毕后，待管子自然冷却，再打开木橛，将沙子清除干净，除锈刷防锈漆。

8）摵管椭圆率不应大于 5%～8%。

9）Ⅱ形弯管的平面度允许偏差 Δ，图 15-3-2 应符合表 15-3-3 表的规定。管端中心偏差值 Δ，图 15-3-3 不得超过 3mm/m，当直管长度 L 大于 3m 时，其偏差不得超过 10mm。

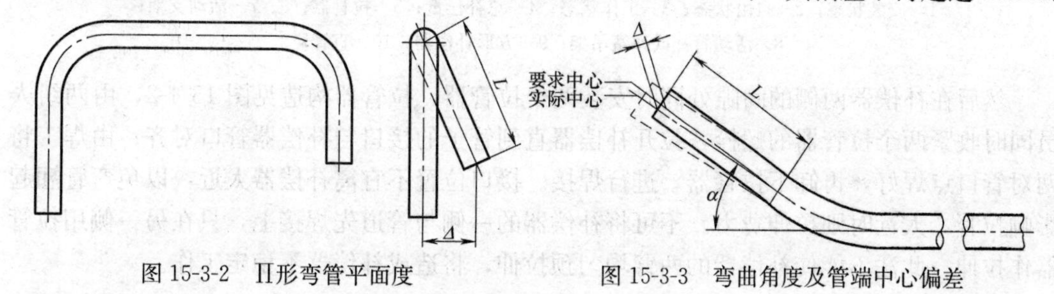

图 15-3-2　Ⅱ形弯管平面度　　图 15-3-3　弯曲角度及管端中心偏差

Ⅱ形弯管的平面度允许偏差（mm）　　表 15-3-3

长度 L	<500	500～1000	>1000～1500	>1500
平面度 Δ	≤3	≤4	≤6	≤10

2. 摵弯后再焊接制作的方形补偿器

当补偿器较大，不可能用一根钢管摵制成时，或因摵成的补偿器太大，不便于运输搬动时需要由几根钢管摵制后再焊成一个补偿器。为使管道强度在补偿器部分不被削弱，应将焊口设在补偿器两侧臂的中部。此时，补偿器将由三部分组成：两个 90°弯管和一个有两个 90°弯的Ⅱ形管段。它们的煨制方法与整根管的摵弯一样。组焊成整体时要注意：

（1）应有样板尺，随时进行靠试。

（2）在焊接前要对煨好的管子尤其对Ⅱ形管段，做彻底的清沙。

（3）对两个焊口要作好预处理，断面与管子轴线不垂直的要用砂轮机打磨，并要加工出合格的焊接用坡口。

（4）焊接必须执行焊接规范，两个焊口应同时点焊，经校对合适后方可施焊。尽量避免产生焊接变形。大管径的管子应制定焊接程序，编入施工方案。

(5) 焊接应在平台上进行，必须保持补偿器的各管段在一个平面上。

15.4　补偿器的拉伸作业

15.4.1　方形补偿器拉伸

1. 拉伸法

预拉伸方形补偿器时，其两端管道上的固定支架应已安装完毕，并达到了强度；补偿器已运到安装的位置，并在其端部装了活动支架或弹簧支架，在两个短臂处用临时支撑将补偿器托平；将直管道从两固定支架向补偿器方向和从补偿器向固定支架方向双向安装，最后在补偿器与固定支架距离近一半处的直管道上各预留出一个的间隙，该间隙值应等于设计补偿量的1/4（未包括焊缝间隙）。图15-4-1。

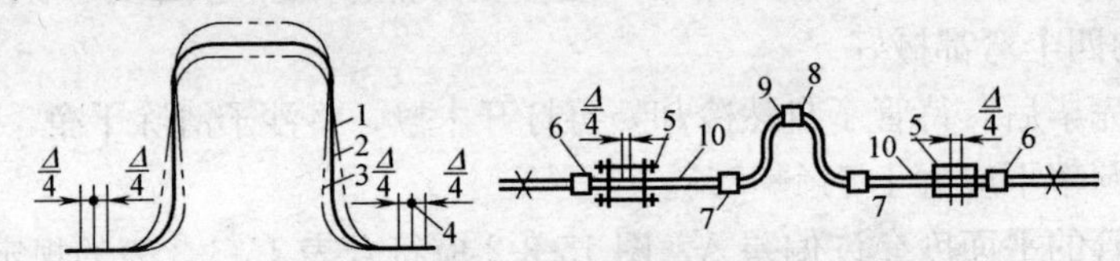

图15-4-1　方形补偿器拉管器的安装位置

1—安装状态；2—自由状态；3—工作状态；4—总补偿量；5—拉管器；6、7—活动支架；8—活动管托或弹簧吊架；9—方形补偿器；10—直管段

然后在补偿器两侧的间隙处同时安装两个拉管器，拉管器构造见图15-4-2，由两组人员同时收紧两个拉管器的螺栓，拉开补偿器直到管子的接口与补偿器管口对齐；由焊工将两对管口点焊好，再卸下拉管器，进行焊接。接口位置不宜离补偿器太近，以免弯管翘起影响拉管，太远时则拉伸费力。不可将补偿器的一侧与管道先焊接上，只在另一侧用拉管器作拉伸。此法不能使补偿器的两臂均匀预拉伸，将造成补偿器不稳定工作。

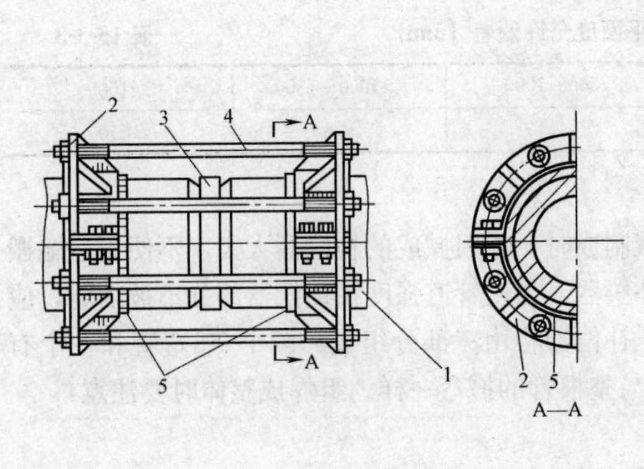

图15-4-2　方形补偿器拉管器

1—管子；2—对开卡箍；3—垫环；4—双头螺栓；5—挡环（环形堆焊凸肩）

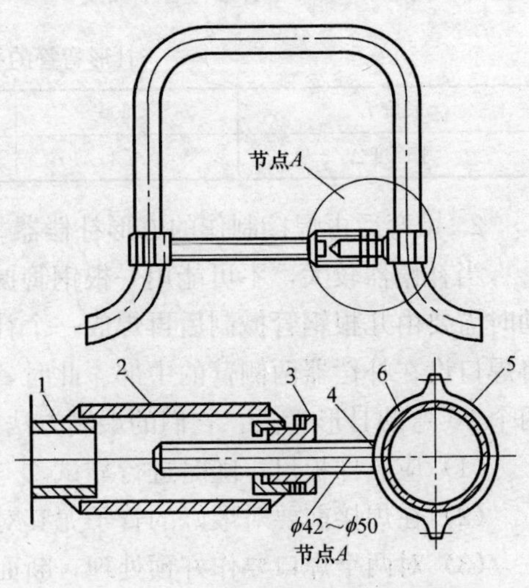

图15-4-3　方形补偿器冷紧顶开装置

1—拉杆；2—短管；3—调节螺母；4—螺杆；5—卡箍；6—补偿器

2. 顶伸法

与拉紧法准备工作相同：将补偿器安放就位，固定支架安装完毕，直管道双向安装到预留的间隙处，间隙值也应等于设计补偿量的 1/4（未包括焊缝间隙）。

在补偿器的根部安装一套冷紧顶开装置，图 15-4-3 是一种小规格管道补偿器的冷紧顶伸装置，只要转动调节螺母就可使补偿器徐徐张开，直至两侧管道间隙对口合适，由焊工进行点焊和焊接，再卸去顶伸器。

大规格的补偿器的顶伸一般是采用千斤顶进行，原理与小规格的顶开装置相同。

15.4.2　波纹管补偿器的预拉伸（压缩）

1. 波纹管补偿器的预拉伸

(1) 首先应了解生产厂所提供补偿器的预拉伸情况，补偿器在最高工作温度和最低温度时的长度以及供货时的定位长度，检查到货补偿器的实际长度、定位杆件数量以及受力状况等，并作好记录。

(2) 按安装时的气温，复核生产厂所提供的补偿器的预拉伸值是否合适，需要时还应对补偿器进行拉伸或冷紧，并做好临时固定和预处理记录。现场进行拉伸或冷紧的装置见图 15-4-4。

2. 安装波纹补偿器的一般方法

无论是钢管焊接还是法兰连接的波纹补偿器，通常采用后安装的方法。即在管道安装时，先不安装波纹补偿器，在要安装补偿器的位置上先用整根直管接过去，并按设计和补偿器生产厂商对补偿器附近支架设置的要求，安装好导向支架和固定支架，待支架达到设计强度后，再开始安装补偿器。

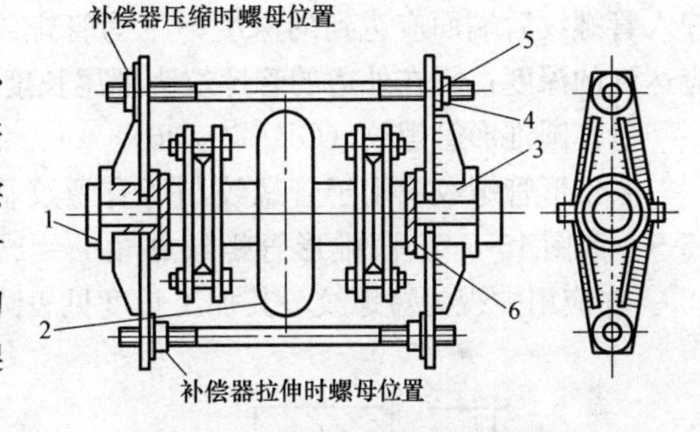

图 15-4-4　波纹补偿器冷紧装置

1—管子；2—补偿器；3—法兰组；4—拉杆；5—螺母；6—挡环

安装波纹补偿器：

(1) 先丈量已准备好的波纹补偿器的全长（含法兰），在管道上为补偿器的安装画出定位中线，按补偿器长度画出补偿器的边线（至法兰边）。

(2) 依线切割管道，当法兰连接时要考虑法兰及垫片所占的长度。

(3) 连接焊接接口的补偿器，用临时支吊架将补偿器支、吊起来进行对口，补偿器两边的接口要同时对好，同时进行点焊，检查补偿器位置后，顺序进行焊接。

(4) 连接法兰接口的补偿器，先将两个法兰加垫片临时安装在补偿器上，用临时支、吊架将补偿器支、吊起来，进行对口，补偿器两边的接口要同时对好，同时进行点焊，检查补偿器位置，合适后，卸开法兰螺栓，卸下补偿器，对两个法半进行焊接，焊好后清理焊渣，检查焊接质量，合格后再对内外焊口进行防腐处理，最后将补偿器抬起进行法兰的正式安装。

3. 波纹补偿器的安装要点

(1) 安装波纹补偿器时应设临时固定，待管道安装完成后（包括水压试验以后），再可拆除临时固定装置。

(2) 波纹补偿器应按设计文件规定进行预拉伸、压缩，受力应均匀。

(3) 波纹补偿器内套有焊缝的一端，在水平管道上应迎介质流向安装，在铅垂管道上应置于上部。

(4) 波纹补偿器应与管道保持同轴，不得偏斜。

15.5 钢制管道管螺纹连接

螺纹连接，亦称丝扣连接，是钢制管道连接的基本方法之一，通过内外螺纹把管道和管道、管道和阀件、管道和管件、管道和设备连接在一起，管螺纹连接主要用于《低压流体输送用焊接钢管》GB/T 3091 $DN \leqslant 150$ 管道的连接，常用于蒸汽管、采暖管、给水管、燃气管等管道连接中。

15.5.1 管螺纹形式

1. 管螺纹形式

管螺纹有两种类型，即圆锥管螺纹及圆柱管螺纹。

管子与管件的螺纹构造如图 15-5-1 所示。图中 l_2 为管端到基面的长度，是管件用手拧入管螺纹后端面应达到的深度；l_1 为管螺纹的工作长度，是将管件用管钳拧紧时端面应达到的深度；露在外边的管螺纹为螺尾长度。

(1) 圆锥形管螺纹（GB/T 7306）

圆锥形管螺纹应用于管螺纹与所有螺纹管件的连接，应用最广泛。其主要尺寸见表 15-5-1 和图 15-5-2，圆锥形管螺纹斜角 $\varphi = 1°47'24''$、圆锥度（2tg）＝1∶16，齿形角为 55°。在应用中视为短螺纹，其加工长度见表圆柱管螺纹中短螺纹部分。

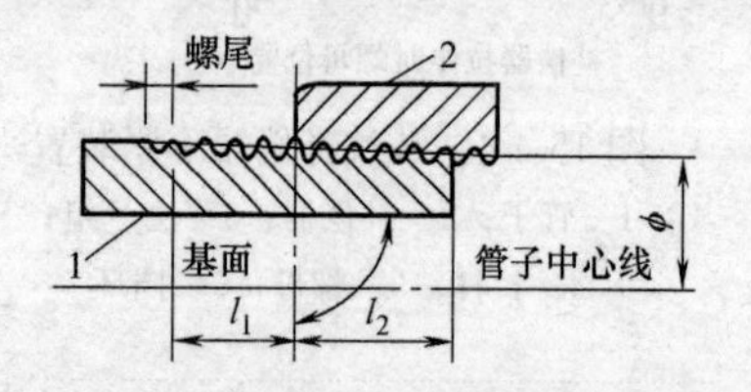

图 15-5-1 管子与管件的螺纹构造

1—管子；2—管件

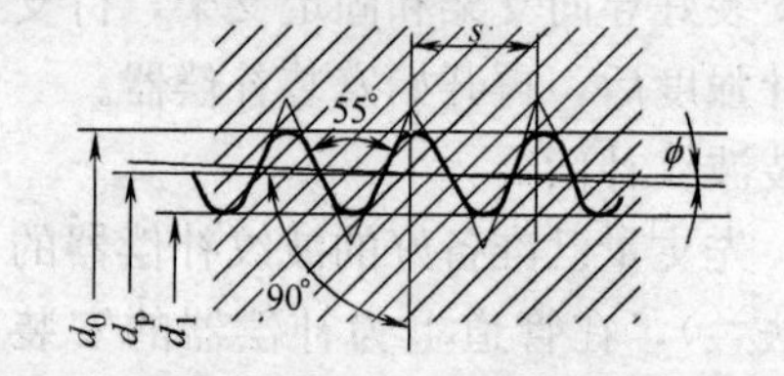

图 15-5-2 圆锥形管螺纹

圆锥形管螺纹（GB/T 7306） 表 15-5-1

管子公称直径		螺距 s (mm)	每英寸牙数 n	基面直径(mm)			螺纹工作长度 l_1(mm)	由管端到基面长度 l_2(mm)	螺纹工作高度 t_2(mm)
(mm)	(英寸)			中径 d_p	大径 d_0	小径 d_1			
15	1/2	1.814	14	19.793	20.955	18.631	15	8.2	1.162
20	3/4	1.814	14	25.279	26.441	24.117	17	9.5	1.162
25	1	2.309	11	31.770	33.249	30.291	19	10.4	1.479
32	1¼	2.309	11	40.431	41.910	38.952	12.7	1.479	
40	1½	2.309	11	46.324	47.803	44.845	23	12.7	1.479
50	2	2.300	11	58.135	59.614	56.656	26	15.9	1.479
65	2½	2.300	11	73.705	75.184	72.226	30	17.5	1.479
80	3	2.300	11	86.405	87.884	84.926	32	20.6	1.479
100	4	2.300	11	111.551	113.030	110.072	38	25.4	1.479

（2）圆柱形管螺纹

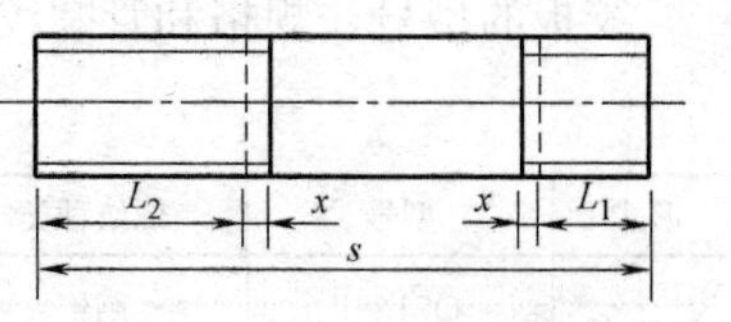

图 15-5-3　加工长度示意图

圆柱形管螺纹的螺距、齿形、每英寸的牙数与圆锥形管螺纹相同，不同处在于齿中心线与管中心线相平行（圆锥度＝1：1），称为不拔销的螺纹，加工长度长于圆锥形管螺纹，见图 15-5-3 在暖卫工程中，常与通丝管箍、根母等配套，作长丝活接头使用。螺纹的加工长度 L_1、L_2 见表 15-5-2。

管螺纹的加工长度表（mm）　　表 15-5-2

公称直径	短螺纹		长螺纹		螺尾长度	管长度	连接阀门的螺纹长度
	L_1	牙数(个)	L_2	牙数(个)	x	s	
15	14	8	50	28	4	100	12
20	16	9	55	31	4	110	12.5
25	18	8	60	27	5	120	15
32	20	9	65	28	5	130	17
40	22	10	70	30	5	140	19
50	24	11	75	33	5	150	21
65	27	12	85	37	6	160	23.5
80	30	13	100	44	8	180	26

为保证螺纹连接可靠，加工螺纹必须满足本页规定要求。

（3）由于管螺纹有两种类型，所以管螺纹的连接常用有 3 种套入形式：

1）圆柱形内螺纹套入圆锥形外螺纹；

2）圆锥形内螺纹套入圆锥形外螺纹；

3）圆锥形内螺纹套入圆柱形外螺纹。

一般是管件设备加工成圆柱形内螺纹、管子加工成圆锥形外螺纹，这种方法施工方便，密封性能也好；但可锻铸铁管件大都采用圆锥形内螺纹，它与管子圆锥形外螺纹连接效果更好。

15.5.2　管螺纹加工

管螺纹的加工（也称套丝）有手工套丝和机械套丝两种：

（1）手工套丝

1）手工套丝工具是绞板（带丝），有轻便式和普通式两种，见图 15-5-4、图 15-5-5。

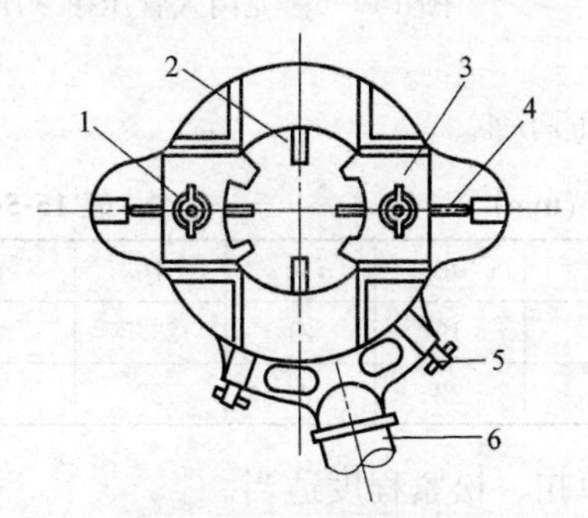

图 15-5-4　轻便式绞板

1—螺母；2—顶杆；3—板牙；4—定位螺钉；5—调位销；6—扳手

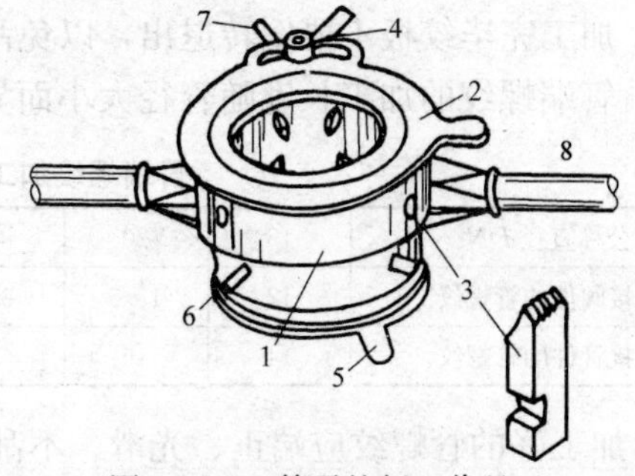

图 15-5-5　管子绞板（代丝）

1—本体；2—前卡盘；3—板牙；4—前卡盘压紧栓钮；5—后卡盘；6—卡爪；7—板牙松紧板钮；8—手柄

绞板的型号、规格和管螺纹直径见表15-5-3。

绞板的型号规格和管螺纹直径　　表15-5-3

形式	型号	螺纹种类	板牙规格(in)	管螺纹直径(in)
轻便式	Q74—1 SH—76	圆锥 圆柱	1/4,3/8,1/2,3/4,1 1/2,3/4,1,1¼,1½	1/4～1 1/2～1½
普通式	114 117	圆锥 圆锥	1/2～3/4,1～1¼,1½～2, 2¼～3,3½～4	1/2～2 2¼～4

轻便式绞板用于管径较小而普通绞板操作不便的场合。

2）轻便式绞板操作

a. 选择与管径相适应的绞板和板牙；

b. 根据施工现场具体情况，选配一根长短适宜的扳手把；

c. 调整扳手两侧的调位销5，使“千斤”按顺时针方向或逆时针方向作用，扳动把手，即可套丝。

3）普通式绞板操作

a. 先根据管径选择相应的板牙，按序号将板牙装进板牙槽内。安装板牙时，先将活动标盘的刻线对准固定盘“O”位，板牙上的标记与板牙槽旁的标记必须对应，然后顺序将板牙插入牙槽内，转动活动标盘，板牙便固定在绞板内；

b. 套丝时先将管子夹牢在管压钳，见图15-5-6架上，管子应水平，管子加工端伸出管压钳150mm左右；

c. 松开绞板后卡爪滑动把，将绞板套在管口上，转动后卡爪滑动把柄，使绞板固定在管子端部；

d. 把板牙松紧装置上到底，使活动标盘对准固定标盘上与管径相对应的刻度，上紧标盘固定把；

e. 按顺时针扳转绞板，开始时要稳而慢，不得用力过猛，以免“偏丝”、“啃丝”；

f. 套管螺纹时，可在管头上滴机油润滑和冷却板牙，快到规定螺纹长度时，一面扳扳把，一面慢慢地松开板牙松紧装置，再套2～3扣，使管螺纹末端套出锥度；

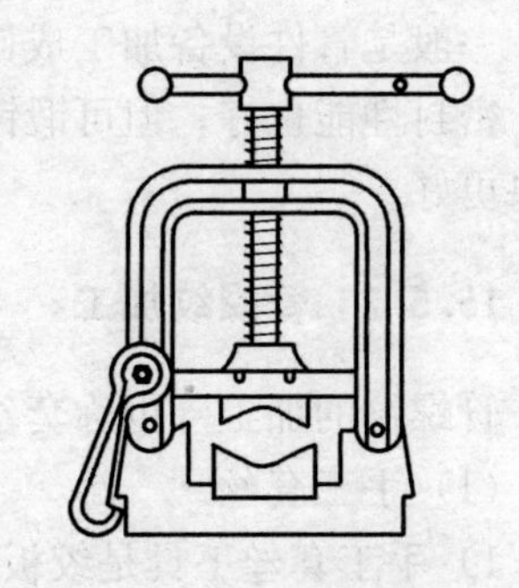

图15-5-6　龙门式管压钳（压力）

g. 加工完毕绞板不要倒转退出，以免乱扣；

h. 管端螺纹的加工长度随管径大小而异，见表15-5-4。

管端螺纹加工最小长度（mm）　　表15-5-4

公称直径 DN	15	20	25	32	40	50	70	80
连接阀件的管螺纹	12	13.5	15	17	19	21	23.5	26
连接管件的管螺纹	14	16	18	20	22	24	27	30

i. 加工好的管螺纹应端正、光滑、不乱扣、不掉扣、松紧程度适当。

（2）机械套丝

机械套丝设备种类繁多，应用较多的有：北京产ZJ-50型、ZJ-80型自动夹紧套螺纹套丝机；天津产TQ-3型套螺纹机；广东产ZIT型套螺纹机；成都产TQ型套丝机，可加工 2½～6in 的管螺纹；沈阳产 S_1-245A 型管螺纹车床，适用于专业及大批量管螺纹加工。套丝机的外形尺寸见图 15-5-7，套丝机的技术性能和规格见表 15-5-5。

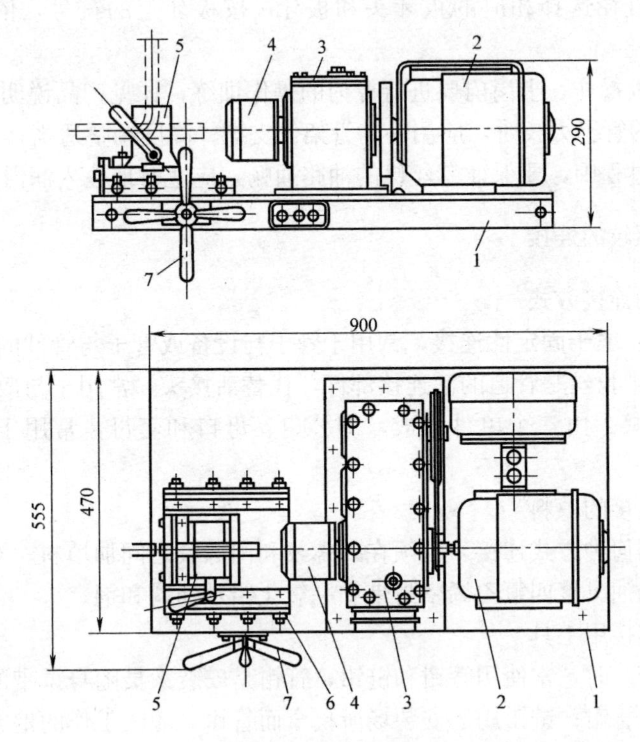

图 15-5-7　套丝机

1—机架；2—电动机；3—减速器；4—联合切割工作头；

5—管子夹持管；6—移动机架；7—手轮

套丝机技术性能和规格表　　**表 15-5-5**

指　标	数　据		
切割螺纹的类型	圆柱形、圆锥形	圆柱形、圆锥形	圆柱形、圆锥形
切割螺纹的直径(mm)	14～74	14～74	14～89
切割螺纹的最大螺距(mm)	2.5	2.5	2.5
切割螺纹的最大长度(mm)	200	100	100
主轴转速变级	4	4	—
主轴每分钟转数(r/min)	32,57,66,107	78,115,178,263	20
切割螺纹工作头内孔直径(mm)	79	79	95
主轴通孔直径(mm)	46	46	95
管子夹固	手紧固	风动紧固	手紧固
风缸内的压缩空气压力(MPa)	—	0.4～0.45	—
管子夹持力(N)	—	10170	—
电动机功率(kW)	2.2	2.3	1
外形尺寸(mm)	1425×790×1150	1560×750×1160	800×450×850
质量(kg)	780	750	～65

1）要保证质量，管螺纹应端正、光滑、不乱扣、不断扣、不缺扣、无毛刺，总长度不得超过螺纹全长的 10％；

2）对于焊接钢管管螺纹规格应与管子规格一致，对于无缝钢管，应使用其外径与焊接钢管相等或稍大一点外径的无缝钢管。

3）机械套丝的加工要求如下：

a. 根据管子直径选择相应的板牙头和板牙，按板牙上的符号，依次装入对应的板牙头；

b. 最好是专人操作，上岗前要进行专门的操作训练，详见产品说明书；

c. 如套螺纹的管子太长时，应用辅助管架作支撑。高度调整适当；

d. 在套螺纹过程中，要保证套丝机的油路通畅，应适时地注入润滑油。

15.5.3 管螺纹的连接

（1）管螺纹的连接方式

1）短丝连接：属于固定性连接，常用于管子与设备或管子与管件的连接；

2）长丝连接：长丝是管道的活连接部件，代替活接头，常用于与散热器的连接；

3）活接头连接：由三个单件组成，即公口、母口和套母，常用于需要检修拆卸的地方。

（2）管螺纹连接的填料

管螺纹无论用何种方式连接，均须在外螺纹和内螺纹之间加填料。对于燃气管道常用的填料有麻丝、铅油、聚四氟乙烯密封带和一氧化铅甘油调和剂。

（3）管螺纹连接用工具

管螺纹连接安装时，常使用管钳和链钳，管钳是安装人员随身携带的工具，根据管径不同选用不同规格管钳；链钳用于安装场所狭窄而管钳又无法工作的地方，链钳的适用管径范围较大。

（4）管道螺纹连接的注意事项

1）在管端螺纹上加上填料，用手拧入 2～3 扣后再用管钳一次拧紧，不得倒回反复拧，铸铁阀门或管件不得用力过猛，以免拧裂；

2）填料不能填得太多，如挤入管腔会堵塞管路。挤在螺纹外面的填料，应及时清除；

3）各种填料只能用一次，螺纹拆卸、重新安装时，应更换填料；

4）一氧化铅与甘油混合调和后，需要在 10min 左右用完，否则会硬化，不能再用；

5）在选用管钳或链钳时，应与管子直径相对应，不得在管钳手柄上套上长管当手柄加大力臂；

6）组装长丝时应采用下述步骤；

a. 在安装长丝前先将锁紧螺母拧到长丝根部；

b. 将长丝拧入设备螺纹接口里，然后往回倒扣，使管子另一端的短丝拧入管箍中；

c. 管箍的螺纹拧好后，在长丝缠麻丝抹铅油或加上其他填料，然后拧紧锁紧螺母。

15.6 架空天然气管道的安装

架空天然气管道安装管道的连接应符合本手册 13.2 和 13.7 和 15.5 的规定，具体是：

1）管道焊接 见 13.2.2

2）钢管法兰连接 见 13.2.3

3）阀门的检验与安装　见 13.7

4）钢制管道管螺纹连接　见 15.5

15.6.1　一般规定

1. 钢管安装前应具备下列条件：

（1）与管道有关的土建工程已检验合格，满足安装要求，并已办理交接手续。

（2）与管道连接的设备已找正合格，固定完毕。

（3）管道组成件及管道支承件等已检验合格。

（4）管子、管件、阀门等内部已清理干净，无杂物。对管内有特殊要求的管道，其质量已符合设计文件规定。

2. 工业金属管道的坡度，坡向及管道组成件的安装方向应符合设计规定。

3. 法兰、焊缝及其他连接件的设置应便于检修，并不得紧贴墙壁、楼板和管架。

4. 当钢管穿越道路、墙体、楼板或构筑物时，应加设套管或砌筑涵洞进行保护，应符合设计文件和国家现行有关标准的规定，并应符合下列规定：

（1）管道焊缝不应设置在套管内；

（2）穿过墙体应设套管；

（3）穿过楼板的套管应高出楼面 50mm；

（4）穿过屋面的管道应设置防水肩和防雨帽；

（5）管道与套管之间应填塞对管道无害的不燃材料。

5. 当钢管安装工作有间断时，应及时封闭敞开的管口。

6. 钢管连接时，不得采用强力对口。端面的间隙、偏差、错口或不同心等缺陷不得采用加热管子、加偏垫等方法消除。

7. 钢管安装完毕应进行检查，并应填写“管道安装记录”，其格式宜符合规范 GB 50235 表 A06 的规定。

15.6.2　管段预制

1. 管段预制应按管道轴测图规定的数量、规格、材质选配管道组成件，并应在管段上按轴测图标明管线号和焊缝编号。

2. 自由管段和封闭管段的选择应合理，封闭管段应按现场实测的安装长度加工。

3. 自由管段和封闭管段的加工尺寸允许偏差应符合表 15-6-1 的规定。

自由管段和封闭管段加工尺寸允许偏差（mm）　　　　表 15-6-1

项　目		允许偏差	
		自由管段	封闭管段
长　度		±10	±1.5
法兰面与管子中心垂直度	<*DN*100	0.5	0.5
	100≤*DN*≤300	1.0	1.0
	>*DN*300	2.0	2.0
法兰螺栓孔以称水平度		±1.6	±1.6

4. 预测完毕的管段，应将内部清理干净，并应及时封闭管口。管段在存放和运输过程中不得出现变形现象。

15.6.3　钢制管道安装

1. 法兰安装时，法兰密封面及密封垫片不得有划痕、斑点等缺陷。

2. 当大直径密封垫片需要拼接时，应采用斜口搭接或迷宫式拼接，不得采用平口对接。

3. 法兰连接应与钢制管道同心，螺栓应能自由穿入。法兰螺栓孔应跨中布置。法兰平面之间应保持平行，其偏差不得大于法兰外径0.15%，且不得大于2mm。法兰接头的歪斜不得用强紧螺栓的方法消除。

4. 法兰连接应使用同一规格螺栓，安装方向应一致。螺栓应对称紧固。螺栓紧固后应与法兰紧贴，不得有楔缝。当需要添加垫圈时，每个螺栓不应超过一个。所有螺母应全部拧入螺栓，且紧固后的螺栓与螺母宜齐平。

5. 有拧紧力矩要求的螺栓，应按紧固程序完成拧紧工作，其拧紧力矩应符合设计文件规定。带有测力螺帽的螺栓，应拧紧到螺帽脱落。

6. 当钢制管道安装遇到下列情况之一时，螺栓、螺母应涂刷二硫化钼油脂、石墨机油或石墨粉等：

(1) 不锈钢、合金钢螺栓和螺母；

(2) 设计温度高于100℃或低于0℃；

(3) 露天装置；

(4) 处于天气腐蚀环境或输送腐蚀介质。

7. 螺纹连接应符合下列规定：

(1) 用于螺纹的保护剂或润滑剂应适用于工况条件，并不得对输送的流体或钢制管道材料产生影响。

(2) 进行密封焊的螺纹接头不得使用螺纹保护剂和密封材料；

(3) 采用垫片密封面非螺纹密封的直螺纹接头，直螺纹上不应缠绕任何填料，在拧紧和安装后，不得产生任何扭矩。直螺纹接头与主管焊接时，不得出现密封面变形现象；

(4) 工作温度低于200℃的钢制管道，其螺纹接头密封材料宜选用聚四氟乙烯带。拧紧螺纹时，不得将密封料挤入管内。

8. 其他型式的接头连接和安装应按国家现行有关标准、设计文件和产品技术文件的规定进行。

9. 管子对口时应在距接口中心200mm处测量平直度，图15-6-1，当管子公称直径小于100mm时，允许偏差为1mm；当管子公称直径大于或等于100mm时，允许偏差为2mm。但全长允许偏差均为10mm。

10. 钢制管道预拉伸或压缩前应具备下列条件：

(1) 预拉伸或压缩区域内固定支架间所有焊缝（预拉口除外）已焊接完毕，需热处理的焊缝已做热处理，并应经检验合格；

(2) 预拉伸或压缩区域支、吊架已

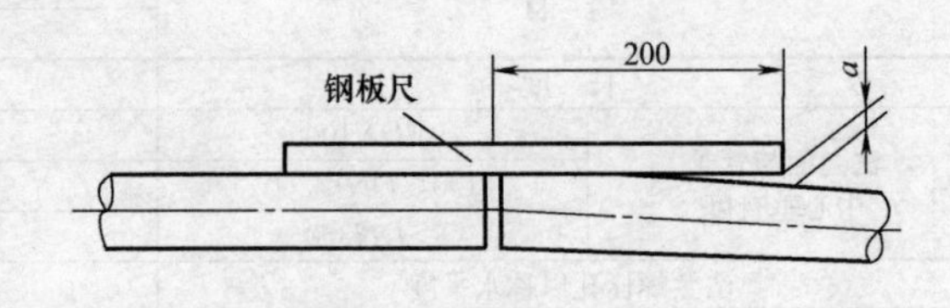

图15-6-1　管道对口平直度

安装完毕，管子与固定支架已安装牢固。预拉口附近的支、吊架应预留足够的调整裕量，支、吊架弹簧已按设计值进行调整，并应临时固定，弹簧不得承受管道载荷；

（3）预拉伸或压缩区域内的所有连接螺栓已拧紧。

1）管道上仪表取源部件的开孔和焊接应在管道安装前进行，当必须在管道上开孔时，管内因切割产生的杂物应清除干净。

2）管道安装的允许偏差应符合表 15-6-2 的规定。

管道安装的允许偏差（mm）　　**表 15-6-2**

项　目			允许偏差
坐标	架空及地沟	室外	25
		室内	15
	埋　地		60
标高	架空及地沟	室外	±20
		室内	±15
	埋　地		±25
水平管道平直度		≤DN100	2L‰，最大 50
		>DN100	3L‰，最大 80
立管铅垂度			5L‰，最大 30
成排管道间距			15
交叉管的外壁或绝热层间距			20

注：L—管子有效长度；DN—管子公称直径。

15.6.4　补偿器的安装

1. 补偿装置的安装除应符合本节规定外，尚应符合设计文件、产品技术文件和国家现行有关标准的规定。

2. “Π”形或“Ω”形膨胀弯管的安装，应符合下列规定：

（1）安装前应按设计文件规定进行预拉伸或压缩，允许偏差为 10mm；

（2）预拉伸或压缩应在两个固定支架之间的管道安装完毕，并应与固定支架连接牢固后进行；

（3）预拉伸或压缩的焊口位置与膨胀弯管的起弯点距离应大于 2m；

（4）水平安装时，平行臂应与管线坡度相同，两垂直臂应相互平行。

3. 铅垂安装时，应设置排气及疏水装置。

4. 波纹管膨胀节的安装，应符合下列规定：

（1）波纹管膨胀节安装前应按设计文件规定进行预拉伸或预压缩，受力应均匀；

（2）安装波纹管膨胀节时，应设临时约束装置，并应待管道安装固定后再拆除临时约束装置；

（3）波纹管膨胀节内套有焊缝的一端，在水平管道上应位于介质的流入端图 15-6-2（a），在铅垂管道上宜置于上部［图 15-6-2（b）］；

（4）安装时，波纹管膨胀节应与管道保持同心，不得偏斜，应避免安装引起膨胀节的周向扭转，在波纹管膨胀节的两端应合理设置导向及固定支座，管道的安装误差不得采用使管道变形或膨胀节补偿的方法调整；

（5）安装时，应避免焊渣飞溅到波节上，不得在波节上焊接临时支撑件，不得将钢丝绳等吊装索具直接绑扎在波节上，应避免波节受到机械伤害。

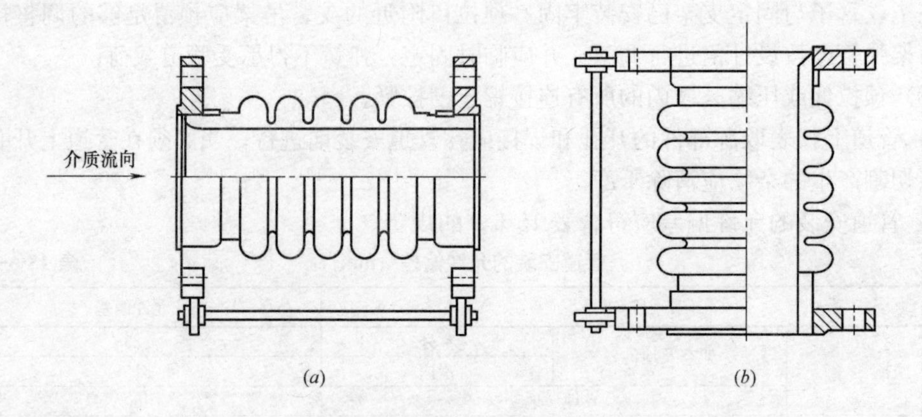

图 15-6-2　波纹管膨胀节在管道上的安装位置
（a）水平管道上安装；（b）垂直管道上安装

15.6.5　管道支、吊架安装

1. 支、吊架的焊接应由合格焊工施焊，并不得有漏焊、欠焊或焊接裂纹等缺陷。管道与支架焊接时，管子不得有咬边、烧穿等现象。

2. 支、吊架的安装除应符合本节规定外，尚应符合设计文件、产品技术文件和国家现行有关标准的规定。

3. 管道安装时，应及时固定和调整支、吊架。支、吊架位置应准确，安装应平整牢固，与管子接触应紧密。

4. 无热位移的管道，其吊杆应垂直安装。有热位移的管道，吊点应设在位移的相反方向，按位移值的 1/2 偏位安装见 15-6-3。两根热位移方向相反或位移值不等的管道，不得使用同一吊杆。

5. 固定支架应按设计文件要求安装，并应在补偿器预拉伸之前固定。

6. 导向支架或滑动支架的滑动面应洁净平整，不得有歪斜和卡涩现象。其安装位置应从支承面中心向位移反方向偏移，偏移量应为位移值的 1/2，见图 15-6-4 或符合设计文件规定，绝热层不得妨碍其位移。

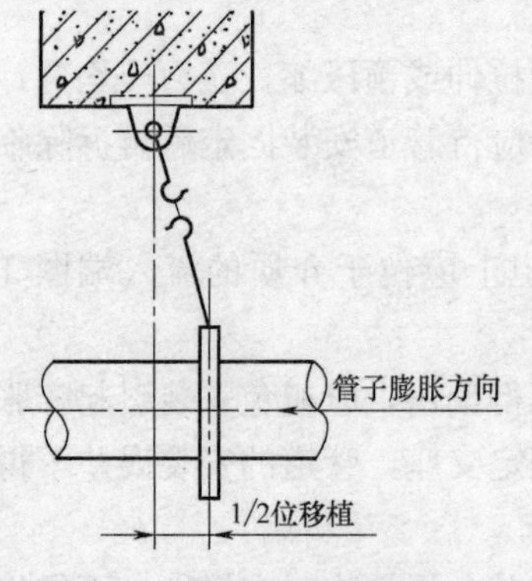

图 15-6-3　有热位移管吊架安装

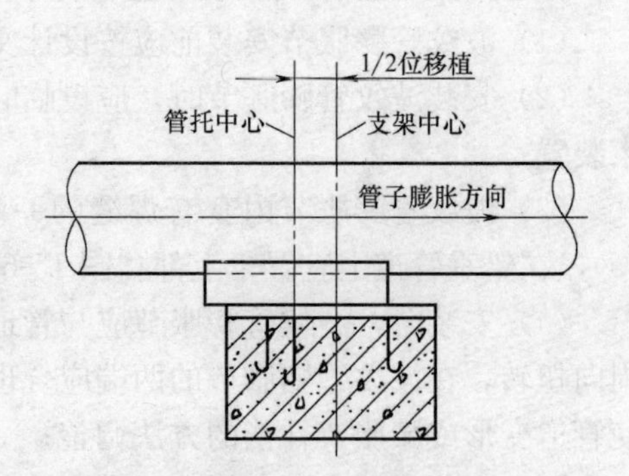

图 15-6-4　滑动支架安装位置

7. 弹簧支、吊架的弹簧高度，应按设计文件规定安装，弹簧应调整至冷态值，并做记录。弹簧的临时固定件，应待系统安装、试压、绝热完毕后方可拆除。

8. 管架紧固在槽钢或工字钢翼板斜面上时，其螺栓应有相应的斜垫片。

9. 管道安装时不宜使用临时支、吊架。当使用临时支、吊架时，不得与正式支、吊架位置冲突，并应有明显标记。在管道安装完毕后应予拆除。

10. 管道安装完毕后，应按设计文件规定逐个核对支、吊架的形式和位置。

11. 有热位移的管道，在热负荷运行时，应及时对支、吊架进行下列检查与调整：

1）滑动支架的位移方向、位移值及导向性能应符合设计文件的规定。

2）管托不得脱落。

3）固定支架应牢固可靠。

4）弹簧支、吊架的安装标高与弹簧工作荷载应符合设计文件的规定。

5）可调支架的位置应调整合适。

15.6.6　静电接地安装

1. 设计有静电接地要求的管道，当每对法兰或其他接头间电阻值超过 0.03Ω 时，应设导线跨接。

2. 管道系统的接地电阻值、接地位置及连接方式应符合设计文件的规定。静电接地引线宜采用焊接形式。

3. 有静电接地要求的不锈钢和有色金属管道，导线跨接或接地引线不得与管道直接连接，应采用同材质连接板过渡。

4. 用作静电接地的材料或元件，安装前不得涂刷涂料。导电接触面应除锈并应紧密连接。

5. 静电接地安装完毕后，应进行测试，电阻值超过规定时，应进行检查与调整。并应填写“管道静电接地测试记录”，其格式宜符合标准 GB 50235 表 A.O.10 的规定。

15.6.7　架空管道施工要求

1. 管道安装应核实管道与左、右、上、下建筑物、构筑物的安全距离是否与设计和规范相符。

2. 管道支、吊架安装前应进行标高和坡度测量并放线，固定后的支、吊架位置应正确，安装应平整、牢固，与管道接触良好。

3. 固定支架应按设计规定安装，安装补偿器时，应在补偿器预拉伸（压缩）之后固定。

4. 导向支架或滑动支架的滑动面应洁净平整，不得有歪斜和卡涩现象。其安装位置应从支承面中心向位移反方向偏移，偏移量应为设计计算位移值的 1/2 或按设计规定。

5. 检查管道的放空（特别是燃气管道），排污，放水是否符合规范规定，必须保证人身安全。

6. 对于室外架空管道应考虑车辆、行人通行，对于汽车通行的路面与管架或管道的净空不小于 4.5m；人行通道不小于 2.2m。

7. 室外架空管道应有防雷、接地措施，特别是流通介质是易燃、易爆的流体。

8. 管道试压合格后，应对焊缝部位进行防腐式油漆补口。

15.7 架空天然气管道的试压与验收

架空天然气管道工程安装后应进行检查，强度试验和严密性试验；试验合格后再进行管道外壁防腐或防腐补口。

15.7.1 架空天然气管道的检查

架空天然气管道试验前的检查应符合下列规定：

（1）管道系统施工完毕，应进行检查，并应符合国家现行标准的有关规定；

（2）对管道各处连接部位和焊缝，经检查合格后，才能进行试验，试验前不得涂漆和保温；

（3）试验前应制定试验方案，附有试验安全措施和试验部位的草图，征得安全部门同意后才能进行；

（4）各种管道附件、装置等，应分别单独按照出厂技术条件进行试验；

（5）试验前应将不能参与试验的系统、设备、仪表及管道附件等加以隔断。安全阀、泄爆阀应拆卸，设置盲板部位应有明显标记和记录；

（6）管道系统试验前，应用盲板与运行中的管道隔断；

（7）管道以闸阀隔断的各个部位，应分别进行单独试验，不得同时试验相邻的两段。在正常情况下，不应在闸阀上堵盲板，管道以插板或水封隔断的各个部位，可整体进行试验；

（8）用多次全开、全关的方法检查闸阀、插板、蝶阀等隔断装置是否灵活可靠；检查水封、排水器的各种阀门是否可靠；测量水封、排水器水位高度，并把结果与设计资料相比较，记入文件中。排水器凡有上、下水和防寒设施的，应进行通水、通蒸汽试验；

（9）清除管道中的一切脏物、杂物，放掉水封里的水，关闭水封上的所有阀门，检查完毕并确认管道内无人，关闭入孔后，才能开始试验；

（10）试验过程中如遇泄漏或其他故障，不得带压修理，测试数据全部作废，待正常后重新试验。

（11）管道焊接检查按本手册13.2.2.3焊接检验进行。

15.7.2 架空天然气管道的强度试验与严密性试验

1. 强度试验

架空管道气压强度试验的压力应为计算压力的1.15倍，压力应逐级缓升，首先升至试验压力的50%，进行检查，如无泄漏及异常现象，继续按试验压力的10%逐级升压，直至达到所要求的试验压力。每级稳压5min，以无泄漏、目测无变形等为合格。

天然气管道的计算压力按管道的最高工作压力计算

2. 严密性试验

（1）严密性试验

架空天然气管道经检查合格后，应进行管道的严密性试验。

天然气管道严密性试验压力为设计计算压力。

国家现行标准《工业企业煤气安全规程》GB 6222，架空燃气管道严密性试验允许泄漏率标准应符合表 15-7-1 的规定。

架空燃气管道严密性试验允许泄漏率　　表 15-7-1

管道计算压力 Pa(kgf/cm²)	管道环境	试验时间 h	每小时平均泄漏率，%	备注
$<10^5$(1.02)	室内外、地沟及无围护结构的车间	2	1	
$\geqslant 10^5$(1.02)	室内及地沟	24	0.25	适用于天然气
	室外及无围护结构的车间	24	0.5	适用于天然气

注：管道计算压力大于或等于 10^5 Pa（1.02kgf/cm²）的允许泄漏率标准，仅适用公称直径为 0.3m 的管道，其余直径的管道的压力降标准，尚应乘以按下式求出的校正系数 c：

$$c=\frac{0.3}{D_g}$$

式中　D_g——试验管道的公称直径（m）

（2）架空煤气管道严密性试验泄漏率按公式（15-7-1）进行计算

$$A=\frac{1}{t}\left(1-\frac{P_2 \cdot T_1}{P_1 \cdot T_2}\right)100\% \tag{15-7-1}$$

式中：A——每小时平均泄漏率（%）；

P_1，P_2——试验开始、结束时管道内气体的绝对压力［Pa(kgf/cm²)］；

T_1，T_2——试验开始、结束时管道内气体的绝对温度（K）；

t——试验时间（h）。

15.8　架空天然气管道的防腐

架空天然气管道的防腐，见本手册 6.4 和 14.2、14.3 节。

第16章　试压与验收

天然气管道安装完工后，应对施工管道的铺管质量进行检查；检查合格后的管道再进行强度试验和严密性试验；当压力试验合格后，应有建设部门主持，会同施工单位等相关部门对天然气管道工程进行验收。试验与验收应符合现行国家标准《城镇燃气输配工程施工及验收规范》GJJ 33的规定。

16.1　铺管质量检验

铺管质量检验应在铺管后和管道试压前进行。铺管质量检验与管道试验的时间间隔不宜过长，如间隔时间过长，为防止外部因素引起的对铺管质量的影响，在管道试压开始前，重新进行铺管质量检验。

铺管质量检验应根据管材和接口方式，确定相应的检验质量要求。

16.1.1　钢管铺管质量检验

钢管铺管质量检验应符合以下要求。

1. 钢管焊口的外观质量应符合本手册表13-2-5要求，检验不合格者应修补或重焊。

2. 焊口外观检验合格后，应进行焊口无损探伤检查。

（1）焊口无损探伤检查可以参考表16-1-1规定的焊口百分数抽查（对于压力小于0.005MPa低压管道焊口不作无损探伤检查）。

焊口探伤抽查百分率（占焊口总数%）　　**表16-1-1**

管道工作压力 P(MPa)	$0.005<P<0.15$	$0.15<P<0.3$	$P>0.3\sim0.8$
焊口抽查率(%)	5	10	20

（2）穿越铁路、公路、城市道路以及河流的管段焊口100%检查。

（3）焊口抽查不合格者、双倍抽查，如又有不合格者，则应全部检查。

焊缝内部质量不得低于现行国家标准《钢管环缝熔化焊对接接头射线透照工艺和质量分级》GB/T 12605中规定的Ⅱ级质量要求。

管道焊缝的无损探伤数量，应按设计规定执行。当设计无规定时，抽查数量应不少于焊缝总数的15%；

（4）焊口无损探伤检查质量应符合表16-1-2的要求。

焊口无损探伤检查质量要求　　**表16-1-2**

缺陷名称	允许范围
未焊透深度	小于管壁厚度的15%者，长度不限； 为管壁厚度的15%～20%者，其总长度小于圆周长度1/8

续表

缺陷名称	允 许 范 围
夹渣	沿圆周方向，在每 100mm 长的焊缝内，点状夹渣直径不大于管壁厚度的 30%； 每 100mm 长度焊缝内，夹渣总长不大于管壁厚度； 条状夹渣深度不大于管壁厚度的 70%，其长度不大于管壁厚度
气孔	点状气孔直径不大于管壁厚度的 30%； 条状气孔深度不大于管壁厚度的 30%，其长度不大于管壁厚度； 网状和链状气孔不允许存在
塌陷	深度不大于管壁厚度的 20%，且非连续塌陷，其总长不大于圆周长的 1/8

3. 焊口无损探伤检验合格后，方可进行防腐蚀绝缘层施工或进行焊口的补口作业。

4. 防腐蚀层竣工检验验收包括以下各项内容：

(1) 防腐蚀层等级应符合设计要求。

(2) 防腐蚀层不允许存在空白、裂纹、气泡、小孔、块瘤、折皱以及凹槽等缺陷。

(3) 检验防腐蚀层与管壁黏着性能，采用抽查一定数量管子切口检查，不允许出现成片脱落现象。

(4) 以上各项检查合格，或缺陷清除重检合格后，按表 16-1-3 规定的电压检验防腐层绝缘性能，在规定电压下，以绝缘层不被穿透为合格。

钢管防腐绝缘性能检查电压　　表 16-1-3

防腐绝缘层等级	普通级	加强级	特加强级
检查电压(kV)	6	12	18

5. 防腐工程验收合格后，再进行铺设质量检验，铺管质量应符合以下各项要求：

(1) 防腐绝缘层应完整无损。

(2) 管道坡向与坡度应与设计相符、不允许坡向相反现象。

(3) 管底应与管基紧密接触。

(4) 管道中心线与高程尺寸应符合设计要求，偏差在±2cm 以内。

(5) 管道及附件内部不允许残留任何杂物、泥沙。

(6) 阀门、凝水缸等管道附件质量及其与管道连接的安装要求同铸铁管铺管质量要求。

16.1.2　铸铁管铺管质量检验

铸铁管铺管质量检验应符合以下要求。

(1) 管道平面中心线尺寸偏差应在±2cm 以内。

(2) 管底高程偏差应在±2cm 以内。

(3) 管道坡向和坡度应符合设计要求，不得出现坡度方向相反的现象。

(4) 管道的底部必须与管基紧密接触，不允许有间隙尺寸。

(5) 承口与插口的对口间隙不大于表 16-1-4 的规定的间隙尺寸。

铸铁管承口与插口的对口允许间隙尺寸　　表 16-1-4

公称直径 *DN* (mm)	最大允许对口间隙尺寸(mm)	
	沿直线铺设	沿曲线铺设
80	4	5
100～250	5	7

续表

公称直径 *DN*（mm）	最大允许对口间隙尺寸(mm)	
	沿直线铺设	沿曲线铺设
300～500	6	10
600～700	7	12

（6）承插铸铁管接口的环形间隙允许偏差应符合本手册表13-3-1的规定。

（7）管道内部不得有任何污物。

（8）接口材料的配方和配合料的性能应符合设计要求，并应抽样检查投料记录。

（9）使用耐油橡胶圈时，应对样品胶圈进行抽验。

（10）分支管与渐缩管之间的直管段长度不得小于0.5m。

（11）管道与阀门、凝水缸等法兰连接部位，法兰垫厚度应为3～5mm，使用耐油石棉橡胶板，内径应大于管道内径2～3mm；外径应距固定螺栓2～3mm。

（12）阀门、凝水缸等管道附件应符合加工质量和产品质量要求，安装前应根据有关技术文件检查产品质量检验记录，并对实物抽验。

（13）地下天然气管道与建筑物、构筑物或相邻管道之间的水平净距和垂直净距应符合本手册表3-5-1和表3-5-2的规定。此条款同样适用于钢管。

（14）过交叉路口管段之长洞，阀门、配件基础要垫预制混凝土块；在非交叉路口管道上的*DN*400以上（包括*DN*400）阀门*DN*200以上（包括*DN*200）搭桥竖向弯管（1/16以上），需砌筑基础，其他接头长洞和配件下基础要夯实；

（15）允许水平借转距离（管道以6m为准）：

*DN*80借转量为33cm；

*DN*100借转量为30cm；

*DN*150借转量为22cm；

*DN*200～*DN*250借转量为15cm；

*DN*300借转量为12cm；

*DN*500借转量为10cm；

*DN*700借转量为9cm。

（16）允许垂直借转距离为上述规定的一半。

16.1.3　穿（跨）越公路管道铺设检验

穿跨越公路管道铺设检验

穿跨越公路管道除按上述要求检验外，还应检验以下各项内容：

（1）穿越套管的直径和壁厚，涵洞及管沟的结构尺寸应与设计相符。

（2）管段防腐层不允许存在损伤。

（3）穿越管段坡向和坡度应与设计相符，不允许反坡。

（4）跨越管段的防腐蚀层表面的保护设施或保护层应符合设计规定。

16.2　吹扫与试验

管道安装完毕后应依次进行管道吹扫、强度试验和严密性试验。

16.2.1 一般规定

（1）燃气管道穿（跨）越大中型河流、铁路、二级以上公路、高速公路时，应单独进行试压。

（2）管道吹扫、强度试验及中高压管道严密性试验前应编制施工方案，制定安全措施，确保施工人员及附近民众与设施的安全。

（3）试验时应设巡视人员，无关人员不得进入。在试验的连续升压过程中和强度试验的稳压结束前，所有人员不得靠近试验区。人员离试验管道的安全间距可按表16-2-1确定。

人员离试验管道的安全间距　表16-2-1

设计压力(MPa)	安全距离(m)
不大于0.4	6
0.4～1.6	10
2.5～4.0	20

（4）管道上的所有堵头必须加固牢靠，试验时堵头端严禁人员靠近。

（5）吹扫和待试验管道应与无关系统采取隔离措施，与已运行的燃气系统之间必须加装盲板且有明显标志。

（6）试验前应按设计图纸查管道的所有阀门，试验段必须全部开启。

（7）在对聚乙烯管道或钢骨架聚乙烯复合管道吹扫及试验时，进气口应采取油水分离及冷却等措施，确保管道进气口气体干燥，且其温度不得高于40℃；排气口应采取防静电措施。

（8）试验时所发现的缺陷，必须待试验压力降至大气压后进行处理，处理合格后应重新试验。

16.2.2 管道吹扫

1. 管道吹扫应按下列要求选择气体吹扫或清管球清扫：

（1）球墨铸铁管道、聚乙烯管道、钢骨架聚乙烯复合管道和公称直径小于100mm或长度小于100m的钢质管道，可采用气体吹扫。

（2）公称直径大于或等于100mm的钢质管道，宜采用清管球进行清扫。

2. 管道吹扫应符合下列要求：

（1）吹扫范围内的管道安装工程除补口、涂漆外，已按设计图纸全部完成。

（2）管道安装检验合格后，应由施工单位负责组织吹扫工作，并应在吹扫前编制吹扫方案。

（3）应按主管、支管、庭院管的顺序进行吹扫，吹扫出的脏物不得进入已合格的管道。

（4）吹扫管段内的调压器、阀门、孔板、过滤网、燃气表等设备不应参与吹扫，待吹扫合格后再安装复位。

（5）吹扫口应设在开阔地段并加固，吹扫时应设安全区域，吹扫出口前严禁站人。

（6）吹扫压力不得大于管道的设计压力，且不应大于0.3MPa。

（7）吹扫介质宜采用压缩空气，严禁采用氧气和可燃性气体。

（8）吹扫合格设备复位后，不得再进行影响管内清洁的其他作业。

3. 气体吹扫应符合下列要求：

（1）吹扫气体流速不宜小于 20m/s。

（2）吹扫口与地面的夹角应在 30°～45°之间，吹扫口管段与被吹扫管段必须采取平缓过渡对焊，吹扫口直径应符合表 16-2-2 的规定。

吹扫口直径（mm）　　**表 16-2-2**

末端管径 *DN*	<150	150≤*DN*≤300	*DN*≥350
吹扫口 *DN*	与管道同径	150	250

（3）每次吹扫管道的长度不宜超过 500m；当管道长度超过 500m 时，宜分段吹扫。

（4）当管道长度在 200m 以上，且无其他管段或储气容器可利用时，应在适当部位安装吹扫阀，采取分段储气，轮换吹扫；当管道长度不足 200m，可采用管道自身储气放散的方式吹扫，打压点与放散点应分别设在管道的两端。

（5）当目测排气无烟尘时，应在排气口设置白布或涂白漆木靶板检验，5min 内靶上无铁锈、尘土等其他杂物为合格。

4. 清管球清扫应符合下列要求：

（1）管道直径必须是同一规格，不同管径的管道应断开分别进行清扫。

（2）对影响清管球通过的管件、设施，在清管前应采取必要措施。

（3）清管球清扫完成后，应按本节 4 条第（5）款进行检验，如不合格可采用气体再清扫至合格。

（4）通球扫线操作

1）通球扫线在分段试压基础上进行。通球时，发球装置应设专人观察压力表，并作好排量压力记录。亦可用放射性同位素或低频信号跟踪仪查找通球的受卡位置，但费用较大。

2）通球扫线可用输送泵或空气压缩机推球，其压力不得大于设计压力的 1.25 倍。若遇到故障不能继续推进，又无法排除故障时，可采用开天窗法处理卡球故障。

3）通球试验要注意安全，特别在卡球情况时，更应做好操作人员的安全防范。

16.2.3　管道强度试验

1. 强度试验前应具备下列条件：

（1）试验用的压力计及温度记录仪应在校验有效期内。

（2）试验方案已经批准，有可靠的通信系统和安全保障措施，已进行了技术交底。

（3）管道焊接检验、清扫合格。

（4）埋地管道回填土宜回填至管上方 0.5m 以上，并留出焊接口。

2. 管道应分段进行压力试验，试验管道分段最大长度宜按表 16-2-3 执行。

管道试压分段最大长度　　**表 16-2-3**

设计压力 *PN*(MPa)	试验管段最大长度(m)
PN≤0.4	1000
0.4<*PN*≤1.6	5000
1.6<*PN*≤4.0	10000

3. 管道试验用压力计及温度记录仪表均不应少于两块，并应分别安装在试验管道的

两端。

4. 试验用压力计的量程应为试验压力的 1.5～2 倍，其精度不得低于 1.5 级。

5. 强度试验压力和介质应符合表 16-2-4 的规定。

强度试验压力和介质　　　　**表 16-2-4**

管道类型	设计压力 *PN*(MPa)	试验介质	试验压力(MPa)
钢管	*PN*>0.8	清洁水	1.5*PN*
	PN≤0.8		1.5*PN* 且≮0.4
球墨铸铁管	*PN*	压缩空气	1.5*PN* 且≮0.4
钢骨架聚乙烯复合管	*PN*		1.5*PN* 且≮0.4
聚乙烯管	*PN*(SDR11)		1.5*PN* 且≮0.4
	PN(SDR17.6)		1.5*PN* 且≮0.2

6. 水压试验时，试验管段任何位置的管道环向应力不得大于管材标准屈服强度的 90%。架空管道采用水压试验前，应核算管道及其支撑结构的强度，必要时应临时加固。试压宜在环境温度 5℃以上进行，否则应采取防冻措施。

7. 水压试验应符合现行国家标准《液体石油管道压力试验》GB/T 16805 的有关规定。

8. 进行强度试验时，压力应逐步缓升，首先升至试验压力的 50%，应进行初检，如无泄漏、异常，继续升压至试验压力，然后宜稳压 1h 后，观察压力计不应少于 30min，无压力降为合格。

9. 水压试验合格后，应及时将管道中的水放（抽）净，并按本规范第 12.2 节的要求进行吹扫。

10. 经分段试压合格的管段相互连接的焊缝，经射线照相检验合格后，可不再进行强度试验。

16.2.4　管道严密性试验

1. 严密性试验应在强度试验合格、管线全线回填后进行。

2. 试验用的压力计应在校验有效期内，其量程应为试验压力的 1.5～2 倍，其精度等级、最小分格值及表盘直径应满足表 16-2-5 的要求。

试压用压力表选择要求　　　　**表 16-2-5**

量程(MPa)	精度等级	最小表盘直径(mm)	最小分格值(MPa)
0～0.1	0.4	150	0.0005
0～1.0	0.4	150	0.005
0～1.6	0.4	150	0.01
0～2.5	0.25	200	0.01
0～4.0	0.25	200	0.01
0～6.0	0.16	250	0.01
0～10	0.16	250	0.02

3. 严密性试验介质宜采用空气，试验压力应满足下列要求：

(1) 设计压力小于 5kPa 时，试验压力应为 20kPa。

(2) 拔计压力大于或等于 5kPa 时，试验压力应为设计压力的 1.15 倍，且不得小于 0.1MPa。

4. 试压时的升压速度不宜过快。对设计压力大于 0.8MPa 的管道试压，压力缓慢上升至：30％和 60％试验压力时，应分别停止升压，稳压 30min，并检查系统有无异常情况，如无异常情况继续升压。管内压力升至严密性试验压力后，待温度、压力稳定后开始记录。

5. 严密性试验稳压的持续时间应为 24h，每小时记录不应少于 1 次，当修正压力降小于 133Pa 为合格。修正压力降应按公式（16-2-1）确定。

$$\Delta P' = (H_1 + B_1) - (H_2 + B_2)\frac{273 + t_1}{273 + t_2} \qquad (16\text{-}2\text{-}1)$$

式中 $\Delta P'$——修正压力降（Pa）；

H_1、H_2——试验开始和结束时的压力计读数（Pa）；

B_1、B_2——试验开始和结束时的气压计读数（Pa）；

t_1、t_2——试验开始和结束时的管内介质温度（℃）。

6. 所有未参加严密性试验的设备、仪表、管件，应在严密性试验合格后进行复位，然后按设计压力对系统升压，应采用发泡剂检查设备、仪表、管件及其与管道的连接处，不漏为合格。

16.2.5　建筑天然气管道的试压与验收

建筑燃气管道竣工后，建设部门应先审查施工单位移交的全部施工技术文件：管材、燃具、燃气表出厂合格证；管道系统的试压记录；竣工图纸、隐蔽工程记录等是否齐全。然后进行系统的外观检查，确定其施工质量是否符合设计要求，如发现问题，施工单位应进行修正。

外观检查合格后，进行室内管道的强度试验及气密性试验。试验介质采用空气。

1. 居民用户室内燃气管道试压

试压分三个阶段进行。

（1）在安装煤气表前，对从进户总阀门到表前阀的管段用 0.1MPa 的压力进行强度试验，用肥皂水涂抹每个接头，无漏气、压力无明显下降为合格。

（2）强度试验合格后进行气密性试验，试验压力为 7000Pa，观测 10min，压力降不超过 100Pa 为合格。

（3）管道气密性试验合格后再连同煤气表、灶具一起进行气密性试验，试验压力为 4000Pa 观察 5min，压力降不超过 50Pa 为合格。

2. 公共建筑用户室内燃气管道试压

（1）强度试验范围：自进气总阀门到每个灶具连接管阀门前的管段（装表处应将煤气表拆下用短管临时连通）。

1）设计压力　P 小于 0.005MPa 的燃气管道（低压管）试验压力为 0.1MPa。

2）设计压力　P 大于 0.005MPa 的燃气管道，试验压力为设计压力的 1.5 倍，但不小于 0.1MPa。

试验时用肥皂水涂抹所有连接缝，不漏气为合格。

（2）气密性试验范围：自进气管总阀门到每个灶具的管段（不包括煤气表）。

1）设计压力 P 小于 0.005MPa 的燃气管道，试验压力为 7000Pa，观察 10min，压力降不超过 100Pa 为合格。

2）设计压力 P 大于 0.005MPa 的燃气管道参照 16.2.4 管道试压标准执行。

中压管道试验时，稳压不小于 3h，观察 1h，压力降按地下燃气管道公式计算。

（3）气密性试验合格后，接上燃气表、用 4000Pa 的压力进行试验，观察 10min，压力降不超过 100Pa 为合格。

（4）如果室内燃气管道系统较大，试压时不易观察压力变化，可适当关断分段阀门，分几个单元分别进行严密性试验，合格后打开 所有被关断的阀门，利用气密性试验压力，用肥皂水涂抹这些阀门，无漏气为合格。

（5）压力试验时，压力表的精度不低于Ⅰ级，其量程不大于试验压力的 2 倍，温度计量程不大于 0.5℃。

（6）室内低压管严密性试验应用 U 形水柱压力计，其最小刻度为 1mm。

3. 室内燃气管道验收

室内燃气管道与设备安装工程按表 16-2-6 安装质量标准验收。

室内燃气管道与设备安装质量标准　　　　**表 16-2-6**

序号	分项工程名称	技术要求项目	质量要求及允许偏差
1	打楼板、墙洞眼	1. 位置	正确
		2. 大小	适中
		3. 恢复	表面平整牢固
2	管道安装	1. 垂直度	立管垂直偏差±1cm
		2. 坡度	水平管坡度 1‰～3‰
		3. 附件	托钩、卡子、钩钉位置正确，不多不少，套管位置、规格、长度，填塞物饱满度等符合要求
		4. 阀门	型号规格符合设计要求，位置正确
3	煤气表安装	1. 表位	正确，垂直平稳，垂直偏差小于 1cm（垂直指前后、左右方向的垂直度）
		2. 法兰连接	法兰与管道轴向垂直偏差不超过±1～2mm，螺栓孔错位不超过 1mm
		3. 管道坡度	连接煤气表两侧的水平管均应坡向立管或灶具，不得坡向煤气表
4	灶具安装	1. 位置	符合设计要求，灶具设在灶板上居中、平稳，灶具不缺项，不缺件
		2. 灶板	灶板平稳、牢固
5	炉灶砌筑	1. 灶面平整度	用 1m 靠尺检查，凹凸不平不超过 2mm
		2. 瓷砖缝隙	瓷砖对缝，横平竖直、宽窄均匀一致
		3. 贴瓷砖空鼓率	不得超过 15％
		4. 炉膛与锅底间隙	弧形锅底与炉膛的间隙自上而下 1、2、3cm
		5. 烟道炉膛内表面	光滑、无龟裂
		6. 燃烧器安装	燃烧器位置居中平稳，出火孔表面与锅底距离应视煤气种类、燃烧器形式以火焰温度最高点接触锅底为准，垂直距离偏差不得超过±15mm
6	除锈、刷油	1. 除锈	管道在使用前应彻底清除浮锈、锈皮
		2. 刷油	表面光滑均匀，光泽一致，不得有流坠痕迹和漏刷

16.3　工程竣工验收

城镇天然气管道工程的竣工验收应符合国家现行标准《城镇燃气输配工程施工及验收规范》GJJ 33 的规定。

1. 工程竣工验收应以批准的设计文件国家现行有关标准，施工承包合同、工程施工许可文件和规范 GJJ 33 为依据。

2. 工程竣工验收的基本条件应符合下列要求：

（1）完成工程设计和合同约定的各项内容。

（2）施工单位在工程完工后对工程质量自检合格，并提出《工程竣工报告》。

（3）工程资料齐全。

（4）有施工单位签署的工程质量保修书。

（5）监理单位对施工单位的工程质量自检结果予以确认并提出《工程质量评估报告》。

（6）工程施工中，工程质量检验合格，检验记录完整。

3. 竣工资料的收集、整理工作应与工程建设过程同步，工程完工后应及时做好整理和移交工作。整体工程竣工资料宜包括下列内容：

（1）工程依据文件：

1）工程项目建议书、申请报告及审批文件、批准的设计任务书、初步设计、技术设计文件、施工图和其他建设文件；

2）工程项目建设合同文件、招投标文件、设计变更通知单、工程量清单等；

3）建设工程规划许可证、施工许可证、质量监督注册文件、报建审核书、报建图、竣工测量验收合格证、工程质量评估报告。

（2）交工技术文件：

1）施工资质证书；

2）图纸会审记录、技术交底记录、工程变更单（图）、施工组织设计等；

3）开工报告、工程竣工报告、工程保修书等；

4）重大质量事故分析、处理报告；

5）材料、设备、仪表等的出厂的合格证明，材质证书或检验报告；

6）施工记录：隐蔽工程记录、焊接记录、管道吹扫记录、强度和严密性试验记录、阀门试验记录、电气仪表工程的安装调试记录等；

7）竣工图纸：竣工图应反映隐蔽工程、实际安装定位、设计中未包含的项目、燃气管道与其他市政设施特殊处理的位置等。

（3）检验合格记录：

1）测量记录；

2）隐蔽工程验收记录；

3）沟槽及回填合格记录；

4）防腐绝缘合格记录；

5）焊接外观检查记录和无损探伤检查记录。

6）管道吹扫合格记录；

7）强度和严密性试验合格记录；

8）设备安装合格记录；

9）储配与调压各项工程的程序验收及整体验收合格记录。

10）电气、仪表安装测试合格记录；

11）在施工中受检的其他合格记录。

4. 工程竣工验收应由建设单位主持，可按下列程序进行：

（1）工程完工后，施工单位按本节第2款的要求完成验收准备工作后，向监理部门提出验收申请。

（2）监理部门对施工单位提交的《工程竣工报告》、竣工资料及其他材料进行初审，合格后提出《工程质量评估报告》，并向建设单位提出验收申请。

（3）建设单位组织勘察、设计、监理及施工单位对工程进行验收。

（4）验收合格后，各部门签署验收要。建设单位及时将竣工资料、文件归档，然后办理工程移交手续。

（5）验收不合格应提出书面意见和整改内容，签发整改通知限期完成。整改完成后重新验收。整改书面意见、整改内容和整改通知编入竣工资料文件中。

5. 工程验收应符合下列要求：

（1）审阅验收材料内容，应完整、准确、有效。

（2）按照设计、竣工图纸对工程进行现场检查。竣工图应真实、准确，路面标志符合要求。

（3）工程量符合合同的规定。

（4）设施和设备的安装符合设计的要求，无明显的外观质量缺陷，操作可靠，保养完善。

（5）对工程质量有争议、投诉和检验多次才合格的项目，应重点验收，必要时可开挖检验、复查。

主要参考文献

[1] 严铬卿主编. 燃气工程设计手册 [M]. 北京：中国建筑工业出版社，2009.

[2] 李猷嘉编著. 燃气输配系统的设计与实践 [M]. 北京：中国建筑工业出版社，2007.

[3] 金志刚著. 燃气应用理论与实践 [M]. 北京：中国建筑工业出版社，2011.

[4] 严铬卿，廉乐明主编. 天然气输配工程 [M]. 北京：中国建筑工业出版社，2005.

[5] 赵廷元，岳学文，孙振安编著. 热力管道设计手册 [M]. 山西：山西科学教学出版社，1986.

[6] 赵培森，竺士文，赵炳文主编. 建筑给水排水、暖通空调设备安装手册（上册）[M]. 北京：中国建筑工业出版社，1997.

[7] 陆德民主编. 石油化工自动化控制手册 [M]. 北京：化学工业出版社，2000.

[8] 陈洪全，岳智主编. 仪表工程施工手册 [M]. 北京：化学工业出版社，2005.